“十三五”国家重点图书
大数据科学丛书

高斯误差条件下广义最小二乘估计理论与方法：
针对非线性观测模型

王鼎　唐涛　尹洁昕　杨宾　编著

中国教育出版传媒集团
高等教育出版社·北京

图书在版编目（ＣＩＰ）数据

高斯误差条件下广义最小二乘估计理论与方法：针对非线性观测模型 / 王鼎等编著 . -- 北京：高等教育出版社，2022.5

ISBN 978-7-04-058149-2

Ⅰ.①高… Ⅱ.①王… Ⅲ.①最小二乘法 - 研究 Ⅳ.① O241.5

中国版本图书馆 CIP 数据核字（2022）第 027487 号

GAOSI WUCHA TIAOJIAN XIA GUANGYI ZUIXIAO ERCHENG GUJI LILUN YU FANGFA

策划编辑　冯　英	责任编辑　冯　英	封面设计　张志奇	版式设计　杨　树
责任绘图　于　博	责任校对　刘　莉	责任印制　韩　刚	

出版发行	高等教育出版社	咨询电话	400-810-0598
社　　址	北京市西城区德外大街4号	网　址	http://www.hep.edu.cn
邮政编码	100120		http://www.hep.com.cn
印　　刷	北京华联印刷有限公司	网上订购	http://www.hepmall.com.cn
开　　本	787mm×1092mm　1/16		http://www.hepmall.com
印　　张	28.75		http://www.hepmall.cn
字　　数	520 千字	版　次	2022 年 5 月第 1 版
插　　页	3	印　次	2022 年 5 月第 1 次印刷
购书热线	010-58581118	定　价	129.00 元

本书如有缺页、倒页、脱页等质量问题，请到所购图书销售部门联系调换

版权所有　侵权必究

物 料 号　58149-00

前言

最小二乘估计方法是一种数学优化技术，通过对误差平方和最小化来寻求与离散数据点最匹配的线性或者非线性函数，主要用于解决超定系统中的未知参数估计问题。时至今日，对各类广义和修正的最小二乘估计问题的研究方兴未艾，各种闭式型和迭代型算法层出不穷。最小二乘估计理论与方法的应用涉及电子信息、控制理论、机器学习、计量经济、医学影像、航天航空等诸多科学和工程领域。

从研究内容上进行划分，最小二乘估计理论与方法既可以认为是优化方法和数值代数中的一个重要分支，也可以认为是统计信号处理中的一个重要分支。前者侧重对迭代算法的设计和数值扰动性能的数学分析，后者侧重对参数估计准则的构建、求解及其统计性能的分析，本书主要围绕后者展开讨论。

近 10 年来，笔者一直为本校研究生开设"信号处理中的广义最小二乘估计理论与方法"课程，并且开展了多项与统计信号处理相关的科研工作，本书的内容融合了课程讲义和部分科研成果。最小二乘估计方法中的观测模型可以分为线性观测模型和非线性观测模型两大类。线性观测模型可以利用矩阵形式来进行刻画，非线性观测模型包括平方 (或其他高次幂)、对数、指数、三角函数和反三角函数等。针对这两类观测模型的最小二乘估计方法截然不同，但也存在紧密的相关性，笔者前期已经出版了相关著作，专门对线性观测模型进行讨论，而本书主要针对非线性观测模型进行论述。相对于线性观测模型而言，非线性观测模型在客观世界更加普及，但是其求解难度和复杂度却更大。

本书的主要内容包括基础的非线性最小二乘估计基础模型与方法、含有等式约束的非线性最小二乘估计理论与方法、误差协方差矩阵秩亏损条件下的非线性最小二乘估计理论与方法、伪线性最小二乘估计理论与方法、参数解耦合最小二乘估计理论与方法，以及其他形式的非线性广义最小二乘估计方法 (多类型参数交替迭代方法、蒙特卡罗重要性采样方法和非线性滤波方法)。针对每一类非线性最小二乘估计问题，重点描述观测模型、参数估计优化模型、数值优化算法以及估计结果的统计特性。此外，本书还定量推导了模型误差对各类非线性最小二乘估计方法的影响，并且提出了可以抑制模型误差的鲁棒型非线性最小二乘估计方法。本书侧重从统计的角度讨论各类非线性最小二乘估计方法, 并且尽可能保证每一类估计方法的统计性能可以达到克拉美罗界, 其中的观测误差和模型误差均假设服从高斯分布。除了描述理论方法以外, 本书还配有大量数值实验与结果, 用于验证各类方法的统计性能以及书中理论性能分析的有效性。

本书由战略支援部队信息工程大学王鼎副教授、唐涛副教授、尹洁昕博士和杨宾教授共同执笔完成, 并最终由王鼎对全书进行统一校对和修改。作者在编著过程中参阅了大量著作和论文, 在此向这些论著的作者表示最诚挚的谢意。

本书得到了"'十三五' 国家重点图书出版物出版规划项目"和"军队院校双重教材建设项目"的支持。此外, 本书的出版还得到了各级领导和高等教育出版社的支持, 在此一并感谢。

限于作者水平, 书中难免有疏漏和不妥之处, 恳请读者批评指正, 以便于今后纠正。如果读者对书中的内容有所疑问, 可以通过电子邮件 (wang_ding814@aliyun.com) 与作者联系, 望不吝赐教。

作者

2021 年 11 月

数学符号表

$\boldsymbol{A}^{\mathrm{T}}$	矩阵 $\boldsymbol{A}$ 的转置
$\boldsymbol{A}^{-1}$	矩阵 $\boldsymbol{A}$ 的逆
$\boldsymbol{A}^{\dagger}$	矩阵 $\boldsymbol{A}$ 的 Moore-Penrose 逆
$\boldsymbol{A}^{1/2}$	矩阵 $\boldsymbol{A}$ 的平方根
$\mathrm{rank}[\boldsymbol{A}]$	矩阵 $\boldsymbol{A}$ 的秩
$\lambda_{\max}[\boldsymbol{A}]$	矩阵 $\boldsymbol{A}$ 的最大特征值
$\det[\boldsymbol{A}]$	矩阵 $\boldsymbol{A}$ 的行列式
$\mathrm{range}[\boldsymbol{A}]$	矩阵 $\boldsymbol{A}$ 的列空间
$(\mathrm{range}[\boldsymbol{A}])^{\perp}$	矩阵 $\boldsymbol{A}$ 的列补空间
$\mathrm{null}[\boldsymbol{A}]$	矩阵 $\boldsymbol{A}$ 的零空间
$\boldsymbol{\Pi}[\boldsymbol{A}]$	矩阵 $\boldsymbol{A}$ 列空间的正交投影矩阵
$\boldsymbol{\Pi}^{\perp}[\boldsymbol{A}]$	矩阵 $\boldsymbol{A}$ 列补空间的正交投影矩阵
$\langle\boldsymbol{a}\rangle_k$	向量 $\boldsymbol{a}$ 中的第 k 个元素
$\langle\boldsymbol{A}\rangle_{ks}$	矩阵 $\boldsymbol{A}$ 中位于坐标 (k,s) 处的元素
$\langle\boldsymbol{A}\rangle_{:k}$	矩阵 $\boldsymbol{A}$ 中的第 k 列向量
$\boldsymbol{A}\odot\boldsymbol{B}$	矩阵 $\boldsymbol{A}$ 和 $\boldsymbol{B}$ 的点积 (对应元素相乘)
$\boldsymbol{A}\otimes\boldsymbol{B}$	矩阵 $\boldsymbol{A}$ 和 $\boldsymbol{B}$ 的 Kronecker 积
$\boldsymbol{a}\otimes\boldsymbol{b}$	向量 $\boldsymbol{a}$ 和 $\boldsymbol{b}$ 的 Kronecker 积
$\mathrm{tr}(\cdot)$	矩阵的迹 (矩阵对角元素之和)
$\mathrm{diag}\{\cdot\}$	对角矩阵
$\mathrm{blkdiag}\{\cdot\}$	块状对角矩阵
$\mathrm{vec}[\cdot]$	矩阵向量化运算 (将矩阵元素按照字典顺序排成列向量)
$\boldsymbol{O}_{n\times m}$	$n\times m$ 阶全零矩阵
$\boldsymbol{1}_{n\times m}$	$n\times m$ 阶全 1 矩阵
$\boldsymbol{I}_n$	$n\times n$ 阶单位矩阵
$\boldsymbol{i}_n^{(k)}$	单位矩阵 $\boldsymbol{I}_n$ 中的第 k 列向量

$\mathbf{E}[\cdot]$	数学期望
$\mathbf{MSE}(\hat{\boldsymbol{x}})$	估计向量 $\hat{\boldsymbol{x}}$ 的均方误差矩阵
$\mathbf{COV}(\Delta\boldsymbol{x})$	误差向量 $\Delta\boldsymbol{x}$ 的协方差矩阵
$\dfrac{\partial \boldsymbol{f}(\boldsymbol{x})}{\partial \boldsymbol{x}^{\mathrm{T}}}$	向量函数 $\boldsymbol{f}(\boldsymbol{x})$ 的 Jacobi 矩阵

目录

第 1 章 引言

本章概述最小二乘估计 (Least Squares Estimation, LSE) 理论与方法, 介绍最小二乘估计方法的起源与研究现状 (针对非线性观测模型), 以及本书的内容安排。

1.1 最小二乘估计理论与方法概述

最小二乘估计方法 (又称最小平方法) 是一种数学优化技术, 通过对误差平方和最小化来寻求与离散数据点最匹配的线性或者非线性函数。最小二乘估计方法最早应用在天文和大地测量领域, 早期的科学家和数学家曾尝试利用该方法为海洋航行提供解决方案, 这是因为准确描述天体运动规律是舰船在海洋中航行的关键。最小二乘估计方法的原理比较直观, 并不抽象, 也易于理解, 因而具有很强的普适性。经过多年的发展, 最小二乘估计方法已成为一类非常通用的参数估计技术。由于该方法应用十分广泛, 因而衍生出很多种不同类型的最小二乘估计数学模型。长久以来, 对各类广义和修正的最小二乘估计问题的研究方兴未艾, 各种闭式型和迭代型算法层出不穷, 最小二乘估计理论与方法的应用已涉及数理统计、机器学习、数值优化、计算物理、材料科学、计量经济、医学影像、通信网络、信号处理、雷达探测、控制理论、土木工程、航天航空、地震勘测等诸多科学和工程领域。

最小二乘估计方法主要用于解决超定系统中的未知参数估计问题。超定系统的主要特征在于其方程个数大于未知参数个数, 与之相对的欠定系统则是方程个数小于未知参数个数。从研究内容上进行划分, 最小二乘估计理论与方法既可以认为是优化方法和数值代数中的一个重要分支[1,2], 也可以认为是统计信号处理中的一个重要分支[3,4]。前者侧重对迭代算法的设计和数值扰动性能的数学分析, 后者侧重对参数估计准则的构建、求解及其统计性能的分析。

最小二乘估计方法中的观测模型可以分为线性观测模型和非线性观测模型两大类。线性观测模型可以利用矩阵形式来进行刻画, 即 $\boldsymbol{z} = \boldsymbol{A}\boldsymbol{x} + \boldsymbol{e}$, 其中 $\boldsymbol{x}$

表示未知参数, $\boldsymbol{e}$ 表示观测误差, $\boldsymbol{A}$ 表示观测矩阵; 非线性观测模型可以表示为 $\boldsymbol{z}=\boldsymbol{f}(\boldsymbol{x})+\boldsymbol{e}$, 其中 $\boldsymbol{f}(\boldsymbol{x})$ 表示关于向量 $\boldsymbol{x}$ 的非线性函数。典型的非线性函数包括平方 (或其他高次幂)、对数、指数、三角函数和反三角函数等。针对这两类观测模型的最小二乘估计方法是截然不同的, 但也存在紧密的相关性, 笔者前期已经出版了相关著作, 专门对线性观测模型进行讨论[5], 而本书主要针对非线性观测模型进行论述。在客观世界中, 非线性观测模型比线性模型更加普及, 但求解难度和复杂度则更大。

1.2 最小二乘估计方法的起源与研究现状: 针对非线性观测模型

最小二乘估计方法的产生最早可以追溯到天文学领域。19 世纪初, 德国天才数学家高斯利用最小二乘估计方法成功预测出谷神星的轨道, 高斯因为此项工作名声大振, 但在当时他却没有透露计算谷神星轨道的方法。直至 8 年以后, 高斯完善了相关数学理论与方法, 发表了著作《天体运动论》, 将他所发明的最小二乘估计方法公布于众, 从而奠定了高斯在最小二乘估计领域中的杰出地位。之后, 高斯还提供了最小二乘估计方法优越性的数学证明。需要指出的是, 除了数学家高斯以外, 法国科学家勒让德在 19 世纪初也独立提出了最小二乘估计方法。

自从最小二乘估计方法问世以来, 国内外许多科学家和工程技术人员陆续对该理论和方法开展了深入研究。虽然最小二乘估计的经典模型非常简单直观, 但是其各种推广和改进形式层出不穷, 使得关于该理论与方法的研究至今方兴未艾。由于最小二乘估计方法应用十分广泛, 几乎遍及所有与数值计算和参数估计相关的科学技术领域, 因此与最小二乘估计方法相关的论著浩如烟海, 这里无法一一列举, 下面仅仅介绍一些重要且典型的研究成果。此外, 由于本书主要研究基于非线性观测模型的最小二乘估计方法, 因此下面仅阐述针对非线性观测模型的最小二乘估计理论与方法的研究成果。

文献 [6] 系统阐述了非线性参数估计理论和非线性同伦方法, 其中提出了基于同伦算法的非线性最小二乘平差方法, 同时建立了同伦非线性最小二乘估计模型与同伦解算方法, 并将该方法应用于全球定位系统 (Global Positioning System, GPS) 非线性数据处理中, 有效提高了全球定位系统数据处理的稳健性和精度。文献 [7] 系统描述了非线性误差理论与测量平差方法, 其中建立了非线性函数误差传播理论, 推导了非线性函数的方差–协方差传播率公式, 给出了非线性平差模型强度的曲率度量与非线性诊断方法, 并提出了非线性参数平差的迭代解法、张量几何法和扩展的张量几何法。文献 [8] 系统论述了改进的非线性偏最小二乘回归模型理论、方法及其应用, 同时讨论了在回归建模前的数据预处理方法, 提出了一种改进的非线性偏最小二乘回归模型、高维空间的特异点识别方法、二叉树降维方法和降维二叉树评价方法。文献 [9] 系统阐述了再生权最小二乘估计的基本原理和计算方法, 其中介绍了再生权最小二乘稳健估计方法在测量控制网平差、多元线性回归和坐标系统转换中的应用, 研究了再生权最小二乘估计方法, 以及 13 种常用的稳健估计方法的稳健特性; 此外, 还对测量控制网平差、一元线性和非线性回归的相关问题进行了深入讨论。文献 [10] 以数据和曲线 (面) 拟合为应用背景, 系统论述了线性与非线性最小二乘估计框架和模型参数的求解方法, 其中给出了最小二乘估计的权值设置方法和异常值检测方法, 讨论了拟合结果的不确定度问题和模型失配所带来的影响; 此外, 还描述了最小二乘估计中的常用数学方法及其背后的基本理念。文献 [11] 系统描述了非线性模型参数估计理论与方法, 提出了非线性模型的非线性强度的度量方法, 给出了非线性模型的其他参数估计方法, 并从理论上解决了线性近似所带来的问题。文献 [12] 系统阐述了线性和非线性最小二乘估计方法, 以及伪非线性最小二乘估计方法, 讨论了参数估计的不确定度和数据逼近的不确定度问题, 并提出了模型校验和数据压缩下的最小二乘估计理论与方法。文献 [13] 系统阐述了无源定位中的广义最小二乘估计理论与方法, 给出了无源定位问题中的各类非线性最小二乘估计的理论框架和计算模型, 并推导了各类非线性最小二乘估计方法的统计特征。文献 [14-16] 系统阐述了非线性动态系统中的非线性滤波理论与方法, 涵盖扩展卡尔曼滤波 (Extended Kalman Filtering) 方法、无迹卡尔曼滤波 (Unscented Kalman Filtering) 方法、贝叶斯滤波方法和粒子滤波方法等内容。

上面的文献都是以著作的形式系统论述与非线性最小二乘估计理论相关的某个主题, 下面介绍在期刊论文或者学位论文中与非线性最小二乘估计方法相关的主要研究成果。文献 [17] 提出了求解非线性最小二乘估计问题的实用型方法, 该方法通过迭代获得最小范数解, 能够保证迭代方法所生成的序列收敛, 并且可以有效地解决奇异问题或者病态问题。文献 [18] 提出了用于非线性系统参数辨识的改进最小二乘估计方法, 其中包括批量形式和递推形式, 给出了新方法的收敛性分析, 并通过数值实验验证其能够有效克服病态问题。文献 [19] 提出了两种有效的非线性系统最小二乘估计方法, 该方法在数值性能上优于传统的非线性最小二乘估计方法, 几乎不受舍入误差的影响, 并证明了该方法的收敛性。文献 [20] 针对传统的非线性最小二乘估计方法对初始值较敏感的问题, 提出了一种基于改进粒子群优化的非线性最小二乘估计方法, 该方法利用均匀设计在可行域内产生初始群体, 使其具有大范围收敛的性质, 通过偏转、拉伸目标函数有效抑制粒子群优化容易收敛至局部最优解的缺陷。文献 [21] 提出了非线性模型的补偿最小二乘估计方法, 该方法利用半参数模型中的非参数分量描述泰勒级数展开中的高阶项, 推导了基于补偿最小二乘估计方法求解非线性模型参数的公式, 其对于强非线性模型具有更优的估计性能。文献 [22] 研究了非线性最小二乘估计中的不适定性问题, 建立了非线性最小二乘估计问题数值迭代方法的统一模型, 讨论了非线性最小二乘估计方法的不适定现象, 并提出了相应的改进方法, 从而为克服非线性最小二乘估计在实际应用中的局限性提供理论和方法支持。文献 [23] 提出了一种等式约束条件下的非线性最小二乘估计方法, 该方法利用乘子罚函数将约束问题转化成求解一系列常规的非线性最小二乘估计问题, 并利用数值优化方法进行寻优计算。文献 [24] 提出了一种含有等式约束的非线性最小二乘估计方法, 并将其应用于卫星定位问题中, 取得了较好的效果, 该方法还可以有效地抑制模型误差的影响, 该文还对参数估计结果的统计特性进行了理论性能分析和仿真验证。文献 [25] 研究了不等式约束条件下的最小二乘平差问题, 其中借助非线性规划中的凝聚约束方法把多个不等式约束转化成单个等式约束, 并采用拉格朗日极值法进行求解; 此外, 还对解的统计性质和最优性进行理论分析和讨论。文献 [26-30] 以辐射源定位问题为背景, 提出了伪线性最小二乘估计方法, 将非线性观测模型转化成伪线性观测模型, 并基于线性加权最小二乘估计方法对辐射源位置坐标进行求解, 从而获得未知参数的闭式解, 避免了迭代运算。文献 [31] 提出了广义非线性动态最小二乘模型参数估计的直接解算方法, 该方法将非线性最小二乘估计问题进行有效分离, 将待求参数减半, 从而大大降低了求解问题的维数和计算复杂度, 可为多源、多类、多时态数据处理提供一种新的方法。文献 [32-34] 提出了参数解耦合非线性最小二乘估计方法, 并将其应用于阵列信号参数估计问题中, 该方法可实现对多类型参数的解耦合估计, 减少了参与迭代的变量维数, 从而提高了数值计算的稳健性。此外, 文献 [35-37] 分别将非线性最小二乘估计理论与方法应用于求解通信信号参数估计、雷达信号参数估计和三维 CT 重建领域, 均取得了令人满意的估计精度。

上述文献从不同侧面研究了针对非线性观测模型的最小二乘估计理论和问题, 并且提出了若干有效的参数估计方法。本书将在现有研究成果的基础上, 系统阐述针对非线性观测模型的最小二乘估计理论与方法。

1.3 本书的内容安排

本书讨论的主要内容包括基础的非线性最小二乘估计理论与方法、含有等式约束的非线性最小二乘估计理论与方法、观测误差协方差矩阵秩亏损条件下的非线性最小二乘估计理论与方法、伪线性最小二乘估计理论与方法、参数解耦合最小二乘估计理论与方法, 以及其他形式的非线性广义最小二乘估计方法 (包括多类型参数交替迭代方法、蒙特卡罗重要性采样方法和非线性滤波方法)。针对每一类非线性最小二乘估计问题, 书中重点描述了其观测模型、参数估计优化模型、数值优化算法和估计结果的统计特性, 此外, 本书还定量推导了模型误差对各类非线性最小二乘估计方法的影响, 并且提出了可以抑制模型误差的鲁棒型非线性最小二乘估计方法。本书侧重从统计的角度讨论各类非线性最小二乘估计方法, 并且尽可能保证每一类估计方法的统计性能可以达到最优性能界 (称为克拉美罗界), 其中假设观测误差和模型误差均服从高斯 (或称正态) 分布, 这也是大多数文献中所考虑的误差模型。除了描述理论方法以外, 本书还配有大量数值实验与结果, 用于验证各类方法的统计性能和理论性能分析的有效性。

本书的具体内容安排如下:

(1) 基础内容 (第 1 章和第 2 章)

第 1 章引言, 主要包括最小二乘估计理论与方法概述, 最小二乘估计方法的起源与研究现状 (针对非线性观测模型), 本书的内容安排。

第 2 章数学预备知识, 主要包括矩阵理论中的若干预备知识、多维函数分析初步、拉格朗日乘子法的基本原理、参数估计方差的克拉美罗界、矩阵扰动分析中的若干预备知识和参数估计一阶误差分析方法。

(2) 基础的非线性最小二乘估计理论与方法 (第 3 章)

第 3 章基础的非线性最小二乘估计理论与方法, 主要包括基础的非线性观测模型, 模型参数精确已知时的参数估计优化模型、求解方法及其理论性能, 模型参数先验观测误差对参数估计性能的影响, 模型参数先验观测误差存在下的参数估计优化模型、求解方法及其理论性能, 数值实验。

(3) 含有等式约束的非线性最小二乘估计理论与方法 (第 4 章至第 6 章)

第 4 章含有第 I 类等式约束的非线性最小二乘估计理论与方法, 主要包括含有第 I 类等式约束的非线性观测模型, 模型参数精确已知时的参数估计优化模型、求解方法及其理论性能, 模型参数先验观测误差对参数估计性能的影响, 模型参数先验观测误差存在下的参数估计优化模型、求解方法及其理论性能, 数值实验。

第 5 章含有第 Ⅱ 类等式约束的非线性最小二乘估计理论与方法, 主要包括含有第 Ⅱ 类等式约束的非线性观测模型, 模型参数精确已知时的参数估计优化模型、求解方法及其理论性能, 模型参数先验观测误差对参数估计性能的影响, 模型参数先验观测误差存在下的参数估计优化模型、求解方法及其理论性能, 数值实验。

第 6 章含有第 Ⅲ 类等式约束的非线性最小二乘估计理论与方法, 主要包括含有第 Ⅲ 类等式约束的非线性观测模型, 模型参数精确已知时的参数估计优化模型、求解方法及其理论性能, 模型参数先验观测误差对参数估计性能的影响; 模型参数先验观测误差存在下的参数估计优化模型、求解方法及其理论性能; 数值实验。

(4) 观测误差协方差矩阵秩亏损条件下的非线性最小二乘估计理论与方法 (第 7 章)

第 7 章观测误差协方差矩阵秩亏损条件下的非线性最小二乘估计理论与方法, 主要包括观测误差协方差矩阵秩亏损条件下的非线性观测模型, 模型参数精确已知时的参数估计优化模型、求解方法及其理论性能, 模型参数先验观测误差存在下的参数估计优化模型、求解方法及其理论性能, 数值实验。

(5) 伪线性最小二乘估计理论与方法 (第 8 章至第 10 章)

第 8 章第 Ⅰ 类伪线性最小二乘估计理论与方法, 主要包括可转化为第 Ⅰ 类伪线性观测模型的非线性观测模型, 模型参数精确已知时的参数估计优化模型、求解方法及其理论性能, 模型参数先验观测误差对参数估计性能的影响, 模型参数先验观测误差存在下的参数估计优化模型、求解方法及其理论性能, 数值实验。

第 9 章第 Ⅱ 类伪线性最小二乘估计理论与方法, 主要包括可转化为第 Ⅱ 类伪线性观测模型的非线性观测模型, 模型参数精确已知时的参数估计优化模型、求解方法及其理论性能, 模型参数先验观测误差对参数估计性能的影响, 模型参数先验观测误差存在下的参数估计优化模型、求解方法及其理论性能, 数值实验。

第 10 章第 Ⅲ 类伪线性最小二乘估计理论与方法, 主要包括可转化为第 Ⅲ 类伪线性观测模型的非线性观测模型, 模型参数精确已知时的参数估计优化模型、求解方法及其理论性能, 模型参数先验观测误差对参数估计性能的影响, 模型参数先验观测误差存在下的参数估计优化模型、求解方法及其理论性能, 数值实验。

(6) 参数解耦合最小二乘估计理论与方法 (第 11 章和第 12 章)

第 11 章第 Ⅰ 类参数解耦合最小二乘估计理论与方法, 主要包括第 Ⅰ 类参数解耦合非线性观测模型, 模型参数精确已知时的参数解耦合优化模型、求解方法及其理论性能, 模型参数先验观测误差对参数估计性能的影响, 模型参数先验观测误差存在下的参数解耦合优化模型、求解方法及其理论性能, 数值实验。

第 12 章第 Ⅱ 类参数解耦合最小二乘估计理论与方法, 主要包括第 Ⅱ 类参数解耦合非线性观测模型, 模型参数精确已知时的参数解耦合优化模型、求解方法及其理论性能, 模型参数先验观测误差对参数估计性能的影响, 模型参数先验观测误差存在下的参数解耦合优化模型、求解方法及其理论性能, 数值实验。

(7) 其他形式的非线性广义最小二乘估计方法 (第 13 章和第 14 章)

第 13 章多类型参数交替迭代方法和蒙特卡罗重要性采样方法, 主要包括含有 3 类参数的非线性观测模型, 多类型参数估计优化模型与求解方法, 参数估计的克拉美罗界, 数值实验; 基本的非线性观测模型与参数估计优化模型, 蒙特卡罗重要性采样方法, 数值实验。

第 14 章非线性滤波方法, 主要包括离散时间线性动态系统及其最优滤波方法, 离散时间非线性动态系统, 扩展卡尔曼滤波方法, 无迹卡尔曼滤波方法, 以及贝叶斯滤波方法。

第 2 章　数学预备知识

本章阐述全书涉及的若干数学预备知识, 包括矩阵理论、多维函数分析、拉格朗日乘子法、参数估计方差的克拉美罗界、矩阵扰动分析方法, 以及一阶误差分析方法。本章的内容是后续章节的数学基础。

2.1　矩阵理论中的若干预备知识

本节介绍矩阵理论中的若干预备知识, 涉及矩阵求逆、(半) 正定矩阵、矩阵奇异值分解、Moore-Penrose 广义逆矩阵与正交投影矩阵、矩阵 Kronecker 积与矩阵向量化运算等内容。

2.1.1　矩阵求逆

本节介绍几个重要的矩阵求逆计算公式。

1. 矩阵和求逆公式

【命题 2.1】 设矩阵 $\boldsymbol{A} \in \mathbf{R}^{m\times m}$、$\boldsymbol{B} \in \mathbf{R}^{m\times n}$、$\boldsymbol{C} \in \mathbf{R}^{n\times n}$ 和 $\boldsymbol{D} \in \mathbf{R}^{n\times m}$, 并且矩阵 $\boldsymbol{A}$、$\boldsymbol{C}$ 和 $\boldsymbol{C}^{-1}+\boldsymbol{D}\boldsymbol{A}^{-1}\boldsymbol{B}$ 均可逆 (即为满秩方阵), 则有如下等式

$$(\boldsymbol{A}+\boldsymbol{B}\boldsymbol{C}\boldsymbol{D})^{-1} = \boldsymbol{A}^{-1} - \boldsymbol{A}^{-1}\boldsymbol{B}(\boldsymbol{C}^{-1}+\boldsymbol{D}\boldsymbol{A}^{-1}\boldsymbol{B})^{-1}\boldsymbol{D}\boldsymbol{A}^{-1} \tag{2.1}$$

【证明】 根据矩阵乘法运算法则可知

$$\begin{aligned}&(\boldsymbol{A}^{-1} - \boldsymbol{A}^{-1}\boldsymbol{B}(\boldsymbol{C}^{-1}+\boldsymbol{D}\boldsymbol{A}^{-1}\boldsymbol{B})^{-1}\boldsymbol{D}\boldsymbol{A}^{-1})(\boldsymbol{A}+\boldsymbol{B}\boldsymbol{C}\boldsymbol{D})\\&= \boldsymbol{I}_m + \boldsymbol{A}^{-1}\boldsymbol{B}\boldsymbol{C}\boldsymbol{D} - \boldsymbol{A}^{-1}\boldsymbol{B}(\boldsymbol{C}^{-1}+\boldsymbol{D}\boldsymbol{A}^{-1}\boldsymbol{B})^{-1}\boldsymbol{D}\\&\quad - \boldsymbol{A}^{-1}\boldsymbol{B}(\boldsymbol{C}^{-1}+\boldsymbol{D}\boldsymbol{A}^{-1}\boldsymbol{B})^{-1}\boldsymbol{D}\boldsymbol{A}^{-1}\boldsymbol{B}\boldsymbol{C}\boldsymbol{D}\end{aligned} \tag{2.2}$$

式 (2.2) 中的矩阵 $(\boldsymbol{C}^{-1}+\boldsymbol{D}\boldsymbol{A}^{-1}\boldsymbol{B})^{-1}$ 可以表示为

$$(\boldsymbol{C}^{-1}+\boldsymbol{D}\boldsymbol{A}^{-1}\boldsymbol{B})^{-1} = ((\boldsymbol{I}_n+\boldsymbol{D}\boldsymbol{A}^{-1}\boldsymbol{B}\boldsymbol{C})\boldsymbol{C}^{-1})^{-1} = \boldsymbol{C}(\boldsymbol{I}_n+\boldsymbol{D}\boldsymbol{A}^{-1}\boldsymbol{B}\boldsymbol{C})^{-1} \tag{2.3}$$

将式 (2.3) 代入式 (2.2) 中可得

$$
\begin{aligned}
&(\boldsymbol{A}^{-1}-\boldsymbol{A}^{-1}\boldsymbol{B}(\boldsymbol{C}^{-1}+\boldsymbol{D}\boldsymbol{A}^{-1}\boldsymbol{B})^{-1}\boldsymbol{D}\boldsymbol{A}^{-1})(\boldsymbol{A}+\boldsymbol{B}\boldsymbol{C}\boldsymbol{D})\\
&=\boldsymbol{I}_m+\boldsymbol{A}^{-1}\boldsymbol{B}\boldsymbol{C}\boldsymbol{D}-\boldsymbol{A}^{-1}\boldsymbol{B}\boldsymbol{C}(\boldsymbol{I}_n+\boldsymbol{D}\boldsymbol{A}^{-1}\boldsymbol{B}\boldsymbol{C})^{-1}\boldsymbol{D}\\
&\quad-\boldsymbol{A}^{-1}\boldsymbol{B}\boldsymbol{C}(\boldsymbol{I}_n+\boldsymbol{D}\boldsymbol{A}^{-1}\boldsymbol{B}\boldsymbol{C})^{-1}\boldsymbol{D}\boldsymbol{A}^{-1}\boldsymbol{B}\boldsymbol{C}\boldsymbol{D}\\
&=\boldsymbol{I}_m+\boldsymbol{A}^{-1}\boldsymbol{B}\boldsymbol{C}\boldsymbol{D}-\boldsymbol{A}^{-1}\boldsymbol{B}\boldsymbol{C}((\boldsymbol{I}_n+\boldsymbol{D}\boldsymbol{A}^{-1}\boldsymbol{B}\boldsymbol{C})^{-1}\\
&\quad+(\boldsymbol{I}_n+\boldsymbol{D}\boldsymbol{A}^{-1}\boldsymbol{B}\boldsymbol{C})^{-1}\boldsymbol{D}\boldsymbol{A}^{-1}\boldsymbol{B}\boldsymbol{C})\boldsymbol{D}\\
&=\boldsymbol{I}_m+\boldsymbol{A}^{-1}\boldsymbol{B}\boldsymbol{C}\boldsymbol{D}-\boldsymbol{A}^{-1}\boldsymbol{B}\boldsymbol{C}\boldsymbol{D}=\boldsymbol{I}_m
\end{aligned}
\tag{2.4}
$$

由此可知式 (2.1) 成立。证毕。

基于命题 2.1 可以直接得到如下结论。

【命题 2.2】设矩阵 $\boldsymbol{A}\in\mathbf{R}^{m\times m}$、$\boldsymbol{B}\in\mathbf{R}^{m\times n}$、$\boldsymbol{C}\in\mathbf{R}^{n\times n}$ 和 $\boldsymbol{D}\in\mathbf{R}^{n\times m}$, 并且矩阵 $\boldsymbol{A}$、$\boldsymbol{C}$ 和 $\boldsymbol{C}^{-1}-\boldsymbol{D}\boldsymbol{A}^{-1}\boldsymbol{B}$ 均可逆, 则有如下等式

$$
(\boldsymbol{A}-\boldsymbol{B}\boldsymbol{C}\boldsymbol{D})^{-1}=\boldsymbol{A}^{-1}+\boldsymbol{A}^{-1}\boldsymbol{B}(\boldsymbol{C}^{-1}-\boldsymbol{D}\boldsymbol{A}^{-1}\boldsymbol{B})^{-1}\boldsymbol{D}\boldsymbol{A}^{-1}
\tag{2.5}
$$

【证明】将式 (2.1) 中的矩阵 $\boldsymbol{C}$ 替换为 $-\boldsymbol{C}$ 即可得到式 (2.5)。证毕。

2. 分块矩阵求逆公式

【命题 2.3】设有如下分块对称可逆矩阵

$$
\boldsymbol{U}=\begin{bmatrix}\underbrace{\boldsymbol{A}}_{m\times m} & \underbrace{\boldsymbol{B}}_{m\times n}\\ \underbrace{\boldsymbol{B}^{\mathrm{T}}}_{n\times m} & \underbrace{\boldsymbol{C}}_{n\times n}\end{bmatrix}
\tag{2.6}
$$

其中, $\boldsymbol{A}=\boldsymbol{A}^{\mathrm{T}}$, $\boldsymbol{C}=\boldsymbol{C}^{\mathrm{T}}$, 并且矩阵 $\boldsymbol{A}$、$\boldsymbol{C}$、$\boldsymbol{A}-\boldsymbol{B}\boldsymbol{C}^{-1}\boldsymbol{B}^{\mathrm{T}}$ 和 $\boldsymbol{C}-\boldsymbol{B}^{\mathrm{T}}\boldsymbol{A}^{-1}\boldsymbol{B}$ 均可逆, 则有

$$
\boldsymbol{V}=\boldsymbol{U}^{-1}=\left[\begin{array}{c:c}\underbrace{(\boldsymbol{A}-\boldsymbol{B}\boldsymbol{C}^{-1}\boldsymbol{B}^{\mathrm{T}})^{-1}}_{m\times m} & \underbrace{-(\boldsymbol{A}-\boldsymbol{B}\boldsymbol{C}^{-1}\boldsymbol{B}^{\mathrm{T}})^{-1}\boldsymbol{B}\boldsymbol{C}^{-1}}_{m\times n}\\ \hdashline \underbrace{-\boldsymbol{C}^{-1}\boldsymbol{B}^{\mathrm{T}}(\boldsymbol{A}-\boldsymbol{B}\boldsymbol{C}^{-1}\boldsymbol{B}^{\mathrm{T}})^{-1}}_{n\times m} & \underbrace{(\boldsymbol{C}-\boldsymbol{B}^{\mathrm{T}}\boldsymbol{A}^{-1}\boldsymbol{B})^{-1}}_{n\times n}\end{array}\right]
\tag{2.7}
$$

【证明】由于 $\boldsymbol{U}$ 是对称矩阵, 因此其逆矩阵 $\boldsymbol{V}$ 也是对称的, 于是可以将矩阵 $\boldsymbol{V}$ 分块表示为

$$
\boldsymbol{V}=\boldsymbol{U}^{-1}=\begin{bmatrix}\underbrace{\boldsymbol{X}}_{m\times m} & \underbrace{\boldsymbol{Y}}_{m\times n}\\ \underbrace{\boldsymbol{Y}^{\mathrm{T}}}_{n\times m} & \underbrace{\boldsymbol{Z}}_{n\times n}\end{bmatrix}
\tag{2.8}
$$

根据逆矩阵的定义可知

$$\boldsymbol{VU}=\begin{bmatrix}\boldsymbol{X} & \boldsymbol{Y}\\ \boldsymbol{Y}^{\mathrm{T}} & \boldsymbol{Z}\end{bmatrix}\begin{bmatrix}\boldsymbol{A} & \boldsymbol{B}\\ \boldsymbol{B}^{\mathrm{T}} & \boldsymbol{C}\end{bmatrix}=\begin{bmatrix}\boldsymbol{I}_m & \boldsymbol{O}_{m\times n}\\ \boldsymbol{O}_{n\times m} & \boldsymbol{I}_n\end{bmatrix}=\boldsymbol{I}_{m+n} \tag{2.9}$$

由式 (2.9) 可以得到如下 3 个矩阵等式

$$\begin{cases}\boldsymbol{XA}+\boldsymbol{YB}^{\mathrm{T}}=\boldsymbol{I}_m & (\mathrm{I})\\ \boldsymbol{XB}+\boldsymbol{YC}=\boldsymbol{O}_{m\times n} & (\mathrm{II})\\ \boldsymbol{Y}^{\mathrm{T}}\boldsymbol{B}+\boldsymbol{ZC}=\boldsymbol{I}_n & (\mathrm{III})\end{cases} \tag{2.10}$$

基于式 (2.10) 中的式 (Ⅱ) 可得 $\boldsymbol{Y}=-\boldsymbol{XBC}^{-1}$, 将该式代入式 (2.10) 中的式 (Ⅰ), 可知

$$\boldsymbol{XA}-\boldsymbol{XBC}^{-1}\boldsymbol{B}^{\mathrm{T}}=\boldsymbol{I}_m \Rightarrow \boldsymbol{X}=(\boldsymbol{A}-\boldsymbol{BC}^{-1}\boldsymbol{B}^{\mathrm{T}})^{-1} \tag{2.11}$$

由此可得

$$\boldsymbol{Y}=-(\boldsymbol{A}-\boldsymbol{BC}^{-1}\boldsymbol{B}^{\mathrm{T}})^{-1}\boldsymbol{BC}^{-1} \tag{2.12}$$

结合式 (2.10) 中的式 (Ⅲ) 和式 (2.12), 可知

$$\begin{aligned}\boldsymbol{Z}&=(\boldsymbol{I}_n-\boldsymbol{Y}^{\mathrm{T}}\boldsymbol{B})\boldsymbol{C}^{-1}\\ &=\boldsymbol{C}^{-1}+\boldsymbol{C}^{-1}\boldsymbol{B}^{\mathrm{T}}(\boldsymbol{A}-\boldsymbol{BC}^{-1}\boldsymbol{B}^{\mathrm{T}})^{-1}\boldsymbol{BC}^{-1}\\ &=(\boldsymbol{C}-\boldsymbol{B}^{\mathrm{T}}\boldsymbol{A}^{-1}\boldsymbol{B})^{-1}\end{aligned} \tag{2.13}$$

式 (2.13) 中的第 3 个等号利用了命题 2.2。结合式 (2.11) 至式 (2.13) 可知式 (2.7) 成立。证毕。

【注记 2.1】由于

$$\begin{aligned}&\boldsymbol{BC}^{-1}(\boldsymbol{C}-\boldsymbol{B}^{\mathrm{T}}\boldsymbol{A}^{-1}\boldsymbol{B})=(\boldsymbol{A}-\boldsymbol{BC}^{-1}\boldsymbol{B}^{\mathrm{T}})\boldsymbol{A}^{-1}\boldsymbol{B}\\ &\qquad\Rightarrow(\boldsymbol{A}-\boldsymbol{BC}^{-1}\boldsymbol{B}^{\mathrm{T}})^{-1}\boldsymbol{BC}^{-1}=\boldsymbol{A}^{-1}\boldsymbol{B}(\boldsymbol{C}-\boldsymbol{B}^{\mathrm{T}}\boldsymbol{A}^{-1}\boldsymbol{B})^{-1}\end{aligned} \tag{2.14}$$

利用式 (2.14) 可以将式 (2.7) 写成如下形式

$$\boldsymbol{V}=\boldsymbol{U}^{-1}=\left[\begin{array}{c:c}\underbrace{(\boldsymbol{A}-\boldsymbol{BC}^{-1}\boldsymbol{B}^{\mathrm{T}})^{-1}}_{m\times m} & \underbrace{-\boldsymbol{A}^{-1}\boldsymbol{B}(\boldsymbol{C}-\boldsymbol{B}^{\mathrm{T}}\boldsymbol{A}^{-1}\boldsymbol{B})^{-1}}_{m\times n}\\ \hdashline \underbrace{-(\boldsymbol{C}-\boldsymbol{B}^{\mathrm{T}}\boldsymbol{A}^{-1}\boldsymbol{B})^{-1}\boldsymbol{B}^{\mathrm{T}}\boldsymbol{A}^{-1}}_{n\times m} & \underbrace{(\boldsymbol{C}-\boldsymbol{B}^{\mathrm{T}}\boldsymbol{A}^{-1}\boldsymbol{B})^{-1}}_{n\times n}\end{array}\right] \tag{2.15}$$

2.1.2 (半) 正定矩阵

本节介绍 (半) 正定矩阵的定义和一些重要性质。

【定义 2.1】 设对称矩阵 $\boldsymbol{A} \in \mathbf{R}^{m \times m}$, 若对于任意非零向量 $\boldsymbol{x} \in \mathbf{R}^{m \times 1}$ 均满足 $\boldsymbol{x}^{\mathrm{T}} \boldsymbol{A} \boldsymbol{x} \geqslant 0$, 则称 $\boldsymbol{A}$ 为半正定矩阵, 记为 $\boldsymbol{A} \geqslant \boldsymbol{O}$; 若对于任意非零向量 $\boldsymbol{x} \in \mathbf{R}^{m \times 1}$ 均满足 $\boldsymbol{x}^{\mathrm{T}} \boldsymbol{A} \boldsymbol{x} > 0$, 则称 $\boldsymbol{A}$ 为正定矩阵, 记为 $\boldsymbol{A} > \boldsymbol{O}$。

【定义 2.2】 设对称矩阵 $\boldsymbol{A} \in \mathbf{R}^{m \times m}$ 和 $\boldsymbol{B} \in \mathbf{R}^{m \times m}$, 若 $\boldsymbol{A} - \boldsymbol{B}$ 为半正定矩阵, 记为 $\boldsymbol{A} \geqslant \boldsymbol{B}$ 或者 $\boldsymbol{B} \leqslant \boldsymbol{A}$; 若 $\boldsymbol{A} - \boldsymbol{B}$ 为正定矩阵, 则记为 $\boldsymbol{A} > \boldsymbol{B}$ 或者 $\boldsymbol{B} < \boldsymbol{A}$。

半正定矩阵和正定矩阵的一个重要性质是其特征值和对角元素均为非负数 (半正定矩阵) 和正数 (正定矩阵)。因此, 若 $\boldsymbol{A} \geqslant \boldsymbol{B}$, 则有 $\lambda[\boldsymbol{A} - \boldsymbol{B}] \geqslant 0$ 和 $\mathrm{tr}(\boldsymbol{A}) \geqslant \mathrm{tr}(\boldsymbol{B})$; 若 $\boldsymbol{A} > \boldsymbol{B}$, 则有 $\lambda[\boldsymbol{A} - \boldsymbol{B}] > 0$ 和 $\mathrm{tr}(\boldsymbol{A}) > \mathrm{tr}(\boldsymbol{B})$。需要指出的是, 正定矩阵一定是可逆矩阵, 并且其逆矩阵也是正定的, 但是半正定矩阵可能是不可逆的。

(半) 正定矩阵具有一些重要性质, 具体结论可见以下 7 个命题。

【命题 2.4】 设 $\boldsymbol{A} \in \mathbf{R}^{m \times m}$ 为半正定矩阵, $\boldsymbol{B} \in \mathbf{R}^{m \times n}$ 为任意矩阵, 则 $\boldsymbol{B}^{\mathrm{T}} \boldsymbol{A} \boldsymbol{B}$ 为半正定矩阵。

【证明】 对于任意非零向量 $\boldsymbol{x} \in \mathbf{R}^{n \times 1}$, 定义向量 $\boldsymbol{y} = \boldsymbol{B} \boldsymbol{x}$, 则由矩阵 $\boldsymbol{A}$ 的半正定性可得

$$0 \leqslant \boldsymbol{y}^{\mathrm{T}} \boldsymbol{A} \boldsymbol{y} = \boldsymbol{x}^{\mathrm{T}} \boldsymbol{B}^{\mathrm{T}} \boldsymbol{A} \boldsymbol{B} \boldsymbol{x} \tag{2.16}$$

由式 (2.16) 和向量 $\boldsymbol{x}$ 的任意性可知, 矩阵 $\boldsymbol{B}^{\mathrm{T}} \boldsymbol{A} \boldsymbol{B}$ 具有半正定性。证毕。

【命题 2.5】 设 $\boldsymbol{A} \in \mathbf{R}^{m \times m}$ 和 $\boldsymbol{C} \in \mathbf{R}^{m \times m}$ 均为半正定矩阵, 并且满足 $\boldsymbol{A} \geqslant \boldsymbol{C}$, $\boldsymbol{B} \in \mathbf{R}^{m \times n}$ 为任意矩阵, 则有 $\boldsymbol{B}^{\mathrm{T}} \boldsymbol{A} \boldsymbol{B} \geqslant \boldsymbol{B}^{\mathrm{T}} \boldsymbol{C} \boldsymbol{B}$。

【证明】 由 $\boldsymbol{A} \geqslant \boldsymbol{C}$ 可得 $\boldsymbol{A} - \boldsymbol{C}$ 为半正定矩阵, 利用命题 2.4 可知, $\boldsymbol{B}^{\mathrm{T}}(\boldsymbol{A} - \boldsymbol{C})\boldsymbol{B} = \boldsymbol{B}^{\mathrm{T}} \boldsymbol{A} \boldsymbol{B} - \boldsymbol{B}^{\mathrm{T}} \boldsymbol{C} \boldsymbol{B}$ 是半正定矩阵, 于是有 $\boldsymbol{B}^{\mathrm{T}} \boldsymbol{A} \boldsymbol{B} \geqslant \boldsymbol{B}^{\mathrm{T}} \boldsymbol{C} \boldsymbol{B}$。证毕。

【命题 2.6】 设 $\boldsymbol{A} \in \mathbf{R}^{m \times m}$ 为正定矩阵, $\boldsymbol{B} \in \mathbf{R}^{m \times n}$ 为列满秩矩阵, 则 $\boldsymbol{B}^{\mathrm{T}} \boldsymbol{A} \boldsymbol{B}$ 为正定矩阵。

【证明】 对于任意非零向量 $\boldsymbol{x} \in \mathbf{R}^{n \times 1}$, 利用矩阵 $\boldsymbol{B}$ 的列满秩性可知 $\boldsymbol{y} = \boldsymbol{B} \boldsymbol{x}$ 是非零向量, 再利用 $\boldsymbol{A}$ 是正定矩阵的性质可得

$$0 < \boldsymbol{y}^{\mathrm{T}} \boldsymbol{A} \boldsymbol{y} = (\boldsymbol{B} \boldsymbol{x})^{\mathrm{T}} \boldsymbol{A} (\boldsymbol{B} \boldsymbol{x}) = \boldsymbol{x}^{\mathrm{T}} \boldsymbol{B}^{\mathrm{T}} \boldsymbol{A} \boldsymbol{B} \boldsymbol{x} \tag{2.17}$$

由式 (2.17) 和向量 $\boldsymbol{x}$ 的任意性可知, $\boldsymbol{B}^{\mathrm{T}} \boldsymbol{A} \boldsymbol{B}$ 是正定矩阵。证毕。

【命题 2.7】 设 $\boldsymbol{A} \in \mathbf{R}^{m \times m}$ 为 (半) 正定矩阵, 存在 (半) 正定矩阵 $\boldsymbol{B} \in \mathbf{R}^{m \times m}$ 满足 $\boldsymbol{A} = \boldsymbol{B}^2$。

【证明】由于 $\boldsymbol{A}$ 为 (半) 正定矩阵, 因此其存在特征分解 $\boldsymbol{A}=\boldsymbol{U}\boldsymbol{\Sigma}\boldsymbol{U}^{\mathrm{T}}$。其中, $\boldsymbol{U}$ 为特征向量矩阵, 为正交矩阵; 对角矩阵 $\boldsymbol{\Sigma}$ 中的对角元素为矩阵 $\boldsymbol{A}$ 的特征值 (均为非负数), 若将矩阵 $\boldsymbol{\Sigma}$ 中的正对角元素平方根 (零元素保持不变) 所得到的矩阵记为 $\boldsymbol{\Sigma}^{1/2}$, 并令 $\boldsymbol{B}=\boldsymbol{U}\boldsymbol{\Sigma}^{1/2}\boldsymbol{U}^{\mathrm{T}}$, 则 $\boldsymbol{B}$ 是 (半) 正定矩阵, 并且满足 $\boldsymbol{A}=\boldsymbol{B}^2$。证毕。

【注记 2.2】本书将命题 2.7 中的矩阵 $\boldsymbol{B}$ 记为 $\boldsymbol{B}=\boldsymbol{A}^{1/2}$, 若矩阵 $\boldsymbol{B}$ 可逆, 将其逆矩阵 $\boldsymbol{B}^{-1}$ 记为 $\boldsymbol{B}^{-1}=\boldsymbol{A}^{-1/2}$, 并且 $\boldsymbol{A}^{1/2}$ 和 $\boldsymbol{A}^{-1/2}$ 均为半正定矩阵。

【命题 2.8】设 $\boldsymbol{A}\in\mathbf{R}^{m\times m}$ 为正定矩阵, $\boldsymbol{B}\in\mathbf{R}^{m\times m}$ 为半正定矩阵, 则 $\boldsymbol{A}\geqslant\boldsymbol{B}$ (或 $\boldsymbol{A}>\boldsymbol{B}$) 的充要条件是 $\lambda_{\max}[\boldsymbol{B}\boldsymbol{A}^{-1}]\leqslant 1$ (或 $\lambda_{\max}[\boldsymbol{B}\boldsymbol{A}^{-1}]<1$)。

【证明】利用命题 2.4 可得

$$\boldsymbol{A}\geqslant\boldsymbol{B}\Leftrightarrow\boldsymbol{A}-\boldsymbol{B}\geqslant\boldsymbol{O}\Leftrightarrow\boldsymbol{A}^{-1/2}(\boldsymbol{A}-\boldsymbol{B})\boldsymbol{A}^{-1/2}\geqslant\boldsymbol{O}\Leftrightarrow\boldsymbol{I}_m-\boldsymbol{A}^{-1/2}\boldsymbol{B}\boldsymbol{A}^{-1/2}\geqslant\boldsymbol{O} \tag{2.18}$$

由式 (2.18) 可知, $\boldsymbol{A}\geqslant\boldsymbol{B}$ 的充要条件是 $\boldsymbol{I}_m-\boldsymbol{A}^{-1/2}\boldsymbol{B}\boldsymbol{A}^{-1/2}$ 为半正定矩阵, 其等价于半正定矩阵 $\boldsymbol{A}^{-1/2}\boldsymbol{B}\boldsymbol{A}^{-1/2}$ 的全部特征值均小于等于 1 (即 $\lambda_{\max}[\boldsymbol{A}^{-1/2}\boldsymbol{B}\boldsymbol{A}^{-1/2}]\leqslant 1$), 利用矩阵特征值的性质可得 $\lambda_{\max}[\boldsymbol{A}^{-1/2}\boldsymbol{B}\boldsymbol{A}^{-1/2}]=\lambda_{\max}[\boldsymbol{B}\boldsymbol{A}^{-1}]$, 由此可知, $\boldsymbol{A}\geqslant\boldsymbol{B}$ 等价于 $\lambda_{\max}[\boldsymbol{B}\boldsymbol{A}^{-1}]\leqslant 1$。另外, 当 $\boldsymbol{A}>\boldsymbol{B}$ 时, 利用类似的推导可以证明其与 $\lambda_{\max}[\boldsymbol{B}\boldsymbol{A}^{-1}]<1$ 等价。证毕。

【命题 2.9】设 $\boldsymbol{A}\in\mathbf{R}^{m\times m}$ 和 $\boldsymbol{B}\in\mathbf{R}^{m\times m}$ 均为正定矩阵, 则 $\boldsymbol{A}\geqslant\boldsymbol{B}$ (或 $\boldsymbol{A}>\boldsymbol{B}$) 的充要条件是 $\boldsymbol{A}^{-1}\leqslant\boldsymbol{B}^{-1}$ (或 $\boldsymbol{A}^{-1}<\boldsymbol{B}^{-1}$)。

【证明】利用命题 2.8 可知

$$\begin{cases}\boldsymbol{A}\geqslant\boldsymbol{B}\Leftrightarrow\lambda_{\max}[\boldsymbol{B}\boldsymbol{A}^{-1}]\leqslant 1\Leftrightarrow\lambda_{\max}[\boldsymbol{A}^{-1}\boldsymbol{B}]\leqslant 1\Leftrightarrow\boldsymbol{A}^{-1}\leqslant\boldsymbol{B}^{-1}\\ \boldsymbol{A}>\boldsymbol{B}\Leftrightarrow\lambda_{\max}[\boldsymbol{B}\boldsymbol{A}^{-1}]<1\Leftrightarrow\lambda_{\max}[\boldsymbol{A}^{-1}\boldsymbol{B}]<1\Leftrightarrow\boldsymbol{A}^{-1}<\boldsymbol{B}^{-1}\end{cases} \tag{2.19}$$

证毕。

【命题 2.10】设 $\boldsymbol{A}\in\mathbf{R}^{m\times m}$ 和 $\boldsymbol{C}\in\mathbf{R}^{m\times m}$ 均为正定矩阵, 并且满足 $\boldsymbol{A}\geqslant\boldsymbol{C}$, $\boldsymbol{B}\in\mathbf{R}^{m\times n}$ 为列满秩矩阵, 则有 $\boldsymbol{B}(\boldsymbol{B}^{\mathrm{T}}\boldsymbol{A}^{-1}\boldsymbol{B})^{-1}\boldsymbol{B}^{\mathrm{T}}\geqslant\boldsymbol{B}(\boldsymbol{B}^{\mathrm{T}}\boldsymbol{C}^{-1}\boldsymbol{B})^{-1}\boldsymbol{B}^{\mathrm{T}}$。

【证明】利用命题 2.6 可知, $\boldsymbol{B}^{\mathrm{T}}\boldsymbol{A}^{-1}\boldsymbol{B}$ 和 $\boldsymbol{B}^{\mathrm{T}}\boldsymbol{C}^{-1}\boldsymbol{B}$ 均为正定矩阵, 因此它们也都是可逆矩阵。由 $\boldsymbol{A}\geqslant\boldsymbol{C}$ 可得 $\boldsymbol{C}^{-1}\geqslant\boldsymbol{A}^{-1}$, 结合命题 2.5 和命题 2.9 可知

$$\boldsymbol{B}^{\mathrm{T}}\boldsymbol{C}^{-1}\boldsymbol{B}\geqslant\boldsymbol{B}^{\mathrm{T}}\boldsymbol{A}^{-1}\boldsymbol{B}\Rightarrow(\boldsymbol{B}^{\mathrm{T}}\boldsymbol{A}^{-1}\boldsymbol{B})^{-1}\geqslant(\boldsymbol{B}^{\mathrm{T}}\boldsymbol{C}^{-1}\boldsymbol{B})^{-1} \tag{2.20}$$

再次利用命题 2.5 可得 $\boldsymbol{B}(\boldsymbol{B}^{\mathrm{T}}\boldsymbol{A}^{-1}\boldsymbol{B})^{-1}\boldsymbol{B}^{\mathrm{T}}\geqslant\boldsymbol{B}(\boldsymbol{B}^{\mathrm{T}}\boldsymbol{C}^{-1}\boldsymbol{B})^{-1}\boldsymbol{B}^{\mathrm{T}}$。证毕。

2.1.3 矩阵奇异值分解

本节介绍矩阵奇异值分解的基本概念。奇异值分解是一种非常重要的矩阵分解, 通过此分解可以获得矩阵的列空间和零空间, 与此同时还可以确定矩阵秩。任意矩阵都存在奇异值分解, 具体结论可见如下命题。

【**命题 2.11**】设矩阵 $\boldsymbol{A} \in \mathbf{R}^{m\times n}$, 并且其秩为 $\text{rank}[\boldsymbol{A}] = r$, 则存在两个正交矩阵 $\boldsymbol{U} \in \mathbf{R}^{m\times m}$ 和 $\boldsymbol{V} \in \mathbf{R}^{n\times n}$, 满足

$$\boldsymbol{U}^{\mathrm{T}}\boldsymbol{A}\boldsymbol{V} = \begin{bmatrix} \boldsymbol{\Sigma} & \boldsymbol{O}_{r\times(n-r)} \\ \boldsymbol{O}_{(m-r)\times r} & \boldsymbol{O}_{(m-r)\times(n-r)} \end{bmatrix} \tag{2.21}$$

式中 $\boldsymbol{\Sigma} = \text{diag}\{\sigma_1, \sigma_2, \cdots, \sigma_r\}$ (其中 $\{\sigma_j\}_{1\leqslant j\leqslant r}$ 称为奇异值); 矩阵 $\boldsymbol{U}$ 和 $\boldsymbol{V}$ 中的列向量分别称为左和右奇异向量。

【**证明**】由于 $\boldsymbol{A}^{\mathrm{T}}\boldsymbol{A}$ 是半正定矩阵, 并且其秩为 $\text{rank}[\boldsymbol{A}^{\mathrm{T}}\boldsymbol{A}] = \text{rank}[\boldsymbol{A}] = r$, 因此矩阵 $\boldsymbol{A}^{\mathrm{T}}\boldsymbol{A}$ 的特征值中包含 r 个正值和 $n-r$ 个零值, 于是可以将矩阵 $\boldsymbol{A}^{\mathrm{T}}\boldsymbol{A}$ 的全部特征值设为

$$\lambda_1 \geqslant \lambda_2 \geqslant \cdots \geqslant \lambda_r > \lambda_{r+1} = \lambda_{r+2} = \cdots = \lambda_n = 0 \tag{2.22}$$

并记 $\boldsymbol{\Sigma} = \text{diag}\{\sigma_1, \sigma_2, \cdots, \sigma_r\}$, 其中 $\sigma_k = \sqrt{\lambda_k}\ (1 \leqslant k \leqslant r)$。根据对称矩阵的特征分解定理可知①, 存在正交矩阵 $\boldsymbol{V} \in \mathbf{R}^{n\times n}$ 满足

$$\boldsymbol{V}^{\mathrm{T}}\boldsymbol{A}^{\mathrm{T}}\boldsymbol{A}\boldsymbol{V} = \begin{bmatrix} \boldsymbol{\Sigma}^2 & \boldsymbol{O}_{r\times(n-r)} \\ \boldsymbol{O}_{(n-r)\times r} & \boldsymbol{O}_{(n-r)\times(n-r)} \end{bmatrix} \tag{2.23}$$

由式 (2.23) 可以进一步推得

$$\boldsymbol{A}^{\mathrm{T}}\boldsymbol{A}\boldsymbol{V} = \boldsymbol{V}\begin{bmatrix} \boldsymbol{\Sigma}^2 & \boldsymbol{O}_{r\times(n-r)} \\ \boldsymbol{O}_{(n-r)\times r} & \boldsymbol{O}_{(n-r)\times(n-r)} \end{bmatrix} \tag{2.24}$$

将矩阵 $\boldsymbol{V}$ 按列分块表示为 $\boldsymbol{V} = \begin{bmatrix} \underbrace{\boldsymbol{V}_1}_{n\times r} & \underbrace{\boldsymbol{V}_2}_{n\times(n-r)} \end{bmatrix}$, 根据式 (2.24) 可知

$$\boldsymbol{A}^{\mathrm{T}}\boldsymbol{A}\boldsymbol{V}_1 = \boldsymbol{V}_1\boldsymbol{\Sigma}^2; \quad \boldsymbol{A}^{\mathrm{T}}\boldsymbol{A}\boldsymbol{V}_2 = \boldsymbol{O}_{n\times(n-r)} \tag{2.25}$$

由式 (2.25) 可以进一步推得

$$\boldsymbol{V}_1^{\mathrm{T}}\boldsymbol{A}^{\mathrm{T}}\boldsymbol{A}\boldsymbol{V}_1 = \boldsymbol{\Sigma}^2; \quad \boldsymbol{V}_2^{\mathrm{T}}\boldsymbol{A}^{\mathrm{T}}\boldsymbol{A}\boldsymbol{V}_2 = \boldsymbol{O}_{(n-r)\times(n-r)} \tag{2.26}$$

---

① 读者可参见文献 [38]。

于是有

$$(\boldsymbol{A}\boldsymbol{V}_1\boldsymbol{\Sigma}^{-1})^{\mathrm{T}}(\boldsymbol{A}\boldsymbol{V}_1\boldsymbol{\Sigma}^{-1})=\boldsymbol{I}_r;\quad \boldsymbol{A}\boldsymbol{V}_2=\boldsymbol{O}_{m\times(n-r)} \tag{2.27}$$

若令 $\boldsymbol{U}_1=\boldsymbol{A}\boldsymbol{V}_1\boldsymbol{\Sigma}^{-1}$ (等价于 $\boldsymbol{U}_1\boldsymbol{\Sigma}=\boldsymbol{A}\boldsymbol{V}_1$), 根据式 (2.27) 中的第 1 个等式可知, 矩阵 $\boldsymbol{U}_1$ 中的列向量是相互正交的单位向量, 将其按列分块表示为 $\boldsymbol{U}_1=[\boldsymbol{u}_1\ \ \boldsymbol{u}_2\ \ \cdots\ \ \boldsymbol{u}_r]$, 然后再扩充 $m-r$ 个列向量 $\boldsymbol{u}_{r+1},\boldsymbol{u}_{r+2},\cdots,\boldsymbol{u}_m$ 构造矩阵 $\boldsymbol{U}_2=[\boldsymbol{u}_{r+1}\ \ \boldsymbol{u}_{r+2}\ \ \cdots\ \ \boldsymbol{u}_m]$, 使得 $\boldsymbol{U}=[\boldsymbol{U}_1\ \ \boldsymbol{U}_2]$ 为正交矩阵。于是有

$$\begin{aligned}\boldsymbol{U}^{\mathrm{T}}\boldsymbol{A}\boldsymbol{V}&=\begin{bmatrix}\boldsymbol{U}_1^{\mathrm{T}}\\ \boldsymbol{U}_2^{\mathrm{T}}\end{bmatrix}[\boldsymbol{A}\boldsymbol{V}_1\quad \boldsymbol{A}\boldsymbol{V}_2]\\ &=\begin{bmatrix}\boldsymbol{U}_1^{\mathrm{T}}\boldsymbol{U}_1\boldsymbol{\Sigma} & \boldsymbol{O}_{r\times(n-r)}\\ \boldsymbol{U}_2^{\mathrm{T}}\boldsymbol{U}_1\boldsymbol{\Sigma} & \boldsymbol{O}_{(m-r)\times(n-r)}\end{bmatrix}=\begin{bmatrix}\boldsymbol{\Sigma} & \boldsymbol{O}_{r\times(n-r)}\\ \boldsymbol{O}_{(m-r)\times r} & \boldsymbol{O}_{(m-r)\times(n-r)}\end{bmatrix}\end{aligned} \tag{2.28}$$

证毕。

根据命题 2.11 可知, 任意矩阵 $\boldsymbol{A}\in\mathbf{R}^{m\times n}$ 都可以分解为如下形式

$$\boldsymbol{A}=\boldsymbol{U}\begin{bmatrix}\boldsymbol{\Sigma} & \boldsymbol{O}_{r\times(n-r)}\\ \boldsymbol{O}_{(m-r)\times r} & \boldsymbol{O}_{(m-r)\times(n-r)}\end{bmatrix}\boldsymbol{V}^{\mathrm{T}} \tag{2.29}$$

式中矩阵 $\boldsymbol{U}$、$\boldsymbol{V}$ 和 $\boldsymbol{\Sigma}$ 的定义见命题 2.11。式 (2.29) 即为矩阵奇异值分解。

【注记 2.3】命题 2.11 中矩阵 $\boldsymbol{U}_1$ 的列空间 $\mathrm{range}[\boldsymbol{U}_1]$ 为矩阵 $\boldsymbol{A}$ 的列空间 $\mathrm{range}[\boldsymbol{A}]$, 矩阵 $\boldsymbol{V}_2$ 的列空间 $\mathrm{range}[\boldsymbol{V}_2]$ 为矩阵 $\boldsymbol{A}$ 的零空间 $\mathrm{null}[\boldsymbol{A}]$, 非零的奇异值个数 r 等于矩阵 $\boldsymbol{A}$ 的秩 $\mathrm{rank}[\boldsymbol{A}]$。

2.1.4 Moore-Penrose 广义逆矩阵与正交投影矩阵

本节介绍 Moore-Penrose 广义逆矩阵与正交投影矩阵的若干重要结论, 它们在最小二乘估计理论中发挥着重要作用。

1. Moore-Penrose 广义逆矩阵

Moore-Penrose 广义逆是一种十分重要的广义逆, 利用该矩阵可以构造任意矩阵的列空间或是其列补空间上的正交投影矩阵, 其基本定义如下。

【定义 2.3】设矩阵 $\boldsymbol{A}\in\mathbf{R}^{m\times n}$, 若矩阵 $\boldsymbol{X}\in\mathbf{R}^{n\times m}$ 满足以下 4 个矩阵方程

$$\boldsymbol{A}\boldsymbol{X}\boldsymbol{A}=\boldsymbol{A};\quad \boldsymbol{X}\boldsymbol{A}\boldsymbol{X}=\boldsymbol{X};\quad (\boldsymbol{A}\boldsymbol{X})^{\mathrm{T}}=\boldsymbol{A}\boldsymbol{X};\quad (\boldsymbol{X}\boldsymbol{A})^{\mathrm{T}}=\boldsymbol{X}\boldsymbol{A} \tag{2.30}$$

则称 $\boldsymbol{X}$ 是矩阵 $\boldsymbol{A}$ 的 Moore-Penrose 广义逆, 并将其记为 $\boldsymbol{X}=\boldsymbol{A}^{\dagger}$。

根据定义 2.3 可知, 若 $\boldsymbol{A}$ 是可逆方阵, 则有 $\boldsymbol{A}^{\dagger}=\boldsymbol{A}^{-1}$。满足式 (2.30) 的 Moore-Penrose 逆矩阵存在并且唯一, 其可以通过矩阵 $\boldsymbol{A}$ 的奇异值分解来获得。

对于列满秩或者行满秩矩阵而言, Moore-Penrose 逆矩阵存在闭式表达式, 具体结论可见如下两个命题。

【命题 2.12】设矩阵 $\boldsymbol{A}\in\mathbf{R}^{m\times n}$, 若 $\boldsymbol{A}$ 为列满秩矩阵, 则有 $\boldsymbol{A}^{\dagger}=(\boldsymbol{A}^{\mathrm{T}}\boldsymbol{A})^{-1}\boldsymbol{A}^{\mathrm{T}}$。

【证明】若 $\boldsymbol{A}$ 为列满秩矩阵, 则 $\boldsymbol{A}^{\mathrm{T}}\boldsymbol{A}$ 是可逆矩阵, 将 $\boldsymbol{X}=(\boldsymbol{A}^{\mathrm{T}}\boldsymbol{A})^{-1}\boldsymbol{A}^{\mathrm{T}}$ 代入式 (2.30) 可得

$$\begin{cases}\boldsymbol{AXA}=\boldsymbol{A}(\boldsymbol{A}^{\mathrm{T}}\boldsymbol{A})^{-1}\boldsymbol{A}^{\mathrm{T}}\boldsymbol{A}=\boldsymbol{A}\\ \boldsymbol{XAX}=(\boldsymbol{A}^{\mathrm{T}}\boldsymbol{A})^{-1}\boldsymbol{A}^{\mathrm{T}}\boldsymbol{A}(\boldsymbol{A}^{\mathrm{T}}\boldsymbol{A})^{-1}\boldsymbol{A}^{\mathrm{T}}=(\boldsymbol{A}^{\mathrm{T}}\boldsymbol{A})^{-1}\boldsymbol{A}^{\mathrm{T}}=\boldsymbol{X}\\ (\boldsymbol{AX})^{\mathrm{T}}=(\boldsymbol{A}(\boldsymbol{A}^{\mathrm{T}}\boldsymbol{A})^{-1}\boldsymbol{A}^{\mathrm{T}})^{\mathrm{T}}=\boldsymbol{A}(\boldsymbol{A}^{\mathrm{T}}\boldsymbol{A})^{-1}\boldsymbol{A}^{\mathrm{T}}=\boldsymbol{AX}\\ (\boldsymbol{XA})^{\mathrm{T}}=((\boldsymbol{A}^{\mathrm{T}}\boldsymbol{A})^{-1}\boldsymbol{A}^{\mathrm{T}}\boldsymbol{A})^{\mathrm{T}}=\boldsymbol{I}_n^{\mathrm{T}}=\boldsymbol{I}_n=\boldsymbol{XA}\end{cases}\tag{2.31}$$

由式 (2.31) 可知, 矩阵 $\boldsymbol{X}=(\boldsymbol{A}^{\mathrm{T}}\boldsymbol{A})^{-1}\boldsymbol{A}^{\mathrm{T}}$ 满足 Moore-Penrose 广义逆定义中的 4 个条件。证毕。

【命题 2.13】设矩阵 $\boldsymbol{A}\in\mathbf{R}^{m\times n}$, 若 $\boldsymbol{A}$ 为行满秩矩阵, 则有 $\boldsymbol{A}^{\dagger}=\boldsymbol{A}^{\mathrm{T}}(\boldsymbol{A}\boldsymbol{A}^{\mathrm{T}})^{-1}$。

【证明】若 $\boldsymbol{A}$ 为行满秩矩阵, 则 $\boldsymbol{A}\boldsymbol{A}^{\mathrm{T}}$ 是可逆矩阵, 将 $\boldsymbol{X}=\boldsymbol{A}^{\mathrm{T}}(\boldsymbol{A}\boldsymbol{A}^{\mathrm{T}})^{-1}$ 代入式 (2.30) 可得

$$\begin{cases}\boldsymbol{AXA}=\boldsymbol{A}\boldsymbol{A}^{\mathrm{T}}(\boldsymbol{A}\boldsymbol{A}^{\mathrm{T}})^{-1}\boldsymbol{A}=\boldsymbol{A}\\ \boldsymbol{XAX}=\boldsymbol{A}^{\mathrm{T}}(\boldsymbol{A}\boldsymbol{A}^{\mathrm{T}})^{-1}\boldsymbol{A}\boldsymbol{A}^{\mathrm{T}}(\boldsymbol{A}\boldsymbol{A}^{\mathrm{T}})^{-1}=\boldsymbol{A}^{\mathrm{T}}(\boldsymbol{A}\boldsymbol{A}^{\mathrm{T}})^{-1}=\boldsymbol{X}\\ (\boldsymbol{AX})^{\mathrm{T}}=(\boldsymbol{A}\boldsymbol{A}^{\mathrm{T}}(\boldsymbol{A}\boldsymbol{A}^{\mathrm{T}})^{-1})^{\mathrm{T}}=\boldsymbol{I}_m^{\mathrm{T}}=\boldsymbol{I}_m=\boldsymbol{AX}\\ (\boldsymbol{XA})^{\mathrm{T}}=(\boldsymbol{A}^{\mathrm{T}}(\boldsymbol{A}\boldsymbol{A}^{\mathrm{T}})^{-1}\boldsymbol{A})^{\mathrm{T}}=\boldsymbol{A}^{\mathrm{T}}(\boldsymbol{A}\boldsymbol{A}^{\mathrm{T}})^{-1}\boldsymbol{A}=\boldsymbol{XA}\end{cases}\tag{2.32}$$

由式 (2.32) 可知, 矩阵 $\boldsymbol{X}=\boldsymbol{A}^{\mathrm{T}}(\boldsymbol{A}\boldsymbol{A}^{\mathrm{T}})^{-1}$ 满足 Moore-Penrose 广义逆定义中的 4 个条件。证毕。

2. 正交投影矩阵

正交投影矩阵在矩阵理论中具有十分重要的地位, 其基本定义如下。

【定义 2.4】设 $\mathbf{S}$ 是 m 维欧氏空间 $\mathbf{R}^m$ 中的 1 个线性子空间, $\mathbf{S}^{\perp}$ 是其正交补空间, 对于任意向量 $\boldsymbol{x}\in\mathbf{R}^{m\times 1}$, 若存在某个 $m\times m$ 阶矩阵 $\boldsymbol{P}$ 满足

$$\boldsymbol{x}=\boldsymbol{x}_1+\boldsymbol{x}_2=\boldsymbol{Px}+(\boldsymbol{I}_m-\boldsymbol{P})\boldsymbol{x}\tag{2.33}$$

式中, $\boldsymbol{x}_1=\boldsymbol{Px}\in\mathbf{S}$, $\boldsymbol{x}_2=(\boldsymbol{I}_m-\boldsymbol{P})\boldsymbol{x}\in\mathbf{S}^{\perp}$, 则称 $\boldsymbol{P}$ 是 $\mathbf{S}$ 上的正交投影矩阵, $\boldsymbol{I}_m-\boldsymbol{P}$ 是 $\mathbf{S}$ 的正交补空间 $\mathbf{S}^{\perp}$ 上的正交投影矩阵。若 $\mathbf{S}$ 表示矩阵 $\boldsymbol{A}$ 的列空间 (即 $\mathbf{S}=\mathrm{range}[\boldsymbol{A}]$), 则将矩阵 $\boldsymbol{P}$ 记为 $\boldsymbol{\Pi}[\boldsymbol{A}]$, 将矩阵 $\boldsymbol{I}_m-\boldsymbol{P}$ 记为 $\boldsymbol{\Pi}^{\perp}[\boldsymbol{A}]$。

基于正交投影矩阵的定义可知, 若矩阵 $\boldsymbol{A}$ 和 $\boldsymbol{B}$ 的列空间满足 $\mathrm{range}[\boldsymbol{A}]=(\mathrm{range}[\boldsymbol{B}])^{\perp}$, 则有 $\boldsymbol{\Pi}[\boldsymbol{A}]=\boldsymbol{\Pi}^{\perp}[\boldsymbol{B}]$ 或者 $\boldsymbol{\Pi}^{\perp}[\boldsymbol{A}]=\boldsymbol{\Pi}[\boldsymbol{B}]$。正交投影矩阵具有一些重要性质, 具体结论可见以下 6 个命题。

【命题 2.14】设 $\mathbf{S}$ 是 m 维欧氏空间 $\mathbf{R}^m$ 中的 1 个线性子空间, 则该子空间上的正交投影矩阵 $\boldsymbol{P}$ 是唯一的, 且为对称幂等矩阵, 即满足 $\boldsymbol{P}^{\mathrm{T}}=\boldsymbol{P}$ 和 $\boldsymbol{P}^2=\boldsymbol{P}$。

【证明】设任意向量 $\boldsymbol{x}\in\mathbf{R}^{m\times 1}$ 和 $\boldsymbol{y}\in\mathbf{R}^{m\times 1}$, 根据正交投影矩阵的定义可知

$$0=(\boldsymbol{P}\boldsymbol{x})^{\mathrm{T}}(\boldsymbol{I}_m-\boldsymbol{P})\boldsymbol{y}=\boldsymbol{x}^{\mathrm{T}}(\boldsymbol{P}^{\mathrm{T}}-\boldsymbol{P}^{\mathrm{T}}\boldsymbol{P})\boldsymbol{y} \tag{2.34}$$

由向量 $\boldsymbol{x}$ 和 $\boldsymbol{y}$ 的任意性可得

$$\boldsymbol{P}^{\mathrm{T}}-\boldsymbol{P}^{\mathrm{T}}\boldsymbol{P}=\boldsymbol{O}_{m\times m}\Rightarrow\boldsymbol{P}^{\mathrm{T}}=\boldsymbol{P}^{\mathrm{T}}\boldsymbol{P}\Rightarrow\boldsymbol{P}=\boldsymbol{P}^{\mathrm{T}}=\boldsymbol{P}^2 \tag{2.35}$$

由此可知, 矩阵 $\boldsymbol{P}$ 是对称幂等的。

接着证明唯一性, 假设存在子空间 $\mathbf{S}$ 上的另一个正交投影矩阵 $\boldsymbol{Q}$ (对称幂等矩阵), 则对于任意向量 $\boldsymbol{x}\in\mathbf{R}^{m\times 1}$, 满足

$$\begin{aligned}\|(\boldsymbol{P}-\boldsymbol{Q})\boldsymbol{x}\|_2^2&=\boldsymbol{x}^{\mathrm{T}}(\boldsymbol{P}-\boldsymbol{Q})^{\mathrm{T}}(\boldsymbol{P}-\boldsymbol{Q})\boldsymbol{x}\\&=\boldsymbol{x}^{\mathrm{T}}(\boldsymbol{P}-\boldsymbol{Q})(\boldsymbol{P}-\boldsymbol{Q})\boldsymbol{x}\\&=(\boldsymbol{P}\boldsymbol{x})^{\mathrm{T}}(\boldsymbol{I}_m-\boldsymbol{Q})\boldsymbol{x}+(\boldsymbol{Q}\boldsymbol{x})^{\mathrm{T}}(\boldsymbol{I}_m-\boldsymbol{P})\boldsymbol{x}=0\end{aligned} \tag{2.36}$$

由向量 $\boldsymbol{x}$ 的任意性可知 $\boldsymbol{P}-\boldsymbol{Q}=\boldsymbol{O}_{m\times m}$ (即 $\boldsymbol{P}=\boldsymbol{Q}$), 由此可得唯一性。证毕。

【命题 2.15】任意正交投影矩阵都是半正定矩阵。

【证明】利用命题 2.14 可知, 任意正交投影矩阵 $\boldsymbol{P}$ 都满足 $\boldsymbol{P}=\boldsymbol{P}^2=\boldsymbol{P}\boldsymbol{P}^{\mathrm{T}}\geqslant\boldsymbol{O}$。证毕。

【命题 2.16】设矩阵 $\boldsymbol{A}\in\mathbf{R}^{m\times n}$, 则其列空间和列补空间上的正交投影矩阵可以分别表示为

$$\boldsymbol{\Pi}[\boldsymbol{A}]=\boldsymbol{A}\boldsymbol{A}^{\dagger};\quad \boldsymbol{\Pi}^{\perp}[\boldsymbol{A}]=\boldsymbol{I}_m-\boldsymbol{A}\boldsymbol{A}^{\dagger} \tag{2.37}$$

【证明】任意向量 $\boldsymbol{x}\in\mathbf{R}^{m\times 1}$ 都可以进行如下分解

$$\boldsymbol{x}=\boldsymbol{x}_1+\boldsymbol{x}_2=\boldsymbol{A}\boldsymbol{A}^{\dagger}\boldsymbol{x}+(\boldsymbol{I}_m-\boldsymbol{A}\boldsymbol{A}^{\dagger})\boldsymbol{x} \tag{2.38}$$

式中, $\boldsymbol{x}_1=\boldsymbol{A}\boldsymbol{A}^{\dagger}\boldsymbol{x}$, $\boldsymbol{x}_2=(\boldsymbol{I}_m-\boldsymbol{A}\boldsymbol{A}^{\dagger})\boldsymbol{x}$。下面仅需要证明 $\boldsymbol{x}_1\in\mathrm{range}[\boldsymbol{A}]$ 和 $\boldsymbol{x}_2\in(\mathrm{range}[\boldsymbol{A}])^{\perp}$ 即可。首先, 有

$$\boldsymbol{x}_1=\boldsymbol{A}(\boldsymbol{A}^{\dagger}\boldsymbol{x})=\boldsymbol{A}\boldsymbol{y}\in\mathrm{range}[\boldsymbol{A}] \tag{2.39}$$

式中, $\boldsymbol{y}=\boldsymbol{A}^{\dagger}\boldsymbol{x}$。其次, 利用 Moore-Penrose 逆矩阵的性质可知

$$\boldsymbol{x}_2^{\mathrm{T}}\boldsymbol{A}=\boldsymbol{x}^{\mathrm{T}}(\boldsymbol{I}_m-\boldsymbol{A}\boldsymbol{A}^{\dagger})^{\mathrm{T}}\boldsymbol{A}=\boldsymbol{x}^{\mathrm{T}}(\boldsymbol{A}-\boldsymbol{A}\boldsymbol{A}^{\dagger}\boldsymbol{A})=\boldsymbol{O}_{1\times n}\Rightarrow\boldsymbol{x}_2\in(\mathrm{range}[\boldsymbol{A}])^{\perp} \tag{2.40}$$

证毕。

【注记 2.4】利用命题 2.12 和命题 2.16 可知, 若 $\boldsymbol{A} \in \mathbf{R}^{m \times n}$ 是列满秩矩阵, 则矩阵 $\boldsymbol{A}$ 的列空间和列补空间上的正交投影矩阵可以分别表示为

$$\boldsymbol{\Pi}[\boldsymbol{A}] = \boldsymbol{A}(\boldsymbol{A}^{\mathrm{T}}\boldsymbol{A})^{-1}\boldsymbol{A}^{\mathrm{T}}; \quad \boldsymbol{\Pi}^{\perp}[\boldsymbol{A}] = \boldsymbol{I}_m - \boldsymbol{A}(\boldsymbol{A}^{\mathrm{T}}\boldsymbol{A})^{-1}\boldsymbol{A}^{\mathrm{T}} \tag{2.41}$$

【命题 2.17】设 $\boldsymbol{A} \in \mathbf{R}^{m \times n}$ 为列满秩矩阵, 并且有 $\boldsymbol{\Pi}^{\perp}[\boldsymbol{A}] = \boldsymbol{O}_{m \times m}$, 则 $\boldsymbol{A}$ 为满秩方阵, 即有 $m = n$。

【证明】由于 $\boldsymbol{A} \in \mathbf{R}^{m \times n}$ 是列满秩矩阵, 利用式 (2.41) 中的第 2 个等式可知

$$\boldsymbol{O}_{m \times m} = \boldsymbol{\Pi}^{\perp}[\boldsymbol{A}] = \boldsymbol{I}_m - \boldsymbol{A}(\boldsymbol{A}^{\mathrm{T}}\boldsymbol{A})^{-1}\boldsymbol{A}^{\mathrm{T}} \Rightarrow \boldsymbol{A}(\boldsymbol{A}^{\mathrm{T}}\boldsymbol{A})^{-1}\boldsymbol{A}^{\mathrm{T}} = \boldsymbol{I}_m \tag{2.42}$$

由式 (2.42) 可以进一步推得

$$m = \mathrm{rank}[\boldsymbol{I}_m] = \mathrm{rank}[\boldsymbol{A}(\boldsymbol{A}^{\mathrm{T}}\boldsymbol{A})^{-1}\boldsymbol{A}^{\mathrm{T}}] \leqslant \mathrm{rank}[\boldsymbol{A}] = n \tag{2.43}$$

由矩阵 $\boldsymbol{A}$ 的列满秩性可知 $m \geqslant n$, 于是有 $m = n$, 因此 $\boldsymbol{A}$ 是满秩方阵。证毕。

【命题 2.18】设 $\boldsymbol{A} \in \mathbf{R}^{m \times m}$ 为满秩方阵, 则有 $\boldsymbol{\Pi}^{\perp}[\boldsymbol{A}] = \boldsymbol{O}_{m \times m}$。

【证明】由式 (2.41) 中的第 2 个等式可知

$$\boldsymbol{\Pi}^{\perp}[\boldsymbol{A}] = \boldsymbol{I}_m - \boldsymbol{A}(\boldsymbol{A}^{\mathrm{T}}\boldsymbol{A})^{-1}\boldsymbol{A}^{\mathrm{T}} = \boldsymbol{I}_m - \boldsymbol{A}\boldsymbol{A}^{-1}\boldsymbol{A}^{-\mathrm{T}}\boldsymbol{A}^{\mathrm{T}} = \boldsymbol{I}_m - \boldsymbol{I}_m = \boldsymbol{O}_{m \times m} \tag{2.44}$$

证毕。

【命题 2.19】设 $\boldsymbol{A} \in \mathbf{R}^{m \times n}$ 为列满秩矩阵, 矩阵 $\boldsymbol{B} \in \mathbf{R}^{n \times r}$ 可使得 $\boldsymbol{AB}$ 也为列满秩矩阵, 则有 $\boldsymbol{\Pi}^{\perp}[\boldsymbol{AB}] \geqslant \boldsymbol{\Pi}^{\perp}[\boldsymbol{A}]$。

【证明】由式 (2.41) 中的第 2 个等式可知

$$\begin{aligned}\boldsymbol{\Pi}^{\perp}[\boldsymbol{AB}] - \boldsymbol{\Pi}^{\perp}[\boldsymbol{A}] &= \boldsymbol{A}(\boldsymbol{A}^{\mathrm{T}}\boldsymbol{A})^{-1}\boldsymbol{A}^{\mathrm{T}} - \boldsymbol{AB}(\boldsymbol{B}^{\mathrm{T}}\boldsymbol{A}^{\mathrm{T}}\boldsymbol{AB})^{-1}\boldsymbol{B}^{\mathrm{T}}\boldsymbol{A}^{\mathrm{T}} \\ &= \boldsymbol{A}((\boldsymbol{A}^{\mathrm{T}}\boldsymbol{A})^{-1} - \boldsymbol{B}(\boldsymbol{B}^{\mathrm{T}}\boldsymbol{A}^{\mathrm{T}}\boldsymbol{AB})^{-1}\boldsymbol{B}^{\mathrm{T}})\boldsymbol{A}^{\mathrm{T}}\end{aligned} \tag{2.45}$$

式中

$$\begin{aligned}&(\boldsymbol{A}^{\mathrm{T}}\boldsymbol{A})^{-1} - \boldsymbol{B}(\boldsymbol{B}^{\mathrm{T}}\boldsymbol{A}^{\mathrm{T}}\boldsymbol{AB})^{-1}\boldsymbol{B}^{\mathrm{T}} \\ &= (\boldsymbol{A}^{\mathrm{T}}\boldsymbol{A})^{-1/2}(\boldsymbol{I}_n - (\boldsymbol{A}^{\mathrm{T}}\boldsymbol{A})^{1/2}\boldsymbol{B}(\boldsymbol{B}^{\mathrm{T}}\boldsymbol{A}^{\mathrm{T}}\boldsymbol{AB})^{-1}\boldsymbol{B}^{\mathrm{T}}(\boldsymbol{A}^{\mathrm{T}}\boldsymbol{A})^{1/2})(\boldsymbol{A}^{\mathrm{T}}\boldsymbol{A})^{-1/2} \\ &= (\boldsymbol{A}^{\mathrm{T}}\boldsymbol{A})^{-1/2}\boldsymbol{\Pi}^{\perp}[(\boldsymbol{A}^{\mathrm{T}}\boldsymbol{A})^{1/2}\boldsymbol{B}](\boldsymbol{A}^{\mathrm{T}}\boldsymbol{A})^{-1/2}\end{aligned} \tag{2.46}$$

根据命题 2.15 可得 $\boldsymbol{\Pi}^{\perp}[(\boldsymbol{A}^{\mathrm{T}}\boldsymbol{A})^{1/2}\boldsymbol{B}] \geqslant \boldsymbol{O}$, 再结合命题 2.4 可知

$$(\boldsymbol{A}^{\mathrm{T}}\boldsymbol{A})^{-1} - \boldsymbol{B}(\boldsymbol{B}^{\mathrm{T}}\boldsymbol{A}^{\mathrm{T}}\boldsymbol{A}\boldsymbol{B})^{-1}\boldsymbol{B}^{\mathrm{T}} \geqslant \boldsymbol{O} \tag{2.47}$$

联合式 (2.45) 和式 (2.47), 并且再次利用命题 2.4 可得

$$\boldsymbol{\Pi}^{\perp}[\boldsymbol{A}\boldsymbol{B}] - \boldsymbol{\Pi}^{\perp}[\boldsymbol{A}] \geqslant \boldsymbol{O} \Rightarrow \boldsymbol{\Pi}^{\perp}[\boldsymbol{A}\boldsymbol{B}] \geqslant \boldsymbol{\Pi}^{\perp}[\boldsymbol{A}] \tag{2.48}$$

证毕。

2.1.5 矩阵 Kronecker 积与矩阵向量化运算

1. 矩阵 Kronecker 积

矩阵 Kronecker 积也称为直积。设矩阵 $\boldsymbol{A} \in \mathbf{R}^{m\times n}$ 和 $\boldsymbol{B} \in \mathbf{R}^{r\times s}$, 则它们的 Kronecker 积可以表示为

$$\boldsymbol{A} \otimes \boldsymbol{B} = \begin{bmatrix} \langle\boldsymbol{A}\rangle_{11}\boldsymbol{B} & \langle\boldsymbol{A}\rangle_{12}\boldsymbol{B} & \cdots & \langle\boldsymbol{A}\rangle_{1n}\boldsymbol{B} \\ \langle\boldsymbol{A}\rangle_{21}\boldsymbol{B} & \langle\boldsymbol{A}\rangle_{22}\boldsymbol{B} & \cdots & \langle\boldsymbol{A}\rangle_{2n}\boldsymbol{B} \\ \vdots & \vdots & & \vdots \\ \langle\boldsymbol{A}\rangle_{m1}\boldsymbol{B} & \langle\boldsymbol{A}\rangle_{m2}\boldsymbol{B} & \cdots & \langle\boldsymbol{A}\rangle_{mn}\boldsymbol{B} \end{bmatrix} \in \mathbf{C}^{mr\times ns} \tag{2.49}$$

由式 (2.49) 不难看出, Kronecker 积并没有交换律 (即 $\boldsymbol{A}\otimes\boldsymbol{B} \neq \boldsymbol{B}\otimes\boldsymbol{A}$)。Kronecker 积有很多重要的性质, 包括: ① $(\boldsymbol{A}\otimes\boldsymbol{B})\otimes\boldsymbol{C} = \boldsymbol{A}\otimes(\boldsymbol{B}\otimes\boldsymbol{C})$; ② $(\boldsymbol{A}\otimes\boldsymbol{C})(\boldsymbol{B}\otimes\boldsymbol{D}) = (\boldsymbol{A}\boldsymbol{B})\otimes(\boldsymbol{C}\boldsymbol{D})$; ③ $(\boldsymbol{A}\otimes\boldsymbol{B})^{\mathrm{T}} = \boldsymbol{A}^{\mathrm{T}}\otimes\boldsymbol{B}^{\mathrm{T}}$; ④ $(\boldsymbol{A}\otimes\boldsymbol{B})^{\dagger} = \boldsymbol{A}^{\dagger}\otimes\boldsymbol{B}^{\dagger}$; ⑤ $\mathrm{tr}(\boldsymbol{A}\otimes\boldsymbol{B}) = \mathrm{tr}(\boldsymbol{A})\mathrm{tr}(\boldsymbol{B})$。

2. 矩阵向量化运算

矩阵向量化 (记为 $\mathrm{vec}[\cdot]$) 的概念具有广泛的应用。

【定义 2.5】 设矩阵 $\boldsymbol{A} = [a_{ij}]_{m\times n}$, 则该矩阵的向量化函数定义为

$$\mathrm{vec}[\boldsymbol{A}] = [a_{11}\ \ a_{21}\ \ \cdots\ \ a_{m1} \,\vdots\, a_{12}\ \ a_{22}\ \ \cdots\ \ a_{m2} \,\vdots\, \cdots \,\vdots\, a_{1n}\ \ a_{2n}\ \ \cdots\ \ a_{mn}]^{\mathrm{T}} \in \mathbf{R}^{mn\times 1} \tag{2.50}$$

由该定义可知, 矩阵向量化是将矩阵按照字典的顺序排成列向量。利用矩阵向量化运算可以得到关于 Kronecker 积的一个重要等式。

【命题 2.20】 设矩阵 $\boldsymbol{A}\in\mathbf{R}^{m\times n}$、$\boldsymbol{B}\in\mathbf{R}^{n\times r}$ 和 $\boldsymbol{C}\in\mathbf{R}^{r\times s}$, 则有 $\mathrm{vec}[\boldsymbol{A}\boldsymbol{B}\boldsymbol{C}] = (\boldsymbol{C}^{\mathrm{T}}\otimes\boldsymbol{A})\mathrm{vec}[\boldsymbol{B}]$。

【证明】 将矩阵 $\boldsymbol{B}$ 按列分块表示为 $\boldsymbol{B} = [\boldsymbol{b}_1\ \ \boldsymbol{b}_2\ \ \cdots\ \ \boldsymbol{b}_r]$, 基于此可以将矩阵 $\boldsymbol{B}$ 进一步表示为

$$\boldsymbol{B} = \sum_{j=1}^{r} \boldsymbol{b}_j (\boldsymbol{i}_r^{(j)})^{\mathrm{T}} \tag{2.51}$$

由此可知

$$
\begin{aligned}
\operatorname{vec}[\boldsymbol{ABC}] &= \operatorname{vec}\left[\sum_{j=1}^{r}\boldsymbol{A}\boldsymbol{b}_j(\boldsymbol{i}_r^{(j)})^{\mathrm{T}}\boldsymbol{C}\right] \\
&= \sum_{j=1}^{r}\operatorname{vec}[(\boldsymbol{A}\boldsymbol{b}_j)(\boldsymbol{C}^{\mathrm{T}}\boldsymbol{i}_r^{(j)})^{\mathrm{T}}] \\
&= \sum_{j=1}^{r}(\boldsymbol{C}^{\mathrm{T}}\boldsymbol{i}_r^{(j)})\otimes(\boldsymbol{A}\boldsymbol{b}_j) \\
&= (\boldsymbol{C}^{\mathrm{T}}\otimes\boldsymbol{A})\left(\sum_{j=1}^{r}\boldsymbol{i}_r^{(j)}\otimes\boldsymbol{b}_j\right) \\
&= (\boldsymbol{C}^{\mathrm{T}}\otimes\boldsymbol{A})\operatorname{vec}\left[\sum_{j=1}^{r}\boldsymbol{b}_j(\boldsymbol{i}_r^{(j)})^{\mathrm{T}}\right] = (\boldsymbol{C}^{\mathrm{T}}\otimes\boldsymbol{A})\operatorname{vec}[\boldsymbol{B}]
\end{aligned}
\tag{2.52}
$$

证毕。

2.1.6　关于矩阵的其他结论

本节给出关于矩阵的其他结论, 具体可见以下 3 个命题。

【命题 2.21】设矩阵 $\boldsymbol{A}\in\mathbf{R}^{m\times n}$ 和 $\boldsymbol{B}\in\mathbf{R}^{n\times r}$, 并将它们的秩分别记为 $r_{\mathrm{A}}=\operatorname{rank}[\boldsymbol{A}]$ 和 $r_{\mathrm{B}}=\operatorname{rank}[\boldsymbol{B}]$, 则矩阵 $\boldsymbol{AB}$ 的秩满足

$$
\operatorname{rank}[\boldsymbol{AB}]\geqslant r_{\mathrm{A}}+r_{\mathrm{B}}-n \tag{2.53}
$$

【证明】下面分 3 种情况进行证明。

(1) 第 1 种情况: $m=n$

此时 $\boldsymbol{A}$ 为方阵, 于是存在一系列初等矩阵的乘积 $\boldsymbol{P}$ 和 $\boldsymbol{Q}$ 满足

$$
\begin{aligned}
\boldsymbol{PAQ} &= \begin{bmatrix}\boldsymbol{I}_{r_{\mathrm{A}}} & \boldsymbol{O}_{r_{\mathrm{A}}\times(n-r_{\mathrm{A}})}\\ \boldsymbol{O}_{(n-r_{\mathrm{A}})\times r_{\mathrm{A}}} & \boldsymbol{O}_{(n-r_{\mathrm{A}})\times(n-r_{\mathrm{A}})}\end{bmatrix} \Leftrightarrow \\
\boldsymbol{A} &= \boldsymbol{P}^{-1}\begin{bmatrix}\boldsymbol{I}_{r_{\mathrm{A}}} & \boldsymbol{O}_{r_{\mathrm{A}}\times(n-r_{\mathrm{A}})}\\ \boldsymbol{O}_{(n-r_{\mathrm{A}})\times r_{\mathrm{A}}} & \boldsymbol{O}_{(n-r_{\mathrm{A}})\times(n-r_{\mathrm{A}})}\end{bmatrix}\boldsymbol{Q}^{-1}
\end{aligned}
\tag{2.54}
$$

定义矩阵

$$
\boldsymbol{C}=\boldsymbol{P}^{-1}\begin{bmatrix}\boldsymbol{O}_{r_{\mathrm{A}}\times r_{\mathrm{A}}} & \boldsymbol{O}_{r_{\mathrm{A}}\times(n-r_{\mathrm{A}})}\\ \boldsymbol{O}_{(n-r_{\mathrm{A}})\times r_{\mathrm{A}}} & \boldsymbol{I}_{n-r_{\mathrm{A}}}\end{bmatrix}\boldsymbol{Q}^{-1} \tag{2.55}
$$

则有 $\text{rank}[\boldsymbol{C}]=n-r_{\text{A}}$, 并且满足 $\boldsymbol{A}+\boldsymbol{C}=\boldsymbol{P}^{-1}\boldsymbol{Q}^{-1}$, 于是有

$$\begin{aligned}r_{\text{B}}&=\text{rank}[\boldsymbol{B}]=\text{rank}[\boldsymbol{P}^{-1}\boldsymbol{Q}^{-1}\boldsymbol{B}]=\text{rank}[(\boldsymbol{A}+\boldsymbol{C})\boldsymbol{B}]=\text{rank}[\boldsymbol{AB}+\boldsymbol{CB}]\\&\leqslant\text{rank}[\boldsymbol{AB}]+\text{rank}[\boldsymbol{CB}]\leqslant\text{rank}[\boldsymbol{AB}]+\text{rank}[\boldsymbol{C}]=\text{rank}[\boldsymbol{AB}]+n-r_{\text{A}}\\&\Rightarrow\text{rank}[\boldsymbol{AB}]\geqslant r_{\text{A}}+r_{\text{B}}-n\end{aligned}\tag{2.56}$$

(2) 第 2 种情况: $m>n$

此时 $\boldsymbol{A}$ 为 "竖高型" 矩阵, 于是存在某个 $m\times(m-n)$ 阶列满秩矩阵 $\boldsymbol{D}_{m\times(m-n)}$, 使得该矩阵中的列向量与矩阵 $\boldsymbol{A}$ 中的列向量线性独立, 构造方阵 $\overline{\boldsymbol{A}}=[\boldsymbol{A}\ \ \boldsymbol{D}_{m\times(m-n)}]\in\mathbf{R}^{m\times m}$, 则有

$$\text{rank}[\overline{\boldsymbol{A}}]=\text{rank}[\boldsymbol{A}]+\text{rank}[\boldsymbol{D}_{m\times(m-n)}]=m-n+r_{\text{A}}\tag{2.57}$$

定义矩阵 $\overline{\boldsymbol{B}}=\begin{bmatrix}\boldsymbol{B}\\\boldsymbol{O}_{(m-n)\times r}\end{bmatrix}\in\mathbf{R}^{m\times r}$, 则有

$$\text{rank}[\overline{\boldsymbol{B}}]=\text{rank}[\boldsymbol{B}]=r_{\text{B}};\quad\overline{\boldsymbol{A}}\,\overline{\boldsymbol{B}}=\boldsymbol{AB}\Rightarrow\text{rank}[\overline{\boldsymbol{A}}\,\overline{\boldsymbol{B}}]=\text{rank}[\boldsymbol{AB}]\tag{2.58}$$

利用第 1 种情况的证明结果可知

$$\text{rank}[\boldsymbol{AB}]=\text{rank}[\overline{\boldsymbol{A}}\,\overline{\boldsymbol{B}}]\geqslant\text{rank}[\overline{\boldsymbol{A}}]+\text{rank}[\overline{\boldsymbol{B}}]-m=m-n+r_{\text{A}}+r_{\text{B}}-m=r_{\text{A}}+r_{\text{B}}-n\tag{2.59}$$

(3) 第 3 种情况: $m<n$

此时 $\boldsymbol{A}$ 为 "扁平型" 矩阵, 构造方阵 $\widetilde{\boldsymbol{A}}=\begin{bmatrix}\boldsymbol{A}\\\boldsymbol{O}_{(n-m)\times n}\end{bmatrix}\in\mathbf{R}^{n\times n}$, 于是有

$$\text{rank}[\widetilde{\boldsymbol{A}}]=\text{rank}[\boldsymbol{A}]=r_{\text{A}};\quad\widetilde{\boldsymbol{A}}\boldsymbol{B}=\begin{bmatrix}\boldsymbol{AB}\\\boldsymbol{O}_{(n-m)\times r}\end{bmatrix}\Rightarrow\text{rank}[\widetilde{\boldsymbol{A}}\boldsymbol{B}]=\text{rank}[\boldsymbol{AB}]\tag{2.60}$$

再次利用第 1 种情况的证明结果可知

$$\text{rank}[\boldsymbol{AB}]=\text{rank}[\widetilde{\boldsymbol{A}}\boldsymbol{B}]\geqslant\text{rank}[\widetilde{\boldsymbol{A}}]+\text{rank}[\boldsymbol{B}]-n=r_{\text{A}}+r_{\text{B}}-n\tag{2.61}$$

联合式 (2.56)、式 (2.59) 和式 (2.61) 可知式 (2.53) 成立。证毕。

【命题 2.22】设矩阵 $\boldsymbol{A}\in\mathbf{R}^{m\times n}$ 和矩阵 $\boldsymbol{B}\in\mathbf{R}^{m\times m}$ 满足 $\boldsymbol{A}^{\text{T}}\boldsymbol{BA}=\boldsymbol{O}_{n\times n}$, 若 $\boldsymbol{A}$ 为行满秩矩阵, 则有 $\boldsymbol{B}=\boldsymbol{O}_{m\times m}$。

【证明】由于 $\boldsymbol{A}$ 为行满秩矩阵, 所以 $\boldsymbol{A}^{\text{T}}$ 为列满秩矩阵, 此时由 $\boldsymbol{A}^{\text{T}}\boldsymbol{BA}=\boldsymbol{O}_{n\times n}$ 可以推得

$$\boldsymbol{BA}=\boldsymbol{O}_{m\times n}\Leftrightarrow\boldsymbol{A}^{\text{T}}\boldsymbol{B}^{\text{T}}=\boldsymbol{O}_{n\times m}\tag{2.62}$$

利用矩阵 $\boldsymbol{A}^{\mathrm{T}}$ 的列满秩性可知 $\boldsymbol{B}=\boldsymbol{O}_{m\times m}$。证毕。

【命题 2.23】 设 $\boldsymbol{A}\in\mathbf{R}^{m\times m}$ 为正定矩阵, $\boldsymbol{B}\in\mathbf{R}^{m\times n}$ 为列满秩矩阵, 则有

$$\boldsymbol{A}\geqslant\boldsymbol{B}(\boldsymbol{B}^{\mathrm{T}}\boldsymbol{A}^{-1}\boldsymbol{B})^{-1}\boldsymbol{B}^{\mathrm{T}} \tag{2.63}$$

【证明】 由式 (2.41) 中的第 2 个等式可知

$$\begin{aligned}\boldsymbol{A}-\boldsymbol{B}(\boldsymbol{B}^{\mathrm{T}}\boldsymbol{A}^{-1}\boldsymbol{B})^{-1}\boldsymbol{B}^{\mathrm{T}}&=\boldsymbol{A}^{1/2}(\boldsymbol{I}_m-\boldsymbol{A}^{-1/2}\boldsymbol{B}(\boldsymbol{B}^{\mathrm{T}}\boldsymbol{A}^{-1}\boldsymbol{B})^{-1}\boldsymbol{B}^{\mathrm{T}}\boldsymbol{A}^{-1/2})\boldsymbol{A}^{1/2}\\&=\boldsymbol{A}^{1/2}\boldsymbol{\Pi}^{\perp}[\boldsymbol{A}^{-1/2}\boldsymbol{B}]\boldsymbol{A}^{1/2}\end{aligned} \tag{2.64}$$

由命题 2.15 可得 $\boldsymbol{\Pi}^{\perp}[\boldsymbol{A}^{-1/2}\boldsymbol{B}]\geqslant\boldsymbol{O}$, 再利用命题 2.4 可知式 (2.63) 成立。证毕。

2.2 多维函数分析初步

本节介绍多维标量函数的梯度和 Hesse 矩阵, 以及多维向量函数的 Jacobi 矩阵的概念。

2.2.1 多维标量函数的梯度和 Hesse 矩阵

【定义 2.6】 假设 $f(\boldsymbol{x})$ 是关于 n 维实向量 $\boldsymbol{x}=[x_1\ \ x_2\ \ \cdots\ \ x_n]^{\mathrm{T}}$ 的连续且一阶、二阶可导的标量函数, 则其梯度和 Hesse 矩阵分别定义为

$$\begin{aligned}&\boldsymbol{h}(\boldsymbol{x})=\frac{\partial f(\boldsymbol{x})}{\partial\boldsymbol{x}}=\begin{bmatrix}\dfrac{\partial f(\boldsymbol{x})}{\partial x_1}\\ \dfrac{\partial f(\boldsymbol{x})}{\partial x_2}\\ \vdots\\ \dfrac{\partial f(\boldsymbol{x})}{\partial x_n}\end{bmatrix}\in\mathbf{R}^{n\times 1};\\&\boldsymbol{H}(\boldsymbol{x})=\frac{\partial^2 f(\boldsymbol{x})}{\partial\boldsymbol{x}\,\partial\boldsymbol{x}^{\mathrm{T}}}=\begin{bmatrix}\dfrac{\partial^2 f(\boldsymbol{x})}{\partial x_1\,\partial x_1}&\dfrac{\partial^2 f(\boldsymbol{x})}{\partial x_1\,\partial x_2}&\cdots&\dfrac{\partial^2 f(\boldsymbol{x})}{\partial x_1\,\partial x_n}\\ \dfrac{\partial^2 f(\boldsymbol{x})}{\partial x_2\,\partial x_1}&\dfrac{\partial^2 f(\boldsymbol{x})}{\partial x_2\,\partial x_2}&\cdots&\dfrac{\partial^2 f(\boldsymbol{x})}{\partial x_2\,\partial x_n}\\ \vdots&\vdots&&\vdots\\ \dfrac{\partial^2 f(\boldsymbol{x})}{\partial x_n\,\partial x_1}&\dfrac{\partial^2 f(\boldsymbol{x})}{\partial x_n\,\partial x_2}&\cdots&\dfrac{\partial^2 f(\boldsymbol{x})}{\partial x_n\,\partial x_n}\end{bmatrix}\in\mathbf{R}^{n\times n}\end{aligned} \tag{2.65}$$

根据梯度的定义, 下面给出一个重要结论。

【命题 2.24】设列满秩矩阵 $\boldsymbol{A} \in \mathbf{R}^{m\times n}$、正定矩阵 $\boldsymbol{C} \in \mathbf{R}^{m\times m}$ 和向量 $\boldsymbol{b} \in \mathbf{R}^{m\times 1}$, 则无约束优化问题

$$\min_{\boldsymbol{x}\in\mathbf{R}^{n\times 1}}\{f(\boldsymbol{x})\} = \min_{\boldsymbol{x}\in\mathbf{R}^{n\times 1}}\{(\boldsymbol{A}\boldsymbol{x}-\boldsymbol{b})^{\mathrm{T}}\boldsymbol{C}^{-1}(\boldsymbol{A}\boldsymbol{x}-\boldsymbol{b})\} \tag{2.66}$$

的唯一最优解为

$$\boldsymbol{x}_{\mathrm{opt}} = (\boldsymbol{A}^{\mathrm{T}}\boldsymbol{C}^{-1}\boldsymbol{A})^{-1}\boldsymbol{A}^{\mathrm{T}}\boldsymbol{C}^{-1}\boldsymbol{b} \tag{2.67}$$

【证明】计算标量函数 $f(\boldsymbol{x})$ 的梯度, 如下式所示

$$\boldsymbol{h}(\boldsymbol{x}) = \frac{\partial f(\boldsymbol{x})}{\partial \boldsymbol{x}} = 2\boldsymbol{A}^{\mathrm{T}}\boldsymbol{C}^{-1}\boldsymbol{A}\boldsymbol{x} - 2\boldsymbol{A}^{\mathrm{T}}\boldsymbol{C}^{-1}\boldsymbol{b} \tag{2.68}$$

由于最优解 $\boldsymbol{x}_{\mathrm{opt}}$ 应使得梯度等于零, 于是有

$$\boldsymbol{O}_{n\times 1} = \boldsymbol{h}(\boldsymbol{x}_{\mathrm{opt}}) = 2\boldsymbol{A}^{\mathrm{T}}\boldsymbol{C}^{-1}\boldsymbol{A}\boldsymbol{x}_{\mathrm{opt}} - 2\boldsymbol{A}^{\mathrm{T}}\boldsymbol{C}^{-1}\boldsymbol{b} \Rightarrow \boldsymbol{x}_{\mathrm{opt}} = (\boldsymbol{A}^{\mathrm{T}}\boldsymbol{C}^{-1}\boldsymbol{A})^{-1}\boldsymbol{A}^{\mathrm{T}}\boldsymbol{C}^{-1}\boldsymbol{b} \tag{2.69}$$

又由于 $\boldsymbol{A}$ 是列满秩矩阵, $\boldsymbol{A}^{\mathrm{T}}\boldsymbol{C}^{-1}\boldsymbol{A}$ 是可逆矩阵, 因此最优解 $\boldsymbol{x}_{\mathrm{opt}}$ 是唯一的。证毕。

【注记 2.5】标量函数 $f(\boldsymbol{x})$ 的梯度可以记为 $\nabla_x f(\boldsymbol{x})$, Hesse 矩阵可以记为 $\nabla_{xx}^2 f(\boldsymbol{x})$。

2.2.2 多维向量函数的 Jacobi 矩阵

Jacobi 矩阵是多维向量函数的一阶导数矩阵, 具体可见如下定义。

【定义 2.7】假设由 m 个多维标量函数构成向量函数 $\boldsymbol{f}(\boldsymbol{x}) = [f_1(\boldsymbol{x})\ \ f_2(\boldsymbol{x})\ \ \cdots\ \ f_m(\boldsymbol{x})]^{\mathrm{T}}$, 其中每个标量函数 $\{f_j(\boldsymbol{x})\}_{1\leqslant j\leqslant m}$ 都是关于 n 维实向量 $\boldsymbol{x} = [x_1\ \ x_2\ \ \cdots\ \ x_n]^{\mathrm{T}}$ 的连续且一阶可导函数, 则其 Jacobi 矩阵定义为

$$\boldsymbol{F}(\boldsymbol{x}) = \frac{\partial \boldsymbol{f}(\boldsymbol{x})}{\partial \boldsymbol{x}^{\mathrm{T}}} = \begin{bmatrix} \dfrac{\partial f_1(\boldsymbol{x})}{\partial x_1} & \dfrac{\partial f_1(\boldsymbol{x})}{\partial x_2} & \cdots & \dfrac{\partial f_1(\boldsymbol{x})}{\partial x_n} \\ \dfrac{\partial f_2(\boldsymbol{x})}{\partial x_1} & \dfrac{\partial f_2(\boldsymbol{x})}{\partial x_2} & \cdots & \dfrac{\partial f_2(\boldsymbol{x})}{\partial x_n} \\ \vdots & \vdots & & \vdots \\ \dfrac{\partial f_m(\boldsymbol{x})}{\partial x_1} & \dfrac{\partial f_m(\boldsymbol{x})}{\partial x_2} & \cdots & \dfrac{\partial f_m(\boldsymbol{x})}{\partial x_n} \end{bmatrix} \in \mathbf{R}^{m\times n} \tag{2.70}$$

根据 Jacobi 矩阵的定义可知, 该矩阵中的第 j 行为第 j 个标量函数 $f_j(\boldsymbol{x})$ 的梯度的转置。因此, 标量函数的 Hesse 矩阵等于该函数梯度的 Jacobi 矩阵。下面的命题给出了复合向量函数 Jacobi 矩阵的表达式。

【**命题 2.25**】设两个连续且一阶可导的向量函数 $\boldsymbol{f}_1(\boldsymbol{y})$ 和 $\boldsymbol{f}_2(\boldsymbol{x})$, 其中: $\boldsymbol{x} \in \mathbf{R}^{n\times 1}$; $\boldsymbol{y} = \boldsymbol{f}_2(\boldsymbol{x}) \in \mathbf{R}^{m\times 1}$; $\boldsymbol{f}_1(\boldsymbol{y}) \in \mathbf{R}^{r\times 1}$。若定义复合向量函数 $\boldsymbol{f}(\boldsymbol{x}) = \boldsymbol{f}_1(\boldsymbol{y}) = \boldsymbol{f}_1(\boldsymbol{f}_2(\boldsymbol{x}))$, 则复合向量函数 $\boldsymbol{f}(\boldsymbol{x})$ 关于向量 $\boldsymbol{x}$ 的 Jacobi 矩阵可以表示为

$$\boldsymbol{F}(\boldsymbol{x}) = \frac{\partial \boldsymbol{f}(\boldsymbol{x})}{\partial \boldsymbol{x}^{\mathrm{T}}} = \boldsymbol{F}_1(\boldsymbol{y})\boldsymbol{F}_2(\boldsymbol{x}) \in \mathbf{R}^{r\times n} \tag{2.71}$$

式中, $\boldsymbol{F}_1(\boldsymbol{y}) = \dfrac{\partial \boldsymbol{f}_1(\boldsymbol{y})}{\partial \boldsymbol{y}^{\mathrm{T}}} \in \mathbf{R}^{r\times m}$ 和 $\boldsymbol{F}_2(\boldsymbol{x}) = \dfrac{\partial \boldsymbol{f}_2(\boldsymbol{x})}{\partial \boldsymbol{x}^{\mathrm{T}}} \in \mathbf{R}^{m\times n}$ 分别表示向量函数 $\boldsymbol{f}_1(\boldsymbol{y})$ 和 $\boldsymbol{f}_2(\boldsymbol{x})$ 的 Jacobi 矩阵。

【**证明**】根据复合函数的链式法则可得

$$\begin{aligned}\frac{\partial \boldsymbol{f}(\boldsymbol{x})}{\partial \langle \boldsymbol{x}\rangle_j} &= \sum_{k=1}^{m} \frac{\partial \boldsymbol{f}_1(\boldsymbol{y})}{\partial \langle \boldsymbol{y}\rangle_k} \frac{\partial \langle \boldsymbol{y}\rangle_k}{\partial \langle \boldsymbol{x}\rangle_j} \\ &= \sum_{k=1}^{m} \frac{\partial \boldsymbol{f}_1(\boldsymbol{y})}{\partial \langle \boldsymbol{y}\rangle_k} \frac{\partial \langle \boldsymbol{f}_2(\boldsymbol{x})\rangle_k}{\partial \langle \boldsymbol{x}\rangle_j} = \boldsymbol{F}_1(\boldsymbol{y})\boldsymbol{F}_2(\boldsymbol{x})\boldsymbol{i}_n^{(j)} \quad (1 \leqslant j \leqslant n)\end{aligned} \tag{2.72}$$

由此可知

$$\begin{aligned}\boldsymbol{F}(\boldsymbol{x}) &= \left[\frac{\partial \boldsymbol{f}(\boldsymbol{x})}{\partial \langle \boldsymbol{x}\rangle_1} \quad \frac{\partial \boldsymbol{f}(\boldsymbol{x})}{\partial \langle \boldsymbol{x}\rangle_2} \quad \cdots \quad \frac{\partial \boldsymbol{f}(\boldsymbol{x})}{\partial \langle \boldsymbol{x}\rangle_n}\right] \\ &= \left[\boldsymbol{F}_1(\boldsymbol{y})\boldsymbol{F}_2(\boldsymbol{x})\boldsymbol{i}_n^{(1)} \,\vdots\, \boldsymbol{F}_1(\boldsymbol{y})\boldsymbol{F}_2(\boldsymbol{x})\boldsymbol{i}_n^{(2)} \,\vdots\, \cdots \,\vdots\, \boldsymbol{F}_1(\boldsymbol{y})\boldsymbol{F}_2(\boldsymbol{x})\boldsymbol{i}_n^{(n)}\right] = \boldsymbol{F}_1(\boldsymbol{y})\boldsymbol{F}_2(\boldsymbol{x})\end{aligned} \tag{2.73}$$

证毕。

基于命题 2.25 可以进一步得到如下结论。

【**命题 2.26**】设连续且一阶可导的矩阵函数 $\boldsymbol{G}(\boldsymbol{y})$, 向量函数 $\boldsymbol{f}_1(\boldsymbol{x})$ 和 $\boldsymbol{f}_2(\boldsymbol{x})$, 其中 $\boldsymbol{x} \in \mathbf{R}^{n\times 1}$, $\boldsymbol{y} = \boldsymbol{f}_1(\boldsymbol{x}) \in \mathbf{R}^{m\times 1}$, $\boldsymbol{G}(\boldsymbol{y}) \in \mathbf{R}^{r\times s}$, $\boldsymbol{f}_2(\boldsymbol{x}) \in \mathbf{R}^{s\times 1}$。若定义复合向量函数 $\boldsymbol{f}(\boldsymbol{x}) = \boldsymbol{G}(\boldsymbol{y})\boldsymbol{f}_2(\boldsymbol{x}) = \boldsymbol{G}(\boldsymbol{f}_1(\boldsymbol{x}))\boldsymbol{f}_2(\boldsymbol{x})$, 则向量函数 $\boldsymbol{f}(\boldsymbol{x})$ 关于向量 $\boldsymbol{x}$ 的 Jacobi 矩阵可以表示为

$$\begin{aligned}\boldsymbol{F}(\boldsymbol{x}) &= \frac{\partial \boldsymbol{f}(\boldsymbol{x})}{\partial \boldsymbol{x}^{\mathrm{T}}} \\ &= \left[\dot{\boldsymbol{G}}_1(\boldsymbol{y})\boldsymbol{f}_2(\boldsymbol{x}) \,\vdots\, \dot{\boldsymbol{G}}_2(\boldsymbol{y})\boldsymbol{f}_2(\boldsymbol{x}) \,\vdots\, \cdots \,\vdots\, \dot{\boldsymbol{G}}_m(\boldsymbol{y})\boldsymbol{f}_2(\boldsymbol{x})\right]\boldsymbol{F}_1(\boldsymbol{x}) + \boldsymbol{G}(\boldsymbol{y})\boldsymbol{F}_2(\boldsymbol{x}) \in \mathbf{R}^{r\times n}\end{aligned} \tag{2.74}$$

式中, $\dot{\boldsymbol{G}}_j(\boldsymbol{y}) = \dfrac{\partial \boldsymbol{G}(\boldsymbol{y})}{\partial \langle \boldsymbol{y}\rangle_j} \in \mathbf{R}^{r\times s}$ $(1 \leqslant j \leqslant m)$, $\boldsymbol{F}_1(\boldsymbol{x}) = \dfrac{\partial \boldsymbol{f}_1(\boldsymbol{x})}{\partial \boldsymbol{x}^{\mathrm{T}}} \in \mathbf{R}^{m\times n}$ 和 $\boldsymbol{F}_2(\boldsymbol{x}) = \dfrac{\partial \boldsymbol{f}_2(\boldsymbol{x})}{\partial \boldsymbol{x}^{\mathrm{T}}} \in \mathbf{R}^{s\times n}$ 分别表示向量函数 $\boldsymbol{f}_1(\boldsymbol{x})$ 和 $\boldsymbol{f}_2(\boldsymbol{x})$ 关于向量 $\boldsymbol{x}$ 的 Jacobi 矩阵。

【证明】根据复合函数的链式法则可知

$$\begin{aligned}\frac{\partial \boldsymbol{f}(\boldsymbol{x})}{\partial\langle\boldsymbol{x}\rangle_j}&=\sum_{k=1}^{m}\frac{\partial \boldsymbol{G}(\boldsymbol{y})}{\partial\langle\boldsymbol{y}\rangle_k}\boldsymbol{f}_2(\boldsymbol{x})\frac{\partial\langle\boldsymbol{y}\rangle_k}{\partial\langle\boldsymbol{x}\rangle_j}+\boldsymbol{G}(\boldsymbol{y})\frac{\partial \boldsymbol{f}_2(\boldsymbol{x})}{\partial\langle\boldsymbol{x}\rangle_j}\\&=\sum_{k=1}^{m}\dot{\boldsymbol{G}}_k(\boldsymbol{y})\boldsymbol{f}_2(\boldsymbol{x})\frac{\partial\langle\boldsymbol{f}_1(\boldsymbol{x})\rangle_k}{\partial\langle\boldsymbol{x}\rangle_j}+\boldsymbol{G}(\boldsymbol{y})\frac{\partial \boldsymbol{f}_2(\boldsymbol{x})}{\partial\langle\boldsymbol{x}\rangle_j}\\&=\left[\dot{\boldsymbol{G}}_1(\boldsymbol{y})\boldsymbol{f}_2(\boldsymbol{x})\,\vdots\,\dot{\boldsymbol{G}}_2(\boldsymbol{y})\boldsymbol{f}_2(\boldsymbol{x})\,\vdots\,\cdots\,\vdots\,\dot{\boldsymbol{G}}_m(\boldsymbol{y})\boldsymbol{f}_2(\boldsymbol{x})\right]\boldsymbol{F}_1(\boldsymbol{x})\boldsymbol{i}_n^{(j)}+\boldsymbol{G}(\boldsymbol{y})\boldsymbol{F}_2(\boldsymbol{x})\boldsymbol{i}_n^{(j)}\end{aligned}\tag{2.75}$$

由此可知

$$\begin{aligned}\boldsymbol{F}(\boldsymbol{x})&=\left[\frac{\partial \boldsymbol{f}(\boldsymbol{x})}{\partial\langle\boldsymbol{x}\rangle_1}\quad\frac{\partial \boldsymbol{f}(\boldsymbol{x})}{\partial\langle\boldsymbol{x}\rangle_2}\quad\cdots\quad\frac{\partial \boldsymbol{f}(\boldsymbol{x})}{\partial\langle\boldsymbol{x}\rangle_n}\right]\\&=\left[\dot{\boldsymbol{G}}_1(\boldsymbol{y})\boldsymbol{f}_2(\boldsymbol{x})\,\vdots\,\dot{\boldsymbol{G}}_2(\boldsymbol{y})\boldsymbol{f}_2(\boldsymbol{x})\,\vdots\,\cdots\,\vdots\,\dot{\boldsymbol{G}}_m(\boldsymbol{y})\boldsymbol{f}_2(\boldsymbol{x})\right]\boldsymbol{F}_1(\boldsymbol{x})+\boldsymbol{G}(\boldsymbol{y})\boldsymbol{F}_2(\boldsymbol{x})\end{aligned}\tag{2.76}$$

证毕。

2.3 拉格朗日乘子法的基本原理

本节介绍拉格朗日乘子法的基本原理, 该方法可用于求解含有等式约束的优化问题, 相应的数学模型为

$$\begin{cases}\min\limits_{\boldsymbol{x}\in\mathbf{R}^{n\times 1}}\{f(\boldsymbol{x})\}\\ \text{s.t. } c_j(\boldsymbol{x})=d_j\quad(1\leqslant j\leqslant m)\end{cases}\tag{2.77}$$

式中, $m<n$。式 (2.77) 中的等式约束也可以写成向量形式

$$\begin{cases}\min\limits_{\boldsymbol{x}\in\mathbf{R}^{n\times 1}}\{f(\boldsymbol{x})\}\\ \text{s.t. } \boldsymbol{c}(\boldsymbol{x})=\boldsymbol{d}\end{cases}\tag{2.78}$$

式中, $\boldsymbol{c}(\boldsymbol{x})=[c_1(\boldsymbol{x})\ \ c_2(\boldsymbol{x})\ \ \cdots\ \ c_m(\boldsymbol{x})]^{\mathrm{T}}$, $\boldsymbol{d}=[d_1\ \ d_2\ \ \cdots\ \ d_m]^{\mathrm{T}}$。关于式 (2.78) 的求解方法可见如下命题。

【命题 2.27】假设 $\boldsymbol{x}_{\text{opt}}\in\mathbf{R}^{n\times 1}$ 是函数 $f(\boldsymbol{x})$ 在等式约束 $\boldsymbol{c}(\boldsymbol{x})=\boldsymbol{d}$ 条件下的局部最小值点, 并且约束函数 $\{c_j(\boldsymbol{x})\}_{1\leqslant j\leqslant m}$ 的梯度 $\nabla_x c_1(\boldsymbol{x}_{\text{opt}}), \nabla_x c_2(\boldsymbol{x}_{\text{opt}}), \cdots,$

$\nabla_x c_m(\boldsymbol{x}_{\text{opt}})$ 线性无关, 则存在唯一的向量 $\boldsymbol{\lambda}_{\text{opt}} = [\lambda_{1,\text{opt}} \quad \lambda_{2,\text{opt}} \quad \cdots \quad \lambda_{m,\text{opt}}]^{\text{T}}$ (称为拉格朗日乘子) 满足

$$\nabla_x f(\boldsymbol{x}_{\text{opt}}) + \sum_{j=1}^{m} \lambda_{j,\text{opt}} \nabla_x c_j(\boldsymbol{x}_{\text{opt}}) = \boldsymbol{O}_{n\times 1} \Leftrightarrow \nabla_x f(\boldsymbol{x}_{\text{opt}}) + (\boldsymbol{C}(\boldsymbol{x}_{\text{opt}}))^{\text{T}} \boldsymbol{\lambda}_{\text{opt}} = \boldsymbol{O}_{n\times 1} \tag{2.79}$$

式中, $\boldsymbol{C}(\boldsymbol{x}) = \dfrac{\partial \boldsymbol{c}(\boldsymbol{x})}{\partial \boldsymbol{x}^{\text{T}}} \in \mathbf{R}^{m\times n}$ 表示向量函数 $\boldsymbol{c}(\boldsymbol{x})$ 的 Jacobi 矩阵。

【证明】针对正整数 k, 首先引入目标函数

$$g^{(k)}(\boldsymbol{x}) = f(\boldsymbol{x}) + \frac{k}{2}\|\boldsymbol{c}(\boldsymbol{x}) - \boldsymbol{d}\|_2^2 + \frac{\alpha}{2}\|\boldsymbol{x} - \boldsymbol{x}_{\text{opt}}\|_2^2 \tag{2.80}$$

式中, $\dfrac{k}{2}\|\boldsymbol{c}(\boldsymbol{x}) - \boldsymbol{d}\|_2^2$ 表示罚函数项; α 表示任意正数; $\dfrac{\alpha}{2}\|\boldsymbol{x} - \boldsymbol{x}_{\text{opt}}\|_2^2$ 表示辅助项, 其可以使得向量 $\boldsymbol{x}_{\text{opt}}$ 是函数 $f(\boldsymbol{x}) + \dfrac{\alpha}{2}\|\boldsymbol{x} - \boldsymbol{x}_{\text{opt}}\|_2^2$ 在等式约束 $\boldsymbol{c}(\boldsymbol{x}) = \boldsymbol{d}$ 条件下的严格局部最小值点。

由于向量 $\boldsymbol{x}_{\text{opt}}$ 是局部最小值点, 所以存在 $\varepsilon > 0$, 使得在闭球 $\mathbf{S}_\varepsilon = \{\boldsymbol{x} \,|\, \|\boldsymbol{x} - \boldsymbol{x}_{\text{opt}}\|_2 \leqslant \varepsilon\}$ 内服从等式约束 $\boldsymbol{c}(\boldsymbol{x}) = \boldsymbol{d}$ 的所有向量 $\boldsymbol{x}$ 均满足 $f(\boldsymbol{x}_{\text{opt}}) \leqslant f(\boldsymbol{x})$。假设向量 $\boldsymbol{x}^{(k)}$ 是优化问题

$$\begin{cases} \min\limits_{\boldsymbol{x}\in\mathbf{R}^{n\times 1}} \{g^{(k)}(\boldsymbol{x})\} \\ \text{s.t. } \boldsymbol{x} \in \mathbf{S}_\varepsilon \end{cases} \tag{2.81}$$

的最优解, 下面证明序列 $\{\boldsymbol{x}^{(k)}\}$ 收敛至向量 $\boldsymbol{x}_{\text{opt}}$ (即 $\lim\limits_{k\to+\infty} \boldsymbol{x}^{(k)} = \boldsymbol{x}_{\text{opt}}$)。对于任意正整数 k 满足

$$g^{(k)}(\boldsymbol{x}^{(k)}) = f(\boldsymbol{x}^{(k)}) + \frac{k}{2}\|\boldsymbol{c}(\boldsymbol{x}^{(k)}) - \boldsymbol{d}\|_2^2 + \frac{\alpha}{2}\|\boldsymbol{x}^{(k)} - \boldsymbol{x}_{\text{opt}}\|_2^2 \leqslant g^{(k)}(\boldsymbol{x}_{\text{opt}}) = f(\boldsymbol{x}_{\text{opt}}) \tag{2.82}$$

由于序列 $\{f(\boldsymbol{x}^{(k)})\}$ 在闭球 $\mathbf{S}_\varepsilon$ 上是有界的, 由式 (2.82) 可知 $\lim\limits_{k\to+\infty} \|\boldsymbol{c}(\boldsymbol{x}^{(k)}) - \boldsymbol{d}\|_2 = 0$, 否则当 $k \to +\infty$ 时, 式 (2.82) 左边无界。由 $\lim\limits_{k\to+\infty} \|\boldsymbol{c}(\boldsymbol{x}^{(k)}) - \boldsymbol{d}\|_2 = 0$ 可知, 序列 $\{\boldsymbol{x}^{(k)}\}$ 的每个极限点 $\overline{\boldsymbol{x}}$ 都满足约束 $\boldsymbol{c}(\overline{\boldsymbol{x}}) = \boldsymbol{d}$。另外, 由式 (2.82) 可知, 对于任意正整数 k 都有 $f(\boldsymbol{x}^{(k)}) + \dfrac{\alpha}{2}\|\boldsymbol{x}^{(k)} - \boldsymbol{x}_{\text{opt}}\|_2^2 \leqslant f(\boldsymbol{x}_{\text{opt}})$, 于是对正整数 k 取极限可得

$$f(\overline{\boldsymbol{x}}) + \frac{\alpha}{2}\|\overline{\boldsymbol{x}} - \boldsymbol{x}_{\text{opt}}\|_2^2 \leqslant f(\boldsymbol{x}_{\text{opt}}) \tag{2.83}$$

由于 $\overline{\boldsymbol{x}} \in \mathbf{S}_\varepsilon$, 并且满足 $\boldsymbol{c}(\overline{\boldsymbol{x}}) = \boldsymbol{d}$, 于是有 $f(\boldsymbol{x}_{\text{opt}}) \leqslant f(\overline{\boldsymbol{x}})$, 结合式 (2.83) 可知 $\|\overline{\boldsymbol{x}} - \boldsymbol{x}_{\text{opt}}\|_2 = 0$, 因而有 $\overline{\boldsymbol{x}} = \boldsymbol{x}_{\text{opt}}$, 这意味着序列 $\{\boldsymbol{x}^{(k)}\}$ 收敛至向量 $\boldsymbol{x}_{\text{opt}}$。

根据闭球 $\mathbf{S}_\varepsilon$ 的定义可知, 对于充分大的正整数 k, 向量 $\boldsymbol{x}^{(k)}$ 是闭球 $\mathbf{S}_\varepsilon$ 的内点, 因而当正整数 k 足够大时, 向量 $\boldsymbol{x}^{(k)}$ 是函数 $g^{(k)}(\boldsymbol{x})$ 在无约束条件下的局部最小值点, 此时由式 (2.82) 可得

$$\boldsymbol{O}_{n\times 1}=\nabla_x g^{(k)}(\boldsymbol{x}^{(k)})=\nabla_x f(\boldsymbol{x}^{(k)})+k(\boldsymbol{C}(\boldsymbol{x}^{(k)}))^{\mathrm{T}}(\boldsymbol{c}(\boldsymbol{x}^{(k)})-\boldsymbol{d})+\alpha(\boldsymbol{x}^{(k)}-\boldsymbol{x}_{\mathrm{opt}}) \tag{2.84}$$

由于 $\boldsymbol{C}(\boldsymbol{x}_{\mathrm{opt}})$ 是行满秩矩阵, 当正整数 k 足够大时, $\boldsymbol{C}(\boldsymbol{x}^{(k)})$ 也是行满秩矩阵, 此时 $\boldsymbol{C}(\boldsymbol{x}^{(k)})(\boldsymbol{C}(\boldsymbol{x}^{(k)}))^{\mathrm{T}}$ 是可逆矩阵, 将式 (2.84) 两边同时乘以 $(\boldsymbol{C}(\boldsymbol{x}^{(k)})(\boldsymbol{C}(\boldsymbol{x}^{(k)}))^{\mathrm{T}})^{-1}\cdot$ $\boldsymbol{C}(\boldsymbol{x}^{(k)})$ 可知

$$k(\boldsymbol{c}(\boldsymbol{x}^{(k)})-\boldsymbol{d})=-(\boldsymbol{C}(\boldsymbol{x}^{(k)})(\boldsymbol{C}(\boldsymbol{x}^{(k)}))^{\mathrm{T}})^{-1}\boldsymbol{C}(\boldsymbol{x}^{(k)})(\nabla_x f(\boldsymbol{x}^{(k)})+\alpha(\boldsymbol{x}^{(k)}-\boldsymbol{x}_{\mathrm{opt}})) \tag{2.85}$$

然后, 将式 (2.85) 两边对正整数 k 取极限, 并且结合 $\lim\limits_{k\to+\infty}\boldsymbol{x}^{(k)}=\boldsymbol{x}_{\mathrm{opt}}$ 可得

$$\lim_{k\to+\infty}k(\boldsymbol{c}(\boldsymbol{x}^{(k)})-\boldsymbol{d})=-(\boldsymbol{C}(\boldsymbol{x}_{\mathrm{opt}})(\boldsymbol{C}(\boldsymbol{x}_{\mathrm{opt}}))^{\mathrm{T}})^{-1}\boldsymbol{C}(\boldsymbol{x}_{\mathrm{opt}})\nabla_x f(\boldsymbol{x}_{\mathrm{opt}})=\boldsymbol{\lambda}_{\mathrm{opt}} \tag{2.86}$$

最后, 将式 (2.84) 两边对正整数 k 取极限, 并且将式 (2.86) 代入式 (2.84) 可知

$$\nabla_x f(\boldsymbol{x}_{\mathrm{opt}})+(\boldsymbol{C}(\boldsymbol{x}_{\mathrm{opt}}))^{\mathrm{T}}\boldsymbol{\lambda}_{\mathrm{opt}}=\boldsymbol{O}_{n\times 1} \tag{2.87}$$

由此可知式 (2.79) 成立。证毕。

命题 2.27 给出了求解式 (2.78) 的方法, 即拉格朗日乘子法, 其中向量 $\boldsymbol{\lambda}$ 称为拉格朗日乘子。为了求解式 (2.78) 可以构造如下拉格朗日函数

$$L(\boldsymbol{x},\lambda_1,\lambda_2,\cdots,\lambda_m)=f(\boldsymbol{x})+\sum_{j=1}^{m}\lambda_j(c_j(\boldsymbol{x})-d_j)=f(\boldsymbol{x})+\boldsymbol{\lambda}^{\mathrm{T}}(\boldsymbol{c}(\boldsymbol{x})-\boldsymbol{d}) \tag{2.88}$$

式中, $\boldsymbol{\lambda}=[\lambda_1\ \ \lambda_2\ \ \cdots\ \ \lambda_m]^{\mathrm{T}}$。最优解 $\boldsymbol{x}_{\mathrm{opt}}$ 和拉格朗日乘子 $\{\lambda_{j,\mathrm{opt}}\}_{1\leqslant j\leqslant m}$ (或者 $\boldsymbol{\lambda}_{\mathrm{opt}}=[\lambda_{1,\mathrm{opt}}\ \ \lambda_{2,\mathrm{opt}}\ \ \cdots\ \ \lambda_{m,\mathrm{opt}}]^{\mathrm{T}}$) 需要满足如下等式

$$\begin{cases}\left.\dfrac{\partial L(\boldsymbol{x},\lambda_1,\lambda_2,\cdots,\lambda_m)}{\partial\boldsymbol{x}}\right|_{\substack{\boldsymbol{x}=\boldsymbol{x}_{\mathrm{opt}}\\ \boldsymbol{\lambda}=\boldsymbol{\lambda}_{\mathrm{opt}}}}=\nabla_x f(\boldsymbol{x}_{\mathrm{opt}})+\sum\limits_{j=1}^{m}\lambda_{j,\mathrm{opt}}\nabla_x c_j(\boldsymbol{x}_{\mathrm{opt}})=\boldsymbol{O}_{n\times 1}\\ \left.\dfrac{\partial L(\boldsymbol{x},\lambda_1,\lambda_2,\cdots,\lambda_m)}{\partial\lambda_j}\right|_{\substack{\boldsymbol{x}=\boldsymbol{x}_{\mathrm{opt}}\\ \boldsymbol{\lambda}=\boldsymbol{\lambda}_{\mathrm{opt}}}}=c_j(\boldsymbol{x}_{\mathrm{opt}})-d_j=0\quad(1\leqslant j\leqslant m)\end{cases} \tag{2.89}$$

式 (2.89) 是关于向量 $\boldsymbol{x}_{\mathrm{opt}}$ 和 $\boldsymbol{\lambda}_{\mathrm{opt}}$ 的方程组, 其中的方程个数为 $n+m$, 未知参数个数也为 $n+m$。在一些特殊情况下该方程组存在闭式解, 但是在大多数情况下该方程组并不存在闭式解, 需要通过迭代来求解。

【**注记 2.6**】若式 (2.78) 中的等式约束为线性约束, 即有 $\boldsymbol{c}(\boldsymbol{x}) = \boldsymbol{C}\boldsymbol{x}$ (其中 $\boldsymbol{C}$ 为行满秩矩阵), 此时由式 (2.79) 可知, 最优解 $\boldsymbol{x}_{\text{opt}}$ 满足

$$\nabla_x f(\boldsymbol{x}_{\text{opt}}) + \boldsymbol{C}^{\mathrm{T}}\boldsymbol{\lambda}_{\text{opt}} = \boldsymbol{O}_{n\times 1} \tag{2.90}$$

结合矩阵 $\boldsymbol{C}^{\mathrm{T}}$ 的列满秩性和式 (2.41) 中的第 2 个等式可得

$$\boldsymbol{\Pi}^{\perp}[\boldsymbol{C}^{\mathrm{T}}] = \boldsymbol{I}_n - \boldsymbol{C}^{\mathrm{T}}(\boldsymbol{C}\boldsymbol{C}^{\mathrm{T}})^{-1}\boldsymbol{C} \tag{2.91}$$

联合式 (2.90) 和式 (2.91) 可以进一步推得

$$\boldsymbol{\Pi}^{\perp}[\boldsymbol{C}^{\mathrm{T}}]\nabla_x f(\boldsymbol{x}_{\text{opt}}) + \boldsymbol{\Pi}^{\perp}[\boldsymbol{C}^{\mathrm{T}}]\boldsymbol{C}^{\mathrm{T}}\boldsymbol{\lambda}_{\text{opt}} = \boldsymbol{\Pi}^{\perp}[\boldsymbol{C}^{\mathrm{T}}]\nabla_x f(\boldsymbol{x}_{\text{opt}}) = \boldsymbol{O}_{n\times 1} \tag{2.92}$$

2.4 参数估计方差的克拉美罗界

克拉美罗界给出了任意无偏估计 (即估计均值等于真实值) 所能获得的估计方差的理论下界, 本节推导克拉美罗界的表达式, 其中包含无等式约束和含有等式约束两种情形下的性能界。

2.4.1 无等式约束条件下的克拉美罗界

下面给出无等式约束条件下的克拉美罗界的表达式, 为此需要引出著名的 Cauchy-Schwarz 不等式①。

【**命题 2.28**】假设有 3 个连续可积的标量函数 $w(\boldsymbol{z})$、$h_1(\boldsymbol{z})$ 和 $h_2(\boldsymbol{z})$, 其中 $w(\boldsymbol{z}) \geqslant 0$, 则有如下不等式

$$\left(\int w(\boldsymbol{z})h_1(\boldsymbol{z})h_2(\boldsymbol{z})\mathrm{d}\boldsymbol{z}\right)^2 \leqslant \left(\int w(\boldsymbol{z})(h_1(\boldsymbol{z}))^2\mathrm{d}\boldsymbol{z}\right)\left(\int w(\boldsymbol{z})(h_2(\boldsymbol{z}))^2\mathrm{d}\boldsymbol{z}\right) \tag{2.93}$$

当且仅当存在常数 c 满足 $h_1(\boldsymbol{z}) = ch_2(\boldsymbol{z})$ 时, 式 (2.93) 中的等号成立。

无等式约束条件下的克拉美罗界可以利用下面 4 个命题来获得。

【**命题 2.29**】假设 l 维随机观测向量 $\boldsymbol{z}$ 受到 n $(n \leqslant l)$ 维未知参数 $\boldsymbol{x}$ 的支配, 则其概率密度函数 $g(\boldsymbol{z};\boldsymbol{x})$ 满足

$$\mathbf{E}\left[\frac{\partial \ln(g(\boldsymbol{z};\boldsymbol{x}))}{\partial \boldsymbol{x}}\right] = \boldsymbol{O}_{n\times 1}, \quad \forall \boldsymbol{x} \tag{2.94}$$

---

① 参见文献 [39]。

【证明】式 (2.94) 的证明过程如下

$$\begin{aligned}\mathbf{E}\left[\frac{\partial\ln(g(\boldsymbol{z};\boldsymbol{x}))}{\partial\boldsymbol{x}}\right]&=\int\frac{\partial\ln(g(\boldsymbol{z};\boldsymbol{x}))}{\partial\boldsymbol{x}}g(\boldsymbol{z};\boldsymbol{x})\mathrm{d}\boldsymbol{z}\\&=\int\frac{\partial g(\boldsymbol{z};\boldsymbol{x})}{\partial\boldsymbol{x}}\frac{g(\boldsymbol{z};\boldsymbol{x})}{g(\boldsymbol{z};\boldsymbol{x})}\mathrm{d}\boldsymbol{z}=\int\frac{\partial g(\boldsymbol{z};\boldsymbol{x})}{\partial\boldsymbol{x}}\mathrm{d}\boldsymbol{z}\\&=\frac{\partial}{\partial\boldsymbol{x}}\int g(\boldsymbol{z};\boldsymbol{x})\mathrm{d}\boldsymbol{z}=\frac{\partial 1}{\partial\boldsymbol{x}}=\boldsymbol{O}_{n\times 1},\quad\forall\boldsymbol{x}\end{aligned}\tag{2.95}$$

证毕。

【命题 2.30】 假设 l 维随机观测向量 $\boldsymbol{z}$ 受到 n $(n\leqslant l)$ 维未知参数 $\boldsymbol{x}$ 的支配, 其概率密度函数为 $g(\boldsymbol{z};\boldsymbol{x})$, 若令向量 $\widehat{\boldsymbol{x}}_{\mathrm{u}}$ 表示关于未知参数 $\boldsymbol{x}$ 的任意无偏估计值 (即 $\mathbf{E}[\widehat{\boldsymbol{x}}_{\mathrm{u}}]=\boldsymbol{x}$), 则有

$$\mathbf{E}\left[(\widehat{\boldsymbol{x}}_{\mathrm{u}}-\boldsymbol{x})\frac{\partial\ln(g(\boldsymbol{z};\boldsymbol{x}))}{\partial\boldsymbol{x}^{\mathrm{T}}}\right]=\boldsymbol{I}_n\tag{2.96}$$

【证明】式 (2.96) 的证明过程如下

$$\begin{aligned}\mathbf{E}\left[(\widehat{\boldsymbol{x}}_{\mathrm{u}}-\boldsymbol{x})\frac{\partial\ln(g(\boldsymbol{z};\boldsymbol{x}))}{\partial\boldsymbol{x}^{\mathrm{T}}}\right]&=\int(\widehat{\boldsymbol{x}}_{\mathrm{u}}-\boldsymbol{x})\frac{\partial\ln(g(\boldsymbol{z};\boldsymbol{x}))}{\partial\boldsymbol{x}^{\mathrm{T}}}g(\boldsymbol{z};\boldsymbol{x})\mathrm{d}\boldsymbol{z}\\&=\int(\widehat{\boldsymbol{x}}_{\mathrm{u}}-\boldsymbol{x})\frac{\partial g(\boldsymbol{z};\boldsymbol{x})}{\partial\boldsymbol{x}^{\mathrm{T}}}\frac{g(\boldsymbol{z};\boldsymbol{x})}{g(\boldsymbol{z};\boldsymbol{x})}\mathrm{d}\boldsymbol{z}\\&=\int(\widehat{\boldsymbol{x}}_{\mathrm{u}}-\boldsymbol{x})\frac{\partial g(\boldsymbol{z};\boldsymbol{x})}{\partial\boldsymbol{x}^{\mathrm{T}}}\mathrm{d}\boldsymbol{z}\\&=\int\widehat{\boldsymbol{x}}_{\mathrm{u}}\frac{\partial g(\boldsymbol{z};\boldsymbol{x})}{\partial\boldsymbol{x}^{\mathrm{T}}}\mathrm{d}\boldsymbol{z}-\boldsymbol{x}\int\frac{\partial g(\boldsymbol{z};\boldsymbol{x})}{\partial\boldsymbol{x}^{\mathrm{T}}}\mathrm{d}\boldsymbol{z}\\&=\frac{\partial}{\partial\boldsymbol{x}^{\mathrm{T}}}\int\widehat{\boldsymbol{x}}_{\mathrm{u}}g(\boldsymbol{z};\boldsymbol{x})\mathrm{d}\boldsymbol{z}-\boldsymbol{x}\frac{\partial}{\partial\boldsymbol{x}^{\mathrm{T}}}\int g(\boldsymbol{z};\boldsymbol{x})\mathrm{d}\boldsymbol{z}\\&=\frac{\partial\mathbf{E}[\widehat{\boldsymbol{x}}_{\mathrm{u}}]}{\partial\boldsymbol{x}^{\mathrm{T}}}-\boldsymbol{x}\frac{\partial 1}{\partial\boldsymbol{x}^{\mathrm{T}}}=\frac{\partial\boldsymbol{x}}{\partial\boldsymbol{x}^{\mathrm{T}}}=\boldsymbol{I}_n\end{aligned}\tag{2.97}$$

证毕。

【命题 2.31】 假设 l 维随机观测向量 $\boldsymbol{z}$ 受到 n $(n\leqslant l)$ 维未知参数 $\boldsymbol{x}$ 的支配, 其概率密度函数为 $g(\boldsymbol{z};\boldsymbol{x})$, 若定义如下费希尔信息矩阵

$$\begin{aligned}\mathbf{FISH}(\boldsymbol{x})&=\mathbf{E}\left[\frac{\partial\ln(g(\boldsymbol{z};\boldsymbol{x}))}{\partial\boldsymbol{x}}\frac{\partial\ln(g(\boldsymbol{z};\boldsymbol{x}))}{\partial\boldsymbol{x}^{\mathrm{T}}}\right]\\&=\int\frac{\partial\ln(g(\boldsymbol{z};\boldsymbol{x}))}{\partial\boldsymbol{x}}\frac{\partial\ln(g(\boldsymbol{z};\boldsymbol{x}))}{\partial\boldsymbol{x}^{\mathrm{T}}}g(\boldsymbol{z};\boldsymbol{x})\mathrm{d}\boldsymbol{z}\end{aligned}\tag{2.98}$$

则有

$$\mathbf{FISH}(\boldsymbol{x}) = -\mathbf{E}\left[\frac{\partial^2 \ln(g(\boldsymbol{z};\boldsymbol{x}))}{\partial \boldsymbol{x}\,\partial \boldsymbol{x}^{\mathrm{T}}}\right] = -\int \frac{\partial^2 \ln(g(\boldsymbol{z};\boldsymbol{x}))}{\partial \boldsymbol{x}\,\partial \boldsymbol{x}^{\mathrm{T}}} g(\boldsymbol{z};\boldsymbol{x})\mathrm{d}\boldsymbol{z} \tag{2.99}$$

【证明】由命题 2.29 可知

$$\mathbf{E}\left[\frac{\partial \ln(g(\boldsymbol{z};\boldsymbol{x}))}{\partial \boldsymbol{x}}\right] = \int \frac{\partial \ln(g(\boldsymbol{z};\boldsymbol{x}))}{\partial \boldsymbol{x}} g(\boldsymbol{z};\boldsymbol{x})\mathrm{d}\boldsymbol{z} = \boldsymbol{O}_{n\times 1} \tag{2.100}$$

式 (2.100) 可以看成是关于未知参数 $\boldsymbol{x}$ 的恒等式, 将该式两边对向量 $\boldsymbol{x}$ 求导可得

$$\begin{aligned}
\boldsymbol{O}_{n\times n} &= \int \frac{\partial^2 \ln(g(\boldsymbol{z};\boldsymbol{x}))}{\partial \boldsymbol{x}\,\partial \boldsymbol{x}^{\mathrm{T}}} g(\boldsymbol{z};\boldsymbol{x})\mathrm{d}\boldsymbol{z} + \int \frac{\partial \ln(g(\boldsymbol{z};\boldsymbol{x}))}{\partial \boldsymbol{x}} \frac{\partial g(\boldsymbol{z};\boldsymbol{x})}{\partial \boldsymbol{x}^{\mathrm{T}}}\mathrm{d}\boldsymbol{z} \\
&= \int \frac{\partial^2 \ln(g(\boldsymbol{z};\boldsymbol{x}))}{\partial \boldsymbol{x}\,\partial \boldsymbol{x}^{\mathrm{T}}} g(\boldsymbol{z};\boldsymbol{x})\mathrm{d}\boldsymbol{z} + \int \frac{\partial \ln(g(\boldsymbol{z};\boldsymbol{x}))}{\partial \boldsymbol{x}} \frac{\partial \ln(g(\boldsymbol{z};\boldsymbol{x}))}{\partial \boldsymbol{x}^{\mathrm{T}}} g(\boldsymbol{z};\boldsymbol{x})\mathrm{d}\boldsymbol{z} \\
&= \mathbf{E}\left[\frac{\partial^2 \ln(g(\boldsymbol{z};\boldsymbol{x}))}{\partial \boldsymbol{x}\,\partial \boldsymbol{x}^{\mathrm{T}}}\right] + \mathbf{E}\left[\frac{\partial \ln(g(\boldsymbol{z};\boldsymbol{x}))}{\partial \boldsymbol{x}} \frac{\partial \ln(g(\boldsymbol{z};\boldsymbol{x}))}{\partial \boldsymbol{x}^{\mathrm{T}}}\right] \\
&= \mathbf{E}\left[\frac{\partial^2 \ln(g(\boldsymbol{z};\boldsymbol{x}))}{\partial \boldsymbol{x}\,\partial \boldsymbol{x}^{\mathrm{T}}}\right] + \mathbf{FISH}(\boldsymbol{x})
\end{aligned} \tag{2.101}$$

由此可知式 (2.99) 成立。证毕。

【注记 2.7】对于超定问题 (即观测量足够多), 通常可以假设费希尔信息矩阵是正定矩阵。

【命题 2.32】假设 l 维随机观测向量 $\boldsymbol{z}$ 受到 n $(n \leqslant l)$ 维未知参数 $\boldsymbol{x}$ 的支配, 其概率密度函数为 $g(\boldsymbol{z};\boldsymbol{x})$, 若令向量 $\widehat{\boldsymbol{x}}_{\mathrm{u}}$ 是关于未知参数 $\boldsymbol{x}$ 的任意无偏估计值 (即 $\mathbf{E}[\widehat{\boldsymbol{x}}_{\mathrm{u}}] = \boldsymbol{x}$), 则其均方误差满足

$$\mathbf{MSE}(\widehat{\boldsymbol{x}}_{\mathrm{u}}) = \mathbf{E}[(\widehat{\boldsymbol{x}}_{\mathrm{u}} - \boldsymbol{x})(\widehat{\boldsymbol{x}}_{\mathrm{u}} - \boldsymbol{x})^{\mathrm{T}}] \geqslant (\mathbf{FISH}(\boldsymbol{x}))^{-1} \tag{2.102}$$

并且, 当且仅当

$$\frac{\partial \ln(g(\boldsymbol{z};\boldsymbol{x}))}{\partial \boldsymbol{x}} = \mathbf{FISH}(\boldsymbol{x})(\widehat{\boldsymbol{x}}_{\mathrm{u}} - \boldsymbol{x}) \tag{2.103}$$

式 (2.102) 中的等号成立。

【证明】假设 $\boldsymbol{a}$ 和 $\boldsymbol{b}$ 均为任意 n 维列向量, 利用命题 2.30 可知

$$\begin{aligned}
\boldsymbol{a}^{\mathrm{T}}\boldsymbol{b} = \boldsymbol{a}^{\mathrm{T}}\boldsymbol{I}_n\boldsymbol{b} &= \boldsymbol{a}^{\mathrm{T}}\mathbf{E}\left[(\widehat{\boldsymbol{x}}_{\mathrm{u}} - \boldsymbol{x})\frac{\partial \ln(g(\boldsymbol{z};\boldsymbol{x}))}{\partial \boldsymbol{x}^{\mathrm{T}}}\right]\boldsymbol{b} \\
&= \boldsymbol{a}^{\mathrm{T}}\left(\int (\widehat{\boldsymbol{x}}_{\mathrm{u}} - \boldsymbol{x})\frac{\partial \ln(g(\boldsymbol{z};\boldsymbol{x}))}{\partial \boldsymbol{x}^{\mathrm{T}}} g(\boldsymbol{z};\boldsymbol{x})\mathrm{d}\boldsymbol{z}\right)\boldsymbol{b} \\
&= \int (\boldsymbol{a}^{\mathrm{T}}(\widehat{\boldsymbol{x}}_{\mathrm{u}} - \boldsymbol{x}))\left(\frac{\partial \ln(g(\boldsymbol{z};\boldsymbol{x}))}{\partial \boldsymbol{x}^{\mathrm{T}}}\boldsymbol{b}\right) g(\boldsymbol{z};\boldsymbol{x})\mathrm{d}\boldsymbol{z}
\end{aligned} \tag{2.104}$$

若令

$$h_1(\boldsymbol{z})=\boldsymbol{a}^{\mathrm{T}}(\widehat{\boldsymbol{x}}_{\mathrm{u}}-\boldsymbol{x});\quad h_2(\boldsymbol{z})=\frac{\partial\ln(g(\boldsymbol{z};\boldsymbol{x}))}{\partial\boldsymbol{x}^{\mathrm{T}}}\boldsymbol{b};\quad w(\boldsymbol{z})=g(\boldsymbol{z};\boldsymbol{x})\geqslant 0 \tag{2.105}$$

则由命题 2.28 可得

$$\begin{aligned}(\boldsymbol{a}^{\mathrm{T}}\boldsymbol{b})^2&\leqslant\left(\int w(\boldsymbol{z})(h_1(\boldsymbol{z}))^2\mathrm{d}\boldsymbol{z}\right)\left(\int w(\boldsymbol{z})(h_2(\boldsymbol{z}))^2\mathrm{d}\boldsymbol{z}\right)\\&=\left(\int(\boldsymbol{a}^{\mathrm{T}}(\widehat{\boldsymbol{x}}_{\mathrm{u}}-\boldsymbol{x})(\widehat{\boldsymbol{x}}_{\mathrm{u}}-\boldsymbol{x})^{\mathrm{T}}\boldsymbol{a})g(\boldsymbol{z};\boldsymbol{x})\mathrm{d}\boldsymbol{z}\right)\\&\quad\times\left(\int\left(\boldsymbol{b}^{\mathrm{T}}\frac{\partial\ln(g(\boldsymbol{z};\boldsymbol{x}))}{\partial\boldsymbol{x}}\frac{\partial\ln(g(\boldsymbol{z};\boldsymbol{x}))}{\partial\boldsymbol{x}^{\mathrm{T}}}\boldsymbol{b}\right)g(\boldsymbol{z};\boldsymbol{x})\mathrm{d}\boldsymbol{z}\right)\\&=(\boldsymbol{a}^{\mathrm{T}}\mathbf{MSE}(\widehat{\boldsymbol{x}}_{\mathrm{u}})\boldsymbol{a})(\boldsymbol{b}^{\mathrm{T}}\mathbf{FISH}(\boldsymbol{x})\boldsymbol{b})\end{aligned} \tag{2.106}$$

由于向量 $\boldsymbol{b}$ 可以任意选取, 所以不妨令 $\boldsymbol{b}=(\mathbf{FISH}(\boldsymbol{x}))^{-1}\boldsymbol{a}$, 并将该式代入式 (2.106) 中可知

$$(\boldsymbol{a}^{\mathrm{T}}(\mathbf{FISH}(\boldsymbol{x}))^{-1}\boldsymbol{a})^2\leqslant(\boldsymbol{a}^{\mathrm{T}}\mathbf{MSE}(\widehat{\boldsymbol{x}}_{\mathrm{u}})\boldsymbol{a})(\boldsymbol{a}^{\mathrm{T}}(\mathbf{FISH}(\boldsymbol{x}))^{-1}\boldsymbol{a}) \tag{2.107}$$

利用 $\mathbf{FISH}(\boldsymbol{x})$ 的正定性可得 $\boldsymbol{a}^{\mathrm{T}}(\mathbf{FISH}(\boldsymbol{x}))^{-1}\boldsymbol{a}\geqslant 0$, 结合式 (2.107) 可知 $\boldsymbol{a}^{\mathrm{T}}(\mathbf{MSE}(\widehat{\boldsymbol{x}}_{\mathrm{u}})-(\mathbf{FISH}(\boldsymbol{x}))^{-1})\boldsymbol{a}\geqslant 0$, 再由向量 $\boldsymbol{a}$ 的任意性可知式 (2.102) 成立。

根据命题 2.28 可知, 式 (2.106) 中的等号成立 (即式 (2.102) 中的等号成立) 的充要条件是存在常数 c 满足

$$h_1(\boldsymbol{z})=ch_2(\boldsymbol{z})\Rightarrow\boldsymbol{a}^{\mathrm{T}}(\widehat{\boldsymbol{x}}_{\mathrm{u}}-\boldsymbol{x})=c\frac{\partial\ln(g(\boldsymbol{z};\boldsymbol{x}))}{\partial\boldsymbol{x}^{\mathrm{T}}}\boldsymbol{b}=c\frac{\partial\ln(g(\boldsymbol{z};\boldsymbol{x}))}{\partial\boldsymbol{x}^{\mathrm{T}}}(\mathbf{FISH}(\boldsymbol{x}))^{-1}\boldsymbol{a} \tag{2.108}$$

利用向量 $\boldsymbol{a}$ 的任意性可知

$$\widehat{\boldsymbol{x}}_{\mathrm{u}}-\boldsymbol{x}=c(\mathbf{FISH}(\boldsymbol{x}))^{-1}\frac{\partial\ln(g(\boldsymbol{z};\boldsymbol{x}))}{\partial\boldsymbol{x}}\Rightarrow\frac{\partial\ln(g(\boldsymbol{z};\boldsymbol{x}))}{\partial\boldsymbol{x}}=\frac{1}{c}\mathbf{FISH}(\boldsymbol{x})(\widehat{\boldsymbol{x}}_{\mathrm{u}}-\boldsymbol{x}) \tag{2.109}$$

由此可以推得

$$\frac{\partial^2\ln(g(\boldsymbol{z};\boldsymbol{x}))}{\partial\boldsymbol{x}\,\partial\boldsymbol{x}^{\mathrm{T}}}=\frac{1}{c}((\widehat{\boldsymbol{x}}_{\mathrm{u}}-\boldsymbol{x})^{\mathrm{T}}\otimes\boldsymbol{I}_n)\frac{\partial\mathrm{vec}[\mathbf{FISH}(\boldsymbol{x})]}{\partial\boldsymbol{x}^{\mathrm{T}}}-\frac{1}{c}\mathbf{FISH}(\boldsymbol{x}) \tag{2.110}$$

对式 (2.110) 两边取数学期望, 并且结合式 (2.99) 和估计值 $\widehat{\boldsymbol{x}}_{\mathrm{u}}$ 的无偏性可知

$$\mathbf{FISH}(\boldsymbol{x})=\frac{1}{c}\mathbf{FISH}(\boldsymbol{x})\Rightarrow c=1 \tag{2.111}$$

结合式 (2.109) 和式 (2.111) 可知, 当式 (2.103) 满足时, 式 (2.102) 中的等号成立。证毕。

【注记 2.8】费希尔信息矩阵的逆矩阵 $(\mathbf{FISH}(\boldsymbol{x}))^{-1}$ 称为未知参数 $\boldsymbol{x}$ 的估计方差的克拉美罗界, 将其记为 $\mathbf{CRB}(\boldsymbol{x}) = (\mathbf{FISH}(\boldsymbol{x}))^{-1}$。由命题 2.32 可知, 未知参数 $\boldsymbol{x}$ 的任意无偏估计值 $\widehat{\boldsymbol{x}}_{\mathrm{u}}$ 均满足 $\mathbf{MSE}(\widehat{\boldsymbol{x}}_{\mathrm{u}}) \geqslant \mathbf{CRB}(\boldsymbol{x})$。

2.4.2 等式约束条件下的克拉美罗界

在一些应用中, 未知参数 $\boldsymbol{x}$ 服从先验等式约束, 可以表示为

$$\boldsymbol{c}(\boldsymbol{x}) = \boldsymbol{d} \tag{2.112}$$

式中, $\boldsymbol{d} \in \mathbf{R}^{m\times 1}$ 表示常数向量。$\boldsymbol{c}(\cdot)$ 表示连续可导的函数, 其 Jacobi 矩阵定义为 $\boldsymbol{C}(\boldsymbol{x}) = \dfrac{\partial \boldsymbol{c}(\boldsymbol{x})}{\partial \boldsymbol{x}^{\mathrm{T}}} \in \mathbf{R}^{m\times n}$ (其中 $m < n$), 并且假设该矩阵是行满秩的。

等式约束式 (2.112) 条件下的克拉美罗界可以通过下面 3 个命题获得。

【命题 2.33】假设 l 维随机观测向量 $\boldsymbol{z}$ 受到 n ($n \leqslant l$) 维未知参数 $\boldsymbol{x}$ 的支配, 其概率密度函数为 $g(\boldsymbol{z};\boldsymbol{x})$, 并且向量 $\boldsymbol{x}$ 服从等式约束式 (2.112) (即 $\boldsymbol{c}(\boldsymbol{x}) = \boldsymbol{d}$)。若令向量 $\widehat{\boldsymbol{x}}_{\text{c-u}}$ 是关于未知参数 $\boldsymbol{x}$ 的无偏估计值 (即 $\mathbf{E}[\widehat{\boldsymbol{x}}_{\text{c-u}}] = \boldsymbol{x}$), 并且服从等式约束式 (2.112) (即 $\boldsymbol{c}(\widehat{\boldsymbol{x}}_{\text{c-u}}) = \boldsymbol{d}$), 则对于满足等式 $\boldsymbol{C}(\boldsymbol{x})\boldsymbol{\beta} = \boldsymbol{O}_{m\times 1}$ 的任意向量 $\boldsymbol{\beta} \in \mathbf{R}^{n\times 1}$ 恒有

$$\mathbf{E}\left[(\widehat{\boldsymbol{x}}_{\text{c-u}} - \boldsymbol{x})\frac{\partial \ln(g(\boldsymbol{z};\boldsymbol{x}))}{\partial \boldsymbol{x}^{\mathrm{T}}}\right]\boldsymbol{\beta} = \boldsymbol{\beta} \tag{2.113}$$

【证明】由于 $\boldsymbol{C}(\boldsymbol{x})$ 是行满秩矩阵, 不失一般性, 假设其前面 m 列构成的子矩阵 $\boldsymbol{C}_1(\boldsymbol{x})$ 为可逆矩阵, 其后面 $n-m$ 列构成的子矩阵为 $\boldsymbol{C}_2(\boldsymbol{x})$。若未知参数 $\boldsymbol{x}$ 服从等式约束 $\boldsymbol{c}(\boldsymbol{x}) = \boldsymbol{d}$, 并且令 $\boldsymbol{x}_1$ 和 $\boldsymbol{x}_2$ 分别是向量 $\boldsymbol{x}$ 中的前面 m 个分量和后面 $n-m$ 个分量构成的向量, 则根据隐函数定理可知, 存在连续可微的函数 $\boldsymbol{\varphi}(\cdot)$ 使得 $\boldsymbol{x}_1 = \boldsymbol{\varphi}(\boldsymbol{x}_2)$, 并且满足

$$\boldsymbol{C}_1(\boldsymbol{x})\frac{\partial \boldsymbol{\varphi}(\boldsymbol{x}_2)}{\partial \boldsymbol{x}_2^{\mathrm{T}}} + \boldsymbol{C}_2(\boldsymbol{x}) = \boldsymbol{O}_{m\times(n-m)} \Rightarrow \frac{\partial \boldsymbol{\varphi}(\boldsymbol{x}_2)}{\partial \boldsymbol{x}_2^{\mathrm{T}}} = -(\boldsymbol{C}_1(\boldsymbol{x}))^{-1}\boldsymbol{C}_2(\boldsymbol{x}) \tag{2.114}$$

接下来定义估计偏置函数

$$\boldsymbol{b}(\boldsymbol{x}) = \mathbf{E}[\widehat{\boldsymbol{x}}_{\text{c-u}}] - \boldsymbol{x} = \int (\widehat{\boldsymbol{x}}_{\text{c-u}} - \boldsymbol{x})g(\boldsymbol{z};\boldsymbol{x})\mathrm{d}\boldsymbol{z} \tag{2.115}$$

该向量函数的 Jacobi 矩阵为

$$\boldsymbol{B}(\boldsymbol{x}) = \frac{\partial \boldsymbol{b}(\boldsymbol{x})}{\partial \boldsymbol{x}^{\mathrm{T}}} = \int (\widehat{\boldsymbol{x}}_{\text{c-u}} - \boldsymbol{x})\frac{\partial g(\boldsymbol{z};\boldsymbol{x})}{\partial \boldsymbol{x}^{\mathrm{T}}}\mathrm{d}\boldsymbol{z} - \boldsymbol{I}_n\int g(\boldsymbol{z};\boldsymbol{x})\mathrm{d}\boldsymbol{z}$$

$$
\begin{aligned}
&= \int (\widehat{\boldsymbol{x}}_{\text{c-u}} - \boldsymbol{x}) \frac{\partial \ln(g(\boldsymbol{z};\boldsymbol{x}))}{\partial \boldsymbol{x}^{\text{T}}} g(\boldsymbol{z};\boldsymbol{x}) \mathrm{d}\boldsymbol{z} - \boldsymbol{I}_n \\
&= \mathbf{E}\left[(\widehat{\boldsymbol{x}}_{\text{c-u}} - \boldsymbol{x}) \frac{\partial \ln(g(\boldsymbol{z};\boldsymbol{x}))}{\partial \boldsymbol{x}^{\text{T}}}\right] - \boldsymbol{I}_n
\end{aligned} \tag{2.116}
$$

利用估计值 $\widehat{\boldsymbol{x}}_{\text{c-u}}$ 的无偏性可知 $\boldsymbol{b}(\boldsymbol{x}) = \boldsymbol{O}_{n\times 1}$, 将此式两边对向量 $\boldsymbol{x}_2$ 求导可得

$$
\boldsymbol{B}_1(\boldsymbol{x}) \frac{\partial \boldsymbol{\varphi}(\boldsymbol{x}_2)}{\partial \boldsymbol{x}_2^{\text{T}}} + \boldsymbol{B}_2(\boldsymbol{x}) = \boldsymbol{O}_{n\times(n-m)} \tag{2.117}
$$

式中, $\boldsymbol{B}_1(\boldsymbol{x})$ 表示矩阵 $\boldsymbol{B}(\boldsymbol{x})$ 中的前面 m 列构成的子矩阵, $\boldsymbol{B}_2(\boldsymbol{x})$ 表示矩阵 $\boldsymbol{B}(\boldsymbol{x})$ 中的后面 $n-m$ 列构成的子矩阵。将式 (2.114) 代入式 (2.117) 中可知

$$
\boldsymbol{B}_2(\boldsymbol{x}) = \boldsymbol{B}_1(\boldsymbol{x})(\boldsymbol{C}_1(\boldsymbol{x}))^{-1}\boldsymbol{C}_2(\boldsymbol{x}) \tag{2.118}
$$

对于满足等式 $\boldsymbol{C}(\boldsymbol{x})\boldsymbol{\beta} = \boldsymbol{O}_{m\times 1}$ 的向量 $\boldsymbol{\beta} \in \mathbf{R}^{n\times 1}$, 若令 $\boldsymbol{\beta}_1$ 和 $\boldsymbol{\beta}_2$ 分别是向量 $\boldsymbol{\beta}$ 中的前面 m 个分量和后面 $n-m$ 个分量构成的向量, 则有

$$
\boldsymbol{C}_1(\boldsymbol{x})\boldsymbol{\beta}_1 + \boldsymbol{C}_2(\boldsymbol{x})\boldsymbol{\beta}_2 = \boldsymbol{O}_{m\times 1} \tag{2.119}
$$

由此可得

$$
\boldsymbol{\beta}_1 = -(\boldsymbol{C}_1(\boldsymbol{x}))^{-1}\boldsymbol{C}_2(\boldsymbol{x})\boldsymbol{\beta}_2 \tag{2.120}
$$

结合式 (2.116)、式 (2.118) 和式 (2.120) 可知

$$
\begin{aligned}
&\mathbf{E}\left[(\widehat{\boldsymbol{x}}_{\text{c-u}} - \boldsymbol{x}) \frac{\partial \ln(g(\boldsymbol{z};\boldsymbol{x}))}{\partial \boldsymbol{x}^{\text{T}}}\right]\boldsymbol{\beta} - \boldsymbol{\beta} \\
&= \boldsymbol{B}(\boldsymbol{x})\boldsymbol{\beta} = \boldsymbol{B}_1(\boldsymbol{x})\boldsymbol{\beta}_1 + \boldsymbol{B}_2(\boldsymbol{x})\boldsymbol{\beta}_2 = \boldsymbol{B}_1(\boldsymbol{x})\boldsymbol{\beta}_1 + \boldsymbol{B}_1(\boldsymbol{x})(\boldsymbol{C}_1(\boldsymbol{x}))^{-1}\boldsymbol{C}_2(\boldsymbol{x})\boldsymbol{\beta}_2 \\
&= -\boldsymbol{B}_1(\boldsymbol{x})(\boldsymbol{C}_1(\boldsymbol{x}))^{-1}\boldsymbol{C}_2(\boldsymbol{x})\boldsymbol{\beta}_2 + \boldsymbol{B}_1(\boldsymbol{x})(\boldsymbol{C}_1(\boldsymbol{x}))^{-1}\boldsymbol{C}_2(\boldsymbol{x})\boldsymbol{\beta}_2 = \boldsymbol{O}_{n\times 1}
\end{aligned} \tag{2.121}
$$

由此可知式 (2.113) 成立。证毕。

【注记 2.9】定义如下对称矩阵

$$
\begin{aligned}
\boldsymbol{R}_{\text{c}} &= (\mathbf{FISH}(\boldsymbol{x}))^{-1} - (\mathbf{FISH}(\boldsymbol{x}))^{-1}(\boldsymbol{C}(\boldsymbol{x}))^{\text{T}}(\boldsymbol{C}(\boldsymbol{x})(\mathbf{FISH}(\boldsymbol{x}))^{-1} \\
&\quad \times (\boldsymbol{C}(\boldsymbol{x}))^{\text{T}})^{-1}\boldsymbol{C}(\boldsymbol{x})(\mathbf{FISH}(\boldsymbol{x}))^{-1} \\
&= \mathbf{CRB}(\boldsymbol{x}) - \mathbf{CRB}(\boldsymbol{x})(\boldsymbol{C}(\boldsymbol{x}))^{\text{T}}(\boldsymbol{C}(\boldsymbol{x})\mathbf{CRB}(\boldsymbol{x})(\boldsymbol{C}(\boldsymbol{x}))^{\text{T}})^{-1}\boldsymbol{C}(\boldsymbol{x})\mathbf{CRB}(\boldsymbol{x})
\end{aligned} \tag{2.122}
$$

不难证明 $\boldsymbol{C}(\boldsymbol{x})\boldsymbol{R}_{\text{c}} = \boldsymbol{O}_{m\times n}$, 于是利用命题 2.33 可知

$$
\mathbf{E}\left[(\widehat{\boldsymbol{x}}_{\text{c-u}} - \boldsymbol{x}) \frac{\partial \ln(g(\boldsymbol{z};\boldsymbol{x}))}{\partial \boldsymbol{x}^{\text{T}}}\right]\boldsymbol{R}_{\text{c}} = \boldsymbol{R}_{\text{c}} \tag{2.123}
$$

【命题 2.34】假设 l 维随机观测向量 $\boldsymbol{z}$ 受到 n $(n \leqslant l)$ 维未知参数 $\boldsymbol{x}$ 的支配,其概率密度函数为 $g(\boldsymbol{z};\boldsymbol{x})$, 并且向量 $\boldsymbol{x}$ 服从等式约束式 (2.112) (即 $\boldsymbol{c}(\boldsymbol{x}) = \boldsymbol{d}$)。若令向量 $\widehat{\boldsymbol{x}}_{\text{c-u}}$ 是关于未知参数 $\boldsymbol{x}$ 的无偏估计值 (即 $\mathbf{E}[\widehat{\boldsymbol{x}}_{\text{c-u}}] = \boldsymbol{x}$), 并且服从等式约束式 (2.112) (即 $\boldsymbol{c}(\widehat{\boldsymbol{x}}_{\text{c-u}}) = \boldsymbol{d}$), 则其均方误差满足

$$\mathbf{MSE}(\widehat{\boldsymbol{x}}_{\text{c-u}}) = \mathbf{E}[(\widehat{\boldsymbol{x}}_{\text{c-u}} - \boldsymbol{x})(\widehat{\boldsymbol{x}}_{\text{c-u}} - \boldsymbol{x})^{\mathrm{T}}] \geqslant \boldsymbol{R}_{\text{c}} \tag{2.124}$$

并且当且仅当

$$\widehat{\boldsymbol{x}}_{\text{c-u}} - \boldsymbol{x} = \boldsymbol{R}_{\text{c}} \frac{\partial \ln(g(\boldsymbol{z};\boldsymbol{x}))}{\partial \boldsymbol{x}} \tag{2.125}$$

式 (2.124) 中的等号成立。

【证明】利用命题 2.29 可得 $\mathbf{E}\left[\dfrac{\partial \ln(g(\boldsymbol{z};\boldsymbol{x}))}{\partial \boldsymbol{x}}\right] = \boldsymbol{O}_{n\times 1}$, 结合估计值 $\widehat{\boldsymbol{x}}_{\text{c-u}}$ 的无偏性可知, $\widehat{\boldsymbol{x}}_{\text{c-u}} - \boldsymbol{x} - \boldsymbol{R}_{\text{c}} \dfrac{\partial \ln(g(\boldsymbol{z};\boldsymbol{x}))}{\partial \boldsymbol{x}}$ 是零均值的随机向量, 并且满足

$$\mathbf{E}\left[\left(\widehat{\boldsymbol{x}}_{\text{c-u}} - \boldsymbol{x} - \boldsymbol{R}_{\text{c}} \frac{\partial \ln(g(\boldsymbol{z};\boldsymbol{x}))}{\partial \boldsymbol{x}}\right)\left(\widehat{\boldsymbol{x}}_{\text{c-u}} - \boldsymbol{x} - \boldsymbol{R}_{\text{c}} \frac{\partial \ln(g(\boldsymbol{z};\boldsymbol{x}))}{\partial \boldsymbol{x}}\right)^{\mathrm{T}}\right] \geqslant \boldsymbol{O} \tag{2.126}$$

将式 (2.126) 展开可得

$$\begin{aligned}&\mathbf{E}[(\widehat{\boldsymbol{x}}_{\text{c-u}} - \boldsymbol{x})(\widehat{\boldsymbol{x}}_{\text{c-u}} - \boldsymbol{x})^{\mathrm{T}}] - \mathbf{E}\left[(\widehat{\boldsymbol{x}}_{\text{c-u}} - \boldsymbol{x}) \frac{\partial \ln(g(\boldsymbol{z};\boldsymbol{x}))}{\partial \boldsymbol{x}^{\mathrm{T}}}\right] \boldsymbol{R}_{\text{c}} \\ &- \boldsymbol{R}_{\text{c}} \mathbf{E}\left[\frac{\partial \ln(g(\boldsymbol{z};\boldsymbol{x}))}{\partial \boldsymbol{x}} (\widehat{\boldsymbol{x}}_{\text{c-u}} - \boldsymbol{x})^{\mathrm{T}}\right] + \boldsymbol{R}_{\text{c}} \mathbf{E}\left[\frac{\partial \ln(g(\boldsymbol{z};\boldsymbol{x}))}{\partial \boldsymbol{x}} \frac{\partial \ln(g(\boldsymbol{z};\boldsymbol{x}))}{\partial \boldsymbol{x}^{\mathrm{T}}}\right] \boldsymbol{R}_{\text{c}} \geqslant \boldsymbol{O}\end{aligned} \tag{2.127}$$

将式 (2.98) 和式 (2.123) 代入式 (2.127) 可知

$$\mathbf{MSE}(\widehat{\boldsymbol{x}}_{\text{c-u}}) = \mathbf{E}[(\widehat{\boldsymbol{x}}_{\text{c-u}} - \boldsymbol{x})(\widehat{\boldsymbol{x}}_{\text{c-u}} - \boldsymbol{x})^{\mathrm{T}}] \geqslant 2\boldsymbol{R}_{\text{c}} - \boldsymbol{R}_{\text{c}} \mathbf{FISH}(\boldsymbol{x}) \boldsymbol{R}_{\text{c}} \tag{2.128}$$

利用式 (2.122) 可以证明 $\boldsymbol{R}_{\text{c}} \mathbf{FISH}(\boldsymbol{x}) \boldsymbol{R}_{\text{c}} = \boldsymbol{R}_{\text{c}}$, 将该式代入式 (2.128) 中可得

$$\mathbf{MSE}(\widehat{\boldsymbol{x}}_{\text{c-u}}) = \mathbf{E}[(\widehat{\boldsymbol{x}}_{\text{c-u}} - \boldsymbol{x})(\widehat{\boldsymbol{x}}_{\text{c-u}} - \boldsymbol{x})^{\mathrm{T}}] \geqslant \boldsymbol{R}_{\text{c}} \tag{2.129}$$

如果式 (2.125) 成立, 则有

$$\begin{aligned}\mathbf{MSE}(\widehat{\boldsymbol{x}}_{\text{c-u}}) &= \mathbf{E}[(\widehat{\boldsymbol{x}}_{\text{c-u}} - \boldsymbol{x})(\widehat{\boldsymbol{x}}_{\text{c-u}} - \boldsymbol{x})^{\mathrm{T}}] \\ &= \boldsymbol{R}_{\text{c}} \mathbf{E}\left[\frac{\partial \ln(g(\boldsymbol{z};\boldsymbol{x}))}{\partial \boldsymbol{x}} \frac{\partial \ln(g(\boldsymbol{z};\boldsymbol{x}))}{\partial \boldsymbol{x}^{\mathrm{T}}}\right] \boldsymbol{R}_{\text{c}} \\ &= \boldsymbol{R}_{\text{c}} \mathbf{FISH}(\boldsymbol{x}) \boldsymbol{R}_{\text{c}} = \boldsymbol{R}_{\text{c}}\end{aligned} \tag{2.130}$$

此外, 如果式 (2.124) 取等号, 基于式 (2.127) 和式 (2.128) 可知式 (2.126) 也取等号, 这意味着 $\widehat{\boldsymbol{x}}_{\text{c-u}}-\boldsymbol{x}-\boldsymbol{R}_{\text{c}}\dfrac{\partial\ln(g(\boldsymbol{z};\boldsymbol{x}))}{\partial\boldsymbol{x}}=\boldsymbol{O}_{n\times 1}$, 此时式 (2.125) 成立。证毕。

【注记 2.10】由命题 2.34 可知, 矩阵 $\boldsymbol{R}_{\text{c}}$ 即为等式约束 $\boldsymbol{c}(\boldsymbol{x})=\boldsymbol{d}$ 条件下未知参数 $\boldsymbol{x}$ 估计方差的克拉美罗界。由于矩阵 $\boldsymbol{R}_{\text{c}}$ 中的第 2 项为半正定矩阵, 因而满足 $\boldsymbol{R}_{\text{c}}\leqslant\mathbf{CRB}(\boldsymbol{x})$, 这意味着通过引入等式约束减少了估计未知参数 $\boldsymbol{x}$ 的不确定性, 从而降低了其估计方差的克拉美罗界。

关于等式约束条件下的克拉美罗界还存在另一种表达式, 具体结论可见如下命题。

【命题 2.35】假设 l 维随机观测向量 $\boldsymbol{z}$ 受到 n ($n\leqslant l$) 维未知参数 $\boldsymbol{x}$ 的支配, 其概率密度函数为 $g(\boldsymbol{z};\boldsymbol{x})$, 并且向量 $\boldsymbol{x}$ 服从等式约束式 (2.112) (即 $\boldsymbol{c}(\boldsymbol{x})=\boldsymbol{d}$)。若函数 $\boldsymbol{c}(\boldsymbol{x})$ 的 Jacobi 矩阵 $\boldsymbol{C}(\boldsymbol{x})\in\mathbf{R}^{m\times n}$ 是行满秩的, 并且矩阵 $\boldsymbol{Q}(\boldsymbol{x})\in\mathbf{R}^{n\times(n-m)}$ 满足

$$\boldsymbol{C}(\boldsymbol{x})\boldsymbol{Q}(\boldsymbol{x})=\boldsymbol{O}_{m\times(n-m)};\quad(\boldsymbol{Q}(\boldsymbol{x}))^{\text{T}}\boldsymbol{Q}(\boldsymbol{x})=\boldsymbol{I}_{n-m}\tag{2.131}$$

则矩阵 $\boldsymbol{R}_{\text{c}}$ 可以表示为

$$\begin{aligned}\boldsymbol{R}_{\text{c}}&=\boldsymbol{Q}(\boldsymbol{x})((\boldsymbol{Q}(\boldsymbol{x}))^{\text{T}}\mathbf{FISH}(\boldsymbol{x})\boldsymbol{Q}(\boldsymbol{x}))^{-1}(\boldsymbol{Q}(\boldsymbol{x}))^{\text{T}}\\&=\boldsymbol{Q}(\boldsymbol{x})((\boldsymbol{Q}(\boldsymbol{x}))^{\text{T}}(\mathbf{CRB}(\boldsymbol{x}))^{-1}\boldsymbol{Q}(\boldsymbol{x}))^{-1}(\boldsymbol{Q}(\boldsymbol{x}))^{\text{T}}\end{aligned}\tag{2.132}$$

若令向量 $\widehat{\boldsymbol{x}}_{\text{c-u}}$ 是关于未知参数 $\boldsymbol{x}$ 的无偏估计值 (即 $\mathbf{E}[\widehat{\boldsymbol{x}}_{\text{c-u}}]=\boldsymbol{x}$), 并且服从等式约束式 (2.112) (即 $\boldsymbol{c}(\widehat{\boldsymbol{x}}_{\text{c-u}})=\boldsymbol{d}$), 则其均方误差满足

$$\begin{aligned}\mathbf{MSE}(\widehat{\boldsymbol{x}}_{\text{c-u}})&=\mathbf{E}[(\widehat{\boldsymbol{x}}_{\text{c-u}}-\boldsymbol{x})(\widehat{\boldsymbol{x}}_{\text{c-u}}-\boldsymbol{x})^{\text{T}}]\geqslant\boldsymbol{R}_{\text{c}}\\&=\boldsymbol{Q}(\boldsymbol{x})((\boldsymbol{Q}(\boldsymbol{x}))^{\text{T}}(\mathbf{CRB}(\boldsymbol{x}))^{-1}\boldsymbol{Q}(\boldsymbol{x}))^{-1}(\boldsymbol{Q}(\boldsymbol{x}))^{\text{T}}\end{aligned}\tag{2.133}$$

【证明】这里仅需要证明式 (2.132) 即可。由于 $\boldsymbol{C}(\boldsymbol{x})$ 是行满秩矩阵, 因此 $(\mathbf{FISH}(\boldsymbol{x}))^{-1/2}(\boldsymbol{C}(\boldsymbol{x}))^{\text{T}}$ 是列满秩矩阵, 于是由式 (2.122) 可得

$$\begin{aligned}\boldsymbol{R}_{\text{c}}=&(\mathbf{FISH}(\boldsymbol{x}))^{-1/2}(\mathbf{FISH}(\boldsymbol{x}))^{-1/2}-(\mathbf{FISH}(\boldsymbol{x}))^{-1/2}(\mathbf{FISH}(\boldsymbol{x}))^{-1/2}(\boldsymbol{C}(\boldsymbol{x}))^{\text{T}}\\&\times(\boldsymbol{C}(\boldsymbol{x})(\mathbf{FISH}(\boldsymbol{x}))^{-1}(\boldsymbol{C}(\boldsymbol{x}))^{\text{T}})^{-1}\boldsymbol{C}(\boldsymbol{x})(\mathbf{FISH}(\boldsymbol{x}))^{-1/2}(\mathbf{FISH}(\boldsymbol{x}))^{-1/2}\\=&(\mathbf{FISH}(\boldsymbol{x}))^{-1/2}(\boldsymbol{I}_n-(\mathbf{FISH}(\boldsymbol{x}))^{-1/2}(\boldsymbol{C}(\boldsymbol{x}))^{\text{T}}\\&\times(\boldsymbol{C}(\boldsymbol{x})(\mathbf{FISH}(\boldsymbol{x}))^{-1}(\boldsymbol{C}(\boldsymbol{x}))^{\text{T}})^{-1}\boldsymbol{C}(\boldsymbol{x})(\mathbf{FISH}(\boldsymbol{x}))^{-1/2})(\mathbf{FISH}(\boldsymbol{x}))^{-1/2}\\=&(\mathbf{FISH}(\boldsymbol{x}))^{-1/2}\boldsymbol{\Pi}^{\perp}[(\mathbf{FISH}(\boldsymbol{x}))^{-1/2}(\boldsymbol{C}(\boldsymbol{x}))^{\text{T}}](\mathbf{FISH}(\boldsymbol{x}))^{-1/2}\end{aligned}\tag{2.134}$$

式中, 第 3 个等号利用了式 (2.41) 中的第 2 个等式。由式 (2.131) 可知, 矩阵 $(\mathbf{FISH}(\boldsymbol{x}))^{1/2}\boldsymbol{Q}(\boldsymbol{x})$ 满足

$$\begin{cases} ((\mathbf{FISH}(\boldsymbol{x}))^{1/2}\boldsymbol{Q}(\boldsymbol{x}))^{\mathrm{T}}(\mathbf{FISH}(\boldsymbol{x}))^{-1/2}(\boldsymbol{C}(\boldsymbol{x}))^{\mathrm{T}} = (\boldsymbol{C}(\boldsymbol{x})\boldsymbol{Q}(\boldsymbol{x}))^{\mathrm{T}} = \boldsymbol{O}_{(n-m)\times m} \\ \mathrm{rank}[(\mathbf{FISH}(\boldsymbol{x}))^{1/2}\boldsymbol{Q}(\boldsymbol{x})] = \mathrm{rank}[\boldsymbol{Q}(\boldsymbol{x})] = n-m \end{cases} \tag{2.135}$$

由此可得

$$\mathrm{range}[(\mathbf{FISH}(\boldsymbol{x}))^{1/2}\boldsymbol{Q}(\boldsymbol{x})] = (\mathrm{range}[(\mathbf{FISH}(\boldsymbol{x}))^{-1/2}(\boldsymbol{C}(\boldsymbol{x}))^{\mathrm{T}}])^{\perp} \tag{2.136}$$

此时, 由正交投影矩阵的定义可知

$$\begin{aligned} &\boldsymbol{\Pi}^{\perp}[(\mathbf{FISH}(\boldsymbol{x}))^{-1/2}(\boldsymbol{C}(\boldsymbol{x}))^{\mathrm{T}}] \\ &= \boldsymbol{\Pi}[(\mathbf{FISH}(\boldsymbol{x}))^{1/2}\boldsymbol{Q}(\boldsymbol{x})] \\ &= (\mathbf{FISH}(\boldsymbol{x}))^{1/2}\boldsymbol{Q}(\boldsymbol{x})((\boldsymbol{Q}(\boldsymbol{x}))^{\mathrm{T}}\mathbf{FISH}(\boldsymbol{x})\boldsymbol{Q}(\boldsymbol{x}))^{-1}(\boldsymbol{Q}(\boldsymbol{x}))^{\mathrm{T}}(\mathbf{FISH}(\boldsymbol{x}))^{1/2} \end{aligned} \tag{2.137}$$

将式 (2.137) 代入式 (2.134) 可得

$$\begin{aligned} \boldsymbol{R}_{\mathrm{c}} &= \boldsymbol{Q}(\boldsymbol{x})((\boldsymbol{Q}(\boldsymbol{x}))^{\mathrm{T}}\mathbf{FISH}(\boldsymbol{x})\boldsymbol{Q}(\boldsymbol{x}))^{-1}(\boldsymbol{Q}(\boldsymbol{x}))^{\mathrm{T}} \\ &= \boldsymbol{Q}(\boldsymbol{x})((\boldsymbol{Q}(\boldsymbol{x}))^{\mathrm{T}}(\mathbf{CRB}(\boldsymbol{x}))^{-1}\boldsymbol{Q}(\boldsymbol{x}))^{-1}(\boldsymbol{Q}(\boldsymbol{x}))^{\mathrm{T}} \end{aligned} \tag{2.138}$$

证毕。

2.5 矩阵扰动分析中的若干预备知识

本节介绍关于矩阵扰动分析中的若干预备知识。这里的矩阵扰动分析是指将一个受到误差扰动的矩阵表示成关于误差项的闭式形式 (通常是多项式形式), 在误差不是很大的情况下, 保留误差的一阶项即可。该方法被称为一阶扰动分析, 是本书主要使用的方法。

一个关于逆矩阵求导的结论见如下命题。

【命题 2.36】 设矩阵 $\boldsymbol{A}(x) \in \mathbf{R}^{m\times m}$ 是关于标量 x 的连续可导函数, 并且 $\boldsymbol{A}(x)$ 可逆, 则有如下导数关系式

$$\frac{\mathrm{d}(\boldsymbol{A}(x))^{-1}}{\mathrm{d}x} = -(\boldsymbol{A}(x))^{-1}\frac{\mathrm{d}\boldsymbol{A}(x)}{\mathrm{d}x}(\boldsymbol{A}(x))^{-1} \tag{2.139}$$

【证明】根据逆矩阵的定义可知 $\boldsymbol{A}(x)(\boldsymbol{A}(x))^{-1}=\boldsymbol{I}_m$, 将该等式两边对 x 求导可得

$$\begin{aligned}&\frac{\mathrm{d}\boldsymbol{A}(x)}{\mathrm{d}x}(\boldsymbol{A}(x))^{-1}+\boldsymbol{A}(x)\frac{\mathrm{d}(\boldsymbol{A}(x))^{-1}}{\mathrm{d}x}\\&=\boldsymbol{O}_{m\times m}\Rightarrow\frac{\mathrm{d}(\boldsymbol{A}(x))^{-1}}{\mathrm{d}x}=-(\boldsymbol{A}(x))^{-1}\frac{\mathrm{d}\boldsymbol{A}(x)}{\mathrm{d}x}(\boldsymbol{A}(x))^{-1}\end{aligned}\tag{2.140}$$

证毕。

基于命题 2.36 得到如下命题。

【命题 2.37】设可逆矩阵 $\boldsymbol{A}\in\mathbf{R}^{m\times m}$, 该矩阵受到误差矩阵 $\boldsymbol{E}\in\mathbf{R}^{m\times m}$ 的扰动变为 $\widehat{\boldsymbol{A}}=\boldsymbol{A}+\boldsymbol{E}$, 并且假设 $\widehat{\boldsymbol{A}}$ 仍然为可逆矩阵, 则有

$$\widehat{\boldsymbol{A}}^{-1}\approx\boldsymbol{A}^{-1}-\boldsymbol{A}^{-1}\boldsymbol{E}\boldsymbol{A}^{-1}\tag{2.141}$$

式中省略的项为误差矩阵 $\boldsymbol{E}$ 的二阶及其以上各阶项。

【证明】首先可以将矩阵 $\boldsymbol{E}$ 表示为

$$\boldsymbol{E}=\sum_{k_1=1}^{m}\sum_{k_2=1}^{m}\langle\boldsymbol{E}\rangle_{k_1k_2}\boldsymbol{i}_m^{(k_1)}\boldsymbol{i}_m^{(k_2)\mathrm{T}}\tag{2.142}$$

然后, 利用一阶泰勒级数展开和式 (2.139) 可得

$$\begin{aligned}\widehat{\boldsymbol{A}}^{-1}&=\boldsymbol{A}^{-1}+\sum_{k_1=1}^{m}\sum_{k_2=1}^{m}\langle\boldsymbol{E}\rangle_{k_1k_2}\frac{\partial\boldsymbol{A}^{-1}}{\partial\langle\boldsymbol{A}\rangle_{k_1k_2}}+o(\|\boldsymbol{E}\|_2)\\&=\boldsymbol{A}^{-1}-\sum_{k_1=1}^{m}\sum_{k_2=1}^{m}\langle\boldsymbol{E}\rangle_{k_1k_2}\boldsymbol{A}^{-1}\frac{\partial\boldsymbol{A}}{\partial\langle\boldsymbol{A}\rangle_{k_1k_2}}\boldsymbol{A}^{-1}+o(\|\boldsymbol{E}\|_2)\\&=\boldsymbol{A}^{-1}-\boldsymbol{A}^{-1}\left(\sum_{k_1=1}^{m}\sum_{k_2=1}^{m}\langle\boldsymbol{E}\rangle_{k_1k_2}\boldsymbol{i}_m^{(k_1)}\boldsymbol{i}_m^{(k_2)\mathrm{T}}\right)\boldsymbol{A}^{-1}+o(\|\boldsymbol{E}\|_2)\end{aligned}\tag{2.143}$$

式中, $o(\|\boldsymbol{E}\|_2)$ 表示误差矩阵 $\boldsymbol{E}$ 的二阶及以上各阶项。将式 (2.142) 代入式 (2.143) 可知式 (2.141) 成立。证毕。

当多个受到误差扰动的矩阵和向量相乘时, 一阶扰动分析方法可以忽略误差矩阵和误差向量之间的交叉项, 下面总结相关的一些结论。

设矩阵 $\widehat{\boldsymbol{A}}_1=\boldsymbol{A}_1+\boldsymbol{E}_1$, $\widehat{\boldsymbol{A}}_2=\boldsymbol{A}_2+\boldsymbol{E}_2$, $\widehat{\boldsymbol{A}}_3=\boldsymbol{A}_3+\boldsymbol{E}_3$, 其中, $\boldsymbol{E}_1$、$\boldsymbol{E}_2$ 和 $\boldsymbol{E}_3$ 均为误差矩阵, $\widehat{\boldsymbol{A}}_2$ 和 $\boldsymbol{A}_2$ 均为可逆矩阵。设向量 $\widehat{\boldsymbol{b}}=\boldsymbol{b}+\boldsymbol{e}$, 其中, $\boldsymbol{e}$ 为误差

向量。在一阶扰动分析框架下可以得到以下的关系式

$$\begin{aligned}\widehat{\boldsymbol{A}}_1\widehat{\boldsymbol{A}}_2 &= (\boldsymbol{A}_1+\boldsymbol{E}_1)(\boldsymbol{A}_2+\boldsymbol{E}_2)\\ &\approx \boldsymbol{A}_1\boldsymbol{A}_2+\boldsymbol{E}_1\boldsymbol{A}_2+\boldsymbol{A}_1\boldsymbol{E}_2\end{aligned} \tag{2.144}$$

$$\begin{aligned}\widehat{\boldsymbol{A}}_1\widehat{\boldsymbol{A}}_2^{-1} &\approx (\boldsymbol{A}_1+\boldsymbol{E}_1)(\boldsymbol{A}_2^{-1}-\boldsymbol{A}_2^{-1}\boldsymbol{E}_2\boldsymbol{A}_2^{-1})\\ &\approx \boldsymbol{A}_1\boldsymbol{A}_2^{-1}+\boldsymbol{E}_1\boldsymbol{A}_2^{-1}-\boldsymbol{A}_1\boldsymbol{A}_2^{-1}\boldsymbol{E}_2\boldsymbol{A}_2^{-1}\end{aligned} \tag{2.145}$$

$$\begin{aligned}\widehat{\boldsymbol{A}}_1\widehat{\boldsymbol{A}}_2\widehat{\boldsymbol{b}} &= (\boldsymbol{A}_1+\boldsymbol{E}_1)(\boldsymbol{A}_2+\boldsymbol{E}_2)(\boldsymbol{b}+\boldsymbol{e})\\ &\approx \boldsymbol{A}_1\boldsymbol{A}_2\boldsymbol{b}+\boldsymbol{E}_1\boldsymbol{A}_2\boldsymbol{b}+\boldsymbol{A}_1\boldsymbol{E}_2\boldsymbol{b}+\boldsymbol{A}_1\boldsymbol{A}_2\boldsymbol{e}\end{aligned} \tag{2.146}$$

$$\begin{aligned}\widehat{\boldsymbol{A}}_1\widehat{\boldsymbol{A}}_2\widehat{\boldsymbol{A}}_3 &= (\boldsymbol{A}_1+\boldsymbol{E}_1)(\boldsymbol{A}_2+\boldsymbol{E}_2)(\boldsymbol{A}_3+\boldsymbol{E}_3)\\ &\approx \boldsymbol{A}_1\boldsymbol{A}_2\boldsymbol{A}_3+\boldsymbol{E}_1\boldsymbol{A}_2\boldsymbol{A}_3+\boldsymbol{A}_1\boldsymbol{E}_2\boldsymbol{A}_3+\boldsymbol{A}_1\boldsymbol{A}_2\boldsymbol{E}_3\end{aligned} \tag{2.147}$$

$$\begin{aligned}\widehat{\boldsymbol{A}}_1\widehat{\boldsymbol{A}}_2^{-1}\widehat{\boldsymbol{A}}_3 &\approx (\boldsymbol{A}_1+\boldsymbol{E}_1)(\boldsymbol{A}_2^{-1}-\boldsymbol{A}_2^{-1}\boldsymbol{E}_2\boldsymbol{A}_2^{-1})(\boldsymbol{A}_3+\boldsymbol{E}_3)\\ &\approx \boldsymbol{A}_1\boldsymbol{A}_2^{-1}\boldsymbol{A}_3+\boldsymbol{E}_1\boldsymbol{A}_2^{-1}\boldsymbol{A}_3-\boldsymbol{A}_1\boldsymbol{A}_2^{-1}\boldsymbol{E}_2\boldsymbol{A}_2^{-1}\boldsymbol{A}_3+\boldsymbol{A}_1\boldsymbol{A}_2^{-1}\boldsymbol{E}_3\end{aligned} \tag{2.148}$$

$$\begin{aligned}\widehat{\boldsymbol{A}}_1\widehat{\boldsymbol{A}}_2\widehat{\boldsymbol{A}}_3\widehat{\boldsymbol{b}} &= (\boldsymbol{A}_1+\boldsymbol{E}_1)(\boldsymbol{A}_2+\boldsymbol{E}_2)(\boldsymbol{A}_3+\boldsymbol{E}_3)(\boldsymbol{b}+\boldsymbol{e})\\ &\approx \boldsymbol{A}_1\boldsymbol{A}_2\boldsymbol{A}_3\boldsymbol{b}+\boldsymbol{E}_1\boldsymbol{A}_2\boldsymbol{A}_3\boldsymbol{b}+\boldsymbol{A}_1\boldsymbol{E}_2\boldsymbol{A}_3\boldsymbol{b}+\boldsymbol{A}_1\boldsymbol{A}_2\boldsymbol{E}_3\boldsymbol{b}+\boldsymbol{A}_1\boldsymbol{A}_2\boldsymbol{A}_3\boldsymbol{e}\end{aligned} \tag{2.149}$$

2.6 参数估计一阶误差分析方法

当研究一种估计器的统计性能时, 最常使用的方法是一阶误差分析法, 本节介绍该方法的基本原理。

2.6.1 无等式约束条件下的一阶误差分析方法

考虑下面两个估计器

$$\min_{\boldsymbol{x}\in\mathbf{R}^{n\times 1}}\{f(\boldsymbol{x},\boldsymbol{O}_{r\times 1})\} \tag{2.150}$$

$$\min_{\boldsymbol{x}\in\mathbf{R}^{n\times 1}}\{f(\boldsymbol{x},\boldsymbol{\varepsilon})\} \tag{2.151}$$

式 (2.150) 表示无观测误差条件 (即理想条件) 下的估计器, 假设其最优解为 $\boldsymbol{x}_0$, 由于其中没有观测误差, 因此该最优解可以认为是未知参数的真实值。式 (2.151) 表示存在观测误差条件下的估计器, 其中 $\boldsymbol{\varepsilon}\in\mathbf{R}^{r\times 1}$ 表示观测误差。观测误差的存在会导致式 (2.151) 的最优解偏离真实值 $\boldsymbol{x}_0$, 不妨令其最优解为 $\widehat{\boldsymbol{x}}$, 并将其估

计误差记为 $\Delta\boldsymbol{x}=\widehat{\boldsymbol{x}}-\boldsymbol{x}_0$[①]。由于观测误差 $\boldsymbol{\varepsilon}$ 不可避免会出现, 因此实际应用中使用的估计器多为式 (2.151)。

为了得到估计值 $\widehat{\boldsymbol{x}}$ 的统计性能, 需要推导估计误差 $\Delta\boldsymbol{x}$ 与观测误差 $\boldsymbol{\varepsilon}$ 之间的闭式关系式, 但是当目标函数较复杂时, 精确的闭式关系式难以获得, 只能得到其近似关系, 一阶误差分析方法的目标是要得到 $\Delta\boldsymbol{x}$ 与 $\boldsymbol{\varepsilon}$ 之间的线性关系, 该方法在观测误差较小的情况下可以获得较准确的性能预测精度。

有两种方法可以得到 $\Delta\boldsymbol{x}$ 与 $\boldsymbol{\varepsilon}$ 之间的线性关系, 并且这两种方法得到的结果完全相同, 下面分别加以描述。

首先, 介绍第 1 种方法。结合式 (2.150) 和式 (2.151), 以及极值原理可知

$$\boldsymbol{f}_x(\boldsymbol{x}_0,\boldsymbol{O}_{r\times 1})=\left.\frac{\partial f(\boldsymbol{x},\boldsymbol{\varepsilon})}{\partial\boldsymbol{x}}\right|_{\substack{\boldsymbol{x}=\boldsymbol{x}_0\\ \boldsymbol{\varepsilon}=\boldsymbol{O}_{r\times 1}}}=\boldsymbol{O}_{n\times 1} \tag{2.152}$$

$$\boldsymbol{f}_x(\widehat{\boldsymbol{x}},\boldsymbol{\varepsilon})=\left.\frac{\partial f(\boldsymbol{x},\boldsymbol{\varepsilon})}{\partial\boldsymbol{x}}\right|_{\boldsymbol{x}=\widehat{\boldsymbol{x}}}=\boldsymbol{O}_{n\times 1} \tag{2.153}$$

将 $\boldsymbol{f}_x(\widehat{\boldsymbol{x}},\boldsymbol{\varepsilon})$ 在点 $(\boldsymbol{x}_0,\boldsymbol{O}_{r\times 1})$ 处进行一阶泰勒级数展开, 可得

$$\begin{aligned}\boldsymbol{O}_{n\times 1}&=\boldsymbol{f}_x(\widehat{\boldsymbol{x}},\boldsymbol{\varepsilon})\\&\approx\boldsymbol{f}_x(\boldsymbol{x}_0,\boldsymbol{O}_{r\times 1})+\boldsymbol{F}_{xx}(\boldsymbol{x}_0,\boldsymbol{O}_{r\times 1})\Delta\boldsymbol{x}+\boldsymbol{F}_{x\varepsilon}(\boldsymbol{x}_0,\boldsymbol{O}_{r\times 1})\boldsymbol{\varepsilon}\\&=\boldsymbol{F}_{xx}(\boldsymbol{x}_0,\boldsymbol{O}_{r\times 1})\Delta\boldsymbol{x}+\boldsymbol{F}_{x\varepsilon}(\boldsymbol{x}_0,\boldsymbol{O}_{r\times 1})\boldsymbol{\varepsilon}\end{aligned} \tag{2.154}$$

式中, $\boldsymbol{F}_{xx}(\boldsymbol{x}_0,\boldsymbol{O}_{r\times 1})=\left.\dfrac{\partial^2 f(\boldsymbol{x},\boldsymbol{\varepsilon})}{\partial\boldsymbol{x}\,\partial\boldsymbol{x}^{\mathrm{T}}}\right|_{\substack{\boldsymbol{x}=\boldsymbol{x}_0\\ \boldsymbol{\varepsilon}=\boldsymbol{O}_{r\times 1}}}$, $\boldsymbol{F}_{x\varepsilon}(\boldsymbol{x}_0,\boldsymbol{O}_{r\times 1})=\left.\dfrac{\partial^2 f(\boldsymbol{x},\boldsymbol{\varepsilon})}{\partial\boldsymbol{x}\,\partial\boldsymbol{\varepsilon}^{\mathrm{T}}}\right|_{\substack{\boldsymbol{x}=\boldsymbol{x}_0\\ \boldsymbol{\varepsilon}=\boldsymbol{O}_{r\times 1}}}$。式 (2.154) 中的第 3 个等号利用了式 (2.152), 基于式 (2.154) 可以进一步推得

$$\Delta\boldsymbol{x}\approx-(\boldsymbol{F}_{xx}(\boldsymbol{x}_0,\boldsymbol{O}_{r\times 1}))^{-1}\boldsymbol{F}_{x\varepsilon}(\boldsymbol{x}_0,\boldsymbol{O}_{r\times 1})\boldsymbol{\varepsilon} \tag{2.155}$$

式 (2.155) 刻画了向量 $\Delta\boldsymbol{x}$ 与 $\boldsymbol{\varepsilon}$ 之间的线性关系。若误差向量 $\boldsymbol{\varepsilon}$ 服从零均值的高斯分布, 并且其协方差矩阵为 $\mathbf{COV}(\boldsymbol{\varepsilon})$, 那么估计误差向量 $\Delta\boldsymbol{x}$ 也近似服从零均值的高斯分布, 并且其协方差矩阵为

$$\begin{aligned}\mathbf{COV}(\Delta\boldsymbol{x})&=\mathbf{E}[\Delta\boldsymbol{x}\Delta\boldsymbol{x}^{\mathrm{T}}]\\&=(\boldsymbol{F}_{xx}(\boldsymbol{x}_0,\boldsymbol{O}_{r\times 1}))^{-1}\boldsymbol{F}_{x\varepsilon}(\boldsymbol{x}_0,\boldsymbol{O}_{r\times 1})\mathbf{COV}(\boldsymbol{\varepsilon})(\boldsymbol{F}_{x\varepsilon}(\boldsymbol{x}_0,\boldsymbol{O}_{r\times 1}))^{\mathrm{T}}\\&\quad\times(\boldsymbol{F}_{xx}(\boldsymbol{x}_0,\boldsymbol{O}_{r\times 1}))^{-1}\end{aligned} \tag{2.156}$$

① 有时也可将估计误差表示为 $\Delta\boldsymbol{x}=\boldsymbol{x}_0-\widehat{\boldsymbol{x}}$, 两者并无实质差异。

【注记 2.11】误差向量 $\Delta\boldsymbol{x}$ 的协方差矩阵 $\mathbf{COV}(\Delta\boldsymbol{x})$ 亦为估计值 $\widehat{\boldsymbol{x}}$ 的均方误差矩阵 $\mathbf{MSE}(\widehat{\boldsymbol{x}})$。

然后, 介绍第 2 种方法。该方法需要将 $f(\widehat{\boldsymbol{x}},\boldsymbol{\varepsilon})$ 在点 $(\boldsymbol{x}_0,\boldsymbol{O}_{r\times 1})$ 处进行二阶泰勒级数展开, 如下式所示

$$\begin{aligned}
f(\widehat{\boldsymbol{x}},\boldsymbol{\varepsilon}) &\approx f(\boldsymbol{x}_0,\boldsymbol{O}_{r\times 1})+(\Delta\boldsymbol{x})^{\mathrm{T}}\boldsymbol{f}_x(\boldsymbol{x}_0,\boldsymbol{O}_{r\times 1})+\boldsymbol{\varepsilon}^{\mathrm{T}}\boldsymbol{f}_\varepsilon(\boldsymbol{x}_0,\boldsymbol{O}_{r\times 1})\\
&\quad+\frac{1}{2}(\Delta\boldsymbol{x})^{\mathrm{T}}\boldsymbol{F}_{xx}(\boldsymbol{x}_0,\boldsymbol{O}_{r\times 1})\Delta\boldsymbol{x}+\frac{1}{2}\boldsymbol{\varepsilon}^{\mathrm{T}}\boldsymbol{F}_{\varepsilon\varepsilon}(\boldsymbol{x}_0,\boldsymbol{O}_{r\times 1})\boldsymbol{\varepsilon}\\
&\quad+\frac{1}{2}(\Delta\boldsymbol{x})^{\mathrm{T}}\boldsymbol{F}_{x\varepsilon}(\boldsymbol{x}_0,\boldsymbol{O}_{r\times 1})\boldsymbol{\varepsilon}+\frac{1}{2}\boldsymbol{\varepsilon}^{\mathrm{T}}\boldsymbol{F}_{\varepsilon x}(\boldsymbol{x}_0,\boldsymbol{O}_{r\times 1})\Delta\boldsymbol{x}\\
&= f(\boldsymbol{x}_0,\boldsymbol{O}_{r\times 1})+\boldsymbol{\varepsilon}^{\mathrm{T}}\boldsymbol{f}_\varepsilon(\boldsymbol{x}_0,\boldsymbol{O}_{r\times 1})+\frac{1}{2}(\Delta\boldsymbol{x})^{\mathrm{T}}\boldsymbol{F}_{xx}(\boldsymbol{x}_0,\boldsymbol{O}_{r\times 1})\Delta\boldsymbol{x}\\
&\quad+\frac{1}{2}\boldsymbol{\varepsilon}^{\mathrm{T}}\boldsymbol{F}_{\varepsilon\varepsilon}(\boldsymbol{x}_0,\boldsymbol{O}_{r\times 1})\boldsymbol{\varepsilon}+(\Delta\boldsymbol{x})^{\mathrm{T}}\boldsymbol{F}_{x\varepsilon}(\boldsymbol{x}_0,\boldsymbol{O}_{r\times 1})\boldsymbol{\varepsilon}
\end{aligned}\tag{2.157}$$

式中, $\boldsymbol{f}_\varepsilon(\boldsymbol{x}_0,\boldsymbol{O}_{r\times 1})=\left.\dfrac{\partial f(\boldsymbol{x},\boldsymbol{\varepsilon})}{\partial\boldsymbol{\varepsilon}}\right|_{\substack{\boldsymbol{x}=\boldsymbol{x}_0\\ \boldsymbol{\varepsilon}=\boldsymbol{O}_{r\times 1}}}$, $\boldsymbol{F}_{\varepsilon\varepsilon}(\boldsymbol{x}_0,\boldsymbol{O}_{r\times 1})=\left.\dfrac{\partial^2 f(\boldsymbol{x},\boldsymbol{\varepsilon})}{\partial\boldsymbol{\varepsilon}\,\partial\boldsymbol{\varepsilon}^{\mathrm{T}}}\right|_{\substack{\boldsymbol{x}=\boldsymbol{x}_0\\ \boldsymbol{\varepsilon}=\boldsymbol{O}_{r\times 1}}}$, $\boldsymbol{F}_{\varepsilon x}(\boldsymbol{x}_0,\boldsymbol{O}_{r\times 1})=\left.\dfrac{\partial^2 f(\boldsymbol{x},\boldsymbol{\varepsilon})}{\partial\boldsymbol{\varepsilon}\,\partial\boldsymbol{x}^{\mathrm{T}}}\right|_{\substack{\boldsymbol{x}=\boldsymbol{x}_0\\ \boldsymbol{\varepsilon}=\boldsymbol{O}_{r\times 1}}}$。式 (2.157) 中的第 2 个等号利用了式 (2.152) 和 $\boldsymbol{F}_{x\varepsilon}(\boldsymbol{x}_0,\boldsymbol{O}_{r\times 1})=(\boldsymbol{F}_{\varepsilon x}(\boldsymbol{x}_0,\boldsymbol{O}_{r\times 1}))^{\mathrm{T}}$。由式 (2.151) 可知 $\widehat{\boldsymbol{x}}=\arg\min\limits_{\boldsymbol{x}\in\mathbf{R}^{n\times 1}} f(\boldsymbol{x},\boldsymbol{\varepsilon})$, 并结合式 (2.157) 可得

$$\begin{aligned}
\Delta\boldsymbol{x} &\approx \arg\min_{\boldsymbol{z}\in\mathbf{R}^{n\times 1}}\left\{f(\boldsymbol{x}_0,\boldsymbol{O}_{r\times 1})+\boldsymbol{\varepsilon}^{\mathrm{T}}\boldsymbol{f}_\varepsilon(\boldsymbol{x}_0,\boldsymbol{O}_{r\times 1})+\frac{1}{2}\boldsymbol{z}^{\mathrm{T}}\boldsymbol{F}_{xx}(\boldsymbol{x}_0,\boldsymbol{O}_{r\times 1})\boldsymbol{z}\right.\\
&\qquad\left.+\frac{1}{2}\boldsymbol{\varepsilon}^{\mathrm{T}}\boldsymbol{F}_{\varepsilon\varepsilon}(\boldsymbol{x}_0,\boldsymbol{O}_{r\times 1})\boldsymbol{\varepsilon}+\boldsymbol{z}^{\mathrm{T}}\boldsymbol{F}_{x\varepsilon}(\boldsymbol{x}_0,\boldsymbol{O}_{r\times 1})\boldsymbol{\varepsilon}\right\}\\
&= \arg\min_{\boldsymbol{z}\in\mathbf{R}^{n\times 1}}\left\{\frac{1}{2}\boldsymbol{z}^{\mathrm{T}}\boldsymbol{F}_{xx}(\boldsymbol{x}_0,\boldsymbol{O}_{r\times 1})\boldsymbol{z}+\boldsymbol{z}^{\mathrm{T}}\boldsymbol{F}_{x\varepsilon}(\boldsymbol{x}_0,\boldsymbol{O}_{r\times 1})\boldsymbol{\varepsilon}\right\}\\
&= -(\boldsymbol{F}_{xx}(\boldsymbol{x}_0,\boldsymbol{O}_{r\times 1}))^{-1}\boldsymbol{F}_{x\varepsilon}(\boldsymbol{x}_0,\boldsymbol{O}_{r\times 1})\boldsymbol{\varepsilon}
\end{aligned}\tag{2.158}$$

由于式 (2.155) 和式 (2.158) 给出了相同的表达式, 因此由这两种方法得到的估计误差的统计性能是相同的。

【注记 2.12】一阶误差分析方法仅能在小误差条件下获得较高的性能预测精度, 若要在大误差条件下获得较高的性能预测精度, 则需要采用高阶误差性能分析方法①。

① 读者可参见文献 [40]。

2.6.2 等式约束条件下的一阶误差分析方法

本节讨论另一种更为复杂的估计器, 其中的未知参数服从等式约束。考虑如下两个估计器

$$\begin{cases}\min\limits_{\boldsymbol{x}\in\mathbf{R}^{n\times 1}}\{f(\boldsymbol{x},\boldsymbol{O}_{r\times 1})\}\\ \text{s.t. }\boldsymbol{c}(\boldsymbol{x})=\boldsymbol{d}\end{cases}\tag{2.159}$$

$$\begin{cases}\min\limits_{\boldsymbol{x}\in\mathbf{R}^{n\times 1}}\{f(\boldsymbol{x},\boldsymbol{\varepsilon})\}\\ \text{s.t. }\boldsymbol{c}(\boldsymbol{x})=\boldsymbol{d}\end{cases}\tag{2.160}$$

式 (2.159) 表示无观测误差条件 (即理想条件) 下的估计器, 假设其最优解为 $\boldsymbol{x}_{\mathrm{c}}$, 由于其中没有观测误差, 因此该最优解等于未知参数的真实值 $\boldsymbol{x}_0$ (即 $\boldsymbol{x}_{\mathrm{c}}=\boldsymbol{x}_0$)。式 (2.160) 则表示存在观测误差条件下的估计器, 其中 $\boldsymbol{\varepsilon}\in\mathbf{R}^{r\times 1}$ 表示观测误差。观测误差的存在会导致式 (2.160) 的最优解偏离真实值 $\boldsymbol{x}_0$, 不妨令其最优解为 $\widehat{\boldsymbol{x}}_{\mathrm{c}}$, 并将其估计误差记为 $\Delta\boldsymbol{x}_{\mathrm{c}}=\widehat{\boldsymbol{x}}_{\mathrm{c}}-\boldsymbol{x}_0$。由于 $\boldsymbol{c}(\widehat{\boldsymbol{x}}_{\mathrm{c}})=\boldsymbol{c}(\boldsymbol{x}_{\mathrm{c}})=\boldsymbol{c}(\boldsymbol{x}_0)=\boldsymbol{d}$, 由此可以推得估计误差 $\Delta\boldsymbol{x}_{\mathrm{c}}$ 近似满足

$$\boldsymbol{C}(\boldsymbol{x}_{\mathrm{c}})\Delta\boldsymbol{x}_{\mathrm{c}}=\boldsymbol{C}(\boldsymbol{x}_0)\Delta\boldsymbol{x}_{\mathrm{c}}\approx\boldsymbol{O}_{m\times 1}\tag{2.161}$$

式中, $\boldsymbol{C}(\boldsymbol{x}_{\mathrm{c}})=\boldsymbol{C}(\boldsymbol{x}_0)=\left.\dfrac{\partial\boldsymbol{c}(\boldsymbol{x})}{\partial\boldsymbol{x}^{\mathrm{T}}}\right|_{\boldsymbol{x}=\boldsymbol{x}_0}$ 表示向量函数 $\boldsymbol{c}(\boldsymbol{x})$ 的 Jacobi 矩阵在真实值 $\boldsymbol{x}_0$ 处的取值, 这里假设该矩阵是行满秩的。结合式 (2.158) 和式 (2.161) 可知, 在一阶误差分析框架下, 误差向量 $\Delta\boldsymbol{x}_{\mathrm{c}}$ 是如下约束优化问题的最优解

$$\begin{cases}\min\limits_{\boldsymbol{z}\in\mathbf{R}^{n\times 1}}\left\{\dfrac{1}{2}\boldsymbol{z}^{\mathrm{T}}\boldsymbol{F}_{xx}(\boldsymbol{x}_0,\boldsymbol{O}_{r\times 1})\boldsymbol{z}+\boldsymbol{z}^{\mathrm{T}}\boldsymbol{F}_{x\varepsilon}(\boldsymbol{x}_0,\boldsymbol{O}_{r\times 1})\boldsymbol{\varepsilon}\right\}\\ \text{s.t. }\boldsymbol{C}(\boldsymbol{x}_0)\boldsymbol{z}=\boldsymbol{O}_{m\times 1}\end{cases}\tag{2.162}$$

根据第 2.3 节中的讨论可知, 式 (2.162) 可以利用拉格朗日乘子法进行求解, 相应的拉格朗日函数为

$$L(\boldsymbol{z},\boldsymbol{\lambda})=\left(\frac{1}{2}\boldsymbol{z}^{\mathrm{T}}\boldsymbol{F}_{xx}(\boldsymbol{x}_0,\boldsymbol{O}_{r\times 1})\boldsymbol{z}+\boldsymbol{z}^{\mathrm{T}}\boldsymbol{F}_{x\varepsilon}(\boldsymbol{x}_0,\boldsymbol{O}_{r\times 1})\boldsymbol{\varepsilon}\right)+\boldsymbol{\lambda}^{\mathrm{T}}\boldsymbol{C}(\boldsymbol{x}_0)\boldsymbol{z}\tag{2.163}$$

式中, $\boldsymbol{\lambda}\in\mathbf{R}^{m\times 1}$ 为拉格朗日乘子向量。于是有

$$\left.\frac{\partial L(\boldsymbol{z},\boldsymbol{\lambda})}{\partial\boldsymbol{z}}\right|_{\boldsymbol{z}=\Delta\boldsymbol{x}_{\mathrm{c}}}=\boldsymbol{F}_{xx}(\boldsymbol{x}_0,\boldsymbol{O}_{r\times 1})\Delta\boldsymbol{x}_{\mathrm{c}}+\boldsymbol{F}_{x\varepsilon}(\boldsymbol{x}_0,\boldsymbol{O}_{r\times 1})\boldsymbol{\varepsilon}+(\boldsymbol{C}(\boldsymbol{x}_0))^{\mathrm{T}}\boldsymbol{\lambda}=\boldsymbol{O}_{n\times 1}\tag{2.164}$$

$$\left.\frac{\partial L(\boldsymbol{z},\boldsymbol{\lambda})}{\partial\boldsymbol{\lambda}}\right|_{\boldsymbol{z}=\Delta\boldsymbol{x}_{\rm c}}=\boldsymbol{C}(\boldsymbol{x}_0)\Delta\boldsymbol{x}_{\rm c}=\boldsymbol{O}_{m\times 1} \tag{2.165}$$

由式 (2.164) 可得

$$\Delta\boldsymbol{x}_{\rm c}=-(\boldsymbol{F}_{xx}(\boldsymbol{x}_0,\boldsymbol{O}_{r\times 1}))^{-1}\boldsymbol{F}_{x\varepsilon}(\boldsymbol{x}_0,\boldsymbol{O}_{r\times 1})\boldsymbol{\varepsilon}-(\boldsymbol{F}_{xx}(\boldsymbol{x}_0,\boldsymbol{O}_{r\times 1}))^{-1}(\boldsymbol{C}(\boldsymbol{x}_0))^{\rm T}\boldsymbol{\lambda} \tag{2.166}$$

将式 (2.166) 代入式 (2.165) 可知

$$\begin{aligned}&-\boldsymbol{C}(\boldsymbol{x}_0)(\boldsymbol{F}_{xx}(\boldsymbol{x}_0,\boldsymbol{O}_{r\times 1}))^{-1}\boldsymbol{F}_{x\varepsilon}(\boldsymbol{x}_0,\boldsymbol{O}_{r\times 1})\boldsymbol{\varepsilon}\\&-\boldsymbol{C}(\boldsymbol{x}_0)(\boldsymbol{F}_{xx}(\boldsymbol{x}_0,\boldsymbol{O}_{r\times 1}))^{-1}(\boldsymbol{C}(\boldsymbol{x}_0))^{\rm T}\boldsymbol{\lambda}=\boldsymbol{O}_{m\times 1}\\\Rightarrow\ &\boldsymbol{\lambda}=-(\boldsymbol{C}(\boldsymbol{x}_0)(\boldsymbol{F}_{xx}(\boldsymbol{x}_0,\boldsymbol{O}_{r\times 1}))^{-1}(\boldsymbol{C}(\boldsymbol{x}_0))^{\rm T})^{-1}\\&\times\boldsymbol{C}(\boldsymbol{x}_0)(\boldsymbol{F}_{xx}(\boldsymbol{x}_0,\boldsymbol{O}_{r\times 1}))^{-1}\boldsymbol{F}_{x\varepsilon}(\boldsymbol{x}_0,\boldsymbol{O}_{r\times 1})\boldsymbol{\varepsilon}\end{aligned} \tag{2.167}$$

再将式 (2.167) 代入式 (2.166) 可得

$$\begin{aligned}\Delta\boldsymbol{x}_{\rm c}=&-(\boldsymbol{F}_{xx}(\boldsymbol{x}_0,\boldsymbol{O}_{r\times 1}))^{-1}\boldsymbol{F}_{x\varepsilon}(\boldsymbol{x}_0,\boldsymbol{O}_{r\times 1})\boldsymbol{\varepsilon}\\&+(\boldsymbol{F}_{xx}(\boldsymbol{x}_0,\boldsymbol{O}_{r\times 1}))^{-1}(\boldsymbol{C}(\boldsymbol{x}_0))^{\rm T}(\boldsymbol{C}(\boldsymbol{x}_0)(\boldsymbol{F}_{xx}(\boldsymbol{x}_0,\boldsymbol{O}_{r\times 1}))^{-1}(\boldsymbol{C}(\boldsymbol{x}_0))^{\rm T})^{-1}\\&\times\boldsymbol{C}(\boldsymbol{x}_0)(\boldsymbol{F}_{xx}(\boldsymbol{x}_0,\boldsymbol{O}_{r\times 1}))^{-1}\boldsymbol{F}_{x\varepsilon}(\boldsymbol{x}_0,\boldsymbol{O}_{r\times 1})\boldsymbol{\varepsilon}\\=&-(\boldsymbol{I}_n-(\boldsymbol{F}_{xx}(\boldsymbol{x}_0,\boldsymbol{O}_{r\times 1}))^{-1}(\boldsymbol{C}(\boldsymbol{x}_0))^{\rm T}(\boldsymbol{C}(\boldsymbol{x}_0)(\boldsymbol{F}_{xx}(\boldsymbol{x}_0,\boldsymbol{O}_{r\times 1}))^{-1}\\&\times(\boldsymbol{C}(\boldsymbol{x}_0))^{\rm T})^{-1}\boldsymbol{C}(\boldsymbol{x}_0))(\boldsymbol{F}_{xx}(\boldsymbol{x}_0,\boldsymbol{O}_{r\times 1}))^{-1}\boldsymbol{F}_{x\varepsilon}(\boldsymbol{x}_0,\boldsymbol{O}_{r\times 1})\boldsymbol{\varepsilon}\end{aligned} \tag{2.168}$$

式 (2.168) 刻画了向量 $\Delta\boldsymbol{x}_{\rm c}$ 与 $\boldsymbol{\varepsilon}$ 之间的线性关系。若误差向量 $\boldsymbol{\varepsilon}$ 服从零均值的高斯分布, 并且其协方差矩阵为 $\mathbf{COV}(\boldsymbol{\varepsilon})$, 则估计误差向量 $\Delta\boldsymbol{x}_{\rm c}$ 也渐近服从零均值的高斯分布①, 并且其协方差矩阵为

$$\begin{aligned}&\mathbf{COV}(\Delta\boldsymbol{x}_{\rm c})\\=&\mathbf{E}[\Delta\boldsymbol{x}_{\rm c}\Delta\boldsymbol{x}_{\rm c}^{\rm T}]\\=&(\boldsymbol{I}_n-(\boldsymbol{F}_{xx}(\boldsymbol{x}_0,\boldsymbol{O}_{r\times 1}))^{-1}(\boldsymbol{C}(\boldsymbol{x}_0))^{\rm T}(\boldsymbol{C}(\boldsymbol{x}_0)(\boldsymbol{F}_{xx}(\boldsymbol{x}_0,\boldsymbol{O}_{r\times 1}))^{-1}(\boldsymbol{C}(\boldsymbol{x}_0))^{\rm T})^{-1}\boldsymbol{C}(\boldsymbol{x}_0))\\&\times(\boldsymbol{F}_{xx}(\boldsymbol{x}_0,\boldsymbol{O}_{r\times 1}))^{-1}\boldsymbol{F}_{x\varepsilon}(\boldsymbol{x}_0,\boldsymbol{O}_{r\times 1})\mathbf{COV}(\boldsymbol{\varepsilon})(\boldsymbol{F}_{x\varepsilon}(\boldsymbol{x}_0,\boldsymbol{O}_{r\times 1}))^{\rm T}(\boldsymbol{F}_{xx}(\boldsymbol{x}_0,\boldsymbol{O}_{r\times 1}))^{-1}\\&\times(\boldsymbol{I}_n-(\boldsymbol{C}(\boldsymbol{x}_0))^{\rm T}(\boldsymbol{C}(\boldsymbol{x}_0)(\boldsymbol{F}_{xx}(\boldsymbol{x}_0,\boldsymbol{O}_{r\times 1}))^{-1}(\boldsymbol{C}(\boldsymbol{x}_0))^{\rm T})^{-1}\boldsymbol{C}(\boldsymbol{x}_0)(\boldsymbol{F}_{xx}(\boldsymbol{x}_0,\boldsymbol{O}_{r\times 1}))^{-1})\end{aligned} \tag{2.169}$$

【注记 2.13】 误差向量 $\Delta\boldsymbol{x}_{\rm c}$ 的协方差矩阵 $\mathbf{COV}(\Delta\boldsymbol{x}_{\rm c})$ 亦为估计值 $\widehat{\boldsymbol{x}}_{\rm c}$ 的均方误差矩阵 $\mathbf{MSE}(\widehat{\boldsymbol{x}}_{\rm c})$。

① 这里的渐近是指在小观测误差或者大观测量条件下成立。

【**注记 2.14**】对于有些估计器而言满足如下等式

$$\boldsymbol{F}_{x\varepsilon}(\boldsymbol{x}_0, \boldsymbol{O}_{r\times 1})\mathbf{COV}(\boldsymbol{\varepsilon})(\boldsymbol{F}_{x\varepsilon}(\boldsymbol{x}_0, \boldsymbol{O}_{r\times 1}))^{\mathrm{T}} = 2\boldsymbol{F}_{xx}(\boldsymbol{x}_0, \boldsymbol{O}_{r\times 1}) \tag{2.170}$$

将式 (2.170) 代入式 (2.169) 可知

$$\begin{aligned}\mathbf{COV}(\Delta\boldsymbol{x}_{\mathrm{c}}) &= \mathbf{E}[\Delta\boldsymbol{x}_{\mathrm{c}}(\Delta\boldsymbol{x}_{\mathrm{c}})^{\mathrm{T}}] \\ &= 2(\boldsymbol{F}_{xx}(\boldsymbol{x}_0, \boldsymbol{O}_{r\times 1}))^{-1} - 2(\boldsymbol{F}_{xx}(\boldsymbol{x}_0, \boldsymbol{O}_{r\times 1}))^{-1}(\boldsymbol{C}(\boldsymbol{x}_0))^{\mathrm{T}} \\ &\quad \times(\boldsymbol{C}(\boldsymbol{x}_0)(\boldsymbol{F}_{xx}(\boldsymbol{x}_0, \boldsymbol{O}_{r\times 1}))^{-1}(\boldsymbol{C}(\boldsymbol{x}_0))^{\mathrm{T}})^{-1}\boldsymbol{C}(\boldsymbol{x}_0)(\boldsymbol{F}_{xx}(\boldsymbol{x}_0, \boldsymbol{O}_{r\times 1}))^{-1}\end{aligned} \tag{2.171}$$

将式 (2.170) 代入式 (2.156) 可得 $\mathbf{COV}(\Delta\boldsymbol{x}) = 2(\boldsymbol{F}_{xx}(\boldsymbol{x}_0, \boldsymbol{O}_{r\times 1}))^{-1}$, 结合式 (2.171) 可知 $\mathbf{COV}(\Delta\boldsymbol{x}_{\mathrm{c}}) \leqslant \mathbf{COV}(\Delta\boldsymbol{x})$。由该关系式可知, 在相同条件下, 若能够获得关于未知参数的 (先验) 等式约束, 则未知参数的估计方差会有所降低。

第 3 章　非线性最小二乘估计理论与方法: 基础观测模型与方法

本章讨论基础且具有普适性的观测模型, 其中描述的非线性最小二乘估计方法也是较为基本的方法。虽然本章的内容十分基础, 但却至关重要, 能够为读者阅读本书后续章节奠定良好的基础。

3.1　基础的非线性观测模型

考虑如下基础的非线性观测模型

$$\boldsymbol{z} = \boldsymbol{z}_0 + \boldsymbol{e} = \boldsymbol{f}(\boldsymbol{x}, \boldsymbol{s}) + \boldsymbol{e} \tag{3.1}$$

式中,

$\boldsymbol{z}_0 = \boldsymbol{f}(\boldsymbol{x}, \boldsymbol{s}) \in \mathbf{R}^{p\times 1}$ 表示没有误差条件下的观测向量, 其中 $\boldsymbol{f}(\boldsymbol{x}, \boldsymbol{s})$ 是关于向量 $\boldsymbol{x}$ 和 $\boldsymbol{s}$ 的连续可导函数;

$\boldsymbol{x} \in \mathbf{R}^{q\times 1}$ 表示待估计的未知参数, 其中 $q < p$ 以确保问题是超定的 (即观测量个数大于未知参数个数);

$\boldsymbol{s} \in \mathbf{R}^{r\times 1}$ 表示模型参数;

$\boldsymbol{z} \in \mathbf{R}^{p\times 1}$ 表示含有误差条件下的观测向量;

$\boldsymbol{e} \in \mathbf{R}^{p\times 1}$ 表示观测误差向量, 假设其服从均值为零、协方差矩阵为 $\mathbf{COV}(\boldsymbol{e}) = \mathbf{E}[\boldsymbol{e}\boldsymbol{e}^{\mathrm{T}}] = \boldsymbol{E}$ 的高斯分布。

【注记 3.1】 这里的模型参数 $\boldsymbol{s}$ 是指在建立观测模型式 (3.1) 时所需的参数。本章考虑两种情形: 第 1 种情形是假设模型参数 $\boldsymbol{s}$ 精确已知, 此时可以将其看成是已知量; 第 2 种情形是假设仅存在关于模型参数 $\boldsymbol{s}$ 的先验观测值 $\widehat{\boldsymbol{s}}$, 其中包含先验观测误差, 并且先验观测误差向量 $\boldsymbol{\varphi} = \widehat{\boldsymbol{s}} - \boldsymbol{s}$ 服从均值为零、协方差矩阵为 $\mathbf{COV}(\boldsymbol{\varphi}) = \mathbf{E}[\boldsymbol{\varphi}\boldsymbol{\varphi}^{\mathrm{T}}] = \boldsymbol{\Psi}$ 的高斯分布, 此外, 误差向量 $\boldsymbol{\varphi}$ 与 $\boldsymbol{e}$ 相互间统计独立。

【注记 3.2】 本章假设协方差矩阵 $\boldsymbol{E}$ 和 $\boldsymbol{\Psi}$ 都是满秩的正定矩阵。

【注记 3.3】 本书中的非线性观测模型特指观测向量 $\boldsymbol{z}_0$ 与未知参数 $\boldsymbol{x}$ 之间呈现非线性关系, 也就是说 $\boldsymbol{f}(\boldsymbol{x}, \boldsymbol{s})$ 是关于未知参数 $\boldsymbol{x}$ 的非线性函数。

3.2 模型参数精确已知时的参数估计优化模型、求解方法及其理论性能

3.2.1 参数估计优化模型及其求解方法

1. 参数估计优化模型

当模型参数 $\boldsymbol{s}$ 精确已知时, 为了最大程度地抑制观测误差 $\boldsymbol{e}$ 造成的影响, 可以将参数估计优化模型表示为

$$\begin{cases} \min\limits_{\boldsymbol{x}\in\mathbf{R}^{q\times 1};\boldsymbol{e}\in\mathbf{R}^{p\times 1}} \{\boldsymbol{e}^{\mathrm{T}}\boldsymbol{E}^{-1}\boldsymbol{e}\} \\ \text{s.t. } \boldsymbol{z}=\boldsymbol{f}(\boldsymbol{x},\boldsymbol{s})+\boldsymbol{e} \end{cases} \tag{3.2}$$

式中, $\boldsymbol{E}^{-1}$ 表示加权矩阵。显然式 (3.2) 也可以直接转化成如下优化模型

$$\min_{\boldsymbol{x}\in\mathbf{R}^{q\times 1}} \{(\boldsymbol{z}-\boldsymbol{f}(\boldsymbol{x},\boldsymbol{s}))^{\mathrm{T}}\boldsymbol{E}^{-1}(\boldsymbol{z}-\boldsymbol{f}(\boldsymbol{x},\boldsymbol{s}))\} \tag{3.3}$$

式 (3.3) 是关于未知参数 $\boldsymbol{x}$ 的非线性无约束优化问题, 需要通过迭代来求解。这里给出一种基本的迭代方法, 即高斯–牛顿迭代法①。

2. 迭代求解方法 3–a

高斯–牛顿迭代法的基本思想: 利用当前最新的迭代值对非线性函数 $\boldsymbol{f}(\boldsymbol{x},\boldsymbol{s})$ 进行线性近似, 从而能够在每次迭代中将式 (3.3) 转化成无约束的二次优化问题, 通过求解该优化问题就能够获得下一步迭代更新公式, 重复此过程直至收敛为止。

假设未知参数 $\boldsymbol{x}$ 的第 k 次迭代结果为 $\widehat{\boldsymbol{x}}_k^{(\mathrm{a})}$②, 现将函数 $\boldsymbol{f}(\boldsymbol{x},\boldsymbol{s})$ 在向量 $\widehat{\boldsymbol{x}}_k^{(\mathrm{a})}$ 处进行一阶泰勒级数展开可得

$$\boldsymbol{f}(\boldsymbol{x},\boldsymbol{s})\approx\boldsymbol{f}(\widehat{\boldsymbol{x}}_k^{(\mathrm{a})},\boldsymbol{s})+\boldsymbol{F}_x(\widehat{\boldsymbol{x}}_k^{(\mathrm{a})},\boldsymbol{s})(\boldsymbol{x}-\widehat{\boldsymbol{x}}_k^{(\mathrm{a})}) \tag{3.4}$$

式中, $\boldsymbol{F}_x(\boldsymbol{x},\boldsymbol{s})=\dfrac{\partial\boldsymbol{f}(\boldsymbol{x},\boldsymbol{s})}{\partial\boldsymbol{x}^{\mathrm{T}}}\in\mathbf{R}^{p\times q}$ 表示函数 $\boldsymbol{f}(\boldsymbol{x},\boldsymbol{s})$ 关于向量 $\boldsymbol{x}$ 的 Jacobi 矩阵。式 (3.4) 中忽略的项为 $o(\|\boldsymbol{x}-\widehat{\boldsymbol{x}}_k^{(\mathrm{a})}\|_2)$, 将式 (3.4) 代入式 (3.3) 可知

$$\begin{aligned}\min_{\boldsymbol{x}\in\mathbf{R}^{q\times 1}} &\{(\boldsymbol{z}-\boldsymbol{f}(\widehat{\boldsymbol{x}}_k^{(\mathrm{a})},\boldsymbol{s})-\boldsymbol{F}_x(\widehat{\boldsymbol{x}}_k^{(\mathrm{a})},\boldsymbol{s})(\boldsymbol{x}-\widehat{\boldsymbol{x}}_k^{(\mathrm{a})}))^{\mathrm{T}} \\ &\times\boldsymbol{E}^{-1}(\boldsymbol{z}-\boldsymbol{f}(\widehat{\boldsymbol{x}}_k^{(\mathrm{a})},\boldsymbol{s})-\boldsymbol{F}_x(\widehat{\boldsymbol{x}}_k^{(\mathrm{a})},\boldsymbol{s})(\boldsymbol{x}-\widehat{\boldsymbol{x}}_k^{(\mathrm{a})}))\}\end{aligned}$$

---

① 读者可参见文献 [41]。

② 本章的上角标 (a) 表示模型参数精确已知的情形。

$$= \min_{\boldsymbol{x}\in\mathbf{R}^{q\times 1}} \{(\boldsymbol{F}_x(\widehat{\boldsymbol{x}}_k^{(\mathrm{a})},\boldsymbol{s})(\boldsymbol{x}-\widehat{\boldsymbol{x}}_k^{(\mathrm{a})})-(\boldsymbol{z}-\boldsymbol{f}(\widehat{\boldsymbol{x}}_k^{(\mathrm{a})},\boldsymbol{s})))^{\mathrm{T}} \times \boldsymbol{E}^{-1}(\boldsymbol{F}_x(\widehat{\boldsymbol{x}}_k^{(\mathrm{a})},\boldsymbol{s})(\boldsymbol{x}-\widehat{\boldsymbol{x}}_k^{(\mathrm{a})})-(\boldsymbol{z}-\boldsymbol{f}(\widehat{\boldsymbol{x}}_k^{(\mathrm{a})},\boldsymbol{s})))\} \tag{3.5}$$

式 (3.5) 即为第 $k+1$ 次迭代中所求解的优化问题，为无约束二次优化问题，将其最优解记为 $\widehat{\boldsymbol{x}}_{k+1}^{(\mathrm{a})}$，于是由式 (2.67) 可得

$$\widehat{\boldsymbol{x}}_{k+1}^{(\mathrm{a})}=\widehat{\boldsymbol{x}}_k^{(\mathrm{a})}+((\boldsymbol{F}_x(\widehat{\boldsymbol{x}}_k^{(\mathrm{a})},\boldsymbol{s}))^{\mathrm{T}}\boldsymbol{E}^{-1}\boldsymbol{F}_x(\widehat{\boldsymbol{x}}_k^{(\mathrm{a})},\boldsymbol{s}))^{-1}(\boldsymbol{F}_x(\widehat{\boldsymbol{x}}_k^{(\mathrm{a})},\boldsymbol{s}))^{\mathrm{T}}\boldsymbol{E}^{-1}(\boldsymbol{z}-\boldsymbol{f}(\widehat{\boldsymbol{x}}_k^{(\mathrm{a})},\boldsymbol{s})) \tag{3.6}$$

将式 (3.6) 的迭代收敛结果记为 $\widehat{\boldsymbol{x}}^{(\mathrm{a})}$ (即 $\lim\limits_{k\to+\infty}\widehat{\boldsymbol{x}}_k^{(\mathrm{a})}=\widehat{\boldsymbol{x}}^{(\mathrm{a})}$)，该向量就是最终估计值。假设迭代初始值满足一定的条件，可以使迭代公式 (3.6) 收敛至优化问题的全局最优解，于是有

$$\widehat{\boldsymbol{x}}^{(\mathrm{a})}=\arg\min_{\boldsymbol{x}\in\mathbf{R}^{q\times 1}}\{(\boldsymbol{z}-\boldsymbol{f}(\boldsymbol{x},\boldsymbol{s}))^{\mathrm{T}}\boldsymbol{E}^{-1}(\boldsymbol{z}-\boldsymbol{f}(\boldsymbol{x},\boldsymbol{s}))\} \tag{3.7}$$

将此求解方法称为方法 3–a，图 3.1 给出了方法 3–a 的计算流程图。

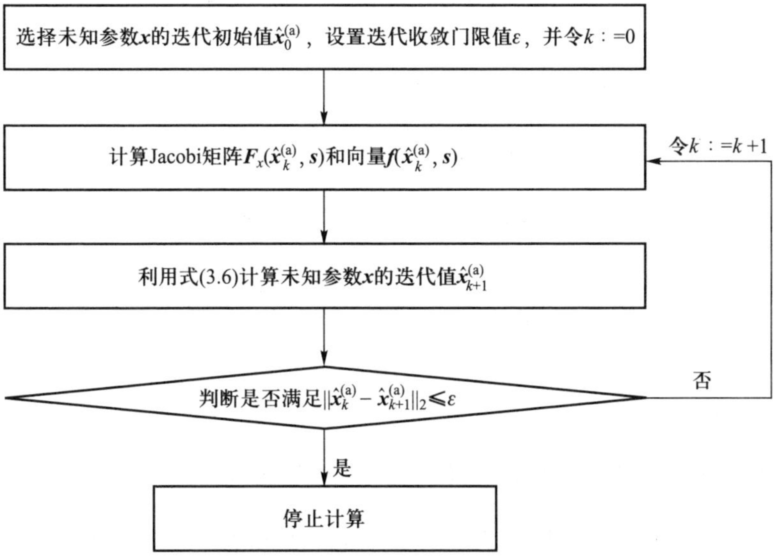

图 3.1　方法 3–a 的计算流程图

3.2.2　理论性能分析

本节首先推导参数估计均方误差 (Mean Square Error, MSE) 的克拉美罗界 (Cramér-Rao Bound, CRB)，然后推导估计值 $\widehat{\boldsymbol{x}}^{(\mathrm{a})}$ 的均方误差，并将其与相应的

克拉美罗界进行定量比较, 从而验证该估计值的渐近统计最优性。

1. 克拉美罗界分析

下面在模型参数 $\boldsymbol{s}$ 精确已知的条件下推导未知参数 $\boldsymbol{x}$ 的估计均方误差的克拉美罗界, 具体结论可见以下命题。

【**命题 3.1**】基于式 (3.1) 给出的观测模型, 未知参数 $\boldsymbol{x}$ 的估计均方误差的克拉美罗界可以表示为

$$\mathbf{CRB}^{(\mathrm{a})}(\boldsymbol{x})=((\boldsymbol{F}_x(\boldsymbol{x},\boldsymbol{s}))^{\mathrm{T}}\boldsymbol{E}^{-1}\boldsymbol{F}_x(\boldsymbol{x},\boldsymbol{s}))^{-1} \tag{3.8}$$

【**证明**】对于给定的参数 $\boldsymbol{x}$, 观测向量 $\boldsymbol{z}$ 的概率密度函数可以表示为

$$g^{(\mathrm{a})}(\boldsymbol{z};\boldsymbol{x})=(2\pi)^{-p/2}(\det[\boldsymbol{E}])^{-1/2}\exp\left\{-\frac{1}{2}(\boldsymbol{z}-\boldsymbol{f}(\boldsymbol{x},\boldsymbol{s}))^{\mathrm{T}}\boldsymbol{E}^{-1}(\boldsymbol{z}-\boldsymbol{f}(\boldsymbol{x},\boldsymbol{s}))\right\} \tag{3.9}$$

取对数可得

$$\ln(g^{(\mathrm{a})}(\boldsymbol{z};\boldsymbol{x}))=-\frac{p}{2}\ln(2\pi)-\frac{1}{2}\ln(\det[\boldsymbol{E}])-\frac{1}{2}(\boldsymbol{z}-\boldsymbol{f}(\boldsymbol{x},\boldsymbol{s}))^{\mathrm{T}}\boldsymbol{E}^{-1}(\boldsymbol{z}-\boldsymbol{f}(\boldsymbol{x},\boldsymbol{s})) \tag{3.10}$$

由式 (3.10) 可知, 函数 $\ln(g^{(\mathrm{a})}(\boldsymbol{z};\boldsymbol{x}))$ 的梯度可以表示为

$$\frac{\partial\ln(g^{(\mathrm{a})}(\boldsymbol{z};\boldsymbol{x}))}{\partial\boldsymbol{x}}=(\boldsymbol{F}_x(\boldsymbol{x},\boldsymbol{s}))^{\mathrm{T}}\boldsymbol{E}^{-1}(\boldsymbol{z}-\boldsymbol{f}(\boldsymbol{x},\boldsymbol{s}))=(\boldsymbol{F}_x(\boldsymbol{x},\boldsymbol{s}))^{\mathrm{T}}\boldsymbol{E}^{-1}\boldsymbol{e} \tag{3.11}$$

根据式 (2.98) 可知, 关于向量 $\boldsymbol{x}$ 的费希尔信息矩阵为

$$\begin{aligned}\mathbf{FISH}^{(\mathrm{a})}(\boldsymbol{x})&=\mathrm{E}\left[\frac{\partial\ln(g^{(\mathrm{a})}(\boldsymbol{z};\boldsymbol{x}))}{\partial\boldsymbol{x}}\left(\frac{\partial\ln(g^{(\mathrm{a})}(\boldsymbol{z};\boldsymbol{x}))}{\partial\boldsymbol{x}}\right)^{\mathrm{T}}\right]\\&=(\boldsymbol{F}_x(\boldsymbol{x},\boldsymbol{s}))^{\mathrm{T}}\boldsymbol{E}^{-1}\mathrm{E}[\boldsymbol{e}\boldsymbol{e}^{\mathrm{T}}]\boldsymbol{E}^{-1}\boldsymbol{F}_x(\boldsymbol{x},\boldsymbol{s})=(\boldsymbol{F}_x(\boldsymbol{x},\boldsymbol{s}))^{\mathrm{T}}\boldsymbol{E}^{-1}\boldsymbol{F}_x(\boldsymbol{x},\boldsymbol{s})\end{aligned} \tag{3.12}$$

由式 (3.12) 可知, 向量 $\boldsymbol{x}$ 的估计均方误差的克拉美罗界为

$$\mathbf{CRB}^{(\mathrm{a})}(\boldsymbol{x})=(\mathbf{FISH}^{(\mathrm{a})}(\boldsymbol{x}))^{-1}=((\boldsymbol{F}_x(\boldsymbol{x},\boldsymbol{s}))^{\mathrm{T}}\boldsymbol{E}^{-1}\boldsymbol{F}_x(\boldsymbol{x},\boldsymbol{s}))^{-1} \tag{3.13}$$

证毕。

【**注记 3.4**】由式 (3.8) 可知, 矩阵 $\mathbf{CRB}^{(\mathrm{a})}(\boldsymbol{x})$ 若要存在, Jacobi 矩阵 $\boldsymbol{F}_x(\boldsymbol{x},\boldsymbol{s})$ 必须是列满秩的。因此, 本章将此作为一个基本前提, 不再赘述。

【**注记 3.5**】$\mathbf{CRB}^{(\mathrm{a})}(\boldsymbol{x})$ 是一个矩阵, 实际计算克拉美罗界的数值应取该矩阵的迹, 即 $\mathrm{tr}(\mathbf{CRB}^{(\mathrm{a})}(\boldsymbol{x}))$。由式 (3.8) 不难发现, Jacobi 矩阵 $\boldsymbol{F}_x(\boldsymbol{x},\boldsymbol{s})$ 的数值越大, 克拉美罗界的数值就越小, 此时最优的参数估计精度也就越高。

2. 方法 3–a 的理论性能分析

下面推导方法 3–a 的估计值 $\widehat{\boldsymbol{x}}^{(\mathrm{a})}$ 的统计性能, 具体结论可见以下 3 个命题。

【命题 3.2】向量 $\widehat{\boldsymbol{x}}^{(\mathrm{a})}$ 是关于未知参数 $\boldsymbol{x}$ 的渐近无偏估计值①, 并且其均方误差为②

$$\mathbf{MSE}(\widehat{\boldsymbol{x}}^{(\mathrm{a})})=((\boldsymbol{F}_x(\boldsymbol{x},\boldsymbol{s}))^{\mathrm{T}}\boldsymbol{E}^{-1}\boldsymbol{F}_x(\boldsymbol{x},\boldsymbol{s}))^{-1} \tag{3.14}$$

【证明】对式 (3.6) 两边取极限可得

$$\begin{aligned}\lim_{k\to+\infty}\widehat{\boldsymbol{x}}_{k+1}^{(\mathrm{a})}&=\lim_{k\to+\infty}\widehat{\boldsymbol{x}}_{k}^{(\mathrm{a})}+\lim_{k\to+\infty}\{((\boldsymbol{F}_x(\widehat{\boldsymbol{x}}_{k}^{(\mathrm{a})},\boldsymbol{s}))^{\mathrm{T}}\boldsymbol{E}^{-1}\boldsymbol{F}_x(\widehat{\boldsymbol{x}}_{k}^{(\mathrm{a})},\boldsymbol{s}))^{-1}\\&\quad\times(\boldsymbol{F}_x(\widehat{\boldsymbol{x}}_{k}^{(\mathrm{a})},\boldsymbol{s}))^{\mathrm{T}}\boldsymbol{E}^{-1}(\boldsymbol{z}-\boldsymbol{f}(\widehat{\boldsymbol{x}}_{k}^{(\mathrm{a})},\boldsymbol{s}))\}\\&\Rightarrow(\boldsymbol{F}_x(\widehat{\boldsymbol{x}}^{(\mathrm{a})},\boldsymbol{s}))^{\mathrm{T}}\boldsymbol{E}^{-1}(\boldsymbol{z}-\boldsymbol{f}(\widehat{\boldsymbol{x}}^{(\mathrm{a})},\boldsymbol{s}))=\boldsymbol{O}_{q\times1}\end{aligned} \tag{3.15}$$

将式 (3.1) 代入式 (3.15), 并利用一阶误差分析方法可知

$$\begin{aligned}\boldsymbol{O}_{q\times1}&=(\boldsymbol{F}_x(\widehat{\boldsymbol{x}}^{(\mathrm{a})},\boldsymbol{s}))^{\mathrm{T}}\boldsymbol{E}^{-1}(\boldsymbol{f}(\boldsymbol{x},\boldsymbol{s})-\boldsymbol{f}(\widehat{\boldsymbol{x}}^{(\mathrm{a})},\boldsymbol{s})+\boldsymbol{e})\\&\approx(\boldsymbol{F}_x(\widehat{\boldsymbol{x}}^{(\mathrm{a})},\boldsymbol{s}))^{\mathrm{T}}\boldsymbol{E}^{-1}(\boldsymbol{e}-\boldsymbol{F}_x(\boldsymbol{x},\boldsymbol{s})\Delta\boldsymbol{x}^{(\mathrm{a})})\\&\approx(\boldsymbol{F}_x(\boldsymbol{x},\boldsymbol{s}))^{\mathrm{T}}\boldsymbol{E}^{-1}(\boldsymbol{e}-\boldsymbol{F}_x(\boldsymbol{x},\boldsymbol{s})\Delta\boldsymbol{x}^{(\mathrm{a})})\end{aligned} \tag{3.16}$$

式中, $\Delta\boldsymbol{x}^{(\mathrm{a})}=\widehat{\boldsymbol{x}}^{(\mathrm{a})}-\boldsymbol{x}$ 表示向量 $\widehat{\boldsymbol{x}}^{(\mathrm{a})}$ 中的估计误差。式 (3.16) 中忽略了误差的二阶及以上各阶项, 由该式可以进一步推得

$$\Delta\boldsymbol{x}^{(\mathrm{a})}\approx((\boldsymbol{F}_x(\boldsymbol{x},\boldsymbol{s}))^{\mathrm{T}}\boldsymbol{E}^{-1}\boldsymbol{F}_x(\boldsymbol{x},\boldsymbol{s}))^{-1}(\boldsymbol{F}_x(\boldsymbol{x},\boldsymbol{s}))^{\mathrm{T}}\boldsymbol{E}^{-1}\boldsymbol{e} \tag{3.17}$$

式 (3.17) 给出了估计误差 $\Delta\boldsymbol{x}^{(\mathrm{a})}$ 与观测误差 $\boldsymbol{e}$ 之间的线性关系式, 这也是一阶误差分析方法的最终目的。由式 (3.17) 可知 $\mathbf{E}[\Delta\boldsymbol{x}^{(\mathrm{a})}]\approx\boldsymbol{O}_{q\times1}$, 因此向量 $\widehat{\boldsymbol{x}}^{(\mathrm{a})}$ 是关于未知参数 $\boldsymbol{x}$ 的渐近无偏估计值。此外, 基于式 (3.17) 可以推得估计值 $\widehat{\boldsymbol{x}}^{(\mathrm{a})}$ 的均方误差

$$\begin{aligned}\mathbf{MSE}(\widehat{\boldsymbol{x}}^{(\mathrm{a})})&=\mathbf{E}[(\widehat{\boldsymbol{x}}^{(\mathrm{a})}-\boldsymbol{x})(\widehat{\boldsymbol{x}}^{(\mathrm{a})}-\boldsymbol{x})^{\mathrm{T}}]=\mathbf{E}[\Delta\boldsymbol{x}^{(\mathrm{a})}(\Delta\boldsymbol{x}^{(\mathrm{a})})^{\mathrm{T}}]\\&=((\boldsymbol{F}_x(\boldsymbol{x},\boldsymbol{s}))^{\mathrm{T}}\boldsymbol{E}^{-1}\boldsymbol{F}_x(\boldsymbol{x},\boldsymbol{s}))^{-1}(\boldsymbol{F}_x(\boldsymbol{x},\boldsymbol{s}))^{\mathrm{T}}\boldsymbol{E}^{-1}\mathbf{E}[\boldsymbol{e}\boldsymbol{e}^{\mathrm{T}}]\boldsymbol{E}^{-1}\\&\quad\times\boldsymbol{F}_x(\boldsymbol{x},\boldsymbol{s})((\boldsymbol{F}_x(\boldsymbol{x},\boldsymbol{s}))^{\mathrm{T}}\boldsymbol{E}^{-1}\boldsymbol{F}_x(\boldsymbol{x},\boldsymbol{s}))^{-1}\\&=((\boldsymbol{F}_x(\boldsymbol{x},\boldsymbol{s}))^{\mathrm{T}}\boldsymbol{E}^{-1}\boldsymbol{F}_x(\boldsymbol{x},\boldsymbol{s}))^{-1}\end{aligned} \tag{3.18}$$

证毕。

① 渐近无偏估计值是指随着观测误差逐渐变小或者观测样本数逐渐变大, 其估计误差的数学期望趋于零。

② 对于渐近无偏估计值而言, 其均方误差矩阵近似等于其协方差矩阵。

【注记 3.6】式 (3.15) 也可以通过对式 (3.3) 中的目标函数求导, 并令其等于零来获得。

【注记 3.7】$\mathbf{MSE}(\widehat{\boldsymbol{x}}^{(\mathrm{a})})$ 是一个矩阵, 实际计算均方误差的数值应取该矩阵的迹, 即 $\mathrm{tr}(\mathbf{MSE}(\widehat{\boldsymbol{x}}^{(\mathrm{a})}))$。

【命题 3.3】向量 $\widehat{\boldsymbol{x}}^{(\mathrm{a})}$ 是关于未知参数 $\boldsymbol{x}$ 的最大似然 (Maximum Likelihood, ML) 估计值。

【证明】将未知参数 $\boldsymbol{x}$ 的最大似然估计值记为 $\widehat{\boldsymbol{x}}_{\mathrm{ML}}^{(\mathrm{a})}$, 于是由式 (3.9) 可知

$$\begin{aligned}\widehat{\boldsymbol{x}}_{\mathrm{ML}}^{(\mathrm{a})}&=\arg\max_{\boldsymbol{x}\in\mathbf{R}^{q\times 1}}\{g^{(\mathrm{a})}(\boldsymbol{z};\boldsymbol{x})\}\\&=\arg\max_{\boldsymbol{x}\in\mathbf{R}^{q\times 1}}\left\{(2\pi)^{-p/2}(\det[\boldsymbol{E}])^{-1/2}\exp\left\{-\frac{1}{2}(\boldsymbol{z}-\boldsymbol{f}(\boldsymbol{x},\boldsymbol{s}))^{\mathrm{T}}\boldsymbol{E}^{-1}(\boldsymbol{z}-\boldsymbol{f}(\boldsymbol{x},\boldsymbol{s}))\right\}\right\}\end{aligned} \tag{3.19}$$

利用式 (3.19) 可以进一步推得

$$\widehat{\boldsymbol{x}}_{\mathrm{ML}}^{(\mathrm{a})}=\arg\min_{\boldsymbol{x}\in\mathbf{R}^{q\times 1}}\{(\boldsymbol{z}-\boldsymbol{f}(\boldsymbol{x},\boldsymbol{s}))^{\mathrm{T}}\boldsymbol{E}^{-1}(\boldsymbol{z}-\boldsymbol{f}(\boldsymbol{x},\boldsymbol{s}))\}=\widehat{\boldsymbol{x}}^{(\mathrm{a})} \tag{3.20}$$

证毕。

【命题 3.4】向量 $\widehat{\boldsymbol{x}}^{(\mathrm{a})}$ 是关于未知参数 $\boldsymbol{x}$ 的渐近统计最优估计值①。

【证明】结合命题 3.1 和命题 3.2 可得

$$\mathbf{MSE}(\widehat{\boldsymbol{x}}^{(\mathrm{a})})=((\boldsymbol{F}_x(\boldsymbol{x},\boldsymbol{s}))^{\mathrm{T}}\boldsymbol{E}^{-1}\boldsymbol{F}_x(\boldsymbol{x},\boldsymbol{s}))^{-1}=\mathbf{CRB}^{(\mathrm{a})}(\boldsymbol{x}) \tag{3.21}$$

证毕。

3.2.3 数值实验

本节的数值实验将函数 $\boldsymbol{f}(\boldsymbol{x},\boldsymbol{s})$ 设为

$$\boldsymbol{f}(\boldsymbol{x},\boldsymbol{s})=\begin{bmatrix} s_1 & s_1^2 & s_1 s_2 & 0 \\ s_3 & 0 & s_1 s_3 & s_2+s_3 \\ s_1-s_2^2 & s_2^2 s_3 & 0 & s_4 \\ 0 & s_1 s_4^2 & s_2^2+s_4 & s_5 \\ s_5^2 & s_1 s_5 & s_3 s_5 & 0 \\ 0 & s_3 s_6 & s_5 s_6^2 & s_2-s_6 \end{bmatrix}\begin{bmatrix} x_1^3 \\ (x_1 x_2)^{-1} \\ x_1 x_2^2 x_3 \\ \exp\left\{\dfrac{1}{20}\displaystyle\sum_{j=1}^{3} x_j^2\right\} \end{bmatrix}\in\mathbf{R}^{6\times 1} \tag{3.22}$$

① 渐近统计最优估计值是指随着观测误差逐渐变小或者观测量逐渐变大, 其估计均方误差趋于克拉美罗界。

式中, $\boldsymbol{x}=[x_1\ \ x_2\ \ x_3]^{\mathrm{T}}$, $\boldsymbol{s}=[s_1\ \ s_2\ \ s_3\ \ s_4\ \ s_5\ \ s_6]^{\mathrm{T}}$。由式 (3.22) 可以推得 Jacobi 矩阵 $\boldsymbol{F}_x(\boldsymbol{x},\boldsymbol{s})$ 的表达式为

$$\boldsymbol{F}_x(\boldsymbol{x},\boldsymbol{s})=\begin{bmatrix} s_1 & s_1^2 & s_1s_2 & 0 \\ s_3 & 0 & s_1s_3 & s_2+s_3 \\ s_1-s_2^2 & s_2^2s_3 & 0 & s_4 \\ 0 & s_1s_4^2 & s_2^2+s_4 & s_5 \\ s_5^2 & s_1s_5 & s_3s_5 & 0 \\ 0 & s_3s_6 & s_5s_6^2 & s_2-s_6 \end{bmatrix}$$
$$\times\begin{bmatrix} 3x_1^2 & 0 & 0 \\ -(x_1^2x_2)^{-1} & -(x_1x_2^2)^{-1} & 0 \\ x_2^2x_3 & 2x_1x_2x_3 & x_1x_2^2 \\ \dfrac{x_1}{10}\exp\left\{\dfrac{1}{20}\sum_{j=1}^{3}x_j^2\right\} & \dfrac{x_2}{10}\exp\left\{\dfrac{1}{20}\sum_{j=1}^{3}x_j^2\right\} & \dfrac{x_3}{10}\exp\left\{\dfrac{1}{20}\sum_{j=1}^{3}x_j^2\right\} \end{bmatrix}\in\mathbf{R}^{6\times 3} \tag{3.23}$$

设未知参数 $\boldsymbol{x}=[-1.8\quad 0.2\quad -6.5]^{\mathrm{T}}$, 模型参数 $\boldsymbol{s}=[-1.6\quad 5.4\quad -7.9\quad 2.8\quad 6.5\quad -3.3]^{\mathrm{T}}$ (这里假设其精确已知), 观测误差协方差矩阵设为 $\boldsymbol{E}=\sigma_1^2\boldsymbol{I}_6$, 其中 σ_1 称为观测误差标准差。下面利用方法 3–a 对未知参数 $\boldsymbol{x}$ 进行估计。图 3.2 给出了未知参数 $\boldsymbol{x}$ 估计均方根误差随观测误差标准差 σ_1 的变化曲线。

从图 3.2 中可以看出:

① 方法 3–a 对未知参数 $\boldsymbol{x}$ 的估计均方根误差随观测误差标准差 σ_1 的增加而增大。

② 方法 3–a 对未知参数 $\boldsymbol{x}$ 的估计均方根误差可以达到由式 (3.8) 给出的克拉美罗界, 从而验证了第 3.2.2 节理论性能分析的有效性。

【注记 3.8】通过进一步的数值实验可以发现, 随着观测误差标准差 σ_1 继续增加, 方法 3–a 的估计性能会突然偏离克拉美罗界, 该现象被称为 “门限效应”。这是由于问题的非线性属性所致, 事实上几乎所有的非线性问题都存在门限效应现象, 限于篇幅, 本书后续内容将不再赘述。

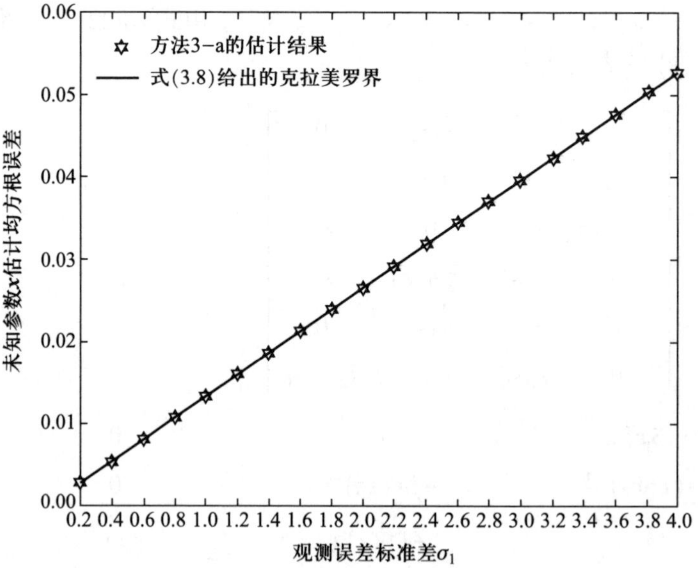

图 3.2 未知参数 $\boldsymbol{x}$ 估计均方根误差随观测误差标准差 σ_1 的变化曲线

3.3 模型参数先验观测误差对参数估计性能的影响

本节假设模型参数 $\boldsymbol{s}$ 并不能精确已知, 实际中仅存在关于模型参数 $\boldsymbol{s}$ 的先验观测值 $\widehat{\boldsymbol{s}}$, 其中包含先验观测误差。下面首先在此情形下推导参数估计均方误差的克拉美罗界, 然后推导方法 3−a 在此情形下的估计均方误差, 并将其与相应的克拉美罗界进行定量比较。

3.3.1 对克拉美罗界的影响

当模型参数先验观测误差存在时, 模型参数 $\boldsymbol{s}$ 已不再是精确已知量, 应将其看成是未知量, 但是也不能将其与未知参数 $\boldsymbol{x}$ 等同看待, 因为还存在模型参数 $\boldsymbol{s}$ 的先验观测值 $\widehat{\boldsymbol{s}}$, 此时的观测模型可以表示为

$$\begin{cases} \boldsymbol{z} = \boldsymbol{f}(\boldsymbol{x}, \boldsymbol{s}) + \boldsymbol{e} \\ \widehat{\boldsymbol{s}} = \boldsymbol{s} + \boldsymbol{\varphi} \end{cases} \tag{3.24}$$

下面推导未知参数 $\boldsymbol{x}$ 和模型参数 $\boldsymbol{s}$ 联合估计均方误差的克拉美罗界, 具体结论可见以下命题。

【**命题 3.5**】基于式 (3.24) 给出的观测模型, 未知参数 $\boldsymbol{x}$ 和模型参数 $\boldsymbol{s}$ 联合估计均方误差的克拉美罗界可以表示为①

$$\mathbf{CRB}^{(\mathrm{b})}\left(\begin{bmatrix}\boldsymbol{x}\\ \boldsymbol{s}\end{bmatrix}\right)=\left[\begin{array}{c|c}(\boldsymbol{F}_x(\boldsymbol{x},\boldsymbol{s}))^{\mathrm{T}}\boldsymbol{E}^{-1}\boldsymbol{F}_x(\boldsymbol{x},\boldsymbol{s}) & (\boldsymbol{F}_x(\boldsymbol{x},\boldsymbol{s}))^{\mathrm{T}}\boldsymbol{E}^{-1}\boldsymbol{F}_s(\boldsymbol{x},\boldsymbol{s})\\ \hline (\boldsymbol{F}_s(\boldsymbol{x},\boldsymbol{s}))^{\mathrm{T}}\boldsymbol{E}^{-1}\boldsymbol{F}_x(\boldsymbol{x},\boldsymbol{s}) & (\boldsymbol{F}_s(\boldsymbol{x},\boldsymbol{s}))^{\mathrm{T}}\boldsymbol{E}^{-1}\boldsymbol{F}_s(\boldsymbol{x},\boldsymbol{s})+\boldsymbol{\varPsi}^{-1}\end{array}\right]^{-1}$$
$$=\left[\begin{array}{c|c}(\mathbf{CRB}^{(\mathrm{a})}(\boldsymbol{x}))^{-1} & (\boldsymbol{F}_x(\boldsymbol{x},\boldsymbol{s}))^{\mathrm{T}}\boldsymbol{E}^{-1}\boldsymbol{F}_s(\boldsymbol{x},\boldsymbol{s})\\ \hline (\boldsymbol{F}_s(\boldsymbol{x},\boldsymbol{s}))^{\mathrm{T}}\boldsymbol{E}^{-1}\boldsymbol{F}_x(\boldsymbol{x},\boldsymbol{s}) & (\boldsymbol{F}_s(\boldsymbol{x},\boldsymbol{s}))^{\mathrm{T}}\boldsymbol{E}^{-1}\boldsymbol{F}_s(\boldsymbol{x},\boldsymbol{s})+\boldsymbol{\varPsi}^{-1}\end{array}\right]^{-1} \tag{3.25}$$

式中, $\boldsymbol{F}_s(\boldsymbol{x},\boldsymbol{s})=\dfrac{\partial\boldsymbol{f}(\boldsymbol{x},\boldsymbol{s})}{\partial\boldsymbol{s}^{\mathrm{T}}}\in\mathbf{R}^{p\times r}$ 表示函数 $\boldsymbol{f}(\boldsymbol{x},\boldsymbol{s})$ 关于向量 $\boldsymbol{s}$ 的 Jacobi 矩阵。

【**证明**】定义扩维的参数向量 $\boldsymbol{\mu}=[\boldsymbol{x}^{\mathrm{T}}\ \ \boldsymbol{s}^{\mathrm{T}}]^{\mathrm{T}}$, 扩维的观测向量 $\boldsymbol{\eta}=[\boldsymbol{z}^{\mathrm{T}}\ \ \widehat{\boldsymbol{s}}^{\mathrm{T}}]^{\mathrm{T}}$。对于给定的参数 $\boldsymbol{\mu}$, 观测向量 $\boldsymbol{\eta}$ 的概率密度函数可以表示为

$$\begin{aligned}g^{(\mathrm{b})}(\boldsymbol{\eta};\boldsymbol{\mu})&=(2\pi)^{-(p+r)/2}(\det[\boldsymbol{E}]\det[\boldsymbol{\varPsi}])^{-1/2}\\&\quad\times\exp\left\{-\frac{1}{2}\begin{bmatrix}\boldsymbol{z}-\boldsymbol{f}(\boldsymbol{x},\boldsymbol{s})\\ \widehat{\boldsymbol{s}}-\boldsymbol{s}\end{bmatrix}^{\mathrm{T}}\mathrm{blkdiag}\{\boldsymbol{E}^{-1},\boldsymbol{\varPsi}^{-1}\}\begin{bmatrix}\boldsymbol{z}-\boldsymbol{f}(\boldsymbol{x},\boldsymbol{s})\\ \widehat{\boldsymbol{s}}-\boldsymbol{s}\end{bmatrix}\right\}\\&=(2\pi)^{-(p+r)/2}(\det[\boldsymbol{E}]\det[\boldsymbol{\varPsi}])^{-1/2}\\&\quad\times\exp\left\{-\frac{1}{2}(\boldsymbol{z}-\boldsymbol{f}(\boldsymbol{x},\boldsymbol{s}))^{\mathrm{T}}\boldsymbol{E}^{-1}(\boldsymbol{z}-\boldsymbol{f}(\boldsymbol{x},\boldsymbol{s}))\right\}\\&\quad\times\exp\left\{-\frac{1}{2}(\widehat{\boldsymbol{s}}-\boldsymbol{s})^{\mathrm{T}}\boldsymbol{\varPsi}^{-1}(\widehat{\boldsymbol{s}}-\boldsymbol{s})\right\}\end{aligned} \tag{3.26}$$

取对数可得

$$\begin{aligned}\ln(g^{(\mathrm{b})}(\boldsymbol{\eta};\boldsymbol{\mu}))=&-\frac{p+r}{2}\ln(2\pi)-\frac{1}{2}\ln(\det[\boldsymbol{E}])-\frac{1}{2}\ln(\det[\boldsymbol{\varPsi}])\\&-\frac{1}{2}(\boldsymbol{z}-\boldsymbol{f}(\boldsymbol{x},\boldsymbol{s}))^{\mathrm{T}}\boldsymbol{E}^{-1}(\boldsymbol{z}-\boldsymbol{f}(\boldsymbol{x},\boldsymbol{s}))-\frac{1}{2}(\widehat{\boldsymbol{s}}-\boldsymbol{s})^{\mathrm{T}}\boldsymbol{\varPsi}^{-1}(\widehat{\boldsymbol{s}}-\boldsymbol{s})\end{aligned} \tag{3.27}$$

由式 (3.27) 可知, 函数 $\ln(g^{(\mathrm{b})}(\boldsymbol{\eta};\boldsymbol{\mu}))$ 的梯度可以表示为

① 本章的上角标 (b) 表示模型参数先验观测误差存在的情形。

$$
\frac{\partial \ln(g^{(\mathrm{b})}(\boldsymbol{\eta};\boldsymbol{\mu}))}{\partial \boldsymbol{\mu}}=\begin{bmatrix}\dfrac{\partial \ln(g^{(\mathrm{b})}(\boldsymbol{\eta};\boldsymbol{\mu}))}{\partial \boldsymbol{x}}\\ \dfrac{\partial \ln(g^{(\mathrm{b})}(\boldsymbol{\eta};\boldsymbol{\mu}))}{\partial \boldsymbol{s}}\end{bmatrix}
=\begin{bmatrix}(\boldsymbol{F}_x(\boldsymbol{x},\boldsymbol{s}))^{\mathrm{T}}\boldsymbol{E}^{-1}(\boldsymbol{z}-\boldsymbol{f}(\boldsymbol{x},\boldsymbol{s}))\\ (\boldsymbol{F}_s(\boldsymbol{x},\boldsymbol{s}))^{\mathrm{T}}\boldsymbol{E}^{-1}(\boldsymbol{z}-\boldsymbol{f}(\boldsymbol{x},\boldsymbol{s}))+\boldsymbol{\Psi}^{-1}(\widehat{\boldsymbol{s}}-\boldsymbol{s})\end{bmatrix}
=\begin{bmatrix}(\boldsymbol{F}_x(\boldsymbol{x},\boldsymbol{s}))^{\mathrm{T}}\boldsymbol{E}^{-1}\boldsymbol{e}\\ (\boldsymbol{F}_s(\boldsymbol{x},\boldsymbol{s}))^{\mathrm{T}}\boldsymbol{E}^{-1}\boldsymbol{e}+\boldsymbol{\Psi}^{-1}\boldsymbol{\varphi}\end{bmatrix} \tag{3.28}
$$

根据式 (2.98) 可知, 关于向量 $\boldsymbol{\mu}$ 的费希尔信息矩阵为

$$
\begin{aligned}
\mathbf{FISH}^{(\mathrm{b})}(\boldsymbol{\mu})&=\mathbf{E}\left[\frac{\partial \ln(g^{(\mathrm{b})}(\boldsymbol{\eta};\boldsymbol{\mu}))}{\partial \boldsymbol{\mu}}\left(\frac{\partial \ln(g^{(\mathrm{b})}(\boldsymbol{\eta};\boldsymbol{\mu}))}{\partial \boldsymbol{\mu}}\right)^{\mathrm{T}}\right]\\
&=\left[\begin{array}{c:c}(\boldsymbol{F}_x(\boldsymbol{x},\boldsymbol{s}))^{\mathrm{T}}\boldsymbol{E}^{-1}\mathbf{E}[\boldsymbol{e}\boldsymbol{e}^{\mathrm{T}}]\boldsymbol{E}^{-1}\boldsymbol{F}_x(\boldsymbol{x},\boldsymbol{s}) & (\boldsymbol{F}_x(\boldsymbol{x},\boldsymbol{s}))^{\mathrm{T}}\boldsymbol{E}^{-1}\mathbf{E}[\boldsymbol{e}\boldsymbol{e}^{\mathrm{T}}]\boldsymbol{E}^{-1}\boldsymbol{F}_s(\boldsymbol{x},\boldsymbol{s})\\ \hdashline (\boldsymbol{F}_s(\boldsymbol{x},\boldsymbol{s}))^{\mathrm{T}}\boldsymbol{E}^{-1}\mathbf{E}[\boldsymbol{e}\boldsymbol{e}^{\mathrm{T}}]\boldsymbol{E}^{-1}\boldsymbol{F}_x(\boldsymbol{x},\boldsymbol{s}) & (\boldsymbol{F}_s(\boldsymbol{x},\boldsymbol{s}))^{\mathrm{T}}\boldsymbol{E}^{-1}\mathbf{E}[\boldsymbol{e}\boldsymbol{e}^{\mathrm{T}}]\boldsymbol{E}^{-1}\boldsymbol{F}_s(\boldsymbol{x},\boldsymbol{s})+\boldsymbol{\Psi}^{-1}\mathbf{E}[\boldsymbol{\varphi}\boldsymbol{\varphi}^{\mathrm{T}}]\boldsymbol{\Psi}^{-1}\end{array}\right]\\
&=\left[\begin{array}{c:c}(\boldsymbol{F}_x(\boldsymbol{x},\boldsymbol{s}))^{\mathrm{T}}\boldsymbol{E}^{-1}\boldsymbol{F}_x(\boldsymbol{x},\boldsymbol{s}) & (\boldsymbol{F}_x(\boldsymbol{x},\boldsymbol{s}))^{\mathrm{T}}\boldsymbol{E}^{-1}\boldsymbol{F}_s(\boldsymbol{x},\boldsymbol{s})\\ \hdashline (\boldsymbol{F}_s(\boldsymbol{x},\boldsymbol{s}))^{\mathrm{T}}\boldsymbol{E}^{-1}\boldsymbol{F}_x(\boldsymbol{x},\boldsymbol{s}) & (\boldsymbol{F}_s(\boldsymbol{x},\boldsymbol{s}))^{\mathrm{T}}\boldsymbol{E}^{-1}\boldsymbol{F}_s(\boldsymbol{x},\boldsymbol{s})+\boldsymbol{\Psi}^{-1}\end{array}\right]
\end{aligned} \tag{3.29}
$$

由式 (3.29) 可知, 向量 $\boldsymbol{\mu}$ 的估计均方误差的克拉美罗界为

$$
\begin{aligned}
\mathbf{CRB}^{(\mathrm{b})}(\boldsymbol{\mu})&=(\mathbf{FISH}^{(\mathrm{b})}(\boldsymbol{\mu}))^{-1}\\
&=\left[\begin{array}{c:c}(\boldsymbol{F}_x(\boldsymbol{x},\boldsymbol{s}))^{\mathrm{T}}\boldsymbol{E}^{-1}\boldsymbol{F}_x(\boldsymbol{x},\boldsymbol{s}) & (\boldsymbol{F}_x(\boldsymbol{x},\boldsymbol{s}))^{\mathrm{T}}\boldsymbol{E}^{-1}\boldsymbol{F}_s(\boldsymbol{x},\boldsymbol{s})\\ \hdashline (\boldsymbol{F}_s(\boldsymbol{x},\boldsymbol{s}))^{\mathrm{T}}\boldsymbol{E}^{-1}\boldsymbol{F}_x(\boldsymbol{x},\boldsymbol{s}) & (\boldsymbol{F}_s(\boldsymbol{x},\boldsymbol{s}))^{\mathrm{T}}\boldsymbol{E}^{-1}\boldsymbol{F}_s(\boldsymbol{x},\boldsymbol{s})+\boldsymbol{\Psi}^{-1}\end{array}\right]^{-1}
\end{aligned} \tag{3.30}
$$

此外, 式 (3.25) 中的第 2 个等号可以直接由式 (3.8) 证得。证毕。

基于命题 3.5 还可以得到以下 5 个命题。

【命题 3.6】 基于式 (3.24) 给出的观测模型, 未知参数 $\boldsymbol{x}$ 的估计均方误差的克拉美罗界可以表示为

$$\begin{aligned}\mathbf{CRB}^{(\mathrm{b})}(\boldsymbol{x}) = &\ \mathbf{CRB}^{(\mathrm{a})}(\boldsymbol{x}) + \mathbf{CRB}^{(\mathrm{a})}(\boldsymbol{x})(\boldsymbol{F}_x(\boldsymbol{x},\boldsymbol{s}))^{\mathrm{T}}\boldsymbol{E}^{-1}\boldsymbol{F}_s(\boldsymbol{x},\boldsymbol{s}) \\ & \times (\boldsymbol{\Psi}^{-1} + (\boldsymbol{F}_s(\boldsymbol{x},\boldsymbol{s}))^{\mathrm{T}}\boldsymbol{E}^{-1/2}\boldsymbol{\Pi}^{\perp}[\boldsymbol{E}^{-1/2}\boldsymbol{F}_x(\boldsymbol{x},\boldsymbol{s})]\boldsymbol{E}^{-1/2}\boldsymbol{F}_s(\boldsymbol{x},\boldsymbol{s}))^{-1} \\ & \times (\boldsymbol{F}_s(\boldsymbol{x},\boldsymbol{s}))^{\mathrm{T}}\boldsymbol{E}^{-1}\boldsymbol{F}_x(\boldsymbol{x},\boldsymbol{s})\mathbf{CRB}^{(\mathrm{a})}(\boldsymbol{x})\end{aligned} \tag{3.31}$$

【**证明**】首先, 结合式 (3.25) 和式 (2.7) 可得

$$\begin{aligned}\mathbf{CRB}^{(\mathrm{b})}(\boldsymbol{x}) = &\ ((\mathbf{CRB}^{(\mathrm{a})}(\boldsymbol{x}))^{-1} - (\boldsymbol{F}_x(\boldsymbol{x},\boldsymbol{s}))^{\mathrm{T}}\boldsymbol{E}^{-1}\boldsymbol{F}_s(\boldsymbol{x},\boldsymbol{s})((\boldsymbol{F}_s(\boldsymbol{x},\boldsymbol{s}))^{\mathrm{T}} \\ & \times \boldsymbol{E}^{-1}\boldsymbol{F}_s(\boldsymbol{x},\boldsymbol{s}) + \boldsymbol{\Psi}^{-1})^{-1}(\boldsymbol{F}_s(\boldsymbol{x},\boldsymbol{s}))^{\mathrm{T}}\boldsymbol{E}^{-1}\boldsymbol{F}_x(\boldsymbol{x},\boldsymbol{s}))^{-1}\end{aligned} \tag{3.32}$$

然后, 利用式 (2.5) 可知

$$\begin{aligned}\mathbf{CRB}^{(\mathrm{b})}(\boldsymbol{x}) = &\ \mathbf{CRB}^{(\mathrm{a})}(\boldsymbol{x}) + \mathbf{CRB}^{(\mathrm{a})}(\boldsymbol{x})(\boldsymbol{F}_x(\boldsymbol{x},\boldsymbol{s}))^{\mathrm{T}}\boldsymbol{E}^{-1}\boldsymbol{F}_s(\boldsymbol{x},\boldsymbol{s}) \\ & \times (\boldsymbol{\Psi}^{-1} + (\boldsymbol{F}_s(\boldsymbol{x},\boldsymbol{s}))^{\mathrm{T}}\boldsymbol{E}^{-1}\boldsymbol{F}_s(\boldsymbol{x},\boldsymbol{s}) - (\boldsymbol{F}_s(\boldsymbol{x},\boldsymbol{s}))^{\mathrm{T}} \\ & \times \boldsymbol{E}^{-1}\boldsymbol{F}_x(\boldsymbol{x},\boldsymbol{s})\mathbf{CRB}^{(\mathrm{a})}(\boldsymbol{x})(\boldsymbol{F}_x(\boldsymbol{x},\boldsymbol{s}))^{\mathrm{T}}\boldsymbol{E}^{-1}\boldsymbol{F}_s(\boldsymbol{x},\boldsymbol{s}))^{-1} \\ & \times (\boldsymbol{F}_s(\boldsymbol{x},\boldsymbol{s}))^{\mathrm{T}}\boldsymbol{E}^{-1}\boldsymbol{F}_x(\boldsymbol{x},\boldsymbol{s})\mathbf{CRB}^{(\mathrm{a})}(\boldsymbol{x}) \\ = &\ \mathbf{CRB}^{(\mathrm{a})}(\boldsymbol{x}) + \mathbf{CRB}^{(\mathrm{a})}(\boldsymbol{x})(\boldsymbol{F}_x(\boldsymbol{x},\boldsymbol{s}))^{\mathrm{T}}\boldsymbol{E}^{-1}\boldsymbol{F}_s(\boldsymbol{x},\boldsymbol{s}) \\ & \times (\boldsymbol{\Psi}^{-1} + (\boldsymbol{F}_s(\boldsymbol{x},\boldsymbol{s}))^{\mathrm{T}}\boldsymbol{E}^{-1/2}(\boldsymbol{I}_p - \boldsymbol{E}^{-1/2}\boldsymbol{F}_x(\boldsymbol{x},\boldsymbol{s})\mathbf{CRB}^{(\mathrm{a})}(\boldsymbol{x}) \\ & \times (\boldsymbol{F}_x(\boldsymbol{x},\boldsymbol{s}))^{\mathrm{T}}\boldsymbol{E}^{-1/2})\boldsymbol{E}^{-1/2}\boldsymbol{F}_s(\boldsymbol{x},\boldsymbol{s}))^{-1} \\ & \times (\boldsymbol{F}_s(\boldsymbol{x},\boldsymbol{s}))^{\mathrm{T}}\boldsymbol{E}^{-1}\boldsymbol{F}_x(\boldsymbol{x},\boldsymbol{s})\mathbf{CRB}^{(\mathrm{a})}(\boldsymbol{x})\end{aligned} \tag{3.33}$$

此外, 由式 (2.41) 中的第 2 个等式可得

$$\begin{aligned}&\boldsymbol{\Pi}^{\perp}[\boldsymbol{E}^{-1/2}\boldsymbol{F}_x(\boldsymbol{x},\boldsymbol{s})] \\ &= \boldsymbol{I}_p - \boldsymbol{E}^{-1/2}\boldsymbol{F}_x(\boldsymbol{x},\boldsymbol{s})((\boldsymbol{F}_x(\boldsymbol{x},\boldsymbol{s}))^{\mathrm{T}}\boldsymbol{E}^{-1}\boldsymbol{F}_x(\boldsymbol{x},\boldsymbol{s}))^{-1}(\boldsymbol{F}_x(\boldsymbol{x},\boldsymbol{s}))^{\mathrm{T}}\boldsymbol{E}^{-1/2} \\ &= \boldsymbol{I}_p - \boldsymbol{E}^{-1/2}\boldsymbol{F}_x(\boldsymbol{x},\boldsymbol{s})\mathbf{CRB}^{(\mathrm{a})}(\boldsymbol{x})(\boldsymbol{F}_x(\boldsymbol{x},\boldsymbol{s}))^{\mathrm{T}}\boldsymbol{E}^{-1/2}\end{aligned} \tag{3.34}$$

式中第 2 个等号利用了式 (3.8) 的结论。

最后, 将式 (3.34) 代入式 (3.33) 中可知式 (3.31) 成立。证毕。

【**命题 3.7**】基于式 (3.24) 给出的观测模型, 未知参数 $\boldsymbol{x}$ 的估计均方误差的克拉美罗界还可以表示为

$$\mathbf{CRB}^{(\mathrm{b})}(\boldsymbol{x}) = ((\boldsymbol{F}_x(\boldsymbol{x},\boldsymbol{s}))^{\mathrm{T}}(\boldsymbol{E} + \boldsymbol{F}_s(\boldsymbol{x},\boldsymbol{s})\boldsymbol{\Psi}(\boldsymbol{F}_s(\boldsymbol{x},\boldsymbol{s}))^{\mathrm{T}})^{-1}\boldsymbol{F}_x(\boldsymbol{x},\boldsymbol{s}))^{-1} \tag{3.35}$$

【证明】首先, 结合式 (3.25) 和式 (2.7) 可知

$$\begin{aligned}\mathbf{CRB}^{(\mathrm{b})}(\boldsymbol{x})&=((\boldsymbol{F}_x(\boldsymbol{x},\boldsymbol{s}))^{\mathrm{T}}\boldsymbol{E}^{-1}\boldsymbol{F}_x(\boldsymbol{x},\boldsymbol{s})-(\boldsymbol{F}_x(\boldsymbol{x},\boldsymbol{s}))^{\mathrm{T}}\boldsymbol{E}^{-1}\boldsymbol{F}_s(\boldsymbol{x},\boldsymbol{s})((\boldsymbol{F}_s(\boldsymbol{x},\boldsymbol{s}))^{\mathrm{T}}\\&\quad\times\boldsymbol{E}^{-1}\boldsymbol{F}_s(\boldsymbol{x},\boldsymbol{s})+\boldsymbol{\Psi}^{-1})^{-1}(\boldsymbol{F}_s(\boldsymbol{x},\boldsymbol{s}))^{\mathrm{T}}\boldsymbol{E}^{-1}\boldsymbol{F}_x(\boldsymbol{x},\boldsymbol{s}))^{-1}\\&=((\boldsymbol{F}_x(\boldsymbol{x},\boldsymbol{s}))^{\mathrm{T}}(\boldsymbol{E}^{-1}-\boldsymbol{E}^{-1}\boldsymbol{F}_s(\boldsymbol{x},\boldsymbol{s})(\boldsymbol{\Psi}^{-1}+(\boldsymbol{F}_s(\boldsymbol{x},\boldsymbol{s}))^{\mathrm{T}}\boldsymbol{E}^{-1}\boldsymbol{F}_s(\boldsymbol{x},\boldsymbol{s}))^{-1}\\&\quad\times(\boldsymbol{F}_s(\boldsymbol{x},\boldsymbol{s}))^{\mathrm{T}}\boldsymbol{E}^{-1})\boldsymbol{F}_x(\boldsymbol{x},\boldsymbol{s}))^{-1}\end{aligned}\tag{3.36}$$

然后, 利用式 (2.1) 可得

$$\begin{aligned}&(\boldsymbol{E}+\boldsymbol{F}_s(\boldsymbol{x},\boldsymbol{s})\boldsymbol{\Psi}(\boldsymbol{F}_s(\boldsymbol{x},\boldsymbol{s}))^{\mathrm{T}})^{-1}\\&=\boldsymbol{E}^{-1}-\boldsymbol{E}^{-1}\boldsymbol{F}_s(\boldsymbol{x},\boldsymbol{s})(\boldsymbol{\Psi}^{-1}+(\boldsymbol{F}_s(\boldsymbol{x},\boldsymbol{s}))^{\mathrm{T}}\boldsymbol{E}^{-1}\boldsymbol{F}_s(\boldsymbol{x},\boldsymbol{s}))^{-1}(\boldsymbol{F}_s(\boldsymbol{x},\boldsymbol{s}))^{\mathrm{T}}\boldsymbol{E}^{-1}\end{aligned}\tag{3.37}$$

最后, 将式 (3.37) 代入式 (3.36) 可知式 (3.35) 成立。证毕。

【命题 3.8】$\mathbf{CRB}^{(\mathrm{b})}(\boldsymbol{x})\geqslant\mathbf{CRB}^{(\mathrm{a})}(\boldsymbol{x})$, 若 $\boldsymbol{F}_s(\boldsymbol{x},\boldsymbol{s})$ 是行满秩矩阵, 则还有 $\mathbf{CRB}^{(\mathrm{b})}(\boldsymbol{x})>\mathbf{CRB}^{(\mathrm{a})}(\boldsymbol{x})$。

【证明】首先, 利用矩阵 $\boldsymbol{\Psi}$ 的正定性与命题 2.4 和命题 2.9 可得

$$\boldsymbol{E}+\boldsymbol{F}_s(\boldsymbol{x},\boldsymbol{s})\boldsymbol{\Psi}(\boldsymbol{F}_s(\boldsymbol{x},\boldsymbol{s}))^{\mathrm{T}}\geqslant\boldsymbol{E}\Rightarrow(\boldsymbol{E}+\boldsymbol{F}_s(\boldsymbol{x},\boldsymbol{s})\boldsymbol{\Psi}(\boldsymbol{F}_s(\boldsymbol{x},\boldsymbol{s}))^{\mathrm{T}})^{-1}\leqslant\boldsymbol{E}^{-1}\tag{3.38}$$

然后, 结合式 (3.8)、式 (3.35) 和式 (3.38), 以及命题 2.5 和命题 2.9 可知

$$\begin{aligned}(\mathbf{CRB}^{(\mathrm{b})}(\boldsymbol{x}))^{-1}&=(\boldsymbol{F}_x(\boldsymbol{x},\boldsymbol{s}))^{\mathrm{T}}(\boldsymbol{E}+\boldsymbol{F}_s(\boldsymbol{x},\boldsymbol{s})\boldsymbol{\Psi}(\boldsymbol{F}_s(\boldsymbol{x},\boldsymbol{s}))^{\mathrm{T}})^{-1}\boldsymbol{F}_x(\boldsymbol{x},\boldsymbol{s})\\&\leqslant(\boldsymbol{F}_x(\boldsymbol{x},\boldsymbol{s}))^{\mathrm{T}}\boldsymbol{E}^{-1}\boldsymbol{F}_x(\boldsymbol{x},\boldsymbol{s})=(\mathbf{CRB}^{(\mathrm{a})}(\boldsymbol{x}))^{-1}\\&\Rightarrow\mathbf{CRB}^{(\mathrm{b})}(\boldsymbol{x})\geqslant\mathbf{CRB}^{(\mathrm{a})}(\boldsymbol{x})\end{aligned}\tag{3.39}$$

此外, 若 $\boldsymbol{F}_s(\boldsymbol{x},\boldsymbol{s})$ 是行满秩矩阵, 则利用命题 2.6 和命题 2.9 可得

$$\boldsymbol{E}+\boldsymbol{F}_s(\boldsymbol{x},\boldsymbol{s})\boldsymbol{\Psi}(\boldsymbol{F}_s(\boldsymbol{x},\boldsymbol{s}))^{\mathrm{T}}>\boldsymbol{E}\Rightarrow(\boldsymbol{E}+\boldsymbol{F}_s(\boldsymbol{x},\boldsymbol{s})\boldsymbol{\Psi}(\boldsymbol{F}_s(\boldsymbol{x},\boldsymbol{s}))^{\mathrm{T}})^{-1}<\boldsymbol{E}^{-1}\tag{3.40}$$

最后, 结合式 (3.8)、式 (3.35) 和式 (3.40), 以及命题 2.6 和命题 2.9, 并利用矩阵 $\boldsymbol{F}_x(\boldsymbol{x},\boldsymbol{s})$ 的列满秩性可知

$$\begin{aligned}(\mathbf{CRB}^{(\mathrm{b})}(\boldsymbol{x}))^{-1}&=(\boldsymbol{F}_x(\boldsymbol{x},\boldsymbol{s}))^{\mathrm{T}}(\boldsymbol{E}+\boldsymbol{F}_s(\boldsymbol{x},\boldsymbol{s})\boldsymbol{\Psi}(\boldsymbol{F}_s(\boldsymbol{x},\boldsymbol{s}))^{\mathrm{T}})^{-1}\boldsymbol{F}_x(\boldsymbol{x},\boldsymbol{s})\\&<(\boldsymbol{F}_x(\boldsymbol{x},\boldsymbol{s}))^{\mathrm{T}}\boldsymbol{E}^{-1}\boldsymbol{F}_x(\boldsymbol{x},\boldsymbol{s})=(\mathbf{CRB}^{(\mathrm{a})}(\boldsymbol{x}))^{-1}\\&\Rightarrow\mathbf{CRB}^{(\mathrm{b})}(\boldsymbol{x})>\mathbf{CRB}^{(\mathrm{a})}(\boldsymbol{x})\end{aligned}\tag{3.41}$$

证毕。

【**命题 3.9**】基于式 (3.24) 给出的观测模型, 模型参数 $\boldsymbol{s}$ 的估计均方误差的克拉美罗界可以表示为

$$\mathbf{CRB}^{(\mathrm{b})}(\boldsymbol{s})=(\boldsymbol{\Psi}^{-1}+(\boldsymbol{F}_s(\boldsymbol{x},\boldsymbol{s}))^{\mathrm{T}}\boldsymbol{E}^{-1/2}\boldsymbol{\Pi}^{\perp}[\boldsymbol{E}^{-1/2}\boldsymbol{F}_x(\boldsymbol{x},\boldsymbol{s})]\boldsymbol{E}^{-1/2}\boldsymbol{F}_s(\boldsymbol{x},\boldsymbol{s}))^{-1} \tag{3.42}$$

【**证明**】结合式 (3.25) 和式 (2.7) 可得

$$\begin{aligned}\mathbf{CRB}^{(\mathrm{b})}(\boldsymbol{s})&=(\boldsymbol{\Psi}^{-1}+(\boldsymbol{F}_s(\boldsymbol{x},\boldsymbol{s}))^{\mathrm{T}}\boldsymbol{E}^{-1}\boldsymbol{F}_s(\boldsymbol{x},\boldsymbol{s})\\&\quad-(\boldsymbol{F}_s(\boldsymbol{x},\boldsymbol{s}))^{\mathrm{T}}\boldsymbol{E}^{-1}\boldsymbol{F}_x(\boldsymbol{x},\boldsymbol{s})\mathbf{CRB}^{(\mathrm{a})}(\boldsymbol{x})(\boldsymbol{F}_x(\boldsymbol{x},\boldsymbol{s}))^{\mathrm{T}}\boldsymbol{E}^{-1}\boldsymbol{F}_s(\boldsymbol{x},\boldsymbol{s}))^{-1}\\&=(\boldsymbol{\Psi}^{-1}+(\boldsymbol{F}_s(\boldsymbol{x},\boldsymbol{s}))^{\mathrm{T}}\boldsymbol{E}^{-1/2}(\boldsymbol{I}_p-\boldsymbol{E}^{-1/2}\boldsymbol{F}_x(\boldsymbol{x},\boldsymbol{s})\mathbf{CRB}^{(\mathrm{a})}(\boldsymbol{x})\\&\quad\times(\boldsymbol{F}_x(\boldsymbol{x},\boldsymbol{s}))^{\mathrm{T}}\boldsymbol{E}^{-1/2})\boldsymbol{E}^{-1/2}\boldsymbol{F}_s(\boldsymbol{x},\boldsymbol{s}))^{-1}\end{aligned} \tag{3.43}$$

将式 (3.34) 代入式 (3.43) 可知式 (3.42) 成立。证毕。

【**命题 3.10**】$\mathbf{CRB}^{(\mathrm{b})}(\boldsymbol{s})\leqslant\boldsymbol{\Psi}$, 若 $\boldsymbol{F}_s(\boldsymbol{x},\boldsymbol{s})$ 是行满秩矩阵, 则当且仅当 $p=q$ 时, $\mathbf{CRB}^{(\mathrm{b})}(\boldsymbol{s})=\boldsymbol{\Psi}$。

【**证明**】利用正交投影矩阵 $\boldsymbol{\Pi}^{\perp}[\boldsymbol{E}^{-1/2}\boldsymbol{F}_x(\boldsymbol{x},\boldsymbol{s})]$ 的半正定性, 以及命题 2.4 和命题 2.9 可得

$$\begin{aligned}&(\mathbf{CRB}^{(\mathrm{b})}(\boldsymbol{s}))^{-1}=\boldsymbol{\Psi}^{-1}+(\boldsymbol{F}_s(\boldsymbol{x},\boldsymbol{s}))^{\mathrm{T}}\boldsymbol{E}^{-1/2}\boldsymbol{\Pi}^{\perp}[\boldsymbol{E}^{-1/2}\boldsymbol{F}_x(\boldsymbol{x},\boldsymbol{s})]\boldsymbol{E}^{-1/2}\boldsymbol{F}_s(\boldsymbol{x},\boldsymbol{s})\geqslant\boldsymbol{\Psi}^{-1}\\&\Rightarrow\mathbf{CRB}^{(\mathrm{b})}(\boldsymbol{s})=(\boldsymbol{\Psi}^{-1}+(\boldsymbol{F}_s(\boldsymbol{x},\boldsymbol{s}))^{\mathrm{T}}\boldsymbol{E}^{-1/2}\boldsymbol{\Pi}^{\perp}[\boldsymbol{E}^{-1/2}\boldsymbol{F}_x(\boldsymbol{x},\boldsymbol{s})]\boldsymbol{E}^{-1/2}\boldsymbol{F}_s(\boldsymbol{x},\boldsymbol{s}))^{-1}\leqslant\boldsymbol{\Psi}\end{aligned} \tag{3.44}$$

此外, 当 $p=q$ 时, $\boldsymbol{F}_x(\boldsymbol{x},\boldsymbol{s})$ 为满秩方阵, 此时利用命题 2.18 可知 $\boldsymbol{\Pi}^{\perp}[\boldsymbol{E}^{-1/2}\boldsymbol{F}_x(\boldsymbol{x},\boldsymbol{s})]=\boldsymbol{O}_{p\times p}$, 将该式代入式 (3.42) 可得 $\mathbf{CRB}^{(\mathrm{b})}(\boldsymbol{s})=\boldsymbol{\Psi}$。若 $\mathbf{CRB}^{(\mathrm{b})}(\boldsymbol{s})=\boldsymbol{\Psi}$, 则由式 (3.42) 可知

$$(\boldsymbol{F}_s(\boldsymbol{x},\boldsymbol{s}))^{\mathrm{T}}\boldsymbol{E}^{-1/2}\boldsymbol{\Pi}^{\perp}[\boldsymbol{E}^{-1/2}\boldsymbol{F}_x(\boldsymbol{x},\boldsymbol{s})]\boldsymbol{E}^{-1/2}\boldsymbol{F}_s(\boldsymbol{x},\boldsymbol{s})=\boldsymbol{O}_{r\times r} \tag{3.45}$$

利用矩阵 $\boldsymbol{F}_s(\boldsymbol{x},\boldsymbol{s})$ 的行满秩性与命题 2.22 可得 $\boldsymbol{\Pi}^{\perp}[\boldsymbol{E}^{-1/2}\boldsymbol{F}_x(\boldsymbol{x},\boldsymbol{s})]=\boldsymbol{O}_{p\times p}$, 再结合命题 2.17 可知, $\boldsymbol{F}_x(\boldsymbol{x},\boldsymbol{s})\in\mathbf{R}^{p\times q}$ 为满秩方阵, 于是有 $p=q$。证毕。

【**注记 3.9**】对比式 (3.8) 和式 (3.35) 可知, 模型参数先验观测误差 $\boldsymbol{\varphi}$ 的影响可以等效为增大了观测向量 $\boldsymbol{z}$ 中的观测误差, 并且是将观测误差的协方差矩阵由原先的 $\boldsymbol{E}$ 增加至 $\boldsymbol{E}+\boldsymbol{F}_s(\boldsymbol{x},\boldsymbol{s})\boldsymbol{\Psi}(\boldsymbol{F}_s(\boldsymbol{x},\boldsymbol{s}))^{\mathrm{T}}$。

【**注记 3.10**】命题 3.8 表明, 模型参数先验观测误差 $\boldsymbol{\varphi}$ 增加了未知参数 $\boldsymbol{x}$ 的估计均方误差的克拉美罗界, 从而易导致其估计精度降低。

【**注记 3.11**】命题 3.10 表明, 若 $p=q$, 也就是观测向量 $\boldsymbol{z}$ 中的元素个数与未知参数 $\boldsymbol{x}$ 中的元素个数相等, 则无法利用观测向量 $\boldsymbol{z}$ 进一步提高对模型参数 $\boldsymbol{s}$ 的估计精度 (相对先验观测精度而言), 只有当 $p>q$ 时, 也就是当观测向量 $\boldsymbol{z}$ 中的元素个数大于未知参数 $\boldsymbol{x}$ 中的元素个数时, 才能够利用观测向量 $\boldsymbol{z}$ 进一步提高对模型参数 $\boldsymbol{s}$ 的估计精度 (相对先验观测精度而言)。

3.3.2 对方法 3–a 的影响

模型参数先验观测误差显然会对方法 3–a 的估计精度产生直接影响, 下面推导方法 3–a 在模型参数先验观测误差存在下的统计性能。

为了避免符号混淆, 下面将此情形下方法 3–a 的第 k 次迭代结果记为 $\widehat{\widehat{\boldsymbol{x}}}_k^{(\mathrm{a})}$, 则基于式 (3.6) 可得

$$\widehat{\widehat{\boldsymbol{x}}}_{k+1}^{(\mathrm{a})}=\widehat{\widehat{\boldsymbol{x}}}_k^{(\mathrm{a})}+((\boldsymbol{F}_x(\widehat{\widehat{\boldsymbol{x}}}_k^{(\mathrm{a})},\widehat{\boldsymbol{s}}))^{\mathrm{T}}\boldsymbol{E}^{-1}\boldsymbol{F}_x(\widehat{\widehat{\boldsymbol{x}}}_k^{(\mathrm{a})},\widehat{\boldsymbol{s}}))^{-1}(\boldsymbol{F}_x(\widehat{\widehat{\boldsymbol{x}}}_k^{(\mathrm{a})},\widehat{\boldsymbol{s}}))^{\mathrm{T}}\boldsymbol{E}^{-1}(\boldsymbol{z}-\boldsymbol{f}(\widehat{\widehat{\boldsymbol{x}}}_k^{(\mathrm{a})},\widehat{\boldsymbol{s}})) \tag{3.46}$$

相对式 (3.6) 而言, 迭代公式 (3.46) 的不同之处在于将模型参数 $\boldsymbol{s}$ 的先验观测值 $\widehat{\boldsymbol{s}}$ 代替其真实值, 因为这里考虑的是其精确值无法获知的情形。若将式 (3.46) 的迭代收敛结果记为 $\widehat{\widehat{\boldsymbol{x}}}^{(\mathrm{a})}$ (即 $\lim\limits_{k\to+\infty}\widehat{\widehat{\boldsymbol{x}}}_k^{(\mathrm{a})}=\widehat{\widehat{\boldsymbol{x}}}^{(\mathrm{a})}$), 则向量 $\widehat{\widehat{\boldsymbol{x}}}^{(\mathrm{a})}$ 应满足

$$\widehat{\widehat{\boldsymbol{x}}}^{(\mathrm{a})}=\arg\min_{\boldsymbol{x}\in\mathbf{R}^{q\times 1}}\{(\boldsymbol{z}-\boldsymbol{f}(\boldsymbol{x},\widehat{\boldsymbol{s}}))^{\mathrm{T}}\boldsymbol{E}^{-1}(\boldsymbol{z}-\boldsymbol{f}(\boldsymbol{x},\widehat{\boldsymbol{s}}))\} \tag{3.47}$$

下面从统计的角度分析估计值 $\widehat{\widehat{\boldsymbol{x}}}^{(\mathrm{a})}$ 的理论性能, 具体结论可见以下命题。

【**命题 3.11**】向量 $\widehat{\widehat{\boldsymbol{x}}}^{(\mathrm{a})}$ 是关于未知参数 $\boldsymbol{x}$ 的渐近无偏估计值, 并且其均方误差为

$$\begin{aligned}&\mathbf{MSE}(\widehat{\widehat{\boldsymbol{x}}}^{(\mathrm{a})})\\&=((\boldsymbol{F}_x(\boldsymbol{x},\boldsymbol{s}))^{\mathrm{T}}\boldsymbol{E}^{-1}\boldsymbol{F}_x(\boldsymbol{x},\boldsymbol{s}))^{-1}+((\boldsymbol{F}_x(\boldsymbol{x},\boldsymbol{s}))^{\mathrm{T}}\boldsymbol{E}^{-1}\boldsymbol{F}_x(\boldsymbol{x},\boldsymbol{s}))^{-1}(\boldsymbol{F}_x(\boldsymbol{x},\boldsymbol{s}))^{\mathrm{T}}\\&\quad\times\boldsymbol{E}^{-1}\boldsymbol{F}_s(\boldsymbol{x},\boldsymbol{s})\boldsymbol{\Psi}(\boldsymbol{F}_s(\boldsymbol{x},\boldsymbol{s}))^{\mathrm{T}}\boldsymbol{E}^{-1}\boldsymbol{F}_x(\boldsymbol{x},\boldsymbol{s})((\boldsymbol{F}_x(\boldsymbol{x},\boldsymbol{s}))^{\mathrm{T}}\boldsymbol{E}^{-1}\boldsymbol{F}_x(\boldsymbol{x},\boldsymbol{s}))^{-1}\end{aligned} \tag{3.48}$$

【证明】对式 (3.46) 两边取极限可得

$$\lim_{k\to+\infty}\widehat{\widehat{\boldsymbol{x}}}_{k+1}^{(\mathrm{a})}=\lim_{k\to+\infty}\widehat{\widehat{\boldsymbol{x}}}_{k}^{(\mathrm{a})}+\lim_{k\to+\infty}\{((\boldsymbol{F}_x(\widehat{\widehat{\boldsymbol{x}}}_{k}^{(\mathrm{a})},\widehat{\boldsymbol{s}}))^{\mathrm{T}}\boldsymbol{E}^{-1}\boldsymbol{F}_x(\widehat{\widehat{\boldsymbol{x}}}_{k}^{(\mathrm{a})},\widehat{\boldsymbol{s}}))^{-1}$$
$$\times(\boldsymbol{F}_x(\widehat{\widehat{\boldsymbol{x}}}_{k}^{(\mathrm{a})},\widehat{\boldsymbol{s}}))^{\mathrm{T}}\boldsymbol{E}^{-1}(\boldsymbol{z}-\boldsymbol{f}(\widehat{\widehat{\boldsymbol{x}}}_{k}^{(\mathrm{a})},\widehat{\boldsymbol{s}}))\}$$
$$\Rightarrow(\boldsymbol{F}_x(\widehat{\widehat{\boldsymbol{x}}}^{(\mathrm{a})},\widehat{\boldsymbol{s}}))^{\mathrm{T}}\boldsymbol{E}^{-1}(\boldsymbol{z}-\boldsymbol{f}(\widehat{\widehat{\boldsymbol{x}}}^{(\mathrm{a})},\widehat{\boldsymbol{s}}))=\boldsymbol{O}_{q\times1}\tag{3.49}$$

将式 (3.1) 代入式 (3.49), 并利用一阶误差分析方法可知

$$\begin{aligned}\boldsymbol{O}_{q\times1}&=(\boldsymbol{F}_x(\widehat{\widehat{\boldsymbol{x}}}^{(\mathrm{a})},\widehat{\boldsymbol{s}}))^{\mathrm{T}}\boldsymbol{E}^{-1}(\boldsymbol{f}(\boldsymbol{x},\boldsymbol{s})-\boldsymbol{f}(\widehat{\widehat{\boldsymbol{x}}}^{(\mathrm{a})},\widehat{\boldsymbol{s}})+\boldsymbol{e})\\&\approx(\boldsymbol{F}_x(\widehat{\widehat{\boldsymbol{x}}}^{(\mathrm{a})},\widehat{\boldsymbol{s}}))^{\mathrm{T}}\boldsymbol{E}^{-1}(\boldsymbol{e}-\boldsymbol{F}_x(\boldsymbol{x},\boldsymbol{s})\Delta\widetilde{\boldsymbol{x}}^{(\mathrm{a})}-\boldsymbol{F}_s(\boldsymbol{x},\boldsymbol{s})\boldsymbol{\varphi})\\&\approx(\boldsymbol{F}_x(\boldsymbol{x},\boldsymbol{s}))^{\mathrm{T}}\boldsymbol{E}^{-1}(\boldsymbol{e}-\boldsymbol{F}_x(\boldsymbol{x},\boldsymbol{s})\Delta\widetilde{\boldsymbol{x}}^{(\mathrm{a})}-\boldsymbol{F}_s(\boldsymbol{x},\boldsymbol{s})\boldsymbol{\varphi})\end{aligned}\tag{3.50}$$

式中, $\Delta\widetilde{\boldsymbol{x}}^{(\mathrm{a})}=\widehat{\widehat{\boldsymbol{x}}}^{(\mathrm{a})}-\boldsymbol{x}$ 表示向量 $\widehat{\widehat{\boldsymbol{x}}}^{(\mathrm{a})}$ 中的估计误差。式 (3.50) 中忽略了误差的二阶及以上各阶项, 由该式可以进一步推得

$$\Delta\widetilde{\boldsymbol{x}}^{(\mathrm{a})}\approx((\boldsymbol{F}_x(\boldsymbol{x},\boldsymbol{s}))^{\mathrm{T}}\boldsymbol{E}^{-1}\boldsymbol{F}_x(\boldsymbol{x},\boldsymbol{s}))^{-1}(\boldsymbol{F}_x(\boldsymbol{x},\boldsymbol{s}))^{\mathrm{T}}\boldsymbol{E}^{-1}(\boldsymbol{e}-\boldsymbol{F}_s(\boldsymbol{x},\boldsymbol{s})\boldsymbol{\varphi})\tag{3.51}$$

式 (3.51) 给出了估计误差 $\Delta\widetilde{\boldsymbol{x}}^{(\mathrm{a})}$ 与观测误差 $\boldsymbol{e}$ 和 $\boldsymbol{\varphi}$ 之间的线性关系式。由式 (3.51) 可知 $\mathbf{E}[\Delta\widetilde{\boldsymbol{x}}^{(\mathrm{a})}]\approx\boldsymbol{O}_{q\times1}$, 因此向量 $\widehat{\widehat{\boldsymbol{x}}}^{(\mathrm{a})}$ 是关于未知参数 $\boldsymbol{x}$ 的渐近无偏估计值。此外, 基于式 (3.51) 可以推得估计值 $\widehat{\widehat{\boldsymbol{x}}}^{(\mathrm{a})}$ 的均方误差

$$\begin{aligned}\mathbf{MSE}(\widehat{\widehat{\boldsymbol{x}}}^{(\mathrm{a})})&=\mathbf{E}[(\widehat{\widehat{\boldsymbol{x}}}^{(\mathrm{a})}-\boldsymbol{x})(\widehat{\widehat{\boldsymbol{x}}}^{(\mathrm{a})}-\boldsymbol{x})^{\mathrm{T}}]=\mathbf{E}[\Delta\widetilde{\boldsymbol{x}}^{(\mathrm{a})}(\Delta\widetilde{\boldsymbol{x}}^{(\mathrm{a})})^{\mathrm{T}}]\\&=((\boldsymbol{F}_x(\boldsymbol{x},\boldsymbol{s}))^{\mathrm{T}}\boldsymbol{E}^{-1}\boldsymbol{F}_x(\boldsymbol{x},\boldsymbol{s}))^{-1}(\boldsymbol{F}_x(\boldsymbol{x},\boldsymbol{s}))^{\mathrm{T}}\\&\quad\times\boldsymbol{E}^{-1}\mathbf{E}[(\boldsymbol{e}-\boldsymbol{F}_s(\boldsymbol{x},\boldsymbol{s})\boldsymbol{\varphi})(\boldsymbol{e}-\boldsymbol{F}_s(\boldsymbol{x},\boldsymbol{s})\boldsymbol{\varphi})^{\mathrm{T}}]\\&\quad\times\boldsymbol{E}^{-1}\boldsymbol{F}_x(\boldsymbol{x},\boldsymbol{s})((\boldsymbol{F}_x(\boldsymbol{x},\boldsymbol{s}))^{\mathrm{T}}\boldsymbol{E}^{-1}\boldsymbol{F}_x(\boldsymbol{x},\boldsymbol{s}))^{-1}\\&=((\boldsymbol{F}_x(\boldsymbol{x},\boldsymbol{s}))^{\mathrm{T}}\boldsymbol{E}^{-1}\boldsymbol{F}_x(\boldsymbol{x},\boldsymbol{s}))^{-1}+((\boldsymbol{F}_x(\boldsymbol{x},\boldsymbol{s}))^{\mathrm{T}}\\&\quad\times\boldsymbol{E}^{-1}\boldsymbol{F}_x(\boldsymbol{x},\boldsymbol{s}))^{-1}(\boldsymbol{F}_x(\boldsymbol{x},\boldsymbol{s}))^{\mathrm{T}}\boldsymbol{E}^{-1}\boldsymbol{F}_s(\boldsymbol{x},\boldsymbol{s})\boldsymbol{\Psi}\\&\quad\times(\boldsymbol{F}_s(\boldsymbol{x},\boldsymbol{s}))^{\mathrm{T}}\boldsymbol{E}^{-1}\boldsymbol{F}_x(\boldsymbol{x},\boldsymbol{s})((\boldsymbol{F}_x(\boldsymbol{x},\boldsymbol{s}))^{\mathrm{T}}\boldsymbol{E}^{-1}\boldsymbol{F}_x(\boldsymbol{x},\boldsymbol{s}))^{-1}\end{aligned}\tag{3.52}$$

证毕。

【注记 3.12】结合式 (3.21) 和式 (3.48) 可知

$$\begin{aligned}\mathbf{MSE}(\widehat{\widehat{\boldsymbol{x}}}^{(\mathrm{a})}) &= \mathbf{MSE}(\widehat{\boldsymbol{x}}^{(\mathrm{a})}) + \mathbf{MSE}(\widehat{\boldsymbol{x}}^{(\mathrm{a})})(\boldsymbol{F}_x(\boldsymbol{x},\boldsymbol{s}))^{\mathrm{T}}\boldsymbol{E}^{-1}\boldsymbol{F}_s(\boldsymbol{x},\boldsymbol{s}) \\ &\quad \times \boldsymbol{\Psi}(\boldsymbol{F}_s(\boldsymbol{x},\boldsymbol{s}))^{\mathrm{T}}\boldsymbol{E}^{-1}\boldsymbol{F}_x(\boldsymbol{x},\boldsymbol{s})\mathbf{MSE}(\widehat{\boldsymbol{x}}^{(\mathrm{a})}) \\ &= \mathbf{CRB}^{(\mathrm{a})}(\boldsymbol{x}) + \mathbf{CRB}^{(\mathrm{a})}(\boldsymbol{x})(\boldsymbol{F}_x(\boldsymbol{x},\boldsymbol{s}))^{\mathrm{T}}\boldsymbol{E}^{-1}\boldsymbol{F}_s(\boldsymbol{x},\boldsymbol{s}) \\ &\quad \times \boldsymbol{\Psi}(\boldsymbol{F}_s(\boldsymbol{x},\boldsymbol{s}))^{\mathrm{T}}\boldsymbol{E}^{-1}\boldsymbol{F}_x(\boldsymbol{x},\boldsymbol{s})\mathbf{CRB}^{(\mathrm{a})}(\boldsymbol{x})\end{aligned} \tag{3.53}$$

基于命题 3.11 还可以得到以下两个命题。

【命题 3.12】$\mathbf{MSE}(\widehat{\widehat{\boldsymbol{x}}}^{(\mathrm{a})}) \geqslant \mathbf{MSE}(\widehat{\boldsymbol{x}}^{(\mathrm{a})}) = \mathbf{CRB}^{(\mathrm{a})}(\boldsymbol{x})$, 若 $\boldsymbol{F}_s(\boldsymbol{x},\boldsymbol{s})$ 是行满秩矩阵, 则还有 $\mathbf{MSE}(\widehat{\widehat{\boldsymbol{x}}}^{(\mathrm{a})}) > \mathbf{MSE}(\widehat{\boldsymbol{x}}^{(\mathrm{a})}) = \mathbf{CRB}^{(\mathrm{a})}(\boldsymbol{x})$。

【证明】首先, 利用矩阵 $\boldsymbol{\Psi}$ 的正定性和命题 2.4 可得

$$\mathbf{CRB}^{(\mathrm{a})}(\boldsymbol{x})(\boldsymbol{F}_x(\boldsymbol{x},\boldsymbol{s}))^{\mathrm{T}}\boldsymbol{E}^{-1}\boldsymbol{F}_s(\boldsymbol{x},\boldsymbol{s})\boldsymbol{\Psi}(\boldsymbol{F}_s(\boldsymbol{x},\boldsymbol{s}))^{\mathrm{T}}\boldsymbol{E}^{-1}\boldsymbol{F}_x(\boldsymbol{x},\boldsymbol{s})\mathbf{CRB}^{(\mathrm{a})}(\boldsymbol{x}) \geqslant \boldsymbol{O} \tag{3.54}$$

然后, 结合式 (3.53) 和式 (3.54) 可知

$$\mathbf{MSE}(\widehat{\widehat{\boldsymbol{x}}}^{(\mathrm{a})}) \geqslant \mathbf{MSE}(\widehat{\boldsymbol{x}}^{(\mathrm{a})}) = \mathbf{CRB}^{(\mathrm{a})}(\boldsymbol{x}) \tag{3.55}$$

若 $\boldsymbol{F}_s(\boldsymbol{x},\boldsymbol{s})$ 是行满秩矩阵, 则有 $\mathrm{rank}[\boldsymbol{F}_s(\boldsymbol{x},\boldsymbol{s})] = p$, 此时基于式 (2.53) 可得

$$\begin{aligned}&\mathrm{rank}[\mathbf{CRB}^{(\mathrm{a})}(\boldsymbol{x})(\boldsymbol{F}_x(\boldsymbol{x},\boldsymbol{s}))^{\mathrm{T}}\boldsymbol{E}^{-1}\boldsymbol{F}_s(\boldsymbol{x},\boldsymbol{s})] \\ &= \mathrm{rank}[(\boldsymbol{F}_x(\boldsymbol{x},\boldsymbol{s}))^{\mathrm{T}}\boldsymbol{E}^{-1}\boldsymbol{F}_s(\boldsymbol{x},\boldsymbol{s})] \\ &\geqslant \mathrm{rank}[(\boldsymbol{F}_x(\boldsymbol{x},\boldsymbol{s}))^{\mathrm{T}}\boldsymbol{E}^{-1}] + \mathrm{rank}[\boldsymbol{F}_s(\boldsymbol{x},\boldsymbol{s})] - p \\ &= \mathrm{rank}[(\boldsymbol{F}_x(\boldsymbol{x},\boldsymbol{s}))^{\mathrm{T}}\boldsymbol{E}^{-1}] = \mathrm{rank}[\boldsymbol{F}_x(\boldsymbol{x},\boldsymbol{s})] = q\end{aligned} \tag{3.56}$$

由式 (3.56) 可知, $\mathbf{CRB}^{(\mathrm{a})}(\boldsymbol{x})(\boldsymbol{F}_x(\boldsymbol{x},\boldsymbol{s}))^{\mathrm{T}}\boldsymbol{E}^{-1}\boldsymbol{F}_s(\boldsymbol{x},\boldsymbol{s})$ 是行满秩矩阵, 于是利用命题 2.6 可得

$$\mathbf{CRB}^{(\mathrm{a})}(\boldsymbol{x})(\boldsymbol{F}_x(\boldsymbol{x},\boldsymbol{s}))^{\mathrm{T}}\boldsymbol{E}^{-1}\boldsymbol{F}_s(\boldsymbol{x},\boldsymbol{s})\boldsymbol{\Psi}(\boldsymbol{F}_s(\boldsymbol{x},\boldsymbol{s}))^{\mathrm{T}}\boldsymbol{E}^{-1}\boldsymbol{F}_x(\boldsymbol{x},\boldsymbol{s})\mathbf{CRB}^{(\mathrm{a})}(\boldsymbol{x}) > \boldsymbol{O} \tag{3.57}$$

最后, 结合式 (3.53) 和式 (3.57) 可知

$$\mathbf{MSE}(\widehat{\widehat{\boldsymbol{x}}}^{(\mathrm{a})}) > \mathbf{MSE}(\widehat{\boldsymbol{x}}^{(\mathrm{a})}) = \mathbf{CRB}^{(\mathrm{a})}(\boldsymbol{x}) \tag{3.58}$$

证毕。

【命题 3.13】$\text{MSE}(\widehat{\widehat{\boldsymbol{x}}}^{(\text{a})}) \geqslant \text{CRB}^{(\text{b})}(\boldsymbol{x})$。

【证明】利用正交投影矩阵 $\boldsymbol{\Pi}^{\perp}[\boldsymbol{E}^{-1/2}\boldsymbol{F}_x(\boldsymbol{x},\boldsymbol{s})]$ 的半正定性, 以及命题 2.4 可知

$$(\boldsymbol{F}_s(\boldsymbol{x},\boldsymbol{s}))^{\text{T}}\boldsymbol{E}^{-1/2}\boldsymbol{\Pi}^{\perp}[\boldsymbol{E}^{-1/2}\boldsymbol{F}_x(\boldsymbol{x},\boldsymbol{s})]\boldsymbol{E}^{-1/2}\boldsymbol{F}_s(\boldsymbol{x},\boldsymbol{s}) \geqslant \boldsymbol{O} \tag{3.59}$$

基于式 (3.59) 和命题 2.9 可得

$$\boldsymbol{\Psi}^{-1} + (\boldsymbol{F}_s(\boldsymbol{x},\boldsymbol{s}))^{\text{T}}\boldsymbol{E}^{-1/2}\boldsymbol{\Pi}^{\perp}[\boldsymbol{E}^{-1/2}\boldsymbol{F}_x(\boldsymbol{x},\boldsymbol{s})]\boldsymbol{E}^{-1/2}\boldsymbol{F}_s(\boldsymbol{x},\boldsymbol{s}) \geqslant \boldsymbol{\Psi}^{-1}$$

$$\Rightarrow (\boldsymbol{\Psi}^{-1} + (\boldsymbol{F}_s(\boldsymbol{x},\boldsymbol{s}))^{\text{T}}\boldsymbol{E}^{-1/2}\boldsymbol{\Pi}^{\perp}[\boldsymbol{E}^{-1/2}\boldsymbol{F}_x(\boldsymbol{x},\boldsymbol{s})]\boldsymbol{E}^{-1/2}\boldsymbol{F}_s(\boldsymbol{x},\boldsymbol{s}))^{-1} \leqslant \boldsymbol{\Psi} \tag{3.60}$$

结合式 (3.31)、式 (3.53) 和式 (3.60), 以及命题 2.5 可知 $\text{MSE}(\widehat{\widehat{\boldsymbol{x}}}^{(\text{a})}) \geqslant \text{CRB}^{(\text{b})}(\boldsymbol{x})$。
证毕。

【注记 3.13】命题 3.13 表明, 当模型参数先验观测误差存在时, 向量 $\widehat{\widehat{\boldsymbol{x}}}^{(\text{a})}$ 的估计均方误差难以达到相应的克拉美罗界 (即 $\text{CRB}^{(\text{b})}(\boldsymbol{x})$), 其并不是关于未知参数 $\boldsymbol{x}$ 的渐近统计最优估计值。因此, 还需要在模型参数先验观测误差存在的情况下给出性能可以达到克拉美罗界的估计方法。

3.4 模型参数先验观测误差存在下的参数估计优化模型、求解方法及其理论性能

3.4.1 参数估计优化模型及其求解方法

1. 参数估计优化模型

当模型参数先验观测误差存在时, 应将模型参数 $\boldsymbol{s}$ 看成是未知量。此时, 为了最大程度地抑制观测误差 $\boldsymbol{e}$ 和 $\boldsymbol{\varphi}$ 的影响, 可以将参数估计优化模型表示为

$$\begin{cases} \min\limits_{\substack{\boldsymbol{x}\in\mathbf{R}^{q\times 1};\boldsymbol{s}\in\mathbf{R}^{r\times 1} \\ \boldsymbol{e}\in\mathbf{R}^{p\times 1};\boldsymbol{\varphi}\in\mathbf{R}^{r\times 1}}} \{\boldsymbol{e}^{\text{T}}\boldsymbol{E}^{-1}\boldsymbol{e} + \boldsymbol{\varphi}^{\text{T}}\boldsymbol{\Psi}^{-1}\boldsymbol{\varphi}\} \\ \text{s.t. } \boldsymbol{z} = \boldsymbol{f}(\boldsymbol{x},\boldsymbol{s}) + \boldsymbol{e} \\ \qquad \widehat{\boldsymbol{s}} = \boldsymbol{s} + \boldsymbol{\varphi} \end{cases} \tag{3.61}$$

式中, $\boldsymbol{E}^{-1}$ 和 $\boldsymbol{\Psi}^{-1}$ 表示加权矩阵。显然, 式 (3.61) 也可以直接转化成如下优化模型

$$\min_{\boldsymbol{x}\in\mathbf{R}^{q\times 1};\boldsymbol{s}\in\mathbf{R}^{r\times 1}}\{(\boldsymbol{z}-\boldsymbol{f}(\boldsymbol{x},\boldsymbol{s}))^{\mathrm{T}}\boldsymbol{E}^{-1}(\boldsymbol{z}-\boldsymbol{f}(\boldsymbol{x},\boldsymbol{s}))+(\widehat{\boldsymbol{s}}-\boldsymbol{s})^{\mathrm{T}}\boldsymbol{\Psi}^{-1}(\widehat{\boldsymbol{s}}-\boldsymbol{s})\}$$

$$\Leftrightarrow\min_{\boldsymbol{x}\in\mathbf{R}^{q\times 1};\boldsymbol{s}\in\mathbf{R}^{r\times 1}}\left\{\begin{bmatrix}\boldsymbol{z}-\boldsymbol{f}(\boldsymbol{x},\boldsymbol{s})\\ \widehat{\boldsymbol{s}}-\boldsymbol{s}\end{bmatrix}^{\mathrm{T}}\begin{bmatrix}\boldsymbol{E}^{-1} & \boldsymbol{O}_{p\times r}\\ \boldsymbol{O}_{r\times p} & \boldsymbol{\Psi}^{-1}\end{bmatrix}\begin{bmatrix}\boldsymbol{z}-\boldsymbol{f}(\boldsymbol{x},\boldsymbol{s})\\ \widehat{\boldsymbol{s}}-\boldsymbol{s}\end{bmatrix}\right\} \tag{3.62}$$

式 (3.62) 是关于未知参数 $\boldsymbol{x}$ 和模型参数 $\boldsymbol{s}$ 的无约束非线性优化问题, 故迭代计算不可避免。下面对第 3.2.1 节中的高斯–牛顿迭代法进行推广, 并给出另外两种迭代方法, 分别称为方法 3–b1 和方法 3–b2。

2. 迭代求解方法 3–b1

方法 3–b1 适用于仅需要对未知参数 $\boldsymbol{x}$ 进行估计, 而不需要对模型参数 $\boldsymbol{s}$ 进行估计的情形。该方法的基本思想是将模型参数先验观测误差的统计特性融入每步迭代中, 从而有效抑制该误差的影响。

假设未知参数 $\boldsymbol{x}$ 的第 k 次迭代结果为 $\widehat{\boldsymbol{x}}_k^{(\mathrm{b1})}$①, 现将函数 $\boldsymbol{f}(\boldsymbol{x},\boldsymbol{s})$ 在点 $(\widehat{\boldsymbol{x}}_k^{(\mathrm{b1})},\widehat{\boldsymbol{s}})$ 处进行一阶泰勒级数展开可得

$$\begin{aligned}\boldsymbol{f}(\boldsymbol{x},\boldsymbol{s})&\approx\boldsymbol{f}(\widehat{\boldsymbol{x}}_k^{(\mathrm{b1})},\widehat{\boldsymbol{s}})+\boldsymbol{F}_x(\widehat{\boldsymbol{x}}_k^{(\mathrm{b1})},\widehat{\boldsymbol{s}})(\boldsymbol{x}-\widehat{\boldsymbol{x}}_k^{(\mathrm{b1})})+\boldsymbol{F}_s(\widehat{\boldsymbol{x}}_k^{(\mathrm{b1})},\widehat{\boldsymbol{s}})(\boldsymbol{s}-\widehat{\boldsymbol{s}})\\&=\boldsymbol{f}(\widehat{\boldsymbol{x}}_k^{(\mathrm{b1})},\widehat{\boldsymbol{s}})+\boldsymbol{F}_x(\widehat{\boldsymbol{x}}_k^{(\mathrm{b1})},\widehat{\boldsymbol{s}})(\boldsymbol{x}-\widehat{\boldsymbol{x}}_k^{(\mathrm{b1})})-\boldsymbol{F}_s(\widehat{\boldsymbol{x}}_k^{(\mathrm{b1})},\widehat{\boldsymbol{s}})\boldsymbol{\varphi}\end{aligned} \tag{3.63}$$

式 (3.63) 中忽略的项为 $o(\|\boldsymbol{x}-\widehat{\boldsymbol{x}}_k^{(\mathrm{b1})}\|_2)$、$o(\|\boldsymbol{s}-\widehat{\boldsymbol{s}}\|_2)$ 和 $O(\|\boldsymbol{x}-\widehat{\boldsymbol{x}}_k^{(\mathrm{b1})}\|_2\|\boldsymbol{s}-\widehat{\boldsymbol{s}}\|_2)$。注意到式 (3.63) 中的第 2 个等号右边第 3 项是关于观测误差 $\boldsymbol{\varphi}$ 的线性项, 为了抑制其影响, 可以将式 (3.5) 中的加权矩阵 $\boldsymbol{E}^{-1}$ 替换为 $(\boldsymbol{E}+\boldsymbol{F}_s(\widehat{\boldsymbol{x}}_k^{(\mathrm{b1})},\widehat{\boldsymbol{s}})\boldsymbol{\Psi}(\boldsymbol{F}_s(\widehat{\boldsymbol{x}}_k^{(\mathrm{b1})},\widehat{\boldsymbol{s}}))^{\mathrm{T}})^{-1}$, 于是第 $k+1$ 次迭代中所求解的优化问题为

$$\min_{\boldsymbol{x}\in\mathbf{R}^{q\times 1}}\left\{\begin{array}{l}(\boldsymbol{F}_x(\widehat{\boldsymbol{x}}_k^{(\mathrm{b1})},\widehat{\boldsymbol{s}})(\boldsymbol{x}-\widehat{\boldsymbol{x}}_k^{(\mathrm{b1})})-(\boldsymbol{z}-\boldsymbol{f}(\widehat{\boldsymbol{x}}_k^{(\mathrm{b1})},\widehat{\boldsymbol{s}})))^{\mathrm{T}}(\boldsymbol{E}+\boldsymbol{F}_s(\widehat{\boldsymbol{x}}_k^{(\mathrm{b1})},\widehat{\boldsymbol{s}})\\ \times\boldsymbol{\Psi}(\boldsymbol{F}_s(\widehat{\boldsymbol{x}}_k^{(\mathrm{b1})},\widehat{\boldsymbol{s}}))^{\mathrm{T}})^{-1}(\boldsymbol{F}_x(\widehat{\boldsymbol{x}}_k^{(\mathrm{b1})},\widehat{\boldsymbol{s}})(\boldsymbol{x}-\widehat{\boldsymbol{x}}_k^{(\mathrm{b1})})-(\boldsymbol{z}-\boldsymbol{f}(\widehat{\boldsymbol{x}}_k^{(\mathrm{b1})},\widehat{\boldsymbol{s}})))\end{array}\right\} \tag{3.64}$$

式 (3.64) 即为第 $k+1$ 次迭代中所求解的优化问题, 为无约束二次优化问题, 将其最优解记为 $\widehat{\boldsymbol{x}}_{k+1}^{(\mathrm{b1})}$, 由式 (2.67) 可得

$$\begin{aligned}\widehat{\boldsymbol{x}}_{k+1}^{(\mathrm{b1})}=\widehat{\boldsymbol{x}}_k^{(\mathrm{b1})}&+((\boldsymbol{F}_x(\widehat{\boldsymbol{x}}_k^{(\mathrm{b1})},\widehat{\boldsymbol{s}}))^{\mathrm{T}}(\boldsymbol{E}+\boldsymbol{F}_s(\widehat{\boldsymbol{x}}_k^{(\mathrm{b1})},\widehat{\boldsymbol{s}})\boldsymbol{\Psi}(\boldsymbol{F}_s(\widehat{\boldsymbol{x}}_k^{(\mathrm{b1})},\widehat{\boldsymbol{s}}))^{\mathrm{T}})^{-1}\boldsymbol{F}_x(\widehat{\boldsymbol{x}}_k^{(\mathrm{b1})},\widehat{\boldsymbol{s}}))^{-1}\\&\times(\boldsymbol{F}_x(\widehat{\boldsymbol{x}}_k^{(\mathrm{b1})},\widehat{\boldsymbol{s}}))^{\mathrm{T}}(\boldsymbol{E}+\boldsymbol{F}_s(\widehat{\boldsymbol{x}}_k^{(\mathrm{b1})},\widehat{\boldsymbol{s}})\boldsymbol{\Psi}(\boldsymbol{F}_s(\widehat{\boldsymbol{x}}_k^{(\mathrm{b1})},\widehat{\boldsymbol{s}}))^{\mathrm{T}})^{-1}(\boldsymbol{z}-\boldsymbol{f}(\widehat{\boldsymbol{x}}_k^{(\mathrm{b1})},\widehat{\boldsymbol{s}}))\end{aligned} \tag{3.65}$$

将式 (3.65) 的迭代收敛结果记为 $\widehat{\boldsymbol{x}}^{(\mathrm{b1})}$ (即 $\lim\limits_{k\to+\infty}\widehat{\boldsymbol{x}}_k^{(\mathrm{b1})}=\widehat{\boldsymbol{x}}^{(\mathrm{b1})}$), 该向量就是最终估计值。假设迭代初始值满足一定的条件, 可以使迭代公式 (3.65) 收敛至优

① 本章的上角标 (b1) 表示方法 3–b1。

化问题的全局最优解, 于是有

$$\widehat{\boldsymbol{x}}^{(\mathrm{b1})}=\arg\min_{\boldsymbol{x}\in\mathbf{R}^{q\times 1}}\{(\boldsymbol{z}-\boldsymbol{f}(\boldsymbol{x},\widehat{\boldsymbol{s}}))^{\mathrm{T}}(\boldsymbol{E}+\boldsymbol{F}_s(\boldsymbol{x},\widehat{\boldsymbol{s}})\boldsymbol{\Psi}(\boldsymbol{F}_s(\boldsymbol{x},\widehat{\boldsymbol{s}}))^{\mathrm{T}})^{-1}(\boldsymbol{z}-\boldsymbol{f}(\boldsymbol{x},\widehat{\boldsymbol{s}}))\} \tag{3.66}$$

将上面的求解方法称为方法 3–b1, 图 3.3 给出了方法 3–b1 的计算流程图。

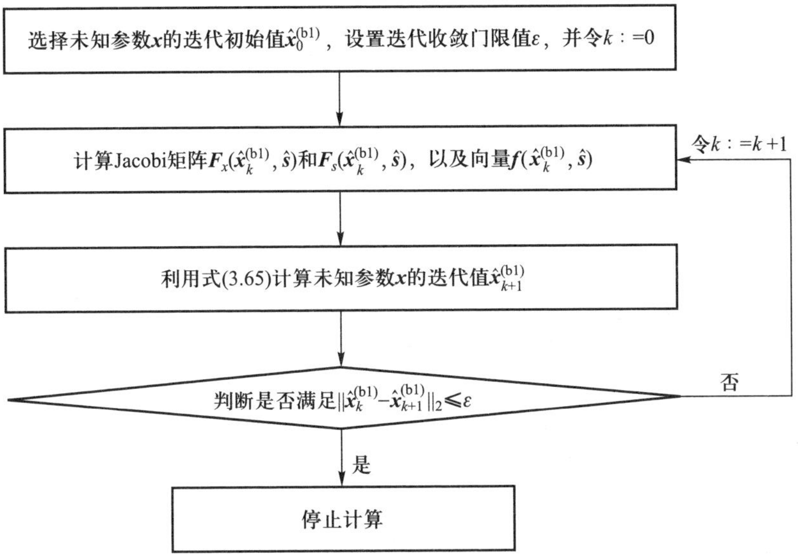

图 3.3　方法 3–b1 的计算流程图

3. 迭代求解方法 3–b2

与方法 3–b1 不同, 方法 3–b2 是对未知参数 $\boldsymbol{x}$ 和模型参数 $\boldsymbol{s}$ 进行联合估计, 也就是利用高斯–牛顿迭代法直接对式 (3.62) 进行求解。

假设未知参数 $\boldsymbol{x}$ 和模型参数 $\boldsymbol{s}$ 的第 k 次迭代结果分别为 $\widehat{\boldsymbol{x}}_k^{(\mathrm{b2})}$ 和 $\widehat{\boldsymbol{s}}_k^{(\mathrm{b2})}$①, 现将函数 $\begin{bmatrix}\boldsymbol{f}(\boldsymbol{x},\boldsymbol{s})\\ \boldsymbol{s}\end{bmatrix}$ 在向量 $\begin{bmatrix}\widehat{\boldsymbol{x}}_k^{(\mathrm{b2})}\\ \widehat{\boldsymbol{s}}_k^{(\mathrm{b2})}\end{bmatrix}$ 处进行一阶泰勒级数展开可得

$$\begin{bmatrix}\boldsymbol{f}(\boldsymbol{x},\boldsymbol{s})\\ \boldsymbol{s}\end{bmatrix}\approx\begin{bmatrix}\boldsymbol{f}(\widehat{\boldsymbol{x}}_k^{(\mathrm{b2})},\widehat{\boldsymbol{s}}_k^{(\mathrm{b2})})\\ \widehat{\boldsymbol{s}}_k^{(\mathrm{b2})}\end{bmatrix}+\begin{bmatrix}\boldsymbol{F}_x(\widehat{\boldsymbol{x}}_k^{(\mathrm{b2})},\widehat{\boldsymbol{s}}_k^{(\mathrm{b2})}) & \boldsymbol{F}_s(\widehat{\boldsymbol{x}}_k^{(\mathrm{b2})},\widehat{\boldsymbol{s}}_k^{(\mathrm{b2})})\\ \boldsymbol{O}_{r\times q} & \boldsymbol{I}_r\end{bmatrix}\begin{bmatrix}\boldsymbol{x}-\widehat{\boldsymbol{x}}_k^{(\mathrm{b2})}\\ \boldsymbol{s}-\widehat{\boldsymbol{s}}_k^{(\mathrm{b2})}\end{bmatrix} \tag{3.67}$$

① 本章的上角标 (b2) 表示方法 3–b2。

式 (3.67) 中忽略的项为 $o(\|\boldsymbol{x}-\widehat{\boldsymbol{x}}_k^{(\mathrm{b2})}\|_2)$、$o(\|\boldsymbol{s}-\widehat{\boldsymbol{s}}_k^{(\mathrm{b2})}\|_2)$ 和 $O(\|\boldsymbol{x}-\widehat{\boldsymbol{x}}_k^{(\mathrm{b2})}\|_2\|\boldsymbol{s}-\widehat{\boldsymbol{s}}_k^{(\mathrm{b2})}\|_2)$。将式 (3.67) 代入式 (3.62) 可知

$$\begin{aligned}&\min_{\boldsymbol{x}\in\mathbf{R}^{q\times 1};\boldsymbol{s}\in\mathbf{R}^{r\times 1}}\left\{\left(\left(\begin{bmatrix}\boldsymbol{z}-\boldsymbol{f}(\widehat{\boldsymbol{x}}_k^{(\mathrm{b2})},\widehat{\boldsymbol{s}}_k^{(\mathrm{b2})})\\ \widehat{\boldsymbol{s}}-\widehat{\boldsymbol{s}}_k^{(\mathrm{b2})}\end{bmatrix}-\begin{bmatrix}\boldsymbol{F}_x(\widehat{\boldsymbol{x}}_k^{(\mathrm{b2})},\widehat{\boldsymbol{s}}_k^{(\mathrm{b2})}) & \boldsymbol{F}_s(\widehat{\boldsymbol{x}}_k^{(\mathrm{b2})},\widehat{\boldsymbol{s}}_k^{(\mathrm{b2})})\\ \boldsymbol{O}_{r\times q} & \boldsymbol{I}_r\end{bmatrix}\right.\right.\right.\\&\left.\times\begin{bmatrix}\boldsymbol{x}-\widehat{\boldsymbol{x}}_k^{(\mathrm{b2})}\\ \boldsymbol{s}-\widehat{\boldsymbol{s}}_k^{(\mathrm{b2})}\end{bmatrix}\right)^{\mathrm{T}}\begin{bmatrix}\boldsymbol{E}^{-1} & \boldsymbol{O}_{p\times r}\\ \boldsymbol{O}_{r\times p} & \boldsymbol{\varPsi}^{-1}\end{bmatrix}\left(\begin{bmatrix}\boldsymbol{z}-\boldsymbol{f}(\widehat{\boldsymbol{x}}_k^{(\mathrm{b2})},\widehat{\boldsymbol{s}}_k^{(\mathrm{b2})})\\ \widehat{\boldsymbol{s}}-\widehat{\boldsymbol{s}}_k^{(\mathrm{b2})}\end{bmatrix}\right.\\&\left.\left.-\begin{bmatrix}\boldsymbol{F}_x(\widehat{\boldsymbol{x}}_k^{(\mathrm{b2})},\widehat{\boldsymbol{s}}_k^{(\mathrm{b2})}) & \boldsymbol{F}_s(\widehat{\boldsymbol{x}}_k^{(\mathrm{b2})},\widehat{\boldsymbol{s}}_k^{(\mathrm{b2})})\\ \boldsymbol{O}_{r\times q} & \boldsymbol{I}_r\end{bmatrix}\begin{bmatrix}\boldsymbol{x}-\widehat{\boldsymbol{x}}_k^{(\mathrm{b2})}\\ \boldsymbol{s}-\widehat{\boldsymbol{s}}_k^{(\mathrm{b2})}\end{bmatrix}\right)\right\}\\&=\min_{\boldsymbol{x}\in\mathbf{R}^{q\times 1};\boldsymbol{s}\in\mathbf{R}^{r\times 1}}\left\{\left(\left(\begin{bmatrix}\boldsymbol{F}_x(\widehat{\boldsymbol{x}}_k^{(\mathrm{b2})},\widehat{\boldsymbol{s}}_k^{(\mathrm{b2})}) & \boldsymbol{F}_s(\widehat{\boldsymbol{x}}_k^{(\mathrm{b2})},\widehat{\boldsymbol{s}}_k^{(\mathrm{b2})})\\ \boldsymbol{O}_{r\times q} & \boldsymbol{I}_r\end{bmatrix}\begin{bmatrix}\boldsymbol{x}-\widehat{\boldsymbol{x}}_k^{(\mathrm{b2})}\\ \boldsymbol{s}-\widehat{\boldsymbol{s}}_k^{(\mathrm{b2})}\end{bmatrix}\right.\right.\right.\\&\left.-\begin{bmatrix}\boldsymbol{z}-\boldsymbol{f}(\widehat{\boldsymbol{x}}_k^{(\mathrm{b2})},\widehat{\boldsymbol{s}}_k^{(\mathrm{b2})})\\ \widehat{\boldsymbol{s}}-\widehat{\boldsymbol{s}}_k^{(\mathrm{b2})}\end{bmatrix}\right)^{\mathrm{T}}\begin{bmatrix}\boldsymbol{E}^{-1} & \boldsymbol{O}_{p\times r}\\ \boldsymbol{O}_{r\times p} & \boldsymbol{\varPsi}^{-1}\end{bmatrix}\\&\left.\times\left(\begin{bmatrix}\boldsymbol{F}_x(\widehat{\boldsymbol{x}}_k^{(\mathrm{b2})},\widehat{\boldsymbol{s}}_k^{(\mathrm{b2})}) & \boldsymbol{F}_s(\widehat{\boldsymbol{x}}_k^{(\mathrm{b2})},\widehat{\boldsymbol{s}}_k^{(\mathrm{b2})})\\ \boldsymbol{O}_{r\times q} & \boldsymbol{I}_r\end{bmatrix}\begin{bmatrix}\boldsymbol{x}-\widehat{\boldsymbol{x}}_k^{(\mathrm{b2})}\\ \boldsymbol{s}-\widehat{\boldsymbol{s}}_k^{(\mathrm{b2})}\end{bmatrix}-\begin{bmatrix}\boldsymbol{z}-\boldsymbol{f}(\widehat{\boldsymbol{x}}_k^{(\mathrm{b2})},\widehat{\boldsymbol{s}}_k^{(\mathrm{b2})})\\ \widehat{\boldsymbol{s}}-\widehat{\boldsymbol{s}}_k^{(\mathrm{b2})}\end{bmatrix}\right)\right\}\end{aligned}\tag{3.68}$$

式 (3.68) 为第 $k+1$ 次迭代中所求解的优化问题, 其是无约束二次优化问题。将其最优解记为 $\begin{bmatrix}\widehat{\boldsymbol{x}}_{k+1}^{(\mathrm{b2})}\\ \widehat{\boldsymbol{s}}_{k+1}^{(\mathrm{b2})}\end{bmatrix}$, 于是由式 (2.67) 可得

$$\begin{aligned}\begin{bmatrix}\widehat{\boldsymbol{x}}_{k+1}^{(\mathrm{b2})}\\ \widehat{\boldsymbol{s}}_{k+1}^{(\mathrm{b2})}\end{bmatrix}&=\begin{bmatrix}\widehat{\boldsymbol{x}}_{k}^{(\mathrm{b2})}\\ \widehat{\boldsymbol{s}}_{k}^{(\mathrm{b2})}\end{bmatrix}+\left[\begin{array}{c:c}(\boldsymbol{F}_x(\widehat{\boldsymbol{x}}_k^{(\mathrm{b2})},\widehat{\boldsymbol{s}}_k^{(\mathrm{b2})}))^{\mathrm{T}}\boldsymbol{E}^{-1}\boldsymbol{F}_x(\widehat{\boldsymbol{x}}_k^{(\mathrm{b2})},\widehat{\boldsymbol{s}}_k^{(\mathrm{b2})}) & (\boldsymbol{F}_x(\widehat{\boldsymbol{x}}_k^{(\mathrm{b2})},\widehat{\boldsymbol{s}}_k^{(\mathrm{b2})}))^{\mathrm{T}}\boldsymbol{E}^{-1}\boldsymbol{F}_s(\widehat{\boldsymbol{x}}_k^{(\mathrm{b2})},\widehat{\boldsymbol{s}}_k^{(\mathrm{b2})})\\ \hdashline (\boldsymbol{F}_s(\widehat{\boldsymbol{x}}_k^{(\mathrm{b2})},\widehat{\boldsymbol{s}}_k^{(\mathrm{b2})}))^{\mathrm{T}}\boldsymbol{E}^{-1}\boldsymbol{F}_x(\widehat{\boldsymbol{x}}_k^{(\mathrm{b2})},\widehat{\boldsymbol{s}}_k^{(\mathrm{b2})}) & (\boldsymbol{F}_s(\widehat{\boldsymbol{x}}_k^{(\mathrm{b2})},\widehat{\boldsymbol{s}}_k^{(\mathrm{b2})}))^{\mathrm{T}}\boldsymbol{E}^{-1}\boldsymbol{F}_s(\widehat{\boldsymbol{x}}_k^{(\mathrm{b2})},\widehat{\boldsymbol{s}}_k^{(\mathrm{b2})})+\boldsymbol{\varPsi}^{-1}\end{array}\right]^{-1}\\&\quad\times\begin{bmatrix}(\boldsymbol{F}_x(\widehat{\boldsymbol{x}}_k^{(\mathrm{b2})},\widehat{\boldsymbol{s}}_k^{(\mathrm{b2})}))^{\mathrm{T}}\boldsymbol{E}^{-1} & \boldsymbol{O}_{q\times r}\\ (\boldsymbol{F}_s(\widehat{\boldsymbol{x}}_k^{(\mathrm{b2})},\widehat{\boldsymbol{s}}_k^{(\mathrm{b2})}))^{\mathrm{T}}\boldsymbol{E}^{-1} & \boldsymbol{\varPsi}^{-1}\end{bmatrix}\begin{bmatrix}\boldsymbol{z}-\boldsymbol{f}(\widehat{\boldsymbol{x}}_k^{(\mathrm{b2})},\widehat{\boldsymbol{s}}_k^{(\mathrm{b2})})\\ \widehat{\boldsymbol{s}}-\widehat{\boldsymbol{s}}_k^{(\mathrm{b2})}\end{bmatrix}\end{aligned}\tag{3.69}$$

将式 (3.69) 的迭代收敛结果记为 $\begin{bmatrix}\widehat{\boldsymbol{x}}^{(\mathrm{b2})}\\ \widehat{\boldsymbol{s}}^{(\mathrm{b2})}\end{bmatrix}$ (即 $\lim\limits_{k\to+\infty}\begin{bmatrix}\widehat{\boldsymbol{x}}_k^{(\mathrm{b2})}\\ \widehat{\boldsymbol{s}}_k^{(\mathrm{b2})}\end{bmatrix}=\begin{bmatrix}\widehat{\boldsymbol{x}}^{(\mathrm{b2})}\\ \widehat{\boldsymbol{s}}^{(\mathrm{b2})}\end{bmatrix}$), 该向量就是最终估计值。假设迭代初始值满足一定的条件, 可以使迭代公式 (3.69) 收敛至优化问题的全局最优解, 于是有

$$\begin{bmatrix}\widehat{\boldsymbol{x}}^{(\mathrm{b2})}\\ \widehat{\boldsymbol{s}}^{(\mathrm{b2})}\end{bmatrix}=\arg\min_{\boldsymbol{x}\in\mathbf{R}^{q\times1};\boldsymbol{s}\in\mathbf{R}^{r\times1}}\left\{\begin{bmatrix}\boldsymbol{z}-\boldsymbol{f}(\boldsymbol{x},\boldsymbol{s})\\ \widehat{\boldsymbol{s}}-\boldsymbol{s}\end{bmatrix}^{\mathrm{T}}\begin{bmatrix}\boldsymbol{E}^{-1} & \boldsymbol{O}_{p\times r}\\ \boldsymbol{O}_{r\times p} & \boldsymbol{\Psi}^{-1}\end{bmatrix}\begin{bmatrix}\boldsymbol{z}-\boldsymbol{f}(\boldsymbol{x},\boldsymbol{s})\\ \widehat{\boldsymbol{s}}-\boldsymbol{s}\end{bmatrix}\right\} \tag{3.70}$$

将上述求解方法称为方法 3−b2, 图 3.4 给出了方法 3−b2 的计算流程图。

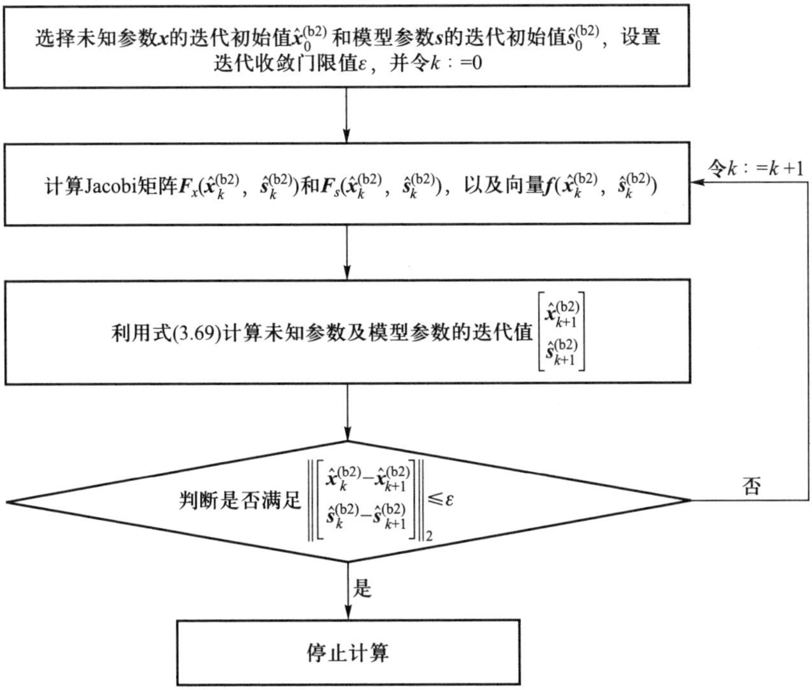

图 3.4　方法 3−b2 的计算流程图

3.4.2　理论性能分析

1. 方法 3−b1 的理论性能分析

下面推导方法 3−b1 的估计值 $\widehat{\boldsymbol{x}}^{(\mathrm{b1})}$ 的统计性能, 具体结论可见以下命题。

【命题 3.14】向量 $\widehat{\boldsymbol{x}}^{(\mathrm{b1})}$ 是关于未知参数 $\boldsymbol{x}$ 的渐近无偏估计值, 并且其均方误差为

$$\begin{aligned}\mathbf{MSE}(\widehat{\boldsymbol{x}}^{(\mathrm{b1})}) &= ((\boldsymbol{F}_x(\boldsymbol{x},\boldsymbol{s}))^{\mathrm{T}}(\boldsymbol{E}+\boldsymbol{F}_s(\boldsymbol{x},\boldsymbol{s})\boldsymbol{\Psi}(\boldsymbol{F}_s(\boldsymbol{x},\boldsymbol{s}))^{\mathrm{T}})^{-1}\boldsymbol{F}_x(\boldsymbol{x},\boldsymbol{s}))^{-1}\\ &= \mathbf{CRB}^{(\mathrm{b})}(\boldsymbol{x})\end{aligned} \tag{3.71}$$

【证明】首先, 对式 (3.65) 两边取极限可得

$$\begin{aligned}&\lim_{k\to+\infty}\widehat{\boldsymbol{x}}_{k+1}^{(\mathrm{b1})}\\ &= \lim_{k\to+\infty}\widehat{\boldsymbol{x}}_{k}^{(\mathrm{b1})} + \lim_{k\to+\infty}\left\{\begin{aligned}&((\boldsymbol{F}_x(\widehat{\boldsymbol{x}}_k^{(\mathrm{b1})},\widehat{\boldsymbol{s}}))^{\mathrm{T}}(\boldsymbol{E}+\boldsymbol{F}_s(\widehat{\boldsymbol{x}}_k^{(\mathrm{b1})},\widehat{\boldsymbol{s}})\boldsymbol{\Psi}(\boldsymbol{F}_s(\widehat{\boldsymbol{x}}_k^{(\mathrm{b1})},\widehat{\boldsymbol{s}}))^{\mathrm{T}})^{-1}\\ &\times\boldsymbol{F}_x(\widehat{\boldsymbol{x}}_k^{(\mathrm{b1})},\widehat{\boldsymbol{s}}))^{-1}(\boldsymbol{F}_x(\widehat{\boldsymbol{x}}_k^{(\mathrm{b1})},\widehat{\boldsymbol{s}}))^{\mathrm{T}}(\boldsymbol{E}+\boldsymbol{F}_s(\widehat{\boldsymbol{x}}_k^{(\mathrm{b1})},\widehat{\boldsymbol{s}})\\ &\times\boldsymbol{\Psi}(\boldsymbol{F}_s(\widehat{\boldsymbol{x}}_k^{(\mathrm{b1})},\widehat{\boldsymbol{s}}))^{\mathrm{T}})^{-1}(\boldsymbol{z}-\boldsymbol{f}(\widehat{\boldsymbol{x}}_k^{(\mathrm{b1})},\widehat{\boldsymbol{s}}))\end{aligned}\right\}\\ &\Rightarrow (\boldsymbol{F}_x(\widehat{\boldsymbol{x}}^{(\mathrm{b1})},\widehat{\boldsymbol{s}}))^{\mathrm{T}}(\boldsymbol{E}+\boldsymbol{F}_s(\widehat{\boldsymbol{x}}^{(\mathrm{b1})},\widehat{\boldsymbol{s}})\boldsymbol{\Psi}(\boldsymbol{F}_s(\widehat{\boldsymbol{x}}^{(\mathrm{b1})},\widehat{\boldsymbol{s}}))^{\mathrm{T}})^{-1}(\boldsymbol{z}-\boldsymbol{f}(\widehat{\boldsymbol{x}}^{(\mathrm{b1})},\widehat{\boldsymbol{s}})) = \boldsymbol{O}_{q\times 1}\end{aligned} \tag{3.72}$$

然后, 将式 (3.1) 代入式 (3.72), 并利用一阶误差分析方法可知

$$\begin{aligned}\boldsymbol{O}_{q\times 1} &= (\boldsymbol{F}_x(\widehat{\boldsymbol{x}}^{(\mathrm{b1})},\widehat{\boldsymbol{s}}))^{\mathrm{T}}(\boldsymbol{E}+\boldsymbol{F}_s(\widehat{\boldsymbol{x}}^{(\mathrm{b1})},\widehat{\boldsymbol{s}})\boldsymbol{\Psi}(\boldsymbol{F}_s(\widehat{\boldsymbol{x}}^{(\mathrm{b1})},\widehat{\boldsymbol{s}}))^{\mathrm{T}})^{-1}\\ &\quad\times(\boldsymbol{f}(\boldsymbol{x},\boldsymbol{s})-\boldsymbol{f}(\widehat{\boldsymbol{x}}^{(\mathrm{b1})},\widehat{\boldsymbol{s}})+\boldsymbol{e})\\ &\approx (\boldsymbol{F}_x(\widehat{\boldsymbol{x}}^{(\mathrm{b1})},\widehat{\boldsymbol{s}}))^{\mathrm{T}}(\boldsymbol{E}+\boldsymbol{F}_s(\widehat{\boldsymbol{x}}^{(\mathrm{b1})},\widehat{\boldsymbol{s}})\boldsymbol{\Psi}(\boldsymbol{F}_s(\widehat{\boldsymbol{x}}^{(\mathrm{b1})},\widehat{\boldsymbol{s}}))^{\mathrm{T}})^{-1}\\ &\quad\times(\boldsymbol{e}-\boldsymbol{F}_x(\boldsymbol{x},\boldsymbol{s})\Delta\boldsymbol{x}^{(\mathrm{b1})}-\boldsymbol{F}_s(\boldsymbol{x},\boldsymbol{s})\boldsymbol{\varphi})\\ &\approx (\boldsymbol{F}_x(\boldsymbol{x},\boldsymbol{s}))^{\mathrm{T}}(\boldsymbol{E}+\boldsymbol{F}_s(\boldsymbol{x},\boldsymbol{s})\boldsymbol{\Psi}(\boldsymbol{F}_s(\boldsymbol{x},\boldsymbol{s}))^{\mathrm{T}})^{-1}\\ &\quad\times(\boldsymbol{e}-\boldsymbol{F}_x(\boldsymbol{x},\boldsymbol{s})\Delta\boldsymbol{x}^{(\mathrm{b1})}-\boldsymbol{F}_s(\boldsymbol{x},\boldsymbol{s})\boldsymbol{\varphi})\end{aligned} \tag{3.73}$$

式中, $\Delta\boldsymbol{x}^{(\mathrm{b1})}=\widehat{\boldsymbol{x}}^{(\mathrm{b1})}-\boldsymbol{x}$ 表示向量 $\widehat{\boldsymbol{x}}^{(\mathrm{b1})}$ 中的估计误差。式 (3.73) 忽略了误差的二阶及其以上各阶项, 由该式可以进一步推得

$$\begin{aligned}\Delta\boldsymbol{x}^{(\mathrm{b1})} &\approx ((\boldsymbol{F}_x(\boldsymbol{x},\boldsymbol{s}))^{\mathrm{T}}(\boldsymbol{E}+\boldsymbol{F}_s(\boldsymbol{x},\boldsymbol{s})\boldsymbol{\Psi}(\boldsymbol{F}_s(\boldsymbol{x},\boldsymbol{s}))^{\mathrm{T}})^{-1}\boldsymbol{F}_x(\boldsymbol{x},\boldsymbol{s}))^{-1}(\boldsymbol{F}_x(\boldsymbol{x},\boldsymbol{s}))^{\mathrm{T}}\\ &\quad\times(\boldsymbol{E}+\boldsymbol{F}_s(\boldsymbol{x},\boldsymbol{s})\boldsymbol{\Psi}(\boldsymbol{F}_s(\boldsymbol{x},\boldsymbol{s}))^{\mathrm{T}})^{-1}(\boldsymbol{e}-\boldsymbol{F}_s(\boldsymbol{x},\boldsymbol{s})\boldsymbol{\varphi})\end{aligned} \tag{3.74}$$

式 (3.74) 给出了估计误差 $\Delta\boldsymbol{x}^{(\mathrm{b1})}$ 与观测误差 $\boldsymbol{e}$ 和 $\boldsymbol{\varphi}$ 之间的线性关系式。由式 (3.74) 可知 $\mathbf{E}[\Delta\boldsymbol{x}^{(\mathrm{b1})}]\approx\boldsymbol{O}_{q\times 1}$, 因此向量 $\widehat{\boldsymbol{x}}^{(\mathrm{b1})}$ 是关于未知参数 $\boldsymbol{x}$ 的渐近无偏估计值。此外, 基于式 (3.74) 可以推得估计值 $\widehat{\boldsymbol{x}}^{(\mathrm{b1})}$ 的均方误差

$$
\begin{aligned}
\mathbf{MSE}(\widehat{\boldsymbol{x}}^{(\mathrm{b1})}) =& \mathbf{E}[(\widehat{\boldsymbol{x}}^{(\mathrm{b1})}-\boldsymbol{x})(\widehat{\boldsymbol{x}}^{(\mathrm{b1})}-\boldsymbol{x})^{\mathrm{T}}] = \mathbf{E}[\Delta\boldsymbol{x}^{(\mathrm{b1})}(\Delta\boldsymbol{x}^{(\mathrm{b1})})^{\mathrm{T}}] \\
=& ((\boldsymbol{F}_x(\boldsymbol{x},\boldsymbol{s}))^{\mathrm{T}}(\boldsymbol{E}+\boldsymbol{F}_s(\boldsymbol{x},\boldsymbol{s})\boldsymbol{\varPsi}(\boldsymbol{F}_s(\boldsymbol{x},\boldsymbol{s}))^{\mathrm{T}})^{-1}\boldsymbol{F}_x(\boldsymbol{x},\boldsymbol{s}))^{-1}(\boldsymbol{F}_x(\boldsymbol{x},\boldsymbol{s}))^{\mathrm{T}} \\
& \times(\boldsymbol{E}+\boldsymbol{F}_s(\boldsymbol{x},\boldsymbol{s})\boldsymbol{\varPsi}(\boldsymbol{F}_s(\boldsymbol{x},\boldsymbol{s}))^{\mathrm{T}})^{-1}\mathbf{E}[(\boldsymbol{e}-\boldsymbol{F}_s(\boldsymbol{x},\boldsymbol{s})\boldsymbol{\varphi})(\boldsymbol{e}-\boldsymbol{F}_s(\boldsymbol{x},\boldsymbol{s})\boldsymbol{\varphi})^{\mathrm{T}}] \\
& \times(\boldsymbol{E}+\boldsymbol{F}_s(\boldsymbol{x},\boldsymbol{s})\boldsymbol{\varPsi}(\boldsymbol{F}_s(\boldsymbol{x},\boldsymbol{s}))^{\mathrm{T}})^{-1}\boldsymbol{F}_x(\boldsymbol{x},\boldsymbol{s})((\boldsymbol{F}_x(\boldsymbol{x},\boldsymbol{s}))^{\mathrm{T}} \\
& \times(\boldsymbol{E}+\boldsymbol{F}_s(\boldsymbol{x},\boldsymbol{s})\boldsymbol{\varPsi}(\boldsymbol{F}_s(\boldsymbol{x},\boldsymbol{s}))^{\mathrm{T}})^{-1}\boldsymbol{F}_x(\boldsymbol{x},\boldsymbol{s}))^{-1} \\
=& ((\boldsymbol{F}_x(\boldsymbol{x},\boldsymbol{s}))^{\mathrm{T}}(\boldsymbol{E}+\boldsymbol{F}_s(\boldsymbol{x},\boldsymbol{s})\boldsymbol{\varPsi}(\boldsymbol{F}_s(\boldsymbol{x},\boldsymbol{s}))^{\mathrm{T}})^{-1}\boldsymbol{F}_x(\boldsymbol{x},\boldsymbol{s}))^{-1} \\
=& \mathbf{CRB}^{(\mathrm{b})}(\boldsymbol{x})
\end{aligned} \tag{3.75}
$$

证毕。

【注记 3.14】命题 3.14 表明, 向量 $\widehat{\boldsymbol{x}}^{(\mathrm{b1})}$ 是关于未知参数 $\boldsymbol{x}$ 的渐近统计最优估计值。

2. 方法 3–b2 的理论性能分析

下面推导方法 3–b2 估计值 $\begin{bmatrix}\widehat{\boldsymbol{x}}^{(\mathrm{b2})}\\ \widehat{\boldsymbol{s}}^{(\mathrm{b2})}\end{bmatrix}$ 的统计性能, 具体结论可见以下命题。

【命题 3.15】向量 $\begin{bmatrix}\widehat{\boldsymbol{x}}^{(\mathrm{b2})}\\ \widehat{\boldsymbol{s}}^{(\mathrm{b2})}\end{bmatrix}$ 是关于未知参数及模型参数 $\begin{bmatrix}\boldsymbol{x}\\ \boldsymbol{s}\end{bmatrix}$ 的渐近无偏估计值, 并且其均方误差为

$$
\begin{aligned}
\mathbf{MSE}\left(\begin{bmatrix}\widehat{\boldsymbol{x}}^{(\mathrm{b2})}\\ \widehat{\boldsymbol{s}}^{(\mathrm{b2})}\end{bmatrix}\right) &= \left[\begin{array}{c:c}(\boldsymbol{F}_x(\boldsymbol{x},\boldsymbol{s}))^{\mathrm{T}}\boldsymbol{E}^{-1}\boldsymbol{F}_x(\boldsymbol{x},\boldsymbol{s}) & (\boldsymbol{F}_x(\boldsymbol{x},\boldsymbol{s}))^{\mathrm{T}}\boldsymbol{E}^{-1}\boldsymbol{F}_s(\boldsymbol{x},\boldsymbol{s}) \\ \hdashline (\boldsymbol{F}_s(\boldsymbol{x},\boldsymbol{s}))^{\mathrm{T}}\boldsymbol{E}^{-1}\boldsymbol{F}_x(\boldsymbol{x},\boldsymbol{s}) & (\boldsymbol{F}_s(\boldsymbol{x},\boldsymbol{s}))^{\mathrm{T}}\boldsymbol{E}^{-1}\boldsymbol{F}_s(\boldsymbol{x},\boldsymbol{s})+\boldsymbol{\varPsi}^{-1}\end{array}\right]^{-1} \\
&= \mathbf{CRB}^{(\mathrm{b})}\left(\begin{bmatrix}\boldsymbol{x}\\ \boldsymbol{s}\end{bmatrix}\right)
\end{aligned} \tag{3.76}
$$

【证明】首先, 对式 (3.69) 两边取极限可得

$$
\begin{aligned}
\lim_{k\to+\infty}\begin{bmatrix}\widehat{\boldsymbol{x}}_{k+1}^{(\mathrm{b2})}\\ \widehat{\boldsymbol{s}}_{k+1}^{(\mathrm{b2})}\end{bmatrix} =& \lim_{k\to+\infty}\begin{bmatrix}\widehat{\boldsymbol{x}}_{k}^{(\mathrm{b2})}\\ \widehat{\boldsymbol{s}}_{k}^{(\mathrm{b2})}\end{bmatrix} \\
&+\lim_{k\to+\infty}\left\{\left[\begin{array}{c:c}(\boldsymbol{F}_x(\widehat{\boldsymbol{x}}_k^{(\mathrm{b2})},\widehat{\boldsymbol{s}}_k^{(\mathrm{b2})}))^{\mathrm{T}}\boldsymbol{E}^{-1}\boldsymbol{F}_x(\widehat{\boldsymbol{x}}_k^{(\mathrm{b2})},\widehat{\boldsymbol{s}}_k^{(\mathrm{b2})}) & (\boldsymbol{F}_x(\widehat{\boldsymbol{x}}_k^{(\mathrm{b2})},\widehat{\boldsymbol{s}}_k^{(\mathrm{b2})}))^{\mathrm{T}}\boldsymbol{E}^{-1}\boldsymbol{F}_s(\widehat{\boldsymbol{x}}_k^{(\mathrm{b2})},\widehat{\boldsymbol{s}}_k^{(\mathrm{b2})}) \\ \hdashline (\boldsymbol{F}_s(\widehat{\boldsymbol{x}}_k^{(\mathrm{b2})},\widehat{\boldsymbol{s}}_k^{(\mathrm{b2})}))^{\mathrm{T}}\boldsymbol{E}^{-1}\boldsymbol{F}_x(\widehat{\boldsymbol{x}}_k^{(\mathrm{b2})},\widehat{\boldsymbol{s}}_k^{(\mathrm{b2})}) & (\boldsymbol{F}_s(\widehat{\boldsymbol{x}}_k^{(\mathrm{b2})},\widehat{\boldsymbol{s}}_k^{(\mathrm{b2})}))^{\mathrm{T}}\boldsymbol{E}^{-1}\boldsymbol{F}_s(\widehat{\boldsymbol{x}}_k^{(\mathrm{b2})},\widehat{\boldsymbol{s}}_k^{(\mathrm{b2})})+\boldsymbol{\varPsi}^{-1}\end{array}\right]^{-1}\right. \\
&\left.\times\begin{bmatrix}(\boldsymbol{F}_x(\widehat{\boldsymbol{x}}_k^{(\mathrm{b2})},\widehat{\boldsymbol{s}}_k^{(\mathrm{b2})}))^{\mathrm{T}}\boldsymbol{E}^{-1} & \boldsymbol{O}_{q\times r} \\ (\boldsymbol{F}_s(\widehat{\boldsymbol{x}}_k^{(\mathrm{b2})},\widehat{\boldsymbol{s}}_k^{(\mathrm{b2})}))^{\mathrm{T}}\boldsymbol{E}^{-1} & \boldsymbol{\varPsi}^{-1}\end{bmatrix}\begin{bmatrix}\boldsymbol{z}-\boldsymbol{f}(\widehat{\boldsymbol{x}}_k^{(\mathrm{b2})},\widehat{\boldsymbol{s}}_k^{(\mathrm{b2})}) \\ \widehat{\boldsymbol{s}}-\widehat{\boldsymbol{s}}_k^{(\mathrm{b2})}\end{bmatrix}\right\}
\end{aligned}
$$

$$\Rightarrow \begin{bmatrix} (\boldsymbol{F}_x(\widehat{\boldsymbol{x}}^{(\mathrm{b2})},\widehat{\boldsymbol{s}}^{(\mathrm{b2})}))^{\mathrm{T}}\boldsymbol{E}^{-1} & \boldsymbol{O}_{q\times r} \\ (\boldsymbol{F}_s(\widehat{\boldsymbol{x}}^{(\mathrm{b2})},\widehat{\boldsymbol{s}}^{(\mathrm{b2})}))^{\mathrm{T}}\boldsymbol{E}^{-1} & \boldsymbol{\Psi}^{-1} \end{bmatrix} \begin{bmatrix} \boldsymbol{z}-\boldsymbol{f}(\widehat{\boldsymbol{x}}^{(\mathrm{b2})},\widehat{\boldsymbol{s}}^{(\mathrm{b2})}) \\ \widehat{\boldsymbol{s}}-\widehat{\boldsymbol{s}}^{(\mathrm{b2})} \end{bmatrix} = \boldsymbol{O}_{(q+r)\times 1} \tag{3.77}$$

然后, 将式 (3.24) 代入式 (3.77), 并利用一阶误差分析方法可知

$$\begin{aligned} \boldsymbol{O}_{(q+r)\times 1} &= \begin{bmatrix} (\boldsymbol{F}_x(\widehat{\boldsymbol{x}}^{(\mathrm{b2})},\widehat{\boldsymbol{s}}^{(\mathrm{b2})}))^{\mathrm{T}}\boldsymbol{E}^{-1} & \boldsymbol{O}_{q\times r} \\ (\boldsymbol{F}_s(\widehat{\boldsymbol{x}}^{(\mathrm{b2})},\widehat{\boldsymbol{s}}^{(\mathrm{b2})}))^{\mathrm{T}}\boldsymbol{E}^{-1} & \boldsymbol{\Psi}^{-1} \end{bmatrix} \begin{bmatrix} \boldsymbol{f}(\boldsymbol{x},\boldsymbol{s})-\boldsymbol{f}(\widehat{\boldsymbol{x}}^{(\mathrm{b2})},\widehat{\boldsymbol{s}}^{(\mathrm{b2})})+\boldsymbol{e} \\ \boldsymbol{s}-\widehat{\boldsymbol{s}}^{(\mathrm{b2})}+\boldsymbol{\varphi} \end{bmatrix} \\ &\approx \begin{bmatrix} (\boldsymbol{F}_x(\widehat{\boldsymbol{x}}^{(\mathrm{b2})},\widehat{\boldsymbol{s}}^{(\mathrm{b2})}))^{\mathrm{T}}\boldsymbol{E}^{-1} & \boldsymbol{O}_{q\times r} \\ (\boldsymbol{F}_s(\widehat{\boldsymbol{x}}^{(\mathrm{b2})},\widehat{\boldsymbol{s}}^{(\mathrm{b2})}))^{\mathrm{T}}\boldsymbol{E}^{-1} & \boldsymbol{\Psi}^{-1} \end{bmatrix} \begin{bmatrix} \boldsymbol{e}-\boldsymbol{F}_x(\boldsymbol{x},\boldsymbol{s})\Delta\boldsymbol{x}^{(\mathrm{b2})}-\boldsymbol{F}_s(\boldsymbol{x},\boldsymbol{s})\Delta\boldsymbol{s}^{(\mathrm{b2})} \\ \boldsymbol{\varphi}-\Delta\boldsymbol{s}^{(\mathrm{b2})} \end{bmatrix} \\ &\approx \begin{bmatrix} (\boldsymbol{F}_x(\boldsymbol{x},\boldsymbol{s}))^{\mathrm{T}}\boldsymbol{E}^{-1} & \boldsymbol{O}_{q\times r} \\ (\boldsymbol{F}_s(\boldsymbol{x},\boldsymbol{s}))^{\mathrm{T}}\boldsymbol{E}^{-1} & \boldsymbol{\Psi}^{-1} \end{bmatrix} \begin{bmatrix} \boldsymbol{e}-\boldsymbol{F}_x(\boldsymbol{x},\boldsymbol{s})\Delta\boldsymbol{x}^{(\mathrm{b2})}-\boldsymbol{F}_s(\boldsymbol{x},\boldsymbol{s})\Delta\boldsymbol{s}^{(\mathrm{b2})} \\ \boldsymbol{\varphi}-\Delta\boldsymbol{s}^{(\mathrm{b2})} \end{bmatrix} \end{aligned} \tag{3.78}$$

式中, $\begin{bmatrix} \Delta\boldsymbol{x}^{(\mathrm{b2})} \\ \Delta\boldsymbol{s}^{(\mathrm{b2})} \end{bmatrix} = \begin{bmatrix} \widehat{\boldsymbol{x}}^{(\mathrm{b2})} \\ \widehat{\boldsymbol{s}}^{(\mathrm{b2})} \end{bmatrix} - \begin{bmatrix} \boldsymbol{x} \\ \boldsymbol{s} \end{bmatrix}$ 表示向量 $\begin{bmatrix} \widehat{\boldsymbol{x}}^{(\mathrm{b2})} \\ \widehat{\boldsymbol{s}}^{(\mathrm{b2})} \end{bmatrix}$ 的估计误差。式 (3.78) 忽略了误差的二阶及以上各阶项, 由该式可以进一步推得

$$\begin{aligned} \begin{bmatrix} \Delta\boldsymbol{x}^{(\mathrm{b2})} \\ \Delta\boldsymbol{s}^{(\mathrm{b2})} \end{bmatrix} &\approx \left[\begin{array}{c:c} (\boldsymbol{F}_x(\boldsymbol{x},\boldsymbol{s}))^{\mathrm{T}}\boldsymbol{E}^{-1}\boldsymbol{F}_x(\boldsymbol{x},\boldsymbol{s}) & (\boldsymbol{F}_x(\boldsymbol{x},\boldsymbol{s}))^{\mathrm{T}}\boldsymbol{E}^{-1}\boldsymbol{F}_s(\boldsymbol{x},\boldsymbol{s}) \\ \hdashline (\boldsymbol{F}_s(\boldsymbol{x},\boldsymbol{s}))^{\mathrm{T}}\boldsymbol{E}^{-1}\boldsymbol{F}_x(\boldsymbol{x},\boldsymbol{s}) & (\boldsymbol{F}_s(\boldsymbol{x},\boldsymbol{s}))^{\mathrm{T}}\boldsymbol{E}^{-1}\boldsymbol{F}_s(\boldsymbol{x},\boldsymbol{s})+\boldsymbol{\Psi}^{-1} \end{array}\right]^{-1} \\ &\quad \times \begin{bmatrix} (\boldsymbol{F}_x(\boldsymbol{x},\boldsymbol{s}))^{\mathrm{T}}\boldsymbol{E}^{-1} & \boldsymbol{O}_{q\times r} \\ (\boldsymbol{F}_s(\boldsymbol{x},\boldsymbol{s}))^{\mathrm{T}}\boldsymbol{E}^{-1} & \boldsymbol{\Psi}^{-1} \end{bmatrix} \begin{bmatrix} \boldsymbol{e} \\ \boldsymbol{\varphi} \end{bmatrix} \end{aligned} \tag{3.79}$$

式 (3.79) 给出了估计误差 $\begin{bmatrix} \Delta\boldsymbol{x}^{(\mathrm{b2})} \\ \Delta\boldsymbol{s}^{(\mathrm{b2})} \end{bmatrix}$ 与观测误差 $\begin{bmatrix} \boldsymbol{e} \\ \boldsymbol{\varphi} \end{bmatrix}$ 之间的线性关系式。由式 (3.79) 可知 $\mathbf{E}\begin{bmatrix} \Delta\boldsymbol{x}^{(\mathrm{b2})} \\ \Delta\boldsymbol{s}^{(\mathrm{b2})} \end{bmatrix} \approx \boldsymbol{O}_{(q+r)\times 1}$, 因此向量 $\begin{bmatrix} \widehat{\boldsymbol{x}}^{(\mathrm{b2})} \\ \widehat{\boldsymbol{s}}^{(\mathrm{b2})} \end{bmatrix}$ 是关于未知参数及模型参数 $\begin{bmatrix} \boldsymbol{x} \\ \boldsymbol{s} \end{bmatrix}$ 的渐近无偏估计值。此外, 基于式 (3.79) 可以推得估计值 $\begin{bmatrix} \widehat{\boldsymbol{x}}^{(\mathrm{b2})} \\ \widehat{\boldsymbol{s}}^{(\mathrm{b2})} \end{bmatrix}$ 的均方误差

$$
\begin{aligned}
\mathbf{MSE}\left(\begin{bmatrix}\widehat{\boldsymbol{x}}^{(\mathrm{b2})}\\ \widehat{\boldsymbol{s}}^{(\mathrm{b2})}\end{bmatrix}\right)&=\mathbf{E}\left(\begin{bmatrix}\widehat{\boldsymbol{x}}^{(\mathrm{b2})}-\boldsymbol{x}\\ \widehat{\boldsymbol{s}}^{(\mathrm{b2})}-\boldsymbol{s}\end{bmatrix}\begin{bmatrix}\widehat{\boldsymbol{x}}^{(\mathrm{b2})}-\boldsymbol{x}\\ \widehat{\boldsymbol{s}}^{(\mathrm{b2})}-\boldsymbol{s}\end{bmatrix}^{\mathrm{T}}\right)=\mathbf{E}\left(\begin{bmatrix}\Delta\boldsymbol{x}^{(\mathrm{b2})}\\ \Delta\boldsymbol{s}^{(\mathrm{b2})}\end{bmatrix}\begin{bmatrix}\Delta\boldsymbol{x}^{(\mathrm{b2})}\\ \Delta\boldsymbol{s}^{(\mathrm{b2})}\end{bmatrix}^{\mathrm{T}}\right)\\
&=\left[\begin{array}{c:c}(\boldsymbol{F}_x(\boldsymbol{x},\boldsymbol{s}))^{\mathrm{T}}\boldsymbol{E}^{-1}\boldsymbol{F}_x(\boldsymbol{x},\boldsymbol{s}) & (\boldsymbol{F}_x(\boldsymbol{x},\boldsymbol{s}))^{\mathrm{T}}\boldsymbol{E}^{-1}\boldsymbol{F}_s(\boldsymbol{x},\boldsymbol{s})\\ \hdashline (\boldsymbol{F}_s(\boldsymbol{x},\boldsymbol{s}))^{\mathrm{T}}\boldsymbol{E}^{-1}\boldsymbol{F}_x(\boldsymbol{x},\boldsymbol{s}) & (\boldsymbol{F}_s(\boldsymbol{x},\boldsymbol{s}))^{\mathrm{T}}\boldsymbol{E}^{-1}\boldsymbol{F}_s(\boldsymbol{x},\boldsymbol{s})+\boldsymbol{\Psi}^{-1}\end{array}\right]^{-1}\\
&\quad\times\begin{bmatrix}(\boldsymbol{F}_x(\boldsymbol{x},\boldsymbol{s}))^{\mathrm{T}}\boldsymbol{E}^{-1} & \boldsymbol{O}_{q\times r}\\ (\boldsymbol{F}_s(\boldsymbol{x},\boldsymbol{s}))^{\mathrm{T}}\boldsymbol{E}^{-1} & \boldsymbol{\Psi}^{-1}\end{bmatrix}\mathbf{E}\left(\begin{bmatrix}\boldsymbol{e}\\ \boldsymbol{\varphi}\end{bmatrix}\begin{bmatrix}\boldsymbol{e}\\ \boldsymbol{\varphi}\end{bmatrix}^{\mathrm{T}}\right)\\
&\quad\times\begin{bmatrix}\boldsymbol{E}^{-1}\boldsymbol{F}_x(\boldsymbol{x},\boldsymbol{s}) & \boldsymbol{E}^{-1}\boldsymbol{F}_s(\boldsymbol{x},\boldsymbol{s})\\ \boldsymbol{O}_{r\times q} & \boldsymbol{\Psi}^{-1}\end{bmatrix}\\
&\quad\times\left[\begin{array}{c:c}(\boldsymbol{F}_x(\boldsymbol{x},\boldsymbol{s}))^{\mathrm{T}}\boldsymbol{E}^{-1}\boldsymbol{F}_x(\boldsymbol{x},\boldsymbol{s}) & (\boldsymbol{F}_x(\boldsymbol{x},\boldsymbol{s}))^{\mathrm{T}}\boldsymbol{E}^{-1}\boldsymbol{F}_s(\boldsymbol{x},\boldsymbol{s})\\ \hdashline (\boldsymbol{F}_s(\boldsymbol{x},\boldsymbol{s}))^{\mathrm{T}}\boldsymbol{E}^{-1}\boldsymbol{F}_x(\boldsymbol{x},\boldsymbol{s}) & (\boldsymbol{F}_s(\boldsymbol{x},\boldsymbol{s}))^{\mathrm{T}}\boldsymbol{E}^{-1}\boldsymbol{F}_s(\boldsymbol{x},\boldsymbol{s})+\boldsymbol{\Psi}^{-1}\end{array}\right]^{-1}\\
&=\left[\begin{array}{c:c}(\boldsymbol{F}_x(\boldsymbol{x},\boldsymbol{s}))^{\mathrm{T}}\boldsymbol{E}^{-1}\boldsymbol{F}_x(\boldsymbol{x},\boldsymbol{s}) & (\boldsymbol{F}_x(\boldsymbol{x},\boldsymbol{s}))^{\mathrm{T}}\boldsymbol{E}^{-1}\boldsymbol{F}_s(\boldsymbol{x},\boldsymbol{s})\\ \hdashline (\boldsymbol{F}_s(\boldsymbol{x},\boldsymbol{s}))^{\mathrm{T}}\boldsymbol{E}^{-1}\boldsymbol{F}_x(\boldsymbol{x},\boldsymbol{s}) & (\boldsymbol{F}_s(\boldsymbol{x},\boldsymbol{s}))^{\mathrm{T}}\boldsymbol{E}^{-1}\boldsymbol{F}_s(\boldsymbol{x},\boldsymbol{s})+\boldsymbol{\Psi}^{-1}\end{array}\right]^{-1}\\
&=\mathbf{CRB}^{(\mathrm{b})}\left(\begin{bmatrix}\boldsymbol{x}\\ \boldsymbol{s}\end{bmatrix}\right)
\end{aligned}
\tag{3.80}
$$

证毕。

【**注记 3.15**】命题 3.15 表明, 向量 $\begin{bmatrix}\widehat{\boldsymbol{x}}^{(\mathrm{b2})}\\ \widehat{\boldsymbol{s}}^{(\mathrm{b2})}\end{bmatrix}$ 是关于未知参数及模型参数 $\begin{bmatrix}\boldsymbol{x}\\ \boldsymbol{s}\end{bmatrix}$ 的渐近统计最优估计值。

3.4.3 数值实验

本节仍然选择式 (3.22) 所定义的函数 $\boldsymbol{f}(\boldsymbol{x},\boldsymbol{s})$ 进行数值实验。由式 (3.22) 可以推得 Jacobi 矩阵 $\boldsymbol{F}_s(\boldsymbol{x},\boldsymbol{s})$ 的表达式为

$$
\boldsymbol{F}_s(\boldsymbol{x},\boldsymbol{s})=\left(\begin{bmatrix}x_1^3\\ (x_1x_2)^{-1}\\ x_1x_2^2x_3\\ \exp\left\{\dfrac{1}{20}\displaystyle\sum_{j=1}^{3}x_j^2\right\}\end{bmatrix}\otimes\boldsymbol{I}_6\right)^{\mathrm{T}}\begin{bmatrix}\boldsymbol{S}_1\\ \boldsymbol{S}_2\\ \boldsymbol{S}_3\\ \boldsymbol{S}_4\end{bmatrix}\in\mathbf{R}^{6\times 6}
\tag{3.81}
$$

式中,

$$
\begin{cases}
\boldsymbol{S}_1=\begin{bmatrix} 1 & 0 & 0 & 0 & 0 & 0 \\ 0 & 0 & 1 & 0 & 0 & 0 \\ 1 & -2s_2 & 0 & 0 & 0 & 0 \\ 0 & 0 & 0 & 0 & 0 & 0 \\ 0 & 0 & 0 & 0 & 2s_5 & 0 \\ 0 & 0 & 0 & 0 & 0 & 0 \end{bmatrix};\boldsymbol{S}_2=\begin{bmatrix} 2s_1 & 0 & 0 & 0 & 0 & 0 \\ 0 & 0 & 0 & 0 & 0 & 0 \\ 0 & 2s_2s_3 & s_2^2 & 0 & 0 & 0 \\ s_4^2 & 0 & 0 & 2s_1s_4 & 0 & 0 \\ s_5 & 0 & 0 & 0 & s_1 & 0 \\ 0 & 0 & s_6 & 0 & 0 & s_3 \end{bmatrix} \\
\boldsymbol{S}_3=\begin{bmatrix} s_2 & s_1 & 0 & 0 & 0 & 0 \\ s_3 & 0 & s_1 & 0 & 0 & 0 \\ 0 & 0 & 0 & 0 & 0 & 0 \\ 0 & 2s_2 & 0 & 1 & 0 & 0 \\ 0 & 0 & s_5 & 0 & s_3 & 0 \\ 0 & 0 & 0 & 0 & s_6^2 & 2s_5s_6 \end{bmatrix};\boldsymbol{S}_4=\begin{bmatrix} 0 & 0 & 0 & 0 & 0 & 0 \\ 0 & 1 & 1 & 0 & 0 & 0 \\ 0 & 0 & 0 & 1 & 0 & 0 \\ 0 & 0 & 0 & 0 & 1 & 0 \\ 0 & 0 & 0 & 0 & 0 & 0 \\ 0 & 1 & 0 & 0 & 0 & -1 \end{bmatrix}
\end{cases}
\tag{3.82}
$$

设未知参数 $\boldsymbol{x}=[-1.8\ \ 0.2\ \ -6.5]^{\mathrm{T}}$, 模型参数 $\boldsymbol{s}=[-1.6\ \ 5.4\ \ -7.9\ \ 2.8\ \ 6.5\ \ -3.3]^{\mathrm{T}}$ (假设其未能精确已知, 仅存在先验观测值); 观测误差协方差矩阵设为 $\boldsymbol{E}=\sigma_1^2\boldsymbol{I}_6$, 其中 σ_1 称为观测误差标准差; 模型参数先验观测误差协方差矩阵设为 $\boldsymbol{\Psi}=\sigma_2^2\boldsymbol{I}_6$, 其中 σ_2 称为先验观测误差标准差。利用方法 3–a 和方法 3–b1 对未知参数 $\boldsymbol{x}$ 进行估计, 利用方法 3–b2 对未知参数 $\boldsymbol{x}$ 和模型参数 $\boldsymbol{s}$ 进行联合估计。

首先, 设 $\sigma_2=0.1$, 图 3.5 给出了未知参数 $\boldsymbol{x}$ 估计均方根误差随观测误差标准差 σ_1 的变化曲线, 图 3.6 给出了模型参数 $\boldsymbol{s}$ 估计均方根误差随观测误差标准差 σ_1 的变化曲线; 然后, 设 $\sigma_1=2$, 图 3.7 给出了未知参数 $\boldsymbol{x}$ 估计均方根误差随先验观测误差标准差 σ_2 的变化曲线, 图 3.8 给出了模型参数 $\boldsymbol{s}$ 估计均方根误差随先验观测误差标准差 σ_2 的变化曲线。

由图 3.5 至图 3.8 可以看出:

① 当模型参数存在先验观测误差时, 3 种方法的参数估计均方根误差均随观测误差标准差 σ_1 的增加而增大, 随先验观测误差标准差 σ_2 的增加而增大。

② 当模型参数存在先验观测误差时, 方法 3–a 对未知参数 $\boldsymbol{x}$ 的估计均方根误差与式 (3.48) 给出的理论值基本吻合 (如图 3.5、图 3.7 所示), 从而验证了第 3.3.2 节理论性能分析的有效性。

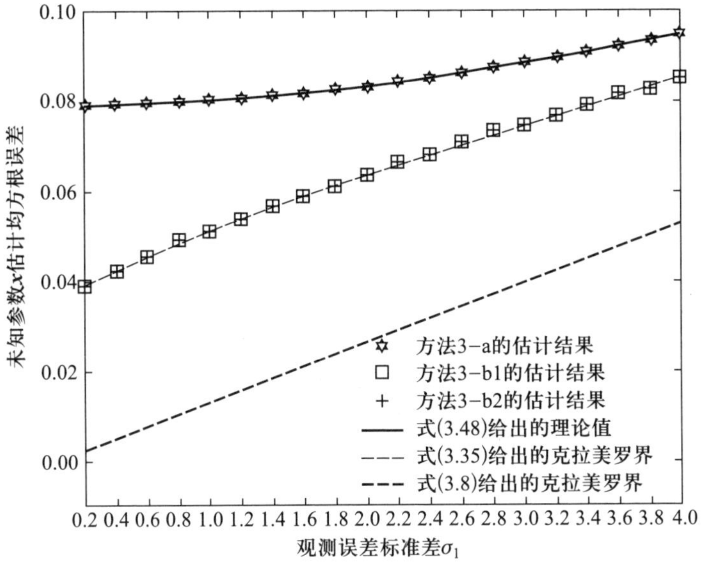

图 3.5　未知参数 $\boldsymbol{x}$ 估计均方根误差随观测误差标准差 σ_1 的变化曲线 (彩图)

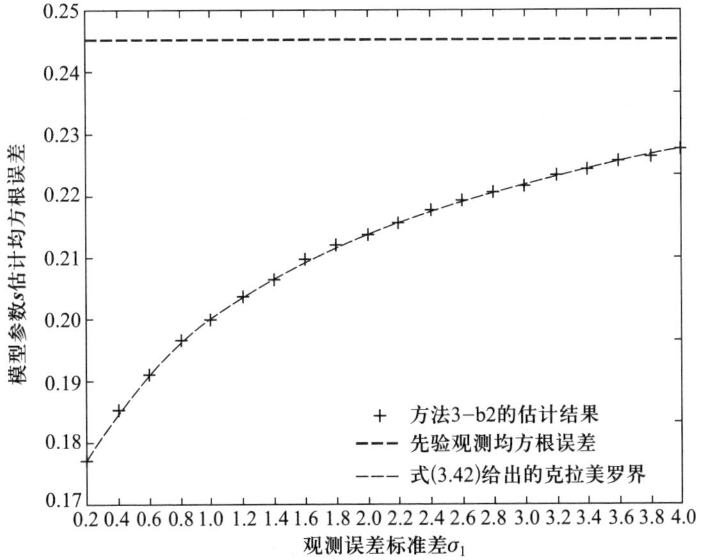

图 3.6　模型参数 $\boldsymbol{s}$ 估计均方根误差随观测误差标准差 σ_1 的变化曲线

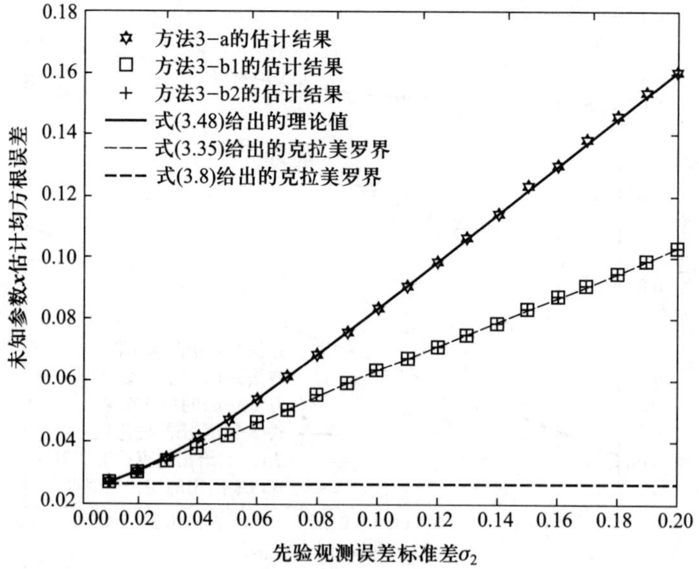

图 3.7　未知参数 $\boldsymbol{x}$ 估计均方根误差随先验观测误差标准差 σ_2 的变化曲线 (彩图)

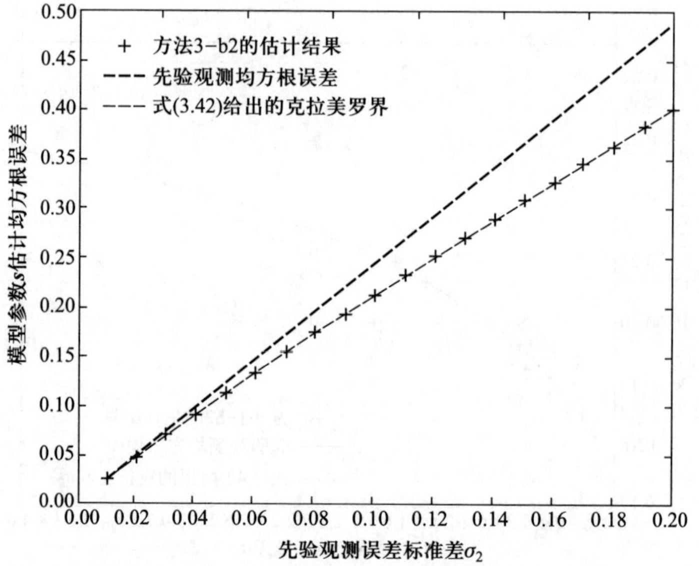

图 3.8　模型参数 $\boldsymbol{s}$ 估计均方根误差随先验观测误差标准差 σ_2 的变化曲线

③ 当模型参数存在先验观测误差时, 方法 3−b1 和方法 3−b2 对未知参数 $\boldsymbol{x}$ 的估计均方根误差均能够达到由式 (3.35) 给出的克拉美罗界 (如图 3.5、图 3.7 所示), 从而验证了第 3.4.2 节理论性能分析的有效性。此外, 方法 3−b1 和方法 3−b2 的估计精度高于方法 3−a, 并且性能差异随观测误差标准差 σ_1 的增加而变小 (如图 3.5 所示), 随先验观测误差标准差 σ_2 的增加而变大 (如图 3.7 所示)。

④ 当模型参数存在先验观测误差时, 方法 3−b2 提高了对模型参数 $\boldsymbol{s}$ 的估计精度 (相对其先验观测精度而言), 并且其估计均方根误差能够达到由式 (3.42) 给出的克拉美罗界 (如图 3.6、图 3.8 所示), 从而再次验证了第 3.4.2 节理论性能分析的有效性。

第 4 章　非线性最小二乘估计理论与方法: 含有第 I 类等式约束

在一些参数估计问题中, 未知参数服从某个先验等式约束, 此时需要将此先验信息融入非线性最小二乘估计方法中, 用于提高参数估计精度。根据等式约束的代数特点, 本书将等式约束分成 3 类 (分别称为第 I 类、第 II 类和第 III 类), 针对每一类等式约束的最小二乘估计方法各不相同。本章描述含有第 I 类等式约束的非线性最小二乘估计理论与方法, 第 5 章和第 6 章将分别描述含有第 II 类和第 III 类等式约束的非线性最小二乘估计理论与方法。

4.1　含有第 I 类等式约束的非线性观测模型

考虑如下非线性观测模型

$$\boldsymbol{z}=\boldsymbol{z}_0+\boldsymbol{e}=\boldsymbol{f}(\boldsymbol{x},\boldsymbol{s})+\boldsymbol{e} \tag{4.1}$$

式中,

$\boldsymbol{z}_0=\boldsymbol{f}(\boldsymbol{x},\boldsymbol{s})\in\mathbf{R}^{p\times 1}$ 表示没有误差条件下的观测向量, 其中 $\boldsymbol{f}(\boldsymbol{x},\boldsymbol{s})$ 是关于向量 $\boldsymbol{x}$ 和 $\boldsymbol{s}$ 的连续可导函数;

$\boldsymbol{x}\in\mathbf{R}^{q\times 1}$ 表示待估计的未知参数, 其中 $q<p$ 以确保问题是超定的 (即观测量个数大于未知参数个数);

$\boldsymbol{s}\in\mathbf{R}^{r\times 1}$ 表示模型参数;

$\boldsymbol{z}\in\mathbf{R}^{p\times 1}$ 表示含有误差条件下的观测向量;

$\boldsymbol{e}\in\mathbf{R}^{p\times 1}$ 表示观测误差向量, 假设其服从均值为零、协方差矩阵为 $\mathbf{COV}(\boldsymbol{e})=\mathbf{E}[\boldsymbol{e}\boldsymbol{e}^{\mathrm{T}}]=\boldsymbol{E}$ 的高斯分布。

【**注记 4.1**】与第 3 章相同, 本章仍然考虑两种情形: 第 1 种情形是假设模型参数 $\boldsymbol{s}$ 精确已知, 此时可以将其看成是已知量; 第 2 种情形是假设仅存在关于模型参数 $\boldsymbol{s}$ 的先验观测值 $\widehat{\boldsymbol{s}}$, 其中包含先验观测误差, 并且先验观测误差向量 $\boldsymbol{\varphi}=\widehat{\boldsymbol{s}}-\boldsymbol{s}$ 服从均值为零、协方差矩阵为 $\mathbf{COV}(\boldsymbol{\varphi})=\mathbf{E}[\boldsymbol{\varphi}\boldsymbol{\varphi}^{\mathrm{T}}]=\boldsymbol{\Psi}$ 的高斯分布, 此外, 误差向量 $\boldsymbol{\varphi}$ 与 $\boldsymbol{e}$ 相互间统计独立, 并且协方差矩阵 $\boldsymbol{E}$ 和 $\boldsymbol{\Psi}$ 都是满秩的正定矩阵。

与第 3 章不同的是, 本章假设未知参数 $\boldsymbol{x}$ 服从某个先验等式约束, 并将其表示为

$$\boldsymbol{c}(\boldsymbol{x})=\boldsymbol{d} \tag{4.2}$$

式中, $\boldsymbol{d}\in\mathbf{R}^{l\times 1}$ 表示某个已知的常数向量, 其中 $l<q$①; $\boldsymbol{c}(\boldsymbol{x})$ 表示关于向量 $\boldsymbol{x}$ 的连续可导函数。

【注记 4.2】 式 (4.2) 中包含 l 个等式约束, 假设这 l 个等式约束彼此独立、互不相关, 这意味着函数 $\boldsymbol{c}(\boldsymbol{x})$ 的 Jacobi 矩阵 $\boldsymbol{C}(\boldsymbol{x})=\dfrac{\partial\boldsymbol{c}(\boldsymbol{x})}{\partial\boldsymbol{x}^{\mathrm{T}}}\in\mathbf{R}^{l\times q}$ 为行满秩矩阵。

需要指出的是, 第 I 类等式约束的特征在于, 由式 (4.2) 可以得到未知参数 $\boldsymbol{x}$ 中的部分元素关于其余元素的闭式表达式。不失一般性, 将向量 $\boldsymbol{x}$ 中的前面 l 个元素构成的向量记为 $\boldsymbol{x}_1$, 将向量 $\boldsymbol{x}$ 中的后面 $q-l$ 个元素构成的向量记为 $\boldsymbol{x}_2$, 由式 (4.2) 可以得到向量 $\boldsymbol{x}_1$ 关于向量 $\boldsymbol{x}_2$ 的闭式表达式

$$\boldsymbol{x}_1=\boldsymbol{g}_1(\boldsymbol{x}_2) \tag{4.3}$$

式中, $\boldsymbol{g}_1(\boldsymbol{x}_2)$ 表示关于向量 $\boldsymbol{x}_2$ 的连续可导函数。基于式 (4.3) 可以将向量 $\boldsymbol{x}$ 表示为

$$\boldsymbol{x}=\begin{bmatrix}\boldsymbol{x}_1\\ \boldsymbol{x}_2\end{bmatrix}=\begin{bmatrix}\boldsymbol{g}_1(\boldsymbol{x}_2)\\ \boldsymbol{x}_2\end{bmatrix}=\boldsymbol{g}(\boldsymbol{x}_2) \tag{4.4}$$

式中, $\boldsymbol{g}(\boldsymbol{x}_2)$ 表示关于向量 $\boldsymbol{x}_2$ 的连续可导函数。

举例而言, 假设未知参数 $\boldsymbol{x}$ 中包含 4 个元素 (即 $\boldsymbol{x}=[x_1\ \ x_2\ \ x_3\ \ x_4]^{\mathrm{T}}$), 它们之间满足如下等式约束

$$\begin{bmatrix}x_1\exp\{-(4x_3^2+2x_4^2)\}\\ \sqrt{x_1}x_2(x_3+3x_4^2)^{-1}\end{bmatrix}=\begin{bmatrix}1\\ 2\end{bmatrix} \tag{4.5}$$

此时令 $\boldsymbol{x}_1=\begin{bmatrix}x_1\\ x_2\end{bmatrix}$ 和 $\boldsymbol{x}_2=\begin{bmatrix}x_3\\ x_4\end{bmatrix}$, 则由式 (4.5) 可以推得

$$\boldsymbol{x}_1=\boldsymbol{g}_1(\boldsymbol{x}_2)=\begin{bmatrix}\exp\{4x_3^2+2x_4^2\}\\ 2(x_3+3x_4^2)\exp\{-(2x_3^2+x_4^2)\}\end{bmatrix} \tag{4.6}$$

① 若 $l\geqslant q$, 则通过求解方程式 (4.2) 就可以获得未知参数 $\boldsymbol{x}$ 的精确解, 此时观测模型式 (4.1) 将没有太大意义。

【注记 4.3】由式 (4.4) 可知, 函数 $\boldsymbol{g}(\boldsymbol{x}_2)$ 的 Jacobi 矩阵可以表示为

$$\boldsymbol{G}(\boldsymbol{x}_2)=\frac{\partial \boldsymbol{g}(\boldsymbol{x}_2)}{\partial \boldsymbol{x}_2^{\mathrm{T}}}=\begin{bmatrix}\boldsymbol{G}_1(\boldsymbol{x}_2)\\ \boldsymbol{I}_{q-l}\end{bmatrix}\in \mathbf{R}^{q\times(q-l)} \tag{4.7}$$

式中, $\boldsymbol{G}_1(\boldsymbol{x}_2)=\dfrac{\partial \boldsymbol{g}_1(\boldsymbol{x}_2)}{\partial \boldsymbol{x}_2^{\mathrm{T}}}\in \mathbf{R}^{l\times(q-l)}$ 表示函数 $\boldsymbol{g}_1(\boldsymbol{x}_2)$ 的 Jacobi 矩阵。由式 (4.7) 不难验证, $\boldsymbol{G}(\boldsymbol{x}_2)$ 为列满秩矩阵。

【注记 4.4】虽然未知参数 $\boldsymbol{x}$ 的长度为 q, 但由于向量 $\boldsymbol{x}_1$ 可以利用向量 $\boldsymbol{x}_2$ 闭式表示, 因此在本章考虑的观测模型中, 其未知参数的自由度仅为 $q-l$, 也就是等于向量 $\boldsymbol{x}_2$ 的长度。

4.2 模型参数精确已知时的参数估计优化模型、求解方法及其理论性能

4.2.1 参数估计优化模型及其求解方法

1. 参数估计优化模型

当模型参数 $\boldsymbol{s}$ 精确已知时, 为了最大程度地抑制观测误差 $\boldsymbol{e}$ 的影响, 可以将参数估计优化模型表示为

$$\begin{cases}\min\limits_{\boldsymbol{x}\in\mathbf{R}^{q\times 1};\boldsymbol{e}\in\mathbf{R}^{p\times 1}}\{\boldsymbol{e}^{\mathrm{T}}\boldsymbol{E}^{-1}\boldsymbol{e}\}\\ \text{s.t. } \boldsymbol{z}=\boldsymbol{f}(\boldsymbol{x},\boldsymbol{s})+\boldsymbol{e}\\ \qquad \boldsymbol{c}(\boldsymbol{x})=\boldsymbol{d}\end{cases} \tag{4.8}$$

式中, $\boldsymbol{E}^{-1}$ 表示加权矩阵。显然, 式 (4.8) 也可以直接转化成如下优化模型

$$\begin{cases}\min\limits_{\boldsymbol{x}\in\mathbf{R}^{q\times 1}}\{(\boldsymbol{z}-\boldsymbol{f}(\boldsymbol{x},\boldsymbol{s}))^{\mathrm{T}}\boldsymbol{E}^{-1}(\boldsymbol{z}-\boldsymbol{f}(\boldsymbol{x},\boldsymbol{s}))\}\\ \text{s.t. } \boldsymbol{c}(\boldsymbol{x})=\boldsymbol{d}\end{cases} \tag{4.9}$$

式 (4.9) 是关于未知参数 $\boldsymbol{x}$ 的约束优化问题。

由于本章假设向量 $\boldsymbol{x}_1$ 可以由向量 $\boldsymbol{x}_2$ 闭式表示 (即 $\boldsymbol{x}_1=\boldsymbol{g}_1(\boldsymbol{x}_2)$), 于是结合式 (4.4) 可以将式 (4.9) 直接看成是关于向量 $\boldsymbol{x}_2$ 的无约束优化问题, 如下式所示

$$\min_{\boldsymbol{x}_2\in\mathbf{R}^{(q-l)\times 1}}\{(\boldsymbol{z}-\boldsymbol{f}(\boldsymbol{g}(\boldsymbol{x}_2),\boldsymbol{s}))^{\mathrm{T}}\boldsymbol{E}^{-1}(\boldsymbol{z}-\boldsymbol{f}(\boldsymbol{g}(\boldsymbol{x}_2),\boldsymbol{s}))\} \tag{4.10}$$

一旦得到了向量 $\boldsymbol{x}_2$ 的估计值, 就可以利用式 (4.4) 获得未知参数 $\boldsymbol{x}$ 的估计值。式 (4.10) 的求解需要迭代计算, 与第 3.2.1 节类似, 同样利用高斯–牛顿迭代法进行求解。

2. 迭代求解方法 4–a

假设向量 $\boldsymbol{x}_2$ 的第 k 次迭代结果为 $\widehat{\boldsymbol{x}}_{2,k}^{(\mathrm{a})}$①, 现将函数 $\boldsymbol{f}(\boldsymbol{g}(\boldsymbol{x}_2),\boldsymbol{s})$ 在向量 $\widehat{\boldsymbol{x}}_{2,k}^{(\mathrm{a})}$ 处进行一阶泰勒级数展开, 并利用链式法则可得

$$\boldsymbol{f}(\boldsymbol{g}(\boldsymbol{x}_2),\boldsymbol{s}) \approx \boldsymbol{f}(\boldsymbol{g}(\widehat{\boldsymbol{x}}_{2,k}^{(\mathrm{a})}),\boldsymbol{s}) + \boldsymbol{F}_x(\widehat{\boldsymbol{x}}_{k}^{(\mathrm{a})},\boldsymbol{s})\boldsymbol{G}(\widehat{\boldsymbol{x}}_{2,k}^{(\mathrm{a})})(\boldsymbol{x}_2 - \widehat{\boldsymbol{x}}_{2,k}^{(\mathrm{a})}) \tag{4.11}$$

式中, $\boldsymbol{F}_x(\boldsymbol{x},\boldsymbol{s}) = \dfrac{\partial \boldsymbol{f}(\boldsymbol{x},\boldsymbol{s})}{\partial \boldsymbol{x}^{\mathrm{T}}} \in \mathbf{R}^{p\times q}$ 表示函数 $\boldsymbol{f}(\boldsymbol{x},\boldsymbol{s})$ 关于向量 $\boldsymbol{x}$ 的 Jacobi 矩阵, $\widehat{\boldsymbol{x}}_{k}^{(\mathrm{a})} = \begin{bmatrix} \boldsymbol{g}_1(\widehat{\boldsymbol{x}}_{2,k}^{(\mathrm{a})}) \\ \widehat{\boldsymbol{x}}_{2,k}^{(\mathrm{a})} \end{bmatrix} = \boldsymbol{g}(\widehat{\boldsymbol{x}}_{2,k}^{(\mathrm{a})})$ 表示未知参数 $\boldsymbol{x}$ 的第 k 次迭代结果。式 (4.11) 中忽略的项为 $o(\|\boldsymbol{x}_2 - \widehat{\boldsymbol{x}}_{2,k}^{(\mathrm{a})}\|_2)$, 将式 (4.11) 代入式 (4.10) 可知

$$\begin{aligned}
&\min_{\boldsymbol{x}_2\in\mathbf{R}^{(q-l)\times 1}} \{(\boldsymbol{z} - \boldsymbol{f}(\boldsymbol{g}(\widehat{\boldsymbol{x}}_{2,k}^{(\mathrm{a})}),\boldsymbol{s}) - \boldsymbol{F}_x(\widehat{\boldsymbol{x}}_{k}^{(\mathrm{a})},\boldsymbol{s})\boldsymbol{G}(\widehat{\boldsymbol{x}}_{2,k}^{(\mathrm{a})})(\boldsymbol{x}_2 - \widehat{\boldsymbol{x}}_{2,k}^{(\mathrm{a})}))^{\mathrm{T}} \\
&\quad \times \boldsymbol{E}^{-1}(\boldsymbol{z} - \boldsymbol{f}(\boldsymbol{g}(\widehat{\boldsymbol{x}}_{2,k}^{(\mathrm{a})}),\boldsymbol{s}) - \boldsymbol{F}_x(\widehat{\boldsymbol{x}}_{k}^{(\mathrm{a})},\boldsymbol{s})\boldsymbol{G}(\widehat{\boldsymbol{x}}_{2,k}^{(\mathrm{a})})(\boldsymbol{x}_2 - \widehat{\boldsymbol{x}}_{2,k}^{(\mathrm{a})}))\} \\
&= \min_{\boldsymbol{x}_2\in\mathbf{R}^{(q-l)\times 1}} \{(\boldsymbol{F}_x(\widehat{\boldsymbol{x}}_{k}^{(\mathrm{a})},\boldsymbol{s})\boldsymbol{G}(\widehat{\boldsymbol{x}}_{2,k}^{(\mathrm{a})})(\boldsymbol{x}_2 - \widehat{\boldsymbol{x}}_{2,k}^{(\mathrm{a})}) - (\boldsymbol{z} - \boldsymbol{f}(\boldsymbol{g}(\widehat{\boldsymbol{x}}_{2,k}^{(\mathrm{a})}),\boldsymbol{s})))^{\mathrm{T}} \\
&\quad \times \boldsymbol{E}^{-1}(\boldsymbol{F}_x(\widehat{\boldsymbol{x}}_{k}^{(\mathrm{a})},\boldsymbol{s})\boldsymbol{G}(\widehat{\boldsymbol{x}}_{2,k}^{(\mathrm{a})})(\boldsymbol{x}_2 - \widehat{\boldsymbol{x}}_{2,k}^{(\mathrm{a})}) - (\boldsymbol{z} - \boldsymbol{f}(\boldsymbol{g}(\widehat{\boldsymbol{x}}_{2,k}^{(\mathrm{a})}),\boldsymbol{s})))\}
\end{aligned} \tag{4.12}$$

式 (4.12) 即为第 $k+1$ 次迭代中所求解的优化问题, 为无约束二次优化问题, 将其最优解记为 $\widehat{\boldsymbol{x}}_{2,k+1}^{(\mathrm{a})}$, 于是根据式 (2.67) 可得

$$\begin{aligned}
\widehat{\boldsymbol{x}}_{2,k+1}^{(\mathrm{a})} &= \widehat{\boldsymbol{x}}_{2,k}^{(\mathrm{a})} + ((\boldsymbol{G}(\widehat{\boldsymbol{x}}_{2,k}^{(\mathrm{a})}))^{\mathrm{T}}(\boldsymbol{F}_x(\widehat{\boldsymbol{x}}_{k}^{(\mathrm{a})},\boldsymbol{s}))^{\mathrm{T}}\boldsymbol{E}^{-1}\boldsymbol{F}_x(\widehat{\boldsymbol{x}}_{k}^{(\mathrm{a})},\boldsymbol{s})\boldsymbol{G}(\widehat{\boldsymbol{x}}_{2,k}^{(\mathrm{a})}))^{-1} \\
&\quad \times (\boldsymbol{G}(\widehat{\boldsymbol{x}}_{2,k}^{(\mathrm{a})}))^{\mathrm{T}}(\boldsymbol{F}_x(\widehat{\boldsymbol{x}}_{k}^{(\mathrm{a})},\boldsymbol{s}))^{\mathrm{T}}\boldsymbol{E}^{-1}(\boldsymbol{z} - \boldsymbol{f}(\boldsymbol{g}(\widehat{\boldsymbol{x}}_{2,k}^{(\mathrm{a})}),\boldsymbol{s}))
\end{aligned} \tag{4.13}$$

将式 (4.13) 的迭代收敛结果记为 $\widehat{\boldsymbol{x}}_{2}^{(\mathrm{a})}$ (即 $\lim\limits_{k\to+\infty} \widehat{\boldsymbol{x}}_{2,k}^{(\mathrm{a})} = \widehat{\boldsymbol{x}}_{2}^{(\mathrm{a})}$)。假设迭代初始值满足一定的条件, 可以使迭代公式 (4.13) 收敛至优化问题的全局最优解, 于是有

$$\widehat{\boldsymbol{x}}_{2}^{(\mathrm{a})} = \arg \min_{\boldsymbol{x}_2\in\mathbf{R}^{(q-l)\times 1}} \{(\boldsymbol{z} - \boldsymbol{f}(\boldsymbol{g}(\boldsymbol{x}_2),\boldsymbol{s}))^{\mathrm{T}}\boldsymbol{E}^{-1}(\boldsymbol{z} - \boldsymbol{f}(\boldsymbol{g}(\boldsymbol{x}_2),\boldsymbol{s}))\} \tag{4.14}$$

未知参数 $\boldsymbol{x}$ 的最终估计值为

$$\widehat{\boldsymbol{x}}^{(\mathrm{a})} = \begin{bmatrix} \boldsymbol{g}_1(\widehat{\boldsymbol{x}}_{2}^{(\mathrm{a})}) \\ \widehat{\boldsymbol{x}}_{2}^{(\mathrm{a})} \end{bmatrix} = \boldsymbol{g}(\widehat{\boldsymbol{x}}_{2}^{(\mathrm{a})}) \tag{4.15}$$

① 本章的上角标 (a) 表示模型参数精确已知的情形。

将上面的求解方法称为方法 4−a, 图 4.1 给出了方法 4−a 的计算流程图。

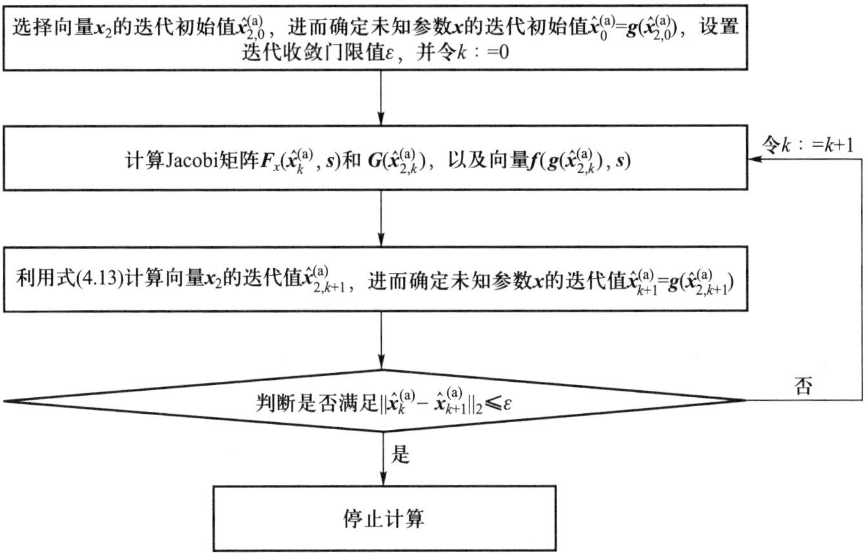

图 4.1　方法 4−a 的计算流程图

4.2.2　理论性能分析

本节首先推导参数估计均方误差的克拉美罗界, 然后推导估计值 $\widehat{\boldsymbol{x}}^{(\mathrm{a})}$ 的均方误差, 并将其与相应的克拉美罗界进行定量比较, 从而验证该估计值的渐近统计最优性。

1. 克拉美罗界分析

在模型参数 $\boldsymbol{s}$ 精确已知的条件下, 推导未知参数 $\boldsymbol{x}$ 的估计均方误差的克拉美罗界, 具体结论可见如下命题。

【命题 4.1】 基于式 (4.1) 至式 (4.4) 给出的观测模型, 未知参数 $\boldsymbol{x}$ 的估计均方误差的克拉美罗界可以表示为①

$$\begin{aligned}\mathbf{CRB}_{\mathrm{c}}^{(\mathrm{a})}(\boldsymbol{x})&=\boldsymbol{G}(\boldsymbol{x}_2)((\boldsymbol{G}(\boldsymbol{x}_2))^{\mathrm{T}}(\boldsymbol{F}_x(\boldsymbol{x},\boldsymbol{s}))^{\mathrm{T}}\boldsymbol{E}^{-1}\boldsymbol{F}_x(\boldsymbol{x},\boldsymbol{s})\boldsymbol{G}(\boldsymbol{x}_2))^{-1}(\boldsymbol{G}(\boldsymbol{x}_2))^{\mathrm{T}}\\&=\boldsymbol{G}(\boldsymbol{x}_2)((\boldsymbol{G}(\boldsymbol{x}_2))^{\mathrm{T}}(\mathbf{CRB}^{(\mathrm{a})}(\boldsymbol{x}))^{-1}\boldsymbol{G}(\boldsymbol{x}_2))^{-1}(\boldsymbol{G}(\boldsymbol{x}_2))^{\mathrm{T}}\end{aligned}\tag{4.16}$$

式中, $\mathbf{CRB}^{(\mathrm{a})}(\boldsymbol{x})=((\boldsymbol{F}_x(\boldsymbol{x},\boldsymbol{s}))^{\mathrm{T}}\boldsymbol{E}^{-1}\boldsymbol{F}_x(\boldsymbol{x},\boldsymbol{s}))^{-1}$ 表示没有等式约束条件下的克拉美罗界②。

---

① 本章的下角标 c 表示含有等式约束的情形。

② 见第 3 章式 (3.8)。

【证明】将式 (4.4) 代入式 (4.2) 可知

$$\boldsymbol{c}(\boldsymbol{g}(\boldsymbol{x}_2)) = \boldsymbol{d} \tag{4.17}$$

式 (4.17) 是关于向量 $\boldsymbol{x}_2$ 的恒等式, 将该式两边对向量 $\boldsymbol{x}_2$ 求导, 并利用链式法则可得

$$\boldsymbol{C}(\boldsymbol{x})\boldsymbol{G}(\boldsymbol{x}_2) = \boldsymbol{O}_{l\times(q-l)} \tag{4.18}$$

由于 $\boldsymbol{G}(\boldsymbol{x}_2)$ 是列满秩矩阵, 对该矩阵进行 $\boldsymbol{QR}$ 分解可知

$$\boldsymbol{G}(\boldsymbol{x}_2) = \boldsymbol{Q}(\boldsymbol{x}_2)\boldsymbol{R}(\boldsymbol{x}_2) \Rightarrow \boldsymbol{Q}(\boldsymbol{x}_2) = \boldsymbol{G}(\boldsymbol{x}_2)(\boldsymbol{R}(\boldsymbol{x}_2))^{-1} \tag{4.19}$$

式中, $\boldsymbol{Q}(\boldsymbol{x}_2) \in \mathbf{R}^{q\times(q-l)}$ 为列正交矩阵 (即 $(\boldsymbol{Q}(\boldsymbol{x}_2))^{\mathrm{T}}\boldsymbol{Q}(\boldsymbol{x}_2) = \boldsymbol{I}_{q-l}$), $\boldsymbol{R}(\boldsymbol{x}_2) \in \mathbf{R}^{(q-l)\times(q-l)}$ 为上三角矩阵。将式 (4.19) 中的第 1 个等式代入式 (4.18) 可得

$$\boldsymbol{C}(\boldsymbol{x})\boldsymbol{Q}(\boldsymbol{x}_2)\boldsymbol{R}(\boldsymbol{x}_2) = \boldsymbol{O}_{l\times(q-l)} \Rightarrow \boldsymbol{C}(\boldsymbol{x})\boldsymbol{Q}(\boldsymbol{x}_2) = \boldsymbol{O}_{l\times(q-l)} \tag{4.20}$$

结合式 (4.20) 中的第 2 个等式和式 (2.133) 可知

$$\mathbf{CRB}_{\mathrm{c}}^{(\mathrm{a})}(\boldsymbol{x}) = \boldsymbol{Q}(\boldsymbol{x}_2)((\boldsymbol{Q}(\boldsymbol{x}_2))^{\mathrm{T}}(\mathbf{CRB}^{(\mathrm{a})}(\boldsymbol{x}))^{-1}\boldsymbol{Q}(\boldsymbol{x}_2))^{-1}(\boldsymbol{Q}(\boldsymbol{x}_2))^{\mathrm{T}} \tag{4.21}$$

将式 (4.19) 中的第 2 个等式代入式 (4.21) 可得

$$\begin{aligned}\mathbf{CRB}_{\mathrm{c}}^{(\mathrm{a})}(\boldsymbol{x}) &= \boldsymbol{G}(\boldsymbol{x}_2)(\boldsymbol{R}(\boldsymbol{x}_2))^{-1}((\boldsymbol{R}(\boldsymbol{x}_2))^{-\mathrm{T}}(\boldsymbol{G}(\boldsymbol{x}_2))^{\mathrm{T}}(\mathbf{CRB}^{(\mathrm{a})}(\boldsymbol{x}))^{-1}\boldsymbol{G}(\boldsymbol{x}_2)\\&\quad\times(\boldsymbol{R}(\boldsymbol{x}_2))^{-1})^{-1}(\boldsymbol{R}(\boldsymbol{x}_2))^{-\mathrm{T}}(\boldsymbol{G}(\boldsymbol{x}_2))^{\mathrm{T}}\\&= \boldsymbol{G}(\boldsymbol{x}_2)((\boldsymbol{G}(\boldsymbol{x}_2))^{\mathrm{T}}(\mathbf{CRB}^{(\mathrm{a})}(\boldsymbol{x}))^{-1}\boldsymbol{G}(\boldsymbol{x}_2))^{-1}(\boldsymbol{G}(\boldsymbol{x}_2))^{\mathrm{T}}\end{aligned} \tag{4.22}$$

证毕。

比较 $\mathbf{CRB}^{(\mathrm{a})}(\boldsymbol{x})$ 和 $\mathbf{CRB}_{\mathrm{c}}^{(\mathrm{a})}(\boldsymbol{x})$ 可以得到以下结论。

【命题 4.2】 $\mathbf{CRB}_{\mathrm{c}}^{(\mathrm{a})}(\boldsymbol{x}) \leqslant \mathbf{CRB}^{(\mathrm{a})}(\boldsymbol{x})$。

【证明】 利用式 (2.63) 可以直接推得 $\mathbf{CRB}_{\mathrm{c}}^{(\mathrm{a})}(\boldsymbol{x}) \leqslant \mathbf{CRB}^{(\mathrm{a})}(\boldsymbol{x})$。证毕。

【注记 4.5】 命题 4.2 表明, 等式约束降低了未知参数 $\boldsymbol{x}$ 的估计均方误差的克拉美罗界, 从而有利于提高其估计精度。

【注记 4.6】 由式 (4.16) 可知, 矩阵 $\mathbf{CRB}_{\mathrm{c}}^{(\mathrm{a})}(\boldsymbol{x})$ 若要存在, 则矩阵 $\boldsymbol{F}_x(\boldsymbol{x},\boldsymbol{s})\boldsymbol{G}(\boldsymbol{x}_2)$ 必须是列满秩的①。因此, 本章将此作为一个基本前提, 不再赘述。

【注记 4.7】 由式 (4.16) 不难看出, 矩阵 $\mathbf{CRB}_{\mathrm{c}}^{(\mathrm{a})}(\boldsymbol{x})$ 已不再是满秩方阵, 这是由等式约束所导致的。

---

① 附录 A 中证明, 若 $\boldsymbol{F}_x(\boldsymbol{x},\boldsymbol{s})$ 是列满秩矩阵, 则 $\boldsymbol{F}_x(\boldsymbol{x},\boldsymbol{s})\boldsymbol{G}(\boldsymbol{x}_2)$ 也是列满秩矩阵。

2. 方法 4–a 的理论性能分析

下面推导方法 4–a 的估计值 $\widehat{\boldsymbol{x}}^{(\mathrm{a})}$ 的统计性能, 具体结论可见以下两个命题。

【命题 4.3】 向量 $\widehat{\boldsymbol{x}}^{(\mathrm{a})}$ 是关于未知参数 $\boldsymbol{x}$ 的渐近无偏估计值, 并且其均方误差为

$$\mathbf{MSE}(\widehat{\boldsymbol{x}}^{(\mathrm{a})})=\boldsymbol{G}(\boldsymbol{x}_2)((\boldsymbol{G}(\boldsymbol{x}_2))^{\mathrm{T}}(\boldsymbol{F}_x(\boldsymbol{x},\boldsymbol{s}))^{\mathrm{T}}\boldsymbol{E}^{-1}\boldsymbol{F}_x(\boldsymbol{x},\boldsymbol{s})\boldsymbol{G}(\boldsymbol{x}_2))^{-1}(\boldsymbol{G}(\boldsymbol{x}_2))^{\mathrm{T}} \tag{4.23}$$

【证明】 对式 (4.13) 两边取极限可得

$$\begin{aligned}\lim_{k\to+\infty}\widehat{\boldsymbol{x}}_{2,k+1}^{(\mathrm{a})}=&\lim_{k\to+\infty}\widehat{\boldsymbol{x}}_{2,k}^{(\mathrm{a})}\\&+\lim_{k\to+\infty}\{((\boldsymbol{G}(\widehat{\boldsymbol{x}}_{2,k}^{(\mathrm{a})}))^{\mathrm{T}}(\boldsymbol{F}_x(\widehat{\boldsymbol{x}}_k^{(\mathrm{a})},\boldsymbol{s}))^{\mathrm{T}}\boldsymbol{E}^{-1}\boldsymbol{F}_x(\widehat{\boldsymbol{x}}_k^{(\mathrm{a})},\boldsymbol{s})\boldsymbol{G}(\widehat{\boldsymbol{x}}_{2,k}^{(\mathrm{a})}))^{-1}\\&\times(\boldsymbol{G}(\widehat{\boldsymbol{x}}_{2,k}^{(\mathrm{a})}))^{\mathrm{T}}(\boldsymbol{F}_x(\widehat{\boldsymbol{x}}_k^{(\mathrm{a})},\boldsymbol{s}))^{\mathrm{T}}\boldsymbol{E}^{-1}(\boldsymbol{z}-\boldsymbol{f}(\boldsymbol{g}(\widehat{\boldsymbol{x}}_{2,k}^{(\mathrm{a})}),\boldsymbol{s}))\}\\\Rightarrow&(\boldsymbol{G}(\widehat{\boldsymbol{x}}_2^{(\mathrm{a})}))^{\mathrm{T}}(\boldsymbol{F}_x(\widehat{\boldsymbol{x}}^{(\mathrm{a})},\boldsymbol{s}))^{\mathrm{T}}\boldsymbol{E}^{-1}(\boldsymbol{z}-\boldsymbol{f}(\boldsymbol{g}(\widehat{\boldsymbol{x}}_2^{(\mathrm{a})}),\boldsymbol{s}))=\boldsymbol{O}_{(q-l)\times 1}\end{aligned} \tag{4.24}$$

将式 (4.1) 和式 (4.4) 代入式 (4.24), 并利用一阶误差分析方法可知

$$\begin{aligned}\boldsymbol{O}_{(q-l)\times 1}&=(\boldsymbol{G}(\widehat{\boldsymbol{x}}_2^{(\mathrm{a})}))^{\mathrm{T}}(\boldsymbol{F}_x(\widehat{\boldsymbol{x}}^{(\mathrm{a})},\boldsymbol{s}))^{\mathrm{T}}\boldsymbol{E}^{-1}(\boldsymbol{f}(\boldsymbol{g}(\boldsymbol{x}_2),\boldsymbol{s})-\boldsymbol{f}(\boldsymbol{g}(\widehat{\boldsymbol{x}}_2^{(\mathrm{a})}),\boldsymbol{s})+\boldsymbol{e})\\&\approx(\boldsymbol{G}(\widehat{\boldsymbol{x}}_2^{(\mathrm{a})}))^{\mathrm{T}}(\boldsymbol{F}_x(\widehat{\boldsymbol{x}}^{(\mathrm{a})},\boldsymbol{s}))^{\mathrm{T}}\boldsymbol{E}^{-1}(\boldsymbol{e}-\boldsymbol{F}_x(\boldsymbol{x},\boldsymbol{s})\boldsymbol{G}(\boldsymbol{x}_2)\Delta\boldsymbol{x}_2^{(\mathrm{a})})\\&\approx(\boldsymbol{G}(\boldsymbol{x}_2))^{\mathrm{T}}(\boldsymbol{F}_x(\boldsymbol{x},\boldsymbol{s}))^{\mathrm{T}}\boldsymbol{E}^{-1}(\boldsymbol{e}-\boldsymbol{F}_x(\boldsymbol{x},\boldsymbol{s})\boldsymbol{G}(\boldsymbol{x}_2)\Delta\boldsymbol{x}_2^{(\mathrm{a})})\end{aligned} \tag{4.25}$$

式中, $\Delta\boldsymbol{x}_2^{(\mathrm{a})}=\widehat{\boldsymbol{x}}_2^{(\mathrm{a})}-\boldsymbol{x}_2$ 表示向量 $\widehat{\boldsymbol{x}}_2^{(\mathrm{a})}$ 中的估计误差。式 (4.25) 忽略了误差的二阶及以上各阶项, 由该式可以进一步推得

$$\Delta\boldsymbol{x}_2^{(\mathrm{a})}\approx((\boldsymbol{G}(\boldsymbol{x}_2))^{\mathrm{T}}(\boldsymbol{F}_x(\boldsymbol{x},\boldsymbol{s}))^{\mathrm{T}}\boldsymbol{E}^{-1}\boldsymbol{F}_x(\boldsymbol{x},\boldsymbol{s})\boldsymbol{G}(\boldsymbol{x}_2))^{-1}(\boldsymbol{G}(\boldsymbol{x}_2))^{\mathrm{T}}(\boldsymbol{F}_x(\boldsymbol{x},\boldsymbol{s}))^{\mathrm{T}}\boldsymbol{E}^{-1}\boldsymbol{e} \tag{4.26}$$

将向量 $\widehat{\boldsymbol{x}}^{(\mathrm{a})}$ 中的估计误差定义为 $\Delta\boldsymbol{x}^{(\mathrm{a})}=\widehat{\boldsymbol{x}}^{(\mathrm{a})}-\boldsymbol{x}$, 由式 (4.15) 可知

$$\Delta\boldsymbol{x}^{(\mathrm{a})}\approx\boldsymbol{G}(\boldsymbol{x}_2)\Delta\boldsymbol{x}_2^{(\mathrm{a})} \tag{4.27}$$

将式 (4.26) 代入式 (4.27) 可得

$$\begin{aligned}\Delta\boldsymbol{x}^{(\mathrm{a})}\approx&\boldsymbol{G}(\boldsymbol{x}_2)((\boldsymbol{G}(\boldsymbol{x}_2))^{\mathrm{T}}(\boldsymbol{F}_x(\boldsymbol{x},\boldsymbol{s}))^{\mathrm{T}}\boldsymbol{E}^{-1}\boldsymbol{F}_x(\boldsymbol{x},\boldsymbol{s})\boldsymbol{G}(\boldsymbol{x}_2))^{-1}\\&\times(\boldsymbol{G}(\boldsymbol{x}_2))^{\mathrm{T}}(\boldsymbol{F}_x(\boldsymbol{x},\boldsymbol{s}))^{\mathrm{T}}\boldsymbol{E}^{-1}\boldsymbol{e}\end{aligned} \tag{4.28}$$

式 (4.28) 给出了估计误差 $\Delta\boldsymbol{x}^{(\mathrm{a})}$ 与观测误差 $\boldsymbol{e}$ 之间的线性关系式。由式 (4.28) 可知 $\mathbf{E}[\Delta\boldsymbol{x}^{(\mathrm{a})}]\approx\boldsymbol{O}_{q\times1}$, 因此向量 $\widehat{\boldsymbol{x}}^{(\mathrm{a})}$ 是关于未知参数 $\boldsymbol{x}$ 的渐近无偏估计值。此外, 基于式 (4.28) 可以推得估计值 $\widehat{\boldsymbol{x}}^{(\mathrm{a})}$ 的均方误差

$$\begin{aligned}\mathbf{MSE}(\widehat{\boldsymbol{x}}^{(\mathrm{a})})&=\mathbf{E}[(\widehat{\boldsymbol{x}}^{(\mathrm{a})}-\boldsymbol{x})(\widehat{\boldsymbol{x}}^{(\mathrm{a})}-\boldsymbol{x})^{\mathrm{T}}]\\&=\mathbf{E}[\Delta\boldsymbol{x}^{(\mathrm{a})}(\Delta\boldsymbol{x}^{(\mathrm{a})})^{\mathrm{T}}]\\&=\boldsymbol{G}(\boldsymbol{x}_2)((\boldsymbol{G}(\boldsymbol{x}_2))^{\mathrm{T}}(\boldsymbol{F}_x(\boldsymbol{x},\boldsymbol{s}))^{\mathrm{T}}\boldsymbol{E}^{-1}\boldsymbol{F}_x(\boldsymbol{x},\boldsymbol{s})\boldsymbol{G}(\boldsymbol{x}_2))^{-1}(\boldsymbol{G}(\boldsymbol{x}_2))^{\mathrm{T}}\\&\quad\times(\boldsymbol{F}_x(\boldsymbol{x},\boldsymbol{s}))^{\mathrm{T}}\boldsymbol{E}^{-1}\mathbf{E}[\boldsymbol{e}\boldsymbol{e}^{\mathrm{T}}]\boldsymbol{E}^{-1}\boldsymbol{F}_x(\boldsymbol{x},\boldsymbol{s})\boldsymbol{G}(\boldsymbol{x}_2)((\boldsymbol{G}(\boldsymbol{x}_2))^{\mathrm{T}}(\boldsymbol{F}_x(\boldsymbol{x},\boldsymbol{s}))^{\mathrm{T}}\\&\quad\times\boldsymbol{E}^{-1}\boldsymbol{F}_x(\boldsymbol{x},\boldsymbol{s})\boldsymbol{G}(\boldsymbol{x}_2))^{-1}(\boldsymbol{G}(\boldsymbol{x}_2))^{\mathrm{T}}\\&=\boldsymbol{G}(\boldsymbol{x}_2)((\boldsymbol{G}(\boldsymbol{x}_2))^{\mathrm{T}}(\boldsymbol{F}_x(\boldsymbol{x},\boldsymbol{s}))^{\mathrm{T}}\boldsymbol{E}^{-1}\boldsymbol{F}_x(\boldsymbol{x},\boldsymbol{s})\boldsymbol{G}(\boldsymbol{x}_2))^{-1}(\boldsymbol{G}(\boldsymbol{x}_2))^{\mathrm{T}}\end{aligned}\tag{4.29}$$

证毕。

【**命题 4.4**】向量 $\widehat{\boldsymbol{x}}^{(\mathrm{a})}$ 是关于未知参数 $\boldsymbol{x}$ 的渐近统计最优估计值。

【**证明**】结合命题 4.1 和命题 4.3 可得

$$\begin{aligned}\mathbf{MSE}(\widehat{\boldsymbol{x}}^{(\mathrm{a})})&=\boldsymbol{G}(\boldsymbol{x}_2)((\boldsymbol{G}(\boldsymbol{x}_2))^{\mathrm{T}}(\boldsymbol{F}_x(\boldsymbol{x},\boldsymbol{s}))^{\mathrm{T}}\boldsymbol{E}^{-1}\boldsymbol{F}_x(\boldsymbol{x},\boldsymbol{s})\boldsymbol{G}(\boldsymbol{x}_2))^{-1}(\boldsymbol{G}(\boldsymbol{x}_2))^{\mathrm{T}}\\&=\mathbf{CRB}_{\mathrm{c}}^{(\mathrm{a})}(\boldsymbol{x})\end{aligned}\tag{4.30}$$

证毕。

4.2.3 数值实验

本节的数值实验将函数 $\boldsymbol{f}(\boldsymbol{x},\boldsymbol{s})$ 设为

$$\boldsymbol{f}(\boldsymbol{x},\boldsymbol{s})=\begin{bmatrix}\|\boldsymbol{x}-\boldsymbol{s}_1\|_2+\|\boldsymbol{x}-\boldsymbol{s}_2\|_2\\\|\boldsymbol{x}-\boldsymbol{s}_1\|_2+\|\boldsymbol{x}-\boldsymbol{s}_3\|_2\\\|\boldsymbol{x}-\boldsymbol{s}_1\|_2+\|\boldsymbol{x}-\boldsymbol{s}_4\|_2\\\|\boldsymbol{x}-\boldsymbol{s}_1\|_2+\|\boldsymbol{x}-\boldsymbol{s}_5\|_2\\\|\boldsymbol{x}-\boldsymbol{s}_1\|_2+\|\boldsymbol{x}-\boldsymbol{s}_6\|_2\\\|\boldsymbol{x}-\boldsymbol{s}_1\|_2+\|\boldsymbol{x}-\boldsymbol{s}_7\|_2\end{bmatrix}\in\mathbf{R}^{6\times1}\tag{4.31}$$

式中, $\boldsymbol{x}=[x_1\ \ x_2\ \ x_3\ \ x_4]^{\mathrm{T}}$, $\boldsymbol{s}=[\boldsymbol{s}_1^{\mathrm{T}}\ \ \boldsymbol{s}_2^{\mathrm{T}}\ \ \boldsymbol{s}_3^{\mathrm{T}}\ \ \boldsymbol{s}_4^{\mathrm{T}}\ \ \boldsymbol{s}_5^{\mathrm{T}}\ \ \boldsymbol{s}_6^{\mathrm{T}}\ \ \boldsymbol{s}_7^{\mathrm{T}}]^{\mathrm{T}}$, 其中 $\boldsymbol{s}_j=[s_{j1}\ \ s_{j2}\ \ s_{j3}\ \ s_{j4}]^{\mathrm{T}}$ $(1\leqslant j\leqslant7)$。相应的等式约束为

$$\boldsymbol{x}_1=\begin{bmatrix}x_1\\x_2\end{bmatrix}=\begin{bmatrix}x_3^2+x_4^2+1\\x_3^2-x_4^2-3\end{bmatrix}=\boldsymbol{g}_1(\boldsymbol{x}_2)\tag{4.32}$$

式中, $\boldsymbol{x}_2=[x_3\ \ x_4]^{\mathrm{T}}$。由式 (4.32) 可以将向量 $\boldsymbol{x}$ 表示为

$$\boldsymbol{x}=\begin{bmatrix}\boldsymbol{x}_1\\ \boldsymbol{x}_2\end{bmatrix}=\begin{bmatrix}x_3^2+x_4^2+1\\ x_3^2-x_4^2-3\\ x_3\\ x_4\end{bmatrix}=\boldsymbol{g}(\boldsymbol{x}_2) \tag{4.33}$$

基于式 (4.31) 和式 (4.33) 可以推得 Jacobi 矩阵 $\boldsymbol{F}_x(\boldsymbol{x},\boldsymbol{s})$ 和 $\boldsymbol{G}(\boldsymbol{x}_2)$ 的表达式分别为

$$\begin{aligned}\boldsymbol{F}_x(\boldsymbol{x},\boldsymbol{s})&=\mathbf{1}_{6\times 1}\otimes\frac{(\boldsymbol{x}-\boldsymbol{s}_1)^{\mathrm{T}}}{\|\boldsymbol{x}-\boldsymbol{s}_1\|_2}\\&+\left[\frac{\boldsymbol{x}-\boldsymbol{s}_2}{\|\boldsymbol{x}-\boldsymbol{s}_2\|_2}\ \vdots\ \frac{\boldsymbol{x}-\boldsymbol{s}_3}{\|\boldsymbol{x}-\boldsymbol{s}_3\|_2}\ \vdots\ \frac{\boldsymbol{x}-\boldsymbol{s}_4}{\|\boldsymbol{x}-\boldsymbol{s}_4\|_2}\ \vdots\ \frac{\boldsymbol{x}-\boldsymbol{s}_5}{\|\boldsymbol{x}-\boldsymbol{s}_5\|_2}\ \vdots\ \frac{\boldsymbol{x}-\boldsymbol{s}_6}{\|\boldsymbol{x}-\boldsymbol{s}_6\|_2}\ \vdots\ \frac{\boldsymbol{x}-\boldsymbol{s}_7}{\|\boldsymbol{x}-\boldsymbol{s}_7\|_2}\right]^{\mathrm{T}}\in\mathbf{R}^{6\times 4}\end{aligned} \tag{4.34}$$

$$\boldsymbol{G}(\boldsymbol{x}_2)=\begin{bmatrix}2x_3 & 2x_4\\ 2x_3 & -2x_4\\ 1 & 0\\ 0 & 1\end{bmatrix}\in\mathbf{R}^{4\times 2} \tag{4.35}$$

未知参数 $\boldsymbol{x}$ 和模型参数 $\boldsymbol{s}$ 的数值见表 4.1, 其中模型参数是精确已知的, 观测误差协方差矩阵设为 $\boldsymbol{E}=\sigma_1^2\boldsymbol{I}_6$, 其中 σ_1 称为观测误差标准差。利用方法 4–a 对未知参数 $\boldsymbol{x}$ 进行估计, 并将其与方法 3–a 的估计精度进行比较。图 4.2 给出了未知参数 $\boldsymbol{x}$ 估计均方根误差随观测误差标准差 σ_1 的变化曲线。

表 4.1 未知参数 $\boldsymbol{x}$ 和模型参数 $\boldsymbol{s}$ 的数值

$\boldsymbol{x}$	$\boldsymbol{s}$						
	$\boldsymbol{s}_1$	$\boldsymbol{s}_2$	$\boldsymbol{s}_3$	$\boldsymbol{s}_4$	$\boldsymbol{s}_5$	$\boldsymbol{s}_6$	$\boldsymbol{s}_7$
6	1.5	−0.9	1.5	−0.5	−0.7	1.2	1.4
−6	−2.4	−1.8	−0.7	1.1	1.2	1.7	−2.7
−1	3.1	2.7	3.3	−3.6	1.9	−2.6	1.9
2	0.8	0.3	2.9	2.8	−0.4	−3.8	−3.2

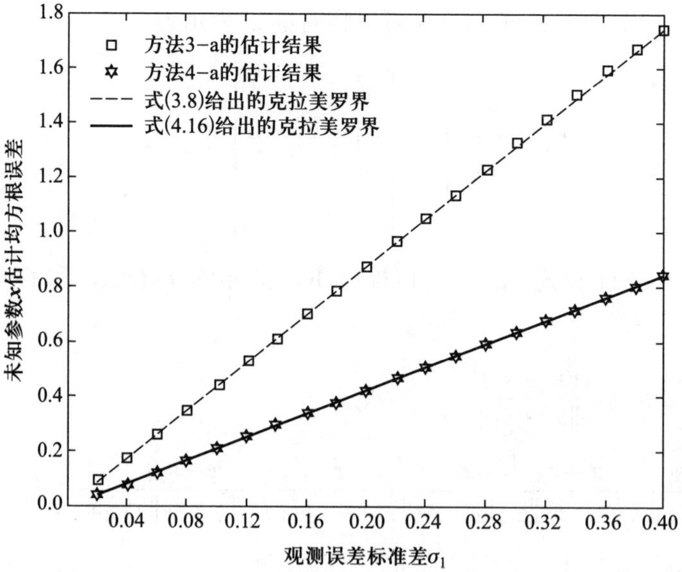

图 4.2　未知参数 $\boldsymbol{x}$ 估计均方根误差随观测误差标准差 σ_1 的变化曲线

从图 4.2 中可以看出:

① 方法 4−a 对未知参数 $\boldsymbol{x}$ 的估计均方根误差随观测误差标准差 σ_1 的增加而增大。

② 方法 4−a 对未知参数 $\boldsymbol{x}$ 的估计均方根误差可以达到由式 (4.16) 给出的克拉美罗界, 从而验证了第 4.2.2 节理论性能分析的有效性。

③ 方法 4−a 对未知参数 $\boldsymbol{x}$ 的估计精度明显高于方法 3−a 对未知参数 $\boldsymbol{x}$ 的估计精度, 这是因为等式约束降低了整个观测模型的不确定性, 从而有利于提高参数估计精度。这个结论与命题 4.2 是相符的。

4.3　模型参数先验观测误差对参数估计性能的影响

本节假设模型参数 $\boldsymbol{s}$ 并不能精确已知, 实际中仅存在关于模型参数 $\boldsymbol{s}$ 的先验观测值 $\widehat{\boldsymbol{s}}$, 其中包含先验观测误差。下面首先在此情形下推导参数估计均方误差的克拉美罗界, 然后推导方法 4−a 在此情形下的估计均方误差, 并将其与相应的克拉美罗界进行定量比较。

4.3.1 对克拉美罗界的影响

当模型参数的先验观测误差存在时, 模型参数 $\boldsymbol{s}$ 已不再是精确已知量, 应将其看成是未知量。但是不能将其与未知参数 $\boldsymbol{x}$ 等同看待, 因为还存在模型参数 $\boldsymbol{s}$ 的先验观测值 $\widehat{\boldsymbol{s}}$, 此时的观测模型可以表示为

$$\begin{cases} \boldsymbol{z} = \boldsymbol{f}(\boldsymbol{x}, \boldsymbol{s}) + \boldsymbol{e} \\ \widehat{\boldsymbol{s}} = \boldsymbol{s} + \boldsymbol{\varphi} \end{cases} \tag{4.36}$$

未知参数 $\boldsymbol{x}$ 仍然满足等式约束式 (4.2), 并由此得到关系式 (4.3) 和式 (4.4)。下面推导未知参数 $\boldsymbol{x}$ 和模型参数 $\boldsymbol{s}$ 联合估计均方误差的克拉美罗界, 具体结论可见如下命题。

【命题 4.5】 基于式 (4.2)—式 (4.4) 和式 (4.36) 给出的观测模型, 未知参数 $\boldsymbol{x}$ 和模型参数 $\boldsymbol{s}$ 联合估计均方误差的克拉美罗界可以表示为[①]

$$\begin{aligned} \mathbf{CRB}_{\mathrm{c}}^{(\mathrm{b})}\left(\begin{bmatrix} \boldsymbol{x} \\ \boldsymbol{s} \end{bmatrix}\right) &= \overline{\boldsymbol{G}}(\boldsymbol{x}_2)\left((\overline{\boldsymbol{G}}(\boldsymbol{x}_2))^{\mathrm{T}} \left[\begin{array}{c:c} (\boldsymbol{F}_x(\boldsymbol{x},\boldsymbol{s}))^{\mathrm{T}}\boldsymbol{E}^{-1}\boldsymbol{F}_x(\boldsymbol{x},\boldsymbol{s}) & (\boldsymbol{F}_x(\boldsymbol{x},\boldsymbol{s}))^{\mathrm{T}}\boldsymbol{E}^{-1}\boldsymbol{F}_s(\boldsymbol{x},\boldsymbol{s}) \\ \hdashline (\boldsymbol{F}_s(\boldsymbol{x},\boldsymbol{s}))^{\mathrm{T}}\boldsymbol{E}^{-1}\boldsymbol{F}_x(\boldsymbol{x},\boldsymbol{s}) & (\boldsymbol{F}_s(\boldsymbol{x},\boldsymbol{s}))^{\mathrm{T}}\boldsymbol{E}^{-1}\boldsymbol{F}_s(\boldsymbol{x},\boldsymbol{s}) + \boldsymbol{\Psi}^{-1} \end{array}\right] \overline{\boldsymbol{G}}(\boldsymbol{x}_2)\right)^{-1} (\overline{\boldsymbol{G}}(\boldsymbol{x}_2))^{\mathrm{T}} \\ &= \overline{\boldsymbol{G}}(\boldsymbol{x}_2)\left((\overline{\boldsymbol{G}}(\boldsymbol{x}_2))^{\mathrm{T}}\left(\mathbf{CRB}^{(\mathrm{b})}\left(\begin{bmatrix} \boldsymbol{x} \\ \boldsymbol{s} \end{bmatrix}\right)\right)^{-1} \overline{\boldsymbol{G}}(\boldsymbol{x}_2)\right)^{-1} (\overline{\boldsymbol{G}}(\boldsymbol{x}_2))^{\mathrm{T}} \end{aligned} \tag{4.37}$$

式中,

$$\mathbf{CRB}^{(\mathrm{b})}\left(\begin{bmatrix} \boldsymbol{x} \\ \boldsymbol{s} \end{bmatrix}\right) = \left[\begin{array}{c:c} (\boldsymbol{F}_x(\boldsymbol{x},\boldsymbol{s}))^{\mathrm{T}}\boldsymbol{E}^{-1}\boldsymbol{F}_x(\boldsymbol{x},\boldsymbol{s}) & (\boldsymbol{F}_x(\boldsymbol{x},\boldsymbol{s}))^{\mathrm{T}}\boldsymbol{E}^{-1}\boldsymbol{F}_s(\boldsymbol{x},\boldsymbol{s}) \\ \hdashline (\boldsymbol{F}_s(\boldsymbol{x},\boldsymbol{s}))^{\mathrm{T}}\boldsymbol{E}^{-1}\boldsymbol{F}_x(\boldsymbol{x},\boldsymbol{s}) & (\boldsymbol{F}_s(\boldsymbol{x},\boldsymbol{s}))^{\mathrm{T}}\boldsymbol{E}^{-1}\boldsymbol{F}_s(\boldsymbol{x},\boldsymbol{s}) + \boldsymbol{\Psi}^{-1} \end{array}\right]^{-1}$$

表示没有等式约束条件下的克拉美罗界[②], $\overline{\boldsymbol{G}}(\boldsymbol{x}_2) = \mathrm{blkdiag}\{\boldsymbol{G}(\boldsymbol{x}_2), \boldsymbol{I}_r\} \in \mathbf{R}^{(q+r)\times(q+r-l)}$, $\boldsymbol{F}_s(\boldsymbol{x},\boldsymbol{s}) = \dfrac{\partial \boldsymbol{f}(\boldsymbol{x},\boldsymbol{s})}{\partial \boldsymbol{s}^{\mathrm{T}}} \in \mathbf{R}^{p\times r}$ 表示函数 $\boldsymbol{f}(\boldsymbol{x},\boldsymbol{s})$ 关于向量 $\boldsymbol{s}$ 的 Jacobi 矩阵。

---

① 本章的上角标 (b) 表示模型参数先验观测误差存在的情形。

② 见第 3 章式 (3.25)。

【证明】首先, 定义扩维的参数向量 $\boldsymbol{\mu}=[\boldsymbol{x}^{\mathrm{T}}\ \ \boldsymbol{s}^{\mathrm{T}}]^{\mathrm{T}}$, 此时函数 $\boldsymbol{c}(\boldsymbol{x})$ 关于向量 $\boldsymbol{\mu}$ 的 Jacobi 矩阵为

$$\overline{\boldsymbol{C}}(\boldsymbol{x})=\frac{\partial \boldsymbol{c}(\boldsymbol{x})}{\partial \boldsymbol{\mu}^{\mathrm{T}}}=[\boldsymbol{C}(\boldsymbol{x})\quad \boldsymbol{O}_{l\times r}]\in \mathbf{R}^{l\times(q+r)} \tag{4.38}$$

结合式 (4.18) 和式 (4.38) 可知

$$\overline{\boldsymbol{C}}(\boldsymbol{x})\overline{\boldsymbol{G}}(\boldsymbol{x}_2)=[\boldsymbol{C}(\boldsymbol{x})\boldsymbol{G}(\boldsymbol{x}_2)\quad \boldsymbol{O}_{l\times r}]=\boldsymbol{O}_{l\times(q+r-l)} \tag{4.39}$$

然后, 定义矩阵

$$\begin{cases}\overline{\boldsymbol{Q}}(\boldsymbol{x}_2)=\mathrm{blkdiag}\{\boldsymbol{Q}(\boldsymbol{x}_2),\boldsymbol{I}_r\}\in \mathbf{R}^{(q+r)\times(q+r-l)}\\ \overline{\boldsymbol{R}}(\boldsymbol{x}_2)=\mathrm{blkdiag}\{\boldsymbol{R}(\boldsymbol{x}_2),\boldsymbol{I}_r\}\in \mathbf{R}^{(q+r-l)\times(q+r-l)}\end{cases} \tag{4.40}$$

结合式 (4.19) 和式 (4.40) 可得

$$\overline{\boldsymbol{G}}(\boldsymbol{x}_2)=\overline{\boldsymbol{Q}}(\boldsymbol{x}_2)\overline{\boldsymbol{R}}(\boldsymbol{x}_2)\Rightarrow \overline{\boldsymbol{Q}}(\boldsymbol{x}_2)=\overline{\boldsymbol{G}}(\boldsymbol{x}_2)(\overline{\boldsymbol{R}}(\boldsymbol{x}_2))^{-1} \tag{4.41}$$

事实上, 式 (4.41) 可以看成是矩阵 $\overline{\boldsymbol{G}}(\boldsymbol{x}_2)$ 的 $\boldsymbol{QR}$ 分解, 其中 $\overline{\boldsymbol{Q}}(\boldsymbol{x}_2)$ 为列正交矩阵 (即 $(\overline{\boldsymbol{Q}}(\boldsymbol{x}_2))^{\mathrm{T}}\overline{\boldsymbol{Q}}(\boldsymbol{x}_2)=\boldsymbol{I}_{q+r-l}$)。将式 (4.41) 中的第 1 个等式代入式 (4.39) 可知

$$\overline{\boldsymbol{C}}(\boldsymbol{x})\overline{\boldsymbol{Q}}(\boldsymbol{x}_2)\overline{\boldsymbol{R}}(\boldsymbol{x}_2)=\boldsymbol{O}_{l\times(q+r-l)}\Rightarrow \overline{\boldsymbol{C}}(\boldsymbol{x})\overline{\boldsymbol{Q}}(\boldsymbol{x}_2)=\boldsymbol{O}_{l\times(q+r-l)} \tag{4.42}$$

结合式 (4.42) 中的第 2 个等式和式 (2.133) 可得

$$\mathbf{CRB}_{\mathrm{c}}^{(\mathrm{b})}\left(\begin{bmatrix}\boldsymbol{x}\\ \boldsymbol{s}\end{bmatrix}\right)=\overline{\boldsymbol{Q}}(\boldsymbol{x}_2)\left((\overline{\boldsymbol{Q}}(\boldsymbol{x}_2))^{\mathrm{T}}\left(\mathbf{CRB}^{(\mathrm{b})}\left(\begin{bmatrix}\boldsymbol{x}\\ \boldsymbol{s}\end{bmatrix}\right)\right)^{-1}\overline{\boldsymbol{Q}}(\boldsymbol{x}_2)\right)^{-1}(\overline{\boldsymbol{Q}}(\boldsymbol{x}_2))^{\mathrm{T}} \tag{4.43}$$

最后, 将式 (4.41) 中的第 2 个等式代入式 (4.43) 可知

$$\begin{aligned}\mathbf{CRB}_{\mathrm{c}}^{(\mathrm{b})}\left(\begin{bmatrix}\boldsymbol{x}\\ \boldsymbol{s}\end{bmatrix}\right)&=\overline{\boldsymbol{G}}(\boldsymbol{x}_2)(\overline{\boldsymbol{R}}(\boldsymbol{x}_2))^{-1}\left((\overline{\boldsymbol{R}}(\boldsymbol{x}_2))^{-\mathrm{T}}(\overline{\boldsymbol{G}}(\boldsymbol{x}_2))^{\mathrm{T}}\left(\mathbf{CRB}^{(\mathrm{b})}\left(\begin{bmatrix}\boldsymbol{x}\\ \boldsymbol{s}\end{bmatrix}\right)\right)^{-1}\right.\\ &\qquad\left.\times\overline{\boldsymbol{G}}(\boldsymbol{x}_2)(\overline{\boldsymbol{R}}(\boldsymbol{x}_2))^{-1}\right)^{-1}(\overline{\boldsymbol{R}}(\boldsymbol{x}_2))^{-\mathrm{T}}(\overline{\boldsymbol{G}}(\boldsymbol{x}_2))^{\mathrm{T}}\\ &=\overline{\boldsymbol{G}}(\boldsymbol{x}_2)\left((\overline{\boldsymbol{G}}(\boldsymbol{x}_2))^{\mathrm{T}}\left(\mathbf{CRB}^{(\mathrm{b})}\left(\begin{bmatrix}\boldsymbol{x}\\ \boldsymbol{s}\end{bmatrix}\right)\right)^{-1}\overline{\boldsymbol{G}}(\boldsymbol{x}_2)\right)^{-1}(\overline{\boldsymbol{G}}(\boldsymbol{x}_2))^{\mathrm{T}}\end{aligned} \tag{4.44}$$

证毕。

基于命题 4.5 还可以得到以下 7 个命题。

【命题 4.6】基于式 (4.2)—式 (4.4) 和式 (4.36) 给出的观测模型, 未知参数 $\boldsymbol{x}$ 的估计均方误差的克拉美罗界可以表示为

$$\begin{aligned}&\mathbf{CRB}_{\mathrm{c}}^{(\mathrm{b})}(\boldsymbol{x})\\&=\mathbf{CRB}_{\mathrm{c}}^{(\mathrm{a})}(\boldsymbol{x})+\mathbf{CRB}_{\mathrm{c}}^{(\mathrm{a})}(\boldsymbol{x})(\boldsymbol{F}_x(\boldsymbol{x},\boldsymbol{s}))^{\mathrm{T}}\boldsymbol{E}^{-1}\boldsymbol{F}_s(\boldsymbol{x},\boldsymbol{s})\\&\quad\times(\boldsymbol{\Psi}^{-1}+(\boldsymbol{F}_s(\boldsymbol{x},\boldsymbol{s}))^{\mathrm{T}}\boldsymbol{E}^{-1/2}\boldsymbol{\Pi}^{\perp}[\boldsymbol{E}^{-1/2}\boldsymbol{F}_x(\boldsymbol{x},\boldsymbol{s})\boldsymbol{G}(\boldsymbol{x}_2)]\boldsymbol{E}^{-1/2}\boldsymbol{F}_s(\boldsymbol{x},\boldsymbol{s}))^{-1}\\&\quad\times(\boldsymbol{F}_s(\boldsymbol{x},\boldsymbol{s}))^{\mathrm{T}}\boldsymbol{E}^{-1}\boldsymbol{F}_x(\boldsymbol{x},\boldsymbol{s})\mathbf{CRB}_{\mathrm{c}}^{(\mathrm{a})}(\boldsymbol{x})\end{aligned}\tag{4.45}$$

【证明】首先, 结合式 (4.37) 和式 (2.7) 可得

$$\mathbf{CRB}_{\mathrm{c}}^{(\mathrm{b})}(\boldsymbol{x})=\boldsymbol{G}(\boldsymbol{x}_2)\begin{pmatrix}(\boldsymbol{G}(\boldsymbol{x}_2))^{\mathrm{T}}(\boldsymbol{F}_x(\boldsymbol{x},\boldsymbol{s}))^{\mathrm{T}}\boldsymbol{E}^{-1}\boldsymbol{F}_x(\boldsymbol{x},\boldsymbol{s})\boldsymbol{G}(\boldsymbol{x}_2)\\-(\boldsymbol{G}(\boldsymbol{x}_2))^{\mathrm{T}}(\boldsymbol{F}_x(\boldsymbol{x},\boldsymbol{s}))^{\mathrm{T}}\boldsymbol{E}^{-1}\boldsymbol{F}_s(\boldsymbol{x},\boldsymbol{s})\\\times((\boldsymbol{F}_s(\boldsymbol{x},\boldsymbol{s}))^{\mathrm{T}}\boldsymbol{E}^{-1}\boldsymbol{F}_s(\boldsymbol{x},\boldsymbol{s})+\boldsymbol{\Psi}^{-1})^{-1}\\\times(\boldsymbol{F}_s(\boldsymbol{x},\boldsymbol{s}))^{\mathrm{T}}\boldsymbol{E}^{-1}\boldsymbol{F}_x(\boldsymbol{x},\boldsymbol{s})\boldsymbol{G}(\boldsymbol{x}_2)\end{pmatrix}^{-1}(\boldsymbol{G}(\boldsymbol{x}_2))^{\mathrm{T}}\tag{4.46}$$

然后, 利用式 (2.5) 可知

$$\begin{aligned}\mathbf{CRB}_{\mathrm{c}}^{(\mathrm{b})}(\boldsymbol{x})&=\boldsymbol{G}(\boldsymbol{x}_2)((\boldsymbol{G}(\boldsymbol{x}_2))^{\mathrm{T}}(\boldsymbol{F}_x(\boldsymbol{x},\boldsymbol{s}))^{\mathrm{T}}\boldsymbol{E}^{-1}\boldsymbol{F}_x(\boldsymbol{x},\boldsymbol{s})\boldsymbol{G}(\boldsymbol{x}_2))^{-1}(\boldsymbol{G}(\boldsymbol{x}_2))^{\mathrm{T}}\\&\quad+\boldsymbol{G}(\boldsymbol{x}_2)((\boldsymbol{G}(\boldsymbol{x}_2))^{\mathrm{T}}(\boldsymbol{F}_x(\boldsymbol{x},\boldsymbol{s}))^{\mathrm{T}}\boldsymbol{E}^{-1}\boldsymbol{F}_x(\boldsymbol{x},\boldsymbol{s})\boldsymbol{G}(\boldsymbol{x}_2))^{-1}\\&\quad\times(\boldsymbol{G}(\boldsymbol{x}_2))^{\mathrm{T}}(\boldsymbol{F}_x(\boldsymbol{x},\boldsymbol{s}))^{\mathrm{T}}\boldsymbol{E}^{-1}\boldsymbol{F}_s(\boldsymbol{x},\boldsymbol{s})\\&\quad\times\begin{pmatrix}\boldsymbol{\Psi}^{-1}+(\boldsymbol{F}_s(\boldsymbol{x},\boldsymbol{s}))^{\mathrm{T}}\boldsymbol{E}^{-1}\boldsymbol{F}_s(\boldsymbol{x},\boldsymbol{s})-(\boldsymbol{F}_s(\boldsymbol{x},\boldsymbol{s}))^{\mathrm{T}}\boldsymbol{E}^{-1}\boldsymbol{F}_x(\boldsymbol{x},\boldsymbol{s})\\\times\boldsymbol{G}(\boldsymbol{x}_2)((\boldsymbol{G}(\boldsymbol{x}_2))^{\mathrm{T}}(\boldsymbol{F}_x(\boldsymbol{x},\boldsymbol{s}))^{\mathrm{T}}\boldsymbol{E}^{-1}\boldsymbol{F}_x(\boldsymbol{x},\boldsymbol{s})\boldsymbol{G}(\boldsymbol{x}_2))^{-1}\\\times(\boldsymbol{G}(\boldsymbol{x}_2))^{\mathrm{T}}(\boldsymbol{F}_x(\boldsymbol{x},\boldsymbol{s}))^{\mathrm{T}}\boldsymbol{E}^{-1}\boldsymbol{F}_s(\boldsymbol{x},\boldsymbol{s})\end{pmatrix}^{-1}\\&\quad\times(\boldsymbol{F}_s(\boldsymbol{x},\boldsymbol{s}))^{\mathrm{T}}\boldsymbol{E}^{-1}\boldsymbol{F}_x(\boldsymbol{x},\boldsymbol{s})\boldsymbol{G}(\boldsymbol{x}_2)((\boldsymbol{G}(\boldsymbol{x}_2))^{\mathrm{T}}(\boldsymbol{F}_x(\boldsymbol{x},\boldsymbol{s}))^{\mathrm{T}}\\&\quad\times\boldsymbol{E}^{-1}\boldsymbol{F}_x(\boldsymbol{x},\boldsymbol{s})\boldsymbol{G}(\boldsymbol{x}_2))^{-1}(\boldsymbol{G}(\boldsymbol{x}_2))^{\mathrm{T}}\\&=\mathbf{CRB}_{\mathrm{c}}^{(\mathrm{a})}(\boldsymbol{x})+\mathbf{CRB}_{\mathrm{c}}^{(\mathrm{a})}(\boldsymbol{x})(\boldsymbol{F}_x(\boldsymbol{x},\boldsymbol{s}))^{\mathrm{T}}\boldsymbol{E}^{-1}\boldsymbol{F}_s(\boldsymbol{x},\boldsymbol{s})\\&\quad\times(\boldsymbol{\Psi}^{-1}+(\boldsymbol{F}_s(\boldsymbol{x},\boldsymbol{s}))^{\mathrm{T}}\boldsymbol{E}^{-1/2}(\boldsymbol{I}_p-\boldsymbol{E}^{-1/2}\boldsymbol{F}_x(\boldsymbol{x},\boldsymbol{s})\mathbf{CRB}_{\mathrm{c}}^{(\mathrm{a})}(\boldsymbol{x})\\&\quad\times(\boldsymbol{F}_x(\boldsymbol{x},\boldsymbol{s}))^{\mathrm{T}}\boldsymbol{E}^{-1/2})\boldsymbol{E}^{-1/2}\boldsymbol{F}_s(\boldsymbol{x},\boldsymbol{s}))^{-1}\\&\quad\times(\boldsymbol{F}_s(\boldsymbol{x},\boldsymbol{s}))^{\mathrm{T}}\boldsymbol{E}^{-1}\boldsymbol{F}_x(\boldsymbol{x},\boldsymbol{s})\mathbf{CRB}_{\mathrm{c}}^{(\mathrm{a})}(\boldsymbol{x})\end{aligned}\tag{4.47}$$

式中第 2 个等号利用了式 (4.16)。另外, 根据式 (2.41) 中的第 2 个等式可得

$$
\begin{aligned}
&\boldsymbol{\Pi}^{\perp}[\boldsymbol{E}^{-1/2}\boldsymbol{F}_x(\boldsymbol{x},\boldsymbol{s})\boldsymbol{G}(\boldsymbol{x}_2)] \\
&= \boldsymbol{I}_p - \boldsymbol{E}^{-1/2}\boldsymbol{F}_x(\boldsymbol{x},\boldsymbol{s})\boldsymbol{G}(\boldsymbol{x}_2)((\boldsymbol{G}(\boldsymbol{x}_2))^{\mathrm{T}}(\boldsymbol{F}_x(\boldsymbol{x},\boldsymbol{s}))^{\mathrm{T}}\boldsymbol{E}^{-1}\boldsymbol{F}_x(\boldsymbol{x},\boldsymbol{s})\boldsymbol{G}(\boldsymbol{x}_2))^{-1} \\
&\quad \times (\boldsymbol{G}(\boldsymbol{x}_2))^{\mathrm{T}}(\boldsymbol{F}_x(\boldsymbol{x},\boldsymbol{s}))^{\mathrm{T}}\boldsymbol{E}^{-1/2} \\
&= \boldsymbol{I}_p - \boldsymbol{E}^{-1/2}\boldsymbol{F}_x(\boldsymbol{x},\boldsymbol{s})\mathbf{CRB}_{\mathrm{c}}^{(\mathrm{a})}(\boldsymbol{x})(\boldsymbol{F}_x(\boldsymbol{x},\boldsymbol{s}))^{\mathrm{T}}\boldsymbol{E}^{-1/2}
\end{aligned} \tag{4.48}
$$

式中第 2 个等号利用了式 (4.16)。最后, 将式 (4.48) 代入式 (4.47) 可知式 (4.45) 成立。证毕。

【命题 4.7】 基于式 (4.2)—式 (4.4) 和式 (4.36) 给出的观测模型, 未知参数 $\boldsymbol{x}$ 的估计均方误差的克拉美罗界还可以表示为

$$
\begin{aligned}
\mathbf{CRB}_{\mathrm{c}}^{(\mathrm{b})}(\boldsymbol{x}) &= \boldsymbol{G}(\boldsymbol{x}_2)((\boldsymbol{G}(\boldsymbol{x}_2))^{\mathrm{T}}(\boldsymbol{F}_x(\boldsymbol{x},\boldsymbol{s}))^{\mathrm{T}}(\boldsymbol{E}+\boldsymbol{F}_s(\boldsymbol{x},\boldsymbol{s})\boldsymbol{\Psi}(\boldsymbol{F}_s(\boldsymbol{x},\boldsymbol{s}))^{\mathrm{T}})^{-1} \\
&\quad \times \boldsymbol{F}_x(\boldsymbol{x},\boldsymbol{s})\boldsymbol{G}(\boldsymbol{x}_2))^{-1}(\boldsymbol{G}(\boldsymbol{x}_2))^{\mathrm{T}} \\
&= \boldsymbol{G}(\boldsymbol{x}_2)((\boldsymbol{G}(\boldsymbol{x}_2))^{\mathrm{T}}(\mathbf{CRB}^{(\mathrm{b})}(\boldsymbol{x}))^{-1}\boldsymbol{G}(\boldsymbol{x}_2))^{-1}(\boldsymbol{G}(\boldsymbol{x}_2))^{\mathrm{T}}
\end{aligned} \tag{4.49}
$$

式中, $\mathbf{CRB}^{(\mathrm{b})}(\boldsymbol{x}) = ((\boldsymbol{F}_x(\boldsymbol{x},\boldsymbol{s}))^{\mathrm{T}}(\boldsymbol{E}+\boldsymbol{F}_s(\boldsymbol{x},\boldsymbol{s})\boldsymbol{\Psi}(\boldsymbol{F}_s(\boldsymbol{x},\boldsymbol{s}))^{\mathrm{T}})^{-1}\boldsymbol{F}_x(\boldsymbol{x},\boldsymbol{s}))^{-1}$ 表示没有等式约束条件下的克拉美罗界①。

【证明】 首先, 结合式 (4.37) 和式 (2.7) 可得

$$
\begin{aligned}
\mathbf{CRB}_{\mathrm{c}}^{(\mathrm{b})}(\boldsymbol{x}) &= \boldsymbol{G}(\boldsymbol{x}_2)\begin{pmatrix} (\boldsymbol{G}(\boldsymbol{x}_2))^{\mathrm{T}}(\boldsymbol{F}_x(\boldsymbol{x},\boldsymbol{s}))^{\mathrm{T}}\boldsymbol{E}^{-1}\boldsymbol{F}_x(\boldsymbol{x},\boldsymbol{s})\boldsymbol{G}(\boldsymbol{x}_2) \\ -(\boldsymbol{G}(\boldsymbol{x}_2))^{\mathrm{T}}(\boldsymbol{F}_x(\boldsymbol{x},\boldsymbol{s}))^{\mathrm{T}}\boldsymbol{E}^{-1}\boldsymbol{F}_s(\boldsymbol{x},\boldsymbol{s}) \\ \times((\boldsymbol{F}_s(\boldsymbol{x},\boldsymbol{s}))^{\mathrm{T}}\boldsymbol{E}^{-1}\boldsymbol{F}_s(\boldsymbol{x},\boldsymbol{s})+\boldsymbol{\Psi}^{-1})^{-1} \\ \times(\boldsymbol{F}_s(\boldsymbol{x},\boldsymbol{s}))^{\mathrm{T}}\boldsymbol{E}^{-1}\boldsymbol{F}_x(\boldsymbol{x},\boldsymbol{s})\boldsymbol{G}(\boldsymbol{x}_2) \end{pmatrix}^{-1}(\boldsymbol{G}(\boldsymbol{x}_2))^{\mathrm{T}} \\
&= \boldsymbol{G}(\boldsymbol{x}_2)\begin{pmatrix} (\boldsymbol{G}(\boldsymbol{x}_2))^{\mathrm{T}}(\boldsymbol{F}_x(\boldsymbol{x},\boldsymbol{s}))^{\mathrm{T}}(\boldsymbol{E}^{-1}-\boldsymbol{E}^{-1}\boldsymbol{F}_s(\boldsymbol{x},\boldsymbol{s}) \\ \times(\boldsymbol{\Psi}^{-1}+(\boldsymbol{F}_s(\boldsymbol{x},\boldsymbol{s}))^{\mathrm{T}}\boldsymbol{E}^{-1}\boldsymbol{F}_s(\boldsymbol{x},\boldsymbol{s}))^{-1} \\ \times(\boldsymbol{F}_s(\boldsymbol{x},\boldsymbol{s}))^{\mathrm{T}}\boldsymbol{E}^{-1})\boldsymbol{F}_x(\boldsymbol{x},\boldsymbol{s})\boldsymbol{G}(\boldsymbol{x}_2) \end{pmatrix}^{-1}(\boldsymbol{G}(\boldsymbol{x}_2))^{\mathrm{T}}
\end{aligned} \tag{4.50}
$$

然后, 利用式 (2.1) 可得

$$
\begin{aligned}
&(\boldsymbol{E}+\boldsymbol{F}_s(\boldsymbol{x},\boldsymbol{s})\boldsymbol{\Psi}(\boldsymbol{F}_s(\boldsymbol{x},\boldsymbol{s}))^{\mathrm{T}})^{-1} \\
&= \boldsymbol{E}^{-1}-\boldsymbol{E}^{-1}\boldsymbol{F}_s(\boldsymbol{x},\boldsymbol{s})(\boldsymbol{\Psi}^{-1}+(\boldsymbol{F}_s(\boldsymbol{x},\boldsymbol{s}))^{\mathrm{T}}\boldsymbol{E}^{-1}\boldsymbol{F}_s(\boldsymbol{x},\boldsymbol{s}))^{-1}(\boldsymbol{F}_s(\boldsymbol{x},\boldsymbol{s}))^{\mathrm{T}}\boldsymbol{E}^{-1}
\end{aligned} \tag{4.51}
$$

① 见第 3 章式 (3.35)。

最后, 将式 (4.51) 代入式 (4.50) 可知式 (4.49) 成立。证毕。

【命题 4.8】$\mathbf{CRB}_{\mathrm{c}}^{(\mathrm{b})}(\boldsymbol{x}) \geqslant \mathbf{CRB}_{\mathrm{c}}^{(\mathrm{a})}(\boldsymbol{x})$。

【证明】首先, 根据命题 3.8 可知 $\mathbf{CRB}^{(\mathrm{b})}(\boldsymbol{x}) \geqslant \mathbf{CRB}^{(\mathrm{a})}(\boldsymbol{x})$。然后, 结合式 (4.16)、式 (4.49), 以及命题 2.10 可得 $\mathbf{CRB}_{\mathrm{c}}^{(\mathrm{b})}(\boldsymbol{x}) \geqslant \mathbf{CRB}_{\mathrm{c}}^{(\mathrm{a})}(\boldsymbol{x})$。证毕。

【命题 4.9】$\mathbf{CRB}_{\mathrm{c}}^{(\mathrm{b})}(\boldsymbol{x}) \leqslant \mathbf{CRB}^{(\mathrm{b})}(\boldsymbol{x})$。

【证明】结合式 (4.49) 和式 (2.63) 可知 $\mathbf{CRB}_{\mathrm{c}}^{(\mathrm{b})}(\boldsymbol{x}) \leqslant \mathbf{CRB}^{(\mathrm{b})}(\boldsymbol{x})$。证毕。

【命题 4.10】基于式 (4.2)—式 (4.4) 和式 (4.36) 给出的观测模型, 模型参数 $\boldsymbol{s}$ 的估计均方误差的克拉美罗界可以表示为

$$\mathbf{CRB}_{\mathrm{c}}^{(\mathrm{b})}(\boldsymbol{s})=(\boldsymbol{\Psi}^{-1}+(\boldsymbol{F}_s(\boldsymbol{x},\boldsymbol{s}))^{\mathrm{T}}\boldsymbol{E}^{-1/2}\boldsymbol{\Pi}^{\perp}[\boldsymbol{E}^{-1/2}\boldsymbol{F}_x(\boldsymbol{x},\boldsymbol{s})\boldsymbol{G}(\boldsymbol{x}_2)]\boldsymbol{E}^{-1/2}\boldsymbol{F}_s(\boldsymbol{x},\boldsymbol{s}))^{-1} \tag{4.52}$$

【证明】首先, 结合式 (4.37) 和式 (2.7) 可得

$$\begin{aligned}\mathbf{CRB}_{\mathrm{c}}^{(\mathrm{b})}(\boldsymbol{s})&=\begin{pmatrix}\boldsymbol{\Psi}^{-1}+(\boldsymbol{F}_s(\boldsymbol{x},\boldsymbol{s}))^{\mathrm{T}}\boldsymbol{E}^{-1}\boldsymbol{F}_s(\boldsymbol{x},\boldsymbol{s})-(\boldsymbol{F}_s(\boldsymbol{x},\boldsymbol{s}))^{\mathrm{T}}\boldsymbol{E}^{-1}\boldsymbol{F}_x(\boldsymbol{x},\boldsymbol{s})\boldsymbol{G}(\boldsymbol{x}_2)\\ \times((\boldsymbol{G}(\boldsymbol{x}_2))^{\mathrm{T}}(\boldsymbol{F}_x(\boldsymbol{x},\boldsymbol{s}))^{\mathrm{T}}\boldsymbol{E}^{-1}\boldsymbol{F}_x(\boldsymbol{x},\boldsymbol{s})\boldsymbol{G}(\boldsymbol{x}_2))^{-1}\\ \times(\boldsymbol{G}(\boldsymbol{x}_2))^{\mathrm{T}}(\boldsymbol{F}_x(\boldsymbol{x},\boldsymbol{s}))^{\mathrm{T}}\boldsymbol{E}^{-1}\boldsymbol{F}_s(\boldsymbol{x},\boldsymbol{s})\end{pmatrix}^{-1}\\ &=(\boldsymbol{\Psi}^{-1}+(\boldsymbol{F}_s(\boldsymbol{x},\boldsymbol{s}))^{\mathrm{T}}\boldsymbol{E}^{-1/2}(\boldsymbol{I}_p-\boldsymbol{E}^{-1/2}\boldsymbol{F}_x(\boldsymbol{x},\boldsymbol{s})\mathbf{CRB}_{\mathrm{c}}^{(\mathrm{a})}(\boldsymbol{x})\\ &\quad\times(\boldsymbol{F}_x(\boldsymbol{x},\boldsymbol{s}))^{\mathrm{T}}\boldsymbol{E}^{-1/2})\boldsymbol{E}^{-1/2}\boldsymbol{F}_s(\boldsymbol{x},\boldsymbol{s}))^{-1}\end{aligned} \tag{4.53}$$

式中第 2 个等号利用了式 (4.16)。

然后, 将式 (4.48) 代入式 (4.53) 可知式 (4.52) 成立。证毕。

【命题 4.11】$\mathbf{CRB}_{\mathrm{c}}^{(\mathrm{b})}(\boldsymbol{s}) \leqslant \boldsymbol{\Psi}$, 若 $\boldsymbol{F}_s(\boldsymbol{x},\boldsymbol{s})$ 是行满秩矩阵, 则当且仅当 $p=q-l$ 时, $\mathbf{CRB}_{\mathrm{c}}^{(\mathrm{b})}(\boldsymbol{s})=\boldsymbol{\Psi}$。

【证明】利用正交投影矩阵 $\boldsymbol{\Pi}^{\perp}[\boldsymbol{E}^{-1/2}\boldsymbol{F}_x(\boldsymbol{x},\boldsymbol{s})\boldsymbol{G}(\boldsymbol{x}_2)]$ 的半正定性与命题 2.4 和命题 2.9 可得

$$\begin{aligned}&(\mathbf{CRB}_{\mathrm{c}}^{(\mathrm{b})}(\boldsymbol{s}))^{-1}\\ &=\boldsymbol{\Psi}^{-1}+(\boldsymbol{F}_s(\boldsymbol{x},\boldsymbol{s}))^{\mathrm{T}}\boldsymbol{E}^{-1/2}\boldsymbol{\Pi}^{\perp}[\boldsymbol{E}^{-1/2}\boldsymbol{F}_x(\boldsymbol{x},\boldsymbol{s})\boldsymbol{G}(\boldsymbol{x}_2)]\boldsymbol{E}^{-1/2}\boldsymbol{F}_s(\boldsymbol{x},\boldsymbol{s})\geqslant\boldsymbol{\Psi}^{-1}\\ &\Rightarrow\mathbf{CRB}_{\mathrm{c}}^{(\mathrm{b})}(\boldsymbol{s})\\ &=(\boldsymbol{\Psi}^{-1}+(\boldsymbol{F}_s(\boldsymbol{x},\boldsymbol{s}))^{\mathrm{T}}\boldsymbol{E}^{-1/2}\boldsymbol{\Pi}^{\perp}[\boldsymbol{E}^{-1/2}\boldsymbol{F}_x(\boldsymbol{x},\boldsymbol{s})\boldsymbol{G}(\boldsymbol{x}_2)]\boldsymbol{E}^{-1/2}\boldsymbol{F}_s(\boldsymbol{x},\boldsymbol{s}))^{-1}\leqslant\boldsymbol{\Psi}\end{aligned} \tag{4.54}$$

当 $p=q-l$ 时, $\boldsymbol{F}_x(\boldsymbol{x},\boldsymbol{s})\boldsymbol{G}(\boldsymbol{x}_2)$ 为满秩方阵。此时, 利用命题 2.18 可知 $\boldsymbol{\Pi}^{\perp}[\boldsymbol{E}^{-1/2}\boldsymbol{F}_x(\boldsymbol{x},\boldsymbol{s})\boldsymbol{G}(\boldsymbol{x}_2)]=\boldsymbol{O}_{p\times p}$, 将该式代入式 (4.52) 可得 $\mathbf{CRB}_{\mathrm{c}}^{(\mathrm{b})}(\boldsymbol{s})=\boldsymbol{\Psi}$。

此外, 若 $\mathbf{CRB}_{\mathrm{c}}^{(\mathrm{b})}(\boldsymbol{s})=\boldsymbol{\varPsi}$, 则由式 (4.52) 可知

$$(\boldsymbol{F}_s(\boldsymbol{x},\boldsymbol{s}))^{\mathrm{T}}\boldsymbol{E}^{-1/2}\boldsymbol{\varPi}^{\perp}[\boldsymbol{E}^{-1/2}\boldsymbol{F}_x(\boldsymbol{x},\boldsymbol{s})\boldsymbol{G}(\boldsymbol{x}_2)]\boldsymbol{E}^{-1/2}\boldsymbol{F}_s(\boldsymbol{x},\boldsymbol{s})=\boldsymbol{O}_{r\times r} \tag{4.55}$$

利用矩阵 $\boldsymbol{F}_s(\boldsymbol{x},\boldsymbol{s})$ 的行满秩性与命题 2.22 可得 $\boldsymbol{\varPi}^{\perp}[\boldsymbol{E}^{-1/2}\boldsymbol{F}_x(\boldsymbol{x},\boldsymbol{s})\boldsymbol{G}(\boldsymbol{x}_2)]=\boldsymbol{O}_{p\times p}$, 再结合命题 2.17 可知, $\boldsymbol{F}_x(\boldsymbol{x},\boldsymbol{s})\boldsymbol{G}(\boldsymbol{x}_2)\in\mathbf{R}^{p\times(q-l)}$ 为满秩方阵, 于是有 $p=q-l$。证毕。

【**命题 4.12**】$\mathbf{CRB}_{\mathrm{c}}^{(\mathrm{b})}(\boldsymbol{s})\leqslant\mathbf{CRB}^{(\mathrm{b})}(\boldsymbol{s})$。

【**证明**】首先, 结合式 (4.52) 和式 (3.42) 可得

$$\begin{aligned}(\mathbf{CRB}_{\mathrm{c}}^{(\mathrm{b})}(\boldsymbol{s}))^{-1}-(\mathbf{CRB}^{(\mathrm{b})}(\boldsymbol{s}))^{-1}=(\boldsymbol{F}_s(\boldsymbol{x},\boldsymbol{s}))^{\mathrm{T}}\boldsymbol{E}^{-1/2}(&\boldsymbol{\varPi}^{\perp}[\boldsymbol{E}^{-1/2}\boldsymbol{F}_x(\boldsymbol{x},\boldsymbol{s})\boldsymbol{G}(\boldsymbol{x}_2)]\\&-\boldsymbol{\varPi}^{\perp}[\boldsymbol{E}^{-1/2}\boldsymbol{F}_x(\boldsymbol{x},\boldsymbol{s})])\boldsymbol{E}^{-1/2}\boldsymbol{F}_s(\boldsymbol{x},\boldsymbol{s})\end{aligned} \tag{4.56}$$

然后, 利用命题 2.19 可知

$$\begin{aligned}&\boldsymbol{\varPi}^{\perp}[\boldsymbol{E}^{-1/2}\boldsymbol{F}_x(\boldsymbol{x},\boldsymbol{s})\boldsymbol{G}(\boldsymbol{x}_2)]\geqslant\boldsymbol{\varPi}^{\perp}[\boldsymbol{E}^{-1/2}\boldsymbol{F}_x(\boldsymbol{x},\boldsymbol{s})]\\&\Rightarrow\boldsymbol{\varPi}^{\perp}[\boldsymbol{E}^{-1/2}\boldsymbol{F}_x(\boldsymbol{x},\boldsymbol{s})\boldsymbol{G}(\boldsymbol{x}_2)]-\boldsymbol{\varPi}^{\perp}[\boldsymbol{E}^{-1/2}\boldsymbol{F}_x(\boldsymbol{x},\boldsymbol{s})]\geqslant\boldsymbol{O}\end{aligned} \tag{4.57}$$

最后, 结合式 (4.56)、式 (4.57), 以及命题 2.4 和命题 2.9 可得

$$(\mathbf{CRB}_{\mathrm{c}}^{(\mathrm{b})}(\boldsymbol{s}))^{-1}\geqslant(\mathbf{CRB}^{(\mathrm{b})}(\boldsymbol{s}))^{-1}\Rightarrow\mathbf{CRB}_{\mathrm{c}}^{(\mathrm{b})}(\boldsymbol{s})\leqslant\mathbf{CRB}^{(\mathrm{b})}(\boldsymbol{s}) \tag{4.58}$$

证毕。

【**注记 4.8**】对比式 (4.16) 和式 (4.49) 可知, 模型参数先验观测误差 $\boldsymbol{\varphi}$ 的影响可以等效为增大了观测向量 $\boldsymbol{z}$ 中的观测误差, 并且是将观测误差的协方差矩阵由原先的 $\boldsymbol{E}$ 增加至 $\boldsymbol{E}+\boldsymbol{F}_s(\boldsymbol{x},\boldsymbol{s})\boldsymbol{\varPsi}(\boldsymbol{F}_s(\boldsymbol{x},\boldsymbol{s}))^{\mathrm{T}}$。

【**注记 4.9**】命题 4.8 表明, 模型参数先验观测误差 $\boldsymbol{\varphi}$ 增加了未知参数 $\boldsymbol{x}$ 的估计均方误差的克拉美罗界, 从而易导致其估计精度降低。

【**注记 4.10**】命题 4.9 表明, 等式约束降低了未知参数 $\boldsymbol{x}$ 的估计均方误差的克拉美罗界, 从而有利于提高其估计精度, 这与命题 4.2 是一致的。

【**注记 4.11**】命题 4.11 表明, 若 $p=q-l$, 也就是观测向量 $\boldsymbol{z}$ 中的元素个数与向量 $\boldsymbol{x}_2$ 中的元素个数相等, 则无法利用观测向量 $\boldsymbol{z}$ 进一步提高对模型参数 $\boldsymbol{s}$ 的估计精度 (相对其先验观测精度而言)。只有当 $p>q-l$ 时, 也就是当观测向量 $\boldsymbol{z}$ 中的元素个数大于向量 $\boldsymbol{x}_2$ 中的元素个数时, 才能够利用观测向量 $\boldsymbol{z}$ 进一步提高对模型参数 $\boldsymbol{s}$ 的估计精度 (相对其先验观测精度而言)。

【**注记 4.12**】命题 4.12 表明, 等式约束降低了模型参数 $\boldsymbol{s}$ 的估计均方误差的克拉美罗界, 从而有利于提高其估计精度。

4.3.2 对方法 4–a 的影响

模型参数先验观测误差显然会对方法 4–a 的估计精度产生直接影响, 下面推导方法 4–a 在模型参数先验观测误差存在下的统计性能。

为了避免符号混淆, 将此情形下向量 $\boldsymbol{x}_2$ 的第 k 次迭代结果记为 $\widehat{\widehat{\boldsymbol{x}}}_{2,k}^{(\mathrm{a})}$, 则基于式 (4.13) 可得

$$\begin{aligned}\widehat{\widehat{\boldsymbol{x}}}_{2,k+1}^{(\mathrm{a})}=&\widehat{\widehat{\boldsymbol{x}}}_{2,k}^{(\mathrm{a})}+((\boldsymbol{G}(\widehat{\widehat{\boldsymbol{x}}}_{2,k}^{(\mathrm{a})}))^{\mathrm{T}}(\boldsymbol{F}_x(\widehat{\widehat{\boldsymbol{x}}}_{k}^{(\mathrm{a})},\widehat{\boldsymbol{s}}))^{\mathrm{T}}\boldsymbol{E}^{-1}\boldsymbol{F}_x(\widehat{\widehat{\boldsymbol{x}}}_{k}^{(\mathrm{a})},\widehat{\boldsymbol{s}})\boldsymbol{G}(\widehat{\widehat{\boldsymbol{x}}}_{2,k}^{(\mathrm{a})}))^{-1}(\boldsymbol{G}(\widehat{\widehat{\boldsymbol{x}}}_{2,k}^{(\mathrm{a})}))^{\mathrm{T}}\\&\times(\boldsymbol{F}_x(\widehat{\widehat{\boldsymbol{x}}}_{k}^{(\mathrm{a})},\widehat{\boldsymbol{s}}))^{\mathrm{T}}\boldsymbol{E}^{-1}(\boldsymbol{z}-\boldsymbol{f}(\boldsymbol{g}(\widehat{\widehat{\boldsymbol{x}}}_{2,k}^{(\mathrm{a})}),\widehat{\boldsymbol{s}}))\end{aligned}\tag{4.59}$$

式中, $\widehat{\widehat{\boldsymbol{x}}}_{k}^{(\mathrm{a})}=\begin{bmatrix}\boldsymbol{g}_1(\widehat{\widehat{\boldsymbol{x}}}_{2,k}^{(\mathrm{a})})\\ \widehat{\widehat{\boldsymbol{x}}}_{2,k}^{(\mathrm{a})}\end{bmatrix}=\boldsymbol{g}(\widehat{\widehat{\boldsymbol{x}}}_{2,k}^{(\mathrm{a})})$ 表示未知参数 $\boldsymbol{x}$ 的第 k 次迭代结果。相对式 (4.13) 而言, 迭代公式 (4.59) 的不同之处在于使用模型参数 $\boldsymbol{s}$ 的先验观测值 $\widehat{\boldsymbol{s}}$ 代替其真实值, 因为这里考虑的是其精确值无法获知的情形。若将式 (4.59) 的迭代收敛结果记为 $\widehat{\widehat{\boldsymbol{x}}}_{2}^{(\mathrm{a})}$ (即 $\lim\limits_{k\to+\infty}\widehat{\widehat{\boldsymbol{x}}}_{2,k}^{(\mathrm{a})}=\widehat{\widehat{\boldsymbol{x}}}_{2}^{(\mathrm{a})}$), 则向量 $\widehat{\widehat{\boldsymbol{x}}}_{2}^{(\mathrm{a})}$ 应满足

$$\widehat{\widehat{\boldsymbol{x}}}_{2}^{(\mathrm{a})}=\arg\min_{\boldsymbol{x}_2\in\mathbf{R}^{(q-l)\times 1}}\{(\boldsymbol{z}-\boldsymbol{f}(\boldsymbol{g}(\boldsymbol{x}_2),\widehat{\boldsymbol{s}}))^{\mathrm{T}}\boldsymbol{E}^{-1}(\boldsymbol{z}-\boldsymbol{f}(\boldsymbol{g}(\boldsymbol{x}_2),\widehat{\boldsymbol{s}}))\}\tag{4.60}$$

此时, 未知参数 $\boldsymbol{x}$ 的最终估计值为

$$\widehat{\widehat{\boldsymbol{x}}}^{(\mathrm{a})}=\begin{bmatrix}\boldsymbol{g}_1(\widehat{\widehat{\boldsymbol{x}}}_{2}^{(\mathrm{a})})\\ \widehat{\widehat{\boldsymbol{x}}}_{2}^{(\mathrm{a})}\end{bmatrix}=\boldsymbol{g}(\widehat{\widehat{\boldsymbol{x}}}_{2}^{(\mathrm{a})})\tag{4.61}$$

下面从统计的角度分析估计值 $\widehat{\widehat{\boldsymbol{x}}}^{(\mathrm{a})}$ 的理论性能, 具体结论可见以下命题。

【命题 4.13】向量 $\widehat{\widehat{\boldsymbol{x}}}^{(\mathrm{a})}$ 是关于未知参数 $\boldsymbol{x}$ 的渐近无偏估计值, 并且其均方误差为

$$\begin{aligned}\mathbf{MSE}(\widehat{\widehat{\boldsymbol{x}}}^{(\mathrm{a})})=&\boldsymbol{G}(\boldsymbol{x}_2)((\boldsymbol{G}(\boldsymbol{x}_2))^{\mathrm{T}}(\boldsymbol{F}_x(\boldsymbol{x},\boldsymbol{s}))^{\mathrm{T}}\boldsymbol{E}^{-1}\boldsymbol{F}_x(\boldsymbol{x},\boldsymbol{s})\boldsymbol{G}(\boldsymbol{x}_2))^{-1}(\boldsymbol{G}(\boldsymbol{x}_2))^{\mathrm{T}}\\&+\boldsymbol{G}(\boldsymbol{x}_2)((\boldsymbol{G}(\boldsymbol{x}_2))^{\mathrm{T}}(\boldsymbol{F}_x(\boldsymbol{x},\boldsymbol{s}))^{\mathrm{T}}\boldsymbol{E}^{-1}\boldsymbol{F}_x(\boldsymbol{x},\boldsymbol{s})\boldsymbol{G}(\boldsymbol{x}_2))^{-1}(\boldsymbol{G}(\boldsymbol{x}_2))^{\mathrm{T}}\\&\times(\boldsymbol{F}_x(\boldsymbol{x},\boldsymbol{s}))^{\mathrm{T}}\boldsymbol{E}^{-1}\boldsymbol{F}_s(\boldsymbol{x},\boldsymbol{s})\boldsymbol{\varPsi}(\boldsymbol{F}_s(\boldsymbol{x},\boldsymbol{s}))^{\mathrm{T}}\boldsymbol{E}^{-1}\boldsymbol{F}_x(\boldsymbol{x},\boldsymbol{s})\boldsymbol{G}(\boldsymbol{x}_2)\\&\times((\boldsymbol{G}(\boldsymbol{x}_2))^{\mathrm{T}}(\boldsymbol{F}_x(\boldsymbol{x},\boldsymbol{s}))^{\mathrm{T}}\boldsymbol{E}^{-1}\boldsymbol{F}_x(\boldsymbol{x},\boldsymbol{s})\boldsymbol{G}(\boldsymbol{x}_2))^{-1}(\boldsymbol{G}(\boldsymbol{x}_2))^{\mathrm{T}}\end{aligned}\tag{4.62}$$

【证明】对式 (4.59) 两边取极限可得

$$
\begin{aligned}
\lim_{k\to+\infty}\widehat{\widehat{\boldsymbol{x}}}_{2,k+1}^{(\mathrm{a})}&=\lim_{k\to+\infty}\widehat{\widehat{\boldsymbol{x}}}_{2,k}^{(\mathrm{a})}\\
&\quad+\lim_{k\to+\infty}\{((\boldsymbol{G}(\widehat{\widehat{\boldsymbol{x}}}_{2,k}^{(\mathrm{a})}))^{\mathrm{T}}(\boldsymbol{F}_x(\widehat{\widehat{\boldsymbol{x}}}_{k}^{(\mathrm{a})},\widehat{\boldsymbol{s}}))^{\mathrm{T}}\boldsymbol{E}^{-1}\boldsymbol{F}_x(\widehat{\widehat{\boldsymbol{x}}}_{k}^{(\mathrm{a})},\widehat{\boldsymbol{s}})\boldsymbol{G}(\widehat{\widehat{\boldsymbol{x}}}_{2,k}^{(\mathrm{a})}))^{-1}\\
&\quad\times(\boldsymbol{G}(\widehat{\widehat{\boldsymbol{x}}}_{2,k}^{(\mathrm{a})}))^{\mathrm{T}}(\boldsymbol{F}_x(\widehat{\widehat{\boldsymbol{x}}}_{k}^{(\mathrm{a})},\widehat{\boldsymbol{s}}))^{\mathrm{T}}\boldsymbol{E}^{-1}(\boldsymbol{z}-\boldsymbol{f}(\boldsymbol{g}(\widehat{\widehat{\boldsymbol{x}}}_{2,k}^{(\mathrm{a})}),\widehat{\boldsymbol{s}}))\}\\
&\Rightarrow(\boldsymbol{G}(\widehat{\widehat{\boldsymbol{x}}}_{2}^{(\mathrm{a})}))^{\mathrm{T}}(\boldsymbol{F}_x(\widehat{\widehat{\boldsymbol{x}}}^{(\mathrm{a})},\widehat{\boldsymbol{s}}))^{\mathrm{T}}\boldsymbol{E}^{-1}(\boldsymbol{z}-\boldsymbol{f}(\boldsymbol{g}(\widehat{\widehat{\boldsymbol{x}}}_{2}^{(\mathrm{a})}),\widehat{\boldsymbol{s}}))=\boldsymbol{O}_{(q-l)\times 1}
\end{aligned}
\tag{4.63}
$$

将式 (4.1) 和式 (4.4) 代入式 (4.63), 并利用一阶误差分析方法可知

$$
\begin{aligned}
\boldsymbol{O}_{(q-l)\times 1}&=(\boldsymbol{G}(\widehat{\widehat{\boldsymbol{x}}}_{2}^{(\mathrm{a})}))^{\mathrm{T}}(\boldsymbol{F}_x(\widehat{\widehat{\boldsymbol{x}}}^{(\mathrm{a})},\widehat{\boldsymbol{s}}))^{\mathrm{T}}\boldsymbol{E}^{-1}(\boldsymbol{f}(\boldsymbol{g}(\boldsymbol{x}_2),\boldsymbol{s})-\boldsymbol{f}(\boldsymbol{g}(\widehat{\widehat{\boldsymbol{x}}}_{2}^{(\mathrm{a})}),\widehat{\boldsymbol{s}})+\boldsymbol{e})\\
&\approx(\boldsymbol{G}(\widehat{\widehat{\boldsymbol{x}}}_{2}^{(\mathrm{a})}))^{\mathrm{T}}(\boldsymbol{F}_x(\widehat{\widehat{\boldsymbol{x}}}^{(\mathrm{a})},\widehat{\boldsymbol{s}}))^{\mathrm{T}}\boldsymbol{E}^{-1}(\boldsymbol{e}-\boldsymbol{F}_x(\boldsymbol{x},\boldsymbol{s})\boldsymbol{G}(\boldsymbol{x}_2)\Delta\widetilde{\boldsymbol{x}}_2^{(\mathrm{a})}-\boldsymbol{F}_s(\boldsymbol{x},\boldsymbol{s})\boldsymbol{\varphi})\\
&\approx(\boldsymbol{G}(\boldsymbol{x}_2))^{\mathrm{T}}(\boldsymbol{F}_x(\boldsymbol{x},\boldsymbol{s}))^{\mathrm{T}}\boldsymbol{E}^{-1}(\boldsymbol{e}-\boldsymbol{F}_x(\boldsymbol{x},\boldsymbol{s})\boldsymbol{G}(\boldsymbol{x}_2)\Delta\widetilde{\boldsymbol{x}}_2^{(\mathrm{a})}-\boldsymbol{F}_s(\boldsymbol{x},\boldsymbol{s})\boldsymbol{\varphi})
\end{aligned}
\tag{4.64}
$$

式中, $\Delta\widetilde{\boldsymbol{x}}_2^{(\mathrm{a})}=\widehat{\widehat{\boldsymbol{x}}}_{2}^{(\mathrm{a})}-\boldsymbol{x}_2$ 表示向量 $\widehat{\widehat{\boldsymbol{x}}}_{2}^{(\mathrm{a})}$ 中的估计误差。式 (4.64) 忽略误差的二阶及以上各阶项, 由该式可以进一步推得

$$
\begin{aligned}
\Delta\widetilde{\boldsymbol{x}}_2^{(\mathrm{a})}&\approx((\boldsymbol{G}(\boldsymbol{x}_2))^{\mathrm{T}}(\boldsymbol{F}_x(\boldsymbol{x},\boldsymbol{s}))^{\mathrm{T}}\boldsymbol{E}^{-1}\boldsymbol{F}_x(\boldsymbol{x},\boldsymbol{s})\boldsymbol{G}(\boldsymbol{x}_2))^{-1}(\boldsymbol{G}(\boldsymbol{x}_2))^{\mathrm{T}}\\
&\quad\times(\boldsymbol{F}_x(\boldsymbol{x},\boldsymbol{s}))^{\mathrm{T}}\boldsymbol{E}^{-1}(\boldsymbol{e}-\boldsymbol{F}_s(\boldsymbol{x},\boldsymbol{s})\boldsymbol{\varphi})
\end{aligned}
\tag{4.65}
$$

将向量 $\widehat{\widehat{\boldsymbol{x}}}^{(\mathrm{a})}$ 中的估计误差定义为 $\Delta\widetilde{\boldsymbol{x}}^{(\mathrm{a})}=\widehat{\widehat{\boldsymbol{x}}}^{(\mathrm{a})}-\boldsymbol{x}$, 由式 (4.61) 可知

$$
\Delta\widetilde{\boldsymbol{x}}^{(\mathrm{a})}\approx\boldsymbol{G}(\boldsymbol{x}_2)\Delta\widetilde{\boldsymbol{x}}_2^{(\mathrm{a})}
\tag{4.66}
$$

将式 (4.65) 代入式 (4.66) 可得

$$
\begin{aligned}
\Delta\widetilde{\boldsymbol{x}}^{(\mathrm{a})}&\approx\boldsymbol{G}(\boldsymbol{x}_2)((\boldsymbol{G}(\boldsymbol{x}_2))^{\mathrm{T}}(\boldsymbol{F}_x(\boldsymbol{x},\boldsymbol{s}))^{\mathrm{T}}\boldsymbol{E}^{-1}\boldsymbol{F}_x(\boldsymbol{x},\boldsymbol{s})\boldsymbol{G}(\boldsymbol{x}_2))^{-1}(\boldsymbol{G}(\boldsymbol{x}_2))^{\mathrm{T}}\\
&\quad\times(\boldsymbol{F}_x(\boldsymbol{x},\boldsymbol{s}))^{\mathrm{T}}\boldsymbol{E}^{-1}(\boldsymbol{e}-\boldsymbol{F}_s(\boldsymbol{x},\boldsymbol{s})\boldsymbol{\varphi})
\end{aligned}
\tag{4.67}
$$

式 (4.67) 给出了估计误差 $\Delta\widetilde{\boldsymbol{x}}^{(\mathrm{a})}$ 与观测误差 $\boldsymbol{e}$ 和 $\boldsymbol{\varphi}$ 之间的线性关系式。由式 (4.67) 可知 $\mathbf{E}[\Delta\widetilde{\boldsymbol{x}}^{(\mathrm{a})}]\approx\boldsymbol{O}_{q\times 1}$, 因此向量 $\widehat{\widehat{\boldsymbol{x}}}^{(\mathrm{a})}$ 是关于未知参数 $\boldsymbol{x}$ 的渐近无偏估计值。此外, 基于式 (4.67) 可以推得估计值 $\widehat{\widehat{\boldsymbol{x}}}^{(\mathrm{a})}$ 的均方误差

$$
\begin{aligned}
\mathbf{MSE}(\widehat{\widehat{\boldsymbol{x}}}^{(\mathrm{a})})&=\mathbf{E}[(\widehat{\widehat{\boldsymbol{x}}}^{(\mathrm{a})}-\boldsymbol{x})(\widehat{\widehat{\boldsymbol{x}}}^{(\mathrm{a})}-\boldsymbol{x})^{\mathrm{T}}]=\mathbf{E}[\Delta\widetilde{\boldsymbol{x}}^{(\mathrm{a})}(\Delta\widetilde{\boldsymbol{x}}^{(\mathrm{a})})^{\mathrm{T}}]\\
&=\boldsymbol{G}(\boldsymbol{x}_2)((\boldsymbol{G}(\boldsymbol{x}_2))^{\mathrm{T}}(\boldsymbol{F}_x(\boldsymbol{x},\boldsymbol{s}))^{\mathrm{T}}\boldsymbol{E}^{-1}\boldsymbol{F}_x(\boldsymbol{x},\boldsymbol{s})\boldsymbol{G}(\boldsymbol{x}_2))^{-1}(\boldsymbol{G}(\boldsymbol{x}_2))^{\mathrm{T}}\\
&\quad\times(\boldsymbol{F}_x(\boldsymbol{x},\boldsymbol{s}))^{\mathrm{T}}\boldsymbol{E}^{-1}\mathbf{E}[(\boldsymbol{e}-\boldsymbol{F}_s(\boldsymbol{x},\boldsymbol{s})\boldsymbol{\varphi})(\boldsymbol{e}-\boldsymbol{F}_s(\boldsymbol{x},\boldsymbol{s})\boldsymbol{\varphi})^{\mathrm{T}}]
\end{aligned}
$$

$$
\begin{aligned}
&\times \boldsymbol{E}^{-1}\boldsymbol{F}_x(\boldsymbol{x},\boldsymbol{s})\boldsymbol{G}(\boldsymbol{x}_2)((\boldsymbol{G}(\boldsymbol{x}_2))^{\mathrm{T}}(\boldsymbol{F}_x(\boldsymbol{x},\boldsymbol{s}))^{\mathrm{T}}\\
&\times \boldsymbol{E}^{-1}\boldsymbol{F}_x(\boldsymbol{x},\boldsymbol{s})\boldsymbol{G}(\boldsymbol{x}_2))^{-1}(\boldsymbol{G}(\boldsymbol{x}_2))^{\mathrm{T}}\\
=\ &\boldsymbol{G}(\boldsymbol{x}_2)((\boldsymbol{G}(\boldsymbol{x}_2))^{\mathrm{T}}(\boldsymbol{F}_x(\boldsymbol{x},\boldsymbol{s}))^{\mathrm{T}}\boldsymbol{E}^{-1}\boldsymbol{F}_x(\boldsymbol{x},\boldsymbol{s})\boldsymbol{G}(\boldsymbol{x}_2))^{-1}(\boldsymbol{G}(\boldsymbol{x}_2))^{\mathrm{T}}\\
&+\boldsymbol{G}(\boldsymbol{x}_2)((\boldsymbol{G}(\boldsymbol{x}_2))^{\mathrm{T}}(\boldsymbol{F}_x(\boldsymbol{x},\boldsymbol{s}))^{\mathrm{T}}\boldsymbol{E}^{-1}\boldsymbol{F}_x(\boldsymbol{x},\boldsymbol{s})\boldsymbol{G}(\boldsymbol{x}_2))^{-1}(\boldsymbol{G}(\boldsymbol{x}_2))^{\mathrm{T}}\\
&\times (\boldsymbol{F}_x(\boldsymbol{x},\boldsymbol{s}))^{\mathrm{T}}\boldsymbol{E}^{-1}\boldsymbol{F}_s(\boldsymbol{x},\boldsymbol{s})\boldsymbol{\Psi}(\boldsymbol{F}_s(\boldsymbol{x},\boldsymbol{s}))^{\mathrm{T}}\\
&\times \boldsymbol{E}^{-1}\boldsymbol{F}_x(\boldsymbol{x},\boldsymbol{s})\boldsymbol{G}(\boldsymbol{x}_2)((\boldsymbol{G}(\boldsymbol{x}_2))^{\mathrm{T}}(\boldsymbol{F}_x(\boldsymbol{x},\boldsymbol{s}))^{\mathrm{T}}\\
&\times \boldsymbol{E}^{-1}\boldsymbol{F}_x(\boldsymbol{x},\boldsymbol{s})\boldsymbol{G}(\boldsymbol{x}_2))^{-1}(\boldsymbol{G}(\boldsymbol{x}_2))^{\mathrm{T}}
\end{aligned}
\tag{4.68}
$$

证毕。

【注记 4.13】 结合式 (4.30) 和式 (4.62) 可知

$$
\begin{aligned}
\mathbf{MSE}(\widehat{\widehat{\boldsymbol{x}}}^{(\mathrm{a})}) &= \mathbf{MSE}(\widehat{\boldsymbol{x}}^{(\mathrm{a})}) + \mathbf{MSE}(\widehat{\boldsymbol{x}}^{(\mathrm{a})})(\boldsymbol{F}_x(\boldsymbol{x},\boldsymbol{s}))^{\mathrm{T}}\boldsymbol{E}^{-1}\boldsymbol{F}_s(\boldsymbol{x},\boldsymbol{s})\boldsymbol{\Psi}(\boldsymbol{F}_s(\boldsymbol{x},\boldsymbol{s}))^{\mathrm{T}}\\
&\quad\times \boldsymbol{E}^{-1}\boldsymbol{F}_x(\boldsymbol{x},\boldsymbol{s})\mathbf{MSE}(\widehat{\boldsymbol{x}}^{(\mathrm{a})})\\
&= \mathbf{CRB}_{\mathrm{c}}^{(\mathrm{a})}(\boldsymbol{x}) + \mathbf{CRB}_{\mathrm{c}}^{(\mathrm{a})}(\boldsymbol{x})(\boldsymbol{F}_x(\boldsymbol{x},\boldsymbol{s}))^{\mathrm{T}}\boldsymbol{E}^{-1}\boldsymbol{F}_s(\boldsymbol{x},\boldsymbol{s})\boldsymbol{\Psi}(\boldsymbol{F}_s(\boldsymbol{x},\boldsymbol{s}))^{\mathrm{T}}\\
&\quad\times \boldsymbol{E}^{-1}\boldsymbol{F}_x(\boldsymbol{x},\boldsymbol{s})\mathbf{CRB}_{\mathrm{c}}^{(\mathrm{a})}(\boldsymbol{x})
\end{aligned}
\tag{4.69}
$$

基于命题 4.13 还可以得到以下两个命题。

【命题 4.14】 $\mathbf{MSE}(\widehat{\widehat{\boldsymbol{x}}}^{(\mathrm{a})}) \geqslant \mathbf{MSE}(\widehat{\boldsymbol{x}}^{(\mathrm{a})}) = \mathbf{CRB}_{\mathrm{c}}^{(\mathrm{a})}(\boldsymbol{x})$。

【证明】 首先, 利用矩阵 $\boldsymbol{\Psi}$ 的正定性和命题 2.4 可得

$$
\mathbf{CRB}_{\mathrm{c}}^{(\mathrm{a})}(\boldsymbol{x})(\boldsymbol{F}_x(\boldsymbol{x},\boldsymbol{s}))^{\mathrm{T}}\boldsymbol{E}^{-1}\boldsymbol{F}_s(\boldsymbol{x},\boldsymbol{s})\boldsymbol{\Psi}(\boldsymbol{F}_s(\boldsymbol{x},\boldsymbol{s}))^{\mathrm{T}}\boldsymbol{E}^{-1}\boldsymbol{F}_x(\boldsymbol{x},\boldsymbol{s})\mathbf{CRB}_{\mathrm{c}}^{(\mathrm{a})}(\boldsymbol{x}) \geqslant \boldsymbol{O}
\tag{4.70}
$$

然后, 结合式 (4.69) 和式 (4.70) 可知

$$
\mathbf{MSE}(\widehat{\widehat{\boldsymbol{x}}}^{(\mathrm{a})}) \geqslant \mathbf{MSE}(\widehat{\boldsymbol{x}}^{(\mathrm{a})}) = \mathbf{CRB}_{\mathrm{c}}^{(\mathrm{a})}(\boldsymbol{x})
\tag{4.71}
$$

证毕。

【命题 4.15】 $\mathbf{MSE}(\widehat{\widehat{\boldsymbol{x}}}^{(\mathrm{a})}) \geqslant \mathbf{CRB}_{\mathrm{c}}^{(\mathrm{b})}(\boldsymbol{x})$。

【证明】 利用正交投影矩阵 $\boldsymbol{\Pi}^{\perp}[\boldsymbol{E}^{-1/2}\boldsymbol{F}_x(\boldsymbol{x},\boldsymbol{s})\boldsymbol{G}(\boldsymbol{x}_2)]$ 的半正定性和命题 2.4 可得

$$
(\boldsymbol{F}_s(\boldsymbol{x},\boldsymbol{s}))^{\mathrm{T}}\boldsymbol{E}^{-1/2}\boldsymbol{\Pi}^{\perp}[\boldsymbol{E}^{-1/2}\boldsymbol{F}_x(\boldsymbol{x},\boldsymbol{s})\boldsymbol{G}(\boldsymbol{x}_2)]\boldsymbol{E}^{-1/2}\boldsymbol{F}_s(\boldsymbol{x},\boldsymbol{s}) \geqslant \boldsymbol{O}
\tag{4.72}
$$

基于式 (4.72) 和命题 2.9 可得

$$\Psi^{-1} + (F_s(x,s))^{\mathrm{T}} E^{-1/2} \Pi^{\perp} [E^{-1/2} F_x(x,s) G(x_2)] E^{-1/2} F_s(x,s) \geqslant \Psi^{-1}$$
$$\Rightarrow (\Psi^{-1} + (F_s(x,s))^{\mathrm{T}} E^{-1/2} \Pi^{\perp} [E^{-1/2} F_x(x,s) G(x_2)] E^{-1/2} F_s(x,s))^{-1} \leqslant \Psi \tag{4.73}$$

结合式 (4.45)、式 (4.69) 和式 (4.73), 以及命题 2.5 可知 $\mathrm{MSE}(\widehat{\widetilde{x}}^{(\mathrm{a})}) \geqslant \mathrm{CRB}_{\mathrm{c}}^{(\mathrm{b})}(x)$。证毕。

【注记 4.14】命题 4.15 表明, 当模型参数先验观测误差存在时, 向量 $\widehat{\widetilde{x}}^{(\mathrm{a})}$ 的估计均方误差难以达到相应的克拉美罗界 (即 $\mathrm{CRB}_{\mathrm{c}}^{(\mathrm{b})}(x)$), 其并不是关于未知参数 x 的渐近统计最优估计值。因此, 下面还需要针对模型参数先验观测误差存在的情形, 给出性能可以达到克拉美罗界的估计方法。

4.4 模型参数先验观测误差存在下的参数估计优化模型、求解方法及其理论性能

4.4.1 参数估计优化模型及其求解方法

1. 参数估计优化模型

当模型参数先验观测误差存在时, 应将模型参数 s 看成是未知量, 此时为了最大程度地抑制观测误差 e 和 φ 的影响, 可以将参数估计优化模型表示为

$$\begin{cases} \min_{\substack{x \in \mathbf{R}^{q \times 1}; s \in \mathbf{R}^{r \times 1} \\ e \in \mathbf{R}^{p \times 1}; \varphi \in \mathbf{R}^{r \times 1}}} \{e^{\mathrm{T}} E^{-1} e + \varphi^{\mathrm{T}} \Psi^{-1} \varphi\} \\ \text{s.t. } z = f(x,s) + e \\ \quad\ \widehat{s} = s + \varphi \\ \quad\ c(x) = d \end{cases} \tag{4.74}$$

式中, E^{-1} 和 Ψ^{-1} 均表示加权矩阵。显然, 式 (4.74) 也可以直接转化成如下优化模型

$$\begin{cases} \min_{x \in \mathbf{R}^{q \times 1}; s \in \mathbf{R}^{r \times 1}} \{(z - f(x,s))^{\mathrm{T}} E^{-1}(z - f(x,s)) + (\widehat{s} - s)^{\mathrm{T}} \Psi^{-1}(\widehat{s} - s)\} \\ \text{s.t. } c(x) = d \end{cases}$$

$$\Leftrightarrow \begin{cases} \min_{x \in \mathbf{R}^{q \times 1}; s \in \mathbf{R}^{r \times 1}} \left\{ \begin{bmatrix} z - f(x,s) \\ \widehat{s} - s \end{bmatrix}^{\mathrm{T}} \begin{bmatrix} E^{-1} & O_{p \times r} \\ O_{r \times p} & \Psi^{-1} \end{bmatrix} \begin{bmatrix} z - f(x,s) \\ \widehat{s} - s \end{bmatrix} \right\} \\ \text{s.t. } c(x) = d \end{cases} \tag{4.75}$$

式 (4.75) 是关于未知参数 $\boldsymbol{x}$ 和模型参数 $\boldsymbol{s}$ 的约束优化问题。

与第 4.2.1 节中的讨论相类似, 由于本章假设向量 $\boldsymbol{x}_1$ 可以由向量 $\boldsymbol{x}_2$ 闭式表示 (即 $\boldsymbol{x}_1=\boldsymbol{g}_1(\boldsymbol{x}_2)$), 此时可以将式 (4.75) 直接转化成关于向量 $\boldsymbol{x}_2$ 的无约束优化问题, 如下式所示

$$\min_{\boldsymbol{x}_2\in\mathbf{R}^{(q-l)\times 1};\boldsymbol{s}\in\mathbf{R}^{r\times 1}}\left\{\begin{bmatrix}\boldsymbol{z}-\boldsymbol{f}(\boldsymbol{g}(\boldsymbol{x}_2),\boldsymbol{s})\\ \widehat{\boldsymbol{s}}-\boldsymbol{s}\end{bmatrix}^{\mathrm{T}}\begin{bmatrix}\boldsymbol{E}^{-1} & \boldsymbol{O}_{p\times r}\\ \boldsymbol{O}_{r\times p} & \boldsymbol{\Psi}^{-1}\end{bmatrix}\begin{bmatrix}\boldsymbol{z}-\boldsymbol{f}(\boldsymbol{g}(\boldsymbol{x}_2),\boldsymbol{s})\\ \widehat{\boldsymbol{s}}-\boldsymbol{s}\end{bmatrix}\right\} \tag{4.76}$$

式 (4.76) 的求解需要迭代计算, 故将第 4.2.1 节中的高斯–牛顿迭代法进行推广, 并给出另外两种迭代方法, 分别称为方法 4–b1 和方法 4–b2。

2. 迭代求解方法 4–b1

方法 4–b1 适用于仅需要对未知参数 $\boldsymbol{x}$ 进行估计, 而不需要对模型参数 $\boldsymbol{s}$ 进行估计的情形。该方法的基本思想是将模型参数先验观测误差的统计特性融入每步迭代中, 从而有效抑制该误差的影响。

假设向量 $\boldsymbol{x}_2$ 的第 k 次迭代结果为 $\widehat{\boldsymbol{x}}_{2,k}^{(\mathrm{b1})}$①, 现将函数 $\boldsymbol{f}(\boldsymbol{g}(\boldsymbol{x}_2),\boldsymbol{s})$ 在点 $(\widehat{\boldsymbol{x}}_{2,k}^{(\mathrm{b1})},\widehat{\boldsymbol{s}})$ 处进行一阶泰勒级数展开可得

$$\begin{aligned}\boldsymbol{f}(\boldsymbol{g}(\boldsymbol{x}_2),\boldsymbol{s})&\approx\boldsymbol{f}(\boldsymbol{g}(\widehat{\boldsymbol{x}}_{2,k}^{(\mathrm{b1})}),\widehat{\boldsymbol{s}})+\boldsymbol{F}_x(\widehat{\boldsymbol{x}}_k^{(\mathrm{b1})},\widehat{\boldsymbol{s}})\boldsymbol{G}(\widehat{\boldsymbol{x}}_{2,k}^{(\mathrm{b1})})(\boldsymbol{x}_2-\widehat{\boldsymbol{x}}_{2,k}^{(\mathrm{b1})})+\boldsymbol{F}_s(\widehat{\boldsymbol{x}}_k^{(\mathrm{b1})},\widehat{\boldsymbol{s}})(\boldsymbol{s}-\widehat{\boldsymbol{s}})\\&=\boldsymbol{f}(\boldsymbol{g}(\widehat{\boldsymbol{x}}_{2,k}^{(\mathrm{b1})}),\widehat{\boldsymbol{s}})+\boldsymbol{F}_x(\widehat{\boldsymbol{x}}_k^{(\mathrm{b1})},\widehat{\boldsymbol{s}})\boldsymbol{G}(\widehat{\boldsymbol{x}}_{2,k}^{(\mathrm{b1})})(\boldsymbol{x}_2-\widehat{\boldsymbol{x}}_{2,k}^{(\mathrm{b1})})-\boldsymbol{F}_s(\widehat{\boldsymbol{x}}_k^{(\mathrm{b1})},\widehat{\boldsymbol{s}})\boldsymbol{\varphi}\end{aligned} \tag{4.77}$$

式中, $\widehat{\boldsymbol{x}}_k^{(\mathrm{b1})}=\begin{bmatrix}\boldsymbol{g}_1(\widehat{\boldsymbol{x}}_{2,k}^{(\mathrm{b1})})\\ \widehat{\boldsymbol{x}}_{2,k}^{(\mathrm{b1})}\end{bmatrix}=\boldsymbol{g}(\widehat{\boldsymbol{x}}_{2,k}^{(\mathrm{b1})})$ 表示未知参数 $\boldsymbol{x}$ 的第 k 次迭代结果。式 (4.77) 忽略的项为 $o(\|\boldsymbol{x}_2-\widehat{\boldsymbol{x}}_{2,k}^{(\mathrm{b1})}\|_2)$、$o(\|\boldsymbol{s}-\widehat{\boldsymbol{s}}\|_2)$ 和 $O(\|\boldsymbol{x}_2-\widehat{\boldsymbol{x}}_{2,k}^{(\mathrm{b1})}\|_2\|\boldsymbol{s}-\widehat{\boldsymbol{s}}\|_2)$。式 (4.77) 中的第 2 个等号右边第 3 项是关于观测误差 $\boldsymbol{\varphi}$ 的线性项, 为了抑制该影响, 可以将式 (4.12) 中的加权矩阵 $\boldsymbol{E}^{-1}$ 替换为 $(\boldsymbol{E}+\boldsymbol{F}_s(\widehat{\boldsymbol{x}}_k^{(\mathrm{b1})},\widehat{\boldsymbol{s}})\boldsymbol{\Psi}(\boldsymbol{F}_s(\widehat{\boldsymbol{x}}_k^{(\mathrm{b1})},\widehat{\boldsymbol{s}}))^{\mathrm{T}})^{-1}$, 于是第 $k+1$ 次迭代中所求解的优化问题为

$$\min_{\boldsymbol{x}_2\in\mathbf{R}^{(q-l)\times 1}}\left\{\begin{array}{l}(\boldsymbol{F}_x(\widehat{\boldsymbol{x}}_k^{(\mathrm{b1})},\widehat{\boldsymbol{s}})\boldsymbol{G}(\widehat{\boldsymbol{x}}_{2,k}^{(\mathrm{b1})})(\boldsymbol{x}_2-\widehat{\boldsymbol{x}}_{2,k}^{(\mathrm{b1})})-(\boldsymbol{z}-\boldsymbol{f}(\boldsymbol{g}(\widehat{\boldsymbol{x}}_{2,k}^{(\mathrm{b1})}),\widehat{\boldsymbol{s}})))^{\mathrm{T}}\\ \times(\boldsymbol{E}+\boldsymbol{F}_s(\widehat{\boldsymbol{x}}_k^{(\mathrm{b1})},\widehat{\boldsymbol{s}})\boldsymbol{\Psi}(\boldsymbol{F}_s(\widehat{\boldsymbol{x}}_k^{(\mathrm{b1})},\widehat{\boldsymbol{s}}))^{\mathrm{T}})^{-1}\\ \times(\boldsymbol{F}_x(\widehat{\boldsymbol{x}}_k^{(\mathrm{b1})},\widehat{\boldsymbol{s}})\boldsymbol{G}(\widehat{\boldsymbol{x}}_{2,k}^{(\mathrm{b1})})(\boldsymbol{x}_2-\widehat{\boldsymbol{x}}_{2,k}^{(\mathrm{b1})})-(\boldsymbol{z}-\boldsymbol{f}(\boldsymbol{g}(\widehat{\boldsymbol{x}}_{2,k}^{(\mathrm{b1})}),\widehat{\boldsymbol{s}})))\end{array}\right\} \tag{4.78}$$

式 (4.78) 是第 $k+1$ 次迭代中所求解的优化问题, 也是无约束二次优化问

① 本章的上角标 (b1) 表示方法 4–b1。

题。将其最优解记为 $\widehat{\boldsymbol{x}}_{2,k+1}^{(\mathrm{b1})}$, 根据式 (2.67) 可得

$$\begin{aligned}\widehat{\boldsymbol{x}}_{2,k+1}^{(\mathrm{b1})}=&\ \widehat{\boldsymbol{x}}_{2,k}^{(\mathrm{b1})}+((\boldsymbol{G}(\widehat{\boldsymbol{x}}_{2,k}^{(\mathrm{b1})}))^{\mathrm{T}}(\boldsymbol{F}_x(\widehat{\boldsymbol{x}}_{k}^{(\mathrm{b1})},\widehat{\boldsymbol{s}}))^{\mathrm{T}}(\boldsymbol{E}+\boldsymbol{F}_s(\widehat{\boldsymbol{x}}_{k}^{(\mathrm{b1})},\widehat{\boldsymbol{s}})\boldsymbol{\Psi}(\boldsymbol{F}_s(\widehat{\boldsymbol{x}}_{k}^{(\mathrm{b1})},\widehat{\boldsymbol{s}}))^{\mathrm{T}})^{-1}\\&\times\boldsymbol{F}_x(\widehat{\boldsymbol{x}}_{k}^{(\mathrm{b1})},\widehat{\boldsymbol{s}})\boldsymbol{G}(\widehat{\boldsymbol{x}}_{2,k}^{(\mathrm{b1})}))^{-1}(\boldsymbol{G}(\widehat{\boldsymbol{x}}_{2,k}^{(\mathrm{b1})}))^{\mathrm{T}}(\boldsymbol{F}_x(\widehat{\boldsymbol{x}}_{k}^{(\mathrm{b1})},\widehat{\boldsymbol{s}}))^{\mathrm{T}}\\&\times(\boldsymbol{E}+\boldsymbol{F}_s(\widehat{\boldsymbol{x}}_{k}^{(\mathrm{b1})},\widehat{\boldsymbol{s}})\boldsymbol{\Psi}(\boldsymbol{F}_s(\widehat{\boldsymbol{x}}_{k}^{(\mathrm{b1})},\widehat{\boldsymbol{s}}))^{\mathrm{T}})^{-1}(\boldsymbol{z}-\boldsymbol{f}(\boldsymbol{g}(\widehat{\boldsymbol{x}}_{2,k}^{(\mathrm{b1})}),\widehat{\boldsymbol{s}}))\end{aligned}\tag{4.79}$$

将式 (4.79) 的迭代收敛结果记为 $\widehat{\boldsymbol{x}}_{2}^{(\mathrm{b1})}$ (即 $\lim\limits_{k\to+\infty}\widehat{\boldsymbol{x}}_{2,k}^{(\mathrm{b1})}=\widehat{\boldsymbol{x}}_{2}^{(\mathrm{b1})}$), 该向量就是最终估计值。假设迭代初始值满足一定的条件, 可以使迭代公式 (4.79) 收敛至优化问题的全局最优解, 于是有

$$\begin{aligned}\widehat{\boldsymbol{x}}_{2}^{(\mathrm{b1})}=\arg\min_{\boldsymbol{x}_2\in\mathbf{R}^{(q-l)\times 1}}&\{(\boldsymbol{z}-\boldsymbol{f}(\boldsymbol{g}(\boldsymbol{x}_2),\widehat{\boldsymbol{s}}))^{\mathrm{T}}(\boldsymbol{E}+\boldsymbol{F}_s(\boldsymbol{g}(\boldsymbol{x}_2),\widehat{\boldsymbol{s}})\boldsymbol{\Psi}(\boldsymbol{F}_s(\boldsymbol{g}(\boldsymbol{x}_2),\widehat{\boldsymbol{s}}))^{\mathrm{T}})^{-1}\\&\times(\boldsymbol{z}-\boldsymbol{f}(\boldsymbol{g}(\boldsymbol{x}_2),\widehat{\boldsymbol{s}}))\}\end{aligned}\tag{4.80}$$

此时未知参数 $\boldsymbol{x}$ 的最终估计值为

$$\widehat{\boldsymbol{x}}^{(\mathrm{b1})}=\begin{bmatrix}\boldsymbol{g}_1(\widehat{\boldsymbol{x}}_{2}^{(\mathrm{b1})})\\\widehat{\boldsymbol{x}}_{2}^{(\mathrm{b1})}\end{bmatrix}=\boldsymbol{g}(\widehat{\boldsymbol{x}}_{2}^{(\mathrm{b1})})\tag{4.81}$$

将上面的求解方法称为方法 4−b1, 图 4.3 给出了方法 4−b1 的计算流程图。

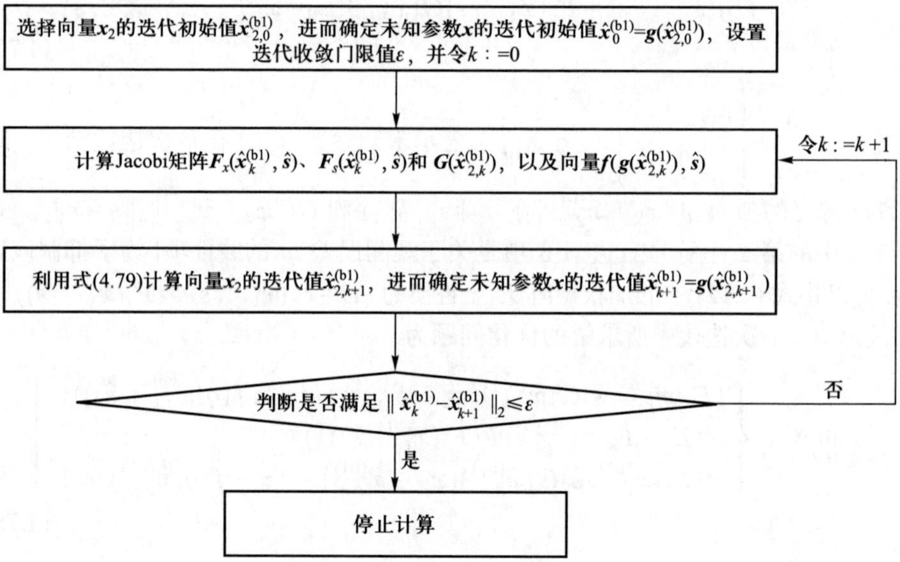

图 4.3　方法 4−b1 的计算流程图

3. 迭代求解方法 4−b2

与方法 4−b1 不同, 方法 4−b2 是对未知参数 $\boldsymbol{x}$ 和模型参数 $\boldsymbol{s}$ 进行联合估计, 也就是利用高斯−牛顿迭代法直接对式 (4.76) 进行求解。

假设向量 $\boldsymbol{x}_2$ 和模型参数 $\boldsymbol{s}$ 的第 k 次迭代结果分别为 $\widehat{\boldsymbol{x}}_{2,k}^{(\mathrm{b2})}$ 和 $\widehat{\boldsymbol{s}}_k^{(\mathrm{b2})}$[①], 现将函数 $\begin{bmatrix}\boldsymbol{f}(\boldsymbol{g}(\boldsymbol{x}_2),\boldsymbol{s})\\ \boldsymbol{s}\end{bmatrix}$ 在向量 $\begin{bmatrix}\widehat{\boldsymbol{x}}_{2,k}^{(\mathrm{b2})}\\ \widehat{\boldsymbol{s}}_k^{(\mathrm{b2})}\end{bmatrix}$ 处进行一阶泰勒级数展开可得

$$\begin{aligned}\begin{bmatrix}\boldsymbol{f}(\boldsymbol{g}(\boldsymbol{x}_2),\boldsymbol{s})\\ \boldsymbol{s}\end{bmatrix}&\approx\begin{bmatrix}\boldsymbol{f}(\boldsymbol{g}(\widehat{\boldsymbol{x}}_{2,k}^{(\mathrm{b2})}),\widehat{\boldsymbol{s}}_k^{(\mathrm{b2})})\\ \widehat{\boldsymbol{s}}_k^{(\mathrm{b2})}\end{bmatrix}\\&\quad+\begin{bmatrix}\boldsymbol{F}_x(\widehat{\boldsymbol{x}}_k^{(\mathrm{b2})},\widehat{\boldsymbol{s}}_k^{(\mathrm{b2})})\boldsymbol{G}(\widehat{\boldsymbol{x}}_{2,k}^{(\mathrm{b2})}) & \boldsymbol{F}_s(\widehat{\boldsymbol{x}}_k^{(\mathrm{b2})},\widehat{\boldsymbol{s}}_k^{(\mathrm{b2})})\\ \boldsymbol{O}_{r\times(q-l)} & \boldsymbol{I}_r\end{bmatrix}\begin{bmatrix}\boldsymbol{x}_2-\widehat{\boldsymbol{x}}_{2,k}^{(\mathrm{b2})}\\ \boldsymbol{s}-\widehat{\boldsymbol{s}}_k^{(\mathrm{b2})}\end{bmatrix}\end{aligned}\tag{4.82}$$

式中, $\widehat{\boldsymbol{x}}_k^{(\mathrm{b2})}=\begin{bmatrix}\boldsymbol{g}_1(\widehat{\boldsymbol{x}}_{2,k}^{(\mathrm{b2})})\\ \widehat{\boldsymbol{x}}_{2,k}^{(\mathrm{b2})}\end{bmatrix}=\boldsymbol{g}(\widehat{\boldsymbol{x}}_{2,k}^{(\mathrm{b2})})$ 表示未知参数 $\boldsymbol{x}$ 的第 k 次迭代结果。式 (4.82) 忽略的项为 $o(\|\boldsymbol{x}_2-\widehat{\boldsymbol{x}}_{2,k}^{(\mathrm{b2})}\|_2)$、$o(\|\boldsymbol{s}-\widehat{\boldsymbol{s}}_k^{(\mathrm{b2})}\|_2)$ 和 $O(\|\boldsymbol{x}_2-\widehat{\boldsymbol{x}}_{2,k}^{(\mathrm{b2})}\|_2\|\boldsymbol{s}-\widehat{\boldsymbol{s}}_k^{(\mathrm{b2})}\|_2)$。将式 (4.82) 代入式 (4.76) 可知

$$\min_{\substack{\boldsymbol{x}_2\in\mathbf{R}^{(q-l)\times 1};\\ \boldsymbol{s}\in\mathbf{R}^{r\times 1}}}\left\{\begin{aligned}&\left(\begin{bmatrix}\boldsymbol{z}-\boldsymbol{f}(\boldsymbol{g}(\widehat{\boldsymbol{x}}_{2,k}^{(\mathrm{b2})}),\widehat{\boldsymbol{s}}_k^{(\mathrm{b2})})\\ \widehat{\boldsymbol{s}}-\widehat{\boldsymbol{s}}_k^{(\mathrm{b2})}\end{bmatrix}\right.\\&\left.-\begin{bmatrix}\boldsymbol{F}_x(\widehat{\boldsymbol{x}}_k^{(\mathrm{b2})},\widehat{\boldsymbol{s}}_k^{(\mathrm{b2})})\boldsymbol{G}(\widehat{\boldsymbol{x}}_{2,k}^{(\mathrm{b2})}) & \boldsymbol{F}_s(\widehat{\boldsymbol{x}}_k^{(\mathrm{b2})},\widehat{\boldsymbol{s}}_k^{(\mathrm{b2})})\\ \boldsymbol{O}_{r\times(q-l)} & \boldsymbol{I}_r\end{bmatrix}\begin{bmatrix}\boldsymbol{x}_2-\widehat{\boldsymbol{x}}_{2,k}^{(\mathrm{b2})}\\ \boldsymbol{s}-\widehat{\boldsymbol{s}}_k^{(\mathrm{b2})}\end{bmatrix}\right)^{\mathrm{T}}\\&\times\begin{bmatrix}\boldsymbol{E}^{-1} & \boldsymbol{O}_{p\times r}\\ \boldsymbol{O}_{r\times p} & \boldsymbol{\varPsi}^{-1}\end{bmatrix}\left(\begin{bmatrix}\boldsymbol{z}-\boldsymbol{f}(\boldsymbol{g}(\widehat{\boldsymbol{x}}_{2,k}^{(\mathrm{b2})}),\widehat{\boldsymbol{s}}_k^{(\mathrm{b2})})\\ \widehat{\boldsymbol{s}}-\widehat{\boldsymbol{s}}_k^{(\mathrm{b2})}\end{bmatrix}\right.\\&\left.-\begin{bmatrix}\boldsymbol{F}_x(\widehat{\boldsymbol{x}}_k^{(\mathrm{b2})},\widehat{\boldsymbol{s}}_k^{(\mathrm{b2})})\boldsymbol{G}(\widehat{\boldsymbol{x}}_{2,k}^{(\mathrm{b2})}) & \boldsymbol{F}_s(\widehat{\boldsymbol{x}}_k^{(\mathrm{b2})},\widehat{\boldsymbol{s}}_k^{(\mathrm{b2})})\\ \boldsymbol{O}_{r\times(q-l)} & \boldsymbol{I}_r\end{bmatrix}\begin{bmatrix}\boldsymbol{x}_2-\widehat{\boldsymbol{x}}_{2,k}^{(\mathrm{b2})}\\ \boldsymbol{s}-\widehat{\boldsymbol{s}}_k^{(\mathrm{b2})}\end{bmatrix}\right)\end{aligned}\right\}$$

---

① 本章的上角标 (b2) 表示方法 4−b2。

$$
= \min_{\substack{\boldsymbol{x}_2 \in \mathbf{R}^{(q-l)\times 1};\\ \boldsymbol{s}\in\mathbf{R}^{r\times 1}}} \left\{ \begin{aligned} & \left(\begin{bmatrix} \boldsymbol{F}_x(\widehat{\boldsymbol{x}}_k^{(\mathrm{b2})}, \widehat{\boldsymbol{s}}_k^{(\mathrm{b2})})\boldsymbol{G}(\widehat{\boldsymbol{x}}_{2,k}^{(\mathrm{b2})}) & \boldsymbol{F}_s(\widehat{\boldsymbol{x}}_k^{(\mathrm{b2})}, \widehat{\boldsymbol{s}}_k^{(\mathrm{b2})}) \\ \boldsymbol{O}_{r\times(q-l)} & \boldsymbol{I}_r \end{bmatrix} \begin{bmatrix} \boldsymbol{x}_2 - \widehat{\boldsymbol{x}}_{2,k}^{(\mathrm{b2})} \\ \boldsymbol{s} - \widehat{\boldsymbol{s}}_k^{(\mathrm{b2})} \end{bmatrix} \right. \\ & \left. - \begin{bmatrix} \boldsymbol{z} - \boldsymbol{f}(\boldsymbol{g}(\widehat{\boldsymbol{x}}_{2,k}^{(\mathrm{b2})}), \widehat{\boldsymbol{s}}_k^{(\mathrm{b2})}) \\ \widehat{\boldsymbol{s}} - \widehat{\boldsymbol{s}}_k^{(\mathrm{b2})} \end{bmatrix} \right)^{\mathrm{T}} \begin{bmatrix} \boldsymbol{E}^{-1} & \boldsymbol{O}_{p\times r} \\ \boldsymbol{O}_{r\times p} & \boldsymbol{\Psi}^{-1} \end{bmatrix} \\ & \times \left(\begin{bmatrix} \boldsymbol{F}_x(\widehat{\boldsymbol{x}}_k^{(\mathrm{b2})}, \widehat{\boldsymbol{s}}_k^{(\mathrm{b2})})\boldsymbol{G}(\widehat{\boldsymbol{x}}_{2,k}^{(\mathrm{b2})}) & \boldsymbol{F}_s(\widehat{\boldsymbol{x}}_k^{(\mathrm{b2})}, \widehat{\boldsymbol{s}}_k^{(\mathrm{b2})}) \\ \boldsymbol{O}_{r\times(q-l)} & \boldsymbol{I}_r \end{bmatrix} \begin{bmatrix} \boldsymbol{x}_2 - \widehat{\boldsymbol{x}}_{2,k}^{(\mathrm{b2})} \\ \boldsymbol{s} - \widehat{\boldsymbol{s}}_k^{(\mathrm{b2})} \end{bmatrix} \right. \\ & \left. - \begin{bmatrix} \boldsymbol{z} - \boldsymbol{f}(\boldsymbol{g}(\widehat{\boldsymbol{x}}_{2,k}^{(\mathrm{b2})}), \widehat{\boldsymbol{s}}_k^{(\mathrm{b2})}) \\ \widehat{\boldsymbol{s}} - \widehat{\boldsymbol{s}}_k^{(\mathrm{b2})} \end{bmatrix} \right) \end{aligned} \right\} \tag{4.83}
$$

式 (4.83) 为第 $k+1$ 次迭代中所求解的优化问题, 也是无约束二次优化问题。将其最优解记为 $\begin{bmatrix} \widehat{\boldsymbol{x}}_{2,k+1}^{(\mathrm{b2})} \\ \widehat{\boldsymbol{s}}_{k+1}^{(\mathrm{b2})} \end{bmatrix}$, 根据式 (2.67) 可得

$$
\begin{aligned}
\begin{bmatrix} \widehat{\boldsymbol{x}}_{2,k+1}^{(\mathrm{b2})} \\ \widehat{\boldsymbol{s}}_{k+1}^{(\mathrm{b2})} \end{bmatrix} = \begin{bmatrix} \widehat{\boldsymbol{x}}_{2,k}^{(\mathrm{b2})} \\ \widehat{\boldsymbol{s}}_k^{(\mathrm{b2})} \end{bmatrix} + & \left[\begin{array}{c:c} (\boldsymbol{G}(\widehat{\boldsymbol{x}}_{2,k}^{(\mathrm{b2})}))^{\mathrm{T}}(\boldsymbol{F}_x(\widehat{\boldsymbol{x}}_k^{(\mathrm{b2})}, \widehat{\boldsymbol{s}}_k^{(\mathrm{b2})}))^{\mathrm{T}}\boldsymbol{E}^{-1}\boldsymbol{F}_x(\widehat{\boldsymbol{x}}_k^{(\mathrm{b2})}, \widehat{\boldsymbol{s}}_k^{(\mathrm{b2})})\boldsymbol{G}(\widehat{\boldsymbol{x}}_{2,k}^{(\mathrm{b2})}) & (\boldsymbol{G}(\widehat{\boldsymbol{x}}_{2,k}^{(\mathrm{b2})}))^{\mathrm{T}}(\boldsymbol{F}_x(\widehat{\boldsymbol{x}}_k^{(\mathrm{b2})}, \widehat{\boldsymbol{s}}_k^{(\mathrm{b2})}))^{\mathrm{T}}\boldsymbol{E}^{-1}\boldsymbol{F}_s(\widehat{\boldsymbol{x}}_k^{(\mathrm{b2})}, \widehat{\boldsymbol{s}}_k^{(\mathrm{b2})}) \\ \hdashline (\boldsymbol{F}_s(\widehat{\boldsymbol{x}}_k^{(\mathrm{b2})}, \widehat{\boldsymbol{s}}_k^{(\mathrm{b2})}))^{\mathrm{T}}\boldsymbol{E}^{-1}\boldsymbol{F}_x(\widehat{\boldsymbol{x}}_k^{(\mathrm{b2})}, \widehat{\boldsymbol{s}}_k^{(\mathrm{b2})})\boldsymbol{G}(\widehat{\boldsymbol{x}}_{2,k}^{(\mathrm{b2})}) & (\boldsymbol{F}_s(\widehat{\boldsymbol{x}}_k^{(\mathrm{b2})}, \widehat{\boldsymbol{s}}_k^{(\mathrm{b2})}))^{\mathrm{T}}\boldsymbol{E}^{-1}\boldsymbol{F}_s(\widehat{\boldsymbol{x}}_k^{(\mathrm{b2})}, \widehat{\boldsymbol{s}}_k^{(\mathrm{b2})}) + \boldsymbol{\Psi}^{-1} \end{array} \right]^{-1} \\
& \times \begin{bmatrix} (\boldsymbol{G}(\widehat{\boldsymbol{x}}_{2,k}^{(\mathrm{b2})}))^{\mathrm{T}}(\boldsymbol{F}_x(\widehat{\boldsymbol{x}}_k^{(\mathrm{b2})}, \widehat{\boldsymbol{s}}_k^{(\mathrm{b2})}))^{\mathrm{T}}\boldsymbol{E}^{-1} & \boldsymbol{O}_{(q-l)\times r} \\ (\boldsymbol{F}_s(\widehat{\boldsymbol{x}}_k^{(\mathrm{b2})}, \widehat{\boldsymbol{s}}_k^{(\mathrm{b2})}))^{\mathrm{T}}\boldsymbol{E}^{-1} & \boldsymbol{\Psi}^{-1} \end{bmatrix} \\
& \times \begin{bmatrix} \boldsymbol{z} - \boldsymbol{f}(\boldsymbol{g}(\widehat{\boldsymbol{x}}_{2,k}^{(\mathrm{b2})}), \widehat{\boldsymbol{s}}_k^{(\mathrm{b2})}) \\ \widehat{\boldsymbol{s}} - \widehat{\boldsymbol{s}}_k^{(\mathrm{b2})} \end{bmatrix}
\end{aligned} \tag{4.84}
$$

将式 (4.84) 的迭代收敛结果记为 $\begin{bmatrix} \widehat{\boldsymbol{x}}_2^{(\mathrm{b2})} \\ \widehat{\boldsymbol{s}}^{(\mathrm{b2})} \end{bmatrix}$(即 $\lim\limits_{k\to+\infty} \begin{bmatrix} \widehat{\boldsymbol{x}}_{2,k}^{(\mathrm{b2})} \\ \widehat{\boldsymbol{s}}_k^{(\mathrm{b2})} \end{bmatrix} = \begin{bmatrix} \widehat{\boldsymbol{x}}_2^{(\mathrm{b2})} \\ \widehat{\boldsymbol{s}}^{(\mathrm{b2})} \end{bmatrix}$), 该向量就是最终估计值。假设迭代初始值满足一定的条件, 可以使迭代公式 (4.84) 收敛至优化问题的全局最优解, 有

$$
\begin{bmatrix} \widehat{\boldsymbol{x}}_2^{(\mathrm{b2})} \\ \widehat{\boldsymbol{s}}^{(\mathrm{b2})} \end{bmatrix} = \arg \min_{\substack{\boldsymbol{x}_2 \in \mathbf{R}^{(q-l)\times 1};\\ \boldsymbol{s}\in\mathbf{R}^{r\times 1}}} \left\{ \begin{bmatrix} \boldsymbol{z} - \boldsymbol{f}(\boldsymbol{g}(\boldsymbol{x}_2), \boldsymbol{s}) \\ \widehat{\boldsymbol{s}} - \boldsymbol{s} \end{bmatrix}^{\mathrm{T}} \begin{bmatrix} \boldsymbol{E}^{-1} & \boldsymbol{O}_{p\times r} \\ \boldsymbol{O}_{r\times p} & \boldsymbol{\Psi}^{-1} \end{bmatrix} \begin{bmatrix} \boldsymbol{z} - \boldsymbol{f}(\boldsymbol{g}(\boldsymbol{x}_2), \boldsymbol{s}) \\ \widehat{\boldsymbol{s}} - \boldsymbol{s} \end{bmatrix} \right\} \tag{4.85}
$$

此时, 未知参数 $\boldsymbol{x}$ 和模型参数 $\boldsymbol{s}$ 的最终估计值为

$$\begin{bmatrix} \widehat{\boldsymbol{x}}^{(\mathrm{b2})} \\ \hdashline \widehat{\boldsymbol{s}}^{(\mathrm{b2})} \end{bmatrix} = \begin{bmatrix} \boldsymbol{g}_1(\widehat{\boldsymbol{x}}_2^{(\mathrm{b2})}) \\ \widehat{\boldsymbol{x}}_2^{(\mathrm{b2})} \\ \hdashline \widehat{\boldsymbol{s}}^{(\mathrm{b2})} \end{bmatrix} = \begin{bmatrix} \boldsymbol{g}(\widehat{\boldsymbol{x}}_2^{(\mathrm{b2})}) \\ \hdashline \widehat{\boldsymbol{s}}^{(\mathrm{b2})} \end{bmatrix} \tag{4.86}$$

将上述求解方法称为方法 4–b2, 图 4.4 给出了方法 4–b2 的计算流程图。

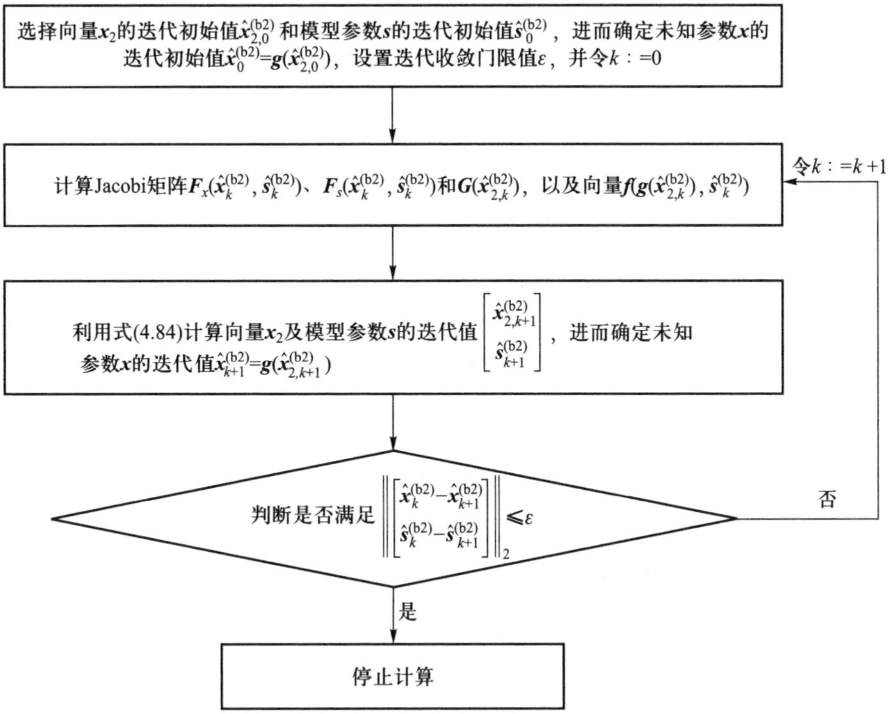

图 4.4　方法 4–b2 的计算流程图

4.4.2　理论性能分析

1. 方法 4–b1 的理论性能分析

下面推导方法 4–b1 的估计值 $\widehat{\boldsymbol{x}}^{(\mathrm{b1})}$ 的统计性能, 具体结论可见以下命题。

【命题 4.16】向量 $\widehat{\boldsymbol{x}}^{(\mathrm{b1})}$ 是关于未知参数 $\boldsymbol{x}$ 的渐近无偏估计值, 并且其均方误差为

$$
\begin{aligned}
\mathbf{MSE}(\widehat{\boldsymbol{x}}^{(\mathrm{b1})}) &= \boldsymbol{G}(\boldsymbol{x}_2)((\boldsymbol{G}(\boldsymbol{x}_2))^{\mathrm{T}}(\boldsymbol{F}_x(\boldsymbol{x},\boldsymbol{s}))^{\mathrm{T}}(\boldsymbol{E}+\boldsymbol{F}_s(\boldsymbol{x},\boldsymbol{s})\boldsymbol{\varPsi}(\boldsymbol{F}_s(\boldsymbol{x},\boldsymbol{s}))^{\mathrm{T}})^{-1} \\
&\quad \times \boldsymbol{F}_x(\boldsymbol{x},\boldsymbol{s})\boldsymbol{G}(\boldsymbol{x}_2))^{-1}(\boldsymbol{G}(\boldsymbol{x}_2))^{\mathrm{T}} \\
&= \mathbf{CRB}_{\mathrm{c}}^{(\mathrm{b})}(\boldsymbol{x})
\end{aligned} \tag{4.87}
$$

【**证明**】对式 (4.79) 两边取极限可得

$$
\begin{aligned}
&\lim_{k\to+\infty}\widehat{\boldsymbol{x}}_{2,k+1}^{(\mathrm{b1})} = \lim_{k\to+\infty}\widehat{\boldsymbol{x}}_{2,k}^{(\mathrm{b1})} \\
&\qquad + \lim_{k\to+\infty}\left\{\begin{aligned}
&((\boldsymbol{G}(\widehat{\boldsymbol{x}}_{2,k}^{(\mathrm{b1})}))^{\mathrm{T}}(\boldsymbol{F}_x(\widehat{\boldsymbol{x}}_k^{(\mathrm{b1})},\widehat{\boldsymbol{s}}))^{\mathrm{T}}(\boldsymbol{E}+\boldsymbol{F}_s(\widehat{\boldsymbol{x}}_k^{(\mathrm{b1})},\widehat{\boldsymbol{s}}) \\
&\times\boldsymbol{\varPsi}(\boldsymbol{F}_s(\widehat{\boldsymbol{x}}_k^{(\mathrm{b1})},\widehat{\boldsymbol{s}}))^{\mathrm{T}})^{-1}\boldsymbol{F}_x(\widehat{\boldsymbol{x}}_k^{(\mathrm{b1})},\widehat{\boldsymbol{s}})\boldsymbol{G}(\widehat{\boldsymbol{x}}_{2,k}^{(\mathrm{b1})}))^{-1} \\
&\times(\boldsymbol{G}(\widehat{\boldsymbol{x}}_{2,k}^{(\mathrm{b1})}))^{\mathrm{T}}(\boldsymbol{F}_x(\widehat{\boldsymbol{x}}_k^{(\mathrm{b1})},\widehat{\boldsymbol{s}}))^{\mathrm{T}}(\boldsymbol{E}+\boldsymbol{F}_s(\widehat{\boldsymbol{x}}_k^{(\mathrm{b1})},\widehat{\boldsymbol{s}}) \\
&\times\boldsymbol{\varPsi}(\boldsymbol{F}_s(\widehat{\boldsymbol{x}}_k^{(\mathrm{b1})},\widehat{\boldsymbol{s}}))^{\mathrm{T}})^{-1}(\boldsymbol{z}-\boldsymbol{f}(\boldsymbol{g}(\widehat{\boldsymbol{x}}_{2,k}^{(\mathrm{b1})}),\widehat{\boldsymbol{s}}))
\end{aligned}\right\} \\
&\Rightarrow (\boldsymbol{G}(\widehat{\boldsymbol{x}}_2^{(\mathrm{b1})}))^{\mathrm{T}}(\boldsymbol{F}_x(\widehat{\boldsymbol{x}}^{(\mathrm{b1})},\widehat{\boldsymbol{s}}))^{\mathrm{T}}(\boldsymbol{E}+\boldsymbol{F}_s(\widehat{\boldsymbol{x}}^{(\mathrm{b1})},\widehat{\boldsymbol{s}}) \\
&\qquad \times\boldsymbol{\varPsi}(\boldsymbol{F}_s(\widehat{\boldsymbol{x}}^{(\mathrm{b1})},\widehat{\boldsymbol{s}}))^{\mathrm{T}})^{-1}(\boldsymbol{z}-\boldsymbol{f}(\boldsymbol{g}(\widehat{\boldsymbol{x}}_2^{(\mathrm{b1})}),\widehat{\boldsymbol{s}})) = \boldsymbol{O}_{(q-l)\times 1}
\end{aligned} \tag{4.88}
$$

将式 (4.1) 和式 (4.4) 代入式 (4.88), 并利用一阶误差分析方法可知

$$
\begin{aligned}
\boldsymbol{O}_{(q-l)\times 1} &= (\boldsymbol{G}(\widehat{\boldsymbol{x}}_2^{(\mathrm{b1})}))^{\mathrm{T}}(\boldsymbol{F}_x(\widehat{\boldsymbol{x}}^{(\mathrm{b1})},\widehat{\boldsymbol{s}}))^{\mathrm{T}}(\boldsymbol{E}+\boldsymbol{F}_s(\widehat{\boldsymbol{x}}^{(\mathrm{b1})},\widehat{\boldsymbol{s}})\boldsymbol{\varPsi}(\boldsymbol{F}_s(\widehat{\boldsymbol{x}}^{(\mathrm{b1})},\widehat{\boldsymbol{s}}))^{\mathrm{T}})^{-1} \\
&\quad \times(\boldsymbol{f}(\boldsymbol{g}(\boldsymbol{x}_2),\boldsymbol{s})-\boldsymbol{f}(\boldsymbol{g}(\widehat{\boldsymbol{x}}_2^{(\mathrm{b1})}),\widehat{\boldsymbol{s}})+\boldsymbol{e}) \\
&\approx (\boldsymbol{G}(\widehat{\boldsymbol{x}}_2^{(\mathrm{b1})}))^{\mathrm{T}}(\boldsymbol{F}_x(\widehat{\boldsymbol{x}}^{(\mathrm{b1})},\widehat{\boldsymbol{s}}))^{\mathrm{T}}(\boldsymbol{E}+\boldsymbol{F}_s(\widehat{\boldsymbol{x}}^{(\mathrm{b1})},\widehat{\boldsymbol{s}})\boldsymbol{\varPsi}(\boldsymbol{F}_s(\widehat{\boldsymbol{x}}^{(\mathrm{b1})},\widehat{\boldsymbol{s}}))^{\mathrm{T}})^{-1} \\
&\quad \times(\boldsymbol{e}-\boldsymbol{F}_x(\boldsymbol{x},\boldsymbol{s})\boldsymbol{G}(\boldsymbol{x}_2)\Delta\boldsymbol{x}_2^{(\mathrm{b1})}-\boldsymbol{F}_s(\boldsymbol{x},\boldsymbol{s})\boldsymbol{\varphi}) \\
&\approx (\boldsymbol{G}(\boldsymbol{x}_2))^{\mathrm{T}}(\boldsymbol{F}_x(\boldsymbol{x},\boldsymbol{s}))^{\mathrm{T}}(\boldsymbol{E}+\boldsymbol{F}_s(\boldsymbol{x},\boldsymbol{s})\boldsymbol{\varPsi}(\boldsymbol{F}_s(\boldsymbol{x},\boldsymbol{s}))^{\mathrm{T}})^{-1} \\
&\quad \times(\boldsymbol{e}-\boldsymbol{F}_x(\boldsymbol{x},\boldsymbol{s})\boldsymbol{G}(\boldsymbol{x}_2)\Delta\boldsymbol{x}_2^{(\mathrm{b1})}-\boldsymbol{F}_s(\boldsymbol{x},\boldsymbol{s})\boldsymbol{\varphi})
\end{aligned} \tag{4.89}
$$

式中, $\Delta\boldsymbol{x}_2^{(\mathrm{b1})}=\widehat{\boldsymbol{x}}_2^{(\mathrm{b1})}-\boldsymbol{x}_2$ 表示向量 $\widehat{\boldsymbol{x}}_2^{(\mathrm{b1})}$ 中的估计误差。式 (4.89) 忽略了误差的二阶及以上各阶项, 由该式可以进一步推得

$$
\begin{aligned}
\Delta\boldsymbol{x}_2^{(\mathrm{b1})} &\approx ((\boldsymbol{G}(\boldsymbol{x}_2))^{\mathrm{T}}(\boldsymbol{F}_x(\boldsymbol{x},\boldsymbol{s}))^{\mathrm{T}}(\boldsymbol{E}+\boldsymbol{F}_s(\boldsymbol{x},\boldsymbol{s})\boldsymbol{\varPsi}(\boldsymbol{F}_s(\boldsymbol{x},\boldsymbol{s}))^{\mathrm{T}})^{-1}\boldsymbol{F}_x(\boldsymbol{x},\boldsymbol{s})\boldsymbol{G}(\boldsymbol{x}_2))^{-1} \\
&\quad \times(\boldsymbol{G}(\boldsymbol{x}_2))^{\mathrm{T}}(\boldsymbol{F}_x(\boldsymbol{x},\boldsymbol{s}))^{\mathrm{T}}(\boldsymbol{E}+\boldsymbol{F}_s(\boldsymbol{x},\boldsymbol{s})\boldsymbol{\varPsi}(\boldsymbol{F}_s(\boldsymbol{x},\boldsymbol{s}))^{\mathrm{T}})^{-1}(\boldsymbol{e}-\boldsymbol{F}_s(\boldsymbol{x},\boldsymbol{s})\boldsymbol{\varphi})
\end{aligned} \tag{4.90}
$$

将向量 $\widehat{\boldsymbol{x}}^{(\mathrm{b1})}$ 中的估计误差定义为 $\Delta\boldsymbol{x}^{(\mathrm{b1})}=\widehat{\boldsymbol{x}}^{(\mathrm{b1})}-\boldsymbol{x}$, 由式 (4.81) 可知

$$
\Delta\boldsymbol{x}^{(\mathrm{b1})} \approx \boldsymbol{G}(\boldsymbol{x}_2)\Delta\boldsymbol{x}_2^{(\mathrm{b1})} \tag{4.91}
$$

将式 (4.90) 代入式 (4.91) 可得

$$\begin{aligned}&\Delta \boldsymbol{x}^{(\mathrm{b1})}\\&\approx \boldsymbol{G}(\boldsymbol{x}_2)((\boldsymbol{G}(\boldsymbol{x}_2))^{\mathrm{T}}(\boldsymbol{F}_x(\boldsymbol{x},\boldsymbol{s}))^{\mathrm{T}}(\boldsymbol{E}+\boldsymbol{F}_s(\boldsymbol{x},\boldsymbol{s})\boldsymbol{\Psi}(\boldsymbol{F}_s(\boldsymbol{x},\boldsymbol{s}))^{\mathrm{T}})^{-1}\boldsymbol{F}_x(\boldsymbol{x},\boldsymbol{s})\boldsymbol{G}(\boldsymbol{x}_2))^{-1}\\&\quad\times(\boldsymbol{G}(\boldsymbol{x}_2))^{\mathrm{T}}(\boldsymbol{F}_x(\boldsymbol{x},\boldsymbol{s}))^{\mathrm{T}}(\boldsymbol{E}+\boldsymbol{F}_s(\boldsymbol{x},\boldsymbol{s})\boldsymbol{\Psi}(\boldsymbol{F}_s(\boldsymbol{x},\boldsymbol{s}))^{\mathrm{T}})^{-1}(\boldsymbol{e}-\boldsymbol{F}_s(\boldsymbol{x},\boldsymbol{s})\boldsymbol{\varphi})\end{aligned}\tag{4.92}$$

式 (4.92) 给出了估计误差 $\Delta \boldsymbol{x}^{(\mathrm{b1})}$ 与观测误差 $\boldsymbol{e}$ 和 $\boldsymbol{\varphi}$ 之间的线性关系式。由式 (4.92) 可知 $\mathbf{E}[\Delta \boldsymbol{x}^{(\mathrm{b1})}]\approx \boldsymbol{O}_{q\times 1}$, 因此向量 $\widehat{\boldsymbol{x}}^{(\mathrm{b1})}$ 是关于未知参数 $\boldsymbol{x}$ 的渐近无偏估计值。此外, 基于式 (4.92) 可以推得估计值 $\widehat{\boldsymbol{x}}^{(\mathrm{b1})}$ 的均方误差

$$\begin{aligned}\mathbf{MSE}(\widehat{\boldsymbol{x}}^{(\mathrm{b1})})&=\mathbf{E}[(\widehat{\boldsymbol{x}}^{(\mathrm{b1})}-\boldsymbol{x})(\widehat{\boldsymbol{x}}^{(\mathrm{b1})}-\boldsymbol{x})^{\mathrm{T}}]=\mathbf{E}[\Delta \boldsymbol{x}^{(\mathrm{b1})}(\Delta \boldsymbol{x}^{(\mathrm{b1})})^{\mathrm{T}}]\\&=\boldsymbol{G}(\boldsymbol{x}_2)((\boldsymbol{G}(\boldsymbol{x}_2))^{\mathrm{T}}(\boldsymbol{F}_x(\boldsymbol{x},\boldsymbol{s}))^{\mathrm{T}}(\boldsymbol{E}+\boldsymbol{F}_s(\boldsymbol{x},\boldsymbol{s})\boldsymbol{\Psi}(\boldsymbol{F}_s(\boldsymbol{x},\boldsymbol{s}))^{\mathrm{T}})^{-1}\\&\quad\times\boldsymbol{F}_x(\boldsymbol{x},\boldsymbol{s})\boldsymbol{G}(\boldsymbol{x}_2))^{-1}(\boldsymbol{G}(\boldsymbol{x}_2))^{\mathrm{T}}(\boldsymbol{F}_x(\boldsymbol{x},\boldsymbol{s}))^{\mathrm{T}}\\&\quad\times(\boldsymbol{E}+\boldsymbol{F}_s(\boldsymbol{x},\boldsymbol{s})\boldsymbol{\Psi}(\boldsymbol{F}_s(\boldsymbol{x},\boldsymbol{s}))^{\mathrm{T}})^{-1}\mathbf{E}[(\boldsymbol{e}-\boldsymbol{F}_s(\boldsymbol{x},\boldsymbol{s})\boldsymbol{\varphi})(\boldsymbol{e}-\boldsymbol{F}_s(\boldsymbol{x},\boldsymbol{s})\boldsymbol{\varphi})^{\mathrm{T}}]\\&\quad\times(\boldsymbol{E}+\boldsymbol{F}_s(\boldsymbol{x},\boldsymbol{s})\boldsymbol{\Psi}(\boldsymbol{F}_s(\boldsymbol{x},\boldsymbol{s}))^{\mathrm{T}})^{-1}\boldsymbol{F}_x(\boldsymbol{x},\boldsymbol{s})\boldsymbol{G}(\boldsymbol{x}_2)\\&\quad\times((\boldsymbol{G}(\boldsymbol{x}_2))^{\mathrm{T}}(\boldsymbol{F}_x(\boldsymbol{x},\boldsymbol{s}))^{\mathrm{T}}(\boldsymbol{E}+\boldsymbol{F}_s(\boldsymbol{x},\boldsymbol{s})\boldsymbol{\Psi}(\boldsymbol{F}_s(\boldsymbol{x},\boldsymbol{s}))^{\mathrm{T}})^{-1}\\&\quad\times\boldsymbol{F}_x(\boldsymbol{x},\boldsymbol{s})\boldsymbol{G}(\boldsymbol{x}_2))^{-1}(\boldsymbol{G}(\boldsymbol{x}_2))^{\mathrm{T}}\\&=\boldsymbol{G}(\boldsymbol{x}_2)((\boldsymbol{G}(\boldsymbol{x}_2))^{\mathrm{T}}(\boldsymbol{F}_x(\boldsymbol{x},\boldsymbol{s}))^{\mathrm{T}}(\boldsymbol{E}+\boldsymbol{F}_s(\boldsymbol{x},\boldsymbol{s})\boldsymbol{\Psi}(\boldsymbol{F}_s(\boldsymbol{x},\boldsymbol{s}))^{\mathrm{T}})^{-1}\\&\quad\times\boldsymbol{F}_x(\boldsymbol{x},\boldsymbol{s})\boldsymbol{G}(\boldsymbol{x}_2))^{-1}(\boldsymbol{G}(\boldsymbol{x}_2))^{\mathrm{T}}\end{aligned}\tag{4.93}$$

证毕。

【注记 4.15】 命题 4.16 表明, 向量 $\widehat{\boldsymbol{x}}^{(\mathrm{b1})}$ 是关于未知参数 $\boldsymbol{x}$ 的渐近统计最优估计值。

2. 方法 4–b2 的理论性能分析

下面推导方法 4–b2 的估计值 $\begin{bmatrix}\widehat{\boldsymbol{x}}^{(\mathrm{b2})}\\\widehat{\boldsymbol{s}}^{(\mathrm{b2})}\end{bmatrix}$ 的统计性能, 具体结论可见如下命题。

【命题 4.17】 向量 $\begin{bmatrix}\widehat{\boldsymbol{x}}^{(\mathrm{b2})}\\\widehat{\boldsymbol{s}}^{(\mathrm{b2})}\end{bmatrix}$ 是关于未知参数及模型参数 $\begin{bmatrix}\boldsymbol{x}\\\boldsymbol{s}\end{bmatrix}$ 的渐近无偏估计值, 并且其均方误差为

$$\mathbf{MSE}\left(\begin{bmatrix}\widehat{\boldsymbol{x}}^{(\mathrm{b2})}\\ \widehat{\boldsymbol{s}}^{(\mathrm{b2})}\end{bmatrix}\right)=\overline{\boldsymbol{G}}(\boldsymbol{x}_2)\left((\overline{\boldsymbol{G}}(\boldsymbol{x}_2))^{\mathrm{T}}\left[\begin{array}{c:c}(\boldsymbol{F}_x(\boldsymbol{x},\boldsymbol{s}))^{\mathrm{T}}\boldsymbol{E}^{-1}\boldsymbol{F}_x(\boldsymbol{x},\boldsymbol{s}) & (\boldsymbol{F}_x(\boldsymbol{x},\boldsymbol{s}))^{\mathrm{T}}\boldsymbol{E}^{-1}\boldsymbol{F}_s(\boldsymbol{x},\boldsymbol{s})\\ \hdashline (\boldsymbol{F}_s(\boldsymbol{x},\boldsymbol{s}))^{\mathrm{T}}\boldsymbol{E}^{-1}\boldsymbol{F}_x(\boldsymbol{x},\boldsymbol{s}) & (\boldsymbol{F}_s(\boldsymbol{x},\boldsymbol{s}))^{\mathrm{T}}\boldsymbol{E}^{-1}\boldsymbol{F}_s(\boldsymbol{x},\boldsymbol{s})+\boldsymbol{\Psi}^{-1}\end{array}\right]\overline{\boldsymbol{G}}(\boldsymbol{x}_2)\right)^{-1}(\overline{\boldsymbol{G}}(\boldsymbol{x}_2))^{\mathrm{T}}$$

$$=\mathbf{CRB}_{\mathrm{c}}^{(\mathrm{b})}\left(\begin{bmatrix}\boldsymbol{x}\\ \boldsymbol{s}\end{bmatrix}\right) \tag{4.94}$$

【证明】对式 (4.84) 两边取极限可得

$$\lim_{k\to+\infty}\begin{bmatrix}\widehat{\boldsymbol{x}}_{2,k+1}^{(\mathrm{b2})}\\ \widehat{\boldsymbol{s}}_{k+1}^{(\mathrm{b2})}\end{bmatrix}=\lim_{k\to+\infty}\begin{bmatrix}\widehat{\boldsymbol{x}}_{2,k}^{(\mathrm{b2})}\\ \widehat{\boldsymbol{s}}_{k}^{(\mathrm{b2})}\end{bmatrix}$$

$$+\lim_{k\to+\infty}\left\{\begin{array}{l}\left[\begin{array}{c:c}(\boldsymbol{G}(\widehat{\boldsymbol{x}}_{2,k}^{(\mathrm{b2})}))^{\mathrm{T}}(\boldsymbol{F}_x(\widehat{\boldsymbol{x}}_{k}^{(\mathrm{b2})},\widehat{\boldsymbol{s}}_{k}^{(\mathrm{b2})}))^{\mathrm{T}}\boldsymbol{E}^{-1}\boldsymbol{F}_x(\widehat{\boldsymbol{x}}_{k}^{(\mathrm{b2})},\widehat{\boldsymbol{s}}_{k}^{(\mathrm{b2})})\boldsymbol{G}(\widehat{\boldsymbol{x}}_{2,k}^{(\mathrm{b2})}) & (\boldsymbol{G}(\widehat{\boldsymbol{x}}_{2,k}^{(\mathrm{b2})}))^{\mathrm{T}}(\boldsymbol{F}_x(\widehat{\boldsymbol{x}}_{k}^{(\mathrm{b2})},\widehat{\boldsymbol{s}}_{k}^{(\mathrm{b2})}))^{\mathrm{T}}\boldsymbol{E}^{-1}\boldsymbol{F}_s(\widehat{\boldsymbol{x}}_{k}^{(\mathrm{b2})},\widehat{\boldsymbol{s}}_{k}^{(\mathrm{b2})})\\ \hdashline (\boldsymbol{F}_s(\widehat{\boldsymbol{x}}_{k}^{(\mathrm{b2})},\widehat{\boldsymbol{s}}_{k}^{(\mathrm{b2})}))^{\mathrm{T}}\boldsymbol{E}^{-1}\boldsymbol{F}_x(\widehat{\boldsymbol{x}}_{k}^{(\mathrm{b2})},\widehat{\boldsymbol{s}}_{k}^{(\mathrm{b2})})\boldsymbol{G}(\widehat{\boldsymbol{x}}_{2,k}^{(\mathrm{b2})}) & (\boldsymbol{F}_s(\widehat{\boldsymbol{x}}_{k}^{(\mathrm{b2})},\widehat{\boldsymbol{s}}_{k}^{(\mathrm{b2})}))^{\mathrm{T}}\boldsymbol{E}^{-1}\boldsymbol{F}_s(\widehat{\boldsymbol{x}}_{k}^{(\mathrm{b2})},\widehat{\boldsymbol{s}}_{k}^{(\mathrm{b2})})+\boldsymbol{\Psi}^{-1}\end{array}\right]^{-1}\\ \times\begin{bmatrix}(\boldsymbol{G}(\widehat{\boldsymbol{x}}_{2,k}^{(\mathrm{b2})}))^{\mathrm{T}}(\boldsymbol{F}_x(\widehat{\boldsymbol{x}}_{k}^{(\mathrm{b2})},\widehat{\boldsymbol{s}}_{k}^{(\mathrm{b2})}))^{\mathrm{T}}\boldsymbol{E}^{-1} & \boldsymbol{O}_{(q-l)\times r}\\ (\boldsymbol{F}_s(\widehat{\boldsymbol{x}}_{k}^{(\mathrm{b2})},\widehat{\boldsymbol{s}}_{k}^{(\mathrm{b2})}))^{\mathrm{T}}\boldsymbol{E}^{-1} & \boldsymbol{\Psi}^{-1}\end{bmatrix}\\ \times\begin{bmatrix}\boldsymbol{z}-\boldsymbol{f}(\boldsymbol{g}(\widehat{\boldsymbol{x}}_{2,k}^{(\mathrm{b2})}),\widehat{\boldsymbol{s}}_{k}^{(\mathrm{b2})})\\ \widehat{\boldsymbol{s}}-\widehat{\boldsymbol{s}}_{k}^{(\mathrm{b2})}\end{bmatrix}\end{array}\right\}$$

$$\Rightarrow\begin{bmatrix}(\boldsymbol{G}(\widehat{\boldsymbol{x}}_{2}^{(\mathrm{b2})}))^{\mathrm{T}}(\boldsymbol{F}_x(\widehat{\boldsymbol{x}}^{(\mathrm{b2})},\widehat{\boldsymbol{s}}^{(\mathrm{b2})}))^{\mathrm{T}}\boldsymbol{E}^{-1} & \boldsymbol{O}_{(q-l)\times r}\\ (\boldsymbol{F}_s(\widehat{\boldsymbol{x}}^{(\mathrm{b2})},\widehat{\boldsymbol{s}}^{(\mathrm{b2})}))^{\mathrm{T}}\boldsymbol{E}^{-1} & \boldsymbol{\Psi}^{-1}\end{bmatrix}\begin{bmatrix}\boldsymbol{z}-\boldsymbol{f}(\boldsymbol{g}(\widehat{\boldsymbol{x}}_{2}^{(\mathrm{b2})}),\widehat{\boldsymbol{s}}^{(\mathrm{b2})})\\ \widehat{\boldsymbol{s}}-\widehat{\boldsymbol{s}}^{(\mathrm{b2})}\end{bmatrix}$$

$$=\boldsymbol{O}_{(q+r-l)\times 1} \tag{4.95}$$

将式 (4.4) 和式 (4.36) 代入式 (4.95), 并利用一阶误差分析方法可知

$$\boldsymbol{O}_{(q+r-l)\times 1}=\begin{bmatrix}(\boldsymbol{G}(\widehat{\boldsymbol{x}}_{2}^{(\mathrm{b2})}))^{\mathrm{T}}(\boldsymbol{F}_x(\widehat{\boldsymbol{x}}^{(\mathrm{b2})},\widehat{\boldsymbol{s}}^{(\mathrm{b2})}))^{\mathrm{T}}\boldsymbol{E}^{-1} & \boldsymbol{O}_{(q-l)\times r}\\ (\boldsymbol{F}_s(\widehat{\boldsymbol{x}}^{(\mathrm{b2})},\widehat{\boldsymbol{s}}^{(\mathrm{b2})}))^{\mathrm{T}}\boldsymbol{E}^{-1} & \boldsymbol{\Psi}^{-1}\end{bmatrix}$$

$$\times\begin{bmatrix}\boldsymbol{f}(\boldsymbol{g}(\boldsymbol{x}_2),\boldsymbol{s})-\boldsymbol{f}(\boldsymbol{g}(\widehat{\boldsymbol{x}}_{2}^{(\mathrm{b2})}),\widehat{\boldsymbol{s}}^{(\mathrm{b2})})+\boldsymbol{e}\\ \boldsymbol{s}-\widehat{\boldsymbol{s}}^{(\mathrm{b2})}+\boldsymbol{\varphi}\end{bmatrix}$$

$$\approx\begin{bmatrix}(\boldsymbol{G}(\widehat{\boldsymbol{x}}_{2}^{(\mathrm{b2})}))^{\mathrm{T}}(\boldsymbol{F}_x(\widehat{\boldsymbol{x}}^{(\mathrm{b2})},\widehat{\boldsymbol{s}}^{(\mathrm{b2})}))^{\mathrm{T}}\boldsymbol{E}^{-1} & \boldsymbol{O}_{(q-l)\times r}\\ (\boldsymbol{F}_s(\widehat{\boldsymbol{x}}^{(\mathrm{b2})},\widehat{\boldsymbol{s}}^{(\mathrm{b2})}))^{\mathrm{T}}\boldsymbol{E}^{-1} & \boldsymbol{\Psi}^{-1}\end{bmatrix}$$

$$\times \begin{bmatrix} \boldsymbol{e} - \boldsymbol{F}_x(\boldsymbol{x},\boldsymbol{s})\boldsymbol{G}(\boldsymbol{x}_2)\Delta\boldsymbol{x}_2^{(\mathrm{b2})} - \boldsymbol{F}_s(\boldsymbol{x},\boldsymbol{s})\Delta\boldsymbol{s}^{(\mathrm{b2})} \\ \boldsymbol{\varphi} - \Delta\boldsymbol{s}^{(\mathrm{b2})} \end{bmatrix}$$

$$\approx \begin{bmatrix} (\boldsymbol{G}(\boldsymbol{x}_2))^{\mathrm{T}}(\boldsymbol{F}_x(\boldsymbol{x},\boldsymbol{s}))^{\mathrm{T}}\boldsymbol{E}^{-1} & \boldsymbol{O}_{(q-l)\times r} \\ (\boldsymbol{F}_s(\boldsymbol{x},\boldsymbol{s}))^{\mathrm{T}}\boldsymbol{E}^{-1} & \boldsymbol{\Psi}^{-1} \end{bmatrix}$$

$$\times \begin{bmatrix} \boldsymbol{e} - \boldsymbol{F}_x(\boldsymbol{x},\boldsymbol{s})\boldsymbol{G}(\boldsymbol{x}_2)\Delta\boldsymbol{x}_2^{(\mathrm{b2})} - \boldsymbol{F}_s(\boldsymbol{x},\boldsymbol{s})\Delta\boldsymbol{s}^{(\mathrm{b2})} \\ \boldsymbol{\varphi} - \Delta\boldsymbol{s}^{(\mathrm{b2})} \end{bmatrix} \tag{4.96}$$

式中, $\begin{bmatrix} \Delta\boldsymbol{x}_2^{(\mathrm{b2})} \\ \Delta\boldsymbol{s}^{(\mathrm{b2})} \end{bmatrix} = \begin{bmatrix} \widehat{\boldsymbol{x}}_2^{(\mathrm{b2})} \\ \widehat{\boldsymbol{s}}^{(\mathrm{b2})} \end{bmatrix} - \begin{bmatrix} \boldsymbol{x}_2 \\ \boldsymbol{s} \end{bmatrix}$ 表示向量 $\begin{bmatrix} \widehat{\boldsymbol{x}}_2^{(\mathrm{b2})} \\ \widehat{\boldsymbol{s}}^{(\mathrm{b2})} \end{bmatrix}$ 中的估计误差。式 (4.96) 忽略了误差的二阶及以上各阶项, 由该式可以进一步推得

$$\begin{bmatrix} \Delta\boldsymbol{x}_2^{(\mathrm{b2})} \\ \Delta\boldsymbol{s}^{(\mathrm{b2})} \end{bmatrix} \approx \left[\begin{array}{c:c} (\boldsymbol{G}(\boldsymbol{x}_2))^{\mathrm{T}}(\boldsymbol{F}_x(\boldsymbol{x},\boldsymbol{s}))^{\mathrm{T}}\boldsymbol{E}^{-1}\boldsymbol{F}_x(\boldsymbol{x},\boldsymbol{s})\boldsymbol{G}(\boldsymbol{x}_2) & (\boldsymbol{G}(\boldsymbol{x}_2))^{\mathrm{T}}(\boldsymbol{F}_x(\boldsymbol{x},\boldsymbol{s}))^{\mathrm{T}}\boldsymbol{E}^{-1}\boldsymbol{F}_s(\boldsymbol{x},\boldsymbol{s}) \\ \hdashline (\boldsymbol{F}_s(\boldsymbol{x},\boldsymbol{s}))^{\mathrm{T}}\boldsymbol{E}^{-1}\boldsymbol{F}_x(\boldsymbol{x},\boldsymbol{s})\boldsymbol{G}(\boldsymbol{x}_2) & (\boldsymbol{F}_s(\boldsymbol{x},\boldsymbol{s}))^{\mathrm{T}}\boldsymbol{E}^{-1}\boldsymbol{F}_s(\boldsymbol{x},\boldsymbol{s}) + \boldsymbol{\Psi}^{-1} \end{array}\right]^{-1}$$

$$\times \begin{bmatrix} (\boldsymbol{G}(\boldsymbol{x}_2))^{\mathrm{T}}(\boldsymbol{F}_x(\boldsymbol{x},\boldsymbol{s}))^{\mathrm{T}}\boldsymbol{E}^{-1} & \boldsymbol{O}_{(q-l)\times r} \\ (\boldsymbol{F}_s(\boldsymbol{x},\boldsymbol{s}))^{\mathrm{T}}\boldsymbol{E}^{-1} & \boldsymbol{\Psi}^{-1} \end{bmatrix} \begin{bmatrix} \boldsymbol{e} \\ \boldsymbol{\varphi} \end{bmatrix} \tag{4.97}$$

将向量 $\widehat{\boldsymbol{x}}^{(\mathrm{b2})}$ 中的估计误差定义为 $\Delta\boldsymbol{x}^{(\mathrm{b2})} = \widehat{\boldsymbol{x}}^{(\mathrm{b2})} - \boldsymbol{x}$, 由式 (4.86) 可知

$$\begin{bmatrix} \Delta\boldsymbol{x}^{(\mathrm{b2})} \\ \Delta\boldsymbol{s}^{(\mathrm{b2})} \end{bmatrix} \approx \begin{bmatrix} \boldsymbol{G}(\boldsymbol{x}_2) & \boldsymbol{O}_{q\times r} \\ \boldsymbol{O}_{r\times(q-l)} & \boldsymbol{I}_r \end{bmatrix} \begin{bmatrix} \Delta\boldsymbol{x}_2^{(\mathrm{b2})} \\ \Delta\boldsymbol{s}^{(\mathrm{b2})} \end{bmatrix} \tag{4.98}$$

将式 (4.97) 代入式 (4.98) 可得

$$\begin{bmatrix} \Delta\boldsymbol{x}^{(\mathrm{b2})} \\ \Delta\boldsymbol{s}^{(\mathrm{b2})} \end{bmatrix} \approx \begin{bmatrix} \boldsymbol{G}(\boldsymbol{x}_2) & \boldsymbol{O}_{q\times r} \\ \boldsymbol{O}_{r\times(q-l)} & \boldsymbol{I}_r \end{bmatrix} \left[\begin{array}{c:c} (\boldsymbol{G}(\boldsymbol{x}_2))^{\mathrm{T}}(\boldsymbol{F}_x(\boldsymbol{x},\boldsymbol{s}))^{\mathrm{T}}\boldsymbol{E}^{-1}\boldsymbol{F}_x(\boldsymbol{x},\boldsymbol{s})\boldsymbol{G}(\boldsymbol{x}_2) & (\boldsymbol{G}(\boldsymbol{x}_2))^{\mathrm{T}}(\boldsymbol{F}_x(\boldsymbol{x},\boldsymbol{s}))^{\mathrm{T}}\boldsymbol{E}^{-1}\boldsymbol{F}_s(\boldsymbol{x},\boldsymbol{s}) \\ \hdashline (\boldsymbol{F}_s(\boldsymbol{x},\boldsymbol{s}))^{\mathrm{T}}\boldsymbol{E}^{-1}\boldsymbol{F}_x(\boldsymbol{x},\boldsymbol{s})\boldsymbol{G}(\boldsymbol{x}_2) & (\boldsymbol{F}_s(\boldsymbol{x},\boldsymbol{s}))^{\mathrm{T}}\boldsymbol{E}^{-1}\boldsymbol{F}_s(\boldsymbol{x},\boldsymbol{s}) + \boldsymbol{\Psi}^{-1} \end{array}\right]^{-1}$$

$$\times \begin{bmatrix} (\boldsymbol{G}(\boldsymbol{x}_2))^{\mathrm{T}}(\boldsymbol{F}_x(\boldsymbol{x},\boldsymbol{s}))^{\mathrm{T}}\boldsymbol{E}^{-1} & \boldsymbol{O}_{(q-l)\times r} \\ (\boldsymbol{F}_s(\boldsymbol{x},\boldsymbol{s}))^{\mathrm{T}}\boldsymbol{E}^{-1} & \boldsymbol{\Psi}^{-1} \end{bmatrix} \begin{bmatrix} \boldsymbol{e} \\ \boldsymbol{\varphi} \end{bmatrix} \tag{4.99}$$

式 (4.99) 给出了估计误差 $\begin{bmatrix} \Delta\boldsymbol{x}^{(\mathrm{b2})} \\ \Delta\boldsymbol{s}^{(\mathrm{b2})} \end{bmatrix}$ 与观测误差 $\begin{bmatrix} \boldsymbol{e} \\ \boldsymbol{\varphi} \end{bmatrix}$ 之间的线性关系式。

由式 (4.99) 可知 $\mathbf{E}\begin{bmatrix}\Delta\boldsymbol{x}^{(\mathrm{b2})}\\ \Delta\boldsymbol{s}^{(\mathrm{b2})}\end{bmatrix}\approx\boldsymbol{O}_{(q+r)\times 1}$, 因此向量 $\begin{bmatrix}\widehat{\boldsymbol{x}}^{(\mathrm{b2})}\\ \widehat{\boldsymbol{s}}^{(\mathrm{b2})}\end{bmatrix}$ 是关于未知参数及模型参数 $\begin{bmatrix}\boldsymbol{x}\\ \boldsymbol{s}\end{bmatrix}$ 的渐近无偏估计值。此外, 基于式 (4.99) 可以推得估计值 $\begin{bmatrix}\widehat{\boldsymbol{x}}^{(\mathrm{b2})}\\ \widehat{\boldsymbol{s}}^{(\mathrm{b2})}\end{bmatrix}$ 的均方误差

$$
\begin{aligned}
\mathbf{MSE}\left(\begin{bmatrix}\widehat{\boldsymbol{x}}^{(\mathrm{b2})}\\ \widehat{\boldsymbol{s}}^{(\mathrm{b2})}\end{bmatrix}\right)&=\mathbf{E}\left(\begin{bmatrix}\widehat{\boldsymbol{x}}^{(\mathrm{b2})}-\boldsymbol{x}\\ \widehat{\boldsymbol{s}}^{(\mathrm{b2})}-\boldsymbol{s}\end{bmatrix}\begin{bmatrix}\widehat{\boldsymbol{x}}^{(\mathrm{b2})}-\boldsymbol{x}\\ \widehat{\boldsymbol{s}}^{(\mathrm{b2})}-\boldsymbol{s}\end{bmatrix}^{\mathrm{T}}\right)\\
&=\mathbf{E}\left(\begin{bmatrix}\Delta\boldsymbol{x}^{(\mathrm{b2})}\\ \Delta\boldsymbol{s}^{(\mathrm{b2})}\end{bmatrix}\begin{bmatrix}\Delta\boldsymbol{x}^{(\mathrm{b2})}\\ \Delta\boldsymbol{s}^{(\mathrm{b2})}\end{bmatrix}^{\mathrm{T}}\right)\\
&=\begin{bmatrix}\boldsymbol{G}(\boldsymbol{x}_2) & \boldsymbol{O}_{q\times r}\\ \boldsymbol{O}_{r\times(q-l)} & \boldsymbol{I}_r\end{bmatrix}\left[\begin{array}{c:c}(\boldsymbol{G}(\boldsymbol{x}_2))^{\mathrm{T}}(\boldsymbol{F}_x(\boldsymbol{x},\boldsymbol{s}))^{\mathrm{T}}\boldsymbol{E}^{-1}\boldsymbol{F}_x(\boldsymbol{x},\boldsymbol{s})\boldsymbol{G}(\boldsymbol{x}_2) & (\boldsymbol{G}(\boldsymbol{x}_2))^{\mathrm{T}}(\boldsymbol{F}_x(\boldsymbol{x},\boldsymbol{s}))^{\mathrm{T}}\boldsymbol{E}^{-1}\boldsymbol{F}_s(\boldsymbol{x},\boldsymbol{s})\\ \hdashline (\boldsymbol{F}_s(\boldsymbol{x},\boldsymbol{s}))^{\mathrm{T}}\boldsymbol{E}^{-1}\boldsymbol{F}_x(\boldsymbol{x},\boldsymbol{s})\boldsymbol{G}(\boldsymbol{x}_2) & (\boldsymbol{F}_s(\boldsymbol{x},\boldsymbol{s}))^{\mathrm{T}}\boldsymbol{E}^{-1}\boldsymbol{F}_s(\boldsymbol{x},\boldsymbol{s})+\boldsymbol{\Psi}^{-1}\end{array}\right]^{-1}\\
&\quad\times\begin{bmatrix}(\boldsymbol{G}(\boldsymbol{x}_2))^{\mathrm{T}}(\boldsymbol{F}_x(\boldsymbol{x},\boldsymbol{s}))^{\mathrm{T}}\boldsymbol{E}^{-1} & \boldsymbol{O}_{(q-l)\times r}\\ (\boldsymbol{F}_s(\boldsymbol{x},\boldsymbol{s}))^{\mathrm{T}}\boldsymbol{E}^{-1} & \boldsymbol{\Psi}^{-1}\end{bmatrix}\mathbf{E}\left(\begin{bmatrix}\boldsymbol{e}\\ \boldsymbol{\varphi}\end{bmatrix}\begin{bmatrix}\boldsymbol{e}\\ \boldsymbol{\varphi}\end{bmatrix}^{\mathrm{T}}\right)\\
&\quad\times\begin{bmatrix}\boldsymbol{E}^{-1}\boldsymbol{F}_x(\boldsymbol{x},\boldsymbol{s})\boldsymbol{G}(\boldsymbol{x}_2) & \boldsymbol{E}^{-1}\boldsymbol{F}_s(\boldsymbol{x},\boldsymbol{s})\\ \boldsymbol{O}_{r\times(q-l)} & \boldsymbol{\Psi}^{-1}\end{bmatrix}\\
&\quad\times\left[\begin{array}{c:c}(\boldsymbol{G}(\boldsymbol{x}_2))^{\mathrm{T}}(\boldsymbol{F}_x(\boldsymbol{x},\boldsymbol{s}))^{\mathrm{T}}\boldsymbol{E}^{-1}\boldsymbol{F}_x(\boldsymbol{x},\boldsymbol{s})\boldsymbol{G}(\boldsymbol{x}_2) & (\boldsymbol{G}(\boldsymbol{x}_2))^{\mathrm{T}}(\boldsymbol{F}_x(\boldsymbol{x},\boldsymbol{s}))^{\mathrm{T}}\boldsymbol{E}^{-1}\boldsymbol{F}_s(\boldsymbol{x},\boldsymbol{s})\\ \hdashline (\boldsymbol{F}_s(\boldsymbol{x},\boldsymbol{s}))^{\mathrm{T}}\boldsymbol{E}^{-1}\boldsymbol{F}_x(\boldsymbol{x},\boldsymbol{s})\boldsymbol{G}(\boldsymbol{x}_2) & (\boldsymbol{F}_s(\boldsymbol{x},\boldsymbol{s}))^{\mathrm{T}}\boldsymbol{E}^{-1}\boldsymbol{F}_s(\boldsymbol{x},\boldsymbol{s})+\boldsymbol{\Psi}^{-1}\end{array}\right]^{-1}\begin{bmatrix}(\boldsymbol{G}(\boldsymbol{x}_2))^{\mathrm{T}} & \boldsymbol{O}_{(q-l)\times r}\\ \boldsymbol{O}_{r\times q} & \boldsymbol{I}_r\end{bmatrix}\\
&=\overline{\boldsymbol{G}}(\boldsymbol{x}_2)\left((\overline{\boldsymbol{G}}(\boldsymbol{x}_2))^{\mathrm{T}}\left[\begin{array}{c:c}(\boldsymbol{F}_x(\boldsymbol{x},\boldsymbol{s}))^{\mathrm{T}}\boldsymbol{E}^{-1}\boldsymbol{F}_x(\boldsymbol{x},\boldsymbol{s}) & (\boldsymbol{F}_x(\boldsymbol{x},\boldsymbol{s}))^{\mathrm{T}}\boldsymbol{E}^{-1}\boldsymbol{F}_s(\boldsymbol{x},\boldsymbol{s})\\ \hdashline (\boldsymbol{F}_s(\boldsymbol{x},\boldsymbol{s}))^{\mathrm{T}}\boldsymbol{E}^{-1}\boldsymbol{F}_x(\boldsymbol{x},\boldsymbol{s}) & (\boldsymbol{F}_s(\boldsymbol{x},\boldsymbol{s}))^{\mathrm{T}}\boldsymbol{E}^{-1}\boldsymbol{F}_s(\boldsymbol{x},\boldsymbol{s})+\boldsymbol{\Psi}^{-1}\end{array}\right]\overline{\boldsymbol{G}}(\boldsymbol{x}_2)\right)^{-1}(\overline{\boldsymbol{G}}(\boldsymbol{x}_2))^{\mathrm{T}}\\
&=\mathbf{CRB}_{\mathrm{c}}^{(\mathrm{b})}\left(\begin{bmatrix}\boldsymbol{x}\\ \boldsymbol{s}\end{bmatrix}\right)
\end{aligned}\tag{4.100}
$$

证毕。

【注记 4.16】命题 4.17 表明, 向量 $\begin{bmatrix} \widehat{\boldsymbol{x}}^{(\mathrm{b2})} \\ \widehat{\boldsymbol{s}}^{(\mathrm{b2})} \end{bmatrix}$ 是关于未知参数及模型参数 $\begin{bmatrix} \boldsymbol{x} \\ \boldsymbol{s} \end{bmatrix}$ 的渐近统计最优估计值。

4.4.3 数值实验

本节仍然选择式 (4.31) 所定义的函数 $\boldsymbol{f}(\boldsymbol{x},\boldsymbol{s})$ 进行数值实验。由式 (4.31) 可以推得 Jacobi 矩阵 $\boldsymbol{F}_s(\boldsymbol{x},\boldsymbol{s})$ 的表达式为

$$\boldsymbol{F}_s(\boldsymbol{x},\boldsymbol{s}) = \left[\mathbf{1}_{6\times 1}\frac{(\boldsymbol{s}_1-\boldsymbol{x})^{\mathrm{T}}}{\|\boldsymbol{x}-\boldsymbol{s}_1\|_2} \,\vdots\, \mathrm{blkdiag}\left\{ \frac{(\boldsymbol{s}_2-\boldsymbol{x})^{\mathrm{T}}}{\|\boldsymbol{x}-\boldsymbol{s}_2\|_2}, \frac{(\boldsymbol{s}_3-\boldsymbol{x})^{\mathrm{T}}}{\|\boldsymbol{x}-\boldsymbol{s}_3\|_2}, \cdots, \frac{(\boldsymbol{s}_7-\boldsymbol{x})^{\mathrm{T}}}{\|\boldsymbol{x}-\boldsymbol{s}_7\|_2} \right\} \right] \in \mathbf{R}^{6\times 28} \tag{4.101}$$

未知参数 $\boldsymbol{x}$ 和模型参数 $\boldsymbol{s}$ 的数值见表 4.1。假设模型参数未能精确已知, 仅存在其先验观测值, 观测误差协方差矩阵设为 $\boldsymbol{E}=\sigma_1^2\boldsymbol{I}_6$, 其中 σ_1 称为观测误差标准差; 模型参数先验观测误差协方差矩阵设为 $\boldsymbol{\Psi}=\sigma_2^2\boldsymbol{\Psi}_0$, 其中 σ_2 称为先验观测误差标准差; $\boldsymbol{\Psi}_0=\mathrm{diag}\{\boldsymbol{\beta}\odot\boldsymbol{\beta}\}\otimes\boldsymbol{I}_4$ 和 $\boldsymbol{\beta}=[0.4\ \ 0.8\ \ 2\ \ 4\ \ 6\ \ 8\ \ 10]^{\mathrm{T}}$。利用方法 4−a 和方法 4−b1 对未知参数 $\boldsymbol{x}$ 进行估计, 利用方法 4−b2 对未知参数 $\boldsymbol{x}$ 和模型参数 $\boldsymbol{s}$ 进行联合估计, 并且与方法 3−b1 和方法 3−b2 的估计精度进行比较。

首先, 设 $\sigma_2=0.06$, 图 4.5 给出了未知参数 $\boldsymbol{x}$ 估计均方根误差随观测误差标准差 σ_1 的变化曲线, 图 4.6 给出了模型参数 $\boldsymbol{s}$ 估计均方根误差随观测误差标准差 σ_1 的变化曲线; 然后, 设 $\sigma_1=0.05$, 图 4.7 给出了未知参数 $\boldsymbol{x}$ 估计均方根误差随先验观测误差标准差 σ_2 的变化曲线, 图 4.8 给出了模型参数 $\boldsymbol{s}$ 估计均方根误差随先验观测误差标准差 σ_2 的变化曲线。

由图 4.5—图 4.8 可以看出:

① 当存在模型参数先验观测误差时, 5 种方法的参数估计均方根误差均随观测误差标准差 σ_1 的增加而增大, 随先验观测误差标准差 σ_2 的增加而增大。

② 当存在模型参数先验观测误差时, 方法 4−a 对未知参数 $\boldsymbol{x}$ 的估计均方根误差与式 (4.62) 给出的理论值基本吻合 (如图 4.5 和图 4.7 所示), 从而验证了第 4.3.2 节理论性能分析的有效性。

③ 当存在模型参数先验观测误差时, 方法 4−b1 和方法 4−b2 对未知参数 $\boldsymbol{x}$ 的估计均方根误差均能够达到由式 (4.49) 给出的克拉美罗界 (如图 4.5 和图 4.7 所示), 从而验证了第 4.4.2 节理论性能分析的有效性。此外, 方法 4−b1 和方法 4−b2 的估计精度高于方法 4−a, 并且性能差异随观测误差标准差 σ_1 的增加而

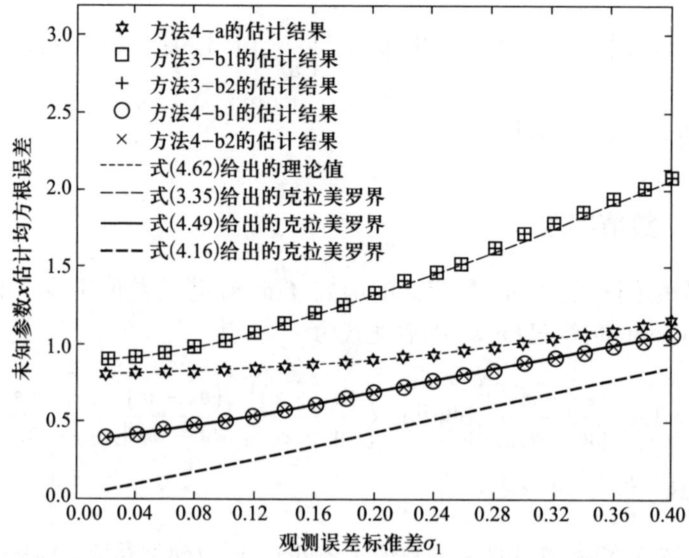

图 4.5　未知参数 x 估计均方根误差随观测误差标准差 σ_1 的变化曲线 (彩图)

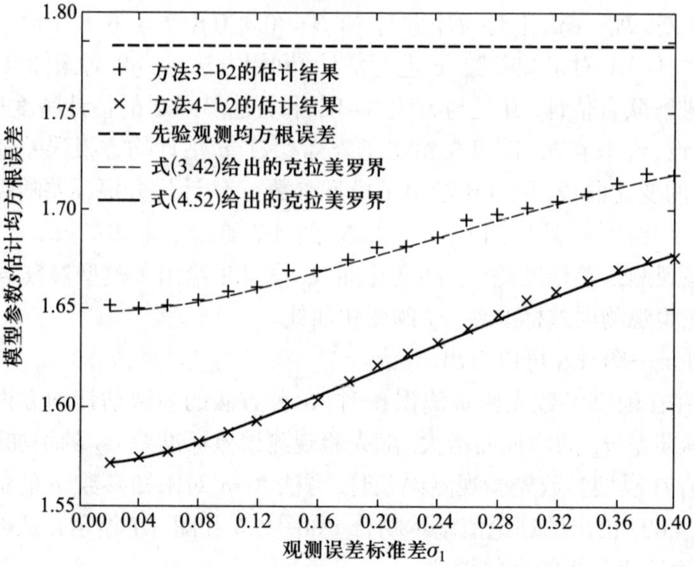

图 4.6　模型参数 s 估计均方根误差随观测误差标准差 σ_1 的变化曲线 (彩图)

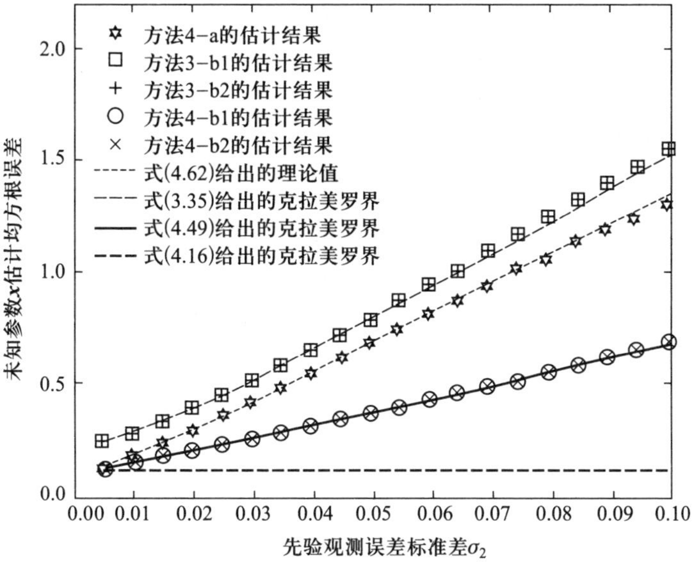

图 4.7　未知参数 $\boldsymbol{x}$ 估计均方根误差随先验观测误差标准差 σ_2 的变化曲线 (彩图)

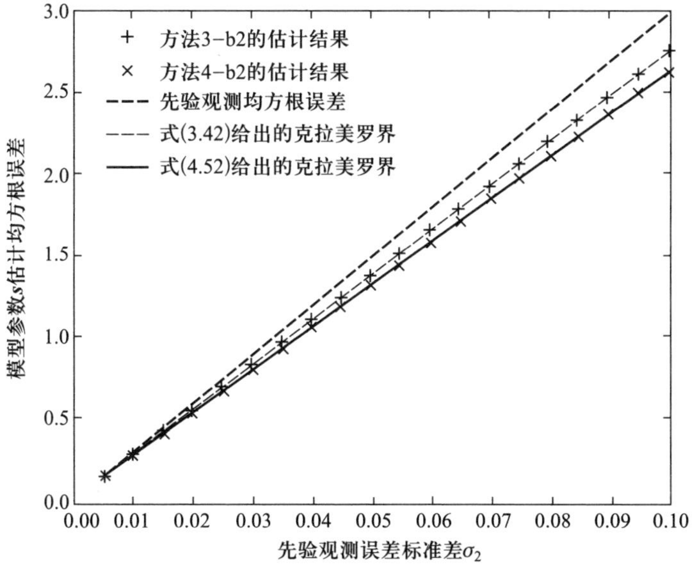

图 4.8　模型参数 $\boldsymbol{s}$ 估计均方根误差随先验观测误差标准差 σ_2 的变化曲线

变小 (如图 4.5 所示), 随先验观测误差标准差 σ_2 的增加而变大 (如图 4.7 所示)。

④ 当存在模型参数先验观测误差时, 方法 4–b2 提高了对模型参数 $\boldsymbol{s}$ 的估计精度 (相对其先验观测精度而言), 并且其估计均方根误差能够达到由式 (4.52) 给出的克拉美罗界 (如图 4.6 和图 4.8 所示), 从而再次验证了第 4.4.2 节理论性能分析的有效性。

⑤ 方法 4–b1 对未知参数 $\boldsymbol{x}$ 的估计精度明显高于方法 3–b1 对未知参数 $\boldsymbol{x}$ 的估计精度, 方法 4–b2 对未知参数 $\boldsymbol{x}$ 和模型参数 $\boldsymbol{s}$ 的联合估计精度明显高于方法 3–b2 对未知参数 $\boldsymbol{x}$ 和模型参数 $\boldsymbol{s}$ 的联合估计精度。这是因为等式约束降低了整个观测模型的不确定性, 从而有利于提高参数估计精度, 与命题 4.9 和命题 4.12 是相符的。

第 5 章　非线性最小二乘估计理论与方法：含有第 Ⅱ 类等式约束

与第 4 章相同，本章也是假设未知参数服从某个先验等式约束，只是这里考虑的是第 Ⅱ 类等式约束。该类等式约束的特征在于，其是关于未知参数的线性等式约束。针对线性等式约束的特点，本章描述相应的非线性最小二乘估计理论与方法。

5.1　含有第 Ⅱ 类等式约束的非线性观测模型

考虑非线性观测模型

$$\boldsymbol{z} = \boldsymbol{z}_0 + \boldsymbol{e} = \boldsymbol{f}(\boldsymbol{x}, \boldsymbol{s}) + \boldsymbol{e} \tag{5.1}$$

式中，

$\boldsymbol{z}_0 = \boldsymbol{f}(\boldsymbol{x}, \boldsymbol{s}) \in \mathbf{R}^{p\times 1}$ 表示没有误差条件下的观测向量，其中 $\boldsymbol{f}(\boldsymbol{x}, \boldsymbol{s})$ 是关于向量 $\boldsymbol{x}$ 和 $\boldsymbol{s}$ 的连续可导函数；

$\boldsymbol{x} \in \mathbf{R}^{q\times 1}$ 表示待估计的未知参数，其中 $q < p$ 以确保问题是超定的 (即观测量个数大于未知参数个数)；

$\boldsymbol{s} \in \mathbf{R}^{r\times 1}$ 表示模型参数；

$\boldsymbol{z} \in \mathbf{R}^{p\times 1}$ 表示含有误差条件下的观测向量；

$\boldsymbol{e} \in \mathbf{R}^{p\times 1}$ 表示观测误差向量，假设其服从均值为零、协方差矩阵为 $\mathbf{COV}(\boldsymbol{e}) = \mathbf{E}[\boldsymbol{e}\boldsymbol{e}^{\mathrm{T}}] = \boldsymbol{E}$ 的高斯分布。

【注记 5.1】与第 3 章相同，本章仍然考虑两种情形：第 1 种情形是假设模型参数 $\boldsymbol{s}$ 精确已知，此时可以将其看成是已知量；第 2 种情形是假设仅存在关于模型参数 $\boldsymbol{s}$ 的先验观测值 $\widehat{\boldsymbol{s}}$，其中包含先验观测误差，并且先验观测误差向量 $\boldsymbol{\varphi} = \widehat{\boldsymbol{s}} - \boldsymbol{s}$ 服从均值为零、协方差矩阵为 $\mathbf{COV}(\boldsymbol{\varphi}) = \mathbf{E}[\boldsymbol{\varphi}\boldsymbol{\varphi}^{\mathrm{T}}] = \boldsymbol{\Psi}$ 的高斯分布，此外，误差向量 $\boldsymbol{\varphi}$ 与 $\boldsymbol{e}$ 相互间统计独立，并且协方差矩阵 $\boldsymbol{E}$ 和 $\boldsymbol{\Psi}$ 都是满秩的正定矩阵。

与第 4 章相似, 本章仍然假设未知参数 $\boldsymbol{x}$ 服从某个先验等式约束, 只是这里考虑第 Ⅱ 类等式约束, 该类等式约束的特征在于, 其是关于未知参数 $\boldsymbol{x}$ 的线性等式约束, 如下式所示

$$\boldsymbol{c}(\boldsymbol{x}) = \boldsymbol{C}\boldsymbol{x} = \boldsymbol{d} \tag{5.2}$$

式中, $\boldsymbol{C} \in \mathbf{R}^{l \times q}$ (其中 $l < q$) 表示某个已知的行满秩矩阵 (即 $\mathrm{rank}[\boldsymbol{C}] = l$), $\boldsymbol{d} \in \mathbf{R}^{l \times 1}$ 表示某个已知的常数向量。

5.2 模型参数精确已知时的参数估计优化模型、求解方法及其理论性能

5.2.1 参数估计优化模型及其求解方法

1. 参数估计优化模型

当模型参数 $\boldsymbol{s}$ 精确已知时, 为了最大程度地抑制观测误差 $\boldsymbol{e}$ 的影响, 可以将参数估计优化模型表示为

$$\begin{cases} \min\limits_{\boldsymbol{x} \in \mathbf{R}^{q \times 1}; \boldsymbol{e} \in \mathbf{R}^{p \times 1}} \{\boldsymbol{e}^{\mathrm{T}} \boldsymbol{E}^{-1} \boldsymbol{e}\} \\ \text{s.t. } \boldsymbol{z} = \boldsymbol{f}(\boldsymbol{x}, \boldsymbol{s}) + \boldsymbol{e} \\ \qquad \boldsymbol{C}\boldsymbol{x} = \boldsymbol{d} \end{cases} \tag{5.3}$$

式中, $\boldsymbol{E}^{-1}$ 表示加权矩阵。显然, 式 (5.3) 也可以直接转化成如下优化模型①

$$\begin{cases} \min\limits_{\boldsymbol{x} \in \mathbf{R}^{q \times 1}} \{J^{(\mathrm{a})}(\boldsymbol{x})\} = \min\limits_{\boldsymbol{x} \in \mathbf{R}^{q \times 1}} \{(\boldsymbol{z} - \boldsymbol{f}(\boldsymbol{x}, \boldsymbol{s}))^{\mathrm{T}} \boldsymbol{E}^{-1} (\boldsymbol{z} - \boldsymbol{f}(\boldsymbol{x}, \boldsymbol{s}))\} \\ \text{s.t. } \boldsymbol{C}\boldsymbol{x} = \boldsymbol{d} \end{cases} \tag{5.4}$$

式中, $J^{(\mathrm{a})}(\boldsymbol{x}) = (\boldsymbol{z} - \boldsymbol{f}(\boldsymbol{x}, \boldsymbol{s}))^{\mathrm{T}} \boldsymbol{E}^{-1} (\boldsymbol{z} - \boldsymbol{f}(\boldsymbol{x}, \boldsymbol{s}))$ 表示对应的目标函数。式 (5.4) 是关于未知参数 $\boldsymbol{x}$ 的约束优化问题, 其中的约束为线性等式约束, 可以采用投影梯度方法进行求解。投影梯度方法结合了梯度方法和投影方法两种方法的优点, 具体而言, 梯度方法能够获得目标函数下降速率最快的方向, 而投影方法则能够保证迭代结果始终在可行域内。

---

① 本章的上角标 (a) 表示模型参数精确已知的情形。

2. 迭代求解方法 5−a

假设未知参数 $\boldsymbol{x}$ 的第 k 次迭代结果为 $\widehat{\boldsymbol{x}}_k^{(\mathrm{a})}$, 其为可行解, 也就是满足等式约束 $\boldsymbol{C}\widehat{\boldsymbol{x}}_k^{(\mathrm{a})}=\boldsymbol{d}$, 投影梯度方法的迭代公式为

$$\widehat{\boldsymbol{x}}_{k+1}^{(\mathrm{a})}=\mathbf{T}[\widehat{\boldsymbol{x}}_k^{(\mathrm{a})}-\alpha_k^{(\mathrm{a})}\nabla_x J^{(\mathrm{a})}(\widehat{\boldsymbol{x}}_k^{(\mathrm{a})})] \tag{5.5}$$

式中, $\mathbf{T}[\cdot]$ 表示投影算子, 其作用在于使向量 $\widehat{\boldsymbol{x}}_{k+1}^{(\mathrm{a})}$ 落在可行域内, 也就是满足 $\boldsymbol{C}\widehat{\boldsymbol{x}}_{k+1}^{(\mathrm{a})}=\boldsymbol{d}$; $\alpha_k^{(\mathrm{a})}\geqslant 0$ 表示迭代步长; $\nabla_x J^{(\mathrm{a})}(\boldsymbol{x})$ 表示目标函数 $J^{(\mathrm{a})}(\boldsymbol{x})$ 的梯度, 其表达式为

$$\nabla_x J^{(\mathrm{a})}(\boldsymbol{x})=\frac{\partial J^{(\mathrm{a})}(\boldsymbol{x})}{\partial \boldsymbol{x}}=2(\boldsymbol{F}_x(\boldsymbol{x},\boldsymbol{s}))^{\mathrm{T}}\boldsymbol{E}^{-1}(\boldsymbol{f}(\boldsymbol{x},\boldsymbol{s})-\boldsymbol{z}) \tag{5.6}$$

式中, $\boldsymbol{F}_x(\boldsymbol{x},\boldsymbol{s})=\dfrac{\partial \boldsymbol{f}(\boldsymbol{x},\boldsymbol{s})}{\partial \boldsymbol{x}^{\mathrm{T}}}\in\mathbf{R}^{p\times q}$ 表示函数 $\boldsymbol{f}(\boldsymbol{x},\boldsymbol{s})$ 关于向量 $\boldsymbol{x}$ 的 Jacobi 矩阵。

对于线性等式约束而言, 投影算子 $\mathbf{T}[\cdot]$ 具有闭式表达式, 具体结论可见以下命题。

【命题 5.1】假设 $\boldsymbol{C}\in\mathbf{R}^{l\times q}$ 为行满秩矩阵, 定义空间 $\boldsymbol{\Omega}=\{\boldsymbol{x}\in\mathbf{R}^{q\times 1}|\boldsymbol{C}\boldsymbol{x}=\boldsymbol{d}\}$ (其中 $\boldsymbol{d}\in\mathbf{R}^{l\times 1}$), 令 $\mathbf{T}_{\boldsymbol{\Omega}}[\cdot]$ 表示该空间上的投影算子, 若 $\boldsymbol{x}_{\mathrm{A}}\in\boldsymbol{\Omega}$, 则对于任意 $\boldsymbol{x}_{\mathrm{B}}\in\mathbf{R}^{q\times 1}$ 均满足

$$\mathbf{T}_{\boldsymbol{\Omega}}[\boldsymbol{x}_{\mathrm{A}}+\boldsymbol{x}_{\mathrm{B}}]=\boldsymbol{x}_{\mathrm{A}}+\boldsymbol{\Pi}^{\perp}[\boldsymbol{C}^{\mathrm{T}}]\boldsymbol{x}_{\mathrm{B}} \tag{5.7}$$

【证明】根据投影算子 $\mathbf{T}_{\boldsymbol{\Omega}}[\cdot]$ 的定义可知

$$\begin{aligned}\mathbf{T}_{\boldsymbol{\Omega}}[\boldsymbol{x}_{\mathrm{A}}+\boldsymbol{x}_{\mathrm{B}}]&=\arg\min_{\boldsymbol{x}_{\mathrm{C}}\in\boldsymbol{\Omega}}\{\|\boldsymbol{x}_{\mathrm{C}}-(\boldsymbol{x}_{\mathrm{A}}+\boldsymbol{x}_{\mathrm{B}})\|_2^2\}\\&=\arg\min_{\boldsymbol{C}\boldsymbol{x}_{\mathrm{C}}=\boldsymbol{d}}\{\|\boldsymbol{x}_{\mathrm{C}}-(\boldsymbol{x}_{\mathrm{A}}+\boldsymbol{x}_{\mathrm{B}})\|_2^2\}\end{aligned} \tag{5.8}$$

式 (5.8) 可以利用拉格朗日乘子法进行求解, 相应的拉格朗日函数为

$$\begin{aligned}L(\boldsymbol{x}_{\mathrm{C}},\boldsymbol{\lambda})&=\|\boldsymbol{x}_{\mathrm{C}}-(\boldsymbol{x}_{\mathrm{A}}+\boldsymbol{x}_{\mathrm{B}})\|_2^2+\boldsymbol{\lambda}^{\mathrm{T}}(\boldsymbol{C}\boldsymbol{x}_{\mathrm{C}}-\boldsymbol{d})\\&=(\boldsymbol{x}_{\mathrm{C}}-(\boldsymbol{x}_{\mathrm{A}}+\boldsymbol{x}_{\mathrm{B}}))^{\mathrm{T}}(\boldsymbol{x}_{\mathrm{C}}-(\boldsymbol{x}_{\mathrm{A}}+\boldsymbol{x}_{\mathrm{B}}))+\boldsymbol{\lambda}^{\mathrm{T}}(\boldsymbol{C}\boldsymbol{x}_{\mathrm{C}}-\boldsymbol{d})\end{aligned} \tag{5.9}$$

式中, $\boldsymbol{\lambda}$ 表示拉格朗日乘子向量。为了获得向量 $\boldsymbol{x}_{\mathrm{C}}$ 和 $\boldsymbol{\lambda}$ 的最优解 (分别记为 $\boldsymbol{x}_{\mathrm{C,OPT}}$ 和 $\boldsymbol{\lambda}_{\mathrm{OPT}}$), 需要将函数 $L(\boldsymbol{x}_{\mathrm{C}},\boldsymbol{\lambda})$ 分别对向量 $\boldsymbol{x}_{\mathrm{C}}$ 和 $\boldsymbol{\lambda}$ 求导, 并令它们等

于零, 可得

$$\left.\frac{\partial L(\boldsymbol{x}_{\mathrm{C}},\boldsymbol{\lambda})}{\partial \boldsymbol{x}_{\mathrm{C}}}\right|_{\substack{\boldsymbol{x}_{\mathrm{C}}=\boldsymbol{x}_{\mathrm{C,OPT}}\\ \boldsymbol{\lambda}=\boldsymbol{\lambda}_{\mathrm{OPT}}}}=2\boldsymbol{x}_{\mathrm{C,OPT}}-2(\boldsymbol{x}_{\mathrm{A}}+\boldsymbol{x}_{\mathrm{B}})+\boldsymbol{C}^{\mathrm{T}}\boldsymbol{\lambda}_{\mathrm{OPT}}=\boldsymbol{O}_{q\times 1} \tag{5.10}$$

$$\left.\frac{\partial L(\boldsymbol{x}_{\mathrm{C}},\boldsymbol{\lambda})}{\partial \boldsymbol{\lambda}}\right|_{\substack{\boldsymbol{x}_{\mathrm{C}}=\boldsymbol{x}_{\mathrm{C,OPT}}\\ \boldsymbol{\lambda}=\boldsymbol{\lambda}_{\mathrm{OPT}}}}=\boldsymbol{C}\boldsymbol{x}_{\mathrm{C,OPT}}-\boldsymbol{d}=\boldsymbol{O}_{l\times 1} \tag{5.11}$$

由式 (5.10) 可知

$$\boldsymbol{x}_{\mathrm{C,OPT}}=\boldsymbol{x}_{\mathrm{A}}+\boldsymbol{x}_{\mathrm{B}}-\frac{1}{2}\boldsymbol{C}^{\mathrm{T}}\boldsymbol{\lambda}_{\mathrm{OPT}} \tag{5.12}$$

将式 (5.12) 代入式 (5.11) 可得

$$\boldsymbol{C}\left(\boldsymbol{x}_{\mathrm{A}}+\boldsymbol{x}_{\mathrm{B}}-\frac{1}{2}\boldsymbol{C}^{\mathrm{T}}\boldsymbol{\lambda}_{\mathrm{OPT}}\right)-\boldsymbol{d}=\boldsymbol{O}_{l\times 1}\Rightarrow \boldsymbol{\lambda}_{\mathrm{OPT}}=2(\boldsymbol{C}\boldsymbol{C}^{\mathrm{T}})^{-1}(\boldsymbol{C}(\boldsymbol{x}_{\mathrm{A}}+\boldsymbol{x}_{\mathrm{B}})-\boldsymbol{d}) \tag{5.13}$$

将式 (5.13) 代入式 (5.12) 可知

$$\begin{aligned}\boldsymbol{x}_{\mathrm{C,OPT}}&=\mathbf{T}_{\boldsymbol{\Omega}}[\boldsymbol{x}_{\mathrm{A}}+\boldsymbol{x}_{\mathrm{B}}]\\&=\boldsymbol{x}_{\mathrm{A}}+\boldsymbol{x}_{\mathrm{B}}-\boldsymbol{C}^{\mathrm{T}}(\boldsymbol{C}\boldsymbol{C}^{\mathrm{T}})^{-1}(\boldsymbol{C}(\boldsymbol{x}_{\mathrm{A}}+\boldsymbol{x}_{\mathrm{B}})-\boldsymbol{d})\\&=\boldsymbol{x}_{\mathrm{A}}+\boldsymbol{C}^{\mathrm{T}}(\boldsymbol{C}\boldsymbol{C}^{\mathrm{T}})^{-1}(\boldsymbol{d}-\boldsymbol{C}\boldsymbol{x}_{\mathrm{A}})+(\boldsymbol{I}_q-\boldsymbol{C}^{\mathrm{T}}(\boldsymbol{C}\boldsymbol{C}^{\mathrm{T}})^{-1}\boldsymbol{C})\boldsymbol{x}_{\mathrm{B}}\\&=\boldsymbol{x}_{\mathrm{A}}+\boldsymbol{\Pi}^{\perp}[\boldsymbol{C}^{\mathrm{T}}]\boldsymbol{x}_{\mathrm{B}}\end{aligned} \tag{5.14}$$

式中第 4 个等号利用了等式 $\boldsymbol{C}\boldsymbol{x}_{\mathrm{A}}=\boldsymbol{d}$ 和式 (2.41) 中的第 2 个等式。由式 (5.14) 可知式 (5.7) 成立。证毕。

利用命题 5.1 可以将式 (5.5) 表示为

$$\begin{aligned}\widehat{\boldsymbol{x}}_{k+1}^{(\mathrm{a})}&=\widehat{\boldsymbol{x}}_{k}^{(\mathrm{a})}-\alpha_k^{(\mathrm{a})}\boldsymbol{\Pi}^{\perp}[\boldsymbol{C}^{\mathrm{T}}]\nabla_x J^{(\mathrm{a})}(\widehat{\boldsymbol{x}}_{k}^{(\mathrm{a})})\\&=\widehat{\boldsymbol{x}}_{k}^{(\mathrm{a})}-2\alpha_k^{(\mathrm{a})}\boldsymbol{\Pi}^{\perp}[\boldsymbol{C}^{\mathrm{T}}](\boldsymbol{F}_x(\widehat{\boldsymbol{x}}_{k}^{(\mathrm{a})},\boldsymbol{s}))^{\mathrm{T}}\boldsymbol{E}^{-1}(\boldsymbol{f}(\widehat{\boldsymbol{x}}_{k}^{(\mathrm{a})},\boldsymbol{s})-\boldsymbol{z})\end{aligned} \tag{5.15}$$

式中第 2 个等号利用了式 (5.6)。根据命题 5.1 中的证明过程可知, 若向量 $\widehat{\boldsymbol{x}}_{k}^{(\mathrm{a})}$ 是可行解, 则向量 $\widehat{\boldsymbol{x}}_{k+1}^{(\mathrm{a})}$ 也是可行解, 也就是满足 $\boldsymbol{C}\widehat{\boldsymbol{x}}_{k+1}^{(\mathrm{a})}=\boldsymbol{d}$。由式 (5.15) 可知, 投影梯度方法是沿着方向 $-\boldsymbol{\Pi}^{\perp}[\boldsymbol{C}^{\mathrm{T}}]\nabla_x J^{(\mathrm{a})}(\widehat{\boldsymbol{x}}_{k}^{(\mathrm{a})})$ 对向量 $\widehat{\boldsymbol{x}}_{k}^{(\mathrm{a})}$ 进行更新, 该方向不仅是可行方向, 还是使目标函数下降速率最快的可行方向①。

---

① 证明见附录 B。

式 (5.15) 中迭代步长 $\alpha_k^{(\mathrm{a})}$ 的选取至关重要, 如果步长选择过小, 会导致迭代收敛速度过慢; 但是如果步长选择过大, 则容易导致迭代路径出现 "锯齿" 现象。一种寻找步长的可靠方法是求解如下一维优化问题

$$\alpha_k^{(\mathrm{a})}=\arg\min_{\alpha\geqslant 0}\{J^{(\mathrm{a})}(\widehat{\boldsymbol{x}}_k^{(\mathrm{a})}-\alpha\boldsymbol{\Pi}^{\perp}[\boldsymbol{C}^{\mathrm{T}}]\nabla_x J^{(\mathrm{a})}(\widehat{\boldsymbol{x}}_k^{(\mathrm{a})}))\} \tag{5.16}$$

由式 (5.15) 和式 (5.16) 产生的迭代序列总能使目标函数下降, 直至达到其极小值, 具体结论可见以下命题。

【命题 5.2】 设 $\{\widehat{\boldsymbol{x}}_k^{(\mathrm{a})}\}$ 是由式 (5.15) 和式 (5.16) 产生的迭代序列, 如果 $\boldsymbol{\Pi}^{\perp}[\boldsymbol{C}^{\mathrm{T}}]\nabla_x J^{(\mathrm{a})}(\widehat{\boldsymbol{x}}_k^{(\mathrm{a})})\neq\boldsymbol{O}_{q\times 1}$, 则有 $J^{(\mathrm{a})}(\widehat{\boldsymbol{x}}_{k+1}^{(\mathrm{a})})<J^{(\mathrm{a})}(\widehat{\boldsymbol{x}}_k^{(\mathrm{a})})$。

【证明】 定义标量函数

$$\phi_k(\alpha)=J^{(\mathrm{a})}(\widehat{\boldsymbol{x}}_k^{(\mathrm{a})}-\alpha\boldsymbol{\Pi}^{\perp}[\boldsymbol{C}^{\mathrm{T}}]\nabla_x J^{(\mathrm{a})}(\widehat{\boldsymbol{x}}_k^{(\mathrm{a})})) \tag{5.17}$$

根据式 (5.16) 可知, $\alpha_k^{(\mathrm{a})}$ 是函数 $\phi_k(\alpha)$ 在 $\alpha\geqslant 0$ 内的全局最小值点, 即有

$$\phi_k(\alpha_k^{(\mathrm{a})})\leqslant\phi_k(\alpha),\quad \forall\alpha\geqslant 0 \tag{5.18}$$

根据链式法则, 并基于 $\boldsymbol{\Pi}^{\perp}[\boldsymbol{C}^{\mathrm{T}}]\nabla_x J^{(\mathrm{a})}(\widehat{\boldsymbol{x}}_k^{(\mathrm{a})})\neq\boldsymbol{O}_{q\times 1}$ 可得

$$\begin{aligned}\left.\frac{\mathrm{d}\phi_k(\alpha)}{\mathrm{d}\alpha}\right|_{\alpha=0}&=-(\nabla_x J^{(\mathrm{a})}(\widehat{\boldsymbol{x}}_k^{(\mathrm{a})}))^{\mathrm{T}}\boldsymbol{\Pi}^{\perp}[\boldsymbol{C}^{\mathrm{T}}]\nabla_x J^{(\mathrm{a})}(\widehat{\boldsymbol{x}}_k^{(\mathrm{a})})\\&=-\|\boldsymbol{\Pi}^{\perp}[\boldsymbol{C}^{\mathrm{T}}]\nabla_x J^{(\mathrm{a})}(\widehat{\boldsymbol{x}}_k^{(\mathrm{a})})\|_2^2<0\end{aligned} \tag{5.19}$$

式中第 2 个等号利用了正交投影矩阵的对称幂等性 (见命题 2.14)。由式 (5.19) 可知, 存在 $\overline{\alpha}>0$, 对于任意 $\alpha\in(0,\overline{\alpha}]$, 均满足 $\phi_k(0)>\phi_k(\alpha)$, 于是有

$$J^{(\mathrm{a})}(\widehat{\boldsymbol{x}}_{k+1}^{(\mathrm{a})})=\phi_k(\alpha_k^{(\mathrm{a})})\leqslant\phi_k(\overline{\alpha})<\phi_k(0)=J^{(\mathrm{a})}(\widehat{\boldsymbol{x}}_k^{(\mathrm{a})}) \tag{5.20}$$

证毕。

将式 (5.15) 和式 (5.16) 的迭代收敛结果记为 $\widehat{\boldsymbol{x}}^{(\mathrm{a})}$ (即 $\lim\limits_{k\to+\infty}\widehat{\boldsymbol{x}}_k^{(\mathrm{a})}=\widehat{\boldsymbol{x}}^{(\mathrm{a})}$), 该向量就是最终估计值。假设迭代初始值满足一定的条件, 可以使迭代公式 (5.15) 收敛至式 (5.4) 的全局最优解, 此时, 由式 (2.92) 可知, 向量 $\widehat{\boldsymbol{x}}^{(\mathrm{a})}$ 满足等式 $\boldsymbol{\Pi}^{\perp}[\boldsymbol{C}^{\mathrm{T}}]\nabla_x J^{(\mathrm{a})}(\widehat{\boldsymbol{x}}^{(\mathrm{a})})=\boldsymbol{O}_{q\times 1}$。

将此求解方法称为方法 5–a, 图 5.1 给出了方法 5–a 的计算流程图。

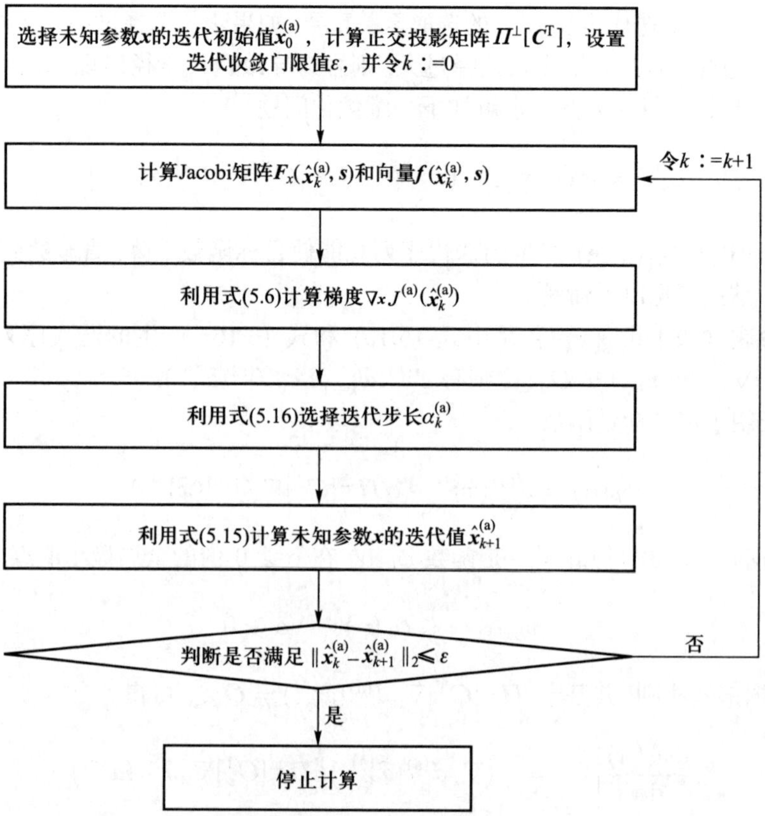

图 5.1　方法 5-a 的计算流程图

5.2.2　理论性能分析

本节首先推导参数估计均方误差的克拉美罗界, 然后推导估计值 $\hat{x}^{(a)}$ 的均方误差, 并将其与相应的克拉美罗界进行定量比较, 从而验证该估计值的渐近统计最优性。

1. 克拉美罗界分析

在模型参数 s 精确已知的条件下推导未知参数 x 的估计均方误差的克拉美罗界, 具体结论可见以下两个命题。

【**命题 5.3**】基于式 (5.1) 和式 (5.2) 给出的观测模型, 未知参数 x 的估计均方误差的克拉美罗界可以表示为①

① 本章的下角标 c 表示含有等式约束的情形。

$$\mathbf{CRB}_{\mathrm{c}}^{(\mathrm{a})}(\boldsymbol{x})=\mathbf{CRB}^{(\mathrm{a})}(\boldsymbol{x})-\mathbf{CRB}^{(\mathrm{a})}(\boldsymbol{x})\boldsymbol{C}^{\mathrm{T}}(\boldsymbol{C}\mathbf{CRB}^{(\mathrm{a})}(\boldsymbol{x})\boldsymbol{C}^{\mathrm{T}})^{-1}\boldsymbol{C}\mathbf{CRB}^{(\mathrm{a})}(\boldsymbol{x}) \tag{5.21}$$

式中, $\mathbf{CRB}^{(\mathrm{a})}(\boldsymbol{x})=((\boldsymbol{F}_x(\boldsymbol{x},\boldsymbol{s}))^{\mathrm{T}}\boldsymbol{E}^{-1}\boldsymbol{F}_x(\boldsymbol{x},\boldsymbol{s}))^{-1}$ 表示没有等式约束条件下的克拉美罗界①。

【证明】由于函数 $\boldsymbol{c}(\boldsymbol{x})=\boldsymbol{C}\boldsymbol{x}$ 关于未知参数 $\boldsymbol{x}$ 的 Jacobi 矩阵为 $\dfrac{\partial \boldsymbol{c}(\boldsymbol{x})}{\partial \boldsymbol{x}^{\mathrm{T}}}=\boldsymbol{C}$, 所以结合式 (2.122) 和式 (2.124) 可知式 (5.21) 成立。证毕。

【命题 5.4】基于式 (5.1) 和式 (5.2) 给出的观测模型, 若对行满秩矩阵 $\boldsymbol{C}$ 进行如下奇异值分解

$$\boldsymbol{C}=\boldsymbol{U}\left[\underbrace{\boldsymbol{\Sigma}}_{l\times l}\quad \boldsymbol{O}_{l\times(q-l)}\right]\begin{bmatrix}\underbrace{\boldsymbol{V}_1^{\mathrm{T}}}_{l\times q}\\ \underbrace{\boldsymbol{V}_2^{\mathrm{T}}}_{(q-l)\times q}\end{bmatrix}=\boldsymbol{U}\boldsymbol{\Sigma}\boldsymbol{V}_1^{\mathrm{T}} \tag{5.22}$$

则未知参数 $\boldsymbol{x}$ 的估计均方误差的克拉美罗界还可以表示为

$$\begin{aligned}\mathbf{CRB}_{\mathrm{c}}^{(\mathrm{a})}(\boldsymbol{x})&=\boldsymbol{V}_2(\boldsymbol{V}_2^{\mathrm{T}}(\boldsymbol{F}_x(\boldsymbol{x},\boldsymbol{s}))^{\mathrm{T}}\boldsymbol{E}^{-1}\boldsymbol{F}_x(\boldsymbol{x},\boldsymbol{s})\boldsymbol{V}_2)^{-1}\boldsymbol{V}_2^{\mathrm{T}}\\&=\boldsymbol{V}_2(\boldsymbol{V}_2^{\mathrm{T}}(\mathbf{CRB}^{(\mathrm{a})}(\boldsymbol{x}))^{-1}\boldsymbol{V}_2)^{-1}\boldsymbol{V}_2^{\mathrm{T}}\end{aligned} \tag{5.23}$$

【证明】利用矩阵奇异值分解的性质可知, 矩阵 $\boldsymbol{V}_2$ 满足

$$\boldsymbol{C}\boldsymbol{V}_2=\boldsymbol{O}_{l\times(q-l)};\quad \boldsymbol{V}_2^{\mathrm{T}}\boldsymbol{V}_2=\boldsymbol{I}_{q-l} \tag{5.24}$$

利用式 (2.133) 可知式 (5.23) 成立。证毕。

式 (5.21) 和式 (5.23) 给出了矩阵 $\mathbf{CRB}_{\mathrm{c}}^{(\mathrm{a})}(\boldsymbol{x})$ 的两种表达式, 比较 $\mathbf{CRB}^{(\mathrm{a})}(\boldsymbol{x})$ 和 $\mathbf{CRB}_{\mathrm{c}}^{(\mathrm{a})}(\boldsymbol{x})$ 可以得到以下结论。

【命题 5.5】$\mathbf{CRB}_{\mathrm{c}}^{(\mathrm{a})}(\boldsymbol{x})\leqslant\mathbf{CRB}^{(\mathrm{a})}(\boldsymbol{x})$。

【证明】利用命题 2.4 可知, 式 (5.21) 右边第 2 项是半正定矩阵, 由此可以直接推得 $\mathbf{CRB}_{\mathrm{c}}^{(\mathrm{a})}(\boldsymbol{x})\leqslant\mathbf{CRB}^{(\mathrm{a})}(\boldsymbol{x})$。证毕。

【注记 5.2】命题 5.5 表明, 等式约束降低了未知参数 $\boldsymbol{x}$ 的估计均方误差的克拉美罗界, 从而有利于提高估计精度。

【注记 5.3】由式 (5.23) 可知, 矩阵 $\mathbf{CRB}_{\mathrm{c}}^{(\mathrm{a})}(\boldsymbol{x})$ 若要存在, 矩阵 $\boldsymbol{F}_x(\boldsymbol{x},\boldsymbol{s})\boldsymbol{V}_2$ 必须是列满秩的②。因此, 本章将此作为一个基本前提, 不再赘述。

---

① 见第 3 章式 (3.8)。

② 由于 $\boldsymbol{V}_2$ 是列满秩矩阵, 因此根据附录 A 可知, 若 $\boldsymbol{F}_x(\boldsymbol{x},\boldsymbol{s})$ 是列满秩矩阵, 则 $\boldsymbol{F}_x(\boldsymbol{x},\boldsymbol{s})\boldsymbol{V}_2$ 就是列满秩矩阵。

【注记 5.4】由式 (5.21) 可知 $\mathbf{CRB}_{\mathrm{c}}^{(\mathrm{a})}(\boldsymbol{x})\boldsymbol{C}^{\mathrm{T}} = \boldsymbol{O}_{q\times l}$, 由此可知, 矩阵 $\mathbf{CRB}_{\mathrm{c}}^{(\mathrm{a})}(\boldsymbol{x})$ 已不再是满秩方阵了, 这是由等式约束所导致的。

2. 方法 5–a 的理论性能分析

下面推导方法 5–a 的估计值 $\widehat{\boldsymbol{x}}^{(\mathrm{a})}$ 的统计性能, 具体结论可见以下两个命题。

【命题 5.6】向量 $\widehat{\boldsymbol{x}}^{(\mathrm{a})}$ 是关于未知参数 $\boldsymbol{x}$ 的渐近无偏估计值, 并且其均方误差为

$$\mathbf{MSE}(\widehat{\boldsymbol{x}}^{(\mathrm{a})}) = \mathbf{CRB}^{(\mathrm{a})}(\boldsymbol{x}) - \mathbf{CRB}^{(\mathrm{a})}(\boldsymbol{x})\boldsymbol{C}^{\mathrm{T}}(\boldsymbol{C}\mathbf{CRB}^{(\mathrm{a})}(\boldsymbol{x})\boldsymbol{C}^{\mathrm{T}})^{-1}\boldsymbol{C}\mathbf{CRB}^{(\mathrm{a})}(\boldsymbol{x}) \tag{5.25}$$

【证明】利用第 2.6.2 节中的结论进行证明。首先, 令

$$\boldsymbol{J}_{xx}^{(\mathrm{a})} = \left.\frac{\partial^2 J^{(\mathrm{a})}(\boldsymbol{x})}{\partial \boldsymbol{x}\,\partial \boldsymbol{x}^{\mathrm{T}}}\right|_{\boldsymbol{e}=\boldsymbol{O}_{p\times 1}}\ ; \quad \boldsymbol{J}_{xe}^{(\mathrm{a})} = \left.\frac{\partial^2 J^{(\mathrm{a})}(\boldsymbol{x})}{\partial \boldsymbol{x}\,\partial \boldsymbol{e}^{\mathrm{T}}}\right|_{\boldsymbol{e}=\boldsymbol{O}_{p\times 1}}$$

然后, 根据 $J^{(\mathrm{a})}(\boldsymbol{x})$ 的表达式可知

$$\boldsymbol{J}_{xx}^{(\mathrm{a})} = 2(\boldsymbol{F}_x(\boldsymbol{x},\boldsymbol{s}))^{\mathrm{T}}\boldsymbol{E}^{-1}\boldsymbol{F}_x(\boldsymbol{x},\boldsymbol{s});\quad \boldsymbol{J}_{xe}^{(\mathrm{a})} = -2(\boldsymbol{F}_x(\boldsymbol{x},\boldsymbol{s}))^{\mathrm{T}}\boldsymbol{E}^{-1} \tag{5.26}$$

容易验证①

$$\begin{aligned}\boldsymbol{J}_{xe}^{(\mathrm{a})}\mathbf{COV}(\boldsymbol{e})(\boldsymbol{J}_{xe}^{(\mathrm{a})})^{\mathrm{T}} &= \boldsymbol{J}_{xe}^{(\mathrm{a})}\boldsymbol{E}(\boldsymbol{J}_{xe}^{(\mathrm{a})})^{\mathrm{T}}\\ &= 4(\boldsymbol{F}_x(\boldsymbol{x},\boldsymbol{s}))^{\mathrm{T}}\boldsymbol{E}^{-1}\boldsymbol{E}\boldsymbol{E}^{-1}\boldsymbol{F}_x(\boldsymbol{x},\boldsymbol{s})\\ &= 4(\boldsymbol{F}_x(\boldsymbol{x},\boldsymbol{s}))^{\mathrm{T}}\boldsymbol{E}^{-1}\boldsymbol{F}_x(\boldsymbol{x},\boldsymbol{s}) = 2\boldsymbol{J}_{xx}^{(\mathrm{a})}\end{aligned} \tag{5.27}$$

于是利用式 (2.171) 可得

$$\begin{aligned}\mathbf{MSE}(\widehat{\boldsymbol{x}}^{(\mathrm{a})}) &= \mathbf{E}[(\widehat{\boldsymbol{x}}^{(\mathrm{a})} - \boldsymbol{x})(\widehat{\boldsymbol{x}}^{(\mathrm{a})} - \boldsymbol{x})^{\mathrm{T}}]\\ &= \mathbf{E}[\Delta\boldsymbol{x}^{(\mathrm{a})}(\Delta\boldsymbol{x}^{(\mathrm{a})})^{\mathrm{T}}]\\ &= 2(\boldsymbol{J}_{xx}^{(\mathrm{a})})^{-1} - 2(\boldsymbol{J}_{xx}^{(\mathrm{a})})^{-1}\boldsymbol{C}^{\mathrm{T}}(\boldsymbol{C}(\boldsymbol{J}_{xx}^{(\mathrm{a})})^{-1}\boldsymbol{C}^{\mathrm{T}})^{-1}\boldsymbol{C}(\boldsymbol{J}_{xx}^{(\mathrm{a})})^{-1}\end{aligned} \tag{5.28}$$

式中, $\Delta\boldsymbol{x}^{(\mathrm{a})} = \widehat{\boldsymbol{x}}^{(\mathrm{a})} - \boldsymbol{x}$ 表示向量 $\widehat{\boldsymbol{x}}^{(\mathrm{a})}$ 中的估计误差。又因为 $\mathbf{CRB}^{(\mathrm{a})}(\boldsymbol{x}) = 2(\boldsymbol{J}_{xx}^{(\mathrm{a})})^{-1}$, 将该式代入式 (5.28) 可知式 (5.25) 成立。证毕。

【命题 5.7】向量 $\widehat{\boldsymbol{x}}^{(\mathrm{a})}$ 是关于未知参数 $\boldsymbol{x}$ 的渐近统计最优估计值。

【证明】结合命题 5.3 和命题 5.6 可得

$$\begin{aligned}\mathbf{MSE}(\widehat{\boldsymbol{x}}^{(\mathrm{a})}) &= \mathbf{CRB}^{(\mathrm{a})}(\boldsymbol{x}) - \mathbf{CRB}^{(\mathrm{a})}(\boldsymbol{x})\boldsymbol{C}^{\mathrm{T}}(\boldsymbol{C}\mathbf{CRB}^{(\mathrm{a})}(\boldsymbol{x})\boldsymbol{C}^{\mathrm{T}})^{-1}\boldsymbol{C}\mathbf{CRB}^{(\mathrm{a})}(\boldsymbol{x})\\ &= \mathbf{CRB}_{\mathrm{c}}^{(\mathrm{a})}(\boldsymbol{x})\end{aligned} \tag{5.29}$$

证毕。

---

① 该式源自式 (2.170)。

5.2.3 数值实验

本节的数值实验将函数 $\boldsymbol{f}(\boldsymbol{x},\boldsymbol{s})$ 设为

$$\boldsymbol{f}(\boldsymbol{x},\boldsymbol{s})=\begin{bmatrix}(\boldsymbol{x}+\boldsymbol{s}_1)^{\mathrm{T}}\boldsymbol{s}_2\\ \|\boldsymbol{x}-\boldsymbol{s}_3\|_2^2\\ (\boldsymbol{x}-\boldsymbol{s}_1)^{\mathrm{T}}\boldsymbol{s}_4\\ \|\boldsymbol{x}-\boldsymbol{s}_2\|_2+\|\boldsymbol{x}-\boldsymbol{s}_5\|_2\\ (\boldsymbol{x}-\boldsymbol{s}_3)^{\mathrm{T}}\boldsymbol{s}_6\\ \|\boldsymbol{x}-\boldsymbol{s}_4\|_2\|\boldsymbol{x}-\boldsymbol{s}_7\|_2\\ \|\boldsymbol{x}-\boldsymbol{s}_5\|_2+\|\boldsymbol{x}-\boldsymbol{s}_8\|_2\end{bmatrix}\in\mathbf{R}^{7\times 1}\tag{5.30}$$

式中, $\boldsymbol{x}=[x_1\quad x_2\quad x_3\quad x_4]^{\mathrm{T}}$; $\boldsymbol{s}=[\boldsymbol{s}_1^{\mathrm{T}}\quad \boldsymbol{s}_2^{\mathrm{T}}\quad \boldsymbol{s}_3^{\mathrm{T}}\quad \boldsymbol{s}_4^{\mathrm{T}}\quad \boldsymbol{s}_5^{\mathrm{T}}\quad \boldsymbol{s}_6^{\mathrm{T}}\quad \boldsymbol{s}_7^{\mathrm{T}}\quad \boldsymbol{s}_8^{\mathrm{T}}]^{\mathrm{T}}$, 其中 $\boldsymbol{s}_j=[s_{j1}\quad s_{j2}\quad s_{j3}\quad s_{j4}]^{\mathrm{T}}$ $(1\leqslant j\leqslant 8)$。相应的等式约束为

$$\boldsymbol{C}\boldsymbol{x}=\begin{bmatrix}1&0&-1&0\\3&2&0&-2\end{bmatrix}\boldsymbol{x}=\begin{bmatrix}30\\80\end{bmatrix}=\boldsymbol{d}\tag{5.31}$$

式中, $\boldsymbol{C}=\begin{bmatrix}1&0&-1&0\\3&2&0&-2\end{bmatrix}$。由式 (5.30) 可以推得 Jacobi 矩阵 $\boldsymbol{F}_x(\boldsymbol{x},\boldsymbol{s})$ 的表达式为

$$\boldsymbol{F}_x(\boldsymbol{x},\boldsymbol{s})=\left[\boldsymbol{s}_2\;\vdots\;2(\boldsymbol{x}-\boldsymbol{s}_3)\;\vdots\;\boldsymbol{s}_4\;\vdots\;\frac{\boldsymbol{x}-\boldsymbol{s}_2}{\|\boldsymbol{x}-\boldsymbol{s}_2\|_2}+\frac{\boldsymbol{x}-\boldsymbol{s}_5}{\|\boldsymbol{x}-\boldsymbol{s}_5\|_2}\;\vdots\;\boldsymbol{s}_6\;\vdots\right.$$
$$\left.\begin{matrix}(\boldsymbol{x}-\boldsymbol{s}_4)\dfrac{\|\boldsymbol{x}-\boldsymbol{s}_7\|_2}{\|\boldsymbol{x}-\boldsymbol{s}_4\|_2}\\+(\boldsymbol{x}-\boldsymbol{s}_7)\dfrac{\|\boldsymbol{x}-\boldsymbol{s}_4\|_2}{\|\boldsymbol{x}-\boldsymbol{s}_7\|_2}\end{matrix}\;\vdots\;\frac{\boldsymbol{x}-\boldsymbol{s}_5}{\|\boldsymbol{x}-\boldsymbol{s}_5\|_2}+\frac{\boldsymbol{x}-\boldsymbol{s}_8}{\|\boldsymbol{x}-\boldsymbol{s}_8\|_2}\right]^{\mathrm{T}}\in\mathbf{R}^{7\times 4}\tag{5.32}$$

未知参数 $\boldsymbol{x}$ 和模型参数 $\boldsymbol{s}$ 的数值见表 5.1, 其中模型参数是精确已知的, 观测误差协方差矩阵设为 $\boldsymbol{E}=\sigma_1^2\boldsymbol{I}_7$, σ_1 称为观测误差标准差。利用方法 5–a 对未知参数 $\boldsymbol{x}$ 进行估计, 并将其与方法 3–a 的估计精度进行比较。图 5.2 给出了未知参数 $\boldsymbol{x}$ 估计均方根误差随观测误差标准差 σ_1 的变化曲线。

表 5.1　未知参数 $\boldsymbol{x}$ 和模型参数 $\boldsymbol{s}$ 的数值

$\boldsymbol{x}$	$\boldsymbol{s}$							
	s_1	s_2	s_3	s_4	s_5	s_6	s_7	s_8
20	−26	24	−22	13	−6	−12	32	−31
−10	14	−8	−29	−11	27	15	27	−27
−10	36	−28	−15	−33	35	3	19	14
−20	25	−32	−24	−27	−5	−31	25	−26

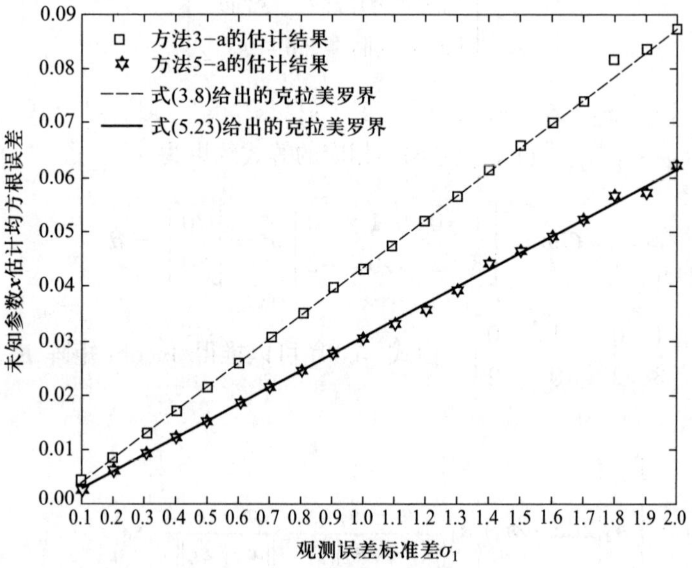

图 5.2　未知参数 $\boldsymbol{x}$ 估计均方根误差随观测误差标准差 σ_1 的变化曲线

由图 5.2 可以看出:

① 方法 5−a 对未知参数 $\boldsymbol{x}$ 的估计均方根误差随观测误差标准差 σ_1 的增加而增大。

② 方法 5−a 对未知参数 $\boldsymbol{x}$ 的估计均方根误差可以达到由式 (5.23) 给出的克拉美罗界, 从而验证了第 5.2.2 节理论性能分析的有效性。

③ 方法 5−a 对未知参数 $\boldsymbol{x}$ 的估计精度明显高于方法 3−a 对未知参数 $\boldsymbol{x}$ 的估计精度, 这是因为等式约束降低了整个观测模型的不确定性, 从而有利于提高参数估计精度, 这与命题 5.5 是相符的。

5.3 模型参数先验观测误差对参数估计性能的影响

本节假设模型参数 $\boldsymbol{s}$ 并不能精确已知, 仅存在关于模型参数 $\boldsymbol{s}$ 的先验观测值 $\widehat{\boldsymbol{s}}$, 其中包含先验观测误差。下面首先在此情形下推导参数估计均方误差的克拉美罗界, 然后推导方法 5–a 在此情形下的估计均方误差, 并将其与相应的克拉美罗界进行定量比较。

5.3.1 对克拉美罗界的影响

当模型参数先验观测误差存在时, 模型参数 $\boldsymbol{s}$ 已不再是精确已知量, 应将其看成是未知量。但是也不能将其与未知参数 $\boldsymbol{x}$ 等同地看待, 因为还存在模型参数 $\boldsymbol{s}$ 的先验观测值 $\widehat{\boldsymbol{s}}$, 此时的观测模型可以表示为

$$\begin{cases} \boldsymbol{z} = \boldsymbol{f}(\boldsymbol{x}, \boldsymbol{s}) + \boldsymbol{e} \\ \widehat{\boldsymbol{s}} = \boldsymbol{s} + \boldsymbol{\varphi} \end{cases} \tag{5.33}$$

此时, 未知参数 $\boldsymbol{x}$ 仍然满足等式约束式 (5.2)。下面推导未知参数 $\boldsymbol{x}$ 和模型参数 $\boldsymbol{s}$ 联合估计均方误差的克拉美罗界, 具体结论可见以下两个命题。

【**命题 5.8**】基于式 (5.2) 和式 (5.33) 给出的观测模型, 未知参数 $\boldsymbol{x}$ 和模型参数 $\boldsymbol{s}$ 联合估计均方误差的克拉美罗界可以表示为[①]

$$\begin{aligned} \mathbf{CRB}_{\mathrm{c}}^{(\mathrm{b})}\left(\begin{bmatrix} \boldsymbol{x} \\ \boldsymbol{s} \end{bmatrix}\right) = {} & \mathbf{CRB}^{(\mathrm{b})}\left(\begin{bmatrix} \boldsymbol{x} \\ \boldsymbol{s} \end{bmatrix}\right) - \mathbf{CRB}^{(\mathrm{b})}\left(\begin{bmatrix} \boldsymbol{x} \\ \boldsymbol{s} \end{bmatrix}\right) \\ & \times \overline{\boldsymbol{C}}^{\mathrm{T}}\left(\overline{\boldsymbol{C}}\mathbf{CRB}^{(\mathrm{b})}\left(\begin{bmatrix} \boldsymbol{x} \\ \boldsymbol{s} \end{bmatrix}\right)\overline{\boldsymbol{C}}^{\mathrm{T}}\right)^{-1}\overline{\boldsymbol{C}}\mathbf{CRB}^{(\mathrm{b})}\left(\begin{bmatrix} \boldsymbol{x} \\ \boldsymbol{s} \end{bmatrix}\right) \end{aligned} \tag{5.34}$$

式中,

$$\mathbf{CRB}^{(\mathrm{b})}\left(\begin{bmatrix} \boldsymbol{x} \\ \boldsymbol{s} \end{bmatrix}\right) = \left[\begin{array}{c:c} (\boldsymbol{F}_x(\boldsymbol{x},\boldsymbol{s}))^{\mathrm{T}}\boldsymbol{E}^{-1}\boldsymbol{F}_x(\boldsymbol{x},\boldsymbol{s}) & (\boldsymbol{F}_x(\boldsymbol{x},\boldsymbol{s}))^{\mathrm{T}}\boldsymbol{E}^{-1}\boldsymbol{F}_s(\boldsymbol{x},\boldsymbol{s}) \\ \hdashline (\boldsymbol{F}_s(\boldsymbol{x},\boldsymbol{s}))^{\mathrm{T}}\boldsymbol{E}^{-1}\boldsymbol{F}_x(\boldsymbol{x},\boldsymbol{s}) & (\boldsymbol{F}_s(\boldsymbol{x},\boldsymbol{s}))^{\mathrm{T}}\boldsymbol{E}^{-1}\boldsymbol{F}_s(\boldsymbol{x},\boldsymbol{s}) + \boldsymbol{\Psi}^{-1} \end{array}\right]^{-1}$$

表示没有等式约束条件下的克拉美罗界[②], $\boldsymbol{F}_s(\boldsymbol{x},\boldsymbol{s}) = \dfrac{\partial \boldsymbol{f}(\boldsymbol{x},\boldsymbol{s})}{\partial \boldsymbol{s}^{\mathrm{T}}} \in \mathbf{R}^{p\times r}$ 表示函数 $\boldsymbol{f}(\boldsymbol{x},\boldsymbol{s})$ 关于向量 $\boldsymbol{s}$ 的 Jacobi 矩阵, $\overline{\boldsymbol{C}} = [\boldsymbol{C} \ \ \boldsymbol{O}_{l\times r}] \in \mathbf{R}^{l\times(q+r)}$。

---

① 本章的上角标 (b) 表示模型参数先验观测误差存在的情形。

② 见第 3 章式 (3.25)。

【证明】定义扩维的参数向量 $\boldsymbol{\mu} = [\boldsymbol{x}^{\mathrm{T}} \quad \boldsymbol{s}^{\mathrm{T}}]^{\mathrm{T}} \in \mathbf{R}^{(q+r)\times 1}$, 此时函数 $\boldsymbol{c}(\boldsymbol{x}) = \boldsymbol{C}\boldsymbol{x}$ 关于向量 $\boldsymbol{\mu}$ 的 Jacobi 矩阵为

$$\frac{\partial \boldsymbol{c}(\boldsymbol{x})}{\partial \boldsymbol{\mu}^{\mathrm{T}}} = [\boldsymbol{C} \;\; \boldsymbol{O}_{l\times r}] = \overline{\boldsymbol{C}} \in \mathbf{R}^{l\times(q+r)} \tag{5.35}$$

联合式 (2.122) 和式 (2.124) 可知式 (5.34) 成立。证毕。

【命题 5.9】基于式 (5.2) 和式 (5.33) 给出的观测模型, 若令 $\overline{\boldsymbol{V}}_2 = \mathrm{blkdiag}\{\boldsymbol{V}_2, \boldsymbol{I}_r\} \in \mathbf{R}^{(q+r)\times(q+r-l)}$, 则未知参数 $\boldsymbol{x}$ 和模型参数 $\boldsymbol{s}$ 联合估计均方误差的克拉美罗界可以表示为

$$\begin{aligned}
&\mathbf{CRB}_{\mathrm{c}}^{(\mathrm{b})}\left(\begin{bmatrix}\boldsymbol{x}\\ \boldsymbol{s}\end{bmatrix}\right)\\
&=\overline{\boldsymbol{V}}_2\left(\overline{\boldsymbol{V}}_2^{\mathrm{T}}\left[\begin{array}{c|c}(\boldsymbol{F}_x(\boldsymbol{x},\boldsymbol{s}))^{\mathrm{T}}\boldsymbol{E}^{-1}\boldsymbol{F}_x(\boldsymbol{x},\boldsymbol{s}) & (\boldsymbol{F}_x(\boldsymbol{x},\boldsymbol{s}))^{\mathrm{T}}\boldsymbol{E}^{-1}\boldsymbol{F}_s(\boldsymbol{x},\boldsymbol{s})\\ \hline (\boldsymbol{F}_s(\boldsymbol{x},\boldsymbol{s}))^{\mathrm{T}}\boldsymbol{E}^{-1}\boldsymbol{F}_x(\boldsymbol{x},\boldsymbol{s}) & (\boldsymbol{F}_s(\boldsymbol{x},\boldsymbol{s}))^{\mathrm{T}}\boldsymbol{E}^{-1}\boldsymbol{F}_s(\boldsymbol{x},\boldsymbol{s})+\boldsymbol{\Psi}^{-1}\end{array}\right]\overline{\boldsymbol{V}}_2\right)^{-1}\overline{\boldsymbol{V}}_2^{\mathrm{T}}\\
&=\overline{\boldsymbol{V}}_2\left(\overline{\boldsymbol{V}}_2^{\mathrm{T}}\left(\mathbf{CRB}^{(\mathrm{b})}\left(\begin{bmatrix}\boldsymbol{x}\\ \boldsymbol{s}\end{bmatrix}\right)\right)^{-1}\overline{\boldsymbol{V}}_2\right)^{-1}\overline{\boldsymbol{V}}_2^{\mathrm{T}}
\end{aligned} \tag{5.36}$$

【证明】由于矩阵 $\overline{\boldsymbol{V}}_2$ 满足

$$\begin{aligned}
\overline{\boldsymbol{C}}\,\overline{\boldsymbol{V}}_2 &= [\boldsymbol{C}\boldsymbol{V}_2 \quad \boldsymbol{O}_{l\times r}] = \boldsymbol{O}_{l\times(q+r-l)};\\
\overline{\boldsymbol{V}}_2^{\mathrm{T}}\overline{\boldsymbol{V}}_2 &= \mathrm{blkdiag}\{\boldsymbol{V}_2^{\mathrm{T}}\boldsymbol{V}_2, \boldsymbol{I}_r\} = \boldsymbol{I}_{q+r-l}
\end{aligned} \tag{5.37}$$

所以, 利用式 (2.133) 可知式 (5.36) 成立。证毕。

基于命题 5.8 和命题 5.9 还可以得到以下 8 个命题。

【命题 5.10】基于式 (5.2) 和式 (5.33) 给出的观测模型, 未知参数 $\boldsymbol{x}$ 的估计均方误差的克拉美罗界可以表示为

$$\mathbf{CRB}_{\mathrm{c}}^{(\mathrm{b})}(\boldsymbol{x}) = \mathbf{CRB}^{(\mathrm{b})}(\boldsymbol{x}) - \mathbf{CRB}^{(\mathrm{b})}(\boldsymbol{x})\boldsymbol{C}^{\mathrm{T}}(\boldsymbol{C}\mathbf{CRB}^{(\mathrm{b})}(\boldsymbol{x})\boldsymbol{C}^{\mathrm{T}})^{-1}\boldsymbol{C}\mathbf{CRB}^{(\mathrm{b})}(\boldsymbol{x}) \tag{5.38}$$

式中, $\mathbf{CRB}^{(\mathrm{b})}(\boldsymbol{x}) = ((\boldsymbol{F}_x(\boldsymbol{x},\boldsymbol{s}))^{\mathrm{T}}(\boldsymbol{E} + \boldsymbol{F}_s(\boldsymbol{x},\boldsymbol{s})\boldsymbol{\Psi}(\boldsymbol{F}_s(\boldsymbol{x},\boldsymbol{s}))^{\mathrm{T}})^{-1}\boldsymbol{F}_x(\boldsymbol{x},\boldsymbol{s}))^{-1}$ 表示没有等式约束条件下的克拉美罗界①。

① 见第 3 章式 (3.35)。

【证明】根据式 (5.34) 可知

$$\begin{aligned}\mathbf{CRB}_{\mathrm{c}}^{(\mathrm{b})}(\boldsymbol{x}) &= [\boldsymbol{I}_q \quad \boldsymbol{O}_{q\times r}]\mathbf{CRB}_{\mathrm{c}}^{(\mathrm{b})}\left(\begin{bmatrix}\boldsymbol{x}\\ \boldsymbol{s}\end{bmatrix}\right)\begin{bmatrix}\boldsymbol{I}_q\\ \boldsymbol{O}_{r\times q}\end{bmatrix}\\ &= [\boldsymbol{I}_q \quad \boldsymbol{O}_{q\times r}]\mathbf{CRB}^{(\mathrm{b})}\left(\begin{bmatrix}\boldsymbol{x}\\ \boldsymbol{s}\end{bmatrix}\right)\begin{bmatrix}\boldsymbol{I}_q\\ \boldsymbol{O}_{r\times q}\end{bmatrix}\\ &\quad - [\boldsymbol{I}_q \quad \boldsymbol{O}_{q\times r}]\mathbf{CRB}^{(\mathrm{b})}\left(\begin{bmatrix}\boldsymbol{x}\\ \boldsymbol{s}\end{bmatrix}\right)\overline{\boldsymbol{C}}^{\mathrm{T}}\\ &\quad \times\left(\overline{\boldsymbol{C}}\mathbf{CRB}^{(\mathrm{b})}\left(\begin{bmatrix}\boldsymbol{x}\\ \boldsymbol{s}\end{bmatrix}\right)\overline{\boldsymbol{C}}^{\mathrm{T}}\right)^{-1}\overline{\boldsymbol{C}}\mathbf{CRB}^{(\mathrm{b})}\left(\begin{bmatrix}\boldsymbol{x}\\ \boldsymbol{s}\end{bmatrix}\right)\begin{bmatrix}\boldsymbol{I}_q\\ \boldsymbol{O}_{r\times q}\end{bmatrix}\end{aligned} \tag{5.39}$$

基于矩阵 $\overline{\boldsymbol{C}}$ 的定义可得

$$\begin{aligned}[\boldsymbol{I}_q \quad \boldsymbol{O}_{q\times r}]\mathbf{CRB}^{(\mathrm{b})}\left(\begin{bmatrix}\boldsymbol{x}\\ \boldsymbol{s}\end{bmatrix}\right)\overline{\boldsymbol{C}}^{\mathrm{T}} &= \mathbf{CRB}^{(\mathrm{b})}(\boldsymbol{x})\boldsymbol{C}^{\mathrm{T}};\\ \overline{\boldsymbol{C}}\mathbf{CRB}^{(\mathrm{b})}\left(\begin{bmatrix}\boldsymbol{x}\\ \boldsymbol{s}\end{bmatrix}\right)\overline{\boldsymbol{C}}^{\mathrm{T}} &= \boldsymbol{C}\mathbf{CRB}^{(\mathrm{b})}(\boldsymbol{x})\boldsymbol{C}^{\mathrm{T}}\end{aligned} \tag{5.40}$$

将式 (5.40) 代入式 (5.39) 可知式 (5.38) 成立。证毕。

【命题 5.11】基于式 (5.2) 和式 (5.33) 给出的观测模型, 未知参数 $\boldsymbol{x}$ 的估计均方误差的克拉美罗界可以表示为

$$\begin{aligned}\mathbf{CRB}_{\mathrm{c}}^{(\mathrm{b})}(\boldsymbol{x}) =& \mathbf{CRB}_{\mathrm{c}}^{(\mathrm{a})}(\boldsymbol{x}) + \mathbf{CRB}_{\mathrm{c}}^{(\mathrm{a})}(\boldsymbol{x})(\boldsymbol{F}_x(\boldsymbol{x},\boldsymbol{s}))^{\mathrm{T}}\boldsymbol{E}^{-1}\boldsymbol{F}_s(\boldsymbol{x},\boldsymbol{s})\\ &\times(\boldsymbol{\Psi}^{-1}+(\boldsymbol{F}_s(\boldsymbol{x},\boldsymbol{s}))^{\mathrm{T}}\boldsymbol{E}^{-1/2}\boldsymbol{\Pi}^{\perp}[\boldsymbol{E}^{-1/2}\boldsymbol{F}_x(\boldsymbol{x},\boldsymbol{s})\boldsymbol{V}_2]\boldsymbol{E}^{-1/2}\boldsymbol{F}_s(\boldsymbol{x},\boldsymbol{s}))^{-1}\\ &\times(\boldsymbol{F}_s(\boldsymbol{x},\boldsymbol{s}))^{\mathrm{T}}\boldsymbol{E}^{-1}\boldsymbol{F}_x(\boldsymbol{x},\boldsymbol{s})\mathbf{CRB}_{\mathrm{c}}^{(\mathrm{a})}(\boldsymbol{x})\end{aligned} \tag{5.41}$$

【证明】首先, 结合式 (5.36) 和式 (2.7) 可得

$$\begin{aligned}&\mathbf{CRB}_{\mathrm{c}}^{(\mathrm{b})}(\boldsymbol{x})\\ &= \boldsymbol{V}_2\begin{pmatrix}\boldsymbol{V}_2^{\mathrm{T}}(\boldsymbol{F}_x(\boldsymbol{x},\boldsymbol{s}))^{\mathrm{T}}\boldsymbol{E}^{-1}\boldsymbol{F}_x(\boldsymbol{x},\boldsymbol{s})\boldsymbol{V}_2 - \boldsymbol{V}_2^{\mathrm{T}}(\boldsymbol{F}_x(\boldsymbol{x},\boldsymbol{s}))^{\mathrm{T}}\boldsymbol{E}^{-1}\boldsymbol{F}_s(\boldsymbol{x},\boldsymbol{s})\\ \times((\boldsymbol{F}_s(\boldsymbol{x},\boldsymbol{s}))^{\mathrm{T}}\boldsymbol{E}^{-1}\boldsymbol{F}_s(\boldsymbol{x},\boldsymbol{s}) + \boldsymbol{\Psi}^{-1})^{-1}(\boldsymbol{F}_s(\boldsymbol{x},\boldsymbol{s}))^{\mathrm{T}}\boldsymbol{E}^{-1}\boldsymbol{F}_x(\boldsymbol{x},\boldsymbol{s})\boldsymbol{V}_2\end{pmatrix}^{-1}\boldsymbol{V}_2^{\mathrm{T}}\end{aligned} \tag{5.42}$$

然后, 利用式 (2.5) 可知

$$
\begin{aligned}
&\mathbf{CRB}_{\mathrm{c}}^{(\mathrm{b})}(\boldsymbol{x}) \\
&= \boldsymbol{V}_2(\boldsymbol{V}_2^{\mathrm{T}}(\boldsymbol{F}_x(\boldsymbol{x},\boldsymbol{s}))^{\mathrm{T}}\boldsymbol{E}^{-1}\boldsymbol{F}_x(\boldsymbol{x},\boldsymbol{s})\boldsymbol{V}_2)^{-1}\boldsymbol{V}_2^{\mathrm{T}} \\
&\quad + \boldsymbol{V}_2(\boldsymbol{V}_2^{\mathrm{T}}(\boldsymbol{F}_x(\boldsymbol{x},\boldsymbol{s}))^{\mathrm{T}}\boldsymbol{E}^{-1}\boldsymbol{F}_x(\boldsymbol{x},\boldsymbol{s})\boldsymbol{V}_2)^{-1}\boldsymbol{V}_2^{\mathrm{T}}(\boldsymbol{F}_x(\boldsymbol{x},\boldsymbol{s}))^{\mathrm{T}}\boldsymbol{E}^{-1}\boldsymbol{F}_s(\boldsymbol{x},\boldsymbol{s}) \\
&\quad \times \begin{pmatrix} \boldsymbol{\Psi}^{-1} + (\boldsymbol{F}_s(\boldsymbol{x},\boldsymbol{s}))^{\mathrm{T}}\boldsymbol{E}^{-1}\boldsymbol{F}_s(\boldsymbol{x},\boldsymbol{s}) - (\boldsymbol{F}_s(\boldsymbol{x},\boldsymbol{s}))^{\mathrm{T}}\boldsymbol{E}^{-1}\boldsymbol{F}_x(\boldsymbol{x},\boldsymbol{s})\boldsymbol{V}_2 \\ \times(\boldsymbol{V}_2^{\mathrm{T}}(\boldsymbol{F}_x(\boldsymbol{x},\boldsymbol{s}))^{\mathrm{T}}\boldsymbol{E}^{-1}\boldsymbol{F}_x(\boldsymbol{x},\boldsymbol{s})\boldsymbol{V}_2)^{-1}\boldsymbol{V}_2^{\mathrm{T}}(\boldsymbol{F}_x(\boldsymbol{x},\boldsymbol{s}))^{\mathrm{T}}\boldsymbol{E}^{-1}\boldsymbol{F}_s(\boldsymbol{x},\boldsymbol{s}) \end{pmatrix}^{-1} \\
&\quad \times (\boldsymbol{F}_s(\boldsymbol{x},\boldsymbol{s}))^{\mathrm{T}}\boldsymbol{E}^{-1}\boldsymbol{F}_x(\boldsymbol{x},\boldsymbol{s})\boldsymbol{V}_2(\boldsymbol{V}_2^{\mathrm{T}}(\boldsymbol{F}_x(\boldsymbol{x},\boldsymbol{s}))^{\mathrm{T}}\boldsymbol{E}^{-1}\boldsymbol{F}_x(\boldsymbol{x},\boldsymbol{s})\boldsymbol{V}_2)^{-1}\boldsymbol{V}_2^{\mathrm{T}} \\
&= \mathbf{CRB}_{\mathrm{c}}^{(\mathrm{a})}(\boldsymbol{x}) + \mathbf{CRB}_{\mathrm{c}}^{(\mathrm{a})}(\boldsymbol{x})(\boldsymbol{F}_x(\boldsymbol{x},\boldsymbol{s}))^{\mathrm{T}}\boldsymbol{E}^{-1}\boldsymbol{F}_s(\boldsymbol{x},\boldsymbol{s}) \\
&\quad \times (\boldsymbol{\Psi}^{-1} + (\boldsymbol{F}_s(\boldsymbol{x},\boldsymbol{s}))^{\mathrm{T}}\boldsymbol{E}^{-1/2}(\boldsymbol{I}_p - \boldsymbol{E}^{-1/2}\boldsymbol{F}_x(\boldsymbol{x},\boldsymbol{s})\mathbf{CRB}_{\mathrm{c}}^{(\mathrm{a})}(\boldsymbol{x}) \\
&\quad \times (\boldsymbol{F}_x(\boldsymbol{x},\boldsymbol{s}))^{\mathrm{T}}\boldsymbol{E}^{-1/2})\boldsymbol{E}^{-1/2}\boldsymbol{F}_s(\boldsymbol{x},\boldsymbol{s}))^{-1}(\boldsymbol{F}_s(\boldsymbol{x},\boldsymbol{s}))^{\mathrm{T}}\boldsymbol{E}^{-1}\boldsymbol{F}_x(\boldsymbol{x},\boldsymbol{s})\mathbf{CRB}_{\mathrm{c}}^{(\mathrm{a})}(\boldsymbol{x})
\end{aligned} \tag{5.43}
$$

式中, 第 2 个等号利用了式 (5.23)。此外, 根据式 (2.41) 中的第 2 个等式可得

$$
\begin{aligned}
\boldsymbol{\Pi}^{\perp}[\boldsymbol{E}^{-1/2}\boldsymbol{F}_x(\boldsymbol{x},\boldsymbol{s})\boldsymbol{V}_2] &= \boldsymbol{I}_p - \boldsymbol{E}^{-1/2}\boldsymbol{F}_x(\boldsymbol{x},\boldsymbol{s})\boldsymbol{V}_2(\boldsymbol{V}_2^{\mathrm{T}}(\boldsymbol{F}_x(\boldsymbol{x},\boldsymbol{s}))^{\mathrm{T}}\boldsymbol{E}^{-1}\boldsymbol{F}_x(\boldsymbol{x},\boldsymbol{s})\boldsymbol{V}_2)^{-1} \\
&\quad \times \boldsymbol{V}_2^{\mathrm{T}}(\boldsymbol{F}_x(\boldsymbol{x},\boldsymbol{s}))^{\mathrm{T}}\boldsymbol{E}^{-1/2} \\
&= \boldsymbol{I}_p - \boldsymbol{E}^{-1/2}\boldsymbol{F}_x(\boldsymbol{x},\boldsymbol{s})\mathbf{CRB}_{\mathrm{c}}^{(\mathrm{a})}(\boldsymbol{x})(\boldsymbol{F}_x(\boldsymbol{x},\boldsymbol{s}))^{\mathrm{T}}\boldsymbol{E}^{-1/2}
\end{aligned} \tag{5.44}
$$

式中, 第 2 个等号利用了式 (5.23)。最后, 将式 (5.44) 代入式 (5.43) 可知式 (5.41) 成立。证毕。

【**命题 5.12**】基于式 (5.2) 和式 (5.33) 给出的观测模型, 未知参数 $\boldsymbol{x}$ 的估计均方误差的克拉美罗界还可以表示为

$$
\begin{aligned}
\mathbf{CRB}_{\mathrm{c}}^{(\mathrm{b})}(\boldsymbol{x}) &= \boldsymbol{V}_2(\boldsymbol{V}_2^{\mathrm{T}}(\boldsymbol{F}_x(\boldsymbol{x},\boldsymbol{s}))^{\mathrm{T}}(\boldsymbol{E} + \boldsymbol{F}_s(\boldsymbol{x},\boldsymbol{s})\boldsymbol{\Psi}(\boldsymbol{F}_s(\boldsymbol{x},\boldsymbol{s}))^{\mathrm{T}})^{-1}\boldsymbol{F}_x(\boldsymbol{x},\boldsymbol{s})\boldsymbol{V}_2)^{-1}\boldsymbol{V}_2^{\mathrm{T}} \\
&= \boldsymbol{V}_2(\boldsymbol{V}_2^{\mathrm{T}}(\mathbf{CRB}^{(\mathrm{b})}(\boldsymbol{x}))^{-1}\boldsymbol{V}_2)^{-1}\boldsymbol{V}_2^{\mathrm{T}}
\end{aligned} \tag{5.45}
$$

【**证明**】首先, 结合式 (5.36) 和式 (2.7) 可得

$$
\begin{aligned}
&\mathbf{CRB}_{\mathrm{c}}^{(\mathrm{b})}(\boldsymbol{x}) \\
&= \boldsymbol{V}_2 \begin{pmatrix} \boldsymbol{V}_2^{\mathrm{T}}(\boldsymbol{F}_x(\boldsymbol{x},\boldsymbol{s}))^{\mathrm{T}}\boldsymbol{E}^{-1}\boldsymbol{F}_x(\boldsymbol{x},\boldsymbol{s})\boldsymbol{V}_2 - \boldsymbol{V}_2^{\mathrm{T}}(\boldsymbol{F}_x(\boldsymbol{x},\boldsymbol{s}))^{\mathrm{T}}\boldsymbol{E}^{-1}\boldsymbol{F}_s(\boldsymbol{x},\boldsymbol{s}) \\ \times((\boldsymbol{F}_s(\boldsymbol{x},\boldsymbol{s}))^{\mathrm{T}}\boldsymbol{E}^{-1}\boldsymbol{F}_s(\boldsymbol{x},\boldsymbol{s}) + \boldsymbol{\Psi}^{-1})^{-1}(\boldsymbol{F}_s(\boldsymbol{x},\boldsymbol{s}))^{\mathrm{T}}\boldsymbol{E}^{-1}\boldsymbol{F}_x(\boldsymbol{x},\boldsymbol{s})\boldsymbol{V}_2 \end{pmatrix}^{-1} \boldsymbol{V}_2^{\mathrm{T}} \\
&= \boldsymbol{V}_2(\boldsymbol{V}_2^{\mathrm{T}}(\boldsymbol{F}_x(\boldsymbol{x},\boldsymbol{s}))^{\mathrm{T}}(\boldsymbol{E}^{-1} - \boldsymbol{E}^{-1}\boldsymbol{F}_s(\boldsymbol{x},\boldsymbol{s})(\boldsymbol{\Psi}^{-1} + (\boldsymbol{F}_s(\boldsymbol{x},\boldsymbol{s}))^{\mathrm{T}}\boldsymbol{E}^{-1}\boldsymbol{F}_s(\boldsymbol{x},\boldsymbol{s}))^{-1} \\
&\quad \times (\boldsymbol{F}_s(\boldsymbol{x},\boldsymbol{s}))^{\mathrm{T}}\boldsymbol{E}^{-1})\boldsymbol{F}_x(\boldsymbol{x},\boldsymbol{s})\boldsymbol{V}_2)^{-1}\boldsymbol{V}_2^{\mathrm{T}}
\end{aligned} \tag{5.46}
$$

然后, 利用式 (2.1) 可得

$$
\begin{aligned}
&(\boldsymbol{E}+\boldsymbol{F}_s(\boldsymbol{x},\boldsymbol{s})\boldsymbol{\Psi}(\boldsymbol{F}_s(\boldsymbol{x},\boldsymbol{s}))^{\mathrm{T}})^{-1} \\
&=\boldsymbol{E}^{-1}-\boldsymbol{E}^{-1}\boldsymbol{F}_s(\boldsymbol{x},\boldsymbol{s})(\boldsymbol{\Psi}^{-1}+(\boldsymbol{F}_s(\boldsymbol{x},\boldsymbol{s}))^{\mathrm{T}}\boldsymbol{E}^{-1}\boldsymbol{F}_s(\boldsymbol{x},\boldsymbol{s}))^{-1}(\boldsymbol{F}_s(\boldsymbol{x},\boldsymbol{s}))^{\mathrm{T}}\boldsymbol{E}^{-1}
\end{aligned} \tag{5.47}
$$

最后, 将式 (5.47) 代入式 (5.46) 可知式 (5.45) 成立。证毕。

【命题 5.13】 $\mathbf{CRB}_{\mathrm{c}}^{(\mathrm{b})}(\boldsymbol{x})\geqslant\mathbf{CRB}_{\mathrm{c}}^{(\mathrm{a})}(\boldsymbol{x})$。

【证明】 根据命题 3.8 可知 $\mathbf{CRB}^{(\mathrm{b})}(\boldsymbol{x})\geqslant\mathbf{CRB}^{(\mathrm{a})}(\boldsymbol{x})$, 结合式 (5.23)、式 (5.45), 以及命题 2.10 可得 $\mathbf{CRB}_{\mathrm{c}}^{(\mathrm{b})}(\boldsymbol{x})\geqslant\mathbf{CRB}_{\mathrm{c}}^{(\mathrm{a})}(\boldsymbol{x})$。证毕。

【命题 5.14】 $\mathbf{CRB}_{\mathrm{c}}^{(\mathrm{b})}(\boldsymbol{x})\leqslant\mathbf{CRB}^{(\mathrm{b})}(\boldsymbol{x})$。

【证明】 结合式 (5.45) 和式 (2.63) 可知 $\mathbf{CRB}_{\mathrm{c}}^{(\mathrm{b})}(\boldsymbol{x})\leqslant\mathbf{CRB}^{(\mathrm{b})}(\boldsymbol{x})$。证毕。

【命题 5.15】 基于式 (5.2) 和式 (5.33) 给出的观测模型, 模型参数 $\boldsymbol{s}$ 的估计均方误差的克拉美罗界可以表示为

$$
\mathbf{CRB}_{\mathrm{c}}^{(\mathrm{b})}(\boldsymbol{s})=(\boldsymbol{\Psi}^{-1}+(\boldsymbol{F}_s(\boldsymbol{x},\boldsymbol{s}))^{\mathrm{T}}\boldsymbol{E}^{-1/2}\boldsymbol{\Pi}^{\perp}[\boldsymbol{E}^{-1/2}\boldsymbol{F}_x(\boldsymbol{x},\boldsymbol{s})\boldsymbol{V}_2]\boldsymbol{E}^{-1/2}\boldsymbol{F}_s(\boldsymbol{x},\boldsymbol{s}))^{-1} \tag{5.48}
$$

【证明】 结合式 (5.36) 和式 (2.7) 可得

$$
\begin{aligned}
\mathbf{CRB}_{\mathrm{c}}^{(\mathrm{b})}(\boldsymbol{s})&=\begin{pmatrix}\boldsymbol{\Psi}^{-1}+(\boldsymbol{F}_s(\boldsymbol{x},\boldsymbol{s}))^{\mathrm{T}}\boldsymbol{E}^{-1}\boldsymbol{F}_s(\boldsymbol{x},\boldsymbol{s})-(\boldsymbol{F}_s(\boldsymbol{x},\boldsymbol{s}))^{\mathrm{T}}\boldsymbol{E}^{-1}\boldsymbol{F}_x(\boldsymbol{x},\boldsymbol{s})\boldsymbol{V}_2\\ \times(\boldsymbol{V}_2^{\mathrm{T}}(\boldsymbol{F}_x(\boldsymbol{x},\boldsymbol{s}))^{\mathrm{T}}\boldsymbol{E}^{-1}\boldsymbol{F}_x(\boldsymbol{x},\boldsymbol{s})\boldsymbol{V}_2)^{-1}\boldsymbol{V}_2^{\mathrm{T}}(\boldsymbol{F}_x(\boldsymbol{x},\boldsymbol{s}))^{\mathrm{T}}\boldsymbol{E}^{-1}\boldsymbol{F}_s(\boldsymbol{x},\boldsymbol{s})\end{pmatrix}^{-1}\\
&=(\boldsymbol{\Psi}^{-1}+(\boldsymbol{F}_s(\boldsymbol{x},\boldsymbol{s}))^{\mathrm{T}}\boldsymbol{E}^{-1/2}(\boldsymbol{I}_p-\boldsymbol{E}^{-1/2}\boldsymbol{F}_x(\boldsymbol{x},\boldsymbol{s})\mathbf{CRB}_{\mathrm{c}}^{(\mathrm{a})}(\boldsymbol{x})\\
&\quad\times(\boldsymbol{F}_x(\boldsymbol{x},\boldsymbol{s}))^{\mathrm{T}}\boldsymbol{E}^{-1/2})\boldsymbol{E}^{-1/2}\boldsymbol{F}_s(\boldsymbol{x},\boldsymbol{s}))^{-1}
\end{aligned} \tag{5.49}
$$

式中第 2 个等号利用了式 (5.23)。

将式 (5.44) 代入式 (5.49) 可知式 (5.48) 成立。证毕。

【命题 5.16】 $\mathbf{CRB}_{\mathrm{c}}^{(\mathrm{b})}(\boldsymbol{s})\leqslant\boldsymbol{\Psi}$, 若 $\boldsymbol{F}_s(\boldsymbol{x},\boldsymbol{s})$ 是行满秩矩阵, 则当且仅当 $p=q-l$ 时, $\mathbf{CRB}_{\mathrm{c}}^{(\mathrm{b})}(\boldsymbol{s})=\boldsymbol{\Psi}$。

【证明】 利用正交投影矩阵 $\boldsymbol{\Pi}^{\perp}[\boldsymbol{E}^{-1/2}\boldsymbol{F}_x(\boldsymbol{x},\boldsymbol{s})\boldsymbol{V}_2]$ 的半正定性, 以及命题 2.4 和命题 2.9 可得

$$
\begin{aligned}
&(\mathbf{CRB}_{\mathrm{c}}^{(\mathrm{b})}(\boldsymbol{s}))^{-1}\\
&=\boldsymbol{\Psi}^{-1}+(\boldsymbol{F}_s(\boldsymbol{x},\boldsymbol{s}))^{\mathrm{T}}\boldsymbol{E}^{-1/2}\boldsymbol{\Pi}^{\perp}[\boldsymbol{E}^{-1/2}\boldsymbol{F}_x(\boldsymbol{x},\boldsymbol{s})\boldsymbol{V}_2]\boldsymbol{E}^{-1/2}\boldsymbol{F}_s(\boldsymbol{x},\boldsymbol{s})\geqslant\boldsymbol{\Psi}^{-1}\\
&\Rightarrow\mathbf{CRB}_{\mathrm{c}}^{(\mathrm{b})}(\boldsymbol{s})\\
&=(\boldsymbol{\Psi}^{-1}+(\boldsymbol{F}_s(\boldsymbol{x},\boldsymbol{s}))^{\mathrm{T}}\boldsymbol{E}^{-1/2}\boldsymbol{\Pi}^{\perp}[\boldsymbol{E}^{-1/2}\boldsymbol{F}_x(\boldsymbol{x},\boldsymbol{s})\boldsymbol{V}_2]\boldsymbol{E}^{-1/2}\boldsymbol{F}_s(\boldsymbol{x},\boldsymbol{s}))^{-1}\leqslant\boldsymbol{\Psi}
\end{aligned} \tag{5.50}
$$

当 $p = q - l$ 时, $\boldsymbol{F}_x(\boldsymbol{x},\boldsymbol{s})\boldsymbol{V}_2$ 为满秩方阵, 此时利用命题 2.18 可知 $\boldsymbol{\Pi}^{\perp}[\boldsymbol{E}^{-1/2}\ \boldsymbol{F}_x(\boldsymbol{x},\boldsymbol{s})\boldsymbol{V}_2] = \boldsymbol{O}_{p\times p}$, 将该式代入式 (5.48) 可得 $\mathbf{CRB}_{\mathrm{c}}^{(\mathrm{b})}(\boldsymbol{s}) = \boldsymbol{\Psi}$。此外, 若 $\mathbf{CRB}_{\mathrm{c}}^{(\mathrm{b})}(\boldsymbol{s}) = \boldsymbol{\Psi}$, 则由式 (5.48) 可知

$$(\boldsymbol{F}_s(\boldsymbol{x},\boldsymbol{s}))^{\mathrm{T}}\boldsymbol{E}^{-1/2}\boldsymbol{\Pi}^{\perp}[\boldsymbol{E}^{-1/2}\boldsymbol{F}_x(\boldsymbol{x},\boldsymbol{s})\boldsymbol{V}_2]\boldsymbol{E}^{-1/2}\boldsymbol{F}_s(\boldsymbol{x},\boldsymbol{s}) = \boldsymbol{O}_{r\times r} \tag{5.51}$$

利用矩阵 $\boldsymbol{F}_s(\boldsymbol{x},\boldsymbol{s})$ 的行满秩性和命题 2.22 可得 $\boldsymbol{\Pi}^{\perp}[\boldsymbol{E}^{-1/2}\boldsymbol{F}_x(\boldsymbol{x},\boldsymbol{s})\boldsymbol{V}_2] = \boldsymbol{O}_{p\times p}$, 再结合命题 2.17 可知, $\boldsymbol{F}_x(\boldsymbol{x},\boldsymbol{s})\boldsymbol{V}_2 \in \mathbf{R}^{p\times(q-l)}$ 为满秩方阵, 于是有 $p = q - l$。证毕。

【命题 5.17】 $\mathbf{CRB}_{\mathrm{c}}^{(\mathrm{b})}(\boldsymbol{s}) \leqslant \mathbf{CRB}^{(\mathrm{b})}(\boldsymbol{s})$。

【证明】 首先, 结合式 (5.48) 和式 (3.42) 可得

$$\begin{aligned}&(\mathbf{CRB}_{\mathrm{c}}^{(\mathrm{b})}(\boldsymbol{s}))^{-1} - (\mathbf{CRB}^{(\mathrm{b})}(\boldsymbol{s}))^{-1}\\&=(\boldsymbol{F}_s(\boldsymbol{x},\boldsymbol{s}))^{\mathrm{T}}\boldsymbol{E}^{-1/2}(\boldsymbol{\Pi}^{\perp}[\boldsymbol{E}^{-1/2}\boldsymbol{F}_x(\boldsymbol{x},\boldsymbol{s})\boldsymbol{V}_2]-\boldsymbol{\Pi}^{\perp}[\boldsymbol{E}^{-1/2}\boldsymbol{F}_x(\boldsymbol{x},\boldsymbol{s})])\boldsymbol{E}^{-1/2}\boldsymbol{F}_s(\boldsymbol{x},\boldsymbol{s})\end{aligned} \tag{5.52}$$

然后, 利用命题 2.19 可知

$$\begin{aligned}&\boldsymbol{\Pi}^{\perp}[\boldsymbol{E}^{-1/2}\boldsymbol{F}_x(\boldsymbol{x},\boldsymbol{s})\boldsymbol{V}_2] \geqslant \boldsymbol{\Pi}^{\perp}[\boldsymbol{E}^{-1/2}\boldsymbol{F}_x(\boldsymbol{x},\boldsymbol{s})]\\&\qquad\Rightarrow \boldsymbol{\Pi}^{\perp}[\boldsymbol{E}^{-1/2}\boldsymbol{F}_x(\boldsymbol{x},\boldsymbol{s})\boldsymbol{V}_2] - \boldsymbol{\Pi}^{\perp}[\boldsymbol{E}^{-1/2}\boldsymbol{F}_x(\boldsymbol{x},\boldsymbol{s})]\\&\qquad\geqslant \boldsymbol{O}\end{aligned} \tag{5.53}$$

最后, 结合式 (5.52)、式 (5.53), 以及命题 2.4 和命题 2.9 可得

$$(\mathbf{CRB}_{\mathrm{c}}^{(\mathrm{b})}(\boldsymbol{s}))^{-1} \geqslant (\mathbf{CRB}^{(\mathrm{b})}(\boldsymbol{s}))^{-1} \Rightarrow \mathbf{CRB}_{\mathrm{c}}^{(\mathrm{b})}(\boldsymbol{s}) \leqslant \mathbf{CRB}^{(\mathrm{b})}(\boldsymbol{s}) \tag{5.54}$$

证毕。

【注记 5.5】 对比式 (5.23) 和式 (5.45) 可知, 模型参数先验观测误差 $\boldsymbol{\varphi}$ 的影响可以等效为增大了观测向量 $\boldsymbol{z}$ 中的观测误差, 并且是将观测误差的协方差矩阵由原先的 $\boldsymbol{E}$ 增加至 $\boldsymbol{E} + \boldsymbol{F}_s(\boldsymbol{x},\boldsymbol{s})\boldsymbol{\Psi}(\boldsymbol{F}_s(\boldsymbol{x},\boldsymbol{s}))^{\mathrm{T}}$。

【注记 5.6】 命题 5.13 表明, 模型参数先验观测误差 $\boldsymbol{\varphi}$ 增加了未知参数 $\boldsymbol{x}$ 的估计均方误差的克拉美罗界, 从而易导致估计精度降低。

【注记 5.7】 命题 5.14 表明, 等式约束降低了未知参数 $\boldsymbol{x}$ 的估计均方误差的克拉美罗界, 从而有利于提高其估计精度, 这与命题 5.5 是一致的。

【注记 5.8】命题 5.16 表明, 若 $p=q-l$, 则无法利用观测向量 $\boldsymbol{z}$ 进一步提高对模型参数 $\boldsymbol{s}$ 的估计精度 (相对先验观测精度而言); 只有当 $p>q-l$ 时, 才能够利用观测向量 $\boldsymbol{z}$ 进一步提高对模型参数 $\boldsymbol{s}$ 的估计精度 (相对先验观测精度而言)。

【注记 5.9】命题 5.17 表明, 等式约束降低了模型参数 $\boldsymbol{s}$ 的估计均方误差的克拉美罗界, 从而有利于提高估计精度。

5.3.2 对方法 5−a 的影响

模型参数先验观测误差显然会对方法 5−a 的估计精度产生直接影响, 下面推导方法 5−a 在模型参数先验观测误差存在下的统计性能。

为了避免符号混淆, 将此情形下向量 $\boldsymbol{x}$ 的第 k 次迭代结果记为 $\widehat{\widehat{\boldsymbol{x}}}_k^{(\mathrm{a})}$, 其为可行解, 即满足等式约束 $\boldsymbol{C}\widehat{\widehat{\boldsymbol{x}}}_k^{(\mathrm{a})}=\boldsymbol{d}$。基于式 (5.15) 可得

$$\begin{aligned}\widehat{\widehat{\boldsymbol{x}}}_{k+1}^{(\mathrm{a})}&=\widehat{\widehat{\boldsymbol{x}}}_k^{(\mathrm{a})}-\widetilde{\alpha}_k^{(\mathrm{a})}\boldsymbol{\Pi}^{\perp}[\boldsymbol{C}^{\mathrm{T}}]\nabla_x\widetilde{J}^{(\mathrm{a})}(\widehat{\widehat{\boldsymbol{x}}}_k^{(\mathrm{a})})\\&=\widehat{\widehat{\boldsymbol{x}}}_k^{(\mathrm{a})}-2\widetilde{\alpha}_k^{(\mathrm{a})}\boldsymbol{\Pi}^{\perp}[\boldsymbol{C}^{\mathrm{T}}](\boldsymbol{F}_x(\widehat{\widehat{\boldsymbol{x}}}_k^{(\mathrm{a})},\widehat{\boldsymbol{s}}))^{\mathrm{T}}\boldsymbol{E}^{-1}(\boldsymbol{f}(\widehat{\widehat{\boldsymbol{x}}}_k^{(\mathrm{a})},\widehat{\boldsymbol{s}})-\boldsymbol{z})\end{aligned}\tag{5.55}$$

式中, $\widetilde{J}^{(\mathrm{a})}(\boldsymbol{x})=(\boldsymbol{z}-\boldsymbol{f}(\boldsymbol{x},\widehat{\boldsymbol{s}}))^{\mathrm{T}}\boldsymbol{E}^{-1}(\boldsymbol{z}-\boldsymbol{f}(\boldsymbol{x},\widehat{\boldsymbol{s}}))$ 表示对应的目标函数; $\nabla_x\widetilde{J}^{(\mathrm{a})}(\boldsymbol{x})$ 表示目标函数 $\widetilde{J}^{(\mathrm{a})}(\boldsymbol{x})$ 的梯度, 其表达式为

$$\begin{aligned}\nabla_x\widetilde{J}^{(\mathrm{a})}(\boldsymbol{x})&=\frac{\partial\widetilde{J}^{(\mathrm{a})}(\boldsymbol{x})}{\partial\boldsymbol{x}}\\&=2(\boldsymbol{F}_x(\boldsymbol{x},\widehat{\boldsymbol{s}}))^{\mathrm{T}}\boldsymbol{E}^{-1}(\boldsymbol{f}(\boldsymbol{x},\widehat{\boldsymbol{s}})-\boldsymbol{z})\end{aligned}\tag{5.56}$$

步长 $\widetilde{\alpha}_k^{(\mathrm{a})}$ 通过下式获得

$$\widetilde{\alpha}_k^{(\mathrm{a})}=\arg\min_{\alpha\geqslant0}\{\widetilde{J}^{(\mathrm{a})}(\widehat{\widehat{\boldsymbol{x}}}_k^{(\mathrm{a})}-\alpha\boldsymbol{\Pi}^{\perp}[\boldsymbol{C}^{\mathrm{T}}]\nabla_x\widetilde{J}^{(\mathrm{a})}(\widehat{\widehat{\boldsymbol{x}}}_k^{(\mathrm{a})}))\}\tag{5.57}$$

根据命题 5.1 中的证明过程可知, 若向量 $\widehat{\widehat{\boldsymbol{x}}}_k^{(\mathrm{a})}$ 是可行解, 则向量 $\widehat{\widehat{\boldsymbol{x}}}_{k+1}^{(\mathrm{a})}$ 也是可行解, 也就是满足 $\boldsymbol{C}\widehat{\widehat{\boldsymbol{x}}}_{k+1}^{(\mathrm{a})}=\boldsymbol{d}$。相比式 (5.15), 迭代公式 (5.55) 的不同之处在于用模型参数 $\boldsymbol{s}$ 的先验观测值 $\widehat{\boldsymbol{s}}$ 代替其真实值, 因为这里考虑的是其精确值无法获知的情形。若将式 (5.55) 的迭代收敛结果记为 $\widehat{\widehat{\boldsymbol{x}}}^{(\mathrm{a})}$ (即 $\lim\limits_{k\to+\infty}\widehat{\widehat{\boldsymbol{x}}}_k^{(\mathrm{a})}=\widehat{\widehat{\boldsymbol{x}}}^{(\mathrm{a})}$), 则向量 $\widehat{\widehat{\boldsymbol{x}}}^{(\mathrm{a})}$ 应是如下优化问题的最优解

$$
\begin{cases}\min\limits_{\boldsymbol{x}\in\mathbf{R}^{q\times 1}}\{\widetilde{J}^{(\mathrm{a})}(\boldsymbol{x})\}=\min\limits_{\boldsymbol{x}\in\mathbf{R}^{q\times 1}}\{(\boldsymbol{z}-\boldsymbol{f}(\boldsymbol{x},\widehat{\boldsymbol{s}}))^{\mathrm{T}}\boldsymbol{E}^{-1}(\boldsymbol{z}-\boldsymbol{f}(\boldsymbol{x},\widehat{\boldsymbol{s}}))\}\\ \text{s.t. }\boldsymbol{C}\boldsymbol{x}=\boldsymbol{d}\end{cases} \tag{5.58}
$$

下面从统计的角度分析估计值 $\widehat{\widehat{\boldsymbol{x}}}^{(\mathrm{a})}$ 的理论性能, 具体结论可见以下命题。

【命题 5.18】向量 $\widehat{\widehat{\boldsymbol{x}}}^{(\mathrm{a})}$ 是关于未知参数 $\boldsymbol{x}$ 的渐近无偏估计值, 并且其均方误差为

$$
\begin{aligned}
\mathbf{MSE}(\widehat{\widehat{\boldsymbol{x}}}^{(\mathrm{a})})&=\boldsymbol{V}_2(\boldsymbol{V}_2^{\mathrm{T}}(\mathbf{CRB}^{(\mathrm{a})}(\boldsymbol{x}))^{-1}\boldsymbol{V}_2)^{-1}\boldsymbol{V}_2^{\mathrm{T}}\\
&\quad+\boldsymbol{V}_2(\boldsymbol{V}_2^{\mathrm{T}}(\mathbf{CRB}^{(\mathrm{a})}(\boldsymbol{x}))^{-1}\boldsymbol{V}_2)^{-1}\boldsymbol{V}_2^{\mathrm{T}}(\boldsymbol{F}_x(\boldsymbol{x},\boldsymbol{s}))^{\mathrm{T}}\boldsymbol{E}^{-1}\boldsymbol{F}_s(\boldsymbol{x},\boldsymbol{s})\boldsymbol{\varPsi}\\
&\quad\times(\boldsymbol{F}_s(\boldsymbol{x},\boldsymbol{s}))^{\mathrm{T}}\boldsymbol{E}^{-1}\boldsymbol{F}_x(\boldsymbol{x},\boldsymbol{s})\boldsymbol{V}_2(\boldsymbol{V}_2^{\mathrm{T}}(\mathbf{CRB}^{(\mathrm{a})}(\boldsymbol{x}))^{-1}\boldsymbol{V}_2)^{-1}\boldsymbol{V}_2^{\mathrm{T}}
\end{aligned} \tag{5.59}
$$

【证明】利用第 2.6.2 节中的结论进行证明。定义误差向量 $\boldsymbol{\zeta}=[\boldsymbol{e}^{\mathrm{T}}\ \ \boldsymbol{\varphi}^{\mathrm{T}}]^{\mathrm{T}}\in\mathbf{R}^{(p+r)\times 1}$, 并令 $\widetilde{\boldsymbol{J}}_{xx}^{(\mathrm{a})}=\left.\dfrac{\partial^2\widetilde{J}^{(\mathrm{a})}(\boldsymbol{x})}{\partial\boldsymbol{x}\,\partial\boldsymbol{x}^{\mathrm{T}}}\right|_{\boldsymbol{\zeta}=\boldsymbol{O}_{(p+r)\times 1}}$, $\widetilde{\boldsymbol{J}}_{x\zeta}^{(\mathrm{a})}=\left.\dfrac{\partial^2\widetilde{J}^{(\mathrm{a})}(\boldsymbol{x})}{\partial\boldsymbol{x}\,\partial\boldsymbol{\zeta}^{\mathrm{T}}}\right|_{\boldsymbol{\zeta}=\boldsymbol{O}_{(p+r)\times 1}}$。根据 $\widetilde{J}^{(\mathrm{a})}(\boldsymbol{x})$ 的表达式可得

$$
\begin{aligned}
\widetilde{\boldsymbol{J}}_{xx}^{(\mathrm{a})}&=2(\boldsymbol{F}_x(\boldsymbol{x},\boldsymbol{s}))^{\mathrm{T}}\boldsymbol{E}^{-1}\boldsymbol{F}_x(\boldsymbol{x},\boldsymbol{s})=\boldsymbol{J}_{xx}^{(\mathrm{a})};\\
\widetilde{\boldsymbol{J}}_{x\zeta}^{(\mathrm{a})}&=2(\boldsymbol{F}_x(\boldsymbol{x},\boldsymbol{s}))^{\mathrm{T}}\boldsymbol{E}^{-1}[-\boldsymbol{I}_p\quad\boldsymbol{F}_s(\boldsymbol{x},\boldsymbol{s})]
\end{aligned} \tag{5.60}
$$

此时, $\widetilde{\boldsymbol{J}}_{x\zeta}^{(\mathrm{a})}\mathbf{COV}(\boldsymbol{\zeta})(\widetilde{\boldsymbol{J}}_{x\zeta}^{(\mathrm{a})})^{\mathrm{T}}=\widetilde{\boldsymbol{J}}_{x\zeta}^{(\mathrm{a})}\mathrm{blkdiag}\{\boldsymbol{E},\boldsymbol{\varPsi}\}(\widetilde{\boldsymbol{J}}_{x\zeta}^{(\mathrm{a})})^{\mathrm{T}}\neq 2\widetilde{\boldsymbol{J}}_{xx}^{(\mathrm{a})}$①。于是, 由式 (2.169) 可知

$$
\begin{aligned}
\mathbf{MSE}(\widehat{\widehat{\boldsymbol{x}}}^{(\mathrm{a})})&=\mathbf{E}[(\widehat{\widehat{\boldsymbol{x}}}^{(\mathrm{a})}-\boldsymbol{x})(\widehat{\widehat{\boldsymbol{x}}}^{(\mathrm{a})}-\boldsymbol{x})^{\mathrm{T}}]\\
&=\mathbf{E}[\Delta\widetilde{\boldsymbol{x}}^{(\mathrm{a})}(\Delta\widetilde{\boldsymbol{x}}^{(\mathrm{a})})^{\mathrm{T}}]\\
&=(\boldsymbol{I}_q-(\widetilde{\boldsymbol{J}}_{xx}^{(\mathrm{a})})^{-1}\boldsymbol{C}^{\mathrm{T}}(\boldsymbol{C}(\widetilde{\boldsymbol{J}}_{xx}^{(\mathrm{a})})^{-1}\boldsymbol{C}^{\mathrm{T}})^{-1}\boldsymbol{C})(\widetilde{\boldsymbol{J}}_{xx}^{(\mathrm{a})})^{-1}\widetilde{\boldsymbol{J}}_{x\zeta}^{(\mathrm{a})}\mathrm{blkdiag}\{\boldsymbol{E},\boldsymbol{\varPsi}\}\\
&\quad\times(\widetilde{\boldsymbol{J}}_{x\zeta}^{(\mathrm{a})})^{\mathrm{T}}(\widetilde{\boldsymbol{J}}_{xx}^{(\mathrm{a})})^{-1}(\boldsymbol{I}_q-\boldsymbol{C}^{\mathrm{T}}(\boldsymbol{C}(\widetilde{\boldsymbol{J}}_{xx}^{(\mathrm{a})})^{-1}\boldsymbol{C}^{\mathrm{T}})^{-1}\boldsymbol{C}(\widetilde{\boldsymbol{J}}_{xx}^{(\mathrm{a})})^{-1})\\
&=(2(\widetilde{\boldsymbol{J}}_{xx}^{(\mathrm{a})})^{-1}-2(\widetilde{\boldsymbol{J}}_{xx}^{(\mathrm{a})})^{-1}\boldsymbol{C}^{\mathrm{T}}(\boldsymbol{C}(\widetilde{\boldsymbol{J}}_{xx}^{(\mathrm{a})})^{-1}\boldsymbol{C}^{\mathrm{T}})^{-1}\boldsymbol{C}(\widetilde{\boldsymbol{J}}_{xx}^{(\mathrm{a})})^{-1})\\
&\quad\times\left(\frac{1}{4}\widetilde{\boldsymbol{J}}_{x\zeta}^{(\mathrm{a})}\mathrm{blkdiag}\{\boldsymbol{E},\boldsymbol{\varPsi}\}(\widetilde{\boldsymbol{J}}_{x\zeta}^{(\mathrm{a})})^{\mathrm{T}}\right)\\
&\quad\times(2(\widetilde{\boldsymbol{J}}_{xx}^{(\mathrm{a})})^{-1}-2(\widetilde{\boldsymbol{J}}_{xx}^{(\mathrm{a})})^{-1}\boldsymbol{C}^{\mathrm{T}}(\boldsymbol{C}(\widetilde{\boldsymbol{J}}_{xx}^{(\mathrm{a})})^{-1}\boldsymbol{C}^{\mathrm{T}})^{-1}\boldsymbol{C}(\widetilde{\boldsymbol{J}}_{xx}^{(\mathrm{a})})^{-1})
\end{aligned} \tag{5.61}
$$

① 即式 (2.170) 未能得到满足。

式中, $\Delta \widetilde{\boldsymbol{x}}^{(\mathrm{a})} = \widehat{\widetilde{\boldsymbol{x}}}^{(\mathrm{a})} - \boldsymbol{x}$ 表示向量 $\widehat{\widetilde{\boldsymbol{x}}}^{(\mathrm{a})}$ 中的估计误差。结合式 (5.21)、式 (5.23) 和式 (5.60) 中的第 1 个等式可得

$$2(\widetilde{\boldsymbol{J}}_{xx}^{(\mathrm{a})})^{-1} - 2(\widetilde{\boldsymbol{J}}_{xx}^{(\mathrm{a})})^{-1}\boldsymbol{C}^{\mathrm{T}}(\boldsymbol{C}(\widetilde{\boldsymbol{J}}_{xx}^{(\mathrm{a})})^{-1}\boldsymbol{C}^{\mathrm{T}})^{-1}\boldsymbol{C}(\widetilde{\boldsymbol{J}}_{xx}^{(\mathrm{a})})^{-1}$$

$$= 2(\boldsymbol{J}_{xx}^{(\mathrm{a})})^{-1} - 2(\boldsymbol{J}_{xx}^{(\mathrm{a})})^{-1}\boldsymbol{C}^{\mathrm{T}}(\boldsymbol{C}(\boldsymbol{J}_{xx}^{(\mathrm{a})})^{-1}\boldsymbol{C}^{\mathrm{T}})^{-1}\boldsymbol{C}(\boldsymbol{J}_{xx}^{(\mathrm{a})})^{-1}$$

$$= \mathbf{CRB}^{(\mathrm{a})}(\boldsymbol{x}) - \mathbf{CRB}^{(\mathrm{a})}(\boldsymbol{x})\boldsymbol{C}^{\mathrm{T}}(\boldsymbol{C}\mathbf{CRB}^{(\mathrm{a})}(\boldsymbol{x})\boldsymbol{C}^{\mathrm{T}})^{-1}\boldsymbol{C}\mathbf{CRB}^{(\mathrm{a})}(\boldsymbol{x})$$

$$= \boldsymbol{V}_2(\boldsymbol{V}_2^{\mathrm{T}}(\mathbf{CRB}^{(\mathrm{a})}(\boldsymbol{x}))^{-1}\boldsymbol{V}_2)^{-1}\boldsymbol{V}_2^{\mathrm{T}} \tag{5.62}$$

利用式 (5.60) 中的第 2 个等式可知

$$\frac{1}{4}\widetilde{\boldsymbol{J}}_{x\zeta}^{(\mathrm{a})}\mathrm{blkdiag}\{\boldsymbol{E}, \boldsymbol{\Psi}\}(\widetilde{\boldsymbol{J}}_{x\zeta}^{(\mathrm{a})})^{\mathrm{T}}$$

$$= (\boldsymbol{F}_x(\boldsymbol{x}, \boldsymbol{s}))^{\mathrm{T}}\boldsymbol{E}^{-1}\boldsymbol{F}_x(\boldsymbol{x}, \boldsymbol{s}) + (\boldsymbol{F}_x(\boldsymbol{x}, \boldsymbol{s}))^{\mathrm{T}}\boldsymbol{E}^{-1}\boldsymbol{F}_s(\boldsymbol{x}, \boldsymbol{s})\boldsymbol{\Psi}(\boldsymbol{F}_s(\boldsymbol{x}, \boldsymbol{s}))^{\mathrm{T}}\boldsymbol{E}^{-1}\boldsymbol{F}_x(\boldsymbol{x}, \boldsymbol{s})$$

$$= (\mathbf{CRB}^{(\mathrm{a})}(\boldsymbol{x}))^{-1} + (\boldsymbol{F}_x(\boldsymbol{x}, \boldsymbol{s}))^{\mathrm{T}}\boldsymbol{E}^{-1}\boldsymbol{F}_s(\boldsymbol{x}, \boldsymbol{s})\boldsymbol{\Psi}(\boldsymbol{F}_s(\boldsymbol{x}, \boldsymbol{s}))^{\mathrm{T}}\boldsymbol{E}^{-1}\boldsymbol{F}_x(\boldsymbol{x}, \boldsymbol{s}) \tag{5.63}$$

将式 (5.62) 和式 (5.63) 代入式 (5.61) 可知式 (5.59) 成立。证毕。

【注记 5.10】结合式 (5.23) 和式 (5.59) 可得

$$\mathbf{MSE}(\widehat{\widetilde{\boldsymbol{x}}}^{(\mathrm{a})}) = \mathbf{CRB}_{\mathrm{c}}^{(\mathrm{a})}(\boldsymbol{x}) + \mathbf{CRB}_{\mathrm{c}}^{(\mathrm{a})}(\boldsymbol{x})(\boldsymbol{F}_x(\boldsymbol{x}, \boldsymbol{s}))^{\mathrm{T}}\boldsymbol{E}^{-1}$$

$$\times \boldsymbol{F}_s(\boldsymbol{x}, \boldsymbol{s})\boldsymbol{\Psi}(\boldsymbol{F}_s(\boldsymbol{x}, \boldsymbol{s}))^{\mathrm{T}}\boldsymbol{E}^{-1}\boldsymbol{F}_x(\boldsymbol{x}, \boldsymbol{s})\mathbf{CRB}_{\mathrm{c}}^{(\mathrm{a})}(\boldsymbol{x}) \tag{5.64}$$

基于命题 5.18 还可以得到以下两个命题。

【命题 5.19】$\mathbf{MSE}(\widehat{\widetilde{\boldsymbol{x}}}^{(\mathrm{a})}) \geqslant \mathbf{MSE}(\widehat{\boldsymbol{x}}^{(\mathrm{a})}) = \mathbf{CRB}_{\mathrm{c}}^{(\mathrm{a})}(\boldsymbol{x})$。

【证明】利用矩阵 $\boldsymbol{\Psi}$ 的正定性和命题 2.4 可知

$$\mathbf{CRB}_{\mathrm{c}}^{(\mathrm{a})}(\boldsymbol{x})(\boldsymbol{F}_x(\boldsymbol{x}, \boldsymbol{s}))^{\mathrm{T}}\boldsymbol{E}^{-1}\boldsymbol{F}_s(\boldsymbol{x}, \boldsymbol{s})\boldsymbol{\Psi}(\boldsymbol{F}_s(\boldsymbol{x}, \boldsymbol{s}))^{\mathrm{T}}\boldsymbol{E}^{-1}\boldsymbol{F}_x(\boldsymbol{x}, \boldsymbol{s})\mathbf{CRB}_{\mathrm{c}}^{(\mathrm{a})}(\boldsymbol{x}) \geqslant \boldsymbol{O} \tag{5.65}$$

结合式 (5.64) 和式 (5.65) 可得

$$\mathbf{MSE}(\widehat{\widetilde{\boldsymbol{x}}}^{(\mathrm{a})}) \geqslant \mathbf{MSE}(\widehat{\boldsymbol{x}}^{(\mathrm{a})}) = \mathbf{CRB}_{\mathrm{c}}^{(\mathrm{a})}(\boldsymbol{x}) \tag{5.66}$$

证毕。

【命题 5.20】$\mathbf{MSE}(\widehat{\widetilde{\boldsymbol{x}}}^{(\mathrm{a})}) \geqslant \mathbf{CRB}_{\mathrm{c}}^{(\mathrm{b})}(\boldsymbol{x})$。

【证明】利用正交投影矩阵 $\boldsymbol{\Pi}^{\perp}[\boldsymbol{E}^{-1/2}\boldsymbol{F}_x(\boldsymbol{x},\boldsymbol{s})\boldsymbol{V}_2]$ 的半正定性和命题 2.4 可知

$$(\boldsymbol{F}_s(\boldsymbol{x},\boldsymbol{s}))^{\mathrm{T}}\boldsymbol{E}^{-1/2}\boldsymbol{\Pi}^{\perp}[\boldsymbol{E}^{-1/2}\boldsymbol{F}_x(\boldsymbol{x},\boldsymbol{s})\boldsymbol{V}_2]\boldsymbol{E}^{-1/2}\boldsymbol{F}_s(\boldsymbol{x},\boldsymbol{s}) \geqslant \boldsymbol{O} \tag{5.67}$$

基于式 (5.67) 和命题 2.9 可得

$$\begin{aligned}&\boldsymbol{\Psi}^{-1}+(\boldsymbol{F}_s(\boldsymbol{x},\boldsymbol{s}))^{\mathrm{T}}\boldsymbol{E}^{-1/2}\boldsymbol{\Pi}^{\perp}[\boldsymbol{E}^{-1/2}\boldsymbol{F}_x(\boldsymbol{x},\boldsymbol{s})\boldsymbol{V}_2]\boldsymbol{E}^{-1/2}\boldsymbol{F}_s(\boldsymbol{x},\boldsymbol{s}) \geqslant \boldsymbol{\Psi}^{-1}\\ &\Rightarrow (\boldsymbol{\Psi}^{-1}+(\boldsymbol{F}_s(\boldsymbol{x},\boldsymbol{s}))^{\mathrm{T}}\boldsymbol{E}^{-1/2}\boldsymbol{\Pi}^{\perp}[\boldsymbol{E}^{-1/2}\boldsymbol{F}_x(\boldsymbol{x},\boldsymbol{s})\boldsymbol{V}_2]\boldsymbol{E}^{-1/2}\boldsymbol{F}_s(\boldsymbol{x},\boldsymbol{s}))^{-1} \leqslant \boldsymbol{\Psi}\end{aligned} \tag{5.68}$$

结合式 (5.41)、式 (5.64) 和式 (5.68), 以及命题 2.5 可知 $\mathbf{MSE}(\widehat{\boldsymbol{x}}^{(\mathrm{a})}) \geqslant \mathbf{CRB}_{\mathrm{c}}^{(\mathrm{b})}(\boldsymbol{x})$。证毕。

【注记 5.11】命题 5.20 表明, 当模型参数先验观测误差存在时, 向量 $\widehat{\boldsymbol{x}}^{(\mathrm{a})}$ 的估计均方误差难以达到相应的克拉美罗界 (即 $\mathbf{CRB}_{\mathrm{c}}^{(\mathrm{b})}(\boldsymbol{x})$), 并不是关于未知参数 $\boldsymbol{x}$ 的渐近统计最优估计值。因此, 下面还需要在模型参数先验观测误差存在时, 给出性能可以达到克拉美罗界的估计方法。

5.4 模型参数先验观测误差存在下的参数估计优化模型、求解方法及其理论性能

5.4.1 参数估计优化模型及其求解方法

本节方法的基本思想是将模型参数先验观测误差的统计特性融入每步迭代, 从而有效地抑制该误差的影响。

假设未知参数 $\boldsymbol{x}$ 的第 k 次迭代结果为 $\widehat{\boldsymbol{x}}_k^{(\mathrm{b})}$, 现将函数 $\boldsymbol{f}(\boldsymbol{x},\boldsymbol{s})$ 在点 $(\widehat{\boldsymbol{x}}_k^{(\mathrm{b})},\widehat{\boldsymbol{s}})$ 处进行一阶泰勒级数展开可得

$$\begin{aligned}\boldsymbol{f}(\boldsymbol{x},\boldsymbol{s}) &\approx \boldsymbol{f}(\widehat{\boldsymbol{x}}_k^{(\mathrm{b})},\widehat{\boldsymbol{s}})+\boldsymbol{F}_x(\widehat{\boldsymbol{x}}_k^{(\mathrm{b})},\widehat{\boldsymbol{s}})(\boldsymbol{x}-\widehat{\boldsymbol{x}}_k^{(\mathrm{b})})+\boldsymbol{F}_s(\widehat{\boldsymbol{x}}_k^{(\mathrm{b})},\widehat{\boldsymbol{s}})(\boldsymbol{s}-\widehat{\boldsymbol{s}})\\ &= \boldsymbol{f}(\widehat{\boldsymbol{x}}_k^{(\mathrm{b})},\widehat{\boldsymbol{s}})+\boldsymbol{F}_x(\widehat{\boldsymbol{x}}_k^{(\mathrm{b})},\widehat{\boldsymbol{s}})(\boldsymbol{x}-\widehat{\boldsymbol{x}}_k^{(\mathrm{b})})-\boldsymbol{F}_s(\widehat{\boldsymbol{x}}_k^{(\mathrm{b})},\widehat{\boldsymbol{s}})\boldsymbol{\varphi}\end{aligned} \tag{5.69}$$

式 (5.69) 忽略的项为 $o(\|\boldsymbol{x}-\widehat{\boldsymbol{x}}_k^{(\mathrm{b})}\|_2)$、$o(\|\boldsymbol{s}-\widehat{\boldsymbol{s}}\|_2)$ 和 $O(\|\boldsymbol{x}-\widehat{\boldsymbol{x}}_k^{(\mathrm{b})}\|_2\|\boldsymbol{s}-\widehat{\boldsymbol{s}}\|_2)$。式 (5.69) 中的第 2 个等号右边第 3 项是关于观测误差 $\boldsymbol{\varphi}$ 的线性项, 为了抑制其影响, 可以将式 (5.15) 中的加权矩阵 $\boldsymbol{E}^{-1}$ 替换为 $(\boldsymbol{E}+\boldsymbol{F}_s(\widehat{\boldsymbol{x}}_k^{(\mathrm{b})},\widehat{\boldsymbol{s}})\boldsymbol{\Psi}(\boldsymbol{F}_s(\widehat{\boldsymbol{x}}_k^{(\mathrm{b})},\widehat{\boldsymbol{s}}))^{\mathrm{T}})^{-1}$,

于是第 $k+1$ 次迭代公式为

$$\begin{aligned}\widehat{\boldsymbol{x}}_{k+1}^{(\mathrm{b})}&=\widehat{\boldsymbol{x}}_{k}^{(\mathrm{b})}-\alpha_{k}^{(\mathrm{b})}\boldsymbol{\Pi}^{\perp}[\boldsymbol{C}^{\mathrm{T}}]\nabla_{x}J_{k}^{(\mathrm{b})}(\widehat{\boldsymbol{x}}_{k}^{(\mathrm{b})})\\&=\widehat{\boldsymbol{x}}_{k}^{(\mathrm{b})}-2\alpha_{k}^{(\mathrm{b})}\boldsymbol{\Pi}^{\perp}[\boldsymbol{C}^{\mathrm{T}}](\boldsymbol{F}_{x}(\widehat{\boldsymbol{x}}_{k}^{(\mathrm{b})},\widehat{\boldsymbol{s}}))^{\mathrm{T}}\\&\quad\times(\boldsymbol{E}+\boldsymbol{F}_{s}(\widehat{\boldsymbol{x}}_{k}^{(\mathrm{b})},\widehat{\boldsymbol{s}})\boldsymbol{\Psi}(\boldsymbol{F}_{s}(\widehat{\boldsymbol{x}}_{k}^{(\mathrm{b})},\widehat{\boldsymbol{s}}))^{\mathrm{T}})^{-1}(\boldsymbol{f}(\widehat{\boldsymbol{x}}_{k}^{(\mathrm{b})},\widehat{\boldsymbol{s}})-\boldsymbol{z})\end{aligned}\tag{5.70}$$

式中,

$$J_{k}^{(\mathrm{b})}(\boldsymbol{x})=(\boldsymbol{z}-\boldsymbol{f}(\boldsymbol{x},\widehat{\boldsymbol{s}}))^{\mathrm{T}}(\boldsymbol{E}+\boldsymbol{F}_{s}(\widehat{\boldsymbol{x}}_{k}^{(\mathrm{b})},\widehat{\boldsymbol{s}})\boldsymbol{\Psi}(\boldsymbol{F}_{s}(\widehat{\boldsymbol{x}}_{k}^{(\mathrm{b})},\widehat{\boldsymbol{s}}))^{\mathrm{T}})^{-1}(\boldsymbol{z}-\boldsymbol{f}(\boldsymbol{x},\widehat{\boldsymbol{s}}))$$

表示对应的目标函数; $\nabla_{x}J_{k}^{(\mathrm{b})}(\boldsymbol{x})$ 表示目标函数 $J_{k}^{(\mathrm{b})}(\boldsymbol{x})$ 的梯度, 其表达式为

$$\begin{aligned}\nabla_{x}J_{k}^{(\mathrm{b})}(\boldsymbol{x})&=\frac{\partial J_{k}^{(\mathrm{b})}(\boldsymbol{x})}{\partial\boldsymbol{x}}\\&=2(\boldsymbol{F}_{x}(\boldsymbol{x},\widehat{\boldsymbol{s}}))^{\mathrm{T}}(\boldsymbol{E}+\boldsymbol{F}_{s}(\widehat{\boldsymbol{x}}_{k}^{(\mathrm{b})},\widehat{\boldsymbol{s}})\boldsymbol{\Psi}(\boldsymbol{F}_{s}(\widehat{\boldsymbol{x}}_{k}^{(\mathrm{b})},\widehat{\boldsymbol{s}}))^{\mathrm{T}})^{-1}(\boldsymbol{f}(\boldsymbol{x},\widehat{\boldsymbol{s}})-\boldsymbol{z})\end{aligned}\tag{5.71}$$

步长 $\alpha_{k}^{(\mathrm{b})}$ 通过式 (5.72) 获得

$$\alpha_{k}^{(\mathrm{b})}=\arg\min_{\alpha\geqslant0}\{J_{k}^{(\mathrm{b})}(\widehat{\boldsymbol{x}}_{k}^{(\mathrm{b})}-\alpha\boldsymbol{\Pi}^{\perp}[\boldsymbol{C}^{\mathrm{T}}]\nabla_{x}J_{k}^{(\mathrm{b})}(\widehat{\boldsymbol{x}}_{k}^{(\mathrm{b})}))\}\tag{5.72}$$

将式 (5.70) 和式 (5.72) 的迭代收敛结果记为 $\widehat{\boldsymbol{x}}^{(\mathrm{b})}$ (即 $\lim\limits_{k\to+\infty}\widehat{\boldsymbol{x}}_{k}^{(\mathrm{b})}=\widehat{\boldsymbol{x}}^{(\mathrm{b})}$), 该向量就是最终估计值。假设迭代初始值满足一定的条件, 可以使迭代公式 (5.70) 收敛至如下优化问题的全局最优解

$$\begin{cases}\min\limits_{\boldsymbol{x}\in\mathbf{R}^{q\times1}}\{J^{(\mathrm{b})}(\boldsymbol{x})\}\\=\min\limits_{\boldsymbol{x}\in\mathbf{R}^{q\times1}}\{(\boldsymbol{z}-\boldsymbol{f}(\boldsymbol{x},\widehat{\boldsymbol{s}}))^{\mathrm{T}}(\boldsymbol{E}+\boldsymbol{F}_{s}(\boldsymbol{x},\widehat{\boldsymbol{s}})\boldsymbol{\Psi}(\boldsymbol{F}_{s}(\boldsymbol{x},\widehat{\boldsymbol{s}}))^{\mathrm{T}})^{-1}(\boldsymbol{z}-\boldsymbol{f}(\boldsymbol{x},\widehat{\boldsymbol{s}}))\}\\\text{s.t. }\boldsymbol{C}\boldsymbol{x}=\boldsymbol{d}\end{cases}\tag{5.73}$$

式中, $J^{(\mathrm{b})}(\boldsymbol{x})=(\boldsymbol{z}-\boldsymbol{f}(\boldsymbol{x},\widehat{\boldsymbol{s}}))^{\mathrm{T}}(\boldsymbol{E}+\boldsymbol{F}_{s}(\boldsymbol{x},\widehat{\boldsymbol{s}})\boldsymbol{\Psi}(\boldsymbol{F}_{s}(\boldsymbol{x},\widehat{\boldsymbol{s}}))^{\mathrm{T}})^{-1}(\boldsymbol{z}-\boldsymbol{f}(\boldsymbol{x},\widehat{\boldsymbol{s}}))$ 表示对应的目标函数。

将上述求解方法称为方法 5−b, 图 5.3 给出了方法 5−b 的计算流程图。

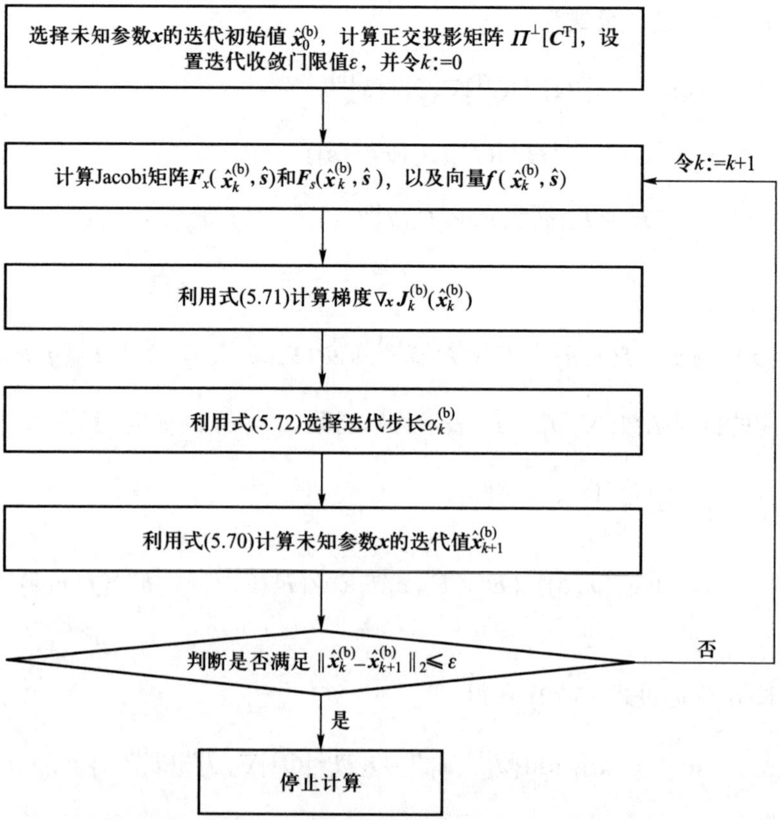

图 5.3　方法 5−b 的计算流程图

5.4.2　理论性能分析

下面推导方法 5−b 的估计值 $\widehat{\boldsymbol{x}}^{(\mathrm{b})}$ 的统计性能, 具体结论可见以下命题。

【命题 5.21】 向量 $\widehat{\boldsymbol{x}}^{(\mathrm{b})}$ 是关于未知参数 $\boldsymbol{x}$ 的渐近无偏估计值, 并且其均方误差为

$$\begin{aligned}\mathbf{MSE}(\widehat{\boldsymbol{x}}^{(\mathrm{b})})&=\mathbf{CRB}^{(\mathrm{b})}(\boldsymbol{x})-\mathbf{CRB}^{(\mathrm{b})}(\boldsymbol{x})\boldsymbol{C}^{\mathrm{T}}(\boldsymbol{C}\mathbf{CRB}^{(\mathrm{b})}(\boldsymbol{x})\boldsymbol{C}^{\mathrm{T}})^{-1}\boldsymbol{C}\mathbf{CRB}^{(\mathrm{b})}(\boldsymbol{x})\\&=\mathbf{CRB}_{\mathrm{c}}^{(\mathrm{b})}(\boldsymbol{x})\end{aligned}\tag{5.74}$$

【证明】 利用第 2.6.2 节中的结论进行证明。定义误差向量 $\boldsymbol{\zeta}=[\boldsymbol{e}^{\mathrm{T}}\ \ \boldsymbol{\varphi}^{\mathrm{T}}]^{\mathrm{T}}\in$

$\mathbf{R}^{(p+r)\times 1}$, 并令 $\boldsymbol{J}_{xx}^{(\mathrm{b})}=\left.\dfrac{\partial^2 J^{(\mathrm{b})}(\boldsymbol{x})}{\partial\boldsymbol{x}\,\partial\boldsymbol{x}^{\mathrm{T}}}\right|_{\boldsymbol{\zeta}=\boldsymbol{O}_{(p+r)\times 1}}$, $\boldsymbol{J}_{x\zeta}^{(\mathrm{b})}=\left.\dfrac{\partial^2 J^{(\mathrm{b})}(\boldsymbol{x})}{\partial\boldsymbol{x}\,\partial\boldsymbol{\zeta}^{\mathrm{T}}}\right|_{\boldsymbol{\zeta}=\boldsymbol{O}_{(p+r)\times 1}}$。根据 $J^{(\mathrm{b})}(\boldsymbol{x})$ 的表达式可得

$$\begin{cases}\boldsymbol{J}_{xx}^{(\mathrm{b})}=2(\boldsymbol{F}_x(\boldsymbol{x},\boldsymbol{s}))^{\mathrm{T}}(\boldsymbol{E}+\boldsymbol{F}_s(\boldsymbol{x},\boldsymbol{s})\boldsymbol{\Psi}(\boldsymbol{F}_s(\boldsymbol{x},\boldsymbol{s}))^{\mathrm{T}})^{-1}\boldsymbol{F}_x(\boldsymbol{x},\boldsymbol{s})\\ \boldsymbol{J}_{x\zeta}^{(\mathrm{b})}=2(\boldsymbol{F}_x(\boldsymbol{x},\boldsymbol{s}))^{\mathrm{T}}(\boldsymbol{E}+\boldsymbol{F}_s(\boldsymbol{x},\boldsymbol{s})\boldsymbol{\Psi}(\boldsymbol{F}_s(\boldsymbol{x},\boldsymbol{s}))^{\mathrm{T}})^{-1}[-\boldsymbol{I}_p\quad \boldsymbol{F}_s(\boldsymbol{x},\boldsymbol{s})]\end{cases}\tag{5.75}$$

容易验证

$$\begin{aligned}\boldsymbol{J}_{x\zeta}^{(\mathrm{b})}\mathbf{COV}(\boldsymbol{\zeta})(\boldsymbol{J}_{x\zeta}^{(\mathrm{b})})^{\mathrm{T}}&=\boldsymbol{J}_{x\zeta}^{(\mathrm{b})}\mathrm{blkdiag}\{\boldsymbol{E},\boldsymbol{\Psi}\}(\boldsymbol{J}_{x\zeta}^{(\mathrm{b})})^{\mathrm{T}}\\&=4(\boldsymbol{F}_x(\boldsymbol{x},\boldsymbol{s}))^{\mathrm{T}}(\boldsymbol{E}+\boldsymbol{F}_s(\boldsymbol{x},\boldsymbol{s})\boldsymbol{\Psi}(\boldsymbol{F}_s(\boldsymbol{x},\boldsymbol{s}))^{\mathrm{T}})^{-1}\\&\quad\times(\boldsymbol{E}+\boldsymbol{F}_s(\boldsymbol{x},\boldsymbol{s})\boldsymbol{\Psi}(\boldsymbol{F}_s(\boldsymbol{x},\boldsymbol{s}))^{\mathrm{T}})\\&\quad\times(\boldsymbol{E}+\boldsymbol{F}_s(\boldsymbol{x},\boldsymbol{s})\boldsymbol{\Psi}(\boldsymbol{F}_s(\boldsymbol{x},\boldsymbol{s}))^{\mathrm{T}})^{-1}\boldsymbol{F}_x(\boldsymbol{x},\boldsymbol{s})\\&=4(\boldsymbol{F}_x(\boldsymbol{x},\boldsymbol{s}))^{\mathrm{T}}(\boldsymbol{E}+\boldsymbol{F}_s(\boldsymbol{x},\boldsymbol{s})\boldsymbol{\Psi}(\boldsymbol{F}_s(\boldsymbol{x},\boldsymbol{s}))^{\mathrm{T}})^{-1}\boldsymbol{F}_x(\boldsymbol{x},\boldsymbol{s})\\&=2\boldsymbol{J}_{xx}^{(\mathrm{b})}\end{aligned}\tag{5.76}$$

即式 (2.170) 能够得到满足, 此时根据式 (2.171) 可知

$$\begin{aligned}\mathbf{MSE}(\widehat{\boldsymbol{x}}^{(\mathrm{b})})&=\mathbf{E}[(\widehat{\boldsymbol{x}}^{(\mathrm{b})}-\boldsymbol{x})(\widehat{\boldsymbol{x}}^{(\mathrm{b})}-\boldsymbol{x})^{\mathrm{T}}]\\&=\mathbf{E}[\Delta\boldsymbol{x}^{(\mathrm{b})}(\Delta\boldsymbol{x}^{(\mathrm{b})})^{\mathrm{T}}]\\&=2(\boldsymbol{J}_{xx}^{(\mathrm{b})})^{-1}-2(\boldsymbol{J}_{xx}^{(\mathrm{b})})^{-1}\boldsymbol{C}^{\mathrm{T}}(\boldsymbol{C}(\boldsymbol{J}_{xx}^{(\mathrm{b})})^{-1}\boldsymbol{C}^{\mathrm{T}})^{-1}\boldsymbol{C}(\boldsymbol{J}_{xx}^{(\mathrm{b})})^{-1}\end{aligned}\tag{5.77}$$

式中, $\Delta\boldsymbol{x}^{(\mathrm{b})}=\widehat{\boldsymbol{x}}^{(\mathrm{b})}-\boldsymbol{x}$ 表示向量 $\widehat{\boldsymbol{x}}^{(\mathrm{b})}$ 中的估计误差。此外, 结合式 (3.35) 和式 (5.75) 中的第 1 个等式可得 $\mathbf{CRB}^{(\mathrm{b})}(\boldsymbol{x})=2(\boldsymbol{J}_{xx}^{(\mathrm{b})})^{-1}$, 将该式代入式 (5.77) 可知式 (5.74) 成立。证毕。

【注记 5.12】命题 5.21 表明, 向量 $\widehat{\boldsymbol{x}}^{(\mathrm{b})}$ 是关于未知参数 $\boldsymbol{x}$ 的渐近统计最优估计值。

5.4.3 数值实验

本节仍然选择式 (5.30) 所定义的函数 $\boldsymbol{f}(\boldsymbol{x},\boldsymbol{s})$ 进行数值实验。由式 (5.30) 可以推得 Jacobi 矩阵 $\boldsymbol{F}_s(\boldsymbol{x},\boldsymbol{s})$ 的表达式为

$$
\boldsymbol{F}_s(\boldsymbol{x},\boldsymbol{s})=\left[\begin{array}{ccccc:ccc}
\boldsymbol{s}_2^{\mathrm{T}} & (\boldsymbol{x}+\boldsymbol{s}_1)^{\mathrm{T}} & \boldsymbol{O}_{1\times 4} & \boldsymbol{O}_{1\times 4} & \boldsymbol{O}_{1\times 4} & \boldsymbol{O}_{1\times 4} & \boldsymbol{O}_{1\times 4} & \boldsymbol{O}_{1\times 4} \\
\boldsymbol{O}_{1\times 4} & \boldsymbol{O}_{1\times 4} & 2(\boldsymbol{s}_3-\boldsymbol{x})^{\mathrm{T}} & \boldsymbol{O}_{1\times 4} & \boldsymbol{O}_{1\times 4} & \boldsymbol{O}_{1\times 4} & \boldsymbol{O}_{1\times 4} & \boldsymbol{O}_{1\times 4} \\
-\boldsymbol{s}_4^{\mathrm{T}} & \boldsymbol{O}_{1\times 4} & \boldsymbol{O}_{1\times 4} & (\boldsymbol{x}-\boldsymbol{s}_1)^{\mathrm{T}} & \boldsymbol{O}_{1\times 4} & \boldsymbol{O}_{1\times 4} & \boldsymbol{O}_{1\times 4} & \boldsymbol{O}_{1\times 4} \\
\boldsymbol{O}_{1\times 4} & \dfrac{(\boldsymbol{s}_2-\boldsymbol{x})^{\mathrm{T}}}{\|\boldsymbol{x}-\boldsymbol{s}_2\|_2} & \boldsymbol{O}_{1\times 4} & \boldsymbol{O}_{1\times 4} & \dfrac{(\boldsymbol{s}_5-\boldsymbol{x})^{\mathrm{T}}}{\|\boldsymbol{x}-\boldsymbol{s}_5\|_2} & \boldsymbol{O}_{1\times 4} & \boldsymbol{O}_{1\times 4} & \boldsymbol{O}_{1\times 4} \\
\boldsymbol{O}_{1\times 4} & \boldsymbol{O}_{1\times 4} & -\boldsymbol{s}_6^{\mathrm{T}} & \boldsymbol{O}_{1\times 4} & \boldsymbol{O}_{1\times 4} & (\boldsymbol{x}-\boldsymbol{s}_3)^{\mathrm{T}} & \boldsymbol{O}_{1\times 4} & \boldsymbol{O}_{1\times 4} \\
\boldsymbol{O}_{1\times 4} & \boldsymbol{O}_{1\times 4} & \boldsymbol{O}_{1\times 4} & \dfrac{\|\boldsymbol{x}-\boldsymbol{s}_7\|_2}{\|\boldsymbol{x}-\boldsymbol{s}_4\|_2}(\boldsymbol{s}_4-\boldsymbol{x})^{\mathrm{T}} & \boldsymbol{O}_{1\times 4} & \boldsymbol{O}_{1\times 4} & \dfrac{\|\boldsymbol{x}-\boldsymbol{s}_4\|_2}{\|\boldsymbol{x}-\boldsymbol{s}_7\|_2}(\boldsymbol{s}_7-\boldsymbol{x})^{\mathrm{T}} & \boldsymbol{O}_{1\times 4} \\
\boldsymbol{O}_{1\times 4} & \boldsymbol{O}_{1\times 4} & \boldsymbol{O}_{1\times 4} & \boldsymbol{O}_{1\times 4} & \dfrac{(\boldsymbol{s}_5-\boldsymbol{x})^{\mathrm{T}}}{\|\boldsymbol{x}-\boldsymbol{s}_5\|_2} & \boldsymbol{O}_{1\times 4} & \boldsymbol{O}_{1\times 4} & \dfrac{(\boldsymbol{s}_8-\boldsymbol{x})^{\mathrm{T}}}{\|\boldsymbol{x}-\boldsymbol{s}_8\|_2}
\end{array}\right]\in\mathbf{R}^{7\times 32} \tag{5.78}
$$

未知参数 $\boldsymbol{x}$ 和模型参数 $\boldsymbol{s}$ 的数值见表 5.1。假设模型参数未能精确已知, 仅存在其先验观测值, 观测误差协方差矩阵设为 $\boldsymbol{E}=\sigma_1^2\boldsymbol{I}_7$, 其中 σ_1 称为观测误差标准差。模型参数先验观测误差协方差矩阵设为 $\boldsymbol{\varPsi}=\sigma_2^2\boldsymbol{\varPsi}_0$, 其中 σ_2 称为先验观测误差标准差; $\boldsymbol{\varPsi}_0=\mathrm{diag}\{\boldsymbol{\beta}\odot\boldsymbol{\beta}\}\otimes\boldsymbol{I}_4$, $\boldsymbol{\beta}=[0.1\ \ 0.2\ \ 0.3\ \ 0.4\ \ 0.5\ \ 0.6\ \ 0.7\ \ 0.8]^{\mathrm{T}}$。下面利用方法 5–a 和方法 5–b 对未知参数 $\boldsymbol{x}$ 进行估计, 并且与方法 3–b1 的估计精度进行比较。

首先, 设 $\sigma_2=0.1$, 图 5.4 给出了未知参数 $\boldsymbol{x}$ 估计均方根误差随观测误差标准差 σ_1 的变化曲线; 然后, 设 $\sigma_1=1$, 图 5.5 给出了未知参数 $\boldsymbol{x}$ 估计均方根误差随先验观测误差标准差 σ_2 的变化曲线。

由图 5.4 和图 5.5 可以看出:

① 当模型参数存在先验观测误差时, 3 种方法的参数估计均方根误差均随观测误差标准差 σ_1 的增加而增大, 随先验观测误差标准差 σ_2 的增加而增大。

② 当模型参数存在先验观测误差时, 方法 5–a 对未知参数 $\boldsymbol{x}$ 的估计均方根

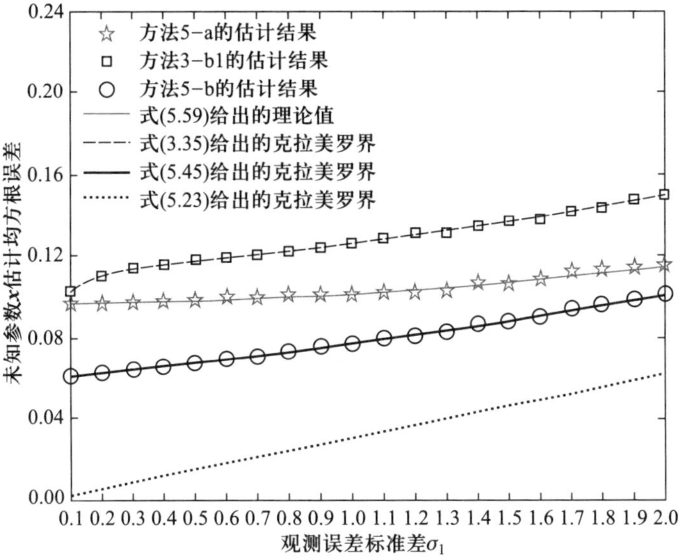

图 5.4 未知参数 $\boldsymbol{x}$ 估计均方根误差随观测误差标准差 σ_1 的变化曲线 (彩图)

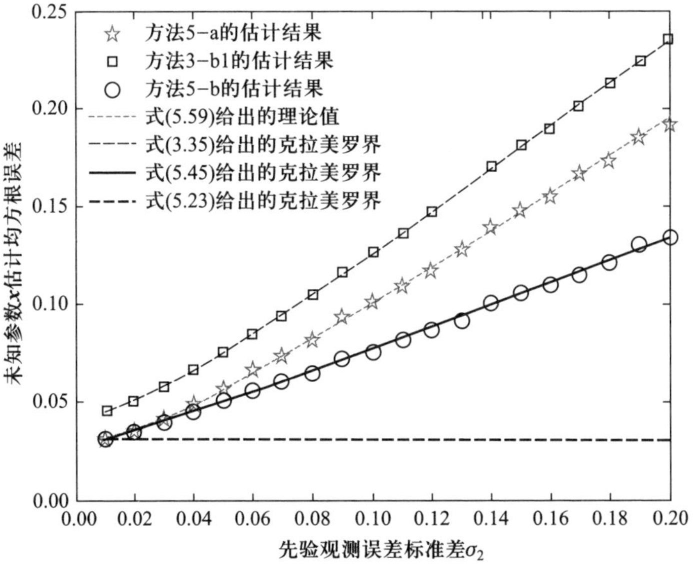

图 5.5 未知参数 $\boldsymbol{x}$ 估计均方根误差随先验观测误差标准差 σ_2 的变化曲线 (彩图)

误差与式 (5.59) 给出的理论值基本吻合, 从而验证了第 5.3.2 节理论性能分析的有效性。

③ 当模型参数存在先验观测误差时, 方法 5–b 对未知参数 $\boldsymbol{x}$ 的估计均方根误差能够达到由式 (5.45) 给出的克拉美罗界, 从而验证了第 5.4.2 节理论性能分析的有效性。此外, 方法 5–b 的估计精度高于方法 5–a, 并且性能差异随着观测误差标准差 σ_1 的增加而变小 (如图 5.4 所示), 随先验观测误差标准差 σ_2 的增加而变大 (如图 5.5 所示)。

④ 方法 5–b 对未知参数 $\boldsymbol{x}$ 的估计精度明显高于方法 3–b1 对未知参数 $\boldsymbol{x}$ 的估计精度, 这是因为等式约束降低了整个观测模型的不确定性, 从而有利于提高参数估计精度, 这与命题 5.14 是相符的。

第 6 章 非线性最小二乘估计理论与方法：含有第 Ⅲ 类等式约束

与第 4 章和第 5 章相同，本章同样假设未知参数服从某个先验等式约束，但本章考虑的是第 Ⅲ 类等式约束。相比于第 Ⅰ 类等式约束和第 Ⅱ 类等式约束，第 Ⅲ 类等式约束具有更强的普适性，本章将描述相应的非线性最小二乘估计理论与方法。

6.1 含有第 Ⅲ 类等式约束的非线性观测模型

考虑如下非线性观测模型

$$\boldsymbol{z} = \boldsymbol{z}_0 + \boldsymbol{e} = \boldsymbol{f}(\boldsymbol{x}, \boldsymbol{s}) + \boldsymbol{e} \tag{6.1}$$

式中，

$\boldsymbol{z}_0 = \boldsymbol{f}(\boldsymbol{x}, \boldsymbol{s}) \in \mathbf{R}^{p\times 1}$ 表示没有误差条件下的观测向量，其中 $\boldsymbol{f}(\boldsymbol{x}, \boldsymbol{s})$ 是关于向量 $\boldsymbol{x}$ 和 $\boldsymbol{s}$ 的连续可导函数；

$\boldsymbol{x} \in \mathbf{R}^{q\times 1}$ 表示待估计的未知参数，其中 $q < p$ 以确保问题是超定的 (即观测量个数大于未知参数个数)；

$\boldsymbol{s} \in \mathbf{R}^{r\times 1}$ 表示模型参数；

$\boldsymbol{z} \in \mathbf{R}^{p\times 1}$ 表示含有误差条件下的观测向量；

$\boldsymbol{e} \in \mathbf{R}^{p\times 1}$ 表示观测误差向量，假设其服从均值为零、协方差矩阵为 $\mathbf{COV}(\boldsymbol{e}) = \mathbf{E}[\boldsymbol{e}\boldsymbol{e}^{\mathrm{T}}] = \boldsymbol{E}$ 的高斯分布。

【注记 6.1】与第 3 章相同，本章仍然考虑两种情形：第 1 种情形是假设模型参数 $\boldsymbol{s}$ 精确已知，此时可以将其看成是已知量；第 2 种情形是假设仅存在关于模型参数 $\boldsymbol{s}$ 的先验观测值 $\widehat{\boldsymbol{s}}$，其中包含先验观测误差，并且先验观测误差向量 $\boldsymbol{\varphi} = \widehat{\boldsymbol{s}} - \boldsymbol{s}$ 服从均值为零、协方差矩阵为 $\mathbf{COV}(\boldsymbol{\varphi}) = \mathbf{E}[\boldsymbol{\varphi}\boldsymbol{\varphi}^{\mathrm{T}}] = \boldsymbol{\Psi}$ 的高斯分布，此外，误差向量 $\boldsymbol{\varphi}$ 与 $\boldsymbol{e}$ 相互间统计独立，并且协方差矩阵 $\boldsymbol{E}$ 和 $\boldsymbol{\Psi}$ 都是满秩的正定矩阵。

与第 4 章和第 5 章相似，本章假设未知参数 $\boldsymbol{x}$ 服从某个先验等式约束。但是本章考虑第 Ⅲ 类等式约束，该类等式约束的特征在于，其约束函数是关于未知

参数 $\boldsymbol{x}$ 更一般的形式, 如下式所示

$$\boldsymbol{c}(\boldsymbol{x})=[c_1(\boldsymbol{x})\quad c_2(\boldsymbol{x})\quad\cdots\quad c_l(\boldsymbol{x})]^{\mathrm{T}}=\boldsymbol{d} \tag{6.2}$$

式中, $\boldsymbol{c}(\boldsymbol{x})$ 表示关于向量 $\boldsymbol{x}$ 的连续可导函数, 其既可以是线性函数, 也可以是非线性函数, 这里唯一的要求是其 Jacobi 矩阵 $\boldsymbol{C}(\boldsymbol{x})=\dfrac{\partial\boldsymbol{c}(\boldsymbol{x})}{\partial\boldsymbol{x}^{\mathrm{T}}}=[\nabla_x c_1(\boldsymbol{x})\ \nabla_x c_2(\boldsymbol{x})\ \cdots\ \nabla_x c_l(\boldsymbol{x})]^{\mathrm{T}}\in\mathbf{R}^{l\times q}$ (其中 $l<q$) 为行满秩矩阵 (即 $\mathrm{rank}[\boldsymbol{C}(\boldsymbol{x})]=l$); $c_j(\boldsymbol{x})$ 表示向量函数 $\boldsymbol{c}(\boldsymbol{x})$ 中的第 j 个标量函数; $\nabla_x c_j(\boldsymbol{x})$ 表示函数 $c_j(\boldsymbol{x})$ 的梯度; $\boldsymbol{d}\in\mathbf{R}^{l\times 1}$ 表示某个已知的常数向量。

6.2 模型参数精确已知时的参数估计优化模型、求解方法及其理论性能

6.2.1 参数估计优化模型及其求解方法

1. 参数估计优化模型

当模型参数 $\boldsymbol{s}$ 精确已知时, 为了最大程度地抑制观测误差 $\boldsymbol{e}$ 的影响, 可以将参数估计优化模型表示为

$$\begin{cases}\min\limits_{\boldsymbol{x}\in\mathbf{R}^{q\times 1};\boldsymbol{e}\in\mathbf{R}^{p\times 1}}\{\boldsymbol{e}^{\mathrm{T}}\boldsymbol{E}^{-1}\boldsymbol{e}\}\\ \text{s.t. } \boldsymbol{z}=\boldsymbol{f}(\boldsymbol{x},\boldsymbol{s})+\boldsymbol{e}\\ \qquad \boldsymbol{c}(\boldsymbol{x})=\boldsymbol{d}\end{cases} \tag{6.3}$$

式中, $\boldsymbol{E}^{-1}$ 表示加权矩阵。显然, 式 (6.3) 也可以直接转化成如下优化模型①

$$\begin{cases}\min\limits_{\boldsymbol{x}\in\mathbf{R}^{q\times 1}}\{J^{(\mathrm{a})}(\boldsymbol{x})\}=\min\limits_{\boldsymbol{x}\in\mathbf{R}^{q\times 1}}\{(\boldsymbol{z}-\boldsymbol{f}(\boldsymbol{x},\boldsymbol{s}))^{\mathrm{T}}\boldsymbol{E}^{-1}(\boldsymbol{z}-\boldsymbol{f}(\boldsymbol{x},\boldsymbol{s}))\}\\ \text{s.t. } \boldsymbol{c}(\boldsymbol{x})=\boldsymbol{d}\end{cases} \tag{6.4}$$

式中, $J^{(\mathrm{a})}(\boldsymbol{x})=(\boldsymbol{z}-\boldsymbol{f}(\boldsymbol{x},\boldsymbol{s}))^{\mathrm{T}}\boldsymbol{E}^{-1}(\boldsymbol{z}-\boldsymbol{f}(\boldsymbol{x},\boldsymbol{s}))$ 表示对应的目标函数。式 (6.4) 是关于未知参数 $\boldsymbol{x}$ 的约束优化问题, 这里采用拉格朗日乘子方法进行求解。

2. 迭代求解方法 6–a

求解式 (6.4) 的拉格朗日函数可以表示为

$$\begin{aligned}L^{(\mathrm{a})}(\boldsymbol{x},\boldsymbol{\lambda})&=(\boldsymbol{z}-\boldsymbol{f}(\boldsymbol{x},\boldsymbol{s}))^{\mathrm{T}}\boldsymbol{E}^{-1}(\boldsymbol{z}-\boldsymbol{f}(\boldsymbol{x},\boldsymbol{s}))+\boldsymbol{\lambda}^{\mathrm{T}}(\boldsymbol{c}(\boldsymbol{x})-\boldsymbol{d})\\&=J^{(\mathrm{a})}(\boldsymbol{x})+\boldsymbol{\lambda}^{\mathrm{T}}(\boldsymbol{c}(\boldsymbol{x})-\boldsymbol{d})\end{aligned} \tag{6.5}$$

① 本章的上角标 (a) 表示模型参数精确已知的情形。

式中, $\boldsymbol{\lambda}=[\lambda_1\ \ \lambda_2\ \ \cdots\ \ \lambda_l]^{\mathrm{T}}$ 表示拉格朗日乘子向量。不妨将向量 $\boldsymbol{x}$ 和 $\boldsymbol{\lambda}$ 的最优解分别记为 $\widehat{\boldsymbol{x}}^{(\mathrm{a})}$ 和 $\widehat{\boldsymbol{\lambda}}^{(\mathrm{a})}$, 将函数 $L^{(\mathrm{a})}(\boldsymbol{x},\boldsymbol{\lambda})$ 分别对向量 $\boldsymbol{x}$ 和 $\boldsymbol{\lambda}$ 求偏导, 并令它们等于零, 可得

$$\left.\frac{\partial L^{(\mathrm{a})}(\boldsymbol{x},\boldsymbol{\lambda})}{\partial \boldsymbol{x}}\right|_{\substack{\boldsymbol{x}=\widehat{\boldsymbol{x}}^{(\mathrm{a})}\\ \boldsymbol{\lambda}=\widehat{\boldsymbol{\lambda}}^{(\mathrm{a})}}}=\nabla_x J^{(\mathrm{a})}(\widehat{\boldsymbol{x}}^{(\mathrm{a})})+(\boldsymbol{C}(\widehat{\boldsymbol{x}}^{(\mathrm{a})}))^{\mathrm{T}}\widehat{\boldsymbol{\lambda}}^{(\mathrm{a})}=\boldsymbol{O}_{q\times 1} \tag{6.6}$$

$$\left.\frac{\partial L^{(\mathrm{a})}(\boldsymbol{x},\boldsymbol{\lambda})}{\partial \boldsymbol{\lambda}}\right|_{\substack{\boldsymbol{x}=\widehat{\boldsymbol{x}}^{(\mathrm{a})}\\ \boldsymbol{\lambda}=\widehat{\boldsymbol{\lambda}}^{(\mathrm{a})}}}=\boldsymbol{c}(\widehat{\boldsymbol{x}}^{(\mathrm{a})})-\boldsymbol{d}=\boldsymbol{O}_{l\times 1} \tag{6.7}$$

式中, $\nabla_x J^{(\mathrm{a})}(\boldsymbol{x})$ 表示目标函数 $J^{(\mathrm{a})}(\boldsymbol{x})$ 的梯度, 其表达式为

$$\nabla_x J^{(\mathrm{a})}(\boldsymbol{x})=\frac{\partial J^{(\mathrm{a})}(\boldsymbol{x})}{\partial \boldsymbol{x}}=2(\boldsymbol{F}_x(\boldsymbol{x},\boldsymbol{s}))^{\mathrm{T}}\boldsymbol{E}^{-1}(\boldsymbol{f}(\boldsymbol{x},\boldsymbol{s})-\boldsymbol{z}) \tag{6.8}$$

其中 $\boldsymbol{F}_x(\boldsymbol{x},\boldsymbol{s})=\dfrac{\partial \boldsymbol{f}(\boldsymbol{x},\boldsymbol{s})}{\partial \boldsymbol{x}^{\mathrm{T}}}\in\mathbf{R}^{p\times q}$ 表示函数 $\boldsymbol{f}(\boldsymbol{x},\boldsymbol{s})$ 关于向量 $\boldsymbol{x}$ 的 Jacobi 矩阵。式 (6.6) 和式 (6.7) 可以看成是关于向量 $\widehat{\boldsymbol{x}}^{(\mathrm{a})}$ 和 $\widehat{\boldsymbol{\lambda}}^{(\mathrm{a})}$ 的非线性方程组, 求解式 (6.4) 等价于求解此非线性方程组。

非线性方程组式 (6.6) 和式 (6.7) 可以利用牛顿迭代法进行求解, 为此需要先确定拉格朗日函数 $L^{(\mathrm{a})}(\boldsymbol{x},\boldsymbol{\lambda})$ 的梯度和 Hesse 矩阵的表达式

$$\nabla L^{(\mathrm{a})}(\boldsymbol{x},\boldsymbol{\lambda})=\begin{bmatrix}\dfrac{\partial L^{(\mathrm{a})}(\boldsymbol{x},\boldsymbol{\lambda})}{\partial \boldsymbol{x}}\\[2ex] \dfrac{\partial L^{(\mathrm{a})}(\boldsymbol{x},\boldsymbol{\lambda})}{\partial \boldsymbol{\lambda}}\end{bmatrix}=\begin{bmatrix}\nabla_x J^{(\mathrm{a})}(\boldsymbol{x})+(\boldsymbol{C}(\boldsymbol{x}))^{\mathrm{T}}\boldsymbol{\lambda}\\ \boldsymbol{c}(\boldsymbol{x})-\boldsymbol{d}\end{bmatrix} \tag{6.9}$$

$$\begin{aligned}\nabla^2 L^{(\mathrm{a})}(\boldsymbol{x},\boldsymbol{\lambda})&=\begin{bmatrix}\dfrac{\partial^2 L^{(\mathrm{a})}(\boldsymbol{x},\boldsymbol{\lambda})}{\partial \boldsymbol{x}\,\partial \boldsymbol{x}^{\mathrm{T}}} & \dfrac{\partial^2 L^{(\mathrm{a})}(\boldsymbol{x},\boldsymbol{\lambda})}{\partial \boldsymbol{x}\,\partial \boldsymbol{\lambda}^{\mathrm{T}}}\\[2ex] \dfrac{\partial^2 L^{(\mathrm{a})}(\boldsymbol{x},\boldsymbol{\lambda})}{\partial \boldsymbol{\lambda}\,\partial \boldsymbol{x}^{\mathrm{T}}} & \dfrac{\partial^2 L^{(\mathrm{a})}(\boldsymbol{x},\boldsymbol{\lambda})}{\partial \boldsymbol{\lambda}\,\partial \boldsymbol{\lambda}^{\mathrm{T}}}\end{bmatrix}\\ &=\left[\begin{array}{c:c}\nabla_{xx}^2 J^{(\mathrm{a})}(\boldsymbol{x})+\displaystyle\sum_{j=1}^{l}\lambda_j\nabla_{xx}^2 c_j(\boldsymbol{x}) & (\boldsymbol{C}(\boldsymbol{x}))^{\mathrm{T}}\\ \hdashline \boldsymbol{C}(\boldsymbol{x}) & \boldsymbol{O}_{l\times l}\end{array}\right]\end{aligned} \tag{6.10}$$

式中, $\nabla_{xx}^2 J^{(\mathrm{a})}(\boldsymbol{x})$ 和 $\nabla_{xx}^2 c_j(\boldsymbol{x})$ 分别表示函数 $J^{(\mathrm{a})}(\boldsymbol{x})$ 和 $c_j(\boldsymbol{x})$ 的 Hesse 矩阵, 其

中 $\nabla_{xx}^2 J^{(\mathrm{a})}(\boldsymbol{x})$ 可以表示为

$$\begin{aligned}\nabla_{xx}^2 J^{(\mathrm{a})}(\boldsymbol{x}) &= \frac{\partial^2 J^{(\mathrm{a})}(\boldsymbol{x})}{\partial \boldsymbol{x}\,\partial \boldsymbol{x}^{\mathrm{T}}} = \frac{\partial \nabla_x J^{(\mathrm{a})}(\boldsymbol{x})}{\partial \boldsymbol{x}^{\mathrm{T}}} \\ &= 2(\boldsymbol{F}_x(\boldsymbol{x},\boldsymbol{s}))^{\mathrm{T}}\boldsymbol{E}^{-1}\boldsymbol{F}_x(\boldsymbol{x},\boldsymbol{s}) \\ &\quad + ((2(\boldsymbol{f}(\boldsymbol{x},\boldsymbol{s})-\boldsymbol{z})^{\mathrm{T}}\boldsymbol{E}^{-1})\otimes \boldsymbol{I}_q)\frac{\partial \mathrm{vec}[(\boldsymbol{F}_x(\boldsymbol{x},\boldsymbol{s}))^{\mathrm{T}}]}{\partial \boldsymbol{x}^{\mathrm{T}}}\end{aligned} \tag{6.11}$$

牛顿迭代公式满足

$$\nabla^2 L^{(\mathrm{a})}(\widehat{\boldsymbol{x}}_k^{(\mathrm{a})},\widehat{\boldsymbol{\lambda}}_k^{(\mathrm{a})})\begin{bmatrix}\widehat{\boldsymbol{x}}_{k+1}^{(\mathrm{a})}-\widehat{\boldsymbol{x}}_k^{(\mathrm{a})} \\ \widehat{\boldsymbol{\lambda}}_{k+1}^{(\mathrm{a})}-\widehat{\boldsymbol{\lambda}}_k^{(\mathrm{a})}\end{bmatrix} = -\nabla L^{(\mathrm{a})}(\widehat{\boldsymbol{x}}_k^{(\mathrm{a})},\widehat{\boldsymbol{\lambda}}_k^{(\mathrm{a})}) \tag{6.12}$$

式中, $\widehat{\boldsymbol{x}}_k^{(\mathrm{a})}$ 和 $\widehat{\boldsymbol{\lambda}}_k^{(\mathrm{a})}$ 均表示第 k 次迭代结果, $\widehat{\boldsymbol{x}}_{k+1}^{(\mathrm{a})}$ 和 $\widehat{\boldsymbol{\lambda}}_{k+1}^{(\mathrm{a})}$ 均表示第 $k+1$ 次迭代结果。将式 (6.9) 和式 (6.10) 代入式 (6.12) 可得

$$\begin{aligned}&\left[\begin{array}{c:c}\nabla_{xx}^2 J^{(\mathrm{a})}(\widehat{\boldsymbol{x}}_k^{(\mathrm{a})})+\sum\limits_{j=1}^{l}\widehat{\lambda}_{kj}^{(\mathrm{a})}\nabla_{xx}^2 c_j(\widehat{\boldsymbol{x}}_k^{(\mathrm{a})}) & (\boldsymbol{C}(\widehat{\boldsymbol{x}}_k^{(\mathrm{a})}))^{\mathrm{T}} \\ \hdashline \boldsymbol{C}(\widehat{\boldsymbol{x}}_k^{(\mathrm{a})}) & \boldsymbol{O}_{l\times l}\end{array}\right]\begin{bmatrix}\widehat{\boldsymbol{x}}_{k+1}^{(\mathrm{a})}-\widehat{\boldsymbol{x}}_k^{(\mathrm{a})} \\ \widehat{\boldsymbol{\lambda}}_{k+1}^{(\mathrm{a})}-\widehat{\boldsymbol{\lambda}}_k^{(\mathrm{a})}\end{bmatrix} \\ &= -\begin{bmatrix}\nabla_x J^{(\mathrm{a})}(\widehat{\boldsymbol{x}}_k^{(\mathrm{a})})+(\boldsymbol{C}(\widehat{\boldsymbol{x}}_k^{(\mathrm{a})}))^{\mathrm{T}}\widehat{\boldsymbol{\lambda}}_k^{(\mathrm{a})} \\ \boldsymbol{c}(\widehat{\boldsymbol{x}}_k^{(\mathrm{a})})-\boldsymbol{d}\end{bmatrix}\end{aligned} \tag{6.13}$$

式中, $\widehat{\lambda}_{kj}^{(\mathrm{a})}$ 表示向量 $\widehat{\boldsymbol{\lambda}}_k^{(\mathrm{a})}$ 中的第 j 个分量 (即 $\widehat{\lambda}_{kj}^{(\mathrm{a})}=\langle\widehat{\boldsymbol{\lambda}}_k^{(\mathrm{a})}\rangle_j$)。

下面基于式 (6.13) 推导关于 $\widehat{\boldsymbol{x}}_{k+1}^{(\mathrm{a})}$ 和 $\widehat{\boldsymbol{\lambda}}_{k+1}^{(\mathrm{a})}$ 的迭代公式。首先, 利用矩阵乘法规则将式 (6.13) 展开可得

$$\begin{aligned}&\left(\nabla_{xx}^2 J^{(\mathrm{a})}(\widehat{\boldsymbol{x}}_k^{(\mathrm{a})})+\sum_{j=1}^{l}\widehat{\lambda}_{kj}^{(\mathrm{a})}\nabla_{xx}^2 c_j(\widehat{\boldsymbol{x}}_k^{(\mathrm{a})})\right)(\widehat{\boldsymbol{x}}_{k+1}^{(\mathrm{a})}-\widehat{\boldsymbol{x}}_k^{(\mathrm{a})})+(\boldsymbol{C}(\widehat{\boldsymbol{x}}_k^{(\mathrm{a})}))^{\mathrm{T}}(\widehat{\boldsymbol{\lambda}}_{k+1}^{(\mathrm{a})}-\widehat{\boldsymbol{\lambda}}_k^{(\mathrm{a})}) \\ &= -(\nabla_x J^{(\mathrm{a})}(\widehat{\boldsymbol{x}}_k^{(\mathrm{a})})+(\boldsymbol{C}(\widehat{\boldsymbol{x}}_k^{(\mathrm{a})}))^{\mathrm{T}}\widehat{\boldsymbol{\lambda}}_k^{(\mathrm{a})})\end{aligned} \tag{6.14}$$

$$\boldsymbol{C}(\widehat{\boldsymbol{x}}_k^{(\mathrm{a})})(\widehat{\boldsymbol{x}}_{k+1}^{(\mathrm{a})}-\widehat{\boldsymbol{x}}_k^{(\mathrm{a})}) = -(\boldsymbol{c}(\widehat{\boldsymbol{x}}_k^{(\mathrm{a})})-\boldsymbol{d}) \tag{6.15}$$

将式 (6.14) 两边同时乘以矩阵

$$\boldsymbol{C}(\widehat{\boldsymbol{x}}_k^{(\mathrm{a})})\left(\nabla_{xx}^2 J^{(\mathrm{a})}(\widehat{\boldsymbol{x}}_k^{(\mathrm{a})})+\sum_{j=1}^{l}\widehat{\lambda}_{kj}^{(\mathrm{a})}\nabla_{xx}^2 c_j(\widehat{\boldsymbol{x}}_k^{(\mathrm{a})})\right)^{-1}$$

可得

$$
\begin{aligned}
&\boldsymbol{C}(\widehat{\boldsymbol{x}}_k^{(\mathrm{a})})(\widehat{\boldsymbol{x}}_{k+1}^{(\mathrm{a})}-\widehat{\boldsymbol{x}}_k^{(\mathrm{a})})+\boldsymbol{C}(\widehat{\boldsymbol{x}}_k^{(\mathrm{a})})\left(\nabla_{xx}^2 J^{(\mathrm{a})}(\widehat{\boldsymbol{x}}_k^{(\mathrm{a})})+\sum_{j=1}^{l}\widehat{\lambda}_{kj}^{(\mathrm{a})}\nabla_{xx}^2 c_j(\widehat{\boldsymbol{x}}_k^{(\mathrm{a})})\right)^{-1} \\
&\quad\times(\boldsymbol{C}(\widehat{\boldsymbol{x}}_k^{(\mathrm{a})}))^{\mathrm{T}}(\widehat{\boldsymbol{\lambda}}_{k+1}^{(\mathrm{a})}-\widehat{\boldsymbol{\lambda}}_k^{(\mathrm{a})}) \\
&=-\boldsymbol{C}(\widehat{\boldsymbol{x}}_k^{(\mathrm{a})})\left(\nabla_{xx}^2 J^{(\mathrm{a})}(\widehat{\boldsymbol{x}}_k^{(\mathrm{a})})+\sum_{j=1}^{l}\widehat{\lambda}_{kj}^{(\mathrm{a})}\nabla_{xx}^2 c_j(\widehat{\boldsymbol{x}}_k^{(\mathrm{a})})\right)^{-1} \\
&\quad\times(\nabla_x J^{(\mathrm{a})}(\widehat{\boldsymbol{x}}_k^{(\mathrm{a})})+(\boldsymbol{C}(\widehat{\boldsymbol{x}}_k^{(\mathrm{a})}))^{\mathrm{T}}\widehat{\boldsymbol{\lambda}}_k^{(\mathrm{a})})
\end{aligned}
\tag{6.16}
$$

然后, 将式 (6.15) 代入式 (6.16) 可得

$$
\begin{aligned}
&-(\boldsymbol{c}(\widehat{\boldsymbol{x}}_k^{(\mathrm{a})})-\boldsymbol{d})+\boldsymbol{C}(\widehat{\boldsymbol{x}}_k^{(\mathrm{a})})\left(\nabla_{xx}^2 J^{(\mathrm{a})}(\widehat{\boldsymbol{x}}_k^{(\mathrm{a})})+\sum_{j=1}^{l}\widehat{\lambda}_{kj}^{(\mathrm{a})}\nabla_{xx}^2 c_j(\widehat{\boldsymbol{x}}_k^{(\mathrm{a})})\right)^{-1} \\
&\quad\times(\boldsymbol{C}(\widehat{\boldsymbol{x}}_k^{(\mathrm{a})}))^{\mathrm{T}}(\widehat{\boldsymbol{\lambda}}_{k+1}^{(\mathrm{a})}-\widehat{\boldsymbol{\lambda}}_k^{(\mathrm{a})}) \\
&=-\boldsymbol{C}(\widehat{\boldsymbol{x}}_k^{(\mathrm{a})})\left(\nabla_{xx}^2 J^{(\mathrm{a})}(\widehat{\boldsymbol{x}}_k^{(\mathrm{a})})+\sum_{j=1}^{l}\widehat{\lambda}_{kj}^{(\mathrm{a})}\nabla_{xx}^2 c_j(\widehat{\boldsymbol{x}}_k^{(\mathrm{a})})\right)^{-1} \\
&\quad\times(\nabla_x J^{(\mathrm{a})}(\widehat{\boldsymbol{x}}_k^{(\mathrm{a})})+(\boldsymbol{C}(\widehat{\boldsymbol{x}}_k^{(\mathrm{a})}))^{\mathrm{T}}\widehat{\boldsymbol{\lambda}}_k^{(\mathrm{a})}) \\
&\Rightarrow\widehat{\boldsymbol{\lambda}}_{k+1}^{(\mathrm{a})}=\left(\boldsymbol{C}(\widehat{\boldsymbol{x}}_k^{(\mathrm{a})})\left(\nabla_{xx}^2 J^{(\mathrm{a})}(\widehat{\boldsymbol{x}}_k^{(\mathrm{a})})+\sum_{j=1}^{l}\widehat{\lambda}_{kj}^{(\mathrm{a})}\nabla_{xx}^2 c_j(\widehat{\boldsymbol{x}}_k^{(\mathrm{a})})\right)^{-1}(\boldsymbol{C}(\widehat{\boldsymbol{x}}_k^{(\mathrm{a})}))^{\mathrm{T}}\right)^{-1} \\
&\quad\times\left(\boldsymbol{c}(\widehat{\boldsymbol{x}}_k^{(\mathrm{a})})-\boldsymbol{d}-\boldsymbol{C}(\widehat{\boldsymbol{x}}_k^{(\mathrm{a})})\left(\nabla_{xx}^2 J^{(\mathrm{a})}(\widehat{\boldsymbol{x}}_k^{(\mathrm{a})})+\sum_{j=1}^{l}\widehat{\lambda}_{kj}^{(\mathrm{a})}\nabla_{xx}^2 c_j(\widehat{\boldsymbol{x}}_k^{(\mathrm{a})})\right)^{-1}\nabla_x J^{(\mathrm{a})}(\widehat{\boldsymbol{x}}_k^{(\mathrm{a})})\right)
\end{aligned}
\tag{6.17}
$$

最后, 由式 (6.14) 可以推得

$$
\begin{aligned}
\widehat{\boldsymbol{x}}_{k+1}^{(\mathrm{a})}=\widehat{\boldsymbol{x}}_k^{(\mathrm{a})}-&\left(\nabla_{xx}^2 J^{(\mathrm{a})}(\widehat{\boldsymbol{x}}_k^{(\mathrm{a})})+\sum_{j=1}^{l}\widehat{\lambda}_{kj}^{(\mathrm{a})}\nabla_{xx}^2 c_j(\widehat{\boldsymbol{x}}_k^{(\mathrm{a})})\right)^{-1} \\
&\times(\nabla_x J^{(\mathrm{a})}(\widehat{\boldsymbol{x}}_k^{(\mathrm{a})})+(\boldsymbol{C}(\widehat{\boldsymbol{x}}_k^{(\mathrm{a})}))^{\mathrm{T}}\widehat{\boldsymbol{\lambda}}_{k+1}^{(\mathrm{a})})
\end{aligned}
\tag{6.18}
$$

将式 (6.17) 和式 (6.18) 的迭代收敛结果记为 $\widehat{\boldsymbol{x}}^{(\mathrm{a})}$ 和 $\widehat{\boldsymbol{\lambda}}^{(\mathrm{a})}$ (即 $\lim\limits_{k\to+\infty}\widehat{\boldsymbol{x}}_k^{(\mathrm{a})}=\widehat{\boldsymbol{x}}^{(\mathrm{a})}$ 和 $\lim\limits_{k\to+\infty}\widehat{\boldsymbol{\lambda}}_k^{(\mathrm{a})}=\widehat{\boldsymbol{\lambda}}^{(\mathrm{a})}$), 向量 $\widehat{\boldsymbol{x}}^{(\mathrm{a})}$ 就是最终估计值。假设迭代初始值满足一定的条件, 可以使迭代公式 (6.17) 和式 (6.18) 收敛至式 (6.4) 的全局最优解。

将上述求解方法称为方法 6−a, 图 6.1 给出了方法 6−a 的计算流程图。

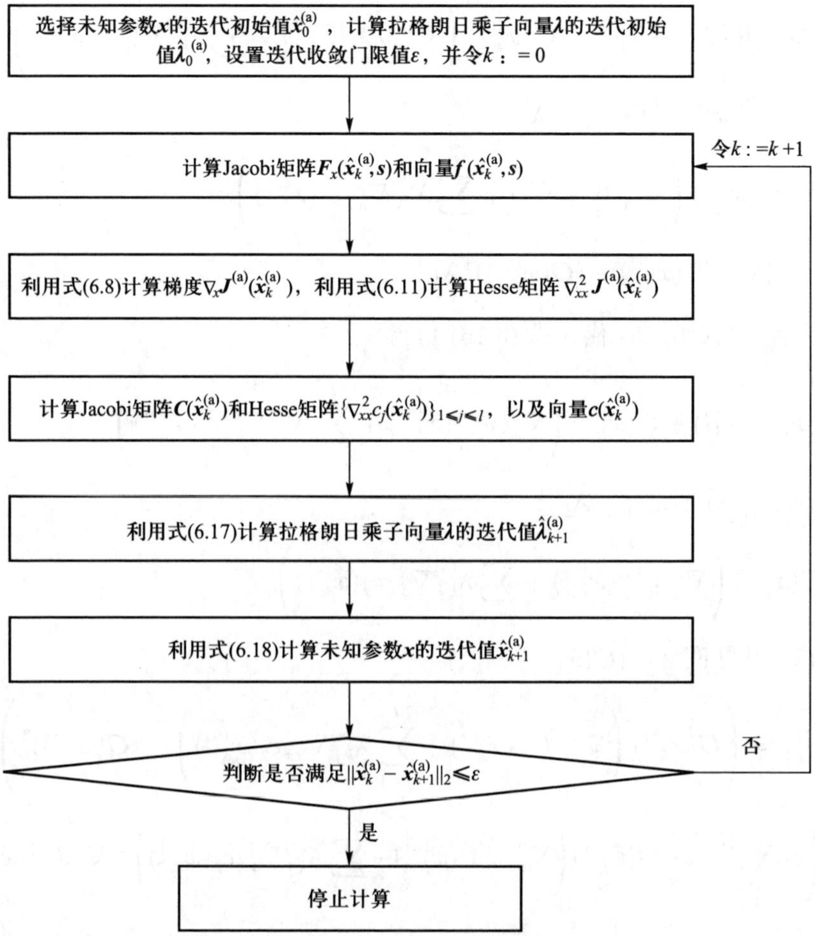

图 6.1　方法 6−a 的计算流程图

【**注记 6.2**】方法 6−a 中的第 1 步需要计算拉格朗日乘子向量 $\boldsymbol{\lambda}$ 的迭代初始值 $\widehat{\boldsymbol{\lambda}}_0^{(\mathrm{a})}$, 可以通过下式来获得

$$\left.\frac{\partial L^{(\mathrm{a})}(\boldsymbol{x},\boldsymbol{\lambda})}{\partial \boldsymbol{x}}\right|_{\substack{\boldsymbol{x}=\widehat{\boldsymbol{x}}_0^{(\mathrm{a})}\\ \boldsymbol{\lambda}=\widehat{\boldsymbol{\lambda}}_0^{(\mathrm{a})}}} = \nabla_x J^{(\mathrm{a})}(\widehat{\boldsymbol{x}}_0^{(\mathrm{a})}) + (\boldsymbol{C}(\widehat{\boldsymbol{x}}_0^{(\mathrm{a})}))^{\mathrm{T}}\widehat{\boldsymbol{\lambda}}_0^{(\mathrm{a})}$$

$$= \boldsymbol{O}_{q\times 1} \Rightarrow \widehat{\boldsymbol{\lambda}}_0^{(\mathrm{a})} = -(\boldsymbol{C}(\widehat{\boldsymbol{x}}_0^{(\mathrm{a})})(\boldsymbol{C}(\widehat{\boldsymbol{x}}_0^{(\mathrm{a})}))^{\mathrm{T}})^{-1}\boldsymbol{C}(\widehat{\boldsymbol{x}}_0^{(\mathrm{a})})\nabla_x J^{(\mathrm{a})}(\widehat{\boldsymbol{x}}_0^{(\mathrm{a})}) \tag{6.19}$$

6.2.2　理论性能分析

本节首先推导参数估计均方误差的克拉美罗界, 然后推导估计值 $\widehat{\boldsymbol{x}}^{(\mathrm{a})}$ 的均方误差, 并将其与相应的克拉美罗界进行定量比较, 从而验证该估计值的渐近统计最优性。

1. 克拉美罗界分析

在模型参数 $\boldsymbol{s}$ 精确已知的条件下推导未知参数 $\boldsymbol{x}$ 的估计均方误差的克拉美罗界, 具体结论可见以下两个命题。

【命题 6.1】基于式 (6.1) 和式 (6.2) 给出的观测模型, 未知参数 $\boldsymbol{x}$ 的估计均方误差的克拉美罗界可以表示为①

$$\begin{aligned}\mathbf{CRB}_{\mathrm{c}}^{(\mathrm{a})}(\boldsymbol{x}) &= \mathbf{CRB}^{(\mathrm{a})}(\boldsymbol{x}) - \mathbf{CRB}^{(\mathrm{a})}(\boldsymbol{x})(\boldsymbol{C}(\boldsymbol{x}))^{\mathrm{T}} \\ &\quad \times (\boldsymbol{C}(\boldsymbol{x})\mathbf{CRB}^{(\mathrm{a})}(\boldsymbol{x})(\boldsymbol{C}(\boldsymbol{x}))^{\mathrm{T}})^{-1}\boldsymbol{C}(\boldsymbol{x})\mathbf{CRB}^{(\mathrm{a})}(\boldsymbol{x})\end{aligned} \tag{6.20}$$

式中, $\mathbf{CRB}^{(\mathrm{a})}(\boldsymbol{x}) = ((\boldsymbol{F}_x(\boldsymbol{x},\boldsymbol{s}))^{\mathrm{T}}\boldsymbol{E}^{-1}\boldsymbol{F}_x(\boldsymbol{x},\boldsymbol{s}))^{-1}$ 表示没有等式约束条件下的克拉美罗界②。

【证明】联合式 (2.122) 和式 (2.124) 可知式 (6.20) 成立。证毕。

【命题 6.2】基于式 (6.1) 和式 (6.2) 给出的观测模型, 对行满秩矩阵 $\boldsymbol{C}(\boldsymbol{x})$ 进行奇异值分解

$$\boldsymbol{C}(\boldsymbol{x}) = \boldsymbol{U}(\boldsymbol{x})\begin{bmatrix}\underbrace{\boldsymbol{\Sigma}(\boldsymbol{x})}_{l\times l} & \boldsymbol{O}_{l\times(q-l)}\end{bmatrix}\begin{bmatrix}\underbrace{(\boldsymbol{V}_1(\boldsymbol{x}))^{\mathrm{T}}}_{l\times q} \\ \underbrace{(\boldsymbol{V}_2(\boldsymbol{x}))^{\mathrm{T}}}_{(q-l)\times q}\end{bmatrix} = \boldsymbol{U}(\boldsymbol{x})\boldsymbol{\Sigma}(\boldsymbol{x})(\boldsymbol{V}_1(\boldsymbol{x}))^{\mathrm{T}} \tag{6.21}$$

则未知参数 $\boldsymbol{x}$ 的估计均方误差的克拉美罗界可以表示为

$$\begin{aligned}\mathbf{CRB}_{\mathrm{c}}^{(\mathrm{a})}(\boldsymbol{x}) &= \boldsymbol{V}_2(\boldsymbol{x})((\boldsymbol{V}_2(\boldsymbol{x}))^{\mathrm{T}}(\boldsymbol{F}_x(\boldsymbol{x},\boldsymbol{s}))^{\mathrm{T}}\boldsymbol{E}^{-1}\boldsymbol{F}_x(\boldsymbol{x},\boldsymbol{s})\boldsymbol{V}_2(\boldsymbol{x}))^{-1}(\boldsymbol{V}_2(\boldsymbol{x}))^{\mathrm{T}} \\ &= \boldsymbol{V}_2(\boldsymbol{x})((\boldsymbol{V}_2(\boldsymbol{x}))^{\mathrm{T}}(\mathbf{CRB}^{(\mathrm{a})}(\boldsymbol{x}))^{-1}\boldsymbol{V}_2(\boldsymbol{x}))^{-1}(\boldsymbol{V}_2(\boldsymbol{x}))^{\mathrm{T}}\end{aligned} \tag{6.22}$$

【证明】利用矩阵奇异值分解的性质可知, 矩阵 $\boldsymbol{V}_2(\boldsymbol{x})$ 满足

$$\boldsymbol{C}(\boldsymbol{x})\boldsymbol{V}_2(\boldsymbol{x}) = \boldsymbol{O}_{l\times(q-l)};\quad (\boldsymbol{V}_2(\boldsymbol{x}))^{\mathrm{T}}\boldsymbol{V}_2(\boldsymbol{x}) = \boldsymbol{I}_{q-l} \tag{6.23}$$

---

① 本章的下角标 c 表示含有等式约束的情形。

② 见第 3 章式 (3.8)。

利用式 (2.133) 可知式 (6.22) 成立。证毕。

【注记 6.3】由式 (6.22) 可知, 矩阵 $\mathbf{CRB}_{\mathrm{c}}^{(\mathrm{a})}(\boldsymbol{x})$ 若要存在, 矩阵 $\boldsymbol{F}_x(\boldsymbol{x},\boldsymbol{s})\boldsymbol{V}_2(\boldsymbol{x})$ 必须是列满秩的①。因此, 本章将此作为一个基本前提, 不再赘述。

式 (6.20) 和式 (6.22) 给出了矩阵 $\mathbf{CRB}_{\mathrm{c}}^{(\mathrm{a})}(\boldsymbol{x})$ 的两种表达式, 比较 $\mathbf{CRB}^{(\mathrm{a})}(\boldsymbol{x})$ 和 $\mathbf{CRB}_{\mathrm{c}}^{(\mathrm{a})}(\boldsymbol{x})$ 可以得到如下结论。

【命题 6.3】$\mathbf{CRB}_{\mathrm{c}}^{(\mathrm{a})}(\boldsymbol{x}) \leqslant \mathbf{CRB}^{(\mathrm{a})}(\boldsymbol{x})$。

【证明】根据命题 2.4 可知, 式 (6.20) 右边第 2 项是半正定矩阵, 由此可以直接推得 $\mathbf{CRB}_{\mathrm{c}}^{(\mathrm{a})}(\boldsymbol{x}) \leqslant \mathbf{CRB}^{(\mathrm{a})}(\boldsymbol{x})$。证毕。

【注记 6.4】命题 6.3 表明, 等式约束降低了未知参数 $\boldsymbol{x}$ 的估计均方误差的克拉美罗界, 从而有利于提高估计精度。

【注记 6.5】由式 (6.20) 可知 $\mathbf{CRB}_{\mathrm{c}}^{(\mathrm{a})}(\boldsymbol{x})(\boldsymbol{C}(\boldsymbol{x}))^{\mathrm{T}} = \boldsymbol{O}_{q\times l}$, 由此可知, 矩阵 $\mathbf{CRB}_{\mathrm{c}}^{(\mathrm{a})}(\boldsymbol{x})$ 已不再是满秩方阵了, 这是由等式约束所导致的。

2. 方法 6–a 的理论性能分析

下面推导方法 6–a 的估计值 $\widehat{\boldsymbol{x}}^{(\mathrm{a})}$ 的统计性能, 具体结论可见以下两个命题。

【命题 6.4】向量 $\widehat{\boldsymbol{x}}^{(\mathrm{a})}$ 是关于未知参数 $\boldsymbol{x}$ 的渐近无偏估计值, 并且其均方误差为

$$\begin{aligned}\mathbf{MSE}(\widehat{\boldsymbol{x}}^{(\mathrm{a})}) =& \mathbf{CRB}^{(\mathrm{a})}(\boldsymbol{x}) - \mathbf{CRB}^{(\mathrm{a})}(\boldsymbol{x})(\boldsymbol{C}(\boldsymbol{x}))^{\mathrm{T}} \\ &\times (\boldsymbol{C}(\boldsymbol{x})\mathbf{CRB}^{(\mathrm{a})}(\boldsymbol{x})(\boldsymbol{C}(\boldsymbol{x}))^{\mathrm{T}})^{-1}\boldsymbol{C}(\boldsymbol{x})\mathbf{CRB}^{(\mathrm{a})}(\boldsymbol{x})\end{aligned} \tag{6.24}$$

【证明】利用第 2.6.2 节中的结论进行证明。首先, 令 $\boldsymbol{J}_{xx}^{(\mathrm{a})} = \left.\dfrac{\partial^2 J^{(\mathrm{a})}(\boldsymbol{x})}{\partial \boldsymbol{x}\,\partial \boldsymbol{x}^{\mathrm{T}}}\right|_{\boldsymbol{e}=\boldsymbol{O}_{p\times 1}}$, $\boldsymbol{J}_{xe}^{(\mathrm{a})} = \left.\dfrac{\partial^2 J^{(\mathrm{a})}(\boldsymbol{x})}{\partial \boldsymbol{x}\,\partial \boldsymbol{e}^{\mathrm{T}}}\right|_{\boldsymbol{e}=\boldsymbol{O}_{p\times 1}}$。然后, 根据 $J^{(\mathrm{a})}(\boldsymbol{x})$ 的表达式可知

$$\boldsymbol{J}_{xx}^{(\mathrm{a})} = 2(\boldsymbol{F}_x(\boldsymbol{x},\boldsymbol{s}))^{\mathrm{T}}\boldsymbol{E}^{-1}\boldsymbol{F}_x(\boldsymbol{x},\boldsymbol{s});\quad \boldsymbol{J}_{xe}^{(\mathrm{a})} = -2(\boldsymbol{F}_x(\boldsymbol{x},\boldsymbol{s}))^{\mathrm{T}}\boldsymbol{E}^{-1} \tag{6.25}$$

容易验证②

$$\begin{aligned}\boldsymbol{J}_{xe}^{(\mathrm{a})}\mathbf{COV}(\boldsymbol{e})(\boldsymbol{J}_{xe}^{(\mathrm{a})})^{\mathrm{T}} &= \boldsymbol{J}_{xe}^{(\mathrm{a})}\boldsymbol{E}(\boldsymbol{J}_{xe}^{(\mathrm{a})})^{\mathrm{T}} = 4(\boldsymbol{F}_x(\boldsymbol{x},\boldsymbol{s}))^{\mathrm{T}}\boldsymbol{E}^{-1}\boldsymbol{E}\boldsymbol{E}^{-1}\boldsymbol{F}_x(\boldsymbol{x},\boldsymbol{s}) \\ &= 4(\boldsymbol{F}_x(\boldsymbol{x},\boldsymbol{s}))^{\mathrm{T}}\boldsymbol{E}^{-1}\boldsymbol{F}_x(\boldsymbol{x},\boldsymbol{s}) = 2\boldsymbol{J}_{xx}^{(\mathrm{a})}\end{aligned} \tag{6.26}$$

---

① $\boldsymbol{V}_2(\boldsymbol{x})$ 是列满秩矩阵, 根据附录 A 中的结论可知, 若 $\boldsymbol{F}_x(\boldsymbol{x},\boldsymbol{s})$ 是列满秩矩阵, 则 $\boldsymbol{F}_x(\boldsymbol{x},\boldsymbol{s})\boldsymbol{V}_2(\boldsymbol{x})$ 就是列满秩矩阵。

② 该式源自第 2 章式 (2.170)。

最后, 利用式 (2.171) 可得

$$\begin{aligned}\mathbf{MSE}(\widehat{\boldsymbol{x}}^{(\mathrm{a})}) &= \mathbf{E}[(\widehat{\boldsymbol{x}}^{(\mathrm{a})}-\boldsymbol{x})(\widehat{\boldsymbol{x}}^{(\mathrm{a})}-\boldsymbol{x})^{\mathrm{T}}] \\ &= \mathbf{E}[\Delta\boldsymbol{x}^{(\mathrm{a})}(\Delta\boldsymbol{x}^{(\mathrm{a})})^{\mathrm{T}}] \\ &= 2(\boldsymbol{J}_{xx}^{(\mathrm{a})})^{-1} - 2(\boldsymbol{J}_{xx}^{(\mathrm{a})})^{-1}(\boldsymbol{C}(\boldsymbol{x}))^{\mathrm{T}} \\ &\quad \times (\boldsymbol{C}(\boldsymbol{x})(\boldsymbol{J}_{xx}^{(\mathrm{a})})^{-1}(\boldsymbol{C}(\boldsymbol{x}))^{\mathrm{T}})^{-1}\boldsymbol{C}(\boldsymbol{x})(\boldsymbol{J}_{xx}^{(\mathrm{a})})^{-1} \end{aligned} \tag{6.27}$$

式中, $\Delta\boldsymbol{x}^{(\mathrm{a})} = \widehat{\boldsymbol{x}}^{(\mathrm{a})} - \boldsymbol{x}$ 表示向量 $\widehat{\boldsymbol{x}}^{(\mathrm{a})}$ 中的估计误差。又因为 $\mathbf{CRB}^{(\mathrm{a})}(\boldsymbol{x}) = 2(\boldsymbol{J}_{xx}^{(\mathrm{a})})^{-1}$, 将该式代入式 (6.27) 可知式 (6.24) 成立。证毕。

【命题 6.5】向量 $\widehat{\boldsymbol{x}}^{(\mathrm{a})}$ 是关于未知参数 $\boldsymbol{x}$ 的渐近统计最优估计值。

【证明】结合命题 6.1 和命题 6.4 可得

$$\begin{aligned}\mathbf{MSE}(\widehat{\boldsymbol{x}}^{(\mathrm{a})}) &= \mathbf{CRB}^{(\mathrm{a})}(\boldsymbol{x}) - \mathbf{CRB}^{(\mathrm{a})}(\boldsymbol{x})(\boldsymbol{C}(\boldsymbol{x}))^{\mathrm{T}} \\ &\quad \times (\boldsymbol{C}(\boldsymbol{x})\mathbf{CRB}^{(\mathrm{a})}(\boldsymbol{x})(\boldsymbol{C}(\boldsymbol{x}))^{\mathrm{T}})^{-1}\boldsymbol{C}(\boldsymbol{x})\mathbf{CRB}^{(\mathrm{a})}(\boldsymbol{x}) \\ &= \mathbf{CRB}_{\mathrm{c}}^{(\mathrm{a})}(\boldsymbol{x}) \end{aligned} \tag{6.28}$$

证毕。

6.2.3 数值实验

本节的数值实验将函数 $\boldsymbol{f}(\boldsymbol{x},\boldsymbol{s})$ 设为

$$\boldsymbol{f}(\boldsymbol{x},\boldsymbol{s}) = \begin{bmatrix} s_1 & s_2 & s_3 & 0 \\ 0 & s_1 & s_2 & s_3 \\ s_1^2 & s_2^2 & s_3^2 & 0 \\ 0 & s_1^2 & s_2^2 & s_3^2 \\ s_1s_2 & s_1s_3 & s_2s_3 & 0 \\ 0 & s_1s_2 & s_1s_3 & s_2s_3 \\ s_1+s_2 & s_1+s_3 & s_2+s_3 & 0 \\ 0 & s_1+s_2 & s_1+s_3 & s_2+s_3 \end{bmatrix} \begin{bmatrix} x_1^2 \\ x_1x_2 \\ x_2^2+x_3^2 \\ x_3x_4 \end{bmatrix} \in \mathbf{R}^{8\times 1} \tag{6.29}$$

式中, $\boldsymbol{x} = [x_1 \ \ x_2 \ \ x_3 \ \ x_4]^{\mathrm{T}}$, $\boldsymbol{s} = [s_1 \ \ s_2 \ \ s_3]^{\mathrm{T}}$。相应的等式约束为

$$\boldsymbol{c}(\boldsymbol{x})=\begin{bmatrix}c_1(\boldsymbol{x})\\c_2(\boldsymbol{x})\end{bmatrix}=\begin{bmatrix}x_1^2+x_2^2\\x_1x_2x_3x_4\end{bmatrix}=\begin{bmatrix}5\\12\end{bmatrix}=\boldsymbol{d} \tag{6.30}$$

式中, $\boldsymbol{d}=\begin{bmatrix}5\\12\end{bmatrix}$。基于式 (6.29) 可以推得 Jacobi 矩阵 $\boldsymbol{F}_x(\boldsymbol{x},\boldsymbol{s})$ 的表达式为

$$\boldsymbol{F}_x(\boldsymbol{x},\boldsymbol{s})=\begin{bmatrix}s_1 & s_2 & s_3 & 0\\0 & s_1 & s_2 & s_3\\s_1^2 & s_2^2 & s_3^2 & 0\\0 & s_1^2 & s_2^2 & s_3^2\\s_1s_2 & s_1s_3 & s_2s_3 & 0\\0 & s_1s_2 & s_1s_3 & s_2s_3\\s_1+s_2 & s_1+s_3 & s_2+s_3 & 0\\0 & s_1+s_2 & s_1+s_3 & s_2+s_3\end{bmatrix}\begin{bmatrix}2x_1 & 0 & 0 & 0\\x_2 & x_1 & 0 & 0\\0 & 2x_2 & 2x_3 & 0\\0 & 0 & x_4 & x_3\end{bmatrix}\in\mathbf{R}^{8\times4} \tag{6.31}$$

由式 (6.31) 可以进一步推得

$$\frac{\partial\text{vec}[(\boldsymbol{F}_x(\boldsymbol{x},\boldsymbol{s}))^{\mathrm{T}}]}{\partial\boldsymbol{x}^{\mathrm{T}}}$$

$$=\left(\begin{bmatrix}s_1 & s_2 & s_3 & 0\\0 & s_1 & s_2 & s_3\\s_1^2 & s_2^2 & s_3^2 & 0\\0 & s_1^2 & s_2^2 & s_3^2\\s_1s_2 & s_1s_3 & s_2s_3 & 0\\0 & s_1s_2 & s_1s_3 & s_2s_3\\s_1+s_2 & s_1+s_3 & s_2+s_3 & 0\\0 & s_1+s_2 & s_1+s_3 & s_2+s_3\end{bmatrix}\otimes\boldsymbol{I}_4\right)\begin{bmatrix}2\;\;0\;\;0\;\;0\\\boldsymbol{O}_{3\times4}\\0\;\;1\;\;0\;\;0\\1\;\;0\;\;0\;\;0\\\boldsymbol{O}_{3\times4}\\0\;\;2\;\;0\;\;0\\0\;\;0\;\;2\;\;0\\\boldsymbol{O}_{3\times4}\\0\;\;0\;\;0\;\;1\\0\;\;0\;\;1\;\;0\end{bmatrix}\in\mathbf{R}^{32\times4} \tag{6.32}$$

基于式 (6.30) 可以推得 Jacobi 矩阵 $\boldsymbol{C}(\boldsymbol{x})$ 与 Hesse 矩阵 $\nabla_{xx}^2c_1(\boldsymbol{x})$ 和 $\nabla_{xx}^2c_2(\boldsymbol{x})$ 的表达式分别为

$$
\begin{cases}
\boldsymbol{C}(\boldsymbol{x}) = \begin{bmatrix} 2x_1 & 2x_2 & 0 & 0 \\ x_2x_3x_4 & x_1x_3x_4 & x_1x_2x_4 & x_1x_2x_3 \end{bmatrix} \in \mathbf{R}^{2\times 4} \\
\nabla^2_{xx}c_1(\boldsymbol{x}) = \begin{bmatrix} 2 & 0 & 0 & 0 \\ 0 & 2 & 0 & 0 \\ 0 & 0 & 0 & 0 \\ 0 & 0 & 0 & 0 \end{bmatrix} \in \mathbf{R}^{4\times 4} \\
\nabla^2_{xx}c_2(\boldsymbol{x}) = \begin{bmatrix} 0 & x_3x_4 & x_2x_4 & x_2x_3 \\ x_3x_4 & 0 & x_1x_4 & x_1x_3 \\ x_2x_4 & x_1x_4 & 0 & x_1x_2 \\ x_2x_3 & x_1x_3 & x_1x_2 & 0 \end{bmatrix} \in \mathbf{R}^{4\times 4}
\end{cases}
\tag{6.33}
$$

将未知参数设为 $\boldsymbol{x} = [2\ \ 1\ \ 3\ \ 2]^{\mathrm{T}}$, 将模型参数设为 $\boldsymbol{s} = [6\ \ 12\ \ 2]^{\mathrm{T}}$ (假设其精确已知), 观测误差协方差矩阵设为 $\boldsymbol{E} = \sigma_1^2\boldsymbol{I}_8$, 其中 σ_1 称为观测误差标准差。利用方法 6−a 对未知参数 $\boldsymbol{x}$ 进行估计, 并将其与方法 3−a 的估计精度进行比较。图 6.2 给出了未知参数 $\boldsymbol{x}$ 估计均方根误差随观测误差标准差 σ_1 的变化曲线。

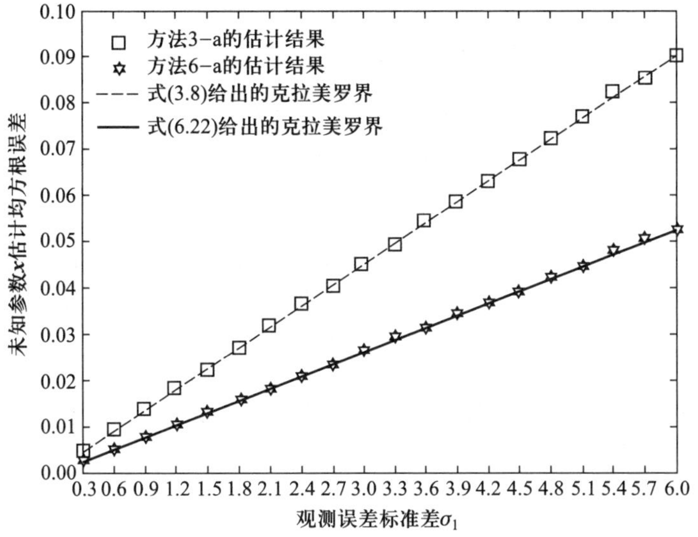

图 6.2　未知参数 $\boldsymbol{x}$ 估计均方根误差随观测误差标准差 σ_1 的变化曲线

由图 6.2 可以看出:

① 方法 6−a 对未知参数 $\boldsymbol{x}$ 的估计均方根误差随观测误差标准差 σ_1 的增加

而增大。

② 方法 6−a 对未知参数 $\boldsymbol{x}$ 的估计均方根误差可以达到由式 (6.22) 给出的克拉美罗界, 从而验证了第 6.2.2 节理论性能分析的有效性。

③ 方法 6−a 对未知参数 $\boldsymbol{x}$ 的估计精度明显高于方法 3−a 对未知参数 $\boldsymbol{x}$ 的估计精度, 这是因为等式约束降低了整个观测模型的不确定性, 从而有利于提高参数估计精度, 这与命题 6.3 是相符的。

6.3 模型参数先验观测误差对参数估计性能的影响

本节假设模型参数 $\boldsymbol{s}$ 并不能精确已知, 实际中仅存在关于模型参数 $\boldsymbol{s}$ 的先验观测值 $\widehat{\boldsymbol{s}}$, 其中包含先验观测误差。下面首先在此情形下推导参数估计均方误差的克拉美罗界, 然后推导方法 6−a 在此情形下的估计均方误差, 并将其与相应的克拉美罗界进行定量比较。

6.3.1 对克拉美罗界的影响

当模型参数先验观测误差存在时, 模型参数 $\boldsymbol{s}$ 已不再是精确已知量, 应将其看成是未知量, 但是也不能将其与未知参数 $\boldsymbol{x}$ 等同地看待, 因为还存在模型参数 $\boldsymbol{s}$ 的先验观测值 $\widehat{\boldsymbol{s}}$, 此时的观测模型可以表示为

$$\begin{cases} \boldsymbol{z} = \boldsymbol{f}(\boldsymbol{x}, \boldsymbol{s}) + \boldsymbol{e} \\ \widehat{\boldsymbol{s}} = \boldsymbol{s} + \boldsymbol{\varphi} \end{cases} \tag{6.34}$$

此时, 未知参数 $\boldsymbol{x}$ 仍然满足等式约束式 (6.2)。下面推导未知参数 $\boldsymbol{x}$ 和模型参数 $\boldsymbol{s}$ 联合估计均方误差的克拉美罗界, 具体结论可见以下两个命题。

【命题 6.6】 基于式 (6.2) 和式 (6.34) 给出的观测模型, 未知参数 $\boldsymbol{x}$ 和模型参数 $\boldsymbol{s}$ 联合估计均方误差的克拉美罗界可以表示为[①]

$$\begin{aligned} \mathbf{CRB}_{\mathrm{c}}^{(\mathrm{b})}\left(\begin{bmatrix}\boldsymbol{x}\\\boldsymbol{s}\end{bmatrix}\right) = {} & \mathbf{CRB}^{(\mathrm{b})}\left(\begin{bmatrix}\boldsymbol{x}\\\boldsymbol{s}\end{bmatrix}\right) - \mathbf{CRB}^{(\mathrm{b})}\left(\begin{bmatrix}\boldsymbol{x}\\\boldsymbol{s}\end{bmatrix}\right)(\overline{\boldsymbol{C}}(\boldsymbol{x}))^{\mathrm{T}} \\ & \times \left(\overline{\boldsymbol{C}}(\boldsymbol{x})\mathbf{CRB}^{(\mathrm{b})}\left(\begin{bmatrix}\boldsymbol{x}\\\boldsymbol{s}\end{bmatrix}\right)(\overline{\boldsymbol{C}}(\boldsymbol{x}))^{\mathrm{T}}\right)^{-1} \\ & \times \overline{\boldsymbol{C}}(\boldsymbol{x})\mathbf{CRB}^{(\mathrm{b})}\left(\begin{bmatrix}\boldsymbol{x}\\\boldsymbol{s}\end{bmatrix}\right) \end{aligned} \tag{6.35}$$

① 本章的上角标 (b) 表示模型参数先验观测误差存在的情形。

式中,

$$\mathbf{CRB}^{(\mathrm{b})}\left(\begin{bmatrix}\boldsymbol{x}\\ \boldsymbol{s}\end{bmatrix}\right)=\left[\begin{array}{c:c}(\boldsymbol{F}_x(\boldsymbol{x},\boldsymbol{s}))^{\mathrm{T}}\boldsymbol{E}^{-1}\boldsymbol{F}_x(\boldsymbol{x},\boldsymbol{s}) & (\boldsymbol{F}_x(\boldsymbol{x},\boldsymbol{s}))^{\mathrm{T}}\boldsymbol{E}^{-1}\boldsymbol{F}_s(\boldsymbol{x},\boldsymbol{s})\\ \hdashline (\boldsymbol{F}_s(\boldsymbol{x},\boldsymbol{s}))^{\mathrm{T}}\boldsymbol{E}^{-1}\boldsymbol{F}_x(\boldsymbol{x},\boldsymbol{s}) & (\boldsymbol{F}_s(\boldsymbol{x},\boldsymbol{s}))^{\mathrm{T}}\boldsymbol{E}^{-1}\boldsymbol{F}_s(\boldsymbol{x},\boldsymbol{s})+\boldsymbol{\Psi}^{-1}\end{array}\right]^{-1}$$

表示没有等式约束条件下的克拉美罗界①, $\boldsymbol{F}_s(\boldsymbol{x},\boldsymbol{s})=\dfrac{\partial \boldsymbol{f}(\boldsymbol{x},\boldsymbol{s})}{\partial \boldsymbol{s}^{\mathrm{T}}}\in\mathbf{R}^{p\times r}$ 表示函数 $\boldsymbol{f}(\boldsymbol{x},\boldsymbol{s})$ 关于向量 $\boldsymbol{s}$ 的 Jacobi 矩阵, $\overline{\boldsymbol{C}}(\boldsymbol{x})=[\boldsymbol{C}(\boldsymbol{x})\ \ \boldsymbol{O}_{l\times r}]\in\mathbf{R}^{l\times(q+r)}$。

【证明】定义扩维的参数向量 $\boldsymbol{\mu}=[\boldsymbol{x}^{\mathrm{T}}\ \ \boldsymbol{s}^{\mathrm{T}}]^{\mathrm{T}}\in\mathbf{R}^{(q+r)\times 1}$, 此时函数 $\boldsymbol{c}(\boldsymbol{x})$ 关于向量 $\boldsymbol{\mu}$ 的 Jacobi 矩阵为

$$\frac{\partial \boldsymbol{c}(\boldsymbol{x})}{\partial \boldsymbol{\mu}^{\mathrm{T}}}=[\boldsymbol{C}(\boldsymbol{x})\ \ \boldsymbol{O}_{l\times r}]=\overline{\boldsymbol{C}}(\boldsymbol{x})\in\mathbf{R}^{l\times(q+r)}\tag{6.36}$$

联合式 (2.122) 和式 (2.124) 可知式 (6.35) 成立。证毕。

【命题 6.7】基于式 (6.2) 和式 (6.34) 给出的观测模型, 若令 $\overline{\boldsymbol{V}}_2(\boldsymbol{x})=\mathrm{blkdiag}\{\boldsymbol{V}_2(\boldsymbol{x}),\boldsymbol{I}_r\}\in\mathbf{R}^{(q+r)\times(q+r-l)}$, 则未知参数 $\boldsymbol{x}$ 和模型参数 $\boldsymbol{s}$ 联合估计均方误差的克拉美罗界可以表示为

$$\begin{aligned}\mathbf{CRB}_{\mathrm{c}}^{(\mathrm{b})}\left(\begin{bmatrix}\boldsymbol{x}\\ \boldsymbol{s}\end{bmatrix}\right)&=\overline{\boldsymbol{V}}_2(\boldsymbol{x})\left((\overline{\boldsymbol{V}}_2(\boldsymbol{x}))^{\mathrm{T}}\left[\begin{array}{c:c}(\boldsymbol{F}_x(\boldsymbol{x},\boldsymbol{s}))^{\mathrm{T}}\boldsymbol{E}^{-1}\boldsymbol{F}_x(\boldsymbol{x},\boldsymbol{s}) & (\boldsymbol{F}_x(\boldsymbol{x},\boldsymbol{s}))^{\mathrm{T}}\boldsymbol{E}^{-1}\boldsymbol{F}_s(\boldsymbol{x},\boldsymbol{s})\\ \hdashline (\boldsymbol{F}_s(\boldsymbol{x},\boldsymbol{s}))^{\mathrm{T}}\boldsymbol{E}^{-1}\boldsymbol{F}_x(\boldsymbol{x},\boldsymbol{s}) & (\boldsymbol{F}_s(\boldsymbol{x},\boldsymbol{s}))^{\mathrm{T}}\boldsymbol{E}^{-1}\boldsymbol{F}_s(\boldsymbol{x},\boldsymbol{s})+\boldsymbol{\Psi}^{-1}\end{array}\right]\overline{\boldsymbol{V}}_2(\boldsymbol{x})\right)^{-1}(\overline{\boldsymbol{V}}_2(\boldsymbol{x}))^{\mathrm{T}}\\ &=\overline{\boldsymbol{V}}_2(\boldsymbol{x})\left((\overline{\boldsymbol{V}}_2(\boldsymbol{x}))^{\mathrm{T}}\left(\mathbf{CRB}^{(\mathrm{b})}\left(\begin{bmatrix}\boldsymbol{x}\\ \boldsymbol{s}\end{bmatrix}\right)\right)^{-1}\overline{\boldsymbol{V}}_2(\boldsymbol{x})\right)^{-1}(\overline{\boldsymbol{V}}_2(\boldsymbol{x}))^{\mathrm{T}}\end{aligned}\tag{6.37}$$

【证明】由于矩阵 $\overline{\boldsymbol{V}}_2(\boldsymbol{x})$ 满足

$$\begin{aligned}&\overline{\boldsymbol{C}}(\boldsymbol{x})\overline{\boldsymbol{V}}_2(\boldsymbol{x})=[\boldsymbol{C}(\boldsymbol{x})\boldsymbol{V}_2(\boldsymbol{x})\quad \boldsymbol{O}_{l\times r}]=\boldsymbol{O}_{l\times(q+r-l)}\\ &(\overline{\boldsymbol{V}}_2(\boldsymbol{x}))^{\mathrm{T}}\overline{\boldsymbol{V}}_2(\boldsymbol{x})=\mathrm{blkdiag}\{(\boldsymbol{V}_2(\boldsymbol{x}))^{\mathrm{T}}\boldsymbol{V}_2(\boldsymbol{x}),\boldsymbol{I}_r\}=\boldsymbol{I}_{q+r-l}\end{aligned}\tag{6.38}$$

利用式 (2.133) 可知式 (6.37) 成立。证毕。

基于命题 6.6 和命题 6.7 还可以得到以下 8 个命题。

① 见第 3 章式 (3.25)。

【命题 6.8】基于式 (6.2) 和式 (6.34) 给出的观测模型, 未知参数 $\boldsymbol{x}$ 的估计均方误差的克拉美罗界可以表示为

$$\begin{aligned}\mathbf{CRB}_{\mathrm{c}}^{(\mathrm{b})}(\boldsymbol{x}) &= \mathbf{CRB}^{(\mathrm{b})}(\boldsymbol{x}) - \mathbf{CRB}^{(\mathrm{b})}(\boldsymbol{x})(\boldsymbol{C}(\boldsymbol{x}))^{\mathrm{T}} \\ &\quad \times (\boldsymbol{C}(\boldsymbol{x})\mathbf{CRB}^{(\mathrm{b})}(\boldsymbol{x})(\boldsymbol{C}(\boldsymbol{x}))^{\mathrm{T}})^{-1}\boldsymbol{C}(\boldsymbol{x})\mathbf{CRB}^{(\mathrm{b})}(\boldsymbol{x})\end{aligned} \tag{6.39}$$

【证明】首先, 利用式 (6.35) 可知

$$\begin{aligned}\mathbf{CRB}_{\mathrm{c}}^{(\mathrm{b})}(\boldsymbol{x}) &= [\boldsymbol{I}_q \quad \boldsymbol{O}_{q\times r}]\mathbf{CRB}_{\mathrm{c}}^{(\mathrm{b})}\left(\begin{bmatrix}\boldsymbol{x}\\ \boldsymbol{s}\end{bmatrix}\right)\begin{bmatrix}\boldsymbol{I}_q\\ \boldsymbol{O}_{r\times q}\end{bmatrix} \\ &= [\boldsymbol{I}_q \quad \boldsymbol{O}_{q\times r}]\mathbf{CRB}^{(\mathrm{b})}\left(\begin{bmatrix}\boldsymbol{x}\\ \boldsymbol{s}\end{bmatrix}\right)\begin{bmatrix}\boldsymbol{I}_q\\ \boldsymbol{O}_{r\times q}\end{bmatrix} \\ &\quad - [\boldsymbol{I}_q \quad \boldsymbol{O}_{q\times r}]\mathbf{CRB}^{(\mathrm{b})}\left(\begin{bmatrix}\boldsymbol{x}\\ \boldsymbol{s}\end{bmatrix}\right)(\overline{\boldsymbol{C}}(\boldsymbol{x}))^{\mathrm{T}} \\ &\quad \times \left(\overline{\boldsymbol{C}}(\boldsymbol{x})\mathbf{CRB}^{(\mathrm{b})}\left(\begin{bmatrix}\boldsymbol{x}\\ \boldsymbol{s}\end{bmatrix}\right)(\overline{\boldsymbol{C}}(\boldsymbol{x}))^{\mathrm{T}}\right)^{-1} \\ &\quad \times \overline{\boldsymbol{C}}(\boldsymbol{x})\mathbf{CRB}^{(\mathrm{b})}\left(\begin{bmatrix}\boldsymbol{x}\\ \boldsymbol{s}\end{bmatrix}\right)\begin{bmatrix}\boldsymbol{I}_q\\ \boldsymbol{O}_{r\times q}\end{bmatrix}\end{aligned} \tag{6.40}$$

然后, 基于矩阵 $\overline{\boldsymbol{C}}(\boldsymbol{x})$ 的定义可得

$$\begin{cases}[\boldsymbol{I}_q \quad \boldsymbol{O}_{q\times r}]\mathbf{CRB}^{(\mathrm{b})}\left(\begin{bmatrix}\boldsymbol{x}\\ \boldsymbol{s}\end{bmatrix}\right)(\overline{\boldsymbol{C}}(\boldsymbol{x}))^{\mathrm{T}} = \mathbf{CRB}^{(\mathrm{b})}(\boldsymbol{x})(\boldsymbol{C}(\boldsymbol{x}))^{\mathrm{T}} \\ \overline{\boldsymbol{C}}(\boldsymbol{x})\mathbf{CRB}^{(\mathrm{b})}\left(\begin{bmatrix}\boldsymbol{x}\\ \boldsymbol{s}\end{bmatrix}\right)(\overline{\boldsymbol{C}}(\boldsymbol{x}))^{\mathrm{T}} = \boldsymbol{C}(\boldsymbol{x})\mathbf{CRB}^{(\mathrm{b})}(\boldsymbol{x})(\boldsymbol{C}(\boldsymbol{x}))^{\mathrm{T}}\end{cases} \tag{6.41}$$

最后, 将式 (6.41) 代入式 (6.40) 可知式 (6.39) 成立。证毕。

【命题 6.9】基于式 (6.2) 和式 (6.34) 给出的观测模型, 未知参数 $\boldsymbol{x}$ 的估计均方误差的克拉美罗界可以表示为

$$\begin{aligned}\mathbf{CRB}_{\mathrm{c}}^{(\mathrm{b})}(\boldsymbol{x}) &= \mathbf{CRB}_{\mathrm{c}}^{(\mathrm{a})}(\boldsymbol{x}) + \mathbf{CRB}_{\mathrm{c}}^{(\mathrm{a})}(\boldsymbol{x})(\boldsymbol{F}_x(\boldsymbol{x},\boldsymbol{s}))^{\mathrm{T}}\boldsymbol{E}^{-1}\boldsymbol{F}_s(\boldsymbol{x},\boldsymbol{s}) \\ &\quad \times(\boldsymbol{\Psi}^{-1}+(\boldsymbol{F}_s(\boldsymbol{x},\boldsymbol{s}))^{\mathrm{T}}\boldsymbol{E}^{-1/2}\boldsymbol{\Pi}^{\perp}[\boldsymbol{E}^{-1/2}\boldsymbol{F}_x(\boldsymbol{x},\boldsymbol{s})\boldsymbol{V}_2(\boldsymbol{x})]\boldsymbol{E}^{-1/2}\boldsymbol{F}_s(\boldsymbol{x},\boldsymbol{s}))^{-1} \\ &\quad \times(\boldsymbol{F}_s(\boldsymbol{x},\boldsymbol{s}))^{\mathrm{T}}\boldsymbol{E}^{-1}\boldsymbol{F}_x(\boldsymbol{x},\boldsymbol{s})\mathbf{CRB}_{\mathrm{c}}^{(\mathrm{a})}(\boldsymbol{x})\end{aligned} \tag{6.42}$$

【**证明**】首先, 结合式 (6.37) 和式 (2.7) 可得

$$\mathbf{CRB}_{\mathrm{c}}^{(\mathrm{b})}(\boldsymbol{x})=\boldsymbol{V}_2(\boldsymbol{x})\begin{pmatrix}(\boldsymbol{V}_2(\boldsymbol{x}))^{\mathrm{T}}(\boldsymbol{F}_x(\boldsymbol{x},\boldsymbol{s}))^{\mathrm{T}}\boldsymbol{E}^{-1}\boldsymbol{F}_x(\boldsymbol{x},\boldsymbol{s})\boldsymbol{V}_2(\boldsymbol{x})\\ -(\boldsymbol{V}_2(\boldsymbol{x}))^{\mathrm{T}}(\boldsymbol{F}_x(\boldsymbol{x},\boldsymbol{s}))^{\mathrm{T}}\boldsymbol{E}^{-1}\boldsymbol{F}_s(\boldsymbol{x},\boldsymbol{s})\\ \times((\boldsymbol{F}_s(\boldsymbol{x},\boldsymbol{s}))^{\mathrm{T}}\boldsymbol{E}^{-1}\boldsymbol{F}_s(\boldsymbol{x},\boldsymbol{s})+\boldsymbol{\Psi}^{-1})^{-1}\\ \times(\boldsymbol{F}_s(\boldsymbol{x},\boldsymbol{s}))^{\mathrm{T}}\boldsymbol{E}^{-1}\boldsymbol{F}_x(\boldsymbol{x},\boldsymbol{s})\boldsymbol{V}_2(\boldsymbol{x})\end{pmatrix}^{-1}(\boldsymbol{V}_2(\boldsymbol{x}))^{\mathrm{T}} \tag{6.43}$$

然后, 利用式 (2.5) 可知

$$\begin{aligned}\mathbf{CRB}_{\mathrm{c}}^{(\mathrm{b})}(\boldsymbol{x})&=\boldsymbol{V}_2(\boldsymbol{x})((\boldsymbol{V}_2(\boldsymbol{x}))^{\mathrm{T}}(\boldsymbol{F}_x(\boldsymbol{x},\boldsymbol{s}))^{\mathrm{T}}\boldsymbol{E}^{-1}\boldsymbol{F}_x(\boldsymbol{x},\boldsymbol{s})\boldsymbol{V}_2(\boldsymbol{x}))^{-1}(\boldsymbol{V}_2(\boldsymbol{x}))^{\mathrm{T}}\\ &\quad+\boldsymbol{V}_2(\boldsymbol{x})((\boldsymbol{V}_2(\boldsymbol{x}))^{\mathrm{T}}(\boldsymbol{F}_x(\boldsymbol{x},\boldsymbol{s}))^{\mathrm{T}}\boldsymbol{E}^{-1}\boldsymbol{F}_x(\boldsymbol{x},\boldsymbol{s})\boldsymbol{V}_2(\boldsymbol{x}))^{-1}(\boldsymbol{V}_2(\boldsymbol{x}))^{\mathrm{T}}\\ &\quad\times(\boldsymbol{F}_x(\boldsymbol{x},\boldsymbol{s}))^{\mathrm{T}}\boldsymbol{E}^{-1}\boldsymbol{F}_s(\boldsymbol{x},\boldsymbol{s})\\ &\quad\times\begin{pmatrix}\boldsymbol{\Psi}^{-1}+(\boldsymbol{F}_s(\boldsymbol{x},\boldsymbol{s}))^{\mathrm{T}}\boldsymbol{E}^{-1}\boldsymbol{F}_s(\boldsymbol{x},\boldsymbol{s})\\ -(\boldsymbol{F}_s(\boldsymbol{x},\boldsymbol{s}))^{\mathrm{T}}\boldsymbol{E}^{-1}\boldsymbol{F}_x(\boldsymbol{x},\boldsymbol{s})\boldsymbol{V}_2(\boldsymbol{x})\\ \times((\boldsymbol{V}_2(\boldsymbol{x}))^{\mathrm{T}}(\boldsymbol{F}_x(\boldsymbol{x},\boldsymbol{s}))^{\mathrm{T}}\boldsymbol{E}^{-1}\boldsymbol{F}_x(\boldsymbol{x},\boldsymbol{s})\boldsymbol{V}_2(\boldsymbol{x}))^{-1}\\ \times(\boldsymbol{V}_2(\boldsymbol{x}))^{\mathrm{T}}(\boldsymbol{F}_x(\boldsymbol{x},\boldsymbol{s}))^{\mathrm{T}}\boldsymbol{E}^{-1}\boldsymbol{F}_s(\boldsymbol{x},\boldsymbol{s})\end{pmatrix}^{-1}\\ &\quad\times(\boldsymbol{F}_s(\boldsymbol{x},\boldsymbol{s}))^{\mathrm{T}}\boldsymbol{E}^{-1}\boldsymbol{F}_x(\boldsymbol{x},\boldsymbol{s})\boldsymbol{V}_2(\boldsymbol{x})((\boldsymbol{V}_2(\boldsymbol{x}))^{\mathrm{T}}\\ &\quad\times(\boldsymbol{F}_x(\boldsymbol{x},\boldsymbol{s}))^{\mathrm{T}}\boldsymbol{E}^{-1}\boldsymbol{F}_x(\boldsymbol{x},\boldsymbol{s})\boldsymbol{V}_2(\boldsymbol{x}))^{-1}(\boldsymbol{V}_2(\boldsymbol{x}))^{\mathrm{T}}\\ &=\mathbf{CRB}_{\mathrm{c}}^{(\mathrm{a})}(\boldsymbol{x})+\mathbf{CRB}_{\mathrm{c}}^{(\mathrm{a})}(\boldsymbol{x})(\boldsymbol{F}_x(\boldsymbol{x},\boldsymbol{s}))^{\mathrm{T}}\boldsymbol{E}^{-1}\boldsymbol{F}_s(\boldsymbol{x},\boldsymbol{s})\\ &\quad\times(\boldsymbol{\Psi}^{-1}+(\boldsymbol{F}_s(\boldsymbol{x},\boldsymbol{s}))^{\mathrm{T}}\boldsymbol{E}^{-1/2}(\boldsymbol{I}_p-\boldsymbol{E}^{-1/2}\boldsymbol{F}_x(\boldsymbol{x},\boldsymbol{s})\mathbf{CRB}_{\mathrm{c}}^{(\mathrm{a})}(\boldsymbol{x})\\ &\quad\times(\boldsymbol{F}_x(\boldsymbol{x},\boldsymbol{s}))^{\mathrm{T}}\boldsymbol{E}^{-1/2})\boldsymbol{E}^{-1/2}\boldsymbol{F}_s(\boldsymbol{x},\boldsymbol{s}))^{-1}\\ &\quad\times(\boldsymbol{F}_s(\boldsymbol{x},\boldsymbol{s}))^{\mathrm{T}}\boldsymbol{E}^{-1}\boldsymbol{F}_x(\boldsymbol{x},\boldsymbol{s})\mathbf{CRB}_{\mathrm{c}}^{(\mathrm{a})}(\boldsymbol{x})\end{aligned} \tag{6.44}$$

式中, 第 2 个等号应用了式 (6.22)。根据式 (2.41) 中的第 2 个等式可得

$$\begin{aligned}&\boldsymbol{\Pi}^{\perp}[\boldsymbol{E}^{-1/2}\boldsymbol{F}_x(\boldsymbol{x},\boldsymbol{s})\boldsymbol{V}_2(\boldsymbol{x})]\\ &=\boldsymbol{I}_p-\boldsymbol{E}^{-1/2}\boldsymbol{F}_x(\boldsymbol{x},\boldsymbol{s})\boldsymbol{V}_2(\boldsymbol{x})((\boldsymbol{V}_2(\boldsymbol{x}))^{\mathrm{T}}(\boldsymbol{F}_x(\boldsymbol{x},\boldsymbol{s}))^{\mathrm{T}}\boldsymbol{E}^{-1}\boldsymbol{F}_x(\boldsymbol{x},\boldsymbol{s})\boldsymbol{V}_2(\boldsymbol{x}))^{-1}\\ &\quad\times(\boldsymbol{V}_2(\boldsymbol{x}))^{\mathrm{T}}(\boldsymbol{F}_x(\boldsymbol{x},\boldsymbol{s}))^{\mathrm{T}}\boldsymbol{E}^{-1/2}\\ &=\boldsymbol{I}_p-\boldsymbol{E}^{-1/2}\boldsymbol{F}_x(\boldsymbol{x},\boldsymbol{s})\mathbf{CRB}_{\mathrm{c}}^{(\mathrm{a})}(\boldsymbol{x})(\boldsymbol{F}_x(\boldsymbol{x},\boldsymbol{s}))^{\mathrm{T}}\boldsymbol{E}^{-1/2}\end{aligned} \tag{6.45}$$

式中, 第 2 个等号应用了式 (6.22)。最后, 将式 (6.45) 代入式 (6.44) 可知式 (6.42) 成立。证毕。

【命题 6.10】基于式 (6.2) 和式 (6.34) 给出的观测模型, 未知参数 $\boldsymbol{x}$ 的估计均方误差的克拉美罗界可以表示为

$$
\begin{aligned}
\mathbf{CRB}_{\mathrm{c}}^{(\mathrm{b})}(\boldsymbol{x}) &= \boldsymbol{V}_2(\boldsymbol{x})((\boldsymbol{V}_2(\boldsymbol{x}))^{\mathrm{T}}(\boldsymbol{F}_x(\boldsymbol{x},\boldsymbol{s}))^{\mathrm{T}}(\boldsymbol{E}+\boldsymbol{F}_s(\boldsymbol{x},\boldsymbol{s})\boldsymbol{\Psi}(\boldsymbol{F}_s(\boldsymbol{x},\boldsymbol{s}))^{\mathrm{T}})^{-1} \\
&\quad \times \boldsymbol{F}_x(\boldsymbol{x},\boldsymbol{s})\boldsymbol{V}_2(\boldsymbol{x}))^{-1}(\boldsymbol{V}_2(\boldsymbol{x}))^{\mathrm{T}} \\
&= \boldsymbol{V}_2(\boldsymbol{x})((\boldsymbol{V}_2(\boldsymbol{x}))^{\mathrm{T}}(\mathbf{CRB}^{(\mathrm{b})}(\boldsymbol{x}))^{-1}\boldsymbol{V}_2(\boldsymbol{x}))^{-1}(\boldsymbol{V}_2(\boldsymbol{x}))^{\mathrm{T}}
\end{aligned} \tag{6.46}
$$

式中, $\mathbf{CRB}^{(\mathrm{b})}(\boldsymbol{x}) = ((\boldsymbol{F}_x(\boldsymbol{x},\boldsymbol{s}))^{\mathrm{T}}(\boldsymbol{E}+\boldsymbol{F}_s(\boldsymbol{x},\boldsymbol{s})\boldsymbol{\Psi}(\boldsymbol{F}_s(\boldsymbol{x},\boldsymbol{s}))^{\mathrm{T}})^{-1}\boldsymbol{F}_x(\boldsymbol{x},\boldsymbol{s}))^{-1}$ 表示没有等式约束条件下的克拉美罗界①。

【证明】首先, 结合式 (6.37) 和式 (2.7) 可得

$$
\begin{aligned}
\mathbf{CRB}_{\mathrm{c}}^{(\mathrm{b})}(\boldsymbol{x}) &= \boldsymbol{V}_2(\boldsymbol{x})\begin{pmatrix} (\boldsymbol{V}_2(\boldsymbol{x}))^{\mathrm{T}}(\boldsymbol{F}_x(\boldsymbol{x},\boldsymbol{s}))^{\mathrm{T}}\boldsymbol{E}^{-1}\boldsymbol{F}_x(\boldsymbol{x},\boldsymbol{s})\boldsymbol{V}_2(\boldsymbol{x}) \\ -(\boldsymbol{V}_2(\boldsymbol{x}))^{\mathrm{T}}(\boldsymbol{F}_x(\boldsymbol{x},\boldsymbol{s}))^{\mathrm{T}}\boldsymbol{E}^{-1}\boldsymbol{F}_s(\boldsymbol{x},\boldsymbol{s}) \\ \times((\boldsymbol{F}_s(\boldsymbol{x},\boldsymbol{s}))^{\mathrm{T}}\boldsymbol{E}^{-1}\boldsymbol{F}_s(\boldsymbol{x},\boldsymbol{s})+\boldsymbol{\Psi}^{-1})^{-1} \\ \times(\boldsymbol{F}_s(\boldsymbol{x},\boldsymbol{s}))^{\mathrm{T}}\boldsymbol{E}^{-1}\boldsymbol{F}_x(\boldsymbol{x},\boldsymbol{s})\boldsymbol{V}_2(\boldsymbol{x}) \end{pmatrix}^{-1}(\boldsymbol{V}_2(\boldsymbol{x}))^{\mathrm{T}} \\
&= \boldsymbol{V}_2(\boldsymbol{x})((\boldsymbol{V}_2(\boldsymbol{x}))^{\mathrm{T}}(\boldsymbol{F}_x(\boldsymbol{x},\boldsymbol{s}))^{\mathrm{T}}(\boldsymbol{E}^{-1}-\boldsymbol{E}^{-1}\boldsymbol{F}_s(\boldsymbol{x},\boldsymbol{s}) \\
&\quad \times(\boldsymbol{\Psi}^{-1}+(\boldsymbol{F}_s(\boldsymbol{x},\boldsymbol{s}))^{\mathrm{T}}\boldsymbol{E}^{-1}\boldsymbol{F}_s(\boldsymbol{x},\boldsymbol{s}))^{-1}(\boldsymbol{F}_s(\boldsymbol{x},\boldsymbol{s}))^{\mathrm{T}}\boldsymbol{E}^{-1}) \\
&\quad \times \boldsymbol{F}_x(\boldsymbol{x},\boldsymbol{s})\boldsymbol{V}_2(\boldsymbol{x}))^{-1}(\boldsymbol{V}_2(\boldsymbol{x}))^{\mathrm{T}}
\end{aligned} \tag{6.47}
$$

然后, 利用式 (2.1) 可得

$$
\begin{aligned}
&(\boldsymbol{E}+\boldsymbol{F}_s(\boldsymbol{x},\boldsymbol{s})\boldsymbol{\Psi}(\boldsymbol{F}_s(\boldsymbol{x},\boldsymbol{s}))^{\mathrm{T}})^{-1} \\
&= \boldsymbol{E}^{-1}-\boldsymbol{E}^{-1}\boldsymbol{F}_s(\boldsymbol{x},\boldsymbol{s})(\boldsymbol{\Psi}^{-1}+(\boldsymbol{F}_s(\boldsymbol{x},\boldsymbol{s}))^{\mathrm{T}}\boldsymbol{E}^{-1}\boldsymbol{F}_s(\boldsymbol{x},\boldsymbol{s}))^{-1}(\boldsymbol{F}_s(\boldsymbol{x},\boldsymbol{s}))^{\mathrm{T}}\boldsymbol{E}^{-1}
\end{aligned} \tag{6.48}
$$

最后, 将式 (6.48) 代入式 (6.47) 可知式 (6.46) 成立。证毕。

【命题 6.11】$\mathbf{CRB}_{\mathrm{c}}^{(\mathrm{b})}(\boldsymbol{x}) \geqslant \mathbf{CRB}_{\mathrm{c}}^{(\mathrm{a})}(\boldsymbol{x})$。

【证明】根据命题 3.8 可知 $\mathbf{CRB}^{(\mathrm{b})}(\boldsymbol{x}) \geqslant \mathbf{CRB}^{(\mathrm{a})}(\boldsymbol{x})$, 结合式 (6.22)、式 (6.46), 以及命题 2.10 可得 $\mathbf{CRB}_{\mathrm{c}}^{(\mathrm{b})}(\boldsymbol{x}) \geqslant \mathbf{CRB}_{\mathrm{c}}^{(\mathrm{a})}(\boldsymbol{x})$。证毕。

【命题 6.12】$\mathbf{CRB}_{\mathrm{c}}^{(\mathrm{b})}(\boldsymbol{x}) \leqslant \mathbf{CRB}^{(\mathrm{b})}(\boldsymbol{x})$。

【证明】结合式 (6.46) 和式 (2.63) 可知 $\mathbf{CRB}_{\mathrm{c}}^{(\mathrm{b})}(\boldsymbol{x}) \leqslant \mathbf{CRB}^{(\mathrm{b})}(\boldsymbol{x})$。证毕。

【命题 6.13】基于式 (6.2) 和式 (6.34) 给出的观测模型, 模型参数 $\boldsymbol{s}$ 的估计均方误差的克拉美罗界可以表示为

$$
\mathbf{CRB}_{\mathrm{c}}^{(\mathrm{b})}(\boldsymbol{s}) = (\boldsymbol{\Psi}^{-1}+(\boldsymbol{F}_s(\boldsymbol{x},\boldsymbol{s}))^{\mathrm{T}}\boldsymbol{E}^{-1/2}\boldsymbol{\Pi}^{\perp}[\boldsymbol{E}^{-1/2}\boldsymbol{F}_x(\boldsymbol{x},\boldsymbol{s})\boldsymbol{V}_2(\boldsymbol{x})]\boldsymbol{E}^{-1/2}\boldsymbol{F}_s(\boldsymbol{x},\boldsymbol{s}))^{-1} \tag{6.49}
$$

---

① 见第 3 章式 (3.35)。

【证明】首先, 结合式 (6.37) 和式 (2.7) 可得

$$\begin{aligned}\mathbf{CRB}_{\mathrm{c}}^{(\mathrm{b})}(\boldsymbol{s}) &= \begin{pmatrix}\boldsymbol{\varPsi}^{-1}+(\boldsymbol{F}_s(\boldsymbol{x},\boldsymbol{s}))^{\mathrm{T}}\boldsymbol{E}^{-1}\boldsymbol{F}_s(\boldsymbol{x},\boldsymbol{s}) \\ -(\boldsymbol{F}_s(\boldsymbol{x},\boldsymbol{s}))^{\mathrm{T}}\boldsymbol{E}^{-1}\boldsymbol{F}_x(\boldsymbol{x},\boldsymbol{s})\boldsymbol{V}_2(\boldsymbol{x}) \\ \times((\boldsymbol{V}_2(\boldsymbol{x}))^{\mathrm{T}}(\boldsymbol{F}_x(\boldsymbol{x},\boldsymbol{s}))^{\mathrm{T}}\boldsymbol{E}^{-1}\boldsymbol{F}_x(\boldsymbol{x},\boldsymbol{s})\boldsymbol{V}_2(\boldsymbol{x}))^{-1} \\ \times(\boldsymbol{V}_2(\boldsymbol{x}))^{\mathrm{T}}(\boldsymbol{F}_x(\boldsymbol{x},\boldsymbol{s}))^{\mathrm{T}}\boldsymbol{E}^{-1}\boldsymbol{F}_s(\boldsymbol{x},\boldsymbol{s})\end{pmatrix}^{-1} \\ &= (\boldsymbol{\varPsi}^{-1}+(\boldsymbol{F}_s(\boldsymbol{x},\boldsymbol{s}))^{\mathrm{T}}\boldsymbol{E}^{-1/2}(\boldsymbol{I}_p-\boldsymbol{E}^{-1/2}\boldsymbol{F}_x(\boldsymbol{x},\boldsymbol{s})\mathbf{CRB}_{\mathrm{c}}^{(\mathrm{a})}(\boldsymbol{x}) \\ &\quad \times(\boldsymbol{F}_x(\boldsymbol{x},\boldsymbol{s}))^{\mathrm{T}}\boldsymbol{E}^{-1/2})\boldsymbol{E}^{-1/2}\boldsymbol{F}_s(\boldsymbol{x},\boldsymbol{s}))^{-1} \end{aligned} \tag{6.50}$$

式中, 第 2 个等号应用了式 (6.22)。然后, 将式 (6.45) 代入式 (6.50) 可知式 (6.49) 成立。证毕。

【命题 6.14】 $\mathbf{CRB}_{\mathrm{c}}^{(\mathrm{b})}(\boldsymbol{s})\leqslant\boldsymbol{\varPsi}$, 若 $\boldsymbol{F}_s(\boldsymbol{x},\boldsymbol{s})$ 是行满秩矩阵, 则当且仅当 $p=q-l$ 时, $\mathbf{CRB}_{\mathrm{c}}^{(\mathrm{b})}(\boldsymbol{s})=\boldsymbol{\varPsi}$。

【证明】首先, 利用正交投影矩阵 $\boldsymbol{\varPi}^{\perp}[\boldsymbol{E}^{-1/2}\boldsymbol{F}_x(\boldsymbol{x},\boldsymbol{s})\boldsymbol{V}_2(\boldsymbol{x})]$ 的半正定性, 以及命题 2.4 和命题 2.9 可得

$$\begin{aligned}&(\mathbf{CRB}_{\mathrm{c}}^{(\mathrm{b})}(\boldsymbol{s}))^{-1} \\ &=\boldsymbol{\varPsi}^{-1}+(\boldsymbol{F}_s(\boldsymbol{x},\boldsymbol{s}))^{\mathrm{T}}\boldsymbol{E}^{-1/2}\boldsymbol{\varPi}^{\perp}[\boldsymbol{E}^{-1/2}\boldsymbol{F}_x(\boldsymbol{x},\boldsymbol{s})\boldsymbol{V}_2(\boldsymbol{x})]\boldsymbol{E}^{-1/2}\boldsymbol{F}_s(\boldsymbol{x},\boldsymbol{s})\geqslant\boldsymbol{\varPsi}^{-1} \\ &\Rightarrow\mathbf{CRB}_{\mathrm{c}}^{(\mathrm{b})}(\boldsymbol{s}) \\ &=(\boldsymbol{\varPsi}^{-1}+(\boldsymbol{F}_s(\boldsymbol{x},\boldsymbol{s}))^{\mathrm{T}}\boldsymbol{E}^{-1/2}\boldsymbol{\varPi}^{\perp}[\boldsymbol{E}^{-1/2}\boldsymbol{F}_x(\boldsymbol{x},\boldsymbol{s})\boldsymbol{V}_2(\boldsymbol{x})]\boldsymbol{E}^{-1/2}\boldsymbol{F}_s(\boldsymbol{x},\boldsymbol{s}))^{-1}\leqslant\boldsymbol{\varPsi}\end{aligned} \tag{6.51}$$

当 $p=q-l$ 时, $\boldsymbol{F}_x(\boldsymbol{x},\boldsymbol{s})\boldsymbol{V}_2(\boldsymbol{x})$ 为满秩方阵, 此时利用命题 2.18 可知 $\boldsymbol{\varPi}^{\perp}[\boldsymbol{E}^{-1/2}\boldsymbol{F}_x(\boldsymbol{x},\boldsymbol{s})\boldsymbol{V}_2(\boldsymbol{x})]=\boldsymbol{O}_{p\times p}$, 将该式代入式 (6.49) 可得 $\mathbf{CRB}_{\mathrm{c}}^{(\mathrm{b})}(\boldsymbol{s})=\boldsymbol{\varPsi}$。此外, 若 $\mathbf{CRB}_{\mathrm{c}}^{(\mathrm{b})}(\boldsymbol{s})=\boldsymbol{\varPsi}$, 则由式 (6.49) 可知

$$(\boldsymbol{F}_s(\boldsymbol{x},\boldsymbol{s}))^{\mathrm{T}}\boldsymbol{E}^{-1/2}\boldsymbol{\varPi}^{\perp}[\boldsymbol{E}^{-1/2}\boldsymbol{F}_x(\boldsymbol{x},\boldsymbol{s})\boldsymbol{V}_2(\boldsymbol{x})]\boldsymbol{E}^{-1/2}\boldsymbol{F}_s(\boldsymbol{x},\boldsymbol{s})=\boldsymbol{O}_{r\times r} \tag{6.52}$$

然后, 利用矩阵 $\boldsymbol{F}_s(\boldsymbol{x},\boldsymbol{s})$ 的行满秩性和命题 2.22 可得 $\boldsymbol{\varPi}^{\perp}[\boldsymbol{E}^{-1/2}\boldsymbol{F}_x(\boldsymbol{x},\boldsymbol{s})\boldsymbol{V}_2(\boldsymbol{x})]=\boldsymbol{O}_{p\times p}$。最后, 结合命题 2.17 可知, $\boldsymbol{F}_x(\boldsymbol{x},\boldsymbol{s})\boldsymbol{V}_2(\boldsymbol{x})\in\mathbf{R}^{p\times(q-l)}$ 为满秩方阵, 于是有 $p=q-l$。证毕。

【命题 6.15】 $\mathbf{CRB}_{\mathrm{c}}^{(\mathrm{b})}(\boldsymbol{s})\leqslant\mathbf{CRB}^{(\mathrm{b})}(\boldsymbol{s})$。

【证明】首先, 结合式 (6.49) 和式 (3.42) 可得

$$
\begin{aligned}
(\mathbf{CRB}_{\mathrm{c}}^{(\mathrm{b})}(\boldsymbol{s}))^{-1}-(\mathbf{CRB}^{(\mathrm{b})}(\boldsymbol{s}))^{-1} = (\boldsymbol{F}_s(\boldsymbol{x},\boldsymbol{s}))^{\mathrm{T}}\boldsymbol{E}^{-1/2}(\boldsymbol{\Pi}^{\perp}[\boldsymbol{E}^{-1/2}\boldsymbol{F}_x(\boldsymbol{x},\boldsymbol{s})\boldsymbol{V}_2(\boldsymbol{x})] \\
-\boldsymbol{\Pi}^{\perp}[\boldsymbol{E}^{-1/2}\boldsymbol{F}_x(\boldsymbol{x},\boldsymbol{s})])\boldsymbol{E}^{-1/2}\boldsymbol{F}_s(\boldsymbol{x},\boldsymbol{s})
\end{aligned}
\tag{6.53}
$$

然后, 利用命题 2.19 可知

$$
\begin{aligned}
&\boldsymbol{\Pi}^{\perp}[\boldsymbol{E}^{-1/2}\boldsymbol{F}_x(\boldsymbol{x},\boldsymbol{s})\boldsymbol{V}_2(\boldsymbol{x})] \geqslant \boldsymbol{\Pi}^{\perp}[\boldsymbol{E}^{-1/2}\boldsymbol{F}_x(\boldsymbol{x},\boldsymbol{s})] \\
&\Rightarrow \boldsymbol{\Pi}^{\perp}[\boldsymbol{E}^{-1/2}\boldsymbol{F}_x(\boldsymbol{x},\boldsymbol{s})\boldsymbol{V}_2(\boldsymbol{x})] - \boldsymbol{\Pi}^{\perp}[\boldsymbol{E}^{-1/2}\boldsymbol{F}_x(\boldsymbol{x},\boldsymbol{s})] \geqslant \boldsymbol{O}
\end{aligned}
\tag{6.54}
$$

最后, 结合式 (6.53) 和式 (6.54), 以及命题 2.4 和命题 2.9 可得

$$
(\mathbf{CRB}_{\mathrm{c}}^{(\mathrm{b})}(\boldsymbol{s}))^{-1} \geqslant (\mathbf{CRB}^{(\mathrm{b})}(\boldsymbol{s}))^{-1} \Rightarrow \mathbf{CRB}_{\mathrm{c}}^{(\mathrm{b})}(\boldsymbol{s}) \leqslant \mathbf{CRB}^{(\mathrm{b})}(\boldsymbol{s}) \tag{6.55}
$$

证毕。

【**注记 6.6**】对比式 (6.22) 和式 (6.46) 可知, 模型参数先验观测误差 $\boldsymbol{\varphi}$ 的影响可以等效为增大了观测向量 $\boldsymbol{z}$ 中的观测误差, 并且是将观测误差的协方差矩阵由原先的 $\boldsymbol{E}$ 增加至 $\boldsymbol{E}+\boldsymbol{F}_s(\boldsymbol{x},\boldsymbol{s})\boldsymbol{\Psi}(\boldsymbol{F}_s(\boldsymbol{x},\boldsymbol{s}))^{\mathrm{T}}$。

【**注记 6.7**】命题 6.11 表明, 模型参数先验观测误差 $\boldsymbol{\varphi}$ 增加了未知参数 $\boldsymbol{x}$ 的估计均方误差的克拉美罗界, 从而易导致估计精度降低。

【**注记 6.8**】命题 6.12 表明, 等式约束降低了未知参数 $\boldsymbol{x}$ 的估计均方误差的克拉美罗界, 从而有利于提高估计精度, 这与命题 6.3 是一致的。

【**注记 6.9**】命题 6.14 表明, 若 $p=q-l$, 则无法利用观测向量 $\boldsymbol{z}$ 进一步提高对模型参数 $\boldsymbol{s}$ 的估计精度 (相对先验观测精度而言)。只有当 $p>q-l$ 时, 才能够利用观测向量 $\boldsymbol{z}$ 进一步提高对模型参数 $\boldsymbol{s}$ 的估计精度 (相对先验观测精度而言)。

【**注记 6.10**】命题 6.15 表明, 等式约束降低了模型参数 $\boldsymbol{s}$ 的估计均方误差的克拉美罗界, 从而有利于提高估计精度。

6.3.2 对方法 6–a 的影响

模型参数先验观测误差显然会对方法 6–a 的估计精度产生直接影响, 下面推导方法 6–a 在模型参数先验观测误差存在时的统计性能。

为了避免符号混淆, 将此情形下向量 $\boldsymbol{x}$ 和 $\boldsymbol{\lambda}$ 的第 k 次迭代结果分别记为 $\widehat{\widehat{\boldsymbol{x}}}_k^{(\mathrm{a})}$ 和 $\widehat{\widehat{\boldsymbol{\lambda}}}_k^{(\mathrm{a})}$, 基于式 (6.17) 和式 (6.18) 可得

$$
\widehat{\widehat{\boldsymbol{\lambda}}}_{k+1}^{(\mathrm{a})} = \left(\boldsymbol{C}(\widehat{\widehat{\boldsymbol{x}}}_k^{(\mathrm{a})})\left(\nabla_{xx}^2\widetilde{J}^{(\mathrm{a})}(\widehat{\widehat{\boldsymbol{x}}}_k^{(\mathrm{a})})+\sum_{j=1}^{l}\widehat{\widehat{\lambda}}_{kj}^{(\mathrm{a})}\nabla_{xx}^2 c_j(\widehat{\widehat{\boldsymbol{x}}}_k^{(\mathrm{a})})\right)^{-1}(\boldsymbol{C}(\widehat{\widehat{\boldsymbol{x}}}_k^{(\mathrm{a})}))^{\mathrm{T}}\right)^{-1}
$$

$$
\times\left(\boldsymbol{c}(\widehat{\widehat{\boldsymbol{x}}}_k^{(\mathrm{a})})-\boldsymbol{d}-\boldsymbol{C}(\widehat{\widehat{\boldsymbol{x}}}_k^{(\mathrm{a})})\left(\nabla_{xx}^2\widetilde{J}^{(\mathrm{a})}(\widehat{\widehat{\boldsymbol{x}}}_k^{(\mathrm{a})})\right.\right.
$$

$$
\left.\left.+\sum_{j=1}^{l}\widehat{\widehat{\lambda}}_{kj}^{(\mathrm{a})}\nabla_{xx}^2 c_j(\widehat{\widehat{\boldsymbol{x}}}_k^{(\mathrm{a})})\right)^{-1}\nabla_x\widetilde{J}^{(\mathrm{a})}(\widehat{\widehat{\boldsymbol{x}}}_k^{(\mathrm{a})})\right) \tag{6.56}
$$

$$
\widehat{\widehat{\boldsymbol{x}}}_{k+1}^{(\mathrm{a})}=\widehat{\widehat{\boldsymbol{x}}}_k^{(\mathrm{a})}-\left(\nabla_{xx}^2\widetilde{J}^{(\mathrm{a})}(\widehat{\widehat{\boldsymbol{x}}}_k^{(\mathrm{a})})+\sum_{j=1}^{l}\widehat{\widehat{\lambda}}_{kj}^{(\mathrm{a})}\nabla_{xx}^2 c_j(\widehat{\widehat{\boldsymbol{x}}}_k^{(\mathrm{a})})\right)^{-1}(\nabla_x\widetilde{J}^{(\mathrm{a})}(\widehat{\widehat{\boldsymbol{x}}}_k^{(\mathrm{a})})
$$

$$
+(\boldsymbol{C}(\widehat{\widehat{\boldsymbol{x}}}_k^{(\mathrm{a})}))^{\mathrm{T}}\widehat{\widehat{\boldsymbol{\lambda}}}_{k+1}^{(\mathrm{a})}) \tag{6.57}
$$

式中，$\widehat{\widehat{\lambda}}_{kj}^{(\mathrm{a})}$ 表示向量 $\widehat{\widehat{\boldsymbol{\lambda}}}_k^{(\mathrm{a})}$ 的第 j 个分量 (即 $\widehat{\widehat{\lambda}}_{kj}^{(\mathrm{a})}=\langle\widehat{\widehat{\boldsymbol{\lambda}}}_k^{(\mathrm{a})}\rangle_j$)，$\widetilde{J}^{(\mathrm{a})}(\boldsymbol{x})=(\boldsymbol{z}-\boldsymbol{f}(\boldsymbol{x},\widehat{\boldsymbol{s}}))^{\mathrm{T}}\boldsymbol{E}^{-1}(\boldsymbol{z}-\boldsymbol{f}(\boldsymbol{x},\widehat{\boldsymbol{s}}))$ 表示对应的目标函数，$\nabla_x\widetilde{J}^{(\mathrm{a})}(\boldsymbol{x})$ 和 $\nabla_{xx}^2\widetilde{J}^{(\mathrm{a})}(\boldsymbol{x})$ 分别表示目标函数 $\widetilde{J}^{(\mathrm{a})}(\boldsymbol{x})$ 的梯度和 Hesse 矩阵，相应的表达式分别为

$$
\nabla_x\widetilde{J}^{(\mathrm{a})}(\boldsymbol{x})=\frac{\partial\widetilde{J}^{(\mathrm{a})}(\boldsymbol{x})}{\partial\boldsymbol{x}}=2(\boldsymbol{F}_x(\boldsymbol{x},\widehat{\boldsymbol{s}}))^{\mathrm{T}}\boldsymbol{E}^{-1}(\boldsymbol{f}(\boldsymbol{x},\widehat{\boldsymbol{s}})-\boldsymbol{z}) \tag{6.58}
$$

$$
\begin{aligned}
\nabla_{xx}^2\widetilde{J}^{(\mathrm{a})}(\boldsymbol{x})&=\frac{\partial^2\widetilde{J}^{(\mathrm{a})}(\boldsymbol{x})}{\partial\boldsymbol{x}\,\partial\boldsymbol{x}^{\mathrm{T}}}=\frac{\partial\nabla_x\widetilde{J}^{(\mathrm{a})}(\boldsymbol{x})}{\partial\boldsymbol{x}^{\mathrm{T}}}\\
&=2(\boldsymbol{F}_x(\boldsymbol{x},\widehat{\boldsymbol{s}}))^{\mathrm{T}}\boldsymbol{E}^{-1}\boldsymbol{F}_x(\boldsymbol{x},\widehat{\boldsymbol{s}})\\
&\quad+((2(\boldsymbol{f}(\boldsymbol{x},\widehat{\boldsymbol{s}})-\boldsymbol{z})^{\mathrm{T}}\boldsymbol{E}^{-1})\otimes\boldsymbol{I}_q)\frac{\partial\mathrm{vec}[(\boldsymbol{F}_x(\boldsymbol{x},\widehat{\boldsymbol{s}}))^{\mathrm{T}}]}{\partial\boldsymbol{x}^{\mathrm{T}}}
\end{aligned} \tag{6.59}
$$

相对式 (6.17) 和式 (6.18) 而言，迭代公式 (6.56) 和式 (6.57) 的不同之处在于用模型参数 $\boldsymbol{s}$ 的先验观测值 $\widehat{\boldsymbol{s}}$ 代替其真实值，因为这里考虑的是其精确值无法获知的情形。若将式 (6.56) 和式 (6.57) 的迭代收敛结果记为 $\widehat{\widehat{\boldsymbol{x}}}^{(\mathrm{a})}$ 和 $\widehat{\widehat{\boldsymbol{\lambda}}}^{(\mathrm{a})}$ (即 $\lim\limits_{k\to+\infty}\widehat{\widehat{\boldsymbol{x}}}_k^{(\mathrm{a})}=\widehat{\widehat{\boldsymbol{x}}}^{(\mathrm{a})}$ 和 $\lim\limits_{k\to+\infty}\widehat{\widehat{\boldsymbol{\lambda}}}_k^{(\mathrm{a})}=\widehat{\widehat{\boldsymbol{\lambda}}}^{(\mathrm{a})}$)，则向量 $\widehat{\widehat{\boldsymbol{x}}}^{(\mathrm{a})}$ 应是如下优化问题的最优解

$$
\begin{cases}
\min\limits_{\boldsymbol{x}\in\mathbf{R}^{q\times1}}\{\widetilde{J}^{(\mathrm{a})}(\boldsymbol{x})\}=\min\limits_{\boldsymbol{x}\in\mathbf{R}^{q\times1}}\{(\boldsymbol{z}-\boldsymbol{f}(\boldsymbol{x},\widehat{\boldsymbol{s}}))^{\mathrm{T}}\boldsymbol{E}^{-1}(\boldsymbol{z}-\boldsymbol{f}(\boldsymbol{x},\widehat{\boldsymbol{s}}))\}\\
\text{s.t. }\boldsymbol{c}(\boldsymbol{x})=\boldsymbol{d}
\end{cases} \tag{6.60}
$$

下面从统计的角度分析估计值 $\widehat{\widehat{\boldsymbol{x}}}^{(\mathrm{a})}$ 的理论性能，具体结论可见以下命题。

【命题 6.16】向量 $\widehat{\widehat{\boldsymbol{x}}}^{(\mathrm{a})}$ 是关于未知参数 $\boldsymbol{x}$ 的渐近无偏估计值，并且其均方误差为

$$\begin{aligned}
&\mathbf{MSE}(\widehat{\widehat{\boldsymbol{x}}}^{(\mathrm{a})})\\
&=\boldsymbol{V}_2(\boldsymbol{x})((\boldsymbol{V}_2(\boldsymbol{x}))^{\mathrm{T}}(\mathbf{CRB}^{(\mathrm{a})}(\boldsymbol{x}))^{-1}\boldsymbol{V}_2(\boldsymbol{x}))^{-1}(\boldsymbol{V}_2(\boldsymbol{x}))^{\mathrm{T}}\\
&\quad+\boldsymbol{V}_2(\boldsymbol{x})((\boldsymbol{V}_2(\boldsymbol{x}))^{\mathrm{T}}(\mathbf{CRB}^{(\mathrm{a})}(\boldsymbol{x}))^{-1}\boldsymbol{V}_2(\boldsymbol{x}))^{-1}(\boldsymbol{V}_2(\boldsymbol{x}))^{\mathrm{T}}(\boldsymbol{F}_x(\boldsymbol{x},\boldsymbol{s}))^{\mathrm{T}}\boldsymbol{E}^{-1}\boldsymbol{F}_s(\boldsymbol{x},\boldsymbol{s})\boldsymbol{\Psi}\\
&\quad\times(\boldsymbol{F}_s(\boldsymbol{x},\boldsymbol{s}))^{\mathrm{T}}\boldsymbol{E}^{-1}\boldsymbol{F}_x(\boldsymbol{x},\boldsymbol{s})\boldsymbol{V}_2(\boldsymbol{x})((\boldsymbol{V}_2(\boldsymbol{x}))^{\mathrm{T}}(\mathbf{CRB}^{(\mathrm{a})}(\boldsymbol{x}))^{-1}\boldsymbol{V}_2(\boldsymbol{x}))^{-1}(\boldsymbol{V}_2(\boldsymbol{x}))^{\mathrm{T}}
\end{aligned}\tag{6.61}$$

【证明】利用第 2.6.2 节中的结论进行证明。首先, 定义误差向量 $\boldsymbol{\zeta}=[\boldsymbol{e}^{\mathrm{T}}\ \ \boldsymbol{\varphi}^{\mathrm{T}}]^{\mathrm{T}}\in\mathbf{R}^{(p+r)\times 1}$, 并令 $\widetilde{\boldsymbol{J}}_{xx}^{(\mathrm{a})}=\left.\dfrac{\partial^2\widetilde{J}^{(\mathrm{a})}(\boldsymbol{x})}{\partial\boldsymbol{x}\,\partial\boldsymbol{x}^{\mathrm{T}}}\right|_{\boldsymbol{\zeta}=\boldsymbol{O}_{(p+r)\times 1}}$, $\widetilde{\boldsymbol{J}}_{x\zeta}^{(\mathrm{a})}=\left.\dfrac{\partial^2\widetilde{J}^{(\mathrm{a})}(\boldsymbol{x})}{\partial\boldsymbol{x}\,\partial\boldsymbol{\zeta}^{\mathrm{T}}}\right|_{\boldsymbol{\zeta}=\boldsymbol{O}_{(p+r)\times 1}}$。根据 $\widetilde{J}^{(\mathrm{a})}(\boldsymbol{x})$ 的表达式可知

$$\begin{aligned}
&\widetilde{\boldsymbol{J}}_{xx}^{(\mathrm{a})}=2(\boldsymbol{F}_x(\boldsymbol{x},\boldsymbol{s}))^{\mathrm{T}}\boldsymbol{E}^{-1}\boldsymbol{F}_x(\boldsymbol{x},\boldsymbol{s})=\boldsymbol{J}_{xx}^{(\mathrm{a})};\\
&\widetilde{\boldsymbol{J}}_{x\zeta}^{(\mathrm{a})}=2(\boldsymbol{F}_x(\boldsymbol{x},\boldsymbol{s}))^{\mathrm{T}}\boldsymbol{E}^{-1}[-\boldsymbol{I}_p\ \ \boldsymbol{F}_s(\boldsymbol{x},\boldsymbol{s})]
\end{aligned}\tag{6.62}$$

此时, $\widetilde{\boldsymbol{J}}_{x\zeta}^{(\mathrm{a})}\mathbf{COV}(\boldsymbol{\zeta})(\widetilde{\boldsymbol{J}}_{x\zeta}^{(\mathrm{a})})^{\mathrm{T}}=\widetilde{\boldsymbol{J}}_{x\zeta}^{(\mathrm{a})}\mathrm{blkdiag}\{\boldsymbol{E},\boldsymbol{\Psi}\}(\widetilde{\boldsymbol{J}}_{x\zeta}^{(\mathrm{a})})^{\mathrm{T}}\neq 2\widetilde{\boldsymbol{J}}_{xx}^{(\mathrm{a})}$①。于是, 由式 (2.169) 可得

$$\begin{aligned}
\mathbf{MSE}(\widehat{\widehat{\boldsymbol{x}}}^{(\mathrm{a})})&=\mathbf{E}[(\widehat{\widehat{\boldsymbol{x}}}^{(\mathrm{a})}-\boldsymbol{x})(\widehat{\widehat{\boldsymbol{x}}}^{(\mathrm{a})}-\boldsymbol{x})^{\mathrm{T}}]=\mathbf{E}[\Delta\widetilde{\boldsymbol{x}}^{(\mathrm{a})}(\Delta\widetilde{\boldsymbol{x}}^{(\mathrm{a})})^{\mathrm{T}}]\\
&=(\boldsymbol{I}_q-(\widetilde{\boldsymbol{J}}_{xx}^{(\mathrm{a})})^{-1}(\boldsymbol{C}(\boldsymbol{x}))^{\mathrm{T}}(\boldsymbol{C}(\boldsymbol{x})(\widetilde{\boldsymbol{J}}_{xx}^{(\mathrm{a})})^{-1}(\boldsymbol{C}(\boldsymbol{x}))^{\mathrm{T}})^{-1}\\
&\quad\times\boldsymbol{C}(\boldsymbol{x}))(\widetilde{\boldsymbol{J}}_{xx}^{(\mathrm{a})})^{-1}\widetilde{\boldsymbol{J}}_{x\zeta}^{(\mathrm{a})}\mathrm{blkdiag}\{\boldsymbol{E},\boldsymbol{\Psi}\}(\widetilde{\boldsymbol{J}}_{x\zeta}^{(\mathrm{a})})^{\mathrm{T}}(\widetilde{\boldsymbol{J}}_{xx}^{(\mathrm{a})})^{-1}\\
&\quad\times(\boldsymbol{I}_q-(\boldsymbol{C}(\boldsymbol{x}))^{\mathrm{T}}(\boldsymbol{C}(\boldsymbol{x})(\widetilde{\boldsymbol{J}}_{xx}^{(\mathrm{a})})^{-1}(\boldsymbol{C}(\boldsymbol{x}))^{\mathrm{T}})^{-1}\boldsymbol{C}(\boldsymbol{x})(\widetilde{\boldsymbol{J}}_{xx}^{(\mathrm{a})})^{-1})\\
&=(2(\widetilde{\boldsymbol{J}}_{xx}^{(\mathrm{a})})^{-1}-2(\widetilde{\boldsymbol{J}}_{xx}^{(\mathrm{a})})^{-1}(\boldsymbol{C}(\boldsymbol{x}))^{\mathrm{T}}(\boldsymbol{C}(\boldsymbol{x})(\widetilde{\boldsymbol{J}}_{xx}^{(\mathrm{a})})^{-1}(\boldsymbol{C}(\boldsymbol{x}))^{\mathrm{T}})^{-1}\\
&\quad\times\boldsymbol{C}(\boldsymbol{x})(\widetilde{\boldsymbol{J}}_{xx}^{(\mathrm{a})})^{-1})\left(\frac{1}{4}\widetilde{\boldsymbol{J}}_{x\zeta}^{(\mathrm{a})}\mathrm{blkdiag}\{\boldsymbol{E},\boldsymbol{\Psi}\}(\widetilde{\boldsymbol{J}}_{x\zeta}^{(\mathrm{a})})^{\mathrm{T}}\right)\\
&\quad\times(2(\widetilde{\boldsymbol{J}}_{xx}^{(\mathrm{a})})^{-1}-2(\widetilde{\boldsymbol{J}}_{xx}^{(\mathrm{a})})^{-1}(\boldsymbol{C}(\boldsymbol{x}))^{\mathrm{T}}(\boldsymbol{C}(\boldsymbol{x})(\widetilde{\boldsymbol{J}}_{xx}^{(\mathrm{a})})^{-1}\\
&\quad\times(\boldsymbol{C}(\boldsymbol{x}))^{\mathrm{T}})^{-1}\boldsymbol{C}(\boldsymbol{x})(\widetilde{\boldsymbol{J}}_{xx}^{(\mathrm{a})})^{-1})
\end{aligned}\tag{6.63}$$

式中, $\Delta\widetilde{\boldsymbol{x}}^{(\mathrm{a})}=\widehat{\widehat{\boldsymbol{x}}}^{(\mathrm{a})}-\boldsymbol{x}$ 表示向量 $\widehat{\widehat{\boldsymbol{x}}}^{(\mathrm{a})}$ 中的估计误差。结合式 (6.20)、式 (6.22), 以及式 (6.62) 中的第 1 个等式可知

① 即式 (2.170) 未能得到满足。

$$
\begin{aligned}
&2(\widetilde{\boldsymbol{J}}_{xx}^{(\mathrm{a})})^{-1}-2(\widetilde{\boldsymbol{J}}_{xx}^{(\mathrm{a})})^{-1}(\boldsymbol{C}(\boldsymbol{x}))^{\mathrm{T}}(\boldsymbol{C}(\boldsymbol{x})(\widetilde{\boldsymbol{J}}_{xx}^{(\mathrm{a})})^{-1}(\boldsymbol{C}(\boldsymbol{x}))^{\mathrm{T}})^{-1}\boldsymbol{C}(\boldsymbol{x})(\widetilde{\boldsymbol{J}}_{xx}^{(\mathrm{a})})^{-1}\\
&=2(\boldsymbol{J}_{xx}^{(\mathrm{a})})^{-1}-2(\boldsymbol{J}_{xx}^{(\mathrm{a})})^{-1}(\boldsymbol{C}(\boldsymbol{x}))^{\mathrm{T}}(\boldsymbol{C}(\boldsymbol{x})(\boldsymbol{J}_{xx}^{(\mathrm{a})})^{-1}(\boldsymbol{C}(\boldsymbol{x}))^{\mathrm{T}})^{-1}\boldsymbol{C}(\boldsymbol{x})(\boldsymbol{J}_{xx}^{(\mathrm{a})})^{-1}\\
&=\mathbf{CRB}^{(\mathrm{a})}(\boldsymbol{x})-\mathbf{CRB}^{(\mathrm{a})}(\boldsymbol{x})(\boldsymbol{C}(\boldsymbol{x}))^{\mathrm{T}}(\boldsymbol{C}(\boldsymbol{x})\mathbf{CRB}^{(\mathrm{a})}(\boldsymbol{x})(\boldsymbol{C}(\boldsymbol{x}))^{\mathrm{T}})^{-1}\boldsymbol{C}(\boldsymbol{x})\mathbf{CRB}^{(\mathrm{a})}(\boldsymbol{x})\\
&=\boldsymbol{V}_2(\boldsymbol{x})((\boldsymbol{V}_2(\boldsymbol{x}))^{\mathrm{T}}(\mathbf{CRB}^{(\mathrm{a})}(\boldsymbol{x}))^{-1}\boldsymbol{V}_2(\boldsymbol{x}))^{-1}(\boldsymbol{V}_2(\boldsymbol{x}))^{\mathrm{T}}
\end{aligned}
\tag{6.64}
$$

然后, 利用式 (6.62) 中的第 2 个等式可得

$$
\begin{aligned}
&\frac{1}{4}\widetilde{\boldsymbol{J}}_{x\zeta}^{(\mathrm{a})}\mathrm{blkdiag}\{\boldsymbol{E},\boldsymbol{\Psi}\}(\widetilde{\boldsymbol{J}}_{x\zeta}^{(\mathrm{a})})^{\mathrm{T}}\\
&=(\boldsymbol{F}_x(\boldsymbol{x},\boldsymbol{s}))^{\mathrm{T}}\boldsymbol{E}^{-1}\boldsymbol{F}_x(\boldsymbol{x},\boldsymbol{s})+(\boldsymbol{F}_x(\boldsymbol{x},\boldsymbol{s}))^{\mathrm{T}}\boldsymbol{E}^{-1}\boldsymbol{F}_s(\boldsymbol{x},\boldsymbol{s})\boldsymbol{\Psi}(\boldsymbol{F}_s(\boldsymbol{x},\boldsymbol{s}))^{\mathrm{T}}\boldsymbol{E}^{-1}\boldsymbol{F}_x(\boldsymbol{x},\boldsymbol{s})\\
&=(\mathbf{CRB}^{(\mathrm{a})}(\boldsymbol{x}))^{-1}+(\boldsymbol{F}_x(\boldsymbol{x},\boldsymbol{s}))^{\mathrm{T}}\boldsymbol{E}^{-1}\boldsymbol{F}_s(\boldsymbol{x},\boldsymbol{s})\boldsymbol{\Psi}(\boldsymbol{F}_s(\boldsymbol{x},\boldsymbol{s}))^{\mathrm{T}}\boldsymbol{E}^{-1}\boldsymbol{F}_x(\boldsymbol{x},\boldsymbol{s})
\end{aligned}
\tag{6.65}
$$

最后, 将式 (6.64) 和式 (6.65) 代入式 (6.63) 可知式 (6.61) 成立。证毕。

【注记 6.11】结合式 (6.22) 和式 (6.61) 可知

$$
\begin{aligned}
\mathbf{MSE}(\widehat{\widehat{\boldsymbol{x}}}^{(\mathrm{a})})=\ &\mathbf{CRB}_{\mathrm{c}}^{(\mathrm{a})}(\boldsymbol{x})+\mathbf{CRB}_{\mathrm{c}}^{(\mathrm{a})}(\boldsymbol{x})(\boldsymbol{F}_x(\boldsymbol{x},\boldsymbol{s}))^{\mathrm{T}}\\
&\times\boldsymbol{E}^{-1}\boldsymbol{F}_s(\boldsymbol{x},\boldsymbol{s})\boldsymbol{\Psi}(\boldsymbol{F}_s(\boldsymbol{x},\boldsymbol{s}))^{\mathrm{T}}\boldsymbol{E}^{-1}\boldsymbol{F}_x(\boldsymbol{x},\boldsymbol{s})\mathbf{CRB}_{\mathrm{c}}^{(\mathrm{a})}(\boldsymbol{x})
\end{aligned}
\tag{6.66}
$$

基于命题 6.16 还可以得到以下两个命题。

【命题 6.17】$\mathbf{MSE}(\widehat{\widehat{\boldsymbol{x}}}^{(\mathrm{a})})\geqslant\mathbf{MSE}(\widehat{\boldsymbol{x}}^{(\mathrm{a})})=\mathbf{CRB}_{\mathrm{c}}^{(\mathrm{a})}(\boldsymbol{x})$。

【证明】利用矩阵 $\boldsymbol{\Psi}$ 的正定性与命题 2.4 可得

$$
\mathbf{CRB}_{\mathrm{c}}^{(\mathrm{a})}(\boldsymbol{x})(\boldsymbol{F}_x(\boldsymbol{x},\boldsymbol{s}))^{\mathrm{T}}\boldsymbol{E}^{-1}\boldsymbol{F}_s(\boldsymbol{x},\boldsymbol{s})\boldsymbol{\Psi}(\boldsymbol{F}_s(\boldsymbol{x},\boldsymbol{s}))^{\mathrm{T}}\boldsymbol{E}^{-1}\boldsymbol{F}_x(\boldsymbol{x},\boldsymbol{s})\mathbf{CRB}_{\mathrm{c}}^{(\mathrm{a})}(\boldsymbol{x})\geqslant\boldsymbol{O}
\tag{6.67}
$$

结合式 (6.66) 和式 (6.67) 可知

$$
\mathbf{MSE}(\widehat{\widehat{\boldsymbol{x}}}^{(\mathrm{a})})\geqslant\mathbf{MSE}(\widehat{\boldsymbol{x}}^{(\mathrm{a})})=\mathbf{CRB}_{\mathrm{c}}^{(\mathrm{a})}(\boldsymbol{x})
\tag{6.68}
$$

证毕。

【命题 6.18】$\mathbf{MSE}(\widehat{\widehat{\boldsymbol{x}}}^{(\mathrm{a})})\geqslant\mathbf{CRB}_{\mathrm{c}}^{(\mathrm{b})}(\boldsymbol{x})$。

【证明】利用正交投影矩阵 $\boldsymbol{\Pi}^{\perp}[\boldsymbol{E}^{-1/2}\boldsymbol{F}_x(\boldsymbol{x},\boldsymbol{s})\boldsymbol{V}_2(\boldsymbol{x})]$ 的半正定性与命题 2.4 可得

$$
(\boldsymbol{F}_s(\boldsymbol{x},\boldsymbol{s}))^{\mathrm{T}}\boldsymbol{E}^{-1/2}\boldsymbol{\Pi}^{\perp}[\boldsymbol{E}^{-1/2}\boldsymbol{F}_x(\boldsymbol{x},\boldsymbol{s})\boldsymbol{V}_2(\boldsymbol{x})]\boldsymbol{E}^{-1/2}\boldsymbol{F}_s(\boldsymbol{x},\boldsymbol{s})\geqslant\boldsymbol{O}
\tag{6.69}
$$

基于式 (6.69) 和命题 2.9 可得

$$
\begin{aligned}
&\boldsymbol{\Psi}^{-1}+(\boldsymbol{F}_s(\boldsymbol{x},\boldsymbol{s}))^{\mathrm{T}}\boldsymbol{E}^{-1/2}\boldsymbol{\Pi}^{\perp}[\boldsymbol{E}^{-1/2}\boldsymbol{F}_x(\boldsymbol{x},\boldsymbol{s})\boldsymbol{V}_2(\boldsymbol{x})]\boldsymbol{E}^{-1/2}\boldsymbol{F}_s(\boldsymbol{x},\boldsymbol{s})\geqslant\boldsymbol{\Psi}^{-1}\\
&\Rightarrow(\boldsymbol{\Psi}^{-1}+(\boldsymbol{F}_s(\boldsymbol{x},\boldsymbol{s}))^{\mathrm{T}}\boldsymbol{E}^{-1/2}\boldsymbol{\Pi}^{\perp}[\boldsymbol{E}^{-1/2}\boldsymbol{F}_x(\boldsymbol{x},\boldsymbol{s})\boldsymbol{V}_2(\boldsymbol{x})]\boldsymbol{E}^{-1/2}\boldsymbol{F}_s(\boldsymbol{x},\boldsymbol{s}))^{-1}\leqslant\boldsymbol{\Psi}
\end{aligned}
\tag{6.70}
$$

结合式 (6.42)、式 (6.66) 和式 (6.70), 以及命题 2.5 可知 $\mathbf{MSE}(\widehat{\widehat{\boldsymbol{x}}}^{(\mathrm{a})})\geqslant\mathbf{CRB}_{\mathrm{c}}^{(\mathrm{b})}(\boldsymbol{x})$。证毕。

【**注记 6.12**】命题 6.18 表明, 当模型参数先验观测误差存在时, 向量 $\widehat{\widehat{\boldsymbol{x}}}^{(\mathrm{a})}$ 的估计均方误差难以达到相应的克拉美罗界 (即 $\mathbf{CRB}_{\mathrm{c}}^{(\mathrm{b})}(\boldsymbol{x})$), 其并不是关于未知参数 $\boldsymbol{x}$ 的渐近统计最优估计值。因此, 下面还需要在模型参数先验观测误差存在的情形下, 给出性能可以达到克拉美罗界的估计方法。

6.4 模型参数先验观测误差存在下的参数估计优化模型、求解方法及其理论性能

6.4.1 参数估计优化模型及其求解方法

1. 参数估计优化模型

当模型参数先验观测误差存在时, 应将模型参数 $\boldsymbol{s}$ 看成是未知量。此时, 为了最大程度地抑制观测误差 $\boldsymbol{e}$ 和 $\boldsymbol{\varphi}$ 的影响, 可以将参数估计优化模型表示为

$$
\begin{cases}
\min\limits_{\substack{\boldsymbol{x}\in\mathbf{R}^{q\times1};\boldsymbol{s}\in\mathbf{R}^{r\times1}\\ \boldsymbol{e}\in\mathbf{R}^{p\times1};\boldsymbol{\varphi}\in\mathbf{R}^{r\times1}}}\{\boldsymbol{e}^{\mathrm{T}}\boldsymbol{E}^{-1}\boldsymbol{e}+\boldsymbol{\varphi}^{\mathrm{T}}\boldsymbol{\Psi}^{-1}\boldsymbol{\varphi}\}\\
\text{s.t. } \boldsymbol{z}=\boldsymbol{f}(\boldsymbol{x},\boldsymbol{s})+\boldsymbol{e}\\
\qquad \widehat{\boldsymbol{s}}=\boldsymbol{s}+\boldsymbol{\varphi}\\
\qquad \boldsymbol{c}(\boldsymbol{x})=\boldsymbol{d}
\end{cases}
\tag{6.71}
$$

式中, $\boldsymbol{E}^{-1}$ 和 $\boldsymbol{\Psi}^{-1}$ 均表示加权矩阵。显然, 式 (6.71) 也可以直接转化成如下优化模型

$$
\begin{cases}
\min\limits_{\boldsymbol{\mu}\in\mathbf{R}^{(q+r)\times1}}\{J^{(\mathrm{b})}(\boldsymbol{\mu})\}\\
=\min\limits_{\boldsymbol{x}\in\mathbf{R}^{q\times1};\boldsymbol{s}\in\mathbf{R}^{r\times1}}\{(\boldsymbol{z}-\boldsymbol{f}(\boldsymbol{x},\boldsymbol{s}))^{\mathrm{T}}\boldsymbol{E}^{-1}(\boldsymbol{z}-\boldsymbol{f}(\boldsymbol{x},\boldsymbol{s}))+(\widehat{\boldsymbol{s}}-\boldsymbol{s})^{\mathrm{T}}\boldsymbol{\Psi}^{-1}(\widehat{\boldsymbol{s}}-\boldsymbol{s})\}\\
\text{s.t. } \boldsymbol{c}(\boldsymbol{x})=\boldsymbol{d}
\end{cases}
\tag{6.72}
$$

式中, $J^{(\mathrm{b})}(\boldsymbol{\mu})=(\boldsymbol{z}-\boldsymbol{f}(\boldsymbol{x},\boldsymbol{s}))^{\mathrm{T}}\boldsymbol{E}^{-1}(\boldsymbol{z}-\boldsymbol{f}(\boldsymbol{x},\boldsymbol{s}))+(\widehat{\boldsymbol{s}}-\boldsymbol{s})^{\mathrm{T}}\boldsymbol{\Psi}^{-1}(\widehat{\boldsymbol{s}}-\boldsymbol{s})$ 表示对应的目标函数, 其中 $\boldsymbol{\mu}=[\boldsymbol{x}^{\mathrm{T}}\ \ \boldsymbol{s}^{\mathrm{T}}]^{\mathrm{T}}\in\mathbf{R}^{(q+r)\times 1}$。式 (6.72) 的求解需要迭代计算, 下面将第 6.2.1 节中的拉格朗日乘子方法进行推广, 并给出另外两种迭代方法, 分别称为方法 6−b1 和方法 6−b2。

2. 迭代求解方法 6−b1

方法 6−b1 适用于仅需要对未知参数 $\boldsymbol{x}$ 进行估计, 而不需要对模型参数 $\boldsymbol{s}$ 进行估计的情形。该方法的基本思想是将模型参数先验观测误差的统计特性融入每步迭代中, 从而有效抑制该误差的影响。

假设未知参数 $\boldsymbol{x}$ 的第 k 次迭代结果为 $\widehat{\boldsymbol{x}}_k^{(\mathrm{b1})}$①, 现将函数 $\boldsymbol{f}(\boldsymbol{x},\boldsymbol{s})$ 在点 $(\widehat{\boldsymbol{x}}_k^{(\mathrm{b1})},\widehat{\boldsymbol{s}})$ 处进行一阶泰勒级数展开, 可得

$$\begin{aligned}\boldsymbol{f}(\boldsymbol{x},\boldsymbol{s})&\approx\boldsymbol{f}(\widehat{\boldsymbol{x}}_k^{(\mathrm{b1})},\widehat{\boldsymbol{s}})+\boldsymbol{F}_x(\widehat{\boldsymbol{x}}_k^{(\mathrm{b1})},\widehat{\boldsymbol{s}})(\boldsymbol{x}-\widehat{\boldsymbol{x}}_k^{(\mathrm{b1})})+\boldsymbol{F}_s(\widehat{\boldsymbol{x}}_k^{(\mathrm{b1})},\widehat{\boldsymbol{s}})(\boldsymbol{s}-\widehat{\boldsymbol{s}})\\&=\boldsymbol{f}(\widehat{\boldsymbol{x}}_k^{(\mathrm{b1})},\widehat{\boldsymbol{s}})+\boldsymbol{F}_x(\widehat{\boldsymbol{x}}_k^{(\mathrm{b1})},\widehat{\boldsymbol{s}})(\boldsymbol{x}-\widehat{\boldsymbol{x}}_k^{(\mathrm{b1})})-\boldsymbol{F}_s(\widehat{\boldsymbol{x}}_k^{(\mathrm{b1})},\widehat{\boldsymbol{s}})\boldsymbol{\varphi}\end{aligned}\tag{6.73}$$

式 (6.73) 中忽略的项为 $o(\|\boldsymbol{x}-\widehat{\boldsymbol{x}}_k^{(\mathrm{b1})}\|_2)$、$o(\|\boldsymbol{s}-\widehat{\boldsymbol{s}}\|_2)$ 和 $O(\|\boldsymbol{x}-\widehat{\boldsymbol{x}}_k^{(\mathrm{b1})}\|_2\|\boldsymbol{s}-\widehat{\boldsymbol{s}}\|_2)$。式 (6.73) 中的第 2 个等号右边第 3 项是关于观测误差 $\boldsymbol{\varphi}$ 的线性项, 为了抑制其造成的影响, 可以将式 (6.17) 和式 (6.18) 中的加权矩阵 $\boldsymbol{E}^{-1}$ 替换为 $(\boldsymbol{E}+\boldsymbol{F}_s(\widehat{\boldsymbol{x}}_k^{(\mathrm{b1})},\widehat{\boldsymbol{s}})\boldsymbol{\Psi}(\boldsymbol{F}_s(\widehat{\boldsymbol{x}}_k^{(\mathrm{b1})},\widehat{\boldsymbol{s}}))^{\mathrm{T}})^{-1}$, 于是第 $k+1$ 次迭代公式为

$$\begin{aligned}\widehat{\boldsymbol{\lambda}}_{k+1}^{(\mathrm{b1})}=&\left(\boldsymbol{C}(\widehat{\boldsymbol{x}}_k^{(\mathrm{b1})})\left(\nabla_{xx}^2J_k^{(\mathrm{b1})}(\widehat{\boldsymbol{x}}_k^{(\mathrm{b1})})+\sum_{j=1}^{l}\widehat{\lambda}_{kj}^{(\mathrm{b1})}\nabla_{xx}^2c_j(\widehat{\boldsymbol{x}}_k^{(\mathrm{b1})})\right)^{-1}(\boldsymbol{C}(\widehat{\boldsymbol{x}}_k^{(\mathrm{b1})}))^{\mathrm{T}}\right)^{-1}\\&\times\left(\boldsymbol{c}(\widehat{\boldsymbol{x}}_k^{(\mathrm{b1})})-\boldsymbol{d}-\boldsymbol{C}(\widehat{\boldsymbol{x}}_k^{(\mathrm{b1})})\left(\nabla_{xx}^2J_k^{(\mathrm{b1})}(\widehat{\boldsymbol{x}}_k^{(\mathrm{b1})})\right.\right.\\&\left.\left.+\sum_{j=1}^{l}\widehat{\lambda}_{kj}^{(\mathrm{b1})}\nabla_{xx}^2c_j(\widehat{\boldsymbol{x}}_k^{(\mathrm{b1})})\right)^{-1}\nabla_xJ_k^{(\mathrm{b1})}(\widehat{\boldsymbol{x}}_k^{(\mathrm{b1})})\right)\end{aligned}\tag{6.74}$$

$$\begin{aligned}\widehat{\boldsymbol{x}}_{k+1}^{(\mathrm{b1})}=&\,\widehat{\boldsymbol{x}}_k^{(\mathrm{b1})}-\left(\nabla_{xx}^2J_k^{(\mathrm{b1})}(\widehat{\boldsymbol{x}}_k^{(\mathrm{b1})})+\sum_{j=1}^{l}\widehat{\lambda}_{kj}^{(\mathrm{b1})}\nabla_{xx}^2c_j(\widehat{\boldsymbol{x}}_k^{(\mathrm{b1})})\right)^{-1}(\nabla_xJ_k^{(\mathrm{b1})}(\widehat{\boldsymbol{x}}_k^{(\mathrm{b1})})\\&+(\boldsymbol{C}(\widehat{\boldsymbol{x}}_k^{(\mathrm{b1})}))^{\mathrm{T}}\widehat{\boldsymbol{\lambda}}_{k+1}^{(\mathrm{b1})})\end{aligned}\tag{6.75}$$

式中, $\widehat{\lambda}_{kj}^{(\mathrm{b1})}$ 表示向量 $\widehat{\boldsymbol{\lambda}}_k^{(\mathrm{b1})}$ 的第 j 个分量 (即 $\widehat{\lambda}_{kj}^{(\mathrm{b1})}=\langle\widehat{\boldsymbol{\lambda}}_k^{(\mathrm{b1})}\rangle_j$); $J_k^{(\mathrm{b1})}(\boldsymbol{x})=(\boldsymbol{z}-\boldsymbol{f}(\boldsymbol{x},\widehat{\boldsymbol{s}}))^{\mathrm{T}}(\boldsymbol{E}+\boldsymbol{F}_s(\widehat{\boldsymbol{x}}_k^{(\mathrm{b1})},\widehat{\boldsymbol{s}})\boldsymbol{\Psi}(\boldsymbol{F}_s(\widehat{\boldsymbol{x}}_k^{(\mathrm{b1})},\widehat{\boldsymbol{s}}))^{\mathrm{T}})^{-1}(\boldsymbol{z}-\boldsymbol{f}(\boldsymbol{x},\widehat{\boldsymbol{s}}))$ 表示对应的目标函数; $\nabla_xJ_k^{(\mathrm{b1})}(\boldsymbol{x})$ 和 $\nabla_{xx}^2J_k^{(\mathrm{b1})}(\boldsymbol{x})$ 分别表示目标函数 $J_k^{(\mathrm{b1})}(\boldsymbol{x})$ 的梯度和 Hesse 矩阵, 相

① 本章的上角标 (b1) 表示方法 6−b1。

应的表达式分别为

$$\begin{aligned}\nabla_x J_k^{(\mathrm{b1})}(\boldsymbol{x}) &= \frac{\partial J_k^{(\mathrm{b1})}(\boldsymbol{x})}{\partial \boldsymbol{x}} \\ &= 2(\boldsymbol{F}_x(\boldsymbol{x},\widehat{\boldsymbol{s}}))^{\mathrm{T}}(\boldsymbol{E}+\boldsymbol{F}_s(\widehat{\boldsymbol{x}}_k^{(\mathrm{b1})},\widehat{\boldsymbol{s}})\boldsymbol{\Psi}(\boldsymbol{F}_s(\widehat{\boldsymbol{x}}_k^{(\mathrm{b1})},\widehat{\boldsymbol{s}}))^{\mathrm{T}})^{-1}(\boldsymbol{f}(\boldsymbol{x},\widehat{\boldsymbol{s}})-\boldsymbol{z})\end{aligned} \tag{6.76}$$

$$\begin{aligned}\nabla_{xx}^2 J_k^{(\mathrm{b1})}(\boldsymbol{x}) &= \frac{\partial^2 J_k^{(\mathrm{b1})}(\boldsymbol{x})}{\partial \boldsymbol{x}\,\partial \boldsymbol{x}^{\mathrm{T}}} = \frac{\partial \nabla_x J_k^{(\mathrm{b1})}(\boldsymbol{x})}{\partial \boldsymbol{x}^{\mathrm{T}}} \\ &= 2(\boldsymbol{F}_x(\boldsymbol{x},\widehat{\boldsymbol{s}}))^{\mathrm{T}}(\boldsymbol{E}+\boldsymbol{F}_s(\widehat{\boldsymbol{x}}_k^{(\mathrm{b1})},\widehat{\boldsymbol{s}})\boldsymbol{\Psi}(\boldsymbol{F}_s(\widehat{\boldsymbol{x}}_k^{(\mathrm{b1})},\widehat{\boldsymbol{s}}))^{\mathrm{T}})^{-1}\boldsymbol{F}_x(\boldsymbol{x},\widehat{\boldsymbol{s}}) \\ &\quad + ((2(\boldsymbol{f}(\boldsymbol{x},\widehat{\boldsymbol{s}})-\boldsymbol{z})^{\mathrm{T}}(\boldsymbol{E}+\boldsymbol{F}_s(\widehat{\boldsymbol{x}}_k^{(\mathrm{b1})},\widehat{\boldsymbol{s}})\boldsymbol{\Psi}(\boldsymbol{F}_s(\widehat{\boldsymbol{x}}_k^{(\mathrm{b1})},\widehat{\boldsymbol{s}}))^{\mathrm{T}})^{-1})\otimes \boldsymbol{I}_q) \\ &\quad \times \frac{\partial \mathrm{vec}[(\boldsymbol{F}_x(\boldsymbol{x},\widehat{\boldsymbol{s}}))^{\mathrm{T}}]}{\partial \boldsymbol{x}^{\mathrm{T}}}\end{aligned} \tag{6.77}$$

将式 (6.76) 和式 (6.77) 的迭代收敛结果记为 $\widehat{\boldsymbol{x}}^{(\mathrm{b1})}$ 和 $\widehat{\boldsymbol{\lambda}}^{(\mathrm{b1})}$ (即 $\lim\limits_{k\to+\infty}\widehat{\boldsymbol{x}}_k^{(\mathrm{b1})}=\widehat{\boldsymbol{x}}^{(\mathrm{b1})}$ 和 $\lim\limits_{k\to+\infty}\widehat{\boldsymbol{\lambda}}_k^{(\mathrm{b1})}=\widehat{\boldsymbol{\lambda}}^{(\mathrm{b1})}$), 向量 $\widehat{\boldsymbol{x}}^{(\mathrm{b1})}$ 就是最终估计值。假设迭代初始值满足一定的条件, 可以使迭代公式 (6.76) 和式 (6.77) 收敛至如下优化问题的全局最优解

$$\begin{cases}\min\limits_{\boldsymbol{x}\in\mathbf{R}^{q\times1}}\{J^{(\mathrm{b1})}(\boldsymbol{x})\} \\ =\min\limits_{\boldsymbol{x}\in\mathbf{R}^{q\times1}}\{(\boldsymbol{z}-\boldsymbol{f}(\boldsymbol{x},\widehat{\boldsymbol{s}}))^{\mathrm{T}}(\boldsymbol{E}+\boldsymbol{F}_s(\boldsymbol{x},\widehat{\boldsymbol{s}})\boldsymbol{\Psi}(\boldsymbol{F}_s(\boldsymbol{x},\widehat{\boldsymbol{s}}))^{\mathrm{T}})^{-1}(\boldsymbol{z}-\boldsymbol{f}(\boldsymbol{x},\widehat{\boldsymbol{s}}))\} \\ \text{s.t. } \boldsymbol{c}(\boldsymbol{x})=\boldsymbol{d}\end{cases} \tag{6.78}$$

式中, $J^{(\mathrm{b1})}(\boldsymbol{x})=(\boldsymbol{z}-\boldsymbol{f}(\boldsymbol{x},\widehat{\boldsymbol{s}}))^{\mathrm{T}}(\boldsymbol{E}+\boldsymbol{F}_s(\boldsymbol{x},\widehat{\boldsymbol{s}})\boldsymbol{\Psi}(\boldsymbol{F}_s(\boldsymbol{x},\widehat{\boldsymbol{s}}))^{\mathrm{T}})^{-1}(\boldsymbol{z}-\boldsymbol{f}(\boldsymbol{x},\widehat{\boldsymbol{s}}))$ 表示对应的目标函数。

将上面的求解方法称为方法 6−b1, 图 6.3 给出了方法 6−b1 的计算流程图。

【注记 6.13】 方法 6−b1 中的第 1 步需要计算拉格朗日乘子向量 $\boldsymbol{\lambda}$ 的迭代初始值 $\widehat{\boldsymbol{\lambda}}_0^{(\mathrm{b1})}$, 类似于注记 6.2 中的讨论, 其可以通过下式来获得

$$\widehat{\boldsymbol{\lambda}}_0^{(\mathrm{b1})}=-(\boldsymbol{C}(\widehat{\boldsymbol{x}}_0^{(\mathrm{b1})})(\boldsymbol{C}(\widehat{\boldsymbol{x}}_0^{(\mathrm{b1})}))^{\mathrm{T}})^{-1}\boldsymbol{C}(\widehat{\boldsymbol{x}}_0^{(\mathrm{b1})})\nabla_x J_0^{(\mathrm{b1})}(\widehat{\boldsymbol{x}}_0^{(\mathrm{b1})}) \tag{6.79}$$

3. 迭代求解方法 6−b2

与方法 6−b1 不同, 方法 6−b2 是对未知参数 $\boldsymbol{x}$ 和模型参数 $\boldsymbol{s}$ 进行联合估计, 也就是利用拉格朗日乘子方法直接对式 (6.72) 进行求解。

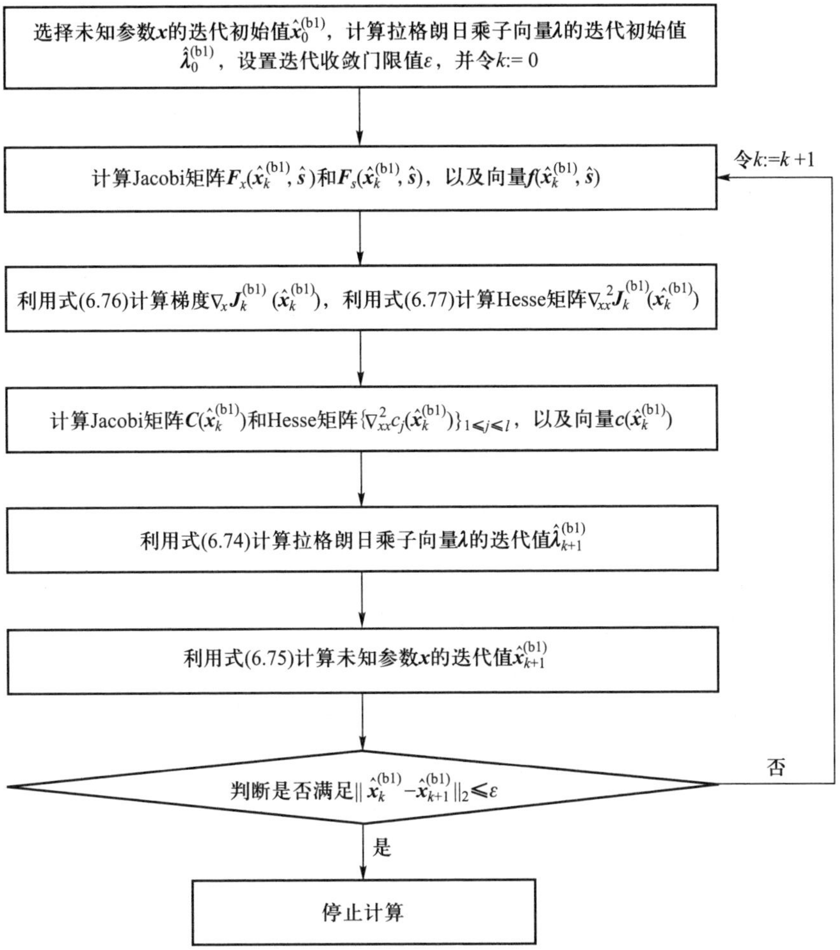

图 6.3　方法 6−b1 的计算流程图

求解式 (6.72) 的拉格朗日函数可以表示为①

$$
\begin{aligned}
L^{(\mathrm{b2})}(\boldsymbol{\mu},\boldsymbol{\lambda}) &= (\boldsymbol{z}-\boldsymbol{f}(\boldsymbol{x},\boldsymbol{s}))^{\mathrm{T}}\boldsymbol{E}^{-1}(\boldsymbol{z}-\boldsymbol{f}(\boldsymbol{x},\boldsymbol{s})) \\
&\quad + (\widehat{\boldsymbol{s}}-\boldsymbol{s})^{\mathrm{T}}\boldsymbol{\Psi}^{-1}(\widehat{\boldsymbol{s}}-\boldsymbol{s}) + \boldsymbol{\lambda}^{\mathrm{T}}(\boldsymbol{c}(\boldsymbol{x})-\boldsymbol{d}) \\
&= J^{(\mathrm{b})}(\boldsymbol{\mu}) + \boldsymbol{\lambda}^{\mathrm{T}}(\boldsymbol{c}(\boldsymbol{x})-\boldsymbol{d})
\end{aligned} \tag{6.80}
$$

不妨将向量 $\boldsymbol{\mu}=[\boldsymbol{x}^{\mathrm{T}}\ \ \boldsymbol{s}^{\mathrm{T}}]^{\mathrm{T}}$ 和 $\boldsymbol{\lambda}$ 的最优解分别记为 $\widehat{\boldsymbol{\mu}}^{(\mathrm{b2})}=[(\widehat{\boldsymbol{x}}^{(\mathrm{b2})})^{\mathrm{T}}\ \ (\widehat{\boldsymbol{s}}^{(\mathrm{b2})})^{\mathrm{T}}]^{\mathrm{T}}$

① 本章的上角标 (b2) 表示方法 6−b2。

和 $\widehat{\boldsymbol{\lambda}}^{(\mathrm{b2})}$, 将函数 $L^{(\mathrm{b2})}(\boldsymbol{\mu},\boldsymbol{\lambda})$ 分别对向量 $\boldsymbol{\mu}$ 和 $\boldsymbol{\lambda}$ 求偏导, 并令它们等于零可得

$$\left.\frac{\partial L^{(\mathrm{b2})}(\boldsymbol{\mu},\boldsymbol{\lambda})}{\partial\boldsymbol{\mu}}\right|_{\substack{\boldsymbol{\mu}=\widehat{\boldsymbol{\mu}}^{(\mathrm{b2})}\\ \boldsymbol{\lambda}=\widehat{\boldsymbol{\lambda}}^{(\mathrm{b2})}}}=\nabla_{\mu}J^{(\mathrm{b})}(\widehat{\boldsymbol{\mu}}^{(\mathrm{b2})})+(\overline{\boldsymbol{C}}(\widehat{\boldsymbol{x}}^{(\mathrm{b2})}))^{\mathrm{T}}\widehat{\boldsymbol{\lambda}}^{(\mathrm{b2})}=\boldsymbol{O}_{(q+r)\times 1} \tag{6.81}$$

$$\left.\frac{\partial L^{(\mathrm{b2})}(\boldsymbol{\mu},\boldsymbol{\lambda})}{\partial\boldsymbol{\lambda}}\right|_{\substack{\boldsymbol{\mu}=\widehat{\boldsymbol{\mu}}^{(\mathrm{b2})}\\ \boldsymbol{\lambda}=\widehat{\boldsymbol{\lambda}}^{(\mathrm{b2})}}}=\boldsymbol{c}(\widehat{\boldsymbol{x}}^{(\mathrm{b2})})-\boldsymbol{d}=\boldsymbol{O}_{l\times 1} \tag{6.82}$$

式中, $\nabla_{\mu}J^{(\mathrm{b})}(\boldsymbol{\mu})$ 表示目标函数 $J^{(\mathrm{b})}(\boldsymbol{\mu})$ 的梯度, 其表达式为

$$\begin{aligned}\nabla_{\mu}J^{(\mathrm{b})}(\boldsymbol{\mu})&=\frac{\partial J^{(\mathrm{b})}(\boldsymbol{\mu})}{\partial\boldsymbol{\mu}}\\&=\begin{bmatrix}2(\boldsymbol{F}_x(\boldsymbol{x},\boldsymbol{s}))^{\mathrm{T}}\boldsymbol{E}^{-1}(\boldsymbol{f}(\boldsymbol{x},\boldsymbol{s})-\boldsymbol{z})\\ 2(\boldsymbol{F}_s(\boldsymbol{x},\boldsymbol{s}))^{\mathrm{T}}\boldsymbol{E}^{-1}(\boldsymbol{f}(\boldsymbol{x},\boldsymbol{s})-\boldsymbol{z})+2\boldsymbol{\Psi}^{-1}(\boldsymbol{s}-\widehat{\boldsymbol{s}})\end{bmatrix}\end{aligned} \tag{6.83}$$

式 (6.81) 和式 (6.82) 可以看成是关于向量 $\widehat{\boldsymbol{\mu}}^{(\mathrm{b2})}$ 和 $\widehat{\boldsymbol{\lambda}}^{(\mathrm{b2})}$ 的非线性方程组, 而求解式 (6.72) 等价于求解此非线性方程组。

非线性方程组式 (6.81) 和式 (6.82) 可以利用牛顿迭代法进行求解, 为此需要确定拉格朗日函数 $L^{(\mathrm{b2})}(\boldsymbol{\mu},\boldsymbol{\lambda})$ 的梯度和 Hesse 矩阵的表达式

$$\nabla L^{(\mathrm{b2})}(\boldsymbol{\mu},\boldsymbol{\lambda})=\begin{bmatrix}\dfrac{\partial L^{(\mathrm{b2})}(\boldsymbol{\mu},\boldsymbol{\lambda})}{\partial\boldsymbol{\mu}}\\ \dfrac{\partial L^{(\mathrm{b2})}(\boldsymbol{\mu},\boldsymbol{\lambda})}{\partial\boldsymbol{\lambda}}\end{bmatrix}=\begin{bmatrix}\nabla_{\mu}J^{(\mathrm{b})}(\boldsymbol{\mu})+(\overline{\boldsymbol{C}}(\boldsymbol{x}))^{\mathrm{T}}\boldsymbol{\lambda}\\ \boldsymbol{c}(\boldsymbol{x})-\boldsymbol{d}\end{bmatrix} \tag{6.84}$$

$$\begin{aligned}\nabla^2 L^{(\mathrm{b2})}(\boldsymbol{\mu},\boldsymbol{\lambda})&=\begin{bmatrix}\dfrac{\partial^2 L^{(\mathrm{b2})}(\boldsymbol{\mu},\boldsymbol{\lambda})}{\partial\boldsymbol{\mu}\partial\boldsymbol{\mu}^{\mathrm{T}}} & \dfrac{\partial^2 L^{(\mathrm{b2})}(\boldsymbol{\mu},\boldsymbol{\lambda})}{\partial\boldsymbol{\mu}\partial\boldsymbol{\lambda}^{\mathrm{T}}}\\ \dfrac{\partial^2 L^{(\mathrm{b2})}(\boldsymbol{\mu},\boldsymbol{\lambda})}{\partial\boldsymbol{\lambda}\partial\boldsymbol{\mu}^{\mathrm{T}}} & \dfrac{\partial^2 L^{(\mathrm{b2})}(\boldsymbol{\mu},\boldsymbol{\lambda})}{\partial\boldsymbol{\lambda}\partial\boldsymbol{\lambda}^{\mathrm{T}}}\end{bmatrix}\\&=\left[\begin{array}{c:c}\nabla^2_{\mu\mu}J^{(\mathrm{b})}(\boldsymbol{\mu})+\mathrm{blkdiag}\left\{\sum\limits_{j=1}^{l}\lambda_j\nabla^2_{xx}c_j(\boldsymbol{x}),\boldsymbol{O}_{r\times r}\right\} & (\overline{\boldsymbol{C}}(\boldsymbol{x}))^{\mathrm{T}}\\ \hdashline \overline{\boldsymbol{C}}(\boldsymbol{x}) & \boldsymbol{O}_{l\times l}\end{array}\right]\end{aligned} \tag{6.85}$$

式中, $\nabla^2_{\mu\mu}J^{(\mathrm{b})}(\boldsymbol{\mu})$ 表示函数 $J^{(\mathrm{b})}(\boldsymbol{\mu})$ 的 Hesse 矩阵, 其表达式为

$$\nabla^2_{\mu\mu}J^{(\mathrm{b})}(\boldsymbol{\mu})=\frac{\partial^2 J^{(\mathrm{b})}(\boldsymbol{\mu})}{\partial\boldsymbol{\mu}\partial\boldsymbol{\mu}^{\mathrm{T}}}=\frac{\partial\nabla_{\mu}J^{(\mathrm{b})}(\boldsymbol{\mu})}{\partial\boldsymbol{\mu}^{\mathrm{T}}}$$

$$=\left[\begin{array}{c:c}
((2(\boldsymbol{f}(\boldsymbol{x},\boldsymbol{s})-\boldsymbol{z})^{\mathrm{T}}\boldsymbol{E}^{-1})\otimes\boldsymbol{I}_q)\dfrac{\partial\mathrm{vec}[(\boldsymbol{F}_x(\boldsymbol{x},\boldsymbol{s}))^{\mathrm{T}}]}{\partial\boldsymbol{x}^{\mathrm{T}}} & ((2(\boldsymbol{f}(\boldsymbol{x},\boldsymbol{s})-\boldsymbol{z})^{\mathrm{T}}\boldsymbol{E}^{-1})\otimes\boldsymbol{I}_q)\dfrac{\partial\mathrm{vec}[(\boldsymbol{F}_x(\boldsymbol{x},\boldsymbol{s}))^{\mathrm{T}}]}{\partial\boldsymbol{s}^{\mathrm{T}}} \\
+2(\boldsymbol{F}_x(\boldsymbol{x},\boldsymbol{s}))^{\mathrm{T}}\boldsymbol{E}^{-1}\boldsymbol{F}_x(\boldsymbol{x},\boldsymbol{s}) & +2(\boldsymbol{F}_x(\boldsymbol{x},\boldsymbol{s}))^{\mathrm{T}}\boldsymbol{E}^{-1}\boldsymbol{F}_s(\boldsymbol{x},\boldsymbol{s}) \\
\hdashline
((2(\boldsymbol{f}(\boldsymbol{x},\boldsymbol{s})-\boldsymbol{z})^{\mathrm{T}}\boldsymbol{E}^{-1})\otimes\boldsymbol{I}_r)\dfrac{\partial\mathrm{vec}[(\boldsymbol{F}_s(\boldsymbol{x},\boldsymbol{s}))^{\mathrm{T}}]}{\partial\boldsymbol{x}^{\mathrm{T}}} & ((2(\boldsymbol{f}(\boldsymbol{x},\boldsymbol{s})-\boldsymbol{z})^{\mathrm{T}}\boldsymbol{E}^{-1})\otimes\boldsymbol{I}_r)\dfrac{\partial\mathrm{vec}[(\boldsymbol{F}_s(\boldsymbol{x},\boldsymbol{s}))^{\mathrm{T}}]}{\partial\boldsymbol{s}^{\mathrm{T}}} \\
+2(\boldsymbol{F}_s(\boldsymbol{x},\boldsymbol{s}))^{\mathrm{T}}\boldsymbol{E}^{-1}\boldsymbol{F}_x(\boldsymbol{x},\boldsymbol{s}) & +2(\boldsymbol{F}_s(\boldsymbol{x},\boldsymbol{s}))^{\mathrm{T}}\boldsymbol{E}^{-1}\boldsymbol{F}_s(\boldsymbol{x},\boldsymbol{s})+2\boldsymbol{\varPsi}^{-1}
\end{array}\right] \tag{6.86}$$

牛顿迭代公式满足

$$\nabla^2 L^{(\mathrm{b2})}(\widehat{\boldsymbol{\mu}}_k^{(\mathrm{b2})},\widehat{\boldsymbol{\lambda}}_k^{(\mathrm{b2})})\begin{bmatrix}\widehat{\boldsymbol{\mu}}_{k+1}^{(\mathrm{b2})}-\widehat{\boldsymbol{\mu}}_k^{(\mathrm{b2})}\\ \widehat{\boldsymbol{\lambda}}_{k+1}^{(\mathrm{b2})}-\widehat{\boldsymbol{\lambda}}_k^{(\mathrm{b2})}\end{bmatrix}=-\nabla L^{(\mathrm{b2})}(\widehat{\boldsymbol{\mu}}_k^{(\mathrm{b2})},\widehat{\boldsymbol{\lambda}}_k^{(\mathrm{b2})}) \tag{6.87}$$

式中，$\widehat{\boldsymbol{\mu}}_k^{(\mathrm{b2})}=[(\widehat{\boldsymbol{x}}_k^{(\mathrm{b2})})^{\mathrm{T}}\quad(\widehat{\boldsymbol{s}}_k^{(\mathrm{b2})})^{\mathrm{T}}]^{\mathrm{T}}$ 和 $\widehat{\boldsymbol{\lambda}}_k^{(\mathrm{b2})}$ 表示第 k 次迭代结果，$\widehat{\boldsymbol{\mu}}_{k+1}^{(\mathrm{b2})}=[(\widehat{\boldsymbol{x}}_{k+1}^{(\mathrm{b2})})^{\mathrm{T}}\quad(\widehat{\boldsymbol{s}}_{k+1}^{(\mathrm{b2})})^{\mathrm{T}}]^{\mathrm{T}}$ 和 $\widehat{\boldsymbol{\lambda}}_{k+1}^{(\mathrm{b2})}$ 表示第 $k+1$ 次迭代结果。将式 (6.84) 和式 (6.85) 代入式 (6.87) 可知

$$\left[\begin{array}{c:c}\nabla^2_{\mu\mu}J^{(\mathrm{b})}(\widehat{\boldsymbol{\mu}}_k^{(\mathrm{b2})})+\mathrm{blkdiag}\left\{\sum_{j=1}^{l}\widehat{\lambda}_{kj}^{(\mathrm{b2})}\nabla^2_{xx}c_j(\widehat{\boldsymbol{x}}_k^{(\mathrm{b2})}),\boldsymbol{O}_{r\times r}\right\} & (\overline{\boldsymbol{C}}(\widehat{\boldsymbol{x}}_k^{(\mathrm{b2})}))^{\mathrm{T}}\\ \hdashline \overline{\boldsymbol{C}}(\widehat{\boldsymbol{x}}_k^{(\mathrm{b2})}) & \boldsymbol{O}_{l\times l}\end{array}\right]$$

$$\times\begin{bmatrix}\widehat{\boldsymbol{\mu}}_{k+1}^{(\mathrm{b2})}-\widehat{\boldsymbol{\mu}}_k^{(\mathrm{b2})}\\ \widehat{\boldsymbol{\lambda}}_{k+1}^{(\mathrm{b2})}-\widehat{\boldsymbol{\lambda}}_k^{(\mathrm{b2})}\end{bmatrix}$$

$$=-\begin{bmatrix}\nabla_{\mu}J^{(\mathrm{b})}(\widehat{\boldsymbol{\mu}}_k^{(\mathrm{b2})})+(\overline{\boldsymbol{C}}(\widehat{\boldsymbol{x}}_k^{(\mathrm{b2})}))^{\mathrm{T}}\widehat{\boldsymbol{\lambda}}_k^{(\mathrm{b2})}\\ \boldsymbol{c}(\widehat{\boldsymbol{x}}_k^{(\mathrm{b2})})-\boldsymbol{d}\end{bmatrix} \tag{6.88}$$

式中，$\widehat{\lambda}_{kj}^{(\mathrm{b2})}$ 表示向量 $\widehat{\boldsymbol{\lambda}}_k^{(\mathrm{b2})}$ 中的第 j 个分量 (即 $\widehat{\lambda}_{kj}^{(\mathrm{b2})}=\langle\widehat{\boldsymbol{\lambda}}_k^{(\mathrm{b2})}\rangle_j$)。

下面基于式 (6.88) 推导关于 $\widehat{\boldsymbol{\mu}}_{k+1}^{(\mathrm{b2})}$ 和 $\widehat{\boldsymbol{\lambda}}_{k+1}^{(\mathrm{b2})}$ 的迭代公式。首先, 利用矩阵乘法规则将式 (6.88) 展开, 可得

$$\begin{aligned}&\left(\nabla_{\mu\mu}^2 J^{(\mathrm{b})}(\widehat{\boldsymbol{\mu}}_k^{(\mathrm{b2})})+\mathrm{blkdiag}\left\{\sum_{j=1}^{l}\widehat{\lambda}_{kj}^{(\mathrm{b2})}\nabla_{xx}^2 c_j(\widehat{\boldsymbol{x}}_k^{(\mathrm{b2})}),\boldsymbol{O}_{r\times r}\right\}\right)\\&\times(\widehat{\boldsymbol{\mu}}_{k+1}^{(\mathrm{b2})}-\widehat{\boldsymbol{\mu}}_k^{(\mathrm{b2})})+(\overline{\boldsymbol{C}}(\widehat{\boldsymbol{x}}_k^{(\mathrm{b2})}))^{\mathrm{T}}(\widehat{\boldsymbol{\lambda}}_{k+1}^{(\mathrm{b2})}-\widehat{\boldsymbol{\lambda}}_k^{(\mathrm{b2})})\\&=-(\nabla_{\mu}J^{(\mathrm{b})}(\widehat{\boldsymbol{\mu}}_k^{(\mathrm{b2})})+(\overline{\boldsymbol{C}}(\widehat{\boldsymbol{x}}_k^{(\mathrm{b2})}))^{\mathrm{T}}\widehat{\boldsymbol{\lambda}}_k^{(\mathrm{b2})})\end{aligned}\tag{6.89}$$

$$\overline{\boldsymbol{C}}(\widehat{\boldsymbol{x}}_k^{(\mathrm{b2})})(\widehat{\boldsymbol{\mu}}_{k+1}^{(\mathrm{b2})}-\widehat{\boldsymbol{\mu}}_k^{(\mathrm{b2})})=-(\boldsymbol{c}(\widehat{\boldsymbol{x}}_k^{(\mathrm{b2})})-\boldsymbol{d})\tag{6.90}$$

将式 (6.89) 两边同时乘以矩阵

$$\overline{\boldsymbol{C}}(\widehat{\boldsymbol{x}}_k^{(\mathrm{b2})})\left(\nabla_{\mu\mu}^2 J^{(\mathrm{b})}(\widehat{\boldsymbol{\mu}}_k^{(\mathrm{b2})})+\mathrm{blkdiag}\left\{\sum_{j=1}^{l}\widehat{\lambda}_{kj}^{(\mathrm{b2})}\nabla_{xx}^2 c_j(\widehat{\boldsymbol{x}}_k^{(\mathrm{b2})}),\boldsymbol{O}_{r\times r}\right\}\right)^{-1}$$

可知

$$\begin{aligned}&\overline{\boldsymbol{C}}(\widehat{\boldsymbol{x}}_k^{(\mathrm{b2})})(\widehat{\boldsymbol{\mu}}_{k+1}^{(\mathrm{b2})}-\widehat{\boldsymbol{\mu}}_k^{(\mathrm{b2})})+\overline{\boldsymbol{C}}(\widehat{\boldsymbol{x}}_k^{(\mathrm{b2})})\left(\nabla_{\mu\mu}^2 J^{(\mathrm{b})}(\widehat{\boldsymbol{\mu}}_k^{(\mathrm{b2})})\right.\\&\left.+\,\mathrm{blkdiag}\left\{\sum_{j=1}^{l}\widehat{\lambda}_{kj}^{(\mathrm{b2})}\nabla_{xx}^2 c_j(\widehat{\boldsymbol{x}}_k^{(\mathrm{b2})}),\boldsymbol{O}_{r\times r}\right\}\right)^{-1}(\overline{\boldsymbol{C}}(\widehat{\boldsymbol{x}}_k^{(\mathrm{b2})}))^{\mathrm{T}}(\widehat{\boldsymbol{\lambda}}_{k+1}^{(\mathrm{b2})}-\widehat{\boldsymbol{\lambda}}_k^{(\mathrm{b2})})\\&=-\overline{\boldsymbol{C}}(\widehat{\boldsymbol{x}}_k^{(\mathrm{b2})})\left(\nabla_{\mu\mu}^2 J^{(\mathrm{b})}(\widehat{\boldsymbol{\mu}}_k^{(\mathrm{b2})})+\mathrm{blkdiag}\left\{\sum_{j=1}^{l}\widehat{\lambda}_{kj}^{(\mathrm{b2})}\nabla_{xx}^2 c_j(\widehat{\boldsymbol{x}}_k^{(\mathrm{b2})}),\boldsymbol{O}_{r\times r}\right\}\right)^{-1}\\&\quad\times(\nabla_{\mu}J^{(\mathrm{b})}(\widehat{\boldsymbol{\mu}}_k^{(\mathrm{b2})})+(\overline{\boldsymbol{C}}(\widehat{\boldsymbol{x}}_k^{(\mathrm{b2})}))^{\mathrm{T}}\widehat{\boldsymbol{\lambda}}_k^{(\mathrm{b2})})\end{aligned}\tag{6.91}$$

然后, 将式 (6.90) 代入式 (6.91) 可得

$$\begin{aligned}&-(\boldsymbol{c}(\widehat{\boldsymbol{x}}_k^{(\mathrm{b2})})-\boldsymbol{d})+\overline{\boldsymbol{C}}(\widehat{\boldsymbol{x}}_k^{(\mathrm{b2})})\left(\nabla_{\mu\mu}^2 J^{(\mathrm{b})}(\widehat{\boldsymbol{\mu}}_k^{(\mathrm{b2})})\right.\\&\left.+\,\mathrm{blkdiag}\left\{\sum_{j=1}^{l}\widehat{\lambda}_{kj}^{(\mathrm{b2})}\nabla_{xx}^2 c_j(\widehat{\boldsymbol{x}}_k^{(\mathrm{b2})}),\boldsymbol{O}_{r\times r}\right\}\right)^{-1}(\overline{\boldsymbol{C}}(\widehat{\boldsymbol{x}}_k^{(\mathrm{b2})}))^{\mathrm{T}}(\widehat{\boldsymbol{\lambda}}_{k+1}^{(\mathrm{b2})}-\widehat{\boldsymbol{\lambda}}_k^{(\mathrm{b2})})\end{aligned}$$

$$= -\overline{\boldsymbol{C}}(\widehat{\boldsymbol{x}}_k^{(\mathrm{b2})})\left(\nabla_{\mu\mu}^2 J^{(\mathrm{b})}(\widehat{\boldsymbol{\mu}}_k^{(\mathrm{b2})}) + \mathrm{blkdiag}\left\{\sum_{j=1}^{l}\widehat{\lambda}_{kj}^{(\mathrm{b2})}\nabla_{xx}^2 c_j(\widehat{\boldsymbol{x}}_k^{(\mathrm{b2})}), \boldsymbol{O}_{r\times r}\right\}\right)^{-1}$$

$$\times (\nabla_\mu J^{(\mathrm{b})}(\widehat{\boldsymbol{\mu}}_k^{(\mathrm{b2})}) + (\overline{\boldsymbol{C}}(\widehat{\boldsymbol{x}}_k^{(\mathrm{b2})}))^{\mathrm{T}}\widehat{\boldsymbol{\lambda}}_k^{(\mathrm{b2})})$$

$$\Rightarrow \widehat{\boldsymbol{\lambda}}_{k+1}^{(\mathrm{b2})} = \left(\overline{\boldsymbol{C}}(\widehat{\boldsymbol{x}}_k^{(\mathrm{b2})})\left(\nabla_{\mu\mu}^2 J^{(\mathrm{b})}(\widehat{\boldsymbol{\mu}}_k^{(\mathrm{b2})})\right.\right.$$

$$\left.\left. + \mathrm{blkdiag}\left\{\sum_{j=1}^{l}\widehat{\lambda}_{kj}^{(\mathrm{b2})}\nabla_{xx}^2 c_j(\widehat{\boldsymbol{x}}_k^{(\mathrm{b2})}), \boldsymbol{O}_{r\times r}\right\}\right)^{-1}(\overline{\boldsymbol{C}}(\widehat{\boldsymbol{x}}_k^{(\mathrm{b2})}))^{\mathrm{T}}\right)^{-1}$$

$$\times \left(\boldsymbol{c}(\widehat{\boldsymbol{x}}_k^{(\mathrm{b2})}) - \boldsymbol{d} - \overline{\boldsymbol{C}}(\widehat{\boldsymbol{x}}_k^{(\mathrm{b2})})\left(\nabla_{\mu\mu}^2 J^{(\mathrm{b})}(\widehat{\boldsymbol{\mu}}_k^{(\mathrm{b2})})\right.\right.$$

$$\left.\left. + \mathrm{blkdiag}\left\{\sum_{j=1}^{l}\widehat{\lambda}_{kj}^{(\mathrm{b2})}\nabla_{xx}^2 c_j(\widehat{\boldsymbol{x}}_k^{(\mathrm{b2})}), \boldsymbol{O}_{r\times r}\right\}\right)^{-1}\nabla_\mu J^{(\mathrm{b})}(\widehat{\boldsymbol{\mu}}_k^{(\mathrm{b2})})\right) \tag{6.92}$$

最后, 由式 (6.89) 可以推得

$$\widehat{\boldsymbol{\mu}}_{k+1}^{(\mathrm{b2})} = \widehat{\boldsymbol{\mu}}_k^{(\mathrm{b2})} - \left(\nabla_{\mu\mu}^2 J^{(\mathrm{b})}(\widehat{\boldsymbol{\mu}}_k^{(\mathrm{b2})}) + \mathrm{blkdiag}\left\{\sum_{j=1}^{l}\widehat{\lambda}_{kj}^{(\mathrm{b2})}\nabla_{xx}^2 c_j(\widehat{\boldsymbol{x}}_k^{(\mathrm{b2})}), \boldsymbol{O}_{r\times r}\right\}\right)^{-1}$$

$$\times (\nabla_\mu J^{(\mathrm{b})}(\widehat{\boldsymbol{\mu}}_k^{(\mathrm{b2})}) + (\overline{\boldsymbol{C}}(\widehat{\boldsymbol{x}}_k^{(\mathrm{b2})}))^{\mathrm{T}}\widehat{\boldsymbol{\lambda}}_{k+1}^{(\mathrm{b2})}) \tag{6.93}$$

将式 (6.92) 和式 (6.93) 的迭代收敛结果记为 $\widehat{\boldsymbol{\mu}}^{(\mathrm{b2})} = [(\widehat{\boldsymbol{x}}^{(\mathrm{b2})})^{\mathrm{T}}\ \ (\widehat{\boldsymbol{s}}^{(\mathrm{b2})})^{\mathrm{T}}]^{\mathrm{T}}$ 和 $\widehat{\boldsymbol{\lambda}}^{(\mathrm{b2})}$ (即 $\lim\limits_{k\to+\infty}\widehat{\boldsymbol{\mu}}_k^{(\mathrm{b2})} = \widehat{\boldsymbol{\mu}}^{(\mathrm{b2})} = [(\widehat{\boldsymbol{x}}^{(\mathrm{b2})})^{\mathrm{T}}\ \ (\widehat{\boldsymbol{s}}^{(\mathrm{b2})})^{\mathrm{T}}]^{\mathrm{T}}$ 和 $\lim\limits_{k\to+\infty}\widehat{\boldsymbol{\lambda}}_k^{(\mathrm{b2})} = \widehat{\boldsymbol{\lambda}}^{(\mathrm{b2})}$), 向量 $\widehat{\boldsymbol{x}}^{(\mathrm{b2})}$ 和 $\widehat{\boldsymbol{s}}^{(\mathrm{b2})}$ 就是最终估计值。假设迭代初始值满足一定的条件, 可以使迭代公式 (6.92) 和式 (6.93) 收敛至式 (6.72) 的全局最优解。

将上面的求解方法称为方法 6−b2, 图 6.4 给出了方法 6−b2 的计算流程图。

【注记 6.14】 方法 6−b2 中的第 1 步需要计算拉格朗日乘子向量 $\boldsymbol{\lambda}$ 的迭代初始值 $\widehat{\boldsymbol{\lambda}}_0^{(\mathrm{b2})}$, 其可以通过下式来获得

$$\left.\frac{\partial L^{(\mathrm{b2})}(\boldsymbol{\mu},\boldsymbol{\lambda})}{\partial\boldsymbol{\mu}}\right|_{\substack{\boldsymbol{\mu}=\widehat{\boldsymbol{\mu}}_0^{(\mathrm{b2})}\\ \boldsymbol{\lambda}=\widehat{\boldsymbol{\lambda}}_0^{(\mathrm{b2})}}} = \nabla_\mu J^{(\mathrm{b})}(\widehat{\boldsymbol{\mu}}_0^{(\mathrm{b2})}) + (\overline{\boldsymbol{C}}(\widehat{\boldsymbol{x}}_0^{(\mathrm{b2})}))^{\mathrm{T}}\widehat{\boldsymbol{\lambda}}_0^{(\mathrm{b2})} = \boldsymbol{O}_{(q+r)\times 1}$$

$$\Rightarrow \widehat{\boldsymbol{\lambda}}_0^{(\mathrm{b2})} = -(\overline{\boldsymbol{C}}(\widehat{\boldsymbol{x}}_0^{(\mathrm{b2})})(\overline{\boldsymbol{C}}(\widehat{\boldsymbol{x}}_0^{(\mathrm{b2})}))^{\mathrm{T}})^{-1}\overline{\boldsymbol{C}}(\widehat{\boldsymbol{x}}_0^{(\mathrm{b2})})\nabla_\mu J^{(\mathrm{b})}(\widehat{\boldsymbol{\mu}}_0^{(\mathrm{b2})}) \tag{6.94}$$

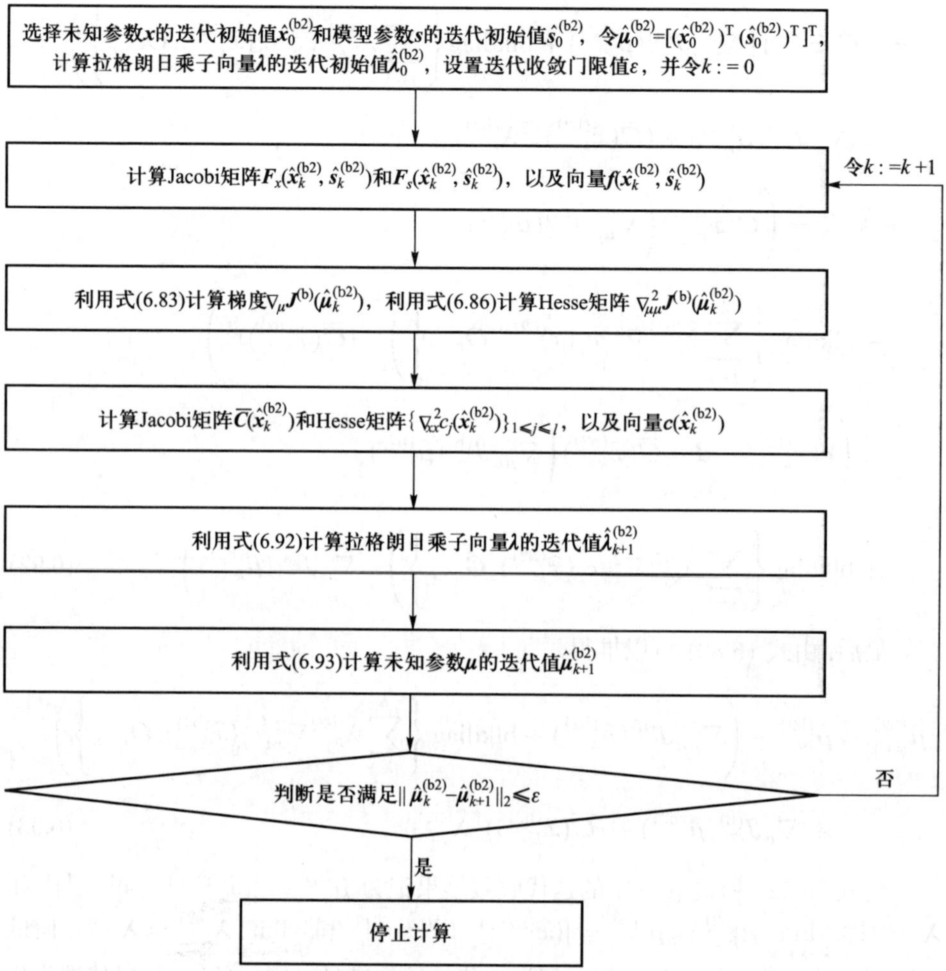

图 6.4　方法 6-b2 的计算流程图

6.4.2　理论性能分析

1. 方法 6-b1 的理论性能分析

下面推导方法 6-b1 的估计值 $\widehat{\boldsymbol{x}}^{(\mathrm{b1})}$ 的统计性能, 具体结论可见以下命题。

【命题 6.19】 向量 $\widehat{\boldsymbol{x}}^{(\mathrm{b1})}$ 是关于未知参数 $\boldsymbol{x}$ 的渐近无偏估计值, 并且其均方误差为

$$
\begin{aligned}
\mathbf{MSE}(\widehat{\boldsymbol{x}}^{(\mathrm{b1})}) &= \mathbf{CRB}^{(\mathrm{b})}(\boldsymbol{x}) - \mathbf{CRB}^{(\mathrm{b})}(\boldsymbol{x})(\boldsymbol{C}(\boldsymbol{x}))^{\mathrm{T}} \\
&\quad \times (\boldsymbol{C}(\boldsymbol{x})\mathbf{CRB}^{(\mathrm{b})}(\boldsymbol{x})(\boldsymbol{C}(\boldsymbol{x}))^{\mathrm{T}})^{-1}\boldsymbol{C}(\boldsymbol{x})\mathbf{CRB}^{(\mathrm{b})}(\boldsymbol{x}) \\
&= \mathbf{CRB}_{\mathrm{c}}^{(\mathrm{b})}(\boldsymbol{x})
\end{aligned} \tag{6.95}
$$

【**证明**】利用第 2.6.2 节中的结论进行证明。定义误差向量 $\boldsymbol{\zeta} = [\boldsymbol{e}^{\mathrm{T}} \quad \boldsymbol{\varphi}^{\mathrm{T}}]^{\mathrm{T}} \in \mathbf{R}^{(p+r)\times 1}$, 并令 $\boldsymbol{J}_{xx}^{(\mathrm{b1})} = \left.\dfrac{\partial^2 J^{(\mathrm{b1})}(\boldsymbol{x})}{\partial \boldsymbol{x}\,\partial \boldsymbol{x}^{\mathrm{T}}}\right|_{\boldsymbol{\zeta}=\boldsymbol{O}_{(p+r)\times 1}}$, $\boldsymbol{J}_{x\zeta}^{(\mathrm{b1})} = \left.\dfrac{\partial^2 J^{(\mathrm{b1})}(\boldsymbol{x})}{\partial \boldsymbol{x}\,\partial \boldsymbol{\zeta}^{\mathrm{T}}}\right|_{\boldsymbol{\zeta}=\boldsymbol{O}_{(p+r)\times 1}}$。根据 $J^{(\mathrm{b1})}(\boldsymbol{x})$ 的表达式可知

$$
\begin{cases}
\boldsymbol{J}_{xx}^{(\mathrm{b1})} = 2(\boldsymbol{F}_x(\boldsymbol{x},\boldsymbol{s}))^{\mathrm{T}}(\boldsymbol{E} + \boldsymbol{F}_s(\boldsymbol{x},\boldsymbol{s})\boldsymbol{\Psi}(\boldsymbol{F}_s(\boldsymbol{x},\boldsymbol{s}))^{\mathrm{T}})^{-1}\boldsymbol{F}_x(\boldsymbol{x},\boldsymbol{s}) \\
\boldsymbol{J}_{x\zeta}^{(\mathrm{b1})} = 2(\boldsymbol{F}_x(\boldsymbol{x},\boldsymbol{s}))^{\mathrm{T}}(\boldsymbol{E} + \boldsymbol{F}_s(\boldsymbol{x},\boldsymbol{s})\boldsymbol{\Psi}(\boldsymbol{F}_s(\boldsymbol{x},\boldsymbol{s}))^{\mathrm{T}})^{-1}[-\boldsymbol{I}_p \quad \boldsymbol{F}_s(\boldsymbol{x},\boldsymbol{s})]
\end{cases} \tag{6.96}
$$

容易验证

$$
\begin{aligned}
&\boldsymbol{J}_{x\zeta}^{(\mathrm{b1})}\mathbf{COV}(\boldsymbol{\zeta})(\boldsymbol{J}_{x\zeta}^{(\mathrm{b1})})^{\mathrm{T}} \\
&= \boldsymbol{J}_{x\zeta}^{(\mathrm{b1})}\mathrm{blkdiag}\{\boldsymbol{E},\boldsymbol{\Psi}\}(\boldsymbol{J}_{x\zeta}^{(\mathrm{b1})})^{\mathrm{T}} \\
&= 4(\boldsymbol{F}_x(\boldsymbol{x},\boldsymbol{s}))^{\mathrm{T}}(\boldsymbol{E} + \boldsymbol{F}_s(\boldsymbol{x},\boldsymbol{s})\boldsymbol{\Psi}(\boldsymbol{F}_s(\boldsymbol{x},\boldsymbol{s}))^{\mathrm{T}})^{-1}(\boldsymbol{E} + \boldsymbol{F}_s(\boldsymbol{x},\boldsymbol{s})\boldsymbol{\Psi}(\boldsymbol{F}_s(\boldsymbol{x},\boldsymbol{s}))^{\mathrm{T}}) \\
&\quad \times (\boldsymbol{E} + \boldsymbol{F}_s(\boldsymbol{x},\boldsymbol{s})\boldsymbol{\Psi}(\boldsymbol{F}_s(\boldsymbol{x},\boldsymbol{s}))^{\mathrm{T}})^{-1}\boldsymbol{F}_x(\boldsymbol{x},\boldsymbol{s}) \\
&= 4(\boldsymbol{F}_x(\boldsymbol{x},\boldsymbol{s}))^{\mathrm{T}}(\boldsymbol{E} + \boldsymbol{F}_s(\boldsymbol{x},\boldsymbol{s})\boldsymbol{\Psi}(\boldsymbol{F}_s(\boldsymbol{x},\boldsymbol{s}))^{\mathrm{T}})^{-1}\boldsymbol{F}_x(\boldsymbol{x},\boldsymbol{s}) \\
&= 2\boldsymbol{J}_{xx}^{(\mathrm{b1})}
\end{aligned} \tag{6.97}
$$

也就是式 (2.170) 能够得到满足, 此时可以利用式 (2.171) 可得

$$
\begin{aligned}
\mathbf{MSE}(\widehat{\boldsymbol{x}}^{(\mathrm{b1})}) &= \mathbf{E}[(\widehat{\boldsymbol{x}}^{(\mathrm{b1})} - \boldsymbol{x})(\widehat{\boldsymbol{x}}^{(\mathrm{b1})} - \boldsymbol{x})^{\mathrm{T}}] \\
&= \mathbf{E}[\Delta\boldsymbol{x}^{(\mathrm{b1})}(\Delta\boldsymbol{x}^{(\mathrm{b1})})^{\mathrm{T}}] \\
&= 2(\boldsymbol{J}_{xx}^{(\mathrm{b1})})^{-1} - 2(\boldsymbol{J}_{xx}^{(\mathrm{b1})})^{-1}(\boldsymbol{C}(\boldsymbol{x}))^{\mathrm{T}}(\boldsymbol{C}(\boldsymbol{x})(\boldsymbol{J}_{xx}^{(\mathrm{b1})})^{-1} \\
&\quad \times (\boldsymbol{C}(\boldsymbol{x}))^{\mathrm{T}})^{-1}\boldsymbol{C}(\boldsymbol{x})(\boldsymbol{J}_{xx}^{(\mathrm{b1})})^{-1}
\end{aligned} \tag{6.98}
$$

式中, $\Delta\boldsymbol{x}^{(\mathrm{b1})} = \widehat{\boldsymbol{x}}^{(\mathrm{b1})} - \boldsymbol{x}$ 表示向量 $\widehat{\boldsymbol{x}}^{(\mathrm{b1})}$ 中的估计误差。又因为 $\mathbf{CRB}^{(\mathrm{b})}(\boldsymbol{x}) = 2(\boldsymbol{J}_{xx}^{(\mathrm{b1})})^{-1}$, 将该式代入式 (6.98) 可知式 (6.95) 成立。证毕。

【**注记 6.15**】命题 6.19 表明, 向量 $\widehat{\boldsymbol{x}}^{(\mathrm{b1})}$ 是关于未知参数 $\boldsymbol{x}$ 的渐近统计最优估计值。

2. 方法 6−b2 的理论性能分析

下面推导方法 6−b2 的估计值 $\begin{bmatrix}\widehat{\boldsymbol{x}}^{(\mathrm{b2})}\\ \widehat{\boldsymbol{s}}^{(\mathrm{b2})}\end{bmatrix}$ 的统计性能, 具体结论可见如下命题。

【命题 6.20】 向量 $\begin{bmatrix}\widehat{\boldsymbol{x}}^{(\mathrm{b2})}\\ \widehat{\boldsymbol{s}}^{(\mathrm{b2})}\end{bmatrix}$ 是关于未知参数及模型参数 $\begin{bmatrix}\boldsymbol{x}\\ \boldsymbol{s}\end{bmatrix}$ 的渐近无偏估计值, 并且其均方误差为

$$\begin{aligned}\mathbf{MSE}\left(\begin{bmatrix}\widehat{\boldsymbol{x}}^{(\mathrm{b2})}\\ \widehat{\boldsymbol{s}}^{(\mathrm{b2})}\end{bmatrix}\right)&=\mathbf{CRB}^{(\mathrm{b})}\left(\begin{bmatrix}\boldsymbol{x}\\ \boldsymbol{s}\end{bmatrix}\right)-\mathbf{CRB}^{(\mathrm{b})}\left(\begin{bmatrix}\boldsymbol{x}\\ \boldsymbol{s}\end{bmatrix}\right)(\overline{\boldsymbol{C}}(\boldsymbol{x}))^{\mathrm{T}}\\&\quad\times\left(\overline{\boldsymbol{C}}(\boldsymbol{x})\mathbf{CRB}^{(\mathrm{b})}\left(\begin{bmatrix}\boldsymbol{x}\\ \boldsymbol{s}\end{bmatrix}\right)(\overline{\boldsymbol{C}}(\boldsymbol{x}))^{\mathrm{T}}\right)^{-1}\overline{\boldsymbol{C}}(\boldsymbol{x})\mathbf{CRB}^{(\mathrm{b})}\left(\begin{bmatrix}\boldsymbol{x}\\ \boldsymbol{s}\end{bmatrix}\right)\\&=\mathbf{CRB}_{\mathrm{c}}^{(\mathrm{b})}\left(\begin{bmatrix}\boldsymbol{x}\\ \boldsymbol{s}\end{bmatrix}\right)\end{aligned}\tag{6.99}$$

【证明】 利用第 2.6.2 节中的结论进行证明。定义误差向量 $\boldsymbol{\zeta}=[\boldsymbol{e}^{\mathrm{T}}\ \ \boldsymbol{\varphi}^{\mathrm{T}}]^{\mathrm{T}}\in\mathbf{R}^{(p+r)\times 1}$, 并令 $\boldsymbol{J}_{\mu\mu}^{(\mathrm{b2})}=\left.\dfrac{\partial^2 J^{(\mathrm{b})}(\boldsymbol{\mu})}{\partial\boldsymbol{\mu}\,\partial\boldsymbol{\mu}^{\mathrm{T}}}\right|_{\boldsymbol{\zeta}=\boldsymbol{O}_{(p+r)\times 1}}$, $\boldsymbol{J}_{\mu\zeta}^{(\mathrm{b2})}=\left.\dfrac{\partial^2 J^{(\mathrm{b})}(\boldsymbol{\mu})}{\partial\boldsymbol{\mu}\,\partial\boldsymbol{\zeta}^{\mathrm{T}}}\right|_{\boldsymbol{\zeta}=\boldsymbol{O}_{(p+r)\times 1}}$。根据 $J^{(\mathrm{b})}(\boldsymbol{\mu})$ 的表达式可知

$$\begin{cases}\boldsymbol{J}_{\mu\mu}^{(\mathrm{b2})}=2\left[\begin{array}{c|c}(\boldsymbol{F}_x(\boldsymbol{x},\boldsymbol{s}))^{\mathrm{T}}\boldsymbol{E}^{-1}\boldsymbol{F}_x(\boldsymbol{x},\boldsymbol{s}) & (\boldsymbol{F}_x(\boldsymbol{x},\boldsymbol{s}))^{\mathrm{T}}\boldsymbol{E}^{-1}\boldsymbol{F}_s(\boldsymbol{x},\boldsymbol{s})\\ \hline (\boldsymbol{F}_s(\boldsymbol{x},\boldsymbol{s}))^{\mathrm{T}}\boldsymbol{E}^{-1}\boldsymbol{F}_x(\boldsymbol{x},\boldsymbol{s}) & (\boldsymbol{F}_s(\boldsymbol{x},\boldsymbol{s}))^{\mathrm{T}}\boldsymbol{E}^{-1}\boldsymbol{F}_s(\boldsymbol{x},\boldsymbol{s})+\boldsymbol{\Psi}^{-1}\end{array}\right]\\ \boldsymbol{J}_{\mu\zeta}^{(\mathrm{b2})}=-2\left[\begin{array}{c|c}(\boldsymbol{F}_x(\boldsymbol{x},\boldsymbol{s}))^{\mathrm{T}}\boldsymbol{E}^{-1} & \boldsymbol{O}_{q\times r}\\ \hline (\boldsymbol{F}_s(\boldsymbol{x},\boldsymbol{s}))^{\mathrm{T}}\boldsymbol{E}^{-1} & \boldsymbol{\Psi}^{-1}\end{array}\right]\end{cases}\tag{6.100}$$

容易验证

$$\begin{aligned}&\boldsymbol{J}_{\mu\zeta}^{(\mathrm{b2})}\mathbf{COV}(\boldsymbol{\zeta})(\boldsymbol{J}_{\mu\zeta}^{(\mathrm{b2})})^{\mathrm{T}}\\&=\boldsymbol{J}_{\mu\zeta}^{(\mathrm{b2})}\mathrm{blkdiag}\{\boldsymbol{E},\boldsymbol{\Psi}\}(\boldsymbol{J}_{\mu\zeta}^{(\mathrm{b2})})^{\mathrm{T}}\\&=4\left[\begin{array}{c|c}(\boldsymbol{F}_x(\boldsymbol{x},\boldsymbol{s}))^{\mathrm{T}}\boldsymbol{E}^{-1}\boldsymbol{F}_x(\boldsymbol{x},\boldsymbol{s}) & (\boldsymbol{F}_x(\boldsymbol{x},\boldsymbol{s}))^{\mathrm{T}}\boldsymbol{E}^{-1}\boldsymbol{F}_s(\boldsymbol{x},\boldsymbol{s})\\ \hline (\boldsymbol{F}_s(\boldsymbol{x},\boldsymbol{s}))^{\mathrm{T}}\boldsymbol{E}^{-1}\boldsymbol{F}_x(\boldsymbol{x},\boldsymbol{s}) & (\boldsymbol{F}_s(\boldsymbol{x},\boldsymbol{s}))^{\mathrm{T}}\boldsymbol{E}^{-1}\boldsymbol{F}_s(\boldsymbol{x},\boldsymbol{s})+\boldsymbol{\Psi}^{-1}\end{array}\right]=2\boldsymbol{J}_{\mu\mu}^{(\mathrm{b2})}\end{aligned}\tag{6.101}$$

也就是式 (2.170) 能够得到满足, 此时可以利用式 (2.171) 可得

$$\begin{aligned}\mathbf{MSE}\left(\begin{bmatrix}\widehat{\boldsymbol{x}}^{(\mathrm{b2})}\\ \widehat{\boldsymbol{s}}^{(\mathrm{b2})}\end{bmatrix}\right)&=\mathbf{E}\left(\begin{bmatrix}\widehat{\boldsymbol{x}}^{(\mathrm{b2})}-\boldsymbol{x}\\ \widehat{\boldsymbol{s}}^{(\mathrm{b2})}-\boldsymbol{s}\end{bmatrix}\begin{bmatrix}\widehat{\boldsymbol{x}}^{(\mathrm{b2})}-\boldsymbol{x}\\ \widehat{\boldsymbol{s}}^{(\mathrm{b2})}-\boldsymbol{s}\end{bmatrix}^{\mathrm{T}}\right)\\&=\mathbf{E}\left(\begin{bmatrix}\Delta\boldsymbol{x}^{(\mathrm{b2})}\\ \Delta\boldsymbol{s}^{(\mathrm{b2})}\end{bmatrix}\begin{bmatrix}\Delta\boldsymbol{x}^{(\mathrm{b2})}\\ \Delta\boldsymbol{s}^{(\mathrm{b2})}\end{bmatrix}^{\mathrm{T}}\right)\\&=2(\boldsymbol{J}_{\mu\mu}^{(\mathrm{b2})})^{-1}-2(\boldsymbol{J}_{\mu\mu}^{(\mathrm{b2})})^{-1}(\overline{\boldsymbol{C}}(\boldsymbol{x}))^{\mathrm{T}}\\&\quad\times(\overline{\boldsymbol{C}}(\boldsymbol{x})(\boldsymbol{J}_{\mu\mu}^{(\mathrm{b2})})^{-1}(\overline{\boldsymbol{C}}(\boldsymbol{x}))^{\mathrm{T}})^{-1}\overline{\boldsymbol{C}}(\boldsymbol{x})(\boldsymbol{J}_{\mu\mu}^{(\mathrm{b2})})^{-1}\end{aligned}\tag{6.102}$$

式中,

$$\begin{bmatrix}\Delta\boldsymbol{x}^{(\mathrm{b2})}\\ \Delta\boldsymbol{s}^{(\mathrm{b2})}\end{bmatrix}=\begin{bmatrix}\widehat{\boldsymbol{x}}^{(\mathrm{b2})}\\ \widehat{\boldsymbol{s}}^{(\mathrm{b2})}\end{bmatrix}-\begin{bmatrix}\boldsymbol{x}\\ \boldsymbol{s}\end{bmatrix}$$

表示向量 $\begin{bmatrix}\widehat{\boldsymbol{x}}^{(\mathrm{b2})}\\ \widehat{\boldsymbol{s}}^{(\mathrm{b2})}\end{bmatrix}$ 中的估计误差。又因为 $\mathbf{CRB}^{(\mathrm{b})}\left(\begin{bmatrix}\boldsymbol{x}\\ \boldsymbol{s}\end{bmatrix}\right)=2(\boldsymbol{J}_{\mu\mu}^{(\mathrm{b2})})^{-1}$, 所以将该式代入式 (6.102) 可知式 (6.99) 成立。证毕。

【注记 6.16】命题 6.20 表明, 向量 $\begin{bmatrix}\widehat{\boldsymbol{x}}^{(\mathrm{b2})}\\ \widehat{\boldsymbol{s}}^{(\mathrm{b2})}\end{bmatrix}$ 是关于未知参数及模型参数 $\begin{bmatrix}\boldsymbol{x}\\ \boldsymbol{s}\end{bmatrix}$ 的渐近统计最优估计值。

6.4.3 数值实验

本节仍然选择式 (6.29) 所定义的函数 $\boldsymbol{f}(\boldsymbol{x},\boldsymbol{s})$ 进行数值实验。由式 (6.29) 可以推得 Jacobi 矩阵 $\boldsymbol{F}_s(\boldsymbol{x},\boldsymbol{s})$ 的表达式为

$$\begin{aligned}\boldsymbol{F}_s(\boldsymbol{x},\boldsymbol{s})&=\left(\begin{bmatrix}x_1^2\\ x_1x_2\\ x_2^2+x_3^2\\ x_3x_4\end{bmatrix}^{\mathrm{T}}\otimes\boldsymbol{I}_8\right)\begin{bmatrix}\boldsymbol{S}_1\\ \boldsymbol{S}_2\\ \boldsymbol{S}_3\\ \boldsymbol{S}_4\end{bmatrix}\\&=x_1^2\boldsymbol{S}_1+x_1x_2\boldsymbol{S}_2+(x_2^2+x_3^2)\boldsymbol{S}_3+x_3x_4\boldsymbol{S}_4\in\mathbf{R}^{8\times3}\end{aligned}\tag{6.103}$$

式中,

$$\begin{cases} \boldsymbol{S}_1 = \begin{bmatrix} 1 & 0 & 0 \\ 0 & 0 & 0 \\ 2s_1 & 0 & 0 \\ 0 & 0 & 0 \\ s_2 & s_1 & 0 \\ 0 & 0 & 0 \\ 1 & 1 & 0 \\ 0 & 0 & 0 \end{bmatrix}; \quad \boldsymbol{S}_2 = \begin{bmatrix} 0 & 1 & 0 \\ 1 & 0 & 0 \\ 0 & 2s_2 & 0 \\ 2s_1 & 0 & 0 \\ s_3 & 0 & s_1 \\ s_2 & s_1 & 0 \\ 1 & 0 & 1 \\ 1 & 1 & 0 \end{bmatrix} \\ \boldsymbol{S}_3 = \begin{bmatrix} 0 & 0 & 1 \\ 0 & 1 & 0 \\ 0 & 0 & 2s_3 \\ 0 & 2s_2 & 0 \\ 0 & s_3 & s_2 \\ s_3 & 0 & s_1 \\ 0 & 1 & 1 \\ 1 & 0 & 1 \end{bmatrix}; \quad \boldsymbol{S}_4 = \begin{bmatrix} 0 & 0 & 0 \\ 0 & 0 & 1 \\ 0 & 0 & 0 \\ 0 & 0 & 2s_3 \\ 0 & 0 & 0 \\ 0 & s_3 & s_2 \\ 0 & 0 & 0 \\ 0 & 1 & 1 \end{bmatrix} \end{cases} \tag{6.104}$$

由式 (6.31) 和式 (6.103) 可以进一步推得

$$\frac{\partial \mathrm{vec}[(\boldsymbol{F}_x(\boldsymbol{x},\boldsymbol{s}))^{\mathrm{T}}]}{\partial \boldsymbol{s}^{\mathrm{T}}} = \left(\boldsymbol{I}_8 \otimes \begin{bmatrix} 2x_1 & 0 & 0 & 0 \\ x_2 & x_1 & 0 & 0 \\ 0 & 2x_2 & 2x_3 & 0 \\ 0 & 0 & x_4 & x_3 \end{bmatrix} \right)^{\mathrm{T}} \begin{bmatrix} \boldsymbol{S}_5 \\ \boldsymbol{S}_6 \\ \boldsymbol{S}_7 \\ \boldsymbol{S}_8 \\ \boldsymbol{S}_9 \\ \boldsymbol{S}_{10} \\ \boldsymbol{S}_{11} \\ \boldsymbol{S}_{12} \end{bmatrix} \in \mathbf{R}^{32\times 3} \tag{6.105}$$

$$\begin{aligned} \frac{\partial \mathrm{vec}[(\boldsymbol{F}_s(\boldsymbol{x},\boldsymbol{s}))^{\mathrm{T}}]}{\partial \boldsymbol{x}^{\mathrm{T}}} = {} & \mathrm{vec}[\boldsymbol{S}_1^{\mathrm{T}}][2x_1 \quad 0 \quad 0 \quad 0] + \mathrm{vec}[\boldsymbol{S}_2^{\mathrm{T}}][x_2 \quad x_1 \quad 0 \quad 0] \\ & + \mathrm{vec}[\boldsymbol{S}_3^{\mathrm{T}}][0 \quad 2x_2 \quad 2x_3 \quad 0] \\ & + \mathrm{vec}[\boldsymbol{S}_4^{\mathrm{T}}][0 \quad 0 \quad x_4 \quad x_3] \in \mathbf{R}^{24\times 4} \end{aligned} \tag{6.106}$$

$$\frac{\partial \text{vec}[(\boldsymbol{F}_s(\boldsymbol{x},\boldsymbol{s}))^{\text{T}}]}{\partial \boldsymbol{s}^{\text{T}}} = x_1^2 \frac{\partial \text{vec}[\boldsymbol{S}_1^{\text{T}}]}{\partial \boldsymbol{s}^{\text{T}}} + x_1 x_2 \frac{\partial \text{vec}[\boldsymbol{S}_2^{\text{T}}]}{\partial \boldsymbol{s}^{\text{T}}}$$

$$+ (x_2^2 + x_3^2) \frac{\partial \text{vec}[\boldsymbol{S}_3^{\text{T}}]}{\partial \boldsymbol{s}^{\text{T}}} + x_3 x_4 \frac{\partial \text{vec}[\boldsymbol{S}_4^{\text{T}}]}{\partial \boldsymbol{s}^{\text{T}}} \in \mathbf{R}^{24\times 3} \tag{6.107}$$

式中,

$$\boldsymbol{S}_5 = \begin{bmatrix} 1 & 0 & 0 \\ 0 & 1 & 0 \\ 0 & 0 & 1 \\ 0 & 0 & 0 \end{bmatrix}; \quad \boldsymbol{S}_6 = \begin{bmatrix} 0 & 0 & 0 \\ 1 & 0 & 0 \\ 0 & 1 & 0 \\ 0 & 0 & 1 \end{bmatrix}; \quad \boldsymbol{S}_7 = \begin{bmatrix} 2s_1 & 0 & 0 \\ 0 & 2s_2 & 0 \\ 0 & 0 & 2s_3 \\ 0 & 0 & 0 \end{bmatrix};$$

$$\boldsymbol{S}_8 = \begin{bmatrix} 0 & 0 & 0 \\ 2s_1 & 0 & 0 \\ 0 & 2s_2 & 0 \\ 0 & 0 & 2s_3 \end{bmatrix}; \quad \boldsymbol{S}_9 = \begin{bmatrix} s_2 & s_1 & 0 \\ s_3 & 0 & s_1 \\ 0 & s_3 & s_2 \\ 0 & 0 & 0 \end{bmatrix}; \quad \boldsymbol{S}_{10} = \begin{bmatrix} 0 & 0 & 0 \\ s_2 & s_1 & 0 \\ s_3 & 0 & s_1 \\ 0 & s_3 & s_2 \end{bmatrix};$$

$$\boldsymbol{S}_{11} = \begin{bmatrix} 1 & 1 & 0 \\ 1 & 0 & 1 \\ 0 & 1 & 1 \\ 0 & 0 & 0 \end{bmatrix}; \quad \boldsymbol{S}_{12} = \begin{bmatrix} 0 & 0 & 0 \\ 1 & 1 & 0 \\ 1 & 0 & 1 \\ 0 & 1 & 1 \end{bmatrix} \tag{6.108}$$

将未知参数设为 $\boldsymbol{x} = [2 \quad 1 \quad 3 \quad 2]^{\text{T}}$, 将模型参数设为 $\boldsymbol{s} = [6 \quad 12 \quad 2]^{\text{T}}$ (假设其未能精确已知, 仅存在先验观测值), 观测误差协方差矩阵设为 $\boldsymbol{E} = \sigma_1^2 \boldsymbol{I}_8$, 其中 σ_1 称为观测误差标准差; 模型参数先验观测误差协方差矩阵设为 $\boldsymbol{\varPsi} = \sigma_2^2 \begin{bmatrix} 1 & 0.5 & 0 \\ 0.5 & 1 & 0.5 \\ 0 & 0.5 & 1 \end{bmatrix}$, 其中 σ_2 称为先验观测误差标准差。使用方法 6−a 和方法 6−b1 对未知参数 $\boldsymbol{x}$ 进行估计, 使用方法 6−b2 对未知参数 $\boldsymbol{x}$ 和模型参数 $\boldsymbol{s}$ 进行联合估计, 并且与方法 3−b1 和方法 3−b2 的估计精度进行比较。

首先, 设 $\sigma_2 = 0.08$, 图 6.5 给出了未知参数 $\boldsymbol{x}$ 估计均方根误差随观测误差标准差 σ_1 的变化曲线, 图 6.6 给出了模型参数 $\boldsymbol{s}$ 估计均方根误差随观测误差标准差 σ_1 的变化曲线。然后, 设 $\sigma_1 = 3$, 图 6.7 给出了未知参数 $\boldsymbol{x}$ 估计均方根误差随先验观测误差标准差 σ_2 的变化曲线, 图 6.8 给出了模型参数 $\boldsymbol{s}$ 估计均方根误差随先验观测误差标准差 σ_2 的变化曲线。

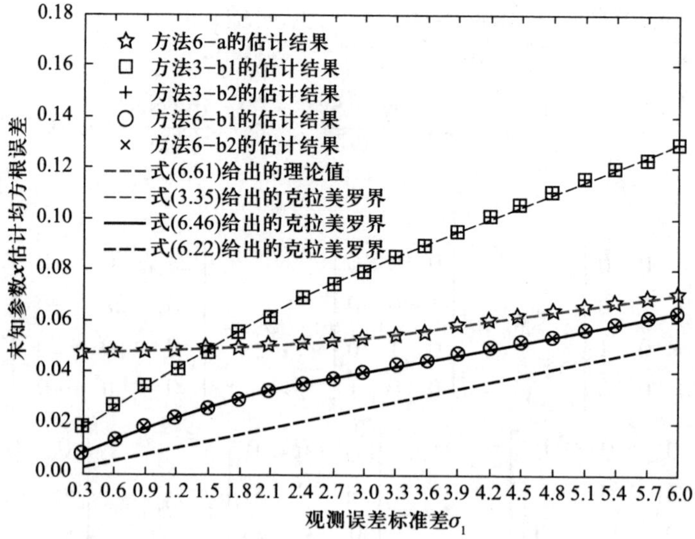

图 6.5　未知参数 x 估计均方根误差随观测误差标准差 σ_1 的变化曲线 (彩图)

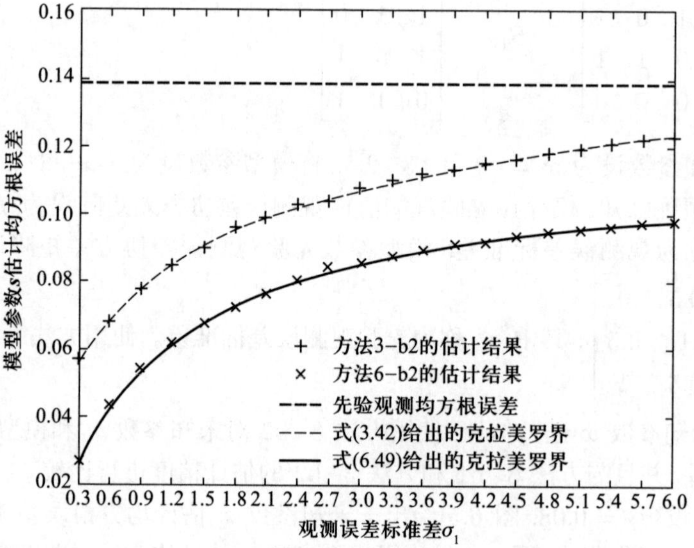

图 6.6　模型参数 s 估计均方根误差随观测误差标准差 σ_1 的变化曲线

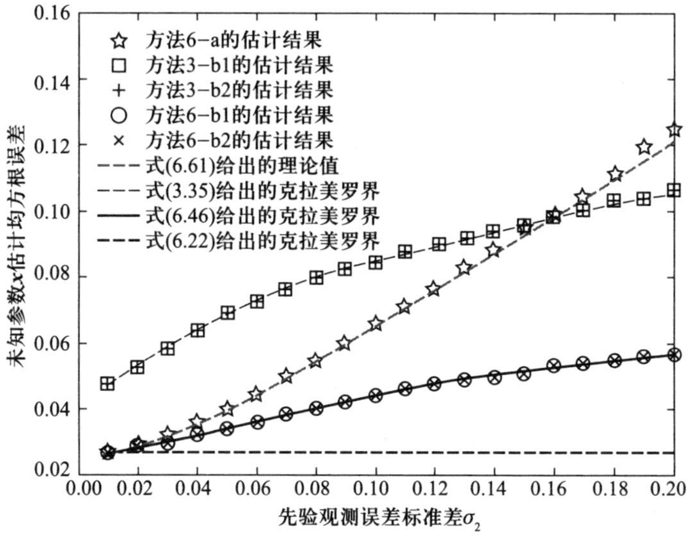

图 6.7　未知参数 $\boldsymbol{x}$ 估计均方根误差随先验观测误差标准差 σ_2 的变化曲线 (彩图)

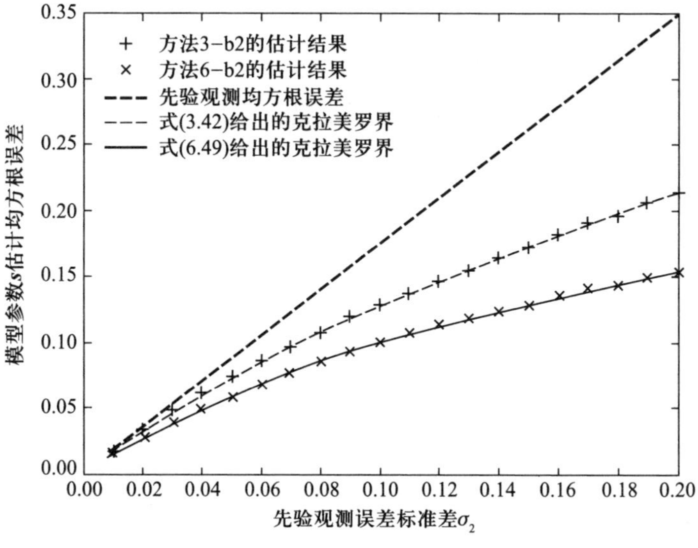

图 6.8　模型参数 $\boldsymbol{s}$ 估计均方根误差随先验观测误差标准差 σ_2 的变化曲线

由图 6.5 至图 6.8 可以看出:

① 当存在模型参数先验观测误差时, 5 种方法的参数估计均方根误差均随观测误差标准差 σ_1 的增加而增大, 随先验观测误差标准差 σ_2 的增加而增大。

② 当存在模型参数先验观测误差时, 方法 6−a 对未知参数 $\boldsymbol{x}$ 的估计均方根误差与式 (6.61) 给出的理论值基本吻合 (如图 6.5 和图 6.7 所示), 从而验证了第 6.3.2 节理论性能分析的有效性。

③ 当存在模型参数先验观测误差时, 方法 6−b1 和方法 6−b2 对未知参数 $\boldsymbol{x}$ 的估计均方根误差均能够达到由式 (6.46) 给出的克拉美罗界 (如图 6.5 和图 6.7 所示), 从而验证了第 6.4.2 节理论性能分析的有效性。此外, 方法 6−b1 和方法 6−b2 的估计精度高于方法 6−a, 并且性能差异随观测误差标准差 σ_1 的增加而变小 (如图 6.5 所示), 随先验观测误差标准差 σ_2 的增加而变大 (如图 6.7 所示)。

④ 当存在模型参数先验观测误差时, 方法 6−b2 提高了对模型参数 $\boldsymbol{s}$ 的估计精度 (相对先验观测精度而言), 并且其估计均方根误差能够达到由式 (6.49) 给出的克拉美罗界 (如图 6.6 和图 6.8 所示), 从而再次验证了第 6.4.2 节理论性能分析的有效性。

⑤ 方法 6−b1 对未知参数 $\boldsymbol{x}$ 的估计精度明显高于方法 3−b1 对未知参数 $\boldsymbol{x}$ 的估计精度, 方法 6−b2 对未知参数 $\boldsymbol{x}$ 和模型参数 $\boldsymbol{s}$ 的联合估计精度明显高于方法 3−b2 对未知参数 $\boldsymbol{x}$ 和模型参数 $\boldsymbol{s}$ 的联合估计精度, 这是因为等式约束降低了整个观测模型的不确定性, 从而有利于提高参数估计精度, 这与命题 6.12 和命题 6.15 是相符的。

第 7 章　非线性最小二乘估计理论与方法：观测误差协方差矩阵秩亏损

第 3 章至第 6 章均假设观测误差向量 $\boldsymbol{e}$ 的协方差矩阵 $\boldsymbol{E}$ 是满秩方阵，从而可以直接对其进行求逆运算，并且基于此逆矩阵构建非线性最小二乘估计准则。然而，在实际应用中矩阵 $\boldsymbol{E}$ 有可能会出现秩亏损 (Rank Deficiency, RD) 现象，也就是退化为奇异矩阵。例如，若假设观测误差向量 $\boldsymbol{e}$ 是 5 维向量，其中的元素为 $\boldsymbol{e} = [e_1 \ \ e_2 \ \ e_3 \ \ e_1 + e_2 \ \ e_2 - e_3]^{\mathrm{T}}$，此时的协方差矩阵 $\boldsymbol{E}$ 就是秩亏损的。本章将针对此类问题展开讨论，提出利用矩阵奇异值分解将原问题转化成含有等式约束的非线性最小二乘估计问题，并且新问题的观测误差协方差矩阵可以恢复为满秩方阵。

7.1　观测误差协方差矩阵秩亏损条件下的非线性观测模型

考虑如下非线性观测模型

$$\boldsymbol{z} = \boldsymbol{z}_0 + \boldsymbol{e} = \boldsymbol{f}(\boldsymbol{x}, \boldsymbol{s}) + \boldsymbol{T}\overline{\boldsymbol{e}} \tag{7.1}$$

式中，

$\boldsymbol{z}_0 = \boldsymbol{f}(\boldsymbol{x}, \boldsymbol{s}) \in \mathbf{R}^{p\times 1}$ 表示没有误差条件下的观测向量，其中 $\boldsymbol{f}(\boldsymbol{x}, \boldsymbol{s})$ 是关于向量 $\boldsymbol{x}$ 和 $\boldsymbol{s}$ 的连续可导函数；

$\boldsymbol{x} \in \mathbf{R}^{q\times 1}$ 表示待估计的未知参数，其中 $q < p$ 以确保问题是超定的 (即观测量个数大于未知参数个数)；

$\boldsymbol{s} \in \mathbf{R}^{r\times 1}$ 表示模型参数；

$\boldsymbol{z} \in \mathbf{R}^{p\times 1}$ 表示含有误差条件下的观测向量；

$\boldsymbol{e} = \boldsymbol{T}\overline{\boldsymbol{e}} \in \mathbf{R}^{p\times 1}$ 表示观测误差向量，其中 $\overline{\boldsymbol{e}} \in \mathbf{R}^{\overline{p}\times 1}$ 服从均值为零、协方差矩阵为 $\mathbf{COV}(\overline{\boldsymbol{e}}) = \mathbf{E}[\overline{\boldsymbol{e}}\overline{\boldsymbol{e}}^{\mathrm{T}}] = \overline{\boldsymbol{E}}$ 的高斯分布，并且满足 $q < \overline{p} < p$；

$\boldsymbol{T} \in \mathbf{R}^{p\times \overline{p}}$ 是列满秩矩阵①，其对于估计器而言是确定已知的。

① 由于 $\overline{p} < p$，因此 $\boldsymbol{T}$ 是“瘦高型”矩阵。

【注记 7.1】观测误差向量 $\boldsymbol{e}$ 服从均值为零、协方差矩阵为 $\boldsymbol{E}=\mathbf{E}[\boldsymbol{e}\boldsymbol{e}^{\mathrm{T}}]=\boldsymbol{T}\overline{\boldsymbol{E}}\boldsymbol{T}^{\mathrm{T}}$ 的高斯分布。假设 $\overline{\boldsymbol{E}}$ 是满秩的正定矩阵, 由于 $\boldsymbol{T}$ 是"瘦高型"列满秩矩阵, 从而导致误差协方差矩阵 $\boldsymbol{E}$ 是秩亏损的, 其逆矩阵并不存在, 此时无法直接利用第 3 章中的方法对未知参数 $\boldsymbol{x}$ 进行求解。

【注记 7.2】与第 3 章相同, 本章仍然考虑两种情形: 第 1 种情形是假设模型参数 $\boldsymbol{s}$ 精确已知, 此时可以将其看成是已知量; 第 2 种情形是假设仅存在关于模型参数 $\boldsymbol{s}$ 的先验观测值 $\widehat{\boldsymbol{s}}$, 其中包含先验观测误差, 并且先验观测误差向量 $\boldsymbol{\varphi}=\widehat{\boldsymbol{s}}-\boldsymbol{s}$ 服从均值为零、协方差矩阵为 $\mathbf{COV}(\boldsymbol{\varphi})=\mathbf{E}[\boldsymbol{\varphi}\boldsymbol{\varphi}^{\mathrm{T}}]=\boldsymbol{\Psi}$ 的高斯分布, 此外, 误差向量 $\boldsymbol{\varphi}$ 与 $\overline{\boldsymbol{e}}$ 相互间统计独立, 并且协方差矩阵 $\boldsymbol{\Psi}$ 是满秩的正定矩阵①。

7.2 模型参数精确已知时的参数估计优化模型、求解方法及其理论性能

7.2.1 参数估计优化模型及其求解方法

1. 参数估计优化模型

由于协方差矩阵 $\boldsymbol{E}$ 是秩亏损的, 所以无法直接利用式 (3.3) 的参数估计优化模型进行求解。为了解决该问题, 将通过矩阵奇异值分解提出另一种参数估计优化模型, 其中包含等式约束。

对矩阵 $\boldsymbol{T}$ 进行奇异值分解可得

$$\boldsymbol{T}=\boldsymbol{U}\boldsymbol{\Lambda}\boldsymbol{V}^{\mathrm{T}}=\begin{bmatrix}\underbrace{\boldsymbol{U}_1}_{p\times\overline{p}} & \underbrace{\boldsymbol{U}_2}_{p\times(p-\overline{p})}\end{bmatrix}\begin{bmatrix}\underbrace{\boldsymbol{\Lambda}_1}_{\overline{p}\times\overline{p}} \\ \boldsymbol{O}_{(p-\overline{p})\times\overline{p}}\end{bmatrix}\boldsymbol{V}^{\mathrm{T}}=\boldsymbol{U}_1\boldsymbol{\Lambda}_1\boldsymbol{V}^{\mathrm{T}} \tag{7.2}$$

式中, $\boldsymbol{U}=[\boldsymbol{U}_1\ \ \boldsymbol{U}_2]\in\mathbf{R}^{p\times p}$ 和 $\boldsymbol{V}\in\mathbf{R}^{\overline{p}\times\overline{p}}$ 均为正交矩阵; $\boldsymbol{\Lambda}=\begin{bmatrix}\boldsymbol{\Lambda}_1 \\ \boldsymbol{O}_{(p-\overline{p})\times\overline{p}}\end{bmatrix}$, 其中 $\boldsymbol{\Lambda}_1$ 是 $\overline{p}\times\overline{p}$ 阶对角矩阵, 其对角元素为矩阵 $\boldsymbol{T}$ 的奇异值, 它们都是正数。若分别利用矩阵 $\boldsymbol{U}_1^{\mathrm{T}}$ 和 $\boldsymbol{U}_2^{\mathrm{T}}$ 左乘以式 (7.1) 两侧可以得到下面两个等式

$$\begin{aligned}\boldsymbol{z}_1=\boldsymbol{U}_1^{\mathrm{T}}\boldsymbol{z}=\boldsymbol{U}_1^{\mathrm{T}}\boldsymbol{f}(\boldsymbol{x},\boldsymbol{s})+\boldsymbol{U}_1^{\mathrm{T}}\boldsymbol{T}\overline{\boldsymbol{e}}&=\boldsymbol{f}_1(\boldsymbol{x},\boldsymbol{s})+\boldsymbol{\Lambda}_1\boldsymbol{V}^{\mathrm{T}}\overline{\boldsymbol{e}}\\&=\boldsymbol{f}_1(\boldsymbol{x},\boldsymbol{s})+\boldsymbol{e}_1\in\mathbf{R}^{\overline{p}\times 1}\end{aligned} \tag{7.3}$$

① 本章主要考虑观测误差 $\boldsymbol{e}$ 的协方差矩阵是秩亏损的情形, 而先验观测误差 $\boldsymbol{\varphi}$ 的协方差矩阵仍然是满秩的正定矩阵。

$$\boldsymbol{z}_2=\boldsymbol{U}_2^{\mathrm{T}}\boldsymbol{z}=\boldsymbol{U}_2^{\mathrm{T}}\boldsymbol{f}(\boldsymbol{x},\boldsymbol{s})+\boldsymbol{U}_2^{\mathrm{T}}\boldsymbol{T}\overline{\boldsymbol{e}}=\boldsymbol{f}_2(\boldsymbol{x},\boldsymbol{s})\in\mathbf{R}^{(p-\overline{p})\times 1} \tag{7.4}$$

式中, $\boldsymbol{f}_1(\boldsymbol{x},\boldsymbol{s})=\boldsymbol{U}_1^{\mathrm{T}}\boldsymbol{f}(\boldsymbol{x},\boldsymbol{s})\in\mathbf{R}^{\overline{p}\times 1}$, $\boldsymbol{f}_2(\boldsymbol{x},\boldsymbol{s})=\boldsymbol{U}_2^{\mathrm{T}}\boldsymbol{f}(\boldsymbol{x},\boldsymbol{s})\in\mathbf{R}^{(p-\overline{p})\times 1}$, $\boldsymbol{e}_1=\boldsymbol{\varLambda}_1\boldsymbol{V}^{\mathrm{T}}\overline{\boldsymbol{e}}\in\mathbf{R}^{\overline{p}\times 1}$。式 (7.4) 中的最后一个等号利用了正交关系式 $\boldsymbol{U}_2^{\mathrm{T}}\boldsymbol{U}_1=\boldsymbol{O}_{(p-\overline{p})\times\overline{p}}$。不难发现, 向量 $\overline{\boldsymbol{e}}$ 仅出现在式 (7.3) 中, 并未出现在式 (7.4) 中, 因此可以将式 (7.4) 看成是等式约束。此时, 观测模型式 (7.1) 可以等价为含有等式约束的观测模型, 如下式所示①

$$\begin{cases}\boldsymbol{z}_1=\boldsymbol{U}_1^{\mathrm{T}}\boldsymbol{z}=\boldsymbol{f}_1(\boldsymbol{x},\boldsymbol{s})+\boldsymbol{e}_1\\ \text{s.t. } \boldsymbol{z}_2=\boldsymbol{U}_2^{\mathrm{T}}\boldsymbol{z}=\boldsymbol{f}_2(\boldsymbol{x},\boldsymbol{s})\end{cases} \tag{7.5}$$

显然, 向量 $\boldsymbol{e}_1$ 可以看成是式 (7.5) 中的观测误差, 其协方差矩阵为

$$\boldsymbol{E}_1=\mathrm{E}[\boldsymbol{e}_1\boldsymbol{e}_1^{\mathrm{T}}]=\boldsymbol{\varLambda}_1\boldsymbol{V}^{\mathrm{T}}\mathrm{E}[\overline{\boldsymbol{e}}\overline{\boldsymbol{e}}^{\mathrm{T}}]\boldsymbol{V}\boldsymbol{\varLambda}_1^{\mathrm{T}}=\boldsymbol{\varLambda}_1\boldsymbol{V}^{\mathrm{T}}\overline{\boldsymbol{E}}\boldsymbol{V}\boldsymbol{\varLambda}_1^{\mathrm{T}}\in\mathbf{R}^{\overline{p}\times\overline{p}} \tag{7.6}$$

由于 $\boldsymbol{\varLambda}_1\boldsymbol{V}^{\mathrm{T}}$ 是满秩方阵, 所以 $\boldsymbol{E}_1$ 是满秩的正定矩阵。为了最大程度地抑制观测误差 $\boldsymbol{e}_1$ 的影响, 可以建立如下含有等式约束的优化模型②

$$\begin{cases}\min\limits_{\boldsymbol{x}\in\mathbf{R}^{q\times 1}}\{J^{(\mathrm{a})}(\boldsymbol{x})\}=\min\limits_{\boldsymbol{x}\in\mathbf{R}^{q\times 1}}\{(\boldsymbol{z}_1-\boldsymbol{f}_1(\boldsymbol{x},\boldsymbol{s}))^{\mathrm{T}}\boldsymbol{E}_1^{-1}(\boldsymbol{z}_1-\boldsymbol{f}_1(\boldsymbol{x},\boldsymbol{s}))\}\\ \text{s.t. } \boldsymbol{f}_2(\boldsymbol{x},\boldsymbol{s})=\boldsymbol{z}_2\end{cases} \tag{7.7}$$

式中, $\boldsymbol{E}_1^{-1}$ 表示加权矩阵, $J^{(\mathrm{a})}(\boldsymbol{x})=(\boldsymbol{z}_1-\boldsymbol{f}_1(\boldsymbol{x},\boldsymbol{s}))^{\mathrm{T}}\boldsymbol{E}_1^{-1}(\boldsymbol{z}_1-\boldsymbol{f}_1(\boldsymbol{x},\boldsymbol{s}))$ 表示对应的目标函数。式 (7.7) 是关于未知参数 $\boldsymbol{x}$ 的约束优化问题, 可以采用拉格朗日乘子方法进行求解。

2. 迭代求解方法 7–a

求解式 (7.7) 的拉格朗日函数可以表示为

$$\begin{aligned}L^{(\mathrm{a})}(\boldsymbol{x},\boldsymbol{\lambda})&=(\boldsymbol{z}_1-\boldsymbol{f}_1(\boldsymbol{x},\boldsymbol{s}))^{\mathrm{T}}\boldsymbol{E}_1^{-1}(\boldsymbol{z}_1-\boldsymbol{f}_1(\boldsymbol{x},\boldsymbol{s}))+\boldsymbol{\lambda}^{\mathrm{T}}(\boldsymbol{f}_2(\boldsymbol{x},\boldsymbol{s})-\boldsymbol{z}_2)\\&=J^{(\mathrm{a})}(\boldsymbol{x})+\boldsymbol{\lambda}^{\mathrm{T}}(\boldsymbol{f}_2(\boldsymbol{x},\boldsymbol{s})-\boldsymbol{z}_2)\end{aligned} \tag{7.8}$$

式中, $\boldsymbol{\lambda}=[\lambda_1\ \ \lambda_2\ \ \cdots\ \ \lambda_{p-\overline{p}}]^{\mathrm{T}}$ 表示拉格朗日乘子向量。不妨将向量 $\boldsymbol{x}$ 和 $\boldsymbol{\lambda}$ 的最优解分别记为 $\widehat{\boldsymbol{x}}^{(\mathrm{a})}$ 和 $\widehat{\boldsymbol{\lambda}}^{(\mathrm{a})}$, 下面将函数 $L^{(\mathrm{a})}(\boldsymbol{x},\boldsymbol{\lambda})$ 分别对向量 $\boldsymbol{x}$ 和 $\boldsymbol{\lambda}$ 求偏导, 并令它们等于零可得

$$\left.\frac{\partial L^{(\mathrm{a})}(\boldsymbol{x},\boldsymbol{\lambda})}{\partial\boldsymbol{x}}\right|_{\substack{\boldsymbol{x}=\widehat{\boldsymbol{x}}^{(\mathrm{a})}\\ \boldsymbol{\lambda}=\widehat{\boldsymbol{\lambda}}^{(\mathrm{a})}}}=\nabla_x J^{(\mathrm{a})}(\widehat{\boldsymbol{x}}^{(\mathrm{a})})+(\boldsymbol{F}_{2x}(\widehat{\boldsymbol{x}}^{(\mathrm{a})},\boldsymbol{s}))^{\mathrm{T}}\widehat{\boldsymbol{\lambda}}^{(\mathrm{a})}=\boldsymbol{O}_{q\times 1} \tag{7.9}$$

$$\left.\frac{\partial L^{(\mathrm{a})}(\boldsymbol{x},\boldsymbol{\lambda})}{\partial\boldsymbol{\lambda}}\right|_{\substack{\boldsymbol{x}=\widehat{\boldsymbol{x}}^{(\mathrm{a})}\\ \boldsymbol{\lambda}=\widehat{\boldsymbol{\lambda}}^{(\mathrm{a})}}}=\boldsymbol{f}_2(\widehat{\boldsymbol{x}}^{(\mathrm{a})},\boldsymbol{s})-\boldsymbol{z}_2=\boldsymbol{O}_{(p-\overline{p})\times 1} \tag{7.10}$$

---

① 由于正交关系 $\boldsymbol{U}_2^{\mathrm{T}}\boldsymbol{U}_1=\boldsymbol{O}_{(p-\overline{p})\times\overline{p}}$, 向量 $\boldsymbol{z}_2$ 不再受到观测误差向量 $\boldsymbol{e}$ 的影响。

② 本章的上角标 (a) 表示模型参数精确已知的情形。

式中, $\boldsymbol{F}_{2x}(\boldsymbol{x},\boldsymbol{s})=\dfrac{\partial \boldsymbol{f}_2(\boldsymbol{x},\boldsymbol{s})}{\partial \boldsymbol{x}^{\mathrm{T}}}=\boldsymbol{U}_2^{\mathrm{T}}\boldsymbol{F}_x(\boldsymbol{x},\boldsymbol{s})\in \mathbf{R}^{(p-\overline{p})\times q}$ 表示函数 $\boldsymbol{f}_2(\boldsymbol{x},\boldsymbol{s})$ 关于向量 $\boldsymbol{x}$ 的 Jacobi 矩阵 (这里假设其为行满秩矩阵), 其中 $\boldsymbol{F}_x(\boldsymbol{x},\boldsymbol{s})=\dfrac{\partial \boldsymbol{f}(\boldsymbol{x},\boldsymbol{s})}{\partial \boldsymbol{x}^{\mathrm{T}}}\in \mathbf{R}^{p\times q}$ 表示函数 $\boldsymbol{f}(\boldsymbol{x},\boldsymbol{s})$ 关于向量 $\boldsymbol{x}$ 的 Jacobi 矩阵; $\nabla_x J^{(\mathrm{a})}(\boldsymbol{x})$ 表示目标函数 $J^{(\mathrm{a})}(\boldsymbol{x})$ 的梯度, 其表达式为

$$\nabla_x J^{(\mathrm{a})}(\boldsymbol{x})=\frac{\partial J^{(\mathrm{a})}(\boldsymbol{x})}{\partial \boldsymbol{x}}=2(\boldsymbol{F}_{1x}(\boldsymbol{x},\boldsymbol{s}))^{\mathrm{T}}\boldsymbol{E}_1^{-1}(\boldsymbol{f}_1(\boldsymbol{x},\boldsymbol{s})-\boldsymbol{z}_1) \tag{7.11}$$

其中 $\boldsymbol{F}_{1x}(\boldsymbol{x},\boldsymbol{s})=\dfrac{\partial \boldsymbol{f}_1(\boldsymbol{x},\boldsymbol{s})}{\partial \boldsymbol{x}^{\mathrm{T}}}=\boldsymbol{U}_1^{\mathrm{T}}\boldsymbol{F}_x(\boldsymbol{x},\boldsymbol{s})\in \mathbf{R}^{\overline{p}\times q}$ 表示函数 $\boldsymbol{f}_1(\boldsymbol{x},\boldsymbol{s})$ 关于向量 $\boldsymbol{x}$ 的 Jacobi 矩阵 (这里假设其为列满秩矩阵)。式 (7.9) 和式 (7.10) 可以看成是关于向量 $\widehat{\boldsymbol{x}}^{(\mathrm{a})}$ 和 $\widehat{\boldsymbol{\lambda}}^{(\mathrm{a})}$ 的非线性方程组, 而求解式 (7.7) 等价于求解此非线性方程组。

非线性方程组式 (7.9) 和式 (7.10) 可以利用牛顿迭代法进行求解, 为此需要先确定拉格朗日函数 $L^{(\mathrm{a})}(\boldsymbol{x},\boldsymbol{\lambda})$ 的梯度和 Hesse 矩阵的表达式

$$\nabla L^{(\mathrm{a})}(\boldsymbol{x},\boldsymbol{\lambda})=\begin{bmatrix}\dfrac{\partial L^{(\mathrm{a})}(\boldsymbol{x},\boldsymbol{\lambda})}{\partial \boldsymbol{x}}\\[2ex] \dfrac{\partial L^{(\mathrm{a})}(\boldsymbol{x},\boldsymbol{\lambda})}{\partial \boldsymbol{\lambda}}\end{bmatrix}=\begin{bmatrix}\nabla_x J^{(\mathrm{a})}(\boldsymbol{x})+(\boldsymbol{F}_{2x}(\boldsymbol{x},\boldsymbol{s}))^{\mathrm{T}}\boldsymbol{\lambda}\\ \boldsymbol{f}_2(\boldsymbol{x},\boldsymbol{s})-\boldsymbol{z}_2\end{bmatrix} \tag{7.12}$$

$$\begin{aligned}\nabla^2 L^{(\mathrm{a})}(\boldsymbol{x},\boldsymbol{\lambda})&=\begin{bmatrix}\dfrac{\partial^2 L^{(\mathrm{a})}(\boldsymbol{x},\boldsymbol{\lambda})}{\partial \boldsymbol{x}\,\partial \boldsymbol{x}^{\mathrm{T}}} & \dfrac{\partial^2 L^{(\mathrm{a})}(\boldsymbol{x},\boldsymbol{\lambda})}{\partial \boldsymbol{x}\,\partial \boldsymbol{\lambda}^{\mathrm{T}}}\\[2ex] \dfrac{\partial^2 L^{(\mathrm{a})}(\boldsymbol{x},\boldsymbol{\lambda})}{\partial \boldsymbol{\lambda}\,\partial \boldsymbol{x}^{\mathrm{T}}} & \dfrac{\partial^2 L^{(\mathrm{a})}(\boldsymbol{x},\boldsymbol{\lambda})}{\partial \boldsymbol{\lambda}\,\partial \boldsymbol{\lambda}^{\mathrm{T}}}\end{bmatrix}\\ &=\left[\begin{array}{c:c}\nabla_{xx}^2 J^{(\mathrm{a})}(\boldsymbol{x})+\sum\limits_{j=1}^{p-\overline{p}}\lambda_j\nabla_{xx}^2 c_j(\boldsymbol{x},\boldsymbol{s}) & (\boldsymbol{F}_{2x}(\boldsymbol{x},\boldsymbol{s}))^{\mathrm{T}}\\ \hdashline \boldsymbol{F}_{2x}(\boldsymbol{x},\boldsymbol{s}) & \boldsymbol{O}_{(p-\overline{p})\times(p-\overline{p})}\end{array}\right]\end{aligned} \tag{7.13}$$

式中, $c_j(\boldsymbol{x},\boldsymbol{s})$ 表示向量函数 $\boldsymbol{f}_2(\boldsymbol{x},\boldsymbol{s})$ 中的第 j 个标量函数 (即 $\boldsymbol{f}_2(\boldsymbol{x},\boldsymbol{s})=[c_1(\boldsymbol{x},\boldsymbol{s})\quad c_2(\boldsymbol{x},\boldsymbol{s})\quad \cdots\quad c_{p-\overline{p}}(\boldsymbol{x},\boldsymbol{s})]^{\mathrm{T}}\in \mathbf{R}^{(p-\overline{p})\times 1}$); $\nabla_{xx}^2 J^{(\mathrm{a})}(\boldsymbol{x})=\dfrac{\partial^2 J^{(\mathrm{a})}(\boldsymbol{x})}{\partial \boldsymbol{x}\,\partial \boldsymbol{x}^{\mathrm{T}}}$ 和 $\nabla_{xx}^2 c_j(\boldsymbol{x},\boldsymbol{s})=\dfrac{\partial^2 c_j(\boldsymbol{x},\boldsymbol{s})}{\partial \boldsymbol{x}\,\partial \boldsymbol{x}^{\mathrm{T}}}$ 分别表示函数 $J^{(\mathrm{a})}(\boldsymbol{x})$ 和 $c_j(\boldsymbol{x},\boldsymbol{s})$ 的 Hesse 矩阵, 其

中 $\nabla_{xx}^2 J^{(\mathrm{a})}(\boldsymbol{x})$ 可以表示为

$$\begin{aligned}\nabla_{xx}^2 J^{(\mathrm{a})}(\boldsymbol{x}) &= 2(\boldsymbol{F}_{1x}(\boldsymbol{x},\boldsymbol{s}))^{\mathrm{T}}\boldsymbol{E}_1^{-1}\boldsymbol{F}_{1x}(\boldsymbol{x},\boldsymbol{s}) \\ &\quad + ((2(\boldsymbol{f}_1(\boldsymbol{x},\boldsymbol{s})-\boldsymbol{z}_1)^{\mathrm{T}}\boldsymbol{E}_1^{-1})\otimes \boldsymbol{I}_q)\frac{\partial \mathrm{vec}[(\boldsymbol{F}_{1x}(\boldsymbol{x},\boldsymbol{s}))^{\mathrm{T}}]}{\partial \boldsymbol{x}^{\mathrm{T}}}\end{aligned} \tag{7.14}$$

牛顿迭代公式满足

$$\nabla^2 L^{(\mathrm{a})}(\widehat{\boldsymbol{x}}_k^{(\mathrm{a})},\widehat{\boldsymbol{\lambda}}_k^{(\mathrm{a})})\begin{bmatrix}\widehat{\boldsymbol{x}}_{k+1}^{(\mathrm{a})}-\widehat{\boldsymbol{x}}_k^{(\mathrm{a})} \\ \widehat{\boldsymbol{\lambda}}_{k+1}^{(\mathrm{a})}-\widehat{\boldsymbol{\lambda}}_k^{(\mathrm{a})}\end{bmatrix} = -\nabla L^{(\mathrm{a})}(\widehat{\boldsymbol{x}}_k^{(\mathrm{a})},\widehat{\boldsymbol{\lambda}}_k^{(\mathrm{a})}) \tag{7.15}$$

式中, $\widehat{\boldsymbol{x}}_k^{(\mathrm{a})}$ 和 $\widehat{\boldsymbol{\lambda}}_k^{(\mathrm{a})}$ 表示第 k 次迭代结果; $\widehat{\boldsymbol{x}}_{k+1}^{(\mathrm{a})}$ 和 $\widehat{\boldsymbol{\lambda}}_{k+1}^{(\mathrm{a})}$ 表示第 $k+1$ 次迭代结果。将式 (7.12) 和式 (7.13) 代入式 (7.15) 可知

$$\begin{aligned}&\left[\begin{array}{c:c}\nabla_{xx}^2 J^{(\mathrm{a})}(\widehat{\boldsymbol{x}}_k^{(\mathrm{a})})+\sum\limits_{j=1}^{p-\overline{p}}\widehat{\lambda}_{kj}^{(\mathrm{a})}\nabla_{xx}^2 c_j(\widehat{\boldsymbol{x}}_k^{(\mathrm{a})},\boldsymbol{s}) & (\boldsymbol{F}_{2x}(\widehat{\boldsymbol{x}}_k^{(\mathrm{a})},\boldsymbol{s}))^{\mathrm{T}} \\ \hdashline \boldsymbol{F}_{2x}(\widehat{\boldsymbol{x}}_k^{(\mathrm{a})},\boldsymbol{s}) & \boldsymbol{O}_{(p-\overline{p})\times(p-\overline{p})}\end{array}\right]\begin{bmatrix}\widehat{\boldsymbol{x}}_{k+1}^{(\mathrm{a})}-\widehat{\boldsymbol{x}}_k^{(\mathrm{a})} \\ \widehat{\boldsymbol{\lambda}}_{k+1}^{(\mathrm{a})}-\widehat{\boldsymbol{\lambda}}_k^{(\mathrm{a})}\end{bmatrix} \\ &= -\begin{bmatrix}\nabla_x J^{(\mathrm{a})}(\widehat{\boldsymbol{x}}_k^{(\mathrm{a})})+(\boldsymbol{F}_{2x}(\widehat{\boldsymbol{x}}_k^{(\mathrm{a})},\boldsymbol{s}))^{\mathrm{T}}\widehat{\boldsymbol{\lambda}}_k^{(\mathrm{a})} \\ \boldsymbol{f}_2(\widehat{\boldsymbol{x}}_k^{(\mathrm{a})},\boldsymbol{s})-\boldsymbol{z}_2\end{bmatrix}\end{aligned} \tag{7.16}$$

式中, $\widehat{\lambda}_{kj}^{(\mathrm{a})}$ 表示向量 $\widehat{\boldsymbol{\lambda}}_k^{(\mathrm{a})}$ 中的第 j 个分量 (即 $\widehat{\lambda}_{kj}^{(\mathrm{a})}=\langle\widehat{\boldsymbol{\lambda}}_k^{(\mathrm{a})}\rangle_j$)。

下面基于式 (7.16) 推导关于 $\widehat{\boldsymbol{x}}_{k+1}^{(\mathrm{a})}$ 和 $\widehat{\boldsymbol{\lambda}}_{k+1}^{(\mathrm{a})}$ 的迭代公式。首先, 利用矩阵乘法规则将式 (7.16) 展开, 可得

$$\begin{aligned}&\left(\nabla_{xx}^2 J^{(\mathrm{a})}(\widehat{\boldsymbol{x}}_k^{(\mathrm{a})})+\sum_{j=1}^{p-\overline{p}}\widehat{\lambda}_{kj}^{(\mathrm{a})}\nabla_{xx}^2 c_j(\widehat{\boldsymbol{x}}_k^{(\mathrm{a})},\boldsymbol{s})\right) \\ &\times(\widehat{\boldsymbol{x}}_{k+1}^{(\mathrm{a})}-\widehat{\boldsymbol{x}}_k^{(\mathrm{a})})+(\boldsymbol{F}_{2x}(\widehat{\boldsymbol{x}}_k^{(\mathrm{a})},\boldsymbol{s}))^{\mathrm{T}}(\widehat{\boldsymbol{\lambda}}_{k+1}^{(\mathrm{a})}-\widehat{\boldsymbol{\lambda}}_k^{(\mathrm{a})}) \\ &= -(\nabla_x J^{(\mathrm{a})}(\widehat{\boldsymbol{x}}_k^{(\mathrm{a})})+(\boldsymbol{F}_{2x}(\widehat{\boldsymbol{x}}_k^{(\mathrm{a})},\boldsymbol{s}))^{\mathrm{T}}\widehat{\boldsymbol{\lambda}}_k^{(\mathrm{a})})\end{aligned} \tag{7.17}$$

$$\boldsymbol{F}_{2x}(\widehat{\boldsymbol{x}}_k^{(\mathrm{a})},\boldsymbol{s})(\widehat{\boldsymbol{x}}_{k+1}^{(\mathrm{a})}-\widehat{\boldsymbol{x}}_k^{(\mathrm{a})}) = -(\boldsymbol{f}_2(\widehat{\boldsymbol{x}}_k^{(\mathrm{a})},\boldsymbol{s})-\boldsymbol{z}_2) \tag{7.18}$$

将式 (7.17) 两边同时乘以矩阵

$$\boldsymbol{F}_{2x}(\widehat{\boldsymbol{x}}_k^{(\mathrm{a})},\boldsymbol{s})\left(\nabla_{xx}^2 J^{(\mathrm{a})}(\widehat{\boldsymbol{x}}_k^{(\mathrm{a})})+\sum_{j=1}^{p-\overline{p}}\widehat{\lambda}_{kj}^{(\mathrm{a})}\nabla_{xx}^2 c_j(\widehat{\boldsymbol{x}}_k^{(\mathrm{a})},\boldsymbol{s})\right)^{-1}$$

可知

$$\begin{aligned}&\boldsymbol{F}_{2x}(\widehat{\boldsymbol{x}}_k^{(\mathrm{a})},\boldsymbol{s})(\widehat{\boldsymbol{x}}_{k+1}^{(\mathrm{a})}-\widehat{\boldsymbol{x}}_k^{(\mathrm{a})})+\boldsymbol{F}_{2x}(\widehat{\boldsymbol{x}}_k^{(\mathrm{a})},\boldsymbol{s})\left(\nabla_{xx}^2J^{(\mathrm{a})}(\widehat{\boldsymbol{x}}_k^{(\mathrm{a})})+\sum_{j=1}^{p-\overline{p}}\widehat{\lambda}_{kj}^{(\mathrm{a})}\nabla_{xx}^2c_j(\widehat{\boldsymbol{x}}_k^{(\mathrm{a})},\boldsymbol{s})\right)^{-1}\\&\times(\boldsymbol{F}_{2x}(\widehat{\boldsymbol{x}}_k^{(\mathrm{a})},\boldsymbol{s}))^{\mathrm{T}}(\widehat{\boldsymbol{\lambda}}_{k+1}^{(\mathrm{a})}-\widehat{\boldsymbol{\lambda}}_k^{(\mathrm{a})})\\&=-\boldsymbol{F}_{2x}(\widehat{\boldsymbol{x}}_k^{(\mathrm{a})},\boldsymbol{s})\left(\nabla_{xx}^2J^{(\mathrm{a})}(\widehat{\boldsymbol{x}}_k^{(\mathrm{a})})+\sum_{j=1}^{p-\overline{p}}\widehat{\lambda}_{kj}^{(\mathrm{a})}\nabla_{xx}^2c_j(\widehat{\boldsymbol{x}}_k^{(\mathrm{a})},\boldsymbol{s})\right)^{-1}\\&\quad\times(\nabla_xJ^{(\mathrm{a})}(\widehat{\boldsymbol{x}}_k^{(\mathrm{a})})+(\boldsymbol{F}_{2x}(\widehat{\boldsymbol{x}}_k^{(\mathrm{a})},\boldsymbol{s}))^{\mathrm{T}}\widehat{\boldsymbol{\lambda}}_k^{(\mathrm{a})})\end{aligned}\tag{7.19}$$

然后, 将式 (7.18) 代入式 (7.19) 可得

$$\begin{aligned}&-(\boldsymbol{f}_2(\widehat{\boldsymbol{x}}_k^{(\mathrm{a})},\boldsymbol{s})-\boldsymbol{z}_2)+\boldsymbol{F}_{2x}(\widehat{\boldsymbol{x}}_k^{(\mathrm{a})},\boldsymbol{s})\left(\nabla_{xx}^2J^{(\mathrm{a})}(\widehat{\boldsymbol{x}}_k^{(\mathrm{a})})+\sum_{j=1}^{p-\overline{p}}\widehat{\lambda}_{kj}^{(\mathrm{a})}\nabla_{xx}^2c_j(\widehat{\boldsymbol{x}}_k^{(\mathrm{a})},\boldsymbol{s})\right)^{-1}\\&\times(\boldsymbol{F}_{2x}(\widehat{\boldsymbol{x}}_k^{(\mathrm{a})},\boldsymbol{s}))^{\mathrm{T}}(\widehat{\boldsymbol{\lambda}}_{k+1}^{(\mathrm{a})}-\widehat{\boldsymbol{\lambda}}_k^{(\mathrm{a})})\\&=-\boldsymbol{F}_{2x}(\widehat{\boldsymbol{x}}_k^{(\mathrm{a})},\boldsymbol{s})\left(\nabla_{xx}^2J^{(\mathrm{a})}(\widehat{\boldsymbol{x}}_k^{(\mathrm{a})})+\sum_{j=1}^{p-\overline{p}}\widehat{\lambda}_{kj}^{(\mathrm{a})}\nabla_{xx}^2c_j(\widehat{\boldsymbol{x}}_k^{(\mathrm{a})},\boldsymbol{s})\right)^{-1}\\&\quad\times(\nabla_xJ^{(\mathrm{a})}(\widehat{\boldsymbol{x}}_k^{(\mathrm{a})})+(\boldsymbol{F}_{2x}(\widehat{\boldsymbol{x}}_k^{(\mathrm{a})},\boldsymbol{s}))^{\mathrm{T}}\widehat{\boldsymbol{\lambda}}_k^{(\mathrm{a})})\\&\Rightarrow\widehat{\boldsymbol{\lambda}}_{k+1}^{(\mathrm{a})}\\&=\left(\boldsymbol{F}_{2x}(\widehat{\boldsymbol{x}}_k^{(\mathrm{a})},\boldsymbol{s})\left(\nabla_{xx}^2J^{(\mathrm{a})}(\widehat{\boldsymbol{x}}_k^{(\mathrm{a})})+\sum_{j=1}^{p-\overline{p}}\widehat{\lambda}_{kj}^{(\mathrm{a})}\nabla_{xx}^2c_j(\widehat{\boldsymbol{x}}_k^{(\mathrm{a})},\boldsymbol{s})\right)^{-1}(\boldsymbol{F}_{2x}(\widehat{\boldsymbol{x}}_k^{(\mathrm{a})},\boldsymbol{s}))^{\mathrm{T}}\right)^{-1}\\&\quad\times\left(\boldsymbol{f}_2(\widehat{\boldsymbol{x}}_k^{(\mathrm{a})},\boldsymbol{s})-\boldsymbol{z}_2-\boldsymbol{F}_{2x}(\widehat{\boldsymbol{x}}_k^{(\mathrm{a})},\boldsymbol{s})\left(\nabla_{xx}^2J^{(\mathrm{a})}(\widehat{\boldsymbol{x}}_k^{(\mathrm{a})})\right.\right.\\&\quad\left.\left.+\sum_{j=1}^{p-\overline{p}}\widehat{\lambda}_{kj}^{(\mathrm{a})}\nabla_{xx}^2c_j(\widehat{\boldsymbol{x}}_k^{(\mathrm{a})},\boldsymbol{s})\right)^{-1}\nabla_xJ^{(\mathrm{a})}(\widehat{\boldsymbol{x}}_k^{(\mathrm{a})})\right)\end{aligned}\tag{7.20}$$

最后, 由式 (7.17) 可以推得

$$\begin{aligned}\widehat{\boldsymbol{x}}_{k+1}^{(\mathrm{a})}=\widehat{\boldsymbol{x}}_k^{(\mathrm{a})}-&\left(\nabla_{xx}^2J^{(\mathrm{a})}(\widehat{\boldsymbol{x}}_k^{(\mathrm{a})})+\sum_{j=1}^{p-\overline{p}}\widehat{\lambda}_{kj}^{(\mathrm{a})}\nabla_{xx}^2c_j(\widehat{\boldsymbol{x}}_k^{(\mathrm{a})},\boldsymbol{s})\right)^{-1}\\&\times(\nabla_xJ^{(\mathrm{a})}(\widehat{\boldsymbol{x}}_k^{(\mathrm{a})})+(\boldsymbol{F}_{2x}(\widehat{\boldsymbol{x}}_k^{(\mathrm{a})},\boldsymbol{s}))^{\mathrm{T}}\widehat{\boldsymbol{\lambda}}_{k+1}^{(\mathrm{a})})\end{aligned}\tag{7.21}$$

式 (7.20) 和式 (7.21) 即为方法 7−a 的迭代公式。将式 (7.20) 和式 (7.21) 的迭代收敛结果记为 $\widehat{\boldsymbol{x}}^{(\mathrm{a})}$ 和 $\widehat{\boldsymbol{\lambda}}^{(\mathrm{a})}$ (即 $\lim\limits_{k\to+\infty}\widehat{\boldsymbol{x}}_k^{(\mathrm{a})}=\widehat{\boldsymbol{x}}^{(\mathrm{a})}$ 和 $\lim\limits_{k\to+\infty}\widehat{\boldsymbol{\lambda}}_k^{(\mathrm{a})}=\widehat{\boldsymbol{\lambda}}^{(\mathrm{a})}$), 向量

$\widehat{\boldsymbol{x}}^{(\mathrm{a})}$ 就是最终估计值。假设迭代初始值满足一定的条件, 可以使迭代公式 (7.20) 和式 (7.21) 收敛至式 (7.7) 的全局最优解。

将上面的求解方法称为方法 7–a, 图 7.1 给出了方法 7–a 的计算流程图。

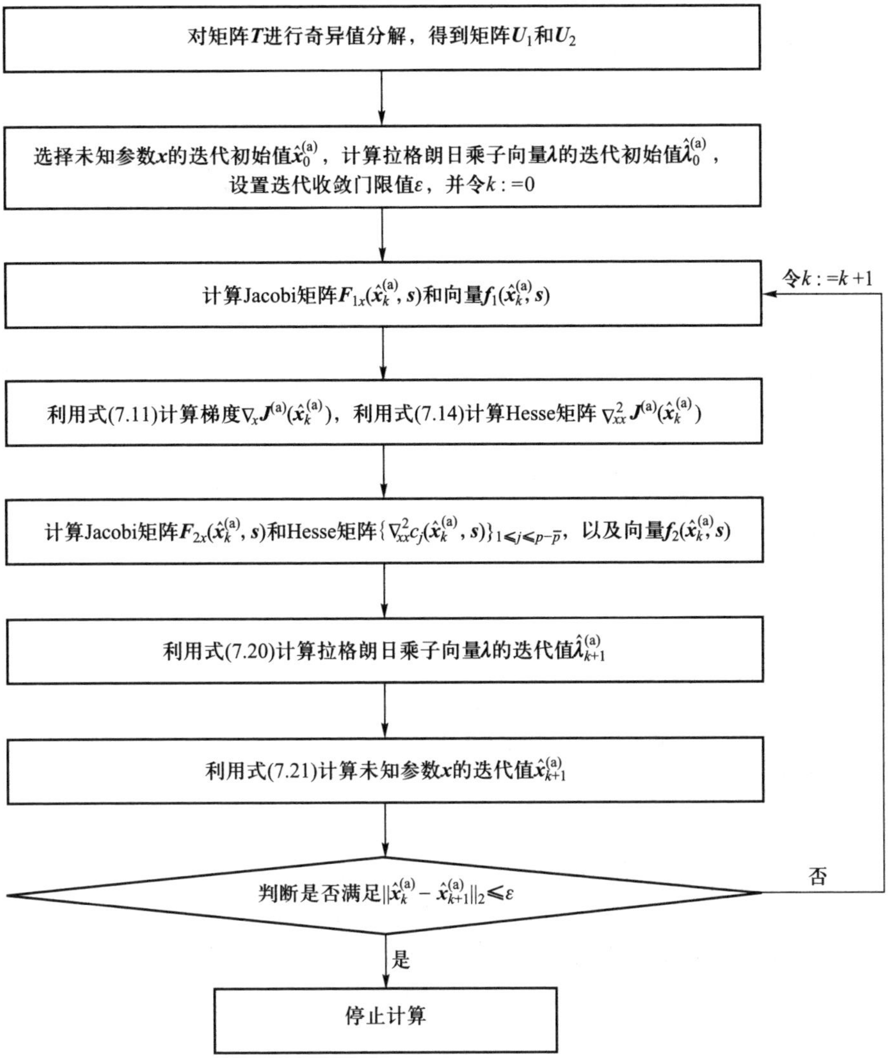

图 7.1 方法 7–a 的计算流程图

【**注记 7.3**】方法 7–a 的第 2 步需要计算拉格朗日乘子向量 $\boldsymbol{\lambda}$ 的初始值 $\widehat{\boldsymbol{\lambda}}_0^{(\mathrm{a})}$, 其可以通过下式来获得

$$
\left.\frac{\partial L^{(\mathrm{a})}(\boldsymbol{x},\boldsymbol{\lambda})}{\partial \boldsymbol{x}}\right|_{\substack{\boldsymbol{x}=\widehat{\boldsymbol{x}}_0^{(\mathrm{a})}\\ \boldsymbol{\lambda}=\widehat{\boldsymbol{\lambda}}_0^{(\mathrm{a})}}} = \nabla_x J^{(\mathrm{a})}(\widehat{\boldsymbol{x}}_0^{(\mathrm{a})}) + (\boldsymbol{F}_{2x}(\widehat{\boldsymbol{x}}_0^{(\mathrm{a})},\boldsymbol{s}))^{\mathrm{T}}\widehat{\boldsymbol{\lambda}}_0^{(\mathrm{a})} = \boldsymbol{O}_{q\times 1}
$$

$$
\Rightarrow \widehat{\boldsymbol{\lambda}}_0^{(\mathrm{a})} = -(\boldsymbol{F}_{2x}(\widehat{\boldsymbol{x}}_0^{(\mathrm{a})},\boldsymbol{s})(\boldsymbol{F}_{2x}(\widehat{\boldsymbol{x}}_0^{(\mathrm{a})},\boldsymbol{s}))^{\mathrm{T}})^{-1}\boldsymbol{F}_{2x}(\widehat{\boldsymbol{x}}_0^{(\mathrm{a})},\boldsymbol{s})\nabla_x J^{(\mathrm{a})}(\widehat{\boldsymbol{x}}_0^{(\mathrm{a})}) \qquad (7.22)
$$

7.2.2 理论性能分析

本节首先推导参数估计均方误差的克拉美罗界, 然后推导估计值 $\widehat{\boldsymbol{x}}^{(\mathrm{a})}$ 的均方误差, 并将其与相应的克拉美罗界进行定量比较, 从而验证该估计值的渐近统计最优性。

1. 克拉美罗界分析

下面在模型参数 $\boldsymbol{s}$ 精确已知的条件下推导未知参数 $\boldsymbol{x}$ 的估计均方误差的克拉美罗界, 具体结论可见如下命题。

【命题 7.1】基于式 (7.5) 给出的观测模型, 未知参数 $\boldsymbol{x}$ 的估计均方误差的克拉美罗界可以表示为[①]

$$
\begin{aligned}
\mathbf{CRB}_{\mathrm{rd}}^{(\mathrm{a})}(\boldsymbol{x}) = {} & \overline{\mathbf{CRB}}_{\mathrm{rd}}^{(\mathrm{a})}(\boldsymbol{x}) - \overline{\mathbf{CRB}}_{\mathrm{rd}}^{(\mathrm{a})}(\boldsymbol{x})(\boldsymbol{F}_{2x}(\boldsymbol{x},\boldsymbol{s}))^{\mathrm{T}} \\
& \times (\boldsymbol{F}_{2x}(\boldsymbol{x},\boldsymbol{s})\overline{\mathbf{CRB}}_{\mathrm{rd}}^{(\mathrm{a})}(\boldsymbol{x})(\boldsymbol{F}_{2x}(\boldsymbol{x},\boldsymbol{s}))^{\mathrm{T}})^{-1}\boldsymbol{F}_{2x}(\boldsymbol{x},\boldsymbol{s})\overline{\mathbf{CRB}}_{\mathrm{rd}}^{(\mathrm{a})}(\boldsymbol{x})
\end{aligned} \qquad (7.23)
$$

式中, $\overline{\mathbf{CRB}}_{\mathrm{rd}}^{(\mathrm{a})}(\boldsymbol{x}) = ((\boldsymbol{F}_{1x}(\boldsymbol{x},\boldsymbol{s}))^{\mathrm{T}}\boldsymbol{E}_1^{-1}\boldsymbol{F}_{1x}(\boldsymbol{x},\boldsymbol{s}))^{-1}$。

【证明】首先, 由命题 3.1 可知, 基于式 (7.5) 中的第 1 个等式可得未知参数 $\boldsymbol{x}$ 的估计均方误差的克拉美罗界为 $\overline{\mathbf{CRB}}_{\mathrm{rd}}^{(\mathrm{a})}(\boldsymbol{x})$。

然后, 结合式 (7.5) 中的等式约束与式 (2.122) 和式 (2.124) 可知式 (7.23) 成立。证毕。

2. 方法 7–a 的理论性能分析

下面推导方法 7–a 的估计值 $\widehat{\boldsymbol{x}}^{(\mathrm{a})}$ 的统计性能, 具体结论可见以下两个命题。

【命题 7.2】向量 $\widehat{\boldsymbol{x}}^{(\mathrm{a})}$ 是关于未知参数 $\boldsymbol{x}$ 的渐近无偏估计值, 并且其均方误差为

$$
\begin{aligned}
\mathbf{MSE}(\widehat{\boldsymbol{x}}^{(\mathrm{a})}) = {} & \overline{\mathbf{CRB}}_{\mathrm{rd}}^{(\mathrm{a})}(\boldsymbol{x}) - \overline{\mathbf{CRB}}_{\mathrm{rd}}^{(\mathrm{a})}(\boldsymbol{x})(\boldsymbol{F}_{2x}(\boldsymbol{x},\boldsymbol{s}))^{\mathrm{T}} \\
& \times (\boldsymbol{F}_{2x}(\boldsymbol{x},\boldsymbol{s})\overline{\mathbf{CRB}}_{\mathrm{rd}}^{(\mathrm{a})}(\boldsymbol{x})(\boldsymbol{F}_{2x}(\boldsymbol{x},\boldsymbol{s}))^{\mathrm{T}})^{-1}\boldsymbol{F}_{2x}(\boldsymbol{x},\boldsymbol{s})\overline{\mathbf{CRB}}_{\mathrm{rd}}^{(\mathrm{a})}(\boldsymbol{x})
\end{aligned} \qquad (7.24)
$$

① 下角标 rd 表示观测误差协方差矩阵秩亏损的情形。

【证明】利用第 2.6.2 节中的结论进行证明。令 $\boldsymbol{J}_{xx}^{(\mathrm{a})}=\left.\dfrac{\partial^2 J^{(\mathrm{a})}(\boldsymbol{x})}{\partial\boldsymbol{x}\,\partial\boldsymbol{x}^{\mathrm{T}}}\right|_{\overline{\boldsymbol{e}}=\boldsymbol{O}_{\overline{p}\times 1}}$，$\boldsymbol{J}_{xe}^{(\mathrm{a})}=\left.\dfrac{\partial^2 J^{(\mathrm{a})}(\boldsymbol{x})}{\partial\boldsymbol{x}\,\partial\overline{\boldsymbol{e}}^{\mathrm{T}}}\right|_{\overline{\boldsymbol{e}}=\boldsymbol{O}_{\overline{p}\times 1}}$，根据 $J^{(\mathrm{a})}(\boldsymbol{x})$ 的表达式可知

$$\boldsymbol{J}_{xx}^{(\mathrm{a})}=2(\boldsymbol{F}_{1x}(\boldsymbol{x},\boldsymbol{s}))^{\mathrm{T}}\boldsymbol{E}_1^{-1}\boldsymbol{F}_{1x}(\boldsymbol{x},\boldsymbol{s});\quad \boldsymbol{J}_{xe}^{(\mathrm{a})}=-2(\boldsymbol{F}_{1x}(\boldsymbol{x},\boldsymbol{s}))^{\mathrm{T}}\boldsymbol{E}_1^{-1}\boldsymbol{\Lambda}_1\boldsymbol{V}^{\mathrm{T}} \tag{7.25}$$

容易验证①

$$\begin{aligned}\boldsymbol{J}_{xe}^{(\mathrm{a})}\mathbf{COV}(\overline{\boldsymbol{e}})(\boldsymbol{J}_{xe}^{(\mathrm{a})})^{\mathrm{T}}&=\boldsymbol{J}_{xe}^{(\mathrm{a})}\overline{\boldsymbol{E}}(\boldsymbol{J}_{xe}^{(\mathrm{a})})^{\mathrm{T}}\\&=4(\boldsymbol{F}_{1x}(\boldsymbol{x},\boldsymbol{s}))^{\mathrm{T}}\boldsymbol{E}_1^{-1}\boldsymbol{\Lambda}_1\boldsymbol{V}^{\mathrm{T}}\overline{\boldsymbol{E}}\boldsymbol{V}\boldsymbol{\Lambda}_1^{\mathrm{T}}\boldsymbol{E}_1^{-1}\boldsymbol{F}_{1x}(\boldsymbol{x},\boldsymbol{s})\\&=4(\boldsymbol{F}_{1x}(\boldsymbol{x},\boldsymbol{s}))^{\mathrm{T}}\boldsymbol{E}_1^{-1}\boldsymbol{F}_{1x}(\boldsymbol{x},\boldsymbol{s})=2\boldsymbol{J}_{xx}^{(\mathrm{a})}\end{aligned} \tag{7.26}$$

式中第 3 个等号利用了式 (7.6)。再利用式 (2.171) 可得

$$\begin{aligned}\mathbf{MSE}(\widehat{\boldsymbol{x}}^{(\mathrm{a})})&=\mathbf{E}[(\widehat{\boldsymbol{x}}^{(\mathrm{a})}-\boldsymbol{x})(\widehat{\boldsymbol{x}}^{(\mathrm{a})}-\boldsymbol{x})^{\mathrm{T}}]=\mathbf{E}[\Delta\boldsymbol{x}^{(\mathrm{a})}(\Delta\boldsymbol{x}^{(\mathrm{a})})^{\mathrm{T}}]\\&=2(\boldsymbol{J}_{xx}^{(\mathrm{a})})^{-1}-2(\boldsymbol{J}_{xx}^{(\mathrm{a})})^{-1}(\boldsymbol{F}_{2x}(\boldsymbol{x},\boldsymbol{s}))^{\mathrm{T}}\\&\quad\times(\boldsymbol{F}_{2x}(\boldsymbol{x},\boldsymbol{s})(\boldsymbol{J}_{xx}^{(\mathrm{a})})^{-1}(\boldsymbol{F}_{2x}(\boldsymbol{x},\boldsymbol{s}))^{\mathrm{T}})^{-1}\boldsymbol{F}_{2x}(\boldsymbol{x},\boldsymbol{s})(\boldsymbol{J}_{xx}^{(\mathrm{a})})^{-1}\end{aligned} \tag{7.27}$$

式中，$\Delta\boldsymbol{x}^{(\mathrm{a})}=\widehat{\boldsymbol{x}}^{(\mathrm{a})}-\boldsymbol{x}$ 表示向量 $\widehat{\boldsymbol{x}}^{(\mathrm{a})}$ 中的估计误差。又因为 $\overline{\mathbf{CRB}}_{\mathrm{rd}}^{(\mathrm{a})}(\boldsymbol{x})=2(\boldsymbol{J}_{xx}^{(\mathrm{a})})^{-1}$，所以将该式代入式 (7.27) 可知式 (7.24) 成立。证毕。

【命题 7.3】 向量 $\widehat{\boldsymbol{x}}^{(\mathrm{a})}$ 是关于未知参数 $\boldsymbol{x}$ 的渐近统计最优估计值。

【证明】结合命题 7.1 和命题 7.2 可得

$$\begin{aligned}\mathbf{MSE}(\widehat{\boldsymbol{x}}^{(\mathrm{a})})&=\overline{\mathbf{CRB}}_{\mathrm{rd}}^{(\mathrm{a})}(\boldsymbol{x})-\overline{\mathbf{CRB}}_{\mathrm{rd}}^{(\mathrm{a})}(\boldsymbol{x})(\boldsymbol{F}_{2x}(\boldsymbol{x},\boldsymbol{s}))^{\mathrm{T}}\\&\quad\times(\boldsymbol{F}_{2x}(\boldsymbol{x},\boldsymbol{s})\overline{\mathbf{CRB}}_{\mathrm{rd}}^{(\mathrm{a})}(\boldsymbol{x})(\boldsymbol{F}_{2x}(\boldsymbol{x},\boldsymbol{s}))^{\mathrm{T}})^{-1}\boldsymbol{F}_{2x}(\boldsymbol{x},\boldsymbol{s})\overline{\mathbf{CRB}}_{\mathrm{rd}}^{(\mathrm{a})}(\boldsymbol{x})\\&=\mathbf{CRB}_{\mathrm{rd}}^{(\mathrm{a})}(\boldsymbol{x})\end{aligned} \tag{7.28}$$

证毕。

7.2.3 数值实验

本节的数值实验将函数 $\boldsymbol{f}(\boldsymbol{x},\boldsymbol{s})$ 设为

① 该式源自式 (2.170)。

$$
\boldsymbol{f}(\boldsymbol{x},\boldsymbol{s})=\begin{bmatrix} s_1+4s_2 & s_3^2 & 2s_1s_2s_3 & 1 \\ s_1s_2 & 2 & s_1^2-3s_3 & 3s_2s_3 \\ s_1+2s_2^2 & s_2^2s_3 & 3 & s_1s_4^2 \\ s_2^2-5s_3^2 & \dfrac{1}{10}s_3s_4^2 & s_1^2-2s_4 & 0 \\ -4 & 3s_3^2-2s_5^2 & s_1s_3s_5 & s_2s_4^2 \\ 2s_2s_4s_6 & 5 & 4s_1^2s_3s_6^2 & 3s_2-5s_5 \end{bmatrix}\begin{bmatrix} x_1+x_2^2 \\ 5x_1x_2-x_3^2 \\ -3x_2^2x_3^2 \\ 2x_1^2-x_3^2 \end{bmatrix}\in\mathbf{R}^{6\times 1} \tag{7.29}
$$

式中, $\boldsymbol{x}=[x_1\ \ x_2\ \ x_3]^{\mathrm{T}}$, $\boldsymbol{s}=[s_1\ \ s_2\ \ s_3\ \ s_4\ \ s_5\ \ s_6]^{\mathrm{T}}$。矩阵 $\boldsymbol{T}$ 设为

$$
\boldsymbol{T}=\begin{bmatrix} 2 & 5 & 0 & 0 \\ 0 & 3 & -1 & 0 \\ 0 & 0 & 4 & -9 \\ 5 & 0 & 0 & 8 \\ -3 & 7 & 0 & 0 \\ 0 & -4 & -3 & 0 \end{bmatrix}\in\mathbf{R}^{6\times 4} \tag{7.30}
$$

该矩阵的奇异值分解结果为①

$$
\begin{aligned}
\boldsymbol{T}=&[\boldsymbol{U}_1\quad \boldsymbol{U}_2]\begin{bmatrix} \boldsymbol{\Lambda}_1 \\ \boldsymbol{O}_{2\times 4} \end{bmatrix}\boldsymbol{V}^{\mathrm{T}} \\
=&\left[\begin{array}{cccc:cc} 0.0147 & 0.4734 & 0.3256 & 0.6166 & 0.3408 & -0.4163 \\ 0.0002 & 0.2893 & -0.0764 & 0.4220 & -0.8280 & 0.2165 \\ -0.7165 & -0.0924 & 0.5643 & 0.0367 & 0.0377 & 0.3961 \\ 0.6839 & 0.0569 & 0.5674 & -0.0821 & 0.0424 & 0.4456 \\ -0.1107 & 0.7156 & -0.3562 & -0.2092 & 0.2978 & 0.4652 \\ 0.0803 & -0.4104 & -0.3478 & 0.6244 & 0.3262 & 0.4560 \end{array}\right] \\
&\times\left[\begin{array}{cccc} 12.9256 & 0 & 0 & 0 \\ 0 & 10.0269 & 0 & 0 \\ 0 & 0 & 5.7048 & 0 \\ 0 & 0 & 0 & 2.8005 \\ \hdashline 0 & 0 & 0 & 0 \\ 0 & 0 & 0 & 0 \end{array}\right]
\end{aligned}
$$

① 矩阵中数值精确到小数点后 4 位。

$$
\times \begin{bmatrix} 0.2925 & -0.0913 & 0.7987 & 0.5178 \\ -0.0790 & 0.9859 & 0.0520 & 0.1382 \\ -0.2404 & 0.0570 & 0.5919 & -0.7672 \\ 0.9222 & 0.1283 & -0.0946 & -0.3524 \end{bmatrix} \tag{7.31}
$$

由式 (7.29) 可以推得 Jacobi 矩阵 $\boldsymbol{F}_{1x}(\boldsymbol{x},\boldsymbol{s})$ 和 $\boldsymbol{F}_{2x}(\boldsymbol{x},\boldsymbol{s})$ 的表达式为

$$
\boldsymbol{F}_{1x}(\boldsymbol{x},\boldsymbol{s}) = \boldsymbol{U}_1^{\mathrm{T}} \begin{bmatrix} s_1+4s_2 & s_3^2 & 2s_1s_2s_3 & 1 \\ s_1s_2 & 2 & s_1^2-3s_3 & 3s_2s_3 \\ s_1+2s_2^2 & s_2^2s_3 & 3 & s_1s_4^2 \\ s_2^2-5s_3^2 & \dfrac{1}{10}s_3s_4^2 & s_1^2-2s_4 & 0 \\ -4 & 3s_3^2-2s_5^2 & s_1s_3s_5 & s_2s_4^2 \\ 2s_2s_4s_6 & 5 & 4s_1^2s_3s_6^2 & 3s_2-5s_5 \end{bmatrix}
$$

$$
\times \begin{bmatrix} 1 & 2x_2 & 0 \\ 5x_2 & 5x_1 & -2x_3 \\ 0 & -6x_2x_3^2 & -6x_2^2x_3 \\ 4x_1 & 0 & -2x_3 \end{bmatrix} \in \mathbf{R}^{4\times 3} \tag{7.32}
$$

$$
\boldsymbol{F}_{2x}(\boldsymbol{x},\boldsymbol{s}) = \boldsymbol{U}_2^{\mathrm{T}} \begin{bmatrix} s_1+4s_2 & s_3^2 & 2s_1s_2s_3 & 1 \\ s_1s_2 & 2 & s_1^2-3s_3 & 3s_2s_3 \\ s_1+2s_2^2 & s_2^2s_3 & 3 & s_1s_4^2 \\ s_2^2-5s_3^2 & \dfrac{1}{10}s_3s_4^2 & s_1^2-2s_4 & 0 \\ -4 & 3s_3^2-2s_5^2 & s_1s_3s_5 & s_2s_4^2 \\ 2s_2s_4s_6 & 5 & 4s_1^2s_3s_6^2 & 3s_2-5s_5 \end{bmatrix}
$$

$$
\times \begin{bmatrix} 1 & 2x_2 & 0 \\ 5x_2 & 5x_1 & -2x_3 \\ 0 & -6x_2x_3^2 & -6x_2^2x_3 \\ 4x_1 & 0 & -2x_3 \end{bmatrix} \in \mathbf{R}^{2\times 3} \tag{7.33}
$$

由式 (7.32) 可以进一步推得

$$
\frac{\partial \text{vec}[(\boldsymbol{F}_{1x}(\boldsymbol{x},\boldsymbol{s}))^{\text{T}}]}{\partial \boldsymbol{x}^{\text{T}}}=\left(\left(\boldsymbol{U}_1^{\text{T}}\begin{bmatrix} s_1+4s_2 & s_3^2 & 2s_1s_2s_3 & 1 \\ s_1s_2 & 2 & s_1^2-3s_3 & 3s_2s_3 \\ s_1+2s_2^2 & s_2^2s_3 & 3 & s_1s_4^2 \\ s_2^2-5s_3^2 & \frac{1}{10}s_3s_4^2 & s_1^2-2s_4 & 0 \\ -4 & 3s_3^2-2s_5^2 & s_1s_3s_5 & s_2s_4^2 \\ 2s_2s_4s_6 & 5 & 4s_1^2s_3s_6^2 & 3s_2-5s_5 \end{bmatrix}\right)\otimes \boldsymbol{I}_3\right)
$$

$$
\times\begin{bmatrix} 0 & 0 & 0 \\ 0 & 2 & 0 \\ 0 & 0 & 0 \\ 0 & 5 & 0 \\ 5 & 0 & 0 \\ 0 & 0 & -2 \\ 0 & 0 & 0 \\ 0 & -6x_3^2 & -12x_2x_3 \\ 0 & -12x_2x_3 & -6x_2^2 \\ 4 & 0 & 0 \\ 0 & 0 & 0 \\ 0 & 0 & -2 \end{bmatrix}\in \mathbf{R}^{12\times 3} \tag{7.34}
$$

将未知参数设为 $\boldsymbol{x}=[2\ \ 0.5\ \ -3]^{\text{T}}$, 将模型参数设为 $\boldsymbol{s}=[1\ \ -3\ \ 4\ \ 5\ \ -6\ \ 2]^{\text{T}}$ (这里假设其精确已知), 观测误差协方差矩阵设为 $\boldsymbol{E}=\sigma_1^2\boldsymbol{T}\boldsymbol{T}^{\text{T}}$, 其中 σ_1 称为观测误差标准差, 该矩阵是秩亏损的。下面利用方法 7–a 对未知参数 $\boldsymbol{x}$ 进行估计。图 7.2 给出了未知参数 $\boldsymbol{x}$ 估计均方根误差随观测误差标准差 σ_1 的变化曲线。

从图 7.2 中可以看出:

① 方法 7–a 对未知参数 $\boldsymbol{x}$ 的估计均方根误差随观测误差标准差 σ_1 的增加而增大。

② 方法 7–a 对未知参数 $\boldsymbol{x}$ 的估计均方根误差可以达到由式 (7.23) 给出的克拉美罗界, 从而验证了第 7.2.2 节理论性能分析的有效性。

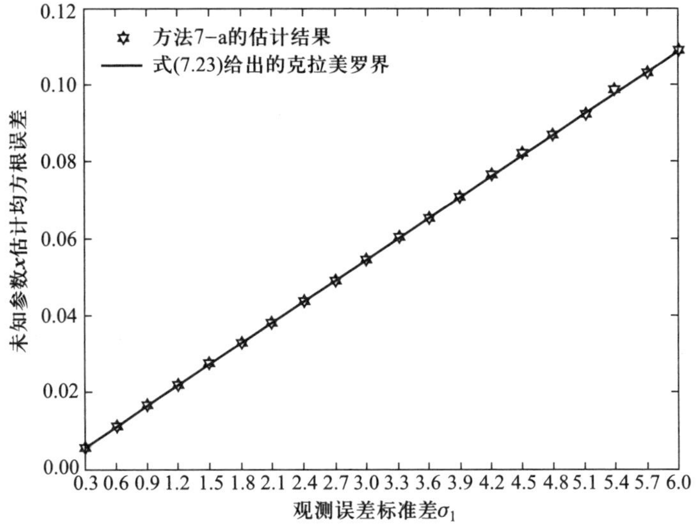

图 7.2　未知参数 $\boldsymbol{x}$ 估计均方根误差随观测误差标准差 σ_1 的变化曲线

7.3　模型参数先验观测误差存在下的参数估计优化模型、求解方法及其理论性能

7.3.1　参数估计优化模型及其求解方法

1. 参数估计优化模型

当模型参数先验观测误差存在时, 模型参数 $\boldsymbol{s}$ 已不再是精确已知量, 而应将其看成是未知量。但是也不能将其与未知参数 $\boldsymbol{x}$ 等同地看待, 因为还存在模型参数 $\boldsymbol{s}$ 的先验观测值 $\widehat{\boldsymbol{s}}$, 此时的观测模型可以表示为

$$\begin{cases} \boldsymbol{z}=\boldsymbol{f}(\boldsymbol{x},\boldsymbol{s})+\boldsymbol{e}=\boldsymbol{f}(\boldsymbol{x},\boldsymbol{s})+\boldsymbol{T}\overline{\boldsymbol{e}} \\ \widehat{\boldsymbol{s}}=\boldsymbol{s}+\boldsymbol{\varphi} \end{cases} \tag{7.35}$$

由于观测误差向量 $\boldsymbol{e}$ 的协方差矩阵 $\boldsymbol{E}$ 是秩亏损的, 第 7.2.1 节利用矩阵奇异值分解将式 (7.35) 中的第 1 个等式转化成式 (7.5) 的形式。联合式 (7.5) 和式 (7.35) 可以得到如下观测模型

$$
\begin{cases}
\boldsymbol{z}_1=\boldsymbol{U}_1^{\mathrm{T}}\boldsymbol{z}=\boldsymbol{f}_1(\boldsymbol{x},\boldsymbol{s})+\boldsymbol{e}_1\\
\widehat{\boldsymbol{s}}=\boldsymbol{s}+\boldsymbol{\varphi}\\
\text{s.t. }\boldsymbol{z}_2=\boldsymbol{U}_2^{\mathrm{T}}\boldsymbol{z}=\boldsymbol{f}_2(\boldsymbol{x},\boldsymbol{s})
\end{cases}
\tag{7.36}
$$

为了最大程度地抑制观测误差 $\boldsymbol{e}_1$ 和 $\boldsymbol{\varphi}$ 的影响，可以建立如下含有等式约束的优化模型①

$$
\begin{cases}
\min\limits_{\boldsymbol{\mu}\in\mathbf{R}^{(q+r)\times 1}}\{J^{(\mathrm{b})}(\boldsymbol{\mu})\}\\
=\min\limits_{\boldsymbol{x}\in\mathbf{R}^{q\times 1};\boldsymbol{s}\in\mathbf{R}^{r\times 1}}\{(\boldsymbol{z}_1-\boldsymbol{f}_1(\boldsymbol{x},\boldsymbol{s}))^{\mathrm{T}}\boldsymbol{E}_1^{-1}(\boldsymbol{z}_1-\boldsymbol{f}_1(\boldsymbol{x},\boldsymbol{s}))+(\widehat{\boldsymbol{s}}-\boldsymbol{s})^{\mathrm{T}}\boldsymbol{\Psi}^{-1}(\widehat{\boldsymbol{s}}-\boldsymbol{s})\}\\
\text{s.t. }\boldsymbol{z}_2=\boldsymbol{U}_2^{\mathrm{T}}\boldsymbol{z}=\boldsymbol{f}_2(\boldsymbol{x},\boldsymbol{s})
\end{cases}
\tag{7.37}
$$

式中，$\boldsymbol{E}_1^{-1}$ 和 $\boldsymbol{\Psi}^{-1}$ 均表示加权矩阵，$J^{(\mathrm{b})}(\boldsymbol{\mu})=(\boldsymbol{z}_1-\boldsymbol{f}_1(\boldsymbol{x},\boldsymbol{s}))^{\mathrm{T}}\boldsymbol{E}_1^{-1}(\boldsymbol{z}_1-\boldsymbol{f}_1(\boldsymbol{x},\boldsymbol{s}))+(\widehat{\boldsymbol{s}}-\boldsymbol{s})^{\mathrm{T}}\boldsymbol{\Psi}^{-1}(\widehat{\boldsymbol{s}}-\boldsymbol{s})$ 表示对应的目标函数，其中 $\boldsymbol{\mu}=[\boldsymbol{x}^{\mathrm{T}}\ \ \boldsymbol{s}^{\mathrm{T}}]^{\mathrm{T}}\in\mathbf{R}^{(q+r)\times 1}$。式 (7.37) 的求解需要迭代计算，下面将第 7.2.1 节中的拉格朗日乘子方法进行推广，并给出相应的迭代方法。

2. 迭代求解方法 7−b

求解式 (7.37) 的拉格朗日函数可以表示为

$$
\begin{aligned}
L^{(\mathrm{b})}(\boldsymbol{\mu},\boldsymbol{\lambda})&=(\boldsymbol{z}_1-\boldsymbol{f}_1(\boldsymbol{x},\boldsymbol{s}))^{\mathrm{T}}\boldsymbol{E}_1^{-1}(\boldsymbol{z}_1-\boldsymbol{f}_1(\boldsymbol{x},\boldsymbol{s}))\\
&\quad+(\widehat{\boldsymbol{s}}-\boldsymbol{s})^{\mathrm{T}}\boldsymbol{\Psi}^{-1}(\widehat{\boldsymbol{s}}-\boldsymbol{s})+\boldsymbol{\lambda}^{\mathrm{T}}(\boldsymbol{f}_2(\boldsymbol{x},\boldsymbol{s})-\boldsymbol{z}_2)\\
&=J^{(\mathrm{b})}(\boldsymbol{\mu})+\boldsymbol{\lambda}^{\mathrm{T}}(\boldsymbol{f}_2(\boldsymbol{x},\boldsymbol{s})-\boldsymbol{z}_2)
\end{aligned}
\tag{7.38}
$$

式中，$\boldsymbol{\lambda}=[\lambda_1\ \ \lambda_2\ \ \cdots\ \ \lambda_{p-\overline{p}}]^{\mathrm{T}}$ 表示拉格朗日乘子向量。不妨将向量 $\boldsymbol{\mu}$ 和 $\boldsymbol{\lambda}$ 的最优解分别记为 $\widehat{\boldsymbol{\mu}}^{(\mathrm{b})}=[(\widehat{\boldsymbol{x}}^{(\mathrm{b})})^{\mathrm{T}}\ \ (\widehat{\boldsymbol{s}}^{(\mathrm{b})})^{\mathrm{T}}]^{\mathrm{T}}$ 和 $\widehat{\boldsymbol{\lambda}}^{(\mathrm{b})}$，将函数 $L^{(\mathrm{b})}(\boldsymbol{\mu},\boldsymbol{\lambda})$ 分别对向量 $\boldsymbol{\mu}$ 和 $\boldsymbol{\lambda}$ 求偏导，并令它们等于零可得

$$
\left.\frac{\partial L^{(\mathrm{b})}(\boldsymbol{\mu},\boldsymbol{\lambda})}{\partial\boldsymbol{\mu}}\right|_{\substack{\boldsymbol{\mu}=\widehat{\boldsymbol{\mu}}^{(\mathrm{b})}\\ \boldsymbol{\lambda}=\widehat{\boldsymbol{\lambda}}^{(\mathrm{b})}}}=\nabla_{\mu}J^{(\mathrm{b})}(\widehat{\boldsymbol{\mu}}^{(\mathrm{b})})+\begin{bmatrix}(\boldsymbol{F}_{2x}(\widehat{\boldsymbol{x}}^{(\mathrm{b})},\widehat{\boldsymbol{s}}^{(\mathrm{b})}))^{\mathrm{T}}\\(\boldsymbol{F}_{2s}(\widehat{\boldsymbol{x}}^{(\mathrm{b})},\widehat{\boldsymbol{s}}^{(\mathrm{b})}))^{\mathrm{T}}\end{bmatrix}\widehat{\boldsymbol{\lambda}}^{(\mathrm{b})}=\boldsymbol{O}_{(q+r)\times 1}
\tag{7.39}
$$

$$
\left.\frac{\partial L^{(\mathrm{b})}(\boldsymbol{\mu},\boldsymbol{\lambda})}{\partial\boldsymbol{\lambda}}\right|_{\substack{\boldsymbol{\mu}=\widehat{\boldsymbol{\mu}}^{(\mathrm{b})}\\ \boldsymbol{\lambda}=\widehat{\boldsymbol{\lambda}}^{(\mathrm{b})}}}=\boldsymbol{f}_2(\widehat{\boldsymbol{x}}^{(\mathrm{b})},\widehat{\boldsymbol{s}}^{(\mathrm{b})})-\boldsymbol{z}_2=\boldsymbol{O}_{(p-\overline{p})\times 1}
\tag{7.40}
$$

① 本章的上角标 (b) 表示模型参数先验观测误差存在的情形。

式中, $\boldsymbol{F}_{2s}(\boldsymbol{x},\boldsymbol{s})=\dfrac{\partial \boldsymbol{f}_2(\boldsymbol{x},\boldsymbol{s})}{\partial \boldsymbol{s}^{\mathrm{T}}}=\boldsymbol{U}_2^{\mathrm{T}}\boldsymbol{F}_{\boldsymbol{s}}(\boldsymbol{x},\boldsymbol{s})\in \mathbf{R}^{(p-\overline{p})\times r}$ 表示函数 $\boldsymbol{f}_2(\boldsymbol{x},\boldsymbol{s})$ 关于向量 $\boldsymbol{s}$ 的 Jacobi 矩阵, 其中 $\boldsymbol{F}_s(\boldsymbol{x},\boldsymbol{s})=\dfrac{\partial \boldsymbol{f}(\boldsymbol{x},\boldsymbol{s})}{\partial \boldsymbol{s}^{\mathrm{T}}}\in \mathbf{R}^{p\times r}$ 表示函数 $\boldsymbol{f}(\boldsymbol{x},\boldsymbol{s})$ 关于向量 $\boldsymbol{s}$ 的 Jacobi 矩阵; $\nabla_{\mu}J^{(\mathrm{b})}(\boldsymbol{\mu})$ 表示目标函数 $J^{(\mathrm{b})}(\boldsymbol{\mu})$ 的梯度, 其表达式为

$$\nabla_{\mu}J^{(\mathrm{b})}(\boldsymbol{\mu})=\frac{\partial J^{(\mathrm{b})}(\boldsymbol{\mu})}{\partial \boldsymbol{\mu}}=\begin{bmatrix}2(\boldsymbol{F}_{1x}(\boldsymbol{x},\boldsymbol{s}))^{\mathrm{T}}\boldsymbol{E}_1^{-1}(\boldsymbol{f}_1(\boldsymbol{x},\boldsymbol{s})-\boldsymbol{z}_1)\\ 2(\boldsymbol{F}_{1\mathrm{s}}(\boldsymbol{x},\boldsymbol{s}))^{\mathrm{T}}\boldsymbol{E}_1^{-1}(\boldsymbol{f}_1(\boldsymbol{x},\boldsymbol{s})-\boldsymbol{z}_1)+2\boldsymbol{\varPsi}^{-1}(\boldsymbol{s}-\widehat{\boldsymbol{s}})\end{bmatrix}\tag{7.41}$$

其中 $\boldsymbol{F}_{1s}(\boldsymbol{x},\boldsymbol{s})=\dfrac{\partial \boldsymbol{f}_1(\boldsymbol{x},\boldsymbol{s})}{\partial \boldsymbol{s}^{\mathrm{T}}}=\boldsymbol{U}_1^{\mathrm{T}}\boldsymbol{F}_{\boldsymbol{s}}(\boldsymbol{x},\boldsymbol{s})\in \mathbf{R}^{\overline{p}\times r}$ 表示函数 $\boldsymbol{f}_1(\boldsymbol{x},\boldsymbol{s})$ 关于向量 $\boldsymbol{s}$ 的 Jacobi 矩阵。式 (7.39) 和式 (7.40) 可以看成是关于向量 $\widehat{\boldsymbol{\mu}}^{(\mathrm{b})}$ 和 $\widehat{\boldsymbol{\lambda}}^{(\mathrm{b})}$ 的非线性方程组, 而求解式 (7.37) 等价于求解此非线性方程组。

非线性方程组式 (7.39) 和式 (7.40) 可以利用牛顿迭代法进行求解, 为此需要先确定拉格朗日函数 $L^{(\mathrm{b})}(\boldsymbol{\mu},\boldsymbol{\lambda})$ 的梯度和 Hesse 矩阵的表达式

$$\nabla L^{(\mathrm{b})}(\boldsymbol{\mu},\boldsymbol{\lambda})=\begin{bmatrix}\dfrac{\partial L^{(\mathrm{b})}(\boldsymbol{\mu},\boldsymbol{\lambda})}{\partial \boldsymbol{\mu}}\\ \dfrac{\partial L^{(\mathrm{b})}(\boldsymbol{\mu},\boldsymbol{\lambda})}{\partial \boldsymbol{\lambda}}\end{bmatrix}=\left[\begin{array}{c}\nabla_{\mu}J^{(\mathrm{b})}(\boldsymbol{\mu})+\begin{bmatrix}(\boldsymbol{F}_{2x}(\boldsymbol{x},\boldsymbol{s}))^{\mathrm{T}}\\ (\boldsymbol{F}_{2s}(\boldsymbol{x},\boldsymbol{s}))^{\mathrm{T}}\end{bmatrix}\boldsymbol{\lambda}\\ \hdashline \boldsymbol{f}_2(\boldsymbol{x},\boldsymbol{s})-\boldsymbol{z}_2\end{array}\right]\tag{7.42}$$

$$\begin{aligned}\nabla^2 L^{(\mathrm{b})}(\boldsymbol{\mu},\boldsymbol{\lambda})&=\begin{bmatrix}\dfrac{\partial^2 L^{(\mathrm{b})}(\boldsymbol{\mu},\boldsymbol{\lambda})}{\partial \boldsymbol{\mu}\,\partial \boldsymbol{\mu}^{\mathrm{T}}} & \dfrac{\partial^2 L^{(\mathrm{b})}(\boldsymbol{\mu},\boldsymbol{\lambda})}{\partial \boldsymbol{\mu}\,\partial \boldsymbol{\lambda}^{\mathrm{T}}}\\ \dfrac{\partial^2 L^{(\mathrm{b})}(\boldsymbol{\mu},\boldsymbol{\lambda})}{\partial \boldsymbol{\lambda}\,\partial \boldsymbol{\mu}^{\mathrm{T}}} & \dfrac{\partial^2 L^{(\mathrm{b})}(\boldsymbol{\mu},\boldsymbol{\lambda})}{\partial \boldsymbol{\lambda}\,\partial \boldsymbol{\lambda}^{\mathrm{T}}}\end{bmatrix}\\ &=\left[\begin{array}{c:c}\nabla^2_{\mu\mu}J^{(\mathrm{b})}(\boldsymbol{\mu})+\begin{bmatrix}\displaystyle\sum_{j=1}^{p-\overline{p}}\lambda_j\nabla^2_{xx}c_j(\boldsymbol{x},\boldsymbol{s}) & \displaystyle\sum_{j=1}^{p-\overline{p}}\lambda_j\nabla^2_{xs}c_j(\boldsymbol{x},\boldsymbol{s})\\ \displaystyle\sum_{j=1}^{p-\overline{p}}\lambda_j\nabla^2_{sx}c_j(\boldsymbol{x},\boldsymbol{s}) & \displaystyle\sum_{j=1}^{p-\overline{p}}\lambda_j\nabla^2_{ss}c_j(\boldsymbol{x},\boldsymbol{s})\end{bmatrix} & \begin{bmatrix}(\boldsymbol{F}_{2x}(\boldsymbol{x},\boldsymbol{s}))^{\mathrm{T}}\\ (\boldsymbol{F}_{2s}(\boldsymbol{x},\boldsymbol{s}))^{\mathrm{T}}\end{bmatrix}\\ \hdashline [\boldsymbol{F}_{2x}(\boldsymbol{x},\boldsymbol{s})\quad \boldsymbol{F}_{2s}(\boldsymbol{x},\boldsymbol{s})] & \boldsymbol{O}_{(p-\overline{p})\times(p-\overline{p})}\end{array}\right]\end{aligned}\tag{7.43}$$

式中, $\nabla^2_{\mu\mu}J^{(\mathrm{b})}(\boldsymbol{\mu})=\dfrac{\partial^2 J^{(\mathrm{b})}(\boldsymbol{\mu})}{\partial \boldsymbol{\mu}\,\partial \boldsymbol{\mu}^{\mathrm{T}}}$, $\nabla^2_{xs}c_j(\boldsymbol{x},\boldsymbol{s})=\dfrac{\partial^2 c_j(\boldsymbol{x},\boldsymbol{s})}{\partial \boldsymbol{x}\,\partial \boldsymbol{s}^{\mathrm{T}}}$, $\nabla^2_{ss}c_j(\boldsymbol{x},\boldsymbol{s})=\dfrac{\partial^2 c_j(\boldsymbol{x},\boldsymbol{s})}{\partial \boldsymbol{s}\,\partial \boldsymbol{s}^{\mathrm{T}}}$

分别表示函数 $J^{(\mathrm{b})}(\boldsymbol{\mu})$ 和 $c_j(\boldsymbol{x},\boldsymbol{s})$ 的 Hesse 矩阵, 其中 $\nabla^2_{\mu\mu}J^{(\mathrm{b})}(\boldsymbol{\mu})$ 可以表示为

$$\nabla^2_{\mu\mu}J^{(\mathrm{b})}(\boldsymbol{\mu})=\left[\begin{array}{c|c} ((2(\boldsymbol{f}_1(\boldsymbol{x},\boldsymbol{s})-\boldsymbol{z}_1)^{\mathrm{T}}\boldsymbol{E}_1^{-1})\otimes\boldsymbol{I}_q)\dfrac{\partial\mathrm{vec}[(\boldsymbol{F}_{1x}(\boldsymbol{x},\boldsymbol{s}))^{\mathrm{T}}]}{\partial\boldsymbol{x}^{\mathrm{T}}} & ((2(\boldsymbol{f}_1(\boldsymbol{x},\boldsymbol{s})-\boldsymbol{z}_1)^{\mathrm{T}}\boldsymbol{E}_1^{-1})\otimes\boldsymbol{I}_q)\dfrac{\partial\mathrm{vec}[(\boldsymbol{F}_{1x}(\boldsymbol{x},\boldsymbol{s}))^{\mathrm{T}}]}{\partial\boldsymbol{s}^{\mathrm{T}}} \\ +2(\boldsymbol{F}_{1x}(\boldsymbol{x},\boldsymbol{s}))^{\mathrm{T}}\boldsymbol{E}_1^{-1}\boldsymbol{F}_{1x}(\boldsymbol{x},\boldsymbol{s}) & +2(\boldsymbol{F}_{1x}(\boldsymbol{x},\boldsymbol{s}))^{\mathrm{T}}\boldsymbol{E}_1^{-1}\boldsymbol{F}_{1s}(\boldsymbol{x},\boldsymbol{s}) \\ \hline ((2(\boldsymbol{f}_1(\boldsymbol{x},\boldsymbol{s})-\boldsymbol{z}_1)^{\mathrm{T}}\boldsymbol{E}_1^{-1})\otimes\boldsymbol{I}_r)\dfrac{\partial\mathrm{vec}[(\boldsymbol{F}_{1s}(\boldsymbol{x},\boldsymbol{s}))^{\mathrm{T}}]}{\partial\boldsymbol{x}^{\mathrm{T}}} & ((2(\boldsymbol{f}_1(\boldsymbol{x},\boldsymbol{s})-\boldsymbol{z}_1)^{\mathrm{T}}\boldsymbol{E}_1^{-1})\otimes\boldsymbol{I}_r)\dfrac{\partial\mathrm{vec}[(\boldsymbol{F}_{1s}(\boldsymbol{x},\boldsymbol{s}))^{\mathrm{T}}]}{\partial\boldsymbol{s}^{\mathrm{T}}} \\ +2(\boldsymbol{F}_{1s}(\boldsymbol{x},\boldsymbol{s}))^{\mathrm{T}}\boldsymbol{E}_1^{-1}\boldsymbol{F}_{1x}(\boldsymbol{x},\boldsymbol{s}) & +2(\boldsymbol{F}_{1s}(\boldsymbol{x},\boldsymbol{s}))^{\mathrm{T}}\boldsymbol{E}_1^{-1}\boldsymbol{F}_{1s}(\boldsymbol{x},\boldsymbol{s})+2\boldsymbol{\Psi}^{-1} \end{array}\right] \tag{7.44}$$

牛顿迭代公式满足

$$\nabla^2L^{(\mathrm{b})}(\widehat{\boldsymbol{\mu}}_k^{(\mathrm{b})},\widehat{\boldsymbol{\lambda}}_k^{(\mathrm{b})})\begin{bmatrix}\widehat{\boldsymbol{\mu}}_{k+1}^{(\mathrm{b})}-\widehat{\boldsymbol{\mu}}_k^{(\mathrm{b})}\\ \widehat{\boldsymbol{\lambda}}_{k+1}^{(\mathrm{b})}-\widehat{\boldsymbol{\lambda}}_k^{(\mathrm{b})}\end{bmatrix}=-\nabla L^{(\mathrm{b})}(\widehat{\boldsymbol{\mu}}_k^{(\mathrm{b})},\widehat{\boldsymbol{\lambda}}_k^{(\mathrm{b})}) \tag{7.45}$$

式中, $\widehat{\boldsymbol{\mu}}_k^{(\mathrm{b})}=[(\widehat{\boldsymbol{x}}_k^{(\mathrm{b})})^{\mathrm{T}}\ \ (\widehat{\boldsymbol{s}}_k^{(\mathrm{b})})^{\mathrm{T}}]^{\mathrm{T}}$ 和 $\widehat{\boldsymbol{\lambda}}_k^{(\mathrm{b})}$ 表示第 k 次迭代结果, $\widehat{\boldsymbol{\mu}}_{k+1}^{(\mathrm{b})}=[(\widehat{\boldsymbol{x}}_{k+1}^{(\mathrm{b})})^{\mathrm{T}}\ \ (\widehat{\boldsymbol{s}}_{k+1}^{(\mathrm{b})})^{\mathrm{T}}]^{\mathrm{T}}$ 和 $\widehat{\boldsymbol{\lambda}}_{k+1}^{(\mathrm{b})}$ 表示第 $k+1$ 次迭代结果。将式 (7.42) 和式 (7.43) 代入式 (7.45) 可知

$$\left[\begin{array}{c|c} \nabla^2_{\mu\mu}J^{(\mathrm{b})}(\widehat{\boldsymbol{\mu}}_k^{(\mathrm{b})})+\begin{bmatrix}\sum\limits_{j=1}^{p-\overline{p}}\widehat{\lambda}_{kj}^{(\mathrm{b})}\nabla^2_{xx}c_j(\widehat{\boldsymbol{x}}_k^{(\mathrm{b})},\widehat{\boldsymbol{s}}_k^{(\mathrm{b})}) & \sum\limits_{j=1}^{p-\overline{p}}\widehat{\lambda}_{kj}^{(\mathrm{b})}\nabla^2_{xs}c_j(\widehat{\boldsymbol{x}}_k^{(\mathrm{b})},\widehat{\boldsymbol{s}}_k^{(\mathrm{b})}) \\ \sum\limits_{j=1}^{p-\overline{p}}\widehat{\lambda}_{kj}^{(\mathrm{b})}\nabla^2_{sx}c_j(\widehat{\boldsymbol{x}}_k^{(\mathrm{b})},\widehat{\boldsymbol{s}}_k^{(\mathrm{b})}) & \sum\limits_{j=1}^{p-\overline{p}}\widehat{\lambda}_{kj}^{(\mathrm{b})}\nabla^2_{ss}c_j(\widehat{\boldsymbol{x}}_k^{(\mathrm{b})},\widehat{\boldsymbol{s}}_k^{(\mathrm{b})})\end{bmatrix} & \begin{bmatrix}(\boldsymbol{F}_{2x}(\widehat{\boldsymbol{x}}_k^{(\mathrm{b})},\widehat{\boldsymbol{s}}_k^{(\mathrm{b})}))^{\mathrm{T}}\\ (\boldsymbol{F}_{2s}(\widehat{\boldsymbol{x}}_k^{(\mathrm{b})},\widehat{\boldsymbol{s}}_k^{(\mathrm{b})}))^{\mathrm{T}}\end{bmatrix} \\ \hline [\boldsymbol{F}_{2x}(\widehat{\boldsymbol{x}}_k^{(\mathrm{b})},\widehat{\boldsymbol{s}}_k^{(\mathrm{b})})\ \ \ \boldsymbol{F}_{2s}(\widehat{\boldsymbol{x}}_k^{(\mathrm{b})},\widehat{\boldsymbol{s}}_k^{(\mathrm{b})})] & \boldsymbol{O}_{(p-\overline{p})\times(p-\overline{p})} \end{array}\right]\begin{bmatrix}\widehat{\boldsymbol{\mu}}_{k+1}^{(\mathrm{b})}-\widehat{\boldsymbol{\mu}}_k^{(\mathrm{b})}\\ \widehat{\boldsymbol{\lambda}}_{k+1}^{(\mathrm{b})}-\widehat{\boldsymbol{\lambda}}_k^{(\mathrm{b})}\end{bmatrix}$$

$$=-\left[\begin{array}{c}\nabla_{\mu}J^{(\mathrm{b})}(\widehat{\boldsymbol{\mu}}_k^{(\mathrm{b})})+\begin{bmatrix}(\boldsymbol{F}_{2x}(\widehat{\boldsymbol{x}}_k^{(\mathrm{b})},\widehat{\boldsymbol{s}}_k^{(\mathrm{b})}))^{\mathrm{T}}\\(\boldsymbol{F}_{2s}(\widehat{\boldsymbol{x}}_k^{(\mathrm{b})},\widehat{\boldsymbol{s}}_k^{(\mathrm{b})}))^{\mathrm{T}}\end{bmatrix}\widehat{\boldsymbol{\lambda}}_k^{(\mathrm{b})}\\ \hline \boldsymbol{f}_2(\widehat{\boldsymbol{x}}_k^{(\mathrm{b})},\widehat{\boldsymbol{s}}_k^{(\mathrm{b})})-\boldsymbol{z}_2\end{array}\right] \tag{7.46}$$

式中, $\widehat{\lambda}_{kj}^{(\mathrm{b})}$ 表示向量 $\widehat{\boldsymbol{\lambda}}_k^{(\mathrm{b})}$ 中的第 j 个分量 (即 $\widehat{\lambda}_{kj}^{(\mathrm{b})}=\langle\widehat{\boldsymbol{\lambda}}_k^{(\mathrm{b})}\rangle_j$)。

下面基于式 (7.46) 推导关于 $\widehat{\boldsymbol{\mu}}_{k+1}^{(\mathrm{b})}$ 和 $\widehat{\boldsymbol{\lambda}}_{k+1}^{(\mathrm{b})}$ 的迭代公式。首先, 利用矩阵乘法规则将式 (7.46) 展开, 可得

$$\begin{aligned}&\left(\nabla_{\mu\mu}^2J^{(\mathrm{b})}(\widehat{\boldsymbol{\mu}}_k^{(\mathrm{b})})+\begin{bmatrix}\sum\limits_{j=1}^{p-\overline{p}}\widehat{\lambda}_{kj}^{(\mathrm{b})}\nabla_{xx}^2c_j(\widehat{\boldsymbol{x}}_k^{(\mathrm{b})},\widehat{\boldsymbol{s}}_k^{(\mathrm{b})}) & \sum\limits_{j=1}^{p-\overline{p}}\widehat{\lambda}_{kj}^{(\mathrm{b})}\nabla_{xs}^2c_j(\widehat{\boldsymbol{x}}_k^{(\mathrm{b})},\widehat{\boldsymbol{s}}_k^{(\mathrm{b})})\\ \sum\limits_{j=1}^{p-\overline{p}}\widehat{\lambda}_{kj}^{(\mathrm{b})}\nabla_{sx}^2c_j(\widehat{\boldsymbol{x}}_k^{(\mathrm{b})},\widehat{\boldsymbol{s}}_k^{(\mathrm{b})}) & \sum\limits_{j=1}^{p-\overline{p}}\widehat{\lambda}_{kj}^{(\mathrm{b})}\nabla_{ss}^2c_j(\widehat{\boldsymbol{x}}_k^{(\mathrm{b})},\widehat{\boldsymbol{s}}_k^{(\mathrm{b})})\end{bmatrix}\right)\\ &\times(\widehat{\boldsymbol{\mu}}_{k+1}^{(\mathrm{b})}-\widehat{\boldsymbol{\mu}}_k^{(\mathrm{b})})+\begin{bmatrix}(\boldsymbol{F}_{2x}(\widehat{\boldsymbol{x}}_k^{(\mathrm{b})},\widehat{\boldsymbol{s}}_k^{(\mathrm{b})}))^{\mathrm{T}}\\(\boldsymbol{F}_{2s}(\widehat{\boldsymbol{x}}_k^{(\mathrm{b})},\widehat{\boldsymbol{s}}_k^{(\mathrm{b})}))^{\mathrm{T}}\end{bmatrix}(\widehat{\boldsymbol{\lambda}}_{k+1}^{(\mathrm{b})}-\widehat{\boldsymbol{\lambda}}_k^{(\mathrm{b})})\\ &=-\left(\nabla_{\mu}J^{(\mathrm{b})}(\widehat{\boldsymbol{\mu}}_k^{(\mathrm{b})})+\begin{bmatrix}(\boldsymbol{F}_{2x}(\widehat{\boldsymbol{x}}_k^{(\mathrm{b})},\widehat{\boldsymbol{s}}_k^{(\mathrm{b})}))^{\mathrm{T}}\\(\boldsymbol{F}_{2s}(\widehat{\boldsymbol{x}}_k^{(\mathrm{b})},\widehat{\boldsymbol{s}}_k^{(\mathrm{b})}))^{\mathrm{T}}\end{bmatrix}\widehat{\boldsymbol{\lambda}}_k^{(\mathrm{b})}\right)\end{aligned} \tag{7.47}$$

$$[\boldsymbol{F}_{2x}(\widehat{\boldsymbol{x}}_k^{(\mathrm{b})},\widehat{\boldsymbol{s}}_k^{(\mathrm{b})})\quad\boldsymbol{F}_{2s}(\widehat{\boldsymbol{x}}_k^{(\mathrm{b})},\widehat{\boldsymbol{s}}_k^{(\mathrm{b})})](\widehat{\boldsymbol{\mu}}_{k+1}^{(\mathrm{b})}-\widehat{\boldsymbol{\mu}}_k^{(\mathrm{b})})=-(\boldsymbol{f}_2(\widehat{\boldsymbol{x}}_k^{(\mathrm{b})},\widehat{\boldsymbol{s}}_k^{(\mathrm{b})})-\boldsymbol{z}_2) \tag{7.48}$$

将式 (7.47) 两边同时乘以矩阵

$$\begin{aligned}&[\boldsymbol{F}_{2x}(\widehat{\boldsymbol{x}}_k^{(\mathrm{b})},\widehat{\boldsymbol{s}}_k^{(\mathrm{b})})\quad\boldsymbol{F}_{2s}(\widehat{\boldsymbol{x}}_k^{(\mathrm{b})},\widehat{\boldsymbol{s}}_k^{(\mathrm{b})})]\\ &\times\left(\nabla_{\mu\mu}^2J^{(\mathrm{b})}(\widehat{\boldsymbol{\mu}}_k^{(\mathrm{b})})+\begin{bmatrix}\sum\limits_{j=1}^{p-\overline{p}}\widehat{\lambda}_{kj}^{(\mathrm{b})}\nabla_{xx}^2c_j(\widehat{\boldsymbol{x}}_k^{(\mathrm{b})},\widehat{\boldsymbol{s}}_k^{(\mathrm{b})}) & \sum\limits_{j=1}^{p-\overline{p}}\widehat{\lambda}_{kj}^{(\mathrm{b})}\nabla_{xs}^2c_j(\widehat{\boldsymbol{x}}_k^{(\mathrm{b})},\widehat{\boldsymbol{s}}_k^{(\mathrm{b})})\\ \sum\limits_{j=1}^{p-\overline{p}}\widehat{\lambda}_{kj}^{(\mathrm{b})}\nabla_{sx}^2c_j(\widehat{\boldsymbol{x}}_k^{(\mathrm{b})},\widehat{\boldsymbol{s}}_k^{(\mathrm{b})}) & \sum\limits_{j=1}^{p-\overline{p}}\widehat{\lambda}_{kj}^{(\mathrm{b})}\nabla_{ss}^2c_j(\widehat{\boldsymbol{x}}_k^{(\mathrm{b})},\widehat{\boldsymbol{s}}_k^{(\mathrm{b})})\end{bmatrix}\right)^{-1},\end{aligned}$$

可知

$$\begin{aligned}&[\boldsymbol{F}_{2x}(\widehat{\boldsymbol{x}}_k^{(\mathrm{b})},\widehat{\boldsymbol{s}}_k^{(\mathrm{b})})\quad\boldsymbol{F}_{2s}(\widehat{\boldsymbol{x}}_k^{(\mathrm{b})},\widehat{\boldsymbol{s}}_k^{(\mathrm{b})})](\widehat{\boldsymbol{\mu}}_{k+1}^{(\mathrm{b})}-\widehat{\boldsymbol{\mu}}_k^{(\mathrm{b})})+[\boldsymbol{F}_{2x}(\widehat{\boldsymbol{x}}_k^{(\mathrm{b})},\widehat{\boldsymbol{s}}_k^{(\mathrm{b})})\quad\boldsymbol{F}_{2s}(\widehat{\boldsymbol{x}}_k^{(\mathrm{b})},\widehat{\boldsymbol{s}}_k^{(\mathrm{b})})]\\ &\times\left(\nabla_{\mu\mu}^2J^{(\mathrm{b})}(\widehat{\boldsymbol{\mu}}_k^{(\mathrm{b})})+\begin{bmatrix}\sum\limits_{j=1}^{p-\overline{p}}\widehat{\lambda}_{kj}^{(\mathrm{b})}\nabla_{xx}^2c_j(\widehat{\boldsymbol{x}}_k^{(\mathrm{b})},\widehat{\boldsymbol{s}}_k^{(\mathrm{b})}) & \sum\limits_{j=1}^{p-\overline{p}}\widehat{\lambda}_{kj}^{(\mathrm{b})}\nabla_{xs}^2c_j(\widehat{\boldsymbol{x}}_k^{(\mathrm{b})},\widehat{\boldsymbol{s}}_k^{(\mathrm{b})})\\ \sum\limits_{j=1}^{p-\overline{p}}\widehat{\lambda}_{kj}^{(\mathrm{b})}\nabla_{sx}^2c_j(\widehat{\boldsymbol{x}}_k^{(\mathrm{b})},\widehat{\boldsymbol{s}}_k^{(\mathrm{b})}) & \sum\limits_{j=1}^{p-\overline{p}}\widehat{\lambda}_{kj}^{(\mathrm{b})}\nabla_{ss}^2c_j(\widehat{\boldsymbol{x}}_k^{(\mathrm{b})},\widehat{\boldsymbol{s}}_k^{(\mathrm{b})})\end{bmatrix}\right)^{-1}\end{aligned}$$

$$
\times\begin{bmatrix}(\boldsymbol{F}_{2x}(\widehat{\boldsymbol{x}}_k^{(\mathrm{b})},\widehat{\boldsymbol{s}}_k^{(\mathrm{b})}))^{\mathrm{T}}\\(\boldsymbol{F}_{2s}(\widehat{\boldsymbol{x}}_k^{(\mathrm{b})},\widehat{\boldsymbol{s}}_k^{(\mathrm{b})}))^{\mathrm{T}}\end{bmatrix}(\widehat{\boldsymbol{\lambda}}_{k+1}^{(\mathrm{b})}-\widehat{\boldsymbol{\lambda}}_k^{(\mathrm{b})})
$$

$$
=-[\boldsymbol{F}_{2x}(\widehat{\boldsymbol{x}}_k^{(\mathrm{b})},\widehat{\boldsymbol{s}}_k^{(\mathrm{b})})\quad \boldsymbol{F}_{2s}(\widehat{\boldsymbol{x}}_k^{(\mathrm{b})},\widehat{\boldsymbol{s}}_k^{(\mathrm{b})})]
$$

$$
\times\left(\nabla^2_{\mu\mu}J^{(\mathrm{b})}(\widehat{\boldsymbol{\mu}}_k^{(\mathrm{b})})+\begin{bmatrix}\sum\limits_{j=1}^{p-\overline{p}}\widehat{\lambda}_{kj}^{(\mathrm{b})}\nabla^2_{xx}c_j(\widehat{\boldsymbol{x}}_k^{(\mathrm{b})},\widehat{\boldsymbol{s}}_k^{(\mathrm{b})}) & \sum\limits_{j=1}^{p-\overline{p}}\widehat{\lambda}_{kj}^{(\mathrm{b})}\nabla^2_{xs}c_j(\widehat{\boldsymbol{x}}_k^{(\mathrm{b})},\widehat{\boldsymbol{s}}_k^{(\mathrm{b})})\\ \sum\limits_{j=1}^{p-\overline{p}}\widehat{\lambda}_{kj}^{(\mathrm{b})}\nabla^2_{sx}c_j(\widehat{\boldsymbol{x}}_k^{(\mathrm{b})},\widehat{\boldsymbol{s}}_k^{(\mathrm{b})}) & \sum\limits_{j=1}^{p-\overline{p}}\widehat{\lambda}_{kj}^{(\mathrm{b})}\nabla^2_{ss}c_j(\widehat{\boldsymbol{x}}_k^{(\mathrm{b})},\widehat{\boldsymbol{s}}_k^{(\mathrm{b})})\end{bmatrix}\right)^{-1}
$$

$$
\times\left(\nabla_{\mu}J^{(\mathrm{b})}(\widehat{\boldsymbol{\mu}}_k^{(\mathrm{b})})+\begin{bmatrix}(\boldsymbol{F}_{2x}(\widehat{\boldsymbol{x}}_k^{(\mathrm{b})},\widehat{\boldsymbol{s}}_k^{(\mathrm{b})}))^{\mathrm{T}}\\(\boldsymbol{F}_{2s}(\widehat{\boldsymbol{x}}_k^{(\mathrm{b})},\widehat{\boldsymbol{s}}_k^{(\mathrm{b})}))^{\mathrm{T}}\end{bmatrix}\widehat{\boldsymbol{\lambda}}_k^{(\mathrm{b})}\right) \tag{7.49}
$$

然后, 将式 (7.48) 代入式 (7.49) 可得

$$
-(\boldsymbol{f}_2(\widehat{\boldsymbol{x}}_k^{(\mathrm{b})},\widehat{\boldsymbol{s}}_k^{(\mathrm{b})})-\boldsymbol{z}_2)+[\boldsymbol{F}_{2x}(\widehat{\boldsymbol{x}}_k^{(\mathrm{b})},\widehat{\boldsymbol{s}}_k^{(\mathrm{b})})\quad \boldsymbol{F}_{2s}(\widehat{\boldsymbol{x}}_k^{(\mathrm{b})},\widehat{\boldsymbol{s}}_k^{(\mathrm{b})})]
$$

$$
\times\left(\nabla^2_{\mu\mu}J^{(\mathrm{b})}(\widehat{\boldsymbol{\mu}}_k^{(\mathrm{b})})+\begin{bmatrix}\sum\limits_{j=1}^{p-\overline{p}}\widehat{\lambda}_{kj}^{(\mathrm{b})}\nabla^2_{xx}c_j(\widehat{\boldsymbol{x}}_k^{(\mathrm{b})},\widehat{\boldsymbol{s}}_k^{(\mathrm{b})}) & \sum\limits_{j=1}^{p-\overline{p}}\widehat{\lambda}_{kj}^{(\mathrm{b})}\nabla^2_{xs}c_j(\widehat{\boldsymbol{x}}_k^{(\mathrm{b})},\widehat{\boldsymbol{s}}_k^{(\mathrm{b})})\\ \sum\limits_{j=1}^{p-\overline{p}}\widehat{\lambda}_{kj}^{(\mathrm{b})}\nabla^2_{sx}c_j(\widehat{\boldsymbol{x}}_k^{(\mathrm{b})},\widehat{\boldsymbol{s}}_k^{(\mathrm{b})}) & \sum\limits_{j=1}^{p-\overline{p}}\widehat{\lambda}_{kj}^{(\mathrm{b})}\nabla^2_{ss}c_j(\widehat{\boldsymbol{x}}_k^{(\mathrm{b})},\widehat{\boldsymbol{s}}_k^{(\mathrm{b})})\end{bmatrix}\right)^{-1}
$$

$$
\times\begin{bmatrix}(\boldsymbol{F}_{2x}(\widehat{\boldsymbol{x}}_k^{(\mathrm{b})},\widehat{\boldsymbol{s}}_k^{(\mathrm{b})}))^{\mathrm{T}}\\(\boldsymbol{F}_{2s}(\widehat{\boldsymbol{x}}_k^{(\mathrm{b})},\widehat{\boldsymbol{s}}_k^{(\mathrm{b})}))^{\mathrm{T}}\end{bmatrix}(\widehat{\boldsymbol{\lambda}}_{k+1}^{(\mathrm{b})}-\widehat{\boldsymbol{\lambda}}_k^{(\mathrm{b})})
$$

$$
=-[\boldsymbol{F}_{2x}(\widehat{\boldsymbol{x}}_k^{(\mathrm{b})},\widehat{\boldsymbol{s}}_k^{(\mathrm{b})})\quad \boldsymbol{F}_{2s}(\widehat{\boldsymbol{x}}_k^{(\mathrm{b})},\widehat{\boldsymbol{s}}_k^{(\mathrm{b})})]
$$

$$
\times\left(\nabla^2_{\mu\mu}J^{(\mathrm{b})}(\widehat{\boldsymbol{\mu}}_k^{(\mathrm{b})})+\begin{bmatrix}\sum\limits_{j=1}^{p-\overline{p}}\widehat{\lambda}_{kj}^{(\mathrm{b})}\nabla^2_{xx}c_j(\widehat{\boldsymbol{x}}_k^{(\mathrm{b})},\widehat{\boldsymbol{s}}_k^{(\mathrm{b})}) & \sum\limits_{j=1}^{p-\overline{p}}\widehat{\lambda}_{kj}^{(\mathrm{b})}\nabla^2_{xs}c_j(\widehat{\boldsymbol{x}}_k^{(\mathrm{b})},\widehat{\boldsymbol{s}}_k^{(\mathrm{b})})\\ \sum\limits_{j=1}^{p-\overline{p}}\widehat{\lambda}_{kj}^{(\mathrm{b})}\nabla^2_{sx}c_j(\widehat{\boldsymbol{x}}_k^{(\mathrm{b})},\widehat{\boldsymbol{s}}_k^{(\mathrm{b})}) & \sum\limits_{j=1}^{p-\overline{p}}\widehat{\lambda}_{kj}^{(\mathrm{b})}\nabla^2_{ss}c_j(\widehat{\boldsymbol{x}}_k^{(\mathrm{b})},\widehat{\boldsymbol{s}}_k^{(\mathrm{b})})\end{bmatrix}\right)^{-1}
$$

$$
\times\left(\nabla_{\mu}J^{(\mathrm{b})}(\widehat{\boldsymbol{\mu}}_k^{(\mathrm{b})})+\begin{bmatrix}(\boldsymbol{F}_{2x}(\widehat{\boldsymbol{x}}_k^{(\mathrm{b})},\widehat{\boldsymbol{s}}_k^{(\mathrm{b})}))^{\mathrm{T}}\\(\boldsymbol{F}_{2s}(\widehat{\boldsymbol{x}}_k^{(\mathrm{b})},\widehat{\boldsymbol{s}}_k^{(\mathrm{b})}))^{\mathrm{T}}\end{bmatrix}\widehat{\boldsymbol{\lambda}}_k^{(\mathrm{b})}\right)
$$

$$
\begin{aligned}
\Rightarrow \widehat{\boldsymbol{\lambda}}_{k+1}^{(\mathrm{b})} = & \left([\boldsymbol{F}_{2x}(\widehat{\boldsymbol{x}}_k^{(\mathrm{b})}, \widehat{\boldsymbol{s}}_k^{(\mathrm{b})}) \quad \boldsymbol{F}_{2s}(\widehat{\boldsymbol{x}}_k^{(\mathrm{b})}, \widehat{\boldsymbol{s}}_k^{(\mathrm{b})})] \left(\nabla_{\mu\mu}^2 J^{(\mathrm{b})}(\widehat{\boldsymbol{\mu}}_k^{(\mathrm{b})}) \right.\right. \\
& \left.\left. + \begin{bmatrix} \sum_{j=1}^{p-\overline{p}} \widehat{\lambda}_{kj}^{(\mathrm{b})} \nabla_{xx}^2 c_j(\widehat{\boldsymbol{x}}_k^{(\mathrm{b})}, \widehat{\boldsymbol{s}}_k^{(\mathrm{b})}) & \sum_{j=1}^{p-\overline{p}} \widehat{\lambda}_{kj}^{(\mathrm{b})} \nabla_{xs}^2 c_j(\widehat{\boldsymbol{x}}_k^{(\mathrm{b})}, \widehat{\boldsymbol{s}}_k^{(\mathrm{b})}) \\ \sum_{j=1}^{p-\overline{p}} \widehat{\lambda}_{kj}^{(\mathrm{b})} \nabla_{sx}^2 c_j(\widehat{\boldsymbol{x}}_k^{(\mathrm{b})}, \widehat{\boldsymbol{s}}_k^{(\mathrm{b})}) & \sum_{j=1}^{p-\overline{p}} \widehat{\lambda}_{kj}^{(\mathrm{b})} \nabla_{ss}^2 c_j(\widehat{\boldsymbol{x}}_k^{(\mathrm{b})}, \widehat{\boldsymbol{s}}_k^{(\mathrm{b})}) \end{bmatrix} \right)^{-1} \begin{bmatrix} (\boldsymbol{F}_{2x}(\widehat{\boldsymbol{x}}_k^{(\mathrm{b})}, \widehat{\boldsymbol{s}}_k^{(\mathrm{b})}))^{\mathrm{T}} \\ (\boldsymbol{F}_{2s}(\widehat{\boldsymbol{x}}_k^{(\mathrm{b})}, \widehat{\boldsymbol{s}}_k^{(\mathrm{b})}))^{\mathrm{T}} \end{bmatrix} \right)^{-1} \\
& \times \left(\boldsymbol{f}_2(\widehat{\boldsymbol{x}}_k^{(\mathrm{b})}, \widehat{\boldsymbol{s}}_k^{(\mathrm{b})}) - \boldsymbol{z}_2 - [\boldsymbol{F}_{2x}(\widehat{\boldsymbol{x}}_k^{(\mathrm{b})}, \widehat{\boldsymbol{s}}_k^{(\mathrm{b})}) \quad \boldsymbol{F}_{2s}(\widehat{\boldsymbol{x}}_k^{(\mathrm{b})}, \widehat{\boldsymbol{s}}_k^{(\mathrm{b})})] \left(\nabla_{\mu\mu}^2 J^{(\mathrm{b})}(\widehat{\boldsymbol{\mu}}_k^{(\mathrm{b})}) \right.\right. \\
& \left.\left. + \begin{bmatrix} \sum_{j=1}^{p-\overline{p}} \widehat{\lambda}_{kj}^{(\mathrm{b})} \nabla_{xx}^2 c_j(\widehat{\boldsymbol{x}}_k^{(\mathrm{b})}, \widehat{\boldsymbol{s}}_k^{(\mathrm{b})}) & \sum_{j=1}^{p-\overline{p}} \widehat{\lambda}_{kj}^{(\mathrm{b})} \nabla_{xs}^2 c_j(\widehat{\boldsymbol{x}}_k^{(\mathrm{b})}, \widehat{\boldsymbol{s}}_k^{(\mathrm{b})}) \\ \sum_{j=1}^{p-\overline{p}} \widehat{\lambda}_{kj}^{(\mathrm{b})} \nabla_{sx}^2 c_j(\widehat{\boldsymbol{x}}_k^{(\mathrm{b})}, \widehat{\boldsymbol{s}}_k^{(\mathrm{b})}) & \sum_{j=1}^{p-\overline{p}} \widehat{\lambda}_{kj}^{(\mathrm{b})} \nabla_{ss}^2 c_j(\widehat{\boldsymbol{x}}_k^{(\mathrm{b})}, \widehat{\boldsymbol{s}}_k^{(\mathrm{b})}) \end{bmatrix} \right)^{-1} \nabla_{\mu} J^{(\mathrm{b})}(\widehat{\boldsymbol{\mu}}_k^{(\mathrm{b})}) \right)
\end{aligned}
\tag{7.50}
$$

最后, 由式 (7.47) 可以推得

$$
\begin{aligned}
\widehat{\boldsymbol{\mu}}_{k+1}^{(\mathrm{b})} = \widehat{\boldsymbol{\mu}}_k^{(\mathrm{b})} - & \left(\nabla_{\mu\mu}^2 J^{(\mathrm{b})}(\widehat{\boldsymbol{\mu}}_k^{(\mathrm{b})}) + \begin{bmatrix} \sum_{j=1}^{p-\overline{p}} \widehat{\lambda}_{kj}^{(\mathrm{b})} \nabla_{xx}^2 c_j(\widehat{\boldsymbol{x}}_k^{(\mathrm{b})}, \widehat{\boldsymbol{s}}_k^{(\mathrm{b})}) & \sum_{j=1}^{p-\overline{p}} \widehat{\lambda}_{kj}^{(\mathrm{b})} \nabla_{xs}^2 c_j(\widehat{\boldsymbol{x}}_k^{(\mathrm{b})}, \widehat{\boldsymbol{s}}_k^{(\mathrm{b})}) \\ \sum_{j=1}^{p-\overline{p}} \widehat{\lambda}_{kj}^{(\mathrm{b})} \nabla_{sx}^2 c_j(\widehat{\boldsymbol{x}}_k^{(\mathrm{b})}, \widehat{\boldsymbol{s}}_k^{(\mathrm{b})}) & \sum_{j=1}^{p-\overline{p}} \widehat{\lambda}_{kj}^{(\mathrm{b})} \nabla_{ss}^2 c_j(\widehat{\boldsymbol{x}}_k^{(\mathrm{b})}, \widehat{\boldsymbol{s}}_k^{(\mathrm{b})}) \end{bmatrix} \right)^{-1} \\
& \left(\nabla_{\mu} J^{(\mathrm{b})}(\widehat{\boldsymbol{\mu}}_k^{(\mathrm{b})}) + \begin{bmatrix} (\boldsymbol{F}_{2x}(\widehat{\boldsymbol{x}}_k^{(\mathrm{b})}, \widehat{\boldsymbol{s}}_k^{(\mathrm{b})}))^{\mathrm{T}} \\ (\boldsymbol{F}_{2s}(\widehat{\boldsymbol{x}}_k^{(\mathrm{b})}, \widehat{\boldsymbol{s}}_k^{(\mathrm{b})}))^{\mathrm{T}} \end{bmatrix} \widehat{\boldsymbol{\lambda}}_{k+1}^{(\mathrm{b})} \right)
\end{aligned}
\tag{7.51}
$$

将式 (7.50) 和式 (7.51) 的迭代收敛结果记为 $\widehat{\boldsymbol{\mu}}^{(\mathrm{b})}=[(\widehat{\boldsymbol{x}}^{(\mathrm{b})})^{\mathrm{T}}\ \ (\widehat{\boldsymbol{s}}^{(\mathrm{b})})^{\mathrm{T}}]^{\mathrm{T}}$ 和 $\widehat{\boldsymbol{\lambda}}^{(\mathrm{b})}$ (即 $\lim\limits_{k\to+\infty}\widehat{\boldsymbol{\mu}}_k^{(\mathrm{b})}=\widehat{\boldsymbol{\mu}}^{(\mathrm{b})}=[(\widehat{\boldsymbol{x}}^{(\mathrm{b})})^{\mathrm{T}}\ \ (\widehat{\boldsymbol{s}}^{(\mathrm{b})})^{\mathrm{T}}]^{\mathrm{T}}$ 和 $\lim\limits_{k\to+\infty}\widehat{\boldsymbol{\lambda}}_k^{(\mathrm{b})}=\widehat{\boldsymbol{\lambda}}^{(\mathrm{b})}$), 向量 $\widehat{\boldsymbol{x}}^{(\mathrm{b})}$ 和 $\widehat{\boldsymbol{s}}^{(\mathrm{b})}$ 就是最终估计值。假设迭代初始值满足一定的条件, 可以使迭代公式 (7.50) 和式 (7.51) 收敛至式 (7.37) 的全局最优解。

将上面的求解方法称为方法 7−b, 图 7.3 给出了方法 7−b 的计算流程图。

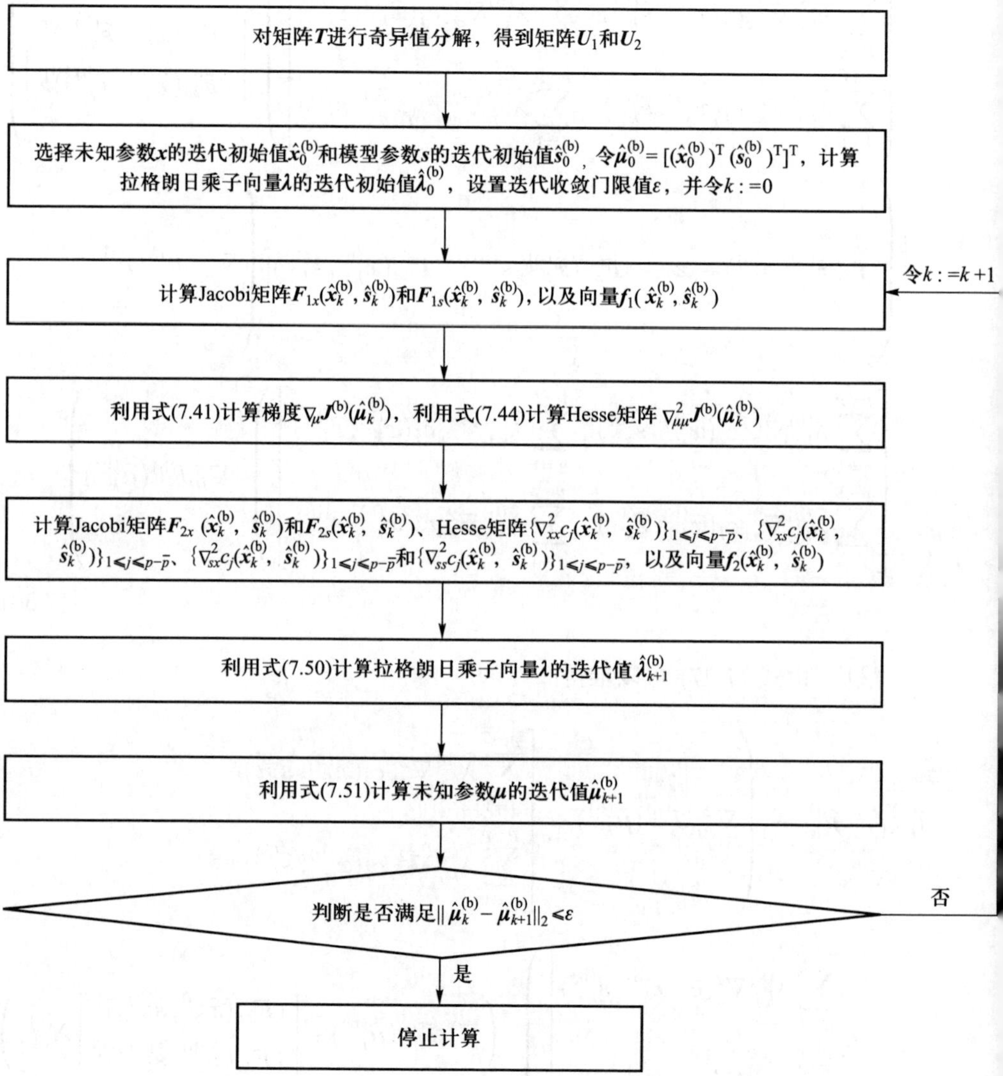

图 7.3　方法 7−b 的计算流程图

【注记 7.4】方法 7–b 中的第 2 步需要计算拉格朗日乘子向量 $\boldsymbol{\lambda}$ 的初始值 $\widehat{\boldsymbol{\lambda}}_0^{(\mathrm{b})}$, 其可以通过下式来获得

$$\begin{aligned}
&\left.\frac{\partial L^{(\mathrm{b})}(\boldsymbol{\mu},\boldsymbol{\lambda})}{\partial\boldsymbol{\mu}}\right|_{\substack{\boldsymbol{\mu}=\widehat{\boldsymbol{\mu}}_0^{(\mathrm{b})}\\ \boldsymbol{\lambda}=\widehat{\boldsymbol{\lambda}}_0^{(\mathrm{b})}}}=\nabla_{\mu}J^{(\mathrm{b})}(\widehat{\boldsymbol{\mu}}_0^{(\mathrm{b})})+\begin{bmatrix}(\boldsymbol{F}_{2x}(\widehat{\boldsymbol{x}}_0^{(\mathrm{b})},\widehat{\boldsymbol{s}}_0^{(\mathrm{b})}))^{\mathrm{T}}\\(\boldsymbol{F}_{2s}(\widehat{\boldsymbol{x}}_0^{(\mathrm{b})},\widehat{\boldsymbol{s}}_0^{(\mathrm{b})}))^{\mathrm{T}}\end{bmatrix}\widehat{\boldsymbol{\lambda}}_0^{(\mathrm{b})}=\boldsymbol{O}_{(q+r)\times 1}\\
&\Rightarrow\widehat{\boldsymbol{\lambda}}_0^{(\mathrm{b})}=-(\boldsymbol{F}_{2x}(\widehat{\boldsymbol{x}}_0^{(\mathrm{b})},\widehat{\boldsymbol{s}}_0^{(\mathrm{b})})(\boldsymbol{F}_{2x}(\widehat{\boldsymbol{x}}_0^{(\mathrm{b})},\widehat{\boldsymbol{s}}_0^{(\mathrm{b})}))^{\mathrm{T}}+\boldsymbol{F}_{2s}(\widehat{\boldsymbol{x}}_0^{(\mathrm{b})},\widehat{\boldsymbol{s}}_0^{(\mathrm{b})})(\boldsymbol{F}_{2s}(\widehat{\boldsymbol{x}}_0^{(\mathrm{b})},\widehat{\boldsymbol{s}}_0^{(\mathrm{b})}))^{\mathrm{T}})^{-1}\\
&\quad\times[\boldsymbol{F}_{2x}(\widehat{\boldsymbol{x}}_0^{(\mathrm{b})},\widehat{\boldsymbol{s}}_0^{(\mathrm{b})})\quad\boldsymbol{F}_{2s}(\widehat{\boldsymbol{x}}_0^{(\mathrm{b})},\widehat{\boldsymbol{s}}_0^{(\mathrm{b})})]\nabla_{\mu}J^{(\mathrm{b})}(\widehat{\boldsymbol{\mu}}_0^{(\mathrm{b})})
\end{aligned}\tag{7.52}$$

7.3.2 理论性能分析

本节首先推导参数估计均方误差的克拉美罗界, 然后推导估计值 $\begin{bmatrix}\widehat{\boldsymbol{x}}^{(\mathrm{b})}\\\widehat{\boldsymbol{s}}^{(\mathrm{b})}\end{bmatrix}$ 的均方误差, 并将其与相应的克拉美罗界进行定量比较, 从而验证该估计值的渐近统计最优性。

1. 克拉美罗界分析

在模型参数先验观测误差存在的情形下推导未知参数 $\boldsymbol{x}$ 和模型参数 $\boldsymbol{s}$ 联合估计均方误差的克拉美罗界, 具体结论可见以下命题。

【命题 7.4】基于式 (7.36) 给出的观测模型, 未知参数 $\boldsymbol{x}$ 和模型参数 $\boldsymbol{s}$ 联合估计均方误差的克拉美罗界可以表示为

$$\begin{aligned}
\mathbf{CRB}_{\mathrm{rd}}^{(\mathrm{b})}\left(\begin{bmatrix}\boldsymbol{x}\\\boldsymbol{s}\end{bmatrix}\right)=&\,\overline{\mathbf{CRB}}_{\mathrm{rd}}^{(\mathrm{b})}\left(\begin{bmatrix}\boldsymbol{x}\\\boldsymbol{s}\end{bmatrix}\right)-\overline{\mathbf{CRB}}_{\mathrm{rd}}^{(\mathrm{b})}\left(\begin{bmatrix}\boldsymbol{x}\\\boldsymbol{s}\end{bmatrix}\right)\begin{bmatrix}(\boldsymbol{F}_{2x}(\boldsymbol{x},\boldsymbol{s}))^{\mathrm{T}}\\(\boldsymbol{F}_{2s}(\boldsymbol{x},\boldsymbol{s}))^{\mathrm{T}}\end{bmatrix}\\
&\times\left([\boldsymbol{F}_{2x}(\boldsymbol{x},\boldsymbol{s})\quad\boldsymbol{F}_{2s}(\boldsymbol{x},\boldsymbol{s})]\overline{\mathbf{CRB}}_{\mathrm{rd}}^{(\mathrm{b})}\left(\begin{bmatrix}\boldsymbol{x}\\\boldsymbol{s}\end{bmatrix}\right)\begin{bmatrix}(\boldsymbol{F}_{2x}(\boldsymbol{x},\boldsymbol{s}))^{\mathrm{T}}\\(\boldsymbol{F}_{2s}(\boldsymbol{x},\boldsymbol{s}))^{\mathrm{T}}\end{bmatrix}\right)^{-1}\\
&\times[\boldsymbol{F}_{2x}(\boldsymbol{x},\boldsymbol{s})\quad\boldsymbol{F}_{2s}(\boldsymbol{x},\boldsymbol{s})]\overline{\mathbf{CRB}}_{\mathrm{rd}}^{(\mathrm{b})}\left(\begin{bmatrix}\boldsymbol{x}\\\boldsymbol{s}\end{bmatrix}\right)
\end{aligned}\tag{7.53}$$

式中,

$$\overline{\mathbf{CRB}}_{\mathrm{rd}}^{(\mathrm{b})}\left(\begin{bmatrix}\boldsymbol{x}\\\boldsymbol{s}\end{bmatrix}\right)=\left[\begin{array}{c:c}(\boldsymbol{F}_{1x}(\boldsymbol{x},\boldsymbol{s}))^{\mathrm{T}}\boldsymbol{E}_1^{-1}\boldsymbol{F}_{1x}(\boldsymbol{x},\boldsymbol{s}) & (\boldsymbol{F}_{1x}(\boldsymbol{x},\boldsymbol{s}))^{\mathrm{T}}\boldsymbol{E}_1^{-1}\boldsymbol{F}_{1s}(\boldsymbol{x},\boldsymbol{s})\\\hdashline(\boldsymbol{F}_{1s}(\boldsymbol{x},\boldsymbol{s}))^{\mathrm{T}}\boldsymbol{E}_1^{-1}\boldsymbol{F}_{1x}(\boldsymbol{x},\boldsymbol{s}) & (\boldsymbol{F}_{1s}(\boldsymbol{x},\boldsymbol{s}))^{\mathrm{T}}\boldsymbol{E}_1^{-1}\boldsymbol{F}_{1s}(\boldsymbol{x},\boldsymbol{s})+\boldsymbol{\varPsi}^{-1}\end{array}\right]^{-1}\tag{7.54}$$

【证明】首先, 由命题 3.5 可知, 仅基于式 (7.36) 中的第 1 个等式和第 2 个等式可得未知参数 $\boldsymbol{x}$ 和模型参数 $\boldsymbol{s}$ 联合估计均方误差的克拉美罗界为

$\overline{\mathbf{CRB}}_{\mathrm{rd}}^{(\mathrm{b})}\left(\begin{bmatrix}\boldsymbol{x}\\ \boldsymbol{s}\end{bmatrix}\right)$。然后, 结合式 (7.36) 中的等式约束, 以及式 (2.122) 和式 (2.124) 可知式 (7.53) 成立。证毕。

【注记 7.5】 $\mathbf{CRB}_{\mathrm{rd}}^{(\mathrm{b})}\left(\begin{bmatrix}\boldsymbol{x}\\ \boldsymbol{s}\end{bmatrix}\right)$ 的左上角 $q\times q$ 阶子矩阵即为未知参数 $\boldsymbol{x}$ 的估计均方误差的克拉美罗界 (记为 $\mathbf{CRB}_{\mathrm{rd}}^{(\mathrm{b})}(\boldsymbol{x})$); $\mathbf{CRB}_{\mathrm{rd}}^{(\mathrm{b})}\left(\begin{bmatrix}\boldsymbol{x}\\ \boldsymbol{s}\end{bmatrix}\right)$ 的右下角 $r\times r$ 阶子矩阵即为模型参数 $\boldsymbol{s}$ 的估计均方误差的克拉美罗界 (记为 $\mathbf{CRB}_{\mathrm{rd}}^{(\mathrm{b})}(\boldsymbol{s})$)。

2. 方法 7–b 的理论性能分析

下面推导方法 7–b 的估计值 $\begin{bmatrix}\widehat{\boldsymbol{x}}^{(\mathrm{b})}\\ \widehat{\boldsymbol{s}}^{(\mathrm{b})}\end{bmatrix}$ 的统计性能, 具体结论可见以下命题。

【命题 7.5】 向量 $\begin{bmatrix}\widehat{\boldsymbol{x}}^{(\mathrm{b})}\\ \widehat{\boldsymbol{s}}^{(\mathrm{b})}\end{bmatrix}$ 是关于未知参数及模型参数 $\begin{bmatrix}\boldsymbol{x}\\ \boldsymbol{s}\end{bmatrix}$ 的渐近无偏估计值, 并且其均方误差为

$$\begin{aligned}\mathbf{MSE}\left(\begin{bmatrix}\widehat{\boldsymbol{x}}^{(\mathrm{b})}\\ \widehat{\boldsymbol{s}}^{(\mathrm{b})}\end{bmatrix}\right)&=\overline{\mathbf{CRB}}_{\mathrm{rd}}^{(\mathrm{b})}\left(\begin{bmatrix}\boldsymbol{x}\\ \boldsymbol{s}\end{bmatrix}\right)-\overline{\mathbf{CRB}}_{\mathrm{rd}}^{(\mathrm{b})}\left(\begin{bmatrix}\boldsymbol{x}\\ \boldsymbol{s}\end{bmatrix}\right)\begin{bmatrix}(\boldsymbol{F}_{2x}(\boldsymbol{x},\boldsymbol{s}))^{\mathrm{T}}\\ (\boldsymbol{F}_{2s}(\boldsymbol{x},\boldsymbol{s}))^{\mathrm{T}}\end{bmatrix}\\&\quad\times\left([\boldsymbol{F}_{2x}(\boldsymbol{x},\boldsymbol{s})\quad \boldsymbol{F}_{2s}(\boldsymbol{x},\boldsymbol{s})]\overline{\mathbf{CRB}}_{\mathrm{rd}}^{(\mathrm{b})}\left(\begin{bmatrix}\boldsymbol{x}\\ \boldsymbol{s}\end{bmatrix}\right)\begin{bmatrix}(\boldsymbol{F}_{2x}(\boldsymbol{x},\boldsymbol{s}))^{\mathrm{T}}\\ (\boldsymbol{F}_{2s}(\boldsymbol{x},\boldsymbol{s}))^{\mathrm{T}}\end{bmatrix}\right)^{-1}\\&\quad\times[\boldsymbol{F}_{2x}(\boldsymbol{x},\boldsymbol{s})\quad \boldsymbol{F}_{2s}(\boldsymbol{x},\boldsymbol{s})]\overline{\mathbf{CRB}}_{\mathrm{rd}}^{(\mathrm{b})}\left(\begin{bmatrix}\boldsymbol{x}\\ \boldsymbol{s}\end{bmatrix}\right)\\&=\mathbf{CRB}_{\mathrm{rd}}^{(\mathrm{b})}\left(\begin{bmatrix}\boldsymbol{x}\\ \boldsymbol{s}\end{bmatrix}\right)\end{aligned}\tag{7.55}$$

【证明】 利用第 2.6.2 节中的结论进行证明。定义误差向量 $\overline{\boldsymbol{\zeta}}=[\overline{\boldsymbol{e}}^{\mathrm{T}}\ \ \boldsymbol{\varphi}^{\mathrm{T}}]^{\mathrm{T}}\in\mathbf{R}^{(\overline{p}+r)\times 1}$, 并令 $\boldsymbol{J}_{\mu\mu}^{(\mathrm{b})}=\left.\dfrac{\partial^2 J^{(\mathrm{b})}(\boldsymbol{\mu})}{\partial\boldsymbol{\mu}\,\partial\boldsymbol{\mu}^{\mathrm{T}}}\right|_{\overline{\boldsymbol{\zeta}}=\boldsymbol{O}_{(\overline{p}+r)\times 1}}$, $\boldsymbol{J}_{\mu\zeta}^{(\mathrm{b})}=\left.\dfrac{\partial^2 J^{(\mathrm{b})}(\boldsymbol{\mu})}{\partial\boldsymbol{\mu}\,\partial\overline{\boldsymbol{\zeta}}^{\mathrm{T}}}\right|_{\overline{\boldsymbol{\zeta}}=\boldsymbol{O}_{(\overline{p}+r)\times 1}}$。根据 $J^{(\mathrm{b})}(\boldsymbol{\mu})$ 的表达式可知

$$\left\{\begin{aligned}\boldsymbol{J}_{\mu\mu}^{(\mathrm{b})}&=2\left[\begin{array}{c:c}(\boldsymbol{F}_{1x}(\boldsymbol{x},\boldsymbol{s}))^{\mathrm{T}}\boldsymbol{E}_1^{-1}\boldsymbol{F}_{1x}(\boldsymbol{x},\boldsymbol{s}) & (\boldsymbol{F}_{1x}(\boldsymbol{x},\boldsymbol{s}))^{\mathrm{T}}\boldsymbol{E}_1^{-1}\boldsymbol{F}_{1s}(\boldsymbol{x},\boldsymbol{s})\\ \hdashline (\boldsymbol{F}_{1s}(\boldsymbol{x},\boldsymbol{s}))^{\mathrm{T}}\boldsymbol{E}_1^{-1}\boldsymbol{F}_{1x}(\boldsymbol{x},\boldsymbol{s}) & (\boldsymbol{F}_{1s}(\boldsymbol{x},\boldsymbol{s}))^{\mathrm{T}}\boldsymbol{E}_1^{-1}\boldsymbol{F}_{1s}(\boldsymbol{x},\boldsymbol{s})+\boldsymbol{\Psi}^{-1}\end{array}\right]\\ \boldsymbol{J}_{\mu\zeta}^{(\mathrm{b})}&=-2\left[\begin{array}{c:c}(\boldsymbol{F}_{1x}(\boldsymbol{x},\boldsymbol{s}))^{\mathrm{T}}\boldsymbol{E}_1^{-1}\boldsymbol{\Lambda}_1\boldsymbol{V}^{\mathrm{T}} & \boldsymbol{O}_{q\times r}\\ \hdashline (\boldsymbol{F}_{1s}(\boldsymbol{x},\boldsymbol{s}))^{\mathrm{T}}\boldsymbol{E}_1^{-1}\boldsymbol{\Lambda}_1\boldsymbol{V}^{\mathrm{T}} & \boldsymbol{\Psi}^{-1}\end{array}\right]\end{aligned}\right.\tag{7.56}$$

容易验证

$$\begin{aligned}
&\boldsymbol{J}_{\mu\zeta}^{(\mathrm{b})}\mathbf{COV}(\overline{\boldsymbol{\zeta}})(\boldsymbol{J}_{\mu\zeta}^{(\mathrm{b})})^{\mathrm{T}}\\
&=\boldsymbol{J}_{\mu\zeta}^{(\mathrm{b})}\mathrm{blkdiag}\{\overline{\boldsymbol{E}},\boldsymbol{\varPsi}\}(\boldsymbol{J}_{\mu\zeta}^{(\mathrm{b})})^{\mathrm{T}}\\
&=4\left[\begin{array}{c|c}(\boldsymbol{F}_{1x}(\boldsymbol{x},\boldsymbol{s}))^{\mathrm{T}}\boldsymbol{E}_1^{-1}\boldsymbol{F}_{1x}(\boldsymbol{x},\boldsymbol{s}) & (\boldsymbol{F}_{1x}(\boldsymbol{x},\boldsymbol{s}))^{\mathrm{T}}\boldsymbol{E}_1^{-1}\boldsymbol{F}_{1s}(\boldsymbol{x},\boldsymbol{s})\\ \hdashline (\boldsymbol{F}_{1s}(\boldsymbol{x},\boldsymbol{s}))^{\mathrm{T}}\boldsymbol{E}_1^{-1}\boldsymbol{F}_{1x}(\boldsymbol{x},\boldsymbol{s}) & (\boldsymbol{F}_{1s}(\boldsymbol{x},\boldsymbol{s}))^{\mathrm{T}}\boldsymbol{E}_1^{-1}\boldsymbol{F}_{1s}(\boldsymbol{x},\boldsymbol{s})+\boldsymbol{\varPsi}^{-1}\end{array}\right]\\
&=2\boldsymbol{J}_{\mu\mu}^{(\mathrm{b})}
\end{aligned}\tag{7.57}$$

也就是式 (2.170) 能够得到满足, 此时利用式 (2.171) 可得

$$\begin{aligned}
\mathbf{MSE}\left(\begin{bmatrix}\widehat{\boldsymbol{x}}^{(\mathrm{b})}\\ \widehat{\boldsymbol{s}}^{(\mathrm{b})}\end{bmatrix}\right)&=\boldsymbol{E}\left(\begin{bmatrix}\widehat{\boldsymbol{x}}^{(\mathrm{b})}-\boldsymbol{x}\\ \widehat{\boldsymbol{s}}^{(\mathrm{b})}-\boldsymbol{s}\end{bmatrix}\begin{bmatrix}\widehat{\boldsymbol{x}}^{(\mathrm{b})}-\boldsymbol{x}\\ \widehat{\boldsymbol{s}}^{(\mathrm{b})}-\boldsymbol{s}\end{bmatrix}^{\mathrm{T}}\right)\\
&=\boldsymbol{E}\left(\begin{bmatrix}\Delta\boldsymbol{x}^{(\mathrm{b})}\\ \Delta\boldsymbol{s}^{(\mathrm{b})}\end{bmatrix}\begin{bmatrix}\Delta\boldsymbol{x}^{(\mathrm{b})}\\ \Delta\boldsymbol{s}^{(\mathrm{b})}\end{bmatrix}^{\mathrm{T}}\right)\\
&=2(\boldsymbol{J}_{\mu\mu}^{(\mathrm{b})})^{-1}-2(\boldsymbol{J}_{\mu\mu}^{(\mathrm{b})})^{-1}\begin{bmatrix}(\boldsymbol{F}_{2x}(\boldsymbol{x},\boldsymbol{s}))^{\mathrm{T}}\\ (\boldsymbol{F}_{2s}(\boldsymbol{x},\boldsymbol{s}))^{\mathrm{T}}\end{bmatrix}\\
&\quad\times\left([\boldsymbol{F}_{2x}(\boldsymbol{x},\boldsymbol{s})\quad \boldsymbol{F}_{2s}(\boldsymbol{x},\boldsymbol{s})](\boldsymbol{J}_{\mu\mu}^{(\mathrm{b})})^{-1}\begin{bmatrix}(\boldsymbol{F}_{2x}(\boldsymbol{x},\boldsymbol{s}))^{\mathrm{T}}\\ (\boldsymbol{F}_{2s}(\boldsymbol{x},\boldsymbol{s}))^{\mathrm{T}}\end{bmatrix}\right)^{-1}\\
&\quad\times[\boldsymbol{F}_{2x}(\boldsymbol{x},\boldsymbol{s})\quad \boldsymbol{F}_{2s}(\boldsymbol{x},\boldsymbol{s})](\boldsymbol{J}_{\mu\mu}^{(\mathrm{b})})^{-1}
\end{aligned}\tag{7.58}$$

式中, $\begin{bmatrix}\Delta\boldsymbol{x}^{(\mathrm{b})}\\ \Delta\boldsymbol{s}^{(\mathrm{b})}\end{bmatrix}=\begin{bmatrix}\widehat{\boldsymbol{x}}^{(\mathrm{b})}\\ \widehat{\boldsymbol{s}}^{(\mathrm{b})}\end{bmatrix}-\begin{bmatrix}\boldsymbol{x}\\ \boldsymbol{s}\end{bmatrix}$ 表示向量 $\begin{bmatrix}\widehat{\boldsymbol{x}}^{(\mathrm{b})}\\ \widehat{\boldsymbol{s}}^{(\mathrm{b})}\end{bmatrix}$ 中的估计误差。又因为 $\overline{\mathbf{CRB}}_{\mathrm{rd}}^{(\mathrm{b})}\left(\begin{bmatrix}\boldsymbol{x}\\ \boldsymbol{s}\end{bmatrix}\right)=2(\boldsymbol{J}_{\mu\mu}^{(\mathrm{b})})^{-1}$, 故将该式代入式 (7.58) 后可知式 (7.55) 成立。证毕。

【**注记 7.6**】命题 7.5 表明, 向量 $\begin{bmatrix}\widehat{\boldsymbol{x}}^{(\mathrm{b})}\\ \widehat{\boldsymbol{s}}^{(\mathrm{b})}\end{bmatrix}$ 是关于未知参数及模型参数 $\begin{bmatrix}\boldsymbol{x}\\ \boldsymbol{s}\end{bmatrix}$ 的渐近统计最优估计值。

7.3.3 数值实验

本节仍然选择式 (7.29) 所定义的函数 $\boldsymbol{f}(\boldsymbol{x},\boldsymbol{s})$ 进行数值实验。由式 (7.29) 可以推得 Jacobi 矩阵 $\boldsymbol{F}_{1s}(\boldsymbol{x},\boldsymbol{s})$ 和 $\boldsymbol{F}_{2s}(\boldsymbol{x},\boldsymbol{s})$ 的表达式为

$$
\begin{aligned}
\boldsymbol{F}_{1s}(\boldsymbol{x},\boldsymbol{s}) &= \left(\begin{bmatrix} x_1+x_2^2 \\ 5x_1x_2-x_3^2 \\ -3x_2^2x_3^2 \\ 2x_1^2-x_3^2 \end{bmatrix} \otimes \boldsymbol{U}_1\right)^{\mathrm{T}} \begin{bmatrix} \boldsymbol{S}_1 \\ \boldsymbol{S}_2 \\ \boldsymbol{S}_3 \\ \boldsymbol{S}_4 \end{bmatrix} \\
&= (x_1+x_2^2)\boldsymbol{U}_1^{\mathrm{T}}\boldsymbol{S}_1 + (5x_1x_2-x_3^2)\boldsymbol{U}_1^{\mathrm{T}}\boldsymbol{S}_2 \\
&\quad - 3x_2^2x_3^2\boldsymbol{U}_1^{\mathrm{T}}\boldsymbol{S}_3 + (2x_1^2-x_3^2)\boldsymbol{U}_1^{\mathrm{T}}\boldsymbol{S}_4 \in \mathbf{R}^{4\times 6}
\end{aligned} \tag{7.59}
$$

$$
\begin{aligned}
\boldsymbol{F}_{2s}(\boldsymbol{x},\boldsymbol{s}) &= \left(\begin{bmatrix} x_1+x_2^2 \\ 5x_1x_2-x_3^2 \\ -3x_2^2x_3^2 \\ 2x_1^2-x_3^2 \end{bmatrix} \otimes \boldsymbol{U}_2\right)^{\mathrm{T}} \begin{bmatrix} \boldsymbol{S}_1 \\ \boldsymbol{S}_2 \\ \boldsymbol{S}_3 \\ \boldsymbol{S}_4 \end{bmatrix} \\
&= (x_1+x_2^2)\boldsymbol{U}_2^{\mathrm{T}}\boldsymbol{S}_1 + (5x_1x_2-x_3^2)\boldsymbol{U}_2^{\mathrm{T}}\boldsymbol{S}_2 \\
&\quad - 3x_2^2x_3^2\boldsymbol{U}_2^{\mathrm{T}}\boldsymbol{S}_3 + (2x_1^2-x_3^2)\boldsymbol{U}_2^{\mathrm{T}}\boldsymbol{S}_4 \in \mathbf{R}^{2\times 6}
\end{aligned} \tag{7.60}
$$

式中,

$$
\boldsymbol{S}_1 = \begin{bmatrix} 1 & 4 & 0 & 0 & 0 & 0 \\ s_2 & s_1 & 0 & 0 & 0 & 0 \\ 1 & 4s_2 & 0 & 0 & 0 & 0 \\ 0 & 2s_2 & -10s_3 & 0 & 0 & 0 \\ 0 & 0 & 0 & 0 & 0 & 0 \\ 0 & 2s_4s_6 & 0 & 2s_2s_6 & 0 & 2s_2s_4 \end{bmatrix}
$$

$$
\boldsymbol{S}_2 = \begin{bmatrix} 0 & 0 & 2s_3 & 0 & 0 & 0 \\ 0 & 0 & 0 & 0 & 0 & 0 \\ 0 & 2s_2s_3 & s_2^2 & 0 & 0 & 0 \\ 0 & 0 & \dfrac{1}{10}s_4^2 & \dfrac{1}{5}s_3s_4 & 0 & 0 \\ 0 & 0 & 6s_3 & 0 & -4s_5 & 0 \\ 0 & 0 & 0 & 0 & 0 & 0 \end{bmatrix} \tag{7.61}
$$

$$
\boldsymbol{S}_3 = \begin{bmatrix} 2s_2s_3 & 2s_1s_3 & 2s_1s_2 & 0 & 0 & 0 \\ 2s_1 & 0 & -3 & 0 & 0 & 0 \\ 0 & 0 & 0 & 0 & 0 & 0 \\ 2s_1 & 0 & 0 & -2 & 0 & 0 \\ s_3s_5 & 0 & s_1s_5 & 0 & s_1s_3 & 0 \\ 8s_1s_3s_6^2 & 0 & 4s_1^2s_6^2 & 0 & 0 & 8s_1^2s_3s_6 \end{bmatrix}
$$

$$
\boldsymbol{S}_4 = \begin{bmatrix} 0 & 0 & 0 & 0 & 0 & 0 \\ 0 & 3s_3 & 3s_2 & 0 & 0 & 0 \\ s_4^2 & 0 & 0 & 2s_1s_4 & 0 & 0 \\ 0 & 0 & 0 & 0 & 0 & 0 \\ 0 & s_4^2 & 0 & 2s_2s_4 & 0 & 0 \\ 0 & 3 & 0 & 0 & -5 & 0 \end{bmatrix} \tag{7.62}
$$

由式 (7.32) 和式 (7.59) 可以进一步推得

$$
\frac{\partial \text{vec}[(\boldsymbol{F}_{1x}(\boldsymbol{x},\boldsymbol{s}))^{\mathrm{T}}]}{\partial \boldsymbol{s}^{\mathrm{T}}} = \left(\boldsymbol{U}_1 \otimes \begin{bmatrix} 1 & 2x_2 & 0 \\ 5x_2 & 5x_1 & -2x_3 \\ 0 & -6x_2x_3^2 & -6x_2^2x_3 \\ 4x_1 & 0 & -2x_3 \end{bmatrix}\right)^{\mathrm{T}} \begin{bmatrix} \boldsymbol{S}_5 \\ \boldsymbol{S}_6 \\ \boldsymbol{S}_7 \\ \boldsymbol{S}_8 \\ \boldsymbol{S}_9 \\ \boldsymbol{S}_{10} \end{bmatrix} \in \mathbf{R}^{12\times 6} \tag{7.63}
$$

$$
\begin{aligned}
\frac{\partial \text{vec}[(\boldsymbol{F}_{1s}(\boldsymbol{x},\boldsymbol{s}))^{\mathrm{T}}]}{\partial \boldsymbol{x}^{\mathrm{T}}} &= [1 \quad 2x_2 \quad 0] \otimes \text{vec}[\boldsymbol{S}_1^{\mathrm{T}}\boldsymbol{U}_1] \\
&+ [5x_2 \quad 5x_1 \quad -2x_3] \otimes \text{vec}[\boldsymbol{S}_2^{\mathrm{T}}\boldsymbol{U}_1] \\
&+ [0 \quad -6x_2x_3^2 \quad -6x_2^2x_3] \otimes \text{vec}[\boldsymbol{S}_3^{\mathrm{T}}\boldsymbol{U}_1] \\
&+ [4x_1 \quad 0 \quad -2x_3] \otimes \text{vec}[\boldsymbol{S}_4^{\mathrm{T}}\boldsymbol{U}_1] \in \mathbf{R}^{24\times 3}
\end{aligned} \tag{7.64}
$$

$$
\frac{\partial \text{vec}[(\boldsymbol{F}_{1s}(\boldsymbol{x},\boldsymbol{s}))^{\mathrm{T}}]}{\partial \boldsymbol{s}^{\mathrm{T}}} = (x_1 + x_2^2)(\boldsymbol{U}_1^{\mathrm{T}} \otimes \boldsymbol{I}_6)\frac{\partial \text{vec}[\boldsymbol{S}_1^{\mathrm{T}}]}{\partial \boldsymbol{s}^{\mathrm{T}}}
$$

$$
\begin{aligned}
&+(5x_1x_2-x_3^2)(\boldsymbol{U}_1^{\mathrm{T}}\otimes\boldsymbol{I}_6)\frac{\partial \operatorname{vec}[\boldsymbol{S}_2^{\mathrm{T}}]}{\partial \boldsymbol{s}^{\mathrm{T}}}\\
&-3x_2^2x_3^2(\boldsymbol{U}_1^{\mathrm{T}}\otimes\boldsymbol{I}_6)\frac{\partial \operatorname{vec}[\boldsymbol{S}_3^{\mathrm{T}}]}{\partial \boldsymbol{s}^{\mathrm{T}}}\\
&+(2x_1^2-x_3^2)(\boldsymbol{U}_1^{\mathrm{T}}\otimes\boldsymbol{I}_6)\frac{\partial \operatorname{vec}[\boldsymbol{S}_4^{\mathrm{T}}]}{\partial \boldsymbol{s}^{\mathrm{T}}}\in\mathbf{R}^{24\times 6}
\end{aligned}
\tag{7.65}
$$

式中,

$$
\boldsymbol{S}_5=\begin{bmatrix}1&4&0&0&0&0\\0&0&2s_3&0&0&0\\2s_2s_3&2s_1s_3&2s_1s_2&0&0&0\\0&0&0&0&0&0\end{bmatrix};\quad
\boldsymbol{S}_6=\begin{bmatrix}s_2&s_1&0&0&0&0\\0&0&0&0&0&0\\2s_1&0&-3&0&0&0\\0&3s_3&3s_2&0&0&0\end{bmatrix}
\tag{7.66}
$$

$$
\begin{aligned}
\boldsymbol{S}_7&=\begin{bmatrix}1&4s_2&0&0&0&0\\0&2s_2s_3&s_2^2&0&0&0\\0&0&0&0&0&0\\s_4^2&0&0&2s_1s_4&0&0\end{bmatrix}\\
\boldsymbol{S}_8&=\begin{bmatrix}0&2s_2&-10s_3&0&0&0\\0&0&\dfrac{1}{10}s_4^2&\dfrac{1}{5}s_3s_4&0&0\\2s_1&0&0&-2&0&0\\0&0&0&0&0&0\end{bmatrix}
\end{aligned}
\tag{7.67}
$$

$$
\begin{aligned}
\boldsymbol{S}_9&=\begin{bmatrix}0&0&0&0&0&0\\0&0&6s_3&0&-4s_5&0\\s_3s_5&0&s_1s_5&0&s_1s_3&0\\0&s_4^2&0&2s_2s_4&0&0\end{bmatrix}\\
\boldsymbol{S}_{10}&=\begin{bmatrix}0&2s_4s_6&0&2s_2s_6&0&2s_2s_4\\0&0&0&0&0&0\\8s_1s_3s_6^2&0&4s_1^2s_6^2&0&0&8s_1^2s_3s_6\\0&3&0&0&-5&0\end{bmatrix}
\end{aligned}
\tag{7.68}
$$

设未知参数 $\boldsymbol{x}=[2\ \ 0.5\ \ -3]^{\mathrm{T}}$, 模型参数 $\boldsymbol{s}=[1\ \ -3\ \ 4\ \ 5\ \ -6\ \ 2]^{\mathrm{T}}$ (假设未能精确已知, 仅存在先验观测值); 观测误差协方差矩阵设为 $\boldsymbol{E}=\sigma_1^2\boldsymbol{T}\boldsymbol{T}^{\mathrm{T}}$, 其中 σ_1 称为观测误差标准差; 模型参数先验观测误差协方差矩阵设为 $\boldsymbol{\Psi}=\sigma_2^2\boldsymbol{I}_6$, 其中 σ_2 称为先验观测误差标准差。利用方法 7–b 对未知参数 $\boldsymbol{x}$ 和模型参数 $\boldsymbol{s}$ 进行联合估计。

首先, 设 $\sigma_2=0.02$, 图 7.4 给出了未知参数 $\boldsymbol{x}$ 估计均方根误差随观测误差标准差 σ_1 的变化曲线, 图 7.5 给出了模型参数 $\boldsymbol{s}$ 估计均方根误差随观测误差标准差 σ_1 的变化曲线; 然后, 设 $\sigma_1=3$, 图 7.6 给出了未知参数 $\boldsymbol{x}$ 估计均方根误差随先验观测误差标准差 σ_2 的变化曲线, 图 7.7 给出了模型参数 $\boldsymbol{s}$ 估计均方根误差随先验观测误差标准差 σ_2 的变化曲线。

由图 7.4 至图 7.7 可以看出:

① 当模型参数存在先验观测误差时, 方法 7–b 对未知参数 $\boldsymbol{x}$ 和模型参数 $\boldsymbol{s}$ 的估计均方根误差均随观测误差标准差 σ_1 的增加而增大, 随先验观测误差标准差 σ_2 的增加而增大。

② 当模型参数存在先验观测误差时, 方法 7–b 对未知参数 $\boldsymbol{x}$ 和模型参数 $\boldsymbol{s}$ 的估计均方根误差均可以达到由式 (7.53) 给出的克拉美罗界, 从而验证了第 7.3.2 节理论性能分析的有效性。

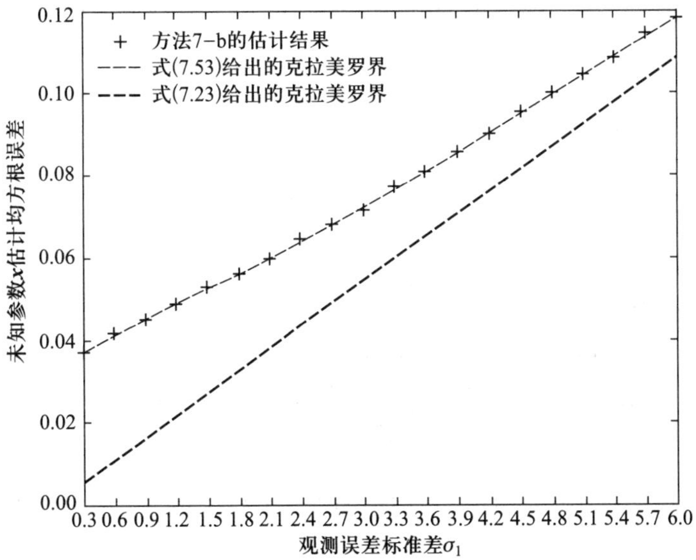

图 7.4　未知参数 $\boldsymbol{x}$ 估计均方根误差随观测误差标准差 σ_1 的变化曲线

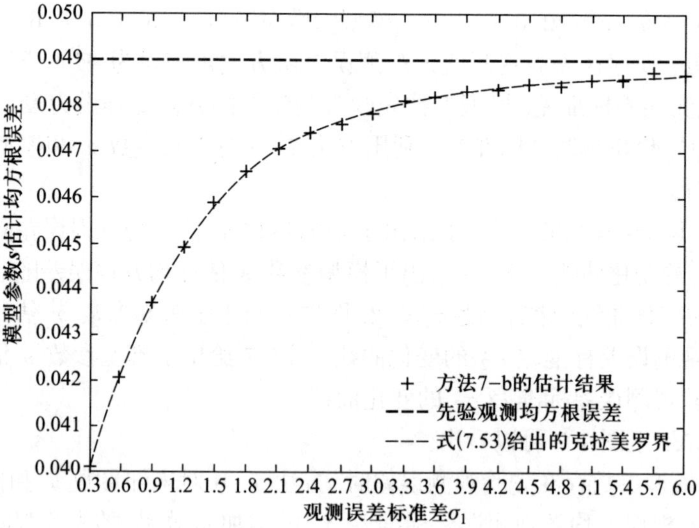

图 7.5　模型参数 $\boldsymbol{s}$ 估计均方根误差随观测误差标准差 σ_1 的变化曲线

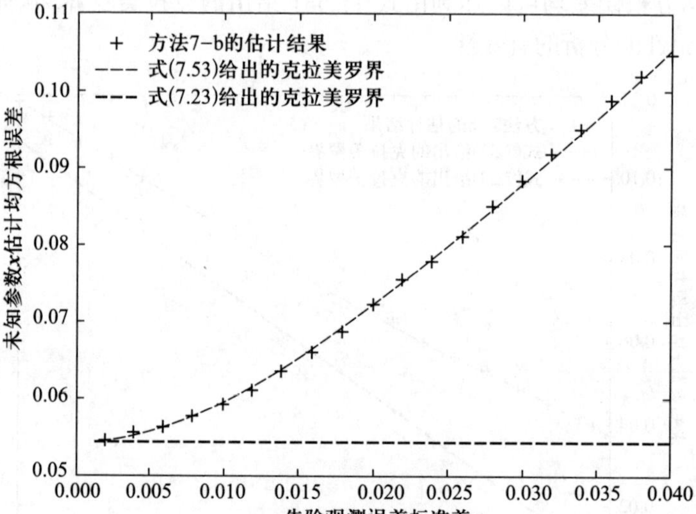

图 7.6　未知参数 $\boldsymbol{x}$ 估计均方根误差随先验观测误差标准差 σ_2 的变化曲线

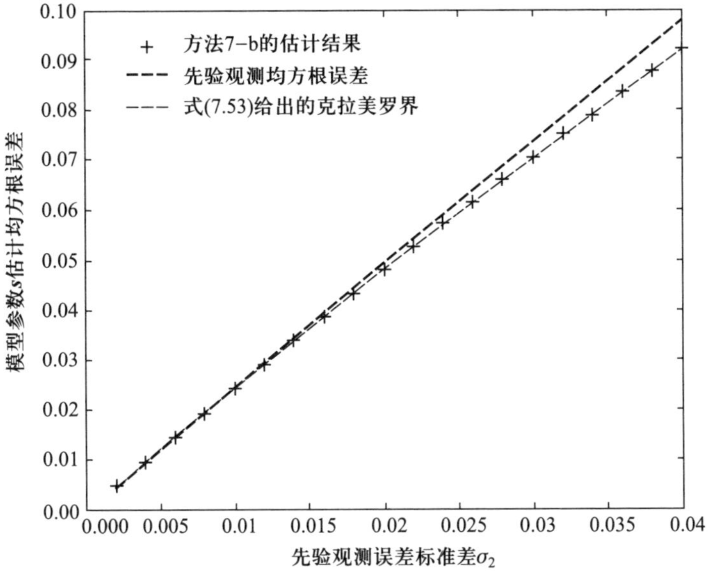

图 7.7　模型参数 s 估计均方根误差随先验观测误差标准差 σ_2 的变化曲线

③ 当模型参数存在先验观测误差时, 方法 7−b 提高了对模型参数 s 的估计精度 (相对先验观测精度而言) (如图 7.5 和图 7.7 所示)。

④ 由式 (7.53) 给出的克拉美罗界大于由式 (7.23) 给出的克拉美罗界, 两者的差异随观测误差标准差 σ_1 的增加而变小 (如图 7.4 所示), 随先验观测误差标准差 σ_2 的增加而变大 (如图 7.6 所示)。

还需要指出的是, 上述结论 ③ 和结论 ④ 与直觉判断是相吻合的, 但是本章未能像第 6 章一样给出严谨的理论证明和分析。本章的等式约束与第 6 章中的等式约束有一定区别, 主要表现在本章的等式约束与模型参数 s 有关, 所以第 6.3 节中的数学分析无法直接应用于此。因此, 如何证明 "式 (7.53) 给出的克拉美罗界大于式 (7.23) 给出的克拉美罗界" 作为一个理论问题留给读者思考。

第 8 章　伪线性最小二乘估计理论与方法：第Ⅰ类伪线性观测模型

前面章节讨论的非线性最小二乘估计方法都需要通过迭代来实现，而迭代运算有可能导致发散和局部收敛的问题。为了避免迭代运算，可以考虑将非线性观测模型转化成伪线性观测模型①，从而衍生出伪线性最小二乘估计理论与方法。根据伪线性观测模型的代数特点，本书将其分成 3 类 (分别称为第Ⅰ类、第Ⅱ类和第Ⅲ类)，针对每一类伪线性观测模型的最小二乘估计方法各不相同，但是也存在着共同点，那就是都能以闭式解的形式给出最终的估计结果。本章描述第Ⅰ类伪线性最小二乘估计理论与方法，第 9 章和第 10 章将分别描述第Ⅱ类和第Ⅲ类伪线性最小二乘估计理论与方法。

8.1　可转化为第Ⅰ类伪线性观测模型的非线性观测模型

考虑如下非线性观测模型

$$\boldsymbol{z} = \boldsymbol{z}_0 + \boldsymbol{e} = \boldsymbol{f}(\boldsymbol{x}, \boldsymbol{s}) + \boldsymbol{e} \tag{8.1}$$

式中，

$\boldsymbol{z}_0 = \boldsymbol{f}(\boldsymbol{x}, \boldsymbol{s}) \in \mathbf{R}^{p\times 1}$ 表示没有误差条件下的观测向量，其中 $\boldsymbol{f}(\boldsymbol{x}, \boldsymbol{s})$ 是关于向量 $\boldsymbol{x}$ 和 $\boldsymbol{s}$ 的连续可导函数；

$\boldsymbol{x} \in \mathbf{R}^{q\times 1}$ 表示待估计的未知参数，其中 $q < p$ 以确保问题是超定的 (即观测量个数大于未知参数个数)；

$\boldsymbol{s} \in \mathbf{R}^{r\times 1}$ 表示模型参数；

$\boldsymbol{z} \in \mathbf{R}^{p\times 1}$ 表示含有误差条件下的观测向量；

$\boldsymbol{e} \in \mathbf{R}^{p\times 1}$ 表示观测误差向量，假设其服从均值为零、协方差矩阵为 $\mathbf{COV}(\boldsymbol{e}) = \mathbf{E}[\boldsymbol{e}\boldsymbol{e}^{\mathrm{T}}] = \boldsymbol{E}$ 的高斯分布。

【注记 8.1】 与第 3 章相同，本章仍然考虑两种情形：第 1 种情形是假设模型参数 $\boldsymbol{s}$ 精确已知，此时可以将其看成是已知量；第 2 种情形是假设仅存在关于模型参数 $\boldsymbol{s}$ 的先验观测值 $\widehat{\boldsymbol{s}}$，其中包含先验观测误差，并且先验观测误差向量

① 注意：并不是所有的非线性观测模型都可以转化成伪线性观测模型。

$\boldsymbol{\varphi}=\widehat{\boldsymbol{s}}-\boldsymbol{s}$ 服从均值为零、协方差矩阵为 $\mathbf{COV}(\boldsymbol{\varphi})=\mathbf{E}[\boldsymbol{\varphi}\boldsymbol{\varphi}^{\mathrm{T}}]=\boldsymbol{\Psi}$ 的高斯分布，此外，误差向量 $\boldsymbol{\varphi}$ 与 $\boldsymbol{e}$ 相互间统计独立，并且协方差矩阵 $\boldsymbol{E}$ 和 $\boldsymbol{\Psi}$ 都是满秩的正定矩阵。

与第 3 章不同，本章假设可以通过代数变换将非线性观测模型 $\boldsymbol{z}_0=\boldsymbol{f}(\boldsymbol{x},\boldsymbol{s})$ 转化成关于未知参数 $\boldsymbol{x}$ 的伪线性观测模型。根据伪线性观测模型的代数特点，本书将伪线性观测模型分成 3 大类，本章考虑第 I 类伪线性观测模型，第 9 章和第 10 章分别考虑第 Ⅱ 类伪线性观测模型和第 Ⅲ 类伪线性观测模型。第 I 类伪线性观测模型可以表示为

$$\boldsymbol{A}(\boldsymbol{z}_0,\boldsymbol{s})\boldsymbol{x}=\boldsymbol{b}(\boldsymbol{z}_0,\boldsymbol{s}) \tag{8.2}$$

式中，$\boldsymbol{A}(\boldsymbol{z}_0,\boldsymbol{s})\in\mathbf{R}^{p\times q}$ 表示没有误差条件下的伪线性观测矩阵①，$\boldsymbol{b}(\boldsymbol{z}_0,\boldsymbol{s})\in\mathbf{R}^{p\times 1}$ 表示没有误差条件下的伪线性观测向量。

【注记 8.2】 矩阵 $\boldsymbol{A}(\boldsymbol{z}_0,\boldsymbol{s})$ 的行数等于 p，与观测向量 $\boldsymbol{z}_0$ (或者向量 $\boldsymbol{z}$) 的维数相等，这意味着式 (8.2) 与式 (8.1) 中包含的观测方程个数相等。

【注记 8.3】 将式 (8.2) 称为伪线性观测模型的原因在于，式 (8.2) 中的观测矩阵 $\boldsymbol{A}(\boldsymbol{z}_0,\boldsymbol{s})$ 和观测向量 $\boldsymbol{b}(\boldsymbol{z}_0,\boldsymbol{s})$ 都与最初的观测向量 $\boldsymbol{z}_0$ 有关。

举例而言，假设未知参数 $\boldsymbol{x}$ 中包含两个元素 (即 $\boldsymbol{x}=[x_1\ \ x_2]^{\mathrm{T}}$)，模型参数 $\boldsymbol{s}$ 中包含 4 个元素 (即 $\boldsymbol{s}=[s_1\ \ s_2\ \ s_3\ \ s_4]^{\mathrm{T}}$)，观测向量 $\boldsymbol{z}_0=\boldsymbol{f}(\boldsymbol{x},\boldsymbol{s})$ 为

$$\boldsymbol{z}_0=\begin{bmatrix} z_{01} \\ z_{02} \\ z_{03} \end{bmatrix}=\begin{bmatrix} \exp\{-2(x_1+s_1)\} \\ \arctan\left(\dfrac{s_2x_2-s_3}{s_1x_1-s_4}\right) \\ (x_1-2x_2-3s_1s_2s_3)^{1/3} \end{bmatrix}=\boldsymbol{f}(\boldsymbol{x},\boldsymbol{s}) \tag{8.3}$$

根据函数 $\boldsymbol{f}(\boldsymbol{x},\boldsymbol{s})$ 的表达式可以将式 (8.3) 转化为伪线性观测模型。首先，有

$$z_{01}=\exp\{-2(x_1+s_1)\}\Rightarrow\ln(z_{01})=-2(x_1+s_1)\Rightarrow\ln(z_{01})+2s_1=-2x_1 \tag{8.4}$$

然后，有

$$\begin{aligned} z_{02}=\arctan\left(\frac{s_2x_2-s_3}{s_1x_1-s_4}\right)&\Rightarrow\frac{\sin(z_{02})}{\cos(z_{02})}=\frac{s_2x_2-s_3}{s_1x_1-s_4} \\ &\Rightarrow s_4\sin(z_{02})-s_3\cos(z_{02})=(s_1\sin(z_{02}))x_1-(s_2\cos(z_{02}))x_2 \end{aligned} \tag{8.5}$$

① 本章假设 $\boldsymbol{A}(\boldsymbol{z}_0,\boldsymbol{s})$ 为列满秩矩阵。

再之后有

$$z_{03}=(x_1-2x_2-3s_1s_2s_3)^{1/3}\Rightarrow z_{03}^3=x_1-2x_2-3s_1s_2s_3\Rightarrow z_{03}^3+3s_1s_2s_3=x_1-2x_2 \tag{8.6}$$

最后, 联合式 (8.4) 至式 (8.6) 可得

$$\boldsymbol{A}(\boldsymbol{z}_0,\boldsymbol{s})\boldsymbol{x}=\begin{bmatrix}\ln(z_{01})+2s_1\\ s_4\sin(z_{02})-s_3\cos(z_{02})\\ z_{03}^3+3s_1s_2s_3\end{bmatrix}=\boldsymbol{b}(\boldsymbol{z}_0,\boldsymbol{s}) \tag{8.7}$$

式中,

$$\boldsymbol{A}(\boldsymbol{z}_0,\boldsymbol{s})=\begin{bmatrix}-2 & 0\\ s_1\sin(z_{02}) & -s_2\cos(z_{02})\\ 1 & -2\end{bmatrix} \tag{8.8}$$

式 (8.7) 即为式 (8.3) 对应的伪线性观测模型。

8.2 模型参数精确已知时的参数估计优化模型、求解方法及其理论性能

8.2.1 参数估计优化模型及其求解方法

当 $\boldsymbol{A}(\boldsymbol{z}_0,\boldsymbol{s})$ 为列满秩矩阵时, 根据式 (8.2) 可以将未知参数 $\boldsymbol{x}$ 表示为

$$\boldsymbol{x}=(\boldsymbol{A}(\boldsymbol{z}_0,\boldsymbol{s}))^{\dagger}\boldsymbol{b}(\boldsymbol{z}_0,\boldsymbol{s})=((\boldsymbol{A}(\boldsymbol{z}_0,\boldsymbol{s}))^{\mathrm{T}}\boldsymbol{A}(\boldsymbol{z}_0,\boldsymbol{s}))^{-1}(\boldsymbol{A}(\boldsymbol{z}_0,\boldsymbol{s}))^{\mathrm{T}}\boldsymbol{b}(\boldsymbol{z}_0,\boldsymbol{s}) \tag{8.9}$$

实际计算中无误差的观测向量 $\boldsymbol{z}_0$ 无法获得, 只能得到含有误差的观测向量 $\boldsymbol{z}$。此时, 需要设计线性加权最小二乘估计准则, 用于抑制观测误差 $\boldsymbol{e}$ 的影响。

首先, 定义伪线性观测误差向量①

$$\boldsymbol{\xi}^{(\mathrm{a})}=\boldsymbol{b}(\boldsymbol{z},\boldsymbol{s})-\boldsymbol{A}(\boldsymbol{z},\boldsymbol{s})\boldsymbol{x}=\Delta\boldsymbol{b}^{(\mathrm{a})}-\Delta\boldsymbol{A}^{(\mathrm{a})}\boldsymbol{x} \tag{8.10}$$

式中, $\Delta\boldsymbol{b}^{(\mathrm{a})}=\boldsymbol{b}(\boldsymbol{z},\boldsymbol{s})-\boldsymbol{b}(\boldsymbol{z}_0,\boldsymbol{s})$; $\Delta\boldsymbol{A}^{(\mathrm{a})}=\boldsymbol{A}(\boldsymbol{z},\boldsymbol{s})-\boldsymbol{A}(\boldsymbol{z}_0,\boldsymbol{s})$。利用一阶误差分析可得

$$\begin{cases}\Delta\boldsymbol{b}^{(\mathrm{a})}\approx\boldsymbol{B}_z(\boldsymbol{z}_0,\boldsymbol{s})(\boldsymbol{z}-\boldsymbol{z}_0)=\boldsymbol{B}_z(\boldsymbol{z}_0,\boldsymbol{s})\boldsymbol{e}\\ \Delta\boldsymbol{A}^{(\mathrm{a})}\boldsymbol{x}\approx[\dot{\boldsymbol{A}}_{z_1}(\boldsymbol{z}_0,\boldsymbol{s})\boldsymbol{x}\quad \dot{\boldsymbol{A}}_{z_2}(\boldsymbol{z}_0,\boldsymbol{s})\boldsymbol{x}\quad\cdots\quad \dot{\boldsymbol{A}}_{z_p}(\boldsymbol{z}_0,\boldsymbol{s})\boldsymbol{x}](\boldsymbol{z}-\boldsymbol{z}_0)\\ =[\dot{\boldsymbol{A}}_{z_1}(\boldsymbol{z}_0,\boldsymbol{s})\boldsymbol{x}\quad \dot{\boldsymbol{A}}_{z_2}(\boldsymbol{z}_0,\boldsymbol{s})\boldsymbol{x}\quad\cdots\quad \dot{\boldsymbol{A}}_{z_p}(\boldsymbol{z}_0,\boldsymbol{s})\boldsymbol{x}]\boldsymbol{e}\end{cases} \tag{8.11}$$

① 本章的上角标 (a) 表示模型参数精确已知的情形。

式中,

$$\boldsymbol{B}_z(\boldsymbol{z}_0,\boldsymbol{s})=\frac{\partial \boldsymbol{b}(\boldsymbol{z}_0,\boldsymbol{s})}{\partial \boldsymbol{z}_0^{\mathrm{T}}}\in \mathbf{R}^{p\times p};\quad \dot{\boldsymbol{A}}_{z_j}(\boldsymbol{z}_0,\boldsymbol{s})=\frac{\partial \boldsymbol{A}(\boldsymbol{z}_0,\boldsymbol{s})}{\partial \langle \boldsymbol{z}_0\rangle_j}\in \mathbf{R}^{p\times q}\quad (1\leqslant j\leqslant p) \tag{8.12}$$

然后, 将式 (8.11) 代入式 (8.10) 可知

$$\begin{aligned}\boldsymbol{\xi}^{(\mathrm{a})}&\approx \boldsymbol{B}_z(\boldsymbol{z}_0,\boldsymbol{s})\boldsymbol{e}-[\dot{\boldsymbol{A}}_{z_1}(\boldsymbol{z}_0,\boldsymbol{s})\boldsymbol{x}\quad \dot{\boldsymbol{A}}_{z_2}(\boldsymbol{z}_0,\boldsymbol{s})\boldsymbol{x}\quad \cdots\quad \dot{\boldsymbol{A}}_{z_p}(\boldsymbol{z}_0,\boldsymbol{s})\boldsymbol{x}]\boldsymbol{e}\\ &=\boldsymbol{C}_z(\boldsymbol{x},\boldsymbol{z}_0,\boldsymbol{s})\boldsymbol{e}\end{aligned} \tag{8.13}$$

式中,

$$\begin{aligned}\boldsymbol{C}_z(\boldsymbol{x},\boldsymbol{z}_0,\boldsymbol{s})=\boldsymbol{B}_z(\boldsymbol{z}_0,\boldsymbol{s})-[\dot{\boldsymbol{A}}_{z_1}(\boldsymbol{z}_0,\boldsymbol{s})\boldsymbol{x}\quad \dot{\boldsymbol{A}}_{z_2}(\boldsymbol{z}_0,\boldsymbol{s})\boldsymbol{x}\quad \cdots\quad \dot{\boldsymbol{A}}_{z_p}(\boldsymbol{z}_0,\boldsymbol{s})\boldsymbol{x}]\\ \in \mathbf{R}^{p\times p}\end{aligned} \tag{8.14}$$

$\boldsymbol{C}_z(\boldsymbol{x},\boldsymbol{z}_0,\boldsymbol{s})$ 通常是满秩方阵。由式 (8.14) 可知, 误差向量 $\boldsymbol{\xi}^{(\mathrm{a})}$ 渐近服从零均值的高斯分布, 并且其协方差矩阵为

$$\begin{aligned}\boldsymbol{\Omega}^{(\mathrm{a})}&=\mathbf{E}[\boldsymbol{\xi}^{(\mathrm{a})}(\boldsymbol{\xi}^{(\mathrm{a})})^{\mathrm{T}}]=\boldsymbol{C}_z(\boldsymbol{x},\boldsymbol{z}_0,\boldsymbol{s})\mathbf{E}[\boldsymbol{e}\boldsymbol{e}^{\mathrm{T}}](\boldsymbol{C}_z(\boldsymbol{x},\boldsymbol{z}_0,\boldsymbol{s}))^{\mathrm{T}}\\ &=\boldsymbol{C}_z(\boldsymbol{x},\boldsymbol{z}_0,\boldsymbol{s})\boldsymbol{E}(\boldsymbol{C}_z(\boldsymbol{x},\boldsymbol{z}_0,\boldsymbol{s}))^{\mathrm{T}}\in \mathbf{R}^{p\times p}\end{aligned} \tag{8.15}$$

最后, 结合式 (8.10) 和式 (8.15) 建立如下线性加权最小二乘估计准则

$$\min_{\boldsymbol{x}\in \mathbf{R}^{q\times 1}}\{(\boldsymbol{b}(\boldsymbol{z},\boldsymbol{s})-\boldsymbol{A}(\boldsymbol{z},\boldsymbol{s})\boldsymbol{x})^{\mathrm{T}}(\boldsymbol{\Omega}^{(\mathrm{a})})^{-1}(\boldsymbol{b}(\boldsymbol{z},\boldsymbol{s})-\boldsymbol{A}(\boldsymbol{z},\boldsymbol{s})\boldsymbol{x})\} \tag{8.16}$$

式中, $(\boldsymbol{\Omega}^{(\mathrm{a})})^{-1}$ 可以看成是加权矩阵, 其作用在于抑制观测误差 $\boldsymbol{e}$ 的影响。根据式 (2.67) 可知, 式 (8.16) 的最优闭式解为

$$\widehat{\boldsymbol{x}}^{(\mathrm{a})}=((\boldsymbol{A}(\boldsymbol{z},\boldsymbol{s}))^{\mathrm{T}}(\boldsymbol{\Omega}^{(\mathrm{a})})^{-1}\boldsymbol{A}(\boldsymbol{z},\boldsymbol{s}))^{-1}(\boldsymbol{A}(\boldsymbol{z},\boldsymbol{s}))^{\mathrm{T}}(\boldsymbol{\Omega}^{(\mathrm{a})})^{-1}\boldsymbol{b}(\boldsymbol{z},\boldsymbol{s}) \tag{8.17}$$

【注记 8.4】由式 (8.15) 可知, 加权矩阵 $(\boldsymbol{\Omega}^{(\mathrm{a})})^{-1}$ 与未知参数 $\boldsymbol{x}$ 有关。因此严格地说, 式 (8.16) 中的目标函数并不是关于向量 $\boldsymbol{x}$ 的二次函数。庆幸的是, 该问题并不难以解决, 可以先将 $(\boldsymbol{\Omega}^{(\mathrm{a})})^{-1}$ 设为单位矩阵, 从而获得向量 $\boldsymbol{x}$ 的近似估计值 (即 $\widehat{\boldsymbol{x}}_{\mathrm{o}}^{(\mathrm{a})}=((\boldsymbol{A}(\boldsymbol{z},\boldsymbol{s}))^{\mathrm{T}}\boldsymbol{A}(\boldsymbol{z},\boldsymbol{s}))^{-1}(\boldsymbol{A}(\boldsymbol{z},\boldsymbol{s}))^{\mathrm{T}}\boldsymbol{b}(\boldsymbol{z},\boldsymbol{s})$), 然后利用近似估计值 $\widehat{\boldsymbol{x}}_{\mathrm{o}}^{(\mathrm{a})}$ 计算加权矩阵 $(\boldsymbol{\Omega}^{(\mathrm{a})})^{-1}$, 并基于式 (8.17) 获得向量 $\boldsymbol{x}$ 的最终估计值 $\widehat{\boldsymbol{x}}^{(\mathrm{a})}$①。另外, 加权矩阵 $(\boldsymbol{\Omega}^{(\mathrm{a})})^{-1}$ 还与观测向量 $\boldsymbol{z}_0$ 有关, 可以直接利用其观测值 $\boldsymbol{z}$ 进行计算。下面的理论性能分析表明, 在一阶误差分析理论框架下 (适用于小观测误差), 加权矩阵 $(\boldsymbol{\Omega}^{(\mathrm{a})})^{-1}$ 中的扰动误差并不会实质影响估计值 $\widehat{\boldsymbol{x}}^{(\mathrm{a})}$ 的统计性能。

① 为了提高在大观测误差条件下的估计性能, 还可以利用估计值 $\widehat{\boldsymbol{x}}^{(\mathrm{a})}$ 再次计算加权矩阵 $(\boldsymbol{\Omega}^{(\mathrm{a})})^{-1}$, 然后利用最新的加权矩阵更新估计值。

将上面的求解方法称为方法 8−a, 图 8.1 给出方法 8−a 的计算流程图。

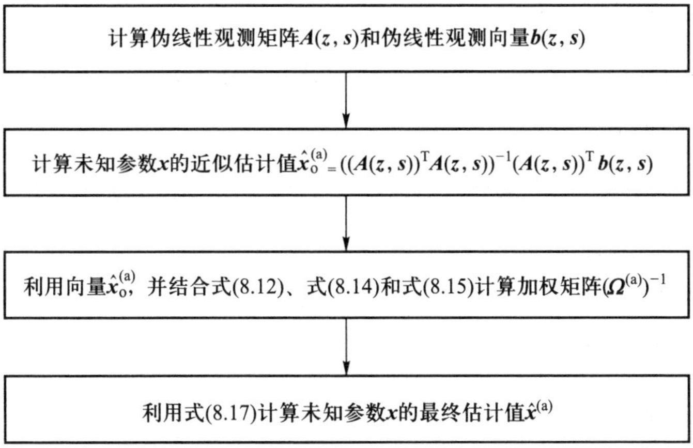

图 8.1　方法 8−a 的计算流程图

【**注记 8.5**】由于方法 8−a 并不需要迭代运算, 因此可称其为闭式求解方法。

8.2.2　理论性能分析

本节推导方法 8−a 的估计值 $\widehat{\boldsymbol{x}}^{(\mathrm{a})}$ 的统计性能, 并将其均方误差与相应的克拉美罗界进行定量比较, 从而验证该估计值的渐近统计最优性, 具体结论可见以下两个命题。

【**命题 8.1**】向量 $\widehat{\boldsymbol{x}}^{(\mathrm{a})}$ 是关于未知参数 $\boldsymbol{x}$ 的渐近无偏估计值, 并且其均方误差为

$$\mathbf{MSE}(\widehat{\boldsymbol{x}}^{(\mathrm{a})})=((\boldsymbol{A}(\boldsymbol{z}_0,\boldsymbol{s}))^{\mathrm{T}}(\boldsymbol{\Omega}^{(\mathrm{a})})^{-1}\boldsymbol{A}(\boldsymbol{z}_0,\boldsymbol{s}))^{-1} \tag{8.18}$$

【**证明**】将向量 $\widehat{\boldsymbol{x}}^{(\mathrm{a})}$ 中的估计误差记为 $\Delta\boldsymbol{x}^{(\mathrm{a})}=\widehat{\boldsymbol{x}}^{(\mathrm{a})}-\boldsymbol{x}$。基于式 (8.17) 和注记 8.4 中的讨论可知

$$(\boldsymbol{A}(\boldsymbol{z},\boldsymbol{s}))^{\mathrm{T}}(\widehat{\boldsymbol{\Omega}}^{(\mathrm{a})})^{-1}\boldsymbol{A}(\boldsymbol{z},\boldsymbol{s})(\boldsymbol{x}+\Delta\boldsymbol{x}^{(\mathrm{a})})=(\boldsymbol{A}(\boldsymbol{z},\boldsymbol{s}))^{\mathrm{T}}(\widehat{\boldsymbol{\Omega}}^{(\mathrm{a})})^{-1}\boldsymbol{b}(\boldsymbol{z},\boldsymbol{s}) \tag{8.19}$$

式中, $\widehat{\boldsymbol{\Omega}}^{(\mathrm{a})}$ 表示 $\boldsymbol{\Omega}^{(\mathrm{a})}$ 的近似估计值。在一阶误差分析理论框架下, 利用式 (8.19) 可以进一步推得

$$\begin{aligned}&(\Delta\boldsymbol{A}^{(\mathrm{a})})^{\mathrm{T}}(\boldsymbol{\Omega}^{(\mathrm{a})})^{-1}\boldsymbol{A}(\boldsymbol{z}_0,\boldsymbol{s})\boldsymbol{x}+(\boldsymbol{A}(\boldsymbol{z}_0,\boldsymbol{s}))^{\mathrm{T}}(\boldsymbol{\Omega}^{(\mathrm{a})})^{-1}\Delta\boldsymbol{A}^{(\mathrm{a})}\boldsymbol{x}\\&+(\boldsymbol{A}(\boldsymbol{z}_0,\boldsymbol{s}))^{\mathrm{T}}\Delta\boldsymbol{\Xi}^{(\mathrm{a})}\boldsymbol{A}(\boldsymbol{z}_0,\boldsymbol{s})\boldsymbol{x}+(\boldsymbol{A}(\boldsymbol{z}_0,\boldsymbol{s}))^{\mathrm{T}}(\boldsymbol{\Omega}^{(\mathrm{a})})^{-1}\boldsymbol{A}(\boldsymbol{z}_0,\boldsymbol{s})\Delta\boldsymbol{x}^{(\mathrm{a})}\end{aligned}$$

$$\approx (\Delta \boldsymbol{A}^{(\mathrm{a})})^{\mathrm{T}}(\boldsymbol{\Omega}^{(\mathrm{a})})^{-1}\boldsymbol{b}(\boldsymbol{z}_0,\boldsymbol{s}) + (\boldsymbol{A}(\boldsymbol{z}_0,\boldsymbol{s}))^{\mathrm{T}}(\boldsymbol{\Omega}^{(\mathrm{a})})^{-1}\Delta \boldsymbol{b}^{(\mathrm{a})}$$
$$+ (\boldsymbol{A}(\boldsymbol{z}_0,\boldsymbol{s}))^{\mathrm{T}}\Delta \boldsymbol{\Xi}^{(\mathrm{a})}\boldsymbol{b}(\boldsymbol{z}_0,\boldsymbol{s})$$
$$\Rightarrow (\boldsymbol{A}(\boldsymbol{z}_0,\boldsymbol{s}))^{\mathrm{T}}(\boldsymbol{\Omega}^{(\mathrm{a})})^{-1}\boldsymbol{A}(\boldsymbol{z}_0,\boldsymbol{s})\Delta \boldsymbol{x}^{(\mathrm{a})} \approx (\boldsymbol{A}(\boldsymbol{z}_0,\boldsymbol{s}))^{\mathrm{T}}(\boldsymbol{\Omega}^{(\mathrm{a})})^{-1}(\Delta \boldsymbol{b}^{(\mathrm{a})} - \Delta \boldsymbol{A}^{(\mathrm{a})}\boldsymbol{x})$$
$$= (\boldsymbol{A}(\boldsymbol{z}_0,\boldsymbol{s}))^{\mathrm{T}}(\boldsymbol{\Omega}^{(\mathrm{a})})^{-1}\boldsymbol{\xi}^{(\mathrm{a})}$$
$$\Rightarrow \Delta \boldsymbol{x}^{(\mathrm{a})} \approx ((\boldsymbol{A}(\boldsymbol{z}_0,\boldsymbol{s}))^{\mathrm{T}}(\boldsymbol{\Omega}^{(\mathrm{a})})^{-1}\boldsymbol{A}(\boldsymbol{z}_0,\boldsymbol{s}))^{-1}(\boldsymbol{A}(\boldsymbol{z}_0,\boldsymbol{s}))^{\mathrm{T}}(\boldsymbol{\Omega}^{(\mathrm{a})})^{-1}\boldsymbol{\xi}^{(\mathrm{a})} \tag{8.20}$$

式中, $\Delta \boldsymbol{\Xi}^{(\mathrm{a})} = (\widehat{\boldsymbol{\Omega}}^{(\mathrm{a})})^{-1} - (\boldsymbol{\Omega}^{(\mathrm{a})})^{-1}$ 表示矩阵 $(\widehat{\boldsymbol{\Omega}}^{(\mathrm{a})})^{-1}$ 中的扰动误差。由式 (8.20) 可知, 误差向量 $\Delta \boldsymbol{x}^{(\mathrm{a})}$ 渐近服从零均值的高斯分布, 因此向量 $\widehat{\boldsymbol{x}}^{(\mathrm{a})}$ 是关于未知参数 $\boldsymbol{x}$ 的渐近无偏估计值, 并且其均方误差为

$$\begin{aligned}\mathbf{MSE}(\widehat{\boldsymbol{x}}^{(\mathrm{a})}) &= \mathbf{E}[(\widehat{\boldsymbol{x}}^{(\mathrm{a})} - \boldsymbol{x})(\widehat{\boldsymbol{x}}^{(\mathrm{a})} - \boldsymbol{x})^{\mathrm{T}}] = \mathbf{E}[\Delta \boldsymbol{x}^{(\mathrm{a})}(\Delta \boldsymbol{x}^{(\mathrm{a})})^{\mathrm{T}}] \\ &= ((\boldsymbol{A}(\boldsymbol{z}_0,\boldsymbol{s}))^{\mathrm{T}}(\boldsymbol{\Omega}^{(\mathrm{a})})^{-1}\boldsymbol{A}(\boldsymbol{z}_0,\boldsymbol{s}))^{-1}(\boldsymbol{A}(\boldsymbol{z}_0,\boldsymbol{s}))^{\mathrm{T}}(\boldsymbol{\Omega}^{(\mathrm{a})})^{-1} \\ &\quad \times \mathbf{E}[\boldsymbol{\xi}^{(\mathrm{a})}(\boldsymbol{\xi}^{(\mathrm{a})})^{\mathrm{T}}](\boldsymbol{\Omega}^{(\mathrm{a})})^{-1}\boldsymbol{A}(\boldsymbol{z}_0,\boldsymbol{s})((\boldsymbol{A}(\boldsymbol{z}_0,\boldsymbol{s}))^{\mathrm{T}}(\boldsymbol{\Omega}^{(\mathrm{a})})^{-1}\boldsymbol{A}(\boldsymbol{z}_0,\boldsymbol{s}))^{-1} \\ &= ((\boldsymbol{A}(\boldsymbol{z}_0,\boldsymbol{s}))^{\mathrm{T}}(\boldsymbol{\Omega}^{(\mathrm{a})})^{-1}\boldsymbol{A}(\boldsymbol{z}_0,\boldsymbol{s}))^{-1}\end{aligned} \tag{8.21}$$

证毕。

【**注记 8.6**】式 (8.20) 中的推导过程表明, 在一阶误差分析理论框架下, 矩阵 $(\widehat{\boldsymbol{\Omega}}^{(\mathrm{a})})^{-1}$ 中的扰动误差 $\Delta \boldsymbol{\Xi}^{(\mathrm{a})}$ 并不会实质影响估计值 $\widehat{\boldsymbol{x}}^{(\mathrm{a})}$ 的统计性能。

【**命题 8.2**】向量 $\widehat{\boldsymbol{x}}^{(\mathrm{a})}$ 是关于未知参数 $\boldsymbol{x}$ 的渐近统计最优估计值。

【**证明**】根据式 (3.8) 可知, 未知参数 $\boldsymbol{x}$ 的估计均方误差的克拉美罗界可以表示为

$$\mathbf{CRB}^{(\mathrm{a})}(\boldsymbol{x}) = ((\boldsymbol{F}_x(\boldsymbol{x},\boldsymbol{s}))^{\mathrm{T}}\boldsymbol{E}^{-1}\boldsymbol{F}_x(\boldsymbol{x},\boldsymbol{s}))^{-1} \tag{8.22}$$

式中, $\boldsymbol{F}_x(\boldsymbol{x},\boldsymbol{s}) = \dfrac{\partial \boldsymbol{f}(\boldsymbol{x},\boldsymbol{s})}{\partial \boldsymbol{x}^{\mathrm{T}}} \in \mathbf{R}^{p\times q}$ 表示函数 $\boldsymbol{f}(\boldsymbol{x},\boldsymbol{s})$ 关于向量 $\boldsymbol{x}$ 的 Jacobi 矩阵。因此, 下面仅需要证明等式

$$\mathbf{MSE}(\widehat{\boldsymbol{x}}^{(\mathrm{a})}) = ((\boldsymbol{F}_x(\boldsymbol{x},\boldsymbol{s}))^{\mathrm{T}}\boldsymbol{E}^{-1}\boldsymbol{F}_x(\boldsymbol{x},\boldsymbol{s}))^{-1} = \mathbf{CRB}^{(\mathrm{a})}(\boldsymbol{x}) \tag{8.23}$$

将式 (8.15) 代入式 (8.18) 可得

$$\begin{aligned}\mathbf{MSE}(\widehat{\boldsymbol{x}}^{(\mathrm{a})}) &= ((\boldsymbol{A}(\boldsymbol{z}_0,\boldsymbol{s}))^{\mathrm{T}}(\boldsymbol{C}_z(\boldsymbol{x},\boldsymbol{z}_0,\boldsymbol{s})\boldsymbol{E}(\boldsymbol{C}_z(\boldsymbol{x},\boldsymbol{z}_0,\boldsymbol{s}))^{\mathrm{T}})^{-1}\boldsymbol{A}(\boldsymbol{z}_0,\boldsymbol{s}))^{-1} \\ &= ((\boldsymbol{A}(\boldsymbol{z}_0,\boldsymbol{s}))^{\mathrm{T}}(\boldsymbol{C}_z(\boldsymbol{x},\boldsymbol{z}_0,\boldsymbol{s}))^{-\mathrm{T}}\boldsymbol{E}^{-1}(\boldsymbol{C}_z(\boldsymbol{x},\boldsymbol{z}_0,\boldsymbol{s}))^{-1}\boldsymbol{A}(\boldsymbol{z}_0,\boldsymbol{s}))^{-1}\end{aligned} \tag{8.24}$$

另外, 将关系式 $\boldsymbol{z}_0=\boldsymbol{f}(\boldsymbol{x},\boldsymbol{s})$ 代入伪线性观测方程式 (8.2) 中可知

$$\boldsymbol{A}(\boldsymbol{f}(\boldsymbol{x},\boldsymbol{s}),\boldsymbol{s})\boldsymbol{x}=\boldsymbol{b}(\boldsymbol{f}(\boldsymbol{x},\boldsymbol{s}),\boldsymbol{s}) \tag{8.25}$$

由于式 (8.25) 是关于未知参数 $\boldsymbol{x}$ 的恒等式, 于是将该式两边对向量 $\boldsymbol{x}$ 求导可得

$$\begin{aligned}&[\dot{\boldsymbol{A}}_{z_1}(\boldsymbol{z}_0,\boldsymbol{s})\boldsymbol{x}\quad \dot{\boldsymbol{A}}_{z_2}(\boldsymbol{z}_0,\boldsymbol{s})\boldsymbol{x}\quad \cdots\quad \dot{\boldsymbol{A}}_{z_p}(\boldsymbol{z}_0,\boldsymbol{s})\boldsymbol{x}]\boldsymbol{F}_x(\boldsymbol{x},\boldsymbol{s})+\boldsymbol{A}(\boldsymbol{z}_0,\boldsymbol{s})\\&=\boldsymbol{B}_z(\boldsymbol{z}_0,\boldsymbol{s})\boldsymbol{F}_x(\boldsymbol{x},\boldsymbol{s})\Rightarrow \boldsymbol{C}_z(\boldsymbol{x},\boldsymbol{z}_0,\boldsymbol{s})\boldsymbol{F}_x(\boldsymbol{x},\boldsymbol{s})=\boldsymbol{A}(\boldsymbol{z}_0,\boldsymbol{s})\\&\Rightarrow \boldsymbol{F}_x(\boldsymbol{x},\boldsymbol{s})=(\boldsymbol{C}_z(\boldsymbol{x},\boldsymbol{z}_0,\boldsymbol{s}))^{-1}\boldsymbol{A}(\boldsymbol{z}_0,\boldsymbol{s})\end{aligned} \tag{8.26}$$

式中, 第 2 个等式利用了式 (8.14)。将式 (8.26) 代入式 (8.24) 中可知式 (8.23) 成立。证毕。

【注记 8.7】式 (8.26) 是证明命题 8.2 的关键等式, 下面给出另一个关键等式。由于式 (8.25) 同样也是关于模型参数 $\boldsymbol{s}$ 的恒等式, 于是将该式两边对向量 $\boldsymbol{s}$ 求导可得

$$\begin{aligned}&[\dot{\boldsymbol{A}}_{z_1}(\boldsymbol{z}_0,\boldsymbol{s})\boldsymbol{x}\quad \dot{\boldsymbol{A}}_{z_2}(\boldsymbol{z}_0,\boldsymbol{s})\boldsymbol{x}\quad \cdots\quad \dot{\boldsymbol{A}}_{z_p}(\boldsymbol{z}_0,\boldsymbol{s})\boldsymbol{x}]\boldsymbol{F}_s(\boldsymbol{x},\boldsymbol{s})\\&+[\dot{\boldsymbol{A}}_{s_1}(\boldsymbol{z}_0,\boldsymbol{s})\boldsymbol{x}\quad \dot{\boldsymbol{A}}_{s_2}(\boldsymbol{z}_0,\boldsymbol{s})\boldsymbol{x}\quad \cdots\quad \dot{\boldsymbol{A}}_{s_r}(\boldsymbol{z}_0,\boldsymbol{s})\boldsymbol{x}]\\&=\boldsymbol{B}_z(\boldsymbol{z}_0,\boldsymbol{s})\boldsymbol{F}_s(\boldsymbol{x},\boldsymbol{s})+\boldsymbol{B}_s(\boldsymbol{z}_0,\boldsymbol{s})\Rightarrow \boldsymbol{C}_z(\boldsymbol{x},\boldsymbol{z}_0,\boldsymbol{s})\boldsymbol{F}_s(\boldsymbol{x},\boldsymbol{s})+\boldsymbol{C}_s(\boldsymbol{x},\boldsymbol{z}_0,\boldsymbol{s})=\boldsymbol{O}_{p\times r}\\&\Rightarrow \boldsymbol{F}_s(\boldsymbol{x},\boldsymbol{s})=-(\boldsymbol{C}_z(\boldsymbol{x},\boldsymbol{z}_0,\boldsymbol{s}))^{-1}\boldsymbol{C}_s(\boldsymbol{x},\boldsymbol{z}_0,\boldsymbol{s})\end{aligned} \tag{8.27}$$

式中, 第 2 个等式利用了式 (8.14), $\boldsymbol{F}_s(\boldsymbol{x},\boldsymbol{s})=\dfrac{\partial \boldsymbol{f}(\boldsymbol{x},\boldsymbol{s})}{\partial \boldsymbol{s}^{\mathrm{T}}}\in \mathbf{R}^{p\times r}$ 表示函数 $\boldsymbol{f}(\boldsymbol{x},\boldsymbol{s})$ 关于向量 $\boldsymbol{s}$ 的 Jacobi 矩阵, 其余矩阵的表达式如下

$$\begin{cases}\boldsymbol{B}_s(\boldsymbol{z}_0,\boldsymbol{s})=\dfrac{\partial \boldsymbol{b}(\boldsymbol{z}_0,\boldsymbol{s})}{\partial \boldsymbol{s}^{\mathrm{T}}}\in \mathbf{R}^{p\times r};\quad \dot{\boldsymbol{A}}_{s_j}(\boldsymbol{z}_0,\boldsymbol{s})=\dfrac{\partial \boldsymbol{A}(\boldsymbol{z}_0,\boldsymbol{s})}{\partial \langle \boldsymbol{s}\rangle_j}\in \mathbf{R}^{p\times q}\quad (1\leqslant j\leqslant r)\\ \boldsymbol{C}_s(\boldsymbol{x},\boldsymbol{z}_0,\boldsymbol{s})=\boldsymbol{B}_s(\boldsymbol{z}_0,\boldsymbol{s})-[\dot{\boldsymbol{A}}_{s_1}(\boldsymbol{z}_0,\boldsymbol{s})\boldsymbol{x}\quad \dot{\boldsymbol{A}}_{s_2}(\boldsymbol{z}_0,\boldsymbol{s})\boldsymbol{x}\quad \cdots\quad \dot{\boldsymbol{A}}_{s_r}(\boldsymbol{z}_0,\boldsymbol{s})\boldsymbol{x}]\in \mathbf{R}^{p\times r}\end{cases} \tag{8.28}$$

式 (8.27) 对于后续的理论性能分析至关重要。

8.2.3 数值实验

本节的数值实验将函数 $\boldsymbol{f}(\boldsymbol{x},\boldsymbol{s})$ 设为

$$\boldsymbol{z}_0=\begin{bmatrix} z_{01} \\ z_{02} \\ z_{03} \\ z_{04} \\ z_{05} \\ z_{06} \end{bmatrix}=\begin{bmatrix} 5\exp\{-2x_1+3x_2+5s_1\} \\ \dfrac{1000}{4s_2x_2+3s_3x_3} \\ 8\arctan\left(\dfrac{s_1x_1-5s_3}{s_2x_3+6s_4}\right) \\ (2x_1+3x_2+2s_4)^3 \\ \dfrac{s_2x_2-15}{s_4x_3+1} \\ 6\mathrm{arccot}\left(\dfrac{s_4x_1+s_3x_2}{s_2x_3-4s_1}\right) \end{bmatrix}=\boldsymbol{f}(\boldsymbol{x},\boldsymbol{s})\in\mathbf{R}^{6\times 1} \tag{8.29}$$

式中, $\boldsymbol{x}=[x_1\ \ x_2\ \ x_3]^{\mathrm{T}}$, $\boldsymbol{s}=[s_1\ \ s_2\ \ s_3\ \ s_4]^{\mathrm{T}}$。式 (8.29) 可以转化为如下伪线性观测模型

$$\boldsymbol{A}(\boldsymbol{z}_0,\boldsymbol{s})\boldsymbol{x}=\begin{bmatrix} \ln(z_{01}/5)-5s_1 \\ 1000z_{02}^{-1} \\ 5s_3\cos(z_{03}/8)+6s_4\sin(z_{03}/8) \\ z_{04}^{1/3}-2s_4 \\ z_{05}+15 \\ -4s_1\cos(z_{06}/6) \end{bmatrix}=\boldsymbol{b}(\boldsymbol{z}_0,\boldsymbol{s}) \tag{8.30}$$

式中,

$$\boldsymbol{A}(\boldsymbol{z}_0,\boldsymbol{s})=\begin{bmatrix} -2 & 3 & 0 \\ 0 & 4s_2 & 3s_3 \\ s_1\cos(z_{03}/8) & 0 & -s_2\sin(z_{03}/8) \\ 2 & 3 & 0 \\ 0 & s_2 & -s_4z_{05} \\ s_4\sin(z_{06}/6) & s_3\sin(z_{06}/6) & -s_2\cos(z_{06}/6) \end{bmatrix} \tag{8.31}$$

由式 (8.30) 和式 (8.31) 可得

$$\begin{aligned} \boldsymbol{B}_z(\boldsymbol{z}_0,\boldsymbol{s}) &= \frac{\partial \boldsymbol{b}(\boldsymbol{z}_0,\boldsymbol{s})}{\partial \boldsymbol{z}_0^{\mathrm{T}}} \\ &= \mathrm{diag}\{z_{01}^{-1}, -1000z_{02}^{-2}, -5s_3\sin(z_{03}/8)/8 \\ &\quad + 3s_4\cos(z_{03}/8)/4, z_{04}^{-2/3}/3, 1, 2s_1\sin(z_{06}/6)/3\} \end{aligned} \tag{8.32}$$

$$\begin{cases}\dot{\boldsymbol{A}}_{z_1}(\boldsymbol{z}_0,\boldsymbol{s})=\dfrac{\partial \boldsymbol{A}(\boldsymbol{z}_0,\boldsymbol{s})}{\partial z_{01}}=\boldsymbol{O}_{6\times 3};\quad \dot{\boldsymbol{A}}_{z_2}(\boldsymbol{z}_0,\boldsymbol{s})=\dfrac{\partial \boldsymbol{A}(\boldsymbol{z}_0,\boldsymbol{s})}{\partial z_{02}}=\boldsymbol{O}_{6\times 3}\\ \dot{\boldsymbol{A}}_{z_3}(\boldsymbol{z}_0,\boldsymbol{s})=\dfrac{\partial \boldsymbol{A}(\boldsymbol{z}_0,\boldsymbol{s})}{\partial z_{03}}=\boldsymbol{i}_6^{(3)}[-s_1\sin(z_{03}/8)/8\quad 0\quad -s_2\cos(z_{03}/8)/8]\\ \dot{\boldsymbol{A}}_{z_4}(\boldsymbol{z}_0,\boldsymbol{s})=\dfrac{\partial \boldsymbol{A}(\boldsymbol{z}_0,\boldsymbol{s})}{\partial z_{04}}=\boldsymbol{O}_{6\times 3};\quad \dot{\boldsymbol{A}}_{z_5}(\boldsymbol{z}_0,\boldsymbol{s})=\dfrac{\partial \boldsymbol{A}(\boldsymbol{z}_0,\boldsymbol{s})}{\partial z_{05}}=\boldsymbol{i}_6^{(5)}[0\quad 0\quad -s_4]\\ \dot{\boldsymbol{A}}_{z_6}(\boldsymbol{z}_0,\boldsymbol{s})=\dfrac{\partial \boldsymbol{A}(\boldsymbol{z}_0,\boldsymbol{s})}{\partial z_{06}}=\boldsymbol{i}_6^{(6)}[s_4\cos(z_{06}/6)/6\quad s_3\cos(z_{06}/6)/6\quad s_2\sin(z_{06}/6)/6]\end{cases}\tag{8.33}$$

将未知参数设为 $\boldsymbol{x}=[5\quad -2\quad -3]^{\mathrm{T}}$, 将模型参数设为 $\boldsymbol{s}=[4\ \ 3\ \ 2\ \ 1]^{\mathrm{T}}$ (假设其精确已知), 观测误差协方差矩阵设为 $\boldsymbol{E}=\sigma_1^2\boldsymbol{I}_6$, 其中 σ_1 称为观测误差标准差。利用方法 8−a 对未知参数 $\boldsymbol{x}$ 进行估计。图 8.2 给出了未知参数 $\boldsymbol{x}$ 估计均方根误差随观测误差标准差 σ_1 的变化曲线。

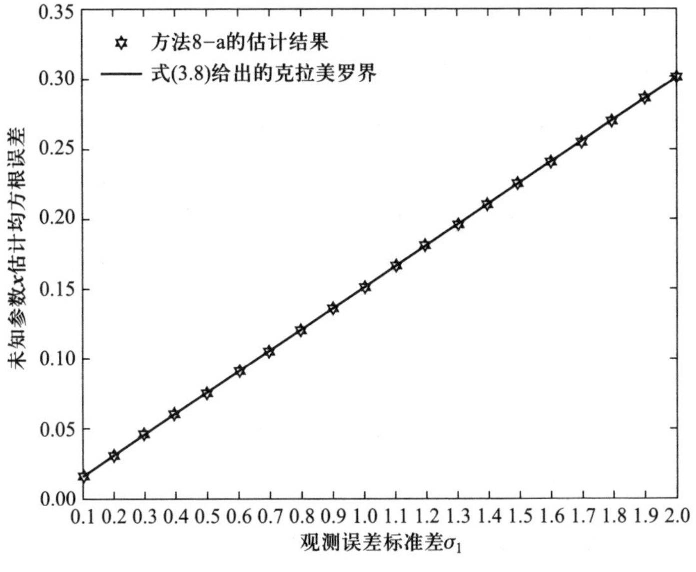

图 8.2　未知参数 $\boldsymbol{x}$ 估计均方根误差随观测误差标准差 σ_1 的变化曲线

从图 8.2 中可以看出:

① 方法 8−a 对未知参数 $\boldsymbol{x}$ 的估计均方根误差随观测误差标准差 σ_1 的增加而增大。

② 方法 8−a 对未知参数 $\boldsymbol{x}$ 的估计均方根误差可以达到由式 (3.8) 给出的克拉美罗界, 从而验证了第 8.2.2 节理论性能分析的有效性。

8.3 模型参数先验观测误差对参数估计性能的影响

本节假设模型参数 $\boldsymbol{s}$ 并不能精确已知, 实际计算中仅存在关于模型参数 $\boldsymbol{s}$ 的先验观测值 $\widehat{\boldsymbol{s}}$, 其中包含先验观测误差, 此时的观测模型可以表示为

$$\begin{cases} \boldsymbol{z} = \boldsymbol{f}(\boldsymbol{x},\boldsymbol{s}) + \boldsymbol{e} \\ \widehat{\boldsymbol{s}} = \boldsymbol{s} + \boldsymbol{\varphi} \end{cases} \tag{8.34}$$

模型参数先验观测误差显然会对方法 8–a 的估计精度产生直接影响, 下面推导方法 8–a 在模型参数先验观测误差存在时的统计性能。

为了避免符号混淆, 将此情形下方法 8–a 的估计值记为 $\widehat{\widehat{\boldsymbol{x}}}^{(\mathrm{a})}$, 基于式 (8.17) 可得

$$\widehat{\widehat{\boldsymbol{x}}}^{(\mathrm{a})} = ((\boldsymbol{A}(\boldsymbol{z},\widehat{\boldsymbol{s}}))^{\mathrm{T}}(\boldsymbol{\Omega}^{(\mathrm{a})})^{-1}\boldsymbol{A}(\boldsymbol{z},\widehat{\boldsymbol{s}}))^{-1}(\boldsymbol{A}(\boldsymbol{z},\widehat{\boldsymbol{s}}))^{\mathrm{T}}(\boldsymbol{\Omega}^{(\mathrm{a})})^{-1}\boldsymbol{b}(\boldsymbol{z},\widehat{\boldsymbol{s}}) \tag{8.35}$$

相对式 (8.17) 而言, 式 (8.35) 的不同之处在于用模型参数 $\boldsymbol{s}$ 的先验观测值 $\widehat{\boldsymbol{s}}$ 代替其真实值, 因为这里考虑的是其精确值无法获知的情形。

下面从统计的角度分析估计值 $\widehat{\widehat{\boldsymbol{x}}}^{(\mathrm{a})}$ 的理论性能, 具体结论可见以下命题。

【命题 8.3】 向量 $\widehat{\widehat{\boldsymbol{x}}}^{(\mathrm{a})}$ 是关于未知参数 $\boldsymbol{x}$ 的渐近无偏估计值, 并且其均方误差为

$$\begin{aligned}\mathbf{MSE}(\widehat{\widehat{\boldsymbol{x}}}^{(\mathrm{a})}) = {} & \mathbf{MSE}(\widehat{\boldsymbol{x}}^{(\mathrm{a})}) + \mathbf{MSE}(\widehat{\boldsymbol{x}}^{(\mathrm{a})})(\boldsymbol{F}_x(\boldsymbol{x},\boldsymbol{s}))^{\mathrm{T}} \\ & \times \boldsymbol{E}^{-1}\boldsymbol{F}_s(\boldsymbol{x},\boldsymbol{s})\boldsymbol{\Psi}(\boldsymbol{F}_s(\boldsymbol{x},\boldsymbol{s}))^{\mathrm{T}}\boldsymbol{E}^{-1}\boldsymbol{F}_x(\boldsymbol{x},\boldsymbol{s})\mathbf{MSE}(\widehat{\boldsymbol{x}}^{(\mathrm{a})})\end{aligned} \tag{8.36}$$

【证明】 首先, 将向量 $\widehat{\widehat{\boldsymbol{x}}}^{(\mathrm{a})}$ 中的估计误差记为 $\Delta\widetilde{\boldsymbol{x}}^{(\mathrm{a})} = \widehat{\widehat{\boldsymbol{x}}}^{(\mathrm{a})} - \boldsymbol{x}$。基于式 (8.35) 和注记 8.4 中的讨论可知

$$(\boldsymbol{A}(\boldsymbol{z},\widehat{\boldsymbol{s}}))^{\mathrm{T}}(\widehat{\boldsymbol{\Omega}}^{(\mathrm{a})})^{-1}\boldsymbol{A}(\boldsymbol{z},\widehat{\boldsymbol{s}})(\boldsymbol{x}+\Delta\widetilde{\boldsymbol{x}}^{(\mathrm{a})}) = (\boldsymbol{A}(\boldsymbol{z},\widehat{\boldsymbol{s}}))^{\mathrm{T}}(\widehat{\boldsymbol{\Omega}}^{(\mathrm{a})})^{-1}\boldsymbol{b}(\boldsymbol{z},\widehat{\boldsymbol{s}}) \tag{8.37}$$

在一阶误差分析理论框架下, 利用式 (8.37) 可以进一步推得

$$\begin{aligned}&(\Delta\widetilde{\boldsymbol{A}}^{(\mathrm{a})})^{\mathrm{T}}(\boldsymbol{\Omega}^{(\mathrm{a})})^{-1}\boldsymbol{A}(\boldsymbol{z}_0,\boldsymbol{s})\boldsymbol{x} + (\boldsymbol{A}(\boldsymbol{z}_0,\boldsymbol{s}))^{\mathrm{T}}(\boldsymbol{\Omega}^{(\mathrm{a})})^{-1}\Delta\widetilde{\boldsymbol{A}}^{(\mathrm{a})}\boldsymbol{x} \\ &+(\boldsymbol{A}(\boldsymbol{z}_0,\boldsymbol{s}))^{\mathrm{T}}\Delta\boldsymbol{\Xi}^{(\mathrm{a})}\boldsymbol{A}(\boldsymbol{z}_0,\boldsymbol{s})\boldsymbol{x} + (\boldsymbol{A}(\boldsymbol{z}_0,\boldsymbol{s}))^{\mathrm{T}}(\boldsymbol{\Omega}^{(\mathrm{a})})^{-1}\boldsymbol{A}(\boldsymbol{z}_0,\boldsymbol{s})\Delta\widetilde{\boldsymbol{x}}^{(\mathrm{a})} \\ &\approx(\Delta\widetilde{\boldsymbol{A}}^{(\mathrm{a})})^{\mathrm{T}}(\boldsymbol{\Omega}^{(\mathrm{a})})^{-1}\boldsymbol{b}(\boldsymbol{z}_0,\boldsymbol{s})+(\boldsymbol{A}(\boldsymbol{z}_0,\boldsymbol{s}))^{\mathrm{T}}(\boldsymbol{\Omega}^{(\mathrm{a})})^{-1}\Delta\widetilde{\boldsymbol{b}}^{(\mathrm{a})}+(\boldsymbol{A}(\boldsymbol{z}_0,\boldsymbol{s}))^{\mathrm{T}}\Delta\boldsymbol{\Xi}^{(\mathrm{a})}\boldsymbol{b}(\boldsymbol{z}_0,\boldsymbol{s}) \\ &\Rightarrow(\boldsymbol{A}(\boldsymbol{z}_0,\boldsymbol{s}))^{\mathrm{T}}(\boldsymbol{\Omega}^{(\mathrm{a})})^{-1}\boldsymbol{A}(\boldsymbol{z}_0,\boldsymbol{s})\Delta\widetilde{\boldsymbol{x}}^{(\mathrm{a})} \approx (\boldsymbol{A}(\boldsymbol{z}_0,\boldsymbol{s}))^{\mathrm{T}}(\boldsymbol{\Omega}^{(\mathrm{a})})^{-1}(\Delta\widetilde{\boldsymbol{b}}^{(\mathrm{a})} - \Delta\widetilde{\boldsymbol{A}}^{(\mathrm{a})}\boldsymbol{x}) \\ &=(\boldsymbol{A}(\boldsymbol{z}_0,\boldsymbol{s}))^{\mathrm{T}}(\boldsymbol{\Omega}^{(\mathrm{a})})^{-1}\widetilde{\boldsymbol{\xi}}^{(\mathrm{a})} \\ &\Rightarrow\Delta\widetilde{\boldsymbol{x}}^{(\mathrm{a})} \approx ((\boldsymbol{A}(\boldsymbol{z}_0,\boldsymbol{s}))^{\mathrm{T}}(\boldsymbol{\Omega}^{(\mathrm{a})})^{-1}\boldsymbol{A}(\boldsymbol{z}_0,\boldsymbol{s}))^{-1}(\boldsymbol{A}(\boldsymbol{z}_0,\boldsymbol{s}))^{\mathrm{T}}(\boldsymbol{\Omega}^{(\mathrm{a})})^{-1}\widetilde{\boldsymbol{\xi}}^{(\mathrm{a})}\end{aligned} \tag{8.38}$$

式中, $\Delta\widetilde{\boldsymbol{b}}^{(\mathrm{a})}=\boldsymbol{b}(\boldsymbol{z},\widehat{\boldsymbol{s}})-\boldsymbol{b}(\boldsymbol{z}_0,\boldsymbol{s})$, $\Delta\widetilde{\boldsymbol{A}}^{(\mathrm{a})}=\boldsymbol{A}(\boldsymbol{z},\widehat{\boldsymbol{s}})-\boldsymbol{A}(\boldsymbol{z}_0,\boldsymbol{s})$, $\widetilde{\boldsymbol{\xi}}^{(\mathrm{a})}=\Delta\widetilde{\boldsymbol{b}}^{(\mathrm{a})}-\Delta\widetilde{\boldsymbol{A}}^{(\mathrm{a})}\boldsymbol{x}$。利用一阶误差分析可知

$$\begin{cases}\Delta\widetilde{\boldsymbol{b}}^{(\mathrm{a})}\approx\boldsymbol{B}_z(\boldsymbol{z}_0,\boldsymbol{s})(\boldsymbol{z}-\boldsymbol{z}_0)+\boldsymbol{B}_s(\boldsymbol{z}_0,\boldsymbol{s})(\widehat{\boldsymbol{s}}-\boldsymbol{s})=\boldsymbol{B}_z(\boldsymbol{z}_0,\boldsymbol{s})\boldsymbol{e}+\boldsymbol{B}_s(\boldsymbol{z}_0,\boldsymbol{s})\boldsymbol{\varphi}\\ \Delta\widetilde{\boldsymbol{A}}^{(\mathrm{a})}\boldsymbol{x}\approx[\dot{\boldsymbol{A}}_{z_1}(\boldsymbol{z}_0,\boldsymbol{s})\boldsymbol{x}\quad\dot{\boldsymbol{A}}_{z_2}(\boldsymbol{z}_0,\boldsymbol{s})\boldsymbol{x}\quad\cdots\quad\dot{\boldsymbol{A}}_{z_p}(\boldsymbol{z}_0,\boldsymbol{s})\boldsymbol{x}](\boldsymbol{z}-\boldsymbol{z}_0)\\ \quad+[\dot{\boldsymbol{A}}_{s_1}(\boldsymbol{z}_0,\boldsymbol{s})\boldsymbol{x}\quad\dot{\boldsymbol{A}}_{s_2}(\boldsymbol{z}_0,\boldsymbol{s})\boldsymbol{x}\quad\cdots\quad\dot{\boldsymbol{A}}_{s_r}(\boldsymbol{z}_0,\boldsymbol{s})\boldsymbol{x}](\widehat{\boldsymbol{s}}-\boldsymbol{s})\\ =[\dot{\boldsymbol{A}}_{z_1}(\boldsymbol{z}_0,\boldsymbol{s})\boldsymbol{x}\quad\dot{\boldsymbol{A}}_{z_2}(\boldsymbol{z}_0,\boldsymbol{s})\boldsymbol{x}\quad\cdots\quad\dot{\boldsymbol{A}}_{z_p}(\boldsymbol{z}_0,\boldsymbol{s})\boldsymbol{x}]\boldsymbol{e}\\ \quad+[\dot{\boldsymbol{A}}_{s_1}(\boldsymbol{z}_0,\boldsymbol{s})\boldsymbol{x}\quad\dot{\boldsymbol{A}}_{s_2}(\boldsymbol{z}_0,\boldsymbol{s})\boldsymbol{x}\quad\cdots\quad\dot{\boldsymbol{A}}_{s_r}(\boldsymbol{z}_0,\boldsymbol{s})\boldsymbol{x}]\boldsymbol{\varphi}\end{cases}\tag{8.39}$$

然后, 基于式 (8.39) 可得

$$\begin{aligned}\widetilde{\boldsymbol{\xi}}^{(\mathrm{a})}&=\Delta\widetilde{\boldsymbol{b}}^{(\mathrm{a})}-\Delta\widetilde{\boldsymbol{A}}^{(\mathrm{a})}\boldsymbol{x}\approx\boldsymbol{B}_z(\boldsymbol{z}_0,\boldsymbol{s})\boldsymbol{e}+\boldsymbol{B}_s(\boldsymbol{z}_0,\boldsymbol{s})\boldsymbol{\varphi}\\&\quad-[\dot{\boldsymbol{A}}_{z_1}(\boldsymbol{z}_0,\boldsymbol{s})\boldsymbol{x}\quad\dot{\boldsymbol{A}}_{z_2}(\boldsymbol{z}_0,\boldsymbol{s})\boldsymbol{x}\quad\cdots\quad\dot{\boldsymbol{A}}_{z_p}(\boldsymbol{z}_0,\boldsymbol{s})\boldsymbol{x}]\boldsymbol{e}\\&\quad-[\dot{\boldsymbol{A}}_{s_1}(\boldsymbol{z}_0,\boldsymbol{s})\boldsymbol{x}\quad\dot{\boldsymbol{A}}_{s_2}(\boldsymbol{z}_0,\boldsymbol{s})\boldsymbol{x}\quad\cdots\quad\dot{\boldsymbol{A}}_{s_r}(\boldsymbol{z}_0,\boldsymbol{s})\boldsymbol{x}]\boldsymbol{\varphi}\\&=\boldsymbol{C}_z(\boldsymbol{x},\boldsymbol{z}_0,\boldsymbol{s})\boldsymbol{e}+\boldsymbol{C}_s(\boldsymbol{x},\boldsymbol{z}_0,\boldsymbol{s})\boldsymbol{\varphi}\end{aligned}\tag{8.40}$$

式中, 第 3 个等号利用了式 (8.14) 和式 (8.28)。由式 (8.40) 可知, 误差向量 $\widetilde{\boldsymbol{\xi}}^{(\mathrm{a})}$ 渐近服从零均值的高斯分布, 并且其协方差矩阵为

$$\begin{aligned}\widetilde{\boldsymbol{\Omega}}^{(\mathrm{a})}&=\mathbf{E}[\widetilde{\boldsymbol{\xi}}^{(\mathrm{a})}(\widetilde{\boldsymbol{\xi}}^{(\mathrm{a})})^{\mathrm{T}}]\\&=\boldsymbol{C}_z(\boldsymbol{x},\boldsymbol{z}_0,\boldsymbol{s})\mathbf{E}[\boldsymbol{e}\boldsymbol{e}^{\mathrm{T}}](\boldsymbol{C}_z(\boldsymbol{x},\boldsymbol{z}_0,\boldsymbol{s}))^{\mathrm{T}}+\boldsymbol{C}_s(\boldsymbol{x},\boldsymbol{z}_0,\boldsymbol{s})\mathbf{E}[\boldsymbol{\varphi}\boldsymbol{\varphi}^{\mathrm{T}}](\boldsymbol{C}_s(\boldsymbol{x},\boldsymbol{z}_0,\boldsymbol{s}))^{\mathrm{T}}\\&=\boldsymbol{C}_z(\boldsymbol{x},\boldsymbol{z}_0,\boldsymbol{s})\boldsymbol{E}(\boldsymbol{C}_z(\boldsymbol{x},\boldsymbol{z}_0,\boldsymbol{s}))^{\mathrm{T}}+\boldsymbol{C}_s(\boldsymbol{x},\boldsymbol{z}_0,\boldsymbol{s})\boldsymbol{\Psi}(\boldsymbol{C}_s(\boldsymbol{x},\boldsymbol{z}_0,\boldsymbol{s}))^{\mathrm{T}}\\&=\boldsymbol{\Omega}^{(\mathrm{a})}+\boldsymbol{C}_s(\boldsymbol{x},\boldsymbol{z}_0,\boldsymbol{s})\boldsymbol{\Psi}(\boldsymbol{C}_s(\boldsymbol{x},\boldsymbol{z}_0,\boldsymbol{s}))^{\mathrm{T}}\in\mathbf{R}^{p\times p}\end{aligned}\tag{8.41}$$

结合 (8.38) 和式 (8.41) 可知, 误差向量 $\Delta\widetilde{\boldsymbol{x}}^{(\mathrm{a})}$ 渐近服从零均值的高斯分布, 因此向量 $\widehat{\widetilde{\boldsymbol{x}}}^{(\mathrm{a})}$ 是关于未知参数 $\boldsymbol{x}$ 的渐近无偏估计值, 并且其均方误差为

$$\begin{aligned}\mathbf{MSE}(\widehat{\widetilde{\boldsymbol{x}}}^{(\mathrm{a})})&=\mathbf{E}[(\widehat{\widetilde{\boldsymbol{x}}}^{(\mathrm{a})}-\boldsymbol{x})(\widehat{\widetilde{\boldsymbol{x}}}^{(\mathrm{a})}-\boldsymbol{x})^{\mathrm{T}}]\\&=\mathbf{E}[\Delta\widetilde{\boldsymbol{x}}^{(\mathrm{a})}(\Delta\widetilde{\boldsymbol{x}}^{(\mathrm{a})})^{\mathrm{T}}]\\&=((\boldsymbol{A}(\boldsymbol{z}_0,\boldsymbol{s}))^{\mathrm{T}}(\boldsymbol{\Omega}^{(\mathrm{a})})^{-1}\boldsymbol{A}(\boldsymbol{z}_0,\boldsymbol{s}))^{-1}(\boldsymbol{A}(\boldsymbol{z}_0,\boldsymbol{s}))^{\mathrm{T}}(\boldsymbol{\Omega}^{(\mathrm{a})})^{-1}\\&\quad\times\mathbf{E}[\widetilde{\boldsymbol{\xi}}^{(\mathrm{a})}(\widetilde{\boldsymbol{\xi}}^{(\mathrm{a})})^{\mathrm{T}}](\boldsymbol{\Omega}^{(\mathrm{a})})^{-1}\boldsymbol{A}(\boldsymbol{z}_0,\boldsymbol{s})((\boldsymbol{A}(\boldsymbol{z}_0,\boldsymbol{s}))^{\mathrm{T}}(\boldsymbol{\Omega}^{(\mathrm{a})})^{-1}\boldsymbol{A}(\boldsymbol{z}_0,\boldsymbol{s}))^{-1}\\&=((\boldsymbol{A}(\boldsymbol{z}_0,\boldsymbol{s}))^{\mathrm{T}}(\boldsymbol{\Omega}^{(\mathrm{a})})^{-1}\boldsymbol{A}(\boldsymbol{z}_0,\boldsymbol{s}))^{-1}+((\boldsymbol{A}(\boldsymbol{z}_0,\boldsymbol{s}))^{\mathrm{T}}(\boldsymbol{\Omega}^{(\mathrm{a})})^{-1}\boldsymbol{A}(\boldsymbol{z}_0,\boldsymbol{s}))^{-1}\\&\quad\times(\boldsymbol{A}(\boldsymbol{z}_0,\boldsymbol{s}))^{\mathrm{T}}(\boldsymbol{\Omega}^{(\mathrm{a})})^{-1}\boldsymbol{C}_s(\boldsymbol{x},\boldsymbol{z}_0,\boldsymbol{s})\boldsymbol{\Psi}(\boldsymbol{C}_s(\boldsymbol{x},\boldsymbol{z}_0,\boldsymbol{s}))^{\mathrm{T}}\end{aligned}$$

$$\times(\boldsymbol{\Omega}^{(\mathrm{a})})^{-1}\boldsymbol{A}(\boldsymbol{z}_0,\boldsymbol{s})((\boldsymbol{A}(\boldsymbol{z}_0,\boldsymbol{s}))^{\mathrm{T}}(\boldsymbol{\Omega}^{(\mathrm{a})})^{-1}\boldsymbol{A}(\boldsymbol{z}_0,\boldsymbol{s}))^{-1}$$

$$=\mathbf{MSE}(\widehat{\boldsymbol{x}}^{(\mathrm{a})})+\mathbf{MSE}(\widehat{\boldsymbol{x}}^{(\mathrm{a})})(\boldsymbol{A}(\boldsymbol{z}_0,\boldsymbol{s}))^{\mathrm{T}}(\boldsymbol{\Omega}^{(\mathrm{a})})^{-1}\boldsymbol{C}_s(\boldsymbol{x},\boldsymbol{z}_0,\boldsymbol{s})$$

$$\times\boldsymbol{\Psi}(\boldsymbol{C}_s(\boldsymbol{x},\boldsymbol{z}_0,\boldsymbol{s}))^{\mathrm{T}}(\boldsymbol{\Omega}^{(\mathrm{a})})^{-1}\boldsymbol{A}(\boldsymbol{z}_0,\boldsymbol{s})\mathbf{MSE}(\widehat{\boldsymbol{x}}^{(\mathrm{a})}) \tag{8.42}$$

式中, 第 5 个等号利用了式 (8.18)。最后, 将式 (8.15) 代入式 (8.42) 可得

$$\begin{aligned}\mathbf{MSE}(\widehat{\widehat{\boldsymbol{x}}}^{(\mathrm{a})})&=\mathbf{MSE}(\widehat{\boldsymbol{x}}^{(\mathrm{a})})+\mathbf{MSE}(\widehat{\boldsymbol{x}}^{(\mathrm{a})})(\boldsymbol{A}(\boldsymbol{z}_0,\boldsymbol{s}))^{\mathrm{T}}(\boldsymbol{C}_z(\boldsymbol{x},\boldsymbol{z}_0,\boldsymbol{s}))^{-\mathrm{T}}\\&\quad\times\boldsymbol{E}^{-1}(\boldsymbol{C}_z(\boldsymbol{x},\boldsymbol{z}_0,\boldsymbol{s}))^{-1}\boldsymbol{C}_s(\boldsymbol{x},\boldsymbol{z}_0,\boldsymbol{s})\boldsymbol{\Psi}(\boldsymbol{C}_s(\boldsymbol{x},\boldsymbol{z}_0,\boldsymbol{s}))^{\mathrm{T}}\\&\quad\times(\boldsymbol{C}_z(\boldsymbol{x},\boldsymbol{z}_0,\boldsymbol{s}))^{-\mathrm{T}}\boldsymbol{E}^{-1}(\boldsymbol{C}_z(\boldsymbol{x},\boldsymbol{z}_0,\boldsymbol{s}))^{-1}\boldsymbol{A}(\boldsymbol{z}_0,\boldsymbol{s})\mathbf{MSE}(\widehat{\boldsymbol{x}}^{(\mathrm{a})})\\&=\mathbf{MSE}(\widehat{\boldsymbol{x}}^{(\mathrm{a})})+\mathbf{MSE}(\widehat{\boldsymbol{x}}^{(\mathrm{a})})(\boldsymbol{F}_x(\boldsymbol{x},\boldsymbol{s}))^{\mathrm{T}}\\&\quad\times\boldsymbol{E}^{-1}\boldsymbol{F}_s(\boldsymbol{x},\boldsymbol{s})\boldsymbol{\Psi}(\boldsymbol{F}_s(\boldsymbol{x},\boldsymbol{s}))^{\mathrm{T}}\boldsymbol{E}^{-1}\boldsymbol{F}_x(\boldsymbol{x},\boldsymbol{s})\mathbf{MSE}(\widehat{\boldsymbol{x}}^{(\mathrm{a})})\end{aligned} \tag{8.43}$$

式中, 第 2 个等号利用了式 (8.26) 和式 (8.27)。证毕。

【注记 8.8】结合式 (8.23) 和式 (8.36) 可知

$$\begin{aligned}\mathbf{MSE}(\widehat{\widehat{\boldsymbol{x}}}^{(\mathrm{a})})&=\mathbf{CRB}^{(\mathrm{a})}(\boldsymbol{x})+\mathbf{CRB}^{(\mathrm{a})}(\boldsymbol{x})(\boldsymbol{F}_x(\boldsymbol{x},\boldsymbol{s}))^{\mathrm{T}}\boldsymbol{E}^{-1}\boldsymbol{F}_s(\boldsymbol{x},\boldsymbol{s})\\&\quad\times\boldsymbol{\Psi}(\boldsymbol{F}_s(\boldsymbol{x},\boldsymbol{s}))^{\mathrm{T}}\boldsymbol{E}^{-1}\boldsymbol{F}_x(\boldsymbol{x},\boldsymbol{s})\mathbf{CRB}^{(\mathrm{a})}(\boldsymbol{x})\end{aligned} \tag{8.44}$$

基于命题 8.3 还可以得到如下两个命题。

【命题 8.4】$\mathbf{MSE}(\widehat{\widehat{\boldsymbol{x}}}^{(\mathrm{a})})\geqslant\mathbf{MSE}(\widehat{\boldsymbol{x}}^{(\mathrm{a})})=\mathbf{CRB}^{(\mathrm{a})}(\boldsymbol{x})$, 若 $\boldsymbol{F}_s(\boldsymbol{x},\boldsymbol{s})$ 是行满秩矩阵, 则还有 $\mathbf{MSE}(\widehat{\widehat{\boldsymbol{x}}}^{(\mathrm{a})})>\mathbf{MSE}(\widehat{\boldsymbol{x}}^{(\mathrm{a})})=\mathbf{CRB}^{(\mathrm{a})}(\boldsymbol{x})$。

【证明】利用矩阵 $\boldsymbol{\Psi}$ 的正定性与命题 2.4 可得

$$\mathbf{CRB}^{(\mathrm{a})}(\boldsymbol{x})(\boldsymbol{F}_x(\boldsymbol{x},\boldsymbol{s}))^{\mathrm{T}}\boldsymbol{E}^{-1}\boldsymbol{F}_s(\boldsymbol{x},\boldsymbol{s})\boldsymbol{\Psi}(\boldsymbol{F}_s(\boldsymbol{x},\boldsymbol{s}))^{\mathrm{T}}\boldsymbol{E}^{-1}\boldsymbol{F}_x(\boldsymbol{x},\boldsymbol{s})\mathbf{CRB}^{(\mathrm{a})}(\boldsymbol{x})\geqslant\boldsymbol{O} \tag{8.45}$$

结合式 (8.44) 和式 (8.45) 可知

$$\mathbf{MSE}(\widehat{\widehat{\boldsymbol{x}}}^{(\mathrm{a})})\geqslant\mathbf{MSE}(\widehat{\boldsymbol{x}}^{(\mathrm{a})})=\mathbf{CRB}^{(\mathrm{a})}(\boldsymbol{x}) \tag{8.46}$$

若 $\boldsymbol{F}_s(\boldsymbol{x},\boldsymbol{s})$ 是行满秩矩阵, 则有 $\mathrm{rank}[\boldsymbol{F}_s(\boldsymbol{x},\boldsymbol{s})]=p$。此时, 基于式 (2.53) 可得

$$\begin{aligned}&\mathrm{rank}[\mathbf{CRB}^{(\mathrm{a})}(\boldsymbol{x})(\boldsymbol{F}_x(\boldsymbol{x},\boldsymbol{s}))^{\mathrm{T}}\boldsymbol{E}^{-1}\boldsymbol{F}_s(\boldsymbol{x},\boldsymbol{s})]=\mathrm{rank}[(\boldsymbol{F}_x(\boldsymbol{x},\boldsymbol{s}))^{\mathrm{T}}\boldsymbol{E}^{-1}\boldsymbol{F}_s(\boldsymbol{x},\boldsymbol{s})]\\&\geqslant\mathrm{rank}[(\boldsymbol{F}_x(\boldsymbol{x},\boldsymbol{s}))^{\mathrm{T}}\boldsymbol{E}^{-1}]+\mathrm{rank}[\boldsymbol{F}_s(\boldsymbol{x},\boldsymbol{s})]-p=\mathrm{rank}[(\boldsymbol{F}_x(\boldsymbol{x},\boldsymbol{s}))^{\mathrm{T}}\boldsymbol{E}^{-1}]\\&=\mathrm{rank}[\boldsymbol{F}_x(\boldsymbol{x},\boldsymbol{s})]=q\end{aligned} \tag{8.47}$$

由式 (8.47) 可知, $\mathbf{CRB}^{(\mathrm{a})}(\boldsymbol{x})(\boldsymbol{F}_x(\boldsymbol{x},\boldsymbol{s}))^{\mathrm{T}}\boldsymbol{E}^{-1}\boldsymbol{F}_s(\boldsymbol{x},\boldsymbol{s})$ 是行满秩矩阵。于是, 利用命题 2.6 可得

$$\mathbf{CRB}^{(\mathrm{a})}(\boldsymbol{x})(\boldsymbol{F}_x(\boldsymbol{x},\boldsymbol{s}))^{\mathrm{T}}\boldsymbol{E}^{-1}\boldsymbol{F}_s(\boldsymbol{x},\boldsymbol{s})\boldsymbol{\Psi}(\boldsymbol{F}_s(\boldsymbol{x},\boldsymbol{s}))^{\mathrm{T}}\boldsymbol{E}^{-1}\boldsymbol{F}_x(\boldsymbol{x},\boldsymbol{s})\mathbf{CRB}^{(\mathrm{a})}(\boldsymbol{x}) > \boldsymbol{O} \tag{8.48}$$

结合式 (8.44) 和式 (8.48) 可知

$$\mathbf{MSE}(\widehat{\widehat{\boldsymbol{x}}}^{(\mathrm{a})}) > \mathbf{MSE}(\widehat{\boldsymbol{x}}^{(\mathrm{a})}) = \mathbf{CRB}^{(\mathrm{a})}(\boldsymbol{x}) \tag{8.49}$$

证毕。

【命题 8.5】当模型参数存在先验观测误差时, 若将未知参数 $\boldsymbol{x}$ 的估计均方误差的克拉美罗界记为 $\mathbf{CRB}^{(\mathrm{b})}(\boldsymbol{x})$①, 则有 $\mathbf{MSE}(\widehat{\widehat{\boldsymbol{x}}}^{(\mathrm{a})}) \geqslant \mathbf{CRB}^{(\mathrm{b})}(\boldsymbol{x})$。

【证明】由式 (3.31) 可得

$$\begin{aligned}\mathbf{CRB}^{(\mathrm{b})}(\boldsymbol{x}) = \mathbf{CRB}^{(\mathrm{a})}(\boldsymbol{x}) &+ \mathbf{CRB}^{(\mathrm{a})}(\boldsymbol{x})(\boldsymbol{F}_x(\boldsymbol{x},\boldsymbol{s}))^{\mathrm{T}}\boldsymbol{E}^{-1}\boldsymbol{F}_s(\boldsymbol{x},\boldsymbol{s})\\ &\times(\boldsymbol{\Psi}^{-1} + (\boldsymbol{F}_s(\boldsymbol{x},\boldsymbol{s}))^{\mathrm{T}}\boldsymbol{E}^{-1/2}\boldsymbol{\Pi}^{\perp}[\boldsymbol{E}^{-1/2}\boldsymbol{F}_x(\boldsymbol{x},\boldsymbol{s})]\boldsymbol{E}^{-1/2}\\ &\times\boldsymbol{F}_s(\boldsymbol{x},\boldsymbol{s}))^{-1}(\boldsymbol{F}_s(\boldsymbol{x},\boldsymbol{s}))^{\mathrm{T}}\boldsymbol{E}^{-1}\boldsymbol{F}_x(\boldsymbol{x},\boldsymbol{s})\mathbf{CRB}^{(\mathrm{a})}(\boldsymbol{x})\end{aligned} \tag{8.50}$$

利用正交投影矩阵 $\boldsymbol{\Pi}^{\perp}[\boldsymbol{E}^{-1/2}\boldsymbol{F}_x(\boldsymbol{x},\boldsymbol{s})]$ 的半正定性和命题 2.4 可知

$$(\boldsymbol{F}_s(\boldsymbol{x},\boldsymbol{s}))^{\mathrm{T}}\boldsymbol{E}^{-1/2}\boldsymbol{\Pi}^{\perp}[\boldsymbol{E}^{-1/2}\boldsymbol{F}_x(\boldsymbol{x},\boldsymbol{s})]\boldsymbol{E}^{-1/2}\boldsymbol{F}_s(\boldsymbol{x},\boldsymbol{s}) \geqslant \boldsymbol{O} \tag{8.51}$$

基于式 (8.51) 和命题 2.9 可得

$$\begin{aligned}&\boldsymbol{\Psi}^{-1} + (\boldsymbol{F}_s(\boldsymbol{x},\boldsymbol{s}))^{\mathrm{T}}\boldsymbol{E}^{-1/2}\boldsymbol{\Pi}^{\perp}[\boldsymbol{E}^{-1/2}\boldsymbol{F}_x(\boldsymbol{x},\boldsymbol{s})]\boldsymbol{E}^{-1/2}\boldsymbol{F}_s(\boldsymbol{x},\boldsymbol{s}) \geqslant \boldsymbol{\Psi}^{-1}\\ &\Rightarrow(\boldsymbol{\Psi}^{-1} + (\boldsymbol{F}_s(\boldsymbol{x},\boldsymbol{s}))^{\mathrm{T}}\boldsymbol{E}^{-1/2}\boldsymbol{\Pi}^{\perp}[\boldsymbol{E}^{-1/2}\boldsymbol{F}_x(\boldsymbol{x},\boldsymbol{s})]\boldsymbol{E}^{-1/2}\boldsymbol{F}_s(\boldsymbol{x},\boldsymbol{s}))^{-1} \leqslant \boldsymbol{\Psi}\end{aligned} \tag{8.52}$$

结合式 (8.44)、式 (8.50) 和式 (8.52), 以及命题 2.5 可知 $\mathbf{MSE}(\widehat{\widehat{\boldsymbol{x}}}^{(\mathrm{a})}) \geqslant \mathbf{CRB}^{(\mathrm{b})}(\boldsymbol{x})$。证毕。

【注记 8.9】命题 8.5 表明, 当模型参数存在先验观测误差时, 向量 $\widehat{\widehat{\boldsymbol{x}}}^{(\mathrm{a})}$ 的估计均方误差难以达到相应的克拉美罗界 (即 $\mathbf{CRB}^{(\mathrm{b})}(\boldsymbol{x})$), 其并不是关于未知参数 $\boldsymbol{x}$ 的渐近统计最优估计值。因此, 下面还需要在模型参数先验观测误差存在下给出性能可以达到克拉美罗界的估计方法。

① 本章的上角标 (b) 表示模型参数先验观测误差存在的情形。

8.4 模型参数先验观测误差存在下的参数估计优化模型、求解方法及其理论性能

为了抑制模型参数先验观测误差所造成的影响, 本节对第 8.2.1 节的闭式求解方法进行拓展, 并给出另外两种闭式求解方法, 分别称为方法 8−b1 和方法 8−b2。

8.4.1 第 1 种参数估计优化模型及其求解方法

当模型参数存在先验观测误差时, 应将模型参数 $\boldsymbol{s}$ 看成是未知量, 但是第 1 种求解方法并不对模型参数 $\boldsymbol{s}$ 进行估计, 而是通过重新设置加权矩阵, 用于抑制模型参数先验观测误差的影响。

定义伪线性观测误差向量

$$\boldsymbol{\xi}^{(\mathrm{b})} = \boldsymbol{b}(\boldsymbol{z}, \widehat{\boldsymbol{s}}) - \boldsymbol{A}(\boldsymbol{z}, \widehat{\boldsymbol{s}})\boldsymbol{x} = \Delta\boldsymbol{b}^{(\mathrm{b})} - \Delta\boldsymbol{A}^{(\mathrm{b})}\boldsymbol{x} \tag{8.53}$$

式中, $\Delta\boldsymbol{b}^{(\mathrm{b})} = \boldsymbol{b}(\boldsymbol{z}, \widehat{\boldsymbol{s}}) - \boldsymbol{b}(\boldsymbol{z}_0, \boldsymbol{s})$, $\Delta\boldsymbol{A}^{(\mathrm{b})} = \boldsymbol{A}(\boldsymbol{z}, \widehat{\boldsymbol{s}}) - \boldsymbol{A}(\boldsymbol{z}_0, \boldsymbol{s})$。结合第 8.3 节中的定义和式 (8.40) 可知

$$\begin{cases} \Delta\boldsymbol{b}^{(\mathrm{b})} = \Delta\widetilde{\boldsymbol{b}}^{(\mathrm{a})}; \quad \Delta\boldsymbol{A}^{(\mathrm{b})} = \Delta\widetilde{\boldsymbol{A}}^{(\mathrm{a})} \\ \boldsymbol{\xi}^{(\mathrm{b})} = \widetilde{\boldsymbol{\xi}}^{(\mathrm{a})} \approx \boldsymbol{C}_z(\boldsymbol{x}, \boldsymbol{z}_0, \boldsymbol{s})\boldsymbol{e} + \boldsymbol{C}_s(\boldsymbol{x}, \boldsymbol{z}_0, \boldsymbol{s})\boldsymbol{\varphi} \end{cases} \tag{8.54}$$

由式 (8.54) 可知, 误差向量 $\boldsymbol{\xi}^{(\mathrm{b})}$ 渐近服从零均值的高斯分布, 并且其协方差矩阵为

$$\begin{aligned} \boldsymbol{\Omega}^{(\mathrm{b})} &= \mathbf{E}[\boldsymbol{\xi}^{(\mathrm{b})}(\boldsymbol{\xi}^{(\mathrm{b})})^{\mathrm{T}}] = \widetilde{\boldsymbol{\Omega}}^{(\mathrm{a})} \\ &= \boldsymbol{C}_z(\boldsymbol{x}, \boldsymbol{z}_0, \boldsymbol{s})\boldsymbol{E}(\boldsymbol{C}_z(\boldsymbol{x}, \boldsymbol{z}_0, \boldsymbol{s}))^{\mathrm{T}} + \boldsymbol{C}_s(\boldsymbol{x}, \boldsymbol{z}_0, \boldsymbol{s})\boldsymbol{\Psi}(\boldsymbol{C}_s(\boldsymbol{x}, \boldsymbol{z}_0, \boldsymbol{s}))^{\mathrm{T}} \in \mathbf{R}^{p \times p} \end{aligned} \tag{8.55}$$

结合式 (8.53) 和式 (8.55) 可以建立如下线性加权最小二乘估计准则

$$\min_{\boldsymbol{x} \in \mathbf{R}^{q \times 1}} \{(\boldsymbol{b}(\boldsymbol{z}, \widehat{\boldsymbol{s}}) - \boldsymbol{A}(\boldsymbol{z}, \widehat{\boldsymbol{s}})\boldsymbol{x})^{\mathrm{T}}(\boldsymbol{\Omega}^{(\mathrm{b})})^{-1}(\boldsymbol{b}(\boldsymbol{z}, \widehat{\boldsymbol{s}}) - \boldsymbol{A}(\boldsymbol{z}, \widehat{\boldsymbol{s}})\boldsymbol{x})\} \tag{8.56}$$

式中, $(\boldsymbol{\Omega}^{(\mathrm{b})})^{-1}$ 可以看成是加权矩阵, 其作用在于同时抑制观测误差 $\boldsymbol{e}$ 和模型参数先验观测误差 $\boldsymbol{\varphi}$ 的影响。根据式 (2.67) 可知, 式 (8.56) 的最优闭式解为①

$$\widehat{\boldsymbol{x}}^{(\mathrm{b1})} = ((\boldsymbol{A}(\boldsymbol{z}, \widehat{\boldsymbol{s}}))^{\mathrm{T}}(\boldsymbol{\Omega}^{(\mathrm{b})})^{-1}\boldsymbol{A}(\boldsymbol{z}, \widehat{\boldsymbol{s}}))^{-1}(\boldsymbol{A}(\boldsymbol{z}, \widehat{\boldsymbol{s}}))^{\mathrm{T}}(\boldsymbol{\Omega}^{(\mathrm{b})})^{-1}\boldsymbol{b}(\boldsymbol{z}, \widehat{\boldsymbol{s}}) \tag{8.57}$$

① 本章的上角标 (b1) 表示方法 8−b1。

【注记 8.10】由式 (8.55) 可知, 加权矩阵 $(\boldsymbol{\Omega}^{(\mathrm{b})})^{-1}$ 与未知参数 $\boldsymbol{x}$ 有关。因此严格地说, 式 (8.56) 中的目标函数并不是关于向量 $\boldsymbol{x}$ 的二次函数。庆幸的是, 该问题并不难以解决, 可以先将 $(\boldsymbol{\Omega}^{(\mathrm{b})})^{-1}$ 设为单位矩阵, 从而获得向量 $\boldsymbol{x}$ 的近似估计值 (即 $\widehat{\boldsymbol{x}}_{\mathrm{o}}^{(\mathrm{b1})}=((\boldsymbol{A}(\boldsymbol{z},\widehat{\boldsymbol{s}}))^{\mathrm{T}}\boldsymbol{A}(\boldsymbol{z},\widehat{\boldsymbol{s}}))^{-1}(\boldsymbol{A}(\boldsymbol{z},\widehat{\boldsymbol{s}}))^{\mathrm{T}}\boldsymbol{b}(\boldsymbol{z},\widehat{\boldsymbol{s}})$), 然后利用近似估计值 $\widehat{\boldsymbol{x}}_{\mathrm{o}}^{(\mathrm{b1})}$ 计算加权矩阵 $(\boldsymbol{\Omega}^{(\mathrm{b})})^{-1}$, 并基于式 (8.57) 获得向量 $\boldsymbol{x}$ 的最终估计值 $\widehat{\boldsymbol{x}}^{(\mathrm{b1})}$①。另外, 加权矩阵 $(\boldsymbol{\Omega}^{(\mathrm{b})})^{-1}$ 还与观测向量 $\boldsymbol{z}_0$ 和模型参数 $\boldsymbol{s}$ 有关, 可以直接利用它们的观测值 $\boldsymbol{z}$ 和 $\widehat{\boldsymbol{s}}$ 进行计算。下面的理论性能分析表明, 在一阶误差分析理论框架下 (适用于小观测误差), 加权矩阵 $(\boldsymbol{\Omega}^{(\mathrm{b})})^{-1}$ 中的扰动误差并不会实质影响估计值 $\widehat{\boldsymbol{x}}^{(\mathrm{b1})}$ 的统计性能。

将上面的求解方法称为方法 8–b1, 图 8.3 给出方法 8–b1 的计算流程图。

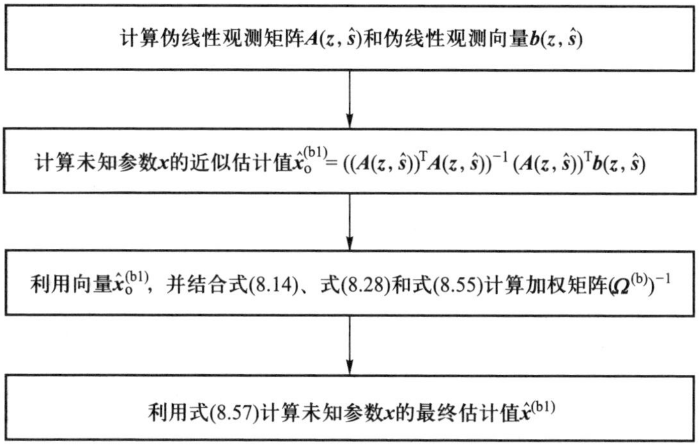

图 8.3　方法 8–b1 的计算流程图

8.4.2　第 2 种参数估计优化模型及其求解方法

第 2 种求解方法是将未知参数 $\boldsymbol{x}$ 和模型参数 $\boldsymbol{s}$ 进行联合估计, 为此需要结合式 (8.34) 中的第 2 个等式和式 (8.53) 构造如下扩维的伪线性观测误差向量

$$\boldsymbol{\zeta}^{(\mathrm{b})}=\begin{bmatrix}\boldsymbol{b}(\boldsymbol{z},\widehat{\boldsymbol{s}})\\ \widehat{\boldsymbol{s}}\end{bmatrix}-\begin{bmatrix}\boldsymbol{A}(\boldsymbol{z},\widehat{\boldsymbol{s}}) & \boldsymbol{O}_{p\times r}\\ \boldsymbol{O}_{r\times q} & \boldsymbol{I}_r\end{bmatrix}\begin{bmatrix}\boldsymbol{x}\\ \boldsymbol{s}\end{bmatrix}=\begin{bmatrix}\Delta\boldsymbol{b}^{(\mathrm{b})}-\Delta\boldsymbol{A}^{(\mathrm{b})}\boldsymbol{x}\\ \boldsymbol{\varphi}\end{bmatrix}=\begin{bmatrix}\boldsymbol{\xi}^{(\mathrm{b})}\\ \boldsymbol{\varphi}\end{bmatrix} \tag{8.58}$$

① 为了提高在大观测误差条件下的估计性能, 还可以先利用估计值 $\widehat{\boldsymbol{x}}^{(\mathrm{b1})}$ 再次计算加权矩阵 $(\boldsymbol{\Omega}^{(\mathrm{b})})^{-1}$, 然后利用最新的加权矩阵更新估计值。

将式 (8.54) 中的第 3 个等式代入式 (8.58) 可知

$$\boldsymbol{\zeta}^{(\mathrm{b})} \approx \begin{bmatrix} \boldsymbol{C}_z(\boldsymbol{x},\boldsymbol{z}_0,\boldsymbol{s})\boldsymbol{e}+\boldsymbol{C}_s(\boldsymbol{x},\boldsymbol{z}_0,\boldsymbol{s})\boldsymbol{\varphi} \\ \boldsymbol{\varphi} \end{bmatrix} \tag{8.59}$$

由式 (8.59) 可知, 误差向量 $\boldsymbol{\zeta}^{(\mathrm{b})}$ 渐近服从零均值的高斯分布, 并且其协方差矩阵为

$$\begin{aligned}\boldsymbol{\Gamma}^{(\mathrm{b})} &= \mathbf{E}[\boldsymbol{\zeta}^{(\mathrm{b})}(\boldsymbol{\zeta}^{(\mathrm{b})})^{\mathrm{T}}] \\ &= \left[\begin{array}{c:c} \boldsymbol{C}_z(\boldsymbol{x},\boldsymbol{z}_0,\boldsymbol{s})\boldsymbol{E}(\boldsymbol{C}_z(\boldsymbol{x},\boldsymbol{z}_0,\boldsymbol{s}))^{\mathrm{T}}+\boldsymbol{C}_s(\boldsymbol{x},\boldsymbol{z}_0,\boldsymbol{s})\boldsymbol{\Psi}(\boldsymbol{C}_s(\boldsymbol{x},\boldsymbol{z}_0,\boldsymbol{s}))^{\mathrm{T}} & \boldsymbol{C}_s(\boldsymbol{x},\boldsymbol{z}_0,\boldsymbol{s})\boldsymbol{\Psi} \\ \hdashline \boldsymbol{\Psi}(\boldsymbol{C}_s(\boldsymbol{x},\boldsymbol{z}_0,\boldsymbol{s}))^{\mathrm{T}} & \boldsymbol{\Psi} \end{array}\right] \\ &\in \mathbf{R}^{(p+r)\times(p+r)} \end{aligned} \tag{8.60}$$

结合式 (8.58) 和式 (8.60) 可以建立如下线性加权最小二乘估计准则

$$\begin{aligned}\min_{\boldsymbol{x}\in\mathbf{R}^{q\times 1};\boldsymbol{s}\in\mathbf{R}^{r\times 1}} &\left\{\left(\begin{bmatrix}\boldsymbol{b}(\boldsymbol{z},\widehat{\boldsymbol{s}}) \\ \widehat{\boldsymbol{s}}\end{bmatrix}-\begin{bmatrix}\boldsymbol{A}(\boldsymbol{z},\widehat{\boldsymbol{s}}) & \boldsymbol{O}_{p\times r} \\ \boldsymbol{O}_{r\times q} & \boldsymbol{I}_r\end{bmatrix}\begin{bmatrix}\boldsymbol{x} \\ \boldsymbol{s}\end{bmatrix}\right)^{\mathrm{T}}\right. \\ &\left.\times(\boldsymbol{\Gamma}^{(\mathrm{b})})^{-1}\left(\begin{bmatrix}\boldsymbol{b}(\boldsymbol{z},\widehat{\boldsymbol{s}}) \\ \widehat{\boldsymbol{s}}\end{bmatrix}-\begin{bmatrix}\boldsymbol{A}(\boldsymbol{z},\widehat{\boldsymbol{s}}) & \boldsymbol{O}_{p\times r} \\ \boldsymbol{O}_{r\times q} & \boldsymbol{I}_r\end{bmatrix}\begin{bmatrix}\boldsymbol{x} \\ \boldsymbol{s}\end{bmatrix}\right)\right\}\end{aligned} \tag{8.61}$$

式中, $(\boldsymbol{\Gamma}^{(\mathrm{b})})^{-1}$ 可以看成是加权矩阵, 其作用在于同时抑制观测误差 $\boldsymbol{e}$ 和模型参数先验观测误差 $\boldsymbol{\varphi}$ 的影响。根据式 (2.67) 可知, 式 (8.61) 的最优闭式解为①

$$\begin{aligned}\begin{bmatrix}\widehat{\boldsymbol{x}}^{(\mathrm{b2})} \\ \widehat{\boldsymbol{s}}^{(\mathrm{b2})}\end{bmatrix} &= \left(\begin{bmatrix}(\boldsymbol{A}(\boldsymbol{z},\widehat{\boldsymbol{s}}))^{\mathrm{T}} & \boldsymbol{O}_{q\times r} \\ \boldsymbol{O}_{r\times p} & \boldsymbol{I}_r\end{bmatrix}(\boldsymbol{\Gamma}^{(\mathrm{b})})^{-1}\begin{bmatrix}\boldsymbol{A}(\boldsymbol{z},\widehat{\boldsymbol{s}}) & \boldsymbol{O}_{p\times r} \\ \boldsymbol{O}_{r\times q} & \boldsymbol{I}_r\end{bmatrix}\right)^{-1} \\ &\quad\times\begin{bmatrix}(\boldsymbol{A}(\boldsymbol{z},\widehat{\boldsymbol{s}}))^{\mathrm{T}} & \boldsymbol{O}_{q\times r} \\ \boldsymbol{O}_{r\times p} & \boldsymbol{I}_r\end{bmatrix}(\boldsymbol{\Gamma}^{(\mathrm{b})})^{-1}\begin{bmatrix}\boldsymbol{b}(\boldsymbol{z},\widehat{\boldsymbol{s}}) \\ \widehat{\boldsymbol{s}}\end{bmatrix}\end{aligned} \tag{8.62}$$

【注记 8.11】由式 (8.60) 可知, 加权矩阵 $(\boldsymbol{\Gamma}^{(\mathrm{b})})^{-1}$ 与未知参数 $\boldsymbol{x}$ 和模型参数 $\boldsymbol{s}$ 有关。因此, 严格地说, 式 (8.61) 中的目标函数并不是关于向量 $\begin{bmatrix}\boldsymbol{x} \\ \boldsymbol{s}\end{bmatrix}$ 的二次函数。庆幸的是, 该问题并不难以解决, 可以先将 $(\boldsymbol{\Gamma}^{(\mathrm{b})})^{-1}$ 设为单位矩阵, 从而获得

① 本章的上角标 (b2) 表示方法 8−b2。

向量 $\begin{bmatrix}\boldsymbol{x}\\\boldsymbol{s}\end{bmatrix}$ 的近似估计值$\left(即 \begin{bmatrix}\widehat{\boldsymbol{x}}_{\mathrm{o}}^{(\mathrm{b2})}\\\widehat{\boldsymbol{s}}_{\mathrm{o}}^{(\mathrm{b2})}\end{bmatrix}=\left(\begin{bmatrix}(\boldsymbol{A}(\boldsymbol{z},\widehat{\boldsymbol{s}}))^{\mathrm{T}} & \boldsymbol{O}_{q\times r}\\\boldsymbol{O}_{r\times p} & \boldsymbol{I}_r\end{bmatrix}\begin{bmatrix}\boldsymbol{A}(\boldsymbol{z},\widehat{\boldsymbol{s}}) & \boldsymbol{O}_{p\times r}\\\boldsymbol{O}_{r\times q} & \boldsymbol{I}_r\end{bmatrix}\right)^{-1}\times\begin{bmatrix}(\boldsymbol{A}(\boldsymbol{z},\widehat{\boldsymbol{s}}))^{\mathrm{T}} & \boldsymbol{O}_{q\times r}\\\boldsymbol{O}_{r\times p} & \boldsymbol{I}_r\end{bmatrix}\begin{bmatrix}\boldsymbol{b}(\boldsymbol{z},\widehat{\boldsymbol{s}})\\\widehat{\boldsymbol{s}}\end{bmatrix}\right)$, 然后利用近似估计值 $\begin{bmatrix}\widehat{\boldsymbol{x}}_{\mathrm{o}}^{(\mathrm{b2})}\\\widehat{\boldsymbol{s}}_{\mathrm{o}}^{(\mathrm{b2})}\end{bmatrix}$ 计算加权矩阵 $(\boldsymbol{\Gamma}^{(\mathrm{b})})^{-1}$, 并基于式 (8.62) 获得向量 $\begin{bmatrix}\boldsymbol{x}\\\boldsymbol{s}\end{bmatrix}$ 的最终估计值 $\begin{bmatrix}\widehat{\boldsymbol{x}}^{(\mathrm{b2})}\\\widehat{\boldsymbol{s}}^{(\mathrm{b2})}\end{bmatrix}$①。另外, 加权矩阵 $(\boldsymbol{\Gamma}^{(\mathrm{b})})^{-1}$ 还与观测向量 $\boldsymbol{z}_0$ 有关, 可以直接利用其观测值 $\boldsymbol{z}$ 进行计算。下面的理论性能分析表明, 在一阶误差分析理论框架下, 加权矩阵 $(\boldsymbol{\Gamma}^{(\mathrm{b})})^{-1}$ 中的扰动误差并不会实质性地影响估计值 $\begin{bmatrix}\widehat{\boldsymbol{x}}^{(\mathrm{b2})}\\\widehat{\boldsymbol{s}}^{(\mathrm{b2})}\end{bmatrix}$ 的统计性能。

将上面的求解方法称为方法 8–b2, 图 8.4 给出方法 8–b2 的计算流程图。

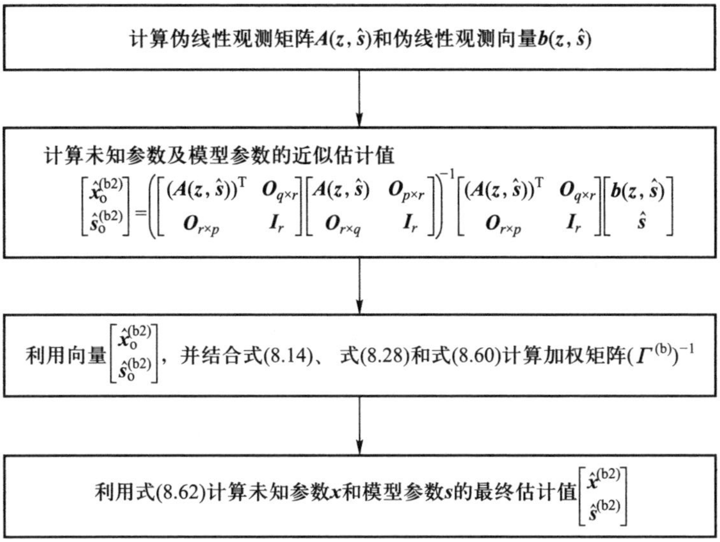

图 8.4　方法 8–b2 的计算流程图

【注记 8.12】由于方法 8–b1 和方法 8–b2 均不需要迭代运算, 因此可称它们为闭式求解方法。

---

① 为了提高在大观测误差条件下的估计性能, 还可以先利用估计值 $\begin{bmatrix}\widehat{\boldsymbol{x}}^{(\mathrm{b2})}\\\widehat{\boldsymbol{s}}^{(\mathrm{b2})}\end{bmatrix}$ 再次计算加权矩阵 $(\boldsymbol{\Gamma}^{(\mathrm{b})})^{-1}$, 然后利用最新的加权矩阵更新估计值。

8.4.3 理论性能分析

1. 方法 8−b1 的理论性能分析

下面推导方法 8−b1 的估计值 $\widehat{\boldsymbol{x}}^{(\mathrm{b1})}$ 的统计性能, 具体结论可见以下命题。

【命题 8.6】 向量 $\widehat{\boldsymbol{x}}^{(\mathrm{b1})}$ 是关于未知参数 $\boldsymbol{x}$ 的渐近无偏估计值, 并且其均方误差为

$$\begin{aligned}\mathbf{MSE}(\widehat{\boldsymbol{x}}^{(\mathrm{b1})}) &= ((\boldsymbol{F}_x(\boldsymbol{x},\boldsymbol{s}))^{\mathrm{T}}(\boldsymbol{E}+\boldsymbol{F}_s(\boldsymbol{x},\boldsymbol{s})\boldsymbol{\Psi}(\boldsymbol{F}_s(\boldsymbol{x},\boldsymbol{s}))^{\mathrm{T}})^{-1}\boldsymbol{F}_x(\boldsymbol{x},\boldsymbol{s}))^{-1}\\ &= \mathbf{CRB}^{(\mathrm{b})}(\boldsymbol{x})\end{aligned} \tag{8.63}$$

【证明】 首先, 将向量 $\widehat{\boldsymbol{x}}^{(\mathrm{b1})}$ 中的估计误差记为 $\Delta\boldsymbol{x}^{(\mathrm{b1})}=\widehat{\boldsymbol{x}}^{(\mathrm{b1})}-\boldsymbol{x}$。基于式 (8.57) 和注记 8.10 的讨论可知

$$(\boldsymbol{A}(\boldsymbol{z},\widehat{\boldsymbol{s}}))^{\mathrm{T}}(\widehat{\boldsymbol{\Omega}}^{(\mathrm{b})})^{-1}\boldsymbol{A}(\boldsymbol{z},\widehat{\boldsymbol{s}})(\boldsymbol{x}+\Delta\boldsymbol{x}^{(\mathrm{b1})})=(\boldsymbol{A}(\boldsymbol{z},\widehat{\boldsymbol{s}}))^{\mathrm{T}}(\widehat{\boldsymbol{\Omega}}^{(\mathrm{b})})^{-1}\boldsymbol{b}(\boldsymbol{z},\widehat{\boldsymbol{s}}) \tag{8.64}$$

式中, $\widehat{\boldsymbol{\Omega}}^{(\mathrm{b})}$ 表示 $\boldsymbol{\Omega}^{(\mathrm{b})}$ 的近似估计值。在一阶误差分析理论框架下, 利用式 (8.64) 可以进一步推得

$$\begin{aligned}&(\Delta\boldsymbol{A}^{(\mathrm{b})})^{\mathrm{T}}(\boldsymbol{\Omega}^{(\mathrm{b})})^{-1}\boldsymbol{A}(\boldsymbol{z}_0,\boldsymbol{s})\boldsymbol{x}+(\boldsymbol{A}(\boldsymbol{z}_0,\boldsymbol{s}))^{\mathrm{T}}(\boldsymbol{\Omega}^{(\mathrm{b})})^{-1}\Delta\boldsymbol{A}^{(\mathrm{b})}\boldsymbol{x}\\ &+(\boldsymbol{A}(\boldsymbol{z}_0,\boldsymbol{s}))^{\mathrm{T}}\Delta\boldsymbol{\Xi}^{(\mathrm{b})}\boldsymbol{A}(\boldsymbol{z}_0,\boldsymbol{s})\boldsymbol{x}+(\boldsymbol{A}(\boldsymbol{z}_0,\boldsymbol{s}))^{\mathrm{T}}(\boldsymbol{\Omega}^{(\mathrm{b})})^{-1}\boldsymbol{A}(\boldsymbol{z}_0,\boldsymbol{s})\Delta\boldsymbol{x}^{(\mathrm{b1})}\\ &\approx(\Delta\boldsymbol{A}^{(\mathrm{b})})^{\mathrm{T}}(\boldsymbol{\Omega}^{(\mathrm{b})})^{-1}\boldsymbol{b}(\boldsymbol{z}_0,\boldsymbol{s})+(\boldsymbol{A}(\boldsymbol{z}_0,\boldsymbol{s}))^{\mathrm{T}}(\boldsymbol{\Omega}^{(\mathrm{b})})^{-1}\Delta\boldsymbol{b}^{(\mathrm{b})}+(\boldsymbol{A}(\boldsymbol{z}_0,\boldsymbol{s}))^{\mathrm{T}}\Delta\boldsymbol{\Xi}^{(\mathrm{b})}\boldsymbol{b}(\boldsymbol{z}_0,\boldsymbol{s})\\ &\Rightarrow(\boldsymbol{A}(\boldsymbol{z}_0,\boldsymbol{s}))^{\mathrm{T}}(\boldsymbol{\Omega}^{(\mathrm{b})})^{-1}\boldsymbol{A}(\boldsymbol{z}_0,\boldsymbol{s})\Delta\boldsymbol{x}^{(\mathrm{b1})}\approx(\boldsymbol{A}(\boldsymbol{z}_0,\boldsymbol{s}))^{\mathrm{T}}(\boldsymbol{\Omega}^{(\mathrm{b})})^{-1}(\Delta\boldsymbol{b}^{(\mathrm{b})}-\Delta\boldsymbol{A}^{(\mathrm{b})}\boldsymbol{x})\\ &=(\boldsymbol{A}(\boldsymbol{z}_0,\boldsymbol{s}))^{\mathrm{T}}(\boldsymbol{\Omega}^{(\mathrm{b})})^{-1}\boldsymbol{\xi}^{(\mathrm{b})}\\ &\Rightarrow\Delta\boldsymbol{x}^{(\mathrm{b1})}\approx((\boldsymbol{A}(\boldsymbol{z}_0,\boldsymbol{s}))^{\mathrm{T}}(\boldsymbol{\Omega}^{(\mathrm{b})})^{-1}\boldsymbol{A}(\boldsymbol{z}_0,\boldsymbol{s}))^{-1}(\boldsymbol{A}(\boldsymbol{z}_0,\boldsymbol{s}))^{\mathrm{T}}(\boldsymbol{\Omega}^{(\mathrm{b})})^{-1}\boldsymbol{\xi}^{(\mathrm{b})}\end{aligned} \tag{8.65}$$

式中, $\Delta\boldsymbol{\Xi}^{(\mathrm{b})}=(\widehat{\boldsymbol{\Omega}}^{(\mathrm{b})})^{-1}-(\boldsymbol{\Omega}^{(\mathrm{b})})^{-1}$ 表示矩阵 $(\widehat{\boldsymbol{\Omega}}^{(\mathrm{b})})^{-1}$ 中的扰动误差。由式 (8.65) 可知, 误差向量 $\Delta\boldsymbol{x}^{(\mathrm{b1})}$ 渐近服从零均值的高斯分布。因此, 向量 $\widehat{\boldsymbol{x}}^{(\mathrm{b1})}$ 是关于未知参数 $\boldsymbol{x}$ 的渐近无偏估计值, 并且其均方误差为

$$\begin{aligned}\mathbf{MSE}(\widehat{\boldsymbol{x}}^{(\mathrm{b1})}) &= \mathbf{E}[(\widehat{\boldsymbol{x}}^{(\mathrm{b1})}-\boldsymbol{x})(\widehat{\boldsymbol{x}}^{(\mathrm{b1})}-\boldsymbol{x})^{\mathrm{T}}]=\mathbf{E}[\Delta\boldsymbol{x}^{(\mathrm{b1})}(\Delta\boldsymbol{x}^{(\mathrm{b1})})^{\mathrm{T}}]\\ &= ((\boldsymbol{A}(\boldsymbol{z}_0,\boldsymbol{s}))^{\mathrm{T}}(\boldsymbol{\Omega}^{(\mathrm{b})})^{-1}\boldsymbol{A}(\boldsymbol{z}_0,\boldsymbol{s}))^{-1}(\boldsymbol{A}(\boldsymbol{z}_0,\boldsymbol{s}))^{\mathrm{T}}(\boldsymbol{\Omega}^{(\mathrm{b})})^{-1}\\ &\quad\times\mathbf{E}[\boldsymbol{\xi}^{(\mathrm{b})}(\boldsymbol{\xi}^{(\mathrm{b})})^{\mathrm{T}}](\boldsymbol{\Omega}^{(\mathrm{b})})^{-1}\boldsymbol{A}(\boldsymbol{z}_0,\boldsymbol{s})((\boldsymbol{A}(\boldsymbol{z}_0,\boldsymbol{s}))^{\mathrm{T}}(\boldsymbol{\Omega}^{(\mathrm{b})})^{-1}\boldsymbol{A}(\boldsymbol{z}_0,\boldsymbol{s}))^{-1}\\ &= ((\boldsymbol{A}(\boldsymbol{z}_0,\boldsymbol{s}))^{\mathrm{T}}(\boldsymbol{\Omega}^{(\mathrm{b})})^{-1}\boldsymbol{A}(\boldsymbol{z}_0,\boldsymbol{s}))^{-1}\end{aligned} \tag{8.66}$$

然后, 将式 (8.55) 代入式 (8.66) 可得

$$
\begin{aligned}
\mathbf{MSE}(\widehat{\boldsymbol{x}}^{(\mathrm{b1})}) &= ((\boldsymbol{A}(\boldsymbol{z}_0,\boldsymbol{s}))^{\mathrm{T}}(\boldsymbol{C}_z(\boldsymbol{x},\boldsymbol{z}_0,\boldsymbol{s})\boldsymbol{E}(\boldsymbol{C}_z(\boldsymbol{x},\boldsymbol{z}_0,\boldsymbol{s}))^{\mathrm{T}} \\
&\quad + \boldsymbol{C}_s(\boldsymbol{x},\boldsymbol{z}_0,\boldsymbol{s})\boldsymbol{\Psi}(\boldsymbol{C}_s(\boldsymbol{x},\boldsymbol{z}_0,\boldsymbol{s}))^{\mathrm{T}})^{-1}\boldsymbol{A}(\boldsymbol{z}_0,\boldsymbol{s}))^{-1} \\
&= ((\boldsymbol{A}(\boldsymbol{z}_0,\boldsymbol{s}))^{\mathrm{T}}(\boldsymbol{C}_z(\boldsymbol{x},\boldsymbol{z}_0,\boldsymbol{s}))^{-\mathrm{T}}(\boldsymbol{E}+(\boldsymbol{C}_z(\boldsymbol{x},\boldsymbol{z}_0,\boldsymbol{s}))^{-1}\boldsymbol{C}_s(\boldsymbol{x},\boldsymbol{z}_0,\boldsymbol{s}) \\
&\quad \times\boldsymbol{\Psi}(\boldsymbol{C}_s(\boldsymbol{x},\boldsymbol{z}_0,\boldsymbol{s}))^{\mathrm{T}}(\boldsymbol{C}_z(\boldsymbol{x},\boldsymbol{z}_0,\boldsymbol{s}))^{-\mathrm{T}})^{-1}(\boldsymbol{C}_z(\boldsymbol{x},\boldsymbol{z}_0,\boldsymbol{s}))^{-1}\boldsymbol{A}(\boldsymbol{z}_0,\boldsymbol{s}))^{-1} \\
&= ((\boldsymbol{F}_x(\boldsymbol{x},\boldsymbol{s}))^{\mathrm{T}}(\boldsymbol{E}+\boldsymbol{F}_s(\boldsymbol{x},\boldsymbol{s})\boldsymbol{\Psi}(\boldsymbol{F}_s(\boldsymbol{x},\boldsymbol{s}))^{\mathrm{T}})^{-1}\boldsymbol{F}_x(\boldsymbol{x},\boldsymbol{s}))^{-1} \\
&= \mathbf{CRB}^{(\mathrm{b})}(\boldsymbol{x})
\end{aligned} \tag{8.67}
$$

式中, 第 3 个等号利用了式 (8.26) 和式 (8.27), 第 4 个等号利用了式 (3.35)。证毕。

【注记 8.13】式 (8.65) 中的推导过程表明, 在一阶误差分析理论框架下, 矩阵 $(\widehat{\boldsymbol{\Omega}}^{(\mathrm{b})})^{-1}$ 中的扰动误差 $\Delta\boldsymbol{\Xi}^{(\mathrm{b})}$ 并不会实质影响估计值 $\widehat{\boldsymbol{x}}^{(\mathrm{b1})}$ 的统计性能。

【注记 8.14】命题 8.6 表明, 向量 $\widehat{\boldsymbol{x}}^{(\mathrm{b1})}$ 是关于未知参数 $\boldsymbol{x}$ 的渐近统计最优估计值。

2. 方法 8–b2 的理论性能分析

下面推导方法 8–b2 的估计值 $\begin{bmatrix}\widehat{\boldsymbol{x}}^{(\mathrm{b2})}\\ \widehat{\boldsymbol{s}}^{(\mathrm{b2})}\end{bmatrix}$ 的统计性能, 具体结论可见以下命题。

【命题 8.7】向量 $\begin{bmatrix}\widehat{\boldsymbol{x}}^{(\mathrm{b2})}\\ \widehat{\boldsymbol{s}}^{(\mathrm{b2})}\end{bmatrix}$ 是关于未知参数及模型参数 $\begin{bmatrix}\boldsymbol{x}\\ \boldsymbol{s}\end{bmatrix}$ 的渐近无偏估计值, 并且其均方误差为

$$
\begin{aligned}
\mathbf{MSE}\left(\begin{bmatrix}\widehat{\boldsymbol{x}}^{(\mathrm{b2})}\\ \widehat{\boldsymbol{s}}^{(\mathrm{b2})}\end{bmatrix}\right) &= \left[\begin{array}{c:c}(\boldsymbol{F}_x(\boldsymbol{x},\boldsymbol{s}))^{\mathrm{T}}\boldsymbol{E}^{-1}\boldsymbol{F}_x(\boldsymbol{x},\boldsymbol{s}) & (\boldsymbol{F}_x(\boldsymbol{x},\boldsymbol{s}))^{\mathrm{T}}\boldsymbol{E}^{-1}\boldsymbol{F}_s(\boldsymbol{x},\boldsymbol{s}) \\ \hdashline (\boldsymbol{F}_s(\boldsymbol{x},\boldsymbol{s}))^{\mathrm{T}}\boldsymbol{E}^{-1}\boldsymbol{F}_x(\boldsymbol{x},\boldsymbol{s}) & (\boldsymbol{F}_s(\boldsymbol{x},\boldsymbol{s}))^{\mathrm{T}}\boldsymbol{E}^{-1}\boldsymbol{F}_s(\boldsymbol{x},\boldsymbol{s})+\boldsymbol{\Psi}^{-1}\end{array}\right]^{-1} \\
&= \mathbf{CRB}^{(\mathrm{b})}\left(\begin{bmatrix}\boldsymbol{x}\\ \boldsymbol{s}\end{bmatrix}\right)
\end{aligned} \tag{8.68}
$$

【证明】首先, 将向量 $\begin{bmatrix}\widehat{\boldsymbol{x}}^{(\mathrm{b2})}\\ \widehat{\boldsymbol{s}}^{(\mathrm{b2})}\end{bmatrix}$ 中的估计误差记为 $\begin{bmatrix}\Delta\boldsymbol{x}^{(\mathrm{b2})}\\ \Delta\boldsymbol{s}^{(\mathrm{b2})}\end{bmatrix}=\begin{bmatrix}\widehat{\boldsymbol{x}}^{(\mathrm{b2})}-\boldsymbol{x}\\ \widehat{\boldsymbol{s}}^{(\mathrm{b2})}-\boldsymbol{s}\end{bmatrix}$。基于式 (8.62) 和注记 8.11 的讨论可知

$$
\begin{bmatrix}(\boldsymbol{A}(\boldsymbol{z},\widehat{\boldsymbol{s}}))^{\mathrm{T}} & \boldsymbol{O}_{q\times r}\\ \boldsymbol{O}_{r\times p} & \boldsymbol{I}_r\end{bmatrix}(\widehat{\boldsymbol{\Gamma}}^{(\mathrm{b})})^{-1}\begin{bmatrix}\boldsymbol{A}(\boldsymbol{z},\widehat{\boldsymbol{s}}) & \boldsymbol{O}_{p\times r}\\ \boldsymbol{O}_{r\times q} & \boldsymbol{I}_r\end{bmatrix}\begin{bmatrix}\boldsymbol{x}+\Delta\boldsymbol{x}^{(\mathrm{b2})}\\ \boldsymbol{s}+\Delta\boldsymbol{s}^{(\mathrm{b2})}\end{bmatrix}
$$

$$= \begin{bmatrix} (\boldsymbol{A}(\boldsymbol{z},\widehat{\boldsymbol{s}}))^{\mathrm{T}} & \boldsymbol{O}_{q\times r} \\ \boldsymbol{O}_{r\times p} & \boldsymbol{I}_r \end{bmatrix} (\widehat{\boldsymbol{\Gamma}}^{(\mathrm{b})})^{-1} \begin{bmatrix} \boldsymbol{b}(\boldsymbol{z},\widehat{\boldsymbol{s}}) \\ \widehat{\boldsymbol{s}} \end{bmatrix} \tag{8.69}$$

式中, $\widehat{\boldsymbol{\Gamma}}^{(\mathrm{b})}$ 表示 $\boldsymbol{\Gamma}^{(\mathrm{b})}$ 的近似估计值。在一阶误差分析理论框架下, 利用式 (8.69) 可以进一步推得

$$\begin{aligned}
& \begin{bmatrix} (\Delta\boldsymbol{A}^{(\mathrm{b})})^{\mathrm{T}} & \boldsymbol{O}_{q\times r} \\ \boldsymbol{O}_{r\times p} & \boldsymbol{O}_{r\times r} \end{bmatrix} (\boldsymbol{\Gamma}^{(\mathrm{b})})^{-1} \begin{bmatrix} \boldsymbol{A}(\boldsymbol{z}_0,\boldsymbol{s}) & \boldsymbol{O}_{p\times r} \\ \boldsymbol{O}_{r\times q} & \boldsymbol{I}_r \end{bmatrix} \begin{bmatrix} \boldsymbol{x} \\ \boldsymbol{s} \end{bmatrix} \\
& + \begin{bmatrix} (\boldsymbol{A}(\boldsymbol{z}_0,\boldsymbol{s}))^{\mathrm{T}} & \boldsymbol{O}_{q\times r} \\ \boldsymbol{O}_{r\times p} & \boldsymbol{I}_r \end{bmatrix} (\boldsymbol{\Gamma}^{(\mathrm{b})})^{-1} \begin{bmatrix} \Delta\boldsymbol{A}^{(\mathrm{b})} & \boldsymbol{O}_{p\times r} \\ \boldsymbol{O}_{r\times q} & \boldsymbol{O}_{r\times r} \end{bmatrix} \begin{bmatrix} \boldsymbol{x} \\ \boldsymbol{s} \end{bmatrix} \\
& + \begin{bmatrix} (\boldsymbol{A}(\boldsymbol{z}_0,\boldsymbol{s}))^{\mathrm{T}} & \boldsymbol{O}_{q\times r} \\ \boldsymbol{O}_{r\times p} & \boldsymbol{I}_r \end{bmatrix} \Delta\boldsymbol{\Sigma}^{(\mathrm{b})} \begin{bmatrix} \boldsymbol{A}(\boldsymbol{z}_0,\boldsymbol{s}) & \boldsymbol{O}_{p\times r} \\ \boldsymbol{O}_{r\times q} & \boldsymbol{I}_r \end{bmatrix} \begin{bmatrix} \boldsymbol{x} \\ \boldsymbol{s} \end{bmatrix} \\
& + \begin{bmatrix} (\boldsymbol{A}(\boldsymbol{z}_0,\boldsymbol{s}))^{\mathrm{T}} & \boldsymbol{O}_{q\times r} \\ \boldsymbol{O}_{r\times p} & \boldsymbol{I}_r \end{bmatrix} (\boldsymbol{\Gamma}^{(\mathrm{b})})^{-1} \begin{bmatrix} \boldsymbol{A}(\boldsymbol{z}_0,\boldsymbol{s}) & \boldsymbol{O}_{p\times r} \\ \boldsymbol{O}_{r\times q} & \boldsymbol{I}_r \end{bmatrix} \begin{bmatrix} \Delta\boldsymbol{x}^{(\mathrm{b2})} \\ \Delta\boldsymbol{s}^{(\mathrm{b2})} \end{bmatrix} \\
\approx & \begin{bmatrix} (\Delta\boldsymbol{A}^{(\mathrm{b})})^{\mathrm{T}} & \boldsymbol{O}_{q\times r} \\ \boldsymbol{O}_{r\times p} & \boldsymbol{O}_{r\times r} \end{bmatrix} (\boldsymbol{\Gamma}^{(\mathrm{b})})^{-1} \begin{bmatrix} \boldsymbol{b}(\boldsymbol{z}_0,\boldsymbol{s}) \\ \boldsymbol{s} \end{bmatrix} \\
& + \begin{bmatrix} (\boldsymbol{A}(\boldsymbol{z}_0,\boldsymbol{s}))^{\mathrm{T}} & \boldsymbol{O}_{q\times r} \\ \boldsymbol{O}_{r\times p} & \boldsymbol{I}_r \end{bmatrix} (\boldsymbol{\Gamma}^{(\mathrm{b})})^{-1} \begin{bmatrix} \Delta\boldsymbol{b}^{(\mathrm{b})} \\ \boldsymbol{\varphi} \end{bmatrix} \\
& + \begin{bmatrix} (\boldsymbol{A}(\boldsymbol{z}_0,\boldsymbol{s}))^{\mathrm{T}} & \boldsymbol{O}_{q\times r} \\ \boldsymbol{O}_{r\times p} & \boldsymbol{I}_r \end{bmatrix} \Delta\boldsymbol{\Sigma}^{(\mathrm{b})} \begin{bmatrix} \boldsymbol{b}(\boldsymbol{z}_0,\boldsymbol{s}) \\ \boldsymbol{s} \end{bmatrix} \\
\Rightarrow & \begin{bmatrix} (\boldsymbol{A}(\boldsymbol{z}_0,\boldsymbol{s}))^{\mathrm{T}} & \boldsymbol{O}_{q\times r} \\ \boldsymbol{O}_{r\times p} & \boldsymbol{I}_r \end{bmatrix} (\boldsymbol{\Gamma}^{(\mathrm{b})})^{-1} \begin{bmatrix} \boldsymbol{A}(\boldsymbol{z}_0,\boldsymbol{s}) & \boldsymbol{O}_{p\times r} \\ \boldsymbol{O}_{r\times q} & \boldsymbol{I}_r \end{bmatrix} \begin{bmatrix} \Delta\boldsymbol{x}^{(\mathrm{b2})} \\ \Delta\boldsymbol{s}^{(\mathrm{b2})} \end{bmatrix} \\
\approx & \begin{bmatrix} (\boldsymbol{A}(\boldsymbol{z}_0,\boldsymbol{s}))^{\mathrm{T}} & \boldsymbol{O}_{q\times r} \\ \boldsymbol{O}_{r\times p} & \boldsymbol{I}_r \end{bmatrix} (\boldsymbol{\Gamma}^{(\mathrm{b})})^{-1} \begin{bmatrix} \Delta\boldsymbol{b}^{(\mathrm{b})} - \Delta\boldsymbol{A}^{(\mathrm{b})}\boldsymbol{x} \\ \boldsymbol{\varphi} \end{bmatrix} \\
= & \begin{bmatrix} (\boldsymbol{A}(\boldsymbol{z}_0,\boldsymbol{s}))^{\mathrm{T}} & \boldsymbol{O}_{q\times r} \\ \boldsymbol{O}_{r\times p} & \boldsymbol{I}_r \end{bmatrix} (\boldsymbol{\Gamma}^{(\mathrm{b})})^{-1}\boldsymbol{\zeta}^{(\mathrm{b})} \\
\Rightarrow & \begin{bmatrix} \Delta\boldsymbol{x}^{(\mathrm{b2})} \\ \Delta\boldsymbol{s}^{(\mathrm{b2})} \end{bmatrix} \approx \left(\begin{bmatrix} (\boldsymbol{A}(\boldsymbol{z}_0,\boldsymbol{s}))^{\mathrm{T}} & \boldsymbol{O}_{q\times r} \\ \boldsymbol{O}_{r\times p} & \boldsymbol{I}_r \end{bmatrix} (\boldsymbol{\Gamma}^{(\mathrm{b})})^{-1} \begin{bmatrix} \boldsymbol{A}(\boldsymbol{z}_0,\boldsymbol{s}) & \boldsymbol{O}_{p\times r} \\ \boldsymbol{O}_{r\times q} & \boldsymbol{I}_r \end{bmatrix} \right)^{-1} \\
& \times \begin{bmatrix} (\boldsymbol{A}(\boldsymbol{z}_0,\boldsymbol{s}))^{\mathrm{T}} & \boldsymbol{O}_{q\times r} \\ \boldsymbol{O}_{r\times p} & \boldsymbol{I}_r \end{bmatrix} (\boldsymbol{\Gamma}^{(\mathrm{b})})^{-1}\boldsymbol{\zeta}^{(\mathrm{b})}
\end{aligned} \tag{8.70}$$

式中, $\Delta\boldsymbol{\Sigma}^{(\mathrm{b})}=(\widehat{\boldsymbol{\Gamma}}^{(\mathrm{b})})^{-1}-(\boldsymbol{\Gamma}^{(\mathrm{b})})^{-1}$ 表示矩阵 $(\widehat{\boldsymbol{\Gamma}}^{(\mathrm{b})})^{-1}$ 中的扰动误差。由式 (8.70) 可知, 误差向量 $\begin{bmatrix}\Delta\boldsymbol{x}^{(\mathrm{b2})}\\ \Delta\boldsymbol{s}^{(\mathrm{b2})}\end{bmatrix}$ 渐近服从零均值的高斯分布。因此, 向量 $\begin{bmatrix}\widehat{\boldsymbol{x}}^{(\mathrm{b2})}\\ \widehat{\boldsymbol{s}}^{(\mathrm{b2})}\end{bmatrix}$ 是关于未知参数及模型参数 $\begin{bmatrix}\boldsymbol{x}\\ \boldsymbol{s}\end{bmatrix}$ 的渐近无偏估计值, 并且其均方误差为

$$
\begin{aligned}
&\mathbf{MSE}\left(\begin{bmatrix}\widehat{\boldsymbol{x}}^{(\mathrm{b2})}\\ \widehat{\boldsymbol{s}}^{(\mathrm{b2})}\end{bmatrix}\right)\\
&=\mathbf{E}\left(\begin{bmatrix}\widehat{\boldsymbol{x}}^{(\mathrm{b2})}-\boldsymbol{x}\\ \widehat{\boldsymbol{s}}^{(\mathrm{b2})}-\boldsymbol{s}\end{bmatrix}\begin{bmatrix}\widehat{\boldsymbol{x}}^{(\mathrm{b2})}-\boldsymbol{x}\\ \widehat{\boldsymbol{s}}^{(\mathrm{b2})}-\boldsymbol{s}\end{bmatrix}^{\mathrm{T}}\right)=\mathbf{E}\left(\begin{bmatrix}\Delta\boldsymbol{x}^{(\mathrm{b2})}\\ \Delta\boldsymbol{s}^{(\mathrm{b2})}\end{bmatrix}\begin{bmatrix}\Delta\boldsymbol{x}^{(\mathrm{b2})}\\ \Delta\boldsymbol{s}^{(\mathrm{b2})}\end{bmatrix}^{\mathrm{T}}\right)\\
&=\left(\begin{bmatrix}(\boldsymbol{A}(\boldsymbol{z}_0,\boldsymbol{s}))^{\mathrm{T}} & \boldsymbol{O}_{q\times r}\\ \boldsymbol{O}_{r\times p} & \boldsymbol{I}_r\end{bmatrix}(\boldsymbol{\Gamma}^{(\mathrm{b})})^{-1}\begin{bmatrix}\boldsymbol{A}(\boldsymbol{z}_0,\boldsymbol{s}) & \boldsymbol{O}_{p\times r}\\ \boldsymbol{O}_{r\times q} & \boldsymbol{I}_r\end{bmatrix}\right)^{-1}\\
&\quad\times\begin{bmatrix}(\boldsymbol{A}(\boldsymbol{z}_0,\boldsymbol{s}))^{\mathrm{T}} & \boldsymbol{O}_{q\times r}\\ \boldsymbol{O}_{r\times p} & \boldsymbol{I}_r\end{bmatrix}(\boldsymbol{\Gamma}^{(\mathrm{b})})^{-1}\mathbf{E}[\boldsymbol{\zeta}^{(\mathrm{b})}(\boldsymbol{\zeta}^{(\mathrm{b})})^{\mathrm{T}}](\boldsymbol{\Gamma}^{(\mathrm{b})})^{-1}\begin{bmatrix}\boldsymbol{A}(\boldsymbol{z}_0,\boldsymbol{s}) & \boldsymbol{O}_{p\times r}\\ \boldsymbol{O}_{r\times q} & \boldsymbol{I}_r\end{bmatrix}\\
&\quad\times\left(\begin{bmatrix}(\boldsymbol{A}(\boldsymbol{z}_0,\boldsymbol{s}))^{\mathrm{T}} & \boldsymbol{O}_{q\times r}\\ \boldsymbol{O}_{r\times p} & \boldsymbol{I}_r\end{bmatrix}(\boldsymbol{\Gamma}^{(\mathrm{b})})^{-1}\begin{bmatrix}\boldsymbol{A}(\boldsymbol{z}_0,\boldsymbol{s}) & \boldsymbol{O}_{p\times r}\\ \boldsymbol{O}_{r\times q} & \boldsymbol{I}_r\end{bmatrix}\right)^{-1}\\
&=\left(\begin{bmatrix}(\boldsymbol{A}(\boldsymbol{z}_0,\boldsymbol{s}))^{\mathrm{T}} & \boldsymbol{O}_{q\times r}\\ \boldsymbol{O}_{r\times p} & \boldsymbol{I}_r\end{bmatrix}(\boldsymbol{\Gamma}^{(\mathrm{b})})^{-1}\begin{bmatrix}\boldsymbol{A}(\boldsymbol{z}_0,\boldsymbol{s}) & \boldsymbol{O}_{p\times r}\\ \boldsymbol{O}_{r\times q} & \boldsymbol{I}_r\end{bmatrix}\right)^{-1}
\end{aligned}\tag{8.71}
$$

然后, 结合式 (2.7) 和式 (8.60) 可得

$$
(\boldsymbol{\Gamma}^{(\mathrm{b})})^{-1}=\begin{bmatrix}\boldsymbol{X}_1 & \boldsymbol{X}_2\\ \boldsymbol{X}_2^{\mathrm{T}} & \boldsymbol{X}_3\end{bmatrix}\tag{8.72}
$$

式中,

$$
\left\{\begin{aligned}
\boldsymbol{X}_1&=(\boldsymbol{C}_z(\boldsymbol{x},\boldsymbol{z}_0,\boldsymbol{s}))^{-\mathrm{T}}\boldsymbol{E}^{-1}(\boldsymbol{C}_z(\boldsymbol{x},\boldsymbol{z}_0,\boldsymbol{s}))^{-1};\\
\boldsymbol{X}_2&=-(\boldsymbol{C}_z(\boldsymbol{x},\boldsymbol{z}_0,\boldsymbol{s}))^{-\mathrm{T}}\boldsymbol{E}^{-1}(\boldsymbol{C}_z(\boldsymbol{x},\boldsymbol{z}_0,\boldsymbol{s}))^{-1}\boldsymbol{C}_s(\boldsymbol{x},\boldsymbol{z}_0,\boldsymbol{s})\\
\boldsymbol{X}_3&=(\boldsymbol{\Psi}-\boldsymbol{\Psi}(\boldsymbol{C}_s(\boldsymbol{x},\boldsymbol{z}_0,\boldsymbol{s}))^{\mathrm{T}}(\boldsymbol{C}_z(\boldsymbol{x},\boldsymbol{z}_0,\boldsymbol{s})\boldsymbol{E}(\boldsymbol{C}_z(\boldsymbol{x},\boldsymbol{z}_0,\boldsymbol{s}))^{\mathrm{T}}\\
&\qquad+\boldsymbol{C}_s(\boldsymbol{x},\boldsymbol{z}_0,\boldsymbol{s})\boldsymbol{\Psi}(\boldsymbol{C}_s(\boldsymbol{x},\boldsymbol{z}_0,\boldsymbol{s}))^{\mathrm{T}})^{-1}\boldsymbol{C}_s(\boldsymbol{x},\boldsymbol{z}_0,\boldsymbol{s})\boldsymbol{\Psi})^{-1}\\
&=(\boldsymbol{\Psi}-\boldsymbol{\Psi}(\boldsymbol{C}_s(\boldsymbol{x},\boldsymbol{z}_0,\boldsymbol{s}))^{\mathrm{T}}(\boldsymbol{C}_z(\boldsymbol{x},\boldsymbol{z}_0,\boldsymbol{s}))^{-\mathrm{T}}(\boldsymbol{E}+(\boldsymbol{C}_z(\boldsymbol{x},\boldsymbol{z}_0,\boldsymbol{s}))^{-1}\boldsymbol{C}_s(\boldsymbol{x},\boldsymbol{z}_0,\boldsymbol{s})\boldsymbol{\Psi}\\
&\qquad\times(\boldsymbol{C}_s(\boldsymbol{x},\boldsymbol{z}_0,\boldsymbol{s}))^{\mathrm{T}}(\boldsymbol{C}_z(\boldsymbol{x},\boldsymbol{z}_0,\boldsymbol{s}))^{-\mathrm{T}})^{-1}(\boldsymbol{C}_z(\boldsymbol{x},\boldsymbol{z}_0,\boldsymbol{s}))^{-1}\boldsymbol{C}_s(\boldsymbol{x},\boldsymbol{z}_0,\boldsymbol{s})\boldsymbol{\Psi})^{-1}
\end{aligned}\right.\tag{8.73}
$$

利用式 (2.1) 可知

$$\boldsymbol{X}_3=\boldsymbol{\Psi}^{-1}+(\boldsymbol{C}_s(\boldsymbol{x},\boldsymbol{z}_0,\boldsymbol{s}))^{\mathrm{T}}(\boldsymbol{C}_z(\boldsymbol{x},\boldsymbol{z}_0,\boldsymbol{s}))^{-\mathrm{T}}\boldsymbol{E}^{-1}(\boldsymbol{C}_z(\boldsymbol{x},\boldsymbol{z}_0,\boldsymbol{s}))^{-1}\boldsymbol{C}_s(\boldsymbol{x},\boldsymbol{z}_0,\boldsymbol{s}) \tag{8.74}$$

最后, 将式 (8.72) 至式 (8.74) 代入式 (8.71) 可得

$$\mathbf{MSE}\left(\begin{bmatrix}\widehat{\boldsymbol{x}}^{(\mathrm{b2})}\\ \widehat{\boldsymbol{s}}^{(\mathrm{b2})}\end{bmatrix}\right)=\begin{bmatrix}\boldsymbol{Y}_1 & \boldsymbol{Y}_2\\ \boldsymbol{Y}_2^{\mathrm{T}} & \boldsymbol{Y}_3\end{bmatrix}^{-1}=\mathbf{CRB}^{(\mathrm{b})}\left(\begin{bmatrix}\boldsymbol{x}\\ \boldsymbol{s}\end{bmatrix}\right) \tag{8.75}$$

式中,

$$\begin{aligned}\boldsymbol{Y}_1&=(\boldsymbol{A}(\boldsymbol{z}_0,\boldsymbol{s}))^{\mathrm{T}}\boldsymbol{X}_1\boldsymbol{A}(\boldsymbol{z}_0,\boldsymbol{s})\\&=(\boldsymbol{A}(\boldsymbol{z}_0,\boldsymbol{s}))^{\mathrm{T}}(\boldsymbol{C}_z(\boldsymbol{x},\boldsymbol{z}_0,\boldsymbol{s}))^{-\mathrm{T}}\boldsymbol{E}^{-1}(\boldsymbol{C}_z(\boldsymbol{x},\boldsymbol{z}_0,\boldsymbol{s}))^{-1}\boldsymbol{A}(\boldsymbol{z}_0,\boldsymbol{s})\\&=(\boldsymbol{F}_x(\boldsymbol{x},\boldsymbol{s}))^{\mathrm{T}}\boldsymbol{E}^{-1}\boldsymbol{F}_x(\boldsymbol{x},\boldsymbol{s})\end{aligned} \tag{8.76}$$

$$\begin{aligned}\boldsymbol{Y}_2&=(\boldsymbol{A}(\boldsymbol{z}_0,\boldsymbol{s}))^{\mathrm{T}}\boldsymbol{X}_2\\&=-(\boldsymbol{A}(\boldsymbol{z}_0,\boldsymbol{s}))^{\mathrm{T}}(\boldsymbol{C}_z(\boldsymbol{x},\boldsymbol{z}_0,\boldsymbol{s}))^{-\mathrm{T}}\boldsymbol{E}^{-1}(\boldsymbol{C}_z(\boldsymbol{x},\boldsymbol{z}_0,\boldsymbol{s}))^{-1}\boldsymbol{C}_s(\boldsymbol{x},\boldsymbol{z}_0,\boldsymbol{s})\\&=(\boldsymbol{F}_x(\boldsymbol{x},\boldsymbol{s}))^{\mathrm{T}}\boldsymbol{E}^{-1}\boldsymbol{F}_s(\boldsymbol{x},\boldsymbol{s})\end{aligned} \tag{8.77}$$

$$\begin{aligned}\boldsymbol{Y}_3&=\boldsymbol{X}_3\\&=\boldsymbol{\Psi}^{-1}+(\boldsymbol{C}_s(\boldsymbol{x},\boldsymbol{z}_0,\boldsymbol{s}))^{\mathrm{T}}(\boldsymbol{C}_z(\boldsymbol{x},\boldsymbol{z}_0,\boldsymbol{s}))^{-\mathrm{T}}\boldsymbol{E}^{-1}(\boldsymbol{C}_z(\boldsymbol{x},\boldsymbol{z}_0,\boldsymbol{s}))^{-1}\boldsymbol{C}_s(\boldsymbol{x},\boldsymbol{z}_0,\boldsymbol{s})\\&=(\boldsymbol{F}_s(\boldsymbol{x},\boldsymbol{s}))^{\mathrm{T}}\boldsymbol{E}^{-1}\boldsymbol{F}_s(\boldsymbol{x},\boldsymbol{s})+\boldsymbol{\Psi}^{-1}\end{aligned} \tag{8.78}$$

式 (8.76) 至式 (8.78) 中的第 3 个等号利用了式 (8.26) 和式 (8.27), 式 (8.75) 中的第 2 个等号利用了第 3 章式 (3.25)。证毕。

【注记 8.15】 式 (8.70) 中的推导过程表明, 在一阶误差分析理论框架下, 矩阵 $(\widehat{\boldsymbol{\Gamma}}^{(\mathrm{b})})^{-1}$ 中的扰动误差 $\Delta\boldsymbol{\Sigma}^{(\mathrm{b})}$ 并不会实质性地影响估计值 $\begin{bmatrix}\widehat{\boldsymbol{x}}^{(\mathrm{b2})}\\ \widehat{\boldsymbol{s}}^{(\mathrm{b2})}\end{bmatrix}$ 的统计性能。

【注记 8.16】 命题 8.7 表明, 向量 $\begin{bmatrix}\widehat{\boldsymbol{x}}^{(\mathrm{b2})}\\ \widehat{\boldsymbol{s}}^{(\mathrm{b2})}\end{bmatrix}$ 是关于未知参数及模型参数 $\begin{bmatrix}\boldsymbol{x}\\ \boldsymbol{s}\end{bmatrix}$ 的渐近统计最优估计值。

8.4.4 数值实验

本节仍然选择式 (8.29) 所定义的函数 $\boldsymbol{f}(\boldsymbol{x},\boldsymbol{s})$ 进行数值实验。由式 (8.30) 和式 (8.31) 可得

$$
\boldsymbol{B}_s(\boldsymbol{z}_0,\boldsymbol{s})=\frac{\partial \boldsymbol{b}(\boldsymbol{z}_0,\boldsymbol{s})}{\partial \boldsymbol{s}^{\mathrm{T}}}=\begin{bmatrix} -5 & 0 & 0 & 0 \\ 0 & 0 & 0 & 0 \\ 0 & 0 & 5\cos(z_{03}/8) & 6\sin(z_{03}/8) \\ 0 & 0 & 0 & -2 \\ 0 & 0 & 0 & 0 \\ -4\cos(z_{06}/6) & 0 & 0 & 0 \end{bmatrix} \tag{8.79}
$$

$$
\begin{cases}
\dot{\boldsymbol{A}}_{s_1}(\boldsymbol{z}_0,\boldsymbol{s})=\dfrac{\partial \boldsymbol{A}(\boldsymbol{z}_0,\boldsymbol{s})}{\partial s_1}=\boldsymbol{i}_6^{(3)}[\cos(z_{03}/8)\quad 0\quad 0] \\
\dot{\boldsymbol{A}}_{s_2}(\boldsymbol{z}_0,\boldsymbol{s})=\dfrac{\partial \boldsymbol{A}(\boldsymbol{z}_0,\boldsymbol{s})}{\partial s_2}=\boldsymbol{i}_6^{(2)}[0\quad 4\quad 0] \\
\quad +\boldsymbol{i}_6^{(3)}[0\quad 0\quad -\sin(z_{03}/8)]+\boldsymbol{i}_6^{(5)}[0\quad 1\quad 0]+\boldsymbol{i}_6^{(6)}[0\quad 0\quad -\cos(z_{06}/6)] \\
\dot{\boldsymbol{A}}_{s_3}(\boldsymbol{z}_0,\boldsymbol{s})=\dfrac{\partial \boldsymbol{A}(\boldsymbol{z}_0,\boldsymbol{s})}{\partial s_3}=\boldsymbol{i}_6^{(2)}[0\quad 0\quad 3]+\boldsymbol{i}_6^{(6)}[0\quad \sin(z_{06}/6)\quad 0] \\
\dot{\boldsymbol{A}}_{s_4}(\boldsymbol{z}_0,\boldsymbol{s})=\dfrac{\partial \boldsymbol{A}(\boldsymbol{z}_0,\boldsymbol{s})}{\partial s_4}=\boldsymbol{i}_6^{(5)}[0\quad 0\quad -z_{05}]+\boldsymbol{i}_6^{(6)}[\sin(z_{06}/6)\quad 0\quad 0]
\end{cases} \tag{8.80}
$$

将未知参数设为 $\boldsymbol{x}=[5\quad -2\quad -3]^{\mathrm{T}}$, 将模型参数设为 $\boldsymbol{s}=[4\ \ 3\ \ 2\ \ 1]^{\mathrm{T}}$ (假设其未能精确已知, 仅存在先验观测值), 观测误差协方差矩阵设为 $\boldsymbol{E}=\sigma_1^2\boldsymbol{I}_6$, 其中 σ_1 称为观测误差标准差。模型参数先验观测误差协方差矩阵设为

$$
\begin{aligned}
\boldsymbol{\Psi}=\sigma_2^2(2\boldsymbol{I}_4&+\boldsymbol{i}_4^{(1)}(\boldsymbol{i}_4^{(2)})^{\mathrm{T}}+\boldsymbol{i}_4^{(2)}(\boldsymbol{i}_4^{(1)})^{\mathrm{T}}+\boldsymbol{i}_4^{(2)}(\boldsymbol{i}_4^{(3)})^{\mathrm{T}} \\
&+\boldsymbol{i}_4^{(3)}(\boldsymbol{i}_4^{(2)})^{\mathrm{T}}+\boldsymbol{i}_4^{(3)}(\boldsymbol{i}_4^{(4)})^{\mathrm{T}}+\boldsymbol{i}_4^{(4)}(\boldsymbol{i}_4^{(3)})^{\mathrm{T}})/2
\end{aligned}
$$

其中 σ_2 称为先验观测误差标准差。下面利用方法 8–a 和方法 8–b1 对未知参数 $\boldsymbol{x}$ 进行估计, 利用方法 8–b2 对未知参数 $\boldsymbol{x}$ 和模型参数 $\boldsymbol{s}$ 进行联合估计。

首先, 设 $\sigma_2=0.1$, 图 8.5 给出了未知参数 $\boldsymbol{x}$ 估计均方根误差随观测误差标准差 σ_1 的变化曲线, 图 8.6 给出了模型参数 $\boldsymbol{s}$ 估计均方根误差随观测误差标准差 σ_1 的变化曲线; 然后, 设 $\sigma_1=0.8$, 图 8.7 给出了未知参数 $\boldsymbol{x}$ 估计均方根误差随先验观测误差标准差 σ_2 的变化曲线, 图 8.8 给出了模型参数 $\boldsymbol{s}$ 估计均方根误差随先验观测误差标准差 σ_2 的变化曲线。

由图 8.5 至图 8.8 中可以看出:

① 当模型参数存在先验观测误差时, 3 种方法的参数估计均方根误差均随观测误差标准差 σ_1 的增加而增大, 随先验观测误差标准差 σ_2 的增加而增大。

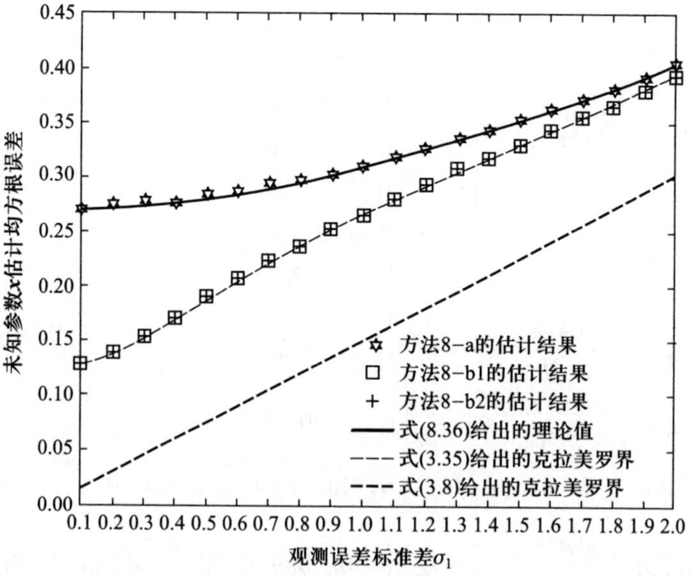

图 8.5 未知参数 $\boldsymbol{x}$ 估计均方根误差随观测误差标准差 σ_1 的变化曲线 (彩图)

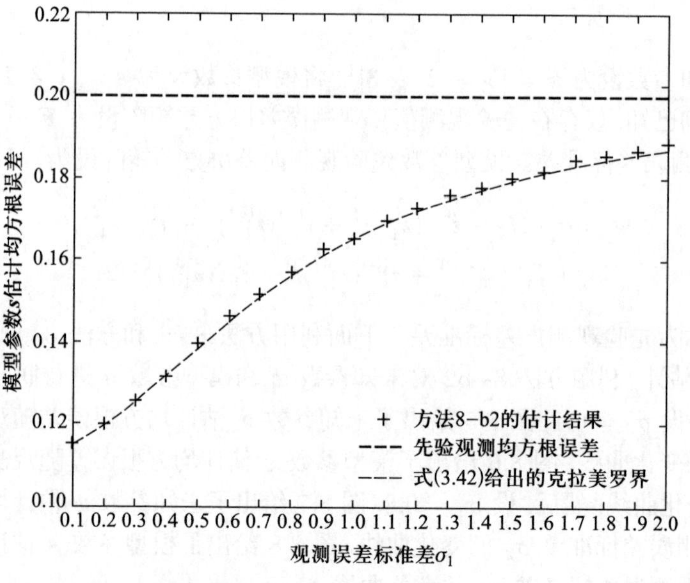

图 8.6 模型参数 $\boldsymbol{s}$ 估计均方根误差随观测误差标准差 σ_1 的变化曲线

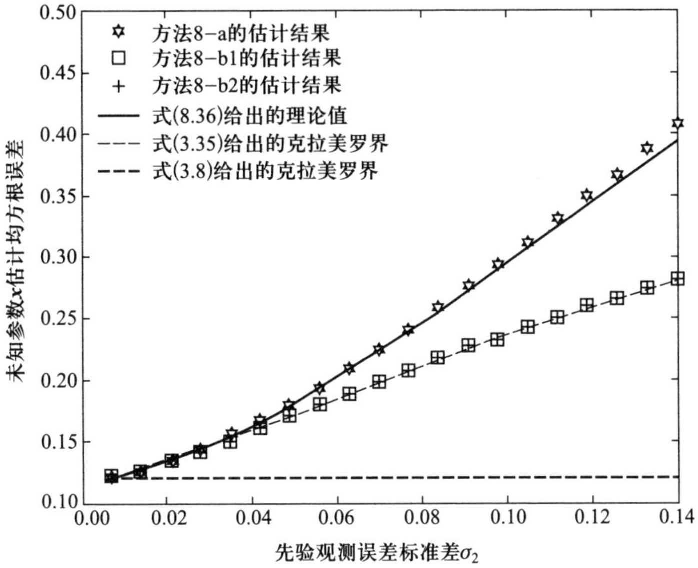

图 8.7　未知参数 $\boldsymbol{x}$ 估计均方根误差随先验观测误差标准差 σ_2 的变化曲线 (彩图)

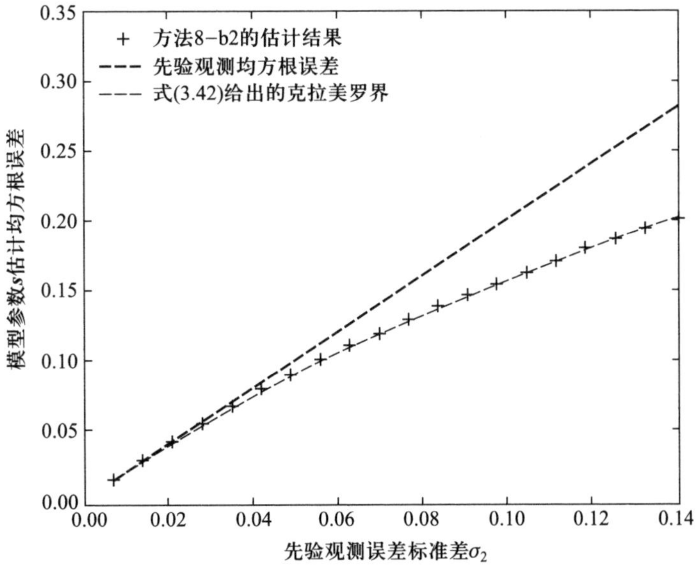

图 8.8　模型参数 $\boldsymbol{s}$ 估计均方根误差随先验观测误差标准差 σ_2 的变化曲线

② 当模型参数存在先验观测误差时, 方法 8−a 对未知参数 $\boldsymbol{x}$ 的估计均方根误差与式 (8.36) 给出的理论值基本吻合 (如图 8.5、图 8.7 所示), 从而验证了第 8.3 节理论性能分析的有效性。

③ 当模型参数存在先验观测误差时, 方法 8−b1 和方法 8−b2 对未知参数 $\boldsymbol{x}$ 的估计均方根误差均能够达到由式 (3.35) 给出的克拉美罗界 (如图 8.5、图 8.7 所示), 从而验证了第 8.4.3 节理论性能分析的有效性。此外, 方法 8−b1 和方法 8−b2 的估计精度高于方法 8−a, 并且性能差异随观测误差标准差 σ_1 的增加而变小 (如图 8.5 所示), 随先验观测误差标准差 σ_2 的增加而变大 (如图 8.7 所示)。

④ 当模型参数存在先验观测误差时, 方法 8−b2 提高了对模型参数 $\boldsymbol{s}$ 的估计精度 (相对先验观测精度而言), 并且其估计均方根误差能够达到由式 (3.42) 给出的克拉美罗界 (如图 8.6、图 8.8 所示), 从而再次验证了第 8.4.3 节理论性能分析的有效性。

第 9 章 伪线性最小二乘估计理论与方法:第 Ⅱ 类伪线性观测模型

与第 8 章相同, 本章也是将非线性观测模型转化成伪线性观测模型, 只是这里考虑第 Ⅱ 类伪线性观测模型, 该类伪线性观测模型的特征在于, 其中包含两组观测方程, 因此需要通过两个计算阶段来获得最终的估计结果。针对第 Ⅱ 类伪线性观测模型的特点, 本章描述相应的伪线性最小二乘估计理论与方法。此外, 与第 8 章相似, 本章的方法也是以闭式解的形式给出最终的估计结果, 无须迭代运算。

9.1 可转化为第Ⅱ类伪线性观测模型的非线性观测模型

考虑如下非线性观测模型

$$\boldsymbol{z} = \boldsymbol{z}_0 + \boldsymbol{e} = \boldsymbol{f}(\boldsymbol{x}, \boldsymbol{s}) + \boldsymbol{e} \tag{9.1}$$

式中,

$\boldsymbol{z}_0 = \boldsymbol{f}(\boldsymbol{x}, \boldsymbol{s}) \in \mathbf{R}^{p\times 1}$ 表示没有误差条件下的观测向量, 其中 $\boldsymbol{f}(\boldsymbol{x}, \boldsymbol{s})$ 是关于向量 $\boldsymbol{x}$ 和 $\boldsymbol{s}$ 的连续可导函数;

$\boldsymbol{x} \in \mathbf{R}^{q\times 1}$ 表示待估计的未知参数, 其中 $q < p$ 以确保问题是超定的 (即观测量个数大于未知参数个数);

$\boldsymbol{s} \in \mathbf{R}^{r\times 1}$ 表示模型参数;

$\boldsymbol{z} \in \mathbf{R}^{p\times 1}$ 表示含有误差条件下的观测向量;

$\boldsymbol{e} \in \mathbf{R}^{p\times 1}$ 表示观测误差向量, 假设其服从均值为零、协方差矩阵为 $\mathbf{COV}(\boldsymbol{e}) = \mathbf{E}[\boldsymbol{e}\boldsymbol{e}^{\mathrm{T}}] = \boldsymbol{E}$ 的高斯分布。

【注记 9.1】与第 3 章相同, 本章仍然考虑两种情形: 第 1 种情形是假设模型参数 $\boldsymbol{s}$ 精确已知, 此时可以将其看成是已知量; 第 2 种情形是假设仅存在关于模型参数 $\boldsymbol{s}$ 的先验观测值 $\widehat{\boldsymbol{s}}$, 其中包含先验观测误差, 并且先验观测误差向量 $\boldsymbol{\varphi} = \widehat{\boldsymbol{s}} - \boldsymbol{s}$ 服从均值为零、协方差矩阵为 $\mathbf{COV}(\boldsymbol{\varphi}) = \mathbf{E}[\boldsymbol{\varphi}\boldsymbol{\varphi}^{\mathrm{T}}] = \boldsymbol{\varPsi}$ 的高斯分布, 误差向量 $\boldsymbol{\varphi}$ 与 $\boldsymbol{e}$ 相互间统计独立, 并且协方差矩阵 $\boldsymbol{E}$ 和 $\boldsymbol{\varPsi}$ 都是满秩的正定矩阵。

与第 8 章相似的是，本章仍然假设可以通过代数变换将非线性观测模型 $\boldsymbol{z}_0=\boldsymbol{f}(\boldsymbol{x},\boldsymbol{s})$ 转化成关于未知参数 $\boldsymbol{x}$ 的伪线性观测模型，只是这里考虑第 Ⅱ 类伪线性观测模型，该模型涉及两组观测方程。第 1 组观测方程为

$$\boldsymbol{A}(\boldsymbol{z}_0,\boldsymbol{s})\boldsymbol{x}=\boldsymbol{b}(\boldsymbol{z}_0,\boldsymbol{s}) \tag{9.2}$$

式中，$\boldsymbol{A}(\boldsymbol{z}_0,\boldsymbol{s})\in\mathbf{R}^{l\times q}$ 表示没有误差条件下的伪线性观测矩阵①，其中 $l<p$；$\boldsymbol{b}(\boldsymbol{z}_0,\boldsymbol{s})\in\mathbf{R}^{l\times 1}$ 表示没有误差条件下的伪线性观测向量。第 2 组观测方程为

$$\boldsymbol{H}(\boldsymbol{z}_0,\boldsymbol{s})\boldsymbol{x}+\boldsymbol{w}(\boldsymbol{x},\boldsymbol{z}_0,\boldsymbol{s})=\boldsymbol{g}(\boldsymbol{z}_0,\boldsymbol{s}) \tag{9.3}$$

式中，$\boldsymbol{H}(\boldsymbol{z}_0,\boldsymbol{s})\in\mathbf{R}^{p\times q}$ 表示没有误差条件下的伪线性观测矩阵②；$\boldsymbol{g}(\boldsymbol{z}_0,\boldsymbol{s})\in\mathbf{R}^{p\times 1}$ 表示没有误差条件下的伪线性观测向量；$\boldsymbol{w}(\boldsymbol{x},\boldsymbol{z}_0,\boldsymbol{s})\in\mathbf{R}^{p\times 1}$ 表示控制向量，其与未知参数 $\boldsymbol{x}$ 有关，并且既可以是关于 $\boldsymbol{x}$ 的线性函数，也可以是关于 $\boldsymbol{x}$ 的非线性函数。

【注记 9.2】矩阵 $\boldsymbol{A}(\boldsymbol{z}_0,\boldsymbol{s})$ 的行数等于 l，其小于观测向量 $\boldsymbol{z}_0$（或者向量 $\boldsymbol{z}$）的维数 p，因此式 (9.2) 中的观测方程个数小于式 (9.1) 中的观测方程个数，这意味着式 (9.2) 是有信息损失的。此时，若直接利用第 8 章的方法对式 (9.2) 进行求解，则无法获得渐近统计最优估计值。

【注记 9.3】矩阵 $\boldsymbol{H}(\boldsymbol{z}_0,\boldsymbol{s})$ 的行数等于 p，其与观测向量 $\boldsymbol{z}_0$（或者向量 $\boldsymbol{z}$）的维数相等，这意味着式 (9.3) 中的观测方程个数等于式 (9.1) 中的观测方程个数。但由于控制项 $\boldsymbol{w}(\boldsymbol{x},\boldsymbol{z}_0,\boldsymbol{s})$ 的存在导致难以从式 (9.3) 中直接获得闭式解，需要联合式 (9.2) 和式 (9.3) 进行求解。

举例而言，假设未知参数 $\boldsymbol{x}$ 中包含两个元素（即 $\boldsymbol{x}=[x_1\ \ x_2]^{\mathrm{T}}$），模型参数 $\boldsymbol{s}$ 中包含两个元素（即 $\boldsymbol{s}=[s_1\ \ s_2]^{\mathrm{T}}$），观测向量 $\boldsymbol{z}_0=\boldsymbol{f}(\boldsymbol{x},\boldsymbol{s})$ 为

$$\boldsymbol{z}_0=\begin{bmatrix} z_{01} \\ z_{02} \\ z_{03} \\ z_{04} \end{bmatrix}=\begin{bmatrix} \|\boldsymbol{x}-\boldsymbol{s}\|_2+\|\boldsymbol{x}\|_2 \\ \arctan\left(\dfrac{s_1x_1-s_2x_2}{s_1\|\boldsymbol{x}\|_2+s_2}\right) \\ \exp\left\{-\dfrac{\|\boldsymbol{s}\|_2\|\boldsymbol{x}\|_2-s_1s_2}{x_1+x_2}\right\} \\ s_2\|\boldsymbol{x}\|_2-s_2x_1+s_1x_2 \end{bmatrix}=\boldsymbol{f}(\boldsymbol{x},\boldsymbol{s}) \tag{9.4}$$

① 本章假设 $\boldsymbol{A}(\boldsymbol{z}_0,\boldsymbol{s})$ 为列满秩矩阵。

② 本章假设 $\boldsymbol{H}(\boldsymbol{z}_0,\boldsymbol{s})$ 为列满秩矩阵。

下面基于式 (9.4) 推导两组观测方程。首先, 有

$$
\begin{aligned}
z_{01} &= \|\boldsymbol{x}-\boldsymbol{s}\|_2+\|\boldsymbol{x}\|_2 \Rightarrow (z_{01}-\|\boldsymbol{x}\|_2)^2=\|\boldsymbol{x}-\boldsymbol{s}\|_2^2 \\
&\Rightarrow z_{01}^2-2z_{01}\|\boldsymbol{x}\|_2+\|\boldsymbol{x}\|_2^2=\|\boldsymbol{x}\|_2^2+\|\boldsymbol{s}\|_2^2-2\boldsymbol{s}^{\mathrm{T}}\boldsymbol{x} \\
&\Rightarrow \|\boldsymbol{s}\|_2^2-z_{01}^2=2\boldsymbol{s}^{\mathrm{T}}\boldsymbol{x}-2z_{01}\|\boldsymbol{x}\|_2 \\
&\Rightarrow \|\boldsymbol{x}\|_2=\frac{1}{z_{01}}\boldsymbol{s}^{\mathrm{T}}\boldsymbol{x}-\frac{1}{2z_{01}}\|\boldsymbol{s}\|_2^2+\frac{1}{2}z_{01} \qquad (9.5)\\
z_{02} &= \arctan\left(\frac{s_1x_1-s_2x_2}{s_1\|\boldsymbol{x}\|_2+s_2}\right) \Rightarrow \frac{\sin(z_{02})}{\cos(z_{02})}=\frac{s_1x_1-s_2x_2}{s_1\|\boldsymbol{x}\|_2+s_2} \\
&\Rightarrow s_2\sin(z_{02})=s_1\cos(z_{02})x_1-s_2\cos(z_{02})x_2-s_1\|\boldsymbol{x}\|_2\sin(z_{02}) \qquad (9.6)\\
z_{03} &= \exp\left\{-\frac{\|\boldsymbol{s}\|_2\|\boldsymbol{x}\|_2-s_1s_2}{x_1+x_2}\right\} \Rightarrow \ln(z_{03})=-\frac{\|\boldsymbol{s}\|_2\|\boldsymbol{x}\|_2-s_1s_2}{x_1+x_2} \\
&\Rightarrow s_1s_2=\ln(z_{03})x_1+\ln(z_{03})x_2+\|\boldsymbol{s}\|_2\|\boldsymbol{x}\|_2 \qquad (9.7)\\
z_{04} &= s_2\|\boldsymbol{x}\|_2-s_2x_1+s_1x_2 \Rightarrow z_{04}=-s_2x_1+s_1x_2+s_2\|\boldsymbol{x}\|_2 \qquad (9.8)
\end{aligned}
$$

然后, 将式 (9.5) 依次代入式 (9.6)—式 (9.8) 可知

$$
\begin{aligned}
& s_2\sin(z_{02})+\frac{1}{2}s_1z_{01}\sin(z_{02})-\frac{1}{2z_{01}}s_1\|\boldsymbol{s}\|_2^2\sin(z_{02}) \\
&= s_1\cos(z_{02})x_1-s_2\cos(z_{02})x_2-\frac{1}{z_{01}}s_1\sin(z_{02})\boldsymbol{s}^{\mathrm{T}}\boldsymbol{x}
\end{aligned} \tag{9.9}
$$

$$
s_1s_2+\frac{1}{2z_{01}}\|\boldsymbol{s}\|_2^3-\frac{1}{2}z_{01}\|\boldsymbol{s}\|_2=\ln(z_{03})x_1+\ln(z_{03})x_2+\frac{1}{z_{01}}\|\boldsymbol{s}\|_2\boldsymbol{s}^{\mathrm{T}}\boldsymbol{x} \tag{9.10}
$$

$$
z_{04}+\frac{1}{2z_{01}}s_2\|\boldsymbol{s}\|_2^2-\frac{1}{2}s_2z_{01}=-s_2x_1+s_1x_2+\frac{1}{z_{01}}s_2\boldsymbol{s}^{\mathrm{T}}\boldsymbol{x} \tag{9.11}
$$

最后, 联合式 (9.9) 至式 (9.11) 可得

$$
\boldsymbol{A}(\boldsymbol{z}_0,\boldsymbol{s})\boldsymbol{x}=\begin{bmatrix} s_2\sin(z_{02})+\frac{1}{2}s_1z_{01}\sin(z_{02})-\frac{1}{2z_{01}}s_1\|\boldsymbol{s}\|_2^2\sin(z_{02}) \\ s_1s_2+\frac{1}{2z_{01}}\|\boldsymbol{s}\|_2^3-\frac{1}{2}z_{01}\|\boldsymbol{s}\|_2 \\ z_{04}+\frac{1}{2z_{01}}s_2\|\boldsymbol{s}\|_2^2-\frac{1}{2}s_2z_{01} \end{bmatrix}=\boldsymbol{b}(\boldsymbol{z}_0,\boldsymbol{s}) \tag{9.12}
$$

式中,

$$
\boldsymbol{A}(\boldsymbol{z}_0,\boldsymbol{s})=\left[\begin{array}{c:c} s_1\cos(z_{02})-\dfrac{1}{z_{01}}s_1^2\sin(z_{02}) & -s_2\cos(z_{02})-\dfrac{1}{z_{01}}s_1s_2\sin(z_{02}) \\ \ln(z_{03})+\dfrac{1}{z_{01}}s_1\|\boldsymbol{s}\|_2 & \ln(z_{03})+\dfrac{1}{z_{01}}s_2\|\boldsymbol{s}\|_2 \\ -s_2+\dfrac{1}{z_{01}}s_1s_2 & s_1+\dfrac{1}{z_{01}}s_2^2 \end{array}\right] \tag{9.13}
$$

式 (9.12) 即为第 1 组观测方程。另外, 联合式 (9.5) 至式 (9.8) 可得

$$
\begin{aligned}
&\boldsymbol{H}(\boldsymbol{z}_0,\boldsymbol{s})\boldsymbol{x}+\begin{bmatrix} -2z_{01}\|\boldsymbol{x}\|_2 \\ -s_1\|\boldsymbol{x}\|_2\sin(z_{02}) \\ \|\boldsymbol{s}\|_2\|\boldsymbol{x}\|_2 \\ s_2\|\boldsymbol{x}\|_2 \end{bmatrix} \\
&=\boldsymbol{H}(\boldsymbol{z}_0,\boldsymbol{s})\boldsymbol{x}+\boldsymbol{w}(\boldsymbol{x},\boldsymbol{z}_0,\boldsymbol{s})=\begin{bmatrix} \|\boldsymbol{s}\|_2^2-z_{01}^2 \\ s_2\sin(z_{02}) \\ s_1s_2 \\ z_{04} \end{bmatrix}=\boldsymbol{g}(\boldsymbol{z}_0,\boldsymbol{s})
\end{aligned} \tag{9.14}
$$

式中,

$$
\left\{\begin{aligned}
\boldsymbol{H}(\boldsymbol{z}_0,\boldsymbol{s})&=\begin{bmatrix} 2s_1 & 2s_2 \\ s_1\cos(z_{02}) & -s_2\cos(z_{02}) \\ \ln(z_{03}) & \ln(z_{03}) \\ -s_2 & s_1 \end{bmatrix} \\
\boldsymbol{w}(\boldsymbol{x},\boldsymbol{z}_0,\boldsymbol{s})&=\begin{bmatrix} -2z_{01}\|\boldsymbol{x}\|_2 \\ -s_1\|\boldsymbol{x}\|_2\sin(z_{02}) \\ \|\boldsymbol{s}\|_2\|\boldsymbol{x}\|_2 \\ s_2\|\boldsymbol{x}\|_2 \end{bmatrix}
\end{aligned}\right. \tag{9.15}
$$

式 (9.14) 即为第 2 组观测方程。

9.2 模型参数精确已知时的参数估计优化模型、求解方法及其理论性能

本节中的方法包含两个计算阶段: 阶段 1 基于式 (9.2) 获得未知参数 $\boldsymbol{x}$ 的闭式解, 该闭式解并不具有渐近统计最优性, 因此不是最终估计值; 阶段 2 利用阶段 1 给出的闭式解消除式 (9.3) 中的控制向量 $\boldsymbol{w}(\boldsymbol{x},\boldsymbol{z}_0,\boldsymbol{s})$, 并进而获得未知参数 $\boldsymbol{x}$ 的另一个闭式解, 该闭式解是关于未知参数 $\boldsymbol{x}$ 的渐近统计最优估计值, 也是最终的估计结果。

9.2.1 阶段 1 的参数估计优化模型、求解方法及其理论性能

1. 参数估计优化模型及其求解方法

根据式 (9.2) 可以将未知参数 $\boldsymbol{x}$ 表示为

$$\boldsymbol{x}=(\boldsymbol{A}(\boldsymbol{z}_0,\boldsymbol{s}))^{\dagger}\boldsymbol{b}(\boldsymbol{z}_0,\boldsymbol{s})=((\boldsymbol{A}(\boldsymbol{z}_0,\boldsymbol{s}))^{\mathrm{T}}\boldsymbol{A}(\boldsymbol{z}_0,\boldsymbol{s}))^{-1}(\boldsymbol{A}(\boldsymbol{z}_0,\boldsymbol{s}))^{\mathrm{T}}\boldsymbol{b}(\boldsymbol{z}_0,\boldsymbol{s}) \tag{9.16}$$

实际计算中无误差的观测向量 $\boldsymbol{z}_0$ 无法获得, 只能得到含有误差的观测向量 $\boldsymbol{z}$。此时, 需要设计线性加权最小二乘估计准则, 用于抑制观测误差 $\boldsymbol{e}$ 的影响。

定义阶段 1 的伪线性观测误差向量①

$$\boldsymbol{\xi}_{\mathrm{f}}^{(\mathrm{a})}=\boldsymbol{b}(\boldsymbol{z},\boldsymbol{s})-\boldsymbol{A}(\boldsymbol{z},\boldsymbol{s})\boldsymbol{x}=\Delta\boldsymbol{b}^{(\mathrm{a})}-\Delta\boldsymbol{A}^{(\mathrm{a})}\boldsymbol{x} \tag{9.17}$$

式中, $\Delta\boldsymbol{b}^{(\mathrm{a})}=\boldsymbol{b}(\boldsymbol{z},\boldsymbol{s})-\boldsymbol{b}(\boldsymbol{z}_0,\boldsymbol{s})$, $\Delta\boldsymbol{A}^{(\mathrm{a})}=\boldsymbol{A}(\boldsymbol{z},\boldsymbol{s})-\boldsymbol{A}(\boldsymbol{z}_0,\boldsymbol{s})$。利用一阶误差分析可得

$$\begin{cases}\Delta\boldsymbol{b}^{(\mathrm{a})}\approx\boldsymbol{B}_z(\boldsymbol{z}_0,\boldsymbol{s})(\boldsymbol{z}-\boldsymbol{z}_0)=\boldsymbol{B}_z(\boldsymbol{z}_0,\boldsymbol{s})\boldsymbol{e}\\ \Delta\boldsymbol{A}^{(\mathrm{a})}\boldsymbol{x}\approx[\dot{\boldsymbol{A}}_{z_1}(\boldsymbol{z}_0,\boldsymbol{s})\boldsymbol{x}\quad\dot{\boldsymbol{A}}_{z_2}(\boldsymbol{z}_0,\boldsymbol{s})\boldsymbol{x}\quad\cdots\quad\dot{\boldsymbol{A}}_{z_p}(\boldsymbol{z}_0,\boldsymbol{s})\boldsymbol{x}](\boldsymbol{z}-\boldsymbol{z}_0)\\ =[\dot{\boldsymbol{A}}_{z_1}(\boldsymbol{z}_0,\boldsymbol{s})\boldsymbol{x}\quad\dot{\boldsymbol{A}}_{z_2}(\boldsymbol{z}_0,\boldsymbol{s})\boldsymbol{x}\quad\cdots\quad\dot{\boldsymbol{A}}_{z_p}(\boldsymbol{z}_0,\boldsymbol{s})\boldsymbol{x}]\boldsymbol{e}\end{cases} \tag{9.18}$$

式中,

$$\boldsymbol{B}_z(\boldsymbol{z}_0,\boldsymbol{s})=\frac{\partial\boldsymbol{b}(\boldsymbol{z}_0,\boldsymbol{s})}{\partial\boldsymbol{z}_0^{\mathrm{T}}}\in\mathbf{R}^{l\times p};\quad\dot{\boldsymbol{A}}_{z_j}(\boldsymbol{z}_0,\boldsymbol{s})=\frac{\partial\boldsymbol{A}(\boldsymbol{z}_0,\boldsymbol{s})}{\partial\langle\boldsymbol{z}_0\rangle_j}\in\mathbf{R}^{l\times q}\quad(1\leqslant j\leqslant p) \tag{9.19}$$

将式 (9.18) 代入式 (9.17) 可知

$$\begin{aligned}\boldsymbol{\xi}_{\mathrm{f}}^{(\mathrm{a})}&\approx\boldsymbol{B}_z(\boldsymbol{z}_0,\boldsymbol{s})\boldsymbol{e}-[\dot{\boldsymbol{A}}_{z_1}(\boldsymbol{z}_0,\boldsymbol{s})\boldsymbol{x}\quad\dot{\boldsymbol{A}}_{z_2}(\boldsymbol{z}_0,\boldsymbol{s})\boldsymbol{x}\quad\cdots\quad\dot{\boldsymbol{A}}_{z_p}(\boldsymbol{z}_0,\boldsymbol{s})\boldsymbol{x}]\boldsymbol{e}\\&=\boldsymbol{C}_z(\boldsymbol{x},\boldsymbol{z}_0,\boldsymbol{s})\boldsymbol{e}\end{aligned} \tag{9.20}$$

---

① 本章的上角标 (a) 表示模型参数精确已知的情形, 下角标 f 表示阶段 1 的计算过程。

式中,

$$\boldsymbol{C}_z(\boldsymbol{x},\boldsymbol{z}_0,\boldsymbol{s})=\boldsymbol{B}_z(\boldsymbol{z}_0,\boldsymbol{s})-[\dot{\boldsymbol{A}}_{z_1}(\boldsymbol{z}_0,\boldsymbol{s})\boldsymbol{x}\quad \dot{\boldsymbol{A}}_{z_2}(\boldsymbol{z}_0,\boldsymbol{s})\boldsymbol{x}\quad \cdots\quad \dot{\boldsymbol{A}}_{z_p}(\boldsymbol{z}_0,\boldsymbol{s})\boldsymbol{x}]\in\mathbf{R}^{l\times p} \tag{9.21}$$

由式 (9.20) 可知, 误差向量 $\boldsymbol{\xi}_{\mathrm{f}}^{(\mathrm{a})}$ 渐近服从零均值的高斯分布, 并且其协方差矩阵为

$$\begin{aligned}\boldsymbol{\Omega}_{\mathrm{f}}^{(\mathrm{a})}&=\mathbf{E}[\boldsymbol{\xi}_{\mathrm{f}}^{(\mathrm{a})}(\boldsymbol{\xi}_{\mathrm{f}}^{(\mathrm{a})})^{\mathrm{T}}]=\boldsymbol{C}_z(\boldsymbol{x},\boldsymbol{z}_0,\boldsymbol{s})\mathbf{E}[\boldsymbol{e}\boldsymbol{e}^{\mathrm{T}}](\boldsymbol{C}_z(\boldsymbol{x},\boldsymbol{z}_0,\boldsymbol{s}))^{\mathrm{T}}\\&=\boldsymbol{C}_z(\boldsymbol{x},\boldsymbol{z}_0,\boldsymbol{s})\boldsymbol{E}(\boldsymbol{C}_z(\boldsymbol{x},\boldsymbol{z}_0,\boldsymbol{s}))^{\mathrm{T}}\in\mathbf{R}^{l\times l}\end{aligned} \tag{9.22}$$

【注记 9.4】 与第 8 章不同, 这里的矩阵 $\boldsymbol{C}_z(\boldsymbol{x},\boldsymbol{z}_0,\boldsymbol{s})$ 的阶数为 $l\times p$。由于 $l<p$, 因此其是 "矮胖型" 矩阵, 不可能是满秩方阵, 通常可以假设其为行满秩矩阵, 从而保证 $\boldsymbol{\Omega}_{\mathrm{f}}^{(\mathrm{a})}$ 为正定矩阵。

结合式 (9.17) 和式 (9.22) 可以建立如下线性加权最小二乘估计准则

$$\min_{\boldsymbol{x}\in\mathbf{R}^{q\times 1}}\{(\boldsymbol{b}(\boldsymbol{z},\boldsymbol{s})-\boldsymbol{A}(\boldsymbol{z},\boldsymbol{s})\boldsymbol{x})^{\mathrm{T}}(\boldsymbol{\Omega}_{\mathrm{f}}^{(\mathrm{a})})^{-1}(\boldsymbol{b}(\boldsymbol{z},\boldsymbol{s})-\boldsymbol{A}(\boldsymbol{z},\boldsymbol{s})\boldsymbol{x})\} \tag{9.23}$$

式中, $(\boldsymbol{\Omega}_{\mathrm{f}}^{(\mathrm{a})})^{-1}$ 可以看成是加权矩阵, 其作用在于抑制观测误差 $\boldsymbol{e}$ 的影响。根据式 (2.67) 可知, 式 (9.23) 的最优闭式解为

$$\widehat{\boldsymbol{x}}_{\mathrm{f}}^{(\mathrm{a})}=((\boldsymbol{A}(\boldsymbol{z},\boldsymbol{s}))^{\mathrm{T}}(\boldsymbol{\Omega}_{\mathrm{f}}^{(\mathrm{a})})^{-1}\boldsymbol{A}(\boldsymbol{z},\boldsymbol{s}))^{-1}(\boldsymbol{A}(\boldsymbol{z},\boldsymbol{s}))^{\mathrm{T}}(\boldsymbol{\Omega}_{\mathrm{f}}^{(\mathrm{a})})^{-1}\boldsymbol{b}(\boldsymbol{z},\boldsymbol{s}) \tag{9.24}$$

【注记 9.5】 由式 (9.22) 可知, 加权矩阵 $(\boldsymbol{\Omega}_{\mathrm{f}}^{(\mathrm{a})})^{-1}$ 与未知参数 $\boldsymbol{x}$ 有关。因此严格地说, 式 (9.23) 中的目标函数并不是关于向量 $\boldsymbol{x}$ 的二次函数。庆幸的是, 该问题并不难以解决, 可以先将 $(\boldsymbol{\Omega}_{\mathrm{f}}^{(\mathrm{a})})^{-1}$ 设为单位矩阵, 从而获得向量 $\boldsymbol{x}$ 在阶段 1 的近似估计值 (即 $\widehat{\boldsymbol{x}}_{\mathrm{fo}}^{(\mathrm{a})}=((\boldsymbol{A}(\boldsymbol{z},\boldsymbol{s}))^{\mathrm{T}}\boldsymbol{A}(\boldsymbol{z},\boldsymbol{s}))^{-1}(\boldsymbol{A}(\boldsymbol{z},\boldsymbol{s}))^{\mathrm{T}}\boldsymbol{b}(\boldsymbol{z},\boldsymbol{s})$), 然后利用近似估计值 $\widehat{\boldsymbol{x}}_{\mathrm{fo}}^{(\mathrm{a})}$ 计算加权矩阵 $(\boldsymbol{\Omega}_{\mathrm{f}}^{(\mathrm{a})})^{-1}$, 并基于式 (9.24) 获得向量 $\boldsymbol{x}$ 在阶段 1 的最终估计值 $\widehat{\boldsymbol{x}}_{\mathrm{f}}^{(\mathrm{a})}$①。另外, 加权矩阵 $(\boldsymbol{\Omega}_{\mathrm{f}}^{(\mathrm{a})})^{-1}$ 还与观测向量 $\boldsymbol{z}_0$ 有关, 可以直接利用其观测值 $\boldsymbol{z}$ 进行计算。下面的理论性能分析表明, 在一阶误差分析理论框架下 (适用于小观测误差), 加权矩阵 $(\boldsymbol{\Omega}_{\mathrm{f}}^{(\mathrm{a})})^{-1}$ 中的扰动误差并不会实质影响估计值 $\widehat{\boldsymbol{x}}_{\mathrm{f}}^{(\mathrm{a})}$ 的统计性能。

2. 理论性能分析

下面推导估计值 $\widehat{\boldsymbol{x}}_{\mathrm{f}}^{(\mathrm{a})}$ 的统计性能, 并将其均方误差与相应的克拉美罗界进行定量比较。由于式 (9.2) 是有信息损失的, 因此估计值 $\widehat{\boldsymbol{x}}_{\mathrm{f}}^{(\mathrm{a})}$ 并不具有渐近统计最优性, 具体结论可见以下两个命题。

---

① 为了提高在大观测误差条件下的估计性能, 还可以先利用估计值 $\widehat{\boldsymbol{x}}_{\mathrm{f}}^{(\mathrm{a})}$ 再次计算加权矩阵 $(\boldsymbol{\Omega}_{\mathrm{f}}^{(\mathrm{a})})^{-1}$, 然后利用最新的加权矩阵更新估计值。

【**命题 9.1**】向量 $\widehat{\boldsymbol{x}}_{\mathrm{f}}^{(\mathrm{a})}$ 是关于未知参数 $\boldsymbol{x}$ 的渐近无偏估计值, 并且其均方误差为

$$\mathbf{MSE}(\widehat{\boldsymbol{x}}_{\mathrm{f}}^{(\mathrm{a})})=((\boldsymbol{A}(\boldsymbol{z}_0,\boldsymbol{s}))^{\mathrm{T}}(\boldsymbol{\Omega}_{\mathrm{f}}^{(\mathrm{a})})^{-1}\boldsymbol{A}(\boldsymbol{z}_0,\boldsymbol{s}))^{-1} \tag{9.25}$$

【**证明**】将向量 $\widehat{\boldsymbol{x}}_{\mathrm{f}}^{(\mathrm{a})}$ 中的估计误差记为 $\Delta\boldsymbol{x}_{\mathrm{f}}^{(\mathrm{a})}=\widehat{\boldsymbol{x}}_{\mathrm{f}}^{(\mathrm{a})}-\boldsymbol{x}$。基于式 (9.24) 和注记 9.5 中的讨论可知

$$(\boldsymbol{A}(\boldsymbol{z},\boldsymbol{s}))^{\mathrm{T}}(\widehat{\boldsymbol{\Omega}}_{\mathrm{f}}^{(\mathrm{a})})^{-1}\boldsymbol{A}(\boldsymbol{z},\boldsymbol{s})(\boldsymbol{x}+\Delta\boldsymbol{x}_{\mathrm{f}}^{(\mathrm{a})})=(\boldsymbol{A}(\boldsymbol{z},\boldsymbol{s}))^{\mathrm{T}}(\widehat{\boldsymbol{\Omega}}_{\mathrm{f}}^{(\mathrm{a})})^{-1}\boldsymbol{b}(\boldsymbol{z},\boldsymbol{s}) \tag{9.26}$$

式中, $\widehat{\boldsymbol{\Omega}}_{\mathrm{f}}^{(\mathrm{a})}$ 表示 $\boldsymbol{\Omega}_{\mathrm{f}}^{(\mathrm{a})}$ 的近似估计值。在一阶误差分析理论框架下, 利用式 (9.26) 可以进一步推得

$$\begin{aligned}
&(\Delta\boldsymbol{A}^{(\mathrm{a})})^{\mathrm{T}}(\boldsymbol{\Omega}_{\mathrm{f}}^{(\mathrm{a})})^{-1}\boldsymbol{A}(\boldsymbol{z}_0,\boldsymbol{s})\boldsymbol{x}+(\boldsymbol{A}(\boldsymbol{z}_0,\boldsymbol{s}))^{\mathrm{T}}(\boldsymbol{\Omega}_{\mathrm{f}}^{(\mathrm{a})})^{-1}\Delta\boldsymbol{A}^{(\mathrm{a})}\boldsymbol{x}\\
&+(\boldsymbol{A}(\boldsymbol{z}_0,\boldsymbol{s}))^{\mathrm{T}}\Delta\boldsymbol{\Xi}_{\mathrm{f}}^{(\mathrm{a})}\boldsymbol{A}(\boldsymbol{z}_0,\boldsymbol{s})\boldsymbol{x}+(\boldsymbol{A}(\boldsymbol{z}_0,\boldsymbol{s}))^{\mathrm{T}}(\boldsymbol{\Omega}_{\mathrm{f}}^{(\mathrm{a})})^{-1}\boldsymbol{A}(\boldsymbol{z}_0,\boldsymbol{s})\Delta\boldsymbol{x}_{\mathrm{f}}^{(\mathrm{a})}\\
&\approx(\Delta\boldsymbol{A}^{(\mathrm{a})})^{\mathrm{T}}(\boldsymbol{\Omega}_{\mathrm{f}}^{(\mathrm{a})})^{-1}\boldsymbol{b}(\boldsymbol{z}_0,\boldsymbol{s})+(\boldsymbol{A}(\boldsymbol{z}_0,\boldsymbol{s}))^{\mathrm{T}}(\boldsymbol{\Omega}_{\mathrm{f}}^{(\mathrm{a})})^{-1}\Delta\boldsymbol{b}^{(\mathrm{a})}\\
&\quad+(\boldsymbol{A}(\boldsymbol{z}_0,\boldsymbol{s}))^{\mathrm{T}}\Delta\boldsymbol{\Xi}_{\mathrm{f}}^{(\mathrm{a})}\boldsymbol{b}(\boldsymbol{z}_0,\boldsymbol{s})\\
&\Rightarrow(\boldsymbol{A}(\boldsymbol{z}_0,\boldsymbol{s}))^{\mathrm{T}}(\boldsymbol{\Omega}_{\mathrm{f}}^{(\mathrm{a})})^{-1}\boldsymbol{A}(\boldsymbol{z}_0,\boldsymbol{s})\Delta\boldsymbol{x}_{\mathrm{f}}^{(\mathrm{a})}\approx(\boldsymbol{A}(\boldsymbol{z}_0,\boldsymbol{s}))^{\mathrm{T}}(\boldsymbol{\Omega}_{\mathrm{f}}^{(\mathrm{a})})^{-1}(\Delta\boldsymbol{b}^{(\mathrm{a})}-\Delta\boldsymbol{A}^{(\mathrm{a})}\boldsymbol{x})\\
&=(\boldsymbol{A}(\boldsymbol{z}_0,\boldsymbol{s}))^{\mathrm{T}}(\boldsymbol{\Omega}_{\mathrm{f}}^{(\mathrm{a})})^{-1}\boldsymbol{\xi}_{\mathrm{f}}^{(\mathrm{a})}\\
&\Rightarrow\Delta\boldsymbol{x}_{\mathrm{f}}^{(\mathrm{a})}\approx((\boldsymbol{A}(\boldsymbol{z}_0,\boldsymbol{s}))^{\mathrm{T}}(\boldsymbol{\Omega}_{\mathrm{f}}^{(\mathrm{a})})^{-1}\boldsymbol{A}(\boldsymbol{z}_0,\boldsymbol{s}))^{-1}(\boldsymbol{A}(\boldsymbol{z}_0,\boldsymbol{s}))^{\mathrm{T}}(\boldsymbol{\Omega}_{\mathrm{f}}^{(\mathrm{a})})^{-1}\boldsymbol{\xi}_{\mathrm{f}}^{(\mathrm{a})}
\end{aligned} \tag{9.27}$$

式中, $\Delta\boldsymbol{\Xi}_{\mathrm{f}}^{(\mathrm{a})}=(\widehat{\boldsymbol{\Omega}}_{\mathrm{f}}^{(\mathrm{a})})^{-1}-(\boldsymbol{\Omega}_{\mathrm{f}}^{(\mathrm{a})})^{-1}$ 表示矩阵 $(\widehat{\boldsymbol{\Omega}}_{\mathrm{f}}^{(\mathrm{a})})^{-1}$ 中的扰动误差。由式 (9.27) 可知, 误差向量 $\Delta\boldsymbol{x}_{\mathrm{f}}^{(\mathrm{a})}$ 渐近服从零均值的高斯分布, 因此向量 $\widehat{\boldsymbol{x}}_{\mathrm{f}}^{(\mathrm{a})}$ 是关于未知参数 $\boldsymbol{x}$ 的渐近无偏估计值, 并且其均方误差为

$$\begin{aligned}
\mathbf{MSE}(\widehat{\boldsymbol{x}}_{\mathrm{f}}^{(\mathrm{a})})&=\mathbf{E}[(\widehat{\boldsymbol{x}}_{\mathrm{f}}^{(\mathrm{a})}-\boldsymbol{x})(\widehat{\boldsymbol{x}}_{\mathrm{f}}^{(\mathrm{a})}-\boldsymbol{x})^{\mathrm{T}}]=\mathbf{E}[\Delta\boldsymbol{x}_{\mathrm{f}}^{(\mathrm{a})}(\Delta\boldsymbol{x}_{\mathrm{f}}^{(\mathrm{a})})^{\mathrm{T}}]\\
&=((\boldsymbol{A}(\boldsymbol{z}_0,\boldsymbol{s}))^{\mathrm{T}}(\boldsymbol{\Omega}_{\mathrm{f}}^{(\mathrm{a})})^{-1}\boldsymbol{A}(\boldsymbol{z}_0,\boldsymbol{s}))^{-1}(\boldsymbol{A}(\boldsymbol{z}_0,\boldsymbol{s}))^{\mathrm{T}}(\boldsymbol{\Omega}_{\mathrm{f}}^{(\mathrm{a})})^{-1}\\
&\quad\times\mathbf{E}[\boldsymbol{\xi}_{\mathrm{f}}^{(\mathrm{a})}(\boldsymbol{\xi}_{\mathrm{f}}^{(\mathrm{a})})^{\mathrm{T}}](\boldsymbol{\Omega}_{\mathrm{f}}^{(\mathrm{a})})^{-1}\boldsymbol{A}(\boldsymbol{z}_0,\boldsymbol{s})((\boldsymbol{A}(\boldsymbol{z}_0,\boldsymbol{s}))^{\mathrm{T}}(\boldsymbol{\Omega}_{\mathrm{f}}^{(\mathrm{a})})^{-1}\boldsymbol{A}(\boldsymbol{z}_0,\boldsymbol{s}))^{-1}\\
&=((\boldsymbol{A}(\boldsymbol{z}_0,\boldsymbol{s}))^{\mathrm{T}}(\boldsymbol{\Omega}_{\mathrm{f}}^{(\mathrm{a})})^{-1}\boldsymbol{A}(\boldsymbol{z}_0,\boldsymbol{s}))^{-1}
\end{aligned} \tag{9.28}$$

证毕。

【**注记 9.6**】式 (9.27) 中的推导过程表明, 在一阶误差分析理论框架下, 矩阵 $(\widehat{\boldsymbol{\Omega}}_{\mathrm{f}}^{(\mathrm{a})})^{-1}$ 中的扰动误差 $\Delta\boldsymbol{\Xi}_{\mathrm{f}}^{(\mathrm{a})}$ 并不会实质性地影响估计值 $\widehat{\boldsymbol{x}}_{\mathrm{f}}^{(\mathrm{a})}$ 的统计性能。

【**命题 9.2**】当模型参数精确已知时, 若将未知参数 $\boldsymbol{x}$ 的估计均方误差的克拉美罗界记为 $\mathbf{CRB}^{(\mathrm{a})}(\boldsymbol{x})$, 则有 $\mathbf{MSE}(\widehat{\boldsymbol{x}}_{\mathrm{f}}^{(\mathrm{a})})\geqslant\mathbf{CRB}^{(\mathrm{a})}(\boldsymbol{x})$。

【证明】首先, 根据式 (3.8) 可知

$$\mathbf{CRB}^{(\mathrm{a})}(\boldsymbol{x})=((\boldsymbol{F}_x(\boldsymbol{x},\boldsymbol{s}))^{\mathrm{T}}\boldsymbol{E}^{-1}\boldsymbol{F}_x(\boldsymbol{x},\boldsymbol{s}))^{-1} \tag{9.29}$$

式中, $\boldsymbol{F}_x(\boldsymbol{x},\boldsymbol{s})=\dfrac{\partial \boldsymbol{f}(\boldsymbol{x},\boldsymbol{s})}{\partial \boldsymbol{x}^{\mathrm{T}}}\in \mathbf{R}^{p\times q}$ 表示函数 $\boldsymbol{f}(\boldsymbol{x},\boldsymbol{s})$ 关于向量 $\boldsymbol{x}$ 的 Jacobi 矩阵。

然后, 将关系式 $\boldsymbol{z}_0=\boldsymbol{f}(\boldsymbol{x},\boldsymbol{s})$ 代入伪线性观测方程式 (9.2) 可得

$$\boldsymbol{A}(\boldsymbol{f}(\boldsymbol{x},\boldsymbol{s}),\boldsymbol{s})\boldsymbol{x}=\boldsymbol{b}(\boldsymbol{f}(\boldsymbol{x},\boldsymbol{s}),\boldsymbol{s}) \tag{9.30}$$

由于式 (9.30) 是关于未知参数 $\boldsymbol{x}$ 的恒等式, 于是将该式两边对向量 $\boldsymbol{x}$ 求导可知

$$\begin{aligned}&[\dot{\boldsymbol{A}}_{z_1}(\boldsymbol{z}_0,\boldsymbol{s})\boldsymbol{x}\quad \dot{\boldsymbol{A}}_{z_2}(\boldsymbol{z}_0,\boldsymbol{s})\boldsymbol{x}\quad \cdots\quad \dot{\boldsymbol{A}}_{z_p}(\boldsymbol{z}_0,\boldsymbol{s})\boldsymbol{x}]\boldsymbol{F}_x(\boldsymbol{x},\boldsymbol{s})+\boldsymbol{A}(\boldsymbol{z}_0,\boldsymbol{s})\\&=\boldsymbol{B}_z(\boldsymbol{z}_0,\boldsymbol{s})\boldsymbol{F}_x(\boldsymbol{x},\boldsymbol{s})\Rightarrow \boldsymbol{C}_z(\boldsymbol{x},\boldsymbol{z}_0,\boldsymbol{s})\boldsymbol{F}_x(\boldsymbol{x},\boldsymbol{s})=\boldsymbol{A}(\boldsymbol{z}_0,\boldsymbol{s})\end{aligned} \tag{9.31}$$

式中, 第 2 个等式利用了式 (9.21)。将式 (9.31) 代入式 (9.28) 可得

$$\mathbf{MSE}(\widehat{\boldsymbol{x}}_{\mathrm{f}}^{(\mathrm{a})})=((\boldsymbol{F}_x(\boldsymbol{x},\boldsymbol{s}))^{\mathrm{T}}(\boldsymbol{C}_z(\boldsymbol{x},\boldsymbol{z}_0,\boldsymbol{s}))^{\mathrm{T}}(\boldsymbol{\Omega}_{\mathrm{f}}^{(\mathrm{a})})^{-1}\boldsymbol{C}_z(\boldsymbol{x},\boldsymbol{z}_0,\boldsymbol{s})\boldsymbol{F}_x(\boldsymbol{x},\boldsymbol{s}))^{-1} \tag{9.32}$$

将式 (9.22) 代入式 (9.32) 可知

$$\begin{aligned}\mathbf{MSE}(\widehat{\boldsymbol{x}}_{\mathrm{f}}^{(\mathrm{a})})=&((\boldsymbol{F}_x(\boldsymbol{x},\boldsymbol{s}))^{\mathrm{T}}(\boldsymbol{C}_z(\boldsymbol{x},\boldsymbol{z}_0,\boldsymbol{s}))^{\mathrm{T}}(\boldsymbol{C}_z(\boldsymbol{x},\boldsymbol{z}_0,\boldsymbol{s})\boldsymbol{E}(\boldsymbol{C}_z(\boldsymbol{x},\boldsymbol{z}_0,\boldsymbol{s}))^{\mathrm{T}})^{-1}\\&\times \boldsymbol{C}_z(\boldsymbol{x},\boldsymbol{z}_0,\boldsymbol{s})\boldsymbol{F}_x(\boldsymbol{x},\boldsymbol{s}))^{-1}\end{aligned} \tag{9.33}$$

最后, 利用式 (2.63) 可得

$$\boldsymbol{E}^{-1}\geqslant (\boldsymbol{C}_z(\boldsymbol{x},\boldsymbol{z}_0,\boldsymbol{s}))^{\mathrm{T}}(\boldsymbol{C}_z(\boldsymbol{x},\boldsymbol{z}_0,\boldsymbol{s})\boldsymbol{E}(\boldsymbol{C}_z(\boldsymbol{x},\boldsymbol{z}_0,\boldsymbol{s}))^{\mathrm{T}})^{-1}\boldsymbol{C}_z(\boldsymbol{x},\boldsymbol{z}_0,\boldsymbol{s}) \tag{9.34}$$

结合式 (9.34)、命题 2.5 和命题 2.9 可知

$$\begin{aligned}(\mathbf{CRB}^{(\mathrm{a})}(\boldsymbol{x}))^{-1}&=(\boldsymbol{F}_x(\boldsymbol{x},\boldsymbol{s}))^{\mathrm{T}}\boldsymbol{E}^{-1}\boldsymbol{F}_x(\boldsymbol{x},\boldsymbol{s})\\&\geqslant (\boldsymbol{F}_x(\boldsymbol{x},\boldsymbol{s}))^{\mathrm{T}}(\boldsymbol{C}_z(\boldsymbol{x},\boldsymbol{z}_0,\boldsymbol{s}))^{\mathrm{T}}(\boldsymbol{C}_z(\boldsymbol{x},\boldsymbol{z}_0,\boldsymbol{s})\boldsymbol{E}(\boldsymbol{C}_z(\boldsymbol{x},\boldsymbol{z}_0,\boldsymbol{s}))^{\mathrm{T}})^{-1}\\&\quad \times \boldsymbol{C}_z(\boldsymbol{x},\boldsymbol{z}_0,\boldsymbol{s})\boldsymbol{F}_x(\boldsymbol{x},\boldsymbol{s})=(\mathbf{MSE}(\widehat{\boldsymbol{x}}_{\mathrm{f}}^{(\mathrm{a})}))^{-1}\\&\Rightarrow \mathbf{MSE}(\widehat{\boldsymbol{x}}_{\mathrm{f}}^{(\mathrm{a})})\geqslant \mathbf{CRB}^{(\mathrm{a})}(\boldsymbol{x})\end{aligned} \tag{9.35}$$

证毕。

【**注记 9.7**】式 (9.31) 是证明命题 9.2 的关键等式, 下面给出另一个关键等式。由于式 (9.30) 同样也是关于模型参数 $\boldsymbol{s}$ 的恒等式, 于是将该式两边对向量 $\boldsymbol{s}$ 求导可得

$$\begin{aligned}&[\dot{\boldsymbol{A}}_{z_1}(\boldsymbol{z}_0,\boldsymbol{s})\boldsymbol{x}\quad \dot{\boldsymbol{A}}_{z_2}(\boldsymbol{z}_0,\boldsymbol{s})\boldsymbol{x}\quad \cdots\quad \dot{\boldsymbol{A}}_{z_p}(\boldsymbol{z}_0,\boldsymbol{s})\boldsymbol{x}]\boldsymbol{F}_s(\boldsymbol{x},\boldsymbol{s})\\&+[\dot{\boldsymbol{A}}_{s_1}(\boldsymbol{z}_0,\boldsymbol{s})\boldsymbol{x}\quad \dot{\boldsymbol{A}}_{s_2}(\boldsymbol{z}_0,\boldsymbol{s})\boldsymbol{x}\quad \cdots\quad \dot{\boldsymbol{A}}_{s_r}(\boldsymbol{z}_0,\boldsymbol{s})\boldsymbol{x}]\\&=\boldsymbol{B}_z(\boldsymbol{z}_0,\boldsymbol{s})\boldsymbol{F}_s(\boldsymbol{x},\boldsymbol{s})+\boldsymbol{B}_s(\boldsymbol{z}_0,\boldsymbol{s})\\&\Rightarrow \boldsymbol{C}_z(\boldsymbol{x},\boldsymbol{z}_0,\boldsymbol{s})\boldsymbol{F}_s(\boldsymbol{x},\boldsymbol{s})+\boldsymbol{C}_s(\boldsymbol{x},\boldsymbol{z}_0,\boldsymbol{s})=\boldsymbol{O}_{l\times r}\end{aligned} \tag{9.36}$$

式中, 第 2 个等式利用了式 (9.21), $\boldsymbol{F}_s(\boldsymbol{x},\boldsymbol{s})=\dfrac{\partial \boldsymbol{f}(\boldsymbol{x},\boldsymbol{s})}{\partial \boldsymbol{s}^{\mathrm{T}}}\in \mathbf{R}^{p\times r}$ 表示函数 $\boldsymbol{f}(\boldsymbol{x},\boldsymbol{s})$ 关于向量 $\boldsymbol{s}$ 的 Jacobi 矩阵, 其余矩阵的表达式如下

$$\begin{cases}\boldsymbol{B}_s(\boldsymbol{z}_0,\boldsymbol{s})=\dfrac{\partial \boldsymbol{b}(\boldsymbol{z}_0,\boldsymbol{s})}{\partial \boldsymbol{s}^{\mathrm{T}}}\in\mathbf{R}^{l\times r};\quad \dot{\boldsymbol{A}}_{s_j}(\boldsymbol{z}_0,\boldsymbol{s})=\dfrac{\partial \boldsymbol{A}(\boldsymbol{z}_0,\boldsymbol{s})}{\partial \langle \boldsymbol{s}\rangle_j}\in\mathbf{R}^{l\times q}\quad (1\leqslant j\leqslant r)\\ \boldsymbol{C}_s(\boldsymbol{x},\boldsymbol{z}_0,\boldsymbol{s})=\boldsymbol{B}_s(\boldsymbol{z}_0,\boldsymbol{s})-[\dot{\boldsymbol{A}}_{s_1}(\boldsymbol{z}_0,\boldsymbol{s})\boldsymbol{x}\quad \dot{\boldsymbol{A}}_{s_2}(\boldsymbol{z}_0,\boldsymbol{s})\boldsymbol{x}\quad\cdots\quad \dot{\boldsymbol{A}}_{s_r}(\boldsymbol{z}_0,\boldsymbol{s})\boldsymbol{x}]\in\mathbf{R}^{l\times r}\end{cases} \tag{9.37}$$

式 (9.36) 对于后续的理论性能分析至关重要。

9.2.2 阶段 2 的参数估计优化模型、求解方法及其理论性能

1. 参数估计优化模型及其求解方法

阶段 2 利用阶段 1 的估计值 $\widehat{\boldsymbol{x}}_{\mathrm{f}}^{(\mathrm{a})}$ 消除式 (9.3) 中的控制向量, 并进而获得具有渐近统计最优性的闭式解。定义阶段 2 的伪线性观测误差向量①

$$\boldsymbol{\xi}_{\mathrm{t}}^{(\mathrm{a})}=\boldsymbol{g}(\boldsymbol{z},\boldsymbol{s})-\boldsymbol{w}(\widehat{\boldsymbol{x}}_{\mathrm{f}}^{(\mathrm{a})},\boldsymbol{z},\boldsymbol{s})-\boldsymbol{H}(\boldsymbol{z},\boldsymbol{s})\boldsymbol{x}=\Delta\boldsymbol{g}^{(\mathrm{a})}-\Delta\boldsymbol{w}^{(\mathrm{a})}-\Delta\boldsymbol{H}^{(\mathrm{a})}\boldsymbol{x} \tag{9.38}$$

式中, $\Delta\boldsymbol{g}^{(\mathrm{a})}=\boldsymbol{g}(\boldsymbol{z},\boldsymbol{s})-\boldsymbol{g}(\boldsymbol{z}_0,\boldsymbol{s})$, $\Delta\boldsymbol{w}^{(\mathrm{a})}=\boldsymbol{w}(\widehat{\boldsymbol{x}}_{\mathrm{f}}^{(\mathrm{a})},\boldsymbol{z},\boldsymbol{s})-\boldsymbol{w}(\boldsymbol{x},\boldsymbol{z}_0,\boldsymbol{s})$, $\Delta\boldsymbol{H}^{(\mathrm{a})}=\boldsymbol{H}(\boldsymbol{z},\boldsymbol{s})-\boldsymbol{H}(\boldsymbol{z}_0,\boldsymbol{s})$。利用一阶误差分析可得

$$\begin{cases}\Delta\boldsymbol{g}^{(\mathrm{a})}\approx\boldsymbol{G}_z(\boldsymbol{z}_0,\boldsymbol{s})(\boldsymbol{z}-\boldsymbol{z}_0)=\boldsymbol{G}_z(\boldsymbol{z}_0,\boldsymbol{s})\boldsymbol{e}\\ \Delta\boldsymbol{w}^{(\mathrm{a})}\approx\boldsymbol{W}_x(\boldsymbol{x},\boldsymbol{z}_0,\boldsymbol{s})(\widehat{\boldsymbol{x}}_{\mathrm{f}}^{(\mathrm{a})}-\boldsymbol{x})+\boldsymbol{W}_z(\boldsymbol{x},\boldsymbol{z}_0,\boldsymbol{s})(\boldsymbol{z}-\boldsymbol{z}_0)\\ \qquad\quad =\boldsymbol{W}_x(\boldsymbol{x},\boldsymbol{z}_0,\boldsymbol{s})\Delta\boldsymbol{x}_{\mathrm{f}}^{(\mathrm{a})}+\boldsymbol{W}_z(\boldsymbol{x},\boldsymbol{z}_0,\boldsymbol{s})\boldsymbol{e}\\ \Delta\boldsymbol{H}^{(\mathrm{a})}\boldsymbol{x}\approx[\dot{\boldsymbol{H}}_{z_1}(\boldsymbol{z}_0,\boldsymbol{s})\boldsymbol{x}\quad \dot{\boldsymbol{H}}_{z_2}(\boldsymbol{z}_0,\boldsymbol{s})\boldsymbol{x}\quad\cdots\quad \dot{\boldsymbol{H}}_{z_p}(\boldsymbol{z}_0,\boldsymbol{s})\boldsymbol{x}](\boldsymbol{z}-\boldsymbol{z}_0)\\ \qquad\qquad =[\dot{\boldsymbol{H}}_{z_1}(\boldsymbol{z}_0,\boldsymbol{s})\boldsymbol{x}\quad \dot{\boldsymbol{H}}_{z_2}(\boldsymbol{z}_0,\boldsymbol{s})\boldsymbol{x}\quad\cdots\quad \dot{\boldsymbol{H}}_{z_p}(\boldsymbol{z}_0,\boldsymbol{s})\boldsymbol{x}]\boldsymbol{e}\end{cases} \tag{9.39}$$

① 本章的下角标 t 表示阶段 2 的计算过程。

式中,

$$\begin{cases} \boldsymbol{G}_z(\boldsymbol{z}_0,\boldsymbol{s})=\dfrac{\partial \boldsymbol{g}(\boldsymbol{z}_0,\boldsymbol{s})}{\partial \boldsymbol{z}_0^{\mathrm{T}}}\in \mathbf{R}^{p\times p}; \\ \boldsymbol{W}_x(\boldsymbol{x},\boldsymbol{z}_0,\boldsymbol{s})=\dfrac{\partial \boldsymbol{w}(\boldsymbol{x},\boldsymbol{z}_0,\boldsymbol{s})}{\partial \boldsymbol{x}^{\mathrm{T}}}\in \mathbf{R}^{p\times q} \\ \boldsymbol{W}_z(\boldsymbol{x},\boldsymbol{z}_0,\boldsymbol{s})=\dfrac{\partial \boldsymbol{w}(\boldsymbol{x},\boldsymbol{z}_0,\boldsymbol{s})}{\partial \boldsymbol{z}_0^{\mathrm{T}}}\in \mathbf{R}^{p\times p}; \\ \dot{\boldsymbol{H}}_{z_j}(\boldsymbol{z}_0,\boldsymbol{s})=\dfrac{\partial \boldsymbol{H}(\boldsymbol{z}_0,\boldsymbol{s})}{\partial \langle \boldsymbol{z}_0\rangle_j}\in \mathbf{R}^{p\times q}\quad (1\leqslant j\leqslant p) \end{cases} \tag{9.40}$$

将式 (9.39) 代入式 (9.38) 可知

$$\begin{aligned} \boldsymbol{\xi}_{\mathrm{t}}^{(\mathrm{a})} &\approx \boldsymbol{G}_z(\boldsymbol{z}_0,\boldsymbol{s})\boldsymbol{e}-\boldsymbol{W}_z(\boldsymbol{x},\boldsymbol{z}_0,\boldsymbol{s})\boldsymbol{e} \\ &\quad -[\dot{\boldsymbol{H}}_{z_1}(\boldsymbol{z}_0,\boldsymbol{s})\boldsymbol{x}\quad \dot{\boldsymbol{H}}_{z_2}(\boldsymbol{z}_0,\boldsymbol{s})\boldsymbol{x}\quad \cdots\quad \dot{\boldsymbol{H}}_{z_p}(\boldsymbol{z}_0,\boldsymbol{s})\boldsymbol{x}]\boldsymbol{e}-\boldsymbol{W}_x(\boldsymbol{x},\boldsymbol{z}_0,\boldsymbol{s})\Delta \boldsymbol{x}_{\mathrm{f}}^{(\mathrm{a})} \\ &= \boldsymbol{D}_z(\boldsymbol{x},\boldsymbol{z}_0,\boldsymbol{s})\boldsymbol{e}-\boldsymbol{W}_x(\boldsymbol{x},\boldsymbol{z}_0,\boldsymbol{s})\Delta \boldsymbol{x}_{\mathrm{f}}^{(\mathrm{a})} \end{aligned} \tag{9.41}$$

式中,

$$\begin{aligned} \boldsymbol{D}_z(\boldsymbol{x},\boldsymbol{z}_0,\boldsymbol{s}) &= \boldsymbol{G}_z(\boldsymbol{z}_0,\boldsymbol{s})-\boldsymbol{W}_z(\boldsymbol{x},\boldsymbol{z}_0,\boldsymbol{s}) \\ &\quad -[\dot{\boldsymbol{H}}_{z_1}(\boldsymbol{z}_0,\boldsymbol{s})\boldsymbol{x}\quad \dot{\boldsymbol{H}}_{z_2}(\boldsymbol{z}_0,\boldsymbol{s})\boldsymbol{x}\quad \cdots\quad \dot{\boldsymbol{H}}_{z_p}(\boldsymbol{z}_0,\boldsymbol{s})\boldsymbol{x}]\in \mathbf{R}^{p\times p} \end{aligned} \tag{9.42}$$

另外, 结合式 (9.20) 和式 (9.27) 可得

$$\begin{aligned} \Delta \boldsymbol{x}_{\mathrm{f}}^{(\mathrm{a})} &\approx ((\boldsymbol{A}(\boldsymbol{z}_0,\boldsymbol{s}))^{\mathrm{T}}(\boldsymbol{\Omega}_{\mathrm{f}}^{(\mathrm{a})})^{-1}\boldsymbol{A}(\boldsymbol{z}_0,\boldsymbol{s}))^{-1}(\boldsymbol{A}(\boldsymbol{z}_0,\boldsymbol{s}))^{\mathrm{T}}(\boldsymbol{\Omega}_{\mathrm{f}}^{(\mathrm{a})})^{-1}\boldsymbol{C}_z(\boldsymbol{x},\boldsymbol{z}_0,\boldsymbol{s})\boldsymbol{e} \\ &= \boldsymbol{Q}_z^{(\mathrm{a})}(\boldsymbol{x},\boldsymbol{z}_0,\boldsymbol{s})\boldsymbol{e} \end{aligned} \tag{9.43}$$

式中,

$$\begin{aligned} \boldsymbol{Q}_z^{(\mathrm{a})}(\boldsymbol{x},\boldsymbol{z}_0,\boldsymbol{s}) &= ((\boldsymbol{A}(\boldsymbol{z}_0,\boldsymbol{s}))^{\mathrm{T}}(\boldsymbol{\Omega}_{\mathrm{f}}^{(\mathrm{a})})^{-1}\boldsymbol{A}(\boldsymbol{z}_0,\boldsymbol{s}))^{-1} \\ &\quad \times (\boldsymbol{A}(\boldsymbol{z}_0,\boldsymbol{s}))^{\mathrm{T}}(\boldsymbol{\Omega}_{\mathrm{f}}^{(\mathrm{a})})^{-1}\boldsymbol{C}_z(\boldsymbol{x},\boldsymbol{z}_0,\boldsymbol{s})\in \mathbf{R}^{q\times p} \end{aligned} \tag{9.44}$$

将式 (9.43) 代入式 (9.41) 可知

$$\boldsymbol{\xi}_{\mathrm{t}}^{(\mathrm{a})}\approx \boldsymbol{D}_z(\boldsymbol{x},\boldsymbol{z}_0,\boldsymbol{s})\boldsymbol{e}-\boldsymbol{W}_x(\boldsymbol{x},\boldsymbol{z}_0,\boldsymbol{s})\boldsymbol{Q}_z^{(\mathrm{a})}(\boldsymbol{x},\boldsymbol{z}_0,\boldsymbol{s})\boldsymbol{e}=\boldsymbol{R}_z^{(\mathrm{a})}(\boldsymbol{x},\boldsymbol{z}_0,\boldsymbol{s})\boldsymbol{e} \tag{9.45}$$

式中,

$$\begin{aligned} \boldsymbol{R}_z^{(\mathrm{a})}(\boldsymbol{x},\boldsymbol{z}_0,\boldsymbol{s}) &= \boldsymbol{D}_z(\boldsymbol{x},\boldsymbol{z}_0,\boldsymbol{s})-\boldsymbol{W}_x(\boldsymbol{x},\boldsymbol{z}_0,\boldsymbol{s})\boldsymbol{Q}_z^{(\mathrm{a})}(\boldsymbol{x},\boldsymbol{z}_0,\boldsymbol{s}) \\ &= \boldsymbol{D}_z(\boldsymbol{x},\boldsymbol{z}_0,\boldsymbol{s})-\boldsymbol{W}_x(\boldsymbol{x},\boldsymbol{z}_0,\boldsymbol{s})((\boldsymbol{A}(\boldsymbol{z}_0,\boldsymbol{s}))^{\mathrm{T}}(\boldsymbol{\Omega}_{\mathrm{f}}^{(\mathrm{a})})^{-1}\boldsymbol{A}(\boldsymbol{z}_0,\boldsymbol{s}))^{-1} \\ &\quad \times (\boldsymbol{A}(\boldsymbol{z}_0,\boldsymbol{s}))^{\mathrm{T}}(\boldsymbol{\Omega}_{\mathrm{f}}^{(\mathrm{a})})^{-1}\boldsymbol{C}_z(\boldsymbol{x},\boldsymbol{z}_0,\boldsymbol{s})\in \mathbf{R}^{p\times p} \end{aligned} \tag{9.46}$$

式中, 第 2 个等号利用了式 (9.44), $\boldsymbol{R}_z^{(\mathrm{a})}(\boldsymbol{x},\boldsymbol{z}_0,\boldsymbol{s})$ 通常是满秩方阵。由式 (9.45) 可知, 误差向量 $\boldsymbol{\xi}_{\mathrm{t}}^{(\mathrm{a})}$ 渐近服从零均值的高斯分布, 并且其协方差矩阵为

$$\begin{aligned}\boldsymbol{\Omega}_{\mathrm{t}}^{(\mathrm{a})}&=\mathbf{E}[\boldsymbol{\xi}_{\mathrm{t}}^{(\mathrm{a})}(\boldsymbol{\xi}_{\mathrm{t}}^{(\mathrm{a})})^{\mathrm{T}}]=\boldsymbol{R}_z^{(\mathrm{a})}(\boldsymbol{x},\boldsymbol{z}_0,\boldsymbol{s})\mathbf{E}[\boldsymbol{e}\boldsymbol{e}^{\mathrm{T}}](\boldsymbol{R}_z^{(\mathrm{a})}(\boldsymbol{x},\boldsymbol{z}_0,\boldsymbol{s}))^{\mathrm{T}}\\&=\boldsymbol{R}_z^{(\mathrm{a})}(\boldsymbol{x},\boldsymbol{z}_0,\boldsymbol{s})\boldsymbol{E}(\boldsymbol{R}_z^{(\mathrm{a})}(\boldsymbol{x},\boldsymbol{z}_0,\boldsymbol{s}))^{\mathrm{T}}\in\mathbf{R}^{p\times p}\end{aligned}\tag{9.47}$$

结合式 (9.38) 和式 (9.47) 可以建立如下线性加权最小二乘估计准则

$$\begin{aligned}&\min_{\boldsymbol{x}\in\mathbf{R}^{q\times 1}}\{(\boldsymbol{g}(\boldsymbol{z},\boldsymbol{s})-\boldsymbol{w}(\widehat{\boldsymbol{x}}_{\mathrm{f}}^{(\mathrm{a})},\boldsymbol{z},\boldsymbol{s})-\boldsymbol{H}(\boldsymbol{z},\boldsymbol{s})\boldsymbol{x})^{\mathrm{T}}(\boldsymbol{\Omega}_{\mathrm{t}}^{(\mathrm{a})})^{-1}\\&\times(\boldsymbol{g}(\boldsymbol{z},\boldsymbol{s})-\boldsymbol{w}(\widehat{\boldsymbol{x}}_{\mathrm{f}}^{(\mathrm{a})},\boldsymbol{z},\boldsymbol{s})-\boldsymbol{H}(\boldsymbol{z},\boldsymbol{s})\boldsymbol{x})\}\end{aligned}\tag{9.48}$$

式中, $(\boldsymbol{\Omega}_{\mathrm{t}}^{(\mathrm{a})})^{-1}$ 可以看成是加权矩阵, 其作用是抑制观测误差 $\boldsymbol{e}$ 造成的影响。根据式 (2.67) 可知, 式 (9.48) 的最优闭式解为

$$\widehat{\boldsymbol{x}}_{\mathrm{t}}^{(\mathrm{a})}=((\boldsymbol{H}(\boldsymbol{z},\boldsymbol{s}))^{\mathrm{T}}(\boldsymbol{\Omega}_{\mathrm{t}}^{(\mathrm{a})})^{-1}\boldsymbol{H}(\boldsymbol{z},\boldsymbol{s}))^{-1}(\boldsymbol{H}(\boldsymbol{z},\boldsymbol{s}))^{\mathrm{T}}(\boldsymbol{\Omega}_{\mathrm{t}}^{(\mathrm{a})})^{-1}(\boldsymbol{g}(\boldsymbol{z},\boldsymbol{s})-\boldsymbol{w}(\widehat{\boldsymbol{x}}_{\mathrm{f}}^{(\mathrm{a})},\boldsymbol{z},\boldsymbol{s}))\tag{9.49}$$

【注记 9.8】 由式 (9.47) 可知, 加权矩阵 $(\boldsymbol{\Omega}_{\mathrm{t}}^{(\mathrm{a})})^{-1}$ 与未知参数 $\boldsymbol{x}$ 有关, 因此严格地说, 式 (9.48) 中的目标函数并不是关于向量 $\boldsymbol{x}$ 的二次函数。庆幸的是, 该问题并不难以解决, 可以先利用阶段 1 的估计值 $\widehat{\boldsymbol{x}}_{\mathrm{f}}^{(\mathrm{a})}$ 计算加权矩阵 $(\boldsymbol{\Omega}_{\mathrm{t}}^{(\mathrm{a})})^{-1}$, 并基于式 (9.49) 获得向量 $\boldsymbol{x}$ 在阶段 2 的近似估计值 (记为 $\widehat{\boldsymbol{x}}_{\mathrm{to}}^{(\mathrm{a})}$), 然后利用近似估计值 $\widehat{\boldsymbol{x}}_{\mathrm{to}}^{(\mathrm{a})}$ 重新计算加权矩阵 $(\boldsymbol{\Omega}_{\mathrm{t}}^{(\mathrm{a})})^{-1}$, 并基于式 (9.49) 获得向量 $\boldsymbol{x}$ 在阶段 2 的最终估计值 $\widehat{\boldsymbol{x}}_{\mathrm{t}}^{(\mathrm{a})}$①。另外, 加权矩阵 $(\boldsymbol{\Omega}_{\mathrm{t}}^{(\mathrm{a})})^{-1}$ 还与观测向量 $\boldsymbol{z}_0$ 有关, 可以直接利用其观测值 $\boldsymbol{z}$ 进行计算。下面的理论性能分析表明, 在一阶误差分析理论框架下 (适用于小观测误差), 加权矩阵 $(\boldsymbol{\Omega}_{\mathrm{t}}^{(\mathrm{a})})^{-1}$ 中的扰动误差并不会实质影响估计值 $\widehat{\boldsymbol{x}}_{\mathrm{t}}^{(\mathrm{a})}$ 的统计性能。

将上述求解方法称为方法 9–a, 图 9.1 给出方法 9–a 的计算流程图。

【注记 9.9】 由于方法 9–a 并不需要迭代运算, 因此可称其为闭式求解方法。

2. 理论性能分析

下面推导估计值 $\widehat{\boldsymbol{x}}_{\mathrm{t}}^{(\mathrm{a})}$ 的统计性能, 并将其均方误差与相应的克拉美罗界进行定量比较, 从而验证该估计值的渐近统计最优性, 具体结论可见以下两个命题。

【命题 9.3】 向量 $\widehat{\boldsymbol{x}}_{\mathrm{t}}^{(\mathrm{a})}$ 是关于未知参数 $\boldsymbol{x}$ 的渐近无偏估计值, 并且其均方误差为

$$\mathbf{MSE}(\widehat{\boldsymbol{x}}_{\mathrm{t}}^{(\mathrm{a})})=((\boldsymbol{H}(\boldsymbol{z}_0,\boldsymbol{s}))^{\mathrm{T}}(\boldsymbol{\Omega}_{\mathrm{t}}^{(\mathrm{a})})^{-1}\boldsymbol{H}(\boldsymbol{z}_0,\boldsymbol{s}))^{-1}\tag{9.50}$$

---

① 为了提高在大观测误差条件下的估计性能, 还可以先利用估计值 $\widehat{\boldsymbol{x}}_{\mathrm{t}}^{(\mathrm{a})}$ 再次计算加权矩阵 $(\boldsymbol{\Omega}_{\mathrm{t}}^{(\mathrm{a})})^{-1}$, 然后利用最新的加权矩阵更新估计值。

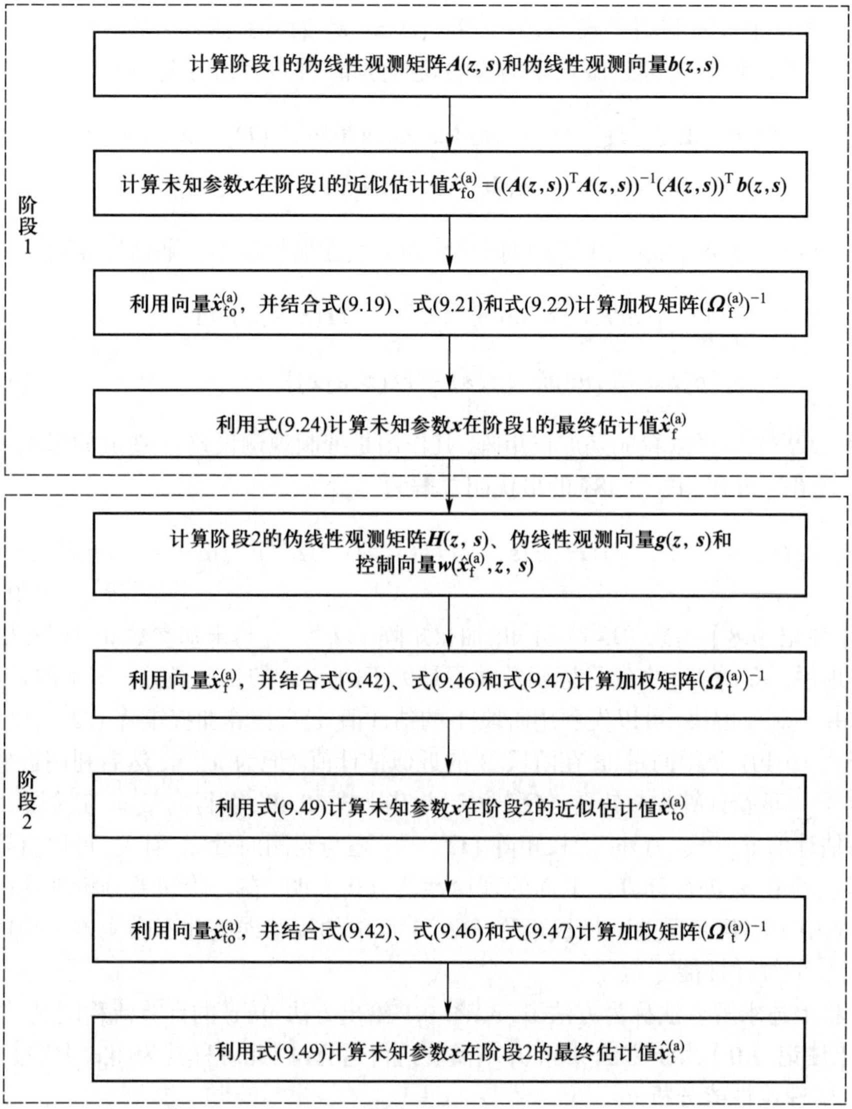

图 9.1　方法 9–a 的计算流程图

【证明】将向量 $\widehat{\boldsymbol{x}}_{\mathrm{t}}^{(\mathrm{a})}$ 中的估计误差记为 $\Delta\boldsymbol{x}_{\mathrm{t}}^{(\mathrm{a})}=\widehat{\boldsymbol{x}}_{\mathrm{t}}^{(\mathrm{a})}-\boldsymbol{x}$, 基于式 (9.49) 和注记 9.8 的讨论可知

$$
\begin{aligned}
&(\boldsymbol{H}(\boldsymbol{z},\boldsymbol{s}))^{\mathrm{T}}(\widehat{\boldsymbol{\Omega}}_{\mathrm{t}}^{(\mathrm{a})})^{-1}\boldsymbol{H}(\boldsymbol{z},\boldsymbol{s})(\boldsymbol{x}+\Delta\boldsymbol{x}_{\mathrm{t}}^{(\mathrm{a})})\\
&=(\boldsymbol{H}(\boldsymbol{z},\boldsymbol{s}))^{\mathrm{T}}(\widehat{\boldsymbol{\Omega}}_{\mathrm{t}}^{(\mathrm{a})})^{-1}(\boldsymbol{g}(\boldsymbol{z},\boldsymbol{s})-\boldsymbol{w}(\widehat{\boldsymbol{x}}_{\mathrm{f}}^{(\mathrm{a})},\boldsymbol{z},\boldsymbol{s}))
\end{aligned}
\tag{9.51}
$$

式中, $\widehat{\boldsymbol{\Omega}}_{\mathrm{t}}^{(\mathrm{a})}$ 表示 $\boldsymbol{\Omega}_{\mathrm{t}}^{(\mathrm{a})}$ 的近似估计值。在一阶误差分析理论框架下, 利用式 (9.51) 可以进一步推得

$$
\begin{aligned}
&(\Delta\boldsymbol{H}^{(\mathrm{a})})^{\mathrm{T}}(\boldsymbol{\Omega}_{\mathrm{t}}^{(\mathrm{a})})^{-1}\boldsymbol{H}(\boldsymbol{z}_0,\boldsymbol{s})\boldsymbol{x}+(\boldsymbol{H}(\boldsymbol{z}_0,\boldsymbol{s}))^{\mathrm{T}}(\boldsymbol{\Omega}_{\mathrm{t}}^{(\mathrm{a})})^{-1}\Delta\boldsymbol{H}^{(\mathrm{a})}\boldsymbol{x}\\
&+(\boldsymbol{H}(\boldsymbol{z}_0,\boldsymbol{s}))^{\mathrm{T}}\Delta\boldsymbol{\Xi}_{\mathrm{t}}^{(\mathrm{a})}\boldsymbol{H}(\boldsymbol{z}_0,\boldsymbol{s})\boldsymbol{x}+(\boldsymbol{H}(\boldsymbol{z}_0,\boldsymbol{s}))^{\mathrm{T}}(\boldsymbol{\Omega}_{\mathrm{t}}^{(\mathrm{a})})^{-1}\boldsymbol{H}(\boldsymbol{z}_0,\boldsymbol{s})\Delta\boldsymbol{x}_{\mathrm{t}}^{(\mathrm{a})}\\
&\approx(\Delta\boldsymbol{H}^{(\mathrm{a})})^{\mathrm{T}}(\boldsymbol{\Omega}_{\mathrm{t}}^{(\mathrm{a})})^{-1}(\boldsymbol{g}(\boldsymbol{z}_0,\boldsymbol{s})-\boldsymbol{w}(\boldsymbol{x},\boldsymbol{z}_0,\boldsymbol{s}))+(\boldsymbol{H}(\boldsymbol{z}_0,\boldsymbol{s}))^{\mathrm{T}}(\boldsymbol{\Omega}_{\mathrm{t}}^{(\mathrm{a})})^{-1}(\Delta\boldsymbol{g}^{(\mathrm{a})}-\Delta\boldsymbol{w}^{(\mathrm{a})})\\
&\quad+(\boldsymbol{H}(\boldsymbol{z}_0,\boldsymbol{s}))^{\mathrm{T}}\Delta\boldsymbol{\Xi}_{\mathrm{t}}^{(\mathrm{a})}(\boldsymbol{g}(\boldsymbol{z}_0,\boldsymbol{s})-\boldsymbol{w}(\boldsymbol{x},\boldsymbol{z}_0,\boldsymbol{s}))\\
&\Rightarrow(\boldsymbol{H}(\boldsymbol{z}_0,\boldsymbol{s}))^{\mathrm{T}}(\boldsymbol{\Omega}_{\mathrm{t}}^{(\mathrm{a})})^{-1}\boldsymbol{H}(\boldsymbol{z}_0,\boldsymbol{s})\Delta\boldsymbol{x}_{\mathrm{t}}^{(\mathrm{a})}\\
&\approx(\boldsymbol{H}(\boldsymbol{z}_0,\boldsymbol{s}))^{\mathrm{T}}(\boldsymbol{\Omega}_{\mathrm{t}}^{(\mathrm{a})})^{-1}(\Delta\boldsymbol{g}^{(\mathrm{a})}-\Delta\boldsymbol{w}^{(\mathrm{a})}-\Delta\boldsymbol{H}^{(\mathrm{a})}\boldsymbol{x})\\
&=(\boldsymbol{H}(\boldsymbol{z}_0,\boldsymbol{s}))^{\mathrm{T}}(\boldsymbol{\Omega}_{\mathrm{t}}^{(\mathrm{a})})^{-1}\boldsymbol{\xi}_{\mathrm{t}}^{(\mathrm{a})}\\
&\Rightarrow\Delta\boldsymbol{x}_{\mathrm{t}}^{(\mathrm{a})}\approx((\boldsymbol{H}(\boldsymbol{z}_0,\boldsymbol{s}))^{\mathrm{T}}(\boldsymbol{\Omega}_{\mathrm{t}}^{(\mathrm{a})})^{-1}\boldsymbol{H}(\boldsymbol{z}_0,\boldsymbol{s}))^{-1}(\boldsymbol{H}(\boldsymbol{z}_0,\boldsymbol{s}))^{\mathrm{T}}(\boldsymbol{\Omega}_{\mathrm{t}}^{(\mathrm{a})})^{-1}\boldsymbol{\xi}_{\mathrm{t}}^{(\mathrm{a})}
\end{aligned}\tag{9.52}
$$

式中, $\Delta\boldsymbol{\Xi}_{\mathrm{t}}^{(\mathrm{a})}=(\widehat{\boldsymbol{\Omega}}_{\mathrm{t}}^{(\mathrm{a})})^{-1}-(\boldsymbol{\Omega}_{\mathrm{t}}^{(\mathrm{a})})^{-1}$ 表示矩阵 $(\widehat{\boldsymbol{\Omega}}_{\mathrm{t}}^{(\mathrm{a})})^{-1}$ 中的扰动误差。由式 (9.52) 可知, 误差向量 $\Delta\boldsymbol{x}_{\mathrm{t}}^{(\mathrm{a})}$ 渐近服从零均值的高斯分布。因此, 向量 $\widehat{\boldsymbol{x}}_{\mathrm{t}}^{(\mathrm{a})}$ 是关于未知参数 $\boldsymbol{x}$ 的渐近无偏估计值, 并且其均方误差为

$$
\begin{aligned}
\mathbf{MSE}(\widehat{\boldsymbol{x}}_{\mathrm{t}}^{(\mathrm{a})})&=\mathbf{E}[(\widehat{\boldsymbol{x}}_{\mathrm{t}}^{(\mathrm{a})}-\boldsymbol{x})(\widehat{\boldsymbol{x}}_{\mathrm{t}}^{(\mathrm{a})}-\boldsymbol{x})^{\mathrm{T}}]=\mathbf{E}[\Delta\boldsymbol{x}_{\mathrm{t}}^{(\mathrm{a})}(\Delta\boldsymbol{x}_{\mathrm{t}}^{(\mathrm{a})})^{\mathrm{T}}]\\
&=((\boldsymbol{H}(\boldsymbol{z}_0,\boldsymbol{s}))^{\mathrm{T}}(\boldsymbol{\Omega}_{\mathrm{t}}^{(\mathrm{a})})^{-1}\boldsymbol{H}(\boldsymbol{z}_0,\boldsymbol{s}))^{-1}(\boldsymbol{H}(\boldsymbol{z}_0,\boldsymbol{s}))^{\mathrm{T}}(\boldsymbol{\Omega}_{\mathrm{t}}^{(\mathrm{a})})^{-1}\\
&\quad\times\mathbf{E}[\boldsymbol{\xi}_{\mathrm{t}}^{(\mathrm{a})}(\boldsymbol{\xi}_{\mathrm{t}}^{(\mathrm{a})})^{\mathrm{T}}](\boldsymbol{\Omega}_{\mathrm{t}}^{(\mathrm{a})})^{-1}\boldsymbol{H}(\boldsymbol{z}_0,\boldsymbol{s})((\boldsymbol{H}(\boldsymbol{z}_0,\boldsymbol{s}))^{\mathrm{T}}(\boldsymbol{\Omega}_{\mathrm{t}}^{(\mathrm{a})})^{-1}\boldsymbol{H}(\boldsymbol{z}_0,\boldsymbol{s}))^{-1}\\
&=((\boldsymbol{H}(\boldsymbol{z}_0,\boldsymbol{s}))^{\mathrm{T}}(\boldsymbol{\Omega}_{\mathrm{t}}^{(\mathrm{a})})^{-1}\boldsymbol{H}(\boldsymbol{z}_0,\boldsymbol{s}))^{-1}
\end{aligned}\tag{9.53}
$$

证毕。

【注记 9.10】 式 (9.52) 中的推导过程表明, 在一阶误差分析理论框架下, 矩阵 $(\widehat{\boldsymbol{\Omega}}_{\mathrm{t}}^{(\mathrm{a})})^{-1}$ 中的扰动误差 $\Delta\boldsymbol{\Xi}_{\mathrm{t}}^{(\mathrm{a})}$ 并不会实质性地影响估计值 $\widehat{\boldsymbol{x}}_{\mathrm{t}}^{(\mathrm{a})}$ 的统计性能。

【命题 9.4】 向量 $\widehat{\boldsymbol{x}}_{\mathrm{t}}^{(\mathrm{a})}$ 是关于未知参数 $\boldsymbol{x}$ 的渐近统计最优估计值。

【证明】 这里仅需要证明等式 $\mathbf{MSE}(\widehat{\boldsymbol{x}}_{\mathrm{t}}^{(\mathrm{a})})=\mathbf{CRB}^{(\mathrm{a})}(\boldsymbol{x})$。将式 (9.47) 代入式 (9.50) 可得

$$
\begin{aligned}
\mathbf{MSE}(\widehat{\boldsymbol{x}}_{\mathrm{t}}^{(\mathrm{a})})&=((\boldsymbol{H}(\boldsymbol{z}_0,\boldsymbol{s}))^{\mathrm{T}}(\boldsymbol{R}_z^{(\mathrm{a})}(\boldsymbol{x},\boldsymbol{z}_0,\boldsymbol{s})\boldsymbol{E}(\boldsymbol{R}_z^{(\mathrm{a})}(\boldsymbol{x},\boldsymbol{z}_0,\boldsymbol{s}))^{\mathrm{T}})^{-1}\boldsymbol{H}(\boldsymbol{z}_0,\boldsymbol{s}))^{-1}\\
&=((\boldsymbol{H}(\boldsymbol{z}_0,\boldsymbol{s}))^{\mathrm{T}}(\boldsymbol{R}_z^{(\mathrm{a})}(\boldsymbol{x},\boldsymbol{z}_0,\boldsymbol{s}))^{-\mathrm{T}}\boldsymbol{E}^{-1}(\boldsymbol{R}_z^{(\mathrm{a})}(\boldsymbol{x},\boldsymbol{z}_0,\boldsymbol{s}))^{-1}\boldsymbol{H}(\boldsymbol{z}_0,\boldsymbol{s}))^{-1}
\end{aligned}\tag{9.54}
$$

对比式 (9.29) 和式 (9.54) 可知, 仅需要证明如下等式即可

$$
\boldsymbol{F}_x(\boldsymbol{x},\boldsymbol{s})=(\boldsymbol{R}_z^{(\mathrm{a})}(\boldsymbol{x},\boldsymbol{z}_0,\boldsymbol{s}))^{-1}\boldsymbol{H}(\boldsymbol{z}_0,\boldsymbol{s})\Leftrightarrow\boldsymbol{R}_z^{(\mathrm{a})}(\boldsymbol{x},\boldsymbol{z}_0,\boldsymbol{s})\boldsymbol{F}_x(\boldsymbol{x},\boldsymbol{s})=\boldsymbol{H}(\boldsymbol{z}_0,\boldsymbol{s})\tag{9.55}
$$

由式 (9.46) 可得

$$\boldsymbol{R}_z^{(\mathrm{a})}(\boldsymbol{x},\boldsymbol{z}_0,\boldsymbol{s})\boldsymbol{F}_x(\boldsymbol{x},\boldsymbol{s})=\boldsymbol{D}_z(\boldsymbol{x},\boldsymbol{z}_0,\boldsymbol{s})\boldsymbol{F}_x(\boldsymbol{x},\boldsymbol{s})-\boldsymbol{W}_x(\boldsymbol{x},\boldsymbol{z}_0,\boldsymbol{s})((\boldsymbol{A}(\boldsymbol{z}_0,\boldsymbol{s}))^{\mathrm{T}}(\boldsymbol{\Omega}_{\mathrm{f}}^{(\mathrm{a})})^{-1}\\ \times\boldsymbol{A}(\boldsymbol{z}_0,\boldsymbol{s}))^{-1}(\boldsymbol{A}(\boldsymbol{z}_0,\boldsymbol{s}))^{\mathrm{T}}(\boldsymbol{\Omega}_{\mathrm{f}}^{(\mathrm{a})})^{-1}\boldsymbol{C}_z(\boldsymbol{x},\boldsymbol{z}_0,\boldsymbol{s})\boldsymbol{F}_x(\boldsymbol{x},\boldsymbol{s}) \tag{9.56}$$

将式 (9.31) 代入式 (9.56) 可知

$$\boldsymbol{R}_z^{(\mathrm{a})}(\boldsymbol{x},\boldsymbol{z}_0,\boldsymbol{s})\boldsymbol{F}_x(\boldsymbol{x},\boldsymbol{s})=\boldsymbol{D}_z(\boldsymbol{x},\boldsymbol{z}_0,\boldsymbol{s})\boldsymbol{F}_x(\boldsymbol{x},\boldsymbol{s})-\boldsymbol{W}_x(\boldsymbol{x},\boldsymbol{z}_0,\boldsymbol{s}) \tag{9.57}$$

另外, 将关系式 $\boldsymbol{z}_0=\boldsymbol{f}(\boldsymbol{x},\boldsymbol{s})$ 代入伪线性观测方程式 (9.3) 可得

$$\boldsymbol{H}(\boldsymbol{f}(\boldsymbol{x},\boldsymbol{s}),\boldsymbol{s})\boldsymbol{x}+\boldsymbol{w}(\boldsymbol{x},\boldsymbol{f}(\boldsymbol{x},\boldsymbol{s}),\boldsymbol{s})=\boldsymbol{g}(\boldsymbol{f}(\boldsymbol{x},\boldsymbol{s}),\boldsymbol{s}) \tag{9.58}$$

由于式 (9.58) 是关于未知参数 $\boldsymbol{x}$ 的恒等式, 于是将该式两边对向量 $\boldsymbol{x}$ 求导可得

$$\begin{aligned}&[\dot{\boldsymbol{H}}_{z_1}(\boldsymbol{z}_0,\boldsymbol{s})\boldsymbol{x}\quad \dot{\boldsymbol{H}}_{z_2}(\boldsymbol{z}_0,\boldsymbol{s})\boldsymbol{x}\quad\cdots\quad \dot{\boldsymbol{H}}_{z_p}(\boldsymbol{z}_0,\boldsymbol{s})\boldsymbol{x}]\boldsymbol{F}_x(\boldsymbol{x},\boldsymbol{s})\\&\quad+\boldsymbol{H}(\boldsymbol{z}_0,\boldsymbol{s})+\boldsymbol{W}_x(\boldsymbol{x},\boldsymbol{z}_0,\boldsymbol{s})+\boldsymbol{W}_z(\boldsymbol{x},\boldsymbol{z}_0,\boldsymbol{s})\boldsymbol{F}_x(\boldsymbol{x},\boldsymbol{s})\\&=\boldsymbol{G}_z(\boldsymbol{z}_0,\boldsymbol{s})\boldsymbol{F}_x(\boldsymbol{x},\boldsymbol{s})\Rightarrow\boldsymbol{D}_z(\boldsymbol{x},\boldsymbol{z}_0,\boldsymbol{s})\boldsymbol{F}_x(\boldsymbol{x},\boldsymbol{s})\\&=\boldsymbol{H}(\boldsymbol{z}_0,\boldsymbol{s})+\boldsymbol{W}_x(\boldsymbol{x},\boldsymbol{z}_0,\boldsymbol{s})\Rightarrow\boldsymbol{H}(\boldsymbol{z}_0,\boldsymbol{s})=\boldsymbol{D}_z(\boldsymbol{x},\boldsymbol{z}_0,\boldsymbol{s})\boldsymbol{F}_x(\boldsymbol{x},\boldsymbol{s})-\boldsymbol{W}_x(\boldsymbol{x},\boldsymbol{z}_0,\boldsymbol{s})\end{aligned} \tag{9.59}$$

式中, 第 2 个等式利用了式 (9.42)。结合式 (9.57) 和式 (9.59) 可知式 (9.55) 成立。证毕。

【注记 9.11】式 (9.59) 是证明命题 9.4 的关键等式, 下面给出另一个关键等式。由于式 (9.58) 同样也是关于模型参数 $\boldsymbol{s}$ 的恒等式, 于是将该式两边对向量 $\boldsymbol{s}$ 求导可得

$$\begin{aligned}&[\dot{\boldsymbol{H}}_{z_1}(\boldsymbol{z}_0,\boldsymbol{s})\boldsymbol{x}\quad \dot{\boldsymbol{H}}_{z_2}(\boldsymbol{z}_0,\boldsymbol{s})\boldsymbol{x}\quad\cdots\quad \dot{\boldsymbol{H}}_{z_p}(\boldsymbol{z}_0,\boldsymbol{s})\boldsymbol{x}]\boldsymbol{F}_s(\boldsymbol{x},\boldsymbol{s})\\&+[\dot{\boldsymbol{H}}_{s_1}(\boldsymbol{z}_0,\boldsymbol{s})\boldsymbol{x}\quad \dot{\boldsymbol{H}}_{s_2}(\boldsymbol{z}_0,\boldsymbol{s})\boldsymbol{x}\quad\cdots\quad \dot{\boldsymbol{H}}_{s_r}(\boldsymbol{z}_0,\boldsymbol{s})\boldsymbol{x}]\\&+\boldsymbol{W}_z(\boldsymbol{x},\boldsymbol{z}_0,\boldsymbol{s})\boldsymbol{F}_s(\boldsymbol{x},\boldsymbol{s})+\boldsymbol{W}_s(\boldsymbol{x},\boldsymbol{z}_0,\boldsymbol{s})=\boldsymbol{G}_z(\boldsymbol{z}_0,\boldsymbol{s})\boldsymbol{F}_s(\boldsymbol{x},\boldsymbol{s})+\boldsymbol{G}_s(\boldsymbol{z}_0,\boldsymbol{s})\\&\Rightarrow\boldsymbol{D}_z(\boldsymbol{x},\boldsymbol{z}_0,\boldsymbol{s})\boldsymbol{F}_s(\boldsymbol{x},\boldsymbol{s})+\boldsymbol{D}_s(\boldsymbol{x},\boldsymbol{z}_0,\boldsymbol{s})=\boldsymbol{O}_{p\times r}\end{aligned} \tag{9.60}$$

式中, 第 2 个等式利用了式 (9.42), 其余矩阵的表达式如下

$$
\begin{cases}
\boldsymbol{G}_s(\boldsymbol{z}_0,\boldsymbol{s})=\dfrac{\partial \boldsymbol{g}(\boldsymbol{z}_0,\boldsymbol{s})}{\partial \boldsymbol{s}^{\mathrm{T}}}\in \mathbf{R}^{p\times r};\quad \boldsymbol{W}_s(\boldsymbol{x},\boldsymbol{z}_0,\boldsymbol{s})=\dfrac{\partial \boldsymbol{w}(\boldsymbol{x},\boldsymbol{z}_0,\boldsymbol{s})}{\partial \boldsymbol{s}^{\mathrm{T}}}\in \mathbf{R}^{p\times r};\\
\dot{\boldsymbol{H}}_{s_j}(\boldsymbol{z}_0,\boldsymbol{s})=\dfrac{\partial \boldsymbol{H}(\boldsymbol{z}_0,\boldsymbol{s})}{\partial \langle \boldsymbol{s}\rangle_j}\in \mathbf{R}^{p\times q}\quad (1\leqslant j\leqslant r)\\
\boldsymbol{D}_s(\boldsymbol{x},\boldsymbol{z}_0,\boldsymbol{s})=\boldsymbol{G}_s(\boldsymbol{z}_0,\boldsymbol{s})-\boldsymbol{W}_s(\boldsymbol{x},\boldsymbol{z}_0,\boldsymbol{s})\\
-[\dot{\boldsymbol{H}}_{s_1}(\boldsymbol{z}_0,\boldsymbol{s})\boldsymbol{x}\quad \dot{\boldsymbol{H}}_{s_2}(\boldsymbol{z}_0,\boldsymbol{s})\boldsymbol{x}\quad \cdots\quad \dot{\boldsymbol{H}}_{s_r}(\boldsymbol{z}_0,\boldsymbol{s})\boldsymbol{x}]\in \mathbf{R}^{p\times r}
\end{cases}
\tag{9.61}
$$

式 (9.60) 对于后续分析理论性能至关重要。

9.2.3 数值实验

本节选择式 (9.4) 所定义的函数 $\boldsymbol{f}(\boldsymbol{x},\boldsymbol{s})$ 进行数值实验。由式 (9.12) 和式 (9.13) 可得

$$
\boldsymbol{B}_z(\boldsymbol{z}_0,\boldsymbol{s})=\frac{\partial \boldsymbol{b}(\boldsymbol{z}_0,\boldsymbol{s})}{\partial \boldsymbol{z}_0^{\mathrm{T}}}
=\left[\begin{array}{c:ccc}
\dfrac{1}{2}s_1\sin(z_{02})+\dfrac{1}{2z_{01}^2}s_1\|\boldsymbol{s}\|_2^2\sin(z_{02}) & s_2\cos(z_{02})+\dfrac{1}{2}s_1z_{01}\cos(z_{02})-\dfrac{1}{2z_{01}}s_1\|\boldsymbol{s}\|_2^2\cos(z_{02}) & 0 & 0\\
-\dfrac{1}{2z_{01}^2}\|\boldsymbol{s}\|_2^3-\dfrac{1}{2}\|\boldsymbol{s}\|_2 & 0 & 0 & 0\\
-\dfrac{1}{2z_{01}^2}s_2\|\boldsymbol{s}\|_2^2-\dfrac{1}{2}s_2 & 0 & 0 & 1
\end{array}\right]
\tag{9.62}
$$

$$
\dot{\boldsymbol{A}}_{z_1}(\boldsymbol{z}_0,\boldsymbol{s})=\frac{\partial \boldsymbol{A}(\boldsymbol{z}_0,\boldsymbol{s})}{\partial z_{01}}=\begin{bmatrix}
\dfrac{1}{z_{01}^2}s_1^2\sin(z_{02}) & \dfrac{1}{z_{01}^2}s_1s_2\sin(z_{02})\\
-\dfrac{1}{z_{01}^2}s_1\|\boldsymbol{s}\|_2 & -\dfrac{1}{z_{01}^2}s_2\|\boldsymbol{s}\|_2\\
-\dfrac{1}{z_{01}^2}s_1s_2 & -\dfrac{1}{z_{01}^2}s_2^2
\end{bmatrix}
\tag{9.63}
$$

$$\dot{\boldsymbol{A}}_{z_2}(\boldsymbol{z}_0,\boldsymbol{s})=\frac{\partial \boldsymbol{A}(\boldsymbol{z}_0,\boldsymbol{s})}{\partial z_{02}}$$

$$=\left[\begin{array}{c:c} -s_1\sin(z_{02})-\dfrac{1}{z_{01}}s_1^2\cos(z_{02}) & s_2\sin(z_{02})-\dfrac{1}{z_{01}}s_1s_2\cos(z_{02}) \\ 0 & 0 \\ 0 & 0 \end{array}\right] \tag{9.64}$$

$$\dot{\boldsymbol{A}}_{z_3}(\boldsymbol{z}_0,\boldsymbol{s})=\frac{\partial \boldsymbol{A}(\boldsymbol{z}_0,\boldsymbol{s})}{\partial z_{03}}=\begin{bmatrix} 0 & 0 \\ \dfrac{1}{z_{03}} & \dfrac{1}{z_{03}} \\ 0 & 0 \end{bmatrix};\quad \dot{\boldsymbol{A}}_{z_4}(\boldsymbol{z}_0,\boldsymbol{s})=\frac{\partial \boldsymbol{A}(\boldsymbol{z}_0,\boldsymbol{s})}{\partial z_{04}}=\boldsymbol{O}_{3\times 2} \tag{9.65}$$

由式 (9.14) 和式 (9.15) 可知

$$\boldsymbol{G}_z(\boldsymbol{z}_0,\boldsymbol{s})=\frac{\partial \boldsymbol{g}(\boldsymbol{z}_0,\boldsymbol{s})}{\partial \boldsymbol{z}_0^{\mathrm{T}}}=\mathrm{diag}\{-2z_{01},s_2\cos(z_{02}),0,1\} \tag{9.66}$$

$$\begin{cases} \boldsymbol{W}_x(\boldsymbol{x},\boldsymbol{z}_0,\boldsymbol{s})=\dfrac{\partial \boldsymbol{w}(\boldsymbol{x},\boldsymbol{z}_0,\boldsymbol{s})}{\partial \boldsymbol{x}^{\mathrm{T}}}=\dfrac{1}{\|\boldsymbol{x}\|_2}\begin{bmatrix} -2z_{01} \\ -s_1\sin(z_{02}) \\ \|\boldsymbol{s}\|_2 \\ s_2 \end{bmatrix}\boldsymbol{x}^{\mathrm{T}} \\ \boldsymbol{W}_z(\boldsymbol{x},\boldsymbol{z}_0,\boldsymbol{s})=\dfrac{\partial \boldsymbol{w}(\boldsymbol{x},\boldsymbol{z}_0,\boldsymbol{s})}{\partial \boldsymbol{z}_0^{\mathrm{T}}}=\mathrm{diag}\{-2\|\boldsymbol{x}\|_2,-s_1\|\boldsymbol{x}\|_2\cos(z_{02}),0,0\} \end{cases} \tag{9.67}$$

$$\begin{cases} \dot{\boldsymbol{H}}_{z_1}(\boldsymbol{z}_0,\boldsymbol{s})=\dfrac{\partial \boldsymbol{H}(\boldsymbol{z}_0,\boldsymbol{s})}{\partial z_{01}}=\boldsymbol{O}_{4\times 2} \\ \dot{\boldsymbol{H}}_{z_2}(\boldsymbol{z}_0,\boldsymbol{s})=\dfrac{\partial \boldsymbol{H}(\boldsymbol{z}_0,\boldsymbol{s})}{\partial z_{02}}=\begin{bmatrix} 0 & 0 \\ -s_1\sin(z_{02}) & s_2\sin(z_{02}) \\ 0 & 0 \\ 0 & 0 \end{bmatrix} \end{cases} \tag{9.68}$$

$$\dot{\boldsymbol{H}}_{z_3}(\boldsymbol{z}_0,\boldsymbol{s})=\frac{\partial \boldsymbol{H}(\boldsymbol{z}_0,\boldsymbol{s})}{\partial z_{03}}=\begin{bmatrix} 0 & 0 \\ 0 & 0 \\ \dfrac{1}{z_{03}} & \dfrac{1}{z_{03}} \\ 0 & 0 \end{bmatrix};\quad \dot{\boldsymbol{H}}_{z_4}(\boldsymbol{z}_0,\boldsymbol{s})=\frac{\partial \boldsymbol{H}(\boldsymbol{z}_0,\boldsymbol{s})}{\partial z_{04}}=\boldsymbol{O}_{4\times 2} \tag{9.69}$$

将未知参数设为 $\boldsymbol{x}=[1.2 \quad -5]^{\mathrm{T}}$, 将模型参数设为 $\boldsymbol{s}=[-2 \quad -1.5]^{\mathrm{T}}$ (假设其精确已知), 观测误差协方差矩阵设为 $\boldsymbol{E}=\sigma_1^2\mathrm{diag}\{1,0.2,4,1\}$, 其中 σ_1 称为观测误差标准差。利用方法 9–a 对未知参数 $\boldsymbol{x}$ 进行估计。图 9.2 给出了未知参数 $\boldsymbol{x}$ 估计均方根误差随观测误差标准差 σ_1 的变化曲线。

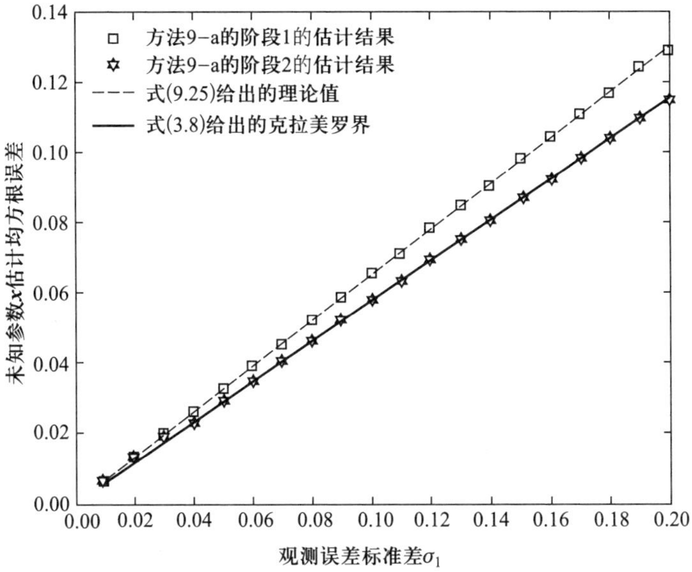

图 9.2　未知参数 $\boldsymbol{x}$ 估计均方根误差随观测误差标准差 σ_1 的变化曲线

从图 9.2 中可以看出:

① 方法 9–a 对未知参数 $\boldsymbol{x}$ 的估计均方根误差随观测误差标准差 σ_1 的增加而增大。

② 方法 9–a 的阶段 1 对未知参数 $\boldsymbol{x}$ 的估计均方根误差与式 (9.25) 给出的理论值基本吻合, 并且该值高于由式 (3.8) 给出的克拉美罗界, 从而验证了第 9.2.1 节理论性能分析的有效性。

③ 方法 9–a 的阶段 2 对未知参数 $\boldsymbol{x}$ 的估计均方根误差可以达到由式 (3.8) 给出的克拉美罗界, 从而验证了第 9.2.2 节理论性能分析的有效性。

9.3　模型参数先验观测误差对参数估计性能的影响

本节假设模型参数 $\boldsymbol{s}$ 并不能精确已知, 实际计算中仅存在关于模型参数 $\boldsymbol{s}$ 的先验观测值 $\widehat{\boldsymbol{s}}$, 其中包含先验观测误差, 此时的观测模型可以表示为

$$\begin{cases} \boldsymbol{z}=\boldsymbol{f}(\boldsymbol{x},\boldsymbol{s})+\boldsymbol{e} \\ \widehat{\boldsymbol{s}}=\boldsymbol{s}+\boldsymbol{\varphi} \end{cases} \tag{9.70}$$

模型参数先验观测误差显然会对方法 9–a 的估计精度产生直接影响，下面推导方法 9–a 在模型参数先验观测误差存在下的统计性能。

为了避免符号混淆，将此情形下方法 9–a 的估计值记为 $\widehat{\widehat{\boldsymbol{x}}}_{\mathrm{t}}^{(\mathrm{a})}$，则基于式 (9.49) 可得

$$\widehat{\widehat{\boldsymbol{x}}}_{\mathrm{t}}^{(\mathrm{a})}=((\boldsymbol{H}(\boldsymbol{z},\widehat{\boldsymbol{s}}))^{\mathrm{T}}(\boldsymbol{\Omega}_{\mathrm{t}}^{(\mathrm{a})})^{-1}\boldsymbol{H}(\boldsymbol{z},\widehat{\boldsymbol{s}}))^{-1}(\boldsymbol{H}(\boldsymbol{z},\widehat{\boldsymbol{s}}))^{\mathrm{T}}(\boldsymbol{\Omega}_{\mathrm{t}}^{(\mathrm{a})})^{-1}(\boldsymbol{g}(\boldsymbol{z},\widehat{\boldsymbol{s}})-\boldsymbol{w}(\widehat{\widehat{\boldsymbol{x}}}_{\mathrm{f}}^{(\mathrm{a})},\boldsymbol{z},\widehat{\boldsymbol{s}})) \tag{9.71}$$

式中，

$$\widehat{\widehat{\boldsymbol{x}}}_{\mathrm{f}}^{(\mathrm{a})}=((\boldsymbol{A}(\boldsymbol{z},\widehat{\boldsymbol{s}}))^{\mathrm{T}}(\boldsymbol{\Omega}_{\mathrm{f}}^{(\mathrm{a})})^{-1}\boldsymbol{A}(\boldsymbol{z},\widehat{\boldsymbol{s}}))^{-1}(\boldsymbol{A}(\boldsymbol{z},\widehat{\boldsymbol{s}}))^{\mathrm{T}}(\boldsymbol{\Omega}_{\mathrm{f}}^{(\mathrm{a})})^{-1}\boldsymbol{b}(\boldsymbol{z},\widehat{\boldsymbol{s}}) \tag{9.72}$$

相对式 (9.24) 和式 (9.49) 而言，式 (9.71) 和式 (9.72) 的不同之处在于用模型参数 $\boldsymbol{s}$ 的先验观测值 $\widehat{\boldsymbol{s}}$ 代替其真实值，因为这里考虑的是其精确值无法获知的情形。

下面从统计的角度分析估计值 $\widehat{\widehat{\boldsymbol{x}}}_{\mathrm{t}}^{(\mathrm{a})}$ 的理论性能，为此需要首先分析估计值 $\widehat{\widehat{\boldsymbol{x}}}_{\mathrm{f}}^{(\mathrm{a})}$ 的理论性能，具体结论可见以下命题。

【命题 9.5】向量 $\widehat{\widehat{\boldsymbol{x}}}_{\mathrm{f}}^{(\mathrm{a})}$ 是关于未知参数 $\boldsymbol{x}$ 的渐近无偏估计值，并且其均方误差为

$$\begin{aligned}\mathbf{MSE}(\widehat{\widehat{\boldsymbol{x}}}_{\mathrm{f}}^{(\mathrm{a})})&=\mathbf{MSE}(\widehat{\boldsymbol{x}}_{\mathrm{f}}^{(\mathrm{a})})+\mathbf{MSE}(\widehat{\boldsymbol{x}}_{\mathrm{f}}^{(\mathrm{a})})(\boldsymbol{A}(\boldsymbol{z}_0,\boldsymbol{s}))^{\mathrm{T}}(\boldsymbol{\Omega}_{\mathrm{f}}^{(\mathrm{a})})^{-1}\boldsymbol{C}_s(\boldsymbol{x},\boldsymbol{z}_0,\boldsymbol{s})\boldsymbol{\Psi}\\&\quad\times(\boldsymbol{C}_s(\boldsymbol{x},\boldsymbol{z}_0,\boldsymbol{s}))^{\mathrm{T}}(\boldsymbol{\Omega}_{\mathrm{f}}^{(\mathrm{a})})^{-1}\boldsymbol{A}(\boldsymbol{z}_0,\boldsymbol{s})\mathbf{MSE}(\widehat{\boldsymbol{x}}_{\mathrm{f}}^{(\mathrm{a})})\end{aligned} \tag{9.73}$$

【证明】将向量 $\widehat{\widehat{\boldsymbol{x}}}_{\mathrm{f}}^{(\mathrm{a})}$ 中的估计误差记为 $\Delta\widetilde{\boldsymbol{x}}_{\mathrm{f}}^{(\mathrm{a})}=\widehat{\widehat{\boldsymbol{x}}}_{\mathrm{f}}^{(\mathrm{a})}-\boldsymbol{x}$。基于式 (9.72) 和注记 9.5 的讨论可知

$$(\boldsymbol{A}(\boldsymbol{z},\widehat{\boldsymbol{s}}))^{\mathrm{T}}(\widehat{\boldsymbol{\Omega}}_{\mathrm{f}}^{(\mathrm{a})})^{-1}\boldsymbol{A}(\boldsymbol{z},\widehat{\boldsymbol{s}})(\boldsymbol{x}+\Delta\widetilde{\boldsymbol{x}}_{\mathrm{f}}^{(\mathrm{a})})=(\boldsymbol{A}(\boldsymbol{z},\widehat{\boldsymbol{s}}))^{\mathrm{T}}(\widehat{\boldsymbol{\Omega}}_{\mathrm{f}}^{(\mathrm{a})})^{-1}\boldsymbol{b}(\boldsymbol{z},\widehat{\boldsymbol{s}}) \tag{9.74}$$

在一阶误差分析理论框架下，利用式 (9.74) 可以进一步推得

$$\begin{aligned}&(\Delta\widetilde{\boldsymbol{A}}^{(\mathrm{a})})^{\mathrm{T}}(\boldsymbol{\Omega}_{\mathrm{f}}^{(\mathrm{a})})^{-1}\boldsymbol{A}(\boldsymbol{z}_0,\boldsymbol{s})\boldsymbol{x}+(\boldsymbol{A}(\boldsymbol{z}_0,\boldsymbol{s}))^{\mathrm{T}}(\boldsymbol{\Omega}_{\mathrm{f}}^{(\mathrm{a})})^{-1}\Delta\widetilde{\boldsymbol{A}}^{(\mathrm{a})}\boldsymbol{x}\\&\quad+(\boldsymbol{A}(\boldsymbol{z}_0,\boldsymbol{s}))^{\mathrm{T}}\Delta\boldsymbol{\Xi}_{\mathrm{f}}^{(\mathrm{a})}\boldsymbol{A}(\boldsymbol{z}_0,\boldsymbol{s})\boldsymbol{x}+(\boldsymbol{A}(\boldsymbol{z}_0,\boldsymbol{s}))^{\mathrm{T}}(\boldsymbol{\Omega}_{\mathrm{f}}^{(\mathrm{a})})^{-1}\boldsymbol{A}(\boldsymbol{z}_0,\boldsymbol{s})\Delta\widetilde{\boldsymbol{x}}_{\mathrm{f}}^{(\mathrm{a})}\\&\approx(\Delta\widetilde{\boldsymbol{A}}^{(\mathrm{a})})^{\mathrm{T}}(\boldsymbol{\Omega}_{\mathrm{f}}^{(\mathrm{a})})^{-1}\boldsymbol{b}(\boldsymbol{z}_0,\boldsymbol{s})+(\boldsymbol{A}(\boldsymbol{z}_0,\boldsymbol{s}))^{\mathrm{T}}(\boldsymbol{\Omega}_{\mathrm{f}}^{(\mathrm{a})})^{-1}\Delta\widetilde{\boldsymbol{b}}^{(\mathrm{a})}\\&\quad+(\boldsymbol{A}(\boldsymbol{z}_0,\boldsymbol{s}))^{\mathrm{T}}\Delta\boldsymbol{\Xi}_{\mathrm{f}}^{(\mathrm{a})}\boldsymbol{b}(\boldsymbol{z}_0,\boldsymbol{s})\\&\Rightarrow(\boldsymbol{A}(\boldsymbol{z}_0,\boldsymbol{s}))^{\mathrm{T}}(\boldsymbol{\Omega}_{\mathrm{f}}^{(\mathrm{a})})^{-1}\boldsymbol{A}(\boldsymbol{z}_0,\boldsymbol{s})\Delta\widetilde{\boldsymbol{x}}_{\mathrm{f}}^{(\mathrm{a})}\end{aligned}$$

$$\approx (\boldsymbol{A}(\boldsymbol{z}_0,\boldsymbol{s}))^{\mathrm{T}}(\boldsymbol{\Omega}_{\mathrm{f}}^{(\mathrm{a})})^{-1}(\Delta\widetilde{\boldsymbol{b}}^{(\mathrm{a})}-\Delta\widetilde{\boldsymbol{A}}^{(\mathrm{a})}\boldsymbol{x}) = (\boldsymbol{A}(\boldsymbol{z}_0,\boldsymbol{s}))^{\mathrm{T}}(\boldsymbol{\Omega}_{\mathrm{f}}^{(\mathrm{a})})^{-1}\widetilde{\boldsymbol{\xi}}_{\mathrm{f}}^{(\mathrm{a})}$$

$$\Rightarrow \Delta\widetilde{\boldsymbol{x}}_{\mathrm{f}}^{(\mathrm{a})} \approx ((\boldsymbol{A}(\boldsymbol{z}_0,\boldsymbol{s}))^{\mathrm{T}}(\boldsymbol{\Omega}_{\mathrm{f}}^{(\mathrm{a})})^{-1}\boldsymbol{A}(\boldsymbol{z}_0,\boldsymbol{s}))^{-1}(\boldsymbol{A}(\boldsymbol{z}_0,\boldsymbol{s}))^{\mathrm{T}}(\boldsymbol{\Omega}_{\mathrm{f}}^{(\mathrm{a})})^{-1}\widetilde{\boldsymbol{\xi}}_{\mathrm{f}}^{(\mathrm{a})} \tag{9.75}$$

式中, $\Delta\widetilde{\boldsymbol{b}}^{(\mathrm{a})} = \boldsymbol{b}(\boldsymbol{z},\widehat{\boldsymbol{s}}) - \boldsymbol{b}(\boldsymbol{z}_0,\boldsymbol{s})$, $\Delta\widetilde{\boldsymbol{A}}^{(\mathrm{a})} = \boldsymbol{A}(\boldsymbol{z},\widehat{\boldsymbol{s}}) - \boldsymbol{A}(\boldsymbol{z}_0,\boldsymbol{s})$, $\widetilde{\boldsymbol{\xi}}_{\mathrm{f}}^{(\mathrm{a})} = \Delta\widetilde{\boldsymbol{b}}^{(\mathrm{a})} - \Delta\widetilde{\boldsymbol{A}}^{(\mathrm{a})}\boldsymbol{x}$。利用一阶误差分析可知

$$\begin{cases}\Delta\widetilde{\boldsymbol{b}}^{(\mathrm{a})} \approx \boldsymbol{B}_z(\boldsymbol{z}_0,\boldsymbol{s})(\boldsymbol{z}-\boldsymbol{z}_0) + \boldsymbol{B}_s(\boldsymbol{z}_0,\boldsymbol{s})(\widehat{\boldsymbol{s}}-\boldsymbol{s}) = \boldsymbol{B}_z(\boldsymbol{z}_0,\boldsymbol{s})\boldsymbol{e} + \boldsymbol{B}_s(\boldsymbol{z}_0,\boldsymbol{s})\boldsymbol{\varphi} \\ \Delta\widetilde{\boldsymbol{A}}^{(\mathrm{a})}\boldsymbol{x} \approx [\dot{\boldsymbol{A}}_{z_1}(\boldsymbol{z}_0,\boldsymbol{s})\boldsymbol{x} \quad \dot{\boldsymbol{A}}_{z_2}(\boldsymbol{z}_0,\boldsymbol{s})\boldsymbol{x} \quad \cdots \quad \dot{\boldsymbol{A}}_{z_p}(\boldsymbol{z}_0,\boldsymbol{s})\boldsymbol{x}](\boldsymbol{z}-\boldsymbol{z}_0) \\ \quad +[\dot{\boldsymbol{A}}_{s_1}(\boldsymbol{z}_0,\boldsymbol{s})\boldsymbol{x} \quad \dot{\boldsymbol{A}}_{s_2}(\boldsymbol{z}_0,\boldsymbol{s})\boldsymbol{x} \quad \cdots \quad \dot{\boldsymbol{A}}_{s_r}(\boldsymbol{z}_0,\boldsymbol{s})\boldsymbol{x}](\widehat{\boldsymbol{s}}-\boldsymbol{s}) \\ \qquad = [\dot{\boldsymbol{A}}_{z_1}(\boldsymbol{z}_0,\boldsymbol{s})\boldsymbol{x} \quad \dot{\boldsymbol{A}}_{z_2}(\boldsymbol{z}_0,\boldsymbol{s})\boldsymbol{x} \quad \cdots \quad \dot{\boldsymbol{A}}_{z_p}(\boldsymbol{z}_0,\boldsymbol{s})\boldsymbol{x}]\boldsymbol{e} \\ \quad +[\dot{\boldsymbol{A}}_{s_1}(\boldsymbol{z}_0,\boldsymbol{s})\boldsymbol{x} \quad \dot{\boldsymbol{A}}_{s_2}(\boldsymbol{z}_0,\boldsymbol{s})\boldsymbol{x} \quad \cdots \quad \dot{\boldsymbol{A}}_{s_r}(\boldsymbol{z}_0,\boldsymbol{s})\boldsymbol{x}]\boldsymbol{\varphi}\end{cases} \tag{9.76}$$

基于式 (9.76) 可得

$$\begin{aligned}\widetilde{\boldsymbol{\xi}}_{\mathrm{f}}^{(\mathrm{a})} = \Delta\widetilde{\boldsymbol{b}}^{(\mathrm{a})} - \Delta\widetilde{\boldsymbol{A}}^{(\mathrm{a})}\boldsymbol{x} &\approx \boldsymbol{B}_z(\boldsymbol{z}_0,\boldsymbol{s})\boldsymbol{e} + \boldsymbol{B}_s(\boldsymbol{z}_0,\boldsymbol{s})\boldsymbol{\varphi} \\ &\quad - [\dot{\boldsymbol{A}}_{z_1}(\boldsymbol{z}_0,\boldsymbol{s})\boldsymbol{x} \quad \dot{\boldsymbol{A}}_{z_2}(\boldsymbol{z}_0,\boldsymbol{s})\boldsymbol{x} \quad \cdots \quad \dot{\boldsymbol{A}}_{z_p}(\boldsymbol{z}_0,\boldsymbol{s})\boldsymbol{x}]\boldsymbol{e} \\ &\quad - [\dot{\boldsymbol{A}}_{s_1}(\boldsymbol{z}_0,\boldsymbol{s})\boldsymbol{x} \quad \dot{\boldsymbol{A}}_{s_2}(\boldsymbol{z}_0,\boldsymbol{s})\boldsymbol{x} \quad \cdots \quad \dot{\boldsymbol{A}}_{s_r}(\boldsymbol{z}_0,\boldsymbol{s})\boldsymbol{x}]\boldsymbol{\varphi} \\ &= \boldsymbol{C}_z(\boldsymbol{x},\boldsymbol{z}_0,\boldsymbol{s})\boldsymbol{e} + \boldsymbol{C}_s(\boldsymbol{x},\boldsymbol{z}_0,\boldsymbol{s})\boldsymbol{\varphi}\end{aligned} \tag{9.77}$$

式中, 第 3 个等号利用了式 (9.21) 和式 (9.37)。由式 (9.77) 可知, 误差向量 $\widetilde{\boldsymbol{\xi}}_{\mathrm{f}}^{(\mathrm{a})}$ 渐近服从零均值的高斯分布, 并且其协方差矩阵为

$$\begin{aligned}\widetilde{\boldsymbol{\Omega}}_{\mathrm{f}}^{(\mathrm{a})} &= \mathbf{E}[\widetilde{\boldsymbol{\xi}}_{\mathrm{f}}^{(\mathrm{a})}(\widetilde{\boldsymbol{\xi}}_{\mathrm{f}}^{(\mathrm{a})})^{\mathrm{T}}] \\ &= \boldsymbol{C}_z(\boldsymbol{x},\boldsymbol{z}_0,\boldsymbol{s})\mathbf{E}[\boldsymbol{e}\boldsymbol{e}^{\mathrm{T}}](\boldsymbol{C}_z(\boldsymbol{x},\boldsymbol{z}_0,\boldsymbol{s}))^{\mathrm{T}} + \boldsymbol{C}_s(\boldsymbol{x},\boldsymbol{z}_0,\boldsymbol{s})\mathbf{E}[\boldsymbol{\varphi}\boldsymbol{\varphi}^{\mathrm{T}}](\boldsymbol{C}_s(\boldsymbol{x},\boldsymbol{z}_0,\boldsymbol{s}))^{\mathrm{T}} \\ &= \boldsymbol{C}_z(\boldsymbol{x},\boldsymbol{z}_0,\boldsymbol{s})\boldsymbol{E}(\boldsymbol{C}_z(\boldsymbol{x},\boldsymbol{z}_0,\boldsymbol{s}))^{\mathrm{T}} + \boldsymbol{C}_s(\boldsymbol{x},\boldsymbol{z}_0,\boldsymbol{s})\boldsymbol{\Psi}(\boldsymbol{C}_s(\boldsymbol{x},\boldsymbol{z}_0,\boldsymbol{s}))^{\mathrm{T}} \\ &= \boldsymbol{\Omega}_{\mathrm{f}}^{(\mathrm{a})} + \boldsymbol{C}_s(\boldsymbol{x},\boldsymbol{z}_0,\boldsymbol{s})\boldsymbol{\Psi}(\boldsymbol{C}_s(\boldsymbol{x},\boldsymbol{z}_0,\boldsymbol{s}))^{\mathrm{T}} \in \mathbf{R}^{l\times l}\end{aligned} \tag{9.78}$$

式中, 第 4 个等号利用了式 (9.22)。结合 (9.75) 和式 (9.78) 可知, 误差向量 $\Delta\widetilde{\boldsymbol{x}}_{\mathrm{f}}^{(\mathrm{a})}$ 渐近服从零均值的高斯分布, 因此向量 $\widehat{\widehat{\boldsymbol{x}}}_{\mathrm{f}}^{(\mathrm{a})}$ 是关于未知参数 $\boldsymbol{x}$ 的渐近无偏估计值, 并且其均方误差为

$$\begin{aligned}\mathbf{MSE}(\widehat{\widehat{\boldsymbol{x}}}_{\mathrm{f}}^{(\mathrm{a})}) &= \mathbf{E}[(\widehat{\widehat{\boldsymbol{x}}}_{\mathrm{f}}^{(\mathrm{a})}-\boldsymbol{x})(\widehat{\widehat{\boldsymbol{x}}}_{\mathrm{f}}^{(\mathrm{a})}-\boldsymbol{x})^{\mathrm{T}}] = \mathbf{E}[\Delta\widetilde{\boldsymbol{x}}_{\mathrm{f}}^{(\mathrm{a})}(\Delta\widetilde{\boldsymbol{x}}_{\mathrm{f}}^{(\mathrm{a})})^{\mathrm{T}}] \\ &= ((\boldsymbol{A}(\boldsymbol{z}_0,\boldsymbol{s}))^{\mathrm{T}}(\boldsymbol{\Omega}_{\mathrm{f}}^{(\mathrm{a})})^{-1}\boldsymbol{A}(\boldsymbol{z}_0,\boldsymbol{s}))^{-1}(\boldsymbol{A}(\boldsymbol{z}_0,\boldsymbol{s}))^{\mathrm{T}}(\boldsymbol{\Omega}_{\mathrm{f}}^{(\mathrm{a})})^{-1}\end{aligned}$$

$$
\begin{aligned}
&\times \mathbf{E}[\widetilde{\boldsymbol{\xi}}_{\mathrm{f}}^{(\mathrm{a})}(\widetilde{\boldsymbol{\xi}}_{\mathrm{f}}^{(\mathrm{a})})^{\mathrm{T}}](\boldsymbol{\Omega}_{\mathrm{f}}^{(\mathrm{a})})^{-1}\boldsymbol{A}(\boldsymbol{z}_0,\boldsymbol{s})((\boldsymbol{A}(\boldsymbol{z}_0,\boldsymbol{s}))^{\mathrm{T}}(\boldsymbol{\Omega}_{\mathrm{f}}^{(\mathrm{a})})^{-1}\boldsymbol{A}(\boldsymbol{z}_0,\boldsymbol{s}))^{-1} \\
&= ((\boldsymbol{A}(\boldsymbol{z}_0,\boldsymbol{s}))^{\mathrm{T}}(\boldsymbol{\Omega}_{\mathrm{f}}^{(\mathrm{a})})^{-1}\boldsymbol{A}(\boldsymbol{z}_0,\boldsymbol{s}))^{-1} + ((\boldsymbol{A}(\boldsymbol{z}_0,\boldsymbol{s}))^{\mathrm{T}}(\boldsymbol{\Omega}_{\mathrm{f}}^{(\mathrm{a})})^{-1} \\
&\quad \times \boldsymbol{A}(\boldsymbol{z}_0,\boldsymbol{s}))^{-1}(\boldsymbol{A}(\boldsymbol{z}_0,\boldsymbol{s}))^{\mathrm{T}}(\boldsymbol{\Omega}_{\mathrm{f}}^{(\mathrm{a})})^{-1}\boldsymbol{C}_s(\boldsymbol{x},\boldsymbol{z}_0,\boldsymbol{s})\boldsymbol{\Psi}(\boldsymbol{C}_s(\boldsymbol{x},\boldsymbol{z}_0,\boldsymbol{s}))^{\mathrm{T}} \\
&\quad \times (\boldsymbol{\Omega}_{\mathrm{f}}^{(\mathrm{a})})^{-1}\boldsymbol{A}(\boldsymbol{z}_0,\boldsymbol{s})((\boldsymbol{A}(\boldsymbol{z}_0,\boldsymbol{s}))^{\mathrm{T}}(\boldsymbol{\Omega}_{\mathrm{f}}^{(\mathrm{a})})^{-1}\boldsymbol{A}(\boldsymbol{z}_0,\boldsymbol{s}))^{-1} \\
&= \mathbf{MSE}(\widehat{\boldsymbol{x}}_{\mathrm{f}}^{(\mathrm{a})}) + \mathbf{MSE}(\widehat{\boldsymbol{x}}_{\mathrm{f}}^{(\mathrm{a})})(\boldsymbol{A}(\boldsymbol{z}_0,\boldsymbol{s}))^{\mathrm{T}}(\boldsymbol{\Omega}_{\mathrm{f}}^{(\mathrm{a})})^{-1}\boldsymbol{C}_s(\boldsymbol{x},\boldsymbol{z}_0,\boldsymbol{s})\boldsymbol{\Psi} \\
&\quad \times (\boldsymbol{C}_s(\boldsymbol{x},\boldsymbol{z}_0,\boldsymbol{s}))^{\mathrm{T}}(\boldsymbol{\Omega}_{\mathrm{f}}^{(\mathrm{a})})^{-1}\boldsymbol{A}(\boldsymbol{z}_0,\boldsymbol{s})\mathbf{MSE}(\widehat{\boldsymbol{x}}_{\mathrm{f}}^{(\mathrm{a})})
\end{aligned} \tag{9.79}
$$

式中, 第 5 个等号利用了式 (9.25)。证毕。

基于命题 9.5 可以得到以下命题。

【命题 9.6】 向量 $\widehat{\widehat{\boldsymbol{x}}}_{\mathrm{t}}^{(\mathrm{a})}$ 是关于未知参数 $\boldsymbol{x}$ 的渐近无偏估计值, 并且其均方误差为

$$
\begin{aligned}
\mathbf{MSE}(\widehat{\widehat{\boldsymbol{x}}}_{\mathrm{t}}^{(\mathrm{a})}) &= \mathbf{MSE}(\widehat{\boldsymbol{x}}_{\mathrm{t}}^{(\mathrm{a})}) + \mathbf{MSE}(\widehat{\boldsymbol{x}}_{\mathrm{t}}^{(\mathrm{a})})(\boldsymbol{F}_x(\boldsymbol{x},\boldsymbol{s}))^{\mathrm{T}}\boldsymbol{E}^{-1}\boldsymbol{F}_s(\boldsymbol{x},\boldsymbol{s})\boldsymbol{\Psi} \\
&\quad \times (\boldsymbol{F}_s(\boldsymbol{x},\boldsymbol{s}))^{\mathrm{T}}\boldsymbol{E}^{-1}\boldsymbol{F}_x(\boldsymbol{x},\boldsymbol{s})\mathbf{MSE}(\widehat{\boldsymbol{x}}_{\mathrm{t}}^{(\mathrm{a})})
\end{aligned} \tag{9.80}
$$

【证明】 将向量 $\widehat{\widehat{\boldsymbol{x}}}_{\mathrm{t}}^{(\mathrm{a})}$ 中的估计误差记为 $\Delta\widetilde{\boldsymbol{x}}_{\mathrm{t}}^{(\mathrm{a})} = \widehat{\widehat{\boldsymbol{x}}}_{\mathrm{t}}^{(\mathrm{a})} - \boldsymbol{x}$。基于式 (9.71) 和注记 9.8 的讨论可知

$$
\begin{aligned}
&(\boldsymbol{H}(\boldsymbol{z},\widehat{\boldsymbol{s}}))^{\mathrm{T}}(\widehat{\boldsymbol{\Omega}}_{\mathrm{t}}^{(\mathrm{a})})^{-1}\boldsymbol{H}(\boldsymbol{z},\widehat{\boldsymbol{s}})(\boldsymbol{x}+\Delta\widetilde{\boldsymbol{x}}_{\mathrm{t}}^{(\mathrm{a})}) \\
&= (\boldsymbol{H}(\boldsymbol{z},\widehat{\boldsymbol{s}}))^{\mathrm{T}}(\widehat{\boldsymbol{\Omega}}_{\mathrm{t}}^{(\mathrm{a})})^{-1}(\boldsymbol{g}(\boldsymbol{z},\widehat{\boldsymbol{s}}) - \boldsymbol{w}(\widehat{\widehat{\boldsymbol{x}}}_{\mathrm{f}}^{(\mathrm{a})},\boldsymbol{z},\widehat{\boldsymbol{s}}))
\end{aligned} \tag{9.81}
$$

在一阶误差分析理论框架下, 利用式 (9.81) 可以进一步推得

$$
\begin{aligned}
&(\Delta\widetilde{\boldsymbol{H}}^{(\mathrm{a})})^{\mathrm{T}}(\boldsymbol{\Omega}_{\mathrm{t}}^{(\mathrm{a})})^{-1}\boldsymbol{H}(\boldsymbol{z}_0,\boldsymbol{s})\boldsymbol{x} + (\boldsymbol{H}(\boldsymbol{z}_0,\boldsymbol{s}))^{\mathrm{T}}(\boldsymbol{\Omega}_{\mathrm{t}}^{(\mathrm{a})})^{-1}\Delta\widetilde{\boldsymbol{H}}^{(\mathrm{a})}\boldsymbol{x} \\
&\quad + (\boldsymbol{H}(\boldsymbol{z}_0,\boldsymbol{s}))^{\mathrm{T}}\Delta\boldsymbol{\Xi}_{\mathrm{t}}^{(\mathrm{a})}\boldsymbol{H}(\boldsymbol{z}_0,\boldsymbol{s})\boldsymbol{x} + (\boldsymbol{H}(\boldsymbol{z}_0,\boldsymbol{s}))^{\mathrm{T}}(\boldsymbol{\Omega}_{\mathrm{t}}^{(\mathrm{a})})^{-1}\boldsymbol{H}(\boldsymbol{z}_0,\boldsymbol{s})\Delta\widetilde{\boldsymbol{x}}_{\mathrm{t}}^{(\mathrm{a})} \\
&\approx (\Delta\widetilde{\boldsymbol{H}}^{(\mathrm{a})})^{\mathrm{T}}(\boldsymbol{\Omega}_{\mathrm{t}}^{(\mathrm{a})})^{-1}(\boldsymbol{g}(\boldsymbol{z}_0,\boldsymbol{s}) - \boldsymbol{w}(\boldsymbol{x},\boldsymbol{z}_0,\boldsymbol{s})) + (\boldsymbol{H}(\boldsymbol{z}_0,\boldsymbol{s}))^{\mathrm{T}}(\boldsymbol{\Omega}_{\mathrm{t}}^{(\mathrm{a})})^{-1}(\Delta\widetilde{\boldsymbol{g}}^{(\mathrm{a})} - \Delta\widetilde{\boldsymbol{w}}^{(\mathrm{a})}) \\
&\quad + (\boldsymbol{H}(\boldsymbol{z}_0,\boldsymbol{s}))^{\mathrm{T}}\Delta\boldsymbol{\Xi}_{\mathrm{t}}^{(\mathrm{a})}(\boldsymbol{g}(\boldsymbol{z}_0,\boldsymbol{s}) - \boldsymbol{w}(\boldsymbol{x},\boldsymbol{z}_0,\boldsymbol{s})) \\
&\Rightarrow (\boldsymbol{H}(\boldsymbol{z}_0,\boldsymbol{s}))^{\mathrm{T}}(\boldsymbol{\Omega}_{\mathrm{t}}^{(\mathrm{a})})^{-1}\boldsymbol{H}(\boldsymbol{z}_0,\boldsymbol{s})\Delta\widetilde{\boldsymbol{x}}_{\mathrm{t}}^{(\mathrm{a})} \\
&\approx (\boldsymbol{H}(\boldsymbol{z}_0,\boldsymbol{s}))^{\mathrm{T}}(\boldsymbol{\Omega}_{\mathrm{t}}^{(\mathrm{a})})^{-1}(\Delta\widetilde{\boldsymbol{g}}^{(\mathrm{a})} - \Delta\widetilde{\boldsymbol{w}}^{(\mathrm{a})} - \Delta\widetilde{\boldsymbol{H}}^{(\mathrm{a})}\boldsymbol{x}) = (\boldsymbol{H}(\boldsymbol{z}_0,\boldsymbol{s}))^{\mathrm{T}}(\boldsymbol{\Omega}_{\mathrm{t}}^{(\mathrm{a})})^{-1}\widetilde{\boldsymbol{\xi}}_{\mathrm{t}}^{(\mathrm{a})} \\
&\Rightarrow \Delta\widetilde{\boldsymbol{x}}_{\mathrm{t}}^{(\mathrm{a})} \approx ((\boldsymbol{H}(\boldsymbol{z}_0,\boldsymbol{s}))^{\mathrm{T}}(\boldsymbol{\Omega}_{\mathrm{t}}^{(\mathrm{a})})^{-1}\boldsymbol{H}(\boldsymbol{z}_0,\boldsymbol{s}))^{-1}(\boldsymbol{H}(\boldsymbol{z}_0,\boldsymbol{s}))^{\mathrm{T}}(\boldsymbol{\Omega}_{\mathrm{t}}^{(\mathrm{a})})^{-1}\widetilde{\boldsymbol{\xi}}_{\mathrm{t}}^{(\mathrm{a})}
\end{aligned} \tag{9.82}
$$

式中, $\Delta\widetilde{\boldsymbol{g}}^{(\mathrm{a})}=\boldsymbol{g}(\boldsymbol{z},\widehat{\boldsymbol{s}})-\boldsymbol{g}(\boldsymbol{z}_0,\boldsymbol{s})$, $\Delta\widetilde{\boldsymbol{w}}^{(\mathrm{a})}=\boldsymbol{w}(\widehat{\widetilde{\boldsymbol{x}}}_{\mathrm{f}}^{(\mathrm{a})},\boldsymbol{z},\widehat{\boldsymbol{s}})-\boldsymbol{w}(\boldsymbol{x},\boldsymbol{z}_0,\boldsymbol{s})$, $\Delta\widetilde{\boldsymbol{H}}^{(\mathrm{a})}=\boldsymbol{H}(\boldsymbol{z},\widehat{\boldsymbol{s}})-\boldsymbol{H}(\boldsymbol{z}_0,\boldsymbol{s})$, $\widetilde{\boldsymbol{\xi}}_{\mathrm{t}}^{(\mathrm{a})}=\Delta\widetilde{\boldsymbol{g}}^{(\mathrm{a})}-\Delta\widetilde{\boldsymbol{w}}^{(\mathrm{a})}-\Delta\widetilde{\boldsymbol{H}}^{(\mathrm{a})}\boldsymbol{x}$。利用一阶误差分析可知

$$\left\{\begin{aligned}&\Delta\widetilde{\boldsymbol{g}}^{(\mathrm{a})}\approx\boldsymbol{G}_z(\boldsymbol{z}_0,\boldsymbol{s})(\boldsymbol{z}-\boldsymbol{z}_0)+\boldsymbol{G}_s(\boldsymbol{z}_0,\boldsymbol{s})(\widehat{\boldsymbol{s}}-\boldsymbol{s})=\boldsymbol{G}_z(\boldsymbol{z}_0,\boldsymbol{s})\boldsymbol{e}+\boldsymbol{G}_s(\boldsymbol{z}_0,\boldsymbol{s})\boldsymbol{\varphi}\\&\Delta\widetilde{\boldsymbol{w}}^{(\mathrm{a})}\approx\boldsymbol{W}_x(\boldsymbol{x},\boldsymbol{z}_0,\boldsymbol{s})(\widehat{\widetilde{\boldsymbol{x}}}_{\mathrm{f}}^{(\mathrm{a})}-\boldsymbol{x})+\boldsymbol{W}_z(\boldsymbol{x},\boldsymbol{z}_0,\boldsymbol{s})(\boldsymbol{z}-\boldsymbol{z}_0)+\boldsymbol{W}_s(\boldsymbol{x},\boldsymbol{z}_0,\boldsymbol{s})(\widehat{\boldsymbol{s}}-\boldsymbol{s})\\&=\boldsymbol{W}_x(\boldsymbol{x},\boldsymbol{z}_0,\boldsymbol{s})\Delta\widetilde{\boldsymbol{x}}_{\mathrm{f}}^{(\mathrm{a})}+\boldsymbol{W}_z(\boldsymbol{x},\boldsymbol{z}_0,\boldsymbol{s})\boldsymbol{e}+\boldsymbol{W}_s(\boldsymbol{x},\boldsymbol{z}_0,\boldsymbol{s})\boldsymbol{\varphi}\\&\Delta\widetilde{\boldsymbol{H}}^{(\mathrm{a})}\boldsymbol{x}\approx[\dot{\boldsymbol{H}}_{z_1}(\boldsymbol{z}_0,\boldsymbol{s})\boldsymbol{x}\quad\dot{\boldsymbol{H}}_{z_2}(\boldsymbol{z}_0,\boldsymbol{s})\boldsymbol{x}\quad\cdots\quad\dot{\boldsymbol{H}}_{z_p}(\boldsymbol{z}_0,\boldsymbol{s})\boldsymbol{x}](\boldsymbol{z}-\boldsymbol{z}_0)\\&\quad+[\dot{\boldsymbol{H}}_{s_1}(\boldsymbol{z}_0,\boldsymbol{s})\boldsymbol{x}\quad\dot{\boldsymbol{H}}_{s_2}(\boldsymbol{z}_0,\boldsymbol{s})\boldsymbol{x}\quad\cdots\quad\dot{\boldsymbol{H}}_{s_r}(\boldsymbol{z}_0,\boldsymbol{s})\boldsymbol{x}](\widehat{\boldsymbol{s}}-\boldsymbol{s})\\&=[\dot{\boldsymbol{H}}_{z_1}(\boldsymbol{z}_0,\boldsymbol{s})\boldsymbol{x}\quad\dot{\boldsymbol{H}}_{z_2}(\boldsymbol{z}_0,\boldsymbol{s})\boldsymbol{x}\quad\cdots\quad\dot{\boldsymbol{H}}_{z_p}(\boldsymbol{z}_0,\boldsymbol{s})\boldsymbol{x}]\boldsymbol{e}\\&\quad+[\dot{\boldsymbol{H}}_{s_1}(\boldsymbol{z}_0,\boldsymbol{s})\boldsymbol{x}\quad\dot{\boldsymbol{H}}_{s_2}(\boldsymbol{z}_0,\boldsymbol{s})\boldsymbol{x}\quad\cdots\quad\dot{\boldsymbol{H}}_{s_r}(\boldsymbol{z}_0,\boldsymbol{s})\boldsymbol{x}]\boldsymbol{\varphi}\end{aligned}\right.\tag{9.83}$$

基于式 (9.83) 可得

$$\begin{aligned}\widetilde{\boldsymbol{\xi}}_{\mathrm{t}}^{(\mathrm{a})}=&\Delta\widetilde{\boldsymbol{g}}^{(\mathrm{a})}-\Delta\widetilde{\boldsymbol{w}}^{(\mathrm{a})}-\Delta\widetilde{\boldsymbol{H}}^{(\mathrm{a})}\boldsymbol{x}\\\approx&\boldsymbol{G}_z(\boldsymbol{z}_0,\boldsymbol{s})\boldsymbol{e}+\boldsymbol{G}_s(\boldsymbol{z}_0,\boldsymbol{s})\boldsymbol{\varphi}-\boldsymbol{W}_x(\boldsymbol{x},\boldsymbol{z}_0,\boldsymbol{s})\Delta\widetilde{\boldsymbol{x}}_{\mathrm{f}}^{(\mathrm{a})}-\boldsymbol{W}_z(\boldsymbol{x},\boldsymbol{z}_0,\boldsymbol{s})\boldsymbol{e}-\boldsymbol{W}_s(\boldsymbol{x},\boldsymbol{z}_0,\boldsymbol{s})\boldsymbol{\varphi}\\&-[\dot{\boldsymbol{H}}_{z_1}(\boldsymbol{z}_0,\boldsymbol{s})\boldsymbol{x}\quad\dot{\boldsymbol{H}}_{z_2}(\boldsymbol{z}_0,\boldsymbol{s})\boldsymbol{x}\quad\cdots\quad\dot{\boldsymbol{H}}_{z_p}(\boldsymbol{z}_0,\boldsymbol{s})\boldsymbol{x}]\boldsymbol{e}\\&-[\dot{\boldsymbol{H}}_{s_1}(\boldsymbol{z}_0,\boldsymbol{s})\boldsymbol{x}\quad\dot{\boldsymbol{H}}_{s_2}(\boldsymbol{z}_0,\boldsymbol{s})\boldsymbol{x}\quad\cdots\quad\dot{\boldsymbol{H}}_{s_r}(\boldsymbol{z}_0,\boldsymbol{s})\boldsymbol{x}]\boldsymbol{\varphi}\\=&\boldsymbol{D}_z(\boldsymbol{x},\boldsymbol{z}_0,\boldsymbol{s})\boldsymbol{e}+\boldsymbol{D}_s(\boldsymbol{x},\boldsymbol{z}_0,\boldsymbol{s})\boldsymbol{\varphi}-\boldsymbol{W}_x(\boldsymbol{x},\boldsymbol{z}_0,\boldsymbol{s})\Delta\widetilde{\boldsymbol{x}}_{\mathrm{f}}^{(\mathrm{a})}\end{aligned}\tag{9.84}$$

式中, 第 3 个等号利用了式 (9.42) 和式 (9.61)。另外, 结合式 (9.44)、式 (9.75) 和式 (9.77) 可知

$$\begin{aligned}\Delta\widetilde{\boldsymbol{x}}_{\mathrm{f}}^{(\mathrm{a})}&\approx((\boldsymbol{A}(\boldsymbol{z}_0,\boldsymbol{s}))^{\mathrm{T}}(\boldsymbol{\Omega}_{\mathrm{f}}^{(\mathrm{a})})^{-1}\boldsymbol{A}(\boldsymbol{z}_0,\boldsymbol{s}))^{-1}(\boldsymbol{A}(\boldsymbol{z}_0,\boldsymbol{s}))^{\mathrm{T}}(\boldsymbol{\Omega}_{\mathrm{f}}^{(\mathrm{a})})^{-1}\\&\quad\times(\boldsymbol{C}_z(\boldsymbol{x},\boldsymbol{z}_0,\boldsymbol{s})\boldsymbol{e}+\boldsymbol{C}_s(\boldsymbol{x},\boldsymbol{z}_0,\boldsymbol{s})\boldsymbol{\varphi})\\&=\boldsymbol{Q}_z^{(\mathrm{a})}(\boldsymbol{x},\boldsymbol{z}_0,\boldsymbol{s})\boldsymbol{e}+\boldsymbol{Q}_s^{(\mathrm{a})}(\boldsymbol{x},\boldsymbol{z}_0,\boldsymbol{s})\boldsymbol{\varphi}\end{aligned}\tag{9.85}$$

式中,

$$\begin{aligned}\boldsymbol{Q}_s^{(\mathrm{a})}(\boldsymbol{x},\boldsymbol{z}_0,\boldsymbol{s})=&((\boldsymbol{A}(\boldsymbol{z}_0,\boldsymbol{s}))^{\mathrm{T}}(\boldsymbol{\Omega}_{\mathrm{f}}^{(\mathrm{a})})^{-1}\boldsymbol{A}(\boldsymbol{z}_0,\boldsymbol{s}))^{-1}\\&\times(\boldsymbol{A}(\boldsymbol{z}_0,\boldsymbol{s}))^{\mathrm{T}}(\boldsymbol{\Omega}_{\mathrm{f}}^{(\mathrm{a})})^{-1}\boldsymbol{C}_s(\boldsymbol{x},\boldsymbol{z}_0,\boldsymbol{s})\in\mathbf{R}^{q\times r}\end{aligned}\tag{9.86}$$

将式 (9.85) 代入式 (9.84), 并且结合式 (9.46) 可得

$$\begin{aligned}\widetilde{\boldsymbol{\xi}}_{\mathrm{t}}^{(\mathrm{a})}\approx&\boldsymbol{D}_z(\boldsymbol{x},\boldsymbol{z}_0,\boldsymbol{s})\boldsymbol{e}+\boldsymbol{D}_s(\boldsymbol{x},\boldsymbol{z}_0,\boldsymbol{s})\boldsymbol{\varphi}\\&-\boldsymbol{W}_x(\boldsymbol{x},\boldsymbol{z}_0,\boldsymbol{s})\boldsymbol{Q}_z^{(\mathrm{a})}(\boldsymbol{x},\boldsymbol{z}_0,\boldsymbol{s})\boldsymbol{e}-\boldsymbol{W}_x(\boldsymbol{x},\boldsymbol{z}_0,\boldsymbol{s})\boldsymbol{Q}_s^{(\mathrm{a})}(\boldsymbol{x},\boldsymbol{z}_0,\boldsymbol{s})\boldsymbol{\varphi}\end{aligned}$$

$$
\begin{aligned}
&= (\boldsymbol{D}_z(\boldsymbol{x},\boldsymbol{z}_0,\boldsymbol{s}) - \boldsymbol{W}_x(\boldsymbol{x},\boldsymbol{z}_0,\boldsymbol{s})\boldsymbol{Q}_z^{(\mathrm{a})}(\boldsymbol{x},\boldsymbol{z}_0,\boldsymbol{s}))\boldsymbol{e} \\
&\quad + (\boldsymbol{D}_s(\boldsymbol{x},\boldsymbol{z}_0,\boldsymbol{s}) - \boldsymbol{W}_x(\boldsymbol{x},\boldsymbol{z}_0,\boldsymbol{s})\boldsymbol{Q}_s^{(\mathrm{a})}(\boldsymbol{x},\boldsymbol{z}_0,\boldsymbol{s}))\boldsymbol{\varphi} \\
&= \boldsymbol{R}_z^{(\mathrm{a})}(\boldsymbol{x},\boldsymbol{z}_0,\boldsymbol{s})\boldsymbol{e} + \boldsymbol{R}_s^{(\mathrm{a})}(\boldsymbol{x},\boldsymbol{z}_0,\boldsymbol{s})\boldsymbol{\varphi}
\end{aligned} \tag{9.87}
$$

式中,

$$
\begin{aligned}
\boldsymbol{R}_s^{(\mathrm{a})}(\boldsymbol{x},\boldsymbol{z}_0,\boldsymbol{s}) &= \boldsymbol{D}_s(\boldsymbol{x},\boldsymbol{z}_0,\boldsymbol{s}) - \boldsymbol{W}_x(\boldsymbol{x},\boldsymbol{z}_0,\boldsymbol{s})\boldsymbol{Q}_s^{(\mathrm{a})}(\boldsymbol{x},\boldsymbol{z}_0,\boldsymbol{s}) \\
&= \boldsymbol{D}_s(\boldsymbol{x},\boldsymbol{z}_0,\boldsymbol{s}) - \boldsymbol{W}_x(\boldsymbol{x},\boldsymbol{z}_0,\boldsymbol{s})((\boldsymbol{A}(\boldsymbol{z}_0,\boldsymbol{s}))^{\mathrm{T}}(\boldsymbol{\Omega}_{\mathrm{f}}^{(\mathrm{a})})^{-1}\boldsymbol{A}(\boldsymbol{z}_0,\boldsymbol{s}))^{-1} \\
&\quad \times (\boldsymbol{A}(\boldsymbol{z}_0,\boldsymbol{s}))^{\mathrm{T}}(\boldsymbol{\Omega}_{\mathrm{f}}^{(\mathrm{a})})^{-1}\boldsymbol{C}_s(\boldsymbol{x},\boldsymbol{z}_0,\boldsymbol{s}) \in \mathbf{R}^{p\times r}
\end{aligned} \tag{9.88}
$$

其中第 2 个等号利用了式 (9.86)。由式 (9.87) 可知, 误差向量 $\widetilde{\boldsymbol{\xi}}_{\mathrm{t}}^{(\mathrm{a})}$ 渐近服从零均值的高斯分布, 并且其协方差矩阵为

$$
\begin{aligned}
\widetilde{\boldsymbol{\Omega}}_{\mathrm{t}}^{(\mathrm{a})} &= \mathbf{E}[\widetilde{\boldsymbol{\xi}}_{\mathrm{t}}^{(\mathrm{a})}(\widetilde{\boldsymbol{\xi}}_{\mathrm{t}}^{(\mathrm{a})})^{\mathrm{T}}] \\
&= \boldsymbol{R}_z^{(\mathrm{a})}(\boldsymbol{x},\boldsymbol{z}_0,\boldsymbol{s})\mathbf{E}[\boldsymbol{e}\boldsymbol{e}^{\mathrm{T}}](\boldsymbol{R}_z^{(\mathrm{a})}(\boldsymbol{x},\boldsymbol{z}_0,\boldsymbol{s}))^{\mathrm{T}} \\
&\quad + \boldsymbol{R}_s^{(\mathrm{a})}(\boldsymbol{x},\boldsymbol{z}_0,\boldsymbol{s})\mathbf{E}[\boldsymbol{\varphi}\boldsymbol{\varphi}^{\mathrm{T}}](\boldsymbol{R}_s^{(\mathrm{a})}(\boldsymbol{x},\boldsymbol{z}_0,\boldsymbol{s}))^{\mathrm{T}} \\
&= \boldsymbol{R}_z^{(\mathrm{a})}(\boldsymbol{x},\boldsymbol{z}_0,\boldsymbol{s})\boldsymbol{E}(\boldsymbol{R}_z^{(\mathrm{a})}(\boldsymbol{x},\boldsymbol{z}_0,\boldsymbol{s}))^{\mathrm{T}} + \boldsymbol{R}_s^{(\mathrm{a})}(\boldsymbol{x},\boldsymbol{z}_0,\boldsymbol{s})\boldsymbol{\Psi}(\boldsymbol{R}_s^{(\mathrm{a})}(\boldsymbol{x},\boldsymbol{z}_0,\boldsymbol{s}))^{\mathrm{T}} \\
&= \boldsymbol{\Omega}_{\mathrm{t}}^{(\mathrm{a})} + \boldsymbol{R}_s^{(\mathrm{a})}(\boldsymbol{x},\boldsymbol{z}_0,\boldsymbol{s})\boldsymbol{\Psi}(\boldsymbol{R}_s^{(\mathrm{a})}(\boldsymbol{x},\boldsymbol{z}_0,\boldsymbol{s}))^{\mathrm{T}} \in \mathbf{R}^{p\times p}
\end{aligned} \tag{9.89}
$$

式中, 第 4 个等号利用了式 (9.47)。结合 (9.82) 和式 (9.89) 可知, 误差向量 $\Delta\widetilde{\boldsymbol{x}}_{\mathrm{t}}^{(\mathrm{a})}$ 渐近服从零均值的高斯分布, 因此向量 $\widehat{\widetilde{\boldsymbol{x}}}_{\mathrm{t}}^{(\mathrm{a})}$ 关于未知参数 $\boldsymbol{x}$ 的渐近无偏估计值, 并且其均方误差为

$$
\begin{aligned}
&\mathbf{MSE}(\widehat{\widetilde{\boldsymbol{x}}}_{\mathrm{t}}^{(\mathrm{a})}) \\
&= \mathbf{E}[(\widehat{\widetilde{\boldsymbol{x}}}_{\mathrm{t}}^{(\mathrm{a})} - \boldsymbol{x})(\widehat{\widetilde{\boldsymbol{x}}}_{\mathrm{t}}^{(\mathrm{a})} - \boldsymbol{x})^{\mathrm{T}}] = \mathbf{E}[\Delta\widetilde{\boldsymbol{x}}_{\mathrm{t}}^{(\mathrm{a})}(\Delta\widetilde{\boldsymbol{x}}_{\mathrm{t}}^{(\mathrm{a})})^{\mathrm{T}}] \\
&= ((\boldsymbol{H}(\boldsymbol{z}_0,\boldsymbol{s}))^{\mathrm{T}}(\boldsymbol{\Omega}_{\mathrm{t}}^{(\mathrm{a})})^{-1}\boldsymbol{H}(\boldsymbol{z}_0,\boldsymbol{s}))^{-1}(\boldsymbol{H}(\boldsymbol{z}_0,\boldsymbol{s}))^{\mathrm{T}}(\boldsymbol{\Omega}_{\mathrm{t}}^{(\mathrm{a})})^{-1} \\
&\quad \times \mathbf{E}[\widetilde{\boldsymbol{\xi}}_{\mathrm{t}}^{(\mathrm{a})}(\widetilde{\boldsymbol{\xi}}_{\mathrm{t}}^{(\mathrm{a})})^{\mathrm{T}}](\boldsymbol{\Omega}_{\mathrm{t}}^{(\mathrm{a})})^{-1}\boldsymbol{H}(\boldsymbol{z}_0,\boldsymbol{s})((\boldsymbol{H}(\boldsymbol{z}_0,\boldsymbol{s}))^{\mathrm{T}}(\boldsymbol{\Omega}_{\mathrm{t}}^{(\mathrm{a})})^{-1}\boldsymbol{H}(\boldsymbol{z}_0,\boldsymbol{s}))^{-1} \\
&= ((\boldsymbol{H}(\boldsymbol{z}_0,\boldsymbol{s}))^{\mathrm{T}}(\boldsymbol{\Omega}_{\mathrm{t}}^{(\mathrm{a})})^{-1}\boldsymbol{H}(\boldsymbol{z}_0,\boldsymbol{s}))^{-1} + ((\boldsymbol{H}(\boldsymbol{z}_0,\boldsymbol{s}))^{\mathrm{T}}(\boldsymbol{\Omega}_{\mathrm{t}}^{(\mathrm{a})})^{-1}\boldsymbol{H}(\boldsymbol{z}_0,\boldsymbol{s}))^{-1} \\
&\quad \times (\boldsymbol{H}(\boldsymbol{z}_0,\boldsymbol{s}))^{\mathrm{T}}(\boldsymbol{\Omega}_{\mathrm{t}}^{(\mathrm{a})})^{-1}\boldsymbol{R}_s^{(\mathrm{a})}(\boldsymbol{x},\boldsymbol{z}_0,\boldsymbol{s})\boldsymbol{\Psi} \\
&\quad \times (\boldsymbol{R}_s^{(\mathrm{a})}(\boldsymbol{x},\boldsymbol{z}_0,\boldsymbol{s}))^{\mathrm{T}}(\boldsymbol{\Omega}_{\mathrm{t}}^{(\mathrm{a})})^{-1}\boldsymbol{H}(\boldsymbol{z}_0,\boldsymbol{s})((\boldsymbol{H}(\boldsymbol{z}_0,\boldsymbol{s}))^{\mathrm{T}}(\boldsymbol{\Omega}_{\mathrm{t}}^{(\mathrm{a})})^{-1}\boldsymbol{H}(\boldsymbol{z}_0,\boldsymbol{s}))^{-1} \\
&= \mathbf{MSE}(\widehat{\boldsymbol{x}}_{\mathrm{t}}^{(\mathrm{a})}) + \mathbf{MSE}(\widehat{\boldsymbol{x}}_{\mathrm{t}}^{(\mathrm{a})})(\boldsymbol{H}(\boldsymbol{z}_0,\boldsymbol{s}))^{\mathrm{T}}(\boldsymbol{\Omega}_{\mathrm{t}}^{(\mathrm{a})})^{-1}\boldsymbol{R}_s^{(\mathrm{a})}(\boldsymbol{x},\boldsymbol{z}_0,\boldsymbol{s})\boldsymbol{\Psi} \\
&\quad \times (\boldsymbol{R}_s^{(\mathrm{a})}(\boldsymbol{x},\boldsymbol{z}_0,\boldsymbol{s}))^{\mathrm{T}}(\boldsymbol{\Omega}_{\mathrm{t}}^{(\mathrm{a})})^{-1}\boldsymbol{H}(\boldsymbol{z}_0,\boldsymbol{s})\mathbf{MSE}(\widehat{\boldsymbol{x}}_{\mathrm{t}}^{(\mathrm{a})})
\end{aligned} \tag{9.90}
$$

式中, 第 5 个等号利用了式 (9.50)。将式 (9.47) 代入式 (9.90) 可得

$$\begin{aligned}\mathbf{MSE}(\widehat{\widehat{\boldsymbol{x}}}_{\mathrm{t}}^{(\mathrm{a})}) &= \mathbf{MSE}(\widehat{\boldsymbol{x}}_{\mathrm{t}}^{(\mathrm{a})}) + \mathbf{MSE}(\widehat{\boldsymbol{x}}_{\mathrm{t}}^{(\mathrm{a})})(\boldsymbol{H}(\boldsymbol{z}_0,\boldsymbol{s}))^{\mathrm{T}}(\boldsymbol{R}_z^{(\mathrm{a})}(\boldsymbol{x},\boldsymbol{z}_0,\boldsymbol{s}))^{-\mathrm{T}} \\ &\quad \times \boldsymbol{E}^{-1}(\boldsymbol{R}_z^{(\mathrm{a})}(\boldsymbol{x},\boldsymbol{z}_0,\boldsymbol{s}))^{-1}\boldsymbol{R}_s^{(\mathrm{a})}(\boldsymbol{x},\boldsymbol{z}_0,\boldsymbol{s})\boldsymbol{\varPsi}(\boldsymbol{R}_s^{(\mathrm{a})}(\boldsymbol{x},\boldsymbol{z}_0,\boldsymbol{s}))^{\mathrm{T}} \\ &\quad \times (\boldsymbol{R}_z^{(\mathrm{a})}(\boldsymbol{x},\boldsymbol{z}_0,\boldsymbol{s}))^{-\mathrm{T}}\boldsymbol{E}^{-1}(\boldsymbol{R}_z^{(\mathrm{a})}(\boldsymbol{x},\boldsymbol{z}_0,\boldsymbol{s}))^{-1}\boldsymbol{H}(\boldsymbol{z}_0,\boldsymbol{s})\mathbf{MSE}(\widehat{\boldsymbol{x}}_{\mathrm{t}}^{(\mathrm{a})}) \\ &= \mathbf{MSE}(\widehat{\boldsymbol{x}}_{\mathrm{t}}^{(\mathrm{a})}) + \mathbf{MSE}(\widehat{\boldsymbol{x}}_{\mathrm{t}}^{(\mathrm{a})})(\boldsymbol{F}_x(\boldsymbol{x},\boldsymbol{s}))^{\mathrm{T}}\boldsymbol{E}^{-1}(\boldsymbol{R}_z^{(\mathrm{a})}(\boldsymbol{x},\boldsymbol{z}_0,\boldsymbol{s}))^{-1} \\ &\quad \times \boldsymbol{R}_s^{(\mathrm{a})}(\boldsymbol{x},\boldsymbol{z}_0,\boldsymbol{s})\boldsymbol{\varPsi}(\boldsymbol{R}_s^{(\mathrm{a})}(\boldsymbol{x},\boldsymbol{z}_0,\boldsymbol{s}))^{\mathrm{T}}(\boldsymbol{R}_z^{(\mathrm{a})}(\boldsymbol{x},\boldsymbol{z}_0,\boldsymbol{s}))^{-\mathrm{T}} \\ &\quad \times \boldsymbol{E}^{-1}\boldsymbol{F}_x(\boldsymbol{x},\boldsymbol{s})\mathbf{MSE}(\widehat{\boldsymbol{x}}_{\mathrm{t}}^{(\mathrm{a})})\end{aligned} \tag{9.91}$$

式中, 第 2 个等号利用了式 (9.55)。对比式 (9.80) 和式 (9.91) 可知, 只需要证明如下等式即可

$$\begin{aligned}&\boldsymbol{F}_s(\boldsymbol{x},\boldsymbol{s}) = -(\boldsymbol{R}_z^{(\mathrm{a})}(\boldsymbol{x},\boldsymbol{z}_0,\boldsymbol{s}))^{-1}\boldsymbol{R}_s^{(\mathrm{a})}(\boldsymbol{x},\boldsymbol{z}_0,\boldsymbol{s}) \\ &\quad \Leftrightarrow \boldsymbol{R}_z^{(\mathrm{a})}(\boldsymbol{x},\boldsymbol{z}_0,\boldsymbol{s})\boldsymbol{F}_s(\boldsymbol{x},\boldsymbol{s}) + \boldsymbol{R}_s^{(\mathrm{a})}(\boldsymbol{x},\boldsymbol{z}_0,\boldsymbol{s}) = \boldsymbol{O}_{p\times r}\end{aligned} \tag{9.92}$$

结合式 (9.46) 和式 (9.88) 可得

$$\begin{aligned}&\boldsymbol{R}_z^{(\mathrm{a})}(\boldsymbol{x},\boldsymbol{z}_0,\boldsymbol{s})\boldsymbol{F}_s(\boldsymbol{x},\boldsymbol{s}) + \boldsymbol{R}_s^{(\mathrm{a})}(\boldsymbol{x},\boldsymbol{z}_0,\boldsymbol{s}) \\ &= \boldsymbol{D}_z(\boldsymbol{x},\boldsymbol{z}_0,\boldsymbol{s})\boldsymbol{F}_s(\boldsymbol{x},\boldsymbol{s}) + \boldsymbol{D}_s(\boldsymbol{x},\boldsymbol{z}_0,\boldsymbol{s}) \\ &\quad - \boldsymbol{W}_x(\boldsymbol{x},\boldsymbol{z}_0,\boldsymbol{s})((\boldsymbol{A}(\boldsymbol{z}_0,\boldsymbol{s}))^{\mathrm{T}}(\boldsymbol{\varOmega}_{\mathrm{f}}^{(\mathrm{a})})^{-1}\boldsymbol{A}(\boldsymbol{z}_0,\boldsymbol{s}))^{-1} \\ &\quad \times (\boldsymbol{A}(\boldsymbol{z}_0,\boldsymbol{s}))^{\mathrm{T}}(\boldsymbol{\varOmega}_{\mathrm{f}}^{(\mathrm{a})})^{-1}(\boldsymbol{C}_z(\boldsymbol{x},\boldsymbol{z}_0,\boldsymbol{s})\boldsymbol{F}_s(\boldsymbol{x},\boldsymbol{s}) + \boldsymbol{C}_s(\boldsymbol{x},\boldsymbol{z}_0,\boldsymbol{s}))\end{aligned} \tag{9.93}$$

将式 (9.36) 和式 (9.60) 代入式 (9.93) 可知式 (9.92) 成立。证毕。

【注记 9.12】结合命题 9.4 和命题 9.6 可知

$$\begin{aligned}\mathbf{MSE}(\widehat{\widehat{\boldsymbol{x}}}_{\mathrm{t}}^{(\mathrm{a})}) &= \mathbf{CRB}^{(\mathrm{a})}(\boldsymbol{x}) + \mathbf{CRB}^{(\mathrm{a})}(\boldsymbol{x})(\boldsymbol{F}_x(\boldsymbol{x},\boldsymbol{s}))^{\mathrm{T}}\boldsymbol{E}^{-1}\boldsymbol{F}_s(\boldsymbol{x},\boldsymbol{s})\boldsymbol{\varPsi} \\ &\quad \times (\boldsymbol{F}_s(\boldsymbol{x},\boldsymbol{s}))^{\mathrm{T}}\boldsymbol{E}^{-1}\boldsymbol{F}_x(\boldsymbol{x},\boldsymbol{s})\mathbf{CRB}^{(\mathrm{a})}(\boldsymbol{x})\end{aligned} \tag{9.94}$$

基于命题 9.6 还可以得到以下两个命题。

【命题 9.7】$\mathbf{MSE}(\widehat{\widehat{\boldsymbol{x}}}_{\mathrm{t}}^{(\mathrm{a})}) \geqslant \mathbf{MSE}(\widehat{\boldsymbol{x}}_{\mathrm{t}}^{(\mathrm{a})}) = \mathbf{CRB}^{(\mathrm{a})}(\boldsymbol{x})$, 若 $\boldsymbol{F}_s(\boldsymbol{x},\boldsymbol{s})$ 是行满秩矩阵, 则还有 $\mathbf{MSE}(\widehat{\widehat{\boldsymbol{x}}}_{\mathrm{t}}^{(\mathrm{a})}) > \mathbf{MSE}(\widehat{\boldsymbol{x}}_{\mathrm{t}}^{(\mathrm{a})}) = \mathbf{CRB}^{(\mathrm{a})}(\boldsymbol{x})$。

【证明】利用矩阵 $\boldsymbol{\varPsi}$ 的正定性与命题 2.4 可得

$$\mathbf{CRB}^{(\mathrm{a})}(\boldsymbol{x})(\boldsymbol{F}_x(\boldsymbol{x},\boldsymbol{s}))^{\mathrm{T}}\boldsymbol{E}^{-1}\boldsymbol{F}_s(\boldsymbol{x},\boldsymbol{s})\boldsymbol{\varPsi}(\boldsymbol{F}_s(\boldsymbol{x},\boldsymbol{s}))^{\mathrm{T}}\boldsymbol{E}^{-1}\boldsymbol{F}_x(\boldsymbol{x},\boldsymbol{s})\mathbf{CRB}^{(\mathrm{a})}(\boldsymbol{x}) \geqslant \boldsymbol{O} \tag{9.95}$$

结合式 (9.94) 和式 (9.95) 可知

$$\mathbf{MSE}(\widehat{\widehat{\boldsymbol{x}}}_{\mathrm{t}}^{(\mathrm{a})}) \geqslant \mathbf{MSE}(\widehat{\boldsymbol{x}}_{\mathrm{t}}^{(\mathrm{a})}) = \mathbf{CRB}^{(\mathrm{a})}(\boldsymbol{x}) \tag{9.96}$$

若 $\boldsymbol{F}_s(\boldsymbol{x},\boldsymbol{s})$ 是行满秩矩阵, 则有 $\mathrm{rank}[\boldsymbol{F}_s(\boldsymbol{x},\boldsymbol{s})]=p$。此时, 基于式 (2.53) 可得

$$\begin{aligned}
&\mathrm{rank}[\mathbf{CRB}^{(\mathrm{a})}(\boldsymbol{x})(\boldsymbol{F}_x(\boldsymbol{x},\boldsymbol{s}))^{\mathrm{T}}\boldsymbol{E}^{-1}\boldsymbol{F}_s(\boldsymbol{x},\boldsymbol{s})] = \mathrm{rank}[(\boldsymbol{F}_x(\boldsymbol{x},\boldsymbol{s}))^{\mathrm{T}}\boldsymbol{E}^{-1}\boldsymbol{F}_s(\boldsymbol{x},\boldsymbol{s})] \\
&\geqslant \mathrm{rank}[(\boldsymbol{F}_x(\boldsymbol{x},\boldsymbol{s}))^{\mathrm{T}}\boldsymbol{E}^{-1}] + \mathrm{rank}[\boldsymbol{F}_s(\boldsymbol{x},\boldsymbol{s})] - p = \mathrm{rank}[(\boldsymbol{F}_x(\boldsymbol{x},\boldsymbol{s}))^{\mathrm{T}}\boldsymbol{E}^{-1}] \\
&= \mathrm{rank}[\boldsymbol{F}_x(\boldsymbol{x},\boldsymbol{s})] = q
\end{aligned} \tag{9.97}$$

由式 (9.97) 可知, $\mathbf{CRB}^{(\mathrm{a})}(\boldsymbol{x})(\boldsymbol{F}_x(\boldsymbol{x},\boldsymbol{s}))^{\mathrm{T}}\boldsymbol{E}^{-1}\boldsymbol{F}_s(\boldsymbol{x},\boldsymbol{s})$ 是行满秩矩阵。于是, 利用命题 2.6 可得

$$\mathbf{CRB}^{(\mathrm{a})}(\boldsymbol{x})(\boldsymbol{F}_x(\boldsymbol{x},\boldsymbol{s}))^{\mathrm{T}}\boldsymbol{E}^{-1}\boldsymbol{F}_s(\boldsymbol{x},\boldsymbol{s})\boldsymbol{\Psi}(\boldsymbol{F}_s(\boldsymbol{x},\boldsymbol{s}))^{\mathrm{T}}\boldsymbol{E}^{-1}\boldsymbol{F}_x(\boldsymbol{x},\boldsymbol{s})\mathbf{CRB}^{(\mathrm{a})}(\boldsymbol{x}) > \boldsymbol{O} \tag{9.98}$$

结合式 (9.94) 和式 (9.98) 可知

$$\mathbf{MSE}(\widehat{\widehat{\boldsymbol{x}}}_{\mathrm{t}}^{(\mathrm{a})}) > \mathbf{MSE}(\widehat{\boldsymbol{x}}_{\mathrm{t}}^{(\mathrm{a})}) = \mathbf{CRB}^{(\mathrm{a})}(\boldsymbol{x}) \tag{9.99}$$

证毕。

【命题 9.8】当模型参数存在先验观测误差时, 若将未知参数 $\boldsymbol{x}$ 的估计均方误差的克拉美罗界记为 $\mathbf{CRB}^{(\mathrm{b})}(\boldsymbol{x})$①, 则有 $\mathbf{MSE}(\widehat{\widehat{\boldsymbol{x}}}_{\mathrm{t}}^{(\mathrm{a})}) \geqslant \mathbf{CRB}^{(\mathrm{b})}(\boldsymbol{x})$。

【证明】由式 (3.31) 可得

$$\begin{aligned}
\mathbf{CRB}^{(\mathrm{b})}(\boldsymbol{x}) = {}& \mathbf{CRB}^{(\mathrm{a})}(\boldsymbol{x}) + \mathbf{CRB}^{(\mathrm{a})}(\boldsymbol{x})(\boldsymbol{F}_x(\boldsymbol{x},\boldsymbol{s}))^{\mathrm{T}}\boldsymbol{E}^{-1}\boldsymbol{F}_s(\boldsymbol{x},\boldsymbol{s}) \\
&\times (\boldsymbol{\Psi}^{-1} + (\boldsymbol{F}_s(\boldsymbol{x},\boldsymbol{s}))^{\mathrm{T}}\boldsymbol{E}^{-1/2}\boldsymbol{\Pi}^{\perp}[\boldsymbol{E}^{-1/2}\boldsymbol{F}_x(\boldsymbol{x},\boldsymbol{s})]\boldsymbol{E}^{-1/2}\boldsymbol{F}_s(\boldsymbol{x},\boldsymbol{s}))^{-1} \\
&\times (\boldsymbol{F}_s(\boldsymbol{x},\boldsymbol{s}))^{\mathrm{T}}\boldsymbol{E}^{-1}\boldsymbol{F}_x(\boldsymbol{x},\boldsymbol{s})\mathbf{CRB}^{(\mathrm{a})}(\boldsymbol{x})
\end{aligned} \tag{9.100}$$

利用正交投影矩阵 $\boldsymbol{\Pi}^{\perp}[\boldsymbol{E}^{-1/2}\boldsymbol{F}_x(\boldsymbol{x},\boldsymbol{s})]$ 的半正定性, 以及命题 2.4 可知

$$(\boldsymbol{F}_s(\boldsymbol{x},\boldsymbol{s}))^{\mathrm{T}}\boldsymbol{E}^{-1/2}\boldsymbol{\Pi}^{\perp}[\boldsymbol{E}^{-1/2}\boldsymbol{F}_x(\boldsymbol{x},\boldsymbol{s})]\boldsymbol{E}^{-1/2}\boldsymbol{F}_s(\boldsymbol{x},\boldsymbol{s}) \geqslant \boldsymbol{O} \tag{9.101}$$

基于式 (9.101) 和命题 2.9 可得

$$\begin{aligned}
&\boldsymbol{\Psi}^{-1} + (\boldsymbol{F}_s(\boldsymbol{x},\boldsymbol{s}))^{\mathrm{T}}\boldsymbol{E}^{-1/2}\boldsymbol{\Pi}^{\perp}[\boldsymbol{E}^{-1/2}\boldsymbol{F}_x(\boldsymbol{x},\boldsymbol{s})]\boldsymbol{E}^{-1/2}\boldsymbol{F}_s(\boldsymbol{x},\boldsymbol{s}) \geqslant \boldsymbol{\Psi}^{-1} \\
&\Rightarrow (\boldsymbol{\Psi}^{-1} + (\boldsymbol{F}_s(\boldsymbol{x},\boldsymbol{s}))^{\mathrm{T}}\boldsymbol{E}^{-1/2}\boldsymbol{\Pi}^{\perp}[\boldsymbol{E}^{-1/2}\boldsymbol{F}_x(\boldsymbol{x},\boldsymbol{s})]\boldsymbol{E}^{-1/2}\boldsymbol{F}_s(\boldsymbol{x},\boldsymbol{s}))^{-1} \leqslant \boldsymbol{\Psi}
\end{aligned} \tag{9.102}$$

结合式 (9.94)、式 (9.100) 和式 (9.102), 以及命题 2.5 可知 $\mathbf{MSE}(\widehat{\widehat{\boldsymbol{x}}}_{\mathrm{t}}^{(\mathrm{a})}) \geqslant \mathbf{CRB}^{(\mathrm{b})}(\boldsymbol{x})$。证毕。

① 本章的上角标 (b) 表示模型参数先验观测误差存在的情形。

【**注记 9.13**】命题 9.8 表明, 当模型参数存在先验观测误差时, 向量 $\widehat{\boldsymbol{x}}_{\mathrm{t}}^{(\mathrm{a})}$ 的估计均方误差难以达到相应的克拉美罗界 (即 $\mathbf{CRB}^{(\mathrm{b})}(\boldsymbol{x})$), 也不是关于未知参数 $\boldsymbol{x}$ 的渐近统计最优估计值。因此, 下面还需要在模型参数存在先验观测误差的情形下给出性能可以达到克拉美罗界的估计方法。

9.4 模型参数先验观测误差存在下的参数估计优化模型、求解方法及其理论性能

本节方法的基本思想是将模型参数先验观测误差的统计特性融入参数估计优化模型, 从而有效抑制该误差的影响。与方法 9–a 类似, 本节中的方法同样包含两个计算阶段: 阶段 1 基于式 (9.2) 获得未知参数 $\boldsymbol{x}$ 的闭式解, 该闭式解并不具有渐近统计最优性, 因此不是最终估计值; 阶段 2 利用阶段 1 给出的闭式解消除式 (9.3) 中的控制向量 $\boldsymbol{w}(\boldsymbol{x},\boldsymbol{z}_0,\boldsymbol{s})$, 并进而获得未知参数 $\boldsymbol{x}$ 的另一个闭式解, 该闭式解是关于未知参数 $\boldsymbol{x}$ 的渐近统计最优估计值, 也是最终的估计结果。

9.4.1 阶段 1 的参数估计优化模型、求解方法及其理论性能

1. 参数估计优化模型及其求解方法

定义阶段 1 的伪线性观测误差向量

$$\boldsymbol{\xi}_{\mathrm{f}}^{(\mathrm{b})}=\boldsymbol{b}(\boldsymbol{z},\widehat{\boldsymbol{s}})-\boldsymbol{A}(\boldsymbol{z},\widehat{\boldsymbol{s}})\boldsymbol{x}=\Delta\boldsymbol{b}^{(\mathrm{b})}-\Delta\boldsymbol{A}^{(\mathrm{b})}\boldsymbol{x} \tag{9.103}$$

式中, $\Delta\boldsymbol{b}^{(\mathrm{b})}=\boldsymbol{b}(\boldsymbol{z},\widehat{\boldsymbol{s}})-\boldsymbol{b}(\boldsymbol{z}_0,\boldsymbol{s})$, $\Delta\boldsymbol{A}^{(\mathrm{b})}=\boldsymbol{A}(\boldsymbol{z},\widehat{\boldsymbol{s}})-\boldsymbol{A}(\boldsymbol{z}_0,\boldsymbol{s})$。结合第 9.3 节中的定义和式 (9.77) 可知

$$\begin{cases}\Delta\boldsymbol{b}^{(\mathrm{b})}=\Delta\widetilde{\boldsymbol{b}}^{(\mathrm{a})};\quad \Delta\boldsymbol{A}^{(\mathrm{b})}=\Delta\widetilde{\boldsymbol{A}}^{(\mathrm{a})}\\ \boldsymbol{\xi}_{\mathrm{f}}^{(\mathrm{b})}=\widetilde{\boldsymbol{\xi}}_{\mathrm{f}}^{(\mathrm{a})}\approx\boldsymbol{C}_z(\boldsymbol{x},\boldsymbol{z}_0,\boldsymbol{s})\boldsymbol{e}+\boldsymbol{C}_s(\boldsymbol{x},\boldsymbol{z}_0,\boldsymbol{s})\boldsymbol{\varphi}\end{cases} \tag{9.104}$$

由式 (9.104) 可知, 误差向量 $\boldsymbol{\xi}_{\mathrm{f}}^{(\mathrm{b})}$ 渐近服从零均值的高斯分布, 并且其协方差矩阵为

$$\begin{aligned}\boldsymbol{\Omega}_{\mathrm{f}}^{(\mathrm{b})}&=\mathbf{E}[\boldsymbol{\xi}_{\mathrm{f}}^{(\mathrm{b})}(\boldsymbol{\xi}_{\mathrm{f}}^{(\mathrm{b})})^{\mathrm{T}}]=\widetilde{\boldsymbol{\Omega}}_{\mathrm{f}}^{(\mathrm{a})}\\&=\boldsymbol{C}_z(\boldsymbol{x},\boldsymbol{z}_0,\boldsymbol{s})\boldsymbol{E}(\boldsymbol{C}_z(\boldsymbol{x},\boldsymbol{z}_0,\boldsymbol{s}))^{\mathrm{T}}+\boldsymbol{C}_s(\boldsymbol{x},\boldsymbol{z}_0,\boldsymbol{s})\boldsymbol{\Psi}(\boldsymbol{C}_s(\boldsymbol{x},\boldsymbol{z}_0,\boldsymbol{s}))^{\mathrm{T}}\in\mathbf{R}^{l\times l}\end{aligned} \tag{9.105}$$

结合式 (9.103) 和式 (9.105) 可以建立如下线性加权最小二乘估计准则

$$\min_{\boldsymbol{x}\in\mathbf{R}^{q\times 1}}\{(\boldsymbol{b}(\boldsymbol{z},\widehat{\boldsymbol{s}})-\boldsymbol{A}(\boldsymbol{z},\widehat{\boldsymbol{s}})\boldsymbol{x})^{\mathrm{T}}(\boldsymbol{\varOmega}_{\mathrm{f}}^{(\mathrm{b})})^{-1}(\boldsymbol{b}(\boldsymbol{z},\widehat{\boldsymbol{s}})-\boldsymbol{A}(\boldsymbol{z},\widehat{\boldsymbol{s}})\boldsymbol{x})\}\tag{9.106}$$

式中, $(\boldsymbol{\varOmega}_{\mathrm{f}}^{(\mathrm{b})})^{-1}$ 可以看成是加权矩阵, 其作用是同时抑制观测误差 $\boldsymbol{e}$ 和模型参数先验观测误差 $\boldsymbol{\varphi}$ 的影响。根据式 (2.67) 可知, 式 (9.106) 的最优闭式解为

$$\widehat{\boldsymbol{x}}_{\mathrm{f}}^{(\mathrm{b})}=((\boldsymbol{A}(\boldsymbol{z},\widehat{\boldsymbol{s}}))^{\mathrm{T}}(\boldsymbol{\varOmega}_{\mathrm{f}}^{(\mathrm{b})})^{-1}\boldsymbol{A}(\boldsymbol{z},\widehat{\boldsymbol{s}}))^{-1}(\boldsymbol{A}(\boldsymbol{z},\widehat{\boldsymbol{s}}))^{\mathrm{T}}(\boldsymbol{\varOmega}_{\mathrm{f}}^{(\mathrm{b})})^{-1}\boldsymbol{b}(\boldsymbol{z},\widehat{\boldsymbol{s}})\tag{9.107}$$

【注记 9.14】由式 (9.105) 可知, 加权矩阵 $(\boldsymbol{\varOmega}_{\mathrm{f}}^{(\mathrm{b})})^{-1}$ 与未知参数 $\boldsymbol{x}$ 有关, 因此严格地说, 式 (9.106) 中的目标函数并不是关于向量 $\boldsymbol{x}$ 的二次函数。解决该问题并不难, 可以先将 $(\boldsymbol{\varOmega}_{\mathrm{f}}^{(\mathrm{b})})^{-1}$ 设为单位矩阵, 从而获得向量 $\boldsymbol{x}$ 在阶段 1 的近似估计值 (即 $\widehat{\boldsymbol{x}}_{\mathrm{fo}}^{(\mathrm{b})}=((\boldsymbol{A}(\boldsymbol{z},\widehat{\boldsymbol{s}}))^{\mathrm{T}}\boldsymbol{A}(\boldsymbol{z},\widehat{\boldsymbol{s}}))^{-1}(\boldsymbol{A}(\boldsymbol{z},\widehat{\boldsymbol{s}}))^{\mathrm{T}}\boldsymbol{b}(\boldsymbol{z},\widehat{\boldsymbol{s}})$), 然后利用近似估计值 $\widehat{\boldsymbol{x}}_{\mathrm{fo}}^{(\mathrm{b})}$ 计算加权矩阵 $(\boldsymbol{\varOmega}_{\mathrm{f}}^{(\mathrm{b})})^{-1}$, 并基于式 (9.107) 获得向量 $\boldsymbol{x}$ 在阶段 1 的最终估计值 $\widehat{\boldsymbol{x}}_{\mathrm{f}}^{(\mathrm{b})}$①。另外, 加权矩阵 $(\boldsymbol{\varOmega}_{\mathrm{f}}^{(\mathrm{b})})^{-1}$ 还与观测向量 $\boldsymbol{z}_0$ 和模型参数 $\boldsymbol{s}$ 有关, 可以直接利用它们的观测值 $\boldsymbol{z}$ 和 $\widehat{\boldsymbol{s}}$ 进行计算。下面的理论性能分析表明, 在一阶误差分析理论框架下 (适用于小观测误差), 加权矩阵 $(\boldsymbol{\varOmega}_{\mathrm{f}}^{(\mathrm{b})})^{-1}$ 中的扰动误差并不会实质性地影响估计值 $\widehat{\boldsymbol{x}}_{\mathrm{f}}^{(\mathrm{b})}$ 的统计性能。

2. 理论性能分析

下面推导估计值 $\widehat{\boldsymbol{x}}_{\mathrm{f}}^{(\mathrm{b})}$ 的统计性能, 并将其均方误差与相应的克拉美罗界进行定量比较。由于式 (9.2) 是有信息损失的, 因此与估计值 $\widehat{\boldsymbol{x}}_{\mathrm{f}}^{(\mathrm{a})}$ 类似, 估计值 $\widehat{\boldsymbol{x}}_{\mathrm{f}}^{(\mathrm{b})}$ 同样不具有渐近统计最优性, 具体结论可见以下两个命题。

【命题 9.9】向量 $\widehat{\boldsymbol{x}}_{\mathrm{f}}^{(\mathrm{b})}$ 是关于未知参数 $\boldsymbol{x}$ 的渐近无偏估计值, 并且其均方误差为

$$\mathbf{MSE}(\widehat{\boldsymbol{x}}_{\mathrm{f}}^{(\mathrm{b})})=((\boldsymbol{A}(\boldsymbol{z}_0,\boldsymbol{s}))^{\mathrm{T}}(\boldsymbol{\varOmega}_{\mathrm{f}}^{(\mathrm{b})})^{-1}\boldsymbol{A}(\boldsymbol{z}_0,\boldsymbol{s}))^{-1}\tag{9.108}$$

【证明】将向量 $\widehat{\boldsymbol{x}}_{\mathrm{f}}^{(\mathrm{b})}$ 中的估计误差记为 $\Delta\boldsymbol{x}_{\mathrm{f}}^{(\mathrm{b})}=\widehat{\boldsymbol{x}}_{\mathrm{f}}^{(\mathrm{b})}-\boldsymbol{x}$。基于式 (9.107) 和注记 9.14 的讨论可知

$$(\boldsymbol{A}(\boldsymbol{z},\widehat{\boldsymbol{s}}))^{\mathrm{T}}(\widehat{\boldsymbol{\varOmega}}_{\mathrm{f}}^{(\mathrm{b})})^{-1}\boldsymbol{A}(\boldsymbol{z},\widehat{\boldsymbol{s}})(\boldsymbol{x}+\Delta\boldsymbol{x}_{\mathrm{f}}^{(\mathrm{b})})=(\boldsymbol{A}(\boldsymbol{z},\widehat{\boldsymbol{s}}))^{\mathrm{T}}(\widehat{\boldsymbol{\varOmega}}_{\mathrm{f}}^{(\mathrm{b})})^{-1}\boldsymbol{b}(\boldsymbol{z},\widehat{\boldsymbol{s}})\tag{9.109}$$

式中, $\widehat{\boldsymbol{\varOmega}}_{\mathrm{f}}^{(\mathrm{b})}$ 表示 $\boldsymbol{\varOmega}_{\mathrm{f}}^{(\mathrm{b})}$ 的近似估计值。在一阶误差分析理论框架下, 利用式 (9.109) 可以进一步推得

$$\begin{aligned}&(\Delta\boldsymbol{A}^{(\mathrm{b})})^{\mathrm{T}}(\boldsymbol{\varOmega}_{\mathrm{f}}^{(\mathrm{b})})^{-1}\boldsymbol{A}(\boldsymbol{z}_0,\boldsymbol{s})\boldsymbol{x}+(\boldsymbol{A}(\boldsymbol{z}_0,\boldsymbol{s}))^{\mathrm{T}}(\boldsymbol{\varOmega}_{\mathrm{f}}^{(\mathrm{b})})^{-1}\Delta\boldsymbol{A}^{(\mathrm{b})}\boldsymbol{x}\\&+(\boldsymbol{A}(\boldsymbol{z}_0,\boldsymbol{s}))^{\mathrm{T}}\Delta\boldsymbol{\varXi}_{\mathrm{f}}^{(\mathrm{b})}\boldsymbol{A}(\boldsymbol{z}_0,\boldsymbol{s})\boldsymbol{x}+(\boldsymbol{A}(\boldsymbol{z}_0,\boldsymbol{s}))^{\mathrm{T}}(\boldsymbol{\varOmega}_{\mathrm{f}}^{(\mathrm{b})})^{-1}\boldsymbol{A}(\boldsymbol{z}_0,\boldsymbol{s})\Delta\boldsymbol{x}_{\mathrm{f}}^{(\mathrm{b})}\end{aligned}$$

① 为了提高在大观测误差条件下的估计性能, 还可以先利用估计值 $\widehat{\boldsymbol{x}}_{\mathrm{f}}^{(\mathrm{b})}$ 再次计算加权矩阵 $(\boldsymbol{\varOmega}_{\mathrm{f}}^{(\mathrm{b})})^{-1}$, 然后利用最新的加权矩阵更新估计值。

$$
\begin{aligned}
&\approx (\Delta \boldsymbol{A}^{(\mathrm{b})})^{\mathrm{T}}(\boldsymbol{\Omega}_{\mathrm{f}}^{(\mathrm{b})})^{-1}\boldsymbol{b}(\boldsymbol{z}_0,\boldsymbol{s}) + (\boldsymbol{A}(\boldsymbol{z}_0,\boldsymbol{s}))^{\mathrm{T}}(\boldsymbol{\Omega}_{\mathrm{f}}^{(\mathrm{b})})^{-1}\Delta \boldsymbol{b}^{(\mathrm{b})} \\
&\quad + (\boldsymbol{A}(\boldsymbol{z}_0,\boldsymbol{s}))^{\mathrm{T}}\Delta \boldsymbol{\varXi}_{\mathrm{f}}^{(\mathrm{b})}\boldsymbol{b}(\boldsymbol{z}_0,\boldsymbol{s}) \\
&\Rightarrow (\boldsymbol{A}(\boldsymbol{z}_0,\boldsymbol{s}))^{\mathrm{T}}(\boldsymbol{\Omega}_{\mathrm{f}}^{(\mathrm{b})})^{-1}\boldsymbol{A}(\boldsymbol{z}_0,\boldsymbol{s})\Delta \boldsymbol{x}_{\mathrm{f}}^{(\mathrm{b})} \\
&\approx (\boldsymbol{A}(\boldsymbol{z}_0,\boldsymbol{s}))^{\mathrm{T}}(\boldsymbol{\Omega}_{\mathrm{f}}^{(\mathrm{b})})^{-1}(\Delta \boldsymbol{b}^{(\mathrm{b})} - \Delta \boldsymbol{A}^{(\mathrm{b})}\boldsymbol{x}) = (\boldsymbol{A}(\boldsymbol{z}_0,\boldsymbol{s}))^{\mathrm{T}}(\boldsymbol{\Omega}_{\mathrm{f}}^{(\mathrm{b})})^{-1}\boldsymbol{\xi}_{\mathrm{f}}^{(\mathrm{b})} \\
&\Rightarrow \Delta \boldsymbol{x}_{\mathrm{f}}^{(\mathrm{b})} \approx ((\boldsymbol{A}(\boldsymbol{z}_0,\boldsymbol{s}))^{\mathrm{T}}(\boldsymbol{\Omega}_{\mathrm{f}}^{(\mathrm{b})})^{-1}\boldsymbol{A}(\boldsymbol{z}_0,\boldsymbol{s}))^{-1}(\boldsymbol{A}(\boldsymbol{z}_0,\boldsymbol{s}))^{\mathrm{T}}(\boldsymbol{\Omega}_{\mathrm{f}}^{(\mathrm{b})})^{-1}\boldsymbol{\xi}_{\mathrm{f}}^{(\mathrm{b})}
\end{aligned} \tag{9.110}
$$

式中, $\Delta \boldsymbol{\varXi}_{\mathrm{f}}^{(\mathrm{b})} = (\widehat{\boldsymbol{\Omega}}_{\mathrm{f}}^{(\mathrm{b})})^{-1} - (\boldsymbol{\Omega}_{\mathrm{f}}^{(\mathrm{b})})^{-1}$ 表示矩阵 $(\widehat{\boldsymbol{\Omega}}_{\mathrm{f}}^{(\mathrm{b})})^{-1}$ 中的扰动误差。由式 (9.110) 可知, 误差向量 $\Delta \boldsymbol{x}_{\mathrm{f}}^{(\mathrm{b})}$ 渐近服从零均值的高斯分布, 因此向量 $\widehat{\boldsymbol{x}}_{\mathrm{f}}^{(\mathrm{b})}$ 是关于未知参数 $\boldsymbol{x}$ 的渐近无偏估计值, 并且其均方误差为

$$
\begin{aligned}
\mathbf{MSE}(\widehat{\boldsymbol{x}}_{\mathrm{f}}^{(\mathrm{b})}) &= \mathbf{E}[(\widehat{\boldsymbol{x}}_{\mathrm{f}}^{(\mathrm{b})} - \boldsymbol{x})(\widehat{\boldsymbol{x}}_{\mathrm{f}}^{(\mathrm{b})} - \boldsymbol{x})^{\mathrm{T}}] = \mathbf{E}[\Delta \boldsymbol{x}_{\mathrm{f}}^{(\mathrm{b})}(\Delta \boldsymbol{x}_{\mathrm{f}}^{(\mathrm{b})})^{\mathrm{T}}] \\
&= ((\boldsymbol{A}(\boldsymbol{z}_0,\boldsymbol{s}))^{\mathrm{T}}(\boldsymbol{\Omega}_{\mathrm{f}}^{(\mathrm{b})})^{-1}\boldsymbol{A}(\boldsymbol{z}_0,\boldsymbol{s}))^{-1}(\boldsymbol{A}(\boldsymbol{z}_0,\boldsymbol{s}))^{\mathrm{T}}(\boldsymbol{\Omega}_{\mathrm{f}}^{(\mathrm{b})})^{-1} \\
&\quad \times \mathbf{E}[\boldsymbol{\xi}_{\mathrm{f}}^{(\mathrm{b})}(\boldsymbol{\xi}_{\mathrm{f}}^{(\mathrm{b})})^{\mathrm{T}}](\boldsymbol{\Omega}_{\mathrm{f}}^{(\mathrm{b})})^{-1}\boldsymbol{A}(\boldsymbol{z}_0,\boldsymbol{s})((\boldsymbol{A}(\boldsymbol{z}_0,\boldsymbol{s}))^{\mathrm{T}}(\boldsymbol{\Omega}_{\mathrm{f}}^{(\mathrm{b})})^{-1}\boldsymbol{A}(\boldsymbol{z}_0,\boldsymbol{s}))^{-1} \\
&= ((\boldsymbol{A}(\boldsymbol{z}_0,\boldsymbol{s}))^{\mathrm{T}}(\boldsymbol{\Omega}_{\mathrm{f}}^{(\mathrm{b})})^{-1}\boldsymbol{A}(\boldsymbol{z}_0,\boldsymbol{s}))^{-1}
\end{aligned} \tag{9.111}
$$

证毕。

【注记 9.15】式 (9.110) 的推导过程表明, 在一阶误差分析理论框架下, 矩阵 $(\widehat{\boldsymbol{\Omega}}_{\mathrm{f}}^{(\mathrm{b})})^{-1}$ 的扰动误差 $\Delta \boldsymbol{\varXi}_{\mathrm{f}}^{(\mathrm{b})}$ 并不会实质性地影响估计值 $\widehat{\boldsymbol{x}}_{\mathrm{f}}^{(\mathrm{b})}$ 的统计性能。

【命题 9.10】$\mathbf{MSE}(\widehat{\boldsymbol{x}}_{\mathrm{f}}^{(\mathrm{b})}) \geqslant \mathbf{CRB}^{(\mathrm{b})}(\boldsymbol{x})$。

【证明】首先, 由式 (3.35) 可得

$$
\mathbf{CRB}^{(\mathrm{b})}(\boldsymbol{x}) = ((\boldsymbol{F}_x(\boldsymbol{x},\boldsymbol{s}))^{\mathrm{T}}(\boldsymbol{E} + \boldsymbol{F}_s(\boldsymbol{x},\boldsymbol{s})\boldsymbol{\Psi}(\boldsymbol{F}_s(\boldsymbol{x},\boldsymbol{s}))^{\mathrm{T}})^{-1}\boldsymbol{F}_x(\boldsymbol{x},\boldsymbol{s}))^{-1} \tag{9.112}
$$

然后, 将式 (9.31) 代入式 (9.108) 可知

$$
\mathbf{MSE}(\widehat{\boldsymbol{x}}_{\mathrm{f}}^{(\mathrm{b})}) = ((\boldsymbol{F}_x(\boldsymbol{x},\boldsymbol{s}))^{\mathrm{T}}(\boldsymbol{C}_z(\boldsymbol{x},\boldsymbol{z}_0,\boldsymbol{s}))^{\mathrm{T}}(\boldsymbol{\Omega}_{\mathrm{f}}^{(\mathrm{b})})^{-1}\boldsymbol{C}_z(\boldsymbol{x},\boldsymbol{z}_0,\boldsymbol{s})\boldsymbol{F}_x(\boldsymbol{x},\boldsymbol{s}))^{-1} \tag{9.113}
$$

将式 (9.105) 代入式 (9.113) 可得

$$
\begin{aligned}
\mathbf{MSE}(\widehat{\boldsymbol{x}}_{\mathrm{f}}^{(\mathrm{b})}) = ((\boldsymbol{F}_x(\boldsymbol{x},\boldsymbol{s}))^{\mathrm{T}}(\boldsymbol{C}_z(\boldsymbol{x},\boldsymbol{z}_0,\boldsymbol{s}))^{\mathrm{T}}(\boldsymbol{C}_z(\boldsymbol{x},\boldsymbol{z}_0,\boldsymbol{s})\boldsymbol{E}(\boldsymbol{C}_z(\boldsymbol{x},\boldsymbol{z}_0,\boldsymbol{s}))^{\mathrm{T}} \\
+ \boldsymbol{C}_s(\boldsymbol{x},\boldsymbol{z}_0,\boldsymbol{s})\boldsymbol{\Psi}(\boldsymbol{C}_s(\boldsymbol{x},\boldsymbol{z}_0,\boldsymbol{s}))^{\mathrm{T}})^{-1}\boldsymbol{C}_z(\boldsymbol{x},\boldsymbol{z}_0,\boldsymbol{s})\boldsymbol{F}_x(\boldsymbol{x},\boldsymbol{s}))^{-1}
\end{aligned} \tag{9.114}
$$

由式 (9.36) 可知 $\boldsymbol{C}_s(\boldsymbol{x},\boldsymbol{z}_0,\boldsymbol{s}) = -\boldsymbol{C}_z(\boldsymbol{x},\boldsymbol{z}_0,\boldsymbol{s})\boldsymbol{F}_s(\boldsymbol{x},\boldsymbol{s})$, 将该式代入式 (9.114) 可得

$$
\begin{aligned}
\mathbf{MSE}(\widehat{\boldsymbol{x}}_{\mathrm{f}}^{(\mathrm{b})}) = &((\boldsymbol{F}_x(\boldsymbol{x},\boldsymbol{s}))^{\mathrm{T}}(\boldsymbol{C}_z(\boldsymbol{x},\boldsymbol{z}_0,\boldsymbol{s}))^{\mathrm{T}}(\boldsymbol{C}_z(\boldsymbol{x},\boldsymbol{z}_0,\boldsymbol{s})(\boldsymbol{E}+\boldsymbol{F}_s(\boldsymbol{x},\boldsymbol{s}) \\
&\times \boldsymbol{\Psi}(\boldsymbol{F}_s(\boldsymbol{x},\boldsymbol{s}))^{\mathrm{T}})(\boldsymbol{C}_z(\boldsymbol{x},\boldsymbol{z}_0,\boldsymbol{s}))^{\mathrm{T}})^{-1}\boldsymbol{C}_z(\boldsymbol{x},\boldsymbol{z}_0,\boldsymbol{s})\boldsymbol{F}_x(\boldsymbol{x},\boldsymbol{s}))^{-1}
\end{aligned} \tag{9.115}
$$

另外, 根据式 (2.63) 可知

$$
\begin{aligned}
&(\boldsymbol{E}+\boldsymbol{F}_s(\boldsymbol{x},\boldsymbol{s})\boldsymbol{\Psi}(\boldsymbol{F}_s(\boldsymbol{x},\boldsymbol{s}))^{\mathrm{T}})^{-1} \\
&\geqslant (\boldsymbol{C}_z(\boldsymbol{x},\boldsymbol{z}_0,\boldsymbol{s}))^{\mathrm{T}}(\boldsymbol{C}_z(\boldsymbol{x},\boldsymbol{z}_0,\boldsymbol{s})(\boldsymbol{E}+\boldsymbol{F}_s(\boldsymbol{x},\boldsymbol{s})\boldsymbol{\Psi}(\boldsymbol{F}_s(\boldsymbol{x},\boldsymbol{s}))^{\mathrm{T}}) \\
&\quad \times (\boldsymbol{C}_z(\boldsymbol{x},\boldsymbol{z}_0,\boldsymbol{s}))^{\mathrm{T}})^{-1}\boldsymbol{C}_z(\boldsymbol{x},\boldsymbol{z}_0,\boldsymbol{s})
\end{aligned} \tag{9.116}
$$

最后, 结合式 (9.112)、式 (9.115) 和式 (9.116), 以及命题 2.5 和命题 2.9 可得

$$
\begin{aligned}
(\mathbf{CRB}^{(\mathrm{b})}(\boldsymbol{x}))^{-1} &= (\boldsymbol{F}_x(\boldsymbol{x},\boldsymbol{s}))^{\mathrm{T}}(\boldsymbol{E}+\boldsymbol{F}_s(\boldsymbol{x},\boldsymbol{s})\boldsymbol{\Psi}(\boldsymbol{F}_s(\boldsymbol{x},\boldsymbol{s}))^{\mathrm{T}})^{-1}\boldsymbol{F}_x(\boldsymbol{x},\boldsymbol{s}) \\
&\geqslant (\boldsymbol{F}_x(\boldsymbol{x},\boldsymbol{s}))^{\mathrm{T}}(\boldsymbol{C}_z(\boldsymbol{x},\boldsymbol{z}_0,\boldsymbol{s}))^{\mathrm{T}}(\boldsymbol{C}_z(\boldsymbol{x},\boldsymbol{z}_0,\boldsymbol{s}) \\
&\quad \times (\boldsymbol{E}+\boldsymbol{F}_s(\boldsymbol{x},\boldsymbol{s})\boldsymbol{\Psi}(\boldsymbol{F}_s(\boldsymbol{x},\boldsymbol{s}))^{\mathrm{T}}) \\
&\quad \times (\boldsymbol{C}_z(\boldsymbol{x},\boldsymbol{z}_0,\boldsymbol{s}))^{\mathrm{T}})^{-1}\boldsymbol{C}_z(\boldsymbol{x},\boldsymbol{z}_0,\boldsymbol{s})\boldsymbol{F}_x(\boldsymbol{x},\boldsymbol{s}) \\
&= (\mathbf{MSE}(\widehat{\boldsymbol{x}}_{\mathrm{f}}^{(\mathrm{b})}))^{-1} \Rightarrow \mathbf{MSE}(\widehat{\boldsymbol{x}}_{\mathrm{f}}^{(\mathrm{b})}) \geqslant \mathbf{CRB}^{(\mathrm{b})}(\boldsymbol{x})
\end{aligned} \tag{9.117}
$$

证毕。

9.4.2 阶段 2 的参数估计优化模型、求解方法及其理论性能

1. 参数估计优化模型及其求解方法

阶段 2 利用阶段 1 的估计值 $\widehat{\boldsymbol{x}}_{\mathrm{f}}^{(\mathrm{b})}$ 消除式 (9.3) 中的控制向量, 进而获得具有渐近统计最优性的闭式解。定义阶段 2 的伪线性观测误差向量

$$
\boldsymbol{\xi}_{\mathrm{t}}^{(\mathrm{b})} = \boldsymbol{g}(\boldsymbol{z},\widehat{\boldsymbol{s}}) - \boldsymbol{w}(\widehat{\boldsymbol{x}}_{\mathrm{f}}^{(\mathrm{b})},\boldsymbol{z},\widehat{\boldsymbol{s}}) - \boldsymbol{H}(\boldsymbol{z},\widehat{\boldsymbol{s}})\boldsymbol{x} = \Delta\boldsymbol{g}^{(\mathrm{b})} - \Delta\boldsymbol{w}^{(\mathrm{b})} - \Delta\boldsymbol{H}^{(\mathrm{b})}\boldsymbol{x} \tag{9.118}
$$

式中, $\Delta\boldsymbol{g}^{(\mathrm{b})} = \boldsymbol{g}(\boldsymbol{z},\widehat{\boldsymbol{s}}) - \boldsymbol{g}(\boldsymbol{z}_0,\boldsymbol{s})$, $\Delta\boldsymbol{w}^{(\mathrm{b})} = \boldsymbol{w}(\widehat{\boldsymbol{x}}_{\mathrm{f}}^{(\mathrm{b})},\boldsymbol{z},\widehat{\boldsymbol{s}}) - \boldsymbol{w}(\boldsymbol{x},\boldsymbol{z}_0,\boldsymbol{s})$, $\Delta\boldsymbol{H}^{(\mathrm{b})} = \boldsymbol{H}(\boldsymbol{z},\widehat{\boldsymbol{s}}) - \boldsymbol{H}(\boldsymbol{z}_0,\boldsymbol{s})$。结合第 9.3 节中的定义可知

$$
\left\{
\begin{aligned}
&\Delta\boldsymbol{g}^{(\mathrm{b})} = \Delta\widetilde{\boldsymbol{g}}^{(\mathrm{a})} \approx \boldsymbol{G}_z(\boldsymbol{z}_0,\boldsymbol{s})\boldsymbol{e} + \boldsymbol{G}_s(\boldsymbol{z}_0,\boldsymbol{s})\boldsymbol{\varphi} \\
&\Delta\boldsymbol{H}^{(\mathrm{b})}\boldsymbol{x} = \Delta\widetilde{\boldsymbol{H}}^{(\mathrm{a})}\boldsymbol{x} \\
&\approx [\dot{\boldsymbol{H}}_{z_1}(\boldsymbol{z}_0,\boldsymbol{s})\boldsymbol{x} \quad \dot{\boldsymbol{H}}_{z_2}(\boldsymbol{z}_0,\boldsymbol{s})\boldsymbol{x} \quad \cdots \quad \dot{\boldsymbol{H}}_{z_p}(\boldsymbol{z}_0,\boldsymbol{s})\boldsymbol{x}]\boldsymbol{e} \\
&\quad + [\dot{\boldsymbol{H}}_{s_1}(\boldsymbol{z}_0,\boldsymbol{s})\boldsymbol{x} \quad \dot{\boldsymbol{H}}_{s_2}(\boldsymbol{z}_0,\boldsymbol{s})\boldsymbol{x} \quad \cdots \quad \dot{\boldsymbol{H}}_{s_r}(\boldsymbol{z}_0,\boldsymbol{s})\boldsymbol{x}]\boldsymbol{\varphi}
\end{aligned}
\right. \tag{9.119}
$$

利用一阶误差分析可得

$$\begin{aligned}\Delta \boldsymbol{w}^{(\mathrm{b})} &\approx \boldsymbol{W}_x(\boldsymbol{x},\boldsymbol{z}_0,\boldsymbol{s})(\widehat{\boldsymbol{x}}_{\mathrm{f}}^{(\mathrm{b})}-\boldsymbol{x})+\boldsymbol{W}_z(\boldsymbol{x},\boldsymbol{z}_0,\boldsymbol{s})(\boldsymbol{z}-\boldsymbol{z}_0)+\boldsymbol{W}_s(\boldsymbol{x},\boldsymbol{z}_0,\boldsymbol{s})(\widehat{\boldsymbol{s}}-\boldsymbol{s})\\ &=\boldsymbol{W}_x(\boldsymbol{x},\boldsymbol{z}_0,\boldsymbol{s})\Delta\boldsymbol{x}_{\mathrm{f}}^{(\mathrm{b})}+\boldsymbol{W}_z(\boldsymbol{x},\boldsymbol{z}_0,\boldsymbol{s})\boldsymbol{e}+\boldsymbol{W}_s(\boldsymbol{x},\boldsymbol{z}_0,\boldsymbol{s})\boldsymbol{\varphi}\end{aligned}\tag{9.120}$$

将式 (9.119) 和式 (9.120) 代入式 (9.118) 可知

$$\begin{aligned}\boldsymbol{\xi}_{\mathrm{t}}^{(\mathrm{b})} &\approx \boldsymbol{G}_z(\boldsymbol{z}_0,\boldsymbol{s})\boldsymbol{e}+\boldsymbol{G}_s(\boldsymbol{z}_0,\boldsymbol{s})\boldsymbol{\varphi}\\ &\quad-\boldsymbol{W}_x(\boldsymbol{x},\boldsymbol{z}_0,\boldsymbol{s})\Delta\boldsymbol{x}_{\mathrm{f}}^{(\mathrm{b})}-\boldsymbol{W}_z(\boldsymbol{x},\boldsymbol{z}_0,\boldsymbol{s})\boldsymbol{e}-\boldsymbol{W}_s(\boldsymbol{x},\boldsymbol{z}_0,\boldsymbol{s})\boldsymbol{\varphi}\\ &\quad-[\dot{\boldsymbol{H}}_{z_1}(\boldsymbol{z}_0,\boldsymbol{s})\boldsymbol{x}\quad \dot{\boldsymbol{H}}_{z_2}(\boldsymbol{z}_0,\boldsymbol{s})\boldsymbol{x}\quad \cdots\quad \dot{\boldsymbol{H}}_{z_p}(\boldsymbol{z}_0,\boldsymbol{s})\boldsymbol{x}]\boldsymbol{e}\\ &\quad-[\dot{\boldsymbol{H}}_{s_1}(\boldsymbol{z}_0,\boldsymbol{s})\boldsymbol{x}\quad \dot{\boldsymbol{H}}_{s_2}(\boldsymbol{z}_0,\boldsymbol{s})\boldsymbol{x}\quad \cdots\quad \dot{\boldsymbol{H}}_{s_r}(\boldsymbol{z}_0,\boldsymbol{s})\boldsymbol{x}]\boldsymbol{\varphi}\\ &=\boldsymbol{D}_z(\boldsymbol{x},\boldsymbol{z}_0,\boldsymbol{s})\boldsymbol{e}+\boldsymbol{D}_s(\boldsymbol{x},\boldsymbol{z}_0,\boldsymbol{s})\boldsymbol{\varphi}-\boldsymbol{W}_x(\boldsymbol{x},\boldsymbol{z}_0,\boldsymbol{s})\Delta\boldsymbol{x}_{\mathrm{f}}^{(\mathrm{b})}\end{aligned}\tag{9.121}$$

式中, 第 2 个等号利用了式 (9.42) 和式 (9.61)。另外, 结合式 (9.104) 和式 (9.110) 可得

$$\begin{aligned}\Delta\boldsymbol{x}_{\mathrm{f}}^{(\mathrm{b})} &\approx ((\boldsymbol{A}(\boldsymbol{z}_0,\boldsymbol{s}))^{\mathrm{T}}(\boldsymbol{\Omega}_{\mathrm{f}}^{(\mathrm{b})})^{-1}\boldsymbol{A}(\boldsymbol{z}_0,\boldsymbol{s}))^{-1}(\boldsymbol{A}(\boldsymbol{z}_0,\boldsymbol{s}))^{\mathrm{T}}(\boldsymbol{\Omega}_{\mathrm{f}}^{(\mathrm{b})})^{-1}\\ &\quad\times(\boldsymbol{C}_z(\boldsymbol{x},\boldsymbol{z}_0,\boldsymbol{s})\boldsymbol{e}+\boldsymbol{C}_s(\boldsymbol{x},\boldsymbol{z}_0,\boldsymbol{s})\boldsymbol{\varphi})\\ &=\boldsymbol{Q}_z^{(\mathrm{b})}(\boldsymbol{x},\boldsymbol{z}_0,\boldsymbol{s})\boldsymbol{e}+\boldsymbol{Q}_s^{(\mathrm{b})}(\boldsymbol{x},\boldsymbol{z}_0,\boldsymbol{s})\boldsymbol{\varphi}\end{aligned}\tag{9.122}$$

式中,

$$\begin{cases}\boldsymbol{Q}_z^{(\mathrm{b})}(\boldsymbol{x},\boldsymbol{z}_0,\boldsymbol{s})\\ =((\boldsymbol{A}(\boldsymbol{z}_0,\boldsymbol{s}))^{\mathrm{T}}(\boldsymbol{\Omega}_{\mathrm{f}}^{(\mathrm{b})})^{-1}\boldsymbol{A}(\boldsymbol{z}_0,\boldsymbol{s}))^{-1}(\boldsymbol{A}(\boldsymbol{z}_0,\boldsymbol{s}))^{\mathrm{T}}(\boldsymbol{\Omega}_{\mathrm{f}}^{(\mathrm{b})})^{-1}\boldsymbol{C}_z(\boldsymbol{x},\boldsymbol{z}_0,\boldsymbol{s})\in\mathbf{R}^{q\times p}\\ \boldsymbol{Q}_s^{(\mathrm{b})}(\boldsymbol{x},\boldsymbol{z}_0,\boldsymbol{s})\\ =((\boldsymbol{A}(\boldsymbol{z}_0,\boldsymbol{s}))^{\mathrm{T}}(\boldsymbol{\Omega}_{\mathrm{f}}^{(\mathrm{b})})^{-1}\boldsymbol{A}(\boldsymbol{z}_0,\boldsymbol{s}))^{-1}(\boldsymbol{A}(\boldsymbol{z}_0,\boldsymbol{s}))^{\mathrm{T}}(\boldsymbol{\Omega}_{\mathrm{f}}^{(\mathrm{b})})^{-1}\boldsymbol{C}_s(\boldsymbol{x},\boldsymbol{z}_0,\boldsymbol{s})\in\mathbf{R}^{q\times r}\end{cases}\tag{9.123}$$

将式 (9.122) 代入式 (9.121) 可知

$$\begin{aligned}\boldsymbol{\xi}_{\mathrm{t}}^{(\mathrm{b})} &\approx \boldsymbol{D}_z(\boldsymbol{x},\boldsymbol{z}_0,\boldsymbol{s})\boldsymbol{e}+\boldsymbol{D}_s(\boldsymbol{x},\boldsymbol{z}_0,\boldsymbol{s})\boldsymbol{\varphi}\\ &\quad-\boldsymbol{W}_x(\boldsymbol{x},\boldsymbol{z}_0,\boldsymbol{s})\boldsymbol{Q}_z^{(\mathrm{b})}(\boldsymbol{x},\boldsymbol{z}_0,\boldsymbol{s})\boldsymbol{e}-\boldsymbol{W}_x(\boldsymbol{x},\boldsymbol{z}_0,\boldsymbol{s})\boldsymbol{Q}_s^{(\mathrm{b})}(\boldsymbol{x},\boldsymbol{z}_0,\boldsymbol{s})\boldsymbol{\varphi}\\ &=\boldsymbol{R}_z^{(\mathrm{b})}(\boldsymbol{x},\boldsymbol{z}_0,\boldsymbol{s})\boldsymbol{e}+\boldsymbol{R}_s^{(\mathrm{b})}(\boldsymbol{x},\boldsymbol{z}_0,\boldsymbol{s})\boldsymbol{\varphi}\end{aligned}\tag{9.124}$$

式中,

$$\left\{\begin{array}{l}\boldsymbol{R}_z^{(\mathrm{b})}(\boldsymbol{x},\boldsymbol{z}_0,\boldsymbol{s})=\boldsymbol{D}_z(\boldsymbol{x},\boldsymbol{z}_0,\boldsymbol{s})-\boldsymbol{W}_x(\boldsymbol{x},\boldsymbol{z}_0,\boldsymbol{s})\boldsymbol{Q}_z^{(\mathrm{b})}(\boldsymbol{x},\boldsymbol{z}_0,\boldsymbol{s})\\ =\boldsymbol{D}_z(\boldsymbol{x},\boldsymbol{z}_0,\boldsymbol{s})-\boldsymbol{W}_x(\boldsymbol{x},\boldsymbol{z}_0,\boldsymbol{s})((\boldsymbol{A}(\boldsymbol{z}_0,\boldsymbol{s}))^{\mathrm{T}}(\boldsymbol{\Omega}_{\mathrm{f}}^{(\mathrm{b})})^{-1}\boldsymbol{A}(\boldsymbol{z}_0,\boldsymbol{s}))^{-1}\\ \quad\times(\boldsymbol{A}(\boldsymbol{z}_0,\boldsymbol{s}))^{\mathrm{T}}(\boldsymbol{\Omega}_{\mathrm{f}}^{(\mathrm{b})})^{-1}\boldsymbol{C}_z(\boldsymbol{x},\boldsymbol{z}_0,\boldsymbol{s})\in\mathbf{R}^{p\times p}\\ \boldsymbol{R}_s^{(\mathrm{b})}(\boldsymbol{x},\boldsymbol{z}_0,\boldsymbol{s})=\boldsymbol{D}_s(\boldsymbol{x},\boldsymbol{z}_0,\boldsymbol{s})-\boldsymbol{W}_x(\boldsymbol{x},\boldsymbol{z}_0,\boldsymbol{s})\boldsymbol{Q}_s^{(\mathrm{b})}(\boldsymbol{x},\boldsymbol{z}_0,\boldsymbol{s})\\ =\boldsymbol{D}_s(\boldsymbol{x},\boldsymbol{z}_0,\boldsymbol{s})-\boldsymbol{W}_x(\boldsymbol{x},\boldsymbol{z}_0,\boldsymbol{s})((\boldsymbol{A}(\boldsymbol{z}_0,\boldsymbol{s}))^{\mathrm{T}}(\boldsymbol{\Omega}_{\mathrm{f}}^{(\mathrm{b})})^{-1}\boldsymbol{A}(\boldsymbol{z}_0,\boldsymbol{s}))^{-1}\\ \quad\times(\boldsymbol{A}(\boldsymbol{z}_0,\boldsymbol{s}))^{\mathrm{T}}(\boldsymbol{\Omega}_{\mathrm{f}}^{(\mathrm{b})})^{-1}\boldsymbol{C}_s(\boldsymbol{x},\boldsymbol{z}_0,\boldsymbol{s})\in\mathbf{R}^{p\times r}\end{array}\right. \tag{9.125}$$

$\boldsymbol{R}_z^{(\mathrm{b})}(\boldsymbol{x},\boldsymbol{z}_0,\boldsymbol{s})$ 通常是满秩方阵。由式 (9.124) 可知, 误差向量 $\boldsymbol{\xi}_{\mathrm{t}}^{(\mathrm{b})}$ 渐近服从零均值的高斯分布, 并且其协方差矩阵为

$$\begin{aligned}\boldsymbol{\Omega}_{\mathrm{t}}^{(\mathrm{b})}&=\mathbf{E}[\boldsymbol{\xi}_{\mathrm{t}}^{(\mathrm{b})}(\boldsymbol{\xi}_{\mathrm{t}}^{(\mathrm{b})})^{\mathrm{T}}]=\boldsymbol{R}_z^{(\mathrm{b})}(\boldsymbol{x},\boldsymbol{z}_0,\boldsymbol{s})\mathbf{E}[\boldsymbol{e}\boldsymbol{e}^{\mathrm{T}}](\boldsymbol{R}_z^{(\mathrm{b})}(\boldsymbol{x},\boldsymbol{z}_0,\boldsymbol{s}))^{\mathrm{T}}\\&\quad+\boldsymbol{R}_s^{(\mathrm{b})}(\boldsymbol{x},\boldsymbol{z}_0,\boldsymbol{s})\mathbf{E}[\boldsymbol{\varphi}\boldsymbol{\varphi}^{\mathrm{T}}](\boldsymbol{R}_s^{(\mathrm{b})}(\boldsymbol{x},\boldsymbol{z}_0,\boldsymbol{s}))^{\mathrm{T}}\\&=\boldsymbol{R}_z^{(\mathrm{b})}(\boldsymbol{x},\boldsymbol{z}_0,\boldsymbol{s})\boldsymbol{E}(\boldsymbol{R}_z^{(\mathrm{b})}(\boldsymbol{x},\boldsymbol{z}_0,\boldsymbol{s}))^{\mathrm{T}}+\boldsymbol{R}_s^{(\mathrm{b})}(\boldsymbol{x},\boldsymbol{z}_0,\boldsymbol{s})\boldsymbol{\Psi}(\boldsymbol{R}_s^{(\mathrm{b})}(\boldsymbol{x},\boldsymbol{z}_0,\boldsymbol{s}))^{\mathrm{T}}\\&\in\mathbf{R}^{p\times p}\end{aligned} \tag{9.126}$$

结合式 (9.118) 和式 (9.126) 可以建立如下线性加权最小二乘估计准则

$$\begin{aligned}\min_{\boldsymbol{x}\in\mathbf{R}^{q\times 1}}\{&(\boldsymbol{g}(\boldsymbol{z},\widehat{\boldsymbol{s}})-\boldsymbol{w}(\widehat{\boldsymbol{x}}_{\mathrm{f}}^{(\mathrm{b})},\boldsymbol{z},\widehat{\boldsymbol{s}})-\boldsymbol{H}(\boldsymbol{z},\widehat{\boldsymbol{s}})\boldsymbol{x})^{\mathrm{T}}(\boldsymbol{\Omega}_{\mathrm{t}}^{(\mathrm{b})})^{-1}(\boldsymbol{g}(\boldsymbol{z},\widehat{\boldsymbol{s}})\\&-\boldsymbol{w}(\widehat{\boldsymbol{x}}_{\mathrm{f}}^{(\mathrm{b})},\boldsymbol{z},\widehat{\boldsymbol{s}})-\boldsymbol{H}(\boldsymbol{z},\widehat{\boldsymbol{s}})\boldsymbol{x})\}\end{aligned} \tag{9.127}$$

式中, $(\boldsymbol{\Omega}_{\mathrm{t}}^{(\mathrm{b})})^{-1}$ 可以看成是加权矩阵, 其作用是同时抑制观测误差 $\boldsymbol{e}$ 和模型参数先验观测误差 $\boldsymbol{\varphi}$ 的影响。根据式 (2.67) 可知, 式 (9.127) 的最优闭式解为

$$\widehat{\boldsymbol{x}}_{\mathrm{t}}^{(\mathrm{b})}=((\boldsymbol{H}(\boldsymbol{z},\widehat{\boldsymbol{s}}))^{\mathrm{T}}(\boldsymbol{\Omega}_{\mathrm{t}}^{(\mathrm{b})})^{-1}\boldsymbol{H}(\boldsymbol{z},\widehat{\boldsymbol{s}}))^{-1}(\boldsymbol{H}(\boldsymbol{z},\widehat{\boldsymbol{s}}))^{\mathrm{T}}(\boldsymbol{\Omega}_{\mathrm{t}}^{(\mathrm{b})})^{-1}(\boldsymbol{g}(\boldsymbol{z},\widehat{\boldsymbol{s}})-\boldsymbol{w}(\widehat{\boldsymbol{x}}_{\mathrm{f}}^{(\mathrm{b})},\boldsymbol{z},\widehat{\boldsymbol{s}})) \tag{9.128}$$

【注记 9.16】 由式 (9.126) 可知, 加权矩阵 $(\boldsymbol{\Omega}_{\mathrm{t}}^{(\mathrm{b})})^{-1}$ 与未知参数 $\boldsymbol{x}$ 有关。因此严格地说, 式 (9.127) 中的目标函数并不是关于向量 $\boldsymbol{x}$ 的二次函数。庆幸的是, 该问题并不难以解决, 可以先利用阶段 1 的估计值 $\widehat{\boldsymbol{x}}_{\mathrm{f}}^{(\mathrm{b})}$ 计算加权矩阵 $(\boldsymbol{\Omega}_{\mathrm{t}}^{(\mathrm{b})})^{-1}$, 并基于式 (9.128) 获得向量 $\boldsymbol{x}$ 在阶段 2 的近似估计值 (记为 $\widehat{\boldsymbol{x}}_{\mathrm{to}}^{(\mathrm{b})}$); 然后利用近似估计值 $\widehat{\boldsymbol{x}}_{\mathrm{to}}^{(\mathrm{b})}$ 重新计算加权矩阵 $(\boldsymbol{\Omega}_{\mathrm{t}}^{(\mathrm{b})})^{-1}$, 并基于式 (9.128) 获得向量 $\boldsymbol{x}$ 在阶段 2 的最终估计值 $\widehat{\boldsymbol{x}}_{\mathrm{t}}^{(\mathrm{b})}$①。另外, 加权矩阵 $(\boldsymbol{\Omega}_{\mathrm{t}}^{(\mathrm{b})})^{-1}$ 还与观测向量 $\boldsymbol{z}_0$ 和模型参

① 为了提高在大观测误差条件下的估计性能, 还可以先利用估计值 $\widehat{\boldsymbol{x}}_{\mathrm{t}}^{(\mathrm{b})}$ 再次计算加权矩阵 $(\boldsymbol{\Omega}_{\mathrm{t}}^{(\mathrm{b})})^{-1}$, 然后利用最新的加权矩阵更新估计值。

数 $\boldsymbol{s}$ 有关, 可以直接利用它们的观测值 $\boldsymbol{z}$ 和 $\widehat{\boldsymbol{s}}$ 进行计算。下面的理论性能分析表明, 在一阶误差分析理论框架下 (适用于小观测误差), 加权矩阵 $(\boldsymbol{\Omega}_{\mathrm{t}}^{(\mathrm{b})})^{-1}$ 中的扰动误差并不会实质性地影响估计值 $\widehat{\boldsymbol{x}}_{\mathrm{t}}^{(\mathrm{b})}$ 的统计性能。

将上述求解方法称为方法 9−b, 图 9.3 给出方法 9−b 的计算流程图。

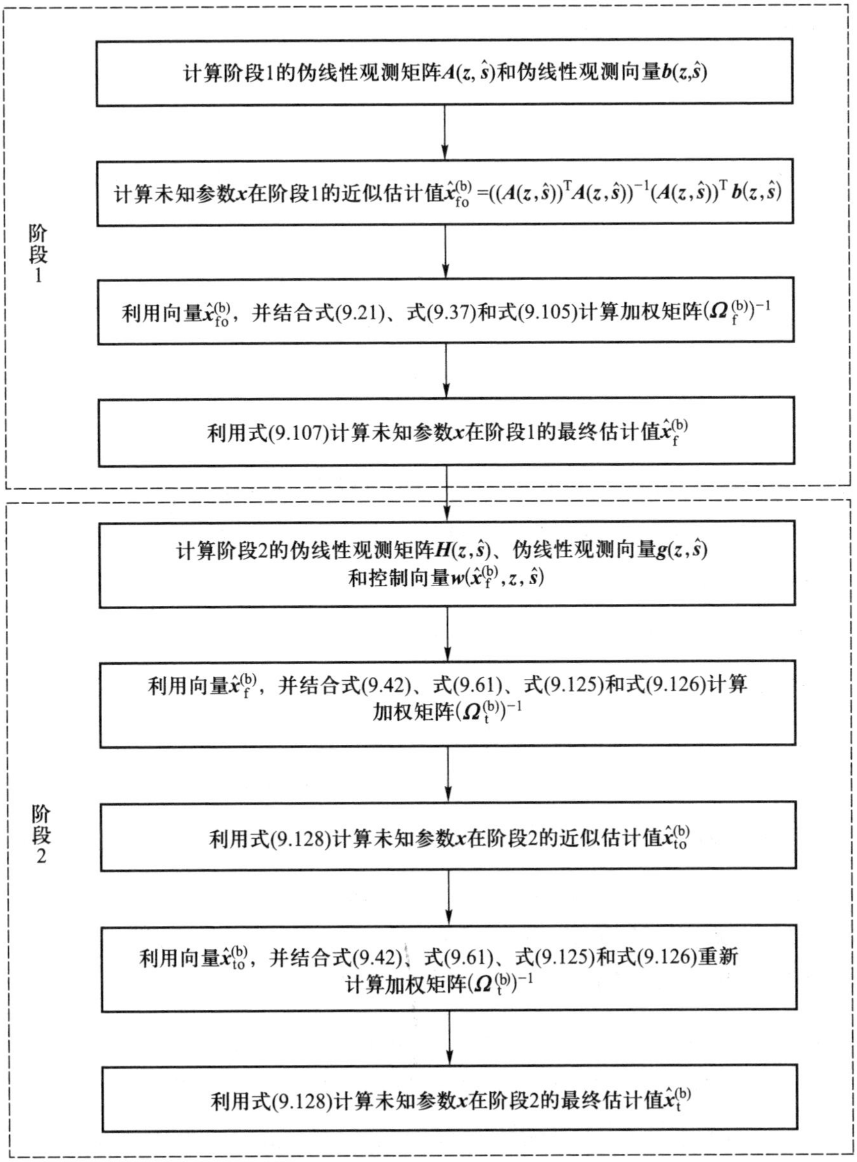

图 9.3　方法 9−b 的计算流程图

【注记 9.17】由于方法 9-b 并不需要迭代运算, 因此可称其为闭式求解方法。

2. 理论性能分析

下面推导估计值 $\widehat{\boldsymbol{x}}_{\mathrm{t}}^{(\mathrm{b})}$ 的统计性能, 并将其均方误差与相应的克拉美罗界进行定量比较, 从而验证该估计值的渐近统计最优性, 具体结论可见以下两个命题。

【命题 9.11】向量 $\widehat{\boldsymbol{x}}_{\mathrm{t}}^{(\mathrm{b})}$ 是关于未知参数 $\boldsymbol{x}$ 的渐近无偏估计值, 并且其均方误差为

$$\mathbf{MSE}(\widehat{\boldsymbol{x}}_{\mathrm{t}}^{(\mathrm{b})})=((\boldsymbol{H}(\boldsymbol{z}_0,\boldsymbol{s}))^{\mathrm{T}}(\boldsymbol{\Omega}_{\mathrm{t}}^{(\mathrm{b})})^{-1}\boldsymbol{H}(\boldsymbol{z}_0,\boldsymbol{s}))^{-1} \tag{9.129}$$

【证明】将向量 $\widehat{\boldsymbol{x}}_{\mathrm{t}}^{(\mathrm{b})}$ 中的估计误差记为 $\Delta\boldsymbol{x}_{\mathrm{t}}^{(\mathrm{b})}=\widehat{\boldsymbol{x}}_{\mathrm{t}}^{(\mathrm{b})}-\boldsymbol{x}$。基于式 (9.128) 和注记 9.16 可知

$$\begin{aligned}&(\boldsymbol{H}(\boldsymbol{z},\widehat{\boldsymbol{s}}))^{\mathrm{T}}(\widehat{\boldsymbol{\Omega}}_{\mathrm{t}}^{(\mathrm{b})})^{-1}\boldsymbol{H}(\boldsymbol{z},\widehat{\boldsymbol{s}})(\boldsymbol{x}+\Delta\boldsymbol{x}_{\mathrm{t}}^{(\mathrm{b})})\\&=(\boldsymbol{H}(\boldsymbol{z},\widehat{\boldsymbol{s}}))^{\mathrm{T}}(\widehat{\boldsymbol{\Omega}}_{\mathrm{t}}^{(\mathrm{b})})^{-1}(\boldsymbol{g}(\boldsymbol{z},\widehat{\boldsymbol{s}})-\boldsymbol{w}(\widehat{\boldsymbol{x}}_{\mathrm{f}}^{(\mathrm{b})},\boldsymbol{z},\widehat{\boldsymbol{s}}))\end{aligned} \tag{9.130}$$

式中, $\widehat{\boldsymbol{\Omega}}_{\mathrm{t}}^{(\mathrm{b})}$ 表示 $\boldsymbol{\Omega}_{\mathrm{t}}^{(\mathrm{b})}$ 的近似估计值。在一阶误差分析理论框架下, 利用式 (9.130) 可以进一步推得

$$\begin{aligned}&(\Delta\boldsymbol{H}^{(\mathrm{b})})^{\mathrm{T}}(\boldsymbol{\Omega}_{\mathrm{t}}^{(\mathrm{b})})^{-1}\boldsymbol{H}(\boldsymbol{z}_0,\boldsymbol{s})\boldsymbol{x}+(\boldsymbol{H}(\boldsymbol{z}_0,\boldsymbol{s}))^{\mathrm{T}}(\boldsymbol{\Omega}_{\mathrm{t}}^{(\mathrm{b})})^{-1}\Delta\boldsymbol{H}^{(\mathrm{b})}\boldsymbol{x}\\&+(\boldsymbol{H}(\boldsymbol{z}_0,\boldsymbol{s}))^{\mathrm{T}}\Delta\boldsymbol{\Xi}_{\mathrm{t}}^{(\mathrm{b})}\boldsymbol{H}(\boldsymbol{z}_0,\boldsymbol{s})\boldsymbol{x}+(\boldsymbol{H}(\boldsymbol{z}_0,\boldsymbol{s}))^{\mathrm{T}}(\boldsymbol{\Omega}_{\mathrm{t}}^{(\mathrm{b})})^{-1}\boldsymbol{H}(\boldsymbol{z}_0,\boldsymbol{s})\Delta\boldsymbol{x}_{\mathrm{t}}^{(\mathrm{b})}\\&\approx(\Delta\boldsymbol{H}^{(\mathrm{b})})^{\mathrm{T}}(\boldsymbol{\Omega}_{\mathrm{t}}^{(\mathrm{b})})^{-1}(\boldsymbol{g}(\boldsymbol{z}_0,\boldsymbol{s})-\boldsymbol{w}(\boldsymbol{x},\boldsymbol{z}_0,\boldsymbol{s}))\\&\quad+(\boldsymbol{H}(\boldsymbol{z}_0,\boldsymbol{s}))^{\mathrm{T}}(\boldsymbol{\Omega}_{\mathrm{t}}^{(\mathrm{b})})^{-1}(\Delta\boldsymbol{g}^{(\mathrm{b})}-\Delta\boldsymbol{w}^{(\mathrm{b})})\\&\quad+(\boldsymbol{H}(\boldsymbol{z}_0,\boldsymbol{s}))^{\mathrm{T}}\Delta\boldsymbol{\Xi}_{\mathrm{t}}^{(\mathrm{b})}(\boldsymbol{g}(\boldsymbol{z}_0,\boldsymbol{s})-\boldsymbol{w}(\boldsymbol{x},\boldsymbol{z}_0,\boldsymbol{s}))\\&\Rightarrow(\boldsymbol{H}(\boldsymbol{z}_0,\boldsymbol{s}))^{\mathrm{T}}(\boldsymbol{\Omega}_{\mathrm{t}}^{(\mathrm{b})})^{-1}\boldsymbol{H}(\boldsymbol{z}_0,\boldsymbol{s})\Delta\boldsymbol{x}_{\mathrm{t}}^{(\mathrm{b})}\\&\approx(\boldsymbol{H}(\boldsymbol{z}_0,\boldsymbol{s}))^{\mathrm{T}}(\boldsymbol{\Omega}_{\mathrm{t}}^{(\mathrm{b})})^{-1}(\Delta\boldsymbol{g}^{(\mathrm{b})}-\Delta\boldsymbol{w}^{(\mathrm{b})}-\Delta\boldsymbol{H}^{(\mathrm{b})}\boldsymbol{x})=(\boldsymbol{H}(\boldsymbol{z}_0,\boldsymbol{s}))^{\mathrm{T}}(\boldsymbol{\Omega}_{\mathrm{t}}^{(\mathrm{b})})^{-1}\boldsymbol{\xi}_{\mathrm{t}}^{(\mathrm{b})}\\&\Rightarrow\Delta\boldsymbol{x}_{\mathrm{t}}^{(\mathrm{b})}\approx((\boldsymbol{H}(\boldsymbol{z}_0,\boldsymbol{s}))^{\mathrm{T}}(\boldsymbol{\Omega}_{\mathrm{t}}^{(\mathrm{b})})^{-1}\boldsymbol{H}(\boldsymbol{z}_0,\boldsymbol{s}))^{-1}(\boldsymbol{H}(\boldsymbol{z}_0,\boldsymbol{s}))^{\mathrm{T}}(\boldsymbol{\Omega}_{\mathrm{t}}^{(\mathrm{b})})^{-1}\boldsymbol{\xi}_{\mathrm{t}}^{(\mathrm{b})}\end{aligned} \tag{9.131}$$

式中, $\Delta\boldsymbol{\Xi}_{\mathrm{t}}^{(\mathrm{b})}=(\widehat{\boldsymbol{\Omega}}_{\mathrm{t}}^{(\mathrm{b})})^{-1}-(\boldsymbol{\Omega}_{\mathrm{t}}^{(\mathrm{b})})^{-1}$ 表示矩阵 $(\widehat{\boldsymbol{\Omega}}_{\mathrm{t}}^{(\mathrm{b})})^{-1}$ 中的扰动误差。由式 (9.131) 可知, 误差向量 $\Delta\boldsymbol{x}_{\mathrm{t}}^{(\mathrm{b})}$ 渐近服从零均值的高斯分布, 因此向量 $\widehat{\boldsymbol{x}}_{\mathrm{t}}^{(\mathrm{b})}$ 是关于未知参数 $\boldsymbol{x}$ 的渐近无偏估计值, 并且其均方误差为

$$\begin{aligned}\mathbf{MSE}(\widehat{\boldsymbol{x}}_{\mathrm{t}}^{(\mathrm{b})})&=\mathbf{E}[(\widehat{\boldsymbol{x}}_{\mathrm{t}}^{(\mathrm{b})}-\boldsymbol{x})(\widehat{\boldsymbol{x}}_{\mathrm{t}}^{(\mathrm{b})}-\boldsymbol{x})^{\mathrm{T}}]=\mathbf{E}[\Delta\boldsymbol{x}_{\mathrm{t}}^{(\mathrm{b})}(\Delta\boldsymbol{x}_{\mathrm{t}}^{(\mathrm{b})})^{\mathrm{T}}]\\&=((\boldsymbol{H}(\boldsymbol{z}_0,\boldsymbol{s}))^{\mathrm{T}}(\boldsymbol{\Omega}_{\mathrm{t}}^{(\mathrm{b})})^{-1}\boldsymbol{H}(\boldsymbol{z}_0,\boldsymbol{s}))^{-1}(\boldsymbol{H}(\boldsymbol{z}_0,\boldsymbol{s}))^{\mathrm{T}}(\boldsymbol{\Omega}_{\mathrm{t}}^{(\mathrm{b})})^{-1}\\&\quad\times\mathbf{E}[\boldsymbol{\xi}_{\mathrm{t}}^{(\mathrm{b})}(\boldsymbol{\xi}_{\mathrm{t}}^{(\mathrm{b})})^{\mathrm{T}}](\boldsymbol{\Omega}_{\mathrm{t}}^{(\mathrm{b})})^{-1}\boldsymbol{H}(\boldsymbol{z}_0,\boldsymbol{s})((\boldsymbol{H}(\boldsymbol{z}_0,\boldsymbol{s}))^{\mathrm{T}}(\boldsymbol{\Omega}_{\mathrm{t}}^{(\mathrm{b})})^{-1}\boldsymbol{H}(\boldsymbol{z}_0,\boldsymbol{s}))^{-1}\\&=((\boldsymbol{H}(\boldsymbol{z}_0,\boldsymbol{s}))^{\mathrm{T}}(\boldsymbol{\Omega}_{\mathrm{t}}^{(\mathrm{b})})^{-1}\boldsymbol{H}(\boldsymbol{z}_0,\boldsymbol{s}))^{-1}\end{aligned} \tag{9.132}$$

证毕。

【注记 9.18】式 (9.131) 的推导过程表明, 在一阶误差分析理论框架下, 矩阵 $(\widehat{\boldsymbol{\Omega}}_{\mathrm{t}}^{(\mathrm{b})})^{-1}$ 的扰动误差 $\Delta\boldsymbol{\Xi}_{\mathrm{t}}^{(\mathrm{b})}$ 并不会实质性地影响估计值 $\widehat{\boldsymbol{x}}_{\mathrm{t}}^{(\mathrm{b})}$ 的统计性能。

【命题 9.12】向量 $\widehat{\boldsymbol{x}}_{\mathrm{t}}^{(\mathrm{b})}$ 是关于未知参数 $\boldsymbol{x}$ 的渐近统计最优估计值。

【证明】仅需要证明等式 $\mathbf{MSE}(\widehat{\boldsymbol{x}}_{\mathrm{t}}^{(\mathrm{b})})=\mathbf{CRB}^{(\mathrm{b})}(\boldsymbol{x})$ 即可。将式 (9.126) 代入式 (9.129) 可得

$$\begin{aligned}\mathbf{MSE}(\widehat{\boldsymbol{x}}_{\mathrm{t}}^{(\mathrm{b})})&=((\boldsymbol{H}(\boldsymbol{z}_0,\boldsymbol{s}))^{\mathrm{T}}(\boldsymbol{R}_z^{(\mathrm{b})}(\boldsymbol{x},\boldsymbol{z}_0,\boldsymbol{s})\boldsymbol{E}(\boldsymbol{R}_z^{(\mathrm{b})}(\boldsymbol{x},\boldsymbol{z}_0,\boldsymbol{s}))^{\mathrm{T}}\\&\quad+\boldsymbol{R}_s^{(\mathrm{b})}(\boldsymbol{x},\boldsymbol{z}_0,\boldsymbol{s})\boldsymbol{\Psi}(\boldsymbol{R}_s^{(\mathrm{b})}(\boldsymbol{x},\boldsymbol{z}_0,\boldsymbol{s}))^{\mathrm{T}})^{-1}\boldsymbol{H}(\boldsymbol{z}_0,\boldsymbol{s}))^{-1}\\&=((\boldsymbol{H}(\boldsymbol{z}_0,\boldsymbol{s}))^{\mathrm{T}}(\boldsymbol{R}_z^{(\mathrm{b})}(\boldsymbol{x},\boldsymbol{z}_0,\boldsymbol{s}))^{-\mathrm{T}}(\boldsymbol{E}+(\boldsymbol{R}_z^{(\mathrm{b})}(\boldsymbol{x},\boldsymbol{z}_0,\boldsymbol{s}))^{-1}\\&\quad\times\boldsymbol{R}_s^{(\mathrm{b})}(\boldsymbol{x},\boldsymbol{z}_0,\boldsymbol{s})\boldsymbol{\Psi}(\boldsymbol{R}_s^{(\mathrm{b})}(\boldsymbol{x},\boldsymbol{z}_0,\boldsymbol{s}))^{\mathrm{T}}(\boldsymbol{R}_z^{(\mathrm{b})}(\boldsymbol{x},\boldsymbol{z}_0,\boldsymbol{s}))^{-\mathrm{T}})^{-1}\\&\quad\times(\boldsymbol{R}_z^{(\mathrm{b})}(\boldsymbol{x},\boldsymbol{z}_0,\boldsymbol{s}))^{-1}\boldsymbol{H}(\boldsymbol{z}_0,\boldsymbol{s}))^{-1}\end{aligned}\tag{9.133}$$

由式 (9.125) 的第 1 个等式可知

$$\begin{aligned}&\boldsymbol{R}_z^{(\mathrm{b})}(\boldsymbol{x},\boldsymbol{z}_0,\boldsymbol{s})\boldsymbol{F}_x(\boldsymbol{x},\boldsymbol{s})\\&=\boldsymbol{D}_z(\boldsymbol{x},\boldsymbol{z}_0,\boldsymbol{s})\boldsymbol{F}_x(\boldsymbol{x},\boldsymbol{s})-\boldsymbol{W}_x(\boldsymbol{x},\boldsymbol{z}_0,\boldsymbol{s})((\boldsymbol{A}(\boldsymbol{z}_0,\boldsymbol{s}))^{\mathrm{T}}(\boldsymbol{\Omega}_{\mathrm{f}}^{(\mathrm{b})})^{-1}\boldsymbol{A}(\boldsymbol{z}_0,\boldsymbol{s}))^{-1}\\&\quad\times(\boldsymbol{A}(\boldsymbol{z}_0,\boldsymbol{s}))^{\mathrm{T}}(\boldsymbol{\Omega}_{\mathrm{f}}^{(\mathrm{b})})^{-1}\boldsymbol{C}_z(\boldsymbol{x},\boldsymbol{z}_0,\boldsymbol{s})\boldsymbol{F}_x(\boldsymbol{x},\boldsymbol{s})\\&=\boldsymbol{D}_z(\boldsymbol{x},\boldsymbol{z}_0,\boldsymbol{s})\boldsymbol{F}_x(\boldsymbol{x},\boldsymbol{s})-\boldsymbol{W}_x(\boldsymbol{x},\boldsymbol{z}_0,\boldsymbol{s})=\boldsymbol{H}(\boldsymbol{z}_0,\boldsymbol{s})\\&\Rightarrow\boldsymbol{F}_x(\boldsymbol{x},\boldsymbol{s})=(\boldsymbol{R}_z^{(\mathrm{b})}(\boldsymbol{x},\boldsymbol{z}_0,\boldsymbol{s}))^{-1}\boldsymbol{H}(\boldsymbol{z}_0,\boldsymbol{s})\end{aligned}\tag{9.134}$$

式中, 第 2 个等号利用了式 (9.31), 第 3 个等号利用了式 (9.59)。由式 (9.125) 还可以进一步推得

$$\begin{aligned}&\boldsymbol{R}_z^{(\mathrm{b})}(\boldsymbol{x},\boldsymbol{z}_0,\boldsymbol{s})\boldsymbol{F}_s(\boldsymbol{x},\boldsymbol{s})+\boldsymbol{R}_s^{(\mathrm{b})}(\boldsymbol{x},\boldsymbol{z}_0,\boldsymbol{s})\\&=\boldsymbol{D}_z(\boldsymbol{x},\boldsymbol{z}_0,\boldsymbol{s})\boldsymbol{F}_s(\boldsymbol{x},\boldsymbol{s})+\boldsymbol{D}_s(\boldsymbol{x},\boldsymbol{z}_0,\boldsymbol{s})-\boldsymbol{W}_x(\boldsymbol{x},\boldsymbol{z}_0,\boldsymbol{s})\\&\quad\times((\boldsymbol{A}(\boldsymbol{z}_0,\boldsymbol{s}))^{\mathrm{T}}(\boldsymbol{\Omega}_{\mathrm{f}}^{(\mathrm{b})})^{-1}\boldsymbol{A}(\boldsymbol{z}_0,\boldsymbol{s}))^{-1}(\boldsymbol{A}(\boldsymbol{z}_0,\boldsymbol{s}))^{\mathrm{T}}(\boldsymbol{\Omega}_{\mathrm{f}}^{(\mathrm{b})})^{-1}\\&\quad\times(\boldsymbol{C}_z(\boldsymbol{x},\boldsymbol{z}_0,\boldsymbol{s})\boldsymbol{F}_s(\boldsymbol{x},\boldsymbol{s})+\boldsymbol{C}_s(\boldsymbol{x},\boldsymbol{z}_0,\boldsymbol{s}))=\boldsymbol{O}_{p\times r}\\&\Rightarrow\boldsymbol{F}_s(\boldsymbol{x},\boldsymbol{s})=-(\boldsymbol{R}_z^{(\mathrm{b})}(\boldsymbol{x},\boldsymbol{z}_0,\boldsymbol{s}))^{-1}\boldsymbol{R}_s^{(\mathrm{b})}(\boldsymbol{x},\boldsymbol{z}_0,\boldsymbol{s})\end{aligned}\tag{9.135}$$

式中, 第 2 个等号利用了式 (9.36) 和式 (9.60)。将式 (9.134) 和式 (9.135) 代入式 (9.133) 可知

$$
\begin{aligned}
\mathbf{MSE}(\widehat{\boldsymbol{x}}_{\mathrm{t}}^{(\mathrm{b})}) &= ((\boldsymbol{F}_x(\boldsymbol{x},\boldsymbol{s}))^{\mathrm{T}}(\boldsymbol{E}+\boldsymbol{F}_s(\boldsymbol{x},\boldsymbol{s})\boldsymbol{\Psi}(\boldsymbol{F}_s(\boldsymbol{x},\boldsymbol{s}))^{\mathrm{T}})^{-1}\boldsymbol{F}_x(\boldsymbol{x},\boldsymbol{s}))^{-1} \\
&= \mathbf{CRB}^{(\mathrm{b})}(\boldsymbol{x})
\end{aligned} \tag{9.136}
$$

证毕。

9.4.3 数值实验

本节仍然选择式 (9.4) 所定义的函数 $\boldsymbol{f}(\boldsymbol{x},\boldsymbol{s})$ 进行数值实验。由式 (9.12) 和式 (9.13) 可得

$$
\boldsymbol{B}_s(\boldsymbol{z}_0,\boldsymbol{s}) = \frac{\partial \boldsymbol{b}(\boldsymbol{z}_0,\boldsymbol{s})}{\partial \boldsymbol{s}^{\mathrm{T}}} = \left[\begin{array}{c:c}
\frac{1}{2}z_{01}\sin(z_{02}) - \frac{1}{2z_{01}}(\|\boldsymbol{s}\|_2^2+2s_1^2)\sin(z_{02}) & \sin(z_{02}) - \frac{1}{z_{01}}s_1s_2\sin(z_{02}) \\
s_2 + \frac{3}{2z_{01}}s_1\|\boldsymbol{s}\|_2 - \frac{1}{2}\frac{z_{01}}{\|\boldsymbol{s}\|_2}s_1 & s_1 + \frac{3}{2z_{01}}s_2\|\boldsymbol{s}\|_2 - \frac{1}{2}\frac{z_{01}}{\|\boldsymbol{s}\|_2}s_2 \\
\frac{1}{z_{01}}s_1s_2 & \frac{1}{2z_{01}}(\|\boldsymbol{s}\|_2^2+2s_2^2) - \frac{1}{2}z_{01}
\end{array}\right] \tag{9.137}
$$

$$
\dot{\boldsymbol{A}}_{s_1}(\boldsymbol{z}_0,\boldsymbol{s}) = \frac{\partial \boldsymbol{A}(\boldsymbol{z}_0,\boldsymbol{s})}{\partial s_1} = \left[\begin{array}{c:c}
\cos(z_{02}) - \frac{2}{z_{01}}s_1\sin(z_{02}) & -\frac{1}{z_{01}}s_2\sin(z_{02}) \\
\frac{1}{z_{01}}\|\boldsymbol{s}\|_2 + \frac{1}{z_{01}}\frac{s_1^2}{\|\boldsymbol{s}\|_2} & \frac{1}{z_{01}}\frac{s_1s_2}{\|\boldsymbol{s}\|_2} \\
\frac{1}{z_{01}}s_2 & 1
\end{array}\right] \tag{9.138}
$$

$$
\dot{\boldsymbol{A}}_{s_2}(\boldsymbol{z}_0,\boldsymbol{s}) = \frac{\partial \boldsymbol{A}(\boldsymbol{z}_0,\boldsymbol{s})}{\partial s_2} = \left[\begin{array}{c:c}
0 & -\cos(z_{02}) - \frac{1}{z_{01}}s_1\sin(z_{02}) \\
\frac{1}{z_{01}}\frac{s_1s_2}{\|\boldsymbol{s}\|_2} & \frac{1}{z_{01}}\|\boldsymbol{s}\|_2 + \frac{1}{z_{01}}\frac{s_2^2}{\|\boldsymbol{s}\|_2} \\
\frac{1}{z_{01}}s_1 - 1 & \frac{2}{z_{01}}s_2
\end{array}\right] \tag{9.139}
$$

由式 (9.14) 和式 (9.15) 可知

$$
\boldsymbol{G}_s(\boldsymbol{z}_0,\boldsymbol{s})=\frac{\partial \boldsymbol{g}(\boldsymbol{z}_0,\boldsymbol{s})}{\partial \boldsymbol{s}^{\mathrm{T}}}=\begin{bmatrix} 2s_1 & 2s_2 \\ 0 & \sin(z_{02}) \\ s_2 & s_1 \\ 0 & 0 \end{bmatrix} \tag{9.140}
$$

$$
\boldsymbol{W}_s(\boldsymbol{x},\boldsymbol{z}_0,\boldsymbol{s})=\frac{\partial \boldsymbol{w}(\boldsymbol{x},\boldsymbol{z}_0,\boldsymbol{s})}{\partial \boldsymbol{s}^{\mathrm{T}}}=\begin{bmatrix} 0 & 0 \\ -\|\boldsymbol{x}\|_2\sin(z_{02}) & 0 \\ \dfrac{1}{\|\boldsymbol{s}\|_2}s_1\|\boldsymbol{x}\|_2 & \dfrac{1}{\|\boldsymbol{s}\|_2}s_2\|\boldsymbol{x}\|_2 \\ 0 & \|\boldsymbol{x}\|_2 \end{bmatrix} \tag{9.141}
$$

$$
\begin{aligned}
\dot{\boldsymbol{H}}_{s_1}(\boldsymbol{z}_0,\boldsymbol{s})&=\frac{\partial \boldsymbol{H}(\boldsymbol{z}_0,\boldsymbol{s})}{\partial s_1}=\begin{bmatrix} 2 & 0 \\ \cos(z_{02}) & 0 \\ 0 & 0 \\ 0 & 1 \end{bmatrix} \\
\dot{\boldsymbol{H}}_{s_2}(\boldsymbol{z}_0,\boldsymbol{s})&=\frac{\partial \boldsymbol{H}(\boldsymbol{z}_0,\boldsymbol{s})}{\partial s_2}=\begin{bmatrix} 0 & 2 \\ 0 & -\cos(z_{02}) \\ 0 & 0 \\ -1 & 0 \end{bmatrix}
\end{aligned} \tag{9.142}
$$

将未知参数设为 $\boldsymbol{x}=[1.2 \quad -5]^{\mathrm{T}}$, 将模型参数设为 $\boldsymbol{s}=[-2 \quad -1.5]^{\mathrm{T}}$ (假设其未能精确已知, 仅存在先验观测值); 观测误差协方差矩阵设为 $\boldsymbol{E}=\sigma_1^2\mathrm{diag}\{1,0.2,4,1\}$, 其中 σ_1 称为观测误差标准差, 模型参数先验观测误差协方差矩阵设为 $\boldsymbol{\Psi}=\sigma_2^2\begin{bmatrix} 1 & 0.5 \\ 0.5 & 1 \end{bmatrix}$, 其中 σ_2 称为先验观测误差标准差。利用方法 9−a 和方法 9−b 对未知参数 $\boldsymbol{x}$ 进行估计。

首先, 设 $\sigma_2=0.06$, 图 9.4 给出了未知参数 $\boldsymbol{x}$ 估计均方根误差随观测误差标准差 σ_1 的变化曲线; 然后, 设 $\sigma_1=0.1$, 图 9.5 给出了未知参数 $\boldsymbol{x}$ 估计均方根误差随先验观测误差标准差 σ_2 的变化曲线。

从图 9.4 和图 9.5 中可以看出:

① 当模型参数存在先验观测误差时, 两种方法的参数估计均方根误差均随观测误差标准差 σ_1 的增加而增大, 随先验观测误差标准差 σ_2 的增加而增大。

② 当模型参数存在先验观测误差时, 方法 9−a 对未知参数 $\boldsymbol{x}$ 的估计均方根误差与式 (9.80) 给出的理论值基本吻合 (如图 9.4 所示)), 从而验证了第 9.3 节

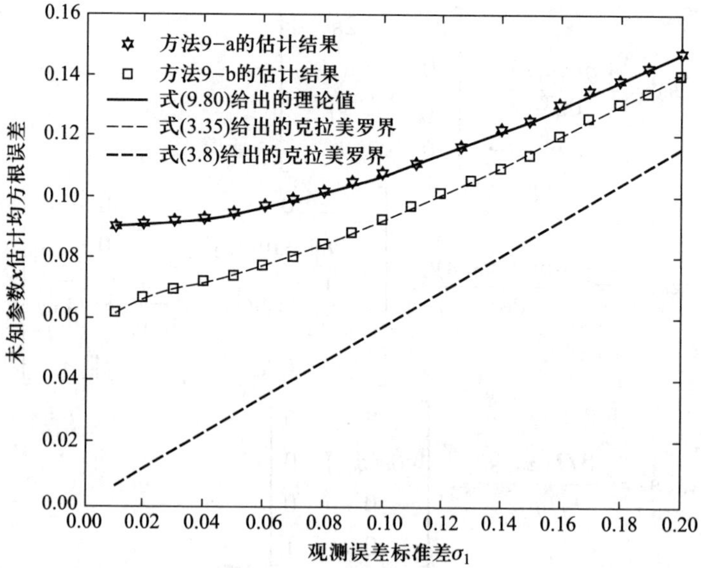

图 9.4　未知参数 $\boldsymbol{x}$ 估计均方根误差随观测误差标准差 σ_1 的变化曲线

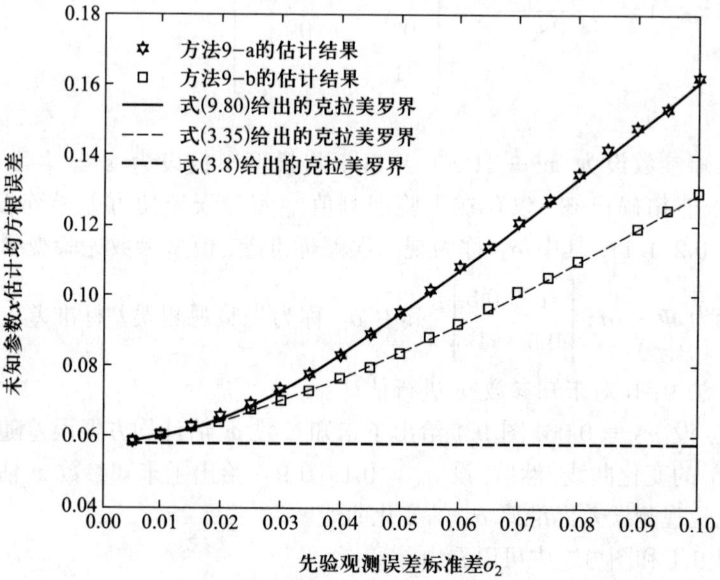

图 9.5　未知参数 $\boldsymbol{x}$ 估计均方根误差随先验观测误差标准差 σ_2 的变化曲线

理论性能分析的有效性。

③ 当模型参数存在先验观测误差时, 方法 9–b 对未知参数 $\boldsymbol{x}$ 的估计均方根误差能够达到由式 (3.35) 给出的克拉美罗界, 从而验证了第 9.4.2 节理论性能分析的有效性。此外, 方法 9–b 的估计精度高于方法 9–a, 并且性能差异随着观测误差标准差 σ_1 的增加而变小 (如图 9.4 所示), 随着先验观测误差标准差 σ_2 的增加而变大 (如图 9.5 所示)。

第 10 章 伪线性最小二乘估计理论与方法: 第 Ⅲ 类伪线性观测模型

与第 8 章和第 9 章相同, 本章将非线性观测模型转化成伪线性观测模型。只是本章考虑第 Ⅲ 类伪线性观测模型, 该类伪线性观测模型的特征在于, 其中包含两组观测方程, 第 1 组观测方程必须要通过引入辅助变量来构造, 并且需要利用 3 个计算阶段来获得最终的估计结果。针对第 Ⅲ 类伪线性观测模型的特点, 本章描述相应的伪线性最小二乘估计理论与方法。此外, 与第 8 章和第 9 章相似, 本章的方法也是通过闭式解的形式给出最终的估计结果, 不需要迭代运算。

10.1 可转化为第 Ⅲ 类伪线性观测模型的非线性观测模型

考虑如下非线性观测模型

$$\boldsymbol{z}=\boldsymbol{z}_0+\boldsymbol{e}=\boldsymbol{f}(\boldsymbol{x},\boldsymbol{s})+\boldsymbol{e} \tag{10.1}$$

式中,

$\boldsymbol{z}_0=\boldsymbol{f}(\boldsymbol{x},\boldsymbol{s})\in\mathbf{R}^{p\times 1}$ 表示没有误差条件下的观测向量, 其中 $\boldsymbol{f}(\boldsymbol{x},\boldsymbol{s})$ 是关于向量 $\boldsymbol{x}$ 和 $\boldsymbol{s}$ 的连续可导函数;

$\boldsymbol{x}\in\mathbf{R}^{q\times 1}$ 表示待估计的未知参数, 其中 $q<p$ 以确保问题是超定的 (即观测量个数大于未知参数个数);

$\boldsymbol{s}\in\mathbf{R}^{r\times 1}$ 表示模型参数;

$\boldsymbol{z}\in\mathbf{R}^{p\times 1}$ 表示含有误差条件下的观测向量;

$\boldsymbol{e}\in\mathbf{R}^{p\times 1}$ 表示观测误差向量, 假设其服从均值为零、协方差矩阵为 $\mathbf{COV}(\boldsymbol{e})=\mathbf{E}[\boldsymbol{e}\boldsymbol{e}^{\mathrm{T}}]=\boldsymbol{E}$ 的高斯分布。

【注记 10.1】与第 3 章相同, 本章仍然考虑两种情形: 第 1 种情形是假设模型参数 $\boldsymbol{s}$ 精确已知, 此时可以将其看成是已知量; 第 2 种情形是假设仅存在关于模型参数 $\boldsymbol{s}$ 的先验观测值 $\widehat{\boldsymbol{s}}$, 其中包含先验观测误差, 并且先验观测误差向量 $\boldsymbol{\varphi}=\widehat{\boldsymbol{s}}-\boldsymbol{s}$ 服从均值为零、协方差矩阵为 $\mathbf{COV}(\boldsymbol{\varphi})=\mathbf{E}[\boldsymbol{\varphi}\boldsymbol{\varphi}^{\mathrm{T}}]=\boldsymbol{\Psi}$ 的高斯分布。

此外, 误差向量 $\boldsymbol{\varphi}$ 与 $\boldsymbol{e}$ 相互间统计独立, 并且协方差矩阵 $\boldsymbol{E}$ 和 $\boldsymbol{\Psi}$ 都是满秩的正定矩阵。

与第 8 章和第 9 章相似, 本章假设可以通过代数变换将非线性观测模型 $\boldsymbol{z}_0=\boldsymbol{f}(\boldsymbol{x},\boldsymbol{s})$ 转化成关于未知参数 $\boldsymbol{x}$ 的伪线性观测模型, 只是这里考虑第 Ⅲ 类伪线性观测模型, 该模型涉及两组观测方程。第 1 组观测方程必须要通过引入辅助变量才能够获得, 其可以表示为

$$\boldsymbol{A}_{\mathrm{f}}(\boldsymbol{z}_0,\boldsymbol{s})\boldsymbol{\beta}_{\mathrm{f}}=\boldsymbol{b}_{\mathrm{f}}(\boldsymbol{z}_0,\boldsymbol{s}) \tag{10.2}$$

式中, $\boldsymbol{A}_{\mathrm{f}}(\boldsymbol{z}_0,\boldsymbol{s})\in\mathbf{R}^{p\times(q+l_0)}$ 表示没有误差条件下的伪线性观测矩阵①, 其中 $q+l_0\leqslant p$; $\boldsymbol{b}_{\mathrm{f}}(\boldsymbol{z}_0,\boldsymbol{s})\in\mathbf{R}^{p\times 1}$ 表示没有误差条件下的伪线性观测向量; $\boldsymbol{\beta}_{\mathrm{f}}=\begin{bmatrix}\boldsymbol{x}\\ \boldsymbol{h}(\boldsymbol{x},\boldsymbol{s})\end{bmatrix}=\boldsymbol{g}_{\mathrm{f}}(\boldsymbol{x},\boldsymbol{s})\in\mathbf{R}^{(q+l_0)\times 1}$ 表示扩维的未知参数, 其中前面 q 个分量形成的向量 $\boldsymbol{x}$ 表示待估计的未知参数, 后面 l_0 个分量形成的向量 $\boldsymbol{h}(\boldsymbol{x},\boldsymbol{s})$ 表示辅助变量, l_0 表示辅助变量个数。第 2 组观测方程是基于辅助变量 $\boldsymbol{h}(\boldsymbol{x},\boldsymbol{s})$ 的代数特征所获得的, 可以表示为

$$\boldsymbol{A}_{\mathrm{t}}(\boldsymbol{\beta}_{\mathrm{f}},\boldsymbol{s})\boldsymbol{\beta}_{\mathrm{t}}=\boldsymbol{b}_{\mathrm{t}}(\boldsymbol{\beta}_{\mathrm{f}},\boldsymbol{s}) \tag{10.3}$$

式中, $\boldsymbol{A}_{\mathrm{t}}(\boldsymbol{\beta}_{\mathrm{f}},\boldsymbol{s})\in\mathbf{R}^{(q+l_0)\times q}$ 表示没有误差条件下的伪线性观测矩阵②; $\boldsymbol{b}_{\mathrm{t}}(\boldsymbol{\beta}_{\mathrm{f}},\boldsymbol{s})\in\mathbf{R}^{(q+l_0)\times 1}$ 表示没有误差条件下的伪线性观测向量; $\boldsymbol{\beta}_{\mathrm{t}}=\boldsymbol{g}_{\mathrm{t}}(\boldsymbol{x},\boldsymbol{s})\in\mathbf{R}^{q\times 1}$ 表示未知参数, 其中函数 $\boldsymbol{g}_{\mathrm{t}}(\boldsymbol{x},\boldsymbol{s})$ 的特点在于其关于未知参数 $\boldsymbol{x}$ 的反函数 (记为 $\boldsymbol{x}=\boldsymbol{g}_{\mathrm{t}}^{-1}(\boldsymbol{\beta}_{\mathrm{t}},\boldsymbol{s})$) 的闭式形式容易获得, 因此一旦得到向量 $\boldsymbol{\beta}_{\mathrm{t}}$ 的估计值, 就能够确定向量 $\boldsymbol{x}$ 的估计值。

【注记 10.2】虽然由向量 $\boldsymbol{\beta}_{\mathrm{f}}$ 和 $\boldsymbol{\beta}_{\mathrm{t}}$ 均可以直接获得未知参数 $\boldsymbol{x}$ 的解, 但是向量 $\boldsymbol{\beta}_{\mathrm{f}}$ 与 $\boldsymbol{\beta}_{\mathrm{t}}$ 之间却存在着本质区别, 主要表现在 $\boldsymbol{\beta}_{\mathrm{t}}$ 是 q 维向量, 与向量 $\boldsymbol{x}$ 的维数相等。因此, 利用向量 $\boldsymbol{\beta}_{\mathrm{t}}$ 求解未知参数 $\boldsymbol{x}$ 的过程可以看成是一个解方程的过程, 其中并无信息损失。

举例而言, 假设未知参数 $\boldsymbol{x}=[(\boldsymbol{x}^{(\mathrm{u})})^{\mathrm{T}}\ \ (\boldsymbol{x}^{(\mathrm{v})})^{\mathrm{T}}]^{\mathrm{T}}$ 中包含 4 个元素, 其中向量 $\boldsymbol{x}^{(\mathrm{u})}$ 和 $\boldsymbol{x}^{(\mathrm{v})}$ 中各包含两个元素, 模型参数 $\boldsymbol{s}=[\boldsymbol{s}_1^{\mathrm{T}}\ \ \boldsymbol{s}_2^{\mathrm{T}}\ \ \boldsymbol{s}_3^{\mathrm{T}}\ \ \boldsymbol{s}_4^{\mathrm{T}}\ \ \boldsymbol{s}_5^{\mathrm{T}}]^{\mathrm{T}}$, 向量 $\boldsymbol{s}_j=[(\boldsymbol{s}_j^{(\mathrm{u})})^{\mathrm{T}}\ \ (\boldsymbol{s}_j^{(\mathrm{v})})^{\mathrm{T}}]^{\mathrm{T}}\ (1\leqslant j\leqslant 5)$ 中均包含 4 个元素, 其中 $\boldsymbol{s}_j^{(\mathrm{u})}$ 和 $\boldsymbol{s}_j^{(\mathrm{v})}$ 中各包含两个元素, 观测向量 $\boldsymbol{z}_0=\boldsymbol{f}(\boldsymbol{x},\boldsymbol{s})$ 为

① 本章假设 $\boldsymbol{A}_{\mathrm{f}}(\boldsymbol{z}_0,\boldsymbol{s})$ 为列满秩矩阵。

② 本章假设 $\boldsymbol{A}_{\mathrm{t}}(\boldsymbol{\beta}_{\mathrm{f}},\boldsymbol{s})$ 为列满秩矩阵。

$$
\boldsymbol{z}_0=\begin{bmatrix} z_{01}^{(\mathrm{u})} \\ z_{02}^{(\mathrm{u})} \\ z_{03}^{(\mathrm{u})} \\ z_{04}^{(\mathrm{u})} \\ \hdashline z_{01}^{(\mathrm{v})} \\ z_{02}^{(\mathrm{v})} \\ z_{03}^{(\mathrm{v})} \\ z_{04}^{(\mathrm{v})} \end{bmatrix}=\begin{bmatrix} \|\boldsymbol{x}^{(\mathrm{u})}-\boldsymbol{s}_2^{(\mathrm{u})}\|_2+\|\boldsymbol{x}^{(\mathrm{u})}-\boldsymbol{s}_1^{(\mathrm{u})}\|_2 \\ \|\boldsymbol{x}^{(\mathrm{u})}-\boldsymbol{s}_3^{(\mathrm{u})}\|_2+\|\boldsymbol{x}^{(\mathrm{u})}-\boldsymbol{s}_1^{(\mathrm{u})}\|_2 \\ \|\boldsymbol{x}^{(\mathrm{u})}-\boldsymbol{s}_4^{(\mathrm{u})}\|_2+\|\boldsymbol{x}^{(\mathrm{u})}-\boldsymbol{s}_1^{(\mathrm{u})}\|_2 \\ \|\boldsymbol{x}^{(\mathrm{u})}-\boldsymbol{s}_5^{(\mathrm{u})}\|_2+\|\boldsymbol{x}^{(\mathrm{u})}-\boldsymbol{s}_1^{(\mathrm{u})}\|_2 \\ \hdashline \dfrac{(\boldsymbol{x}^{(\mathrm{v})}-\boldsymbol{s}_2^{(\mathrm{v})})^{\mathrm{T}}(\boldsymbol{x}^{(\mathrm{u})}-\boldsymbol{s}_2^{(\mathrm{u})})}{\|\boldsymbol{x}^{(\mathrm{u})}-\boldsymbol{s}_2^{(\mathrm{u})}\|_2}+\dfrac{(\boldsymbol{x}^{(\mathrm{v})}-\boldsymbol{s}_1^{(\mathrm{v})})^{\mathrm{T}}(\boldsymbol{x}^{(\mathrm{u})}-\boldsymbol{s}_1^{(\mathrm{u})})}{\|\boldsymbol{x}^{(\mathrm{u})}-\boldsymbol{s}_1^{(\mathrm{u})}\|_2} \\ \dfrac{(\boldsymbol{x}^{(\mathrm{v})}-\boldsymbol{s}_3^{(\mathrm{v})})^{\mathrm{T}}(\boldsymbol{x}^{(\mathrm{u})}-\boldsymbol{s}_3^{(\mathrm{u})})}{\|\boldsymbol{x}^{(\mathrm{u})}-\boldsymbol{s}_3^{(\mathrm{u})}\|_2}+\dfrac{(\boldsymbol{x}^{(\mathrm{v})}-\boldsymbol{s}_1^{(\mathrm{v})})^{\mathrm{T}}(\boldsymbol{x}^{(\mathrm{u})}-\boldsymbol{s}_1^{(\mathrm{u})})}{\|\boldsymbol{x}^{(\mathrm{u})}-\boldsymbol{s}_1^{(\mathrm{u})}\|_2} \\ \dfrac{(\boldsymbol{x}^{(\mathrm{v})}-\boldsymbol{s}_4^{(\mathrm{v})})^{\mathrm{T}}(\boldsymbol{x}^{(\mathrm{u})}-\boldsymbol{s}_4^{(\mathrm{u})})}{\|\boldsymbol{x}^{(\mathrm{u})}-\boldsymbol{s}_4^{(\mathrm{u})}\|_2}+\dfrac{(\boldsymbol{x}^{(\mathrm{v})}-\boldsymbol{s}_1^{(\mathrm{v})})^{\mathrm{T}}(\boldsymbol{x}^{(\mathrm{u})}-\boldsymbol{s}_1^{(\mathrm{u})})}{\|\boldsymbol{x}^{(\mathrm{u})}-\boldsymbol{s}_1^{(\mathrm{u})}\|_2} \\ \dfrac{(\boldsymbol{x}^{(\mathrm{v})}-\boldsymbol{s}_5^{(\mathrm{v})})^{\mathrm{T}}(\boldsymbol{x}^{(\mathrm{u})}-\boldsymbol{s}_5^{(\mathrm{u})})}{\|\boldsymbol{x}^{(\mathrm{u})}-\boldsymbol{s}_5^{(\mathrm{u})}\|_2}+\dfrac{(\boldsymbol{x}^{(\mathrm{v})}-\boldsymbol{s}_1^{(\mathrm{v})})^{\mathrm{T}}(\boldsymbol{x}^{(\mathrm{u})}-\boldsymbol{s}_1^{(\mathrm{u})})}{\|\boldsymbol{x}^{(\mathrm{u})}-\boldsymbol{s}_1^{(\mathrm{u})}\|_2} \end{bmatrix}=\boldsymbol{f}(\boldsymbol{x},\boldsymbol{s}) \tag{10.4}
$$

基于式 (10.4) 推导两组观测方程。首先, 有

$$
\begin{aligned}
z_{0j}^{(\mathrm{u})} &= \|\boldsymbol{x}^{(\mathrm{u})}-\boldsymbol{s}_{j+1}^{(\mathrm{u})}\|_2+\|\boldsymbol{x}^{(\mathrm{u})}-\boldsymbol{s}_1^{(\mathrm{u})}\|_2 \\
&\Rightarrow (z_{0j}^{(\mathrm{u})}-\|\boldsymbol{x}^{(\mathrm{u})}-\boldsymbol{s}_1^{(\mathrm{u})}\|_2)^2=\|\boldsymbol{x}^{(\mathrm{u})}-\boldsymbol{s}_{j+1}^{(\mathrm{u})}\|_2^2 \\
&\Rightarrow (z_{0j}^{(\mathrm{u})})^2-2z_{0j}^{(\mathrm{u})}\|\boldsymbol{x}^{(\mathrm{u})}-\boldsymbol{s}_1^{(\mathrm{u})}\|_2+\|\boldsymbol{x}^{(\mathrm{u})}\|_2^2+\|\boldsymbol{s}_1^{(\mathrm{u})}\|_2^2-2(\boldsymbol{s}_1^{(\mathrm{u})})^{\mathrm{T}}\boldsymbol{x}^{(\mathrm{u})} \\
&= \|\boldsymbol{x}^{(\mathrm{u})}\|_2^2+\|\boldsymbol{s}_{j+1}^{(\mathrm{u})}\|_2^2-2(\boldsymbol{s}_{j+1}^{(\mathrm{u})})^{\mathrm{T}}\boldsymbol{x}^{(\mathrm{u})} \\
&\Rightarrow (z_{0j}^{(\mathrm{u})})^2+\|\boldsymbol{s}_1^{(\mathrm{u})}\|_2^2-\|\boldsymbol{s}_{j+1}^{(\mathrm{u})}\|_2^2 \\
&= 2(\boldsymbol{s}_1^{(\mathrm{u})}-\boldsymbol{s}_{j+1}^{(\mathrm{u})})^{\mathrm{T}}\boldsymbol{x}^{(\mathrm{u})}+2z_{0j}^{(\mathrm{u})}\|\boldsymbol{x}^{(\mathrm{u})}-\boldsymbol{s}_1^{(\mathrm{u})}\|_2 \quad (1\leqslant j\leqslant 4)
\end{aligned} \tag{10.5}
$$

然后, 有

$$
\begin{aligned}
z_{0j}^{(\mathrm{v})}z_{0j}^{(\mathrm{u})} &= z_{0j}^{(\mathrm{v})}\|\boldsymbol{x}^{(\mathrm{u})}-\boldsymbol{s}_1^{(\mathrm{u})}\|_2+z_{0j}^{(\mathrm{u})}\frac{(\boldsymbol{x}^{(\mathrm{v})}-\boldsymbol{s}_1^{(\mathrm{v})})^{\mathrm{T}}(\boldsymbol{x}^{(\mathrm{u})}-\boldsymbol{s}_1^{(\mathrm{u})})}{\|\boldsymbol{x}^{(\mathrm{u})}-\boldsymbol{s}_1^{(\mathrm{u})}\|_2} \\
&\quad -\frac{(\boldsymbol{x}^{(\mathrm{v})}-\boldsymbol{s}_1^{(\mathrm{v})})^{\mathrm{T}}(\boldsymbol{x}^{(\mathrm{u})}-\boldsymbol{s}_1^{(\mathrm{u})})}{\|\boldsymbol{x}^{(\mathrm{u})}-\boldsymbol{s}_1^{(\mathrm{u})}\|_2}\|\boldsymbol{x}^{(\mathrm{u})}-\boldsymbol{s}_1^{(\mathrm{u})}\|_2 \\
&\quad +\frac{(\boldsymbol{x}^{(\mathrm{v})}-\boldsymbol{s}_{j+1}^{(\mathrm{v})})^{\mathrm{T}}(\boldsymbol{x}^{(\mathrm{u})}-\boldsymbol{s}_{j+1}^{(\mathrm{u})})}{\|\boldsymbol{x}^{(\mathrm{u})}-\boldsymbol{s}_{j+1}^{(\mathrm{u})}\|_2}\|\boldsymbol{x}^{(\mathrm{u})}-\boldsymbol{s}_{j+1}^{(\mathrm{u})}\|_2 \\
&\Rightarrow z_{0j}^{(\mathrm{v})}z_{0j}^{(\mathrm{u})}+(\boldsymbol{s}_1^{(\mathrm{v})})^{\mathrm{T}}\boldsymbol{s}_1^{(\mathrm{u})}-(\boldsymbol{s}_{j+1}^{(\mathrm{v})})^{\mathrm{T}}\boldsymbol{s}_{j+1}^{(\mathrm{u})} \\
&= (\boldsymbol{s}_1^{(\mathrm{v})}-\boldsymbol{s}_{j+1}^{(\mathrm{v})})^{\mathrm{T}}\boldsymbol{x}^{(\mathrm{u})}+(\boldsymbol{s}_1^{(\mathrm{u})}-\boldsymbol{s}_{j+1}^{(\mathrm{u})})^{\mathrm{T}}\boldsymbol{x}^{(\mathrm{v})}+z_{0j}^{(\mathrm{v})}\|\boldsymbol{x}^{(\mathrm{u})}-\boldsymbol{s}_1^{(\mathrm{u})}\|_2
\end{aligned}
$$

$$+ z_{0j}^{(\mathrm{u})} \frac{(\boldsymbol{x}^{(\mathrm{v})} - \boldsymbol{s}_1^{(\mathrm{v})})^{\mathrm{T}}(\boldsymbol{x}^{(\mathrm{u})} - \boldsymbol{s}_1^{(\mathrm{u})})}{\|\boldsymbol{x}^{(\mathrm{u})} - \boldsymbol{s}_1^{(\mathrm{u})}\|_2} \quad (1 \leqslant j \leqslant 4) \tag{10.6}$$

若令 $\boldsymbol{\beta}_{\mathrm{f}} = \begin{bmatrix} \boldsymbol{x} \\ \boldsymbol{h}(\boldsymbol{x}, \boldsymbol{s}) \end{bmatrix} = \boldsymbol{g}_{\mathrm{f}}(\boldsymbol{x}, \boldsymbol{s})$, 其中 $\boldsymbol{h}(\boldsymbol{x}, \boldsymbol{s}) = \begin{bmatrix} \|\boldsymbol{x}^{(\mathrm{u})} - \boldsymbol{s}_1^{(\mathrm{u})}\|_2 \\ \dfrac{(\boldsymbol{x}^{(\mathrm{v})} - \boldsymbol{s}_1^{(\mathrm{v})})^{\mathrm{T}}(\boldsymbol{x}^{(\mathrm{u})} - \boldsymbol{s}_1^{(\mathrm{u})})}{\|\boldsymbol{x}^{(\mathrm{u})} - \boldsymbol{s}_1^{(\mathrm{u})}\|_2} \end{bmatrix}$ 表示辅助变量, 则联合式 (10.5) 和式 (10.6) 可得

$$\boldsymbol{A}_{\mathrm{f}}(\boldsymbol{z}_0, \boldsymbol{s})\boldsymbol{\beta}_{\mathrm{f}} = \left[\begin{array}{c} (z_{01}^{(\mathrm{u})})^2 + \|\boldsymbol{s}_1^{(\mathrm{u})}\|_2^2 - \|\boldsymbol{s}_2^{(\mathrm{u})}\|_2^2 \\ (z_{02}^{(\mathrm{u})})^2 + \|\boldsymbol{s}_1^{(\mathrm{u})}\|_2^2 - \|\boldsymbol{s}_3^{(\mathrm{u})}\|_2^2 \\ (z_{03}^{(\mathrm{u})})^2 + \|\boldsymbol{s}_1^{(\mathrm{u})}\|_2^2 - \|\boldsymbol{s}_4^{(\mathrm{u})}\|_2^2 \\ (z_{04}^{(\mathrm{u})})^2 + \|\boldsymbol{s}_1^{(\mathrm{u})}\|_2^2 - \|\boldsymbol{s}_5^{(\mathrm{u})}\|_2^2 \\ \hdashline z_{01}^{(\mathrm{v})} z_{01}^{(\mathrm{u})} + (\boldsymbol{s}_1^{(\mathrm{v})})^{\mathrm{T}}\boldsymbol{s}_1^{(\mathrm{u})} - (\boldsymbol{s}_2^{(\mathrm{v})})^{\mathrm{T}}\boldsymbol{s}_2^{(\mathrm{u})} \\ z_{02}^{(\mathrm{v})} z_{02}^{(\mathrm{u})} + (\boldsymbol{s}_1^{(\mathrm{v})})^{\mathrm{T}}\boldsymbol{s}_1^{(\mathrm{u})} - (\boldsymbol{s}_3^{(\mathrm{v})})^{\mathrm{T}}\boldsymbol{s}_3^{(\mathrm{u})} \\ z_{03}^{(\mathrm{v})} z_{03}^{(\mathrm{u})} + (\boldsymbol{s}_1^{(\mathrm{v})})^{\mathrm{T}}\boldsymbol{s}_1^{(\mathrm{u})} - (\boldsymbol{s}_4^{(\mathrm{v})})^{\mathrm{T}}\boldsymbol{s}_4^{(\mathrm{u})} \\ z_{04}^{(\mathrm{v})} z_{04}^{(\mathrm{u})} + (\boldsymbol{s}_1^{(\mathrm{v})})^{\mathrm{T}}\boldsymbol{s}_1^{(\mathrm{u})} - (\boldsymbol{s}_5^{(\mathrm{v})})^{\mathrm{T}}\boldsymbol{s}_5^{(\mathrm{u})} \end{array}\right] = \boldsymbol{b}_{\mathrm{f}}(\boldsymbol{z}_0, \boldsymbol{s}) \tag{10.7}$$

式中,

$$\boldsymbol{A}_{\mathrm{f}}(\boldsymbol{z}_0, \boldsymbol{s}) = \left[\begin{array}{cccc} 2(\boldsymbol{s}_1^{(\mathrm{u})} - \boldsymbol{s}_2^{(\mathrm{u})})^{\mathrm{T}} & \boldsymbol{O}_{1\times 2} & 2z_{01}^{(\mathrm{u})} & 0 \\ 2(\boldsymbol{s}_1^{(\mathrm{u})} - \boldsymbol{s}_3^{(\mathrm{u})})^{\mathrm{T}} & \boldsymbol{O}_{1\times 2} & 2z_{02}^{(\mathrm{u})} & 0 \\ 2(\boldsymbol{s}_1^{(\mathrm{u})} - \boldsymbol{s}_4^{(\mathrm{u})})^{\mathrm{T}} & \boldsymbol{O}_{1\times 2} & 2z_{03}^{(\mathrm{u})} & 0 \\ 2(\boldsymbol{s}_1^{(\mathrm{u})} - \boldsymbol{s}_5^{(\mathrm{u})})^{\mathrm{T}} & \boldsymbol{O}_{1\times 2} & 2z_{04}^{(\mathrm{u})} & 0 \\ \hdashline (\boldsymbol{s}_1^{(\mathrm{v})} - \boldsymbol{s}_2^{(\mathrm{v})})^{\mathrm{T}} & (\boldsymbol{s}_1^{(\mathrm{u})} - \boldsymbol{s}_2^{(\mathrm{u})})^{\mathrm{T}} & z_{01}^{(\mathrm{v})} & z_{01}^{(\mathrm{u})} \\ (\boldsymbol{s}_1^{(\mathrm{v})} - \boldsymbol{s}_3^{(\mathrm{v})})^{\mathrm{T}} & (\boldsymbol{s}_1^{(\mathrm{u})} - \boldsymbol{s}_3^{(\mathrm{u})})^{\mathrm{T}} & z_{02}^{(\mathrm{v})} & z_{02}^{(\mathrm{u})} \\ (\boldsymbol{s}_1^{(\mathrm{v})} - \boldsymbol{s}_4^{(\mathrm{v})})^{\mathrm{T}} & (\boldsymbol{s}_1^{(\mathrm{u})} - \boldsymbol{s}_4^{(\mathrm{u})})^{\mathrm{T}} & z_{03}^{(\mathrm{v})} & z_{03}^{(\mathrm{u})} \\ (\boldsymbol{s}_1^{(\mathrm{v})} - \boldsymbol{s}_5^{(\mathrm{v})})^{\mathrm{T}} & (\boldsymbol{s}_1^{(\mathrm{u})} - \boldsymbol{s}_5^{(\mathrm{u})})^{\mathrm{T}} & z_{04}^{(\mathrm{v})} & z_{04}^{(\mathrm{u})} \end{array}\right] \tag{10.8}$$

式 (10.7) 即为第 1 组观测方程。另外, 若令 $\boldsymbol{\beta}_{\mathrm{t}} = \boldsymbol{g}_{\mathrm{t}}(\boldsymbol{x}, \boldsymbol{s}) = \boldsymbol{x} - \boldsymbol{s}_1$①, 此时根据 $\boldsymbol{h}(\boldsymbol{x}, \boldsymbol{s})$ 的定义可以得到如下观测方程

① 在该例中, 根据函数 $\boldsymbol{g}_{\mathrm{t}}(\boldsymbol{x}, \boldsymbol{s})$ 的定义很容易求得 $\boldsymbol{x} = \boldsymbol{\beta}_{\mathrm{t}} + \boldsymbol{s}_1$, 也就是很容易得到反函数 $\boldsymbol{g}_{\mathrm{t}}^{-1}(\boldsymbol{\beta}_{\mathrm{t}}, \boldsymbol{s})$ 的表达式。

$$
\boldsymbol{A}_{\mathrm{t}}(\boldsymbol{\beta}_{\mathrm{f}},\boldsymbol{s})\boldsymbol{\beta}_{\mathrm{t}}=\begin{bmatrix}\langle\boldsymbol{\beta}_{\mathrm{f}}\rangle_1-\langle\boldsymbol{s}_1\rangle_1\\\langle\boldsymbol{\beta}_{\mathrm{f}}\rangle_2-\langle\boldsymbol{s}_1\rangle_2\\\langle\boldsymbol{\beta}_{\mathrm{f}}\rangle_3-\langle\boldsymbol{s}_1\rangle_3\\\langle\boldsymbol{\beta}_{\mathrm{f}}\rangle_4-\langle\boldsymbol{s}_1\rangle_4\\\langle\boldsymbol{\beta}_{\mathrm{f}}\rangle_5^2\\\langle\boldsymbol{\beta}_{\mathrm{f}}\rangle_5\langle\boldsymbol{\beta}_{\mathrm{f}}\rangle_6\end{bmatrix}=\boldsymbol{b}_{\mathrm{t}}(\boldsymbol{\beta}_{\mathrm{f}},\boldsymbol{s}) \tag{10.9}
$$

式中,

$$
\boldsymbol{A}_{\mathrm{t}}(\boldsymbol{\beta}_{\mathrm{f}},\boldsymbol{s})=\begin{bmatrix}1&0&0&0\\0&1&0&0\\0&0&1&0\\0&0&0&1\\\langle\boldsymbol{\beta}_{\mathrm{f}}\rangle_1-\langle\boldsymbol{s}_1\rangle_1&\langle\boldsymbol{\beta}_{\mathrm{f}}\rangle_2-\langle\boldsymbol{s}_1\rangle_2&0&0\\0&0&\langle\boldsymbol{\beta}_{\mathrm{f}}\rangle_1-\langle\boldsymbol{s}_1\rangle_1&\langle\boldsymbol{\beta}_{\mathrm{f}}\rangle_2-\langle\boldsymbol{s}_1\rangle_2\end{bmatrix} \tag{10.10}
$$

式 (10.9) 即为第 2 组观测方程。

10.2 模型参数精确已知时的参数估计优化模型、求解方法及其理论性能

本节中的方法包含 3 个计算阶段: 阶段 1 基于式 (10.2) 获得扩维未知参数 $\boldsymbol{\beta}_{\mathrm{f}}$ 的闭式解, 阶段 2 基于式 (10.3) 获得未知参数 $\boldsymbol{\beta}_{\mathrm{t}}$ 的闭式解, 阶段 3 利用向量 $\boldsymbol{\beta}_{\mathrm{t}}$ 的估计值获得未知参数 $\boldsymbol{x}$ 的闭式解。阶段 3 给出的闭式解是关于未知参数 $\boldsymbol{x}$ 的渐近统计最优估计值, 也是最终的估计结果。

10.2.1 阶段 1 的参数估计优化模型、求解方法及其理论性能

1. 参数估计优化模型及其求解方法

根据式 (10.2) 可以将扩维未知参数 $\boldsymbol{\beta}_{\mathrm{f}}$ 表示为

$$
\boldsymbol{\beta}_{\mathrm{f}}=(\boldsymbol{A}_{\mathrm{f}}(\boldsymbol{z}_0,\boldsymbol{s}))^{\dagger}\boldsymbol{b}_{\mathrm{f}}(\boldsymbol{z}_0,\boldsymbol{s})=((\boldsymbol{A}_{\mathrm{f}}(\boldsymbol{z}_0,\boldsymbol{s}))^{\mathrm{T}}\boldsymbol{A}_{\mathrm{f}}(\boldsymbol{z}_0,\boldsymbol{s}))^{-1}(\boldsymbol{A}_{\mathrm{f}}(\boldsymbol{z}_0,\boldsymbol{s}))^{\mathrm{T}}\boldsymbol{b}_{\mathrm{f}}(\boldsymbol{z}_0,\boldsymbol{s}) \tag{10.11}
$$

实际计算中无误差的观测向量 $\boldsymbol{z}_0$ 是无法获得的, 只能得到含有误差的观测向量 $\boldsymbol{z}$。此时, 需要设计线性加权最小二乘估计准则, 用于抑制观测误差 $\boldsymbol{e}$ 的影响。

定义阶段 1 的伪线性观测误差向量①

$$\boldsymbol{\xi}_{\mathrm{f}}^{(\mathrm{a})}=\boldsymbol{b}_{\mathrm{f}}(\boldsymbol{z},\boldsymbol{s})-\boldsymbol{A}_{\mathrm{f}}(\boldsymbol{z},\boldsymbol{s})\boldsymbol{\beta}_{\mathrm{f}}=\Delta\boldsymbol{b}_{\mathrm{f}}^{(\mathrm{a})}-\Delta\boldsymbol{A}_{\mathrm{f}}^{(\mathrm{a})}\boldsymbol{\beta}_{\mathrm{f}} \tag{10.12}$$

式中, $\Delta\boldsymbol{b}_{\mathrm{f}}^{(\mathrm{a})}=\boldsymbol{b}_{\mathrm{f}}(\boldsymbol{z},\boldsymbol{s})-\boldsymbol{b}_{\mathrm{f}}(\boldsymbol{z}_0,\boldsymbol{s})$, $\Delta\boldsymbol{A}_{\mathrm{f}}^{(\mathrm{a})}=\boldsymbol{A}_{\mathrm{f}}(\boldsymbol{z},\boldsymbol{s})-\boldsymbol{A}_{\mathrm{f}}(\boldsymbol{z}_0,\boldsymbol{s})$。利用一阶误差分析可得

$$\begin{cases}\Delta\boldsymbol{b}_{\mathrm{f}}^{(\mathrm{a})}\approx\boldsymbol{B}_{\mathrm{f}z}(\boldsymbol{z}_0,\boldsymbol{s})(\boldsymbol{z}-\boldsymbol{z}_0)=\boldsymbol{B}_{\mathrm{f}z}(\boldsymbol{z}_0,\boldsymbol{s})\boldsymbol{e}\\ \Delta\boldsymbol{A}_{\mathrm{f}}^{(\mathrm{a})}\boldsymbol{\beta}_{\mathrm{f}}\approx[\dot{\boldsymbol{A}}_{\mathrm{f}z_1}(\boldsymbol{z}_0,\boldsymbol{s})\boldsymbol{\beta}_{\mathrm{f}}\quad\dot{\boldsymbol{A}}_{\mathrm{f}z_2}(\boldsymbol{z}_0,\boldsymbol{s})\boldsymbol{\beta}_{\mathrm{f}}\quad\cdots\quad\dot{\boldsymbol{A}}_{\mathrm{f}z_p}(\boldsymbol{z}_0,\boldsymbol{s})\boldsymbol{\beta}_{\mathrm{f}}](\boldsymbol{z}-\boldsymbol{z}_0)\\ =[\dot{\boldsymbol{A}}_{\mathrm{f}z_1}(\boldsymbol{z}_0,\boldsymbol{s})\boldsymbol{\beta}_{\mathrm{f}}\quad\dot{\boldsymbol{A}}_{\mathrm{f}z_2}(\boldsymbol{z}_0,\boldsymbol{s})\boldsymbol{\beta}_{\mathrm{f}}\quad\cdots\quad\dot{\boldsymbol{A}}_{\mathrm{f}z_p}(\boldsymbol{z}_0,\boldsymbol{s})\boldsymbol{\beta}_{\mathrm{f}}]\boldsymbol{e}\end{cases} \tag{10.13}$$

式中,

$$\begin{cases}\boldsymbol{B}_{\mathrm{f}z}(\boldsymbol{z}_0,\boldsymbol{s})=\dfrac{\partial\boldsymbol{b}_{\mathrm{f}}(\boldsymbol{z}_0,\boldsymbol{s})}{\partial\boldsymbol{z}_0^{\mathrm{T}}}\in\mathbf{R}^{p\times p}\\ \dot{\boldsymbol{A}}_{\mathrm{f}z_j}(\boldsymbol{z}_0,\boldsymbol{s})=\dfrac{\partial\boldsymbol{A}_{\mathrm{f}}(\boldsymbol{z}_0,\boldsymbol{s})}{\partial\langle\boldsymbol{z}_0\rangle_j}\in\mathbf{R}^{p\times(q+l_0)}\quad(1\leqslant j\leqslant p)\end{cases} \tag{10.14}$$

将式 (10.13) 代入式 (10.12) 可知

$$\begin{aligned}\boldsymbol{\xi}_{\mathrm{f}}^{(\mathrm{a})}&\approx\boldsymbol{B}_{\mathrm{f}z}(\boldsymbol{z}_0,\boldsymbol{s})\boldsymbol{e}-[\dot{\boldsymbol{A}}_{\mathrm{f}z_1}(\boldsymbol{z}_0,\boldsymbol{s})\boldsymbol{\beta}_{\mathrm{f}}\quad\dot{\boldsymbol{A}}_{\mathrm{f}z_2}(\boldsymbol{z}_0,\boldsymbol{s})\boldsymbol{\beta}_{\mathrm{f}}\quad\cdots\quad\dot{\boldsymbol{A}}_{\mathrm{f}z_p}(\boldsymbol{z}_0,\boldsymbol{s})\boldsymbol{\beta}_{\mathrm{f}}]\boldsymbol{e}\\&=\boldsymbol{C}_{\mathrm{f}z}(\boldsymbol{\beta}_{\mathrm{f}},\boldsymbol{z}_0,\boldsymbol{s})\boldsymbol{e}\end{aligned} \tag{10.15}$$

式中,

$$\begin{aligned}\boldsymbol{C}_{\mathrm{f}z}(\boldsymbol{\beta}_{\mathrm{f}},\boldsymbol{z}_0,\boldsymbol{s})&=\boldsymbol{B}_{\mathrm{f}z}(\boldsymbol{z}_0,\boldsymbol{s})-[\dot{\boldsymbol{A}}_{\mathrm{f}z_1}(\boldsymbol{z}_0,\boldsymbol{s})\boldsymbol{\beta}_{\mathrm{f}}\quad\dot{\boldsymbol{A}}_{\mathrm{f}z_2}(\boldsymbol{z}_0,\boldsymbol{s})\boldsymbol{\beta}_{\mathrm{f}}\quad\cdots\quad\dot{\boldsymbol{A}}_{\mathrm{f}z_p}(\boldsymbol{z}_0,\boldsymbol{s})\boldsymbol{\beta}_{\mathrm{f}}]\\&\in\mathbf{R}^{p\times p}\end{aligned} \tag{10.16}$$

$\boldsymbol{C}_{\mathrm{f}z}(\boldsymbol{\beta}_{\mathrm{f}},\boldsymbol{z}_0,\boldsymbol{s})$ 通常是满秩方阵。由式 (10.15) 可知, 误差向量 $\boldsymbol{\xi}_{\mathrm{f}}^{(\mathrm{a})}$ 渐近服从零均值的高斯分布, 并且其协方差矩阵为

$$\begin{aligned}\boldsymbol{\Omega}_{\mathrm{f}}^{(\mathrm{a})}&=\mathbf{E}[\boldsymbol{\xi}_{\mathrm{f}}^{(\mathrm{a})}(\boldsymbol{\xi}_{\mathrm{f}}^{(\mathrm{a})})^{\mathrm{T}}]=\boldsymbol{C}_{\mathrm{f}z}(\boldsymbol{\beta}_{\mathrm{f}},\boldsymbol{z}_0,\boldsymbol{s})\mathbf{E}[\boldsymbol{e}\boldsymbol{e}^{\mathrm{T}}](\boldsymbol{C}_{\mathrm{f}z}(\boldsymbol{\beta}_{\mathrm{f}},\boldsymbol{z}_0,\boldsymbol{s}))^{\mathrm{T}}\\&=\boldsymbol{C}_{\mathrm{f}z}(\boldsymbol{\beta}_{\mathrm{f}},\boldsymbol{z}_0,\boldsymbol{s})\boldsymbol{E}(\boldsymbol{C}_{\mathrm{f}z}(\boldsymbol{\beta}_{\mathrm{f}},\boldsymbol{z}_0,\boldsymbol{s}))^{\mathrm{T}}\in\mathbf{R}^{p\times p}\end{aligned} \tag{10.17}$$

结合式 (10.12) 和式 (10.17) 可以建立如下线性加权最小二乘估计准则

---

① 本章的上角标 (a) 表示模型参数精确已知的情形, 下角标 f 表示阶段 1 的计算过程。

$$\min_{\boldsymbol{\beta}_{\mathrm{f}}\in\mathbf{R}^{(q+l_0)\times 1}}\{(\boldsymbol{b}_{\mathrm{f}}(\boldsymbol{z},\boldsymbol{s})-\boldsymbol{A}_{\mathrm{f}}(\boldsymbol{z},\boldsymbol{s})\boldsymbol{\beta}_{\mathrm{f}})^{\mathrm{T}}(\boldsymbol{\Omega}_{\mathrm{f}}^{(\mathrm{a})})^{-1}(\boldsymbol{b}_{\mathrm{f}}(\boldsymbol{z},\boldsymbol{s})-\boldsymbol{A}_{\mathrm{f}}(\boldsymbol{z},\boldsymbol{s})\boldsymbol{\beta}_{\mathrm{f}})\} \tag{10.18}$$

式中, $(\boldsymbol{\Omega}_{\mathrm{f}}^{(\mathrm{a})})^{-1}$ 可以看成是加权矩阵, 其作用在于抑制观测误差 $\boldsymbol{e}$ 的影响。根据式 (2.67) 可知, 式 (10.18) 的最优闭式解为

$$\widehat{\boldsymbol{\beta}}_{\mathrm{f}}^{(\mathrm{a})}=((\boldsymbol{A}_{\mathrm{f}}(\boldsymbol{z},\boldsymbol{s}))^{\mathrm{T}}(\boldsymbol{\Omega}_{\mathrm{f}}^{(\mathrm{a})})^{-1}\boldsymbol{A}_{\mathrm{f}}(\boldsymbol{z},\boldsymbol{s}))^{-1}(\boldsymbol{A}_{\mathrm{f}}(\boldsymbol{z},\boldsymbol{s}))^{\mathrm{T}}(\boldsymbol{\Omega}_{\mathrm{f}}^{(\mathrm{a})})^{-1}\boldsymbol{b}_{\mathrm{f}}(\boldsymbol{z},\boldsymbol{s}) \tag{10.19}$$

【注记 10.3】由式 (10.17) 可知, 加权矩阵 $(\boldsymbol{\Omega}_{\mathrm{f}}^{(\mathrm{a})})^{-1}$ 与扩维未知参数 $\boldsymbol{\beta}_{\mathrm{f}}$ 有关, 因此严格地说, 式 (10.18) 中的目标函数并不是关于向量 $\boldsymbol{\beta}_{\mathrm{f}}$ 的二次函数。庆幸的是, 该问题并不难以解决, 可以先将 $(\boldsymbol{\Omega}_{\mathrm{f}}^{(\mathrm{a})})^{-1}$ 设为单位矩阵, 从而获得向量 $\boldsymbol{\beta}_{\mathrm{f}}$ 的近似估计值 (即 $\widehat{\boldsymbol{\beta}}_{\mathrm{fo}}^{(\mathrm{a})}=((\boldsymbol{A}_{\mathrm{f}}(\boldsymbol{z},\boldsymbol{s}))^{\mathrm{T}}\boldsymbol{A}_{\mathrm{f}}(\boldsymbol{z},\boldsymbol{s}))^{-1}(\boldsymbol{A}_{\mathrm{f}}(\boldsymbol{z},\boldsymbol{s}))^{\mathrm{T}}\boldsymbol{b}_{\mathrm{f}}(\boldsymbol{z},\boldsymbol{s})$); 然后利用近似估计值 $\widehat{\boldsymbol{\beta}}_{\mathrm{fo}}^{(\mathrm{a})}$ 计算加权矩阵 $(\boldsymbol{\Omega}_{\mathrm{f}}^{(\mathrm{a})})^{-1}$, 并基于式 (10.19) 获得向量 $\boldsymbol{\beta}_{\mathrm{f}}$ 的最终估计值 $\widehat{\boldsymbol{\beta}}_{\mathrm{f}}^{(\mathrm{a})}$①。另外, 加权矩阵 $(\boldsymbol{\Omega}_{\mathrm{f}}^{(\mathrm{a})})^{-1}$ 还与观测向量 $\boldsymbol{z}_0$ 有关, 可以直接利用其观测值 $\boldsymbol{z}$ 进行计算。下面的理论性能分析表明, 在一阶误差分析理论框架下 (适用于小观测误差), 加权矩阵 $(\boldsymbol{\Omega}_{\mathrm{f}}^{(\mathrm{a})})^{-1}$ 中的扰动误差并不会实质性地影响估计值 $\widehat{\boldsymbol{\beta}}_{\mathrm{f}}^{(\mathrm{a})}$ 的统计性能。

2. 理论性能分析

下面推导估计值 $\widehat{\boldsymbol{\beta}}_{\mathrm{f}}^{(\mathrm{a})}$ 的统计性能, 具体结论可见以下命题。

【命题 10.1】向量 $\widehat{\boldsymbol{\beta}}_{\mathrm{f}}^{(\mathrm{a})}$ 是关于扩维未知参数 $\boldsymbol{\beta}_{\mathrm{f}}$ 的渐近无偏估计值, 并且其均方误差为

$$\mathbf{MSE}(\widehat{\boldsymbol{\beta}}_{\mathrm{f}}^{(\mathrm{a})})=((\boldsymbol{A}_{\mathrm{f}}(\boldsymbol{z}_0,\boldsymbol{s}))^{\mathrm{T}}(\boldsymbol{\Omega}_{\mathrm{f}}^{(\mathrm{a})})^{-1}\boldsymbol{A}_{\mathrm{f}}(\boldsymbol{z}_0,\boldsymbol{s}))^{-1} \tag{10.20}$$

【证明】将向量 $\widehat{\boldsymbol{\beta}}_{\mathrm{f}}^{(\mathrm{a})}$ 中的估计误差记为 $\Delta\boldsymbol{\beta}_{\mathrm{f}}^{(\mathrm{a})}=\widehat{\boldsymbol{\beta}}_{\mathrm{f}}^{(\mathrm{a})}-\boldsymbol{\beta}_{\mathrm{f}}$。基于式 (10.19) 和注记 10.3 可知

$$(\boldsymbol{A}_{\mathrm{f}}(\boldsymbol{z},\boldsymbol{s}))^{\mathrm{T}}(\widehat{\boldsymbol{\Omega}}_{\mathrm{f}}^{(\mathrm{a})})^{-1}\boldsymbol{A}_{\mathrm{f}}(\boldsymbol{z},\boldsymbol{s})(\boldsymbol{\beta}_{\mathrm{f}}+\Delta\boldsymbol{\beta}_{\mathrm{f}}^{(\mathrm{a})})=(\boldsymbol{A}_{\mathrm{f}}(\boldsymbol{z},\boldsymbol{s}))^{\mathrm{T}}(\widehat{\boldsymbol{\Omega}}_{\mathrm{f}}^{(\mathrm{a})})^{-1}\boldsymbol{b}_{\mathrm{f}}(\boldsymbol{z},\boldsymbol{s}) \tag{10.21}$$

式中, $\widehat{\boldsymbol{\Omega}}_{\mathrm{f}}^{(\mathrm{a})}$ 表示 $\boldsymbol{\Omega}_{\mathrm{f}}^{(\mathrm{a})}$ 的近似估计值。在一阶误差分析理论框架下, 利用式 (10.21) 可以进一步推得

$$\begin{aligned}&(\Delta\boldsymbol{A}_{\mathrm{f}}^{(\mathrm{a})})^{\mathrm{T}}(\boldsymbol{\Omega}_{\mathrm{f}}^{(\mathrm{a})})^{-1}\boldsymbol{A}_{\mathrm{f}}(\boldsymbol{z}_0,\boldsymbol{s})\boldsymbol{\beta}_{\mathrm{f}}+(\boldsymbol{A}_{\mathrm{f}}(\boldsymbol{z}_0,\boldsymbol{s}))^{\mathrm{T}}(\boldsymbol{\Omega}_{\mathrm{f}}^{(\mathrm{a})})^{-1}\Delta\boldsymbol{A}_{\mathrm{f}}^{(\mathrm{a})}\boldsymbol{\beta}_{\mathrm{f}}\\&+(\boldsymbol{A}_{\mathrm{f}}(\boldsymbol{z}_0,\boldsymbol{s}))^{\mathrm{T}}\Delta\boldsymbol{\Xi}_{\mathrm{f}}^{(\mathrm{a})}\boldsymbol{A}_{\mathrm{f}}(\boldsymbol{z}_0,\boldsymbol{s})\boldsymbol{\beta}_{\mathrm{f}}+(\boldsymbol{A}_{\mathrm{f}}(\boldsymbol{z}_0,\boldsymbol{s}))^{\mathrm{T}}(\boldsymbol{\Omega}_{\mathrm{f}}^{(\mathrm{a})})^{-1}\boldsymbol{A}_{\mathrm{f}}(\boldsymbol{z}_0,\boldsymbol{s})\Delta\boldsymbol{\beta}_{\mathrm{f}}^{(\mathrm{a})}\\&\approx(\Delta\boldsymbol{A}_{\mathrm{f}}^{(\mathrm{a})})^{\mathrm{T}}(\boldsymbol{\Omega}_{\mathrm{f}}^{(\mathrm{a})})^{-1}\boldsymbol{b}_{\mathrm{f}}(\boldsymbol{z}_0,\boldsymbol{s})+(\boldsymbol{A}_{\mathrm{f}}(\boldsymbol{z}_0,\boldsymbol{s}))^{\mathrm{T}}(\boldsymbol{\Omega}_{\mathrm{f}}^{(\mathrm{a})})^{-1}\Delta\boldsymbol{b}_{\mathrm{f}}^{(\mathrm{a})}\\&\quad+(\boldsymbol{A}_{\mathrm{f}}(\boldsymbol{z}_0,\boldsymbol{s}))^{\mathrm{T}}\Delta\boldsymbol{\Xi}_{\mathrm{f}}^{(\mathrm{a})}\boldsymbol{b}_{\mathrm{f}}(\boldsymbol{z}_0,\boldsymbol{s})\end{aligned}$$

① 为了提高在大观测误差条件下的估计性能, 还可以先利用估计值 $\widehat{\boldsymbol{\beta}}_{\mathrm{f}}^{(\mathrm{a})}$ 再次计算加权矩阵 $(\boldsymbol{\Omega}_{\mathrm{f}}^{(\mathrm{a})})^{-1}$, 然后利用最新的加权矩阵更新估计值。

$$\Rightarrow (\boldsymbol{A}_{\mathrm{f}}(\boldsymbol{z}_0,\boldsymbol{s}))^{\mathrm{T}}(\boldsymbol{\Omega}_{\mathrm{f}}^{(\mathrm{a})})^{-1}\boldsymbol{A}_{\mathrm{f}}(\boldsymbol{z}_0,\boldsymbol{s})\Delta\boldsymbol{\beta}_{\mathrm{f}}^{(\mathrm{a})}$$
$$\approx (\boldsymbol{A}_{\mathrm{f}}(\boldsymbol{z}_0,\boldsymbol{s}))^{\mathrm{T}}(\boldsymbol{\Omega}_{\mathrm{f}}^{(\mathrm{a})})^{-1}(\Delta\boldsymbol{b}_{\mathrm{f}}^{(\mathrm{a})}-\Delta\boldsymbol{A}_{\mathrm{f}}^{(\mathrm{a})}\boldsymbol{\beta}_{\mathrm{f}}) = (\boldsymbol{A}_{\mathrm{f}}(\boldsymbol{z}_0,\boldsymbol{s}))^{\mathrm{T}}(\boldsymbol{\Omega}_{\mathrm{f}}^{(\mathrm{a})})^{-1}\boldsymbol{\xi}_{\mathrm{f}}^{(\mathrm{a})}$$
$$\Rightarrow \Delta\boldsymbol{\beta}_{\mathrm{f}}^{(\mathrm{a})} \approx ((\boldsymbol{A}_{\mathrm{f}}(\boldsymbol{z}_0,\boldsymbol{s}))^{\mathrm{T}}(\boldsymbol{\Omega}_{\mathrm{f}}^{(\mathrm{a})})^{-1}\boldsymbol{A}_{\mathrm{f}}(\boldsymbol{z}_0,\boldsymbol{s}))^{-1}(\boldsymbol{A}_{\mathrm{f}}(\boldsymbol{z}_0,\boldsymbol{s}))^{\mathrm{T}}(\boldsymbol{\Omega}_{\mathrm{f}}^{(\mathrm{a})})^{-1}\boldsymbol{\xi}_{\mathrm{f}}^{(\mathrm{a})} \quad (10.22)$$

式中, $\Delta\boldsymbol{\Xi}_{\mathrm{f}}^{(\mathrm{a})} = (\widehat{\boldsymbol{\Omega}}_{\mathrm{f}}^{(\mathrm{a})})^{-1} - (\boldsymbol{\Omega}_{\mathrm{f}}^{(\mathrm{a})})^{-1}$ 表示矩阵 $(\widehat{\boldsymbol{\Omega}}_{\mathrm{f}}^{(\mathrm{a})})^{-1}$ 中的扰动误差。由式 (10.22) 可知, 误差向量 $\Delta\boldsymbol{\beta}_{\mathrm{f}}^{(\mathrm{a})}$ 渐近服从零均值的高斯分布, 因此向量 $\widehat{\boldsymbol{\beta}}_{\mathrm{f}}^{(\mathrm{a})}$ 是关于扩维未知参数 $\boldsymbol{\beta}_{\mathrm{f}}$ 的渐近无偏估计值, 并且其均方误差为

$$\begin{aligned}\mathbf{MSE}(\widehat{\boldsymbol{\beta}}_{\mathrm{f}}^{(\mathrm{a})}) &= \mathbf{E}[(\widehat{\boldsymbol{\beta}}_{\mathrm{f}}^{(\mathrm{a})}-\boldsymbol{\beta}_{\mathrm{f}})(\widehat{\boldsymbol{\beta}}_{\mathrm{f}}^{(\mathrm{a})}-\boldsymbol{\beta}_{\mathrm{f}})^{\mathrm{T}}] = \mathbf{E}[\Delta\boldsymbol{\beta}_{\mathrm{f}}^{(\mathrm{a})}(\Delta\boldsymbol{\beta}_{\mathrm{f}}^{(\mathrm{a})})^{\mathrm{T}}]\\ &= ((\boldsymbol{A}_{\mathrm{f}}(\boldsymbol{z}_0,\boldsymbol{s}))^{\mathrm{T}}(\boldsymbol{\Omega}_{\mathrm{f}}^{(\mathrm{a})})^{-1}\boldsymbol{A}_{\mathrm{f}}(\boldsymbol{z}_0,\boldsymbol{s}))^{-1}(\boldsymbol{A}_{\mathrm{f}}(\boldsymbol{z}_0,\boldsymbol{s}))^{\mathrm{T}}(\boldsymbol{\Omega}_{\mathrm{f}}^{(\mathrm{a})})^{-1}\\ &\quad\times \mathbf{E}[\boldsymbol{\xi}_{\mathrm{f}}^{(\mathrm{a})}(\boldsymbol{\xi}_{\mathrm{f}}^{(\mathrm{a})})^{\mathrm{T}}](\boldsymbol{\Omega}_{\mathrm{f}}^{(\mathrm{a})})^{-1}\boldsymbol{A}_{\mathrm{f}}(\boldsymbol{z}_0,\boldsymbol{s})((\boldsymbol{A}_{\mathrm{f}}(\boldsymbol{z}_0,\boldsymbol{s}))^{\mathrm{T}}(\boldsymbol{\Omega}_{\mathrm{f}}^{(\mathrm{a})})^{-1}\boldsymbol{A}_{\mathrm{f}}(\boldsymbol{z}_0,\boldsymbol{s}))^{-1}\\ &= ((\boldsymbol{A}_{\mathrm{f}}(\boldsymbol{z}_0,\boldsymbol{s}))^{\mathrm{T}}(\boldsymbol{\Omega}_{\mathrm{f}}^{(\mathrm{a})})^{-1}\boldsymbol{A}_{\mathrm{f}}(\boldsymbol{z}_0,\boldsymbol{s}))^{-1}\end{aligned} \quad (10.23)$$

证毕。

【**注记 10.4**】式 (10.22) 的推导过程表明, 在一阶误差分析理论框架下, 矩阵 $(\widehat{\boldsymbol{\Omega}}_{\mathrm{f}}^{(\mathrm{a})})^{-1}$ 的扰动误差 $\Delta\boldsymbol{\Xi}_{\mathrm{f}}^{(\mathrm{a})}$ 并不会实质性地影响估计值 $\widehat{\boldsymbol{\beta}}_{\mathrm{f}}^{(\mathrm{a})}$ 的统计性能。

【**注记 10.5**】由向量 $\boldsymbol{\beta}_{\mathrm{f}}$ 的定义可以从估计值 $\widehat{\boldsymbol{\beta}}_{\mathrm{f}}^{(\mathrm{a})}$ 中直接获得未知参数 $\boldsymbol{x}$ 的估计值, 并将其记为 $\widehat{\boldsymbol{x}}_{\mathrm{f}}^{(\mathrm{a})}$, 如下式所示

$$\widehat{\boldsymbol{x}}_{\mathrm{f}}^{(\mathrm{a})} = [\boldsymbol{I}_q \quad \boldsymbol{O}_{q\times l_0}]\widehat{\boldsymbol{\beta}}_{\mathrm{f}}^{(\mathrm{a})} \quad (10.24)$$

容易证明, 向量 $\widehat{\boldsymbol{x}}_{\mathrm{f}}^{(\mathrm{a})}$ 是关于未知参数 $\boldsymbol{x}$ 的渐近无偏估计值, 并且其均方误差为

$$\begin{aligned}\mathbf{MSE}(\widehat{\boldsymbol{x}}_{\mathrm{f}}^{(\mathrm{a})}) &= [\boldsymbol{I}_q \quad \boldsymbol{O}_{q\times l_0}]\mathbf{MSE}(\widehat{\boldsymbol{\beta}}_{\mathrm{f}}^{(\mathrm{a})})\begin{bmatrix}\boldsymbol{I}_q\\ \boldsymbol{O}_{l_0\times q}\end{bmatrix}\\ &= [\boldsymbol{I}_q \quad \boldsymbol{O}_{q\times l_0}]((\boldsymbol{A}_{\mathrm{f}}(\boldsymbol{z}_0,\boldsymbol{s}))^{\mathrm{T}}(\boldsymbol{\Omega}_{\mathrm{f}}^{(\mathrm{a})})^{-1}\boldsymbol{A}_{\mathrm{f}}(\boldsymbol{z}_0,\boldsymbol{s}))^{-1}\begin{bmatrix}\boldsymbol{I}_q\\ \boldsymbol{O}_{l_0\times q}\end{bmatrix}\end{aligned} \quad (10.25)$$

然而, 估计值 $\widehat{\boldsymbol{x}}_{\mathrm{f}}^{(\mathrm{a})}$ 并不具有渐近统计最优性, 具体结论可见以下命题。

【**命题 10.2**】当模型参数精确已知时, 将未知参数 $\boldsymbol{x}$ 的估计均方误差的克拉美罗界记为 $\mathbf{CRB}^{(\mathrm{a})}(\boldsymbol{x})$, 则有 $\mathbf{MSE}(\widehat{\boldsymbol{x}}_{\mathrm{f}}^{(\mathrm{a})}) \geqslant \mathbf{CRB}^{(\mathrm{a})}(\boldsymbol{x})$。

【**证明**】首先, 根据式 (3.8) 可得

$$\mathbf{CRB}^{(\mathrm{a})}(\boldsymbol{x}) = ((\boldsymbol{F}_x(\boldsymbol{x},\boldsymbol{s}))^{\mathrm{T}}\boldsymbol{E}^{-1}\boldsymbol{F}_x(\boldsymbol{x},\boldsymbol{s}))^{-1} \quad (10.26)$$

式中，$\boldsymbol{F}_x(\boldsymbol{x},\boldsymbol{s})=\dfrac{\partial \boldsymbol{f}(\boldsymbol{x},\boldsymbol{s})}{\partial \boldsymbol{x}^{\mathrm{T}}}\in \mathbf{R}^{p\times q}$ 表示函数 $\boldsymbol{f}(\boldsymbol{x},\boldsymbol{s})$ 关于向量 $\boldsymbol{x}$ 的 Jacobi 矩阵。

然后，将关系式 $\boldsymbol{z}_0=\boldsymbol{f}(\boldsymbol{x},\boldsymbol{s})$ 代入伪线性观测方程式 (10.2)，可知

$$\boldsymbol{A}_{\mathrm{f}}(\boldsymbol{f}(\boldsymbol{x},\boldsymbol{s}),\boldsymbol{s})\boldsymbol{\beta}_{\mathrm{f}}=\boldsymbol{A}_{\mathrm{f}}(\boldsymbol{f}(\boldsymbol{x},\boldsymbol{s}),\boldsymbol{s})\boldsymbol{g}_{\mathrm{f}}(\boldsymbol{x},\boldsymbol{s})=\boldsymbol{b}_{\mathrm{f}}(\boldsymbol{f}(\boldsymbol{x},\boldsymbol{s}),\boldsymbol{s}) \tag{10.27}$$

由于式 (10.27) 是关于未知参数 $\boldsymbol{x}$ 的恒等式，于是将该式两边对向量 $\boldsymbol{x}$ 求导可得

$$\begin{aligned}
&[\dot{\boldsymbol{A}}_{\mathrm{f}z_1}(\boldsymbol{z}_0,\boldsymbol{s})\boldsymbol{\beta}_{\mathrm{f}}\quad \dot{\boldsymbol{A}}_{\mathrm{f}z_2}(\boldsymbol{z}_0,\boldsymbol{s})\boldsymbol{\beta}_{\mathrm{f}}\quad \cdots\quad \dot{\boldsymbol{A}}_{\mathrm{f}z_p}(\boldsymbol{z}_0,\boldsymbol{s})\boldsymbol{\beta}_{\mathrm{f}}]\boldsymbol{F}_x(\boldsymbol{x},\boldsymbol{s})+\boldsymbol{A}_{\mathrm{f}}(\boldsymbol{z}_0,\boldsymbol{s})\boldsymbol{G}_{\mathrm{f}x}(\boldsymbol{x},\boldsymbol{s})\\
&=\boldsymbol{B}_{\mathrm{f}z}(\boldsymbol{z}_0,\boldsymbol{s})\boldsymbol{F}_x(\boldsymbol{x},\boldsymbol{s})\\
&\Rightarrow \boldsymbol{C}_{\mathrm{f}z}(\boldsymbol{\beta}_{\mathrm{f}},\boldsymbol{z}_0,\boldsymbol{s})\boldsymbol{F}_x(\boldsymbol{x},\boldsymbol{s})=\boldsymbol{A}_{\mathrm{f}}(\boldsymbol{z}_0,\boldsymbol{s})\boldsymbol{G}_{\mathrm{f}x}(\boldsymbol{x},\boldsymbol{s})\\
&\Rightarrow \boldsymbol{F}_x(\boldsymbol{x},\boldsymbol{s})=(\boldsymbol{C}_{\mathrm{f}z}(\boldsymbol{\beta}_{\mathrm{f}},\boldsymbol{z}_0,\boldsymbol{s}))^{-1}\boldsymbol{A}_{\mathrm{f}}(\boldsymbol{z}_0,\boldsymbol{s})\boldsymbol{G}_{\mathrm{f}x}(\boldsymbol{x},\boldsymbol{s})
\end{aligned} \tag{10.28}$$

式中，第 2 个等式利用了式 (10.16)，矩阵 $\boldsymbol{G}_{\mathrm{f}x}(\boldsymbol{x},\boldsymbol{s})=\dfrac{\partial \boldsymbol{g}_{\mathrm{f}}(\boldsymbol{x},\boldsymbol{s})}{\partial \boldsymbol{x}^{\mathrm{T}}}\in \mathbf{R}^{(q+l_0)\times q}$ 表示函数 $\boldsymbol{g}_{\mathrm{f}}(\boldsymbol{x},\boldsymbol{s})$ 关于向量 $\boldsymbol{x}$ 的 Jacobi 矩阵，其表达式为

$$\boldsymbol{G}_{\mathrm{f}x}(\boldsymbol{x},\boldsymbol{s})=\begin{bmatrix}\boldsymbol{I}_q\\ \boldsymbol{H}_x(\boldsymbol{x},\boldsymbol{s})\end{bmatrix} \tag{10.29}$$

其中 $\boldsymbol{H}_x(\boldsymbol{x},\boldsymbol{s})=\dfrac{\partial \boldsymbol{h}(\boldsymbol{x},\boldsymbol{s})}{\partial \boldsymbol{x}^{\mathrm{T}}}\in \mathbf{R}^{l_0\times q}$ 表示函数 $\boldsymbol{h}(\boldsymbol{x},\boldsymbol{s})$ 关于向量 $\boldsymbol{x}$ 的 Jacobi 矩阵。将式 (10.28) 代入式 (10.26) 可知

$$\begin{aligned}
\mathbf{CRB}^{(\mathrm{a})}(\boldsymbol{x})&=((\boldsymbol{G}_{\mathrm{f}x}(\boldsymbol{x},\boldsymbol{s}))^{\mathrm{T}}(\boldsymbol{A}_{\mathrm{f}}(\boldsymbol{z}_0,\boldsymbol{s}))^{\mathrm{T}}(\boldsymbol{C}_{\mathrm{f}z}(\boldsymbol{\beta}_{\mathrm{f}},\boldsymbol{z}_0,\boldsymbol{s}))^{-\mathrm{T}}\\
&\quad\times \boldsymbol{E}^{-1}(\boldsymbol{C}_{\mathrm{f}z}(\boldsymbol{\beta}_{\mathrm{f}},\boldsymbol{z}_0,\boldsymbol{s}))^{-1}\boldsymbol{A}_{\mathrm{f}}(\boldsymbol{z}_0,\boldsymbol{s})\boldsymbol{G}_{\mathrm{f}x}(\boldsymbol{x},\boldsymbol{s}))^{-1}\\
&=((\boldsymbol{G}_{\mathrm{f}x}(\boldsymbol{x},\boldsymbol{s}))^{\mathrm{T}}(\boldsymbol{A}_{\mathrm{f}}(\boldsymbol{z}_0,\boldsymbol{s}))^{\mathrm{T}}(\boldsymbol{\Omega}_{\mathrm{f}}^{(\mathrm{a})})^{-1}\boldsymbol{A}_{\mathrm{f}}(\boldsymbol{z}_0,\boldsymbol{s})\boldsymbol{G}_{\mathrm{f}x}(\boldsymbol{x},\boldsymbol{s}))^{-1}
\end{aligned} \tag{10.30}$$

式中，第 2 个等号利用了式 (10.17)。另外，由式 (10.29) 可得

$$[\boldsymbol{I}_q\quad \boldsymbol{O}_{q\times l_0}]\boldsymbol{G}_{\mathrm{f}x}(\boldsymbol{x},\boldsymbol{s})=[\boldsymbol{I}_q\quad \boldsymbol{O}_{q\times l_0}]\begin{bmatrix}\boldsymbol{I}_q\\ \boldsymbol{H}_x(\boldsymbol{x},\boldsymbol{s})\end{bmatrix}=\boldsymbol{I}_q \tag{10.31}$$

结合式 (10.30) 和式 (10.31) 可知

$$\begin{aligned}
\mathbf{CRB}^{(\mathrm{a})}(\boldsymbol{x})&=[\boldsymbol{I}_q\quad \boldsymbol{O}_{q\times l_0}]\boldsymbol{G}_{\mathrm{f}x}(\boldsymbol{x},\boldsymbol{s})((\boldsymbol{G}_{\mathrm{f}x}(\boldsymbol{x},\boldsymbol{s}))^{\mathrm{T}}(\boldsymbol{A}_{\mathrm{f}}(\boldsymbol{z}_0,\boldsymbol{s}))^{\mathrm{T}}(\boldsymbol{\Omega}_{\mathrm{f}}^{(\mathrm{a})})^{-1}\\
&\quad\times \boldsymbol{A}_{\mathrm{f}}(\boldsymbol{z}_0,\boldsymbol{s})\boldsymbol{G}_{\mathrm{f}x}(\boldsymbol{x},\boldsymbol{s}))^{-1}(\boldsymbol{G}_{\mathrm{f}x}(\boldsymbol{x},\boldsymbol{s}))^{\mathrm{T}}\begin{bmatrix}\boldsymbol{I}_q\\ \boldsymbol{O}_{l_0\times q}\end{bmatrix}
\end{aligned} \tag{10.32}$$

利用式 (2.63) 可得

$$((\boldsymbol{A}_{\mathrm{f}}(\boldsymbol{z}_0,\boldsymbol{s}))^{\mathrm{T}}(\boldsymbol{\Omega}_{\mathrm{f}}^{(\mathrm{a})})^{-1}\boldsymbol{A}_{\mathrm{f}}(\boldsymbol{z}_0,\boldsymbol{s}))^{-1} \geqslant \boldsymbol{G}_{\mathrm{f}x}(\boldsymbol{x},\boldsymbol{s})((\boldsymbol{G}_{\mathrm{f}x}(\boldsymbol{x},\boldsymbol{s}))^{\mathrm{T}}(\boldsymbol{A}_{\mathrm{f}}(\boldsymbol{z}_0,\boldsymbol{s}))^{\mathrm{T}}(\boldsymbol{\Omega}_{\mathrm{f}}^{(\mathrm{a})})^{-1} \times \boldsymbol{A}_{\mathrm{f}}(\boldsymbol{z}_0,\boldsymbol{s})\boldsymbol{G}_{\mathrm{f}x}(\boldsymbol{x},\boldsymbol{s}))^{-1}(\boldsymbol{G}_{\mathrm{f}x}(\boldsymbol{x},\boldsymbol{s}))^{\mathrm{T}} \tag{10.33}$$

最后, 结合式 (10.25)、式 (10.32) 和式 (10.33), 以及命题 2.5 可知 $\mathbf{MSE}(\widehat{\boldsymbol{x}}_{\mathrm{f}}^{(\mathrm{a})}) \geqslant \mathbf{CRB}^{(\mathrm{a})}(\boldsymbol{x})$。证毕。

【注记 10.6】 式 (10.28) 是证明命题 10.2 的关键等式, 下面给出另一个关键等式。由于式 (10.27) 同样也是关于模型参数 $\boldsymbol{s}$ 的恒等式, 于是将该式两边对向量 $\boldsymbol{s}$ 求导可得

$$\begin{aligned}
&[\dot{\boldsymbol{A}}_{\mathrm{f}z_1}(\boldsymbol{z}_0,\boldsymbol{s})\boldsymbol{\beta}_{\mathrm{f}}\quad \dot{\boldsymbol{A}}_{\mathrm{f}z_2}(\boldsymbol{z}_0,\boldsymbol{s})\boldsymbol{\beta}_{\mathrm{f}}\quad \cdots\quad \dot{\boldsymbol{A}}_{\mathrm{f}z_p}(\boldsymbol{z}_0,\boldsymbol{s})\boldsymbol{\beta}_{\mathrm{f}}]\boldsymbol{F}_s(\boldsymbol{x},\boldsymbol{s})\\
&+[\dot{\boldsymbol{A}}_{\mathrm{f}s_1}(\boldsymbol{z}_0,\boldsymbol{s})\boldsymbol{\beta}_{\mathrm{f}}\quad \dot{\boldsymbol{A}}_{\mathrm{f}s_2}(\boldsymbol{z}_0,\boldsymbol{s})\boldsymbol{\beta}_{\mathrm{f}}\quad \cdots\quad \dot{\boldsymbol{A}}_{\mathrm{f}s_r}(\boldsymbol{z}_0,\boldsymbol{s})\boldsymbol{\beta}_{\mathrm{f}}]\\
&+\boldsymbol{A}_{\mathrm{f}}(\boldsymbol{z}_0,\boldsymbol{s})\boldsymbol{G}_{\mathrm{fs}}(\boldsymbol{x},\boldsymbol{s})=\boldsymbol{B}_{\mathrm{f}z}(\boldsymbol{z}_0,\boldsymbol{s})\boldsymbol{F}_s(\boldsymbol{x},\boldsymbol{s})+\boldsymbol{B}_{\mathrm{fs}}(\boldsymbol{z}_0,\boldsymbol{s})\\
&\Rightarrow \boldsymbol{C}_{\mathrm{f}z}(\boldsymbol{\beta}_{\mathrm{f}},\boldsymbol{z}_0,\boldsymbol{s})\boldsymbol{F}_s(\boldsymbol{x},\boldsymbol{s})+\boldsymbol{C}_{\mathrm{fs}}(\boldsymbol{\beta}_{\mathrm{f}},\boldsymbol{z}_0,\boldsymbol{s})=\boldsymbol{A}_{\mathrm{f}}(\boldsymbol{z}_0,\boldsymbol{s})\boldsymbol{G}_{\mathrm{fs}}(\boldsymbol{x},\boldsymbol{s})\\
&\Rightarrow \boldsymbol{F}_s(\boldsymbol{x},\boldsymbol{s})=(\boldsymbol{C}_{\mathrm{f}z}(\boldsymbol{\beta}_{\mathrm{f}},\boldsymbol{z}_0,\boldsymbol{s}))^{-1}(\boldsymbol{A}_{\mathrm{f}}(\boldsymbol{z}_0,\boldsymbol{s})\boldsymbol{G}_{\mathrm{fs}}(\boldsymbol{x},\boldsymbol{s})-\boldsymbol{C}_{\mathrm{fs}}(\boldsymbol{\beta}_{\mathrm{f}},\boldsymbol{z}_0,\boldsymbol{s}))
\end{aligned} \tag{10.34}$$

式中, 第 2 个等式利用了式 (10.16), $\boldsymbol{F}_s(\boldsymbol{x},\boldsymbol{s})=\dfrac{\partial \boldsymbol{f}(\boldsymbol{x},\boldsymbol{s})}{\partial \boldsymbol{s}^{\mathrm{T}}}\in \mathbf{R}^{p\times r}$ 表示函数 $\boldsymbol{f}(\boldsymbol{x},\boldsymbol{s})$ 关于向量 $\boldsymbol{s}$ 的 Jacobi 矩阵, 其余矩阵的表达式如下

$$\begin{cases}
\boldsymbol{G}_{\mathrm{fs}}(\boldsymbol{x},\boldsymbol{s})=\dfrac{\partial \boldsymbol{g}_{\mathrm{f}}(\boldsymbol{x},\boldsymbol{s})}{\partial \boldsymbol{s}^{\mathrm{T}}}\in \mathbf{R}^{(q+l_0)\times r}\\
\boldsymbol{B}_{\mathrm{fs}}(\boldsymbol{z}_0,\boldsymbol{s})=\dfrac{\partial \boldsymbol{b}_{\mathrm{f}}(\boldsymbol{z}_0,\boldsymbol{s})}{\partial \boldsymbol{s}^{\mathrm{T}}}\in \mathbf{R}^{p\times r}\\
\dot{\boldsymbol{A}}_{\mathrm{fs}_j}(\boldsymbol{z}_0,\boldsymbol{s})=\dfrac{\partial \boldsymbol{A}_{\mathrm{f}}(\boldsymbol{z}_0,\boldsymbol{s})}{\partial \langle \boldsymbol{s}\rangle_j}\in \mathbf{R}^{p\times(q+l_0)}\quad (1\leqslant j\leqslant r)\\
\boldsymbol{C}_{\mathrm{fs}}(\boldsymbol{\beta}_{\mathrm{f}},\boldsymbol{z}_0,\boldsymbol{s})\\
=\boldsymbol{B}_{\mathrm{fs}}(\boldsymbol{z}_0,\boldsymbol{s})-[\dot{\boldsymbol{A}}_{\mathrm{fs}_1}(\boldsymbol{z}_0,\boldsymbol{s})\boldsymbol{\beta}_{\mathrm{f}}\quad \dot{\boldsymbol{A}}_{\mathrm{fs}_2}(\boldsymbol{z}_0,\boldsymbol{s})\boldsymbol{\beta}_{\mathrm{f}}\quad \cdots\quad \dot{\boldsymbol{A}}_{\mathrm{fs}_r}(\boldsymbol{z}_0,\boldsymbol{s})\boldsymbol{\beta}_{\mathrm{f}}]\in \mathbf{R}^{p\times r}
\end{cases} \tag{10.35}$$

式 (10.34) 对于后续的理论性能分析至关重要。

10.2.2 阶段 2 的参数估计优化模型、求解方法及其理论性能

1. 参数估计优化模型及其求解方法

根据式 (10.3) 可以将未知参数 $\boldsymbol{\beta}_{\mathrm{t}}$ 表示为

$$\boldsymbol{\beta}_{\mathrm{t}}=(\boldsymbol{A}_{\mathrm{t}}(\boldsymbol{\beta}_{\mathrm{f}},\boldsymbol{s}))^{\dagger}\boldsymbol{b}_{\mathrm{t}}(\boldsymbol{\beta}_{\mathrm{f}},\boldsymbol{s})=((\boldsymbol{A}_{\mathrm{t}}(\boldsymbol{\beta}_{\mathrm{f}},\boldsymbol{s}))^{\mathrm{T}}\boldsymbol{A}_{\mathrm{t}}(\boldsymbol{\beta}_{\mathrm{f}},\boldsymbol{s}))^{-1}(\boldsymbol{A}_{\mathrm{t}}(\boldsymbol{\beta}_{\mathrm{f}},\boldsymbol{s}))^{\mathrm{T}}\boldsymbol{b}_{\mathrm{t}}(\boldsymbol{\beta}_{\mathrm{f}},\boldsymbol{s}) \tag{10.36}$$

实际计算中参数向量 $\boldsymbol{\beta}_{\mathrm{f}}$ 的真实值是无法获得的, 只能用阶段 1 的估计值 $\widehat{\boldsymbol{\beta}}_{\mathrm{f}}^{(\mathrm{a})}$ 来代替, 其中含有估计误差。此时, 需要设计线性加权最小二乘估计准则, 用于抑制阶段 1 的估计误差 $\Delta\boldsymbol{\beta}_{\mathrm{f}}^{(\mathrm{a})}$ 的影响。

定义阶段 2 的伪线性观测误差向量①

$$\boldsymbol{\xi}_{\mathrm{t}}^{(\mathrm{a})}=\boldsymbol{b}_{\mathrm{t}}(\widehat{\boldsymbol{\beta}}_{\mathrm{f}}^{(\mathrm{a})},\boldsymbol{s})-\boldsymbol{A}_{\mathrm{t}}(\widehat{\boldsymbol{\beta}}_{\mathrm{f}}^{(\mathrm{a})},\boldsymbol{s})\boldsymbol{\beta}_{\mathrm{t}}=\Delta\boldsymbol{b}_{\mathrm{t}}^{(\mathrm{a})}-\Delta\boldsymbol{A}_{\mathrm{t}}^{(\mathrm{a})}\boldsymbol{\beta}_{\mathrm{t}} \tag{10.37}$$

式中, $\Delta\boldsymbol{b}_{\mathrm{t}}^{(\mathrm{a})}=\boldsymbol{b}_{\mathrm{t}}(\widehat{\boldsymbol{\beta}}_{\mathrm{f}}^{(\mathrm{a})},\boldsymbol{s})-\boldsymbol{b}_{\mathrm{t}}(\boldsymbol{\beta}_{\mathrm{f}},\boldsymbol{s})$, $\Delta\boldsymbol{A}_{\mathrm{t}}^{(\mathrm{a})}=\boldsymbol{A}_{\mathrm{t}}(\widehat{\boldsymbol{\beta}}_{\mathrm{f}}^{(\mathrm{a})},\boldsymbol{s})-\boldsymbol{A}_{\mathrm{t}}(\boldsymbol{\beta}_{\mathrm{f}},\boldsymbol{s})$。利用一阶误差分析可得

$$\begin{cases}\Delta\boldsymbol{b}_{\mathrm{t}}^{(\mathrm{a})}\approx\boldsymbol{B}_{\mathrm{t}\beta}(\boldsymbol{\beta}_{\mathrm{f}},\boldsymbol{s})(\widehat{\boldsymbol{\beta}}_{\mathrm{f}}^{(\mathrm{a})}-\boldsymbol{\beta}_{\mathrm{f}})=\boldsymbol{B}_{\mathrm{t}\beta}(\boldsymbol{\beta}_{\mathrm{f}},\boldsymbol{s})\Delta\boldsymbol{\beta}_{\mathrm{f}}^{(\mathrm{a})}\\ \Delta\boldsymbol{A}_{\mathrm{t}}^{(\mathrm{a})}\boldsymbol{\beta}_{\mathrm{t}}\approx[\dot{\boldsymbol{A}}_{\mathrm{t}\beta_1}(\boldsymbol{\beta}_{\mathrm{f}},\boldsymbol{s})\boldsymbol{\beta}_{\mathrm{t}}\quad\dot{\boldsymbol{A}}_{\mathrm{t}\beta_2}(\boldsymbol{\beta}_{\mathrm{f}},\boldsymbol{s})\boldsymbol{\beta}_{\mathrm{t}}\quad\cdots\quad\dot{\boldsymbol{A}}_{\mathrm{t}\beta_{q+l_0}}(\boldsymbol{\beta}_{\mathrm{f}},\boldsymbol{s})\boldsymbol{\beta}_{\mathrm{t}}](\widehat{\boldsymbol{\beta}}_{\mathrm{f}}^{(\mathrm{a})}-\boldsymbol{\beta}_{\mathrm{f}})\\ =[\dot{\boldsymbol{A}}_{\mathrm{t}\beta_1}(\boldsymbol{\beta}_{\mathrm{f}},\boldsymbol{s})\boldsymbol{\beta}_{\mathrm{t}}\quad\dot{\boldsymbol{A}}_{\mathrm{t}\beta_2}(\boldsymbol{\beta}_{\mathrm{f}},\boldsymbol{s})\boldsymbol{\beta}_{\mathrm{t}}\quad\cdots\quad\dot{\boldsymbol{A}}_{\mathrm{t}\beta_{q+l_0}}(\boldsymbol{\beta}_{\mathrm{f}},\boldsymbol{s})\boldsymbol{\beta}_{\mathrm{t}}]\Delta\boldsymbol{\beta}_{\mathrm{f}}^{(\mathrm{a})}\end{cases} \tag{10.38}$$

式中,

$$\begin{cases}\boldsymbol{B}_{\mathrm{t}\beta}(\boldsymbol{\beta}_{\mathrm{f}},\boldsymbol{s})=\dfrac{\partial\boldsymbol{b}_{\mathrm{t}}(\boldsymbol{\beta}_{\mathrm{f}},\boldsymbol{s})}{\partial\boldsymbol{\beta}_{\mathrm{f}}^{\mathrm{T}}}\in\mathbf{R}^{(q+l_0)\times(q+l_0)}\\ \dot{\boldsymbol{A}}_{\mathrm{t}\beta_j}(\boldsymbol{\beta}_{\mathrm{f}},\boldsymbol{s})=\dfrac{\partial\boldsymbol{A}_{\mathrm{t}}(\boldsymbol{\beta}_{\mathrm{f}},\boldsymbol{s})}{\partial\langle\boldsymbol{\beta}_{\mathrm{f}}\rangle_j}\in\mathbf{R}^{(q+l_0)\times q}\quad(1\leqslant j\leqslant q+l_0)\end{cases} \tag{10.39}$$

将式 (10.38) 代入式 (10.37) 可知

$$\begin{aligned}\boldsymbol{\xi}_{\mathrm{t}}^{(\mathrm{a})}&\approx\boldsymbol{B}_{\mathrm{t}\beta}(\boldsymbol{\beta}_{\mathrm{f}},\boldsymbol{s})\Delta\boldsymbol{\beta}_{\mathrm{f}}^{(\mathrm{a})}-[\dot{\boldsymbol{A}}_{\mathrm{t}\beta_1}(\boldsymbol{\beta}_{\mathrm{f}},\boldsymbol{s})\boldsymbol{\beta}_{\mathrm{t}}\quad\dot{\boldsymbol{A}}_{\mathrm{t}\beta_2}(\boldsymbol{\beta}_{\mathrm{f}},\boldsymbol{s})\boldsymbol{\beta}_{\mathrm{t}}\quad\cdots\quad\dot{\boldsymbol{A}}_{\mathrm{t}\beta_{q+l_0}}(\boldsymbol{\beta}_{\mathrm{f}},\boldsymbol{s})\boldsymbol{\beta}_{\mathrm{t}}]\Delta\boldsymbol{\beta}_{\mathrm{f}}^{(\mathrm{a})}\\&=\boldsymbol{C}_{\mathrm{t}\beta}(\boldsymbol{\beta}_{\mathrm{t}},\boldsymbol{\beta}_{\mathrm{f}},\boldsymbol{s})\Delta\boldsymbol{\beta}_{\mathrm{f}}^{(\mathrm{a})}\end{aligned} \tag{10.40}$$

式中,

$$\begin{aligned}\boldsymbol{C}_{\mathrm{t}\beta}(\boldsymbol{\beta}_{\mathrm{t}},\boldsymbol{\beta}_{\mathrm{f}},\boldsymbol{s})=&\boldsymbol{B}_{\mathrm{t}\beta}(\boldsymbol{\beta}_{\mathrm{f}},\boldsymbol{s})-[\dot{\boldsymbol{A}}_{\mathrm{t}\beta_1}(\boldsymbol{\beta}_{\mathrm{f}},\boldsymbol{s})\boldsymbol{\beta}_{\mathrm{t}}\quad\dot{\boldsymbol{A}}_{\mathrm{t}\beta_2}(\boldsymbol{\beta}_{\mathrm{f}},\boldsymbol{s})\boldsymbol{\beta}_{\mathrm{t}}\quad\cdots\quad\dot{\boldsymbol{A}}_{\mathrm{t}\beta_{q+l_0}}(\boldsymbol{\beta}_{\mathrm{f}},\boldsymbol{s})\boldsymbol{\beta}_{\mathrm{t}}]\\&\in\mathbf{R}^{(q+l_0)\times(q+l_0)}\end{aligned} \tag{10.41}$$

$\boldsymbol{C}_{\mathrm{t}\beta}(\boldsymbol{\beta}_{\mathrm{t}},\boldsymbol{\beta}_{\mathrm{f}},\boldsymbol{s})$ 通常是满秩方阵。由式 (10.40) 可知, 误差向量 $\boldsymbol{\xi}_{\mathrm{t}}^{(\mathrm{a})}$ 渐近服从零均值的高斯分布, 并且其协方差矩阵为

$$\begin{aligned}\boldsymbol{\Omega}_{\mathrm{t}}^{(\mathrm{a})}&=\mathbf{E}[\boldsymbol{\xi}_{\mathrm{t}}^{(\mathrm{a})}(\boldsymbol{\xi}_{\mathrm{t}}^{(\mathrm{a})})^{\mathrm{T}}]=\boldsymbol{C}_{\mathrm{t}\beta}(\boldsymbol{\beta}_{\mathrm{t}},\boldsymbol{\beta}_{\mathrm{f}},\boldsymbol{s})\mathbf{E}[\Delta\boldsymbol{\beta}_{\mathrm{f}}^{(\mathrm{a})}(\Delta\boldsymbol{\beta}_{\mathrm{f}}^{(\mathrm{a})})^{\mathrm{T}}](\boldsymbol{C}_{\mathrm{t}\beta}(\boldsymbol{\beta}_{\mathrm{t}},\boldsymbol{\beta}_{\mathrm{f}},\boldsymbol{s}))^{\mathrm{T}}\\&=\boldsymbol{C}_{\mathrm{t}\beta}(\boldsymbol{\beta}_{\mathrm{t}},\boldsymbol{\beta}_{\mathrm{f}},\boldsymbol{s})\mathbf{MSE}(\widehat{\boldsymbol{\beta}}_{\mathrm{f}}^{(\mathrm{a})})(\boldsymbol{C}_{\mathrm{t}\beta}(\boldsymbol{\beta}_{\mathrm{t}},\boldsymbol{\beta}_{\mathrm{f}},\boldsymbol{s}))^{\mathrm{T}}\in\mathbf{R}^{(q+l_0)\times(q+l_0)}\end{aligned} \tag{10.42}$$

---

① 本章的下角标 t 表示阶段 2 的计算过程。

结合式 (10.37) 和式 (10.42) 可以建立如下线性加权最小二乘估计准则

$$\min_{\boldsymbol{\beta}_{\mathrm{t}}\in\mathbf{R}^{q\times 1}}\{(\boldsymbol{b}_{\mathrm{t}}(\widehat{\boldsymbol{\beta}}_{\mathrm{f}}^{(\mathrm{a})},\boldsymbol{s})-\boldsymbol{A}_{\mathrm{t}}(\widehat{\boldsymbol{\beta}}_{\mathrm{f}}^{(\mathrm{a})},\boldsymbol{s})\boldsymbol{\beta}_{\mathrm{t}})^{\mathrm{T}}(\boldsymbol{\Omega}_{\mathrm{t}}^{(\mathrm{a})})^{-1}(\boldsymbol{b}_{\mathrm{t}}(\widehat{\boldsymbol{\beta}}_{\mathrm{f}}^{(\mathrm{a})},\boldsymbol{s})-\boldsymbol{A}_{\mathrm{t}}(\widehat{\boldsymbol{\beta}}_{\mathrm{f}}^{(\mathrm{a})},\boldsymbol{s})\boldsymbol{\beta}_{\mathrm{t}})\} \tag{10.43}$$

式中, $(\boldsymbol{\Omega}_{\mathrm{t}}^{(\mathrm{a})})^{-1}$ 可以看成是加权矩阵, 其作用是抑制估计误差 $\Delta\boldsymbol{\beta}_{\mathrm{f}}^{(\mathrm{a})}$ 的影响。根据式 (2.67) 可知, 式 (10.43) 的最优闭式解为

$$\widehat{\boldsymbol{\beta}}_{\mathrm{t}}^{(\mathrm{a})}=((\boldsymbol{A}_{\mathrm{t}}(\widehat{\boldsymbol{\beta}}_{\mathrm{f}}^{(\mathrm{a})},\boldsymbol{s}))^{\mathrm{T}}(\boldsymbol{\Omega}_{\mathrm{t}}^{(\mathrm{a})})^{-1}\boldsymbol{A}_{\mathrm{t}}(\widehat{\boldsymbol{\beta}}_{\mathrm{f}}^{(\mathrm{a})},\boldsymbol{s}))^{-1}(\boldsymbol{A}_{\mathrm{t}}(\widehat{\boldsymbol{\beta}}_{\mathrm{f}}^{(\mathrm{a})},\boldsymbol{s}))^{\mathrm{T}}(\boldsymbol{\Omega}_{\mathrm{t}}^{(\mathrm{a})})^{-1}\boldsymbol{b}_{\mathrm{t}}(\widehat{\boldsymbol{\beta}}_{\mathrm{f}}^{(\mathrm{a})},\boldsymbol{s}) \tag{10.44}$$

【注记 10.7】由式 (10.42) 可知, 加权矩阵 $(\boldsymbol{\Omega}_{\mathrm{t}}^{(\mathrm{a})})^{-1}$ 与未知参数 $\boldsymbol{\beta}_{\mathrm{t}}$ 有关。因此, 严格地说, 式 (10.43) 中的目标函数并不是关于向量 $\boldsymbol{\beta}_{\mathrm{t}}$ 的二次函数。所幸的是, 该问题并不难以解决, 可以先将 $(\boldsymbol{\Omega}_{\mathrm{t}}^{(\mathrm{a})})^{-1}$ 设为单位矩阵, 从而获得向量 $\boldsymbol{\beta}_{\mathrm{t}}$ 的近似估计值 (即 $\widehat{\boldsymbol{\beta}}_{\mathrm{to}}^{(\mathrm{a})}=((\boldsymbol{A}_{\mathrm{t}}(\widehat{\boldsymbol{\beta}}_{\mathrm{f}}^{(\mathrm{a})},\boldsymbol{s}))^{\mathrm{T}}\boldsymbol{A}_{\mathrm{t}}(\widehat{\boldsymbol{\beta}}_{\mathrm{f}}^{(\mathrm{a})},\boldsymbol{s}))^{-1}(\boldsymbol{A}_{\mathrm{t}}(\widehat{\boldsymbol{\beta}}_{\mathrm{f}}^{(\mathrm{a})},\boldsymbol{s}))^{\mathrm{T}}\boldsymbol{b}_{\mathrm{t}}(\widehat{\boldsymbol{\beta}}_{\mathrm{f}}^{(\mathrm{a})},\boldsymbol{s})$); 然后, 利用近似估计值 $\widehat{\boldsymbol{\beta}}_{\mathrm{to}}^{(\mathrm{a})}$ 计算加权矩阵 $(\boldsymbol{\Omega}_{\mathrm{t}}^{(\mathrm{a})})^{-1}$, 并基于式 (10.44) 获得向量 $\boldsymbol{\beta}_{\mathrm{t}}$ 的最终估计值 $\widehat{\boldsymbol{\beta}}_{\mathrm{t}}^{(\mathrm{a})}$①。另外, 加权矩阵 $(\boldsymbol{\Omega}_{\mathrm{t}}^{(\mathrm{a})})^{-1}$ 还与扩维未知参数 $\boldsymbol{\beta}_{\mathrm{f}}$ 有关, 可以直接利用阶段 1 的估计值 $\widehat{\boldsymbol{\beta}}_{\mathrm{f}}^{(\mathrm{a})}$ 进行计算。下面的理论性能分析表明, 在一阶误差分析理论框架下 (适用于小观测误差), 加权矩阵 $(\boldsymbol{\Omega}_{\mathrm{t}}^{(\mathrm{a})})^{-1}$ 中的扰动误差并不会实质性地影响估计值 $\widehat{\boldsymbol{\beta}}_{\mathrm{t}}^{(\mathrm{a})}$ 的统计性能。

2. 理论性能分析

下面推导估计值 $\widehat{\boldsymbol{\beta}}_{\mathrm{t}}^{(\mathrm{a})}$ 的统计性能, 具体结论可见以下命题。

【命题 10.3】向量 $\widehat{\boldsymbol{\beta}}_{\mathrm{t}}^{(\mathrm{a})}$ 是关于未知参数 $\boldsymbol{\beta}_{\mathrm{t}}$ 的渐近无偏估计值, 并且其均方误差为

$$\mathbf{MSE}(\widehat{\boldsymbol{\beta}}_{\mathrm{t}}^{(\mathrm{a})})=((\boldsymbol{A}_{\mathrm{t}}(\boldsymbol{\beta}_{\mathrm{f}},\boldsymbol{s}))^{\mathrm{T}}(\boldsymbol{\Omega}_{\mathrm{t}}^{(\mathrm{a})})^{-1}\boldsymbol{A}_{\mathrm{t}}(\boldsymbol{\beta}_{\mathrm{f}},\boldsymbol{s}))^{-1} \tag{10.45}$$

【证明】将向量 $\widehat{\boldsymbol{\beta}}_{\mathrm{t}}^{(\mathrm{a})}$ 中的估计误差记为 $\Delta\boldsymbol{\beta}_{\mathrm{t}}^{(\mathrm{a})}=\widehat{\boldsymbol{\beta}}_{\mathrm{t}}^{(\mathrm{a})}-\boldsymbol{\beta}_{\mathrm{t}}$。基于式 (10.44) 和注记 10.7 可知

$$(\boldsymbol{A}_{\mathrm{t}}(\widehat{\boldsymbol{\beta}}_{\mathrm{f}}^{(\mathrm{a})},\boldsymbol{s}))^{\mathrm{T}}(\widehat{\boldsymbol{\Omega}}_{\mathrm{t}}^{(\mathrm{a})})^{-1}\boldsymbol{A}_{\mathrm{t}}(\widehat{\boldsymbol{\beta}}_{\mathrm{f}}^{(\mathrm{a})},\boldsymbol{s})(\boldsymbol{\beta}_{\mathrm{t}}+\Delta\boldsymbol{\beta}_{\mathrm{t}}^{(\mathrm{a})})=(\boldsymbol{A}_{\mathrm{t}}(\widehat{\boldsymbol{\beta}}_{\mathrm{f}}^{(\mathrm{a})},\boldsymbol{s}))^{\mathrm{T}}(\widehat{\boldsymbol{\Omega}}_{\mathrm{t}}^{(\mathrm{a})})^{-1}\boldsymbol{b}_{\mathrm{t}}(\widehat{\boldsymbol{\beta}}_{\mathrm{f}}^{(\mathrm{a})},\boldsymbol{s}) \tag{10.46}$$

---

① 为了提高在大观测误差条件下的估计性能, 还可以先利用估计值 $\widehat{\boldsymbol{\beta}}_{\mathrm{t}}^{(\mathrm{a})}$ 再次计算加权矩阵 $(\boldsymbol{\Omega}_{\mathrm{t}}^{(\mathrm{a})})^{-1}$, 然后利用最新的加权矩阵更新估计值。

式中, $\widehat{\boldsymbol{\Omega}}_{\mathrm{t}}^{(\mathrm{a})}$ 表示 $\boldsymbol{\Omega}_{\mathrm{t}}^{(\mathrm{a})}$ 的近似估计值。在一阶误差分析理论框架下, 利用式 (10.46) 可以进一步推得

$$\begin{aligned}
&(\Delta \boldsymbol{A}_{\mathrm{t}}^{(\mathrm{a})})^{\mathrm{T}}(\boldsymbol{\Omega}_{\mathrm{t}}^{(\mathrm{a})})^{-1}\boldsymbol{A}_{\mathrm{t}}(\boldsymbol{\beta}_{\mathrm{f}},\boldsymbol{s})\boldsymbol{\beta}_{\mathrm{t}}+(\boldsymbol{A}_{\mathrm{t}}(\boldsymbol{\beta}_{\mathrm{f}},\boldsymbol{s}))^{\mathrm{T}}(\boldsymbol{\Omega}_{\mathrm{t}}^{(\mathrm{a})})^{-1}\Delta \boldsymbol{A}_{\mathrm{t}}^{(\mathrm{a})}\boldsymbol{\beta}_{\mathrm{t}}\\
&+(\boldsymbol{A}_{\mathrm{t}}(\boldsymbol{\beta}_{\mathrm{f}},\boldsymbol{s}))^{\mathrm{T}}\Delta \boldsymbol{\Xi}_{\mathrm{t}}^{(\mathrm{a})}\boldsymbol{A}_{\mathrm{t}}(\boldsymbol{\beta}_{\mathrm{f}},\boldsymbol{s})\boldsymbol{\beta}_{\mathrm{t}}+(\boldsymbol{A}_{\mathrm{t}}(\boldsymbol{\beta}_{\mathrm{f}},\boldsymbol{s}))^{\mathrm{T}}(\boldsymbol{\Omega}_{\mathrm{t}}^{(\mathrm{a})})^{-1}\boldsymbol{A}_{\mathrm{t}}(\boldsymbol{\beta}_{\mathrm{f}},\boldsymbol{s})\Delta \boldsymbol{\beta}_{\mathrm{t}}^{(\mathrm{a})}\\
&\approx(\Delta \boldsymbol{A}_{\mathrm{t}}^{(\mathrm{a})})^{\mathrm{T}}(\boldsymbol{\Omega}_{\mathrm{t}}^{(\mathrm{a})})^{-1}\boldsymbol{b}_{\mathrm{t}}(\boldsymbol{\beta}_{\mathrm{f}},\boldsymbol{s})+(\boldsymbol{A}_{\mathrm{t}}(\boldsymbol{\beta}_{\mathrm{f}},\boldsymbol{s}))^{\mathrm{T}}(\boldsymbol{\Omega}_{\mathrm{t}}^{(\mathrm{a})})^{-1}\Delta \boldsymbol{b}_{\mathrm{t}}^{(\mathrm{a})}\\
&\quad+(\boldsymbol{A}_{\mathrm{t}}(\boldsymbol{\beta}_{\mathrm{f}},\boldsymbol{s}))^{\mathrm{T}}\Delta \boldsymbol{\Xi}_{\mathrm{t}}^{(\mathrm{a})}\boldsymbol{b}_{\mathrm{t}}(\boldsymbol{\beta}_{\mathrm{f}},\boldsymbol{s})\\
&\Rightarrow(\boldsymbol{A}_{\mathrm{t}}(\boldsymbol{\beta}_{\mathrm{f}},\boldsymbol{s}))^{\mathrm{T}}(\boldsymbol{\Omega}_{\mathrm{t}}^{(\mathrm{a})})^{-1}\boldsymbol{A}_{\mathrm{t}}(\boldsymbol{\beta}_{\mathrm{f}},\boldsymbol{s})\Delta \boldsymbol{\beta}_{\mathrm{t}}^{(\mathrm{a})}\\
&\approx(\boldsymbol{A}_{\mathrm{t}}(\boldsymbol{\beta}_{\mathrm{f}},\boldsymbol{s}))^{\mathrm{T}}(\boldsymbol{\Omega}_{\mathrm{t}}^{(\mathrm{a})})^{-1}(\Delta \boldsymbol{b}_{\mathrm{t}}^{(\mathrm{a})}-\Delta \boldsymbol{A}_{\mathrm{t}}^{(\mathrm{a})}\boldsymbol{\beta}_{\mathrm{t}})=(\boldsymbol{A}_{\mathrm{t}}(\boldsymbol{\beta}_{\mathrm{f}},\boldsymbol{s}))^{\mathrm{T}}(\boldsymbol{\Omega}_{\mathrm{t}}^{(\mathrm{a})})^{-1}\boldsymbol{\xi}_{\mathrm{t}}^{(\mathrm{a})}\\
&\Rightarrow\Delta \boldsymbol{\beta}_{\mathrm{t}}^{(\mathrm{a})}\approx((\boldsymbol{A}_{\mathrm{t}}(\boldsymbol{\beta}_{\mathrm{f}},\boldsymbol{s}))^{\mathrm{T}}(\boldsymbol{\Omega}_{\mathrm{t}}^{(\mathrm{a})})^{-1}\boldsymbol{A}_{\mathrm{t}}(\boldsymbol{\beta}_{\mathrm{f}},\boldsymbol{s}))^{-1}(\boldsymbol{A}_{\mathrm{t}}(\boldsymbol{\beta}_{\mathrm{f}},\boldsymbol{s}))^{\mathrm{T}}(\boldsymbol{\Omega}_{\mathrm{t}}^{(\mathrm{a})})^{-1}\boldsymbol{\xi}_{\mathrm{t}}^{(\mathrm{a})}
\end{aligned}\tag{10.47}$$

式中, $\Delta \boldsymbol{\Xi}_{\mathrm{t}}^{(\mathrm{a})}=(\widehat{\boldsymbol{\Omega}}_{\mathrm{t}}^{(\mathrm{a})})^{-1}-(\boldsymbol{\Omega}_{\mathrm{t}}^{(\mathrm{a})})^{-1}$ 表示矩阵 $(\widehat{\boldsymbol{\Omega}}_{\mathrm{t}}^{(\mathrm{a})})^{-1}$ 中的扰动误差。由式 (10.47) 可知, 误差向量 $\Delta \boldsymbol{\beta}_{\mathrm{t}}^{(\mathrm{a})}$ 渐近服从零均值的高斯分布, 因此向量 $\widehat{\boldsymbol{\beta}}_{\mathrm{t}}^{(\mathrm{a})}$ 是关于未知参数 $\boldsymbol{\beta}_{\mathrm{t}}$ 的渐近无偏估计值, 并且其均方误差为

$$\begin{aligned}
\mathbf{MSE}(\widehat{\boldsymbol{\beta}}_{\mathrm{t}}^{(\mathrm{a})})&=\mathbf{E}[(\widehat{\boldsymbol{\beta}}_{\mathrm{t}}^{(\mathrm{a})}-\boldsymbol{\beta}_{\mathrm{t}})(\widehat{\boldsymbol{\beta}}_{\mathrm{t}}^{(\mathrm{a})}-\boldsymbol{\beta}_{\mathrm{t}})^{\mathrm{T}}]=\mathbf{E}[\Delta \boldsymbol{\beta}_{\mathrm{t}}^{(\mathrm{a})}(\Delta \boldsymbol{\beta}_{\mathrm{t}}^{(\mathrm{a})})^{\mathrm{T}}]\\
&=((\boldsymbol{A}_{\mathrm{t}}(\boldsymbol{\beta}_{\mathrm{f}},\boldsymbol{s}))^{\mathrm{T}}(\boldsymbol{\Omega}_{\mathrm{t}}^{(\mathrm{a})})^{-1}\boldsymbol{A}_{\mathrm{t}}(\boldsymbol{\beta}_{\mathrm{f}},\boldsymbol{s}))^{-1}(\boldsymbol{A}_{\mathrm{t}}(\boldsymbol{\beta}_{\mathrm{f}},\boldsymbol{s}))^{\mathrm{T}}(\boldsymbol{\Omega}_{\mathrm{t}}^{(\mathrm{a})})^{-1}\\
&\quad\times\mathbf{E}[\boldsymbol{\xi}_{\mathrm{t}}^{(\mathrm{a})}(\boldsymbol{\xi}_{\mathrm{t}}^{(\mathrm{a})})^{\mathrm{T}}](\boldsymbol{\Omega}_{\mathrm{t}}^{(\mathrm{a})})^{-1}\boldsymbol{A}_{\mathrm{t}}(\boldsymbol{\beta}_{\mathrm{f}},\boldsymbol{s})((\boldsymbol{A}_{\mathrm{t}}(\boldsymbol{\beta}_{\mathrm{f}},\boldsymbol{s}))^{\mathrm{T}}(\boldsymbol{\Omega}_{\mathrm{t}}^{(\mathrm{a})})^{-1}\boldsymbol{A}_{\mathrm{t}}(\boldsymbol{\beta}_{\mathrm{f}},\boldsymbol{s}))^{-1}\\
&=((\boldsymbol{A}_{\mathrm{t}}(\boldsymbol{\beta}_{\mathrm{f}},\boldsymbol{s}))^{\mathrm{T}}(\boldsymbol{\Omega}_{\mathrm{t}}^{(\mathrm{a})})^{-1}\boldsymbol{A}_{\mathrm{t}}(\boldsymbol{\beta}_{\mathrm{f}},\boldsymbol{s}))^{-1}
\end{aligned}\tag{10.48}$$

证毕。

【注记 10.8】 式 (10.47) 的推导过程表明, 在一阶误差分析理论框架下, 矩阵 $(\widehat{\boldsymbol{\Omega}}_{\mathrm{t}}^{(\mathrm{a})})^{-1}$ 的扰动误差 $\Delta \boldsymbol{\Xi}_{\mathrm{t}}^{(\mathrm{a})}$ 并不会实质性地影响估计值 $\widehat{\boldsymbol{\beta}}_{\mathrm{t}}^{(\mathrm{a})}$ 的统计性能。

10.2.3 阶段 3 的参数估计求解方法及其理论性能

1. 参数估计求解方法

由于反函数 $\boldsymbol{g}_{\mathrm{t}}^{-1}(\boldsymbol{\beta}_{\mathrm{t}},\boldsymbol{s})$ 的闭式形式容易获得, 因此在阶段 3 中, 可以利用阶段 2 的估计值 $\widehat{\boldsymbol{\beta}}_{\mathrm{t}}^{(\mathrm{a})}$ 直接确定未知参数 $\boldsymbol{x}$ 的估计值 (记为 $\widehat{\boldsymbol{x}}^{(\mathrm{a})}$), 如下式所示

$$\widehat{\boldsymbol{x}}^{(\mathrm{a})}=\boldsymbol{g}_{\mathrm{t}}^{-1}(\widehat{\boldsymbol{\beta}}_{\mathrm{t}}^{(\mathrm{a})},\boldsymbol{s})\tag{10.49}$$

将上面的求解方法称为方法 10–a, 图 10.1 给出方法 10–a 的计算流程图。

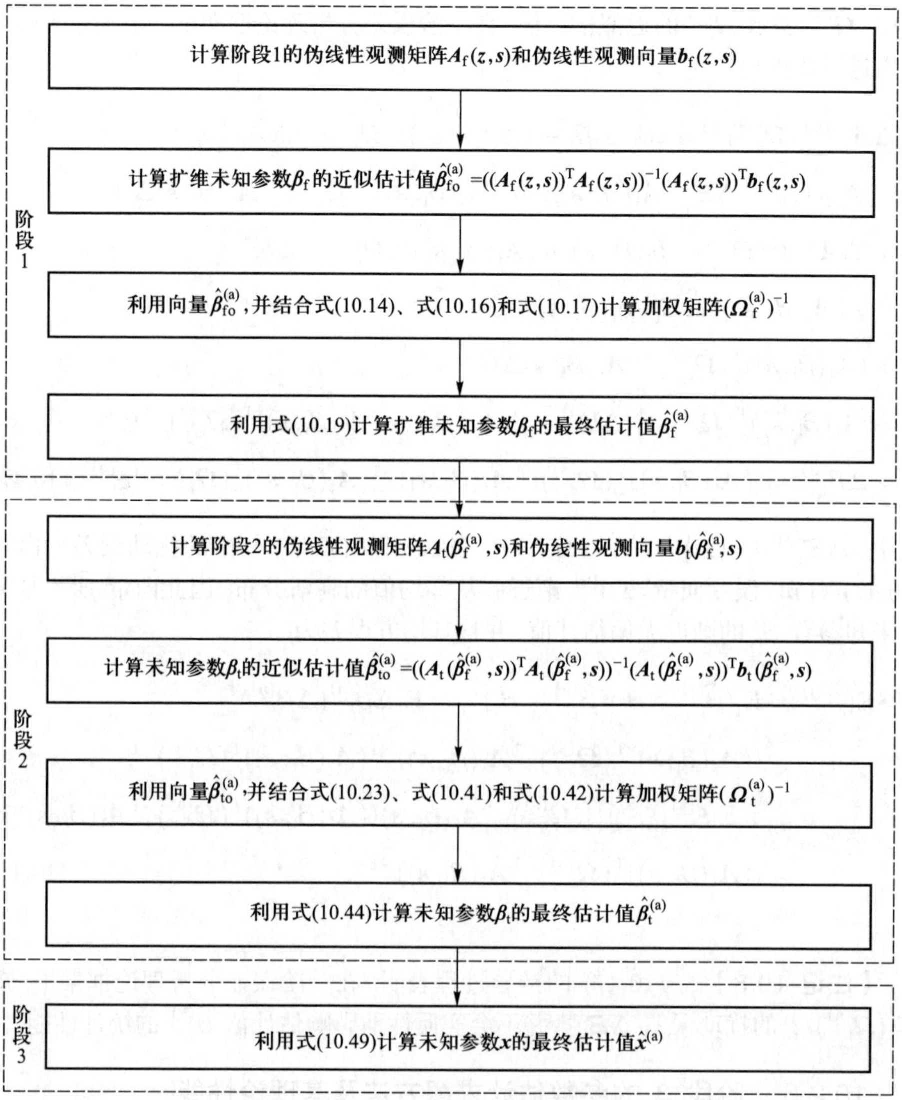

图 10.1　方法 10−a 的计算流程图

【**注记 10.9**】由于方法 10−a 并不需要迭代运算, 因此可称其为闭式求解方法。

2. 理论性能分析

下面推导估计值 $\hat{\boldsymbol{x}}^{(\mathrm{a})}$ 的统计性能, 并将其均方误差与相应的克拉美罗界进行定量比较, 从而验证该估计值的渐近统计最优性, 具体结论可见以下两个命题。

【命题 10.4】向量 $\widehat{\boldsymbol{x}}^{(\mathrm{a})}$ 是关于未知参数 $\boldsymbol{x}$ 的渐近无偏估计值, 并且其均方误差为

$$\mathbf{MSE}(\widehat{\boldsymbol{x}}^{(\mathrm{a})})=((\boldsymbol{G}_{\mathrm{t}x}(\boldsymbol{x},\boldsymbol{s}))^{\mathrm{T}}(\boldsymbol{A}_{\mathrm{t}}(\boldsymbol{\beta}_{\mathrm{f}},\boldsymbol{s}))^{\mathrm{T}}(\boldsymbol{\Omega}_{\mathrm{t}}^{(\mathrm{a})})^{-1}\boldsymbol{A}_{\mathrm{t}}(\boldsymbol{\beta}_{\mathrm{f}},\boldsymbol{s})\boldsymbol{G}_{\mathrm{t}x}(\boldsymbol{x},\boldsymbol{s}))^{-1} \quad (10.50)$$

式中, $\boldsymbol{G}_{\mathrm{t}x}(\boldsymbol{x},\boldsymbol{s})=\dfrac{\partial \boldsymbol{g}_{\mathrm{t}}(\boldsymbol{x},\boldsymbol{s})}{\partial \boldsymbol{x}^{\mathrm{T}}}\in \mathbf{R}^{q\times q}$ 表示函数 $\boldsymbol{g}_{\mathrm{t}}(\boldsymbol{x},\boldsymbol{s})$ 关于向量 $\boldsymbol{x}$ 的 Jacobi 矩阵, 为满秩方阵。

【证明】将向量 $\widehat{\boldsymbol{x}}^{(\mathrm{a})}$ 中的估计误差记为 $\Delta\boldsymbol{x}^{(\mathrm{a})}=\widehat{\boldsymbol{x}}^{(\mathrm{a})}-\boldsymbol{x}$。在一阶误差分析理论框架下, 基于关系式 $\boldsymbol{\beta}_{\mathrm{t}}=\boldsymbol{g}_{\mathrm{t}}(\boldsymbol{x},\boldsymbol{s})$ 可得

$$\Delta\boldsymbol{\beta}_{\mathrm{t}}^{(\mathrm{a})}\approx \boldsymbol{G}_{\mathrm{t}x}(\boldsymbol{x},\boldsymbol{s})\Delta\boldsymbol{x}^{(\mathrm{a})}\Rightarrow \Delta\boldsymbol{x}^{(\mathrm{a})}\approx(\boldsymbol{G}_{\mathrm{t}x}(\boldsymbol{x},\boldsymbol{s}))^{-1}\Delta\boldsymbol{\beta}_{\mathrm{t}}^{(\mathrm{a})} \quad (10.51)$$

由于误差向量 $\Delta\boldsymbol{\beta}_{\mathrm{t}}^{(\mathrm{a})}$ 渐近服从零均值的高斯分布, 因此误差向量 $\Delta\boldsymbol{x}^{(\mathrm{a})}$ 也渐近服从零均值的高斯分布, 由此可知向量 $\widehat{\boldsymbol{x}}^{(\mathrm{a})}$ 是关于未知参数 $\boldsymbol{x}$ 的渐近无偏估计值, 并且其均方误差为

$$\begin{aligned}\mathbf{MSE}(\widehat{\boldsymbol{x}}^{(\mathrm{a})})&=\mathbf{E}[(\widehat{\boldsymbol{x}}^{(\mathrm{a})}-\boldsymbol{x})(\widehat{\boldsymbol{x}}^{(\mathrm{a})}-\boldsymbol{x})^{\mathrm{T}}]=\mathbf{E}[\Delta\boldsymbol{x}^{(\mathrm{a})}(\Delta\boldsymbol{x}^{(\mathrm{a})})^{\mathrm{T}}]\\&=(\boldsymbol{G}_{\mathrm{t}x}(\boldsymbol{x},\boldsymbol{s}))^{-1}\mathbf{E}[\Delta\boldsymbol{\beta}_{\mathrm{t}}^{(\mathrm{a})}(\Delta\boldsymbol{\beta}_{\mathrm{t}}^{(\mathrm{a})})^{\mathrm{T}}](\boldsymbol{G}_{\mathrm{t}x}(\boldsymbol{x},\boldsymbol{s}))^{-\mathrm{T}}\\&=(\boldsymbol{G}_{\mathrm{t}x}(\boldsymbol{x},\boldsymbol{s}))^{-1}\mathbf{MSE}(\widehat{\boldsymbol{\beta}}_{\mathrm{t}}^{(\mathrm{a})})(\boldsymbol{G}_{\mathrm{t}x}(\boldsymbol{x},\boldsymbol{s}))^{-\mathrm{T}}\\&=((\boldsymbol{G}_{\mathrm{t}x}(\boldsymbol{x},\boldsymbol{s}))^{\mathrm{T}}(\boldsymbol{A}_{\mathrm{t}}(\boldsymbol{\beta}_{\mathrm{f}},\boldsymbol{s}))^{\mathrm{T}}(\boldsymbol{\Omega}_{\mathrm{t}}^{(\mathrm{a})})^{-1}\boldsymbol{A}_{\mathrm{t}}(\boldsymbol{\beta}_{\mathrm{f}},\boldsymbol{s})\boldsymbol{G}_{\mathrm{t}x}(\boldsymbol{x},\boldsymbol{s}))^{-1}\end{aligned} \quad (10.52)$$

式中, 第 5 个等号利用了式 (10.45)。证毕。

【命题 10.5】向量 $\widehat{\boldsymbol{x}}^{(\mathrm{a})}$ 是关于未知参数 $\boldsymbol{x}$ 的渐近统计最优估计值。

【证明】仅需要证明等式 $\mathbf{MSE}(\widehat{\boldsymbol{x}}^{(\mathrm{a})})=\mathbf{CRB}^{(\mathrm{a})}(\boldsymbol{x})$ 即可。首先, 将式 (10.42) 代入式 (10.50) 可得

$$\begin{aligned}\mathbf{MSE}(\widehat{\boldsymbol{x}}^{(\mathrm{a})})&=((\boldsymbol{G}_{\mathrm{t}x}(\boldsymbol{x},\boldsymbol{s}))^{\mathrm{T}}(\boldsymbol{A}_{\mathrm{t}}(\boldsymbol{\beta}_{\mathrm{f}},\boldsymbol{s}))^{\mathrm{T}}(\boldsymbol{C}_{\mathrm{t}\beta}(\boldsymbol{\beta}_{\mathrm{t}},\boldsymbol{\beta}_{\mathrm{f}},\boldsymbol{s})\\&\quad\times\mathbf{MSE}(\widehat{\boldsymbol{\beta}}_{\mathrm{f}}^{(\mathrm{a})})(\boldsymbol{C}_{\mathrm{t}\beta}(\boldsymbol{\beta}_{\mathrm{t}},\boldsymbol{\beta}_{\mathrm{f}},\boldsymbol{s}))^{\mathrm{T}})^{-1}\boldsymbol{A}_{\mathrm{t}}(\boldsymbol{\beta}_{\mathrm{f}},\boldsymbol{s})\boldsymbol{G}_{\mathrm{t}x}(\boldsymbol{x},\boldsymbol{s}))^{-1}\\&=((\boldsymbol{G}_{\mathrm{t}x}(\boldsymbol{x},\boldsymbol{s}))^{\mathrm{T}}(\boldsymbol{A}_{\mathrm{t}}(\boldsymbol{\beta}_{\mathrm{f}},\boldsymbol{s}))^{\mathrm{T}}(\boldsymbol{C}_{\mathrm{t}\beta}(\boldsymbol{\beta}_{\mathrm{t}},\boldsymbol{\beta}_{\mathrm{f}},\boldsymbol{s}))^{-\mathrm{T}}\\&\quad\times(\mathbf{MSE}(\widehat{\boldsymbol{\beta}}_{\mathrm{f}}^{(\mathrm{a})}))^{-1}(\boldsymbol{C}_{\mathrm{t}\beta}(\boldsymbol{\beta}_{\mathrm{t}},\boldsymbol{\beta}_{\mathrm{f}},\boldsymbol{s}))^{-1}\boldsymbol{A}_{\mathrm{t}}(\boldsymbol{\beta}_{\mathrm{f}},\boldsymbol{s})\boldsymbol{G}_{\mathrm{t}x}(\boldsymbol{x},\boldsymbol{s}))^{-1}\end{aligned} \quad (10.53)$$

然后, 将式 (10.20) 代入式 (10.53) 可知

$$\begin{aligned}\mathbf{MSE}(\widehat{\boldsymbol{x}}^{(\mathrm{a})})&=((\boldsymbol{G}_{\mathrm{t}x}(\boldsymbol{x},\boldsymbol{s}))^{\mathrm{T}}(\boldsymbol{A}_{\mathrm{t}}(\boldsymbol{\beta}_{\mathrm{f}},\boldsymbol{s}))^{\mathrm{T}}(\boldsymbol{C}_{\mathrm{t}\beta}(\boldsymbol{\beta}_{\mathrm{t}},\boldsymbol{\beta}_{\mathrm{f}},\boldsymbol{s}))^{-\mathrm{T}}(\boldsymbol{A}_{\mathrm{f}}(\boldsymbol{z}_0,\boldsymbol{s}))^{\mathrm{T}}(\boldsymbol{\Omega}_{\mathrm{f}}^{(\mathrm{a})})^{-1}\\&\quad\times\boldsymbol{A}_{\mathrm{f}}(\boldsymbol{z}_0,\boldsymbol{s})(\boldsymbol{C}_{\mathrm{t}\beta}(\boldsymbol{\beta}_{\mathrm{t}},\boldsymbol{\beta}_{\mathrm{f}},\boldsymbol{s}))^{-1}\boldsymbol{A}_{\mathrm{t}}(\boldsymbol{\beta}_{\mathrm{f}},\boldsymbol{s})\boldsymbol{G}_{\mathrm{t}x}(\boldsymbol{x},\boldsymbol{s}))^{-1}\end{aligned} \quad (10.54)$$

接着, 将式 (10.17) 代入式 (10.54) 可得

$$\begin{aligned}\mathbf{MSE}(\widehat{\boldsymbol{x}}^{(\mathrm{a})})=&((\boldsymbol{G}_{\mathrm{t}x}(\boldsymbol{x},\boldsymbol{s}))^{\mathrm{T}}(\boldsymbol{A}_{\mathrm{t}}(\boldsymbol{\beta}_{\mathrm{f}},\boldsymbol{s}))^{\mathrm{T}}(\boldsymbol{C}_{\mathrm{t}\beta}(\boldsymbol{\beta}_{\mathrm{t}},\boldsymbol{\beta}_{\mathrm{f}},\boldsymbol{s}))^{-\mathrm{T}}(\boldsymbol{A}_{\mathrm{f}}(\boldsymbol{z}_0,\boldsymbol{s}))^{\mathrm{T}}\\&\times(\boldsymbol{C}_{\mathrm{f}z}(\boldsymbol{\beta}_{\mathrm{f}},\boldsymbol{z}_0,\boldsymbol{s}))^{-\mathrm{T}}\boldsymbol{E}^{-1}(\boldsymbol{C}_{\mathrm{f}z}(\boldsymbol{\beta}_{\mathrm{f}},\boldsymbol{z}_0,\boldsymbol{s}))^{-1}\\&\times\boldsymbol{A}_{\mathrm{f}}(\boldsymbol{z}_0,\boldsymbol{s})(\boldsymbol{C}_{\mathrm{t}\beta}(\boldsymbol{\beta}_{\mathrm{t}},\boldsymbol{\beta}_{\mathrm{f}},\boldsymbol{s}))^{-1}\boldsymbol{A}_{\mathrm{t}}(\boldsymbol{\beta}_{\mathrm{f}},\boldsymbol{s})\boldsymbol{G}_{\mathrm{t}x}(\boldsymbol{x},\boldsymbol{s}))^{-1}\end{aligned}\tag{10.55}$$

对比式 (10.26) 和式 (10.55) 可知, 下面仅需要证明如下等式即可

$$\boldsymbol{F}_x(\boldsymbol{x},\boldsymbol{s})=(\boldsymbol{C}_{\mathrm{f}z}(\boldsymbol{\beta}_{\mathrm{f}},\boldsymbol{z}_0,\boldsymbol{s}))^{-1}\boldsymbol{A}_{\mathrm{f}}(\boldsymbol{z}_0,\boldsymbol{s})(\boldsymbol{C}_{\mathrm{t}\beta}(\boldsymbol{\beta}_{\mathrm{t}},\boldsymbol{\beta}_{\mathrm{f}},\boldsymbol{s}))^{-1}\boldsymbol{A}_{\mathrm{t}}(\boldsymbol{\beta}_{\mathrm{f}},\boldsymbol{s})\boldsymbol{G}_{\mathrm{t}x}(\boldsymbol{x},\boldsymbol{s})\tag{10.56}$$

将关系式 $\boldsymbol{\beta}_{\mathrm{f}}=\boldsymbol{g}_{\mathrm{f}}(\boldsymbol{x},\boldsymbol{s})$ 和 $\boldsymbol{\beta}_{\mathrm{t}}=\boldsymbol{g}_{\mathrm{t}}(\boldsymbol{x},\boldsymbol{s})$ 代入伪线性观测方程式 (10.3) 可得

$$\boldsymbol{A}_{\mathrm{t}}(\boldsymbol{g}_{\mathrm{f}}(\boldsymbol{x},\boldsymbol{s}),\boldsymbol{s})\boldsymbol{g}_{\mathrm{t}}(\boldsymbol{x},\boldsymbol{s})=\boldsymbol{b}_{\mathrm{t}}(\boldsymbol{g}_{\mathrm{f}}(\boldsymbol{x},\boldsymbol{s}),\boldsymbol{s})\tag{10.57}$$

由于式 (10.57) 是关于未知参数 $\boldsymbol{x}$ 的恒等式, 于是将该式两边对向量 $\boldsymbol{x}$ 求导可知

$$\begin{aligned}&[\dot{\boldsymbol{A}}_{\mathrm{t}\beta_1}(\boldsymbol{\beta}_{\mathrm{f}},\boldsymbol{s})\boldsymbol{\beta}_{\mathrm{t}}\quad\dot{\boldsymbol{A}}_{\mathrm{t}\beta_2}(\boldsymbol{\beta}_{\mathrm{f}},\boldsymbol{s})\boldsymbol{\beta}_{\mathrm{t}}\quad\cdots\quad\dot{\boldsymbol{A}}_{\mathrm{t}\beta_{q+l_0}}(\boldsymbol{\beta}_{\mathrm{f}},\boldsymbol{s})\boldsymbol{\beta}_{\mathrm{t}}]\boldsymbol{G}_{\mathrm{f}x}(\boldsymbol{x},\boldsymbol{s})+\boldsymbol{A}_{\mathrm{t}}(\boldsymbol{\beta}_{\mathrm{f}},\boldsymbol{s})\boldsymbol{G}_{\mathrm{t}x}(\boldsymbol{x},\boldsymbol{s})\\&=\boldsymbol{B}_{\mathrm{t}\beta}(\boldsymbol{\beta}_{\mathrm{f}},\boldsymbol{s})\boldsymbol{G}_{\mathrm{f}x}(\boldsymbol{x},\boldsymbol{s})\Rightarrow\boldsymbol{C}_{\mathrm{t}\beta}(\boldsymbol{\beta}_{\mathrm{t}},\boldsymbol{\beta}_{\mathrm{f}},\boldsymbol{s})\boldsymbol{G}_{\mathrm{f}x}(\boldsymbol{x},\boldsymbol{s})=\boldsymbol{A}_{\mathrm{t}}(\boldsymbol{\beta}_{\mathrm{f}},\boldsymbol{s})\boldsymbol{G}_{\mathrm{t}x}(\boldsymbol{x},\boldsymbol{s})\\&\Rightarrow\boldsymbol{G}_{\mathrm{f}x}(\boldsymbol{x},\boldsymbol{s})=(\boldsymbol{C}_{\mathrm{t}\beta}(\boldsymbol{\beta}_{\mathrm{t}},\boldsymbol{\beta}_{\mathrm{f}},\boldsymbol{s}))^{-1}\boldsymbol{A}_{\mathrm{t}}(\boldsymbol{\beta}_{\mathrm{f}},\boldsymbol{s})\boldsymbol{G}_{\mathrm{t}x}(\boldsymbol{x},\boldsymbol{s})\end{aligned}\tag{10.58}$$

式中, 第 2 个等式利用了式 (10.41)。最后, 结合式 (10.28) 和式 (10.58) 可知式 (10.56) 成立。证毕。

【注记 10.10】 式 (10.58) 是证明命题 10.5 的关键等式。下面给出另一个关键等式。由于式 (10.57) 同样也是关于模型参数 $\boldsymbol{s}$ 的恒等式, 于是将该式两边对向量 $\boldsymbol{s}$ 求导可得

$$\begin{aligned}&[\dot{\boldsymbol{A}}_{\mathrm{t}\beta_1}(\boldsymbol{\beta}_{\mathrm{f}},\boldsymbol{s})\boldsymbol{\beta}_{\mathrm{t}}\quad\dot{\boldsymbol{A}}_{\mathrm{t}\beta_2}(\boldsymbol{\beta}_{\mathrm{f}},\boldsymbol{s})\boldsymbol{\beta}_{\mathrm{t}}\quad\cdots\quad\dot{\boldsymbol{A}}_{\mathrm{t}\beta_{q+l_0}}(\boldsymbol{\beta}_{\mathrm{f}},\boldsymbol{s})\boldsymbol{\beta}_{\mathrm{t}}]\boldsymbol{G}_{\mathrm{f}s}(\boldsymbol{x},\boldsymbol{s})\\&+[\dot{\boldsymbol{A}}_{\mathrm{t}s_1}(\boldsymbol{\beta}_{\mathrm{f}},\boldsymbol{s})\boldsymbol{\beta}_{\mathrm{t}}\quad\dot{\boldsymbol{A}}_{\mathrm{t}s_2}(\boldsymbol{\beta}_{\mathrm{f}},\boldsymbol{s})\boldsymbol{\beta}_{\mathrm{t}}\quad\cdots\quad\dot{\boldsymbol{A}}_{\mathrm{t}s_r}(\boldsymbol{\beta}_{\mathrm{f}},\boldsymbol{s})\boldsymbol{\beta}_{\mathrm{t}}]\\&+\boldsymbol{A}_{\mathrm{t}}(\boldsymbol{\beta}_{\mathrm{f}},\boldsymbol{s})\boldsymbol{G}_{\mathrm{t}s}(\boldsymbol{x},\boldsymbol{s})=\boldsymbol{B}_{\mathrm{t}\beta}(\boldsymbol{\beta}_{\mathrm{f}},\boldsymbol{s})\boldsymbol{G}_{\mathrm{f}s}(\boldsymbol{x},\boldsymbol{s})+\boldsymbol{B}_{\mathrm{t}s}(\boldsymbol{\beta}_{\mathrm{f}},\boldsymbol{s})\\&\Rightarrow\boldsymbol{C}_{\mathrm{t}\beta}(\boldsymbol{\beta}_{\mathrm{t}},\boldsymbol{\beta}_{\mathrm{f}},\boldsymbol{s})\boldsymbol{G}_{\mathrm{f}s}(\boldsymbol{x},\boldsymbol{s})+\boldsymbol{C}_{\mathrm{t}s}(\boldsymbol{\beta}_{\mathrm{t}},\boldsymbol{\beta}_{\mathrm{f}},\boldsymbol{s})=\boldsymbol{A}_{\mathrm{t}}(\boldsymbol{\beta}_{\mathrm{f}},\boldsymbol{s})\boldsymbol{G}_{\mathrm{t}s}(\boldsymbol{x},\boldsymbol{s})\\&\Rightarrow\boldsymbol{G}_{\mathrm{f}s}(\boldsymbol{x},\boldsymbol{s})=(\boldsymbol{C}_{\mathrm{t}\beta}(\boldsymbol{\beta}_{\mathrm{t}},\boldsymbol{\beta}_{\mathrm{f}},\boldsymbol{s}))^{-1}(\boldsymbol{A}_{\mathrm{t}}(\boldsymbol{\beta}_{\mathrm{f}},\boldsymbol{s})\boldsymbol{G}_{\mathrm{t}s}(\boldsymbol{x},\boldsymbol{s})-\boldsymbol{C}_{\mathrm{t}s}(\boldsymbol{\beta}_{\mathrm{t}},\boldsymbol{\beta}_{\mathrm{f}},\boldsymbol{s}))\end{aligned}\tag{10.59}$$

式中, 第 2 个等式利用了式 (10.41), 其余矩阵的表达式如下

$$
\begin{cases}
\boldsymbol{G}_{\mathrm{t}s}(\boldsymbol{x},\boldsymbol{s})=\dfrac{\partial \boldsymbol{g}_{\mathrm{t}}(\boldsymbol{x},\boldsymbol{s})}{\partial \boldsymbol{s}^{\mathrm{T}}}\in \mathbf{R}^{q\times r}\\
\boldsymbol{B}_{\mathrm{t}s}(\boldsymbol{\beta}_{\mathrm{f}},\boldsymbol{s})=\dfrac{\partial \boldsymbol{b}_{\mathrm{t}}(\boldsymbol{\beta}_{\mathrm{f}},\boldsymbol{s})}{\partial \boldsymbol{s}^{\mathrm{T}}}\in \mathbf{R}^{(q+l_0)\times r}\\
\dot{\boldsymbol{A}}_{\mathrm{t}s_j}(\boldsymbol{\beta}_{\mathrm{f}},\boldsymbol{s})=\dfrac{\partial \boldsymbol{A}_{\mathrm{t}}(\boldsymbol{\beta}_{\mathrm{f}},\boldsymbol{s})}{\partial \langle \boldsymbol{s}\rangle_j}\in \mathbf{R}^{(q+l_0)\times q}\quad (1\leqslant j\leqslant r)\\
\boldsymbol{C}_{\mathrm{t}s}(\boldsymbol{\beta}_{\mathrm{t}},\boldsymbol{\beta}_{\mathrm{f}},\boldsymbol{s})\\
=\boldsymbol{B}_{\mathrm{t}s}(\boldsymbol{\beta}_{\mathrm{f}},\boldsymbol{s})-[\dot{\boldsymbol{A}}_{\mathrm{t}s_1}(\boldsymbol{\beta}_{\mathrm{f}},\boldsymbol{s})\boldsymbol{\beta}_{\mathrm{t}}\quad \dot{\boldsymbol{A}}_{\mathrm{t}s_2}(\boldsymbol{\beta}_{\mathrm{f}},\boldsymbol{s})\boldsymbol{\beta}_{\mathrm{t}}\quad \cdots\quad \dot{\boldsymbol{A}}_{\mathrm{t}s_r}(\boldsymbol{\beta}_{\mathrm{f}},\boldsymbol{s})\boldsymbol{\beta}_{\mathrm{t}}]\in \mathbf{R}^{(q+l_0)\times r}
\end{cases}
\tag{10.60}
$$

式 (10.59) 对于后续的理论性能分析至关重要。

10.2.4 数值实验

本节选择式 (10.4) 定义的函数 $\boldsymbol{f}(\boldsymbol{x},\boldsymbol{s})$ 进行数值实验。由式 (10.7) 和式 (10.8) 可得

$$
\begin{aligned}
\boldsymbol{B}_{\mathrm{f}z}(\boldsymbol{z}_0,\boldsymbol{s})&=\frac{\partial \boldsymbol{b}_{\mathrm{f}}(\boldsymbol{z}_0,\boldsymbol{s})}{\partial \boldsymbol{z}_0^{\mathrm{T}}}\\
&=\left[\begin{array}{c|c}\mathrm{diag}\{2z_{01}^{(\mathrm{u})},2z_{02}^{(\mathrm{u})},2z_{03}^{(\mathrm{u})},2z_{04}^{(\mathrm{u})}\} & \boldsymbol{O}_{4\times 4}\\ \hline \mathrm{diag}\{z_{01}^{(\mathrm{v})},z_{02}^{(\mathrm{v})},z_{03}^{(\mathrm{v})},z_{04}^{(\mathrm{v})}\} & \mathrm{diag}\{z_{01}^{(\mathrm{u})},z_{02}^{(\mathrm{u})},z_{03}^{(\mathrm{u})},z_{04}^{(\mathrm{u})}\}\end{array}\right]
\end{aligned}
\tag{10.61}
$$

$$
\dot{\boldsymbol{A}}_{\mathrm{f}z_j}(\boldsymbol{z}_0,\boldsymbol{s})=\frac{\partial \boldsymbol{A}_{\mathrm{f}}(\boldsymbol{z}_0,\boldsymbol{s})}{\partial z_{0j}^{(\mathrm{u})}}=\begin{bmatrix}2\boldsymbol{i}_4^{(j)}(\boldsymbol{i}_6^{(5)})^{\mathrm{T}}\\ \boldsymbol{i}_4^{(j)}(\boldsymbol{i}_6^{(6)})^{\mathrm{T}}\end{bmatrix}\quad (1\leqslant j\leqslant 4)
\tag{10.62}
$$

$$
\dot{\boldsymbol{A}}_{\mathrm{f}z_j}(\boldsymbol{z}_0,\boldsymbol{s})=\frac{\partial \boldsymbol{A}_{\mathrm{f}}(\boldsymbol{z}_0,\boldsymbol{s})}{\partial z_{0,j-4}^{(\mathrm{v})}}=\begin{bmatrix}\boldsymbol{O}_{4\times 6}\\ \boldsymbol{i}_4^{(j-4)}(\boldsymbol{i}_6^{(5)})^{\mathrm{T}}\end{bmatrix}\quad (5\leqslant j\leqslant 8)
\tag{10.63}
$$

由式 (10.9) 和式 (10.10) 可知

$$
\boldsymbol{B}_{\mathrm{t}\beta}(\boldsymbol{\beta}_{\mathrm{f}},\boldsymbol{s})=\frac{\partial \boldsymbol{b}_{\mathrm{t}}(\boldsymbol{\beta}_{\mathrm{f}},\boldsymbol{s})}{\partial \boldsymbol{\beta}_{\mathrm{f}}^{\mathrm{T}}}=\begin{bmatrix}\boldsymbol{I}_4 & \boldsymbol{O}_{4\times 1} & \boldsymbol{O}_{4\times 1}\\ \boldsymbol{O}_{1\times 4} & 2\langle\boldsymbol{\beta}_{\mathrm{f}}\rangle_5 & 0\\ \boldsymbol{O}_{1\times 4} & \langle\boldsymbol{\beta}_{\mathrm{f}}\rangle_6 & \langle\boldsymbol{\beta}_{\mathrm{f}}\rangle_5\end{bmatrix}
\tag{10.64}
$$

$$
\begin{cases}
\dot{\boldsymbol{A}}_{\mathrm{t}\beta_1}(\boldsymbol{\beta}_{\mathrm{f}},\boldsymbol{s})=\dfrac{\partial \boldsymbol{A}_{\mathrm{t}}(\boldsymbol{\beta}_{\mathrm{f}},\boldsymbol{s})}{\partial\langle\boldsymbol{\beta}_{\mathrm{f}}\rangle_1}=\left[\begin{array}{cccc}\multicolumn{4}{c}{\boldsymbol{O}_{4\times 4}}\\ \hdashline 1&0&0&0\\ 0&0&1&0\end{array}\right]\\
\dot{\boldsymbol{A}}_{\mathrm{t}\beta_2}(\boldsymbol{\beta}_{\mathrm{f}},\boldsymbol{s})=\dfrac{\partial \boldsymbol{A}_{\mathrm{t}}(\boldsymbol{\beta}_{\mathrm{f}},\boldsymbol{s})}{\partial\langle\boldsymbol{\beta}_{\mathrm{f}}\rangle_2}=\left[\begin{array}{cccc}\multicolumn{4}{c}{\boldsymbol{O}_{4\times 4}}\\ \hdashline 0&1&0&0\\ 0&0&0&1\end{array}\right]
\end{cases}
\tag{10.65}
$$

$$
\dot{\boldsymbol{A}}_{\mathrm{t}\beta_3}(\boldsymbol{\beta}_{\mathrm{f}},\boldsymbol{s})=\dot{\boldsymbol{A}}_{\mathrm{t}\beta_4}(\boldsymbol{\beta}_{\mathrm{f}},\boldsymbol{s})=\dot{\boldsymbol{A}}_{\mathrm{t}\beta_5}(\boldsymbol{\beta}_{\mathrm{f}},\boldsymbol{s})=\dot{\boldsymbol{A}}_{\mathrm{t}\beta_6}(\boldsymbol{\beta}_{\mathrm{f}},\boldsymbol{s})=\boldsymbol{O}_{6\times 4}
\tag{10.66}
$$

未知参数 $\boldsymbol{x}$ 和模型参数 $\boldsymbol{s}$ 的数值见表 10.1, 其中模型参数是精确已知的。观测误差协方差矩阵设为 $\boldsymbol{E}=\sigma_1^2\mathrm{blkdiag}\{(\boldsymbol{I}_4+\boldsymbol{1}_{4\times 4})/2,(\boldsymbol{I}_4+\boldsymbol{1}_{4\times 4})/200\}$, 其中 σ_1 称为观测误差标准差。下面利用方法 10−a 对未知参数 $\boldsymbol{x}$ 进行估计。图 10.2 给出了未知参数 $\boldsymbol{x}$ 估计均方根误差随观测误差标准差 σ_1 的变化曲线。

表 10.1　未知参数 $\boldsymbol{x}$ 和模型参数 $\boldsymbol{s}$ 的数值

$\boldsymbol{x}$	$\boldsymbol{s}$				
	$\boldsymbol{s}_1$	$\boldsymbol{s}_2$	$\boldsymbol{s}_3$	$\boldsymbol{s}_4$	$\boldsymbol{s}_5$
−980	239	−234	192	346	−472
−653	−114	−342	273	−368	−253
15	−12	15	−11	17	−18
12	14	−16	−13	10	−12

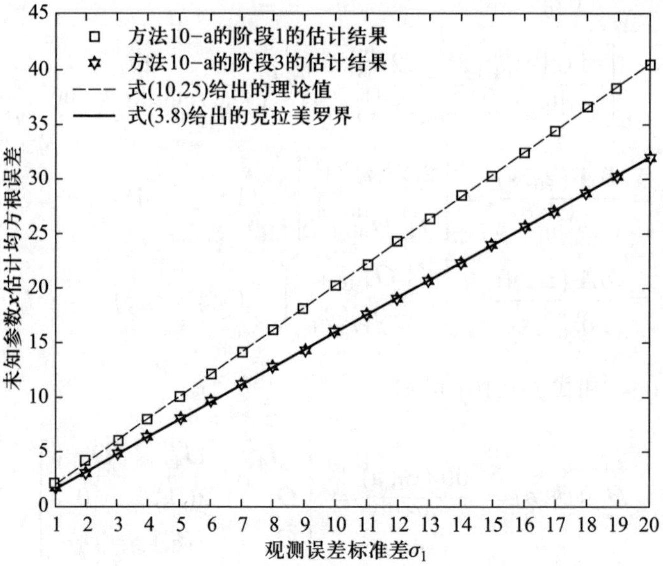

图 10.2　未知参数 $\boldsymbol{x}$ 估计均方根误差随观测误差标准差 σ_1 的变化曲线

从图 10.2 中可以看出:

① 方法 10−a 对未知参数 $\boldsymbol{x}$ 的估计均方根误差随观测误差标准差 σ_1 的增加而增大。

② 方法 10−a 的阶段 1 对未知参数 $\boldsymbol{x}$ 的估计均方根误差与式 (10.25) 给出的理论值基本吻合, 并且该值高于由式 (3.8) 给出的克拉美罗界, 从而验证了第 10.2.1 节理论性能分析的有效性。

③ 方法 10−a 的阶段 3 对未知参数 $\boldsymbol{x}$ 的估计均方根误差可以达到由式 (3.8) 给出的克拉美罗界, 从而验证了第 10.2.3 节理论性能分析的有效性。

10.3 模型参数先验观测误差对参数估计性能的影响

本节假设模型参数 $\boldsymbol{s}$ 并不能精确已知, 实际计算中仅存在关于模型参数 $\boldsymbol{s}$ 的先验观测值 $\widehat{\boldsymbol{s}}$, 其中包含先验观测误差, 此时的观测模型可以表示为

$$\begin{cases} \boldsymbol{z} = \boldsymbol{f}(\boldsymbol{x}, \boldsymbol{s}) + \boldsymbol{e} \\ \widehat{\boldsymbol{s}} = \boldsymbol{s} + \boldsymbol{\varphi} \end{cases} \tag{10.67}$$

模型参数先验观测误差显然会对方法 10−a 的估计精度产生直接影响, 下面推导方法 10−a 在模型参数先验观测误差存在下的统计性能。

为了避免符号混淆, 将此情形下方法 10−a 的估计值记为 $\widehat{\widehat{\boldsymbol{x}}}^{(\mathrm{a})}$, 则由式 (10.19)、式 (10.44) 和式 (10.49) 可得

$$\widehat{\widehat{\boldsymbol{x}}}^{(\mathrm{a})} = \boldsymbol{g}_{\mathrm{t}}^{-1}(\widehat{\widehat{\boldsymbol{\beta}}}_{\mathrm{t}}^{(\mathrm{a})}, \widehat{\boldsymbol{s}}) \tag{10.68}$$

式中,

$$\widehat{\widehat{\boldsymbol{\beta}}}_{\mathrm{t}}^{(\mathrm{a})} = ((\boldsymbol{A}_{\mathrm{t}}(\widehat{\widehat{\boldsymbol{\beta}}}_{\mathrm{f}}^{(\mathrm{a})}, \widehat{\boldsymbol{s}}))^{\mathrm{T}}(\boldsymbol{\Omega}_{\mathrm{t}}^{(\mathrm{a})})^{-1}\boldsymbol{A}_{\mathrm{t}}(\widehat{\widehat{\boldsymbol{\beta}}}_{\mathrm{f}}^{(\mathrm{a})}, \widehat{\boldsymbol{s}}))^{-1}(\boldsymbol{A}_{\mathrm{t}}(\widehat{\widehat{\boldsymbol{\beta}}}_{\mathrm{f}}^{(\mathrm{a})}, \widehat{\boldsymbol{s}}))^{\mathrm{T}}(\boldsymbol{\Omega}_{\mathrm{t}}^{(\mathrm{a})})^{-1}\boldsymbol{b}_{\mathrm{t}}(\widehat{\widehat{\boldsymbol{\beta}}}_{\mathrm{f}}^{(\mathrm{a})}, \widehat{\boldsymbol{s}}) \tag{10.69}$$

其中

$$\widehat{\widehat{\boldsymbol{\beta}}}_{\mathrm{f}}^{(\mathrm{a})} = ((\boldsymbol{A}_{\mathrm{f}}(\boldsymbol{z}, \widehat{\boldsymbol{s}}))^{\mathrm{T}}(\boldsymbol{\Omega}_{\mathrm{f}}^{(\mathrm{a})})^{-1}\boldsymbol{A}_{\mathrm{f}}(\boldsymbol{z}, \widehat{\boldsymbol{s}}))^{-1}(\boldsymbol{A}_{\mathrm{f}}(\boldsymbol{z}, \widehat{\boldsymbol{s}}))^{\mathrm{T}}(\boldsymbol{\Omega}_{\mathrm{f}}^{(\mathrm{a})})^{-1}\boldsymbol{b}_{\mathrm{f}}(\boldsymbol{z}, \widehat{\boldsymbol{s}}) \tag{10.70}$$

相对式 (10.19)、式 (10.44) 和式 (10.49) 而言, 式 (10.68)、式 (10.69) 和式 (10.70) 的不同之处在于用模型参数 $\boldsymbol{s}$ 的先验观测值 $\widehat{\boldsymbol{s}}$ 代替其真实值, 这是因为这里考虑的是其精确值无法获知的情形。

下面从统计的角度分析估计值 $\widehat{\widehat{\boldsymbol{x}}}^{(\mathrm{a})}$ 的理论性能, 具体结论可见以下两个命题。

【命题 10.6】向量 $\widehat{\widehat{\boldsymbol{x}}}^{(\mathrm{a})}$ 是关于未知参数 $\boldsymbol{x}$ 的渐近无偏估计值, 并且其均方误差为

$$\begin{aligned}\mathbf{MSE}(\widehat{\widehat{\boldsymbol{x}}}^{(\mathrm{a})})&=\mathbf{MSE}(\widehat{\boldsymbol{x}}^{(\mathrm{a})})+\mathbf{MSE}(\widehat{\boldsymbol{x}}^{(\mathrm{a})})(\boldsymbol{F}_x(\boldsymbol{x},\boldsymbol{s}))^{\mathrm{T}}\boldsymbol{E}^{-1}\boldsymbol{F}_s(\boldsymbol{x},\boldsymbol{s})\boldsymbol{\Psi}(\boldsymbol{F}_s(\boldsymbol{x},\boldsymbol{s}))^{\mathrm{T}}\\&\quad\times\boldsymbol{E}^{-1}\boldsymbol{F}_x(\boldsymbol{x},\boldsymbol{s})\mathbf{MSE}(\widehat{\boldsymbol{x}}^{(\mathrm{a})})\end{aligned}\tag{10.71}$$

【证明】证明共包含 4 个部分。

(一) 第 1 部分

将向量 $\widehat{\widehat{\boldsymbol{\beta}}}_{\mathrm{f}}^{(\mathrm{a})}$ 中的估计误差记为 $\Delta\widetilde{\boldsymbol{\beta}}_{\mathrm{f}}^{(\mathrm{a})}=\widehat{\widehat{\boldsymbol{\beta}}}_{\mathrm{f}}^{(\mathrm{a})}-\boldsymbol{\beta}_{\mathrm{f}}$。基于式 (10.70) 和注记 10.3 可知

$$(\boldsymbol{A}_{\mathrm{f}}(\boldsymbol{z},\widehat{\boldsymbol{s}}))^{\mathrm{T}}(\widehat{\boldsymbol{\Omega}}_{\mathrm{f}}^{(\mathrm{a})})^{-1}\boldsymbol{A}_{\mathrm{f}}(\boldsymbol{z},\widehat{\boldsymbol{s}})(\boldsymbol{\beta}_{\mathrm{f}}+\Delta\widetilde{\boldsymbol{\beta}}_{\mathrm{f}}^{(\mathrm{a})})=(\boldsymbol{A}_{\mathrm{f}}(\boldsymbol{z},\widehat{\boldsymbol{s}}))^{\mathrm{T}}(\widehat{\boldsymbol{\Omega}}_{\mathrm{f}}^{(\mathrm{a})})^{-1}\boldsymbol{b}_{\mathrm{f}}(\boldsymbol{z},\widehat{\boldsymbol{s}})\tag{10.72}$$

在一阶误差分析理论框架下, 利用式 (10.72) 可以进一步推得

$$\begin{aligned}&(\Delta\widetilde{\boldsymbol{A}}_{\mathrm{f}}^{(\mathrm{a})})^{\mathrm{T}}(\boldsymbol{\Omega}_{\mathrm{f}}^{(\mathrm{a})})^{-1}\boldsymbol{A}_{\mathrm{f}}(\boldsymbol{z}_0,\boldsymbol{s})\boldsymbol{\beta}_{\mathrm{f}}+(\boldsymbol{A}_{\mathrm{f}}(\boldsymbol{z}_0,\boldsymbol{s}))^{\mathrm{T}}(\boldsymbol{\Omega}_{\mathrm{f}}^{(\mathrm{a})})^{-1}\Delta\widetilde{\boldsymbol{A}}_{\mathrm{f}}^{(\mathrm{a})}\boldsymbol{\beta}_{\mathrm{f}}\\&+(\boldsymbol{A}_{\mathrm{f}}(\boldsymbol{z}_0,\boldsymbol{s}))^{\mathrm{T}}\Delta\boldsymbol{\Xi}_{\mathrm{f}}^{(\mathrm{a})}\boldsymbol{A}_{\mathrm{f}}(\boldsymbol{z}_0,\boldsymbol{s})\boldsymbol{\beta}_{\mathrm{f}}+(\boldsymbol{A}_{\mathrm{f}}(\boldsymbol{z}_0,\boldsymbol{s}))^{\mathrm{T}}(\boldsymbol{\Omega}_{\mathrm{f}}^{(\mathrm{a})})^{-1}\boldsymbol{A}_{\mathrm{f}}(\boldsymbol{z}_0,\boldsymbol{s})\Delta\widetilde{\boldsymbol{\beta}}_{\mathrm{f}}^{(\mathrm{a})}\\&\approx(\Delta\widetilde{\boldsymbol{A}}_{\mathrm{f}}^{(\mathrm{a})})^{\mathrm{T}}(\boldsymbol{\Omega}_{\mathrm{f}}^{(\mathrm{a})})^{-1}\boldsymbol{b}_{\mathrm{f}}(\boldsymbol{z}_0,\boldsymbol{s})+(\boldsymbol{A}_{\mathrm{f}}(\boldsymbol{z}_0,\boldsymbol{s}))^{\mathrm{T}}(\boldsymbol{\Omega}_{\mathrm{f}}^{(\mathrm{a})})^{-1}\Delta\widetilde{\boldsymbol{b}}_{\mathrm{f}}^{(\mathrm{a})}\\&\quad+(\boldsymbol{A}_{\mathrm{f}}(\boldsymbol{z}_0,\boldsymbol{s}))^{\mathrm{T}}\Delta\boldsymbol{\Xi}_{\mathrm{f}}^{(\mathrm{a})}\boldsymbol{b}_{\mathrm{f}}(\boldsymbol{z}_0,\boldsymbol{s})\\&\Rightarrow(\boldsymbol{A}_{\mathrm{f}}(\boldsymbol{z}_0,\boldsymbol{s}))^{\mathrm{T}}(\boldsymbol{\Omega}_{\mathrm{f}}^{(\mathrm{a})})^{-1}\boldsymbol{A}_{\mathrm{f}}(\boldsymbol{z}_0,\boldsymbol{s})\Delta\widetilde{\boldsymbol{\beta}}_{\mathrm{f}}^{(\mathrm{a})}\\&\approx(\boldsymbol{A}_{\mathrm{f}}(\boldsymbol{z}_0,\boldsymbol{s}))^{\mathrm{T}}(\boldsymbol{\Omega}_{\mathrm{f}}^{(\mathrm{a})})^{-1}(\Delta\widetilde{\boldsymbol{b}}_{\mathrm{f}}^{(\mathrm{a})}-\Delta\widetilde{\boldsymbol{A}}_{\mathrm{f}}^{(\mathrm{a})}\boldsymbol{\beta}_{\mathrm{f}})=(\boldsymbol{A}_{\mathrm{f}}(\boldsymbol{z}_0,\boldsymbol{s}))^{\mathrm{T}}(\boldsymbol{\Omega}_{\mathrm{f}}^{(\mathrm{a})})^{-1}\widetilde{\boldsymbol{\xi}}_{\mathrm{f}}^{(\mathrm{a})}\\&\Rightarrow\Delta\widetilde{\boldsymbol{\beta}}_{\mathrm{f}}^{(\mathrm{a})}\approx((\boldsymbol{A}_{\mathrm{f}}(\boldsymbol{z}_0,\boldsymbol{s}))^{\mathrm{T}}(\boldsymbol{\Omega}_{\mathrm{f}}^{(\mathrm{a})})^{-1}\boldsymbol{A}_{\mathrm{f}}(\boldsymbol{z}_0,\boldsymbol{s}))^{-1}(\boldsymbol{A}_{\mathrm{f}}(\boldsymbol{z}_0,\boldsymbol{s}))^{\mathrm{T}}(\boldsymbol{\Omega}_{\mathrm{f}}^{(\mathrm{a})})^{-1}\widetilde{\boldsymbol{\xi}}_{\mathrm{f}}^{(\mathrm{a})}\end{aligned}\tag{10.73}$$

式中, $\Delta\widetilde{\boldsymbol{b}}_{\mathrm{f}}^{(\mathrm{a})}=\boldsymbol{b}_{\mathrm{f}}(\boldsymbol{z},\widehat{\boldsymbol{s}})-\boldsymbol{b}_{\mathrm{f}}(\boldsymbol{z}_0,\boldsymbol{s})$, $\Delta\widetilde{\boldsymbol{A}}_{\mathrm{f}}^{(\mathrm{a})}=\boldsymbol{A}_{\mathrm{f}}(\boldsymbol{z},\widehat{\boldsymbol{s}})-\boldsymbol{A}_{\mathrm{f}}(\boldsymbol{z}_0,\boldsymbol{s})$, $\widetilde{\boldsymbol{\xi}}_{\mathrm{f}}^{(\mathrm{a})}=\Delta\widetilde{\boldsymbol{b}}_{\mathrm{f}}^{(\mathrm{a})}-\Delta\widetilde{\boldsymbol{A}}_{\mathrm{f}}^{(\mathrm{a})}\boldsymbol{\beta}_{\mathrm{f}}$。利用一阶误差分析可知

$$\left\{\begin{aligned}&\Delta\widetilde{\boldsymbol{b}}_{\mathrm{f}}^{(\mathrm{a})}\approx\boldsymbol{B}_{\mathrm{f}z}(\boldsymbol{z}_0,\boldsymbol{s})(\boldsymbol{z}-\boldsymbol{z}_0)+\boldsymbol{B}_{\mathrm{f}s}(\boldsymbol{z}_0,\boldsymbol{s})(\widehat{\boldsymbol{s}}-\boldsymbol{s})=\boldsymbol{B}_{\mathrm{f}z}(\boldsymbol{z}_0,\boldsymbol{s})\boldsymbol{e}+\boldsymbol{B}_{\mathrm{f}s}(\boldsymbol{z}_0,\boldsymbol{s})\boldsymbol{\varphi}\\&\Delta\widetilde{\boldsymbol{A}}_{\mathrm{f}}^{(\mathrm{a})}\boldsymbol{\beta}_{\mathrm{f}}\approx[\dot{\boldsymbol{A}}_{\mathrm{f}z_1}(\boldsymbol{z}_0,\boldsymbol{s})\boldsymbol{\beta}_{\mathrm{f}}\quad\dot{\boldsymbol{A}}_{\mathrm{f}z_2}(\boldsymbol{z}_0,\boldsymbol{s})\boldsymbol{\beta}_{\mathrm{f}}\quad\cdots\quad\dot{\boldsymbol{A}}_{\mathrm{f}z_p}(\boldsymbol{z}_0,\boldsymbol{s})\boldsymbol{\beta}_{\mathrm{f}}](\boldsymbol{z}-\boldsymbol{z}_0)\\&\quad+[\dot{\boldsymbol{A}}_{\mathrm{f}s_1}(\boldsymbol{z}_0,\boldsymbol{s})\boldsymbol{\beta}_{\mathrm{f}}\quad\dot{\boldsymbol{A}}_{\mathrm{f}s_2}(\boldsymbol{z}_0,\boldsymbol{s})\boldsymbol{\beta}_{\mathrm{f}}\quad\cdots\quad\dot{\boldsymbol{A}}_{\mathrm{f}s_r}(\boldsymbol{z}_0,\boldsymbol{s})\boldsymbol{\beta}_{\mathrm{f}}](\widehat{\boldsymbol{s}}-\boldsymbol{s})\\&=[\dot{\boldsymbol{A}}_{\mathrm{f}z_1}(\boldsymbol{z}_0,\boldsymbol{s})\boldsymbol{\beta}_{\mathrm{f}}\quad\dot{\boldsymbol{A}}_{\mathrm{f}z_2}(\boldsymbol{z}_0,\boldsymbol{s})\boldsymbol{\beta}_{\mathrm{f}}\quad\cdots\quad\dot{\boldsymbol{A}}_{\mathrm{f}z_p}(\boldsymbol{z}_0,\boldsymbol{s})\boldsymbol{\beta}_{\mathrm{f}}]\boldsymbol{e}\\&\quad+[\dot{\boldsymbol{A}}_{\mathrm{f}s_1}(\boldsymbol{z}_0,\boldsymbol{s})\boldsymbol{\beta}_{\mathrm{f}}\quad\dot{\boldsymbol{A}}_{\mathrm{f}s_2}(\boldsymbol{z}_0,\boldsymbol{s})\boldsymbol{\beta}_{\mathrm{f}}\quad\cdots\quad\dot{\boldsymbol{A}}_{\mathrm{f}s_r}(\boldsymbol{z}_0,\boldsymbol{s})\boldsymbol{\beta}_{\mathrm{f}}]\boldsymbol{\varphi}\end{aligned}\right.\tag{10.74}$$

基于式 (10.74) 可得

$$\begin{aligned}\widetilde{\boldsymbol{\xi}}_{\mathrm{f}}^{(\mathrm{a})}=\Delta\widetilde{\boldsymbol{b}}_{\mathrm{f}}^{(\mathrm{a})}-\Delta\widetilde{\boldsymbol{A}}_{\mathrm{f}}^{(\mathrm{a})}\boldsymbol{\beta}_{\mathrm{f}}&\approx\boldsymbol{B}_{\mathrm{f}z}(\boldsymbol{z}_0,\boldsymbol{s})\boldsymbol{e}+\boldsymbol{B}_{\mathrm{fs}}(\boldsymbol{z}_0,\boldsymbol{s})\boldsymbol{\varphi}\\&\quad-[\dot{\boldsymbol{A}}_{\mathrm{f}z_1}(\boldsymbol{z}_0,\boldsymbol{s})\boldsymbol{\beta}_{\mathrm{f}}\quad\dot{\boldsymbol{A}}_{\mathrm{f}z_2}(\boldsymbol{z}_0,\boldsymbol{s})\boldsymbol{\beta}_{\mathrm{f}}\quad\cdots\quad\dot{\boldsymbol{A}}_{\mathrm{f}z_p}(\boldsymbol{z}_0,\boldsymbol{s})\boldsymbol{\beta}_{\mathrm{f}}]\boldsymbol{e}\\&\quad-[\dot{\boldsymbol{A}}_{\mathrm{f}s_1}(\boldsymbol{z}_0,\boldsymbol{s})\boldsymbol{\beta}_{\mathrm{f}}\quad\dot{\boldsymbol{A}}_{\mathrm{f}s_2}(\boldsymbol{z}_0,\boldsymbol{s})\boldsymbol{\beta}_{\mathrm{f}}\quad\cdots\quad\dot{\boldsymbol{A}}_{\mathrm{f}s_r}(\boldsymbol{z}_0,\boldsymbol{s})\boldsymbol{\beta}_{\mathrm{f}}]\boldsymbol{\varphi}\\&=\boldsymbol{C}_{\mathrm{f}z}(\boldsymbol{\beta}_{\mathrm{f}},\boldsymbol{z}_0,\boldsymbol{s})\boldsymbol{e}+\boldsymbol{C}_{\mathrm{fs}}(\boldsymbol{\beta}_{\mathrm{f}},\boldsymbol{z}_0,\boldsymbol{s})\boldsymbol{\varphi}\end{aligned}\tag{10.75}$$

式中, 第 3 个等号利用了式 (10.16) 和式 (10.35)。将式 (10.75) 代入式 (10.73) 可知

$$\begin{aligned}\Delta\widetilde{\boldsymbol{\beta}}_{\mathrm{f}}^{(\mathrm{a})}&\approx((\boldsymbol{A}_{\mathrm{f}}(\boldsymbol{z}_0,\boldsymbol{s}))^{\mathrm{T}}(\boldsymbol{\Omega}_{\mathrm{f}}^{(\mathrm{a})})^{-1}\boldsymbol{A}_{\mathrm{f}}(\boldsymbol{z}_0,\boldsymbol{s}))^{-1}(\boldsymbol{A}_{\mathrm{f}}(\boldsymbol{z}_0,\boldsymbol{s}))^{\mathrm{T}}(\boldsymbol{\Omega}_{\mathrm{f}}^{(\mathrm{a})})^{-1}\boldsymbol{C}_{\mathrm{f}z}(\boldsymbol{\beta}_{\mathrm{f}},\boldsymbol{z}_0,\boldsymbol{s})\boldsymbol{e}\\&\quad+((\boldsymbol{A}_{\mathrm{f}}(\boldsymbol{z}_0,\boldsymbol{s}))^{\mathrm{T}}(\boldsymbol{\Omega}_{\mathrm{f}}^{(\mathrm{a})})^{-1}\boldsymbol{A}_{\mathrm{f}}(\boldsymbol{z}_0,\boldsymbol{s}))^{-1}(\boldsymbol{A}_{\mathrm{f}}(\boldsymbol{z}_0,\boldsymbol{s}))^{\mathrm{T}}(\boldsymbol{\Omega}_{\mathrm{f}}^{(\mathrm{a})})^{-1}\boldsymbol{C}_{\mathrm{fs}}(\boldsymbol{\beta}_{\mathrm{f}},\boldsymbol{z}_0,\boldsymbol{s})\boldsymbol{\varphi}\end{aligned}\tag{10.76}$$

(二) 第 2 部分

将向量 $\widehat{\widetilde{\boldsymbol{\beta}}}_{\mathrm{t}}^{(\mathrm{a})}$ 中的估计误差记为 $\Delta\widetilde{\boldsymbol{\beta}}_{\mathrm{t}}^{(\mathrm{a})}=\widehat{\widetilde{\boldsymbol{\beta}}}_{\mathrm{t}}^{(\mathrm{a})}-\boldsymbol{\beta}_{\mathrm{t}}$。基于式 (10.69) 和注记 10.7 可知

$$(\boldsymbol{A}_{\mathrm{t}}(\widehat{\widetilde{\boldsymbol{\beta}}}_{\mathrm{f}}^{(\mathrm{a})},\widehat{\boldsymbol{s}}))^{\mathrm{T}}(\widehat{\boldsymbol{\Omega}}_{\mathrm{t}}^{(\mathrm{a})})^{-1}\boldsymbol{A}_{\mathrm{t}}(\widehat{\widetilde{\boldsymbol{\beta}}}_{\mathrm{f}}^{(\mathrm{a})},\widehat{\boldsymbol{s}})(\boldsymbol{\beta}_{\mathrm{t}}+\Delta\widetilde{\boldsymbol{\beta}}_{\mathrm{t}}^{(\mathrm{a})})=(\boldsymbol{A}_{\mathrm{t}}(\widehat{\widetilde{\boldsymbol{\beta}}}_{\mathrm{f}}^{(\mathrm{a})},\widehat{\boldsymbol{s}}))^{\mathrm{T}}(\widehat{\boldsymbol{\Omega}}_{\mathrm{t}}^{(\mathrm{a})})^{-1}\boldsymbol{b}_{\mathrm{t}}(\widehat{\widetilde{\boldsymbol{\beta}}}_{\mathrm{f}}^{(\mathrm{a})},\widehat{\boldsymbol{s}})\tag{10.77}$$

在一阶误差分析理论框架下, 利用式 (10.77) 可以进一步推得

$$\begin{aligned}&(\Delta\widetilde{\boldsymbol{A}}_{\mathrm{t}}^{(\mathrm{a})})^{\mathrm{T}}(\boldsymbol{\Omega}_{\mathrm{t}}^{(\mathrm{a})})^{-1}\boldsymbol{A}_{\mathrm{t}}(\boldsymbol{\beta}_{\mathrm{f}},\boldsymbol{s})\boldsymbol{\beta}_{\mathrm{t}}+(\boldsymbol{A}_{\mathrm{t}}(\boldsymbol{\beta}_{\mathrm{f}},\boldsymbol{s}))^{\mathrm{T}}(\boldsymbol{\Omega}_{\mathrm{t}}^{(\mathrm{a})})^{-1}\Delta\widetilde{\boldsymbol{A}}_{\mathrm{t}}^{(\mathrm{a})}\boldsymbol{\beta}_{\mathrm{t}}\\&+(\boldsymbol{A}_{\mathrm{t}}(\boldsymbol{\beta}_{\mathrm{f}},\boldsymbol{s}))^{\mathrm{T}}\Delta\boldsymbol{\Xi}_{\mathrm{t}}^{(\mathrm{a})}\boldsymbol{A}_{\mathrm{t}}(\boldsymbol{\beta}_{\mathrm{f}},\boldsymbol{s})\boldsymbol{\beta}_{\mathrm{t}}+(\boldsymbol{A}_{\mathrm{t}}(\boldsymbol{\beta}_{\mathrm{f}},\boldsymbol{s}))^{\mathrm{T}}(\boldsymbol{\Omega}_{\mathrm{t}}^{(\mathrm{a})})^{-1}\boldsymbol{A}_{\mathrm{t}}(\boldsymbol{\beta}_{\mathrm{f}},\boldsymbol{s})\Delta\widetilde{\boldsymbol{\beta}}_{\mathrm{t}}^{(\mathrm{a})}\\&\approx(\Delta\widetilde{\boldsymbol{A}}_{\mathrm{t}}^{(\mathrm{a})})^{\mathrm{T}}(\boldsymbol{\Omega}_{\mathrm{t}}^{(\mathrm{a})})^{-1}\boldsymbol{b}_{\mathrm{t}}(\boldsymbol{\beta}_{\mathrm{f}},\boldsymbol{s})+(\boldsymbol{A}_{\mathrm{t}}(\boldsymbol{\beta}_{\mathrm{f}},\boldsymbol{s}))^{\mathrm{T}}(\boldsymbol{\Omega}_{\mathrm{t}}^{(\mathrm{a})})^{-1}\Delta\widetilde{\boldsymbol{b}}_{\mathrm{t}}^{(\mathrm{a})}\\&+(\boldsymbol{A}_{\mathrm{t}}(\boldsymbol{\beta}_{\mathrm{f}},\boldsymbol{s}))^{\mathrm{T}}\Delta\boldsymbol{\Xi}_{\mathrm{t}}^{(\mathrm{a})}\boldsymbol{b}_{\mathrm{t}}(\boldsymbol{\beta}_{\mathrm{f}},\boldsymbol{s})\\&\Rightarrow(\boldsymbol{A}_{\mathrm{t}}(\boldsymbol{\beta}_{\mathrm{f}},\boldsymbol{s}))^{\mathrm{T}}(\boldsymbol{\Omega}_{\mathrm{t}}^{(\mathrm{a})})^{-1}\boldsymbol{A}_{\mathrm{t}}(\boldsymbol{\beta}_{\mathrm{f}},\boldsymbol{s})\Delta\widetilde{\boldsymbol{\beta}}_{\mathrm{t}}^{(\mathrm{a})}\\&\approx(\boldsymbol{A}_{\mathrm{t}}(\boldsymbol{\beta}_{\mathrm{f}},\boldsymbol{s}))^{\mathrm{T}}(\boldsymbol{\Omega}_{\mathrm{t}}^{(\mathrm{a})})^{-1}(\Delta\widetilde{\boldsymbol{b}}_{\mathrm{t}}^{(\mathrm{a})}-\Delta\widetilde{\boldsymbol{A}}_{\mathrm{t}}^{(\mathrm{a})}\boldsymbol{\beta}_{\mathrm{t}})=(\boldsymbol{A}_{\mathrm{t}}(\boldsymbol{\beta}_{\mathrm{f}},\boldsymbol{s}))^{\mathrm{T}}(\boldsymbol{\Omega}_{\mathrm{t}}^{(\mathrm{a})})^{-1}\widetilde{\boldsymbol{\xi}}_{\mathrm{t}}^{(\mathrm{a})}\\&\Rightarrow\Delta\widetilde{\boldsymbol{\beta}}_{\mathrm{t}}^{(\mathrm{a})}\approx((\boldsymbol{A}_{\mathrm{t}}(\boldsymbol{\beta}_{\mathrm{f}},\boldsymbol{s}))^{\mathrm{T}}(\boldsymbol{\Omega}_{\mathrm{t}}^{(\mathrm{a})})^{-1}\boldsymbol{A}_{\mathrm{t}}(\boldsymbol{\beta}_{\mathrm{f}},\boldsymbol{s}))^{-1}(\boldsymbol{A}_{\mathrm{t}}(\boldsymbol{\beta}_{\mathrm{f}},\boldsymbol{s}))^{\mathrm{T}}(\boldsymbol{\Omega}_{\mathrm{t}}^{(\mathrm{a})})^{-1}\widetilde{\boldsymbol{\xi}}_{\mathrm{t}}^{(\mathrm{a})}\end{aligned}\tag{10.78}$$

式中, $\Delta\widetilde{\boldsymbol{b}}_{\mathrm{t}}^{(\mathrm{a})}=\boldsymbol{b}_{\mathrm{t}}(\widehat{\widetilde{\boldsymbol{\beta}}}_{\mathrm{f}}^{(\mathrm{a})},\widehat{\boldsymbol{s}})-\boldsymbol{b}_{\mathrm{t}}(\boldsymbol{\beta}_{\mathrm{f}},\boldsymbol{s})$, $\Delta\widetilde{\boldsymbol{A}}_{\mathrm{t}}^{(\mathrm{a})}=\boldsymbol{A}_{\mathrm{t}}(\widehat{\widetilde{\boldsymbol{\beta}}}_{\mathrm{f}}^{(\mathrm{a})},\widehat{\boldsymbol{s}})-\boldsymbol{A}_{\mathrm{t}}(\boldsymbol{\beta}_{\mathrm{f}},\boldsymbol{s})$, $\widetilde{\boldsymbol{\xi}}_{\mathrm{t}}^{(\mathrm{a})}=\Delta\widetilde{\boldsymbol{b}}_{\mathrm{t}}^{(\mathrm{a})}-\Delta\widetilde{\boldsymbol{A}}_{\mathrm{t}}^{(\mathrm{a})}\boldsymbol{\beta}_{\mathrm{t}}$。利用一阶误差分析可知

$$
\begin{cases}
\Delta\widetilde{\boldsymbol{b}}_{\mathrm{t}}^{(\mathrm{a})} \approx \boldsymbol{B}_{\mathrm{t}\beta}(\boldsymbol{\beta}_{\mathrm{f}},\boldsymbol{s})(\widehat{\widehat{\boldsymbol{\beta}}}_{\mathrm{f}}^{(\mathrm{a})}-\boldsymbol{\beta}_{\mathrm{f}})+\boldsymbol{B}_{\mathrm{t}s}(\boldsymbol{\beta}_{\mathrm{f}},\boldsymbol{s})(\widehat{\boldsymbol{s}}-\boldsymbol{s}) \\
=\boldsymbol{B}_{\mathrm{t}\beta}(\boldsymbol{\beta}_{\mathrm{f}},\boldsymbol{s})\Delta\widetilde{\boldsymbol{\beta}}_{\mathrm{f}}^{(\mathrm{a})}+\boldsymbol{B}_{\mathrm{t}s}(\boldsymbol{\beta}_{\mathrm{f}},\boldsymbol{s})\boldsymbol{\varphi} \\
\Delta\widetilde{\boldsymbol{A}}_{\mathrm{t}}^{(\mathrm{a})}\boldsymbol{\beta}_{\mathrm{t}} \approx [\dot{\boldsymbol{A}}_{\mathrm{t}\beta_1}(\boldsymbol{\beta}_{\mathrm{f}},\boldsymbol{s})\boldsymbol{\beta}_{\mathrm{t}}\quad \dot{\boldsymbol{A}}_{\mathrm{t}\beta_2}(\boldsymbol{\beta}_{\mathrm{f}},\boldsymbol{s})\boldsymbol{\beta}_{\mathrm{t}}\quad \cdots\quad \dot{\boldsymbol{A}}_{\mathrm{t}\beta_{q+l_0}}(\boldsymbol{\beta}_{\mathrm{f}},\boldsymbol{s})\boldsymbol{\beta}_{\mathrm{t}}](\widehat{\widehat{\boldsymbol{\beta}}}_{\mathrm{f}}^{(\mathrm{a})}-\boldsymbol{\beta}_{\mathrm{f}}) \\
\quad +[\dot{\boldsymbol{A}}_{\mathrm{t}s_1}(\boldsymbol{\beta}_{\mathrm{f}},\boldsymbol{s})\boldsymbol{\beta}_{\mathrm{t}}\quad \dot{\boldsymbol{A}}_{\mathrm{t}s_2}(\boldsymbol{\beta}_{\mathrm{f}},\boldsymbol{s})\boldsymbol{\beta}_{\mathrm{t}}\quad \cdots\quad \dot{\boldsymbol{A}}_{\mathrm{t}s_r}(\boldsymbol{\beta}_{\mathrm{f}},\boldsymbol{s})\boldsymbol{\beta}_{\mathrm{t}}](\widehat{\boldsymbol{s}}-\boldsymbol{s}) \\
=[\dot{\boldsymbol{A}}_{\mathrm{t}\beta_1}(\boldsymbol{\beta}_{\mathrm{f}},\boldsymbol{s})\boldsymbol{\beta}_{\mathrm{t}}\quad \dot{\boldsymbol{A}}_{\mathrm{t}\beta_2}(\boldsymbol{\beta}_{\mathrm{f}},\boldsymbol{s})\boldsymbol{\beta}_{\mathrm{t}}\quad \cdots\quad \dot{\boldsymbol{A}}_{\mathrm{t}\beta_{q+l_0}}(\boldsymbol{\beta}_{\mathrm{f}},\boldsymbol{s})\boldsymbol{\beta}_{\mathrm{t}}]\Delta\widetilde{\boldsymbol{\beta}}_{\mathrm{f}}^{(\mathrm{a})} \\
\quad +[\dot{\boldsymbol{A}}_{\mathrm{t}s_1}(\boldsymbol{\beta}_{\mathrm{f}},\boldsymbol{s})\boldsymbol{\beta}_{\mathrm{t}}\quad \dot{\boldsymbol{A}}_{\mathrm{t}s_2}(\boldsymbol{\beta}_{\mathrm{f}},\boldsymbol{s})\boldsymbol{\beta}_{\mathrm{t}}\quad \cdots\quad \dot{\boldsymbol{A}}_{\mathrm{t}s_r}(\boldsymbol{\beta}_{\mathrm{f}},\boldsymbol{s})\boldsymbol{\beta}_{\mathrm{t}}]\boldsymbol{\varphi}
\end{cases}
\tag{10.79}
$$

基于式 (10.79) 可得

$$
\begin{aligned}
\widetilde{\boldsymbol{\xi}}_{\mathrm{t}}^{(\mathrm{a})} &= \Delta\widetilde{\boldsymbol{b}}_{\mathrm{t}}^{(\mathrm{a})}-\Delta\widetilde{\boldsymbol{A}}_{\mathrm{t}}^{(\mathrm{a})}\boldsymbol{\beta}_{\mathrm{t}} \approx \boldsymbol{B}_{\mathrm{t}\beta}(\boldsymbol{\beta}_{\mathrm{f}},\boldsymbol{s})\Delta\widetilde{\boldsymbol{\beta}}_{\mathrm{f}}^{(\mathrm{a})}+\boldsymbol{B}_{\mathrm{t}s}(\boldsymbol{\beta}_{\mathrm{f}},\boldsymbol{s})\boldsymbol{\varphi} \\
&\quad -[\dot{\boldsymbol{A}}_{\mathrm{t}\beta_1}(\boldsymbol{\beta}_{\mathrm{f}},\boldsymbol{s})\boldsymbol{\beta}_{\mathrm{t}}\quad \dot{\boldsymbol{A}}_{\mathrm{t}\beta_2}(\boldsymbol{\beta}_{\mathrm{f}},\boldsymbol{s})\boldsymbol{\beta}_{\mathrm{t}}\quad \cdots\quad \dot{\boldsymbol{A}}_{\mathrm{t}\beta_{q+l_0}}(\boldsymbol{\beta}_{\mathrm{f}},\boldsymbol{s})\boldsymbol{\beta}_{\mathrm{t}}]\Delta\widetilde{\boldsymbol{\beta}}_{\mathrm{f}}^{(\mathrm{a})} \\
&\quad -[\dot{\boldsymbol{A}}_{\mathrm{t}s_1}(\boldsymbol{\beta}_{\mathrm{f}},\boldsymbol{s})\boldsymbol{\beta}_{\mathrm{t}}\quad \dot{\boldsymbol{A}}_{\mathrm{t}s_2}(\boldsymbol{\beta}_{\mathrm{f}},\boldsymbol{s})\boldsymbol{\beta}_{\mathrm{t}}\quad \cdots\quad \dot{\boldsymbol{A}}_{\mathrm{t}s_r}(\boldsymbol{\beta}_{\mathrm{f}},\boldsymbol{s})\boldsymbol{\beta}_{\mathrm{t}}]\boldsymbol{\varphi} \\
&= \boldsymbol{C}_{\mathrm{t}\beta}(\boldsymbol{\beta}_{\mathrm{t}},\boldsymbol{\beta}_{\mathrm{f}},\boldsymbol{s})\Delta\widetilde{\boldsymbol{\beta}}_{\mathrm{f}}^{(\mathrm{a})}+\boldsymbol{C}_{\mathrm{t}s}(\boldsymbol{\beta}_{\mathrm{t}},\boldsymbol{\beta}_{\mathrm{f}},\boldsymbol{s})\boldsymbol{\varphi}
\end{aligned}
\tag{10.80}
$$

式中, 第 3 个等号利用了式 (10.41) 和式 (10.60)。将式 (10.80) 代入式 (10.78) 可知

$$
\begin{aligned}
\Delta\widetilde{\boldsymbol{\beta}}_{\mathrm{t}}^{(\mathrm{a})} \approx &((\boldsymbol{A}_{\mathrm{t}}(\boldsymbol{\beta}_{\mathrm{f}},\boldsymbol{s}))^{\mathrm{T}}(\boldsymbol{\Omega}_{\mathrm{t}}^{(\mathrm{a})})^{-1}\boldsymbol{A}_{\mathrm{t}}(\boldsymbol{\beta}_{\mathrm{f}},\boldsymbol{s}))^{-1}(\boldsymbol{A}_{\mathrm{t}}(\boldsymbol{\beta}_{\mathrm{f}},\boldsymbol{s}))^{\mathrm{T}}(\boldsymbol{\Omega}_{\mathrm{t}}^{(\mathrm{a})})^{-1}\boldsymbol{C}_{\mathrm{t}\beta}(\boldsymbol{\beta}_{\mathrm{t}},\boldsymbol{\beta}_{\mathrm{f}},\boldsymbol{s})\Delta\widetilde{\boldsymbol{\beta}}_{\mathrm{f}}^{(\mathrm{a})} \\
&+((\boldsymbol{A}_{\mathrm{t}}(\boldsymbol{\beta}_{\mathrm{f}},\boldsymbol{s}))^{\mathrm{T}}(\boldsymbol{\Omega}_{\mathrm{t}}^{(\mathrm{a})})^{-1}\boldsymbol{A}_{\mathrm{t}}(\boldsymbol{\beta}_{\mathrm{f}},\boldsymbol{s}))^{-1}(\boldsymbol{A}_{\mathrm{t}}(\boldsymbol{\beta}_{\mathrm{f}},\boldsymbol{s}))^{\mathrm{T}}(\boldsymbol{\Omega}_{\mathrm{t}}^{(\mathrm{a})})^{-1}\boldsymbol{C}_{\mathrm{t}s}(\boldsymbol{\beta}_{\mathrm{t}},\boldsymbol{\beta}_{\mathrm{f}},\boldsymbol{s})\boldsymbol{\varphi}
\end{aligned}
\tag{10.81}
$$

(三) 第 3 部分

将向量 $\widehat{\widehat{\boldsymbol{x}}}^{(\mathrm{a})}$ 中的估计误差记为 $\Delta\widetilde{\boldsymbol{x}}^{(\mathrm{a})}=\widehat{\widehat{\boldsymbol{x}}}^{(\mathrm{a})}-\boldsymbol{x}$。在一阶误差分析理论框架下, 基于关系式 $\boldsymbol{\beta}_{\mathrm{t}}=\boldsymbol{g}_{\mathrm{t}}(\boldsymbol{x},\boldsymbol{s})$ 可得

$$
\begin{aligned}
\Delta\widetilde{\boldsymbol{\beta}}_{\mathrm{t}}^{(\mathrm{a})} &\approx \boldsymbol{G}_{\mathrm{t}x}(\boldsymbol{x},\boldsymbol{s})\Delta\widetilde{\boldsymbol{x}}^{(\mathrm{a})}+\boldsymbol{G}_{\mathrm{t}s}(\boldsymbol{x},\boldsymbol{s})\boldsymbol{\varphi} \Rightarrow \Delta\widetilde{\boldsymbol{x}}^{(\mathrm{a})} \\
&\approx (\boldsymbol{G}_{\mathrm{t}x}(\boldsymbol{x},\boldsymbol{s}))^{-1}\Delta\widetilde{\boldsymbol{\beta}}_{\mathrm{t}}^{(\mathrm{a})}-(\boldsymbol{G}_{\mathrm{t}x}(\boldsymbol{x},\boldsymbol{s}))^{-1}\boldsymbol{G}_{\mathrm{t}s}(\boldsymbol{x},\boldsymbol{s})\boldsymbol{\varphi}
\end{aligned}
\tag{10.82}
$$

将式 (10.81) 代入式 (10.82) 可知

$$
\begin{aligned}
\Delta\widetilde{\boldsymbol{x}}^{(\mathrm{a})} \approx\ &(\boldsymbol{G}_{\mathrm{t}x}(\boldsymbol{x},\boldsymbol{s}))^{-1}((\boldsymbol{A}_{\mathrm{t}}(\boldsymbol{\beta}_{\mathrm{f}},\boldsymbol{s}))^{\mathrm{T}}(\boldsymbol{\Omega}_{\mathrm{t}}^{(\mathrm{a})})^{-1}\boldsymbol{A}_{\mathrm{t}}(\boldsymbol{\beta}_{\mathrm{f}},\boldsymbol{s}))^{-1} \\
&\times(\boldsymbol{A}_{\mathrm{t}}(\boldsymbol{\beta}_{\mathrm{f}},\boldsymbol{s}))^{\mathrm{T}}(\boldsymbol{\Omega}_{\mathrm{t}}^{(\mathrm{a})})^{-1}\boldsymbol{C}_{\mathrm{t}\beta}(\boldsymbol{\beta}_{\mathrm{t}},\boldsymbol{\beta}_{\mathrm{f}},\boldsymbol{s})\Delta\widetilde{\boldsymbol{\beta}}_{\mathrm{f}}^{(\mathrm{a})} \\
&+(\boldsymbol{G}_{\mathrm{t}x}(\boldsymbol{x},\boldsymbol{s}))^{-1}((\boldsymbol{A}_{\mathrm{t}}(\boldsymbol{\beta}_{\mathrm{f}},\boldsymbol{s}))^{\mathrm{T}}(\boldsymbol{\Omega}_{\mathrm{t}}^{(\mathrm{a})})^{-1}\boldsymbol{A}_{\mathrm{t}}(\boldsymbol{\beta}_{\mathrm{f}},\boldsymbol{s}))^{-1} \\
&\times(\boldsymbol{A}_{\mathrm{t}}(\boldsymbol{\beta}_{\mathrm{f}},\boldsymbol{s}))^{\mathrm{T}}(\boldsymbol{\Omega}_{\mathrm{t}}^{(\mathrm{a})})^{-1}\boldsymbol{C}_{\mathrm{t}s}(\boldsymbol{\beta}_{\mathrm{t}},\boldsymbol{\beta}_{\mathrm{f}},\boldsymbol{s})\boldsymbol{\varphi} \\
&-(\boldsymbol{G}_{\mathrm{t}x}(\boldsymbol{x},\boldsymbol{s}))^{-1}\boldsymbol{G}_{\mathrm{t}s}(\boldsymbol{x},\boldsymbol{s})\boldsymbol{\varphi}
\end{aligned}
\tag{10.83}
$$

将式 (10.76) 代入式 (10.83) 可得

$$\Delta\widetilde{\boldsymbol{x}}^{(\mathrm{a})} \approx \boldsymbol{P}\boldsymbol{e} + (\boldsymbol{Q}_1 + \boldsymbol{Q}_2 + \boldsymbol{Q}_3)\boldsymbol{\varphi} \tag{10.84}$$

式中,

$$\begin{aligned}\boldsymbol{P} =& (\boldsymbol{G}_{\mathrm{t}x}(\boldsymbol{x},\boldsymbol{s}))^{-1}((\boldsymbol{A}_{\mathrm{t}}(\boldsymbol{\beta}_{\mathrm{f}},\boldsymbol{s}))^{\mathrm{T}}(\boldsymbol{\Omega}_{\mathrm{t}}^{(\mathrm{a})})^{-1}\boldsymbol{A}_{\mathrm{t}}(\boldsymbol{\beta}_{\mathrm{f}},\boldsymbol{s}))^{-1} \\ &\times (\boldsymbol{A}_{\mathrm{t}}(\boldsymbol{\beta}_{\mathrm{f}},\boldsymbol{s}))^{\mathrm{T}}(\boldsymbol{\Omega}_{\mathrm{t}}^{(\mathrm{a})})^{-1}\boldsymbol{C}_{\mathrm{t}\beta}(\boldsymbol{\beta}_{\mathrm{t}},\boldsymbol{\beta}_{\mathrm{f}},\boldsymbol{s})((\boldsymbol{A}_{\mathrm{f}}(\boldsymbol{z}_0,\boldsymbol{s}))^{\mathrm{T}}(\boldsymbol{\Omega}_{\mathrm{f}}^{(\mathrm{a})})^{-1} \\ &\times \boldsymbol{A}_{\mathrm{f}}(\boldsymbol{z}_0,\boldsymbol{s}))^{-1}(\boldsymbol{A}_{\mathrm{f}}(\boldsymbol{z}_0,\boldsymbol{s}))^{\mathrm{T}}(\boldsymbol{\Omega}_{\mathrm{f}}^{(\mathrm{a})})^{-1}\boldsymbol{C}_{\mathrm{f}z}(\boldsymbol{\beta}_{\mathrm{f}},\boldsymbol{z}_0,\boldsymbol{s})\end{aligned} \tag{10.85}$$

$$\begin{aligned}\boldsymbol{Q}_1 =& (\boldsymbol{G}_{\mathrm{t}x}(\boldsymbol{x},\boldsymbol{s}))^{-1}((\boldsymbol{A}_{\mathrm{t}}(\boldsymbol{\beta}_{\mathrm{f}},\boldsymbol{s}))^{\mathrm{T}}(\boldsymbol{\Omega}_{\mathrm{t}}^{(\mathrm{a})})^{-1}\boldsymbol{A}_{\mathrm{t}}(\boldsymbol{\beta}_{\mathrm{f}},\boldsymbol{s}))^{-1} \\ &\times (\boldsymbol{A}_{\mathrm{t}}(\boldsymbol{\beta}_{\mathrm{f}},\boldsymbol{s}))^{\mathrm{T}}(\boldsymbol{\Omega}_{\mathrm{t}}^{(\mathrm{a})})^{-1}\boldsymbol{C}_{\mathrm{t}\beta}(\boldsymbol{\beta}_{\mathrm{t}},\boldsymbol{\beta}_{\mathrm{f}},\boldsymbol{s})((\boldsymbol{A}_{\mathrm{f}}(\boldsymbol{z}_0,\boldsymbol{s}))^{\mathrm{T}}(\boldsymbol{\Omega}_{\mathrm{f}}^{(\mathrm{a})})^{-1} \\ &\times \boldsymbol{A}_{\mathrm{f}}(\boldsymbol{z}_0,\boldsymbol{s}))^{-1}(\boldsymbol{A}_{\mathrm{f}}(\boldsymbol{z}_0,\boldsymbol{s}))^{\mathrm{T}}(\boldsymbol{\Omega}_{\mathrm{f}}^{(\mathrm{a})})^{-1}\boldsymbol{C}_{\mathrm{f}s}(\boldsymbol{\beta}_{\mathrm{f}},\boldsymbol{z}_0,\boldsymbol{s})\end{aligned} \tag{10.86}$$

$$\begin{aligned}\boldsymbol{Q}_2 =& (\boldsymbol{G}_{\mathrm{t}x}(\boldsymbol{x},\boldsymbol{s}))^{-1}((\boldsymbol{A}_{\mathrm{t}}(\boldsymbol{\beta}_{\mathrm{f}},\boldsymbol{s}))^{\mathrm{T}}(\boldsymbol{\Omega}_{\mathrm{t}}^{(\mathrm{a})})^{-1}\boldsymbol{A}_{\mathrm{t}}(\boldsymbol{\beta}_{\mathrm{f}},\boldsymbol{s}))^{-1} \\ &\times (\boldsymbol{A}_{\mathrm{t}}(\boldsymbol{\beta}_{\mathrm{f}},\boldsymbol{s}))^{\mathrm{T}}(\boldsymbol{\Omega}_{\mathrm{t}}^{(\mathrm{a})})^{-1}\boldsymbol{C}_{\mathrm{t}s}(\boldsymbol{\beta}_{\mathrm{t}},\boldsymbol{\beta}_{\mathrm{f}},\boldsymbol{s})\end{aligned} \tag{10.87}$$

$$\boldsymbol{Q}_3 = -(\boldsymbol{G}_{\mathrm{t}x}(\boldsymbol{x},\boldsymbol{s}))^{-1}\boldsymbol{G}_{\mathrm{t}s}(\boldsymbol{x},\boldsymbol{s}) \tag{10.88}$$

由式 (10.84) 可知, 误差向量 $\Delta\widetilde{\boldsymbol{x}}^{(\mathrm{a})}$ 渐近服从零均值的高斯分布, 因此向量 $\widehat{\widetilde{\boldsymbol{x}}}^{(\mathrm{a})}$ 是关于未知参数 $\boldsymbol{x}$ 的渐近无偏估计值, 并且其均方误差为

$$\begin{aligned}\mathbf{MSE}(\widehat{\widetilde{\boldsymbol{x}}}^{(\mathrm{a})}) &= \mathbf{E}[(\widehat{\widetilde{\boldsymbol{x}}}^{(\mathrm{a})} - \boldsymbol{x})(\widehat{\widetilde{\boldsymbol{x}}}^{(\mathrm{a})} - \boldsymbol{x})^{\mathrm{T}}] \\ &= \mathbf{E}[\Delta\widetilde{\boldsymbol{x}}^{(\mathrm{a})}(\Delta\widetilde{\boldsymbol{x}}^{(\mathrm{a})})^{\mathrm{T}}] = \boldsymbol{PEP}^{\mathrm{T}} + (\boldsymbol{Q}_1 + \boldsymbol{Q}_2 + \boldsymbol{Q}_3)\boldsymbol{\Psi}(\boldsymbol{Q}_1 + \boldsymbol{Q}_2 + \boldsymbol{Q}_3)^{\mathrm{T}}\end{aligned} \tag{10.89}$$

(四) 第 4 部分

推导 $\boldsymbol{PEP}^{\mathrm{T}}$ 的表达式。由式 (10.85) 可得

$$\begin{aligned}\boldsymbol{PEP}^{\mathrm{T}} =& (\boldsymbol{G}_{\mathrm{t}x}(\boldsymbol{x},\boldsymbol{s}))^{-1}((\boldsymbol{A}_{\mathrm{t}}(\boldsymbol{\beta}_{\mathrm{f}},\boldsymbol{s}))^{\mathrm{T}}(\boldsymbol{\Omega}_{\mathrm{t}}^{(\mathrm{a})})^{-1}\boldsymbol{A}_{\mathrm{t}}(\boldsymbol{\beta}_{\mathrm{f}},\boldsymbol{s}))^{-1}(\boldsymbol{A}_{\mathrm{t}}(\boldsymbol{\beta}_{\mathrm{f}},\boldsymbol{s}))^{\mathrm{T}}(\boldsymbol{\Omega}_{\mathrm{t}}^{(\mathrm{a})})^{-1} \\ &\times \boldsymbol{C}_{\mathrm{t}\beta}(\boldsymbol{\beta}_{\mathrm{t}},\boldsymbol{\beta}_{\mathrm{f}},\boldsymbol{s})((\boldsymbol{A}_{\mathrm{f}}(\boldsymbol{z}_0,\boldsymbol{s}))^{\mathrm{T}}(\boldsymbol{\Omega}_{\mathrm{f}}^{(\mathrm{a})})^{-1}\boldsymbol{A}_{\mathrm{f}}(\boldsymbol{z}_0,\boldsymbol{s}))^{-1}(\boldsymbol{A}_{\mathrm{f}}(\boldsymbol{z}_0,\boldsymbol{s}))^{\mathrm{T}}(\boldsymbol{\Omega}_{\mathrm{f}}^{(\mathrm{a})})^{-1} \\ &\times \boldsymbol{C}_{\mathrm{f}z}(\boldsymbol{\beta}_{\mathrm{f}},\boldsymbol{z}_0,\boldsymbol{s})\boldsymbol{E}(\boldsymbol{C}_{\mathrm{f}z}(\boldsymbol{\beta}_{\mathrm{f}},\boldsymbol{z}_0,\boldsymbol{s}))^{\mathrm{T}}(\boldsymbol{\Omega}_{\mathrm{f}}^{(\mathrm{a})})^{-1}\boldsymbol{A}_{\mathrm{f}}(\boldsymbol{z}_0,\boldsymbol{s}) \\ &\times ((\boldsymbol{A}_{\mathrm{f}}(\boldsymbol{z}_0,\boldsymbol{s}))^{\mathrm{T}}(\boldsymbol{\Omega}_{\mathrm{f}}^{(\mathrm{a})})^{-1}\boldsymbol{A}_{\mathrm{f}}(\boldsymbol{z}_0,\boldsymbol{s}))^{-1}(\boldsymbol{C}_{\mathrm{t}\beta}(\boldsymbol{\beta}_{\mathrm{t}},\boldsymbol{\beta}_{\mathrm{f}},\boldsymbol{s}))^{\mathrm{T}}(\boldsymbol{\Omega}_{\mathrm{t}}^{(\mathrm{a})})^{-1} \\ &\times \boldsymbol{A}_{\mathrm{t}}(\boldsymbol{\beta}_{\mathrm{f}},\boldsymbol{s})((\boldsymbol{A}_{\mathrm{t}}(\boldsymbol{\beta}_{\mathrm{f}},\boldsymbol{s}))^{\mathrm{T}}(\boldsymbol{\Omega}_{\mathrm{t}}^{(\mathrm{a})})^{-1}\boldsymbol{A}_{\mathrm{t}}(\boldsymbol{\beta}_{\mathrm{f}},\boldsymbol{s}))^{-1}(\boldsymbol{G}_{\mathrm{t}x}(\boldsymbol{x},\boldsymbol{s}))^{-\mathrm{T}} \\ =& (\boldsymbol{G}_{\mathrm{t}x}(\boldsymbol{x},\boldsymbol{s}))^{-1}((\boldsymbol{A}_{\mathrm{t}}(\boldsymbol{\beta}_{\mathrm{f}},\boldsymbol{s}))^{\mathrm{T}}(\boldsymbol{\Omega}_{\mathrm{t}}^{(\mathrm{a})})^{-1}\boldsymbol{A}_{\mathrm{t}}(\boldsymbol{\beta}_{\mathrm{f}},\boldsymbol{s}))^{-1}(\boldsymbol{A}_{\mathrm{t}}(\boldsymbol{\beta}_{\mathrm{f}},\boldsymbol{s}))^{\mathrm{T}}(\boldsymbol{\Omega}_{\mathrm{t}}^{(\mathrm{a})})^{-1} \\ &\times \boldsymbol{C}_{\mathrm{t}\beta}(\boldsymbol{\beta}_{\mathrm{t}},\boldsymbol{\beta}_{\mathrm{f}},\boldsymbol{s})\mathbf{MSE}(\widehat{\boldsymbol{\beta}}_{\mathrm{f}}^{(\mathrm{a})})(\boldsymbol{C}_{\mathrm{t}\beta}(\boldsymbol{\beta}_{\mathrm{t}},\boldsymbol{\beta}_{\mathrm{f}},\boldsymbol{s}))^{\mathrm{T}} \\ &\times (\boldsymbol{\Omega}_{\mathrm{t}}^{(\mathrm{a})})^{-1}\boldsymbol{A}_{\mathrm{t}}(\boldsymbol{\beta}_{\mathrm{f}},\boldsymbol{s})((\boldsymbol{A}_{\mathrm{t}}(\boldsymbol{\beta}_{\mathrm{f}},\boldsymbol{s}))^{\mathrm{T}}(\boldsymbol{\Omega}_{\mathrm{t}}^{(\mathrm{a})})^{-1}\boldsymbol{A}_{\mathrm{t}}(\boldsymbol{\beta}_{\mathrm{f}},\boldsymbol{s}))^{-1}(\boldsymbol{G}_{\mathrm{t}x}(\boldsymbol{x},\boldsymbol{s}))^{-\mathrm{T}}\end{aligned}$$

$$
\begin{aligned}
&= (\boldsymbol{G}_{\mathrm{t}x}(\boldsymbol{x},\boldsymbol{s}))^{-1}((\boldsymbol{A}_{\mathrm{t}}(\boldsymbol{\beta}_{\mathrm{f}},\boldsymbol{s}))^{\mathrm{T}}(\boldsymbol{\Omega}_{\mathrm{t}}^{(\mathrm{a})})^{-1}\boldsymbol{A}_{\mathrm{t}}(\boldsymbol{\beta}_{\mathrm{f}},\boldsymbol{s}))^{-1}(\boldsymbol{G}_{\mathrm{t}x}(\boldsymbol{x},\boldsymbol{s}))^{-\mathrm{T}} \\
&= ((\boldsymbol{G}_{\mathrm{t}x}(\boldsymbol{x},\boldsymbol{s}))^{\mathrm{T}}(\boldsymbol{A}_{\mathrm{t}}(\boldsymbol{\beta}_{\mathrm{f}},\boldsymbol{s}))^{\mathrm{T}}(\boldsymbol{\Omega}_{\mathrm{t}}^{(\mathrm{a})})^{-1}\boldsymbol{A}_{\mathrm{t}}(\boldsymbol{\beta}_{\mathrm{f}},\boldsymbol{s})\boldsymbol{G}_{\mathrm{t}x}(\boldsymbol{x},\boldsymbol{s}))^{-1} \\
&= \mathbf{MSE}(\widehat{\boldsymbol{x}}^{(\mathrm{a})})
\end{aligned} \tag{10.90}
$$

式中, 第 2 个等号利用了式 (10.17) 和式 (10.20), 第 3 个等号利用了式 (10.42), 第 5 个等号利用了式 (10.50)。另外, 结合式 (10.20)、式 (10.50) 和式 (10.86) 可知

$$
\begin{aligned}
\boldsymbol{Q}_1 &= \mathbf{MSE}(\widehat{\boldsymbol{x}}^{(\mathrm{a})})(\boldsymbol{G}_{\mathrm{t}x}(\boldsymbol{x},\boldsymbol{s}))^{\mathrm{T}}(\boldsymbol{A}_{\mathrm{t}}(\boldsymbol{\beta}_{\mathrm{f}},\boldsymbol{s}))^{\mathrm{T}}(\boldsymbol{\Omega}_{\mathrm{t}}^{(\mathrm{a})})^{-1}\boldsymbol{C}_{\mathrm{t}\beta}(\boldsymbol{\beta}_{\mathrm{t}},\boldsymbol{\beta}_{\mathrm{f}},\boldsymbol{s}) \\
&\quad \times \mathbf{MSE}(\widehat{\boldsymbol{\beta}}_{\mathrm{f}}^{(\mathrm{a})})(\boldsymbol{A}_{\mathrm{f}}(\boldsymbol{z}_0,\boldsymbol{s}))^{\mathrm{T}}(\boldsymbol{\Omega}_{\mathrm{f}}^{(\mathrm{a})})^{-1}\boldsymbol{C}_{\mathrm{fs}}(\boldsymbol{\beta}_{\mathrm{f}},\boldsymbol{z}_0,\boldsymbol{s}) \\
&= \mathbf{MSE}(\widehat{\boldsymbol{x}}^{(\mathrm{a})})(\boldsymbol{G}_{\mathrm{t}x}(\boldsymbol{x},\boldsymbol{s}))^{\mathrm{T}}(\boldsymbol{A}_{\mathrm{t}}(\boldsymbol{\beta}_{\mathrm{f}},\boldsymbol{s}))^{\mathrm{T}}(\boldsymbol{C}_{\mathrm{t}\beta}(\boldsymbol{\beta}_{\mathrm{t}},\boldsymbol{\beta}_{\mathrm{f}},\boldsymbol{s}))^{-\mathrm{T}} \\
&\quad \times (\boldsymbol{A}_{\mathrm{f}}(\boldsymbol{z}_0,\boldsymbol{s}))^{\mathrm{T}}(\boldsymbol{C}_{\mathrm{f}z}(\boldsymbol{\beta}_{\mathrm{f}},\boldsymbol{z}_0,\boldsymbol{s}))^{-\mathrm{T}}\boldsymbol{E}^{-1}(\boldsymbol{C}_{\mathrm{f}z}(\boldsymbol{\beta}_{\mathrm{f}},\boldsymbol{z}_0,\boldsymbol{s}))^{-1}\boldsymbol{C}_{\mathrm{fs}}(\boldsymbol{\beta}_{\mathrm{f}},\boldsymbol{z}_0,\boldsymbol{s}) \\
&= \mathbf{MSE}(\widehat{\boldsymbol{x}}^{(\mathrm{a})})(\boldsymbol{F}_x(\boldsymbol{x},\boldsymbol{s}))^{\mathrm{T}}\boldsymbol{E}^{-1}(\boldsymbol{C}_{\mathrm{f}z}(\boldsymbol{\beta}_{\mathrm{f}},\boldsymbol{z}_0,\boldsymbol{s}))^{-1}\boldsymbol{C}_{\mathrm{fs}}(\boldsymbol{\beta}_{\mathrm{f}},\boldsymbol{z}_0,\boldsymbol{s})
\end{aligned} \tag{10.91}
$$

式中, 第 2 个等号利用了式 (10.17) 和式 (10.42), 第 3 个等号利用了式 (10.56)。结合式 (10.50) 和式 (10.87) 可得

$$
\begin{aligned}
\boldsymbol{Q}_2 &= \mathbf{MSE}(\widehat{\boldsymbol{x}}^{(\mathrm{a})})(\boldsymbol{G}_{\mathrm{t}x}(\boldsymbol{x},\boldsymbol{s}))^{\mathrm{T}}(\boldsymbol{A}_{\mathrm{t}}(\boldsymbol{\beta}_{\mathrm{f}},\boldsymbol{s}))^{\mathrm{T}}(\boldsymbol{\Omega}_{\mathrm{t}}^{(\mathrm{a})})^{-1}\boldsymbol{C}_{\mathrm{ts}}(\boldsymbol{\beta}_{\mathrm{t}},\boldsymbol{\beta}_{\mathrm{f}},\boldsymbol{s}) \\
&= \mathbf{MSE}(\widehat{\boldsymbol{x}}^{(\mathrm{a})})(\boldsymbol{G}_{\mathrm{t}x}(\boldsymbol{x},\boldsymbol{s}))^{\mathrm{T}}(\boldsymbol{A}_{\mathrm{t}}(\boldsymbol{\beta}_{\mathrm{f}},\boldsymbol{s}))^{\mathrm{T}}(\boldsymbol{C}_{\mathrm{t}\beta}(\boldsymbol{\beta}_{\mathrm{t}},\boldsymbol{\beta}_{\mathrm{f}},\boldsymbol{s}))^{-\mathrm{T}} \\
&\quad \times (\mathbf{MSE}(\widehat{\boldsymbol{\beta}}_{\mathrm{f}}^{(\mathrm{a})}))^{-1}(\boldsymbol{C}_{\mathrm{t}\beta}(\boldsymbol{\beta}_{\mathrm{t}},\boldsymbol{\beta}_{\mathrm{f}},\boldsymbol{s}))^{-1}\boldsymbol{C}_{\mathrm{ts}}(\boldsymbol{\beta}_{\mathrm{t}},\boldsymbol{\beta}_{\mathrm{f}},\boldsymbol{s}) \\
&= \mathbf{MSE}(\widehat{\boldsymbol{x}}^{(\mathrm{a})})(\boldsymbol{G}_{\mathrm{t}x}(\boldsymbol{x},\boldsymbol{s}))^{\mathrm{T}}(\boldsymbol{A}_{\mathrm{t}}(\boldsymbol{\beta}_{\mathrm{f}},\boldsymbol{s}))^{\mathrm{T}}(\boldsymbol{C}_{\mathrm{t}\beta}(\boldsymbol{\beta}_{\mathrm{t}},\boldsymbol{\beta}_{\mathrm{f}},\boldsymbol{s}))^{-\mathrm{T}} \\
&\quad \times (\boldsymbol{A}_{\mathrm{f}}(\boldsymbol{z}_0,\boldsymbol{s}))^{\mathrm{T}}(\boldsymbol{C}_{\mathrm{f}z}(\boldsymbol{\beta}_{\mathrm{f}},\boldsymbol{z}_0,\boldsymbol{s}))^{-\mathrm{T}}\boldsymbol{E}^{-1}(\boldsymbol{C}_{\mathrm{f}z}(\boldsymbol{\beta}_{\mathrm{f}},\boldsymbol{z}_0,\boldsymbol{s}))^{-1} \\
&\quad \times \boldsymbol{A}_{\mathrm{f}}(\boldsymbol{z}_0,\boldsymbol{s})(\boldsymbol{C}_{\mathrm{t}\beta}(\boldsymbol{\beta}_{\mathrm{t}},\boldsymbol{\beta}_{\mathrm{f}},\boldsymbol{s}))^{-1}\boldsymbol{C}_{\mathrm{ts}}(\boldsymbol{\beta}_{\mathrm{t}},\boldsymbol{\beta}_{\mathrm{f}},\boldsymbol{s}) \\
&= \mathbf{MSE}(\widehat{\boldsymbol{x}}^{(\mathrm{a})})(\boldsymbol{F}_x(\boldsymbol{x},\boldsymbol{s}))^{\mathrm{T}}\boldsymbol{E}^{-1}(\boldsymbol{C}_{\mathrm{f}z}(\boldsymbol{\beta}_{\mathrm{f}},\boldsymbol{z}_0,\boldsymbol{s}))^{-1} \\
&\quad \times \boldsymbol{A}_{\mathrm{f}}(\boldsymbol{z}_0,\boldsymbol{s})(\boldsymbol{C}_{\mathrm{t}\beta}(\boldsymbol{\beta}_{\mathrm{t}},\boldsymbol{\beta}_{\mathrm{f}},\boldsymbol{s}))^{-1}\boldsymbol{C}_{\mathrm{ts}}(\boldsymbol{\beta}_{\mathrm{t}},\boldsymbol{\beta}_{\mathrm{f}},\boldsymbol{s})
\end{aligned} \tag{10.92}
$$

式中, 第 2 个等号利用了式 (10.42), 第 3 个等号利用了式 (10.17) 和式 (10.20), 第 4 个等号利用了式 (10.56)。结合式 (10.50) 和式 (10.88) 可知

$$
\begin{aligned}
\boldsymbol{Q}_3 &= -\mathbf{MSE}(\widehat{\boldsymbol{x}}^{(\mathrm{a})})(\boldsymbol{G}_{\mathrm{t}x}(\boldsymbol{x},\boldsymbol{s}))^{\mathrm{T}}(\boldsymbol{A}_{\mathrm{t}}(\boldsymbol{\beta}_{\mathrm{f}},\boldsymbol{s}))^{\mathrm{T}}(\boldsymbol{\Omega}_{\mathrm{t}}^{(\mathrm{a})})^{-1}\boldsymbol{A}_{\mathrm{t}}(\boldsymbol{\beta}_{\mathrm{f}},\boldsymbol{s})\boldsymbol{G}_{\mathrm{ts}}(\boldsymbol{x},\boldsymbol{s}) \\
&= -\mathbf{MSE}(\widehat{\boldsymbol{x}}^{(\mathrm{a})})(\boldsymbol{G}_{\mathrm{t}x}(\boldsymbol{x},\boldsymbol{s}))^{\mathrm{T}}(\boldsymbol{A}_{\mathrm{t}}(\boldsymbol{\beta}_{\mathrm{f}},\boldsymbol{s}))^{\mathrm{T}}(\boldsymbol{C}_{\mathrm{t}\beta}(\boldsymbol{\beta}_{\mathrm{t}},\boldsymbol{\beta}_{\mathrm{f}},\boldsymbol{s}))^{-\mathrm{T}} \\
&\quad \times (\mathbf{MSE}(\widehat{\boldsymbol{\beta}}_{\mathrm{f}}^{(\mathrm{a})}))^{-1}(\boldsymbol{C}_{\mathrm{t}\beta}(\boldsymbol{\beta}_{\mathrm{t}},\boldsymbol{\beta}_{\mathrm{f}},\boldsymbol{s}))^{-1}\boldsymbol{A}_{\mathrm{t}}(\boldsymbol{\beta}_{\mathrm{f}},\boldsymbol{s})\boldsymbol{G}_{\mathrm{ts}}(\boldsymbol{x},\boldsymbol{s}) \\
&= -\mathbf{MSE}(\widehat{\boldsymbol{x}}^{(\mathrm{a})})(\boldsymbol{G}_{\mathrm{t}x}(\boldsymbol{x},\boldsymbol{s}))^{\mathrm{T}}(\boldsymbol{A}_{\mathrm{t}}(\boldsymbol{\beta}_{\mathrm{f}},\boldsymbol{s}))^{\mathrm{T}}(\boldsymbol{C}_{\mathrm{t}\beta}(\boldsymbol{\beta}_{\mathrm{t}},\boldsymbol{\beta}_{\mathrm{f}},\boldsymbol{s}))^{-\mathrm{T}} \\
&\quad \times (\boldsymbol{A}_{\mathrm{f}}(\boldsymbol{z}_0,\boldsymbol{s}))^{\mathrm{T}}(\boldsymbol{C}_{\mathrm{f}z}(\boldsymbol{\beta}_{\mathrm{f}},\boldsymbol{z}_0,\boldsymbol{s}))^{-\mathrm{T}}\boldsymbol{E}^{-1}(\boldsymbol{C}_{\mathrm{f}z}(\boldsymbol{\beta}_{\mathrm{f}},\boldsymbol{z}_0,\boldsymbol{s}))^{-1}
\end{aligned}
$$

$$
\begin{aligned}
&\times \boldsymbol{A}_{\mathrm{f}}(\boldsymbol{z}_0,\boldsymbol{s})(\boldsymbol{C}_{\mathrm{t}\beta}(\boldsymbol{\beta}_{\mathrm{t}},\boldsymbol{\beta}_{\mathrm{f}},\boldsymbol{s}))^{-1}\boldsymbol{A}_{\mathrm{t}}(\boldsymbol{\beta}_{\mathrm{f}},\boldsymbol{s})\boldsymbol{G}_{\mathrm{t}s}(\boldsymbol{x},\boldsymbol{s})\\
=&-\mathbf{MSE}(\widehat{\boldsymbol{x}}^{(\mathrm{a})})(\boldsymbol{F}_x(\boldsymbol{x},\boldsymbol{s}))^{\mathrm{T}}\boldsymbol{E}^{-1}(\boldsymbol{C}_{\mathrm{f}z}(\boldsymbol{\beta}_{\mathrm{f}},\boldsymbol{z}_0,\boldsymbol{s}))^{-1}\\
&\times \boldsymbol{A}_{\mathrm{f}}(\boldsymbol{z}_0,\boldsymbol{s})(\boldsymbol{C}_{\mathrm{t}\beta}(\boldsymbol{\beta}_{\mathrm{t}},\boldsymbol{\beta}_{\mathrm{f}},\boldsymbol{s}))^{-1}\boldsymbol{A}_{\mathrm{t}}(\boldsymbol{\beta}_{\mathrm{f}},\boldsymbol{s})\boldsymbol{G}_{\mathrm{t}s}(\boldsymbol{x},\boldsymbol{s})
\end{aligned}
\tag{10.93}
$$

式中, 第 2 个等号利用了式 (10.42), 第 3 个等号利用了式 (10.17) 和式 (10.20), 第 4 个等号利用了式 (10.56)。联合式 (10.91) 至式 (10.93) 可得

$$
\begin{aligned}
\boldsymbol{Q}_1+\boldsymbol{Q}_2+\boldsymbol{Q}_3=&-\mathbf{MSE}(\widehat{\boldsymbol{x}}^{(\mathrm{a})})(\boldsymbol{F}_x(\boldsymbol{x},\boldsymbol{s}))^{\mathrm{T}}\boldsymbol{E}^{-1}(\boldsymbol{C}_{\mathrm{f}z}(\boldsymbol{\beta}_{\mathrm{f}},\boldsymbol{z}_0,\boldsymbol{s}))^{-1}\\
&\times(\boldsymbol{A}_{\mathrm{f}}(\boldsymbol{z}_0,\boldsymbol{s})(\boldsymbol{C}_{\mathrm{t}\beta}(\boldsymbol{\beta}_{\mathrm{t}},\boldsymbol{\beta}_{\mathrm{f}},\boldsymbol{s}))^{-1}\boldsymbol{A}_{\mathrm{t}}(\boldsymbol{\beta}_{\mathrm{f}},\boldsymbol{s})\boldsymbol{G}_{\mathrm{t}s}(\boldsymbol{x},\boldsymbol{s})\\
&-\boldsymbol{C}_{\mathrm{f}s}(\boldsymbol{\beta}_{\mathrm{f}},\boldsymbol{z}_0,\boldsymbol{s})-\boldsymbol{A}_{\mathrm{f}}(\boldsymbol{z}_0,\boldsymbol{s})(\boldsymbol{C}_{\mathrm{t}\beta}(\boldsymbol{\beta}_{\mathrm{t}},\boldsymbol{\beta}_{\mathrm{f}},\boldsymbol{s}))^{-1}\boldsymbol{C}_{\mathrm{t}s}(\boldsymbol{\beta}_{\mathrm{t}},\boldsymbol{\beta}_{\mathrm{f}},\boldsymbol{s}))
\end{aligned}
\tag{10.94}
$$

结合式 (10.34) 和式 (10.59) 可知

$$
\begin{aligned}
\boldsymbol{F}_s(\boldsymbol{x},\boldsymbol{s})=&(\boldsymbol{C}_{\mathrm{f}z}(\boldsymbol{\beta}_{\mathrm{f}},\boldsymbol{z}_0,\boldsymbol{s}))^{-1}(\boldsymbol{A}_{\mathrm{f}}(\boldsymbol{z}_0,\boldsymbol{s})(\boldsymbol{C}_{\mathrm{t}\beta}(\boldsymbol{\beta}_{\mathrm{t}},\boldsymbol{\beta}_{\mathrm{f}},\boldsymbol{s}))^{-1}\boldsymbol{A}_{\mathrm{t}}(\boldsymbol{\beta}_{\mathrm{f}},\boldsymbol{s})\boldsymbol{G}_{\mathrm{t}s}(\boldsymbol{x},\boldsymbol{s})\\
&-\boldsymbol{C}_{\mathrm{f}s}(\boldsymbol{\beta}_{\mathrm{f}},\boldsymbol{z}_0,\boldsymbol{s})-\boldsymbol{A}_{\mathrm{f}}(\boldsymbol{z}_0,\boldsymbol{s})(\boldsymbol{C}_{\mathrm{t}\beta}(\boldsymbol{\beta}_{\mathrm{t}},\boldsymbol{\beta}_{\mathrm{f}},\boldsymbol{s}))^{-1}\boldsymbol{C}_{\mathrm{t}s}(\boldsymbol{\beta}_{\mathrm{t}},\boldsymbol{\beta}_{\mathrm{f}},\boldsymbol{s}))
\end{aligned}
\tag{10.95}
$$

将式 (10.95) 代入式 (10.94) 可得

$$
\boldsymbol{Q}_1+\boldsymbol{Q}_2+\boldsymbol{Q}_3=-\mathbf{MSE}(\widehat{\boldsymbol{x}}^{(\mathrm{a})})(\boldsymbol{F}_x(\boldsymbol{x},\boldsymbol{s}))^{\mathrm{T}}\boldsymbol{E}^{-1}\boldsymbol{F}_s(\boldsymbol{x},\boldsymbol{s})
\tag{10.96}
$$

由式 (10.96) 可知

$$
\begin{aligned}
&(\boldsymbol{Q}_1+\boldsymbol{Q}_2+\boldsymbol{Q}_3)\boldsymbol{\varPsi}(\boldsymbol{Q}_1+\boldsymbol{Q}_2+\boldsymbol{Q}_3)^{\mathrm{T}}\\
&=\mathbf{MSE}(\widehat{\boldsymbol{x}}^{(\mathrm{a})})(\boldsymbol{F}_x(\boldsymbol{x},\boldsymbol{s}))^{\mathrm{T}}\boldsymbol{E}^{-1}\boldsymbol{F}_s(\boldsymbol{x},\boldsymbol{s})\boldsymbol{\varPsi}(\boldsymbol{F}_s(\boldsymbol{x},\boldsymbol{s}))^{\mathrm{T}}\boldsymbol{E}^{-1}\boldsymbol{F}_x(\boldsymbol{x},\boldsymbol{s})\mathbf{MSE}(\widehat{\boldsymbol{x}}^{(\mathrm{a})})
\end{aligned}
\tag{10.97}
$$

结合式 (10.89)、式 (10.90) 和式 (10.97) 可知式 (10.71) 成立。证毕。

【注记 10.11】结合命题 10.5 和命题 10.6 可知

$$
\begin{aligned}
\mathbf{MSE}(\widehat{\widehat{\boldsymbol{x}}}^{(\mathrm{a})})=&\,\mathbf{CRB}^{(\mathrm{a})}(\boldsymbol{x})+\mathbf{CRB}^{(\mathrm{a})}(\boldsymbol{x})(\boldsymbol{F}_x(\boldsymbol{x},\boldsymbol{s}))^{\mathrm{T}}\boldsymbol{E}^{-1}\boldsymbol{F}_s(\boldsymbol{x},\boldsymbol{s})\boldsymbol{\varPsi}(\boldsymbol{F}_s(\boldsymbol{x},\boldsymbol{s}))^{\mathrm{T}}\\
&\times\boldsymbol{E}^{-1}\boldsymbol{F}_x(\boldsymbol{x},\boldsymbol{s})\mathbf{CRB}^{(\mathrm{a})}(\boldsymbol{x})
\end{aligned}
\tag{10.98}
$$

基于命题 10.6 还可以得到以下两个命题。

【命题 10.7】$\mathbf{MSE}(\widehat{\widehat{\boldsymbol{x}}}^{(\mathrm{a})})\geqslant\mathbf{MSE}(\widehat{\boldsymbol{x}}^{(\mathrm{a})})=\mathbf{CRB}^{(\mathrm{a})}(\boldsymbol{x})$, 若 $\boldsymbol{F}_s(\boldsymbol{x},\boldsymbol{s})$ 是行满秩矩阵, 则还有 $\mathbf{MSE}(\widehat{\widehat{\boldsymbol{x}}}^{(\mathrm{a})})>\mathbf{MSE}(\widehat{\boldsymbol{x}}^{(\mathrm{a})})=\mathbf{CRB}^{(\mathrm{a})}(\boldsymbol{x})$。

【证明】首先, 利用矩阵 $\boldsymbol{\Psi}$ 的正定性和命题 2.4 可得

$$\mathbf{CRB}^{(\mathrm{a})}(\boldsymbol{x})(\boldsymbol{F}_x(\boldsymbol{x},\boldsymbol{s}))^{\mathrm{T}}\boldsymbol{E}^{-1}\boldsymbol{F}_s(\boldsymbol{x},\boldsymbol{s})\boldsymbol{\Psi}(\boldsymbol{F}_s(\boldsymbol{x},\boldsymbol{s}))^{\mathrm{T}}\boldsymbol{E}^{-1}\boldsymbol{F}_x(\boldsymbol{x},\boldsymbol{s})\mathbf{CRB}^{(\mathrm{a})}(\boldsymbol{x}) \geqslant \boldsymbol{O} \tag{10.99}$$

然后, 结合式 (10.98) 和式 (10.99) 可知

$$\mathbf{MSE}(\widehat{\widehat{\boldsymbol{x}}}^{(\mathrm{a})}) \geqslant \mathbf{MSE}(\widehat{\boldsymbol{x}}^{(\mathrm{a})}) = \mathbf{CRB}^{(\mathrm{a})}(\boldsymbol{x}) \tag{10.100}$$

另外, 若 $\boldsymbol{F}_s(\boldsymbol{x},\boldsymbol{s})$ 是行满秩矩阵, 则有 $\mathrm{rank}[\boldsymbol{F}_s(\boldsymbol{x},\boldsymbol{s})] = p$。此时, 基于式 (2.53) 可得

$$\begin{aligned}&\mathrm{rank}[\mathbf{CRB}^{(\mathrm{a})}(\boldsymbol{x})(\boldsymbol{F}_x(\boldsymbol{x},\boldsymbol{s}))^{\mathrm{T}}\boldsymbol{E}^{-1}\boldsymbol{F}_s(\boldsymbol{x},\boldsymbol{s})] = \mathrm{rank}[(\boldsymbol{F}_x(\boldsymbol{x},\boldsymbol{s}))^{\mathrm{T}}\boldsymbol{E}^{-1}\boldsymbol{F}_s(\boldsymbol{x},\boldsymbol{s})]\\&\geqslant \mathrm{rank}[(\boldsymbol{F}_x(\boldsymbol{x},\boldsymbol{s}))^{\mathrm{T}}\boldsymbol{E}^{-1}] + \mathrm{rank}[\boldsymbol{F}_s(\boldsymbol{x},\boldsymbol{s})] - p = \mathrm{rank}[(\boldsymbol{F}_x(\boldsymbol{x},\boldsymbol{s}))^{\mathrm{T}}\boldsymbol{E}^{-1}]\\&= \mathrm{rank}[\boldsymbol{F}_x(\boldsymbol{x},\boldsymbol{s})] = q\end{aligned} \tag{10.101}$$

由式 (10.101) 可知, $\mathbf{CRB}^{(\mathrm{a})}(\boldsymbol{x})(\boldsymbol{F}_x(\boldsymbol{x},\boldsymbol{s}))^{\mathrm{T}}\boldsymbol{E}^{-1}\boldsymbol{F}_s(\boldsymbol{x},\boldsymbol{s})$ 是行满秩矩阵。于是, 利用命题 2.6 可得

$$\mathbf{CRB}^{(\mathrm{a})}(\boldsymbol{x})(\boldsymbol{F}_x(\boldsymbol{x},\boldsymbol{s}))^{\mathrm{T}}\boldsymbol{E}^{-1}\boldsymbol{F}_s(\boldsymbol{x},\boldsymbol{s})\boldsymbol{\Psi}(\boldsymbol{F}_s(\boldsymbol{x},\boldsymbol{s}))^{\mathrm{T}}\boldsymbol{E}^{-1}\boldsymbol{F}_x(\boldsymbol{x},\boldsymbol{s})\mathbf{CRB}^{(\mathrm{a})}(\boldsymbol{x}) > \boldsymbol{O} \tag{10.102}$$

最后, 结合式 (10.98) 和式 (10.102) 可知

$$\mathbf{MSE}(\widehat{\widehat{\boldsymbol{x}}}^{(\mathrm{a})}) > \mathbf{MSE}(\widehat{\boldsymbol{x}}^{(\mathrm{a})}) = \mathbf{CRB}^{(\mathrm{a})}(\boldsymbol{x}) \tag{10.103}$$

证毕。

【命题 10.8】当模型参数存在先验观测误差时, 若将未知参数 $\boldsymbol{x}$ 的估计均方误差的克拉美罗界记为 $\mathbf{CRB}^{(\mathrm{b})}(\boldsymbol{x})$①, 则有 $\mathbf{MSE}(\widehat{\widehat{\boldsymbol{x}}}^{(\mathrm{a})}) \geqslant \mathbf{CRB}^{(\mathrm{b})}(\boldsymbol{x})$。

【证明】由式 (3.31) 可得

$$\begin{aligned}\mathbf{CRB}^{(\mathrm{b})}(\boldsymbol{x}) = {}&\mathbf{CRB}^{(\mathrm{a})}(\boldsymbol{x}) + \mathbf{CRB}^{(\mathrm{a})}(\boldsymbol{x})(\boldsymbol{F}_x(\boldsymbol{x},\boldsymbol{s}))^{\mathrm{T}}\boldsymbol{E}^{-1}\boldsymbol{F}_s(\boldsymbol{x},\boldsymbol{s})\\&\times(\boldsymbol{\Psi}^{-1} + (\boldsymbol{F}_s(\boldsymbol{x},\boldsymbol{s}))^{\mathrm{T}}\boldsymbol{E}^{-1/2}\boldsymbol{\Pi}^{\perp}[\boldsymbol{E}^{-1/2}\boldsymbol{F}_x(\boldsymbol{x},\boldsymbol{s})]\boldsymbol{E}^{-1/2}\\&\times\boldsymbol{F}_s(\boldsymbol{x},\boldsymbol{s}))^{-1}(\boldsymbol{F}_s(\boldsymbol{x},\boldsymbol{s}))^{\mathrm{T}}\boldsymbol{E}^{-1}\boldsymbol{F}_x(\boldsymbol{x},\boldsymbol{s})\mathbf{CRB}^{(\mathrm{a})}(\boldsymbol{x})\end{aligned} \tag{10.104}$$

利用正交投影矩阵 $\boldsymbol{\Pi}^{\perp}[\boldsymbol{E}^{-1/2}\boldsymbol{F}_x(\boldsymbol{x},\boldsymbol{s})]$ 的半正定性与命题 2.4 可知

$$(\boldsymbol{F}_s(\boldsymbol{x},\boldsymbol{s}))^{\mathrm{T}}\boldsymbol{E}^{-1/2}\boldsymbol{\Pi}^{\perp}[\boldsymbol{E}^{-1/2}\boldsymbol{F}_x(\boldsymbol{x},\boldsymbol{s})]\boldsymbol{E}^{-1/2}\boldsymbol{F}_s(\boldsymbol{x},\boldsymbol{s}) \geqslant \boldsymbol{O} \tag{10.105}$$

① 本章的上角标 (b) 表示模型参数先验观测误差存在的情形。

基于式 (10.105) 和命题 2.9 可得

$$\begin{aligned}&\boldsymbol{\Psi}^{-1}+(\boldsymbol{F}_s(\boldsymbol{x},\boldsymbol{s}))^{\mathrm{T}}\boldsymbol{E}^{-1/2}\boldsymbol{\Pi}^{\perp}[\boldsymbol{E}^{-1/2}\boldsymbol{F}_x(\boldsymbol{x},\boldsymbol{s})]\boldsymbol{E}^{-1/2}\boldsymbol{F}_s(\boldsymbol{x},\boldsymbol{s})\geqslant\boldsymbol{\Psi}^{-1}\\&\Rightarrow(\boldsymbol{\Psi}^{-1}+(\boldsymbol{F}_s(\boldsymbol{x},\boldsymbol{s}))^{\mathrm{T}}\boldsymbol{E}^{-1/2}\boldsymbol{\Pi}^{\perp}[\boldsymbol{E}^{-1/2}\boldsymbol{F}_x(\boldsymbol{x},\boldsymbol{s})]\boldsymbol{E}^{-1/2}\boldsymbol{F}_s(\boldsymbol{x},\boldsymbol{s}))^{-1}\leqslant\boldsymbol{\Psi}\end{aligned}\tag{10.106}$$

结合式 (10.98)、式 (10.104) 和式 (10.106), 以及命题 2.5 可知 $\mathbf{MSE}(\widehat{\boldsymbol{x}}^{(\mathrm{a})})\geqslant\mathbf{CRB}^{(\mathrm{b})}(\boldsymbol{x})$。证毕。

【注记 10.12】 命题 10.8 表明, 当模型参数存在先验观测误差时, 向量 $\widehat{\boldsymbol{x}}^{(\mathrm{a})}$ 的估计均方误差难以达到相应的克拉美罗界 (即 $\mathbf{CRB}^{(\mathrm{b})}(\boldsymbol{x})$), 其并不是关于未知参数 $\boldsymbol{x}$ 的渐近统计最优估计值。因此, 下面还需要在模型参数先验观测误差存在的情形下给出性能可以达到克拉美罗界的估计方法。

10.4 模型参数先验观测误差存在下的参数估计优化模型、求解方法及其理论性能

为了抑制模型参数先验观测误差的影响, 本节方法的基本思想是将模型参数 $\boldsymbol{s}$ 看成是未知量, 并对未知参数 $\boldsymbol{x}$ 和模型参数 $\boldsymbol{s}$ 进行联合估计。与方法 10−a 类似, 本节中的方法同样包含 3 个计算阶段: 阶段 1 基于式 (10.2) 获得扩维未知参数 $\boldsymbol{\beta}_{\mathrm{f}}$ 和模型参数 $\boldsymbol{s}$ 的联合闭式解, 阶段 2 基于式 (10.3) 获得未知参数 $\boldsymbol{\beta}_{\mathrm{t}}$ 和模型参数 $\boldsymbol{s}$ 的联合闭式解, 阶段 3 利用向量 $\boldsymbol{\beta}_{\mathrm{t}}$ 的估计值获得未知参数 $\boldsymbol{x}$ 和模型参数 $\boldsymbol{s}$ 的联合闭式解。阶段 3 给出的联合闭式解是关于未知参数及模型参数 $\begin{bmatrix}\boldsymbol{x}\\\boldsymbol{s}\end{bmatrix}$ 的渐近统计最优估计值, 也是最终的估计结果。

10.4.1 阶段 1 的参数估计优化模型、求解方法及其理论性能

1. 参数估计优化模型及其求解方法

定义阶段 1 的伪线性观测误差向量

$$\boldsymbol{\xi}_{\mathrm{f}}^{(\mathrm{b})}=\boldsymbol{b}_{\mathrm{f}}(\boldsymbol{z},\widehat{\boldsymbol{s}})-\boldsymbol{A}_{\mathrm{f}}(\boldsymbol{z},\widehat{\boldsymbol{s}})\boldsymbol{\beta}_{\mathrm{f}}=\Delta\boldsymbol{b}_{\mathrm{f}}^{(\mathrm{b})}-\Delta\boldsymbol{A}_{\mathrm{f}}^{(\mathrm{b})}\boldsymbol{\beta}_{\mathrm{f}}\tag{10.107}$$

式中, $\Delta\boldsymbol{b}_{\mathrm{f}}^{(\mathrm{b})}=\boldsymbol{b}_{\mathrm{f}}(\boldsymbol{z},\widehat{\boldsymbol{s}})-\boldsymbol{b}_{\mathrm{f}}(\boldsymbol{z}_0,\boldsymbol{s})$, $\Delta\boldsymbol{A}_{\mathrm{f}}^{(\mathrm{b})}=\boldsymbol{A}_{\mathrm{f}}(\boldsymbol{z},\widehat{\boldsymbol{s}})-\boldsymbol{A}_{\mathrm{f}}(\boldsymbol{z}_0,\boldsymbol{s})$。结合第 10.3 节中的定义和式 (10.75) 可知

$$\begin{cases}\Delta\boldsymbol{b}_{\mathrm{f}}^{(\mathrm{b})}=\Delta\widetilde{\boldsymbol{b}}_{\mathrm{f}}^{(\mathrm{a})}; \quad \Delta\boldsymbol{A}_{\mathrm{f}}^{(\mathrm{b})}=\Delta\widetilde{\boldsymbol{A}}_{\mathrm{f}}^{(\mathrm{a})} \\ \boldsymbol{\xi}_{\mathrm{f}}^{(\mathrm{b})}=\widetilde{\boldsymbol{\xi}}_{\mathrm{f}}^{(\mathrm{a})}\approx\boldsymbol{C}_{\mathrm{f}z}(\boldsymbol{\beta}_{\mathrm{f}},\boldsymbol{z}_0,\boldsymbol{s})\boldsymbol{e}+\boldsymbol{C}_{\mathrm{f}s}(\boldsymbol{\beta}_{\mathrm{f}},\boldsymbol{z}_0,\boldsymbol{s})\boldsymbol{\varphi}\end{cases} \tag{10.108}$$

由式 (10.108) 可知, 误差向量 $\boldsymbol{\xi}_{\mathrm{f}}^{(\mathrm{b})}$ 渐近服从零均值的高斯分布, 并且其协方差矩阵为

$$\begin{aligned}\boldsymbol{\Omega}_{\mathrm{f}}^{(\mathrm{b})}=\mathbf{E}[\boldsymbol{\xi}_{\mathrm{f}}^{(\mathrm{b})}(\boldsymbol{\xi}_{\mathrm{f}}^{(\mathrm{b})})^{\mathrm{T}}]&=\boldsymbol{C}_{\mathrm{f}z}(\boldsymbol{\beta}_{\mathrm{f}},\boldsymbol{z}_0,\boldsymbol{s})\boldsymbol{E}(\boldsymbol{C}_{\mathrm{f}z}(\boldsymbol{\beta}_{\mathrm{f}},\boldsymbol{z}_0,\boldsymbol{s}))^{\mathrm{T}}\\&\quad+\boldsymbol{C}_{\mathrm{f}s}(\boldsymbol{\beta}_{\mathrm{f}},\boldsymbol{z}_0,\boldsymbol{s})\boldsymbol{\Psi}(\boldsymbol{C}_{\mathrm{f}s}(\boldsymbol{\beta}_{\mathrm{f}},\boldsymbol{z}_0,\boldsymbol{s}))^{\mathrm{T}}\in\mathbf{R}^{p\times p}\end{aligned} \tag{10.109}$$

为了对扩维未知参数 $\boldsymbol{\beta}_{\mathrm{f}}$ 和模型参数 $\boldsymbol{s}$ 进行联合估计, 需要结合式 (10.67) 中的第 2 个等式和式 (10.107) 构造如下扩维的伪线性观测误差向量

$$\boldsymbol{\zeta}_{\mathrm{f}}^{(\mathrm{b})}=\begin{bmatrix}\boldsymbol{b}_{\mathrm{f}}(\boldsymbol{z},\widehat{\boldsymbol{s}})\\ \widehat{\boldsymbol{s}}\end{bmatrix}-\begin{bmatrix}\boldsymbol{A}_{\mathrm{f}}(\boldsymbol{z},\widehat{\boldsymbol{s}}) & \boldsymbol{O}_{p\times r}\\ \boldsymbol{O}_{r\times(q+l_0)} & \boldsymbol{I}_r\end{bmatrix}\begin{bmatrix}\boldsymbol{\beta}_{\mathrm{f}}\\ \boldsymbol{s}\end{bmatrix}=\begin{bmatrix}\Delta\boldsymbol{b}_{\mathrm{f}}^{(\mathrm{b})}-\Delta\boldsymbol{A}_{\mathrm{f}}^{(\mathrm{b})}\boldsymbol{\beta}_{\mathrm{f}}\\ \boldsymbol{\varphi}\end{bmatrix}=\begin{bmatrix}\boldsymbol{\xi}_{\mathrm{f}}^{(\mathrm{b})}\\ \boldsymbol{\varphi}\end{bmatrix} \tag{10.110}$$

将式 (10.108) 中的第 3 个等式代入式 (10.110) 可知

$$\boldsymbol{\zeta}_{\mathrm{f}}^{(\mathrm{b})}\approx\begin{bmatrix}\boldsymbol{C}_{\mathrm{f}z}(\boldsymbol{\beta}_{\mathrm{f}},\boldsymbol{z}_0,\boldsymbol{s})\boldsymbol{e}+\boldsymbol{C}_{\mathrm{f}s}(\boldsymbol{\beta}_{\mathrm{f}},\boldsymbol{z}_0,\boldsymbol{s})\boldsymbol{\varphi}\\ \boldsymbol{\varphi}\end{bmatrix} \tag{10.111}$$

由式 (10.111) 可知, 误差向量 $\boldsymbol{\zeta}_{\mathrm{f}}^{(\mathrm{b})}$ 渐近服从零均值的高斯分布, 并且其协方差矩阵为

$$\begin{aligned}\boldsymbol{\Gamma}_{\mathrm{f}}^{(\mathrm{b})}&=\mathbf{E}[\boldsymbol{\zeta}_{\mathrm{f}}^{(\mathrm{b})}(\boldsymbol{\zeta}_{\mathrm{f}}^{(\mathrm{b})})^{\mathrm{T}}]\\&=\left[\begin{array}{c:c}\boldsymbol{C}_{\mathrm{f}z}(\boldsymbol{\beta}_{\mathrm{f}},\boldsymbol{z}_0,\boldsymbol{s})\boldsymbol{E}(\boldsymbol{C}_{\mathrm{f}z}(\boldsymbol{\beta}_{\mathrm{f}},\boldsymbol{z}_0,\boldsymbol{s}))^{\mathrm{T}}+\boldsymbol{C}_{\mathrm{f}s}(\boldsymbol{\beta}_{\mathrm{f}},\boldsymbol{z}_0,\boldsymbol{s})\boldsymbol{\Psi}(\boldsymbol{C}_{\mathrm{f}s}(\boldsymbol{\beta}_{\mathrm{f}},\boldsymbol{z}_0,\boldsymbol{s}))^{\mathrm{T}} & \boldsymbol{C}_{\mathrm{f}s}(\boldsymbol{\beta}_{\mathrm{f}},\boldsymbol{z}_0,\boldsymbol{s})\boldsymbol{\Psi}\\ \hdashline \boldsymbol{\Psi}(\boldsymbol{C}_{\mathrm{f}s}(\boldsymbol{\beta}_{\mathrm{f}},\boldsymbol{z}_0,\boldsymbol{s}))^{\mathrm{T}} & \boldsymbol{\Psi}\end{array}\right]\in\mathbf{R}^{(p+r)\times(p+r)}\end{aligned} \tag{10.112}$$

结合式 (10.110) 和式 (10.112) 可以建立如下线性加权最小二乘估计准则

$$\begin{aligned}\min_{\boldsymbol{\beta}_{\mathrm{f}}\in\mathbf{R}^{(q+l_0)\times 1};\boldsymbol{s}\in\mathbf{R}^{r\times 1}}&\left\{\left(\begin{bmatrix}\boldsymbol{b}_{\mathrm{f}}(\boldsymbol{z},\widehat{\boldsymbol{s}})\\ \widehat{\boldsymbol{s}}\end{bmatrix}-\begin{bmatrix}\boldsymbol{A}_{\mathrm{f}}(\boldsymbol{z},\widehat{\boldsymbol{s}}) & \boldsymbol{O}_{p\times r}\\ \boldsymbol{O}_{r\times(q+l_0)} & \boldsymbol{I}_r\end{bmatrix}\begin{bmatrix}\boldsymbol{\beta}_{\mathrm{f}}\\ \boldsymbol{s}\end{bmatrix}\right)^{\mathrm{T}}\right.\\&\left.\times(\boldsymbol{\Gamma}_{\mathrm{f}}^{(\mathrm{b})})^{-1}\left(\begin{bmatrix}\boldsymbol{b}_{\mathrm{f}}(\boldsymbol{z},\widehat{\boldsymbol{s}})\\ \widehat{\boldsymbol{s}}\end{bmatrix}-\begin{bmatrix}\boldsymbol{A}_{\mathrm{f}}(\boldsymbol{z},\widehat{\boldsymbol{s}}) & \boldsymbol{O}_{p\times r}\\ \boldsymbol{O}_{r\times(q+l_0)} & \boldsymbol{I}_r\end{bmatrix}\begin{bmatrix}\boldsymbol{\beta}_{\mathrm{f}}\\ \boldsymbol{s}\end{bmatrix}\right)\right\}\end{aligned} \tag{10.113}$$

式中, $(\boldsymbol{\Gamma}_{\mathrm{f}}^{(\mathrm{b})})^{-1}$ 可以看成是加权矩阵, 其作用是同时抑制观测误差 $\boldsymbol{e}$ 和模型参数先验观测误差 $\boldsymbol{\varphi}$ 的影响。根据式 (2.67) 可知, 式 (10.113) 的最优闭式解为

$$\begin{bmatrix} \widehat{\boldsymbol{\beta}}_{\mathrm{f}}^{(\mathrm{b})} \\ \widehat{\boldsymbol{s}}_{\mathrm{f}}^{(\mathrm{b})} \end{bmatrix} = \left(\begin{bmatrix} (\boldsymbol{A}_{\mathrm{f}}(\boldsymbol{z},\widehat{\boldsymbol{s}}))^{\mathrm{T}} & \boldsymbol{O}_{(q+l_0)\times r} \\ \boldsymbol{O}_{r\times p} & \boldsymbol{I}_r \end{bmatrix} (\boldsymbol{\Gamma}_{\mathrm{f}}^{(\mathrm{b})})^{-1} \begin{bmatrix} \boldsymbol{A}_{\mathrm{f}}(\boldsymbol{z},\widehat{\boldsymbol{s}}) & \boldsymbol{O}_{p\times r} \\ \boldsymbol{O}_{r\times(q+l_0)} & \boldsymbol{I}_r \end{bmatrix} \right)^{-1} \times \begin{bmatrix} (\boldsymbol{A}_{\mathrm{f}}(\boldsymbol{z},\widehat{\boldsymbol{s}}))^{\mathrm{T}} & \boldsymbol{O}_{(q+l_0)\times r} \\ \boldsymbol{O}_{r\times p} & \boldsymbol{I}_r \end{bmatrix} (\boldsymbol{\Gamma}_{\mathrm{f}}^{(\mathrm{b})})^{-1} \begin{bmatrix} \boldsymbol{b}_{\mathrm{f}}(\boldsymbol{z},\widehat{\boldsymbol{s}}) \\ \widehat{\boldsymbol{s}} \end{bmatrix} \tag{10.114}$$

【注记 10.13】由式 (10.112) 可知, 加权矩阵 $(\boldsymbol{\Gamma}_{\mathrm{f}}^{(\mathrm{b})})^{-1}$ 与扩维未知参数 $\boldsymbol{\beta}_{\mathrm{f}}$ 和模型参数 $\boldsymbol{s}$ 有关, 因此严格地说, 式 (10.113) 中的目标函数并不是关于向量 $\begin{bmatrix} \boldsymbol{\beta}_{\mathrm{f}} \\ \boldsymbol{s} \end{bmatrix}$ 的二次函数。庆幸的是, 该问题并不难以解决, 可以先将 $(\boldsymbol{\Gamma}_{\mathrm{f}}^{(\mathrm{b})})^{-1}$ 设为单位矩阵, 从而获得关于向量 $\begin{bmatrix} \boldsymbol{\beta}_{\mathrm{f}} \\ \boldsymbol{s} \end{bmatrix}$ 的近似估计值$\left(\text{即} \begin{bmatrix} \widehat{\boldsymbol{\beta}}_{\mathrm{fo}}^{(\mathrm{b})} \\ \widehat{\boldsymbol{s}}_{\mathrm{fo}}^{(\mathrm{b})} \end{bmatrix} = \left(\begin{bmatrix} (\boldsymbol{A}_{\mathrm{f}}(\boldsymbol{z},\widehat{\boldsymbol{s}}))^{\mathrm{T}} & \boldsymbol{O}_{(q+l_0)\times r} \\ \boldsymbol{O}_{r\times p} & \boldsymbol{I}_r \end{bmatrix} \times \begin{bmatrix} \boldsymbol{A}_{\mathrm{f}}(\boldsymbol{z},\widehat{\boldsymbol{s}}) & \boldsymbol{O}_{p\times r} \\ \boldsymbol{O}_{r\times(q+l_0)} & \boldsymbol{I}_r \end{bmatrix} \right)^{-1} \begin{bmatrix} (\boldsymbol{A}_{\mathrm{f}}(\boldsymbol{z},\widehat{\boldsymbol{s}}))^{\mathrm{T}} & \boldsymbol{O}_{(q+l_0)\times r} \\ \boldsymbol{O}_{r\times p} & \boldsymbol{I}_r \end{bmatrix} \begin{bmatrix} \boldsymbol{b}_{\mathrm{f}}(\boldsymbol{z},\widehat{\boldsymbol{s}}) \\ \widehat{\boldsymbol{s}} \end{bmatrix} \right)$, 然后利用近似估计值 $\begin{bmatrix} \widehat{\boldsymbol{\beta}}_{\mathrm{fo}}^{(\mathrm{b})} \\ \widehat{\boldsymbol{s}}_{\mathrm{fo}}^{(\mathrm{b})} \end{bmatrix}$ 计算加权矩阵 $(\boldsymbol{\Gamma}_{\mathrm{f}}^{(\mathrm{b})})^{-1}$, 并基于式 (10.114) 获得向量 $\begin{bmatrix} \boldsymbol{\beta}_{\mathrm{f}} \\ \boldsymbol{s} \end{bmatrix}$ 的最终估计值 $\begin{bmatrix} \widehat{\boldsymbol{\beta}}_{\mathrm{f}}^{(\mathrm{b})} \\ \widehat{\boldsymbol{s}}_{\mathrm{f}}^{(\mathrm{b})} \end{bmatrix}$①。另外, 加权矩阵 $(\boldsymbol{\Gamma}_{\mathrm{f}}^{(\mathrm{b})})^{-1}$ 还与观测向量 $\boldsymbol{z}_0$ 有关, 可以直接利用其观测值 $\boldsymbol{z}$ 进行计算。下面的理论性能分析表明, 在一阶误差分析理论框架下, 加权矩阵 $(\boldsymbol{\Gamma}_{\mathrm{f}}^{(\mathrm{b})})^{-1}$ 中的扰动误差并不会实质性地影响估计值 $\begin{bmatrix} \widehat{\boldsymbol{\beta}}_{\mathrm{f}}^{(\mathrm{b})} \\ \widehat{\boldsymbol{s}}_{\mathrm{f}}^{(\mathrm{b})} \end{bmatrix}$ 的统计性能。

2. 理论性能分析

下面推导估计值 $\begin{bmatrix} \widehat{\boldsymbol{\beta}}_{\mathrm{f}}^{(\mathrm{b})} \\ \widehat{\boldsymbol{s}}_{\mathrm{f}}^{(\mathrm{b})} \end{bmatrix}$ 的统计性能, 具体结论可见以下命题。

① 为了提高在大观测误差条件下的估计性能, 还可以先利用估计值 $\begin{bmatrix} \widehat{\boldsymbol{\beta}}_{\mathrm{f}}^{(\mathrm{b})} \\ \widehat{\boldsymbol{s}}_{\mathrm{f}}^{(\mathrm{b})} \end{bmatrix}$ 再次计算加权矩阵 $(\boldsymbol{\Gamma}_{\mathrm{f}}^{(\mathrm{b})})^{-1}$, 然后利用最新的加权矩阵更新估计值。

【命题 10.9】向量 $\begin{bmatrix}\widehat{\boldsymbol{\beta}}_{\mathrm{f}}^{(\mathrm{b})}\\ \widehat{\boldsymbol{s}}_{\mathrm{f}}^{(\mathrm{b})}\end{bmatrix}$ 是关于扩维未知参数及模型参数 $\begin{bmatrix}\boldsymbol{\beta}_{\mathrm{f}}\\ \boldsymbol{s}\end{bmatrix}$ 的渐近无偏估计值，并且其均方误差为

$$\mathbf{MSE}\left(\begin{bmatrix}\widehat{\boldsymbol{\beta}}_{\mathrm{f}}^{(\mathrm{b})}\\ \widehat{\boldsymbol{s}}_{\mathrm{f}}^{(\mathrm{b})}\end{bmatrix}\right)=\left(\begin{bmatrix}(\boldsymbol{A}_{\mathrm{f}}(\boldsymbol{z}_0,\boldsymbol{s}))^{\mathrm{T}} & \boldsymbol{O}_{(q+l_0)\times r}\\ \boldsymbol{O}_{r\times p} & \boldsymbol{I}_r\end{bmatrix}(\boldsymbol{\Gamma}_{\mathrm{f}}^{(\mathrm{b})})^{-1}\begin{bmatrix}\boldsymbol{A}_{\mathrm{f}}(\boldsymbol{z}_0,\boldsymbol{s}) & \boldsymbol{O}_{p\times r}\\ \boldsymbol{O}_{r\times(q+l_0)} & \boldsymbol{I}_r\end{bmatrix}\right)^{-1} \tag{10.115}$$

【证明】将向量 $\begin{bmatrix}\widehat{\boldsymbol{\beta}}_{\mathrm{f}}^{(\mathrm{b})}\\ \widehat{\boldsymbol{s}}_{\mathrm{f}}^{(\mathrm{b})}\end{bmatrix}$ 中的估计误差记为 $\begin{bmatrix}\Delta\boldsymbol{\beta}_{\mathrm{f}}^{(\mathrm{b})}\\ \Delta\boldsymbol{s}_{\mathrm{f}}^{(\mathrm{b})}\end{bmatrix}=\begin{bmatrix}\widehat{\boldsymbol{\beta}}_{\mathrm{f}}^{(\mathrm{b})}-\boldsymbol{\beta}_{\mathrm{f}}\\ \widehat{\boldsymbol{s}}_{\mathrm{f}}^{(\mathrm{b})}-\boldsymbol{s}\end{bmatrix}$。基于式 (10.114) 和注记 10.13 可知

$$\begin{aligned}&\begin{bmatrix}(\boldsymbol{A}_{\mathrm{f}}(\boldsymbol{z},\widehat{\boldsymbol{s}}))^{\mathrm{T}} & \boldsymbol{O}_{(q+l_0)\times r}\\ \boldsymbol{O}_{r\times p} & \boldsymbol{I}_r\end{bmatrix}(\widehat{\boldsymbol{\Gamma}}_{\mathrm{f}}^{(\mathrm{b})})^{-1}\begin{bmatrix}\boldsymbol{A}_{\mathrm{f}}(\boldsymbol{z},\widehat{\boldsymbol{s}}) & \boldsymbol{O}_{p\times r}\\ \boldsymbol{O}_{r\times(q+l_0)} & \boldsymbol{I}_r\end{bmatrix}\begin{bmatrix}\boldsymbol{\beta}_{\mathrm{f}}+\Delta\boldsymbol{\beta}_{\mathrm{f}}^{(\mathrm{b})}\\ \boldsymbol{s}+\Delta\boldsymbol{s}_{\mathrm{f}}^{(\mathrm{b})}\end{bmatrix}\\ &=\begin{bmatrix}(\boldsymbol{A}_{\mathrm{f}}(\boldsymbol{z},\widehat{\boldsymbol{s}}))^{\mathrm{T}} & \boldsymbol{O}_{(q+l_0)\times r}\\ \boldsymbol{O}_{r\times p} & \boldsymbol{I}_r\end{bmatrix}(\widehat{\boldsymbol{\Gamma}}_{\mathrm{f}}^{(\mathrm{b})})^{-1}\begin{bmatrix}\boldsymbol{b}_{\mathrm{f}}(\boldsymbol{z},\widehat{\boldsymbol{s}})\\ \widehat{\boldsymbol{s}}\end{bmatrix}\end{aligned} \tag{10.116}$$

式中，$\widehat{\boldsymbol{\Gamma}}_{\mathrm{f}}^{(\mathrm{b})}$ 表示 $\boldsymbol{\Gamma}_{\mathrm{f}}^{(\mathrm{b})}$ 的近似估计值。在一阶误差分析理论框架下，利用式 (10.116) 可以进一步推得

$$\begin{aligned}&\begin{bmatrix}(\Delta\boldsymbol{A}_{\mathrm{f}}^{(\mathrm{b})})^{\mathrm{T}} & \boldsymbol{O}_{(q+l_0)\times r}\\ \boldsymbol{O}_{r\times p} & \boldsymbol{O}_{r\times r}\end{bmatrix}(\boldsymbol{\Gamma}_{\mathrm{f}}^{(\mathrm{b})})^{-1}\begin{bmatrix}\boldsymbol{A}_{\mathrm{f}}(\boldsymbol{z}_0,\boldsymbol{s}) & \boldsymbol{O}_{p\times r}\\ \boldsymbol{O}_{r\times(q+l_0)} & \boldsymbol{I}_r\end{bmatrix}\begin{bmatrix}\boldsymbol{\beta}_{\mathrm{f}}\\ \boldsymbol{s}\end{bmatrix}\\ &+\begin{bmatrix}(\boldsymbol{A}_{\mathrm{f}}(\boldsymbol{z}_0,\boldsymbol{s}))^{\mathrm{T}} & \boldsymbol{O}_{(q+l_0)\times r}\\ \boldsymbol{O}_{r\times p} & \boldsymbol{I}_r\end{bmatrix}(\boldsymbol{\Gamma}_{\mathrm{f}}^{(\mathrm{b})})^{-1}\begin{bmatrix}\Delta\boldsymbol{A}_{\mathrm{f}}^{(\mathrm{b})} & \boldsymbol{O}_{p\times r}\\ \boldsymbol{O}_{r\times(q+l_0)} & \boldsymbol{O}_{r\times r}\end{bmatrix}\begin{bmatrix}\boldsymbol{\beta}_{\mathrm{f}}\\ \boldsymbol{s}\end{bmatrix}\\ &+\begin{bmatrix}(\boldsymbol{A}_{\mathrm{f}}(\boldsymbol{z}_0,\boldsymbol{s}))^{\mathrm{T}} & \boldsymbol{O}_{(q+l_0)\times r}\\ \boldsymbol{O}_{r\times p} & \boldsymbol{I}_r\end{bmatrix}\Delta\boldsymbol{\Sigma}_{\mathrm{f}}^{(\mathrm{b})}\begin{bmatrix}\boldsymbol{A}_{\mathrm{f}}(\boldsymbol{z}_0,\boldsymbol{s}) & \boldsymbol{O}_{p\times r}\\ \boldsymbol{O}_{r\times(q+l_0)} & \boldsymbol{I}_r\end{bmatrix}\begin{bmatrix}\boldsymbol{\beta}_{\mathrm{f}}\\ \boldsymbol{s}\end{bmatrix}\\ &+\begin{bmatrix}(\boldsymbol{A}_{\mathrm{f}}(\boldsymbol{z}_0,\boldsymbol{s}))^{\mathrm{T}} & \boldsymbol{O}_{(q+l_0)\times r}\\ \boldsymbol{O}_{r\times p} & \boldsymbol{I}_r\end{bmatrix}(\boldsymbol{\Gamma}_{\mathrm{f}}^{(\mathrm{b})})^{-1}\begin{bmatrix}\boldsymbol{A}_{\mathrm{f}}(\boldsymbol{z}_0,\boldsymbol{s}) & \boldsymbol{O}_{p\times r}\\ \boldsymbol{O}_{r\times(q+l_0)} & \boldsymbol{I}_r\end{bmatrix}\begin{bmatrix}\Delta\boldsymbol{\beta}_{\mathrm{f}}^{(\mathrm{b})}\\ \Delta\boldsymbol{s}_{\mathrm{f}}^{(\mathrm{b})}\end{bmatrix}\\ \approx&\begin{bmatrix}(\Delta\boldsymbol{A}_{\mathrm{f}}^{(\mathrm{b})})^{\mathrm{T}} & \boldsymbol{O}_{(q+l_0)\times r}\\ \boldsymbol{O}_{r\times p} & \boldsymbol{O}_{r\times r}\end{bmatrix}(\boldsymbol{\Gamma}_{\mathrm{f}}^{(\mathrm{b})})^{-1}\begin{bmatrix}\boldsymbol{b}_{\mathrm{f}}(\boldsymbol{z}_0,\boldsymbol{s})\\ \boldsymbol{s}\end{bmatrix}\\ &+\begin{bmatrix}(\boldsymbol{A}_{\mathrm{f}}(\boldsymbol{z}_0,\boldsymbol{s}))^{\mathrm{T}} & \boldsymbol{O}_{(q+l_0)\times r}\\ \boldsymbol{O}_{r\times p} & \boldsymbol{I}_r\end{bmatrix}(\boldsymbol{\Gamma}_{\mathrm{f}}^{(\mathrm{b})})^{-1}\begin{bmatrix}\Delta\boldsymbol{b}_{\mathrm{f}}^{(\mathrm{b})}\\ \boldsymbol{\varphi}\end{bmatrix}\end{aligned}$$

$$
\begin{aligned}
&+\begin{bmatrix} (\boldsymbol{A}_{\mathrm{f}}(\boldsymbol{z}_0,\boldsymbol{s}))^{\mathrm{T}} & \boldsymbol{O}_{(q+l_0)\times r} \\ \boldsymbol{O}_{r\times p} & \boldsymbol{I}_r \end{bmatrix} \Delta\boldsymbol{\Sigma}_{\mathrm{f}}^{(\mathrm{b})} \begin{bmatrix} \boldsymbol{b}_{\mathrm{f}}(\boldsymbol{z}_0,\boldsymbol{s}) \\ \boldsymbol{s} \end{bmatrix} \\
\Rightarrow & \begin{bmatrix} (\boldsymbol{A}_{\mathrm{f}}(\boldsymbol{z}_0,\boldsymbol{s}))^{\mathrm{T}} & \boldsymbol{O}_{(q+l_0)\times r} \\ \boldsymbol{O}_{r\times p} & \boldsymbol{I}_r \end{bmatrix} (\boldsymbol{\Gamma}_{\mathrm{f}}^{(\mathrm{b})})^{-1} \begin{bmatrix} \boldsymbol{A}_{\mathrm{f}}(\boldsymbol{z}_0,\boldsymbol{s}) & \boldsymbol{O}_{p\times r} \\ \boldsymbol{O}_{r\times (q+l_0)} & \boldsymbol{I}_r \end{bmatrix} \begin{bmatrix} \Delta\boldsymbol{\beta}_{\mathrm{f}}^{(\mathrm{b})} \\ \Delta\boldsymbol{s}_{\mathrm{f}}^{(\mathrm{b})} \end{bmatrix} \\
\approx & \begin{bmatrix} (\boldsymbol{A}_{\mathrm{f}}(\boldsymbol{z}_0,\boldsymbol{s}))^{\mathrm{T}} & \boldsymbol{O}_{(q+l_0)\times r} \\ \boldsymbol{O}_{r\times p} & \boldsymbol{I}_r \end{bmatrix} (\boldsymbol{\Gamma}_{\mathrm{f}}^{(\mathrm{b})})^{-1} \begin{bmatrix} \Delta\boldsymbol{b}_{\mathrm{f}}^{(\mathrm{b})} - \Delta\boldsymbol{A}_{\mathrm{f}}^{(\mathrm{b})}\boldsymbol{\beta}_{\mathrm{f}} \\ \boldsymbol{\varphi} \end{bmatrix} \\
= & \begin{bmatrix} (\boldsymbol{A}_{\mathrm{f}}(\boldsymbol{z}_0,\boldsymbol{s}))^{\mathrm{T}} & \boldsymbol{O}_{(q+l_0)\times r} \\ \boldsymbol{O}_{r\times p} & \boldsymbol{I}_r \end{bmatrix} (\boldsymbol{\Gamma}_{\mathrm{f}}^{(\mathrm{b})})^{-1} \boldsymbol{\zeta}_{\mathrm{f}}^{(\mathrm{b})} \\
\Rightarrow & \begin{bmatrix} \Delta\boldsymbol{\beta}_{\mathrm{f}}^{(\mathrm{b})} \\ \Delta\boldsymbol{s}_{\mathrm{f}}^{(\mathrm{b})} \end{bmatrix} \approx \left(\begin{bmatrix} (\boldsymbol{A}_{\mathrm{f}}(\boldsymbol{z}_0,\boldsymbol{s}))^{\mathrm{T}} & \boldsymbol{O}_{(q+l_0)\times r} \\ \boldsymbol{O}_{r\times p} & \boldsymbol{I}_r \end{bmatrix} (\boldsymbol{\Gamma}_{\mathrm{f}}^{(\mathrm{b})})^{-1} \begin{bmatrix} \boldsymbol{A}_{\mathrm{f}}(\boldsymbol{z}_0,\boldsymbol{s}) & \boldsymbol{O}_{p\times r} \\ \boldsymbol{O}_{r\times (q+l_0)} & \boldsymbol{I}_r \end{bmatrix} \right)^{-1} \\
& \times \begin{bmatrix} (\boldsymbol{A}_{\mathrm{f}}(\boldsymbol{z}_0,\boldsymbol{s}))^{\mathrm{T}} & \boldsymbol{O}_{(q+l_0)\times r} \\ \boldsymbol{O}_{r\times p} & \boldsymbol{I}_r \end{bmatrix} (\boldsymbol{\Gamma}_{\mathrm{f}}^{(\mathrm{b})})^{-1} \boldsymbol{\zeta}_{\mathrm{f}}^{(\mathrm{b})}
\end{aligned} \tag{10.117}
$$

式中，$\Delta\boldsymbol{\Sigma}_{\mathrm{f}}^{(\mathrm{b})} = (\widehat{\boldsymbol{\Gamma}}_{\mathrm{f}}^{(\mathrm{b})})^{-1} - (\boldsymbol{\Gamma}_{\mathrm{f}}^{(\mathrm{b})})^{-1}$ 表示矩阵 $(\widehat{\boldsymbol{\Gamma}}_{\mathrm{f}}^{(\mathrm{b})})^{-1}$ 中的扰动误差。由式 (10.117) 可知，误差向量 $\begin{bmatrix} \Delta\boldsymbol{\beta}_{\mathrm{f}}^{(\mathrm{b})} \\ \Delta\boldsymbol{s}_{\mathrm{f}}^{(\mathrm{b})} \end{bmatrix}$ 渐近服从零均值的高斯分布。因此，向量 $\begin{bmatrix} \widehat{\boldsymbol{\beta}}_{\mathrm{f}}^{(\mathrm{b})} \\ \widehat{\boldsymbol{s}}_{\mathrm{f}}^{(\mathrm{b})} \end{bmatrix}$ 是关于扩维未知参数及模型参数 $\begin{bmatrix} \boldsymbol{\beta}_{\mathrm{f}} \\ \boldsymbol{s} \end{bmatrix}$ 的渐近无偏估计值，并且其均方误差为

$$
\begin{aligned}
\mathbf{MSE}\left(\begin{bmatrix} \widehat{\boldsymbol{\beta}}_{\mathrm{f}}^{(\mathrm{b})} \\ \widehat{\boldsymbol{s}}_{\mathrm{f}}^{(\mathrm{b})} \end{bmatrix}\right) &= \mathbf{E}\left(\begin{bmatrix} \widehat{\boldsymbol{\beta}}_{\mathrm{f}}^{(\mathrm{b})} - \boldsymbol{\beta}_{\mathrm{f}} \\ \widehat{\boldsymbol{s}}_{\mathrm{f}}^{(\mathrm{b})} - \boldsymbol{s} \end{bmatrix} \begin{bmatrix} \widehat{\boldsymbol{\beta}}_{\mathrm{f}}^{(\mathrm{b})} - \boldsymbol{\beta}_{\mathrm{f}} \\ \widehat{\boldsymbol{s}}_{\mathrm{f}}^{(\mathrm{b})} - \boldsymbol{s} \end{bmatrix}^{\mathrm{T}} \right) = \mathbf{E}\left(\begin{bmatrix} \Delta\boldsymbol{\beta}_{\mathrm{f}}^{(\mathrm{b})} \\ \Delta\boldsymbol{s}_{\mathrm{f}}^{(\mathrm{b})} \end{bmatrix} \begin{bmatrix} \Delta\boldsymbol{\beta}_{\mathrm{f}}^{(\mathrm{b})} \\ \Delta\boldsymbol{s}_{\mathrm{f}}^{(\mathrm{b})} \end{bmatrix}^{\mathrm{T}} \right) \\
&= \left(\begin{bmatrix} (\boldsymbol{A}_{\mathrm{f}}(\boldsymbol{z}_0,\boldsymbol{s}))^{\mathrm{T}} & \boldsymbol{O}_{(q+l_0)\times r} \\ \boldsymbol{O}_{r\times p} & \boldsymbol{I}_r \end{bmatrix} (\boldsymbol{\Gamma}_{\mathrm{f}}^{(\mathrm{b})})^{-1} \begin{bmatrix} \boldsymbol{A}_{\mathrm{f}}(\boldsymbol{z}_0,\boldsymbol{s}) & \boldsymbol{O}_{p\times r} \\ \boldsymbol{O}_{r\times (q+l_0)} & \boldsymbol{I}_r \end{bmatrix} \right)^{-1} \\
&\quad \times \begin{bmatrix} (\boldsymbol{A}_{\mathrm{f}}(\boldsymbol{z}_0,\boldsymbol{s}))^{\mathrm{T}} & \boldsymbol{O}_{(q+l_0)\times r} \\ \boldsymbol{O}_{r\times p} & \boldsymbol{I}_r \end{bmatrix} (\boldsymbol{\Gamma}_{\mathrm{f}}^{(\mathrm{b})})^{-1} \mathbf{E}[\boldsymbol{\zeta}_{\mathrm{f}}^{(\mathrm{b})} (\boldsymbol{\zeta}_{\mathrm{f}}^{(\mathrm{b})})^{\mathrm{T}}] (\boldsymbol{\Gamma}_{\mathrm{f}}^{(\mathrm{b})})^{-1} \\
&\quad \times \begin{bmatrix} \boldsymbol{A}_{\mathrm{f}}(\boldsymbol{z}_0,\boldsymbol{s}) & \boldsymbol{O}_{p\times r} \\ \boldsymbol{O}_{r\times (q+l_0)} & \boldsymbol{I}_r \end{bmatrix} \\
&\quad \times \left(\begin{bmatrix} (\boldsymbol{A}_{\mathrm{f}}(\boldsymbol{z}_0,\boldsymbol{s}))^{\mathrm{T}} & \boldsymbol{O}_{(q+l_0)\times r} \\ \boldsymbol{O}_{r\times p} & \boldsymbol{I}_r \end{bmatrix} (\boldsymbol{\Gamma}_{\mathrm{f}}^{(\mathrm{b})})^{-1} \begin{bmatrix} \boldsymbol{A}_{\mathrm{f}}(\boldsymbol{z}_0,\boldsymbol{s}) & \boldsymbol{O}_{p\times r} \\ \boldsymbol{O}_{r\times (q+l_0)} & \boldsymbol{I}_r \end{bmatrix} \right)^{-1}
\end{aligned}
$$

$$= \left(\begin{bmatrix} (\boldsymbol{A}_{\mathrm{f}}(\boldsymbol{z}_0,\boldsymbol{s}))^{\mathrm{T}} & \boldsymbol{O}_{(q+l_0)\times r} \\ \boldsymbol{O}_{r\times p} & \boldsymbol{I}_r \end{bmatrix} (\boldsymbol{\varGamma}_{\mathrm{f}}^{(\mathrm{b})})^{-1} \begin{bmatrix} \boldsymbol{A}_{\mathrm{f}}(\boldsymbol{z}_0,\boldsymbol{s}) & \boldsymbol{O}_{p\times r} \\ \boldsymbol{O}_{r\times(q+l_0)} & \boldsymbol{I}_r \end{bmatrix}\right)^{-1} \tag{10.118}$$

证毕。

【注记 10.14】 式 (10.117) 的推导过程表明, 在一阶误差分析理论框架下, 矩阵 $(\widehat{\boldsymbol{\varGamma}}_{\mathrm{f}}^{(\mathrm{b})})^{-1}$ 中的扰动误差 $\Delta\boldsymbol{\varSigma}_{\mathrm{f}}^{(\mathrm{b})}$ 并不会实质性地影响估计值 $\begin{bmatrix} \widehat{\boldsymbol{\beta}}_{\mathrm{f}}^{(\mathrm{b})} \\ \widehat{\boldsymbol{s}}_{\mathrm{f}}^{(\mathrm{b})} \end{bmatrix}$ 的统计性能。

【注记 10.15】 基于向量 $\boldsymbol{\beta}_{\mathrm{f}}$ 的定义可以从估计值 $\widehat{\boldsymbol{\beta}}_{\mathrm{f}}^{(\mathrm{b})}$ 中直接获得未知参数 $\boldsymbol{x}$ 的估计值, 并将其记为 $\widehat{\boldsymbol{x}}_{\mathrm{f}}^{(\mathrm{b})}$, 如下式所示

$$\widehat{\boldsymbol{x}}_{\mathrm{f}}^{(\mathrm{b})} = [\boldsymbol{I}_q \quad \boldsymbol{O}_{q\times l_0}]\widehat{\boldsymbol{\beta}}_{\mathrm{f}}^{(\mathrm{b})} \Rightarrow \begin{bmatrix} \widehat{\boldsymbol{x}}_{\mathrm{f}}^{(\mathrm{b})} \\ \widehat{\boldsymbol{s}}_{\mathrm{f}}^{(\mathrm{b})} \end{bmatrix} = \begin{bmatrix} \boldsymbol{I}_q & \boldsymbol{O}_{q\times l_0} & \boldsymbol{O}_{q\times r} \\ \boldsymbol{O}_{r\times q} & \boldsymbol{O}_{r\times l_0} & \boldsymbol{I}_r \end{bmatrix} \begin{bmatrix} \widehat{\boldsymbol{\beta}}_{\mathrm{f}}^{(\mathrm{b})} \\ \widehat{\boldsymbol{s}}_{\mathrm{f}}^{(\mathrm{b})} \end{bmatrix} \tag{10.119}$$

容易证明, 向量 $\begin{bmatrix} \widehat{\boldsymbol{x}}_{\mathrm{f}}^{(\mathrm{b})} \\ \widehat{\boldsymbol{s}}_{\mathrm{f}}^{(\mathrm{b})} \end{bmatrix}$ 是关于未知参数及模型参数 $\begin{bmatrix} \boldsymbol{x} \\ \boldsymbol{s} \end{bmatrix}$ 的渐近无偏估计值, 并且其均方误差为

$$\begin{aligned} \mathbf{MSE}\left(\begin{bmatrix} \widehat{\boldsymbol{x}}_{\mathrm{f}}^{(\mathrm{b})} \\ \widehat{\boldsymbol{s}}_{\mathrm{f}}^{(\mathrm{b})} \end{bmatrix}\right) &= \begin{bmatrix} \boldsymbol{I}_q & \boldsymbol{O}_{q\times l_0} & \boldsymbol{O}_{q\times r} \\ \boldsymbol{O}_{r\times q} & \boldsymbol{O}_{r\times l_0} & \boldsymbol{I}_r \end{bmatrix} \mathbf{MSE}\left(\begin{bmatrix} \widehat{\boldsymbol{\beta}}_{\mathrm{f}}^{(\mathrm{b})} \\ \widehat{\boldsymbol{s}}_{\mathrm{f}}^{(\mathrm{b})} \end{bmatrix}\right) \begin{bmatrix} \boldsymbol{I}_q & \boldsymbol{O}_{q\times r} \\ \boldsymbol{O}_{l_0\times q} & \boldsymbol{O}_{l_0\times r} \\ \boldsymbol{O}_{r\times q} & \boldsymbol{I}_r \end{bmatrix} \\ &= \begin{bmatrix} \boldsymbol{I}_q & \boldsymbol{O}_{q\times l_0} & \boldsymbol{O}_{q\times r} \\ \boldsymbol{O}_{r\times q} & \boldsymbol{O}_{r\times l_0} & \boldsymbol{I}_r \end{bmatrix} \left(\begin{bmatrix} (\boldsymbol{A}_{\mathrm{f}}(\boldsymbol{z}_0,\boldsymbol{s}))^{\mathrm{T}} & \boldsymbol{O}_{(q+l_0)\times r} \\ \boldsymbol{O}_{r\times p} & \boldsymbol{I}_r \end{bmatrix} (\boldsymbol{\varGamma}_{\mathrm{f}}^{(\mathrm{b})})^{-1}\right. \\ &\quad \times \left.\begin{bmatrix} \boldsymbol{A}_{\mathrm{f}}(\boldsymbol{z}_0,\boldsymbol{s}) & \boldsymbol{O}_{p\times r} \\ \boldsymbol{O}_{r\times(q+l_0)} & \boldsymbol{I}_r \end{bmatrix}\right)^{-1} \begin{bmatrix} \boldsymbol{I}_q & \boldsymbol{O}_{q\times r} \\ \boldsymbol{O}_{l_0\times q} & \boldsymbol{O}_{l_0\times r} \\ \boldsymbol{O}_{r\times q} & \boldsymbol{I}_r \end{bmatrix} \end{aligned} \tag{10.120}$$

然而, 估计值 $\begin{bmatrix} \widehat{\boldsymbol{x}}_{\mathrm{f}}^{(\mathrm{b})} \\ \widehat{\boldsymbol{s}}_{\mathrm{f}}^{(\mathrm{b})} \end{bmatrix}$ 并不具有渐近统计最优性, 具体结论可见以下命题。

【命题 10.10】 当模型参数存在先验观测误差时, 若将未知参数及模型参数 $\begin{bmatrix} \boldsymbol{x} \\ \boldsymbol{s} \end{bmatrix}$ 的估计均方误差的克拉美罗界记为 $\mathbf{CRB}^{(\mathrm{b})}\left(\begin{bmatrix} \boldsymbol{x} \\ \boldsymbol{s} \end{bmatrix}\right)$, 则有 $\mathbf{MSE}\left(\begin{bmatrix} \widehat{\boldsymbol{x}}_{\mathrm{f}}^{(\mathrm{b})} \\ \widehat{\boldsymbol{s}}_{\mathrm{f}}^{(\mathrm{b})} \end{bmatrix}\right) \geqslant \mathbf{CRB}^{(\mathrm{b})}\left(\begin{bmatrix} \boldsymbol{x} \\ \boldsymbol{s} \end{bmatrix}\right)$。

【**证明**】证明包含两个部分。

(一) 第 1 部分

根据式 (3.25) 可知

$$\mathbf{CRB}^{(\mathrm{b})}\left(\begin{bmatrix}\boldsymbol{x}\\\boldsymbol{s}\end{bmatrix}\right)=\left[\begin{array}{c:c}(\boldsymbol{F}_x(\boldsymbol{x},\boldsymbol{s}))^{\mathrm{T}}\boldsymbol{E}^{-1}\boldsymbol{F}_x(\boldsymbol{x},\boldsymbol{s}) & (\boldsymbol{F}_x(\boldsymbol{x},\boldsymbol{s}))^{\mathrm{T}}\boldsymbol{E}^{-1}\boldsymbol{F}_s(\boldsymbol{x},\boldsymbol{s})\\\hdashline(\boldsymbol{F}_s(\boldsymbol{x},\boldsymbol{s}))^{\mathrm{T}}\boldsymbol{E}^{-1}\boldsymbol{F}_x(\boldsymbol{x},\boldsymbol{s}) & (\boldsymbol{F}_s(\boldsymbol{x},\boldsymbol{s}))^{\mathrm{T}}\boldsymbol{E}^{-1}\boldsymbol{F}_s(\boldsymbol{x},\boldsymbol{s})+\boldsymbol{\Psi}^{-1}\end{array}\right]^{-1} \tag{10.121}$$

下面证明等式

$$\mathbf{CRB}^{(\mathrm{b})}\left(\begin{bmatrix}\boldsymbol{x}\\\boldsymbol{s}\end{bmatrix}\right)=\left(\begin{bmatrix}(\boldsymbol{G}_{\mathrm{f}x}(\boldsymbol{x},\boldsymbol{s}))^{\mathrm{T}} & \boldsymbol{O}_{q\times r}\\(\boldsymbol{G}_{\mathrm{fs}}(\boldsymbol{x},\boldsymbol{s}))^{\mathrm{T}} & \boldsymbol{I}_r\end{bmatrix}\left(\mathbf{MSE}\left(\begin{bmatrix}\widehat{\boldsymbol{\beta}}_{\mathrm{f}}^{(\mathrm{b})}\\\widehat{\boldsymbol{s}}_{\mathrm{f}}^{(\mathrm{b})}\end{bmatrix}\right)\right)^{-1}\times\begin{bmatrix}\boldsymbol{G}_{\mathrm{f}x}(\boldsymbol{x},\boldsymbol{s}) & \boldsymbol{G}_{\mathrm{fs}}(\boldsymbol{x},\boldsymbol{s})\\\boldsymbol{O}_{r\times q} & \boldsymbol{I}_r\end{bmatrix}\right)^{-1} \tag{10.122}$$

结合式 (10.112) 和式 (2.7) 可得

$$(\boldsymbol{\Gamma}_{\mathrm{f}}^{(\mathrm{b})})^{-1}=\begin{bmatrix}\boldsymbol{X}_1 & \boldsymbol{X}_2\\\boldsymbol{X}_2^{\mathrm{T}} & \boldsymbol{X}_3\end{bmatrix} \tag{10.123}$$

式中,

$$\begin{cases}\boldsymbol{X}_1=(\boldsymbol{C}_{\mathrm{fz}}(\boldsymbol{\beta}_{\mathrm{f}},\boldsymbol{z}_0,\boldsymbol{s}))^{-\mathrm{T}}\boldsymbol{E}^{-1}(\boldsymbol{C}_{\mathrm{fz}}(\boldsymbol{\beta}_{\mathrm{f}},\boldsymbol{z}_0,\boldsymbol{s}))^{-1};\\\boldsymbol{X}_2=-(\boldsymbol{C}_{\mathrm{fz}}(\boldsymbol{\beta}_{\mathrm{f}},\boldsymbol{z}_0,\boldsymbol{s}))^{-\mathrm{T}}\boldsymbol{E}^{-1}(\boldsymbol{C}_{\mathrm{fz}}(\boldsymbol{\beta}_{\mathrm{f}},\boldsymbol{z}_0,\boldsymbol{s}))^{-1}\boldsymbol{C}_{\mathrm{fs}}(\boldsymbol{\beta}_{\mathrm{f}},\boldsymbol{z}_0,\boldsymbol{s})\\\boldsymbol{X}_3=(\boldsymbol{\Psi}-\boldsymbol{\Psi}(\boldsymbol{C}_{\mathrm{fs}}(\boldsymbol{\beta}_{\mathrm{f}},\boldsymbol{z}_0,\boldsymbol{s}))^{\mathrm{T}}(\boldsymbol{C}_{\mathrm{fz}}(\boldsymbol{\beta}_{\mathrm{f}},\boldsymbol{z}_0,\boldsymbol{s})\boldsymbol{E}(\boldsymbol{C}_{\mathrm{fz}}(\boldsymbol{\beta}_{\mathrm{f}},\boldsymbol{z}_0,\boldsymbol{s}))^{\mathrm{T}}\\\quad+\boldsymbol{C}_{\mathrm{fs}}(\boldsymbol{\beta}_{\mathrm{f}},\boldsymbol{z}_0,\boldsymbol{s})\boldsymbol{\Psi}(\boldsymbol{C}_{\mathrm{fs}}(\boldsymbol{\beta}_{\mathrm{f}},\boldsymbol{z}_0,\boldsymbol{s}))^{\mathrm{T}})^{-1}\boldsymbol{C}_{\mathrm{fs}}(\boldsymbol{\beta}_{\mathrm{f}},\boldsymbol{z}_0,\boldsymbol{s})\boldsymbol{\Psi})^{-1}\\=(\boldsymbol{\Psi}-\boldsymbol{\Psi}(\boldsymbol{C}_{\mathrm{fs}}(\boldsymbol{\beta}_{\mathrm{f}},\boldsymbol{z}_0,\boldsymbol{s}))^{\mathrm{T}}(\boldsymbol{C}_{\mathrm{fz}}(\boldsymbol{\beta}_{\mathrm{f}},\boldsymbol{z}_0,\boldsymbol{s}))^{-\mathrm{T}}\\\quad\times(\boldsymbol{E}+(\boldsymbol{C}_{\mathrm{fz}}(\boldsymbol{\beta}_{\mathrm{f}},\boldsymbol{z}_0,\boldsymbol{s}))^{-1}\boldsymbol{C}_{\mathrm{fs}}(\boldsymbol{\beta}_{\mathrm{f}},\boldsymbol{z}_0,\boldsymbol{s})\boldsymbol{\Psi}(\boldsymbol{C}_{\mathrm{fs}}(\boldsymbol{\beta}_{\mathrm{f}},\boldsymbol{z}_0,\boldsymbol{s}))^{\mathrm{T}}(\boldsymbol{C}_{\mathrm{fz}}(\boldsymbol{\beta}_{\mathrm{f}},\boldsymbol{z}_0,\boldsymbol{s}))^{-\mathrm{T}})^{-1}\\\quad\times(\boldsymbol{C}_{\mathrm{fz}}(\boldsymbol{\beta}_{\mathrm{f}},\boldsymbol{z}_0,\boldsymbol{s}))^{-1}\boldsymbol{C}_{\mathrm{fs}}(\boldsymbol{\beta}_{\mathrm{f}},\boldsymbol{z}_0,\boldsymbol{s})\boldsymbol{\Psi})^{-1}\end{cases} \tag{10.124}$$

利用式 (2.1) 可知

$$\boldsymbol{X}_3=\boldsymbol{\Psi}^{-1}+(\boldsymbol{C}_{\mathrm{fs}}(\boldsymbol{\beta}_{\mathrm{f}},\boldsymbol{z}_0,\boldsymbol{s}))^{\mathrm{T}}(\boldsymbol{C}_{\mathrm{fz}}(\boldsymbol{\beta}_{\mathrm{f}},\boldsymbol{z}_0,\boldsymbol{s}))^{-\mathrm{T}}\boldsymbol{E}^{-1}(\boldsymbol{C}_{\mathrm{fz}}(\boldsymbol{\beta}_{\mathrm{f}},\boldsymbol{z}_0,\boldsymbol{s}))^{-1}\boldsymbol{C}_{\mathrm{fs}}(\boldsymbol{\beta}_{\mathrm{f}},\boldsymbol{z}_0,\boldsymbol{s}) \tag{10.125}$$

将式 (10.123) 代入式 (10.115) 可得

$$\begin{aligned}&\mathbf{MSE}\left(\begin{bmatrix}\widehat{\boldsymbol{\beta}}_{\mathrm{f}}^{(\mathrm{b})}\\ \widehat{\boldsymbol{s}}_{\mathrm{f}}^{(\mathrm{b})}\end{bmatrix}\right)\\&=\left(\begin{bmatrix}(\boldsymbol{A}_{\mathrm{f}}(\boldsymbol{z}_0,\boldsymbol{s}))^{\mathrm{T}} & \boldsymbol{O}_{(q+l_0)\times r}\\ \boldsymbol{O}_{r\times p} & \boldsymbol{I}_r\end{bmatrix}\begin{bmatrix}\boldsymbol{X}_1 & \boldsymbol{X}_2\\ \boldsymbol{X}_2^{\mathrm{T}} & \boldsymbol{X}_3\end{bmatrix}\begin{bmatrix}\boldsymbol{A}_{\mathrm{f}}(\boldsymbol{z}_0,\boldsymbol{s}) & \boldsymbol{O}_{p\times r}\\ \boldsymbol{O}_{r\times(q+l_0)} & \boldsymbol{I}_r\end{bmatrix}\right)^{-1}\\&=\begin{bmatrix}(\boldsymbol{A}_{\mathrm{f}}(\boldsymbol{z}_0,\boldsymbol{s}))^{\mathrm{T}}\boldsymbol{X}_1\boldsymbol{A}_{\mathrm{f}}(\boldsymbol{z}_0,\boldsymbol{s}) & (\boldsymbol{A}_{\mathrm{f}}(\boldsymbol{z}_0,\boldsymbol{s}))^{\mathrm{T}}\boldsymbol{X}_2\\ \boldsymbol{X}_2^{\mathrm{T}}\boldsymbol{A}_{\mathrm{f}}(\boldsymbol{z}_0,\boldsymbol{s}) & \boldsymbol{X}_3\end{bmatrix}^{-1}\end{aligned}\tag{10.126}$$

由此可知

$$\begin{aligned}&\begin{bmatrix}(\boldsymbol{G}_{\mathrm{f}x}(\boldsymbol{x},\boldsymbol{s}))^{\mathrm{T}} & \boldsymbol{O}_{q\times r}\\ (\boldsymbol{G}_{\mathrm{f}s}(\boldsymbol{x},\boldsymbol{s}))^{\mathrm{T}} & \boldsymbol{I}_r\end{bmatrix}\left(\mathbf{MSE}\left(\begin{bmatrix}\widehat{\boldsymbol{\beta}}_{\mathrm{f}}^{(\mathrm{b})}\\ \widehat{\boldsymbol{s}}_{\mathrm{f}}^{(\mathrm{b})}\end{bmatrix}\right)\right)^{-1}\begin{bmatrix}\boldsymbol{G}_{\mathrm{f}x}(\boldsymbol{x},\boldsymbol{s}) & \boldsymbol{G}_{\mathrm{f}s}(\boldsymbol{x},\boldsymbol{s})\\ \boldsymbol{O}_{r\times q} & \boldsymbol{I}_r\end{bmatrix}\\&=\begin{bmatrix}(\boldsymbol{G}_{\mathrm{f}x}(\boldsymbol{x},\boldsymbol{s}))^{\mathrm{T}} & \boldsymbol{O}_{q\times r}\\ (\boldsymbol{G}_{\mathrm{f}s}(\boldsymbol{x},\boldsymbol{s}))^{\mathrm{T}} & \boldsymbol{I}_r\end{bmatrix}\begin{bmatrix}(\boldsymbol{A}_{\mathrm{f}}(\boldsymbol{z}_0,\boldsymbol{s}))^{\mathrm{T}}\boldsymbol{X}_1\boldsymbol{A}_{\mathrm{f}}(\boldsymbol{z}_0,\boldsymbol{s}) & (\boldsymbol{A}_{\mathrm{f}}(\boldsymbol{z}_0,\boldsymbol{s}))^{\mathrm{T}}\boldsymbol{X}_2\\ \boldsymbol{X}_2^{\mathrm{T}}\boldsymbol{A}_{\mathrm{f}}(\boldsymbol{z}_0,\boldsymbol{s}) & \boldsymbol{X}_3\end{bmatrix}\\&\quad\times\begin{bmatrix}\boldsymbol{G}_{\mathrm{f}x}(\boldsymbol{x},\boldsymbol{s}) & \boldsymbol{G}_{\mathrm{f}s}(\boldsymbol{x},\boldsymbol{s})\\ \boldsymbol{O}_{r\times q} & \boldsymbol{I}_r\end{bmatrix}\\&=\left[\begin{array}{c:c}(\boldsymbol{G}_{\mathrm{f}x}(\boldsymbol{x},\boldsymbol{s}))^{\mathrm{T}}(\boldsymbol{A}_{\mathrm{f}}(\boldsymbol{z}_0,\boldsymbol{s}))^{\mathrm{T}}\boldsymbol{X}_1\boldsymbol{A}_{\mathrm{f}}(\boldsymbol{z}_0,\boldsymbol{s})\boldsymbol{G}_{\mathrm{f}x}(\boldsymbol{x},\boldsymbol{s}) & (\boldsymbol{G}_{\mathrm{f}x}(\boldsymbol{x},\boldsymbol{s}))^{\mathrm{T}}(\boldsymbol{A}_{\mathrm{f}}(\boldsymbol{z}_0,\boldsymbol{s}))^{\mathrm{T}}(\boldsymbol{X}_1\boldsymbol{A}_{\mathrm{f}}(\boldsymbol{z}_0,\boldsymbol{s})\boldsymbol{G}_{\mathrm{f}s}(\boldsymbol{x},\boldsymbol{s})+\boldsymbol{X}_2)\\ \hdashline (\boldsymbol{X}_1\boldsymbol{A}_{\mathrm{f}}(\boldsymbol{z}_0,\boldsymbol{s})\boldsymbol{G}_{\mathrm{f}s}(\boldsymbol{x},\boldsymbol{s})+\boldsymbol{X}_2)^{\mathrm{T}}\boldsymbol{A}_{\mathrm{f}}(\boldsymbol{z}_0,\boldsymbol{s})\boldsymbol{G}_{\mathrm{f}x}(\boldsymbol{x},\boldsymbol{s}) & \begin{array}{c}\boldsymbol{X}_3+(\boldsymbol{G}_{\mathrm{f}s}(\boldsymbol{x},\boldsymbol{s}))^{\mathrm{T}}(\boldsymbol{A}_{\mathrm{f}}(\boldsymbol{z}_0,\boldsymbol{s}))^{\mathrm{T}}\boldsymbol{X}_1\boldsymbol{A}_{\mathrm{f}}(\boldsymbol{z}_0,\boldsymbol{s})\boldsymbol{G}_{\mathrm{f}s}(\boldsymbol{x},\boldsymbol{s})\\ +\boldsymbol{X}_2^{\mathrm{T}}\boldsymbol{A}_{\mathrm{f}}(\boldsymbol{z}_0,\boldsymbol{s})\boldsymbol{G}_{\mathrm{f}s}(\boldsymbol{x},\boldsymbol{s})+(\boldsymbol{G}_{\mathrm{f}s}(\boldsymbol{x},\boldsymbol{s}))^{\mathrm{T}}(\boldsymbol{A}_{\mathrm{f}}(\boldsymbol{z}_0,\boldsymbol{s}))^{\mathrm{T}}\boldsymbol{X}_2\end{array}\end{array}\right]\end{aligned}\tag{10.127}$$

联合式 (10.28)、式 (10.34)、式 (10.124) 和式 (10.125) 可得

$$\begin{aligned}&(\boldsymbol{F}_x(\boldsymbol{x},\boldsymbol{s}))^{\mathrm{T}}\boldsymbol{E}^{-1}\boldsymbol{F}_x(\boldsymbol{x},\boldsymbol{s})\\&=(\boldsymbol{G}_{\mathrm{f}x}(\boldsymbol{x},\boldsymbol{s}))^{\mathrm{T}}(\boldsymbol{A}_{\mathrm{f}}(\boldsymbol{z}_0,\boldsymbol{s}))^{\mathrm{T}}(\boldsymbol{C}_{\mathrm{f}z}(\boldsymbol{\beta}_{\mathrm{f}},\boldsymbol{z}_0,\boldsymbol{s}))^{-\mathrm{T}}\\&\quad\times\boldsymbol{E}^{-1}(\boldsymbol{C}_{\mathrm{f}z}(\boldsymbol{\beta}_{\mathrm{f}},\boldsymbol{z}_0,\boldsymbol{s}))^{-1}\boldsymbol{A}_{\mathrm{f}}(\boldsymbol{z}_0,\boldsymbol{s})\boldsymbol{G}_{\mathrm{f}x}(\boldsymbol{x},\boldsymbol{s})\\&=(\boldsymbol{G}_{\mathrm{f}x}(\boldsymbol{x},\boldsymbol{s}))^{\mathrm{T}}(\boldsymbol{A}_{\mathrm{f}}(\boldsymbol{z}_0,\boldsymbol{s}))^{\mathrm{T}}\boldsymbol{X}_1\boldsymbol{A}_{\mathrm{f}}(\boldsymbol{z}_0,\boldsymbol{s})\boldsymbol{G}_{\mathrm{f}x}(\boldsymbol{x},\boldsymbol{s})\end{aligned}\tag{10.128}$$

$$\begin{aligned}&(\boldsymbol{F}_x(\boldsymbol{x},\boldsymbol{s}))^{\mathrm{T}}\boldsymbol{E}^{-1}\boldsymbol{F}_s(\boldsymbol{x},\boldsymbol{s})\\&=(\boldsymbol{G}_{\mathrm{f}x}(\boldsymbol{x},\boldsymbol{s}))^{\mathrm{T}}(\boldsymbol{A}_{\mathrm{f}}(\boldsymbol{z}_0,\boldsymbol{s}))^{\mathrm{T}}(\boldsymbol{C}_{\mathrm{f}z}(\boldsymbol{\beta}_{\mathrm{f}},\boldsymbol{z}_0,\boldsymbol{s}))^{-\mathrm{T}}\boldsymbol{E}^{-1}(\boldsymbol{C}_{\mathrm{f}z}(\boldsymbol{\beta}_{\mathrm{f}},\boldsymbol{z}_0,\boldsymbol{s}))^{-1}\end{aligned}$$

$$\times(\boldsymbol{A}_{\mathrm{f}}(\boldsymbol{z}_0,\boldsymbol{s})\boldsymbol{G}_{\mathrm{fs}}(\boldsymbol{x},\boldsymbol{s})-\boldsymbol{C}_{\mathrm{fs}}(\boldsymbol{\beta}_{\mathrm{f}},\boldsymbol{z}_0,\boldsymbol{s}))$$

$$=(\boldsymbol{G}_{\mathrm{fx}}(\boldsymbol{x},\boldsymbol{s}))^{\mathrm{T}}(\boldsymbol{A}_{\mathrm{f}}(\boldsymbol{z}_0,\boldsymbol{s}))^{\mathrm{T}}(\boldsymbol{X}_1\boldsymbol{A}_{\mathrm{f}}(\boldsymbol{z}_0,\boldsymbol{s})\boldsymbol{G}_{\mathrm{fs}}(\boldsymbol{x},\boldsymbol{s})+\boldsymbol{X}_2) \tag{10.129}$$

$$(\boldsymbol{F}_s(\boldsymbol{x},\boldsymbol{s}))^{\mathrm{T}}\boldsymbol{E}^{-1}\boldsymbol{F}_s(\boldsymbol{x},\boldsymbol{s})+\boldsymbol{\Psi}^{-1}$$

$$\begin{aligned}&=(\boldsymbol{A}_{\mathrm{f}}(\boldsymbol{z}_0,\boldsymbol{s})\boldsymbol{G}_{\mathrm{fs}}(\boldsymbol{x},\boldsymbol{s})-\boldsymbol{C}_{\mathrm{fs}}(\boldsymbol{\beta}_{\mathrm{f}},\boldsymbol{z}_0,\boldsymbol{s}))^{\mathrm{T}}(\boldsymbol{C}_{\mathrm{fz}}(\boldsymbol{\beta}_{\mathrm{f}},\boldsymbol{z}_0,\boldsymbol{s}))^{-\mathrm{T}}\\&\quad\times\boldsymbol{E}^{-1}(\boldsymbol{C}_{\mathrm{fz}}(\boldsymbol{\beta}_{\mathrm{f}},\boldsymbol{z}_0,\boldsymbol{s}))^{-1}(\boldsymbol{A}_{\mathrm{f}}(\boldsymbol{z}_0,\boldsymbol{s})\boldsymbol{G}_{\mathrm{fs}}(\boldsymbol{x},\boldsymbol{s})-\boldsymbol{C}_{\mathrm{fs}}(\boldsymbol{\beta}_{\mathrm{f}},\boldsymbol{z}_0,\boldsymbol{s}))+\boldsymbol{\Psi}^{-1}\\&=\boldsymbol{X}_3+(\boldsymbol{G}_{\mathrm{fs}}(\boldsymbol{x},\boldsymbol{s}))^{\mathrm{T}}(\boldsymbol{A}_{\mathrm{f}}(\boldsymbol{z}_0,\boldsymbol{s}))^{\mathrm{T}}\boldsymbol{X}_1\boldsymbol{A}_{\mathrm{f}}(\boldsymbol{z}_0,\boldsymbol{s})\boldsymbol{G}_{\mathrm{fs}}(\boldsymbol{x},\boldsymbol{s})\\&\quad+\boldsymbol{X}_2^{\mathrm{T}}\boldsymbol{A}_{\mathrm{f}}(\boldsymbol{z}_0,\boldsymbol{s})\boldsymbol{G}_{\mathrm{fs}}(\boldsymbol{x},\boldsymbol{s})+(\boldsymbol{G}_{\mathrm{fs}}(\boldsymbol{x},\boldsymbol{s}))^{\mathrm{T}}(\boldsymbol{A}_{\mathrm{f}}(\boldsymbol{z}_0,\boldsymbol{s}))^{\mathrm{T}}\boldsymbol{X}_2\end{aligned} \tag{10.130}$$

将式 (10.128) 至式 (10.130) 代入式 (10.127), 并且结合式 (10.121) 可知式 (10.122) 成立。

(二) 第 2 部分

根据函数 $\boldsymbol{g}_{\mathrm{f}}(\boldsymbol{x},\boldsymbol{s})$ 的定义可知

$$\boldsymbol{G}_{\mathrm{fs}}(\boldsymbol{x},\boldsymbol{s})=\frac{\partial\boldsymbol{g}_{\mathrm{f}}(\boldsymbol{x},\boldsymbol{s})}{\partial\boldsymbol{s}^{\mathrm{T}}}=\begin{bmatrix}\boldsymbol{O}_{q\times r}\\\boldsymbol{H}_s(\boldsymbol{x},\boldsymbol{s})\end{bmatrix}\in\mathbf{R}^{(q+l_0)\times r} \tag{10.131}$$

式中, $\boldsymbol{H}_s(\boldsymbol{x},\boldsymbol{s})=\dfrac{\partial\boldsymbol{h}(\boldsymbol{x},\boldsymbol{s})}{\partial\boldsymbol{s}^{\mathrm{T}}}\in\mathbf{R}^{l_0\times r}$ 表示函数 $\boldsymbol{h}(\boldsymbol{x},\boldsymbol{s})$ 关于向量 $\boldsymbol{s}$ 的 Jacobi 矩阵。基于式 (10.29) 和式 (10.131) 可得

$$\begin{aligned}&\begin{bmatrix}\boldsymbol{I}_q&\boldsymbol{O}_{q\times l_0}&\boldsymbol{O}_{q\times r}\\\boldsymbol{O}_{r\times q}&\boldsymbol{O}_{r\times l_0}&\boldsymbol{I}_r\end{bmatrix}\begin{bmatrix}\boldsymbol{G}_{\mathrm{fx}}(\boldsymbol{x},\boldsymbol{s})&\boldsymbol{G}_{\mathrm{fs}}(\boldsymbol{x},\boldsymbol{s})\\\boldsymbol{O}_{r\times q}&\boldsymbol{I}_r\end{bmatrix}\\&=\begin{bmatrix}\boldsymbol{I}_q&\boldsymbol{O}_{q\times l_0}&\boldsymbol{O}_{q\times r}\\\boldsymbol{O}_{r\times q}&\boldsymbol{O}_{r\times l_0}&\boldsymbol{I}_r\end{bmatrix}\begin{bmatrix}\boldsymbol{I}_q&\boldsymbol{O}_{q\times r}\\\boldsymbol{H}_x(\boldsymbol{x},\boldsymbol{s})&\boldsymbol{H}_s(\boldsymbol{x},\boldsymbol{s})\\\boldsymbol{O}_{r\times q}&\boldsymbol{I}_r\end{bmatrix}=\boldsymbol{I}_{q+r}\end{aligned} \tag{10.132}$$

结合式 (10.122) 和式 (10.132) 可知

$$\begin{aligned}&\mathbf{CRB}^{(\mathrm{b})}\left(\begin{bmatrix}\boldsymbol{x}\\\boldsymbol{s}\end{bmatrix}\right)\\&=\begin{bmatrix}\boldsymbol{I}_q&\boldsymbol{O}_{q\times l_0}&\boldsymbol{O}_{q\times r}\\\boldsymbol{O}_{r\times q}&\boldsymbol{O}_{r\times l_0}&\boldsymbol{I}_r\end{bmatrix}\begin{bmatrix}\boldsymbol{G}_{\mathrm{fx}}(\boldsymbol{x},\boldsymbol{s})&\boldsymbol{G}_{\mathrm{fs}}(\boldsymbol{x},\boldsymbol{s})\\\boldsymbol{O}_{r\times q}&\boldsymbol{I}_r\end{bmatrix}\\&\quad\times\left(\begin{bmatrix}(\boldsymbol{G}_{\mathrm{fx}}(\boldsymbol{x},\boldsymbol{s}))^{\mathrm{T}}&\boldsymbol{O}_{q\times r}\\(\boldsymbol{G}_{\mathrm{fs}}(\boldsymbol{x},\boldsymbol{s}))^{\mathrm{T}}&\boldsymbol{I}_r\end{bmatrix}\left(\mathbf{MSE}\left(\begin{bmatrix}\widehat{\boldsymbol{\beta}}_{\mathrm{f}}^{(\mathrm{b})}\\\widehat{\boldsymbol{s}}_{\mathrm{f}}^{(\mathrm{b})}\end{bmatrix}\right)\right)^{-1}\begin{bmatrix}\boldsymbol{G}_{\mathrm{fx}}(\boldsymbol{x},\boldsymbol{s})&\boldsymbol{G}_{\mathrm{fs}}(\boldsymbol{x},\boldsymbol{s})\\\boldsymbol{O}_{r\times q}&\boldsymbol{I}_r\end{bmatrix}\right)^{-1}\end{aligned}$$

$$\times \begin{bmatrix} (\boldsymbol{G}_{\mathrm{f}x}(\boldsymbol{x},\boldsymbol{s}))^{\mathrm{T}} & \boldsymbol{O}_{q\times r} \\ (\boldsymbol{G}_{\mathrm{f}s}(\boldsymbol{x},\boldsymbol{s}))^{\mathrm{T}} & \boldsymbol{I}_r \end{bmatrix} \begin{bmatrix} \boldsymbol{I}_q & \boldsymbol{O}_{q\times r} \\ \boldsymbol{O}_{l_0\times q} & \boldsymbol{O}_{l_0\times r} \\ \boldsymbol{O}_{r\times q} & \boldsymbol{I}_r \end{bmatrix} \tag{10.133}$$

根据式 (2.63) 可知

$$\begin{aligned} &\mathbf{MSE}\left(\begin{bmatrix} \widehat{\boldsymbol{\beta}}_{\mathrm{f}}^{(\mathrm{b})} \\ \widehat{\boldsymbol{s}}_{\mathrm{f}}^{(\mathrm{b})} \end{bmatrix}\right) \geqslant \begin{bmatrix} \boldsymbol{G}_{\mathrm{f}x}(\boldsymbol{x},\boldsymbol{s}) & \boldsymbol{G}_{\mathrm{f}s}(\boldsymbol{x},\boldsymbol{s}) \\ \boldsymbol{O}_{r\times q} & \boldsymbol{I}_r \end{bmatrix} \\ &\times \left(\begin{bmatrix} (\boldsymbol{G}_{\mathrm{f}x}(\boldsymbol{x},\boldsymbol{s}))^{\mathrm{T}} & \boldsymbol{O}_{q\times r} \\ (\boldsymbol{G}_{\mathrm{f}s}(\boldsymbol{x},\boldsymbol{s}))^{\mathrm{T}} & \boldsymbol{I}_r \end{bmatrix} \left(\mathbf{MSE}\left(\begin{bmatrix} \widehat{\boldsymbol{\beta}}_{\mathrm{f}}^{(\mathrm{b})} \\ \widehat{\boldsymbol{s}}_{\mathrm{f}}^{(\mathrm{b})} \end{bmatrix}\right)\right)^{-1} \begin{bmatrix} \boldsymbol{G}_{\mathrm{f}x}(\boldsymbol{x},\boldsymbol{s}) & \boldsymbol{G}_{\mathrm{f}s}(\boldsymbol{x},\boldsymbol{s}) \\ \boldsymbol{O}_{r\times q} & \boldsymbol{I}_r \end{bmatrix} \right)^{-1} \\ &\times \begin{bmatrix} (\boldsymbol{G}_{\mathrm{f}x}(\boldsymbol{x},\boldsymbol{s}))^{\mathrm{T}} & \boldsymbol{O}_{q\times r} \\ (\boldsymbol{G}_{\mathrm{f}s}(\boldsymbol{x},\boldsymbol{s}))^{\mathrm{T}} & \boldsymbol{I}_r \end{bmatrix} \end{aligned} \tag{10.134}$$

结合式 (10.120)、式 (10.133) 和式 (10.134), 以及命题 2.5 可得

$$\mathbf{MSE}\left(\begin{bmatrix} \widehat{\boldsymbol{x}}_{\mathrm{f}}^{(\mathrm{b})} \\ \widehat{\boldsymbol{s}}_{\mathrm{f}}^{(\mathrm{b})} \end{bmatrix}\right) \geqslant \mathbf{CRB}^{(\mathrm{b})}\left(\begin{bmatrix} \boldsymbol{x} \\ \boldsymbol{s} \end{bmatrix}\right)$$

证毕。

10.4.2 阶段 2 的参数估计优化模型、求解方法及其理论性能

1. 参数估计优化模型及其求解方法

定义阶段 2 的伪线性观测误差向量

$$\boldsymbol{\xi}_{\mathrm{t}}^{(\mathrm{b})} = \boldsymbol{b}_{\mathrm{t}}(\widehat{\boldsymbol{\beta}}_{\mathrm{f}}^{(\mathrm{b})}, \widehat{\boldsymbol{s}}_{\mathrm{f}}^{(\mathrm{b})}) - \boldsymbol{A}_{\mathrm{t}}(\widehat{\boldsymbol{\beta}}_{\mathrm{f}}^{(\mathrm{b})}, \widehat{\boldsymbol{s}}_{\mathrm{f}}^{(\mathrm{b})})\boldsymbol{\beta}_{\mathrm{t}} = \Delta\boldsymbol{b}_{\mathrm{t}}^{(\mathrm{b})} - \Delta\boldsymbol{A}_{\mathrm{t}}^{(\mathrm{b})}\boldsymbol{\beta}_{\mathrm{t}} \tag{10.135}$$

式中, $\Delta\boldsymbol{b}_{\mathrm{t}}^{(\mathrm{b})} = \boldsymbol{b}_{\mathrm{t}}(\widehat{\boldsymbol{\beta}}_{\mathrm{f}}^{(\mathrm{b})}, \widehat{\boldsymbol{s}}_{\mathrm{f}}^{(\mathrm{b})}) - \boldsymbol{b}_{\mathrm{t}}(\boldsymbol{\beta}_{\mathrm{f}}, \boldsymbol{s})$, $\Delta\boldsymbol{A}_{\mathrm{t}}^{(\mathrm{b})} = \boldsymbol{A}_{\mathrm{t}}(\widehat{\boldsymbol{\beta}}_{\mathrm{f}}^{(\mathrm{b})}, \widehat{\boldsymbol{s}}_{\mathrm{f}}^{(\mathrm{b})}) - \boldsymbol{A}_{\mathrm{t}}(\boldsymbol{\beta}_{\mathrm{f}}, \boldsymbol{s})$。利用一阶误差分析可知

$$\begin{cases} \Delta\boldsymbol{b}_{\mathrm{t}}^{(\mathrm{b})} \approx \boldsymbol{B}_{\mathrm{t}\beta}(\boldsymbol{\beta}_{\mathrm{f}}, \boldsymbol{s})(\widehat{\boldsymbol{\beta}}_{\mathrm{f}}^{(\mathrm{b})} - \boldsymbol{\beta}_{\mathrm{f}}) + \boldsymbol{B}_{\mathrm{t}s}(\boldsymbol{\beta}_{\mathrm{f}}, \boldsymbol{s})(\widehat{\boldsymbol{s}}_{\mathrm{f}}^{(\mathrm{b})} - \boldsymbol{s}) \\ = \boldsymbol{B}_{\mathrm{t}\beta}(\boldsymbol{\beta}_{\mathrm{f}}, \boldsymbol{s})\Delta\boldsymbol{\beta}_{\mathrm{f}}^{(\mathrm{b})} + \boldsymbol{B}_{\mathrm{t}s}(\boldsymbol{\beta}_{\mathrm{f}}, \boldsymbol{s})\Delta\boldsymbol{s}_{\mathrm{f}}^{(\mathrm{b})} \\ \Delta\boldsymbol{A}_{\mathrm{t}}^{(\mathrm{b})}\boldsymbol{\beta}_{\mathrm{t}} \approx [\dot{\boldsymbol{A}}_{\mathrm{t}\beta_1}(\boldsymbol{\beta}_{\mathrm{f}}, \boldsymbol{s})\boldsymbol{\beta}_{\mathrm{t}} \quad \dot{\boldsymbol{A}}_{\mathrm{t}\beta_2}(\boldsymbol{\beta}_{\mathrm{f}}, \boldsymbol{s})\boldsymbol{\beta}_{\mathrm{t}} \quad \cdots \quad \dot{\boldsymbol{A}}_{\mathrm{t}\beta_{q+l_0}}(\boldsymbol{\beta}_{\mathrm{f}}, \boldsymbol{s})\boldsymbol{\beta}_{\mathrm{t}}](\widehat{\boldsymbol{\beta}}_{\mathrm{f}}^{(\mathrm{b})} - \boldsymbol{\beta}_{\mathrm{f}}) \\ +[\dot{\boldsymbol{A}}_{\mathrm{t}s_1}(\boldsymbol{\beta}_{\mathrm{f}}, \boldsymbol{s})\boldsymbol{\beta}_{\mathrm{t}} \quad \dot{\boldsymbol{A}}_{\mathrm{t}s_2}(\boldsymbol{\beta}_{\mathrm{f}}, \boldsymbol{s})\boldsymbol{\beta}_{\mathrm{t}} \quad \cdots \quad \dot{\boldsymbol{A}}_{\mathrm{t}s_r}(\boldsymbol{\beta}_{\mathrm{f}}, \boldsymbol{s})\boldsymbol{\beta}_{\mathrm{t}}](\widehat{\boldsymbol{s}}_{\mathrm{f}}^{(\mathrm{b})} - \boldsymbol{s}) \\ = [\dot{\boldsymbol{A}}_{\mathrm{t}\beta_1}(\boldsymbol{\beta}_{\mathrm{f}}, \boldsymbol{s})\boldsymbol{\beta}_{\mathrm{t}} \quad \dot{\boldsymbol{A}}_{\mathrm{t}\beta_2}(\boldsymbol{\beta}_{\mathrm{f}}, \boldsymbol{s})\boldsymbol{\beta}_{\mathrm{t}} \quad \cdots \quad \dot{\boldsymbol{A}}_{\mathrm{t}\beta_{q+l_0}}(\boldsymbol{\beta}_{\mathrm{f}}, \boldsymbol{s})\boldsymbol{\beta}_{\mathrm{t}}]\Delta\boldsymbol{\beta}_{\mathrm{f}}^{(\mathrm{b})} \\ +[\dot{\boldsymbol{A}}_{\mathrm{t}s_1}(\boldsymbol{\beta}_{\mathrm{f}}, \boldsymbol{s})\boldsymbol{\beta}_{\mathrm{t}} \quad \dot{\boldsymbol{A}}_{\mathrm{t}s_2}(\boldsymbol{\beta}_{\mathrm{f}}, \boldsymbol{s})\boldsymbol{\beta}_{\mathrm{t}} \quad \cdots \quad \dot{\boldsymbol{A}}_{\mathrm{t}s_r}(\boldsymbol{\beta}_{\mathrm{f}}, \boldsymbol{s})\boldsymbol{\beta}_{\mathrm{t}}]\Delta\boldsymbol{s}_{\mathrm{f}}^{(\mathrm{b})} \end{cases} \tag{10.136}$$

基于式 (10.136) 可得

$$
\begin{aligned}
\boldsymbol{\xi}_{\mathrm{t}}^{(\mathrm{b})} &= \Delta\boldsymbol{b}_{\mathrm{t}}^{(\mathrm{b})} - \Delta\boldsymbol{A}_{\mathrm{t}}^{(\mathrm{b})}\boldsymbol{\beta}_{\mathrm{t}} \approx \boldsymbol{B}_{\mathrm{t}\beta}(\boldsymbol{\beta}_{\mathrm{f}},\boldsymbol{s})\Delta\boldsymbol{\beta}_{\mathrm{f}}^{(\mathrm{b})} + \boldsymbol{B}_{\mathrm{t}s}(\boldsymbol{\beta}_{\mathrm{f}},\boldsymbol{s})\Delta\boldsymbol{s}_{\mathrm{f}}^{(\mathrm{b})} \\
&\quad - [\dot{\boldsymbol{A}}_{\mathrm{t}\beta_1}(\boldsymbol{\beta}_{\mathrm{f}},\boldsymbol{s})\boldsymbol{\beta}_{\mathrm{t}} \quad \dot{\boldsymbol{A}}_{\mathrm{t}\beta_2}(\boldsymbol{\beta}_{\mathrm{f}},\boldsymbol{s})\boldsymbol{\beta}_{\mathrm{t}} \quad \cdots \quad \dot{\boldsymbol{A}}_{\mathrm{t}\beta_{q+l_0}}(\boldsymbol{\beta}_{\mathrm{f}},\boldsymbol{s})\boldsymbol{\beta}_{\mathrm{t}}]\Delta\boldsymbol{\beta}_{\mathrm{f}}^{(\mathrm{b})} \\
&\quad - [\dot{\boldsymbol{A}}_{\mathrm{t}s_1}(\boldsymbol{\beta}_{\mathrm{f}},\boldsymbol{s})\boldsymbol{\beta}_{\mathrm{t}} \quad \dot{\boldsymbol{A}}_{\mathrm{t}s_2}(\boldsymbol{\beta}_{\mathrm{f}},\boldsymbol{s})\boldsymbol{\beta}_{\mathrm{t}} \quad \cdots \quad \dot{\boldsymbol{A}}_{\mathrm{t}s_r}(\boldsymbol{\beta}_{\mathrm{f}},\boldsymbol{s})\boldsymbol{\beta}_{\mathrm{t}}]\Delta\boldsymbol{s}_{\mathrm{f}}^{(\mathrm{b})} \\
&= \boldsymbol{C}_{\mathrm{t}\beta}(\boldsymbol{\beta}_{\mathrm{t}},\boldsymbol{\beta}_{\mathrm{f}},\boldsymbol{s})\Delta\boldsymbol{\beta}_{\mathrm{f}}^{(\mathrm{b})} + \boldsymbol{C}_{\mathrm{t}s}(\boldsymbol{\beta}_{\mathrm{t}},\boldsymbol{\beta}_{\mathrm{f}},\boldsymbol{s})\Delta\boldsymbol{s}_{\mathrm{f}}^{(\mathrm{b})}
\end{aligned} \tag{10.137}
$$

式中, 第 3 个等号利用了式 (10.41) 和式 (10.60)。由式 (10.137) 可知, 误差向量 $\boldsymbol{\xi}_{\mathrm{t}}^{(\mathrm{b})}$ 渐近服从零均值的高斯分布, 并且其协方差矩阵为

$$
\begin{aligned}
\boldsymbol{\Omega}_{\mathrm{t}}^{(\mathrm{b})} &= \mathbf{E}[\boldsymbol{\xi}_{\mathrm{t}}^{(\mathrm{b})}(\boldsymbol{\xi}_{\mathrm{t}}^{(\mathrm{b})})^{\mathrm{T}}] \\
&= [\boldsymbol{C}_{\mathrm{t}\beta}(\boldsymbol{\beta}_{\mathrm{t}},\boldsymbol{\beta}_{\mathrm{f}},\boldsymbol{s}) \quad \boldsymbol{C}_{\mathrm{t}s}(\boldsymbol{\beta}_{\mathrm{t}},\boldsymbol{\beta}_{\mathrm{f}},\boldsymbol{s})]\mathbf{MSE}\left(\begin{bmatrix} \widehat{\boldsymbol{\beta}}_{\mathrm{f}}^{(\mathrm{b})} \\ \widehat{\boldsymbol{s}}_{\mathrm{f}}^{(\mathrm{b})} \end{bmatrix}\right)\begin{bmatrix} (\boldsymbol{C}_{\mathrm{t}\beta}(\boldsymbol{\beta}_{\mathrm{t}},\boldsymbol{\beta}_{\mathrm{f}},\boldsymbol{s}))^{\mathrm{T}} \\ (\boldsymbol{C}_{\mathrm{t}s}(\boldsymbol{\beta}_{\mathrm{t}},\boldsymbol{\beta}_{\mathrm{f}},\boldsymbol{s}))^{\mathrm{T}} \end{bmatrix} \\
&\in \mathbf{R}^{(q+l_0)\times(q+l_0)}
\end{aligned} \tag{10.138}
$$

为了对未知参数 $\boldsymbol{\beta}_{\mathrm{t}}$ 和模型参数 $\boldsymbol{s}$ 进行联合估计, 需要结合式 (10.135) 和阶段 1 的估计值 $\widehat{\boldsymbol{s}}_{\mathrm{f}}^{(\mathrm{b})}$ 构造如下扩维的伪线性观测误差向量

$$
\begin{aligned}
\boldsymbol{\zeta}_{\mathrm{t}}^{(\mathrm{b})} &= \begin{bmatrix} \boldsymbol{b}_{\mathrm{t}}(\widehat{\boldsymbol{\beta}}_{\mathrm{f}}^{(\mathrm{b})},\widehat{\boldsymbol{s}}_{\mathrm{f}}^{(\mathrm{b})}) \\ \widehat{\boldsymbol{s}}_{\mathrm{f}}^{(\mathrm{b})} \end{bmatrix} - \begin{bmatrix} \boldsymbol{A}_{\mathrm{t}}(\widehat{\boldsymbol{\beta}}_{\mathrm{f}}^{(\mathrm{b})},\widehat{\boldsymbol{s}}_{\mathrm{f}}^{(\mathrm{b})}) & \boldsymbol{O}_{(q+l_0)\times r} \\ \boldsymbol{O}_{r\times q} & \boldsymbol{I}_r \end{bmatrix}\begin{bmatrix} \boldsymbol{\beta}_{\mathrm{t}} \\ \boldsymbol{s} \end{bmatrix} \\
&= \begin{bmatrix} \Delta\boldsymbol{b}_{\mathrm{t}}^{(\mathrm{b})} - \Delta\boldsymbol{A}_{\mathrm{t}}^{(\mathrm{b})}\boldsymbol{\beta}_{\mathrm{t}} \\ \Delta\boldsymbol{s}_{\mathrm{f}}^{(\mathrm{b})} \end{bmatrix} = \begin{bmatrix} \boldsymbol{\xi}_{\mathrm{t}}^{(\mathrm{b})} \\ \Delta\boldsymbol{s}_{\mathrm{f}}^{(\mathrm{b})} \end{bmatrix}
\end{aligned} \tag{10.139}
$$

将式 (10.137) 代入式 (10.139) 中可知

$$
\begin{aligned}
\boldsymbol{\zeta}_{\mathrm{t}}^{(\mathrm{b})} &\approx \begin{bmatrix} \boldsymbol{C}_{\mathrm{t}\beta}(\boldsymbol{\beta}_{\mathrm{t}},\boldsymbol{\beta}_{\mathrm{f}},\boldsymbol{s})\Delta\boldsymbol{\beta}_{\mathrm{f}}^{(\mathrm{b})} + \boldsymbol{C}_{\mathrm{t}s}(\boldsymbol{\beta}_{\mathrm{t}},\boldsymbol{\beta}_{\mathrm{f}},\boldsymbol{s})\Delta\boldsymbol{s}_{\mathrm{f}}^{(\mathrm{b})} \\ \Delta\boldsymbol{s}_{\mathrm{f}}^{(\mathrm{b})} \end{bmatrix} \\
&= \begin{bmatrix} \boldsymbol{C}_{\mathrm{t}\beta}(\boldsymbol{\beta}_{\mathrm{t}},\boldsymbol{\beta}_{\mathrm{f}},\boldsymbol{s}) & \boldsymbol{C}_{\mathrm{t}s}(\boldsymbol{\beta}_{\mathrm{t}},\boldsymbol{\beta}_{\mathrm{f}},\boldsymbol{s}) \\ \boldsymbol{O}_{r\times(q+l_0)} & \boldsymbol{I}_r \end{bmatrix}\begin{bmatrix} \Delta\boldsymbol{\beta}_{\mathrm{f}}^{(\mathrm{b})} \\ \Delta\boldsymbol{s}_{\mathrm{f}}^{(\mathrm{b})} \end{bmatrix}
\end{aligned} \tag{10.140}
$$

由式 (10.140) 可知, 误差向量 $\boldsymbol{\zeta}_{\mathrm{t}}^{(\mathrm{b})}$ 渐近服从零均值的高斯分布, 并且其协方差矩阵为

$$
\begin{aligned}
\boldsymbol{\Gamma}_{\mathrm{t}}^{(\mathrm{b})} &= \mathrm{E}[\boldsymbol{\zeta}_{\mathrm{t}}^{(\mathrm{b})}(\boldsymbol{\zeta}_{\mathrm{t}}^{(\mathrm{b})})^{\mathrm{T}}] \\
&= \begin{bmatrix} \boldsymbol{C}_{\mathrm{t}\beta}(\boldsymbol{\beta}_{\mathrm{t}},\boldsymbol{\beta}_{\mathrm{f}},\boldsymbol{s}) & \boldsymbol{C}_{\mathrm{t}s}(\boldsymbol{\beta}_{\mathrm{t}},\boldsymbol{\beta}_{\mathrm{f}},\boldsymbol{s}) \\ \boldsymbol{O}_{r\times(q+l_0)} & \boldsymbol{I}_r \end{bmatrix}\mathbf{MSE}\left(\begin{bmatrix} \widehat{\boldsymbol{\beta}}_{\mathrm{f}}^{(\mathrm{b})} \\ \widehat{\boldsymbol{s}}_{\mathrm{f}}^{(\mathrm{b})} \end{bmatrix}\right)
\end{aligned}
$$

$$\times\begin{bmatrix}(\boldsymbol{C}_{\mathrm{t}\beta}(\boldsymbol{\beta}_{\mathrm{t}},\boldsymbol{\beta}_{\mathrm{f}},\boldsymbol{s}))^{\mathrm{T}} & \boldsymbol{O}_{(q+l_0)\times r}\\ (\boldsymbol{C}_{\mathrm{t}s}(\boldsymbol{\beta}_{\mathrm{t}},\boldsymbol{\beta}_{\mathrm{f}},\boldsymbol{s}))^{\mathrm{T}} & \boldsymbol{I}_r\end{bmatrix}\in\mathbf{R}^{(q+l_0+r)\times(q+l_0+r)} \tag{10.141}$$

结合式 (10.139) 和式 (10.141) 可以建立如下线性加权最小二乘估计准则

$$\begin{aligned}&\min_{\boldsymbol{\beta}_{\mathrm{t}}\in\mathbf{R}^{q\times1};\boldsymbol{s}\in\mathbf{R}^{r\times1}}\left\{\left(\begin{bmatrix}\boldsymbol{b}_{\mathrm{t}}(\widehat{\boldsymbol{\beta}}_{\mathrm{f}}^{(\mathrm{b})},\widehat{\boldsymbol{s}}_{\mathrm{f}}^{(\mathrm{b})})\\ \widehat{\boldsymbol{s}}_{\mathrm{f}}^{(\mathrm{b})}\end{bmatrix}-\begin{bmatrix}\boldsymbol{A}_{\mathrm{t}}(\widehat{\boldsymbol{\beta}}_{\mathrm{f}}^{(\mathrm{b})},\widehat{\boldsymbol{s}}_{\mathrm{f}}^{(\mathrm{b})}) & \boldsymbol{O}_{(q+l_0)\times r}\\ \boldsymbol{O}_{r\times q} & \boldsymbol{I}_r\end{bmatrix}\begin{bmatrix}\boldsymbol{\beta}_{\mathrm{t}}\\ \boldsymbol{s}\end{bmatrix}\right)^{\mathrm{T}}(\boldsymbol{\Gamma}_{\mathrm{t}}^{(\mathrm{b})})^{-1}\right.\\&\left.\times\left(\begin{bmatrix}\boldsymbol{b}_{\mathrm{t}}(\widehat{\boldsymbol{\beta}}_{\mathrm{f}}^{(\mathrm{b})},\widehat{\boldsymbol{s}}_{\mathrm{f}}^{(\mathrm{b})})\\ \widehat{\boldsymbol{s}}_{\mathrm{f}}^{(\mathrm{b})}\end{bmatrix}-\begin{bmatrix}\boldsymbol{A}_{\mathrm{t}}(\widehat{\boldsymbol{\beta}}_{\mathrm{f}}^{(\mathrm{b})},\widehat{\boldsymbol{s}}_{\mathrm{f}}^{(\mathrm{b})}) & \boldsymbol{O}_{(q+l_0)\times r}\\ \boldsymbol{O}_{r\times q} & \boldsymbol{I}_r\end{bmatrix}\begin{bmatrix}\boldsymbol{\beta}_{\mathrm{t}}\\ \boldsymbol{s}\end{bmatrix}\right)\right\}\end{aligned} \tag{10.142}$$

式中, $(\boldsymbol{\Gamma}_{\mathrm{t}}^{(\mathrm{b})})^{-1}$ 可以看成是加权矩阵, 其作用是抑制阶段 1 的估计误差 $\begin{bmatrix}\Delta\boldsymbol{\beta}_{\mathrm{f}}^{(\mathrm{b})}\\ \Delta\boldsymbol{s}_{\mathrm{f}}^{(\mathrm{b})}\end{bmatrix}$ 的影响。根据式 (2.67) 可知, 式 (10.142) 的最优闭式解为

$$\begin{aligned}\begin{bmatrix}\widehat{\boldsymbol{\beta}}_{\mathrm{t}}^{(\mathrm{b})}\\ \widehat{\boldsymbol{s}}_{\mathrm{t}}^{(\mathrm{b})}\end{bmatrix}=&\left(\begin{bmatrix}(\boldsymbol{A}_{\mathrm{t}}(\widehat{\boldsymbol{\beta}}_{\mathrm{f}}^{(\mathrm{b})},\widehat{\boldsymbol{s}}_{\mathrm{f}}^{(\mathrm{b})}))^{\mathrm{T}} & \boldsymbol{O}_{q\times r}\\ \boldsymbol{O}_{r\times(q+l_0)} & \boldsymbol{I}_r\end{bmatrix}(\boldsymbol{\Gamma}_{\mathrm{t}}^{(\mathrm{b})})^{-1}\begin{bmatrix}\boldsymbol{A}_{\mathrm{t}}(\widehat{\boldsymbol{\beta}}_{\mathrm{f}}^{(\mathrm{b})},\widehat{\boldsymbol{s}}_{\mathrm{f}}^{(\mathrm{b})}) & \boldsymbol{O}_{(q+l_0)\times r}\\ \boldsymbol{O}_{r\times q} & \boldsymbol{I}_r\end{bmatrix}\right)^{-1}\\&\times\begin{bmatrix}(\boldsymbol{A}_{\mathrm{t}}(\widehat{\boldsymbol{\beta}}_{\mathrm{f}}^{(\mathrm{b})},\widehat{\boldsymbol{s}}_{\mathrm{f}}^{(\mathrm{b})}))^{\mathrm{T}} & \boldsymbol{O}_{q\times r}\\ \boldsymbol{O}_{r\times(q+l_0)} & \boldsymbol{I}_r\end{bmatrix}(\boldsymbol{\Gamma}_{\mathrm{t}}^{(\mathrm{b})})^{-1}\begin{bmatrix}\boldsymbol{b}_{\mathrm{t}}(\widehat{\boldsymbol{\beta}}_{\mathrm{f}}^{(\mathrm{b})},\widehat{\boldsymbol{s}}_{\mathrm{f}}^{(\mathrm{b})})\\ \widehat{\boldsymbol{s}}_{\mathrm{f}}^{(\mathrm{b})}\end{bmatrix}\end{aligned} \tag{10.143}$$

【注记 10.16】由式 (10.141) 可知, 加权矩阵 $(\boldsymbol{\Gamma}_{\mathrm{t}}^{(\mathrm{b})})^{-1}$ 与未知参数 $\boldsymbol{\beta}_{\mathrm{t}}$ 和模型参数 $\boldsymbol{s}$ 有关。因此, 严格地说, 式 (10.142) 中的目标函数并不是关于向量 $\begin{bmatrix}\boldsymbol{\beta}_{\mathrm{t}}\\ \boldsymbol{s}\end{bmatrix}$ 的二次函数。庆幸的是, 该问题并不难以解决, 可以先将 $(\boldsymbol{\Gamma}_{\mathrm{t}}^{(\mathrm{b})})^{-1}$ 设为单位矩阵, 从而获得关于向量 $\begin{bmatrix}\boldsymbol{\beta}_{\mathrm{t}}\\ \boldsymbol{s}\end{bmatrix}$ 的近似估计值 $\left(\text{即}\begin{bmatrix}\widehat{\boldsymbol{\beta}}_{\mathrm{to}}^{(\mathrm{b})}\\ \widehat{\boldsymbol{s}}_{\mathrm{to}}^{(\mathrm{b})}\end{bmatrix}=\left(\begin{bmatrix}(\boldsymbol{A}_{\mathrm{t}}(\widehat{\boldsymbol{\beta}}_{\mathrm{f}}^{(\mathrm{b})},\widehat{\boldsymbol{s}}_{\mathrm{f}}^{(\mathrm{b})}))^{\mathrm{T}} & \boldsymbol{O}_{q\times r}\\ \boldsymbol{O}_{r\times(q+l_0)} & \boldsymbol{I}_r\end{bmatrix}\right.\right.$ $\left.\left.\times\begin{bmatrix}\boldsymbol{A}_{\mathrm{t}}(\widehat{\boldsymbol{\beta}}_{\mathrm{f}}^{(\mathrm{b})},\widehat{\boldsymbol{s}}_{\mathrm{f}}^{(\mathrm{b})}) & \boldsymbol{O}_{(q+l_0)\times r}\\ \boldsymbol{O}_{r\times q} & \boldsymbol{I}_r\end{bmatrix}\right)^{-1}\begin{bmatrix}(\boldsymbol{A}_{\mathrm{t}}(\widehat{\boldsymbol{\beta}}_{\mathrm{f}}^{(\mathrm{b})},\widehat{\boldsymbol{s}}_{\mathrm{f}}^{(\mathrm{b})}))^{\mathrm{T}} & \boldsymbol{O}_{q\times r}\\ \boldsymbol{O}_{r\times(q+l_0)} & \boldsymbol{I}_r\end{bmatrix}\begin{bmatrix}\boldsymbol{b}_{\mathrm{t}}(\widehat{\boldsymbol{\beta}}_{\mathrm{f}}^{(\mathrm{b})},\widehat{\boldsymbol{s}}_{\mathrm{f}}^{(\mathrm{b})})\\ \widehat{\boldsymbol{s}}_{\mathrm{f}}^{(\mathrm{b})}\end{bmatrix}\right)$, 然后利用近似估计值 $\begin{bmatrix}\widehat{\boldsymbol{\beta}}_{\mathrm{to}}^{(\mathrm{b})}\\ \widehat{\boldsymbol{s}}_{\mathrm{to}}^{(\mathrm{b})}\end{bmatrix}$ 计算加权矩阵 $(\boldsymbol{\Gamma}_{\mathrm{t}}^{(\mathrm{b})})^{-1}$, 并基于式 (10.143) 获得向量 $\begin{bmatrix}\boldsymbol{\beta}_{\mathrm{t}}\\ \boldsymbol{s}\end{bmatrix}$ 的最终估计值 $\begin{bmatrix}\widehat{\boldsymbol{\beta}}_{\mathrm{t}}^{(\mathrm{b})}\\ \widehat{\boldsymbol{s}}_{\mathrm{t}}^{(\mathrm{b})}\end{bmatrix}$①。另外, 加权矩阵 $(\boldsymbol{\Gamma}_{\mathrm{t}}^{(\mathrm{b})})^{-1}$ 还与扩维未知参数

---

① 为了提高在大观测误差条件下的估计性能, 还可以先利用估计值 $\begin{bmatrix}\widehat{\boldsymbol{\beta}}_{\mathrm{t}}^{(\mathrm{b})}\\ \widehat{\boldsymbol{s}}_{\mathrm{t}}^{(\mathrm{b})}\end{bmatrix}$ 再次计算加权矩阵 $(\boldsymbol{\Gamma}_{\mathrm{t}}^{(\mathrm{b})})^{-1}$, 然后利用最新的加权矩阵更新估计值。

$\boldsymbol{\beta}_{\mathrm{f}}$ 有关, 可以直接利用阶段 1 的估计值 $\widehat{\boldsymbol{\beta}}_{\mathrm{f}}^{(\mathrm{b})}$ 进行计算。下面的理论性能分析表明, 在一阶误差分析理论框架下, 加权矩阵 $(\boldsymbol{\Gamma}_{\mathrm{t}}^{(\mathrm{b})})^{-1}$ 中的扰动误差并不会实质性地影响估计值 $\begin{bmatrix}\widehat{\boldsymbol{\beta}}_{\mathrm{t}}^{(\mathrm{b})}\\ \widehat{\boldsymbol{s}}_{\mathrm{t}}^{(\mathrm{b})}\end{bmatrix}$ 的统计性能。

2. 理论性能分析

下面推导估计值 $\begin{bmatrix}\widehat{\boldsymbol{\beta}}_{\mathrm{t}}^{(\mathrm{b})}\\ \widehat{\boldsymbol{s}}_{\mathrm{t}}^{(\mathrm{b})}\end{bmatrix}$ 的统计性能, 具体结论可见以下命题。

【命题 10.11】 向量 $\begin{bmatrix}\widehat{\boldsymbol{\beta}}_{\mathrm{t}}^{(\mathrm{b})}\\ \widehat{\boldsymbol{s}}_{\mathrm{t}}^{(\mathrm{b})}\end{bmatrix}$ 是关于未知参数及模型参数 $\begin{bmatrix}\boldsymbol{\beta}_{\mathrm{t}}\\ \boldsymbol{s}\end{bmatrix}$ 的渐近无偏估计值, 并且其均方误差为

$$\mathbf{MSE}\left(\begin{bmatrix}\widehat{\boldsymbol{\beta}}_{\mathrm{t}}^{(\mathrm{b})}\\ \widehat{\boldsymbol{s}}_{\mathrm{t}}^{(\mathrm{b})}\end{bmatrix}\right)=\left(\begin{bmatrix}(\boldsymbol{A}_{\mathrm{t}}(\boldsymbol{\beta}_{\mathrm{f}},\boldsymbol{s}))^{\mathrm{T}} & \boldsymbol{O}_{q\times r}\\ \boldsymbol{O}_{r\times(q+l_0)} & \boldsymbol{I}_r\end{bmatrix}(\boldsymbol{\Gamma}_{\mathrm{t}}^{(\mathrm{b})})^{-1}\begin{bmatrix}\boldsymbol{A}_{\mathrm{t}}(\boldsymbol{\beta}_{\mathrm{f}},\boldsymbol{s}) & \boldsymbol{O}_{(q+l_0)\times r}\\ \boldsymbol{O}_{r\times q} & \boldsymbol{I}_r\end{bmatrix}\right)^{-1} \tag{10.144}$$

【证明】 将向量 $\begin{bmatrix}\widehat{\boldsymbol{\beta}}_{\mathrm{t}}^{(\mathrm{b})}\\ \widehat{\boldsymbol{s}}_{\mathrm{t}}^{(\mathrm{b})}\end{bmatrix}$ 中的估计误差记为 $\begin{bmatrix}\Delta\boldsymbol{\beta}_{\mathrm{t}}^{(\mathrm{b})}\\ \Delta\boldsymbol{s}_{\mathrm{t}}^{(\mathrm{b})}\end{bmatrix}=\begin{bmatrix}\widehat{\boldsymbol{\beta}}_{\mathrm{t}}^{(\mathrm{b})}-\boldsymbol{\beta}_{\mathrm{t}}\\ \widehat{\boldsymbol{s}}_{\mathrm{t}}^{(\mathrm{b})}-\boldsymbol{s}\end{bmatrix}$。基于式 (10.143) 和注记 10.16 可知

$$\begin{aligned}&\begin{bmatrix}(\boldsymbol{A}_{\mathrm{t}}(\widehat{\boldsymbol{\beta}}_{\mathrm{f}}^{(\mathrm{b})},\widehat{\boldsymbol{s}}_{\mathrm{f}}^{(\mathrm{b})}))^{\mathrm{T}} & \boldsymbol{O}_{q\times r}\\ \boldsymbol{O}_{r\times(q+l_0)} & \boldsymbol{I}_r\end{bmatrix}(\widehat{\boldsymbol{\Gamma}}_{\mathrm{t}}^{(\mathrm{b})})^{-1}\begin{bmatrix}\boldsymbol{A}_{\mathrm{t}}(\widehat{\boldsymbol{\beta}}_{\mathrm{f}}^{(\mathrm{b})},\widehat{\boldsymbol{s}}_{\mathrm{f}}^{(\mathrm{b})}) & \boldsymbol{O}_{(q+l_0)\times r}\\ \boldsymbol{O}_{r\times q} & \boldsymbol{I}_r\end{bmatrix}\begin{bmatrix}\boldsymbol{\beta}_{\mathrm{t}}+\Delta\boldsymbol{\beta}_{\mathrm{t}}^{(\mathrm{b})}\\ \boldsymbol{s}+\Delta\boldsymbol{s}_{\mathrm{t}}^{(\mathrm{b})}\end{bmatrix}\\ &=\begin{bmatrix}(\boldsymbol{A}_{\mathrm{t}}(\widehat{\boldsymbol{\beta}}_{\mathrm{f}}^{(\mathrm{b})},\widehat{\boldsymbol{s}}_{\mathrm{f}}^{(\mathrm{b})}))^{\mathrm{T}} & \boldsymbol{O}_{q\times r}\\ \boldsymbol{O}_{r\times(q+l_0)} & \boldsymbol{I}_r\end{bmatrix}(\widehat{\boldsymbol{\Gamma}}_{\mathrm{t}}^{(\mathrm{b})})^{-1}\begin{bmatrix}\boldsymbol{b}_{\mathrm{t}}(\widehat{\boldsymbol{\beta}}_{\mathrm{f}}^{(\mathrm{b})},\widehat{\boldsymbol{s}}_{\mathrm{f}}^{(\mathrm{b})})\\ \widehat{\boldsymbol{s}}_{\mathrm{f}}^{(\mathrm{b})}\end{bmatrix}\end{aligned} \tag{10.145}$$

式中, $\widehat{\boldsymbol{\Gamma}}_{\mathrm{t}}^{(\mathrm{b})}$ 表示 $\boldsymbol{\Gamma}_{\mathrm{t}}^{(\mathrm{b})}$ 的近似估计值。在一阶误差分析理论框架下, 利用式 (10.145) 可以进一步推得

$$\begin{aligned}&\begin{bmatrix}(\Delta\boldsymbol{A}_{\mathrm{t}}^{(\mathrm{b})})^{\mathrm{T}} & \boldsymbol{O}_{q\times r}\\ \boldsymbol{O}_{r\times(q+l_0)} & \boldsymbol{O}_{r\times r}\end{bmatrix}(\boldsymbol{\Gamma}_{\mathrm{t}}^{(\mathrm{b})})^{-1}\begin{bmatrix}\boldsymbol{A}_{\mathrm{t}}(\boldsymbol{\beta}_{\mathrm{f}},\boldsymbol{s}) & \boldsymbol{O}_{(q+l_0)\times r}\\ \boldsymbol{O}_{r\times q} & \boldsymbol{I}_r\end{bmatrix}\begin{bmatrix}\boldsymbol{\beta}_{\mathrm{t}}\\ \boldsymbol{s}\end{bmatrix}\\ &+\begin{bmatrix}(\boldsymbol{A}_{\mathrm{t}}(\boldsymbol{\beta}_{\mathrm{f}},\boldsymbol{s}))^{\mathrm{T}} & \boldsymbol{O}_{q\times r}\\ \boldsymbol{O}_{r\times(q+l_0)} & \boldsymbol{I}_r\end{bmatrix}(\boldsymbol{\Gamma}_{\mathrm{t}}^{(\mathrm{b})})^{-1}\begin{bmatrix}\Delta\boldsymbol{A}_{\mathrm{t}}^{(\mathrm{b})} & \boldsymbol{O}_{(q+l_0)\times r}\\ \boldsymbol{O}_{r\times q} & \boldsymbol{O}_{r\times r}\end{bmatrix}\begin{bmatrix}\boldsymbol{\beta}_{\mathrm{t}}\\ \boldsymbol{s}\end{bmatrix}\\ &+\begin{bmatrix}(\boldsymbol{A}_{\mathrm{t}}(\boldsymbol{\beta}_{\mathrm{f}},\boldsymbol{s}))^{\mathrm{T}} & \boldsymbol{O}_{q\times r}\\ \boldsymbol{O}_{r\times(q+l_0)} & \boldsymbol{I}_r\end{bmatrix}\Delta\boldsymbol{\Sigma}_{\mathrm{t}}^{(\mathrm{b})}\begin{bmatrix}\boldsymbol{A}_{\mathrm{t}}(\boldsymbol{\beta}_{\mathrm{f}},\boldsymbol{s}) & \boldsymbol{O}_{(q+l_0)\times r}\\ \boldsymbol{O}_{r\times q} & \boldsymbol{I}_r\end{bmatrix}\begin{bmatrix}\boldsymbol{\beta}_{\mathrm{t}}\\ \boldsymbol{s}\end{bmatrix}\end{aligned}$$

$$
\begin{aligned}
&+\begin{bmatrix} (\boldsymbol{A}_{\mathrm{t}}(\boldsymbol{\beta}_{\mathrm{f}},\boldsymbol{s}))^{\mathrm{T}} & \boldsymbol{O}_{q\times r} \\ \boldsymbol{O}_{r\times(q+l_0)} & \boldsymbol{I}_r \end{bmatrix}(\boldsymbol{\varGamma}_{\mathrm{t}}^{(\mathrm{b})})^{-1}\begin{bmatrix} \boldsymbol{A}_{\mathrm{t}}(\boldsymbol{\beta}_{\mathrm{f}},\boldsymbol{s}) & \boldsymbol{O}_{(q+l_0)\times r} \\ \boldsymbol{O}_{r\times q} & \boldsymbol{I}_r \end{bmatrix}\begin{bmatrix} \Delta\boldsymbol{\beta}_{\mathrm{t}}^{(\mathrm{b})} \\ \Delta\boldsymbol{s}_{\mathrm{t}}^{(\mathrm{b})} \end{bmatrix} \\
&\approx \begin{bmatrix} (\Delta\boldsymbol{A}_{\mathrm{t}}^{(\mathrm{b})})^{\mathrm{T}} & \boldsymbol{O}_{q\times r} \\ \boldsymbol{O}_{r\times(q+l_0)} & \boldsymbol{O}_{r\times r} \end{bmatrix}(\boldsymbol{\varGamma}_{\mathrm{t}}^{(\mathrm{b})})^{-1}\begin{bmatrix} \boldsymbol{b}_{\mathrm{t}}(\boldsymbol{\beta}_{\mathrm{f}},\boldsymbol{s}) \\ \boldsymbol{s} \end{bmatrix} \\
&\quad+\begin{bmatrix} (\boldsymbol{A}_{\mathrm{t}}(\boldsymbol{\beta}_{\mathrm{f}},\boldsymbol{s}))^{\mathrm{T}} & \boldsymbol{O}_{q\times r} \\ \boldsymbol{O}_{r\times(q+l_0)} & \boldsymbol{I}_r \end{bmatrix}(\boldsymbol{\varGamma}_{\mathrm{t}}^{(\mathrm{b})})^{-1}\begin{bmatrix} \Delta\boldsymbol{b}_{\mathrm{t}}^{(\mathrm{b})} \\ \Delta\boldsymbol{s}_{\mathrm{f}}^{(\mathrm{b})} \end{bmatrix} \\
&\quad+\begin{bmatrix} (\boldsymbol{A}_{\mathrm{t}}(\boldsymbol{\beta}_{\mathrm{f}},\boldsymbol{s}))^{\mathrm{T}} & \boldsymbol{O}_{q\times r} \\ \boldsymbol{O}_{r\times(q+l_0)} & \boldsymbol{I}_r \end{bmatrix}\Delta\boldsymbol{\varSigma}_{\mathrm{t}}^{(\mathrm{b})}\begin{bmatrix} \boldsymbol{b}_{\mathrm{t}}(\boldsymbol{\beta}_{\mathrm{f}},\boldsymbol{s}) \\ \boldsymbol{s} \end{bmatrix} \\
&\Rightarrow \begin{bmatrix} (\boldsymbol{A}_{\mathrm{t}}(\boldsymbol{\beta}_{\mathrm{f}},\boldsymbol{s}))^{\mathrm{T}} & \boldsymbol{O}_{q\times r} \\ \boldsymbol{O}_{r\times(q+l_0)} & \boldsymbol{I}_r \end{bmatrix}(\boldsymbol{\varGamma}_{\mathrm{t}}^{(\mathrm{b})})^{-1}\begin{bmatrix} \boldsymbol{A}_{\mathrm{t}}(\boldsymbol{\beta}_{\mathrm{f}},\boldsymbol{s}) & \boldsymbol{O}_{(q+l_0)\times r} \\ \boldsymbol{O}_{r\times q} & \boldsymbol{I}_r \end{bmatrix}\begin{bmatrix} \Delta\boldsymbol{\beta}_{\mathrm{t}}^{(\mathrm{b})} \\ \Delta\boldsymbol{s}_{\mathrm{t}}^{(\mathrm{b})} \end{bmatrix} \\
&\approx \begin{bmatrix} (\boldsymbol{A}_{\mathrm{t}}(\boldsymbol{\beta}_{\mathrm{f}},\boldsymbol{s}))^{\mathrm{T}} & \boldsymbol{O}_{q\times r} \\ \boldsymbol{O}_{r\times(q+l_0)} & \boldsymbol{I}_r \end{bmatrix}(\boldsymbol{\varGamma}_{\mathrm{t}}^{(\mathrm{b})})^{-1}\begin{bmatrix} \Delta\boldsymbol{b}_{\mathrm{t}}^{(\mathrm{b})}-\Delta\boldsymbol{A}_{\mathrm{t}}^{(\mathrm{b})}\boldsymbol{\beta}_{\mathrm{t}} \\ \Delta\boldsymbol{s}_{\mathrm{f}}^{(\mathrm{b})} \end{bmatrix} \\
&= \begin{bmatrix} (\boldsymbol{A}_{\mathrm{t}}(\boldsymbol{\beta}_{\mathrm{f}},\boldsymbol{s}))^{\mathrm{T}} & \boldsymbol{O}_{q\times r} \\ \boldsymbol{O}_{r\times(q+l_0)} & \boldsymbol{I}_r \end{bmatrix}(\boldsymbol{\varGamma}_{\mathrm{t}}^{(\mathrm{b})})^{-1}\boldsymbol{\zeta}_{\mathrm{t}}^{(\mathrm{b})} \\
&\Rightarrow \begin{bmatrix} \Delta\boldsymbol{\beta}_{\mathrm{t}}^{(\mathrm{b})} \\ \Delta\boldsymbol{s}_{\mathrm{t}}^{(\mathrm{b})} \end{bmatrix} \approx \left(\begin{bmatrix} (\boldsymbol{A}_{\mathrm{t}}(\boldsymbol{\beta}_{\mathrm{f}},\boldsymbol{s}))^{\mathrm{T}} & \boldsymbol{O}_{q\times r} \\ \boldsymbol{O}_{r\times(q+l_0)} & \boldsymbol{I}_r \end{bmatrix}(\boldsymbol{\varGamma}_{\mathrm{t}}^{(\mathrm{b})})^{-1}\begin{bmatrix} \boldsymbol{A}_{\mathrm{t}}(\boldsymbol{\beta}_{\mathrm{f}},\boldsymbol{s}) & \boldsymbol{O}_{(q+l_0)\times r} \\ \boldsymbol{O}_{r\times q} & \boldsymbol{I}_r \end{bmatrix}\right)^{-1} \\
&\quad\times \begin{bmatrix} (\boldsymbol{A}_{\mathrm{t}}(\boldsymbol{\beta}_{\mathrm{f}},\boldsymbol{s}))^{\mathrm{T}} & \boldsymbol{O}_{q\times r} \\ \boldsymbol{O}_{r\times(q+l_0)} & \boldsymbol{I}_r \end{bmatrix}(\boldsymbol{\varGamma}_{\mathrm{t}}^{(\mathrm{b})})^{-1}\boldsymbol{\zeta}_{\mathrm{t}}^{(\mathrm{b})}
\end{aligned} \tag{10.146}
$$

式中，$\Delta\boldsymbol{\varSigma}_{\mathrm{t}}^{(\mathrm{b})}=(\widehat{\boldsymbol{\varGamma}}_{\mathrm{t}}^{(\mathrm{b})})^{-1}-(\boldsymbol{\varGamma}_{\mathrm{t}}^{(\mathrm{b})})^{-1}$ 表示矩阵 $(\widehat{\boldsymbol{\varGamma}}_{\mathrm{t}}^{(\mathrm{b})})^{-1}$ 中的扰动误差。由式 (10.146) 可知，误差向量 $\begin{bmatrix} \Delta\boldsymbol{\beta}_{\mathrm{t}}^{(\mathrm{b})} \\ \Delta\boldsymbol{s}_{\mathrm{t}}^{(\mathrm{b})} \end{bmatrix}$ 渐近服从零均值的高斯分布。因此，向量 $\begin{bmatrix} \widehat{\boldsymbol{\beta}}_{\mathrm{t}}^{(\mathrm{b})} \\ \widehat{\boldsymbol{s}}_{\mathrm{t}}^{(\mathrm{b})} \end{bmatrix}$ 是关于未知参数及模型参数 $\begin{bmatrix} \boldsymbol{\beta}_{\mathrm{t}} \\ \boldsymbol{s} \end{bmatrix}$ 的渐近无偏估计值，并且其均方误差为

$$
\begin{aligned}
\mathbf{MSE}\left(\begin{bmatrix} \widehat{\boldsymbol{\beta}}_{\mathrm{t}}^{(\mathrm{b})} \\ \widehat{\boldsymbol{s}}_{\mathrm{t}}^{(\mathrm{b})} \end{bmatrix}\right) &= \mathbf{E}\left(\begin{bmatrix} \widehat{\boldsymbol{\beta}}_{\mathrm{t}}^{(\mathrm{b})}-\boldsymbol{\beta}_{\mathrm{t}} \\ \widehat{\boldsymbol{s}}_{\mathrm{t}}^{(\mathrm{b})}-\boldsymbol{s} \end{bmatrix}\begin{bmatrix} \widehat{\boldsymbol{\beta}}_{\mathrm{t}}^{(\mathrm{b})}-\boldsymbol{\beta}_{\mathrm{t}} \\ \widehat{\boldsymbol{s}}_{\mathrm{t}}^{(\mathrm{b})}-\boldsymbol{s} \end{bmatrix}^{\mathrm{T}}\right) = \mathbf{E}\left(\begin{bmatrix} \Delta\boldsymbol{\beta}_{\mathrm{t}}^{(\mathrm{b})} \\ \Delta\boldsymbol{s}_{\mathrm{t}}^{(\mathrm{b})} \end{bmatrix}\begin{bmatrix} \Delta\boldsymbol{\beta}_{\mathrm{t}}^{(\mathrm{b})} \\ \Delta\boldsymbol{s}_{\mathrm{t}}^{(\mathrm{b})} \end{bmatrix}^{\mathrm{T}}\right) \\
&= \left(\begin{bmatrix} (\boldsymbol{A}_{\mathrm{t}}(\boldsymbol{\beta}_{\mathrm{f}},\boldsymbol{s}))^{\mathrm{T}} & \boldsymbol{O}_{q\times r} \\ \boldsymbol{O}_{r\times(q+l_0)} & \boldsymbol{I}_r \end{bmatrix}(\boldsymbol{\varGamma}_{\mathrm{t}}^{(\mathrm{b})})^{-1}\begin{bmatrix} \boldsymbol{A}_{\mathrm{t}}(\boldsymbol{\beta}_{\mathrm{f}},\boldsymbol{s}) & \boldsymbol{O}_{(q+l_0)\times r} \\ \boldsymbol{O}_{r\times q} & \boldsymbol{I}_r \end{bmatrix}\right)
\end{aligned}
$$

$$
\begin{aligned}
&\times \begin{bmatrix} (\boldsymbol{A}_{\mathrm{t}}(\boldsymbol{\beta}_{\mathrm{f}}, \boldsymbol{s}))^{\mathrm{T}} & \boldsymbol{O}_{q\times r} \\ \boldsymbol{O}_{r\times(q+l_0)} & \boldsymbol{I}_r \end{bmatrix} (\boldsymbol{\Gamma}_{\mathrm{t}}^{(\mathrm{b})})^{-1}\mathbf{E}[\boldsymbol{\zeta}_{\mathrm{t}}^{(\mathrm{b})}(\boldsymbol{\zeta}_{\mathrm{t}}^{(\mathrm{b})})^{\mathrm{T}}](\boldsymbol{\Gamma}_{\mathrm{t}}^{(\mathrm{b})})^{-1} \\
&\times \begin{bmatrix} \boldsymbol{A}_{\mathrm{t}}(\boldsymbol{\beta}_{\mathrm{f}}, \boldsymbol{s}) & \boldsymbol{O}_{(q+l_0)\times r} \\ \boldsymbol{O}_{r\times q} & \boldsymbol{I}_r \end{bmatrix} \\
&\times \left(\begin{bmatrix} (\boldsymbol{A}_{\mathrm{t}}(\boldsymbol{\beta}_{\mathrm{f}}, \boldsymbol{s}))^{\mathrm{T}} & \boldsymbol{O}_{q\times r} \\ \boldsymbol{O}_{r\times(q+l_0)} & \boldsymbol{I}_r \end{bmatrix} (\boldsymbol{\Gamma}_{\mathrm{t}}^{(\mathrm{b})})^{-1} \begin{bmatrix} \boldsymbol{A}_{\mathrm{t}}(\boldsymbol{\beta}_{\mathrm{f}}, \boldsymbol{s}) & \boldsymbol{O}_{(q+l_0)\times r} \\ \boldsymbol{O}_{r\times q} & \boldsymbol{I}_r \end{bmatrix} \right)^{-1} \\
= &\left(\begin{bmatrix} (\boldsymbol{A}_{\mathrm{t}}(\boldsymbol{\beta}_{\mathrm{f}}, \boldsymbol{s}))^{\mathrm{T}} & \boldsymbol{O}_{q\times r} \\ \boldsymbol{O}_{r\times(q+l_0)} & \boldsymbol{I}_r \end{bmatrix} (\boldsymbol{\Gamma}_{\mathrm{t}}^{(\mathrm{b})})^{-1} \begin{bmatrix} \boldsymbol{A}_{\mathrm{t}}(\boldsymbol{\beta}_{\mathrm{f}}, \boldsymbol{s}) & \boldsymbol{O}_{(q+l_0)\times r} \\ \boldsymbol{O}_{r\times q} & \boldsymbol{I}_r \end{bmatrix} \right)^{-1}
\end{aligned}
\tag{10.147}
$$

证毕。

【注记 10.17】式 (10.146) 的推导过程表明, 在一阶误差分析理论框架下, 矩阵 $(\widehat{\boldsymbol{\Gamma}}_{\mathrm{t}}^{(\mathrm{b})})^{-1}$ 中的扰动误差 $\Delta\boldsymbol{\Sigma}_{\mathrm{t}}^{(\mathrm{b})}$ 并不会实质性地影响估计值 $\begin{bmatrix} \widehat{\boldsymbol{\beta}}_{\mathrm{t}}^{(\mathrm{b})} \\ \widehat{\boldsymbol{s}}_{\mathrm{t}}^{(\mathrm{b})} \end{bmatrix}$ 的统计性能。

【注记 10.18】阶段 2 的估计值 $\widehat{\boldsymbol{s}}_{\mathrm{t}}^{(\mathrm{b})}$ 就是模型参数 $\boldsymbol{s}$ 的最终估计值 (记为 $\widehat{\boldsymbol{s}}^{(\mathrm{b})} = \widehat{\boldsymbol{s}}_{\mathrm{t}}^{(\mathrm{b})}$)。

10.4.3 阶段 3 的参数估计求解方法及其理论性能

1. 参数估计求解方法

由于反函数 $\boldsymbol{g}_{\mathrm{t}}^{-1}(\boldsymbol{\beta}_{\mathrm{t}}, \boldsymbol{s})$ 的闭式形式容易获得, 因此在阶段 3 中, 我们可以利用阶段 2 的估计值 $\begin{bmatrix} \widehat{\boldsymbol{\beta}}_{\mathrm{t}}^{(\mathrm{b})} \\ \widehat{\boldsymbol{s}}_{\mathrm{t}}^{(\mathrm{b})} \end{bmatrix}$ 直接确定未知参数 $\boldsymbol{x}$ 的估计值 (记为 $\widehat{\boldsymbol{x}}^{(\mathrm{b})}$), 如下式所示

$$
\widehat{\boldsymbol{x}}^{(\mathrm{b})} = \boldsymbol{g}_{\mathrm{t}}^{-1}(\widehat{\boldsymbol{\beta}}_{\mathrm{t}}^{(\mathrm{b})}, \widehat{\boldsymbol{s}}_{\mathrm{t}}^{(\mathrm{b})}) \tag{10.148}
$$

将上述求解方法称为方法 10–b, 图 10.3 给出方法 10–b 的计算流程图。

【注记 10.19】由于方法 10–b 并不需要迭代运算, 因此可称其为闭式求解方法。

2. 理论性能分析

下面推导估计值 $\begin{bmatrix} \widehat{\boldsymbol{x}}^{(\mathrm{b})} \\ \widehat{\boldsymbol{s}}^{(\mathrm{b})} \end{bmatrix}$ 的统计性能, 并将其均方误差与相应的克拉美罗界进行定量比较, 从而验证该估计值的渐近统计最优性, 具体结论可见以下两个

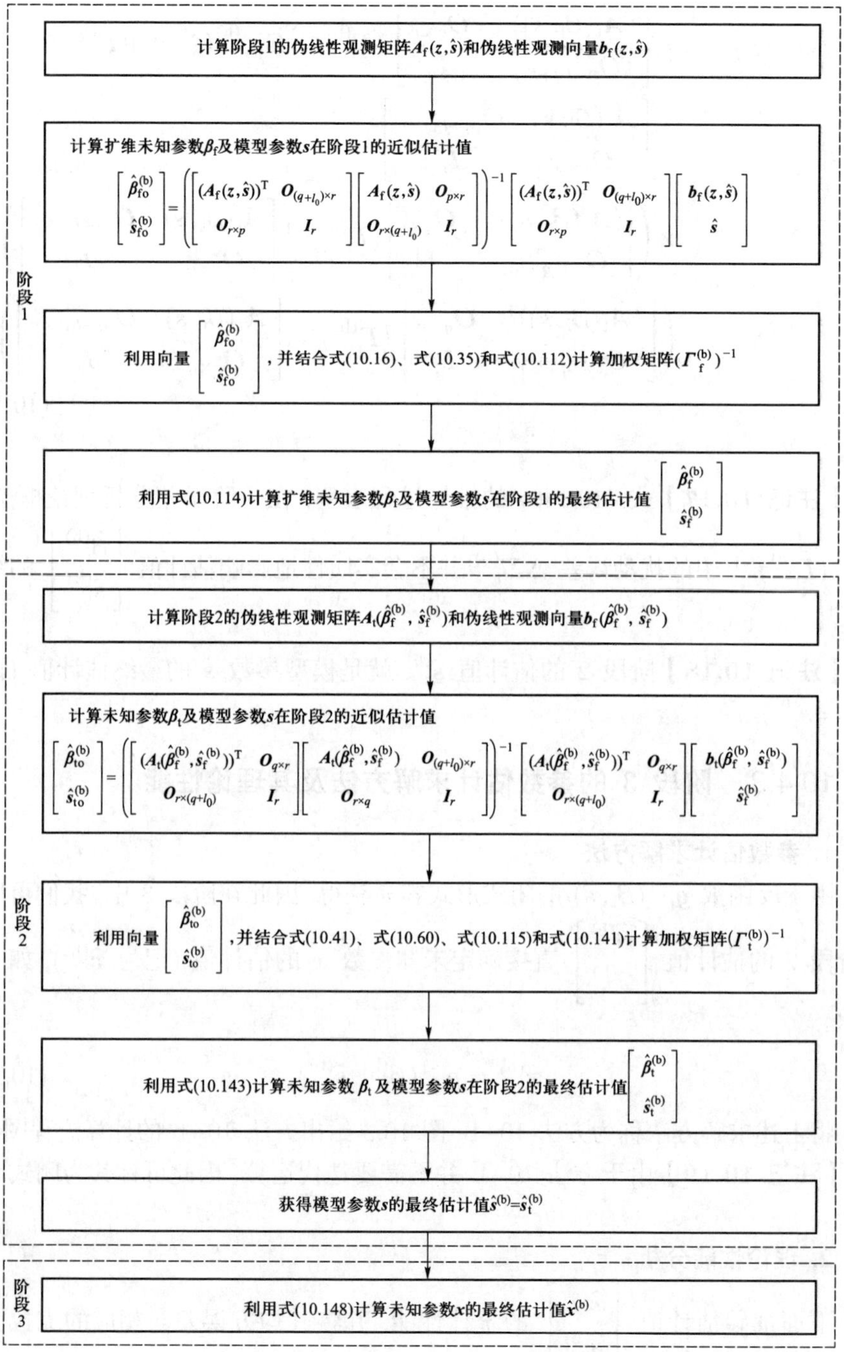

图 10.3　方法 10−b 的计算流程图

命题。

【命题 10.12】向量 $\begin{bmatrix}\widehat{\boldsymbol{x}}^{(\mathrm{b})}\\ \widehat{\boldsymbol{s}}^{(\mathrm{b})}\end{bmatrix}$ 是关于未知参数及模型参数 $\begin{bmatrix}\boldsymbol{x}\\ \boldsymbol{s}\end{bmatrix}$ 的渐近无偏估计值, 并且其均方误差为

$$\mathbf{MSE}\left(\begin{bmatrix}\widehat{\boldsymbol{x}}^{(\mathrm{b})}\\ \widehat{\boldsymbol{s}}^{(\mathrm{b})}\end{bmatrix}\right)=\left(\begin{bmatrix}(\boldsymbol{G}_{\mathrm{t}x}(\boldsymbol{x},\boldsymbol{s}))^{\mathrm{T}}(\boldsymbol{A}_{\mathrm{t}}(\boldsymbol{\beta}_{\mathrm{f}},\boldsymbol{s}))^{\mathrm{T}} & \boldsymbol{O}_{q\times r}\\ (\boldsymbol{G}_{\mathrm{t}s}(\boldsymbol{x},\boldsymbol{s}))^{\mathrm{T}}(\boldsymbol{A}_{\mathrm{t}}(\boldsymbol{\beta}_{\mathrm{f}},\boldsymbol{s}))^{\mathrm{T}} & \boldsymbol{I}_r\end{bmatrix}(\boldsymbol{\varGamma}_{\mathrm{t}}^{(\mathrm{b})})^{-1}\right.$$
$$\left.\times\begin{bmatrix}\boldsymbol{A}_{\mathrm{t}}(\boldsymbol{\beta}_{\mathrm{f}},\boldsymbol{s})\boldsymbol{G}_{\mathrm{t}x}(\boldsymbol{x},\boldsymbol{s}) & \boldsymbol{A}_{\mathrm{t}}(\boldsymbol{\beta}_{\mathrm{f}},\boldsymbol{s})\boldsymbol{G}_{\mathrm{t}s}(\boldsymbol{x},\boldsymbol{s})\\ \boldsymbol{O}_{r\times q} & \boldsymbol{I}_r\end{bmatrix}\right)^{-1} \tag{10.149}$$

【证明】将向量 $\begin{bmatrix}\widehat{\boldsymbol{x}}^{(\mathrm{b})}\\ \widehat{\boldsymbol{s}}^{(\mathrm{b})}\end{bmatrix}$ 中的估计误差记为 $\begin{bmatrix}\Delta\boldsymbol{x}^{(\mathrm{b})}\\ \Delta\boldsymbol{s}^{(\mathrm{b})}\end{bmatrix}=\begin{bmatrix}\widehat{\boldsymbol{x}}^{(\mathrm{b})}-\boldsymbol{x}\\ \widehat{\boldsymbol{s}}^{(\mathrm{b})}-\boldsymbol{s}\end{bmatrix}$。在一阶误差分析理论框架下, 基于关系式 $\boldsymbol{\beta}_{\mathrm{t}}=\boldsymbol{g}_{\mathrm{t}}(\boldsymbol{x},\boldsymbol{s})$ 可得

$$\begin{aligned}\Delta\boldsymbol{\beta}_{\mathrm{t}}^{(\mathrm{b})}&\approx\boldsymbol{G}_{\mathrm{t}x}(\boldsymbol{x},\boldsymbol{s})\Delta\boldsymbol{x}^{(\mathrm{b})}+\boldsymbol{G}_{\mathrm{t}s}(\boldsymbol{x},\boldsymbol{s})\Delta\boldsymbol{s}^{(\mathrm{b})}=\boldsymbol{G}_{\mathrm{t}x}(\boldsymbol{x},\boldsymbol{s})\Delta\boldsymbol{x}^{(\mathrm{b})}+\boldsymbol{G}_{\mathrm{t}s}(\boldsymbol{x},\boldsymbol{s})\Delta\boldsymbol{s}_{\mathrm{t}}^{(\mathrm{b})}\\ &\Rightarrow\Delta\boldsymbol{x}^{(\mathrm{b})}\approx(\boldsymbol{G}_{\mathrm{t}x}(\boldsymbol{x},\boldsymbol{s}))^{-1}\Delta\boldsymbol{\beta}_{\mathrm{t}}^{(\mathrm{b})}-(\boldsymbol{G}_{\mathrm{t}x}(\boldsymbol{x},\boldsymbol{s}))^{-1}\boldsymbol{G}_{\mathrm{t}s}(\boldsymbol{x},\boldsymbol{s})\Delta\boldsymbol{s}_{\mathrm{t}}^{(\mathrm{b})}\end{aligned} \tag{10.150}$$

式中, 第 2 个等号利用了误差关系式 $\Delta\boldsymbol{s}_{\mathrm{t}}^{(\mathrm{b})}=\Delta\boldsymbol{s}^{(\mathrm{b})}$。由式 (10.150) 可知

$$\begin{bmatrix}\Delta\boldsymbol{x}^{(\mathrm{b})}\\ \Delta\boldsymbol{s}^{(\mathrm{b})}\end{bmatrix}=\begin{bmatrix}(\boldsymbol{G}_{\mathrm{t}x}(\boldsymbol{x},\boldsymbol{s}))^{-1} & -(\boldsymbol{G}_{\mathrm{t}x}(\boldsymbol{x},\boldsymbol{s}))^{-1}\boldsymbol{G}_{\mathrm{t}s}(\boldsymbol{x},\boldsymbol{s})\\ \boldsymbol{O}_{r\times q} & \boldsymbol{I}_r\end{bmatrix}\begin{bmatrix}\Delta\boldsymbol{\beta}_{\mathrm{t}}^{(\mathrm{b})}\\ \Delta\boldsymbol{s}_{\mathrm{t}}^{(\mathrm{b})}\end{bmatrix} \tag{10.151}$$

由于误差向量 $\begin{bmatrix}\Delta\boldsymbol{\beta}_{\mathrm{t}}^{(\mathrm{b})}\\ \Delta\boldsymbol{s}_{\mathrm{t}}^{(\mathrm{b})}\end{bmatrix}$ 渐近服从零均值的高斯分布, 因此误差向量 $\begin{bmatrix}\Delta\boldsymbol{x}^{(\mathrm{b})}\\ \Delta\boldsymbol{s}^{(\mathrm{b})}\end{bmatrix}$ 也渐近服从零均值的高斯分布。由此可知, 向量 $\begin{bmatrix}\widehat{\boldsymbol{x}}^{(\mathrm{b})}\\ \widehat{\boldsymbol{s}}^{(\mathrm{b})}\end{bmatrix}$ 是关于未知参数及模型参数 $\begin{bmatrix}\boldsymbol{x}\\ \boldsymbol{s}\end{bmatrix}$ 的渐近无偏估计值, 并且其均方误差为

$$\begin{aligned}\mathbf{MSE}\left(\begin{bmatrix}\widehat{\boldsymbol{x}}^{(\mathrm{b})}\\ \widehat{\boldsymbol{s}}^{(\mathrm{b})}\end{bmatrix}\right)&=\mathbf{E}\left(\begin{bmatrix}\widehat{\boldsymbol{x}}^{(\mathrm{b})}-\boldsymbol{x}\\ \widehat{\boldsymbol{s}}^{(\mathrm{b})}-\boldsymbol{s}\end{bmatrix}\begin{bmatrix}\widehat{\boldsymbol{x}}^{(\mathrm{b})}-\boldsymbol{x}\\ \widehat{\boldsymbol{s}}^{(\mathrm{b})}-\boldsymbol{s}\end{bmatrix}^{\mathrm{T}}\right)=\mathbf{E}\left(\begin{bmatrix}\Delta\boldsymbol{x}^{(\mathrm{b})}\\ \Delta\boldsymbol{s}^{(\mathrm{b})}\end{bmatrix}\begin{bmatrix}\Delta\boldsymbol{x}^{(\mathrm{b})}\\ \Delta\boldsymbol{s}^{(\mathrm{b})}\end{bmatrix}^{\mathrm{T}}\right)\\ &=\begin{bmatrix}(\boldsymbol{G}_{\mathrm{t}x}(\boldsymbol{x},\boldsymbol{s}))^{-1} & -(\boldsymbol{G}_{\mathrm{t}x}(\boldsymbol{x},\boldsymbol{s}))^{-1}\boldsymbol{G}_{\mathrm{t}s}(\boldsymbol{x},\boldsymbol{s})\\ \boldsymbol{O}_{r\times q} & \boldsymbol{I}_r\end{bmatrix}\\ &\quad\times\mathbf{E}\left(\begin{bmatrix}\Delta\boldsymbol{\beta}_{\mathrm{t}}^{(\mathrm{b})}\\ \Delta\boldsymbol{s}_{\mathrm{t}}^{(\mathrm{b})}\end{bmatrix}\begin{bmatrix}\Delta\boldsymbol{\beta}_{\mathrm{t}}^{(\mathrm{b})}\\ \Delta\boldsymbol{s}_{\mathrm{t}}^{(\mathrm{b})}\end{bmatrix}^{\mathrm{T}}\right)\end{aligned}$$

$$
\times\begin{bmatrix} (\boldsymbol{G}_{\mathrm{t}x}(\boldsymbol{x},\boldsymbol{s}))^{-\mathrm{T}} & \boldsymbol{O}_{q\times r} \\ -(\boldsymbol{G}_{\mathrm{t}s}(\boldsymbol{x},\boldsymbol{s}))^{\mathrm{T}}(\boldsymbol{G}_{\mathrm{t}x}(\boldsymbol{x},\boldsymbol{s}))^{-\mathrm{T}} & \boldsymbol{I}_r \end{bmatrix}
$$

$$
=\begin{bmatrix} (\boldsymbol{G}_{\mathrm{t}x}(\boldsymbol{x},\boldsymbol{s}))^{-1} & -(\boldsymbol{G}_{\mathrm{t}x}(\boldsymbol{x},\boldsymbol{s}))^{-1}\boldsymbol{G}_{\mathrm{t}s}(\boldsymbol{x},\boldsymbol{s}) \\ \boldsymbol{O}_{r\times q} & \boldsymbol{I}_r \end{bmatrix}
$$

$$
\times\mathbf{MSE}\left(\begin{bmatrix} \widehat{\boldsymbol{\beta}}_{\mathrm{t}}^{(\mathrm{b})} \\ \widehat{\boldsymbol{s}}_{\mathrm{t}}^{(\mathrm{b})} \end{bmatrix}\right)\begin{bmatrix} (\boldsymbol{G}_{\mathrm{t}x}(\boldsymbol{x},\boldsymbol{s}))^{-\mathrm{T}} & \boldsymbol{O}_{q\times r} \\ -(\boldsymbol{G}_{\mathrm{t}s}(\boldsymbol{x},\boldsymbol{s}))^{\mathrm{T}}(\boldsymbol{G}_{\mathrm{t}x}(\boldsymbol{x},\boldsymbol{s}))^{-\mathrm{T}} & \boldsymbol{I}_r \end{bmatrix} \tag{10.152}
$$

不难验证如下等式

$$
\begin{bmatrix} \boldsymbol{G}_{\mathrm{t}x}(\boldsymbol{x},\boldsymbol{s}) & \boldsymbol{G}_{\mathrm{t}s}(\boldsymbol{x},\boldsymbol{s}) \\ \boldsymbol{O}_{r\times q} & \boldsymbol{I}_r \end{bmatrix}^{-1}=\begin{bmatrix} (\boldsymbol{G}_{\mathrm{t}x}(\boldsymbol{x},\boldsymbol{s}))^{-1} & -(\boldsymbol{G}_{\mathrm{t}x}(\boldsymbol{x},\boldsymbol{s}))^{-1}\boldsymbol{G}_{\mathrm{t}s}(\boldsymbol{x},\boldsymbol{s}) \\ \boldsymbol{O}_{r\times q} & \boldsymbol{I}_r \end{bmatrix} \tag{10.153}
$$

结合式 (10.144)、式 (10.152) 和式 (10.153) 可得

$$
\begin{aligned}
\mathbf{MSE}\left(\begin{bmatrix} \widehat{\boldsymbol{x}}^{(\mathrm{b})} \\ \widehat{\boldsymbol{s}}^{(\mathrm{b})} \end{bmatrix}\right)&=\left(\begin{bmatrix} (\boldsymbol{G}_{\mathrm{t}x}(\boldsymbol{x},\boldsymbol{s}))^{\mathrm{T}} & \boldsymbol{O}_{q\times r} \\ (\boldsymbol{G}_{\mathrm{t}s}(\boldsymbol{x},\boldsymbol{s}))^{\mathrm{T}} & \boldsymbol{I}_r \end{bmatrix}\begin{bmatrix} (\boldsymbol{A}_{\mathrm{t}}(\boldsymbol{\beta}_{\mathrm{f}},\boldsymbol{s}))^{\mathrm{T}} & \boldsymbol{O}_{q\times r} \\ \boldsymbol{O}_{r\times(q+l_0)} & \boldsymbol{I}_r \end{bmatrix}(\boldsymbol{\Gamma}_{\mathrm{t}}^{(\mathrm{b})})^{-1}\right.\\
&\quad\left.\times\begin{bmatrix} \boldsymbol{A}_{\mathrm{t}}(\boldsymbol{\beta}_{\mathrm{f}},\boldsymbol{s}) & \boldsymbol{O}_{(q+l_0)\times r} \\ \boldsymbol{O}_{r\times q} & \boldsymbol{I}_r \end{bmatrix}\begin{bmatrix} \boldsymbol{G}_{\mathrm{t}x}(\boldsymbol{x},\boldsymbol{s}) & \boldsymbol{G}_{\mathrm{t}s}(\boldsymbol{x},\boldsymbol{s}) \\ \boldsymbol{O}_{r\times q} & \boldsymbol{I}_r \end{bmatrix}\right)^{-1}\\
&=\left(\begin{bmatrix} (\boldsymbol{G}_{\mathrm{t}x}(\boldsymbol{x},\boldsymbol{s}))^{\mathrm{T}}(\boldsymbol{A}_{\mathrm{t}}(\boldsymbol{\beta}_{\mathrm{f}},\boldsymbol{s}))^{\mathrm{T}} & \boldsymbol{O}_{q\times r} \\ (\boldsymbol{G}_{\mathrm{t}s}(\boldsymbol{x},\boldsymbol{s}))^{\mathrm{T}}(\boldsymbol{A}_{\mathrm{t}}(\boldsymbol{\beta}_{\mathrm{f}},\boldsymbol{s}))^{\mathrm{T}} & \boldsymbol{I}_r \end{bmatrix}(\boldsymbol{\Gamma}_{\mathrm{t}}^{(\mathrm{b})})^{-1}\right.\\
&\quad\left.\times\begin{bmatrix} \boldsymbol{A}_{\mathrm{t}}(\boldsymbol{\beta}_{\mathrm{f}},\boldsymbol{s})\boldsymbol{G}_{\mathrm{t}x}(\boldsymbol{x},\boldsymbol{s}) & \boldsymbol{A}_{\mathrm{t}}(\boldsymbol{\beta}_{\mathrm{f}},\boldsymbol{s})\boldsymbol{G}_{\mathrm{t}s}(\boldsymbol{x},\boldsymbol{s}) \\ \boldsymbol{O}_{r\times q} & \boldsymbol{I}_r \end{bmatrix}\right)^{-1}
\end{aligned} \tag{10.154}
$$

证毕。

【命题 10.13】向量 $\begin{bmatrix} \widehat{\boldsymbol{x}}^{(\mathrm{b})} \\ \widehat{\boldsymbol{s}}^{(\mathrm{b})} \end{bmatrix}$ 是关于未知参数及模型参数 $\begin{bmatrix} \boldsymbol{x} \\ \boldsymbol{s} \end{bmatrix}$ 的渐近统计最优估计值。

【证明】仅需要证明等式 $\mathbf{MSE}\left(\begin{bmatrix} \widehat{\boldsymbol{x}}^{(\mathrm{b})} \\ \widehat{\boldsymbol{s}}^{(\mathrm{b})} \end{bmatrix}\right)=\mathbf{CRB}^{(\mathrm{b})}\left(\begin{bmatrix} \boldsymbol{x} \\ \boldsymbol{s} \end{bmatrix}\right)$ 成立即可。将式 (10.141) 代入式 (10.149) 可得

$$
\mathbf{MSE}\left(\begin{bmatrix} \widehat{\boldsymbol{x}}^{(\mathrm{b})} \\ \widehat{\boldsymbol{s}}^{(\mathrm{b})} \end{bmatrix}\right)=\left(\begin{bmatrix} (\boldsymbol{G}_{\mathrm{t}x}(\boldsymbol{x},\boldsymbol{s}))^{\mathrm{T}}(\boldsymbol{A}_{\mathrm{t}}(\boldsymbol{\beta}_{\mathrm{f}},\boldsymbol{s}))^{\mathrm{T}} & \boldsymbol{O}_{q\times r} \\ (\boldsymbol{G}_{\mathrm{t}s}(\boldsymbol{x},\boldsymbol{s}))^{\mathrm{T}}(\boldsymbol{A}_{\mathrm{t}}(\boldsymbol{\beta}_{\mathrm{f}},\boldsymbol{s}))^{\mathrm{T}} & \boldsymbol{I}_r \end{bmatrix}\right.
$$

$$
\times\begin{bmatrix}(\boldsymbol{C}_{\mathrm{t}\beta}(\boldsymbol{\beta}_{\mathrm{t}},\boldsymbol{\beta}_{\mathrm{f}},\boldsymbol{s}))^{\mathrm{T}} & \boldsymbol{O}_{(q+l_0)\times r}\\ (\boldsymbol{C}_{\mathrm{ts}}(\boldsymbol{\beta}_{\mathrm{t}},\boldsymbol{\beta}_{\mathrm{f}},\boldsymbol{s}))^{\mathrm{T}} & \boldsymbol{I}_r\end{bmatrix}^{-1}\left(\mathbf{MSE}\left(\begin{bmatrix}\widehat{\boldsymbol{\beta}}_{\mathrm{f}}^{(\mathrm{b})}\\ \widehat{\boldsymbol{s}}_{\mathrm{f}}^{(\mathrm{b})}\end{bmatrix}\right)\right)^{-1}
$$

$$
\times\begin{bmatrix}\boldsymbol{C}_{\mathrm{t}\beta}(\boldsymbol{\beta}_{\mathrm{t}},\boldsymbol{\beta}_{\mathrm{f}},\boldsymbol{s}) & \boldsymbol{C}_{\mathrm{ts}}(\boldsymbol{\beta}_{\mathrm{t}},\boldsymbol{\beta}_{\mathrm{f}},\boldsymbol{s})\\ \boldsymbol{O}_{r\times(q+l_0)} & \boldsymbol{I}_r\end{bmatrix}^{-1}
$$

$$
\times\begin{bmatrix}\boldsymbol{A}_{\mathrm{t}}(\boldsymbol{\beta}_{\mathrm{f}},\boldsymbol{s})\boldsymbol{G}_{\mathrm{t}x}(\boldsymbol{x},\boldsymbol{s}) & \boldsymbol{A}_{\mathrm{t}}(\boldsymbol{\beta}_{\mathrm{f}},\boldsymbol{s})\boldsymbol{G}_{\mathrm{ts}}(\boldsymbol{x},\boldsymbol{s})\\ \boldsymbol{O}_{r\times q} & \boldsymbol{I}_r\end{bmatrix}\Bigg)^{-1} \tag{10.155}
$$

不难验证如下等式

$$
\begin{aligned}
&\begin{bmatrix}\boldsymbol{C}_{\mathrm{t}\beta}(\boldsymbol{\beta}_{\mathrm{t}},\boldsymbol{\beta}_{\mathrm{f}},\boldsymbol{s}) & \boldsymbol{C}_{\mathrm{ts}}(\boldsymbol{\beta}_{\mathrm{t}},\boldsymbol{\beta}_{\mathrm{f}},\boldsymbol{s})\\ \boldsymbol{O}_{r\times(q+l_0)} & \boldsymbol{I}_r\end{bmatrix}^{-1}\\
&=\begin{bmatrix}(\boldsymbol{C}_{\mathrm{t}\beta}(\boldsymbol{\beta}_{\mathrm{t}},\boldsymbol{\beta}_{\mathrm{f}},\boldsymbol{s}))^{-1} & -(\boldsymbol{C}_{\mathrm{t}\beta}(\boldsymbol{\beta}_{\mathrm{t}},\boldsymbol{\beta}_{\mathrm{f}},\boldsymbol{s}))^{-1}\boldsymbol{C}_{\mathrm{ts}}(\boldsymbol{\beta}_{\mathrm{t}},\boldsymbol{\beta}_{\mathrm{f}},\boldsymbol{s})\\ \boldsymbol{O}_{r\times(q+l_0)} & \boldsymbol{I}_r\end{bmatrix}
\end{aligned} \tag{10.156}
$$

由式 (10.156) 可知

$$
\begin{aligned}
&\begin{bmatrix}\boldsymbol{C}_{\mathrm{t}\beta}(\boldsymbol{\beta}_{\mathrm{t}},\boldsymbol{\beta}_{\mathrm{f}},\boldsymbol{s}) & \boldsymbol{C}_{\mathrm{ts}}(\boldsymbol{\beta}_{\mathrm{t}},\boldsymbol{\beta}_{\mathrm{f}},\boldsymbol{s})\\ \boldsymbol{O}_{r\times(q+l_0)} & \boldsymbol{I}_r\end{bmatrix}^{-1}\begin{bmatrix}\boldsymbol{A}_{\mathrm{t}}(\boldsymbol{\beta}_{\mathrm{f}},\boldsymbol{s})\boldsymbol{G}_{\mathrm{t}x}(\boldsymbol{x},\boldsymbol{s}) & \boldsymbol{A}_{\mathrm{t}}(\boldsymbol{\beta}_{\mathrm{f}},\boldsymbol{s})\boldsymbol{G}_{\mathrm{ts}}(\boldsymbol{x},\boldsymbol{s})\\ \boldsymbol{O}_{r\times q} & \boldsymbol{I}_r\end{bmatrix}\\
&=\begin{bmatrix}(\boldsymbol{C}_{\mathrm{t}\beta}(\boldsymbol{\beta}_{\mathrm{t}},\boldsymbol{\beta}_{\mathrm{f}},\boldsymbol{s}))^{-1} & -(\boldsymbol{C}_{\mathrm{t}\beta}(\boldsymbol{\beta}_{\mathrm{t}},\boldsymbol{\beta}_{\mathrm{f}},\boldsymbol{s}))^{-1}\boldsymbol{C}_{\mathrm{ts}}(\boldsymbol{\beta}_{\mathrm{t}},\boldsymbol{\beta}_{\mathrm{f}},\boldsymbol{s})\\ \boldsymbol{O}_{r\times(q+l_0)} & \boldsymbol{I}_r\end{bmatrix}\\
&\quad\times\begin{bmatrix}\boldsymbol{A}_{\mathrm{t}}(\boldsymbol{\beta}_{\mathrm{f}},\boldsymbol{s})\boldsymbol{G}_{\mathrm{t}x}(\boldsymbol{x},\boldsymbol{s}) & \boldsymbol{A}_{\mathrm{t}}(\boldsymbol{\beta}_{\mathrm{f}},\boldsymbol{s})\boldsymbol{G}_{\mathrm{ts}}(\boldsymbol{x},\boldsymbol{s})\\ \boldsymbol{O}_{r\times q} & \boldsymbol{I}_r\end{bmatrix}\\
&=\left[\begin{array}{c:c}(\boldsymbol{C}_{\mathrm{t}\beta}(\boldsymbol{\beta}_{\mathrm{t}},\boldsymbol{\beta}_{\mathrm{f}},\boldsymbol{s}))^{-1}\boldsymbol{A}_{\mathrm{t}}(\boldsymbol{\beta}_{\mathrm{f}},\boldsymbol{s})\boldsymbol{G}_{\mathrm{t}x}(\boldsymbol{x},\boldsymbol{s}) & (\boldsymbol{C}_{\mathrm{t}\beta}(\boldsymbol{\beta}_{\mathrm{t}},\boldsymbol{\beta}_{\mathrm{f}},\boldsymbol{s}))^{-1}(\boldsymbol{A}_{\mathrm{t}}(\boldsymbol{\beta}_{\mathrm{f}},\boldsymbol{s})\boldsymbol{G}_{\mathrm{ts}}(\boldsymbol{x},\boldsymbol{s})-\boldsymbol{C}_{\mathrm{ts}}(\boldsymbol{\beta}_{\mathrm{t}},\boldsymbol{\beta}_{\mathrm{f}},\boldsymbol{s}))\\ \hdashline \boldsymbol{O}_{r\times q} & \boldsymbol{I}_r\end{array}\right]
\end{aligned} \tag{10.157}
$$

将式 (10.58) 和式 (10.59) 代入式 (10.157) 可得

$$
\begin{aligned}
&\begin{bmatrix}\boldsymbol{C}_{\mathrm{t}\beta}(\boldsymbol{\beta}_{\mathrm{t}},\boldsymbol{\beta}_{\mathrm{f}},\boldsymbol{s}) & \boldsymbol{C}_{\mathrm{ts}}(\boldsymbol{\beta}_{\mathrm{t}},\boldsymbol{\beta}_{\mathrm{f}},\boldsymbol{s})\\ \boldsymbol{O}_{r\times(q+l_0)} & \boldsymbol{I}_r\end{bmatrix}^{-1}\begin{bmatrix}\boldsymbol{A}_{\mathrm{t}}(\boldsymbol{\beta}_{\mathrm{f}},\boldsymbol{s})\boldsymbol{G}_{\mathrm{t}x}(\boldsymbol{x},\boldsymbol{s}) & \boldsymbol{A}_{\mathrm{t}}(\boldsymbol{\beta}_{\mathrm{f}},\boldsymbol{s})\boldsymbol{G}_{\mathrm{ts}}(\boldsymbol{x},\boldsymbol{s})\\ \boldsymbol{O}_{r\times q} & \boldsymbol{I}_r\end{bmatrix}\\
&=\begin{bmatrix}\boldsymbol{G}_{\mathrm{f}x}(\boldsymbol{x},\boldsymbol{s}) & \boldsymbol{G}_{\mathrm{fs}}(\boldsymbol{x},\boldsymbol{s})\\ \boldsymbol{O}_{r\times q} & \boldsymbol{I}_r\end{bmatrix}
\end{aligned} \tag{10.158}
$$

将式 (10.158) 代入式 (10.155), 并且结合式 (10.122) 可知

$$\mathbf{MSE}\left(\begin{bmatrix}\widehat{\boldsymbol{x}}^{(\mathrm{b})}\\ \widehat{\boldsymbol{s}}^{(\mathrm{b})}\end{bmatrix}\right)=\left(\begin{bmatrix}(\boldsymbol{G}_{\mathrm{f}x}(\boldsymbol{x},\boldsymbol{s}))^{\mathrm{T}} & \boldsymbol{O}_{q\times r}\\ (\boldsymbol{G}_{\mathrm{fs}}(\boldsymbol{x},\boldsymbol{s}))^{\mathrm{T}} & \boldsymbol{I}_r\end{bmatrix}\right.$$
$$\left.\times\left(\mathbf{MSE}\left(\begin{bmatrix}\widehat{\boldsymbol{\beta}}_{\mathrm{f}}^{(\mathrm{b})}\\ \widehat{\boldsymbol{s}}_{\mathrm{f}}^{(\mathrm{b})}\end{bmatrix}\right)\right)^{-1}\begin{bmatrix}\boldsymbol{G}_{\mathrm{f}x}(\boldsymbol{x},\boldsymbol{s}) & \boldsymbol{G}_{\mathrm{fs}}(\boldsymbol{x},\boldsymbol{s})\\ \boldsymbol{O}_{r\times q} & \boldsymbol{I}_r\end{bmatrix}\right)^{-1}$$
$$=\mathbf{CRB}^{(\mathrm{b})}\left(\begin{bmatrix}\boldsymbol{x}\\ \boldsymbol{s}\end{bmatrix}\right) \tag{10.159}$$

证毕。

10.4.4 数值实验

本节仍然选择式 (10.4) 所定义的函数 $\boldsymbol{f}(\boldsymbol{x},\boldsymbol{s})$ 进行数值实验。由式 (10.7) 和式 (10.8) 可得

$$\boldsymbol{B}_{\mathrm{fs}}(\boldsymbol{z}_0,\boldsymbol{s})=\frac{\partial \boldsymbol{b}_{\mathrm{f}}(\boldsymbol{z}_0,\boldsymbol{s})}{\partial \boldsymbol{s}^{\mathrm{T}}}$$
$$=\left[\begin{array}{c:c}\boldsymbol{1}_{4\times 1}[2(\boldsymbol{s}_1^{(\mathrm{u})})^{\mathrm{T}}\quad \boldsymbol{O}_{1\times 2}] & \mathrm{blkdiag}\left\{\begin{array}{l}[-2(\boldsymbol{s}_2^{(\mathrm{u})})^{\mathrm{T}}\quad \boldsymbol{O}_{1\times 2}],[-2(\boldsymbol{s}_3^{(\mathrm{u})})^{\mathrm{T}}\quad \boldsymbol{O}_{1\times 2}],\\ [-2(\boldsymbol{s}_4^{(\mathrm{u})})^{\mathrm{T}}\quad \boldsymbol{O}_{1\times 2}],[-2(\boldsymbol{s}_5^{(\mathrm{u})})^{\mathrm{T}}\quad \boldsymbol{O}_{1\times 2}]\end{array}\right\}\\ \hdashline \boldsymbol{1}_{4\times 1}[(\boldsymbol{s}_1^{(\mathrm{v})})^{\mathrm{T}}\quad (\boldsymbol{s}_1^{(\mathrm{u})})^{\mathrm{T}}] & \mathrm{blkdiag}\left\{\begin{array}{l}[-(\boldsymbol{s}_2^{(\mathrm{v})})^{\mathrm{T}}\quad -(\boldsymbol{s}_2^{(\mathrm{u})})^{\mathrm{T}}],[-(\boldsymbol{s}_3^{(\mathrm{v})})^{\mathrm{T}}\quad -(\boldsymbol{s}_3^{(\mathrm{u})})^{\mathrm{T}}],\\ [-(\boldsymbol{s}_4^{(\mathrm{v})})^{\mathrm{T}}\quad -(\boldsymbol{s}_4^{(\mathrm{u})})^{\mathrm{T}}],[-(\boldsymbol{s}_5^{(\mathrm{v})})^{\mathrm{T}}\quad -(\boldsymbol{s}_5^{(\mathrm{u})})^{\mathrm{T}}]\end{array}\right\}\end{array}\right] \tag{10.160}$$

$$\begin{cases}\dot{\boldsymbol{A}}_{\mathrm{fs}_1}(\boldsymbol{z}_0,\boldsymbol{s})=\dfrac{\partial \boldsymbol{A}_{\mathrm{f}}(\boldsymbol{z}_0,\boldsymbol{s})}{\partial \langle \boldsymbol{s}_1^{(\mathrm{u})}\rangle_1}=\left[\begin{array}{c}2\boldsymbol{1}_{4\times 1}(\boldsymbol{i}_6^{(1)})^{\mathrm{T}}\\ \hdashline \boldsymbol{1}_{4\times 1}(\boldsymbol{i}_6^{(3)})^{\mathrm{T}}\end{array}\right]\\ \dot{\boldsymbol{A}}_{\mathrm{fs}_2}(\boldsymbol{z}_0,\boldsymbol{s})=\dfrac{\partial \boldsymbol{A}_{\mathrm{f}}(\boldsymbol{z}_0,\boldsymbol{s})}{\partial \langle \boldsymbol{s}_1^{(\mathrm{u})}\rangle_2}=\left[\begin{array}{c}2\boldsymbol{1}_{4\times 1}(\boldsymbol{i}_6^{(2)})^{\mathrm{T}}\\ \hdashline \boldsymbol{1}_{4\times 1}(\boldsymbol{i}_6^{(4)})^{\mathrm{T}}\end{array}\right]\end{cases} \tag{10.161}$$

$$\begin{cases} \dot{\boldsymbol{A}}_{\mathrm{fs}_3}(\boldsymbol{z}_0,\boldsymbol{s})=\dfrac{\partial \boldsymbol{A}_{\mathrm{f}}(\boldsymbol{z}_0,\boldsymbol{s})}{\partial \langle \boldsymbol{s}_1^{(\mathrm{v})}\rangle_1}=\begin{bmatrix}\boldsymbol{O}_{4\times 6}\\ \hdashline \boldsymbol{1}_{4\times 1}(\boldsymbol{i}_6^{(1)})^{\mathrm{T}}\end{bmatrix} \\ \dot{\boldsymbol{A}}_{\mathrm{fs}_4}(\boldsymbol{z}_0,\boldsymbol{s})=\dfrac{\partial \boldsymbol{A}_{\mathrm{f}}(\boldsymbol{z}_0,\boldsymbol{s})}{\partial \langle \boldsymbol{s}_1^{(\mathrm{v})}\rangle_2}=\begin{bmatrix}\boldsymbol{O}_{4\times 6}\\ \hdashline \boldsymbol{1}_{4\times 1}(\boldsymbol{i}_6^{(2)})^{\mathrm{T}}\end{bmatrix} \end{cases} \tag{10.162}$$

$$\begin{cases} \dot{\boldsymbol{A}}_{\mathrm{fs}_{4j+1}}(\boldsymbol{z}_0,\boldsymbol{s})=\dfrac{\partial \boldsymbol{A}_{\mathrm{f}}(\boldsymbol{z}_0,\boldsymbol{s})}{\partial \langle \boldsymbol{s}_{j+1}^{(\mathrm{u})}\rangle_1}=\begin{bmatrix}-2\boldsymbol{i}_4^{(j)}(\boldsymbol{i}_6^{(1)})^{\mathrm{T}}\\ \hdashline -\boldsymbol{i}_4^{(j)}(\boldsymbol{i}_6^{(3)})^{\mathrm{T}}\end{bmatrix} \\ \dot{\boldsymbol{A}}_{\mathrm{fs}_{4j+2}}(\boldsymbol{z}_0,\boldsymbol{s})=\dfrac{\partial \boldsymbol{A}_{\mathrm{f}}(\boldsymbol{z}_0,\boldsymbol{s})}{\partial \langle \boldsymbol{s}_{j+1}^{(\mathrm{u})}\rangle_2}=\begin{bmatrix}-2\boldsymbol{i}_4^{(j)}(\boldsymbol{i}_6^{(2)})^{\mathrm{T}}\\ \hdashline -\boldsymbol{i}_4^{(j)}(\boldsymbol{i}_6^{(4)})^{\mathrm{T}}\end{bmatrix} \end{cases} \quad (1\leqslant j\leqslant 4) \tag{10.163}$$

$$\begin{cases} \dot{\boldsymbol{A}}_{\mathrm{fs}_{4j+3}}(\boldsymbol{z}_0,\boldsymbol{s})=\dfrac{\partial \boldsymbol{A}_{\mathrm{f}}(\boldsymbol{z}_0,\boldsymbol{s})}{\partial \langle \boldsymbol{s}_{j+1}^{(\mathrm{v})}\rangle_1}=\begin{bmatrix}\boldsymbol{O}_{4\times 6}\\ \hdashline -\boldsymbol{i}_4^{(j)}(\boldsymbol{i}_6^{(1)})^{\mathrm{T}}\end{bmatrix} \\ \dot{\boldsymbol{A}}_{\mathrm{fs}_{4j+4}}(\boldsymbol{z}_0,\boldsymbol{s})=\dfrac{\partial \boldsymbol{A}_{\mathrm{f}}(\boldsymbol{z}_0,\boldsymbol{s})}{\partial \langle \boldsymbol{s}_{j+1}^{(\mathrm{v})}\rangle_2}=\begin{bmatrix}\boldsymbol{O}_{4\times 6}\\ \hdashline -\boldsymbol{i}_4^{(j)}(\boldsymbol{i}_6^{(2)})^{\mathrm{T}}\end{bmatrix} \end{cases} \quad (1\leqslant j\leqslant 4) \tag{10.164}$$

由式 (10.9) 和式 (10.10) 可知

$$\boldsymbol{B}_{\mathrm{ts}}(\boldsymbol{\beta}_{\mathrm{f}},\boldsymbol{s})=\frac{\partial \boldsymbol{b}_{\mathrm{t}}(\boldsymbol{\beta}_{\mathrm{f}},\boldsymbol{s})}{\partial \boldsymbol{s}^{\mathrm{T}}}=\begin{bmatrix}-(\boldsymbol{i}_5^{(1)})^{\mathrm{T}}\otimes \boldsymbol{I}_4\\ \boldsymbol{O}_{2\times 20}\end{bmatrix} \tag{10.165}$$

$$\begin{cases} \dot{\boldsymbol{A}}_{\mathrm{ts}_1}(\boldsymbol{\beta}_{\mathrm{f}},\boldsymbol{s})=\dfrac{\partial \boldsymbol{A}_{\mathrm{t}}(\boldsymbol{\beta}_{\mathrm{f}},\boldsymbol{s})}{\partial \langle \boldsymbol{s}_1^{(\mathrm{u})}\rangle_1}=\begin{bmatrix} & \boldsymbol{O}_{4\times 4} & & \\ \hdashline -1 & 0 & 0 & 0\\ 0 & 0 & -1 & 0\end{bmatrix} \\ \dot{\boldsymbol{A}}_{\mathrm{ts}_2}(\boldsymbol{\beta}_{\mathrm{f}},\boldsymbol{s})=\dfrac{\partial \boldsymbol{A}_{\mathrm{t}}(\boldsymbol{\beta}_{\mathrm{f}},\boldsymbol{s})}{\partial \langle \boldsymbol{s}_1^{(\mathrm{u})}\rangle_2}=\begin{bmatrix} & \boldsymbol{O}_{4\times 4} & & \\ \hdashline 0 & -1 & 0 & 0\\ 0 & 0 & 0 & -1\end{bmatrix} \end{cases} \tag{10.166}$$

$$\dot{\boldsymbol{A}}_{\mathrm{ts}_j}(\boldsymbol{\beta}_{\mathrm{f}},\boldsymbol{s})=\boldsymbol{O}_{6\times 4}\quad (3\leqslant j\leqslant 20) \tag{10.167}$$

未知参数 $\boldsymbol{x}$ 和模型参数 $\boldsymbol{s}$ 的数值见表 10.1。假设模型参数未能精确已知, 仅存在其先验观测值。观测误差协方差矩阵设为 $\boldsymbol{E}=\sigma_1^2\mathrm{blkdiag}\{(\boldsymbol{I}_4+\boldsymbol{1}_{4\times 4})/2,(\boldsymbol{I}_4+\boldsymbol{1}_{4\times 4})/200\}$, 其中 σ_1 称为观测误差标准差。模型参数先验观测误差协方差矩阵设为 $\boldsymbol{\Psi}=\sigma_2^2(\mathrm{diag}\{1,0.5,0.1,0.01,0.001\}\otimes \mathrm{blkdiag}\{\boldsymbol{I}_2,\boldsymbol{I}_2/100\})$, 其中 σ_2 称为先验观测误差标准差。下面利用方法 10−a 对未知参数 $\boldsymbol{x}$ 进行估计, 利用方法 10−b 对未知参数 $\boldsymbol{x}$ 和模型参数 $\boldsymbol{s}$ 进行联合估计。

首先, 设 $\sigma_2=20$, 图 10.4 给出了未知参数 $\boldsymbol{x}$ 估计均方根误差随观测误差标准差 σ_1 的变化曲线, 图 10.5 给出了模型参数 $\boldsymbol{s}$ 估计均方根误差随观测误差标准差 σ_1 的变化曲线; 然后, 设 $\sigma_1=10$, 图 10.6 给出了未知参数 $\boldsymbol{x}$ 估计均方根误差随先验观测误差标准差 σ_2 的变化曲线, 图 10.7 给出了模型参数 $\boldsymbol{s}$ 估计均方根误差随先验观测误差标准差 σ_2 的变化曲线。

由图 10.4 至图 10.7 中可以看出:

① 当模型参数存在先验观测误差时, 两种方法的参数估计均方根误差均随观测误差标准差 σ_1 的增加而增大, 随先验观测误差标准差 σ_2 的增加而增大。

② 当模型参数存在先验观测误差时, 方法 10−a 对未知参数 $\boldsymbol{x}$ 的估计均方根误差与式 (10.71) 给出的理论值基本吻合 (如图 10.4、图 10.6 所示), 从而验证了第 10.3 节理论性能分析的有效性。

③ 当模型参数存在先验观测误差时, 方法 10−b 对未知参数 $\boldsymbol{x}$ 的估计均方根误差能够达到由式 (3.35) 给出的克拉美罗界 (如图 10.4、图 10.6 所示), 从而验证了第 10.4.3 节理论性能分析的有效性。此外, 方法 10−b 的估计精度高于方法 10−a, 并且性能差异随着观测误差标准差 σ_1 的增加而变小 (如图 10.4 所示), 随先验观测误差标准差 σ_2 的增加而变大 (如图 10.6 所示)。

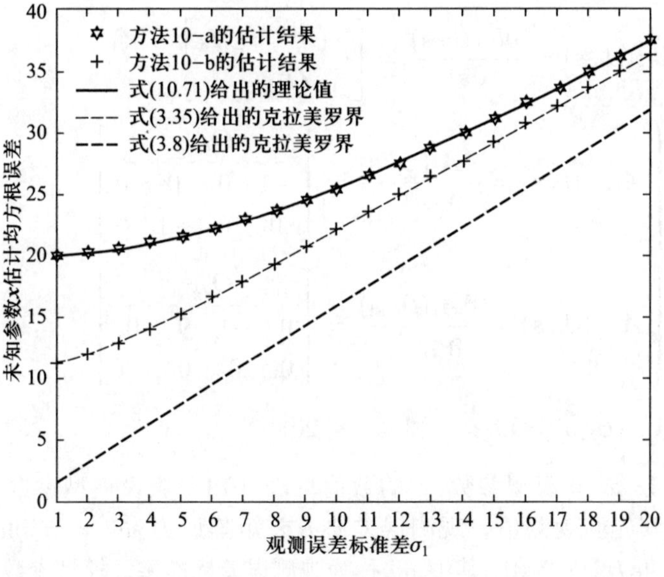

图 10.4　未知参数 $\boldsymbol{x}$ 估计均方根误差随观测误差标准差 σ_1 的变化曲线

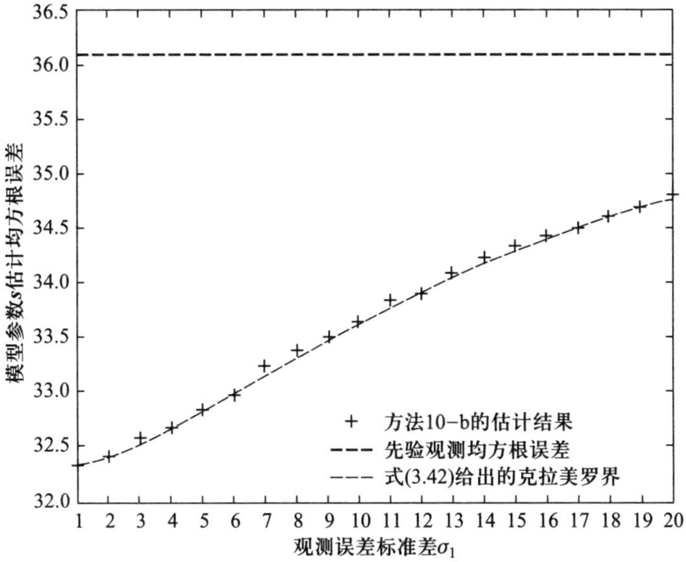

图 10.5　模型参数 $\boldsymbol{s}$ 估计均方根误差随观测误差标准差 σ_1 的变化曲线

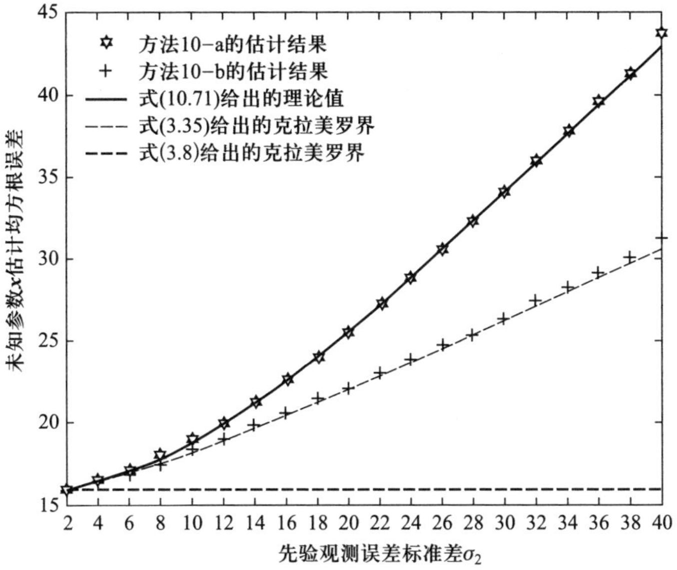

图 10.6　未知参数 $\boldsymbol{x}$ 估计均方根误差随先验观测误差标准差 σ_2 的变化曲线 (彩图)

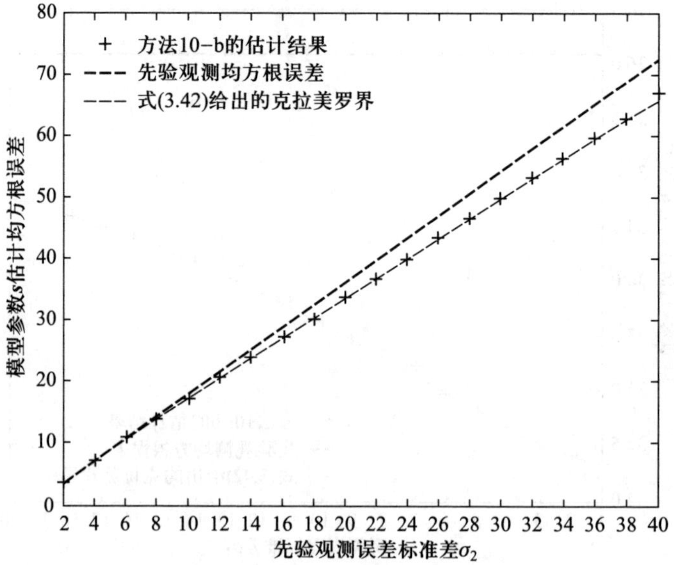

图 10.7　模型参数 s 估计均方根误差随先验观测误差标准差 σ_2 的变化曲线

④ 当模型参数存在先验观测误差时, 方法 10−b 提高了对模型参数 s 的估计精度 (相对其先验观测精度而言), 并且其估计均方根误差能够达到由式 (3.42) 给出的克拉美罗界 (如图 10.5、图 10.7 所示), 从而再次验证了第 10.4.3 节理论性能分析的有效性。

第 11 章　参数解耦合最小二乘估计理论与方法: 第 I 类参数解耦合观测模型

实际计算中的观测模型可能关于部分未知参数是非线性形式, 而关于另一部分未知参数却是线性形式, 此时可以对这两类参数进行解耦合优化。所谓解耦合优化就是分步对这两类参数进行求解, 避免对它们进行联合优化。这种求解方式不仅能够降低参与迭代的变量维数, 减少算法的计算复杂度, 而且还有利于提高算法的稳健性。根据参数解耦合观测模型的代数特点, 本书将其分成两类 (分别称为第 I 类和第 II 类), 第 I 类为乘性观测模型, 第 II 类为加性观测模型。本章描述第 I 类参数解耦合最小二乘估计理论与方法, 第 12 章描述第 II 类参数解耦合最小二乘估计理论与方法。

11.1　第 I 类参数解耦合非线性观测模型

本章的未知参数需要由两个向量来表征, 相应的非线性观测模型表示为

$$\boldsymbol{z}=\boldsymbol{z}_0+\boldsymbol{e}=\boldsymbol{f}(\boldsymbol{x},\boldsymbol{y},\boldsymbol{s})+\boldsymbol{e} \tag{11.1}$$

式中,

$\boldsymbol{z}_0=\boldsymbol{f}(\boldsymbol{x},\boldsymbol{y},\boldsymbol{s})\in\mathbf{R}^{p\times 1}$ 表示没有误差条件下的观测向量, 其中 $\boldsymbol{f}(\boldsymbol{x},\boldsymbol{y},\boldsymbol{s})$ 是关于向量 $\boldsymbol{x}$、$\boldsymbol{y}$、$\boldsymbol{s}$ 的连续可导函数;

$\boldsymbol{x}\in\mathbf{R}^{q_x\times 1}$ 和 $\boldsymbol{y}\in\mathbf{R}^{q_y\times 1}$ 表示两类待估计的未知参数, 其中 $q_x+q_y<p$ 以确保问题是超定的 (即观测量个数大于全部未知参数个数);

$\boldsymbol{s}\in\mathbf{R}^{r\times 1}$ 表示模型参数;

$\boldsymbol{z}\in\mathbf{R}^{p\times 1}$ 表示存在误差条件下的观测向量;

$\boldsymbol{e}\in\mathbf{R}^{p\times 1}$ 表示观测误差向量, 假设其服从均值为零、协方差矩阵为 $\mathbf{COV}(\boldsymbol{e})=\mathbf{E}[\boldsymbol{e}\boldsymbol{e}^{\mathrm{T}}]=\boldsymbol{E}$ 的高斯分布。

【注记 11.1】与第 3 章相同, 本章仍然考虑两种情形: 第 1 种情形是假设模型参数 $\boldsymbol{s}$ 精确已知, 此时可以将其看成是已知量; 第 2 种情形是假设仅存在关

于模型参数 $\boldsymbol{s}$ 的先验观测值 $\hat{s}$, 其中包含先验观测误差, 并且先验观测误差向量 $\boldsymbol{\varphi}=\hat{s}-\boldsymbol{s}$ 服从均值为零、协方差矩阵为 $\mathbf{COV}(\boldsymbol{\varphi})=\mathbf{E}[\boldsymbol{\varphi}\boldsymbol{\varphi}^{\mathrm{T}}]=\boldsymbol{\Psi}$ 的高斯分布。此外, 误差向量 $\boldsymbol{\varphi}$ 与 $\boldsymbol{e}$ 相互间统计独立, 并且协方差矩阵 $\boldsymbol{E}$ 和 $\boldsymbol{\Psi}$ 都是满秩的正定矩阵。

本章考虑的第 I 类参数解耦合观测模型, 可称为乘性观测模型, 其中函数 $\boldsymbol{f}(\boldsymbol{x},\boldsymbol{y},\boldsymbol{s})$ 可以表示为

$$\boldsymbol{f}(\boldsymbol{x},\boldsymbol{y},\boldsymbol{s})=\boldsymbol{C}(\boldsymbol{x},\boldsymbol{s})\boldsymbol{d}(\boldsymbol{y},\boldsymbol{s}) \tag{11.2}$$

式中, $\boldsymbol{C}(\boldsymbol{x},\boldsymbol{s})\in\mathbf{R}^{p\times l}$ 是关于向量 $\boldsymbol{x}$ 和 $\boldsymbol{s}$ 的连续可导函数, $\boldsymbol{d}(\boldsymbol{y},\boldsymbol{s})\in\mathbf{R}^{l\times 1}$ 是关于向量 $\boldsymbol{y}$ 和 $\boldsymbol{s}$ 的连续可导函数。为了实现参数解耦合估计, 矩阵 $\boldsymbol{C}(\boldsymbol{x},\boldsymbol{s})$ 和向量 $\boldsymbol{d}(\boldsymbol{y},\boldsymbol{s})$ 中至少有 1 个是关于向量 $\boldsymbol{x}$ 或者 $\boldsymbol{y}$ 的线性函数。不失一般性, 这里假设 $\boldsymbol{d}(\boldsymbol{y},\boldsymbol{s})$ 是关于向量 $\boldsymbol{y}$ 的线性函数, 于是可以将其表示为

$$\boldsymbol{d}(\boldsymbol{y},\boldsymbol{s})=\boldsymbol{T}(\boldsymbol{s})\boldsymbol{y} \tag{11.3}$$

式中, $\boldsymbol{T}(\boldsymbol{s})\in\mathbf{R}^{l\times q_y}$ 是关于向量 $\boldsymbol{s}$ 的连续可导函数, 能够使得 $\boldsymbol{C}(\boldsymbol{x},\boldsymbol{s})\boldsymbol{T}(\boldsymbol{s})$ 为列满秩矩阵。

【注记 11.2】如果实际遇到的情形与上述假设不符, 也就是 $\boldsymbol{C}(\boldsymbol{x},\boldsymbol{s})$ 是关于向量 $\boldsymbol{x}$ 的线性函数, $\boldsymbol{d}(\boldsymbol{y},\boldsymbol{s})$ 是关于向量 $\boldsymbol{y}$ 的非线性函数。此时, 可利用命题 2.20 将 $\boldsymbol{f}(\boldsymbol{x},\boldsymbol{y},\boldsymbol{s})$ 重新表示为

$$\begin{aligned}\boldsymbol{f}(\boldsymbol{x},\boldsymbol{y},\boldsymbol{s})&=\boldsymbol{C}(\boldsymbol{x},\boldsymbol{s})\boldsymbol{d}(\boldsymbol{y},\boldsymbol{s})=\mathrm{vec}[\boldsymbol{C}(\boldsymbol{x},\boldsymbol{s})\boldsymbol{d}(\boldsymbol{y},\boldsymbol{s})]\\&=((\boldsymbol{d}(\boldsymbol{y},\boldsymbol{s}))^{\mathrm{T}}\otimes\boldsymbol{I}_p)\mathrm{vec}[\boldsymbol{C}(\boldsymbol{x},\boldsymbol{s})]=\boldsymbol{C}'(\boldsymbol{y},\boldsymbol{s})\boldsymbol{d}'(\boldsymbol{x},\boldsymbol{s})\end{aligned} \tag{11.4}$$

式中, $\boldsymbol{C}'(\boldsymbol{y},\boldsymbol{s})=(\boldsymbol{d}(\boldsymbol{y},\boldsymbol{s}))^{\mathrm{T}}\otimes\boldsymbol{I}_p$ 是关于向量 $\boldsymbol{y}$ 的非线性函数, $\boldsymbol{d}'(\boldsymbol{x},\boldsymbol{s})=\mathrm{vec}[\boldsymbol{C}(\boldsymbol{x},\boldsymbol{s})]$ 是关于向量 $\boldsymbol{x}$ 的线性函数。此时就与上述假设相符了, 只是向量 $\boldsymbol{x}$ 和 $\boldsymbol{y}$ 交换了顺序, 这对于本章的求解方法并无本质性的影响。

【注记 11.3】如果 $\boldsymbol{C}(\boldsymbol{x},\boldsymbol{s})$ 是关于向量 $\boldsymbol{x}$ 的线性函数, $\boldsymbol{d}(\boldsymbol{y},\boldsymbol{s})$ 也是关于向量 $\boldsymbol{y}$ 的线性函数, 本章的方法同样是适用的, 并且既可以基于式 (11.2) 进行求解, 也可以基于式 (11.4) 进行求解。

【注记 11.4】联合式 (11.2) 和式 (11.3) 可知

$$\boldsymbol{z}_0=\boldsymbol{f}(\boldsymbol{x},\boldsymbol{y},\boldsymbol{s})=\boldsymbol{C}(\boldsymbol{x},\boldsymbol{s})\boldsymbol{T}(\boldsymbol{s})\boldsymbol{y} \tag{11.5}$$

11.2 模型参数精确已知时的参数解耦合优化模型、求解方法及其理论性能

11.2.1 参数解耦合优化模型及其求解方法

根据式 (3.3) 可知, 当模型参数 $\boldsymbol{s}$ 精确已知时, 为了最大程度地抑制观测误差 $\boldsymbol{e}$ 的影响, 可以将参数估计优化模型表示为

$$\min_{\boldsymbol{x}\in\mathbf{R}^{q_x\times 1};\boldsymbol{y}\in\mathbf{R}^{q_y\times 1}}\{(\boldsymbol{z}-\boldsymbol{f}(\boldsymbol{x},\boldsymbol{y},\boldsymbol{s}))^{\mathrm{T}}\boldsymbol{E}^{-1}(\boldsymbol{z}-\boldsymbol{f}(\boldsymbol{x},\boldsymbol{y},\boldsymbol{s}))\} \tag{11.6}$$

式中, $\boldsymbol{E}^{-1}$ 表示加权矩阵。式 (11.6) 是关于未知参数 $\boldsymbol{x}$ 和 $\boldsymbol{y}$ 的优化模型, 若将这两类未知参数合并成一个整体, 则可以利用第 3.2.1 节中的方法进行求解, 并获得渐近统计最优的估计性能。

需要指出的是, 对于非线性问题而言, 若能降低参与迭代的变量维数, 则有助于减少算法的计算复杂度, 并且提高算法的稳健性。本节利用函数 $\boldsymbol{f}(\boldsymbol{x},\boldsymbol{y},\boldsymbol{s})$ 的代数特征实现对未知参数 $\boldsymbol{x}$ 和 $\boldsymbol{y}$ 的解耦合估计, 从而降低参与迭代的变量维数。

将式 (11.5) 代入式 (11.6) 中可得

$$\min_{\boldsymbol{x}\in\mathbf{R}^{q_x\times 1};\boldsymbol{y}\in\mathbf{R}^{q_y\times 1}}\{(\boldsymbol{z}-\boldsymbol{C}(\boldsymbol{x},\boldsymbol{s})\boldsymbol{T}(\boldsymbol{s})\boldsymbol{y})^{\mathrm{T}}\boldsymbol{E}^{-1}(\boldsymbol{z}-\boldsymbol{C}(\boldsymbol{x},\boldsymbol{s})\boldsymbol{T}(\boldsymbol{s})\boldsymbol{y})\} \tag{11.7}$$

当未知参数 $\boldsymbol{x}$ 已知时, 式 (11.7) 是关于未知参数 $\boldsymbol{y}$ 的二次优化问题, 因此能够获得其最优闭式解。利用式 (2.67) 可以将该最优闭式解表示为

$$\boldsymbol{y}_{\mathrm{opt}}=\boldsymbol{H}(\boldsymbol{x},\boldsymbol{s})(\boldsymbol{T}(\boldsymbol{s}))^{\mathrm{T}}(\boldsymbol{C}(\boldsymbol{x},\boldsymbol{s}))^{\mathrm{T}}\boldsymbol{E}^{-1}\boldsymbol{z} \tag{11.8}$$

式中,

$$\boldsymbol{H}(\boldsymbol{x},\boldsymbol{s})=((\boldsymbol{T}(\boldsymbol{s}))^{\mathrm{T}}(\boldsymbol{C}(\boldsymbol{x},\boldsymbol{s}))^{\mathrm{T}}\boldsymbol{E}^{-1}\boldsymbol{C}(\boldsymbol{x},\boldsymbol{s})\boldsymbol{T}(\boldsymbol{s}))^{-1}\in\mathbf{R}^{q_y\times q_y} \tag{11.9}$$

式 (11.8) 给出的最优解仅仅是理论表达式, 而非最终的估计结果, 因为其中还含有未知参数 $\boldsymbol{x}$。然而, 式 (11.8) 仍然非常重要, 因为将式 (11.8) 代回式 (11.7) 中可以得到仅关于未知参数 $\boldsymbol{x}$ 的优化问题, 如下式所示

$$\min_{\boldsymbol{x}\in\mathbf{R}^{q_x\times 1}}\{(\boldsymbol{z}-\boldsymbol{g}(\boldsymbol{x},\boldsymbol{s},\boldsymbol{z}))^{\mathrm{T}}\boldsymbol{E}^{-1}(\boldsymbol{z}-\boldsymbol{g}(\boldsymbol{x},\boldsymbol{s},\boldsymbol{z}))\} \tag{11.10}$$

式中,

$$\boldsymbol{g}(\boldsymbol{x},\boldsymbol{s},\boldsymbol{z})=\boldsymbol{C}(\boldsymbol{x},\boldsymbol{s})\boldsymbol{T}(\boldsymbol{s})\boldsymbol{y}_{\text{opt}}=\boldsymbol{C}(\boldsymbol{x},\boldsymbol{s})\boldsymbol{T}(\boldsymbol{s})\boldsymbol{H}(\boldsymbol{x},\boldsymbol{s})(\boldsymbol{T}(\boldsymbol{s}))^{\text{T}}(\boldsymbol{C}(\boldsymbol{x},\boldsymbol{s}))^{\text{T}}\boldsymbol{E}^{-1}\boldsymbol{z} \tag{11.11}$$

【注记 11.5】 结合式 (11.5) 和式 (11.11) 可知

$$\begin{aligned}\boldsymbol{g}(\boldsymbol{x},\boldsymbol{s},\boldsymbol{z}_0)&=\boldsymbol{C}(\boldsymbol{x},\boldsymbol{s})\boldsymbol{T}(\boldsymbol{s})\boldsymbol{H}(\boldsymbol{x},\boldsymbol{s})(\boldsymbol{T}(\boldsymbol{s}))^{\text{T}}(\boldsymbol{C}(\boldsymbol{x},\boldsymbol{s}))^{\text{T}}\boldsymbol{E}^{-1}\boldsymbol{z}_0\\&=\boldsymbol{C}(\boldsymbol{x},\boldsymbol{s})\boldsymbol{T}(\boldsymbol{s})\boldsymbol{H}(\boldsymbol{x},\boldsymbol{s})(\boldsymbol{T}(\boldsymbol{s}))^{\text{T}}(\boldsymbol{C}(\boldsymbol{x},\boldsymbol{s}))^{\text{T}}\boldsymbol{E}^{-1}\boldsymbol{C}(\boldsymbol{x},\boldsymbol{s})\boldsymbol{T}(\boldsymbol{s})\boldsymbol{y}\\&=\boldsymbol{C}(\boldsymbol{x},\boldsymbol{s})\boldsymbol{T}(\boldsymbol{s})\boldsymbol{y}=\boldsymbol{z}_0\end{aligned} \tag{11.12}$$

式中, 第 3 个等号利用了式 (11.9)。

与式 (3.3) 的求解方法相类似, 式 (11.10) 也可以利用高斯-牛顿迭代法进行求解, 相应的迭代公式为 ①

$$\begin{aligned}\widehat{\boldsymbol{x}}_{k+1}^{(\text{a})}=&\ \widehat{\boldsymbol{x}}_{k}^{(\text{a})}+((\boldsymbol{G}_x(\widehat{\boldsymbol{x}}_{k}^{(\text{a})},\boldsymbol{s},\boldsymbol{z}))^{\text{T}}\boldsymbol{E}^{-1}\boldsymbol{G}_x(\widehat{\boldsymbol{x}}_{k}^{(\text{a})},\boldsymbol{s},\boldsymbol{z}))^{-1}\\&\times(\boldsymbol{G}_x(\widehat{\boldsymbol{x}}_{k}^{(\text{a})},\boldsymbol{s},\boldsymbol{z}))^{\text{T}}\boldsymbol{E}^{-1}(\boldsymbol{z}-\boldsymbol{g}(\widehat{\boldsymbol{x}}_{k}^{(\text{a})},\boldsymbol{s},\boldsymbol{z}))\end{aligned} \tag{11.13}$$

式中, 向量 $\widehat{\boldsymbol{x}}_{k}^{(\text{a})}$ 和 $\widehat{\boldsymbol{x}}_{k+1}^{(\text{a})}$ 分别表示未知参数 $\boldsymbol{x}$ 在第 k 次和第 $k+1$ 次的迭代结果, $\boldsymbol{G}_x(\boldsymbol{x},\boldsymbol{s},\boldsymbol{z})=\dfrac{\partial\boldsymbol{g}(\boldsymbol{x},\boldsymbol{s},\boldsymbol{z})}{\partial\boldsymbol{x}^{\text{T}}}\in\mathbf{R}^{p\times q_x}$ 表示函数 $\boldsymbol{g}(\boldsymbol{x},\boldsymbol{s},\boldsymbol{z})$ 关于向量 $\boldsymbol{x}$ 的 Jacobi 矩阵。从式 (11.11) 中可以看出, 函数 $\boldsymbol{g}(\boldsymbol{x},\boldsymbol{s},\boldsymbol{z})$ 的形式较为复杂, 难以直接给出矩阵 $\boldsymbol{G}_x(\boldsymbol{x},\boldsymbol{s},\boldsymbol{z})$ 的闭式表达式, 但是可以按列给出该矩阵的计算公式, 其中第 j 列的表达式为

$$\begin{aligned}\langle\boldsymbol{G}_x(\boldsymbol{x},\boldsymbol{s},\boldsymbol{z})\rangle_{:,j}=&\ \frac{\partial\boldsymbol{g}(\boldsymbol{x},\boldsymbol{s},\boldsymbol{z})}{\partial\langle\boldsymbol{x}\rangle_j}\\=&\ \dot{\boldsymbol{C}}_{x_j}(\boldsymbol{x},\boldsymbol{s})\boldsymbol{T}(\boldsymbol{s})\boldsymbol{H}(\boldsymbol{x},\boldsymbol{s})(\boldsymbol{T}(\boldsymbol{s}))^{\text{T}}(\boldsymbol{C}(\boldsymbol{x},\boldsymbol{s}))^{\text{T}}\boldsymbol{E}^{-1}\boldsymbol{z}\\&+\boldsymbol{C}(\boldsymbol{x},\boldsymbol{s})\boldsymbol{T}(\boldsymbol{s})\boldsymbol{H}(\boldsymbol{x},\boldsymbol{s})(\boldsymbol{T}(\boldsymbol{s}))^{\text{T}}(\dot{\boldsymbol{C}}_{x_j}(\boldsymbol{x},\boldsymbol{s}))^{\text{T}}\boldsymbol{E}^{-1}\boldsymbol{z}\\&+\boldsymbol{C}(\boldsymbol{x},\boldsymbol{s})\boldsymbol{T}(\boldsymbol{s})\dot{\boldsymbol{H}}_{x_j}(\boldsymbol{x},\boldsymbol{s})(\boldsymbol{T}(\boldsymbol{s}))^{\text{T}}(\boldsymbol{C}(\boldsymbol{x},\boldsymbol{s}))^{\text{T}}\boldsymbol{E}^{-1}\boldsymbol{z}\quad(1\leqslant j\leqslant q_x)\end{aligned} \tag{11.14}$$

式中

$$\dot{\boldsymbol{C}}_{x_j}(\boldsymbol{x},\boldsymbol{s})=\frac{\partial\boldsymbol{C}(\boldsymbol{x},\boldsymbol{s})}{\partial\langle\boldsymbol{x}\rangle_j}\in\mathbf{R}^{p\times l};\ \dot{\boldsymbol{H}}_{x_j}(\boldsymbol{x},\boldsymbol{s})=\frac{\partial\boldsymbol{H}(\boldsymbol{x},\boldsymbol{s})}{\partial\langle\boldsymbol{x}\rangle_j}\in\mathbf{R}^{q_y\times q_y}\quad(1\leqslant j\leqslant q_x) \tag{11.15}$$

---

① 本章的上角标 (a) 表示模型参数精确已知的情形。

结合式 (11.9) 和式 (2.139) 可以将矩阵 $\dot{\boldsymbol{H}}_{x_j}(\boldsymbol{x},\boldsymbol{s})$ 表示为

$$\begin{aligned}\dot{\boldsymbol{H}}_{x_j}(\boldsymbol{x},\boldsymbol{s}) = & -\boldsymbol{H}(\boldsymbol{x},\boldsymbol{s})((\boldsymbol{T}(\boldsymbol{s}))^{\mathrm{T}}(\boldsymbol{C}(\boldsymbol{x},\boldsymbol{s}))^{\mathrm{T}}\boldsymbol{E}^{-1}\dot{\boldsymbol{C}}_{x_j}(\boldsymbol{x},\boldsymbol{s})\boldsymbol{T}(\boldsymbol{s}) \\ & +(\boldsymbol{T}(\boldsymbol{s}))^{\mathrm{T}}(\dot{\boldsymbol{C}}_{x_j}(\boldsymbol{x},\boldsymbol{s}))^{\mathrm{T}}\boldsymbol{E}^{-1}\boldsymbol{C}(\boldsymbol{x},\boldsymbol{s})\boldsymbol{T}(\boldsymbol{s}))\boldsymbol{H}(\boldsymbol{x},\boldsymbol{s})\end{aligned} \tag{11.16}$$

将式 (11.13) 的迭代收敛结果记为 $\widehat{\boldsymbol{x}}^{(\mathrm{a})}$ (即 $\lim\limits_{k\to+\infty}\widehat{\boldsymbol{x}}_k^{(\mathrm{a})}=\widehat{\boldsymbol{x}}^{(\mathrm{a})}$), 该向量就是未知参数 $\boldsymbol{x}$ 的最终估计值。假设迭代初始值满足一定的条件, 可以使迭代公式 (11.13) 收敛至优化问题的全局最优解, 于是有

$$\widehat{\boldsymbol{x}}^{(\mathrm{a})}=\arg\min_{\boldsymbol{x}\in\mathbf{R}^{q_x\times 1}}\{(\boldsymbol{z}-\boldsymbol{g}(\boldsymbol{x},\boldsymbol{s},\boldsymbol{z}))^{\mathrm{T}}\boldsymbol{E}^{-1}(\boldsymbol{z}-\boldsymbol{g}(\boldsymbol{x},\boldsymbol{s},\boldsymbol{z}))\} \tag{11.17}$$

用向量 $\widehat{\boldsymbol{x}}^{(\mathrm{a})}$ 替换式 (11.8) 中的向量 $\boldsymbol{x}$ 就能得到未知参数 $\boldsymbol{y}$ 的最终估计值

$$\widehat{\boldsymbol{y}}^{(\mathrm{a})}=\boldsymbol{H}(\widehat{\boldsymbol{x}}^{(\mathrm{a})},\boldsymbol{s})(\boldsymbol{T}(\boldsymbol{s}))^{\mathrm{T}}(\boldsymbol{C}(\widehat{\boldsymbol{x}}^{(\mathrm{a})},\boldsymbol{s}))^{\mathrm{T}}\boldsymbol{E}^{-1}\boldsymbol{z} \tag{11.18}$$

将上面的求解方法称为方法 11−a, 图 11.1 给出了方法 11−a 的计算流程图。

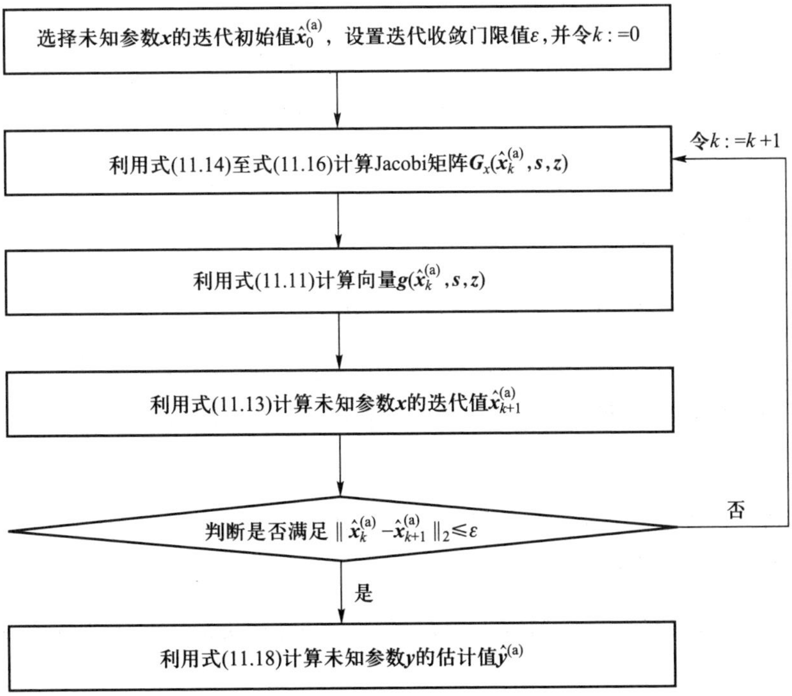

图 11.1　方法 11−a 的计算流程图

11.2.2 理论性能分析

本节首先推导参数估计均方误差的克拉美罗界, 然后推导估计值 $\widehat{\boldsymbol{x}}^{(\mathrm{a})}$ 和 $\widehat{\boldsymbol{y}}^{(\mathrm{a})}$ 的均方误差, 并将其与相应的克拉美罗界进行定量比较, 从而验证该估计值的渐近统计最优性。

1. 克拉美罗界分析

在模型参数 $\boldsymbol{s}$ 精确已知的条件下推导未知参数 $\boldsymbol{x}$ 和 $\boldsymbol{y}$ 的估计均方误差的克拉美罗界, 具体结论可见以下 3 个命题。

【命题 11.1】 基于式 (11.1) 给出的观测模型, 未知参数 $\boldsymbol{x}$ 和 $\boldsymbol{y}$ 联合估计均方误差的克拉美罗界可以表示为

$$\mathbf{CRB}^{(\mathrm{a})}\left(\begin{bmatrix}\boldsymbol{x}\\\boldsymbol{y}\end{bmatrix}\right)=\left[\begin{array}{c:c}(\boldsymbol{F}_x(\boldsymbol{x},\boldsymbol{y},\boldsymbol{s}))^{\mathrm{T}}\boldsymbol{E}^{-1}\boldsymbol{F}_x(\boldsymbol{x},\boldsymbol{y},\boldsymbol{s}) & (\boldsymbol{F}_x(\boldsymbol{x},\boldsymbol{y},\boldsymbol{s}))^{\mathrm{T}}\boldsymbol{E}^{-1}\boldsymbol{F}_y(\boldsymbol{x},\boldsymbol{y},\boldsymbol{s})\\\hdashline(\boldsymbol{F}_y(\boldsymbol{x},\boldsymbol{y},\boldsymbol{s}))^{\mathrm{T}}\boldsymbol{E}^{-1}\boldsymbol{F}_x(\boldsymbol{x},\boldsymbol{y},\boldsymbol{s}) & (\boldsymbol{F}_y(\boldsymbol{x},\boldsymbol{y},\boldsymbol{s}))^{\mathrm{T}}\boldsymbol{E}^{-1}\boldsymbol{F}_y(\boldsymbol{x},\boldsymbol{y},\boldsymbol{s})\end{array}\right]^{-1}\tag{11.19}$$

式中, $\boldsymbol{F}_x(\boldsymbol{x},\boldsymbol{y},\boldsymbol{s})=\dfrac{\partial\boldsymbol{f}(\boldsymbol{x},\boldsymbol{y},\boldsymbol{s})}{\partial\boldsymbol{x}^{\mathrm{T}}}\in\mathbf{R}^{p\times q_x}$、$\boldsymbol{F}_y(\boldsymbol{x},\boldsymbol{y},\boldsymbol{s})=\dfrac{\partial\boldsymbol{f}(\boldsymbol{x},\boldsymbol{y},\boldsymbol{s})}{\partial\boldsymbol{y}^{\mathrm{T}}}\in\mathbf{R}^{p\times q_y}$ 分别表示函数 $\boldsymbol{f}(\boldsymbol{x},\boldsymbol{y},\boldsymbol{s})$ 关于向量 $\boldsymbol{x}$ 和 $\boldsymbol{y}$ 的 Jacobi 矩阵。

【证明】 直接利用命题 3.1 可得

$$\begin{aligned}&\mathbf{CRB}^{(\mathrm{a})}\left(\begin{bmatrix}\boldsymbol{x}\\\boldsymbol{y}\end{bmatrix}\right)\\&=([\boldsymbol{F}_x(\boldsymbol{x},\boldsymbol{y},\boldsymbol{s})\,\vdots\,\boldsymbol{F}_y(\boldsymbol{x},\boldsymbol{y},\boldsymbol{s})]^{\mathrm{T}}\boldsymbol{E}^{-1}[\boldsymbol{F}_x(\boldsymbol{x},\boldsymbol{y},\boldsymbol{s})\,\vdots\,\boldsymbol{F}_y(\boldsymbol{x},\boldsymbol{y},\boldsymbol{s})])^{-1}\\&=\left[\begin{array}{c:c}(\boldsymbol{F}_x(\boldsymbol{x},\boldsymbol{y},\boldsymbol{s}))^{\mathrm{T}}\boldsymbol{E}^{-1}\boldsymbol{F}_x(\boldsymbol{x},\boldsymbol{y},\boldsymbol{s}) & (\boldsymbol{F}_x(\boldsymbol{x},\boldsymbol{y},\boldsymbol{s}))^{\mathrm{T}}\boldsymbol{E}^{-1}\boldsymbol{F}_y(\boldsymbol{x},\boldsymbol{y},\boldsymbol{s})\\\hdashline(\boldsymbol{F}_y(\boldsymbol{x},\boldsymbol{y},\boldsymbol{s}))^{\mathrm{T}}\boldsymbol{E}^{-1}\boldsymbol{F}_x(\boldsymbol{x},\boldsymbol{y},\boldsymbol{s}) & (\boldsymbol{F}_y(\boldsymbol{x},\boldsymbol{y},\boldsymbol{s}))^{\mathrm{T}}\boldsymbol{E}^{-1}\boldsymbol{F}_y(\boldsymbol{x},\boldsymbol{y},\boldsymbol{s})\end{array}\right]^{-1}\end{aligned}\tag{11.20}$$

证毕。

【命题 11.2】 基于式 (11.1) 给出的观测模型, 未知参数 $\boldsymbol{x}$ 的估计均方误差的克拉美罗界可以表示为

$$\mathbf{CRB}^{(\mathrm{a})}(\boldsymbol{x})=((\boldsymbol{F}_x(\boldsymbol{x},\boldsymbol{y},\boldsymbol{s}))^{\mathrm{T}}\boldsymbol{E}^{-1/2}\boldsymbol{\Pi}^{\perp}[\boldsymbol{E}^{-1/2}\boldsymbol{F}_y(\boldsymbol{x},\boldsymbol{y},\boldsymbol{s})]\boldsymbol{E}^{-1/2}\boldsymbol{F}_x(\boldsymbol{x},\boldsymbol{y},\boldsymbol{s}))^{-1}\tag{11.21}$$

【证明】 结合式 (11.19) 和式 (2.7) 可知

$$
\begin{aligned}
(\mathbf{CRB}^{(\mathrm{a})}(\boldsymbol{x}))^{-1} &= (\boldsymbol{F}_x(\boldsymbol{x},\boldsymbol{y},\boldsymbol{s}))^{\mathrm{T}}\boldsymbol{E}^{-1}\boldsymbol{F}_x(\boldsymbol{x},\boldsymbol{y},\boldsymbol{s}) - (\boldsymbol{F}_x(\boldsymbol{x},\boldsymbol{y},\boldsymbol{s}))^{\mathrm{T}}\boldsymbol{E}^{-1}\boldsymbol{F}_y(\boldsymbol{x},\boldsymbol{y},\boldsymbol{s}) \\
&\quad \times((\boldsymbol{F}_y(\boldsymbol{x},\boldsymbol{y},\boldsymbol{s}))^{\mathrm{T}}\boldsymbol{E}^{-1}\boldsymbol{F}_y(\boldsymbol{x},\boldsymbol{y},\boldsymbol{s}))^{-1}(\boldsymbol{F}_y(\boldsymbol{x},\boldsymbol{y},\boldsymbol{s}))^{\mathrm{T}}\boldsymbol{E}^{-1}\boldsymbol{F}_x(\boldsymbol{x},\boldsymbol{y},\boldsymbol{s}) \\
&= (\boldsymbol{F}_x(\boldsymbol{x},\boldsymbol{y},\boldsymbol{s}))^{\mathrm{T}}\boldsymbol{E}^{-1/2}(\boldsymbol{I}_p - \boldsymbol{E}^{-1/2}\boldsymbol{F}_y(\boldsymbol{x},\boldsymbol{y},\boldsymbol{s})((\boldsymbol{F}_y(\boldsymbol{x},\boldsymbol{y},\boldsymbol{s}))^{\mathrm{T}}\boldsymbol{E}^{-1} \\
&\quad \times \boldsymbol{F}_y(\boldsymbol{x},\boldsymbol{y},\boldsymbol{s}))^{-1}(\boldsymbol{F}_y(\boldsymbol{x},\boldsymbol{y},\boldsymbol{s}))^{\mathrm{T}}\boldsymbol{E}^{-1/2})\boldsymbol{E}^{-1/2}\boldsymbol{F}_x(\boldsymbol{x},\boldsymbol{y},\boldsymbol{s}) \\
&= (\boldsymbol{F}_x(\boldsymbol{x},\boldsymbol{y},\boldsymbol{s}))^{\mathrm{T}}\boldsymbol{E}^{-1/2}\boldsymbol{\Pi}^{\perp}[\boldsymbol{E}^{-1/2}\boldsymbol{F}_y(\boldsymbol{x},\boldsymbol{y},\boldsymbol{s})]\boldsymbol{E}^{-1/2}\boldsymbol{F}_x(\boldsymbol{x},\boldsymbol{y},\boldsymbol{s})
\end{aligned}
\tag{11.22}
$$

式中, 第 3 个等号利用了式 (2.41) 中的第 2 个等式。由式 (11.22) 可知式 (11.21) 成立。证毕。

【命题 11.3】 基于式 (11.1) 给出的观测模型, 未知参数 $\boldsymbol{y}$ 的估计均方误差的克拉美罗界可以表示为

$$
\begin{aligned}
\mathbf{CRB}^{(\mathrm{a})}(\boldsymbol{y}) &= ((\boldsymbol{F}_y(\boldsymbol{x},\boldsymbol{y},\boldsymbol{s}))^{\mathrm{T}}\boldsymbol{E}^{-1}\boldsymbol{F}_y(\boldsymbol{x},\boldsymbol{y},\boldsymbol{s}))^{-1} + ((\boldsymbol{F}_y(\boldsymbol{x},\boldsymbol{y},\boldsymbol{s}))^{\mathrm{T}}\boldsymbol{E}^{-1} \\
&\quad \times \boldsymbol{F}_y(\boldsymbol{x},\boldsymbol{y},\boldsymbol{s}))^{-1}(\boldsymbol{F}_y(\boldsymbol{x},\boldsymbol{y},\boldsymbol{s}))^{\mathrm{T}}\boldsymbol{E}^{-1}\boldsymbol{F}_x(\boldsymbol{x},\boldsymbol{y},\boldsymbol{s})\mathbf{CRB}^{(\mathrm{a})}(\boldsymbol{x}) \\
&\quad \times (\boldsymbol{F}_x(\boldsymbol{x},\boldsymbol{y},\boldsymbol{s}))^{\mathrm{T}}\boldsymbol{E}^{-1}\boldsymbol{F}_y(\boldsymbol{x},\boldsymbol{y},\boldsymbol{s})((\boldsymbol{F}_y(\boldsymbol{x},\boldsymbol{y},\boldsymbol{s}))^{\mathrm{T}}\boldsymbol{E}^{-1}\boldsymbol{F}_y(\boldsymbol{x},\boldsymbol{y},\boldsymbol{s}))^{-1}
\end{aligned}
\tag{11.23}
$$

【证明】 结合式 (11.19) 和式 (2.7) 可知

$$
\mathbf{CRB}^{(\mathrm{a})}(\boldsymbol{y}) = \begin{pmatrix} (\boldsymbol{F}_y(\boldsymbol{x},\boldsymbol{y},\boldsymbol{s}))^{\mathrm{T}}\boldsymbol{E}^{-1}\boldsymbol{F}_y(\boldsymbol{x},\boldsymbol{y},\boldsymbol{s}) - (\boldsymbol{F}_y(\boldsymbol{x},\boldsymbol{y},\boldsymbol{s}))^{\mathrm{T}}\boldsymbol{E}^{-1}\boldsymbol{F}_x(\boldsymbol{x},\boldsymbol{y},\boldsymbol{s}) \\ \times((\boldsymbol{F}_x(\boldsymbol{x},\boldsymbol{y},\boldsymbol{s}))^{\mathrm{T}}\boldsymbol{E}^{-1}\boldsymbol{F}_x(\boldsymbol{x},\boldsymbol{y},\boldsymbol{s}))^{-1}(\boldsymbol{F}_x(\boldsymbol{x},\boldsymbol{y},\boldsymbol{s}))^{\mathrm{T}}\boldsymbol{E}^{-1}\boldsymbol{F}_y(\boldsymbol{x},\boldsymbol{y},\boldsymbol{s}) \end{pmatrix}^{-1}
\tag{11.24}
$$

利用式 (2.5) 可知

$$
\begin{aligned}
&\mathbf{CRB}^{(\mathrm{a})}(\boldsymbol{y}) \\
&= ((\boldsymbol{F}_y(\boldsymbol{x},\boldsymbol{y},\boldsymbol{s}))^{\mathrm{T}}\boldsymbol{E}^{-1}\boldsymbol{F}_y(\boldsymbol{x},\boldsymbol{y},\boldsymbol{s}))^{-1} + ((\boldsymbol{F}_y(\boldsymbol{x},\boldsymbol{y},\boldsymbol{s}))^{\mathrm{T}}\boldsymbol{E}^{-1} \\
&\quad \times \boldsymbol{F}_y(\boldsymbol{x},\boldsymbol{y},\boldsymbol{s}))^{-1}(\boldsymbol{F}_y(\boldsymbol{x},\boldsymbol{y},\boldsymbol{s}))^{\mathrm{T}}\boldsymbol{E}^{-1}\boldsymbol{F}_x(\boldsymbol{x},\boldsymbol{y},\boldsymbol{s}) \\
&\quad \times \begin{pmatrix} (\boldsymbol{F}_x(\boldsymbol{x},\boldsymbol{y},\boldsymbol{s}))^{\mathrm{T}}\boldsymbol{E}^{-1}\boldsymbol{F}_x(\boldsymbol{x},\boldsymbol{y},\boldsymbol{s}) - (\boldsymbol{F}_x(\boldsymbol{x},\boldsymbol{y},\boldsymbol{s}))^{\mathrm{T}}\boldsymbol{E}^{-1}\boldsymbol{F}_y(\boldsymbol{x},\boldsymbol{y},\boldsymbol{s}) \\ \times((\boldsymbol{F}_y(\boldsymbol{x},\boldsymbol{y},\boldsymbol{s}))^{\mathrm{T}}\boldsymbol{E}^{-1}\boldsymbol{F}_y(\boldsymbol{x},\boldsymbol{y},\boldsymbol{s}))^{-1}(\boldsymbol{F}_y(\boldsymbol{x},\boldsymbol{y},\boldsymbol{s}))^{\mathrm{T}}\boldsymbol{E}^{-1}\boldsymbol{F}_x(\boldsymbol{x},\boldsymbol{y},\boldsymbol{s}) \end{pmatrix}^{-1} \\
&\quad \times (\boldsymbol{F}_x(\boldsymbol{x},\boldsymbol{y},\boldsymbol{s}))^{\mathrm{T}}\boldsymbol{E}^{-1}\boldsymbol{F}_y(\boldsymbol{x},\boldsymbol{y},\boldsymbol{s})((\boldsymbol{F}_y(\boldsymbol{x},\boldsymbol{y},\boldsymbol{s}))^{\mathrm{T}}\boldsymbol{E}^{-1}\boldsymbol{F}_y(\boldsymbol{x},\boldsymbol{y},\boldsymbol{s}))^{-1} \\
&= ((\boldsymbol{F}_y(\boldsymbol{x},\boldsymbol{y},\boldsymbol{s}))^{\mathrm{T}}\boldsymbol{E}^{-1}\boldsymbol{F}_y(\boldsymbol{x},\boldsymbol{y},\boldsymbol{s}))^{-1} + ((\boldsymbol{F}_y(\boldsymbol{x},\boldsymbol{y},\boldsymbol{s}))^{\mathrm{T}}\boldsymbol{E}^{-1}\boldsymbol{F}_y(\boldsymbol{x},\boldsymbol{y},\boldsymbol{s}))^{-1}
\end{aligned}
$$

$$\times (\boldsymbol{F}_y(\boldsymbol{x},\boldsymbol{y},\boldsymbol{s}))^{\mathrm{T}}\boldsymbol{E}^{-1}\boldsymbol{F}_x(\boldsymbol{x},\boldsymbol{y},\boldsymbol{s})\mathbf{CRB}^{(\mathrm{a})}(\boldsymbol{x})(\boldsymbol{F}_x(\boldsymbol{x},\boldsymbol{y},\boldsymbol{s}))^{\mathrm{T}}\boldsymbol{E}^{-1}$$
$$\times \boldsymbol{F}_y(\boldsymbol{x},\boldsymbol{y},\boldsymbol{s})((\boldsymbol{F}_y(\boldsymbol{x},\boldsymbol{y},\boldsymbol{s}))^{\mathrm{T}}\boldsymbol{E}^{-1}\boldsymbol{F}_y(\boldsymbol{x},\boldsymbol{y},\boldsymbol{s}))^{-1} \tag{11.25}$$

式中, 第 2 个等号利用了式 (11.22)。证毕。

【注记 11.6】由式 (11.21) 可知, 矩阵 $\mathbf{CRB}^{(\mathrm{a})}(\boldsymbol{x})$ 若要存在, Jacobi 矩阵 $\boldsymbol{F}_x(\boldsymbol{x},\boldsymbol{y},\boldsymbol{s})$ 必须是列满秩的; 由式 (11.23) 可知, 矩阵 $\mathbf{CRB}^{(\mathrm{a})}(\boldsymbol{y})$ 若要存在, Jacobi 矩阵 $\boldsymbol{F}_y(\boldsymbol{x},\boldsymbol{y},\boldsymbol{s})$ 也必须是列满秩的。

【注记 11.7】由式 (11.5) 可知, Jacobi 矩阵 $\boldsymbol{F}_x(\boldsymbol{x},\boldsymbol{y},\boldsymbol{s})$ 和 $\boldsymbol{F}_y(\boldsymbol{x},\boldsymbol{y},\boldsymbol{s})$ 的表达式分别为

$$\boldsymbol{F}_x(\boldsymbol{x},\boldsymbol{y},\boldsymbol{s}) = [\dot{\boldsymbol{C}}_{x_1}(\boldsymbol{x},\boldsymbol{s})\boldsymbol{T}(\boldsymbol{s})\boldsymbol{y} \quad \dot{\boldsymbol{C}}_{x_2}(\boldsymbol{x},\boldsymbol{s})\boldsymbol{T}(\boldsymbol{s})\boldsymbol{y} \quad \cdots \quad \dot{\boldsymbol{C}}_{x_{q_x}}(\boldsymbol{x},\boldsymbol{s})\boldsymbol{T}(\boldsymbol{s})\boldsymbol{y}] \tag{11.26}$$

$$\boldsymbol{F}_y(\boldsymbol{x},\boldsymbol{y},\boldsymbol{s}) = \boldsymbol{C}(\boldsymbol{x},\boldsymbol{s})\boldsymbol{T}(\boldsymbol{s}) \tag{11.27}$$

2. 方法 11–a 的理论性能分析

下面推导方法 11–a 的估计值 $\widehat{\boldsymbol{x}}^{(\mathrm{a})}$ 和 $\widehat{\boldsymbol{y}}^{(\mathrm{a})}$ 的统计性能。估计值 $\widehat{\boldsymbol{x}}^{(\mathrm{a})}$ 的统计性能可见以下两个命题。

【命题 11.4】向量 $\widehat{\boldsymbol{x}}^{(\mathrm{a})}$ 是关于未知参数 $\boldsymbol{x}$ 的渐近无偏估计值, 并且其均方误差为

$$\begin{aligned}\mathbf{MSE}(\widehat{\boldsymbol{x}}^{(\mathrm{a})}) &= ((\boldsymbol{G}_x(\boldsymbol{x},\boldsymbol{s},\boldsymbol{z}_0))^{\mathrm{T}}\boldsymbol{E}^{-1}\boldsymbol{G}_x(\boldsymbol{x},\boldsymbol{s},\boldsymbol{z}_0))^{-1}(\boldsymbol{G}_x(\boldsymbol{x},\boldsymbol{s},\boldsymbol{z}_0))^{\mathrm{T}}\boldsymbol{E}^{-1/2}\\ &\quad\times \boldsymbol{\Pi}^{\perp}[\boldsymbol{E}^{-1/2}\boldsymbol{C}(\boldsymbol{x},\boldsymbol{s})\boldsymbol{T}(\boldsymbol{s})]\boldsymbol{E}^{-1/2}\boldsymbol{G}_x(\boldsymbol{x},\boldsymbol{s},\boldsymbol{z}_0)\\ &\quad\times ((\boldsymbol{G}_x(\boldsymbol{x},\boldsymbol{s},\boldsymbol{z}_0))^{\mathrm{T}}\boldsymbol{E}^{-1}\boldsymbol{G}_x(\boldsymbol{x},\boldsymbol{s},\boldsymbol{z}_0))^{-1}\end{aligned} \tag{11.28}$$

【证明】对式 (11.13) 两边取极限可得

$$\begin{aligned}&\lim_{k\to+\infty}\widehat{\boldsymbol{x}}_{k+1}^{(\mathrm{a})} = \lim_{k\to+\infty}\widehat{\boldsymbol{x}}_{k}^{(\mathrm{a})} + \lim_{k\to+\infty}\{((\boldsymbol{G}_x(\widehat{\boldsymbol{x}}_{k}^{(\mathrm{a})},\boldsymbol{s},\boldsymbol{z}))^{\mathrm{T}}\boldsymbol{E}^{-1}\boldsymbol{G}_x(\widehat{\boldsymbol{x}}_{k}^{(\mathrm{a})},\boldsymbol{s},\boldsymbol{z}))^{-1}\\ &\qquad\times (\boldsymbol{G}_x(\widehat{\boldsymbol{x}}_{k}^{(\mathrm{a})},\boldsymbol{s},\boldsymbol{z}))^{\mathrm{T}}\boldsymbol{E}^{-1}(\boldsymbol{z}-\boldsymbol{g}(\widehat{\boldsymbol{x}}_{k}^{(\mathrm{a})},\boldsymbol{s},\boldsymbol{z}))\}\\ &\Rightarrow (\boldsymbol{G}_x(\widehat{\boldsymbol{x}}^{(\mathrm{a})},\boldsymbol{s},\boldsymbol{z}))^{\mathrm{T}}\boldsymbol{E}^{-1}(\boldsymbol{z}-\boldsymbol{g}(\widehat{\boldsymbol{x}}^{(\mathrm{a})},\boldsymbol{s},\boldsymbol{z})) = \boldsymbol{O}_{q_x\times 1}\end{aligned} \tag{11.29}$$

利用一阶泰勒级数展开可知

$$\begin{aligned}\boldsymbol{g}(\widehat{\boldsymbol{x}}^{(\mathrm{a})},\boldsymbol{s},\boldsymbol{z}) &\approx \boldsymbol{g}(\boldsymbol{x},\boldsymbol{s},\boldsymbol{z}_0) + \boldsymbol{G}_x(\boldsymbol{x},\boldsymbol{s},\boldsymbol{z}_0)\Delta\boldsymbol{x}^{(\mathrm{a})} + \boldsymbol{G}_z(\boldsymbol{x},\boldsymbol{s},\boldsymbol{z}_0)(\boldsymbol{z}-\boldsymbol{z}_0)\\ &= \boldsymbol{z}_0 + \boldsymbol{G}_x(\boldsymbol{x},\boldsymbol{s},\boldsymbol{z}_0)\Delta\boldsymbol{x}^{(\mathrm{a})} + \boldsymbol{C}(\boldsymbol{x},\boldsymbol{s})\boldsymbol{T}(\boldsymbol{s})\boldsymbol{H}(\boldsymbol{x},\boldsymbol{s})\end{aligned}$$

$$\times (\boldsymbol{T}(\boldsymbol{s}))^{\mathrm{T}}(\boldsymbol{C}(\boldsymbol{x},\boldsymbol{s}))^{\mathrm{T}}\boldsymbol{E}^{-1}\boldsymbol{e} \tag{11.30}$$

式中, 第 2 个等号利用了式 (11.12), $\Delta\boldsymbol{x}^{(\mathrm{a})}=\widehat{\boldsymbol{x}}^{(\mathrm{a})}-\boldsymbol{x}$ 表示向量 $\widehat{\boldsymbol{x}}^{(\mathrm{a})}$ 中的估计误差, $\boldsymbol{G}_z(\boldsymbol{x},\boldsymbol{s},\boldsymbol{z}_0)=\left.\dfrac{\partial \boldsymbol{g}(\boldsymbol{x},\boldsymbol{s},\boldsymbol{z})}{\partial \boldsymbol{z}^{\mathrm{T}}}\right|_{\boldsymbol{z}=\boldsymbol{z}_0}\in \mathbf{R}^{p\times p}$ 表示函数 $\boldsymbol{g}(\boldsymbol{x},\boldsymbol{s},\boldsymbol{z}_0)$ 关于向量 $\boldsymbol{z}_0$ 的 Jacobi 矩阵, 基于式 (11.11) 可知其表达式为

$$\boldsymbol{G}_z(\boldsymbol{x},\boldsymbol{s},\boldsymbol{z}_0)=\boldsymbol{C}(\boldsymbol{x},\boldsymbol{s})\boldsymbol{T}(\boldsymbol{s})\boldsymbol{H}(\boldsymbol{x},\boldsymbol{s})(\boldsymbol{T}(\boldsymbol{s}))^{\mathrm{T}}(\boldsymbol{C}(\boldsymbol{x},\boldsymbol{s}))^{\mathrm{T}}\boldsymbol{E}^{-1} \tag{11.31}$$

利用式 (11.30) 可得

$$\begin{aligned}\boldsymbol{z}-\boldsymbol{g}(\widehat{\boldsymbol{x}}^{(\mathrm{a})},\boldsymbol{s},\boldsymbol{z})&=\boldsymbol{z}_0+\boldsymbol{e}-\boldsymbol{g}(\widehat{\boldsymbol{x}}^{(\mathrm{a})},\boldsymbol{s},\boldsymbol{z})\\&\approx(\boldsymbol{I}_p-\boldsymbol{C}(\boldsymbol{x},\boldsymbol{s})\boldsymbol{T}(\boldsymbol{s})\boldsymbol{H}(\boldsymbol{x},\boldsymbol{s})(\boldsymbol{T}(\boldsymbol{s}))^{\mathrm{T}}(\boldsymbol{C}(\boldsymbol{x},\boldsymbol{s}))^{\mathrm{T}}\boldsymbol{E}^{-1})\boldsymbol{e}\\&\quad-\boldsymbol{G}_x(\boldsymbol{x},\boldsymbol{s},\boldsymbol{z}_0)\Delta\boldsymbol{x}^{(\mathrm{a})}\end{aligned} \tag{11.32}$$

将式 (11.32) 代入式 (11.29) 中, 并利用一阶误差分析方法可知

$$\begin{aligned}\boldsymbol{O}_{q_x\times 1}&\approx(\boldsymbol{G}_x(\widehat{\boldsymbol{x}}^{(\mathrm{a})},\boldsymbol{s},\boldsymbol{z}))^{\mathrm{T}}\boldsymbol{E}^{-1}((\boldsymbol{I}_p-\boldsymbol{C}(\boldsymbol{x},\boldsymbol{s})\boldsymbol{T}(\boldsymbol{s})\boldsymbol{H}(\boldsymbol{x},\boldsymbol{s})(\boldsymbol{T}(\boldsymbol{s}))^{\mathrm{T}}\\&\qquad\times(\boldsymbol{C}(\boldsymbol{x},\boldsymbol{s}))^{\mathrm{T}}\boldsymbol{E}^{-1})\boldsymbol{e}-\boldsymbol{G}_x(\boldsymbol{x},\boldsymbol{s},\boldsymbol{z}_0)\Delta\boldsymbol{x}^{(\mathrm{a})})\\&\approx(\boldsymbol{G}_x(\boldsymbol{x},\boldsymbol{s},\boldsymbol{z}_0))^{\mathrm{T}}\boldsymbol{E}^{-1}((\boldsymbol{I}_p-\boldsymbol{C}(\boldsymbol{x},\boldsymbol{s})\boldsymbol{T}(\boldsymbol{s})\boldsymbol{H}(\boldsymbol{x},\boldsymbol{s})(\boldsymbol{T}(\boldsymbol{s}))^{\mathrm{T}}\\&\qquad\times(\boldsymbol{C}(\boldsymbol{x},\boldsymbol{s}))^{\mathrm{T}}\boldsymbol{E}^{-1})\boldsymbol{e}-\boldsymbol{G}_x(\boldsymbol{x},\boldsymbol{s},\boldsymbol{z}_0)\Delta\boldsymbol{x}^{(\mathrm{a})})\end{aligned} \tag{11.33}$$

式 (11.33) 中忽略了误差的二阶及以上各阶项, 由该式可以进一步推得

$$\begin{aligned}\Delta\boldsymbol{x}^{(\mathrm{a})}&\approx((\boldsymbol{G}_x(\boldsymbol{x},\boldsymbol{s},\boldsymbol{z}_0))^{\mathrm{T}}\boldsymbol{E}^{-1}\boldsymbol{G}_x(\boldsymbol{x},\boldsymbol{s},\boldsymbol{z}_0))^{-1}(\boldsymbol{G}_x(\boldsymbol{x},\boldsymbol{s},\boldsymbol{z}_0))^{\mathrm{T}}\\&\quad\times(\boldsymbol{I}_p-\boldsymbol{E}^{-1}\boldsymbol{C}(\boldsymbol{x},\boldsymbol{s})\boldsymbol{T}(\boldsymbol{s})\boldsymbol{H}(\boldsymbol{x},\boldsymbol{s})(\boldsymbol{T}(\boldsymbol{s}))^{\mathrm{T}}(\boldsymbol{C}(\boldsymbol{x},\boldsymbol{s}))^{\mathrm{T}})\boldsymbol{E}^{-1}\boldsymbol{e}\end{aligned} \tag{11.34}$$

式 (11.34) 给出了估计误差 $\Delta\boldsymbol{x}^{(\mathrm{a})}$ 与观测误差 $\boldsymbol{e}$ 之间的线性关系式。由式 (11.34) 可知 $\mathbf{E}[\Delta\boldsymbol{x}^{(\mathrm{a})}]\approx\boldsymbol{O}_{q_x\times 1}$, 因此向量 $\widehat{\boldsymbol{x}}^{(\mathrm{a})}$ 是关于未知参数 $\boldsymbol{x}$ 的渐近无偏估计值。此外, 基于式 (11.34) 可以推得估计值 $\widehat{\boldsymbol{x}}^{(\mathrm{a})}$ 的均方误差

$$\begin{aligned}\mathbf{MSE}(\widehat{\boldsymbol{x}}^{(\mathrm{a})})&=\mathbf{E}[(\widehat{\boldsymbol{x}}^{(\mathrm{a})}-\boldsymbol{x})(\widehat{\boldsymbol{x}}^{(\mathrm{a})}-\boldsymbol{x})^{\mathrm{T}}]=\mathbf{E}[\Delta\boldsymbol{x}^{(\mathrm{a})}(\Delta\boldsymbol{x}^{(\mathrm{a})})^{\mathrm{T}}]\\&=((\boldsymbol{G}_x(\boldsymbol{x},\boldsymbol{s},\boldsymbol{z}_0))^{\mathrm{T}}\boldsymbol{E}^{-1}\boldsymbol{G}_x(\boldsymbol{x},\boldsymbol{s},\boldsymbol{z}_0))^{-1}(\boldsymbol{G}_x(\boldsymbol{x},\boldsymbol{s},\boldsymbol{z}_0))^{\mathrm{T}}\\&\quad\times(\boldsymbol{I}_p-\boldsymbol{E}^{-1}\boldsymbol{C}(\boldsymbol{x},\boldsymbol{s})\boldsymbol{T}(\boldsymbol{s})\boldsymbol{H}(\boldsymbol{x},\boldsymbol{s})(\boldsymbol{T}(\boldsymbol{s}))^{\mathrm{T}}(\boldsymbol{C}(\boldsymbol{x},\boldsymbol{s}))^{\mathrm{T}})\boldsymbol{E}^{-1}\mathbf{E}[\boldsymbol{e}\boldsymbol{e}^{\mathrm{T}}]\\&\quad\times\boldsymbol{E}^{-1}(\boldsymbol{I}_p-\boldsymbol{C}(\boldsymbol{x},\boldsymbol{s})\boldsymbol{T}(\boldsymbol{s})\boldsymbol{H}(\boldsymbol{x},\boldsymbol{s})(\boldsymbol{T}(\boldsymbol{s}))^{\mathrm{T}}(\boldsymbol{C}(\boldsymbol{x},\boldsymbol{s}))^{\mathrm{T}}\boldsymbol{E}^{-1})\end{aligned}$$

$$
\begin{aligned}
&\times \boldsymbol{G}_x(\boldsymbol{x},\boldsymbol{s},\boldsymbol{z}_0)((\boldsymbol{G}_x(\boldsymbol{x},\boldsymbol{s},\boldsymbol{z}_0))^{\mathrm{T}}\boldsymbol{E}^{-1}\boldsymbol{G}_x(\boldsymbol{x},\boldsymbol{s},\boldsymbol{z}_0))^{-1}\\
=&((\boldsymbol{G}_x(\boldsymbol{x},\boldsymbol{s},\boldsymbol{z}_0))^{\mathrm{T}}\boldsymbol{E}^{-1}\boldsymbol{G}_x(\boldsymbol{x},\boldsymbol{s},\boldsymbol{z}_0))^{-1}(\boldsymbol{G}_x(\boldsymbol{x},\boldsymbol{s},\boldsymbol{z}_0))^{\mathrm{T}}\\
&\times(\boldsymbol{E}^{-1}-\boldsymbol{E}^{-1}\boldsymbol{C}(\boldsymbol{x},\boldsymbol{s})\boldsymbol{T}(\boldsymbol{s})\boldsymbol{H}(\boldsymbol{x},\boldsymbol{s})(\boldsymbol{T}(\boldsymbol{s}))^{\mathrm{T}}(\boldsymbol{C}(\boldsymbol{x},\boldsymbol{s}))^{\mathrm{T}}\boldsymbol{E}^{-1})\\
&\times \boldsymbol{G}_x(\boldsymbol{x},\boldsymbol{s},\boldsymbol{z}_0)((\boldsymbol{G}_x(\boldsymbol{x},\boldsymbol{s},\boldsymbol{z}_0))^{\mathrm{T}}\boldsymbol{E}^{-1}\boldsymbol{G}_x(\boldsymbol{x},\boldsymbol{s},\boldsymbol{z}_0))^{-1}
\end{aligned}
\tag{11.35}
$$

式中, 第 4 个等号利用了式 (11.9)。结合式 (11.9) 和式 (2.41) 中的第 2 个等式可得

$$
\begin{aligned}
&\boldsymbol{E}^{-1}-\boldsymbol{E}^{-1}\boldsymbol{C}(\boldsymbol{x},\boldsymbol{s})\boldsymbol{T}(\boldsymbol{s})\boldsymbol{H}(\boldsymbol{x},\boldsymbol{s})(\boldsymbol{T}(\boldsymbol{s}))^{\mathrm{T}}(\boldsymbol{C}(\boldsymbol{x},\boldsymbol{s}))^{\mathrm{T}}\boldsymbol{E}^{-1}\\
=&\boldsymbol{E}^{-1/2}(\boldsymbol{I}_p-\boldsymbol{E}^{-1/2}\boldsymbol{C}(\boldsymbol{x},\boldsymbol{s})\boldsymbol{T}(\boldsymbol{s})\boldsymbol{H}(\boldsymbol{x},\boldsymbol{s})(\boldsymbol{T}(\boldsymbol{s}))^{\mathrm{T}}(\boldsymbol{C}(\boldsymbol{x},\boldsymbol{s}))^{\mathrm{T}}\boldsymbol{E}^{-1/2})\boldsymbol{E}^{-1/2}\\
=&\boldsymbol{E}^{-1/2}\boldsymbol{\Pi}^{\perp}[\boldsymbol{E}^{-1/2}\boldsymbol{C}(\boldsymbol{x},\boldsymbol{s})\boldsymbol{T}(\boldsymbol{s})]\boldsymbol{E}^{-1/2}
\end{aligned}
\tag{11.36}
$$

将式 (11.36) 代入式 (11.35) 中可知式 (11.28) 成立。证毕。

【命题 11.5】向量 $\widehat{\boldsymbol{x}}^{(\mathrm{a})}$ 是关于未知参数 $\boldsymbol{x}$ 的渐近统计最优估计值。

【证明】仅需要证明等式 $\mathbf{MSE}(\widehat{\boldsymbol{x}}^{(\mathrm{a})})=\mathbf{CRB}^{(\mathrm{a})}(\boldsymbol{x})$ 即可。首先, 将式 (11.16) 代入式 (11.14), 并用向量 $\boldsymbol{z}_0$ 替换向量 $\boldsymbol{z}$ 可知

$$
\begin{aligned}
&\langle \boldsymbol{G}_x(\boldsymbol{x},\boldsymbol{s},\boldsymbol{z}_0)\rangle_{:,j}\\
=&\dot{\boldsymbol{C}}_{x_j}(\boldsymbol{x},\boldsymbol{s})\boldsymbol{T}(\boldsymbol{s})\boldsymbol{H}(\boldsymbol{x},\boldsymbol{s})(\boldsymbol{T}(\boldsymbol{s}))^{\mathrm{T}}(\boldsymbol{C}(\boldsymbol{x},\boldsymbol{s}))^{\mathrm{T}}\boldsymbol{E}^{-1}\boldsymbol{z}_0\\
&+\boldsymbol{C}(\boldsymbol{x},\boldsymbol{s})\boldsymbol{T}(\boldsymbol{s})\boldsymbol{H}(\boldsymbol{x},\boldsymbol{s})(\boldsymbol{T}(\boldsymbol{s}))^{\mathrm{T}}(\dot{\boldsymbol{C}}_{x_j}(\boldsymbol{x},\boldsymbol{s}))^{\mathrm{T}}\boldsymbol{E}^{-1}\boldsymbol{z}_0\\
&-\boldsymbol{C}(\boldsymbol{x},\boldsymbol{s})\boldsymbol{T}(\boldsymbol{s})\boldsymbol{H}(\boldsymbol{x},\boldsymbol{s})(\boldsymbol{T}(\boldsymbol{s}))^{\mathrm{T}}(\boldsymbol{C}(\boldsymbol{x},\boldsymbol{s}))^{\mathrm{T}}\boldsymbol{E}^{-1}\\
&\times\dot{\boldsymbol{C}}_{x_j}(\boldsymbol{x},\boldsymbol{s})\boldsymbol{T}(\boldsymbol{s})\boldsymbol{H}(\boldsymbol{x},\boldsymbol{s})(\boldsymbol{T}(\boldsymbol{s}))^{\mathrm{T}}(\boldsymbol{C}(\boldsymbol{x},\boldsymbol{s}))^{\mathrm{T}}\boldsymbol{E}^{-1}\boldsymbol{z}_0\\
&-\boldsymbol{C}(\boldsymbol{x},\boldsymbol{s})\boldsymbol{T}(\boldsymbol{s})\boldsymbol{H}(\boldsymbol{x},\boldsymbol{s})(\boldsymbol{T}(\boldsymbol{s}))^{\mathrm{T}}(\dot{\boldsymbol{C}}_{x_j}(\boldsymbol{x},\boldsymbol{s}))^{\mathrm{T}}\boldsymbol{E}^{-1}\\
&\times\boldsymbol{C}(\boldsymbol{x},\boldsymbol{s})\boldsymbol{T}(\boldsymbol{s})\boldsymbol{H}(\boldsymbol{x},\boldsymbol{s})(\boldsymbol{T}(\boldsymbol{s}))^{\mathrm{T}}(\boldsymbol{C}(\boldsymbol{x},\boldsymbol{s}))^{\mathrm{T}}\boldsymbol{E}^{-1}\boldsymbol{z}_0\quad(1\leqslant j\leqslant q_x)
\end{aligned}
\tag{11.37}
$$

然后, 将式 (11.5) 代入式 (11.37), 并利用式 (11.9) 可得

$$
\begin{aligned}
\langle \boldsymbol{G}_x(\boldsymbol{x},\boldsymbol{s},\boldsymbol{z}_0)\rangle_{:,j}=&\dot{\boldsymbol{C}}_{x_j}(\boldsymbol{x},\boldsymbol{s})\boldsymbol{T}(\boldsymbol{s})\boldsymbol{y}-\boldsymbol{C}(\boldsymbol{x},\boldsymbol{s})\boldsymbol{T}(\boldsymbol{s})\boldsymbol{H}(\boldsymbol{x},\boldsymbol{s})(\boldsymbol{T}(\boldsymbol{s}))^{\mathrm{T}}\\
&\times(\boldsymbol{C}(\boldsymbol{x},\boldsymbol{s}))^{\mathrm{T}}\boldsymbol{E}^{-1}\dot{\boldsymbol{C}}_{x_j}(\boldsymbol{x},\boldsymbol{s})\boldsymbol{T}(\boldsymbol{s})\boldsymbol{y}\\
=&\boldsymbol{E}^{1/2}(\boldsymbol{I}_p-\boldsymbol{E}^{-1/2}\boldsymbol{C}(\boldsymbol{x},\boldsymbol{s})\boldsymbol{T}(\boldsymbol{s})\boldsymbol{H}(\boldsymbol{x},\boldsymbol{s})(\boldsymbol{T}(\boldsymbol{s}))^{\mathrm{T}}\\
&\times(\boldsymbol{C}(\boldsymbol{x},\boldsymbol{s}))^{\mathrm{T}}\boldsymbol{E}^{-1/2})\boldsymbol{E}^{-1/2}\dot{\boldsymbol{C}}_{x_j}(\boldsymbol{x},\boldsymbol{s})\boldsymbol{T}(\boldsymbol{s})\boldsymbol{y}
\end{aligned}
$$

$$
\begin{aligned}
&= \boldsymbol{E}^{1/2}\boldsymbol{\Pi}^{\perp}[\boldsymbol{E}^{-1/2}\boldsymbol{C}(\boldsymbol{x},\boldsymbol{s})\boldsymbol{T}(\boldsymbol{s})]\boldsymbol{E}^{-1/2} \\
&\quad \times \dot{\boldsymbol{C}}_{x_j}(\boldsymbol{x},\boldsymbol{s})\boldsymbol{T}(\boldsymbol{s})\boldsymbol{y} \quad (1 \leqslant j \leqslant q_x)
\end{aligned} \tag{11.38}
$$

式中, 第 3 个等号利用了式 (2.41) 中的第 2 个等式。基于式 (11.38) 可知

$$
\begin{aligned}
\boldsymbol{G}_x(\boldsymbol{x},\boldsymbol{s},\boldsymbol{z}_0) &= \boldsymbol{E}^{1/2}\boldsymbol{\Pi}^{\perp}[\boldsymbol{E}^{-1/2}\boldsymbol{C}(\boldsymbol{x},\boldsymbol{s})\boldsymbol{T}(\boldsymbol{s})]\boldsymbol{E}^{-1/2} \\
&\quad \times [\dot{\boldsymbol{C}}_{x_1}(\boldsymbol{x},\boldsymbol{s})\boldsymbol{T}(\boldsymbol{s})\boldsymbol{y} \;\; \dot{\boldsymbol{C}}_{x_2}(\boldsymbol{x},\boldsymbol{s})\boldsymbol{T}(\boldsymbol{s})\boldsymbol{y} \;\; \cdots \;\; \dot{\boldsymbol{C}}_{x_{q_x}}(\boldsymbol{x},\boldsymbol{s})\boldsymbol{T}(\boldsymbol{s})\boldsymbol{y}] \\
&= \boldsymbol{E}^{1/2}\boldsymbol{\Pi}^{\perp}[\boldsymbol{E}^{-1/2}\boldsymbol{C}(\boldsymbol{x},\boldsymbol{s})\boldsymbol{T}(\boldsymbol{s})]\boldsymbol{E}^{-1/2}\boldsymbol{F}_x(\boldsymbol{x},\boldsymbol{y},\boldsymbol{s}) \\
&= \boldsymbol{E}^{1/2}\boldsymbol{\Pi}^{\perp}[\boldsymbol{E}^{-1/2}\boldsymbol{F}_y(\boldsymbol{x},\boldsymbol{y},\boldsymbol{s})]\boldsymbol{E}^{-1/2}\boldsymbol{F}_x(\boldsymbol{x},\boldsymbol{y},\boldsymbol{s})
\end{aligned} \tag{11.39}
$$

式中, 第 2 个等号利用了式 (11.26), 第 3 个等号利用了式 (11.27)。由式 (11.39) 可以进一步推得

$$
\begin{aligned}
&((\boldsymbol{G}_x(\boldsymbol{x},\boldsymbol{s},\boldsymbol{z}_0))^{\mathrm{T}}\boldsymbol{E}^{-1}\boldsymbol{G}_x(\boldsymbol{x},\boldsymbol{s},\boldsymbol{z}_0))^{-1} \\
&= ((\boldsymbol{F}_x(\boldsymbol{x},\boldsymbol{y},\boldsymbol{s}))^{\mathrm{T}}\boldsymbol{E}^{-1/2}\boldsymbol{\Pi}^{\perp}[\boldsymbol{E}^{-1/2}\boldsymbol{F}_y(\boldsymbol{x},\boldsymbol{y},\boldsymbol{s})]\boldsymbol{E}^{1/2}\boldsymbol{E}^{-1}\boldsymbol{E}^{1/2} \\
&\quad \times \boldsymbol{\Pi}^{\perp}[\boldsymbol{E}^{-1/2}\boldsymbol{F}_y(\boldsymbol{x},\boldsymbol{y},\boldsymbol{s})]\boldsymbol{E}^{-1/2}\boldsymbol{F}_x(\boldsymbol{x},\boldsymbol{y},\boldsymbol{s}))^{-1} \\
&= ((\boldsymbol{F}_x(\boldsymbol{x},\boldsymbol{y},\boldsymbol{s}))^{\mathrm{T}}\boldsymbol{E}^{-1/2}\boldsymbol{\Pi}^{\perp}[\boldsymbol{E}^{-1/2}\boldsymbol{F}_y(\boldsymbol{x},\boldsymbol{y},\boldsymbol{s})]\boldsymbol{E}^{-1/2}\boldsymbol{F}_x(\boldsymbol{x},\boldsymbol{y},\boldsymbol{s}))^{-1} \\
&= \mathbf{CRB}^{(\mathrm{a})}(\boldsymbol{x})
\end{aligned} \tag{11.40}
$$

$$
\begin{aligned}
&(\boldsymbol{G}_x(\boldsymbol{x},\boldsymbol{s},\boldsymbol{z}_0))^{\mathrm{T}}\boldsymbol{E}^{-1/2}\boldsymbol{\Pi}^{\perp}[\boldsymbol{E}^{-1/2}\boldsymbol{C}(\boldsymbol{x},\boldsymbol{s})\boldsymbol{T}(\boldsymbol{s})]\boldsymbol{E}^{-1/2}\boldsymbol{G}_x(\boldsymbol{x},\boldsymbol{s},\boldsymbol{z}_0) \\
&= (\boldsymbol{G}_x(\boldsymbol{x},\boldsymbol{s},\boldsymbol{z}_0))^{\mathrm{T}}\boldsymbol{E}^{-1/2}\boldsymbol{\Pi}^{\perp}[\boldsymbol{E}^{-1/2}\boldsymbol{F}_y(\boldsymbol{x},\boldsymbol{y},\boldsymbol{s})]\boldsymbol{E}^{-1/2}\boldsymbol{G}_x(\boldsymbol{x},\boldsymbol{s},\boldsymbol{z}_0) \\
&= (\boldsymbol{F}_x(\boldsymbol{x},\boldsymbol{y},\boldsymbol{s}))^{\mathrm{T}}\boldsymbol{E}^{-1/2}\boldsymbol{\Pi}^{\perp}[\boldsymbol{E}^{-1/2}\boldsymbol{F}_y(\boldsymbol{x},\boldsymbol{y},\boldsymbol{s})]\boldsymbol{E}^{1/2}\boldsymbol{E}^{-1/2}\boldsymbol{\Pi}^{\perp}[\boldsymbol{E}^{-1/2}\boldsymbol{F}_y(\boldsymbol{x},\boldsymbol{y},\boldsymbol{s})] \\
&\quad \times \boldsymbol{E}^{-1/2}\boldsymbol{E}^{1/2}\boldsymbol{\Pi}^{\perp}[\boldsymbol{E}^{-1/2}\boldsymbol{F}_y(\boldsymbol{x},\boldsymbol{y},\boldsymbol{s})]\boldsymbol{E}^{-1/2}\boldsymbol{F}_x(\boldsymbol{x},\boldsymbol{y},\boldsymbol{s}) \\
&= (\boldsymbol{F}_x(\boldsymbol{x},\boldsymbol{y},\boldsymbol{s}))^{\mathrm{T}}\boldsymbol{E}^{-1/2}\boldsymbol{\Pi}^{\perp}[\boldsymbol{E}^{-1/2}\boldsymbol{F}_y(\boldsymbol{x},\boldsymbol{y},\boldsymbol{s})]\boldsymbol{E}^{-1/2}\boldsymbol{F}_x(\boldsymbol{x},\boldsymbol{y},\boldsymbol{s}) \\
&= (\mathbf{CRB}^{(\mathrm{a})}(\boldsymbol{x}))^{-1}
\end{aligned} \tag{11.41}
$$

式 (11.40) 中的第 1 个等号和第 2 个等号利用了正交投影矩阵的对称幂等性, 第 3 个等号利用了式 (11.21)。式 (11.41) 中的第 1 个等号利用了式 (11.27), 第 2 个等号和第 3 个等号利用了正交投影矩阵的对称幂等性, 第 4 个等号利用了式 (11.21)。

最后, 将式 (11.40) 和式 (11.41) 代入式 (11.28) 可知

$$
\mathbf{MSE}(\widehat{\boldsymbol{x}}^{(\mathrm{a})}) = ((\boldsymbol{F}_x(\boldsymbol{x},\boldsymbol{y},\boldsymbol{s}))^{\mathrm{T}}\boldsymbol{E}^{-1/2}\boldsymbol{\Pi}^{\perp}[\boldsymbol{E}^{-1/2}\boldsymbol{F}_y(\boldsymbol{x},\boldsymbol{y},\boldsymbol{s})]\boldsymbol{E}^{-1/2}\boldsymbol{F}_x(\boldsymbol{x},\boldsymbol{y},\boldsymbol{s}))^{-1}
$$

$$= \mathbf{CRB}^{(\mathrm{a})}(\boldsymbol{x}) \tag{11.42}$$

证毕。

接着推导估计值 $\widehat{\boldsymbol{y}}^{(\mathrm{a})}$ 的统计性能, 具体结论可见以下两个命题。

【命题 11.6】 向量 $\widehat{\boldsymbol{y}}^{(\mathrm{a})}$ 是关于未知参数 $\boldsymbol{y}$ 的渐近无偏估计值, 并且其均方误差为

$$\begin{aligned}\mathbf{MSE}(\widehat{\boldsymbol{y}}^{(\mathrm{a})}) = \boldsymbol{H}(\boldsymbol{x},\boldsymbol{s}) + \boldsymbol{H}(\boldsymbol{x},\boldsymbol{s})(\boldsymbol{F}_y(\boldsymbol{x},\boldsymbol{y},\boldsymbol{s}))^{\mathrm{T}} \\ \times \boldsymbol{E}^{-1}\boldsymbol{F}_x(\boldsymbol{x},\boldsymbol{y},\boldsymbol{s})\mathbf{MSE}(\widehat{\boldsymbol{x}}^{(\mathrm{a})})(\boldsymbol{F}_x(\boldsymbol{x},\boldsymbol{y},\boldsymbol{s}))^{\mathrm{T}} \\ \times \boldsymbol{E}^{-1}\boldsymbol{F}_y(\boldsymbol{x},\boldsymbol{y},\boldsymbol{s})\boldsymbol{H}(\boldsymbol{x},\boldsymbol{s})\end{aligned} \tag{11.43}$$

【证明】 将向量 $\widehat{\boldsymbol{y}}^{(\mathrm{a})}$ 中的估计误差记为 $\Delta\boldsymbol{y}^{(\mathrm{a})} = \widehat{\boldsymbol{y}}^{(\mathrm{a})} - \boldsymbol{y}$。结合式 (11.9) 和式 (11.18) 可知

$$\begin{aligned}&(\boldsymbol{T}(\boldsymbol{s}))^{\mathrm{T}}(\boldsymbol{C}(\widehat{\boldsymbol{x}}^{(\mathrm{a})},\boldsymbol{s}))^{\mathrm{T}}\boldsymbol{E}^{-1}\boldsymbol{C}(\widehat{\boldsymbol{x}}^{(\mathrm{a})},\boldsymbol{s})\boldsymbol{T}(\boldsymbol{s})(\boldsymbol{y}+\Delta\boldsymbol{y}^{(\mathrm{a})}) \\ &= (\boldsymbol{T}(\boldsymbol{s}))^{\mathrm{T}}(\boldsymbol{C}(\widehat{\boldsymbol{x}}^{(\mathrm{a})},\boldsymbol{s}))^{\mathrm{T}}\boldsymbol{E}^{-1}\boldsymbol{z}\end{aligned} \tag{11.44}$$

在一阶误差分析理论框架下, 利用式 (11.44) 可以进一步推得

$$\begin{aligned}&(\boldsymbol{T}(\boldsymbol{s}))^{\mathrm{T}}(\Delta\boldsymbol{C}^{(\mathrm{a})})^{\mathrm{T}}\boldsymbol{E}^{-1}\boldsymbol{C}(\boldsymbol{x},\boldsymbol{s})\boldsymbol{T}(\boldsymbol{s})\boldsymbol{y} + (\boldsymbol{T}(\boldsymbol{s}))^{\mathrm{T}}(\boldsymbol{C}(\boldsymbol{x},\boldsymbol{s}))^{\mathrm{T}}\boldsymbol{E}^{-1}\Delta\boldsymbol{C}^{(\mathrm{a})}\boldsymbol{T}(\boldsymbol{s})\boldsymbol{y} \\ &\quad + (\boldsymbol{T}(\boldsymbol{s}))^{\mathrm{T}}(\boldsymbol{C}(\boldsymbol{x},\boldsymbol{s}))^{\mathrm{T}}\boldsymbol{E}^{-1}\boldsymbol{C}(\boldsymbol{x},\boldsymbol{s})\boldsymbol{T}(\boldsymbol{s})\Delta\boldsymbol{y}^{(\mathrm{a})} \\ &\approx (\boldsymbol{T}(\boldsymbol{s}))^{\mathrm{T}}(\Delta\boldsymbol{C}^{(\mathrm{a})})^{\mathrm{T}}\boldsymbol{E}^{-1}\boldsymbol{z}_0 + (\boldsymbol{T}(\boldsymbol{s}))^{\mathrm{T}}(\boldsymbol{C}(\boldsymbol{x},\boldsymbol{s}))^{\mathrm{T}}\boldsymbol{E}^{-1}\boldsymbol{e} \\ &\Rightarrow (\boldsymbol{T}(\boldsymbol{s}))^{\mathrm{T}}(\boldsymbol{C}(\boldsymbol{x},\boldsymbol{s}))^{\mathrm{T}}\boldsymbol{E}^{-1}\boldsymbol{C}(\boldsymbol{x},\boldsymbol{s})\boldsymbol{T}(\boldsymbol{s})\Delta\boldsymbol{y}^{(\mathrm{a})} \\ &\approx (\boldsymbol{T}(\boldsymbol{s}))^{\mathrm{T}}(\boldsymbol{C}(\boldsymbol{x},\boldsymbol{s}))^{\mathrm{T}}\boldsymbol{E}^{-1}(\boldsymbol{e} - \Delta\boldsymbol{C}^{(\mathrm{a})}\boldsymbol{T}(\boldsymbol{s})\boldsymbol{y}) \\ &\Rightarrow \Delta\boldsymbol{y}^{(\mathrm{a})} \approx \boldsymbol{H}(\boldsymbol{x},\boldsymbol{s})(\boldsymbol{T}(\boldsymbol{s}))^{\mathrm{T}}(\boldsymbol{C}(\boldsymbol{x},\boldsymbol{s}))^{\mathrm{T}}\boldsymbol{E}^{-1}(\boldsymbol{e} - \Delta\boldsymbol{C}^{(\mathrm{a})}\boldsymbol{T}(\boldsymbol{s})\boldsymbol{y})\end{aligned} \tag{11.45}$$

式中, 第 3 个约等式利用了式 (11.9), $\Delta\boldsymbol{C}^{(\mathrm{a})} = \boldsymbol{C}(\widehat{\boldsymbol{x}}^{(\mathrm{a})},\boldsymbol{s}) - \boldsymbol{C}(\boldsymbol{x},\boldsymbol{s})$。利用一阶误差分析可知

$$\Delta\boldsymbol{C}^{(\mathrm{a})}\boldsymbol{T}(\boldsymbol{s})\boldsymbol{y} \approx \sum_{j=1}^{q_x}\langle\Delta\boldsymbol{x}^{(\mathrm{a})}\rangle_j\dot{\boldsymbol{C}}_{x_j}(\boldsymbol{x},\boldsymbol{s})\boldsymbol{T}(\boldsymbol{s})\boldsymbol{y} = \boldsymbol{F}_x(\boldsymbol{x},\boldsymbol{y},\boldsymbol{s})\Delta\boldsymbol{x}^{(\mathrm{a})} \tag{11.46}$$

式中, 第 2 个等号利用了式 (11.26)。将式 (11.46) 代入式 (11.45) 可得

$$\Delta\boldsymbol{y}^{(\mathrm{a})} \approx \boldsymbol{H}(\boldsymbol{x},\boldsymbol{s})(\boldsymbol{T}(\boldsymbol{s}))^{\mathrm{T}}(\boldsymbol{C}(\boldsymbol{x},\boldsymbol{s}))^{\mathrm{T}}\boldsymbol{E}^{-1}(\boldsymbol{e} - \boldsymbol{F}_x(\boldsymbol{x},\boldsymbol{y},\boldsymbol{s})\Delta\boldsymbol{x}^{(\mathrm{a})}) \tag{11.47}$$

由式 (11.47) 可知, 误差向量 $\Delta\boldsymbol{y}^{(\mathrm{a})}$ 渐近服从零均值的高斯分布。因此, 向量 $\widehat{\boldsymbol{y}}^{(\mathrm{a})}$ 是关于未知参数 $\boldsymbol{y}$ 的渐近无偏估计值, 并且其均方误差为

$$\begin{aligned}\mathbf{MSE}(\widehat{\boldsymbol{y}}^{(\mathrm{a})}) &= \mathbf{E}[(\widehat{\boldsymbol{y}}^{(\mathrm{a})}-\boldsymbol{y})(\widehat{\boldsymbol{y}}^{(\mathrm{a})}-\boldsymbol{y})^{\mathrm{T}}] = \mathbf{E}[\Delta\boldsymbol{y}^{(\mathrm{a})}(\Delta\boldsymbol{y}^{(\mathrm{a})})^{\mathrm{T}}] \\ &= \boldsymbol{Y}_1^{(\mathrm{a})} + \boldsymbol{Y}_2^{(\mathrm{a})} - \boldsymbol{Y}_3^{(\mathrm{a})} - (\boldsymbol{Y}_3^{(\mathrm{a})})^{\mathrm{T}} \end{aligned} \tag{11.48}$$

式中,

$$\begin{aligned}\boldsymbol{Y}_1^{(\mathrm{a})} &= \boldsymbol{H}(\boldsymbol{x},\boldsymbol{s})(\boldsymbol{T}(\boldsymbol{s}))^{\mathrm{T}}(\boldsymbol{C}(\boldsymbol{x},\boldsymbol{s}))^{\mathrm{T}}\boldsymbol{E}^{-1}\mathrm{E}[\boldsymbol{e}\boldsymbol{e}^{\mathrm{T}}]\boldsymbol{E}^{-1}\boldsymbol{C}(\boldsymbol{x},\boldsymbol{s})\boldsymbol{T}(\boldsymbol{s})\boldsymbol{H}(\boldsymbol{x},\boldsymbol{s}) \\ &= \boldsymbol{H}(\boldsymbol{x},\boldsymbol{s})(\boldsymbol{T}(\boldsymbol{s}))^{\mathrm{T}}(\boldsymbol{C}(\boldsymbol{x},\boldsymbol{s}))^{\mathrm{T}}\boldsymbol{E}^{-1}\boldsymbol{C}(\boldsymbol{x},\boldsymbol{s})\boldsymbol{T}(\boldsymbol{s})\boldsymbol{H}(\boldsymbol{x},\boldsymbol{s}) = \boldsymbol{H}(\boldsymbol{x},\boldsymbol{s}) \end{aligned} \tag{11.49}$$

$$\begin{aligned}\boldsymbol{Y}_2^{(\mathrm{a})} &= \boldsymbol{H}(\boldsymbol{x},\boldsymbol{s})(\boldsymbol{T}(\boldsymbol{s}))^{\mathrm{T}}(\boldsymbol{C}(\boldsymbol{x},\boldsymbol{s}))^{\mathrm{T}}\boldsymbol{E}^{-1}\boldsymbol{F}_x(\boldsymbol{x},\boldsymbol{y},\boldsymbol{s})\mathbf{E}[\Delta\boldsymbol{x}^{(\mathrm{a})}(\Delta\boldsymbol{x}^{(\mathrm{a})})^{\mathrm{T}}] \\ &\quad \times (\boldsymbol{F}_x(\boldsymbol{x},\boldsymbol{y},\boldsymbol{s}))^{\mathrm{T}}\boldsymbol{E}^{-1}\boldsymbol{C}(\boldsymbol{x},\boldsymbol{s})\boldsymbol{T}(\boldsymbol{s})\boldsymbol{H}(\boldsymbol{x},\boldsymbol{s}) \\ &= \boldsymbol{H}(\boldsymbol{x},\boldsymbol{s})(\boldsymbol{F}_y(\boldsymbol{x},\boldsymbol{y},\boldsymbol{s}))^{\mathrm{T}}\boldsymbol{E}^{-1}\boldsymbol{F}_x(\boldsymbol{x},\boldsymbol{y},\boldsymbol{s})\mathbf{MSE}(\widehat{\boldsymbol{x}}^{(\mathrm{a})})(\boldsymbol{F}_x(\boldsymbol{x},\boldsymbol{y},\boldsymbol{s}))^{\mathrm{T}} \\ &\quad \times \boldsymbol{E}^{-1}\boldsymbol{F}_y(\boldsymbol{x},\boldsymbol{y},\boldsymbol{s})\boldsymbol{H}(\boldsymbol{x},\boldsymbol{s}) \end{aligned} \tag{11.50}$$

$$\begin{aligned}\boldsymbol{Y}_3^{(\mathrm{a})} &= \boldsymbol{H}(\boldsymbol{x},\boldsymbol{s})(\boldsymbol{T}(\boldsymbol{s}))^{\mathrm{T}}(\boldsymbol{C}(\boldsymbol{x},\boldsymbol{s}))^{\mathrm{T}}\boldsymbol{E}^{-1}\boldsymbol{F}_x(\boldsymbol{x},\boldsymbol{y},\boldsymbol{s})\mathbf{E}[\Delta\boldsymbol{x}^{(\mathrm{a})}\boldsymbol{e}^{\mathrm{T}}] \\ &\quad \times \boldsymbol{E}^{-1}\boldsymbol{C}(\boldsymbol{x},\boldsymbol{s})\boldsymbol{T}(\boldsymbol{s})\boldsymbol{H}(\boldsymbol{x},\boldsymbol{s}) \end{aligned} \tag{11.51}$$

式 (11.49) 中的第 3 个等号利用了式 (11.9)。式 (11.50) 中的第 2 个等号利用了式 (11.27)。附录 C 证明了 $\boldsymbol{Y}_3^{(\mathrm{a})} = \boldsymbol{O}_{q_y \times q_y}$, 将该式、式 (11.49) 和式 (11.50) 代入式 (11.48) 可知式 (11.43) 成立。证毕。

【命题 11.7】向量 $\widehat{\boldsymbol{y}}^{(\mathrm{a})}$ 是关于未知参数 $\boldsymbol{y}$ 的渐近统计最优估计值。

【证明】仅需要证明等式 $\mathbf{MSE}(\widehat{\boldsymbol{y}}^{(\mathrm{a})}) = \mathbf{CRB}^{(\mathrm{a})}(\boldsymbol{y})$ 即可。将式 (11.27) 代入式 (11.9) 可得

$$\boldsymbol{H}(\boldsymbol{x},\boldsymbol{s}) = ((\boldsymbol{F}_y(\boldsymbol{x},\boldsymbol{y},\boldsymbol{s}))^{\mathrm{T}}\boldsymbol{E}^{-1}\boldsymbol{F}_y(\boldsymbol{x},\boldsymbol{y},\boldsymbol{s}))^{-1} \tag{11.52}$$

将式 (11.52) 代入式 (11.43), 并利用式 (11.42) 可知

$$\begin{aligned}\mathbf{MSE}(\widehat{\boldsymbol{y}}^{(\mathrm{a})}) &= ((\boldsymbol{F}_y(\boldsymbol{x},\boldsymbol{y},\boldsymbol{s}))^{\mathrm{T}}\boldsymbol{E}^{-1}\boldsymbol{F}_y(\boldsymbol{x},\boldsymbol{y},\boldsymbol{s}))^{-1} \\ &\quad + ((\boldsymbol{F}_y(\boldsymbol{x},\boldsymbol{y},\boldsymbol{s}))^{\mathrm{T}}\boldsymbol{E}^{-1}\boldsymbol{F}_y(\boldsymbol{x},\boldsymbol{y},\boldsymbol{s}))^{-1}(\boldsymbol{F}_y(\boldsymbol{x},\boldsymbol{y},\boldsymbol{s}))^{\mathrm{T}} \\ &\quad \times \boldsymbol{E}^{-1}\boldsymbol{F}_x(\boldsymbol{x},\boldsymbol{y},\boldsymbol{s})\mathbf{CRB}^{(\mathrm{a})}(\boldsymbol{x})(\boldsymbol{F}_x(\boldsymbol{x},\boldsymbol{y},\boldsymbol{s}))^{\mathrm{T}}\boldsymbol{E}^{-1}\boldsymbol{F}_y(\boldsymbol{x},\boldsymbol{y},\boldsymbol{s}) \\ &\quad \times ((\boldsymbol{F}_y(\boldsymbol{x},\boldsymbol{y},\boldsymbol{s}))^{\mathrm{T}}\boldsymbol{E}^{-1}\boldsymbol{F}_y(\boldsymbol{x},\boldsymbol{y},\boldsymbol{s}))^{-1} \\ &= \mathbf{CRB}^{(\mathrm{a})}(\boldsymbol{y}) \end{aligned} \tag{11.53}$$

式中, 第 2 个等号利用了式 (11.23)。证毕。

【**注记 11.8**】式 (11.39) 是证明命题 11.5 的关键等式, 下面给出另 1 个关键等式。若令 $\boldsymbol{G}_s(\boldsymbol{x},\boldsymbol{s},\boldsymbol{z}_0)=\dfrac{\partial \boldsymbol{g}(\boldsymbol{x},\boldsymbol{s},\boldsymbol{z}_0)}{\partial \boldsymbol{s}^{\mathrm{T}}}\in \mathbf{R}^{p\times r}$ 表示函数 $\boldsymbol{g}(\boldsymbol{x},\boldsymbol{s},\boldsymbol{z}_0)$ 关于向量 $\boldsymbol{s}$ 的 Jacobi 矩阵, 则有

$$\boldsymbol{G}_s(\boldsymbol{x},\boldsymbol{s},\boldsymbol{z}_0)=\boldsymbol{E}^{1/2}\boldsymbol{\Pi}^{\perp}[\boldsymbol{E}^{-1/2}\boldsymbol{F}_y(\boldsymbol{x},\boldsymbol{y},\boldsymbol{s})]\boldsymbol{E}^{-1/2}\boldsymbol{F}_s(\boldsymbol{x},\boldsymbol{y},\boldsymbol{s}) \tag{11.54}$$

式中, $\boldsymbol{F}_s(\boldsymbol{x},\boldsymbol{y},\boldsymbol{s})=\dfrac{\partial \boldsymbol{f}(\boldsymbol{x},\boldsymbol{y},\boldsymbol{s})}{\partial \boldsymbol{s}^{\mathrm{T}}}\in \mathbf{R}^{p\times r}$ 表示函数 $\boldsymbol{f}(\boldsymbol{x},\boldsymbol{y},\boldsymbol{s})$ 关于向量 $\boldsymbol{s}$ 的 Jacobi 矩阵。由式 (11.5) 可知

$$\begin{aligned}\boldsymbol{F}_s(\boldsymbol{x},\boldsymbol{y},\boldsymbol{s})=[&(\dot{\boldsymbol{C}}_{s_1}(\boldsymbol{x},\boldsymbol{s})\boldsymbol{T}(\boldsymbol{s})+\boldsymbol{C}(\boldsymbol{x},\boldsymbol{s})\dot{\boldsymbol{T}}_{s_1}(\boldsymbol{s}))\boldsymbol{y}\,\vdots\,(\dot{\boldsymbol{C}}_{s_2}(\boldsymbol{x},\boldsymbol{s})\boldsymbol{T}(\boldsymbol{s})\\&+\boldsymbol{C}(\boldsymbol{x},\boldsymbol{s})\dot{\boldsymbol{T}}_{s_2}(\boldsymbol{s}))\boldsymbol{y}\,\vdots\,\cdots\,\vdots\,(\dot{\boldsymbol{C}}_{s_r}(\boldsymbol{x},\boldsymbol{s})\boldsymbol{T}(\boldsymbol{s})+\boldsymbol{C}(\boldsymbol{x},\boldsymbol{s})\dot{\boldsymbol{T}}_{s_r}(\boldsymbol{s}))\boldsymbol{y}]\end{aligned} \tag{11.55}$$

其中

$$\dot{\boldsymbol{C}}_{s_j}(\boldsymbol{x},\boldsymbol{s})=\frac{\partial \boldsymbol{C}(\boldsymbol{x},\boldsymbol{s})}{\partial \langle \boldsymbol{s}\rangle_j}\in \mathbf{R}^{p\times l};\quad \dot{\boldsymbol{T}}_{s_j}(\boldsymbol{s})=\frac{\partial \boldsymbol{T}(\boldsymbol{s})}{\partial \langle \boldsymbol{s}\rangle_j}\in \mathbf{R}^{l\times q_y}\quad (1\leqslant j\leqslant r) \tag{11.56}$$

式 (11.54) 的证明见附录 D, 该式对于后续的理论性能分析至关重要。

11.2.3 数值实验

这里的数值实验将函数 $\boldsymbol{f}(\boldsymbol{x},\boldsymbol{y},\boldsymbol{s})$ 设为

$$\begin{aligned}\boldsymbol{f}(\boldsymbol{x},\boldsymbol{y},\boldsymbol{s})&=\boldsymbol{C}(\boldsymbol{x},\boldsymbol{s})\boldsymbol{T}(\boldsymbol{s})\boldsymbol{y}\\&=\begin{bmatrix}10x_1^2 & 7 & s_1x_1+s_2x_2\\ -5 & 6x_1x_2 & 4s_2x_2^2\\ s_1x_1+s_2x_2 & -s_1x_2-s_2x_1 & -4\\ 8x_1^2x_2 & 3 & 20x_1^3x_2^2\\ s_3x_1^2+s_4x_2 & s_3x_2^3+s_4x_1 & 5\\ -6 & s_5x_1x_2+s_6x_1^2 & s_5x_1^2+s_6x_2^3\end{bmatrix}\\&\quad\times\begin{bmatrix}s_1^2 & s_1s_2\\ s_3-s_4 & s_3+s_4\\ s_5s_6 & s_6^2\end{bmatrix}\begin{bmatrix}y_1\\ y_2\end{bmatrix}\in \mathbf{R}^{6\times 1}\end{aligned} \tag{11.57}$$

式中, $\boldsymbol{x}=[x_1\ \ x_2]^{\mathrm{T}}$, $\boldsymbol{y}=[y_1\ \ y_2]^{\mathrm{T}}$, $\boldsymbol{s}=[s_1\ \ s_2\ \ s_3\ \ s_4\ \ s_5\ \ s_6]^{\mathrm{T}}$。由式 (11.57) 可以推得

$$\left\{\begin{aligned}\dot{\boldsymbol{C}}_{x_1}(\boldsymbol{x},\boldsymbol{s})&=\frac{\partial\boldsymbol{C}(\boldsymbol{x},\boldsymbol{s})}{\partial x_1}=\begin{bmatrix}20x_1&0&s_1\\0&6x_2&0\\s_1&-s_2&0\\16x_1x_2&0&60x_1^2x_2^2\\2s_3x_1&s_4&0\\0&s_5x_2+2s_6x_1&2s_5x_1\end{bmatrix}\\\dot{\boldsymbol{C}}_{x_2}(\boldsymbol{x},\boldsymbol{s})&=\frac{\partial\boldsymbol{C}(\boldsymbol{x},\boldsymbol{s})}{\partial x_2}=\begin{bmatrix}0&0&s_2\\0&6x_1&8s_2x_2\\s_2&-s_1&0\\8x_1^2&0&40x_1^3x_2\\s_4&3s_3x_2^2&0\\0&s_5x_1&3s_6x_2^2\end{bmatrix}\end{aligned}\right. \tag{11.58}$$

设未知参数 $\boldsymbol{x}=[0.6\quad -0.8]^{\mathrm{T}}$, $\boldsymbol{y}=[-0.5\quad 1.2]^{\mathrm{T}}$; 设模型参数 $\boldsymbol{s}=[9\quad -6\quad 21\quad -24\quad 9\quad -12]^{\mathrm{T}}$ (假设其精确已知); 观测误差协方差矩阵设为 $\boldsymbol{E}=\dfrac{\sigma_1^2}{2}\left(\begin{aligned}&2\boldsymbol{I}_6+\boldsymbol{i}_6^{(1)}(\boldsymbol{i}_6^{(2)})^{\mathrm{T}}+\boldsymbol{i}_6^{(2)}(\boldsymbol{i}_6^{(1)})^{\mathrm{T}}+\boldsymbol{i}_6^{(2)}(\boldsymbol{i}_6^{(3)})^{\mathrm{T}}+\boldsymbol{i}_6^{(3)}(\boldsymbol{i}_6^{(2)})^{\mathrm{T}}+\boldsymbol{i}_6^{(3)}(\boldsymbol{i}_6^{(4)})^{\mathrm{T}}\\&+\boldsymbol{i}_6^{(4)}(\boldsymbol{i}_6^{(3)})^{\mathrm{T}}+\boldsymbol{i}_6^{(4)}(\boldsymbol{i}_6^{(5)})^{\mathrm{T}}+\boldsymbol{i}_6^{(5)}(\boldsymbol{i}_6^{(4)})^{\mathrm{T}}+\boldsymbol{i}_6^{(5)}(\boldsymbol{i}_6^{(6)})^{\mathrm{T}}+\boldsymbol{i}_6^{(6)}(\boldsymbol{i}_6^{(5)})^{\mathrm{T}}\end{aligned}\right)$, 其中 σ_1 称为观测误差标准差。利用方法 11–a 对未知参数 $\boldsymbol{x}$ 和 $\boldsymbol{y}$ 进行估计。图 11.2 和图 11.3 分别给出了未知参数 $\boldsymbol{x}$ 和 $\boldsymbol{y}$ 估计均方根误差随观测误差标准差 σ_1 的变化曲线。

由图 11.2 和图 11.3 可以看出:

① 方法 11–a 对未知参数 $\boldsymbol{x}$ 和 $\boldsymbol{y}$ 的估计均方根误差均随观测误差标准差 σ_1 的增加而增大。

② 方法 11–a 对未知参数 $\boldsymbol{x}$ 的估计均方根误差可以达到由式 (11.21) 给出的克拉美罗界, 从而验证了第 11.2.2 节理论性能分析的有效性。

③ 方法 11–a 对未知参数 $\boldsymbol{y}$ 的估计均方根误差可以达到由式 (11.23) 给出的克拉美罗界, 从而再次验证了第 11.2.2 节理论性能分析的有效性。

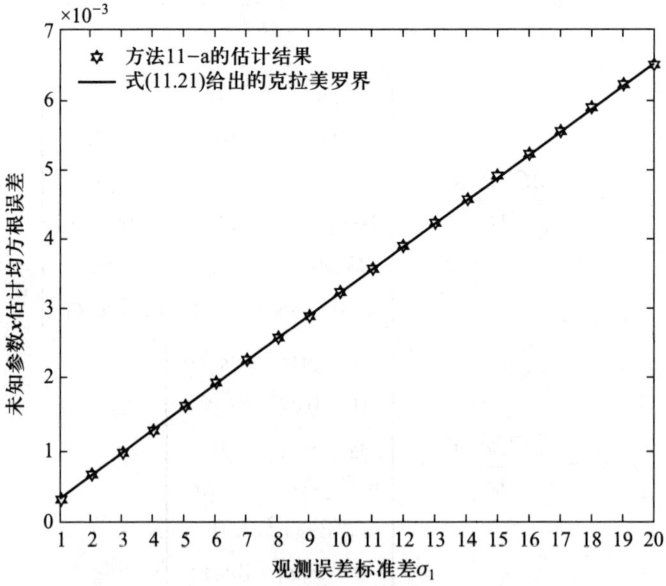

图 11.2　未知参数 $\boldsymbol{x}$ 估计均方根误差随观测误差标准差 σ_1 的变化曲线

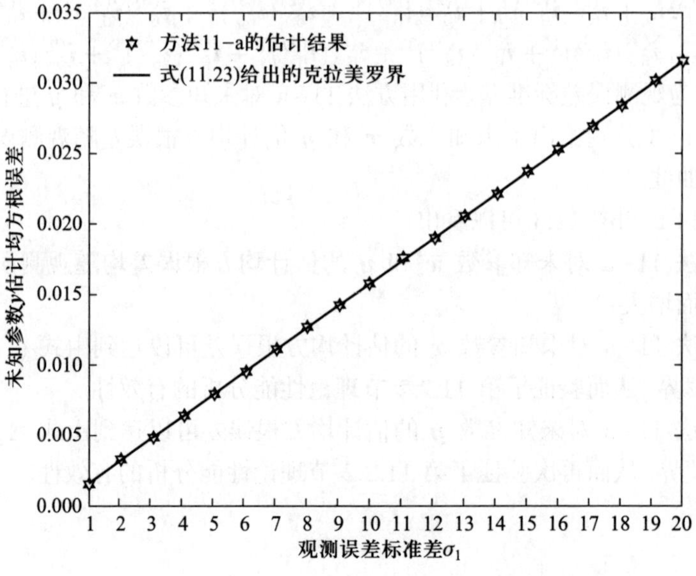

图 11.3　未知参数 $\boldsymbol{y}$ 估计均方根误差随观测误差标准差 σ_1 的变化曲线

11.3 模型参数先验观测误差对参数估计性能的影响

本节假设模型参数 $\boldsymbol{s}$ 并不能精确已知, 实际计算中仅存在关于模型参数 $\boldsymbol{s}$ 的先验观测值 $\widehat{\boldsymbol{s}}$, 其中包含先验观测误差。下面首先在此情形下推导参数估计均方误差的克拉美罗界, 然后推导方法 11–a 在此情形下的估计均方误差, 并将其与相应的克拉美罗界进行定量比较。

11.3.1 对克拉美罗界的影响

当模型参数的先验观测误差存在时, 模型参数 $\boldsymbol{s}$ 已不再是精确已知量, 应将其看成是未知量。但是, 不能将其与未知参数 $\boldsymbol{x}$ 和 $\boldsymbol{y}$ 同等地看待, 因为还存在模型参数 $\boldsymbol{s}$ 的先验观测值 $\widehat{\boldsymbol{s}}$, 此时的观测模型可以表示为

$$\begin{cases} \boldsymbol{z} = \boldsymbol{f}(\boldsymbol{x}, \boldsymbol{y}, \boldsymbol{s}) + \boldsymbol{e} = \boldsymbol{C}(\boldsymbol{x}, \boldsymbol{s})\boldsymbol{d}(\boldsymbol{y}, \boldsymbol{s}) + \boldsymbol{e} \\ \widehat{\boldsymbol{s}} = \boldsymbol{s} + \boldsymbol{\varphi} \end{cases} \tag{11.59}$$

下面推导未知参数 $\boldsymbol{x}$ 和 $\boldsymbol{y}$ 与模型参数 $\boldsymbol{s}$ 联合估计均方误差的克拉美罗界, 具体结论可见以下命题。

【命题 11.8】 基于式 (11.59) 给出的观测模型, 未知参数 $\boldsymbol{x}$ 和 $\boldsymbol{y}$ 与模型参数 $\boldsymbol{s}$ 联合估计均方误差的克拉美罗界可以表示为①

$$\mathbf{CRB}^{(\mathrm{b})}\left(\begin{bmatrix} \boldsymbol{x} \\ \boldsymbol{y} \\ \boldsymbol{s} \end{bmatrix}\right)$$

$$= \left[\begin{array}{c:c:c} (\boldsymbol{F}_x(\boldsymbol{x},\boldsymbol{y},\boldsymbol{s}))^{\mathrm{T}}\boldsymbol{E}^{-1} & (\boldsymbol{F}_x(\boldsymbol{x},\boldsymbol{y},\boldsymbol{s}))^{\mathrm{T}}\boldsymbol{E}^{-1} & (\boldsymbol{F}_x(\boldsymbol{x},\boldsymbol{y},\boldsymbol{s}))^{\mathrm{T}}\boldsymbol{E}^{-1} \\ \times\boldsymbol{F}_x(\boldsymbol{x},\boldsymbol{y},\boldsymbol{s}) & \times\boldsymbol{F}_y(\boldsymbol{x},\boldsymbol{y},\boldsymbol{s}) & \times\boldsymbol{F}_s(\boldsymbol{x},\boldsymbol{y},\boldsymbol{s}) \\ \hdashline (\boldsymbol{F}_y(\boldsymbol{x},\boldsymbol{y},\boldsymbol{s}))^{\mathrm{T}}\boldsymbol{E}^{-1} & (\boldsymbol{F}_y(\boldsymbol{x},\boldsymbol{y},\boldsymbol{s}))^{\mathrm{T}}\boldsymbol{E}^{-1} & (\boldsymbol{F}_y(\boldsymbol{x},\boldsymbol{y},\boldsymbol{s}))^{\mathrm{T}}\boldsymbol{E}^{-1} \\ \times\boldsymbol{F}_x(\boldsymbol{x},\boldsymbol{y},\boldsymbol{s}) & \times\boldsymbol{F}_y(\boldsymbol{x},\boldsymbol{y},\boldsymbol{s}) & \times\boldsymbol{F}_s(\boldsymbol{x},\boldsymbol{y},\boldsymbol{s}) \\ \hdashline (\boldsymbol{F}_s(\boldsymbol{x},\boldsymbol{y},\boldsymbol{s}))^{\mathrm{T}}\boldsymbol{E}^{-1} & (\boldsymbol{F}_s(\boldsymbol{x},\boldsymbol{y},\boldsymbol{s}))^{\mathrm{T}}\boldsymbol{E}^{-1} & (\boldsymbol{F}_s(\boldsymbol{x},\boldsymbol{y},\boldsymbol{s}))^{\mathrm{T}}\boldsymbol{E}^{-1} \\ \times\boldsymbol{F}_x(\boldsymbol{x},\boldsymbol{y},\boldsymbol{s}) & \times\boldsymbol{F}_y(\boldsymbol{x},\boldsymbol{y},\boldsymbol{s}) & \times\boldsymbol{F}_s(\boldsymbol{x},\boldsymbol{y},\boldsymbol{s}) + \boldsymbol{\varPsi}^{-1} \end{array}\right]^{-1}$$

① 本章的上角标 (b) 表示模型参数先验观测误差存在的情形。

$$
=\left[\begin{array}{c:c}
\left(\mathbf{CRB}^{(\mathrm{a})}\left(\begin{bmatrix}\boldsymbol{x}\\ \boldsymbol{y}\end{bmatrix}\right)\right)^{-1} & \begin{array}{c}(\boldsymbol{F}_x(\boldsymbol{x},\boldsymbol{y},\boldsymbol{s}))^{\mathrm{T}}\boldsymbol{E}^{-1}\\ \times\boldsymbol{F}_s(\boldsymbol{x},\boldsymbol{y},\boldsymbol{s})\\ \hdashline (\boldsymbol{F}_y(\boldsymbol{x},\boldsymbol{y},\boldsymbol{s}))^{\mathrm{T}}\boldsymbol{E}^{-1}\\ \times\boldsymbol{F}_s(\boldsymbol{x},\boldsymbol{y},\boldsymbol{s})\end{array}\\
\hdashline
\begin{array}{c:c}(\boldsymbol{F}_s(\boldsymbol{x},\boldsymbol{y},\boldsymbol{s}))^{\mathrm{T}}\boldsymbol{E}^{-1} & (\boldsymbol{F}_s(\boldsymbol{x},\boldsymbol{y},\boldsymbol{s}))^{\mathrm{T}}\boldsymbol{E}^{-1}\\ \times\boldsymbol{F}_x(\boldsymbol{x},\boldsymbol{y},\boldsymbol{s}) & \times\boldsymbol{F}_y(\boldsymbol{x},\boldsymbol{y},\boldsymbol{s})\end{array} & \begin{array}{c}(\boldsymbol{F}_s(\boldsymbol{x},\boldsymbol{y},\boldsymbol{s}))^{\mathrm{T}}\boldsymbol{E}^{-1}\\ \times\boldsymbol{F}_s(\boldsymbol{x},\boldsymbol{y},\boldsymbol{s})+\boldsymbol{\Psi}^{-1}\end{array}
\end{array}\right]^{-1} \tag{11.60}
$$

【**证明**】直接利用命题 3.5 可得

$$
\begin{aligned}
&\mathbf{CRB}^{(\mathrm{b})}\left(\begin{bmatrix}\boldsymbol{x}\\ \boldsymbol{y}\\ \boldsymbol{s}\end{bmatrix}\right)\\
&=\left[\begin{array}{c:c}
[\boldsymbol{F}_x(\boldsymbol{x},\boldsymbol{y},\boldsymbol{s})\,\vdots\,\boldsymbol{F}_y(\boldsymbol{x},\boldsymbol{y},\boldsymbol{s})]^{\mathrm{T}}\boldsymbol{E}^{-1}[\boldsymbol{F}_x(\boldsymbol{x},\boldsymbol{y},\boldsymbol{s})\,\vdots\,\boldsymbol{F}_y(\boldsymbol{x},\boldsymbol{y},\boldsymbol{s})] & [\boldsymbol{F}_x(\boldsymbol{x},\boldsymbol{y},\boldsymbol{s})\,\vdots\,\boldsymbol{F}_y(\boldsymbol{x},\boldsymbol{y},\boldsymbol{s})]^{\mathrm{T}}\boldsymbol{E}^{-1}\boldsymbol{F}_s(\boldsymbol{x},\boldsymbol{y},\boldsymbol{s})\\
\hdashline
(\boldsymbol{F}_s(\boldsymbol{x},\boldsymbol{y},\boldsymbol{s}))^{\mathrm{T}}\boldsymbol{E}^{-1}[\boldsymbol{F}_x(\boldsymbol{x},\boldsymbol{y},\boldsymbol{s})\,\vdots\,\boldsymbol{F}_y(\boldsymbol{x},\boldsymbol{y},\boldsymbol{s})] & (\boldsymbol{F}_s(\boldsymbol{x},\boldsymbol{y},\boldsymbol{s}))^{\mathrm{T}}\boldsymbol{E}^{-1}\boldsymbol{F}_s(\boldsymbol{x},\boldsymbol{y},\boldsymbol{s})+\boldsymbol{\Psi}^{-1}
\end{array}\right]^{-1}\\
&=\left[\begin{array}{c:c}
\left(\mathbf{CRB}^{(\mathrm{a})}\left(\begin{bmatrix}\boldsymbol{x}\\ \boldsymbol{y}\end{bmatrix}\right)\right)^{-1} & [\boldsymbol{F}_x(\boldsymbol{x},\boldsymbol{y},\boldsymbol{s})\,\vdots\,\boldsymbol{F}_y(\boldsymbol{x},\boldsymbol{y},\boldsymbol{s})]^{\mathrm{T}}\boldsymbol{E}^{-1}\boldsymbol{F}_s(\boldsymbol{x},\boldsymbol{y},\boldsymbol{s})\\
\hdashline
(\boldsymbol{F}_s(\boldsymbol{x},\boldsymbol{y},\boldsymbol{s}))^{\mathrm{T}}\boldsymbol{E}^{-1}[\boldsymbol{F}_x(\boldsymbol{x},\boldsymbol{y},\boldsymbol{s})\,\vdots\,\boldsymbol{F}_y(\boldsymbol{x},\boldsymbol{y},\boldsymbol{s})] & (\boldsymbol{F}_s(\boldsymbol{x},\boldsymbol{y},\boldsymbol{s}))^{\mathrm{T}}\boldsymbol{E}^{-1}\boldsymbol{F}_s(\boldsymbol{x},\boldsymbol{y},\boldsymbol{s})+\boldsymbol{\Psi}^{-1}
\end{array}\right]^{-1}
\end{aligned} \tag{11.61}
$$

证毕。

基于命题 11.8 还可以得到以下 3 个命题。

【**命题 11.9**】基于式 (11.59) 给出的观测模型, 未知参数 $\boldsymbol{x}$ 和 $\boldsymbol{y}$ 联合估计均方误差的克拉美罗界可以表示为

$$
\begin{aligned}
&\mathbf{CRB}^{(\mathrm{b})}\left(\begin{bmatrix}\boldsymbol{x}\\ \boldsymbol{y}\end{bmatrix}\right)\\
&=\mathbf{CRB}^{(\mathrm{a})}\left(\begin{bmatrix}\boldsymbol{x}\\ \boldsymbol{y}\end{bmatrix}\right)+\mathbf{CRB}^{(\mathrm{a})}\left(\begin{bmatrix}\boldsymbol{x}\\ \boldsymbol{y}\end{bmatrix}\right)\begin{bmatrix}(\boldsymbol{F}_x(\boldsymbol{x},\boldsymbol{y},\boldsymbol{s}))^{\mathrm{T}}\\ (\boldsymbol{F}_y(\boldsymbol{x},\boldsymbol{y},\boldsymbol{s}))^{\mathrm{T}}\end{bmatrix}\boldsymbol{E}^{-1}\boldsymbol{F}_s(\boldsymbol{x},\boldsymbol{y},\boldsymbol{s})\\
&\quad\times(\boldsymbol{\Psi}^{-1}+(\boldsymbol{F}_s(\boldsymbol{x},\boldsymbol{y},\boldsymbol{s}))^{\mathrm{T}}\boldsymbol{E}^{-1/2}\boldsymbol{\Pi}^{\perp}[\boldsymbol{E}^{-1/2}\boldsymbol{F}_x(\boldsymbol{x},\boldsymbol{y},\boldsymbol{s})\,\vdots\,\boldsymbol{E}^{-1/2}\boldsymbol{F}_y(\boldsymbol{x},\boldsymbol{y},\boldsymbol{s})]
\end{aligned}
$$

$$\times \boldsymbol{E}^{-1/2}\boldsymbol{F}_s(\boldsymbol{x},\boldsymbol{y},\boldsymbol{s}))^{-1}(\boldsymbol{F}_s(\boldsymbol{x},\boldsymbol{y},\boldsymbol{s}))^{\mathrm{T}}$$

$$\times \boldsymbol{E}^{-1}[\,\boldsymbol{F}_x(\boldsymbol{x},\boldsymbol{y},\boldsymbol{s})\,\vdots\,\boldsymbol{F}_y(\boldsymbol{x},\boldsymbol{y},\boldsymbol{s})\,]\mathbf{CRB}^{(\mathrm{a})}\left(\begin{bmatrix}\boldsymbol{x}\\ \boldsymbol{y}\end{bmatrix}\right) \tag{11.62}$$

【证明】直接利用命题 3.6 即可得到式 (11.62)。

【命题 11.10】基于式 (11.59) 给出的观测模型, 未知参数 $\boldsymbol{x}$ 和模型参数 $\boldsymbol{s}$ 联合估计均方误差的克拉美罗界可以表示为

$$\mathbf{CRB}^{(\mathrm{b})}\left(\begin{bmatrix}\boldsymbol{x}\\ \boldsymbol{s}\end{bmatrix}\right)=\left(\begin{bmatrix}(\boldsymbol{F}_x(\boldsymbol{x},\boldsymbol{y},\boldsymbol{s}))^{\mathrm{T}}\\ (\boldsymbol{F}_s(\boldsymbol{x},\boldsymbol{y},\boldsymbol{s}))^{\mathrm{T}}\end{bmatrix}\boldsymbol{E}^{-1/2}\boldsymbol{\Pi}^{\perp}[\boldsymbol{E}^{-1/2}\boldsymbol{F}_y(\boldsymbol{x},\boldsymbol{y},\boldsymbol{s})]\boldsymbol{E}^{-1/2}\right.$$
$$\left.\times\,[\,\boldsymbol{F}_x(\boldsymbol{x},\boldsymbol{y},\boldsymbol{s})\,\vdots\,\boldsymbol{F}_s(\boldsymbol{x},\boldsymbol{y},\boldsymbol{s})\,]+\mathrm{blkdiag}\{\boldsymbol{O}_{q_x\times q_x}\,,\,\boldsymbol{\Psi}^{-1}\}\right)^{-1} \tag{11.63}$$

【证明】首先, 由式 (11.60) 可得

$$\mathbf{CRB}^{(\mathrm{b})}\left(\begin{bmatrix}\boldsymbol{x}\\ \boldsymbol{s}\\ \boldsymbol{y}\end{bmatrix}\right)$$
$$=\begin{bmatrix}(\boldsymbol{F}_x(\boldsymbol{x},\boldsymbol{y},\boldsymbol{s}))^{\mathrm{T}}\boldsymbol{E}^{-1}\times\boldsymbol{F}_x(\boldsymbol{x},\boldsymbol{y},\boldsymbol{s}) & (\boldsymbol{F}_x(\boldsymbol{x},\boldsymbol{y},\boldsymbol{s}))^{\mathrm{T}}\boldsymbol{E}^{-1}\times\boldsymbol{F}_s(\boldsymbol{x},\boldsymbol{y},\boldsymbol{s}) & (\boldsymbol{F}_x(\boldsymbol{x},\boldsymbol{y},\boldsymbol{s}))^{\mathrm{T}}\boldsymbol{E}^{-1}\times\boldsymbol{F}_y(\boldsymbol{x},\boldsymbol{y},\boldsymbol{s})\\ (\boldsymbol{F}_s(\boldsymbol{x},\boldsymbol{y},\boldsymbol{s}))^{\mathrm{T}}\boldsymbol{E}^{-1}\times\boldsymbol{F}_x(\boldsymbol{x},\boldsymbol{y},\boldsymbol{s}) & (\boldsymbol{F}_s(\boldsymbol{x},\boldsymbol{y},\boldsymbol{s}))^{\mathrm{T}}\boldsymbol{E}^{-1}\times\boldsymbol{F}_s(\boldsymbol{x},\boldsymbol{y},\boldsymbol{s})+\boldsymbol{\Psi}^{-1} & (\boldsymbol{F}_s(\boldsymbol{x},\boldsymbol{y},\boldsymbol{s}))^{\mathrm{T}}\boldsymbol{E}^{-1}\times\boldsymbol{F}_y(\boldsymbol{x},\boldsymbol{y},\boldsymbol{s})\\ (\boldsymbol{F}_y(\boldsymbol{x},\boldsymbol{y},\boldsymbol{s}))^{\mathrm{T}}\boldsymbol{E}^{-1}\times\boldsymbol{F}_x(\boldsymbol{x},\boldsymbol{y},\boldsymbol{s}) & (\boldsymbol{F}_y(\boldsymbol{x},\boldsymbol{y},\boldsymbol{s}))^{\mathrm{T}}\boldsymbol{E}^{-1}\times\boldsymbol{F}_s(\boldsymbol{x},\boldsymbol{y},\boldsymbol{s}) & (\boldsymbol{F}_y(\boldsymbol{x},\boldsymbol{y},\boldsymbol{s}))^{\mathrm{T}}\boldsymbol{E}^{-1}\times\boldsymbol{F}_y(\boldsymbol{x},\boldsymbol{y},\boldsymbol{s})\end{bmatrix}^{-1} \tag{11.64}$$

然后, 结合式 (11.64) 和式 (2.7) 可知

$$\left(\mathbf{CRB}^{(\mathrm{b})}\left(\begin{bmatrix}\boldsymbol{x}\\ \boldsymbol{s}\end{bmatrix}\right)\right)^{-1}$$
$$=\mathrm{blkdiag}\{\boldsymbol{O}_{q_x\times q_x}\,,\,\boldsymbol{\Psi}^{-1}\}+\begin{bmatrix}(\boldsymbol{F}_x(\boldsymbol{x},\boldsymbol{y},\boldsymbol{s}))^{\mathrm{T}}\\ (\boldsymbol{F}_s(\boldsymbol{x},\boldsymbol{y},\boldsymbol{s}))^{\mathrm{T}}\end{bmatrix}\boldsymbol{E}^{-1}$$
$$\times\,[\,\boldsymbol{F}_x(\boldsymbol{x},\boldsymbol{y},\boldsymbol{s})\,\vdots\,\boldsymbol{F}_s(\boldsymbol{x},\boldsymbol{y},\boldsymbol{s})\,]-\begin{bmatrix}(\boldsymbol{F}_x(\boldsymbol{x},\boldsymbol{y},\boldsymbol{s}))^{\mathrm{T}}\\ (\boldsymbol{F}_s(\boldsymbol{x},\boldsymbol{y},\boldsymbol{s}))^{\mathrm{T}}\end{bmatrix}\boldsymbol{E}^{-1}$$

$$
\begin{aligned}
&\times \boldsymbol{F}_y(\boldsymbol{x},\boldsymbol{y},\boldsymbol{s})((\boldsymbol{F}_y(\boldsymbol{x},\boldsymbol{y},\boldsymbol{s}))^{\mathrm{T}}\boldsymbol{E}^{-1}\boldsymbol{F}_y(\boldsymbol{x},\boldsymbol{y},\boldsymbol{s}))^{-1}(\boldsymbol{F}_y(\boldsymbol{x},\boldsymbol{y},\boldsymbol{s}))^{\mathrm{T}}\boldsymbol{E}^{-1} \\
&\times [\,\boldsymbol{F}_x(\boldsymbol{x},\boldsymbol{y},\boldsymbol{s}) \mid \boldsymbol{F}_s(\boldsymbol{x},\boldsymbol{y},\boldsymbol{s})\,] \\
=\ &\begin{bmatrix} (\boldsymbol{F}_x(\boldsymbol{x},\boldsymbol{y},\boldsymbol{s}))^{\mathrm{T}} \\ (\boldsymbol{F}_s(\boldsymbol{x},\boldsymbol{y},\boldsymbol{s}))^{\mathrm{T}} \end{bmatrix} \boldsymbol{E}^{-1/2}(\boldsymbol{I}_p - \boldsymbol{E}^{-1/2}\boldsymbol{F}_y(\boldsymbol{x},\boldsymbol{y},\boldsymbol{s})((\boldsymbol{F}_y(\boldsymbol{x},\boldsymbol{y},\boldsymbol{s}))^{\mathrm{T}}\boldsymbol{E}^{-1} \\
&\times \boldsymbol{F}_y(\boldsymbol{x},\boldsymbol{y},\boldsymbol{s}))^{-1}(\boldsymbol{F}_y(\boldsymbol{x},\boldsymbol{y},\boldsymbol{s}))^{\mathrm{T}}\boldsymbol{E}^{-1/2})\boldsymbol{E}^{-1/2} \\
&\times [\,\boldsymbol{F}_x(\boldsymbol{x},\boldsymbol{y},\boldsymbol{s}) \mid \boldsymbol{F}_s(\boldsymbol{x},\boldsymbol{y},\boldsymbol{s})\,] + \mathrm{blkdiag}\{\boldsymbol{O}_{q_x \times q_x}\ ,\ \boldsymbol{\Psi}^{-1}\} \\
=\ &\begin{bmatrix} (\boldsymbol{F}_x(\boldsymbol{x},\boldsymbol{y},\boldsymbol{s}))^{\mathrm{T}} \\ (\boldsymbol{F}_s(\boldsymbol{x},\boldsymbol{y},\boldsymbol{s}))^{\mathrm{T}} \end{bmatrix} \boldsymbol{E}^{-1/2}\boldsymbol{\Pi}^{\perp}[\boldsymbol{E}^{-1/2}\boldsymbol{F}_y(\boldsymbol{x},\boldsymbol{y},\boldsymbol{s})]\boldsymbol{E}^{-1/2} \\
&\times [\,\boldsymbol{F}_x(\boldsymbol{x},\boldsymbol{y},\boldsymbol{s}) \mid \boldsymbol{F}_s(\boldsymbol{x},\boldsymbol{y},\boldsymbol{s})\,] + \mathrm{blkdiag}\{\boldsymbol{O}_{q_x \times q_x}\ ,\ \boldsymbol{\Psi}^{-1}\}
\end{aligned} \tag{11.65}
$$

式中, 第 3 个等号利用了式 (2.41) 中的第 2 个等式。

最后, 利用式 (11.65) 可知式 (11.63) 成立。证毕。

【**命题 11.11**】基于式 (11.59) 给出的观测模型, 未知参数 $\boldsymbol{y}$ 的估计均方误差的克拉美罗界可以表示为

$$
\begin{aligned}
\mathbf{CRB}^{(\mathrm{b})}(\boldsymbol{y}) = &((\boldsymbol{F}_y(\boldsymbol{x},\boldsymbol{y},\boldsymbol{s}))^{\mathrm{T}}\boldsymbol{E}^{-1}\boldsymbol{F}_y(\boldsymbol{x},\boldsymbol{y},\boldsymbol{s}))^{-1} + ((\boldsymbol{F}_y(\boldsymbol{x},\boldsymbol{y},\boldsymbol{s}))^{\mathrm{T}}\boldsymbol{E}^{-1} \\
&\times \boldsymbol{F}_y(\boldsymbol{x},\boldsymbol{y},\boldsymbol{s}))^{-1}(\boldsymbol{F}_y(\boldsymbol{x},\boldsymbol{y},\boldsymbol{s}))^{\mathrm{T}}\boldsymbol{E}^{-1}[\,\boldsymbol{F}_x(\boldsymbol{x},\boldsymbol{y},\boldsymbol{s}) \mid \boldsymbol{F}_s(\boldsymbol{x},\boldsymbol{y},\boldsymbol{s})\,] \\
&\times \mathbf{CRB}^{(\mathrm{b})}\left(\begin{bmatrix} \boldsymbol{x} \\ \boldsymbol{s} \end{bmatrix}\right) \begin{bmatrix} (\boldsymbol{F}_x(\boldsymbol{x},\boldsymbol{y},\boldsymbol{s}))^{\mathrm{T}} \\ (\boldsymbol{F}_s(\boldsymbol{x},\boldsymbol{y},\boldsymbol{s}))^{\mathrm{T}} \end{bmatrix} \boldsymbol{E}^{-1} \\
&\times \boldsymbol{F}_y(\boldsymbol{x},\boldsymbol{y},\boldsymbol{s})((\boldsymbol{F}_y(\boldsymbol{x},\boldsymbol{y},\boldsymbol{s}))^{\mathrm{T}}\boldsymbol{E}^{-1}\boldsymbol{F}_y(\boldsymbol{x},\boldsymbol{y},\boldsymbol{s}))^{-1}
\end{aligned} \tag{11.66}
$$

【**证明**】首先, 结合式 (11.64) 和式 (2.7) 可得

$$
\mathbf{CRB}^{(\mathrm{b})}(\boldsymbol{y}) = \left(\begin{aligned}
&(\boldsymbol{F}_y(\boldsymbol{x},\boldsymbol{y},\boldsymbol{s}))^{\mathrm{T}}\boldsymbol{E}^{-1}\boldsymbol{F}_y(\boldsymbol{x},\boldsymbol{y},\boldsymbol{s}) - (\boldsymbol{F}_y(\boldsymbol{x},\boldsymbol{y},\boldsymbol{s}))^{\mathrm{T}}\boldsymbol{E}^{-1}[\,\boldsymbol{F}_x(\boldsymbol{x},\boldsymbol{y},\boldsymbol{s}) \mid \boldsymbol{F}_s(\boldsymbol{x},\boldsymbol{y},\boldsymbol{s})\,] \\
&\times \left[\begin{array}{c|c} (\boldsymbol{F}_x(\boldsymbol{x},\boldsymbol{y},\boldsymbol{s}))^{\mathrm{T}}\boldsymbol{E}^{-1}\boldsymbol{F}_x(\boldsymbol{x},\boldsymbol{y},\boldsymbol{s}) & (\boldsymbol{F}_x(\boldsymbol{x},\boldsymbol{y},\boldsymbol{s}))^{\mathrm{T}}\boldsymbol{E}^{-1}\boldsymbol{F}_s(\boldsymbol{x},\boldsymbol{y},\boldsymbol{s}) \\ \hline (\boldsymbol{F}_s(\boldsymbol{x},\boldsymbol{y},\boldsymbol{s}))^{\mathrm{T}}\boldsymbol{E}^{-1}\boldsymbol{F}_x(\boldsymbol{x},\boldsymbol{y},\boldsymbol{s}) & (\boldsymbol{F}_s(\boldsymbol{x},\boldsymbol{y},\boldsymbol{s}))^{\mathrm{T}}\boldsymbol{E}^{-1}\boldsymbol{F}_s(\boldsymbol{x},\boldsymbol{y},\boldsymbol{s}) + \boldsymbol{\Psi}^{-1} \end{array}\right]^{-1} \\
&\times \begin{bmatrix} (\boldsymbol{F}_x(\boldsymbol{x},\boldsymbol{y},\boldsymbol{s}))^{\mathrm{T}} \\ (\boldsymbol{F}_s(\boldsymbol{x},\boldsymbol{y},\boldsymbol{s}))^{\mathrm{T}} \end{bmatrix} \boldsymbol{E}^{-1}\boldsymbol{F}_y(\boldsymbol{x},\boldsymbol{y},\boldsymbol{s})
\end{aligned}\right)^{-1} \tag{11.67}
$$

然后, 利用式 (2.5) 可知

$$
\begin{aligned}
&\mathbf{CRB}^{(\mathrm{b})}(\boldsymbol{y})\\
&=((\boldsymbol{F}_y(\boldsymbol{x},\boldsymbol{y},\boldsymbol{s}))^{\mathrm{T}}\boldsymbol{E}^{-1}\boldsymbol{F}_y(\boldsymbol{x},\boldsymbol{y},\boldsymbol{s}))^{-1}+((\boldsymbol{F}_y(\boldsymbol{x},\boldsymbol{y},\boldsymbol{s}))^{\mathrm{T}}\boldsymbol{E}^{-1}\boldsymbol{F}_y(\boldsymbol{x},\boldsymbol{y},\boldsymbol{s}))^{-1}\\
&\quad\times(\boldsymbol{F}_y(\boldsymbol{x},\boldsymbol{y},\boldsymbol{s}))^{\mathrm{T}}\boldsymbol{E}^{-1}[\,\boldsymbol{F}_x(\boldsymbol{x},\boldsymbol{y},\boldsymbol{s})\;\vdots\;\boldsymbol{F}_s(\boldsymbol{x},\boldsymbol{y},\boldsymbol{s})\,]\\
&\quad\times\left(\begin{array}{l}\left[\begin{array}{c:c}(\boldsymbol{F}_x(\boldsymbol{x},\boldsymbol{y},\boldsymbol{s}))^{\mathrm{T}}\boldsymbol{E}^{-1}\boldsymbol{F}_x(\boldsymbol{x},\boldsymbol{y},\boldsymbol{s}) & (\boldsymbol{F}_x(\boldsymbol{x},\boldsymbol{y},\boldsymbol{s}))^{\mathrm{T}}\boldsymbol{E}^{-1}\boldsymbol{F}_s(\boldsymbol{x},\boldsymbol{y},\boldsymbol{s})\\ \hdashline (\boldsymbol{F}_s(\boldsymbol{x},\boldsymbol{y},\boldsymbol{s}))^{\mathrm{T}}\boldsymbol{E}^{-1}\boldsymbol{F}_x(\boldsymbol{x},\boldsymbol{y},\boldsymbol{s}) & (\boldsymbol{F}_s(\boldsymbol{x},\boldsymbol{y},\boldsymbol{s}))^{\mathrm{T}}\boldsymbol{E}^{-1}\boldsymbol{F}_s(\boldsymbol{x},\boldsymbol{y},\boldsymbol{s})+\boldsymbol{\Psi}^{-1}\end{array}\right]\\ -\begin{bmatrix}(\boldsymbol{F}_x(\boldsymbol{x},\boldsymbol{y},\boldsymbol{s}))^{\mathrm{T}}\\(\boldsymbol{F}_s(\boldsymbol{x},\boldsymbol{y},\boldsymbol{s}))^{\mathrm{T}}\end{bmatrix}\boldsymbol{E}^{-1}\boldsymbol{F}_y(\boldsymbol{x},\boldsymbol{y},\boldsymbol{s})((\boldsymbol{F}_y(\boldsymbol{x},\boldsymbol{y},\boldsymbol{s}))^{\mathrm{T}}\boldsymbol{E}^{-1}\\ \times\boldsymbol{F}_y(\boldsymbol{x},\boldsymbol{y},\boldsymbol{s}))^{-1}(\boldsymbol{F}_y(\boldsymbol{x},\boldsymbol{y},\boldsymbol{s}))^{\mathrm{T}}\boldsymbol{E}^{-1}[\,\boldsymbol{F}_x(\boldsymbol{x},\boldsymbol{y},\boldsymbol{s})\;\vdots\;\boldsymbol{F}_s(\boldsymbol{x},\boldsymbol{y},\boldsymbol{s})\,]\end{array}\right)^{-1}\\
&\quad\times\begin{bmatrix}(\boldsymbol{F}_x(\boldsymbol{x},\boldsymbol{y},\boldsymbol{s}))^{\mathrm{T}}\\(\boldsymbol{F}_s(\boldsymbol{x},\boldsymbol{y},\boldsymbol{s}))^{\mathrm{T}}\end{bmatrix}\boldsymbol{E}^{-1}\boldsymbol{F}_y(\boldsymbol{x},\boldsymbol{y},\boldsymbol{s})((\boldsymbol{F}_y(\boldsymbol{x},\boldsymbol{y},\boldsymbol{s}))^{\mathrm{T}}\boldsymbol{E}^{-1}\boldsymbol{F}_y(\boldsymbol{x},\boldsymbol{y},\boldsymbol{s}))^{-1}\\
&=((\boldsymbol{F}_y(\boldsymbol{x},\boldsymbol{y},\boldsymbol{s}))^{\mathrm{T}}\boldsymbol{E}^{-1}\boldsymbol{F}_y(\boldsymbol{x},\boldsymbol{y},\boldsymbol{s}))^{-1}+((\boldsymbol{F}_y(\boldsymbol{x},\boldsymbol{y},\boldsymbol{s}))^{\mathrm{T}}\boldsymbol{E}^{-1}\\
&\quad\times\boldsymbol{F}_y(\boldsymbol{x},\boldsymbol{y},\boldsymbol{s}))^{-1}(\boldsymbol{F}_y(\boldsymbol{x},\boldsymbol{y},\boldsymbol{s}))^{\mathrm{T}}\boldsymbol{E}^{-1}[\,\boldsymbol{F}_x(\boldsymbol{x},\boldsymbol{y},\boldsymbol{s})\;\vdots\;\boldsymbol{F}_s(\boldsymbol{x},\boldsymbol{y},\boldsymbol{s})\,]\\
&\quad\times\mathbf{CRB}^{(\mathrm{b})}\left(\begin{bmatrix}\boldsymbol{x}\\\boldsymbol{s}\end{bmatrix}\right)\begin{bmatrix}(\boldsymbol{F}_x(\boldsymbol{x},\boldsymbol{y},\boldsymbol{s}))^{\mathrm{T}}\\(\boldsymbol{F}_s(\boldsymbol{x},\boldsymbol{y},\boldsymbol{s}))^{\mathrm{T}}\end{bmatrix}\boldsymbol{E}^{-1}\\
&\quad\times\boldsymbol{F}_y(\boldsymbol{x},\boldsymbol{y},\boldsymbol{s})((\boldsymbol{F}_y(\boldsymbol{x},\boldsymbol{y},\boldsymbol{s}))^{\mathrm{T}}\boldsymbol{E}^{-1}\boldsymbol{F}_y(\boldsymbol{x},\boldsymbol{y},\boldsymbol{s}))^{-1}
\end{aligned}
\tag{11.68}
$$

式中, 第 2 个等号利用了式 (11.65)。证毕。

11.3.2 对方法 11–a 的影响

模型参数先验观测误差显然会对方法 11–a 的估计精度产生直接影响, 下面推导方法 11–a 在模型参数存在先验观测误差情形下的统计性能。

1. 对未知参数 $\boldsymbol{x}$ 的影响

为了避免符号混淆, 将模型参数先验观测误差存在时高斯–牛顿迭代法的第 k 次迭代结果记为 $\widehat{\widehat{\boldsymbol{x}}}_k^{(\mathrm{a})}$, 则基于式 (11.13) 可得

$$
\begin{aligned}
\widehat{\widehat{\boldsymbol{x}}}_{k+1}^{(\mathrm{a})}=\widehat{\widehat{\boldsymbol{x}}}_k^{(\mathrm{a})}&+((\boldsymbol{G}_x(\widehat{\widehat{\boldsymbol{x}}}_k^{(\mathrm{a})},\widehat{\boldsymbol{s}},\boldsymbol{z}))^{\mathrm{T}}\boldsymbol{E}^{-1}\boldsymbol{G}_x(\widehat{\widehat{\boldsymbol{x}}}_k^{(\mathrm{a})},\widehat{\boldsymbol{s}},\boldsymbol{z}))^{-1}\\
&\times(\boldsymbol{G}_x(\widehat{\widehat{\boldsymbol{x}}}_k^{(\mathrm{a})},\widehat{\boldsymbol{s}},\boldsymbol{z}))^{\mathrm{T}}\boldsymbol{E}^{-1}(\boldsymbol{z}-\boldsymbol{g}(\widehat{\widehat{\boldsymbol{x}}}_k^{(\mathrm{a})},\widehat{\boldsymbol{s}},\boldsymbol{z}))
\end{aligned}
\tag{11.69}
$$

相对式 (11.13) 而言, 迭代公式 (11.69) 的不同之处在于用模型参数 $\boldsymbol{s}$ 的先验观测值 $\widehat{\boldsymbol{s}}$ 代替其真实值, 因为这里考虑的是其精确值无法获知的情形。若将式

(11.69) 的迭代收敛结果记为 $\widehat{\widehat{\boldsymbol{x}}}^{(\mathrm{a})}$ (即 $\lim\limits_{k\to+\infty}\widehat{\widehat{\boldsymbol{x}}}_k^{(\mathrm{a})}=\widehat{\widehat{\boldsymbol{x}}}^{(\mathrm{a})}$), 则向量 $\widehat{\widehat{\boldsymbol{x}}}^{(\mathrm{a})}$ 应满足

$$\widehat{\widehat{\boldsymbol{x}}}^{(\mathrm{a})}=\arg\min_{\boldsymbol{x}\in\mathbf{R}^{q_x\times 1}}\{(\boldsymbol{z}-\boldsymbol{g}(\boldsymbol{x},\widehat{\boldsymbol{s}},\boldsymbol{z}))^{\mathrm{T}}\boldsymbol{E}^{-1}(\boldsymbol{z}-\boldsymbol{g}(\boldsymbol{x},\widehat{\boldsymbol{s}},\boldsymbol{z}))\} \tag{11.70}$$

下面从统计的角度分析估计值 $\widehat{\widehat{\boldsymbol{x}}}^{(\mathrm{a})}$ 的理论性能, 具体结论可见以下命题。

【命题 11.12】向量 $\widehat{\widehat{\boldsymbol{x}}}^{(\mathrm{a})}$ 是关于未知参数 $\boldsymbol{x}$ 的渐近无偏估计值, 并且其均方误差为

$$\begin{aligned}\mathbf{MSE}(\widehat{\widehat{\boldsymbol{x}}}^{(\mathrm{a})})&=\mathbf{MSE}(\widehat{\boldsymbol{x}}^{(\mathrm{a})})+((\boldsymbol{G}_x(\boldsymbol{x},\boldsymbol{s},\boldsymbol{z}_0))^{\mathrm{T}}\boldsymbol{E}^{-1}\boldsymbol{G}_x(\boldsymbol{x},\boldsymbol{s},\boldsymbol{z}_0))^{-1}\\&\quad\times(\boldsymbol{G}_x(\boldsymbol{x},\boldsymbol{s},\boldsymbol{z}_0))^{\mathrm{T}}\boldsymbol{E}^{-1}\boldsymbol{G}_s(\boldsymbol{x},\boldsymbol{s},\boldsymbol{z}_0)\boldsymbol{\varPsi}(\boldsymbol{G}_s(\boldsymbol{x},\boldsymbol{s},\boldsymbol{z}_0))^{\mathrm{T}}\boldsymbol{E}^{-1}\\&\quad\times\boldsymbol{G}_x(\boldsymbol{x},\boldsymbol{s},\boldsymbol{z}_0)((\boldsymbol{G}_x(\boldsymbol{x},\boldsymbol{s},\boldsymbol{z}_0))^{\mathrm{T}}\boldsymbol{E}^{-1}\boldsymbol{G}_x(\boldsymbol{x},\boldsymbol{s},\boldsymbol{z}_0))^{-1}\end{aligned} \tag{11.71}$$

【证明】对式 (11.69) 两边取极限可得

$$\begin{aligned}&\lim_{k\to+\infty}\widehat{\widehat{\boldsymbol{x}}}_{k+1}^{(\mathrm{a})}=\lim_{k\to+\infty}\widehat{\widehat{\boldsymbol{x}}}_k^{(\mathrm{a})}+\lim_{k\to+\infty}\{((\boldsymbol{G}_x(\widehat{\widehat{\boldsymbol{x}}}_k^{(\mathrm{a})},\widehat{\boldsymbol{s}},\boldsymbol{z}))^{\mathrm{T}}\boldsymbol{E}^{-1}\boldsymbol{G}_x(\widehat{\widehat{\boldsymbol{x}}}_k^{(\mathrm{a})},\widehat{\boldsymbol{s}},\boldsymbol{z}))^{-1}\\&\qquad\qquad\times(\boldsymbol{G}_x(\widehat{\widehat{\boldsymbol{x}}}_k^{(\mathrm{a})},\widehat{\boldsymbol{s}},\boldsymbol{z}))^{\mathrm{T}}\boldsymbol{E}^{-1}(\boldsymbol{z}-\boldsymbol{g}(\widehat{\widehat{\boldsymbol{x}}}_k^{(\mathrm{a})},\widehat{\boldsymbol{s}},\boldsymbol{z}))\}\\&\qquad\Rightarrow(\boldsymbol{G}_x(\widehat{\widehat{\boldsymbol{x}}}^{(\mathrm{a})},\widehat{\boldsymbol{s}},\boldsymbol{z}))^{\mathrm{T}}\boldsymbol{E}^{-1}(\boldsymbol{z}-\boldsymbol{g}(\widehat{\widehat{\boldsymbol{x}}}^{(\mathrm{a})},\widehat{\boldsymbol{s}},\boldsymbol{z}))=\boldsymbol{O}_{q_x\times 1}\end{aligned} \tag{11.72}$$

利用一阶泰勒级数展开可知

$$\begin{aligned}\boldsymbol{g}(\widehat{\widehat{\boldsymbol{x}}}^{(\mathrm{a})},\widehat{\boldsymbol{s}},\boldsymbol{z})&\approx\boldsymbol{g}(\boldsymbol{x},\boldsymbol{s},\boldsymbol{z}_0)+\boldsymbol{G}_x(\boldsymbol{x},\boldsymbol{s},\boldsymbol{z}_0)\Delta\widetilde{\boldsymbol{x}}^{(\mathrm{a})}+\boldsymbol{G}_s(\boldsymbol{x},\boldsymbol{s},\boldsymbol{z}_0)\boldsymbol{\varphi}\\&\quad+\boldsymbol{G}_z(\boldsymbol{x},\boldsymbol{s},\boldsymbol{z}_0)(\boldsymbol{z}-\boldsymbol{z}_0)\\&=\boldsymbol{z}_0+\boldsymbol{G}_x(\boldsymbol{x},\boldsymbol{s},\boldsymbol{z}_0)\Delta\widetilde{\boldsymbol{x}}^{(\mathrm{a})}+\boldsymbol{G}_s(\boldsymbol{x},\boldsymbol{s},\boldsymbol{z}_0)\boldsymbol{\varphi}\\&\quad+\boldsymbol{C}(\boldsymbol{x},\boldsymbol{s})\boldsymbol{T}(\boldsymbol{s})\boldsymbol{H}(\boldsymbol{x},\boldsymbol{s})(\boldsymbol{T}(\boldsymbol{s}))^{\mathrm{T}}(\boldsymbol{C}(\boldsymbol{x},\boldsymbol{s}))^{\mathrm{T}}\boldsymbol{E}^{-1}\boldsymbol{e}\end{aligned} \tag{11.73}$$

式中, 第 2 个等号利用了式 (11.12) 和式 (11.31), $\Delta\widetilde{\boldsymbol{x}}^{(\mathrm{a})}=\widehat{\widehat{\boldsymbol{x}}}^{(\mathrm{a})}-\boldsymbol{x}$ 表示向量 $\widehat{\widehat{\boldsymbol{x}}}^{(\mathrm{a})}$ 中的估计误差。利用式 (11.73) 可得

$$\begin{aligned}\boldsymbol{z}-\boldsymbol{g}(\widehat{\widehat{\boldsymbol{x}}}^{(\mathrm{a})},\widehat{\boldsymbol{s}},\boldsymbol{z})&=\boldsymbol{z}_0+\boldsymbol{e}-\boldsymbol{g}(\widehat{\widehat{\boldsymbol{x}}}^{(\mathrm{a})},\widehat{\boldsymbol{s}},\boldsymbol{z})\\&\approx(\boldsymbol{I}_p-\boldsymbol{C}(\boldsymbol{x},\boldsymbol{s})\boldsymbol{T}(\boldsymbol{s})\boldsymbol{H}(\boldsymbol{x},\boldsymbol{s})(\boldsymbol{T}(\boldsymbol{s}))^{\mathrm{T}}(\boldsymbol{C}(\boldsymbol{x},\boldsymbol{s}))^{\mathrm{T}}\boldsymbol{E}^{-1})\boldsymbol{e}\\&\quad-\boldsymbol{G}_s(\boldsymbol{x},\boldsymbol{s},\boldsymbol{z}_0)\boldsymbol{\varphi}-\boldsymbol{G}_x(\boldsymbol{x},\boldsymbol{s},\boldsymbol{z}_0)\Delta\widetilde{\boldsymbol{x}}^{(\mathrm{a})}\end{aligned} \tag{11.74}$$

将式 (11.74) 代入式 (11.72) 中, 并利用一阶误差分析方法可知

$$\begin{aligned}\boldsymbol{O}_{q_x\times 1} &\approx (\boldsymbol{G}_x(\widehat{\widehat{\boldsymbol{x}}}^{(\mathrm{a})},\widehat{\boldsymbol{s}},\boldsymbol{z}))^{\mathrm{T}}\boldsymbol{E}^{-1}((\boldsymbol{I}_p-\boldsymbol{C}(\boldsymbol{x},\boldsymbol{s})\boldsymbol{T}(\boldsymbol{s})\boldsymbol{H}(\boldsymbol{x},\boldsymbol{s})(\boldsymbol{T}(\boldsymbol{s}))^{\mathrm{T}}\\&\quad\times(\boldsymbol{C}(\boldsymbol{x},\boldsymbol{s}))^{\mathrm{T}}\boldsymbol{E}^{-1})\boldsymbol{e}-\boldsymbol{G}_s(\boldsymbol{x},\boldsymbol{s},\boldsymbol{z}_0)\boldsymbol{\varphi}-\boldsymbol{G}_x(\boldsymbol{x},\boldsymbol{s},\boldsymbol{z}_0)\Delta\widetilde{\boldsymbol{x}}^{(\mathrm{a})})\\&\approx(\boldsymbol{G}_x(\boldsymbol{x},\boldsymbol{s},\boldsymbol{z}_0))^{\mathrm{T}}\boldsymbol{E}^{-1}((\boldsymbol{I}_p-\boldsymbol{C}(\boldsymbol{x},\boldsymbol{s})\boldsymbol{T}(\boldsymbol{s})\boldsymbol{H}(\boldsymbol{x},\boldsymbol{s})(\boldsymbol{T}(\boldsymbol{s}))^{\mathrm{T}}\\&\quad\times(\boldsymbol{C}(\boldsymbol{x},\boldsymbol{s}))^{\mathrm{T}}\boldsymbol{E}^{-1})\boldsymbol{e}-\boldsymbol{G}_s(\boldsymbol{x},\boldsymbol{s},\boldsymbol{z}_0)\boldsymbol{\varphi}-\boldsymbol{G}_x(\boldsymbol{x},\boldsymbol{s},\boldsymbol{z}_0)\Delta\widetilde{\boldsymbol{x}}^{(\mathrm{a})})\end{aligned}\tag{11.75}$$

式 (11.75) 中忽略了误差的二阶及以上各阶项, 由该式可以进一步推得

$$\begin{aligned}\Delta\widetilde{\boldsymbol{x}}^{(\mathrm{a})}&\approx((\boldsymbol{G}_x(\boldsymbol{x},\boldsymbol{s},\boldsymbol{z}_0))^{\mathrm{T}}\boldsymbol{E}^{-1}\boldsymbol{G}_x(\boldsymbol{x},\boldsymbol{s},\boldsymbol{z}_0))^{-1}(\boldsymbol{G}_x(\boldsymbol{x},\boldsymbol{s},\boldsymbol{z}_0))^{\mathrm{T}}\\&\quad\times((\boldsymbol{I}_p-\boldsymbol{E}^{-1}\boldsymbol{C}(\boldsymbol{x},\boldsymbol{s})\boldsymbol{T}(\boldsymbol{s})\boldsymbol{H}(\boldsymbol{x},\boldsymbol{s})(\boldsymbol{T}(\boldsymbol{s}))^{\mathrm{T}}\\&\quad\times(\boldsymbol{C}(\boldsymbol{x},\boldsymbol{s}))^{\mathrm{T}})\boldsymbol{E}^{-1}\boldsymbol{e}-\boldsymbol{E}^{-1}\boldsymbol{G}_s(\boldsymbol{x},\boldsymbol{s},\boldsymbol{z}_0)\boldsymbol{\varphi})\\&\approx\Delta\boldsymbol{x}^{(\mathrm{a})}-((\boldsymbol{G}_x(\boldsymbol{x},\boldsymbol{s},\boldsymbol{z}_0))^{\mathrm{T}}\boldsymbol{E}^{-1}\boldsymbol{G}_x(\boldsymbol{x},\boldsymbol{s},\boldsymbol{z}_0))^{-1}\\&\quad\times(\boldsymbol{G}_x(\boldsymbol{x},\boldsymbol{s},\boldsymbol{z}_0))^{\mathrm{T}}\boldsymbol{E}^{-1}\boldsymbol{G}_s(\boldsymbol{x},\boldsymbol{s},\boldsymbol{z}_0)\boldsymbol{\varphi}\end{aligned}\tag{11.76}$$

式中, 第 2 个约等号利用了式 (11.34)。式 (11.76) 给出了估计误差 $\Delta\widetilde{\boldsymbol{x}}^{(\mathrm{a})}$ 与观测误差 $\boldsymbol{e}$ 和 $\boldsymbol{\varphi}$ 之间的线性关系式。由式 (11.76) 可知 $\mathbf{E}[\Delta\widetilde{\boldsymbol{x}}^{(\mathrm{a})}]\approx\boldsymbol{O}_{q_x\times 1}$, 因此向量 $\widehat{\widehat{\boldsymbol{x}}}^{(\mathrm{a})}$ 是关于未知参数 $\boldsymbol{x}$ 的渐近无偏估计值。此外, 基于式 (11.76) 可以推得估计值 $\widehat{\widehat{\boldsymbol{x}}}^{(\mathrm{a})}$ 的均方误差

$$\begin{aligned}\mathbf{MSE}(\widehat{\widehat{\boldsymbol{x}}}^{(\mathrm{a})})&=\mathbf{E}[(\widehat{\widehat{\boldsymbol{x}}}^{(\mathrm{a})}-\boldsymbol{x})(\widehat{\widehat{\boldsymbol{x}}}^{(\mathrm{a})}-\boldsymbol{x})^{\mathrm{T}}]=\mathbf{E}[\Delta\widetilde{\boldsymbol{x}}^{(\mathrm{a})}(\Delta\widetilde{\boldsymbol{x}}^{(\mathrm{a})})^{\mathrm{T}}]\\&=\mathbf{MSE}(\widehat{\boldsymbol{x}}^{(\mathrm{a})})+((\boldsymbol{G}_x(\boldsymbol{x},\boldsymbol{s},\boldsymbol{z}_0))^{\mathrm{T}}\boldsymbol{E}^{-1}\boldsymbol{G}_x(\boldsymbol{x},\boldsymbol{s},\boldsymbol{z}_0))^{-1}\\&\quad\times(\boldsymbol{G}_x(\boldsymbol{x},\boldsymbol{s},\boldsymbol{z}_0))^{\mathrm{T}}\boldsymbol{E}^{-1}\boldsymbol{G}_s(\boldsymbol{x},\boldsymbol{s},\boldsymbol{z}_0)\boldsymbol{\Psi}(\boldsymbol{G}_s(\boldsymbol{x},\boldsymbol{s},\boldsymbol{z}_0))^{\mathrm{T}}\boldsymbol{E}^{-1}\\&\quad\times\boldsymbol{G}_x(\boldsymbol{x},\boldsymbol{s},\boldsymbol{z}_0)((\boldsymbol{G}_x(\boldsymbol{x},\boldsymbol{s},\boldsymbol{z}_0))^{\mathrm{T}}\boldsymbol{E}^{-1}\boldsymbol{G}_x(\boldsymbol{x},\boldsymbol{s},\boldsymbol{z}_0))^{-1}\end{aligned}\tag{11.77}$$

证毕。

【注记 11.9】附录 E 将证明如下等式

$$\begin{aligned}&((\boldsymbol{G}_x(\boldsymbol{x},\boldsymbol{s},\boldsymbol{z}_0))^{\mathrm{T}}\boldsymbol{E}^{-1}\boldsymbol{G}_x(\boldsymbol{x},\boldsymbol{s},\boldsymbol{z}_0))^{-1}(\boldsymbol{G}_x(\boldsymbol{x},\boldsymbol{s},\boldsymbol{z}_0))^{\mathrm{T}}\boldsymbol{E}^{-1}\boldsymbol{G}_s(\boldsymbol{x},\boldsymbol{s},\boldsymbol{z}_0)\\&=[\boldsymbol{I}_{q_x}\ \ \boldsymbol{O}_{q_x\times q_y}]\mathbf{CRB}^{(\mathrm{a})}\left(\begin{bmatrix}\boldsymbol{x}\\\boldsymbol{y}\end{bmatrix}\right)\begin{bmatrix}(\boldsymbol{F}_x(\boldsymbol{x},\boldsymbol{y},\boldsymbol{s}))^{\mathrm{T}}\\(\boldsymbol{F}_y(\boldsymbol{x},\boldsymbol{y},\boldsymbol{s}))^{\mathrm{T}}\end{bmatrix}\boldsymbol{E}^{-1}\boldsymbol{F}_s(\boldsymbol{x},\boldsymbol{y},\boldsymbol{s})\end{aligned}\tag{11.78}$$

将式 (11.42) 和式 (11.78) 代入式 (11.71) 可得

$$\begin{aligned}\mathbf{MSE}(\widehat{\widehat{\boldsymbol{x}}}^{(\mathrm{a})}) = {} & \mathbf{CRB}^{(\mathrm{a})}(\boldsymbol{x}) + [\boldsymbol{I}_{q_x} \ \ \boldsymbol{O}_{q_x \times q_y}]\mathbf{CRB}^{(\mathrm{a})}\left(\begin{bmatrix}\boldsymbol{x}\\ \boldsymbol{y}\end{bmatrix}\right) \\ & \times \begin{bmatrix}(\boldsymbol{F}_x(\boldsymbol{x},\boldsymbol{y},\boldsymbol{s}))^{\mathrm{T}}\\ (\boldsymbol{F}_y(\boldsymbol{x},\boldsymbol{y},\boldsymbol{s}))^{\mathrm{T}}\end{bmatrix} \boldsymbol{E}^{-1}\boldsymbol{F}_s(\boldsymbol{x},\boldsymbol{y},\boldsymbol{s})\boldsymbol{\Psi}(\boldsymbol{F}_s(\boldsymbol{x},\boldsymbol{y},\boldsymbol{s}))^{\mathrm{T}}\boldsymbol{E}^{-1} \\ & \times [\boldsymbol{F}_x(\boldsymbol{x},\boldsymbol{y},\boldsymbol{s}) \,\vdots\, \boldsymbol{F}_y(\boldsymbol{x},\boldsymbol{y},\boldsymbol{s})]\mathbf{CRB}^{(\mathrm{a})}\left(\begin{bmatrix}\boldsymbol{x}\\ \boldsymbol{y}\end{bmatrix}\right)\begin{bmatrix}\boldsymbol{I}_{q_x}\\ \boldsymbol{O}_{q_y \times q_x}\end{bmatrix}\end{aligned} \tag{11.79}$$

基于命题 11.12 还可以得到以下两个命题。

【**命题 11.13**】$\mathbf{MSE}(\widehat{\widehat{\boldsymbol{x}}}^{(\mathrm{a})}) \geqslant \mathbf{MSE}(\widehat{\boldsymbol{x}}^{(\mathrm{a})}) = \mathbf{CRB}^{(\mathrm{a})}(\boldsymbol{x})$。

【**证明**】利用矩阵 $\boldsymbol{\Psi}$ 的正定性与命题 2.4 可得

$$\begin{aligned}& [\boldsymbol{I}_{q_x} \ \ \boldsymbol{O}_{q_x \times q_y}]\mathbf{CRB}^{(\mathrm{a})}\left(\begin{bmatrix}\boldsymbol{x}\\ \boldsymbol{y}\end{bmatrix}\right)\begin{bmatrix}(\boldsymbol{F}_x(\boldsymbol{x},\boldsymbol{y},\boldsymbol{s}))^{\mathrm{T}}\\ (\boldsymbol{F}_y(\boldsymbol{x},\boldsymbol{y},\boldsymbol{s}))^{\mathrm{T}}\end{bmatrix} \boldsymbol{E}^{-1}\boldsymbol{F}_s(\boldsymbol{x},\boldsymbol{y},\boldsymbol{s})\boldsymbol{\Psi} \\ & \times (\boldsymbol{F}_s(\boldsymbol{x},\boldsymbol{y},\boldsymbol{s}))^{\mathrm{T}}\boldsymbol{E}^{-1}[\boldsymbol{F}_x(\boldsymbol{x},\boldsymbol{y},\boldsymbol{s}) \,\vdots\, \boldsymbol{F}_y(\boldsymbol{x},\boldsymbol{y},\boldsymbol{s})]\mathbf{CRB}^{(\mathrm{a})}\left(\begin{bmatrix}\boldsymbol{x}\\ \boldsymbol{y}\end{bmatrix}\right)\begin{bmatrix}\boldsymbol{I}_{q_x}\\ \boldsymbol{O}_{q_y \times q_x}\end{bmatrix} \geqslant \boldsymbol{O}\end{aligned} \tag{11.80}$$

结合式 (11.79) 和式 (11.80) 可知

$$\mathbf{MSE}(\widehat{\widehat{\boldsymbol{x}}}^{(\mathrm{a})}) \geqslant \mathbf{MSE}(\widehat{\boldsymbol{x}}^{(\mathrm{a})}) = \mathbf{CRB}^{(\mathrm{a})}(\boldsymbol{x}) \tag{11.81}$$

证毕。

【**命题 11.14**】$\mathbf{MSE}(\widehat{\widehat{\boldsymbol{x}}}^{(\mathrm{a})}) \geqslant \mathbf{CRB}^{(\mathrm{b})}(\boldsymbol{x})$。

【**证明**】由式 (11.62) 可知

$$\begin{aligned}\mathbf{CRB}^{(\mathrm{b})}(\boldsymbol{x}) = {} & \mathbf{CRB}^{(\mathrm{a})}(\boldsymbol{x}) + [\boldsymbol{I}_{q_x} \ \ \boldsymbol{O}_{q_x \times q_y}]\mathbf{CRB}^{(\mathrm{a})}\left(\begin{bmatrix}\boldsymbol{x}\\ \boldsymbol{y}\end{bmatrix}\right)\begin{bmatrix}(\boldsymbol{F}_x(\boldsymbol{x},\boldsymbol{y},\boldsymbol{s}))^{\mathrm{T}}\\ (\boldsymbol{F}_y(\boldsymbol{x},\boldsymbol{y},\boldsymbol{s}))^{\mathrm{T}}\end{bmatrix} \boldsymbol{E}^{-1} \\ & \times \boldsymbol{F}_s(\boldsymbol{x},\boldsymbol{y},\boldsymbol{s})(\boldsymbol{\Psi}^{-1} + (\boldsymbol{F}_s(\boldsymbol{x},\boldsymbol{y},\boldsymbol{s}))^{\mathrm{T}}\boldsymbol{E}^{-1/2} \\ & \times \boldsymbol{\Pi}^{\perp}[\boldsymbol{E}^{-1/2}\boldsymbol{F}_x(\boldsymbol{x},\boldsymbol{y},\boldsymbol{s}) \,\vdots\, \boldsymbol{E}^{-1/2}\boldsymbol{F}_y(\boldsymbol{x},\boldsymbol{y},\boldsymbol{s})]\boldsymbol{E}^{-1/2}\boldsymbol{F}_s(\boldsymbol{x},\boldsymbol{y},\boldsymbol{s}))^{-1} \\ & \times (\boldsymbol{F}_s(\boldsymbol{x},\boldsymbol{y},\boldsymbol{s}))^{\mathrm{T}}\boldsymbol{E}^{-1}[\boldsymbol{F}_x(\boldsymbol{x},\boldsymbol{y},\boldsymbol{s}) \,\vdots\, \boldsymbol{F}_y(\boldsymbol{x},\boldsymbol{y},\boldsymbol{s})] \\ & \times \mathbf{CRB}^{(\mathrm{a})}\left(\begin{bmatrix}\boldsymbol{x}\\ \boldsymbol{y}\end{bmatrix}\right)\begin{bmatrix}\boldsymbol{I}_{q_x}\\ \boldsymbol{O}_{q_y \times q_x}\end{bmatrix}\end{aligned} \tag{11.82}$$

利用正交投影矩阵 $\boldsymbol{\Pi}^{\perp}[\,\boldsymbol{E}^{-1/2}\boldsymbol{F}_x(\boldsymbol{x},\boldsymbol{y},\boldsymbol{s})\,\vdots\,\boldsymbol{E}^{-1/2}\boldsymbol{F}_y(\boldsymbol{x},\boldsymbol{y},\boldsymbol{s})\,]$ 的半正定性与命题 2.4 可得

$$(\boldsymbol{F}_s(\boldsymbol{x},\boldsymbol{y},\boldsymbol{s}))^{\mathrm{T}}\boldsymbol{E}^{-1/2}\boldsymbol{\Pi}^{\perp}[\,\boldsymbol{E}^{-1/2}\boldsymbol{F}_x(\boldsymbol{x},\boldsymbol{y},\boldsymbol{s})\,\vdots\,\boldsymbol{E}^{-1/2}\boldsymbol{F}_y(\boldsymbol{x},\boldsymbol{y},\boldsymbol{s})\,]\boldsymbol{E}^{-1/2}\boldsymbol{F}_s(\boldsymbol{x},\boldsymbol{y},\boldsymbol{s}) \geqslant \boldsymbol{O} \tag{11.83}$$

基于式 (11.83) 和命题 2.9 可得

$$\begin{aligned}
&\boldsymbol{\Psi}^{-1}+(\boldsymbol{F}_s(\boldsymbol{x},\boldsymbol{y},\boldsymbol{s}))^{\mathrm{T}}\boldsymbol{E}^{-1/2}\\
&\quad\times\boldsymbol{\Pi}^{\perp}[\,\boldsymbol{E}^{-1/2}\boldsymbol{F}_x(\boldsymbol{x},\boldsymbol{y},\boldsymbol{s})\,\vdots\,\boldsymbol{E}^{-1/2}\boldsymbol{F}_y(\boldsymbol{x},\boldsymbol{y},\boldsymbol{s})\,]\boldsymbol{E}^{-1/2}\boldsymbol{F}_s(\boldsymbol{x},\boldsymbol{y},\boldsymbol{s}) \geqslant \boldsymbol{\Psi}^{-1}\\
\Rightarrow\ &(\boldsymbol{\Psi}^{-1}+(\boldsymbol{F}_s(\boldsymbol{x},\boldsymbol{y},\boldsymbol{s}))^{\mathrm{T}}\boldsymbol{E}^{-1/2}\\
&\quad\times\boldsymbol{\Pi}^{\perp}[\,\boldsymbol{E}^{-1/2}\boldsymbol{F}_x(\boldsymbol{x},\boldsymbol{y},\boldsymbol{s})\,\vdots\,\boldsymbol{E}^{-1/2}\boldsymbol{F}_y(\boldsymbol{x},\boldsymbol{y},\boldsymbol{s})\,]\boldsymbol{E}^{-1/2}\boldsymbol{F}_s(\boldsymbol{x},\boldsymbol{y},\boldsymbol{s}))^{-1} \leqslant \boldsymbol{\Psi}
\end{aligned} \tag{11.84}$$

结合式 (11.79)、式 (11.82) 和式 (11.84), 以及命题 2.5 可知 $\mathbf{MSE}(\widehat{\widehat{\boldsymbol{x}}}^{(\mathrm{a})}) \geqslant \mathbf{CRB}^{(\mathrm{b})}(\boldsymbol{x})$。证毕。

【注记 11.10】命题 11.14 表明, 当模型参数存在先验观测误差时, 向量 $\widehat{\widehat{\boldsymbol{x}}}^{(\mathrm{a})}$ 的估计均方误差难以达到相应的克拉美罗界 (即 $\mathbf{CRB}^{(\mathrm{b})}(\boldsymbol{x})$), 且不是关于未知参数 $\boldsymbol{x}$ 的渐近统计最优估计值。因此, 下面还需要在模型参数先验观测误差存在的情形下给出性能可以达到克拉美罗界的估计方法。

2. 对未知参数 $\boldsymbol{y}$ 的影响

为了避免符号混淆, 下面将模型参数先验观测误差存在时方法 11–a 的估计值记为 $\widehat{\widehat{\boldsymbol{y}}}^{(\mathrm{a})}$, 则基于式 (11.18) 可得

$$\widehat{\widehat{\boldsymbol{y}}}^{(\mathrm{a})}=\boldsymbol{H}(\widehat{\widehat{\boldsymbol{x}}}^{(\mathrm{a})},\widehat{\boldsymbol{s}})(\boldsymbol{T}(\widehat{\boldsymbol{s}}))^{\mathrm{T}}(\boldsymbol{C}(\widehat{\widehat{\boldsymbol{x}}}^{(\mathrm{a})},\widehat{\boldsymbol{s}}))^{\mathrm{T}}\boldsymbol{E}^{-1}\boldsymbol{z} \tag{11.85}$$

相对式 (11.18) 而言, 式 (11.85) 的不同之处在于使用模型参数 $\boldsymbol{s}$ 的先验观测值 $\widehat{\boldsymbol{s}}$ 代替其真实值, 以及利用估计值 $\widehat{\widehat{\boldsymbol{x}}}^{(\mathrm{a})}$ 代替估计值 $\widehat{\boldsymbol{x}}^{(\mathrm{a})}$, 因为这里考虑的是模型参数的精确值无法获知的情形。

下面从统计的角度分析估计值 $\widehat{\widehat{\boldsymbol{y}}}^{(\mathrm{a})}$ 的理论性能, 具体结论可见以下命题。

【命题 11.15】向量 $\widehat{\widehat{\boldsymbol{y}}}^{(\mathrm{a})}$ 是关于未知参数 $\boldsymbol{y}$ 的渐近无偏估计值, 并且其均方误差为

$$\begin{aligned}
\mathbf{MSE}(\widehat{\widehat{\boldsymbol{y}}}^{(\mathrm{a})})=\ &\mathbf{MSE}(\widehat{\boldsymbol{y}}^{(\mathrm{a})})+((\boldsymbol{F}_y(\boldsymbol{x},\boldsymbol{y},\boldsymbol{s}))^{\mathrm{T}}\boldsymbol{E}^{-1}\boldsymbol{F}_y(\boldsymbol{x},\boldsymbol{y},\boldsymbol{s}))^{-1}(\boldsymbol{F}_y(\boldsymbol{x},\boldsymbol{y},\boldsymbol{s}))^{\mathrm{T}}\boldsymbol{E}^{-1}\\
&\times(\boldsymbol{F}_s(\boldsymbol{x},\boldsymbol{y},\boldsymbol{s})-\boldsymbol{F}_x(\boldsymbol{x},\boldsymbol{y},\boldsymbol{s})((\boldsymbol{G}_x(\boldsymbol{x},\boldsymbol{s},\boldsymbol{z}_0))^{\mathrm{T}}\boldsymbol{E}^{-1}\boldsymbol{G}_x(\boldsymbol{x},\boldsymbol{s},\boldsymbol{z}_0))^{-1}
\end{aligned}$$

$$
\begin{aligned}
&\times (\boldsymbol{G}_x(\boldsymbol{x},\boldsymbol{s},\boldsymbol{z}_0))^{\mathrm{T}}\boldsymbol{E}^{-1}\boldsymbol{G}_s(\boldsymbol{x},\boldsymbol{s},\boldsymbol{z}_0))\boldsymbol{\Psi}\\
&\times ((\boldsymbol{F}_s(\boldsymbol{x},\boldsymbol{y},\boldsymbol{s}))^{\mathrm{T}}-(\boldsymbol{G}_s(\boldsymbol{x},\boldsymbol{s},\boldsymbol{z}_0))^{\mathrm{T}}\boldsymbol{E}^{-1}\boldsymbol{G}_x(\boldsymbol{x},\boldsymbol{s},\boldsymbol{z}_0)\\
&\times ((\boldsymbol{G}_x(\boldsymbol{x},\boldsymbol{s},\boldsymbol{z}_0))^{\mathrm{T}}\boldsymbol{E}^{-1}\boldsymbol{G}_x(\boldsymbol{x},\boldsymbol{s},\boldsymbol{z}_0))^{-1}(\boldsymbol{F}_x(\boldsymbol{x},\boldsymbol{y},\boldsymbol{s}))^{\mathrm{T}})\\
&\times \boldsymbol{E}^{-1}\boldsymbol{F}_y(\boldsymbol{x},\boldsymbol{y},\boldsymbol{s})((\boldsymbol{F}_y(\boldsymbol{x},\boldsymbol{y},\boldsymbol{s}))^{\mathrm{T}}\boldsymbol{E}^{-1}\boldsymbol{F}_y(\boldsymbol{x},\boldsymbol{y},\boldsymbol{s}))^{-1} \qquad (11.86)
\end{aligned}
$$

【证明】 将向量 $\widehat{\widetilde{\boldsymbol{y}}}^{(\mathrm{a})}$ 中的估计误差记为 $\Delta\widetilde{\boldsymbol{y}}^{(\mathrm{a})}=\widehat{\widetilde{\boldsymbol{y}}}^{(\mathrm{a})}-\boldsymbol{y}$。结合式 (11.9) 和式 (11.85) 可知

$$
\begin{aligned}
&(\boldsymbol{T}(\widehat{\boldsymbol{s}}))^{\mathrm{T}}(\boldsymbol{C}(\widehat{\widetilde{\boldsymbol{x}}}^{(\mathrm{a})},\widehat{\boldsymbol{s}}))^{\mathrm{T}}\boldsymbol{E}^{-1}\boldsymbol{C}(\widehat{\widetilde{\boldsymbol{x}}}^{(\mathrm{a})},\widehat{\boldsymbol{s}})\boldsymbol{T}(\widehat{\boldsymbol{s}})(\boldsymbol{y}+\Delta\widetilde{\boldsymbol{y}}^{(\mathrm{a})})\\
&=(\boldsymbol{T}(\widehat{\boldsymbol{s}}))^{\mathrm{T}}(\boldsymbol{C}(\widehat{\widetilde{\boldsymbol{x}}}^{(\mathrm{a})},\widehat{\boldsymbol{s}}))^{\mathrm{T}}\boldsymbol{E}^{-1}\boldsymbol{z} \qquad (11.87)
\end{aligned}
$$

在一阶误差分析理论框架下, 利用式 (11.87) 可以进一步推得

$$
\begin{aligned}
&(\Delta\widetilde{\boldsymbol{T}}^{(\mathrm{a})})^{\mathrm{T}}(\boldsymbol{C}(\boldsymbol{x},\boldsymbol{s}))^{\mathrm{T}}\boldsymbol{E}^{-1}\boldsymbol{C}(\boldsymbol{x},\boldsymbol{s})\boldsymbol{T}(\boldsymbol{s})\boldsymbol{y}+(\boldsymbol{T}(\boldsymbol{s}))^{\mathrm{T}}(\Delta\widetilde{\boldsymbol{C}}^{(\mathrm{a})})^{\mathrm{T}}\boldsymbol{E}^{-1}\boldsymbol{C}(\boldsymbol{x},\boldsymbol{s})\boldsymbol{T}(\boldsymbol{s})\boldsymbol{y}\\
&+(\boldsymbol{T}(\boldsymbol{s}))^{\mathrm{T}}(\boldsymbol{C}(\boldsymbol{x},\boldsymbol{s}))^{\mathrm{T}}\boldsymbol{E}^{-1}\Delta\widetilde{\boldsymbol{C}}^{(\mathrm{a})}\boldsymbol{T}(\boldsymbol{s})\boldsymbol{y}+(\boldsymbol{T}(\boldsymbol{s}))^{\mathrm{T}}(\boldsymbol{C}(\boldsymbol{x},\boldsymbol{s}))^{\mathrm{T}}\boldsymbol{E}^{-1}\\
&\times\boldsymbol{C}(\boldsymbol{x},\boldsymbol{s})\Delta\widetilde{\boldsymbol{T}}^{(\mathrm{a})}\boldsymbol{y}+(\boldsymbol{T}(\boldsymbol{s}))^{\mathrm{T}}(\boldsymbol{C}(\boldsymbol{x},\boldsymbol{s}))^{\mathrm{T}}\boldsymbol{E}^{-1}\boldsymbol{C}(\boldsymbol{x},\boldsymbol{s})\boldsymbol{T}(\boldsymbol{s})\Delta\widetilde{\boldsymbol{y}}^{(\mathrm{a})}\\
&\approx(\Delta\widetilde{\boldsymbol{T}}^{(\mathrm{a})})^{\mathrm{T}}(\boldsymbol{C}(\boldsymbol{x},\boldsymbol{s}))^{\mathrm{T}}\boldsymbol{E}^{-1}\boldsymbol{z}_0+(\boldsymbol{T}(\boldsymbol{s}))^{\mathrm{T}}(\Delta\widetilde{\boldsymbol{C}}^{(\mathrm{a})})^{\mathrm{T}}\boldsymbol{E}^{-1}\boldsymbol{z}_0\\
&+(\boldsymbol{T}(\boldsymbol{s}))^{\mathrm{T}}(\boldsymbol{C}(\boldsymbol{x},\boldsymbol{s}))^{\mathrm{T}}\boldsymbol{E}^{-1}\boldsymbol{e}\\
&\Rightarrow(\boldsymbol{T}(\boldsymbol{s}))^{\mathrm{T}}(\boldsymbol{C}(\boldsymbol{x},\boldsymbol{s}))^{\mathrm{T}}\boldsymbol{E}^{-1}\boldsymbol{C}(\boldsymbol{x},\boldsymbol{s})\boldsymbol{T}(\boldsymbol{s})\Delta\widetilde{\boldsymbol{y}}^{(\mathrm{a})}\\
&\approx(\boldsymbol{T}(\boldsymbol{s}))^{\mathrm{T}}(\boldsymbol{C}(\boldsymbol{x},\boldsymbol{s}))^{\mathrm{T}}\boldsymbol{E}^{-1}(\boldsymbol{e}-(\Delta\widetilde{\boldsymbol{C}}^{(\mathrm{a})}\boldsymbol{T}(\boldsymbol{s})+\boldsymbol{C}(\boldsymbol{x},\boldsymbol{s})\Delta\widetilde{\boldsymbol{T}}^{(\mathrm{a})})\boldsymbol{y})\\
&\Rightarrow\Delta\widetilde{\boldsymbol{y}}^{(\mathrm{a})}\approx\boldsymbol{H}(\boldsymbol{x},\boldsymbol{s})(\boldsymbol{T}(\boldsymbol{s}))^{\mathrm{T}}(\boldsymbol{C}(\boldsymbol{x},\boldsymbol{s}))^{\mathrm{T}}\boldsymbol{E}^{-1}\\
&\times(\boldsymbol{e}-(\Delta\widetilde{\boldsymbol{C}}^{(\mathrm{a})}\boldsymbol{T}(\boldsymbol{s})+\boldsymbol{C}(\boldsymbol{x},\boldsymbol{s})\Delta\widetilde{\boldsymbol{T}}^{(\mathrm{a})})\boldsymbol{y}) \qquad (11.88)
\end{aligned}
$$

式中, 第 3 个约等式利用了式 (11.9), $\Delta\widetilde{\boldsymbol{C}}^{(\mathrm{a})}=\boldsymbol{C}(\widehat{\widetilde{\boldsymbol{x}}}^{(\mathrm{a})},\widehat{\boldsymbol{s}})-\boldsymbol{C}(\boldsymbol{x},\boldsymbol{s})$, $\Delta\widetilde{\boldsymbol{T}}^{(\mathrm{a})}=\boldsymbol{T}(\widehat{\boldsymbol{s}})-\boldsymbol{T}(\boldsymbol{s})$。利用一阶误差分析可知

$$
\begin{aligned}
(\Delta\widetilde{\boldsymbol{C}}^{(\mathrm{a})}\boldsymbol{T}(\boldsymbol{s})+\boldsymbol{C}(\boldsymbol{x},\boldsymbol{s})\Delta\widetilde{\boldsymbol{T}}^{(\mathrm{a})})\boldsymbol{y}&\approx\sum_{j=1}^{q_x}\langle\Delta\widetilde{\boldsymbol{x}}^{(\mathrm{a})}\rangle_j\dot{\boldsymbol{C}}_{x_j}(\boldsymbol{x},\boldsymbol{s})\boldsymbol{T}(\boldsymbol{s})\boldsymbol{y}\\
&\quad+\sum_{j=1}^{r}\langle\boldsymbol{\varphi}\rangle_j(\dot{\boldsymbol{C}}_{s_j}(\boldsymbol{x},\boldsymbol{s})\boldsymbol{T}(\boldsymbol{s})+\boldsymbol{C}(\boldsymbol{x},\boldsymbol{s})\dot{\boldsymbol{T}}_{s_j}(\boldsymbol{s}))\boldsymbol{y}\\
&=\boldsymbol{F}_x(\boldsymbol{x},\boldsymbol{y},\boldsymbol{s})\Delta\widetilde{\boldsymbol{x}}^{(\mathrm{a})}+\boldsymbol{F}_s(\boldsymbol{x},\boldsymbol{y},\boldsymbol{s})\boldsymbol{\varphi} \qquad (11.89)
\end{aligned}
$$

式中, 第 2 个等号利用了式 (11.26) 和式 (11.55)。将式 (11.89) 代入式 (11.88) 可得

$$\Delta\widetilde{\boldsymbol{y}}^{(\mathrm{a})} \approx \boldsymbol{H}(\boldsymbol{x},\boldsymbol{s})(\boldsymbol{T}(\boldsymbol{s}))^{\mathrm{T}}(\boldsymbol{C}(\boldsymbol{x},\boldsymbol{s}))^{\mathrm{T}}\boldsymbol{E}^{-1}(\boldsymbol{e}-\boldsymbol{F}_x(\boldsymbol{x},\boldsymbol{y},\boldsymbol{s})\Delta\widetilde{\boldsymbol{x}}^{(\mathrm{a})}-\boldsymbol{F}_s(\boldsymbol{x},\boldsymbol{y},\boldsymbol{s})\boldsymbol{\varphi}) \tag{11.90}$$

将式 (11.76) 代入式 (11.90) 可知

$$\begin{aligned}\Delta\widetilde{\boldsymbol{y}}^{(\mathrm{a})} &\approx \boldsymbol{H}(\boldsymbol{x},\boldsymbol{s})(\boldsymbol{T}(\boldsymbol{s}))^{\mathrm{T}}(\boldsymbol{C}(\boldsymbol{x},\boldsymbol{s}))^{\mathrm{T}}\boldsymbol{E}^{-1}(\boldsymbol{e}-\boldsymbol{F}_x(\boldsymbol{x},\boldsymbol{y},\boldsymbol{s})\Delta\boldsymbol{x}^{(\mathrm{a})})\\ &\quad+\boldsymbol{H}(\boldsymbol{x},\boldsymbol{s})(\boldsymbol{T}(\boldsymbol{s}))^{\mathrm{T}}(\boldsymbol{C}(\boldsymbol{x},\boldsymbol{s}))^{\mathrm{T}}\boldsymbol{E}^{-1}(\boldsymbol{F}_x(\boldsymbol{x},\boldsymbol{y},\boldsymbol{s})((\boldsymbol{G}_x(\boldsymbol{x},\boldsymbol{s},\boldsymbol{z}_0))^{\mathrm{T}}\boldsymbol{E}^{-1}\\ &\quad\times\boldsymbol{G}_x(\boldsymbol{x},\boldsymbol{s},\boldsymbol{z}_0))^{-1}(\boldsymbol{G}_x(\boldsymbol{x},\boldsymbol{s},\boldsymbol{z}_0))^{\mathrm{T}}\boldsymbol{E}^{-1}\boldsymbol{G}_s(\boldsymbol{x},\boldsymbol{s},\boldsymbol{z}_0)-\boldsymbol{F}_s(\boldsymbol{x},\boldsymbol{y},\boldsymbol{s}))\boldsymbol{\varphi}\\ &\approx \Delta\boldsymbol{y}^{(\mathrm{a})}-((\boldsymbol{F}_y(\boldsymbol{x},\boldsymbol{y},\boldsymbol{s}))^{\mathrm{T}}\boldsymbol{E}^{-1}\boldsymbol{F}_y(\boldsymbol{x},\boldsymbol{y},\boldsymbol{s}))^{-1}(\boldsymbol{F}_y(\boldsymbol{x},\boldsymbol{y},\boldsymbol{s}))^{\mathrm{T}}\boldsymbol{E}^{-1}\\ &\quad\times(\boldsymbol{F}_s(\boldsymbol{x},\boldsymbol{y},\boldsymbol{s})-\boldsymbol{F}_x(\boldsymbol{x},\boldsymbol{y},\boldsymbol{s})((\boldsymbol{G}_x(\boldsymbol{x},\boldsymbol{s},\boldsymbol{z}_0))^{\mathrm{T}}\boldsymbol{E}^{-1}\boldsymbol{G}_x(\boldsymbol{x},\boldsymbol{s},\boldsymbol{z}_0))^{-1}\\ &\quad\times(\boldsymbol{G}_x(\boldsymbol{x},\boldsymbol{s},\boldsymbol{z}_0))^{\mathrm{T}}\boldsymbol{E}^{-1}\boldsymbol{G}_s(\boldsymbol{x},\boldsymbol{s},\boldsymbol{z}_0))\boldsymbol{\varphi}\end{aligned} \tag{11.91}$$

式中, 第 2 个约等号利用了式 (11.27)、式 (11.47) 和式 (11.52)。由式 (11.91) 可知, 误差向量 $\Delta\widetilde{\boldsymbol{y}}^{(\mathrm{a})}$ 渐近服从零均值的高斯分布, 因此向量 $\widehat{\widetilde{\boldsymbol{y}}}^{(\mathrm{a})}$ 是关于未知参数 $\boldsymbol{y}$ 的渐近无偏估计值, 并且其均方误差为

$$\begin{aligned}\mathbf{MSE}(\widehat{\widetilde{\boldsymbol{y}}}^{(\mathrm{a})}) &= \mathbf{E}[(\widehat{\widetilde{\boldsymbol{y}}}^{(\mathrm{a})}-\boldsymbol{y})(\widehat{\widetilde{\boldsymbol{y}}}^{(\mathrm{a})}-\boldsymbol{y})^{\mathrm{T}}]=\mathbf{E}[\Delta\widetilde{\boldsymbol{y}}^{(\mathrm{a})}(\Delta\widetilde{\boldsymbol{y}}^{(\mathrm{a})})^{\mathrm{T}}]\\ &=\mathbf{MSE}(\widehat{\boldsymbol{y}}^{(\mathrm{a})})+((\boldsymbol{F}_y(\boldsymbol{x},\boldsymbol{y},\boldsymbol{s}))^{\mathrm{T}}\boldsymbol{E}^{-1}\boldsymbol{F}_y(\boldsymbol{x},\boldsymbol{y},\boldsymbol{s}))^{-1}(\boldsymbol{F}_y(\boldsymbol{x},\boldsymbol{y},\boldsymbol{s}))^{\mathrm{T}}\boldsymbol{E}^{-1}\\ &\quad\times(\boldsymbol{F}_s(\boldsymbol{x},\boldsymbol{y},\boldsymbol{s})-\boldsymbol{F}_x(\boldsymbol{x},\boldsymbol{y},\boldsymbol{s})((\boldsymbol{G}_x(\boldsymbol{x},\boldsymbol{s},\boldsymbol{z}_0))^{\mathrm{T}}\boldsymbol{E}^{-1}\boldsymbol{G}_x(\boldsymbol{x},\boldsymbol{s},\boldsymbol{z}_0))^{-1}\\ &\quad\times(\boldsymbol{G}_x(\boldsymbol{x},\boldsymbol{s},\boldsymbol{z}_0))^{\mathrm{T}}\boldsymbol{E}^{-1}\boldsymbol{G}_s(\boldsymbol{x},\boldsymbol{s},\boldsymbol{z}_0))\boldsymbol{\Psi}((\boldsymbol{F}_s(\boldsymbol{x},\boldsymbol{y},\boldsymbol{s}))^{\mathrm{T}}\\ &\quad-(\boldsymbol{G}_s(\boldsymbol{x},\boldsymbol{s},\boldsymbol{z}_0))^{\mathrm{T}}\boldsymbol{E}^{-1}\boldsymbol{G}_x(\boldsymbol{x},\boldsymbol{s},\boldsymbol{z}_0)((\boldsymbol{G}_x(\boldsymbol{x},\boldsymbol{s},\boldsymbol{z}_0))^{\mathrm{T}}\boldsymbol{E}^{-1}\\ &\quad\times\boldsymbol{G}_x(\boldsymbol{x},\boldsymbol{s},\boldsymbol{z}_0))^{-1}(\boldsymbol{F}_x(\boldsymbol{x},\boldsymbol{y},\boldsymbol{s}))^{\mathrm{T}})\boldsymbol{E}^{-1}\\ &\quad\times\boldsymbol{F}_y(\boldsymbol{x},\boldsymbol{y},\boldsymbol{s})((\boldsymbol{F}_y(\boldsymbol{x},\boldsymbol{y},\boldsymbol{s}))^{\mathrm{T}}\boldsymbol{E}^{-1}\boldsymbol{F}_y(\boldsymbol{x},\boldsymbol{y},\boldsymbol{s}))^{-1}\end{aligned} \tag{11.92}$$

证毕。

【注记 11.11】附录 F 证明了如下等式

$$\begin{aligned}&((\boldsymbol{F}_y(\boldsymbol{x},\boldsymbol{y},\boldsymbol{s}))^{\mathrm{T}}\boldsymbol{E}^{-1}\boldsymbol{F}_y(\boldsymbol{x},\boldsymbol{y},\boldsymbol{s}))^{-1}(\boldsymbol{F}_y(\boldsymbol{x},\boldsymbol{y},\boldsymbol{s}))^{\mathrm{T}}\boldsymbol{E}^{-1}\\ &\times(\boldsymbol{F}_s(\boldsymbol{x},\boldsymbol{y},\boldsymbol{s})-\boldsymbol{F}_x(\boldsymbol{x},\boldsymbol{y},\boldsymbol{s})((\boldsymbol{G}_x(\boldsymbol{x},\boldsymbol{s},\boldsymbol{z}_0))^{\mathrm{T}}\boldsymbol{E}^{-1}\end{aligned}$$

$$\times \boldsymbol{G}_x(\boldsymbol{x},\boldsymbol{s},\boldsymbol{z}_0))^{-1}(\boldsymbol{G}_x(\boldsymbol{x},\boldsymbol{s},\boldsymbol{z}_0))^{\mathrm{T}}\boldsymbol{E}^{-1}\boldsymbol{G}_s(\boldsymbol{x},\boldsymbol{s},\boldsymbol{z}_0))$$

$$= [\boldsymbol{O}_{q_y\times q_x}\ \ \boldsymbol{I}_{q_y}]\mathbf{CRB}^{(\mathrm{a})}\left(\begin{bmatrix}\boldsymbol{x}\\ \boldsymbol{y}\end{bmatrix}\right)\begin{bmatrix}(\boldsymbol{F}_x(\boldsymbol{x},\boldsymbol{y},\boldsymbol{s}))^{\mathrm{T}}\\ (\boldsymbol{F}_y(\boldsymbol{x},\boldsymbol{y},\boldsymbol{s}))^{\mathrm{T}}\end{bmatrix}\boldsymbol{E}^{-1}\boldsymbol{F}_s(\boldsymbol{x},\boldsymbol{y},\boldsymbol{s}) \tag{11.93}$$

将式 (11.53) 和式 (11.93) 代入式 (11.86) 可得

$$\begin{aligned}\mathbf{MSE}(\widehat{\widehat{\boldsymbol{y}}}^{(\mathrm{a})}) &= \mathbf{CRB}^{(\mathrm{a})}(\boldsymbol{y}) + [\boldsymbol{O}_{q_y\times q_x}\ \ \boldsymbol{I}_{q_y}]\mathbf{CRB}^{(\mathrm{a})}\left(\begin{bmatrix}\boldsymbol{x}\\ \boldsymbol{y}\end{bmatrix}\right)\\ &\quad\times\begin{bmatrix}(\boldsymbol{F}_x(\boldsymbol{x},\boldsymbol{y},\boldsymbol{s}))^{\mathrm{T}}\\ (\boldsymbol{F}_y(\boldsymbol{x},\boldsymbol{y},\boldsymbol{s}))^{\mathrm{T}}\end{bmatrix}\boldsymbol{E}^{-1}\boldsymbol{F}_s(\boldsymbol{x},\boldsymbol{y},\boldsymbol{s})\boldsymbol{\Psi}(\boldsymbol{F}_s(\boldsymbol{x},\boldsymbol{y},\boldsymbol{s}))^{\mathrm{T}}\boldsymbol{E}^{-1}\\ &\quad\times[\boldsymbol{F}_x(\boldsymbol{x},\boldsymbol{y},\boldsymbol{s})\,\vdots\,\boldsymbol{F}_y(\boldsymbol{x},\boldsymbol{y},\boldsymbol{s})]\mathbf{CRB}^{(\mathrm{a})}\left(\begin{bmatrix}\boldsymbol{x}\\ \boldsymbol{y}\end{bmatrix}\right)\begin{bmatrix}\boldsymbol{O}_{q_x\times q_y}\\ \boldsymbol{I}_{q_y}\end{bmatrix}\end{aligned} \tag{11.94}$$

基于命题 11.15 还可以得到以下两个命题。

【命题 11.16】 $\mathbf{MSE}(\widehat{\widehat{\boldsymbol{y}}}^{(\mathrm{a})}) \geqslant \mathbf{MSE}(\widehat{\boldsymbol{y}}^{(\mathrm{a})}) = \mathbf{CRB}^{(\mathrm{a})}(\boldsymbol{y})$。

【证明】 利用矩阵 $\boldsymbol{\Psi}$ 的正定性与命题 2.4 可得

$$\begin{aligned}&\left[\boldsymbol{O}_{q_y\times q_x}\ \boldsymbol{I}_{q_y}\right]\mathbf{CRB}^{(\mathrm{a})}\left(\begin{bmatrix}\boldsymbol{x}\\ \boldsymbol{y}\end{bmatrix}\right)\begin{bmatrix}(\boldsymbol{F}_x(\boldsymbol{x},\boldsymbol{y},\boldsymbol{s}))^{\mathrm{T}}\\ (\boldsymbol{F}_y(\boldsymbol{x},\boldsymbol{y},\boldsymbol{s}))^{\mathrm{T}}\end{bmatrix}\boldsymbol{E}^{-1}\boldsymbol{F}_s(\boldsymbol{x},\boldsymbol{y},\boldsymbol{s})\boldsymbol{\Psi}\left(\boldsymbol{F}_s(\boldsymbol{x},\boldsymbol{y},\boldsymbol{s})\right)^{\mathrm{T}}\\ &\times\boldsymbol{E}^{-1}\left[\boldsymbol{F}_x(\boldsymbol{x},\boldsymbol{y},\boldsymbol{s})\,\vdots\,\boldsymbol{F}_y(\boldsymbol{x},\boldsymbol{y},\boldsymbol{s})\right]\mathbf{CRB}^{(\mathrm{a})}\left(\begin{bmatrix}\boldsymbol{x}\\ \boldsymbol{y}\end{bmatrix}\right)\begin{bmatrix}\boldsymbol{O}_{q_x\times q_y}\\ \boldsymbol{I}_{q_y}\end{bmatrix}\geqslant\boldsymbol{O}\end{aligned} \tag{11.95}$$

结合式 (11.94) 和式 (11.95) 可知

$$\mathbf{MSE}(\widehat{\widehat{\boldsymbol{y}}}^{(\mathrm{a})}) \geqslant \mathbf{MSE}(\widehat{\boldsymbol{y}}^{(\mathrm{a})}) = \mathbf{CRB}^{(\mathrm{a})}(\boldsymbol{y}) \tag{11.96}$$

证毕。

【命题 11.17】 $\mathbf{MSE}(\widehat{\widehat{\boldsymbol{y}}}^{(\mathrm{a})}) \geqslant \mathbf{CRB}^{(\mathrm{b})}(\boldsymbol{y})$。

【证明】 由式 (11.62) 可得

$$\begin{aligned}\mathbf{CRB}^{(\mathrm{b})}(\boldsymbol{y}) &= \mathbf{CRB}^{(\mathrm{a})}(\boldsymbol{y}) + [\boldsymbol{O}_{q_y\times q_x}\ \ \boldsymbol{I}_{q_y}]\mathbf{CRB}^{(\mathrm{a})}\left(\begin{bmatrix}\boldsymbol{x}\\ \boldsymbol{y}\end{bmatrix}\right)\\ &\quad\times\begin{bmatrix}(\boldsymbol{F}_x(\boldsymbol{x},\boldsymbol{y},\boldsymbol{s}))^{\mathrm{T}}\\ (\boldsymbol{F}_y(\boldsymbol{x},\boldsymbol{y},\boldsymbol{s}))^{\mathrm{T}}\end{bmatrix}\boldsymbol{E}^{-1}\boldsymbol{F}_s(\boldsymbol{x},\boldsymbol{y},\boldsymbol{s})(\boldsymbol{\Psi}^{-1} + (\boldsymbol{F}_s(\boldsymbol{x},\boldsymbol{y},\boldsymbol{s}))^{\mathrm{T}}\boldsymbol{E}^{-1/2}\\ &\quad\times\boldsymbol{\Pi}^{\perp}[\boldsymbol{E}^{-1/2}\boldsymbol{F}_x(\boldsymbol{x},\boldsymbol{y},\boldsymbol{s})\,\vdots\,\boldsymbol{E}^{-1/2}\boldsymbol{F}_y(\boldsymbol{x},\boldsymbol{y},\boldsymbol{s})]\boldsymbol{E}^{-1/2}\end{aligned}$$

$$\times \boldsymbol{F}_s(\boldsymbol{x},\boldsymbol{y},\boldsymbol{s}))^{-1}(\boldsymbol{F}_s(\boldsymbol{x},\boldsymbol{y},\boldsymbol{s}))^{\mathrm{T}}\boldsymbol{E}^{-1}[\boldsymbol{F}_x(\boldsymbol{x},\boldsymbol{y},\boldsymbol{s}) \,\vdots\, \boldsymbol{F}_y(\boldsymbol{x},\boldsymbol{y},\boldsymbol{s})]$$
$$\times \mathbf{CRB}^{(\mathrm{a})}\left(\begin{bmatrix}\boldsymbol{x}\\ \boldsymbol{y}\end{bmatrix}\right)\begin{bmatrix}\boldsymbol{O}_{q_x\times q_y}\\ \boldsymbol{I}_{q_y}\end{bmatrix} \tag{11.97}$$

结合式 (11.84)、式 (11.94) 和式 (11.97), 以及命题 2.5 可知 $\mathbf{MSE}(\widehat{\boldsymbol{y}}^{(\mathrm{a})}) \geqslant \mathbf{CRB}^{(\mathrm{b})}(\boldsymbol{y})$。证毕。

【注记 11.12】命题 11.17 表明, 当模型参数存在先验观测误差时, 向量 $\widehat{\boldsymbol{y}}^{(\mathrm{a})}$ 的估计均方误差难以达到相应的克拉美罗界 (即 $\mathbf{CRB}^{(\mathrm{b})}(\boldsymbol{y})$), 不是关于未知参数 $\boldsymbol{y}$ 的渐近统计最优估计值。因此, 下面还需要在模型参数先验观测误差存在下给出性能可以达到克拉美罗界的估计方法。

11.4 模型参数先验观测误差存在下的参数解耦合优化模型、求解方法及其理论性能

11.4.1 参数解耦合优化模型及其求解方法

当模型参数存在先验观测误差时, 应将模型参数 $\boldsymbol{s}$ 看成是未知量, 此时为了最大程度地抑制观测误差 $\boldsymbol{e}$ 和 $\boldsymbol{\varphi}$ 的影响, 可以将参数估计优化模型表示为

$$\min_{\boldsymbol{x}\in\mathbf{R}^{q_x\times 1};\boldsymbol{y}\in\mathbf{R}^{q_y\times 1};\boldsymbol{s}\in\mathbf{R}^{r\times 1}}\{(\boldsymbol{z}-\boldsymbol{f}(\boldsymbol{x},\boldsymbol{y},\boldsymbol{s}))^{\mathrm{T}}\boldsymbol{E}^{-1}(\boldsymbol{z}-\boldsymbol{f}(\boldsymbol{x},\boldsymbol{y},\boldsymbol{s}))+(\widehat{\boldsymbol{s}}-\boldsymbol{s})^{\mathrm{T}}\boldsymbol{\Psi}^{-1}(\widehat{\boldsymbol{s}}-\boldsymbol{s})\}$$
$$\Leftrightarrow \min_{\boldsymbol{x}\in\mathbf{R}^{q_x\times 1};\boldsymbol{y}\in\mathbf{R}^{q_y\times 1};\boldsymbol{s}\in\mathbf{R}^{r\times 1}}\left\{\begin{bmatrix}\boldsymbol{z}-\boldsymbol{f}(\boldsymbol{x},\boldsymbol{y},\boldsymbol{s})\\ \widehat{\boldsymbol{s}}-\boldsymbol{s}\end{bmatrix}^{\mathrm{T}}\begin{bmatrix}\boldsymbol{E}^{-1} & \boldsymbol{O}_{p\times r}\\ \boldsymbol{O}_{r\times p} & \boldsymbol{\Psi}^{-1}\end{bmatrix}\begin{bmatrix}\boldsymbol{z}-\boldsymbol{f}(\boldsymbol{x},\boldsymbol{y},\boldsymbol{s})\\ \widehat{\boldsymbol{s}}-\boldsymbol{s}\end{bmatrix}\right\} \tag{11.98}$$

式中, $\boldsymbol{E}^{-1}$ 和 $\boldsymbol{\Psi}^{-1}$ 均表示加权矩阵。式 (11.98) 是关于未知参数 $\boldsymbol{x}$ 和 $\boldsymbol{y}$ 与模型参数 $\boldsymbol{s}$ 的优化模型, 若将未知参数 $\boldsymbol{x}$ 和 $\boldsymbol{y}$ 合并成一个整体, 则可以利用第 3.4.1 节中的方法进行求解, 并获得渐近统计最优的估计性能。

需要指出的是, 对于非线性问题而言, 若能降低参与迭代的变量维数, 则有助于减少算法的计算复杂度, 并且提高算法的稳健性。本节再次利用函数 $\boldsymbol{f}(\boldsymbol{x},\boldsymbol{y},\boldsymbol{s})$ 的代数特征实现对未知参数 $\boldsymbol{x}$ 和 $\boldsymbol{y}$ 的解耦合估计, 从而降低参与迭代的变量维数。

当未知参数 $\boldsymbol{x}$ 和模型参数 $\boldsymbol{s}$ 已知时, 式 (11.98) 是关于未知参数 $\boldsymbol{y}$ 的二次优化问题, 其最优闭式解可由式 (11.8) 给出, 将该式代回式 (11.98) 中可以得到

仅关于未知参数 $\boldsymbol{x}$ 和模型参数 $\boldsymbol{s}$ 的优化问题, 如下式所示

$$\min_{\boldsymbol{x}\in\mathbf{R}^{q_x\times 1};\boldsymbol{s}\in\mathbf{R}^{r\times 1}}\left\{\begin{bmatrix}\boldsymbol{z}-\boldsymbol{g}(\boldsymbol{x},\boldsymbol{s},\boldsymbol{z})\\ \widehat{\boldsymbol{s}}-\boldsymbol{s}\end{bmatrix}^{\mathrm{T}}\begin{bmatrix}\boldsymbol{E}^{-1} & \boldsymbol{O}_{p\times r}\\ \boldsymbol{O}_{r\times p} & \boldsymbol{\Psi}^{-1}\end{bmatrix}\begin{bmatrix}\boldsymbol{z}-\boldsymbol{g}(\boldsymbol{x},\boldsymbol{s},\boldsymbol{z})\\ \widehat{\boldsymbol{s}}-\boldsymbol{s}\end{bmatrix}\right\} \tag{11.99}$$

与式 (3.62) 的求解方法类似, 式 (11.99) 也可以利用高斯–牛顿迭代法进行求解, 相应的迭代公式为

$$\begin{aligned}\begin{bmatrix}\widehat{\boldsymbol{x}}_{k+1}^{(\mathrm{b})}\\ \widehat{\boldsymbol{s}}_{k+1}^{(\mathrm{b})}\end{bmatrix}=\begin{bmatrix}\widehat{\boldsymbol{x}}_{k}^{(\mathrm{b})}\\ \widehat{\boldsymbol{s}}_{k}^{(\mathrm{b})}\end{bmatrix}+&\left[\begin{array}{c:c}\begin{matrix}(\boldsymbol{G}_x(\widehat{\boldsymbol{x}}_k^{(\mathrm{b})},\widehat{\boldsymbol{s}}_k^{(\mathrm{b})},\boldsymbol{z}))^{\mathrm{T}}\boldsymbol{E}^{-1}\\ \times\boldsymbol{G}_x(\widehat{\boldsymbol{x}}_k^{(\mathrm{b})},\widehat{\boldsymbol{s}}_k^{(\mathrm{b})},\boldsymbol{z})\end{matrix} & \begin{matrix}(\boldsymbol{G}_x(\widehat{\boldsymbol{x}}_k^{(\mathrm{b})},\widehat{\boldsymbol{s}}_k^{(\mathrm{b})},\boldsymbol{z}))^{\mathrm{T}}\boldsymbol{E}^{-1}\\ \times\boldsymbol{G}_s(\widehat{\boldsymbol{x}}_k^{(\mathrm{b})},\widehat{\boldsymbol{s}}_k^{(\mathrm{b})},\boldsymbol{z})\end{matrix}\\ \hdashline \begin{matrix}(\boldsymbol{G}_s(\widehat{\boldsymbol{x}}_k^{(\mathrm{b})},\widehat{\boldsymbol{s}}_k^{(\mathrm{b})},\boldsymbol{z}))^{\mathrm{T}}\boldsymbol{E}^{-1}\\ \times\boldsymbol{G}_x(\widehat{\boldsymbol{x}}_k^{(\mathrm{b})},\widehat{\boldsymbol{s}}_k^{(\mathrm{b})},\boldsymbol{z})\end{matrix} & \begin{matrix}(\boldsymbol{G}_s(\widehat{\boldsymbol{x}}_k^{(\mathrm{b})},\widehat{\boldsymbol{s}}_k^{(\mathrm{b})},\boldsymbol{z}))^{\mathrm{T}}\boldsymbol{E}^{-1}\\ \times\boldsymbol{G}_s(\widehat{\boldsymbol{x}}_k^{(\mathrm{b})},\widehat{\boldsymbol{s}}_k^{(\mathrm{b})},\boldsymbol{z})+\boldsymbol{\Psi}^{-1}\end{matrix}\end{array}\right]^{-1}\\ &\times\begin{bmatrix}(\boldsymbol{G}_x(\widehat{\boldsymbol{x}}_k^{(\mathrm{b})},\widehat{\boldsymbol{s}}_k^{(\mathrm{b})},\boldsymbol{z}))^{\mathrm{T}}\boldsymbol{E}^{-1} & \boldsymbol{O}_{q_x\times r}\\ (\boldsymbol{G}_s(\widehat{\boldsymbol{x}}_k^{(\mathrm{b})},\widehat{\boldsymbol{s}}_k^{(\mathrm{b})},\boldsymbol{z}))^{\mathrm{T}}\boldsymbol{E}^{-1} & \boldsymbol{\Psi}^{-1}\end{bmatrix}\begin{bmatrix}\boldsymbol{z}-\boldsymbol{g}(\widehat{\boldsymbol{x}}_k^{(\mathrm{b})},\widehat{\boldsymbol{s}}_k^{(\mathrm{b})},\boldsymbol{z})\\ \widehat{\boldsymbol{s}}-\widehat{\boldsymbol{s}}_k^{(\mathrm{b})}\end{bmatrix}\end{aligned} \tag{11.100}$$

式中, 向量 $\widehat{\boldsymbol{x}}_k^{(\mathrm{b})}$ 和 $\widehat{\boldsymbol{x}}_{k+1}^{(\mathrm{b})}$ 分别表示未知参数 $\boldsymbol{x}$ 在第 k 次和第 $k+1$ 次的迭代结果, 向量 $\widehat{\boldsymbol{s}}_k^{(\mathrm{b})}$ 和 $\widehat{\boldsymbol{s}}_{k+1}^{(\mathrm{b})}$ 分别表示模型参数 $\boldsymbol{s}$ 在第 k 次和第 $k+1$ 次的迭代结果。

将式 (11.100) 的迭代收敛结果记为 $\begin{bmatrix}\widehat{\boldsymbol{x}}^{(\mathrm{b})}\\ \widehat{\boldsymbol{s}}^{(\mathrm{b})}\end{bmatrix}$ $\left(即\ \lim\limits_{k\to+\infty}\begin{bmatrix}\widehat{\boldsymbol{x}}_k^{(\mathrm{b})}\\ \widehat{\boldsymbol{s}}_k^{(\mathrm{b})}\end{bmatrix}=\begin{bmatrix}\widehat{\boldsymbol{x}}^{(\mathrm{b})}\\ \widehat{\boldsymbol{s}}^{(\mathrm{b})}\end{bmatrix}\right)$, 该向量就是未知参数及模型参数 $\begin{bmatrix}\boldsymbol{x}\\ \boldsymbol{s}\end{bmatrix}$ 的最终估计值。假设迭代初始值满足一定的条件, 可以使迭代公式 (11.100) 收敛至优化问题的全局最优解, 于是有

$$\begin{bmatrix}\widehat{\boldsymbol{x}}^{(\mathrm{b})}\\ \widehat{\boldsymbol{s}}^{(\mathrm{b})}\end{bmatrix}=\arg\min_{\boldsymbol{x}\in\mathbf{R}^{q_x\times 1};\boldsymbol{s}\in\mathbf{R}^{r\times 1}}\left\{\begin{bmatrix}\boldsymbol{z}-\boldsymbol{g}(\boldsymbol{x},\boldsymbol{s},\boldsymbol{z})\\ \widehat{\boldsymbol{s}}-\boldsymbol{s}\end{bmatrix}^{\mathrm{T}}\begin{bmatrix}\boldsymbol{E}^{-1} & \boldsymbol{O}_{p\times r}\\ \boldsymbol{O}_{r\times p} & \boldsymbol{\Psi}^{-1}\end{bmatrix}\begin{bmatrix}\boldsymbol{z}-\boldsymbol{g}(\boldsymbol{x},\boldsymbol{s},\boldsymbol{z})\\ \widehat{\boldsymbol{s}}-\boldsymbol{s}\end{bmatrix}\right\} \tag{11.101}$$

分别利用向量 $\widehat{\boldsymbol{x}}^{(\mathrm{b})}$ 和 $\widehat{\boldsymbol{s}}^{(\mathrm{b})}$ 替换式 (11.8) 中的向量 $\boldsymbol{x}$ 和 $\boldsymbol{s}$ 就能得到未知参数 $\boldsymbol{y}$ 的最终估计值, 如下式所示

$$\widehat{\boldsymbol{y}}^{(\mathrm{b})}=\boldsymbol{H}(\widehat{\boldsymbol{x}}^{(\mathrm{b})},\widehat{\boldsymbol{s}}^{(\mathrm{b})})(\boldsymbol{T}(\widehat{\boldsymbol{s}}^{(\mathrm{b})}))^{\mathrm{T}}(\boldsymbol{C}(\widehat{\boldsymbol{x}}^{(\mathrm{b})},\widehat{\boldsymbol{s}}^{(\mathrm{b})}))^{\mathrm{T}}\boldsymbol{E}^{-1}\boldsymbol{z} \tag{11.102}$$

将上述求解方法称为方法 11–b, 图 11.4 给出了方法 11–b 的计算流程图。

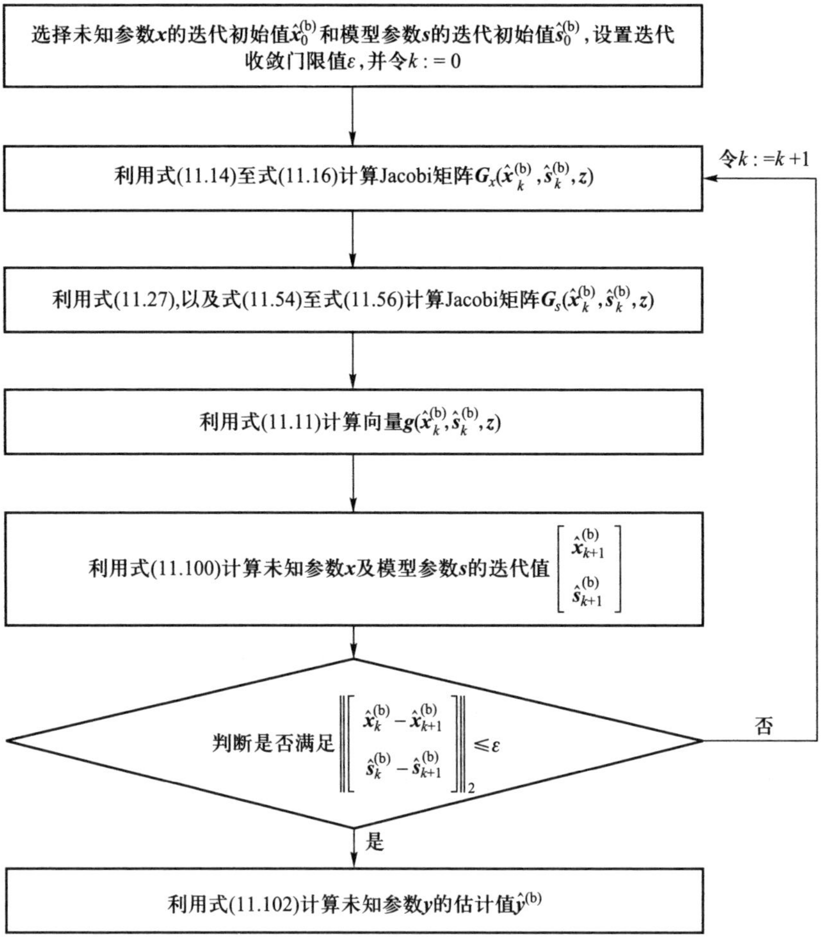

图 11.4　方法 11–b 的计算流程图

11.4.2　理论性能分析

下面推导方法 11–b 的估计值 $\begin{bmatrix}\widehat{\boldsymbol{x}}^{(\mathrm{b})}\\ \widehat{\boldsymbol{s}}^{(\mathrm{b})}\end{bmatrix}$ 和 $\widehat{\boldsymbol{y}}^{(\mathrm{b})}$ 的统计性能。估计值 $\begin{bmatrix}\widehat{\boldsymbol{x}}^{(\mathrm{b})}\\ \widehat{\boldsymbol{s}}^{(\mathrm{b})}\end{bmatrix}$ 的统计性能可见以下两个命题。

【命题 11.18】向量 $\begin{bmatrix}\widehat{\boldsymbol{x}}^{(\mathrm{b})}\\ \widehat{\boldsymbol{s}}^{(\mathrm{b})}\end{bmatrix}$ 是关于未知参数及模型参数 $\begin{bmatrix}\boldsymbol{x}\\ \boldsymbol{s}\end{bmatrix}$ 的渐近无偏估计值, 并且其均方误差为

$$
\begin{aligned}
&\mathbf{MSE}\left(\begin{bmatrix}\widehat{\boldsymbol{x}}^{(\mathrm{b})}\\ \widehat{\boldsymbol{s}}^{(\mathrm{b})}\end{bmatrix}\right)\\
&=\left[\begin{array}{c:c}(\boldsymbol{G}_x(\boldsymbol{x},\boldsymbol{s},\boldsymbol{z}_0))^{\mathrm{T}}\boldsymbol{E}^{-1} & (\boldsymbol{G}_x(\boldsymbol{x},\boldsymbol{s},\boldsymbol{z}_0))^{\mathrm{T}}\boldsymbol{E}^{-1}\\ \times\boldsymbol{G}_x(\boldsymbol{x},\boldsymbol{s},\boldsymbol{z}_0) & \times\boldsymbol{G}_s(\boldsymbol{x},\boldsymbol{s},\boldsymbol{z}_0)\\ \hdashline (\boldsymbol{G}_s(\boldsymbol{x},\boldsymbol{s},\boldsymbol{z}_0))^{\mathrm{T}}\boldsymbol{E}^{-1} & (\boldsymbol{G}_s(\boldsymbol{x},\boldsymbol{s},\boldsymbol{z}_0))^{\mathrm{T}}\boldsymbol{E}^{-1}\\ \times\boldsymbol{G}_x(\boldsymbol{x},\boldsymbol{s},\boldsymbol{z}_0) & \times\boldsymbol{G}_s(\boldsymbol{x},\boldsymbol{s},\boldsymbol{z}_0)+\boldsymbol{\Psi}^{-1}\end{array}\right]^{-1}\begin{bmatrix}\boldsymbol{X}_1^{(\mathrm{b})} & \boldsymbol{X}_2^{(\mathrm{b})}\\ (\boldsymbol{X}_2^{(\mathrm{b})})^{\mathrm{T}} & \boldsymbol{X}_3^{(\mathrm{b})}\end{bmatrix}\\
&\quad\times\left[\begin{array}{c:c}(\boldsymbol{G}_x(\boldsymbol{x},\boldsymbol{s},\boldsymbol{z}_0))^{\mathrm{T}}\boldsymbol{E}^{-1}\boldsymbol{G}_x(\boldsymbol{x},\boldsymbol{s},\boldsymbol{z}_0) & (\boldsymbol{G}_x(\boldsymbol{x},\boldsymbol{s},\boldsymbol{z}_0))^{\mathrm{T}}\boldsymbol{E}^{-1}\boldsymbol{G}_s(\boldsymbol{x},\boldsymbol{s},\boldsymbol{z}_0)\\ \hdashline (\boldsymbol{G}_s(\boldsymbol{x},\boldsymbol{s},\boldsymbol{z}_0))^{\mathrm{T}}\boldsymbol{E}^{-1}\boldsymbol{G}_x(\boldsymbol{x},\boldsymbol{s},\boldsymbol{z}_0) & (\boldsymbol{G}_s(\boldsymbol{x},\boldsymbol{s},\boldsymbol{z}_0))^{\mathrm{T}}\boldsymbol{E}^{-1}\boldsymbol{G}_s(\boldsymbol{x},\boldsymbol{s},\boldsymbol{z}_0)+\boldsymbol{\Psi}^{-1}\end{array}\right]^{-1}
\end{aligned}
\tag{11.103}
$$

式中,

$$
\begin{aligned}
\boldsymbol{X}_1^{(\mathrm{b})}&=(\boldsymbol{G}_x(\boldsymbol{x},\boldsymbol{s},\boldsymbol{z}_0))^{\mathrm{T}}(\boldsymbol{E}^{-1}-\boldsymbol{E}^{-1}\boldsymbol{C}(\boldsymbol{x},\boldsymbol{s})\boldsymbol{T}(\boldsymbol{s})\boldsymbol{H}(\boldsymbol{x},\boldsymbol{s})(\boldsymbol{T}(\boldsymbol{s}))^{\mathrm{T}}\\
&\quad\times(\boldsymbol{C}(\boldsymbol{x},\boldsymbol{s}))^{\mathrm{T}}\boldsymbol{E}^{-1})\boldsymbol{G}_x(\boldsymbol{x},\boldsymbol{s},\boldsymbol{z}_0) \qquad (11.104)\\
\boldsymbol{X}_2^{(\mathrm{b})}&=(\boldsymbol{G}_x(\boldsymbol{x},\boldsymbol{s},\boldsymbol{z}_0))^{\mathrm{T}}(\boldsymbol{E}^{-1}-\boldsymbol{E}^{-1}\boldsymbol{C}(\boldsymbol{x},\boldsymbol{s})\boldsymbol{T}(\boldsymbol{s})\boldsymbol{H}(\boldsymbol{x},\boldsymbol{s})(\boldsymbol{T}(\boldsymbol{s}))^{\mathrm{T}}\\
&\quad\times(\boldsymbol{C}(\boldsymbol{x},\boldsymbol{s}))^{\mathrm{T}}\boldsymbol{E}^{-1})\boldsymbol{G}_s(\boldsymbol{x},\boldsymbol{s},\boldsymbol{z}_0) \qquad (11.105)\\
\boldsymbol{X}_3^{(\mathrm{b})}&=(\boldsymbol{G}_s(\boldsymbol{x},\boldsymbol{s},\boldsymbol{z}_0))^{\mathrm{T}}(\boldsymbol{E}^{-1}-\boldsymbol{E}^{-1}\boldsymbol{C}(\boldsymbol{x},\boldsymbol{s})\boldsymbol{T}(\boldsymbol{s})\boldsymbol{H}(\boldsymbol{x},\boldsymbol{s})(\boldsymbol{T}(\boldsymbol{s}))^{\mathrm{T}}\\
&\quad\times(\boldsymbol{C}(\boldsymbol{x},\boldsymbol{s}))^{\mathrm{T}}\boldsymbol{E}^{-1})\boldsymbol{G}_s(\boldsymbol{x},\boldsymbol{s},\boldsymbol{z}_0)+\boldsymbol{\Psi}^{-1} \qquad (11.106)
\end{aligned}
$$

【证明】对式 (11.100) 两边取极限可得

$$
\begin{aligned}
&\lim_{k\to+\infty}\begin{bmatrix}\widehat{\boldsymbol{x}}_{k+1}^{(\mathrm{b})}\\ \widehat{\boldsymbol{s}}_{k+1}^{(\mathrm{b})}\end{bmatrix}\\
&=\lim_{k\to+\infty}\begin{bmatrix}\widehat{\boldsymbol{x}}_{k}^{(\mathrm{b})}\\ \widehat{\boldsymbol{s}}_{k}^{(\mathrm{b})}\end{bmatrix}\\
&\quad+\lim_{k\to+\infty}\left\{\left[\begin{array}{c:c}(\boldsymbol{G}_x(\widehat{\boldsymbol{x}}_k^{(\mathrm{b})},\widehat{\boldsymbol{s}}_k^{(\mathrm{b})},\boldsymbol{z}))^{\mathrm{T}}\boldsymbol{E}^{-1} & (\boldsymbol{G}_x(\widehat{\boldsymbol{x}}_k^{(\mathrm{b})},\widehat{\boldsymbol{s}}_k^{(\mathrm{b})},\boldsymbol{z}))^{\mathrm{T}}\boldsymbol{E}^{-1}\\ \times\boldsymbol{G}_x(\widehat{\boldsymbol{x}}_k^{(\mathrm{b})},\widehat{\boldsymbol{s}}_k^{(\mathrm{b})},\boldsymbol{z}) & \times\boldsymbol{G}_s(\widehat{\boldsymbol{x}}_k^{(\mathrm{b})},\widehat{\boldsymbol{s}}_k^{(\mathrm{b})},\boldsymbol{z})\\ \hdashline (\boldsymbol{G}_s(\widehat{\boldsymbol{x}}_k^{(\mathrm{b})},\widehat{\boldsymbol{s}}_k^{(\mathrm{b})},\boldsymbol{z}))^{\mathrm{T}}\boldsymbol{E}^{-1} & (\boldsymbol{G}_s(\widehat{\boldsymbol{x}}_k^{(\mathrm{b})},\widehat{\boldsymbol{s}}_k^{(\mathrm{b})},\boldsymbol{z}))^{\mathrm{T}}\boldsymbol{E}^{-1}\\ \times\boldsymbol{G}_x(\widehat{\boldsymbol{x}}_k^{(\mathrm{b})},\widehat{\boldsymbol{s}}_k^{(\mathrm{b})},\boldsymbol{z}) & \times\boldsymbol{G}_s(\widehat{\boldsymbol{x}}_k^{(\mathrm{b})},\widehat{\boldsymbol{s}}_k^{(\mathrm{b})},\boldsymbol{z})+\boldsymbol{\Psi}^{-1}\end{array}\right]^{-1}\right.\\
&\quad\left.\times\begin{bmatrix}(\boldsymbol{G}_x(\widehat{\boldsymbol{x}}_k^{(\mathrm{b})},\widehat{\boldsymbol{s}}_k^{(\mathrm{b})},\boldsymbol{z}))^{\mathrm{T}}\boldsymbol{E}^{-1} & \boldsymbol{O}_{q_x\times r}\\ (\boldsymbol{G}_s(\widehat{\boldsymbol{x}}_k^{(\mathrm{b})},\widehat{\boldsymbol{s}}_k^{(\mathrm{b})},\boldsymbol{z}))^{\mathrm{T}}\boldsymbol{E}^{-1} & \boldsymbol{\Psi}^{-1}\end{bmatrix}\begin{bmatrix}\boldsymbol{z}-\boldsymbol{g}(\widehat{\boldsymbol{x}}_k^{(\mathrm{b})},\widehat{\boldsymbol{s}}_k^{(\mathrm{b})},\boldsymbol{z})\\ \widehat{\boldsymbol{s}}-\widehat{\boldsymbol{s}}_k^{(\mathrm{b})}\end{bmatrix}\right\}
\end{aligned}
$$

$$
\Rightarrow \begin{bmatrix} (\boldsymbol{G}_x(\widehat{\boldsymbol{x}}^{(\mathrm{b})},\widehat{\boldsymbol{s}}^{(\mathrm{b})},\boldsymbol{z}))^{\mathrm{T}}\boldsymbol{E}^{-1} & \boldsymbol{O}_{q_x\times r} \\ (\boldsymbol{G}_s(\widehat{\boldsymbol{x}}^{(\mathrm{b})},\widehat{\boldsymbol{s}}^{(\mathrm{b})},\boldsymbol{z}))^{\mathrm{T}}\boldsymbol{E}^{-1} & \boldsymbol{\varPsi}^{-1} \end{bmatrix} \begin{bmatrix} \boldsymbol{z}-\boldsymbol{g}(\widehat{\boldsymbol{x}}^{(\mathrm{b})},\widehat{\boldsymbol{s}}^{(\mathrm{b})},\boldsymbol{z}) \\ \widehat{\boldsymbol{s}}-\widehat{\boldsymbol{s}}^{(\mathrm{b})} \end{bmatrix} = \boldsymbol{O}_{(q_x+r)\times 1} \tag{11.107}
$$

利用一阶泰勒级数展开可知

$$
\begin{aligned}
\boldsymbol{g}(\widehat{\boldsymbol{x}}^{(\mathrm{b})},\widehat{\boldsymbol{s}}^{(\mathrm{b})},\boldsymbol{z}) &\approx \boldsymbol{g}(\boldsymbol{x},\boldsymbol{s},\boldsymbol{z}_0)+\boldsymbol{G}_x(\boldsymbol{x},\boldsymbol{s},\boldsymbol{z}_0)\Delta\boldsymbol{x}^{(\mathrm{b})} \\
&\quad +\boldsymbol{G}_s(\boldsymbol{x},\boldsymbol{s},\boldsymbol{z}_0)\Delta\boldsymbol{s}^{(\mathrm{b})}+\boldsymbol{G}_z(\boldsymbol{x},\boldsymbol{s},\boldsymbol{z}_0)(\boldsymbol{z}-\boldsymbol{z}_0) \\
&= \boldsymbol{z}_0+\boldsymbol{G}_x(\boldsymbol{x},\boldsymbol{s},\boldsymbol{z}_0)\Delta\boldsymbol{x}^{(\mathrm{b})}+\boldsymbol{G}_s(\boldsymbol{x},\boldsymbol{s},\boldsymbol{z}_0)\Delta\boldsymbol{s}^{(\mathrm{b})} \\
&\quad +\boldsymbol{C}(\boldsymbol{x},\boldsymbol{s})\boldsymbol{T}(\boldsymbol{s})\boldsymbol{H}(\boldsymbol{x},\boldsymbol{s})(\boldsymbol{T}(\boldsymbol{s}))^{\mathrm{T}}(\boldsymbol{C}(\boldsymbol{x},\boldsymbol{s}))^{\mathrm{T}}\boldsymbol{E}^{-1}\boldsymbol{e}
\end{aligned} \tag{11.108}
$$

式中, 第 2 个等号利用了式 (11.12) 和式 (11.31), $\Delta\boldsymbol{x}^{(\mathrm{b})}=\widehat{\boldsymbol{x}}^{(\mathrm{b})}-\boldsymbol{x}$ 和 $\Delta\boldsymbol{s}^{(\mathrm{b})}=\widehat{\boldsymbol{s}}^{(\mathrm{b})}-\boldsymbol{s}$ 分别表示向量 $\widehat{\boldsymbol{x}}^{(\mathrm{b})}$ 和 $\widehat{\boldsymbol{s}}^{(\mathrm{b})}$ 中的估计误差。利用式 (11.108) 可得

$$
\begin{aligned}
&\begin{bmatrix} \boldsymbol{z}-\boldsymbol{g}(\widehat{\boldsymbol{x}}^{(\mathrm{b})},\widehat{\boldsymbol{s}}^{(\mathrm{b})},\boldsymbol{z}) \\ \widehat{\boldsymbol{s}}-\widehat{\boldsymbol{s}}^{(\mathrm{b})} \end{bmatrix} \\
&\approx \left[\begin{array}{c} (\boldsymbol{I}_p-\boldsymbol{C}(\boldsymbol{x},\boldsymbol{s})\boldsymbol{T}(\boldsymbol{s})\boldsymbol{H}(\boldsymbol{x},\boldsymbol{s})(\boldsymbol{T}(\boldsymbol{s}))^{\mathrm{T}}(\boldsymbol{C}(\boldsymbol{x},\boldsymbol{s}))^{\mathrm{T}}\boldsymbol{E}^{-1})\boldsymbol{e} \\ -\boldsymbol{G}_x(\boldsymbol{x},\boldsymbol{s},\boldsymbol{z}_0)\Delta\boldsymbol{x}^{(\mathrm{b})}-\boldsymbol{G}_s(\boldsymbol{x},\boldsymbol{s},\boldsymbol{z}_0)\Delta\boldsymbol{s}^{(\mathrm{b})} \\ \hdashline \boldsymbol{\varphi}-\Delta\boldsymbol{s}^{(\mathrm{b})} \end{array}\right]
\end{aligned} \tag{11.109}
$$

将式 (11.109) 代入式 (11.107), 并利用一阶误差分析方法可知

$$
\begin{aligned}
&\boldsymbol{O}_{(q_x+r)\times 1} \\
&\approx \begin{bmatrix} (\boldsymbol{G}_x(\widehat{\boldsymbol{x}}^{(\mathrm{b})},\widehat{\boldsymbol{s}}^{(\mathrm{b})},\boldsymbol{z}))^{\mathrm{T}}\boldsymbol{E}^{-1} & \boldsymbol{O}_{q_x\times r} \\ (\boldsymbol{G}_s(\widehat{\boldsymbol{x}}^{(\mathrm{b})},\widehat{\boldsymbol{s}}^{(\mathrm{b})},\boldsymbol{z}))^{\mathrm{T}}\boldsymbol{E}^{-1} & \boldsymbol{\varPsi}^{-1} \end{bmatrix} \\
&\quad\times \left[\begin{array}{c} (\boldsymbol{I}_p-\boldsymbol{C}(\boldsymbol{x},\boldsymbol{s})\boldsymbol{T}(\boldsymbol{s})\boldsymbol{H}(\boldsymbol{x},\boldsymbol{s})(\boldsymbol{T}(\boldsymbol{s}))^{\mathrm{T}}(\boldsymbol{C}(\boldsymbol{x},\boldsymbol{s}))^{\mathrm{T}}\boldsymbol{E}^{-1})\boldsymbol{e} \\ -\boldsymbol{G}_x(\boldsymbol{x},\boldsymbol{s},\boldsymbol{z}_0)\Delta\boldsymbol{x}^{(\mathrm{b})}-\boldsymbol{G}_s(\boldsymbol{x},\boldsymbol{s},\boldsymbol{z}_0)\Delta\boldsymbol{s}^{(\mathrm{b})} \\ \hdashline \boldsymbol{\varphi}-\Delta\boldsymbol{s}^{(\mathrm{b})} \end{array}\right] \\
&\approx \begin{bmatrix} (\boldsymbol{G}_x(\boldsymbol{x},\boldsymbol{s},\boldsymbol{z}_0))^{\mathrm{T}}\boldsymbol{E}^{-1} & \boldsymbol{O}_{q_x\times r} \\ (\boldsymbol{G}_s(\boldsymbol{x},\boldsymbol{s},\boldsymbol{z}_0))^{\mathrm{T}}\boldsymbol{E}^{-1} & \boldsymbol{\varPsi}^{-1} \end{bmatrix} \\
&\quad\times \left[\begin{array}{c} (\boldsymbol{I}_p-\boldsymbol{C}(\boldsymbol{x},\boldsymbol{s})\boldsymbol{T}(\boldsymbol{s})\boldsymbol{H}(\boldsymbol{x},\boldsymbol{s})(\boldsymbol{T}(\boldsymbol{s}))^{\mathrm{T}}(\boldsymbol{C}(\boldsymbol{x},\boldsymbol{s}))^{\mathrm{T}}\boldsymbol{E}^{-1})\boldsymbol{e} \\ -\boldsymbol{G}_x(\boldsymbol{x},\boldsymbol{s},\boldsymbol{z}_0)\Delta\boldsymbol{x}^{(\mathrm{b})}-\boldsymbol{G}_s(\boldsymbol{x},\boldsymbol{s},\boldsymbol{z}_0)\Delta\boldsymbol{s}^{(\mathrm{b})} \\ \hdashline \boldsymbol{\varphi}-\Delta\boldsymbol{s}^{(\mathrm{b})} \end{array}\right]
\end{aligned} \tag{11.110}
$$

式 (11.110) 中忽略了误差的二阶及以上各阶项, 由该式可以进一步推得

$$
\begin{aligned}
&\begin{bmatrix} \Delta \boldsymbol{x}^{(\mathrm{b})} \\ \Delta \boldsymbol{s}^{(\mathrm{b})} \end{bmatrix} \\
&\approx \left[\begin{array}{c:c} (\boldsymbol{G}_x(\boldsymbol{x},\boldsymbol{s},\boldsymbol{z}_0))^{\mathrm{T}}\boldsymbol{E}^{-1}\boldsymbol{G}_x(\boldsymbol{x},\boldsymbol{s},\boldsymbol{z}_0) & (\boldsymbol{G}_x(\boldsymbol{x},\boldsymbol{s},\boldsymbol{z}_0))^{\mathrm{T}}\boldsymbol{E}^{-1}\boldsymbol{G}_s(\boldsymbol{x},\boldsymbol{s},\boldsymbol{z}_0) \\ \hdashline (\boldsymbol{G}_s(\boldsymbol{x},\boldsymbol{s},\boldsymbol{z}_0))^{\mathrm{T}}\boldsymbol{E}^{-1}\boldsymbol{G}_x(\boldsymbol{x},\boldsymbol{s},\boldsymbol{z}_0) & (\boldsymbol{G}_s(\boldsymbol{x},\boldsymbol{s},\boldsymbol{z}_0))^{\mathrm{T}}\boldsymbol{E}^{-1}\boldsymbol{G}_s(\boldsymbol{x},\boldsymbol{s},\boldsymbol{z}_0)+\boldsymbol{\Psi}^{-1} \end{array}\right]^{-1} \\
&\quad\times \begin{bmatrix} (\boldsymbol{G}_x(\boldsymbol{x},\boldsymbol{s},\boldsymbol{z}_0))^{\mathrm{T}} & \boldsymbol{O}_{q_x\times r} \\ (\boldsymbol{G}_s(\boldsymbol{x},\boldsymbol{s},\boldsymbol{z}_0))^{\mathrm{T}} & \boldsymbol{\Psi}^{-1} \end{bmatrix} \\
&\quad\times \begin{bmatrix} (\boldsymbol{I}_p-\boldsymbol{E}^{-1}\boldsymbol{C}(\boldsymbol{x},\boldsymbol{s})\boldsymbol{T}(\boldsymbol{s})\boldsymbol{H}(\boldsymbol{x},\boldsymbol{s})(\boldsymbol{T}(\boldsymbol{s}))^{\mathrm{T}}(\boldsymbol{C}(\boldsymbol{x},\boldsymbol{s}))^{\mathrm{T}})\boldsymbol{E}^{-1}\boldsymbol{e} \\ \boldsymbol{\varphi} \end{bmatrix}
\end{aligned} \tag{11.111}
$$

式 (11.111) 给出了估计误差 $\begin{bmatrix} \Delta \boldsymbol{x}^{(\mathrm{b})} \\ \Delta \boldsymbol{s}^{(\mathrm{b})} \end{bmatrix}$ 与观测误差 $\begin{bmatrix} \boldsymbol{e} \\ \boldsymbol{\varphi} \end{bmatrix}$ 之间的线性关系式。由式 (11.111) 可知 $\mathbf{E}\begin{bmatrix} \Delta \boldsymbol{x}^{(\mathrm{b})} \\ \Delta \boldsymbol{s}^{(\mathrm{b})} \end{bmatrix} \approx \boldsymbol{O}_{(q_x+r)\times 1}$, 因此向量 $\begin{bmatrix} \widehat{\boldsymbol{x}}^{(\mathrm{b})} \\ \widehat{\boldsymbol{s}}^{(\mathrm{b})} \end{bmatrix}$ 是关于未知参数及模型参数 $\begin{bmatrix} \boldsymbol{x} \\ \boldsymbol{s} \end{bmatrix}$ 的渐近无偏估计值。此外, 基于式 (11.111) 可以推得估计值 $\begin{bmatrix} \widehat{\boldsymbol{x}}^{(\mathrm{b})} \\ \widehat{\boldsymbol{s}}^{(\mathrm{b})} \end{bmatrix}$ 的均方误差

$$
\begin{aligned}
&\mathbf{MSE}\left(\begin{bmatrix} \widehat{\boldsymbol{x}}^{(\mathrm{b})} \\ \widehat{\boldsymbol{s}}^{(\mathrm{b})} \end{bmatrix}\right) \\
&= \mathbf{E}\left(\begin{bmatrix} \widehat{\boldsymbol{x}}^{(\mathrm{b})}-\boldsymbol{x} \\ \widehat{\boldsymbol{s}}^{(\mathrm{b})}-\boldsymbol{s} \end{bmatrix}\begin{bmatrix} \widehat{\boldsymbol{x}}^{(\mathrm{b})}-\boldsymbol{x} \\ \widehat{\boldsymbol{s}}^{(\mathrm{b})}-\boldsymbol{s} \end{bmatrix}^{\mathrm{T}}\right) = \mathbf{E}\left(\begin{bmatrix} \Delta \boldsymbol{x}^{(\mathrm{b})} \\ \Delta \boldsymbol{s}^{(\mathrm{b})} \end{bmatrix}\begin{bmatrix} \Delta \boldsymbol{x}^{(\mathrm{b})} \\ \Delta \boldsymbol{s}^{(\mathrm{b})} \end{bmatrix}^{\mathrm{T}}\right) \\
&= \left[\begin{array}{c:c} (\boldsymbol{G}_x(\boldsymbol{x},\boldsymbol{s},\boldsymbol{z}_0))^{\mathrm{T}}\boldsymbol{E}^{-1}\boldsymbol{G}_x(\boldsymbol{x},\boldsymbol{s},\boldsymbol{z}_0) & (\boldsymbol{G}_x(\boldsymbol{x},\boldsymbol{s},\boldsymbol{z}_0))^{\mathrm{T}}\boldsymbol{E}^{-1}\boldsymbol{G}_s(\boldsymbol{x},\boldsymbol{s},\boldsymbol{z}_0) \\ \hdashline (\boldsymbol{G}_s(\boldsymbol{x},\boldsymbol{s},\boldsymbol{z}_0))^{\mathrm{T}}\boldsymbol{E}^{-1}\boldsymbol{G}_x(\boldsymbol{x},\boldsymbol{s},\boldsymbol{z}_0) & (\boldsymbol{G}_s(\boldsymbol{x},\boldsymbol{s},\boldsymbol{z}_0))^{\mathrm{T}}\boldsymbol{E}^{-1}\boldsymbol{G}_s(\boldsymbol{x},\boldsymbol{s},\boldsymbol{z}_0)+\boldsymbol{\Psi}^{-1} \end{array}\right]^{-1} \\
&\quad\times \begin{bmatrix} (\boldsymbol{G}_x(\boldsymbol{x},\boldsymbol{s},\boldsymbol{z}_0))^{\mathrm{T}} & \boldsymbol{O}_{q_x\times r} \\ (\boldsymbol{G}_s(\boldsymbol{x},\boldsymbol{s},\boldsymbol{z}_0))^{\mathrm{T}} & \boldsymbol{\Psi}^{-1} \end{bmatrix} \\
&\quad\times \begin{bmatrix} \boldsymbol{E}^{-1}-\boldsymbol{E}^{-1}\boldsymbol{C}(\boldsymbol{x},\boldsymbol{s})\boldsymbol{T}(\boldsymbol{s})\boldsymbol{H}(\boldsymbol{x},\boldsymbol{s})(\boldsymbol{T}(\boldsymbol{s}))^{\mathrm{T}}(\boldsymbol{C}(\boldsymbol{x},\boldsymbol{s}))^{\mathrm{T}}\boldsymbol{E}^{-1} & \boldsymbol{O}_{p\times r} \\ \boldsymbol{O}_{r\times p} & \boldsymbol{\Psi} \end{bmatrix}
\end{aligned}
$$

$$
\begin{aligned}
&\times \begin{bmatrix} \boldsymbol{G}_x(\boldsymbol{x},\boldsymbol{s},\boldsymbol{z}_0) & \boldsymbol{G}_s(\boldsymbol{x},\boldsymbol{s},\boldsymbol{z}_0) \\ \boldsymbol{O}_{r\times q_x} & \boldsymbol{\varPsi}^{-1} \end{bmatrix} \\
&\times \left[\begin{array}{c|c} (\boldsymbol{G}_x(\boldsymbol{x},\boldsymbol{s},\boldsymbol{z}_0))^{\mathrm{T}}\boldsymbol{E}^{-1}\boldsymbol{G}_x(\boldsymbol{x},\boldsymbol{s},\boldsymbol{z}_0) & (\boldsymbol{G}_x(\boldsymbol{x},\boldsymbol{s},\boldsymbol{z}_0))^{\mathrm{T}}\boldsymbol{E}^{-1}\boldsymbol{G}_s(\boldsymbol{x},\boldsymbol{s},\boldsymbol{z}_0) \\ \hdashline (\boldsymbol{G}_s(\boldsymbol{x},\boldsymbol{s},\boldsymbol{z}_0))^{\mathrm{T}}\boldsymbol{E}^{-1}\boldsymbol{G}_x(\boldsymbol{x},\boldsymbol{s},\boldsymbol{z}_0) & (\boldsymbol{G}_s(\boldsymbol{x},\boldsymbol{s},\boldsymbol{z}_0))^{\mathrm{T}}\boldsymbol{E}^{-1}\boldsymbol{G}_s(\boldsymbol{x},\boldsymbol{s},\boldsymbol{z}_0)+\boldsymbol{\varPsi}^{-1} \end{array}\right]^{-1} \\
&= \left[\begin{array}{c|c} (\boldsymbol{G}_x(\boldsymbol{x},\boldsymbol{s},\boldsymbol{z}_0))^{\mathrm{T}}\boldsymbol{E}^{-1}\boldsymbol{G}_x(\boldsymbol{x},\boldsymbol{s},\boldsymbol{z}_0) & (\boldsymbol{G}_x(\boldsymbol{x},\boldsymbol{s},\boldsymbol{z}_0))^{\mathrm{T}}\boldsymbol{E}^{-1}\boldsymbol{G}_s(\boldsymbol{x},\boldsymbol{s},\boldsymbol{z}_0) \\ \hdashline (\boldsymbol{G}_s(\boldsymbol{x},\boldsymbol{s},\boldsymbol{z}_0))^{\mathrm{T}}\boldsymbol{E}^{-1}\boldsymbol{G}_x(\boldsymbol{x},\boldsymbol{s},\boldsymbol{z}_0) & (\boldsymbol{G}_s(\boldsymbol{x},\boldsymbol{s},\boldsymbol{z}_0))^{\mathrm{T}}\boldsymbol{E}^{-1}\boldsymbol{G}_s(\boldsymbol{x},\boldsymbol{s},\boldsymbol{z}_0)+\boldsymbol{\varPsi}^{-1} \end{array}\right]^{-1} \\
&\times \begin{bmatrix} \boldsymbol{X}_1^{(\mathrm{b})} & \boldsymbol{X}_2^{(\mathrm{b})} \\ (\boldsymbol{X}_2^{(\mathrm{b})})^{\mathrm{T}} & \boldsymbol{X}_3^{(\mathrm{b})} \end{bmatrix} \\
&\times \left[\begin{array}{c|c} (\boldsymbol{G}_x(\boldsymbol{x},\boldsymbol{s},\boldsymbol{z}_0))^{\mathrm{T}}\boldsymbol{E}^{-1}\boldsymbol{G}_x(\boldsymbol{x},\boldsymbol{s},\boldsymbol{z}_0) & (\boldsymbol{G}_x(\boldsymbol{x},\boldsymbol{s},\boldsymbol{z}_0))^{\mathrm{T}}\boldsymbol{E}^{-1}\boldsymbol{G}_s(\boldsymbol{x},\boldsymbol{s},\boldsymbol{z}_0) \\ \hdashline (\boldsymbol{G}_s(\boldsymbol{x},\boldsymbol{s},\boldsymbol{z}_0))^{\mathrm{T}}\boldsymbol{E}^{-1}\boldsymbol{G}_x(\boldsymbol{x},\boldsymbol{s},\boldsymbol{z}_0) & (\boldsymbol{G}_s(\boldsymbol{x},\boldsymbol{s},\boldsymbol{z}_0))^{\mathrm{T}}\boldsymbol{E}^{-1}\boldsymbol{G}_s(\boldsymbol{x},\boldsymbol{s},\boldsymbol{z}_0)+\boldsymbol{\varPsi}^{-1} \end{array}\right]^{-1}
\end{aligned} \tag{11.112}
$$

式中, 第 3 个等号利用了式 (11.9)。证毕。

【命题 11.19】向量 $\begin{bmatrix} \widehat{\boldsymbol{x}}^{(\mathrm{b})} \\ \widehat{\boldsymbol{s}}^{(\mathrm{b})} \end{bmatrix}$ 是关于未知参数及模型参数 $\begin{bmatrix} \boldsymbol{x} \\ \boldsymbol{s} \end{bmatrix}$ 的渐近统计最优估计值。

【证明】仅需要证明等式 $\mathbf{MSE}\left(\begin{bmatrix} \widehat{\boldsymbol{x}}^{(\mathrm{b})} \\ \widehat{\boldsymbol{s}}^{(\mathrm{b})} \end{bmatrix}\right) = \mathbf{CRB}^{(\mathrm{b})}\left(\begin{bmatrix} \boldsymbol{x} \\ \boldsymbol{s} \end{bmatrix}\right)$ 即可。首先, 联合式 (11.27)、式 (11.36) 和式 (11.39), 以及式 (11.54) 可知

$$
\begin{aligned}
\boldsymbol{X}_1^{(\mathrm{b})} &= (\boldsymbol{F}_x(\boldsymbol{x},\boldsymbol{y},\boldsymbol{s}))^{\mathrm{T}}\boldsymbol{E}^{-1/2}\boldsymbol{\varPi}^{\perp}[\boldsymbol{E}^{-1/2}\boldsymbol{F}_y(\boldsymbol{x},\boldsymbol{y},\boldsymbol{s})]\boldsymbol{E}^{1/2}\boldsymbol{E}^{-1/2} \\
&\quad \times \boldsymbol{\varPi}^{\perp}[\boldsymbol{E}^{-1/2}\boldsymbol{F}_y(\boldsymbol{x},\boldsymbol{y},\boldsymbol{s})]\boldsymbol{E}^{-1/2}\boldsymbol{E}^{1/2} \\
&\quad \times \boldsymbol{\varPi}^{\perp}[\boldsymbol{E}^{-1/2}\boldsymbol{F}_y(\boldsymbol{x},\boldsymbol{y},\boldsymbol{s})]\boldsymbol{E}^{-1/2}\boldsymbol{F}_x(\boldsymbol{x},\boldsymbol{y},\boldsymbol{s}) \\
&= (\boldsymbol{F}_x(\boldsymbol{x},\boldsymbol{y},\boldsymbol{s}))^{\mathrm{T}}\boldsymbol{E}^{-1/2}\boldsymbol{\varPi}^{\perp}[\boldsymbol{E}^{-1/2}\boldsymbol{F}_y(\boldsymbol{x},\boldsymbol{y},\boldsymbol{s})]\boldsymbol{E}^{-1/2}\boldsymbol{F}_x(\boldsymbol{x},\boldsymbol{y},\boldsymbol{s}) \\
&= (\boldsymbol{G}_x(\boldsymbol{x},\boldsymbol{s},\boldsymbol{z}_0))^{\mathrm{T}}\boldsymbol{E}^{-1}\boldsymbol{G}_x(\boldsymbol{x},\boldsymbol{s},\boldsymbol{z}_0)
\end{aligned} \tag{11.113}
$$

$$
\begin{aligned}
\boldsymbol{X}_2^{(\mathrm{b})} &= (\boldsymbol{F}_x(\boldsymbol{x},\boldsymbol{y},\boldsymbol{s}))^{\mathrm{T}}\boldsymbol{E}^{-1/2}\boldsymbol{\varPi}^{\perp}[\boldsymbol{E}^{-1/2}\boldsymbol{F}_y(\boldsymbol{x},\boldsymbol{y},\boldsymbol{s})]\boldsymbol{E}^{1/2}\boldsymbol{E}^{-1/2} \\
&\quad \times \boldsymbol{\varPi}^{\perp}[\boldsymbol{E}^{-1/2}\boldsymbol{F}_y(\boldsymbol{x},\boldsymbol{y},\boldsymbol{s})]\boldsymbol{E}^{-1/2}\boldsymbol{E}^{1/2} \\
&\quad \times \boldsymbol{\varPi}^{\perp}[\boldsymbol{E}^{-1/2}\boldsymbol{F}_y(\boldsymbol{x},\boldsymbol{y},\boldsymbol{s})]\boldsymbol{E}^{-1/2}\boldsymbol{F}_s(\boldsymbol{x},\boldsymbol{y},\boldsymbol{s}) \\
&= (\boldsymbol{F}_x(\boldsymbol{x},\boldsymbol{y},\boldsymbol{s}))^{\mathrm{T}}\boldsymbol{E}^{-1/2}\boldsymbol{\varPi}^{\perp}[\boldsymbol{E}^{-1/2}\boldsymbol{F}_y(\boldsymbol{x},\boldsymbol{y},\boldsymbol{s})]\boldsymbol{E}^{-1/2}\boldsymbol{F}_s(\boldsymbol{x},\boldsymbol{y},\boldsymbol{s})
\end{aligned}
$$

$$
\begin{aligned}
&= (\boldsymbol{G}_x(\boldsymbol{x},\boldsymbol{s},\boldsymbol{z}_0))^{\mathrm{T}}\boldsymbol{E}^{-1}\boldsymbol{G}_s(\boldsymbol{x},\boldsymbol{s},\boldsymbol{z}_0) \quad (11.114)\\
\boldsymbol{X}_3^{(\mathrm{b})} &= (\boldsymbol{F}_s(\boldsymbol{x},\boldsymbol{y},\boldsymbol{s}))^{\mathrm{T}}\boldsymbol{E}^{-1/2}\boldsymbol{\Pi}^{\perp}[\boldsymbol{E}^{-1/2}\boldsymbol{F}_y(\boldsymbol{x},\boldsymbol{y},\boldsymbol{s})]\boldsymbol{E}^{1/2}\boldsymbol{E}^{-1/2}\\
&\quad\times \boldsymbol{\Pi}^{\perp}[\boldsymbol{E}^{-1/2}\boldsymbol{F}_y(\boldsymbol{x},\boldsymbol{y},\boldsymbol{s})]\boldsymbol{E}^{-1/2}\boldsymbol{E}^{1/2}\\
&\quad\times \boldsymbol{\Pi}^{\perp}[\boldsymbol{E}^{-1/2}\boldsymbol{F}_y(\boldsymbol{x},\boldsymbol{y},\boldsymbol{s})]\boldsymbol{E}^{-1/2}\boldsymbol{F}_s(\boldsymbol{x},\boldsymbol{y},\boldsymbol{s})+\boldsymbol{\Psi}^{-1}\\
&= (\boldsymbol{F}_s(\boldsymbol{x},\boldsymbol{y},\boldsymbol{s}))^{\mathrm{T}}\boldsymbol{E}^{-1/2}\boldsymbol{\Pi}^{\perp}[\boldsymbol{E}^{-1/2}\boldsymbol{F}_y(\boldsymbol{x},\boldsymbol{y},\boldsymbol{s})]\boldsymbol{E}^{-1/2}\boldsymbol{F}_s(\boldsymbol{x},\boldsymbol{y},\boldsymbol{s})+\boldsymbol{\Psi}^{-1}\\
&= (\boldsymbol{G}_s(\boldsymbol{x},\boldsymbol{s},\boldsymbol{z}_0))^{\mathrm{T}}\boldsymbol{E}^{-1}\boldsymbol{G}_s(\boldsymbol{x},\boldsymbol{s},\boldsymbol{z}_0)+\boldsymbol{\Psi}^{-1} \quad (11.115)
\end{aligned}
$$

式 (11.113) 至式 (11.115) 均利用了正交投影矩阵的对称幂等性。然后, 联合式 (11.113) 至式 (11.115) 可知

$$
\begin{aligned}
&\begin{bmatrix} \boldsymbol{X}_1^{(\mathrm{b})} & \boldsymbol{X}_2^{(\mathrm{b})} \\ (\boldsymbol{X}_2^{(\mathrm{b})})^{\mathrm{T}} & \boldsymbol{X}_3^{(\mathrm{b})} \end{bmatrix}\\
&= \left[\begin{array}{c:c} (\boldsymbol{G}_x(\boldsymbol{x},\boldsymbol{s},\boldsymbol{z}_0))^{\mathrm{T}}\boldsymbol{E}^{-1}\boldsymbol{G}_x(\boldsymbol{x},\boldsymbol{s},\boldsymbol{z}_0) & (\boldsymbol{G}_x(\boldsymbol{x},\boldsymbol{s},\boldsymbol{z}_0))^{\mathrm{T}}\boldsymbol{E}^{-1}\boldsymbol{G}_s(\boldsymbol{x},\boldsymbol{s},\boldsymbol{z}_0) \\ \hdashline (\boldsymbol{G}_s(\boldsymbol{x},\boldsymbol{s},\boldsymbol{z}_0))^{\mathrm{T}}\boldsymbol{E}^{-1}\boldsymbol{G}_x(\boldsymbol{x},\boldsymbol{s},\boldsymbol{z}_0) & (\boldsymbol{G}_s(\boldsymbol{x},\boldsymbol{s},\boldsymbol{z}_0))^{\mathrm{T}}\boldsymbol{E}^{-1}\boldsymbol{G}_s(\boldsymbol{x},\boldsymbol{s},\boldsymbol{z}_0)+\boldsymbol{\Psi}^{-1} \end{array}\right]
\end{aligned} \tag{11.116}
$$

最后, 将式 (11.116) 代入式 (11.103), 并利用式 (11.113) 至式 (11.115) 可得

$$
\begin{aligned}
&\mathbf{MSE}\left(\begin{bmatrix} \widehat{\boldsymbol{x}}^{(\mathrm{b})} \\ \widehat{\boldsymbol{s}}^{(\mathrm{b})} \end{bmatrix}\right)\\
&= \left[\begin{array}{c:c} (\boldsymbol{G}_x(\boldsymbol{x},\boldsymbol{s},\boldsymbol{z}_0))^{\mathrm{T}}\boldsymbol{E}^{-1}\boldsymbol{G}_x(\boldsymbol{x},\boldsymbol{s},\boldsymbol{z}_0) & (\boldsymbol{G}_x(\boldsymbol{x},\boldsymbol{s},\boldsymbol{z}_0))^{\mathrm{T}}\boldsymbol{E}^{-1}\boldsymbol{G}_s(\boldsymbol{x},\boldsymbol{s},\boldsymbol{z}_0) \\ \hdashline (\boldsymbol{G}_s(\boldsymbol{x},\boldsymbol{s},\boldsymbol{z}_0))^{\mathrm{T}}\boldsymbol{E}^{-1}\boldsymbol{G}_x(\boldsymbol{x},\boldsymbol{s},\boldsymbol{z}_0) & (\boldsymbol{G}_s(\boldsymbol{x},\boldsymbol{s},\boldsymbol{z}_0))^{\mathrm{T}}\boldsymbol{E}^{-1}\boldsymbol{G}_s(\boldsymbol{x},\boldsymbol{s},\boldsymbol{z}_0)+\boldsymbol{\Psi}^{-1} \end{array}\right]^{-1}\\
&= \left(\begin{bmatrix} (\boldsymbol{F}_x(\boldsymbol{x},\boldsymbol{y},\boldsymbol{s}))^{\mathrm{T}} \\ (\boldsymbol{F}_s(\boldsymbol{x},\boldsymbol{y},\boldsymbol{s}))^{\mathrm{T}} \end{bmatrix} \boldsymbol{E}^{-1/2}\boldsymbol{\Pi}^{\perp}[\boldsymbol{E}^{-1/2}\boldsymbol{F}_y(\boldsymbol{x},\boldsymbol{y},\boldsymbol{s})]\boldsymbol{E}^{-1/2}\right.\\
&\quad\left.\times\,[\,\boldsymbol{F}_x(\boldsymbol{x},\boldsymbol{y},\boldsymbol{s})\,\vdots\,\boldsymbol{F}_s(\boldsymbol{x},\boldsymbol{y},\boldsymbol{s})\,] + \mathrm{blkdiag}\{\boldsymbol{O}_{q_x\times q_x}\,,\ \boldsymbol{\Psi}^{-1}\}\right)^{-1}\\
&= \mathbf{CRB}^{(\mathrm{b})}\left(\begin{bmatrix} \boldsymbol{x} \\ \boldsymbol{s} \end{bmatrix}\right)
\end{aligned} \tag{11.117}
$$

式中, 第 3 个等号利用了式 (11.63)。证毕。

估计值 $\widehat{\boldsymbol{y}}^{(\mathrm{b})}$ 的统计性能可见以下两个命题。

【命题 11.20】向量 $\widehat{\boldsymbol{y}}^{(\mathrm{b})}$ 是关于未知参数 $\boldsymbol{y}$ 的渐近无偏估计值, 并且其均方误差为

$$\begin{aligned}\mathbf{MSE}(\widehat{\boldsymbol{y}}^{(\mathrm{b})}) &= \boldsymbol{H}(\boldsymbol{x},\boldsymbol{s}) + \boldsymbol{H}(\boldsymbol{x},\boldsymbol{s})(\boldsymbol{F}_y(\boldsymbol{x},\boldsymbol{y},\boldsymbol{s}))^{\mathrm{T}}\boldsymbol{E}^{-1} \\ &\quad \times [\,\boldsymbol{F}_x(\boldsymbol{x},\boldsymbol{y},\boldsymbol{s}) \;\vdots\; \boldsymbol{F}_s(\boldsymbol{x},\boldsymbol{y},\boldsymbol{s})]\mathbf{MSE}\left(\begin{bmatrix}\widehat{\boldsymbol{x}}^{(\mathrm{b})} \\ \widehat{\boldsymbol{s}}^{(\mathrm{b})}\end{bmatrix}\right) \\ &\quad \times \begin{bmatrix}(\boldsymbol{F}_x(\boldsymbol{x},\boldsymbol{y},\boldsymbol{s}))^{\mathrm{T}} \\ (\boldsymbol{F}_s(\boldsymbol{x},\boldsymbol{y},\boldsymbol{s}))^{\mathrm{T}}\end{bmatrix}\boldsymbol{E}^{-1}\boldsymbol{F}_y(\boldsymbol{x},\boldsymbol{y},\boldsymbol{s})\boldsymbol{H}(\boldsymbol{x},\boldsymbol{s}) \qquad (11.118)\end{aligned}$$

【证明】将向量 $\widehat{\boldsymbol{y}}^{(\mathrm{b})}$ 中的估计误差记为 $\Delta\boldsymbol{y}^{(\mathrm{b})} = \widehat{\boldsymbol{y}}^{(\mathrm{b})} - \boldsymbol{y}$, 结合式 (11.9) 和式 (11.102) 可知

$$\begin{aligned}&(\boldsymbol{T}(\widehat{\boldsymbol{s}}^{(\mathrm{b})}))^{\mathrm{T}}(\boldsymbol{C}(\widehat{\boldsymbol{x}}^{(\mathrm{b})},\widehat{\boldsymbol{s}}^{(\mathrm{b})}))^{\mathrm{T}}\boldsymbol{E}^{-1}\boldsymbol{C}(\widehat{\boldsymbol{x}}^{(\mathrm{b})},\widehat{\boldsymbol{s}}^{(\mathrm{b})})\boldsymbol{T}(\widehat{\boldsymbol{s}}^{(\mathrm{b})})(\boldsymbol{y}+\Delta\boldsymbol{y}^{(\mathrm{b})}) \\ &= (\boldsymbol{T}(\widehat{\boldsymbol{s}}^{(\mathrm{b})}))^{\mathrm{T}}(\boldsymbol{C}(\widehat{\boldsymbol{x}}^{(\mathrm{b})},\widehat{\boldsymbol{s}}^{(\mathrm{b})}))^{\mathrm{T}}\boldsymbol{E}^{-1}\boldsymbol{z} \qquad (11.119)\end{aligned}$$

在一阶误差分析理论框架下, 利用式 (11.119) 可以进一步推得

$$\begin{aligned}&(\Delta\boldsymbol{T}^{(\mathrm{b})})^{\mathrm{T}}(\boldsymbol{C}(\boldsymbol{x},\boldsymbol{s}))^{\mathrm{T}}\boldsymbol{E}^{-1}\boldsymbol{C}(\boldsymbol{x},\boldsymbol{s})\boldsymbol{T}(\boldsymbol{s})\boldsymbol{y} + (\boldsymbol{T}(\boldsymbol{s}))^{\mathrm{T}}(\Delta\boldsymbol{C}^{(\mathrm{b})})^{\mathrm{T}}\boldsymbol{E}^{-1}\boldsymbol{C}(\boldsymbol{x},\boldsymbol{s})\boldsymbol{T}(\boldsymbol{s})\boldsymbol{y} \\ &+ (\boldsymbol{T}(\boldsymbol{s}))^{\mathrm{T}}(\boldsymbol{C}(\boldsymbol{x},\boldsymbol{s}))^{\mathrm{T}}\boldsymbol{E}^{-1}\Delta\boldsymbol{C}^{(\mathrm{b})}\boldsymbol{T}(\boldsymbol{s})\boldsymbol{y} + (\boldsymbol{T}(\boldsymbol{s}))^{\mathrm{T}}(\boldsymbol{C}(\boldsymbol{x},\boldsymbol{s}))^{\mathrm{T}}\boldsymbol{E}^{-1}\boldsymbol{C}(\boldsymbol{x},\boldsymbol{s})\Delta\boldsymbol{T}^{(\mathrm{b})}\boldsymbol{y} \\ &+ (\boldsymbol{T}(\boldsymbol{s}))^{\mathrm{T}}(\boldsymbol{C}(\boldsymbol{x},\boldsymbol{s}))^{\mathrm{T}}\boldsymbol{E}^{-1}\boldsymbol{C}(\boldsymbol{x},\boldsymbol{s})\boldsymbol{T}(\boldsymbol{s})\Delta\boldsymbol{y}^{(\mathrm{b})} \\ &\approx (\Delta\boldsymbol{T}^{(\mathrm{b})})^{\mathrm{T}}(\boldsymbol{C}(\boldsymbol{x},\boldsymbol{s}))^{\mathrm{T}}\boldsymbol{E}^{-1}\boldsymbol{z}_0 + (\boldsymbol{T}(\boldsymbol{s}))^{\mathrm{T}}(\Delta\boldsymbol{C}^{(\mathrm{b})})^{\mathrm{T}}\boldsymbol{E}^{-1}\boldsymbol{z}_0 + (\boldsymbol{T}(\boldsymbol{s}))^{\mathrm{T}}(\boldsymbol{C}(\boldsymbol{x},\boldsymbol{s}))^{\mathrm{T}}\boldsymbol{E}^{-1}\boldsymbol{e} \\ &\Rightarrow (\boldsymbol{T}(\boldsymbol{s}))^{\mathrm{T}}(\boldsymbol{C}(\boldsymbol{x},\boldsymbol{s}))^{\mathrm{T}}\boldsymbol{E}^{-1}\boldsymbol{C}(\boldsymbol{x},\boldsymbol{s})\boldsymbol{T}(\boldsymbol{s})\Delta\boldsymbol{y}^{(\mathrm{b})} \\ &\approx (\boldsymbol{T}(\boldsymbol{s}))^{\mathrm{T}}(\boldsymbol{C}(\boldsymbol{x},\boldsymbol{s}))^{\mathrm{T}}\boldsymbol{E}^{-1}(\boldsymbol{e} - (\Delta\boldsymbol{C}^{(\mathrm{b})}\boldsymbol{T}(\boldsymbol{s}) + \boldsymbol{C}(\boldsymbol{x},\boldsymbol{s})\Delta\boldsymbol{T}^{(\mathrm{b})})\boldsymbol{y}) \\ &\Rightarrow \Delta\boldsymbol{y}^{(\mathrm{b})} \approx \boldsymbol{H}(\boldsymbol{x},\boldsymbol{s})(\boldsymbol{T}(\boldsymbol{s}))^{\mathrm{T}}(\boldsymbol{C}(\boldsymbol{x},\boldsymbol{s}))^{\mathrm{T}}\boldsymbol{E}^{-1}(\boldsymbol{e} - (\Delta\boldsymbol{C}^{(\mathrm{b})}\boldsymbol{T}(\boldsymbol{s}) + \boldsymbol{C}(\boldsymbol{x},\boldsymbol{s})\Delta\boldsymbol{T}^{(\mathrm{b})})\boldsymbol{y}) \\ &\qquad (11.120)\end{aligned}$$

式中, 第 3 个约等式利用了式 (11.9), $\Delta\boldsymbol{C}^{(\mathrm{b})} = \boldsymbol{C}(\widehat{\boldsymbol{x}}^{(\mathrm{b})},\widehat{\boldsymbol{s}}^{(\mathrm{b})}) - \boldsymbol{C}(\boldsymbol{x},\boldsymbol{s})$, $\Delta\boldsymbol{T}^{(\mathrm{b})} = \boldsymbol{T}(\widehat{\boldsymbol{s}}^{(\mathrm{b})}) - \boldsymbol{T}(\boldsymbol{s})$。利用一阶误差分析可知

$$\begin{aligned}&(\Delta\boldsymbol{C}^{(\mathrm{b})}\boldsymbol{T}(\boldsymbol{s}) + \boldsymbol{C}(\boldsymbol{x},\boldsymbol{s})\Delta\boldsymbol{T}^{(\mathrm{b})})\boldsymbol{y} \\ &\approx \sum_{j=1}^{q_x}\langle\Delta\boldsymbol{x}^{(\mathrm{b})}\rangle_j\dot{\boldsymbol{C}}_{x_j}(\boldsymbol{x},\boldsymbol{s})\boldsymbol{T}(\boldsymbol{s})\boldsymbol{y} + \sum_{j=1}^{r}\langle\Delta\boldsymbol{s}^{(\mathrm{b})}\rangle_j \\ &\quad \times (\dot{\boldsymbol{C}}_{s_j}(\boldsymbol{x},\boldsymbol{s})\boldsymbol{T}(\boldsymbol{s}) + \boldsymbol{C}(\boldsymbol{x},\boldsymbol{s})\dot{\boldsymbol{T}}_{s_j}(\boldsymbol{s}))\boldsymbol{y}\end{aligned}$$

$$= \boldsymbol{F}_x(\boldsymbol{x},\boldsymbol{y},\boldsymbol{s})\Delta\boldsymbol{x}^{(\mathrm{b})} + \boldsymbol{F}_s(\boldsymbol{x},\boldsymbol{y},\boldsymbol{s})\Delta\boldsymbol{s}^{(\mathrm{b})} \tag{11.121}$$

式中, 第 2 个等号利用了式 (11.26) 和式 (11.55)。将式 (11.121) 代入式 (11.120) 可得

$$\begin{aligned}\Delta\boldsymbol{y}^{(\mathrm{b})} &\approx \boldsymbol{H}(\boldsymbol{x},\boldsymbol{s})(\boldsymbol{T}(\boldsymbol{s}))^{\mathrm{T}}(\boldsymbol{C}(\boldsymbol{x},\boldsymbol{s}))^{\mathrm{T}}\boldsymbol{E}^{-1} \\ &\quad \times (\boldsymbol{e} - \boldsymbol{F}_x(\boldsymbol{x},\boldsymbol{y},\boldsymbol{s})\Delta\boldsymbol{x}^{(\mathrm{b})} - \boldsymbol{F}_s(\boldsymbol{x},\boldsymbol{y},\boldsymbol{s})\Delta\boldsymbol{s}^{(\mathrm{b})}) \\ &= \boldsymbol{H}(\boldsymbol{x},\boldsymbol{s})(\boldsymbol{T}(\boldsymbol{s}))^{\mathrm{T}}(\boldsymbol{C}(\boldsymbol{x},\boldsymbol{s}))^{\mathrm{T}}\boldsymbol{E}^{-1} \\ &\quad \times \left(\boldsymbol{e} - [\,\boldsymbol{F}_x(\boldsymbol{x},\boldsymbol{y},\boldsymbol{s}) \,\vdots\, \boldsymbol{F}_s(\boldsymbol{x},\boldsymbol{y},\boldsymbol{s})\,]\begin{bmatrix}\Delta\boldsymbol{x}^{(\mathrm{b})} \\ \Delta\boldsymbol{s}^{(\mathrm{b})}\end{bmatrix}\right)\end{aligned} \tag{11.122}$$

由式 (11.122) 可知, 误差向量 $\Delta\boldsymbol{y}^{(\mathrm{b})}$ 渐近服从零均值的高斯分布, 因此向量 $\widehat{\boldsymbol{y}}^{(\mathrm{b})}$ 是关于未知参数 $\boldsymbol{y}$ 的渐近无偏估计值, 并且其均方误差为

$$\begin{aligned}\mathbf{MSE}(\widehat{\boldsymbol{y}}^{(\mathrm{b})}) &= \mathbf{E}[(\widehat{\boldsymbol{y}}^{(\mathrm{b})} - \boldsymbol{y})(\widehat{\boldsymbol{y}}^{(\mathrm{b})} - \boldsymbol{y})^{\mathrm{T}}] = \mathbf{E}[\Delta\boldsymbol{y}^{(\mathrm{b})}(\Delta\boldsymbol{y}^{(\mathrm{b})})^{\mathrm{T}}] \\ &= \boldsymbol{Y}_1^{(\mathrm{b})} + \boldsymbol{Y}_2^{(\mathrm{b})} - \boldsymbol{Y}_3^{(\mathrm{b})} - (\boldsymbol{Y}_3^{(\mathrm{b})})^{\mathrm{T}}\end{aligned} \tag{11.123}$$

式中,

$$\begin{aligned}\boldsymbol{Y}_1^{(\mathrm{b})} &= \boldsymbol{H}(\boldsymbol{x},\boldsymbol{s})(\boldsymbol{T}(\boldsymbol{s}))^{\mathrm{T}}(\boldsymbol{C}(\boldsymbol{x},\boldsymbol{s}))^{\mathrm{T}}\boldsymbol{E}^{-1}\mathbf{E}[\boldsymbol{e}\boldsymbol{e}^{\mathrm{T}}]\boldsymbol{E}^{-1}\boldsymbol{C}(\boldsymbol{x},\boldsymbol{s})\boldsymbol{T}(\boldsymbol{s})(\boldsymbol{H}(\boldsymbol{x},\boldsymbol{s}))^{\mathrm{T}} \\ &= \boldsymbol{H}(\boldsymbol{x},\boldsymbol{s})(\boldsymbol{T}(\boldsymbol{s}))^{\mathrm{T}}(\boldsymbol{C}(\boldsymbol{x},\boldsymbol{s}))^{\mathrm{T}}\boldsymbol{E}^{-1}\boldsymbol{C}(\boldsymbol{x},\boldsymbol{s})\boldsymbol{T}(\boldsymbol{s})(\boldsymbol{H}(\boldsymbol{x},\boldsymbol{s}))^{\mathrm{T}} = \boldsymbol{H}(\boldsymbol{x},\boldsymbol{s})\end{aligned} \tag{11.124}$$

$$\begin{aligned}\boldsymbol{Y}_2^{(\mathrm{b})} &= \boldsymbol{H}(\boldsymbol{x},\boldsymbol{s})(\boldsymbol{T}(\boldsymbol{s}))^{\mathrm{T}}(\boldsymbol{C}(\boldsymbol{x},\boldsymbol{s}))^{\mathrm{T}}\boldsymbol{E}^{-1}[\,\boldsymbol{F}_x(\boldsymbol{x},\boldsymbol{y},\boldsymbol{s}) \,\vdots\, \boldsymbol{F}_s(\boldsymbol{x},\boldsymbol{y},\boldsymbol{s})\,] \\ &\quad \times \mathbf{E}\left(\begin{bmatrix}\Delta\boldsymbol{x}^{(\mathrm{b})} \\ \Delta\boldsymbol{s}^{(\mathrm{b})}\end{bmatrix}\begin{bmatrix}\Delta\boldsymbol{x}^{(\mathrm{b})} \\ \Delta\boldsymbol{s}^{(\mathrm{b})}\end{bmatrix}^{\mathrm{T}}\right)\begin{bmatrix}(\boldsymbol{F}_x(\boldsymbol{x},\boldsymbol{y},\boldsymbol{s}))^{\mathrm{T}} \\ (\boldsymbol{F}_s(\boldsymbol{x},\boldsymbol{y},\boldsymbol{s}))^{\mathrm{T}}\end{bmatrix}\boldsymbol{E}^{-1}\boldsymbol{C}(\boldsymbol{x},\boldsymbol{s})\boldsymbol{T}(\boldsymbol{s})\boldsymbol{H}(\boldsymbol{x},\boldsymbol{s}) \\ &= \boldsymbol{H}(\boldsymbol{x},\boldsymbol{s})(\boldsymbol{F}_y(\boldsymbol{x},\boldsymbol{y},\boldsymbol{s}))^{\mathrm{T}}\boldsymbol{E}^{-1}[\,\boldsymbol{F}_x(\boldsymbol{x},\boldsymbol{y},\boldsymbol{s}) \,\vdots\, \boldsymbol{F}_s(\boldsymbol{x},\boldsymbol{y},\boldsymbol{s})\,] \\ &\quad \times \mathbf{MSE}\left(\begin{bmatrix}\widehat{\boldsymbol{x}}^{(\mathrm{b})} \\ \widehat{\boldsymbol{s}}^{(\mathrm{b})}\end{bmatrix}\right)\begin{bmatrix}(\boldsymbol{F}_x(\boldsymbol{x},\boldsymbol{y},\boldsymbol{s}))^{\mathrm{T}} \\ (\boldsymbol{F}_s(\boldsymbol{x},\boldsymbol{y},\boldsymbol{s}))^{\mathrm{T}}\end{bmatrix}\boldsymbol{E}^{-1}\boldsymbol{F}_y(\boldsymbol{x},\boldsymbol{y},\boldsymbol{s})\boldsymbol{H}(\boldsymbol{x},\boldsymbol{s})\end{aligned} \tag{11.125}$$

$$\begin{aligned}\boldsymbol{Y}_3^{(\mathrm{b})} &= \boldsymbol{H}(\boldsymbol{x},\boldsymbol{s})(\boldsymbol{T}(\boldsymbol{s}))^{\mathrm{T}}(\boldsymbol{C}(\boldsymbol{x},\boldsymbol{s}))^{\mathrm{T}}\boldsymbol{E}^{-1}[\,\boldsymbol{F}_x(\boldsymbol{x},\boldsymbol{y},\boldsymbol{s}) \,\vdots\, \boldsymbol{F}_s(\boldsymbol{x},\boldsymbol{y},\boldsymbol{s})\,] \\ &\quad \times \mathbf{E}\left(\begin{bmatrix}\Delta\boldsymbol{x}^{(\mathrm{b})} \\ \Delta\boldsymbol{s}^{(\mathrm{b})}\end{bmatrix}\boldsymbol{e}^{\mathrm{T}}\right)\boldsymbol{E}^{-1}\boldsymbol{C}(\boldsymbol{x},\boldsymbol{s})\boldsymbol{T}(\boldsymbol{s})\boldsymbol{H}(\boldsymbol{x},\boldsymbol{s})\end{aligned} \tag{11.126}$$

式 (11.124) 中的第 3 个等号利用了式 (11.9)。式 (11.125) 中的第 2 个等号利用了式 (11.27)。附录 G 证明了 $\boldsymbol{Y}_3^{(\mathrm{b})}=\boldsymbol{O}_{q_y\times q_y}$, 将该式、式 (11.124) 和式 (11.125) 代入式 (11.123) 可知式 (11.118) 成立。证毕。

【命题 11.21】 向量 $\widehat{\boldsymbol{y}}^{(\mathrm{b})}$ 是关于未知参数 $\boldsymbol{y}$ 的渐近统计最优估计值。

【证明】 仅需要证明等式 $\mathbf{MSE}(\widehat{\boldsymbol{y}}^{(\mathrm{b})})=\mathbf{CRB}^{(\mathrm{b})}(\boldsymbol{y})$ 即可。将式 (11.52) 和式 (11.117) 代入式 (11.118) 可得

$$\begin{aligned}\mathbf{MSE}(\widehat{\boldsymbol{y}}^{(\mathrm{b})})&=((\boldsymbol{F}_y(\boldsymbol{x},\boldsymbol{y},\boldsymbol{s}))^{\mathrm{T}}\boldsymbol{E}^{-1}\boldsymbol{F}_y(\boldsymbol{x},\boldsymbol{y},\boldsymbol{s}))^{-1}\\&\quad+((\boldsymbol{F}_y(\boldsymbol{x},\boldsymbol{y},\boldsymbol{s}))^{\mathrm{T}}\boldsymbol{E}^{-1}\boldsymbol{F}_y(\boldsymbol{x},\boldsymbol{y},\boldsymbol{s}))^{-1}(\boldsymbol{F}_y(\boldsymbol{x},\boldsymbol{y},\boldsymbol{s}))^{\mathrm{T}}\boldsymbol{E}^{-1}\\&\quad\times[\boldsymbol{F}_x(\boldsymbol{x},\boldsymbol{y},\boldsymbol{s})\ \vdots\ \boldsymbol{F}_s(\boldsymbol{x},\boldsymbol{y},\boldsymbol{s})]\mathbf{CRB}^{(\mathrm{b})}\left(\begin{bmatrix}\boldsymbol{x}\\\boldsymbol{s}\end{bmatrix}\right)\begin{bmatrix}(\boldsymbol{F}_x(\boldsymbol{x},\boldsymbol{y},\boldsymbol{s}))^{\mathrm{T}}\\(\boldsymbol{F}_s(\boldsymbol{x},\boldsymbol{y},\boldsymbol{s}))^{\mathrm{T}}\end{bmatrix}\boldsymbol{E}^{-1}\\&\quad\times\boldsymbol{F}_y(\boldsymbol{x},\boldsymbol{y},\boldsymbol{s})((\boldsymbol{F}_y(\boldsymbol{x},\boldsymbol{y},\boldsymbol{s}))^{\mathrm{T}}\boldsymbol{E}^{-1}\boldsymbol{F}_y(\boldsymbol{x},\boldsymbol{y},\boldsymbol{s}))^{-1}\\&=\mathbf{CRB}^{(\mathrm{b})}(\boldsymbol{y})\end{aligned}\tag{11.127}$$

式中, 第 2 个等号利用了式 (11.66)。证毕。

11.4.3 数值实验

这里仍然选择式 (11.57) 所定义的函数 $\boldsymbol{f}(\boldsymbol{x},\boldsymbol{y},\boldsymbol{s})$ 进行数值实验。由式 (11.57) 可以推得

$$\left\{\begin{aligned}\dot{\boldsymbol{C}}_{s_1}(\boldsymbol{x},\boldsymbol{s})&=\frac{\partial\boldsymbol{C}(\boldsymbol{x},\boldsymbol{s})}{\partial s_1}=\begin{bmatrix}0&0&x_1\\0&0&0\\x_1&-x_2&0\\0&0&0\\0&0&0\\0&0&0\end{bmatrix}\\\dot{\boldsymbol{C}}_{s_2}(\boldsymbol{x},\boldsymbol{s})&=\frac{\partial\boldsymbol{C}(\boldsymbol{x},\boldsymbol{s})}{\partial s_2}=\begin{bmatrix}0&0&x_2\\0&0&4x_2^2\\x_2&-x_1&0\\0&0&0\\0&0&0\\0&0&0\end{bmatrix}\end{aligned}\right.\tag{11.128}$$

$$\begin{cases}\dot{\boldsymbol{C}}_{s_3}(\boldsymbol{x},\boldsymbol{s})=\dfrac{\partial \boldsymbol{C}(\boldsymbol{x},\boldsymbol{s})}{\partial s_3}=\begin{bmatrix}0&0&0\\0&0&0\\0&0&0\\0&0&0\\x_1^2&x_2^3&0\\0&0&0\end{bmatrix}\\ \dot{\boldsymbol{C}}_{s_4}(\boldsymbol{x},\boldsymbol{s})=\dfrac{\partial \boldsymbol{C}(\boldsymbol{x},\boldsymbol{s})}{\partial s_4}=\begin{bmatrix}0&0&0\\0&0&0\\0&0&0\\0&0&0\\x_2&x_1&0\\0&0&0\end{bmatrix}\end{cases} \tag{11.129}$$

$$\begin{cases}\dot{\boldsymbol{C}}_{s_5}(\boldsymbol{x},\boldsymbol{s})=\dfrac{\partial \boldsymbol{C}(\boldsymbol{x},\boldsymbol{s})}{\partial s_5}=\begin{bmatrix}0&0&0\\0&0&0\\0&0&0\\0&0&0\\0&0&0\\0&x_1x_2&x_1^2\end{bmatrix}\\ \dot{\boldsymbol{C}}_{s_6}(\boldsymbol{x},\boldsymbol{s})=\dfrac{\partial \boldsymbol{C}(\boldsymbol{x},\boldsymbol{s})}{\partial s_6}=\begin{bmatrix}0&0&0\\0&0&0\\0&0&0\\0&0&0\\0&0&0\\0&x_1^2&x_2^3\end{bmatrix}\end{cases} \tag{11.130}$$

$$\begin{cases}\dot{\boldsymbol{T}}_{s_1}(\boldsymbol{s})=\dfrac{\partial \boldsymbol{T}(\boldsymbol{s})}{\partial s_1}=\begin{bmatrix}2s_1&s_2\\0&0\\0&0\end{bmatrix}\\ \dot{\boldsymbol{T}}_{s_2}(\boldsymbol{s})=\dfrac{\partial \boldsymbol{T}(\boldsymbol{s})}{\partial s_2}=\begin{bmatrix}0&s_1\\0&0\\0&0\end{bmatrix}\\ \dot{\boldsymbol{T}}_{s_3}(\boldsymbol{s})=\dfrac{\partial \boldsymbol{T}(\boldsymbol{s})}{\partial s_3}=\begin{bmatrix}0&0\\1&1\\0&0\end{bmatrix}\end{cases} \tag{11.131}$$

$$
\begin{cases}
\dot{\boldsymbol{T}}_{s_4}(\boldsymbol{s}) = \dfrac{\partial \boldsymbol{T}(\boldsymbol{s})}{\partial s_4} = \begin{bmatrix} 0 & 0 \\ -1 & 1 \\ 0 & 0 \end{bmatrix} \\
\dot{\boldsymbol{T}}_{s_5}(\boldsymbol{s}) = \dfrac{\partial \boldsymbol{T}(\boldsymbol{s})}{\partial s_5} = \begin{bmatrix} 0 & 0 \\ 0 & 0 \\ s_6 & 0 \end{bmatrix} \\
\dot{\boldsymbol{T}}_{s_6}(\boldsymbol{s}) = \dfrac{\partial \boldsymbol{T}(\boldsymbol{s})}{\partial s_6} = \begin{bmatrix} 0 & 0 \\ 0 & 0 \\ s_5 & 2s_6 \end{bmatrix}
\end{cases} \tag{11.132}
$$

设未知参数 $\boldsymbol{x} = [0.6 \quad -0.8]^{\mathrm{T}}$, $\boldsymbol{y} = [-0.5 \quad 1.2]^{\mathrm{T}}$; 将模型参数设为 $\boldsymbol{s} = [9 \quad -6 \quad 21 \quad -24 \quad 9 \quad -12]^{\mathrm{T}}$ (假设其未能精确已知, 仅存在先验观测值); 观测误差协方差矩阵设为 $\boldsymbol{E} = \sigma_1^2/2(2\boldsymbol{I}_6 + \boldsymbol{i}_6^{(1)}(\boldsymbol{i}_6^{(2)})^{\mathrm{T}} + \boldsymbol{i}_6^{(2)}(\boldsymbol{i}_6^{(1)})^{\mathrm{T}} + \boldsymbol{i}_6^{(2)}(\boldsymbol{i}_6^{(3)})^{\mathrm{T}} + \boldsymbol{i}_6^{(3)}(\boldsymbol{i}_6^{(2)})^{\mathrm{T}} + \boldsymbol{i}_6^{(3)}(\boldsymbol{i}_6^{(4)})^{\mathrm{T}} + \boldsymbol{i}_6^{(4)}(\boldsymbol{i}_6^{(3)})^{\mathrm{T}} + \boldsymbol{i}_6^{(4)}(\boldsymbol{i}_6^{(5)})^{\mathrm{T}} + \boldsymbol{i}_6^{(5)}(\boldsymbol{i}_6^{(4)})^{\mathrm{T}} + \boldsymbol{i}_6^{(5)}(\boldsymbol{i}_6^{(6)})^{\mathrm{T}} + \boldsymbol{i}_6^{(6)}(\boldsymbol{i}_6^{(5)})^{\mathrm{T}})$, 其中 σ_1 称为观测误差标准差; 模型参数先验观测误差协方差矩阵设为 $\boldsymbol{\Psi} = \sigma_2^2(\boldsymbol{I}_6 + \boldsymbol{1}_{6\times 6})/2$, 其中 σ_2 称为先验观测误差标准差。利用方法 11–a 对未知参数 $\boldsymbol{x}$ 和 $\boldsymbol{y}$ 进行估计, 利用方法 11–b 对未知参数 $\boldsymbol{x}$ 和 $\boldsymbol{y}$ 与模型参数 $\boldsymbol{s}$ 进行联合估计。

首先, 设 $\sigma_2 = 0.1$, 图 11.5 和图 11.6 分别给出了未知参数 $\boldsymbol{x}$ 和 $\boldsymbol{y}$ 估计均方根误差随观测误差标准差 σ_1 的变化曲线, 图 11.7 给出了模型参数 $\boldsymbol{s}$ 估计均方根误差随观测误差标准差 σ_1 的变化曲线; 然后, 设 $\sigma_1 = 5$, 图 11.8 和图 11.9 分别给出了未知参数 $\boldsymbol{x}$ 和 $\boldsymbol{y}$ 估计均方根误差随先验观测误差标准差 σ_2 的变化曲线, 图 11.10 给出了模型参数 $\boldsymbol{s}$ 估计均方根误差随先验观测误差标准差 σ_2 的变化曲线。

由图 11.5 至图 11.10 可以看出:

① 当模型参数存在先验观测误差时, 两种方法的参数估计均方根误差均随观测误差标准差 σ_1 的增加而增大, 随先验观测误差标准差 σ_2 的增加而增大。

② 当模型参数存在先验观测误差时, 方法 11–a 对未知参数 $\boldsymbol{x}$ 的估计均方根误差与式 (11.71) 给出的理论值基本吻合 (如图 11.5、图 11.8 所示), 从而验证了第 11.3.2 节理论性能分析的有效性。

③ 当模型参数存在先验观测误差时, 方法 11–a 对未知参数 $\boldsymbol{y}$ 的估计均方根误差与式 (11.86) 给出的理论值基本吻合 (如图 11.6、图 11.9 所示), 从而再次验证了第 11.3.2 节理论性能分析的有效性。

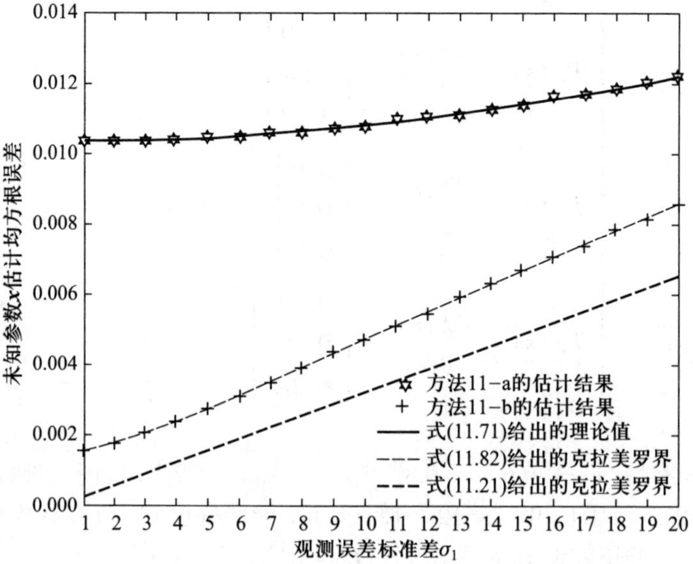

图 11.5　未知参数 $\boldsymbol{x}$ 估计均方根误差随观测误差标准差 σ_1 的变化曲线

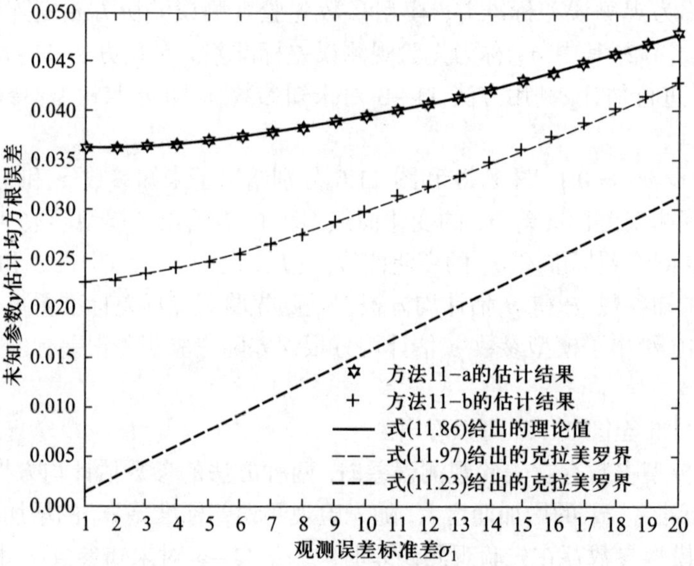

图 11.6　未知参数 $\boldsymbol{y}$ 估计均方根误差随观测误差标准差 σ_1 的变化曲线

④ 当模型参数存在先验观测误差时, 方法 11−b 对未知参数 $\boldsymbol{x}$ 的估计均方根误差能够达到由式 (11.82) 给出的克拉美罗界 (如图 11.5、图 11.8 所示), 从而验证了第 11.4.2 节理论性能分析的有效性。此外, 方法 11−b 对未知参数 $\boldsymbol{x}$ 的

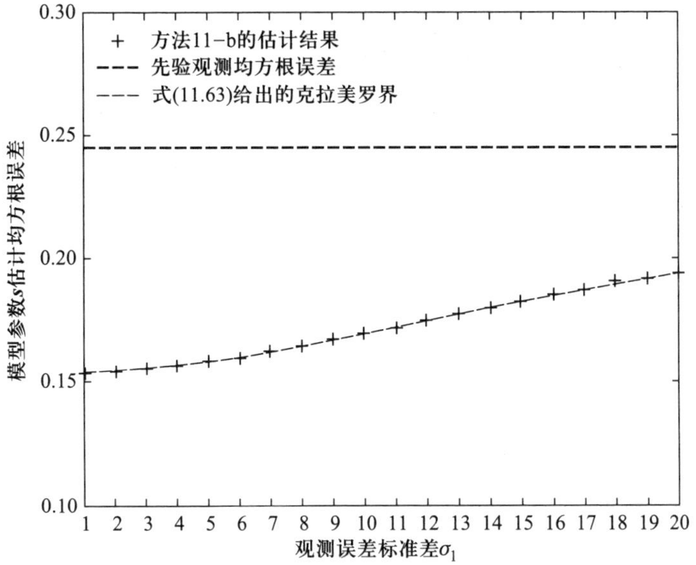

图 11.7　模型参数 $\boldsymbol{s}$ 估计均方根误差随观测误差标准差 σ_1 的变化曲线

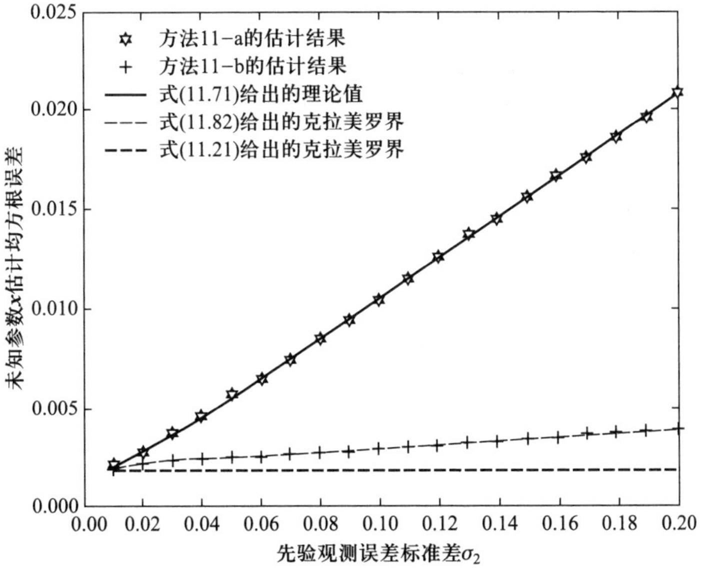

图 11.8　未知参数 $\boldsymbol{x}$ 估计均方根误差随先验观测误差标准差 σ_2 的变化曲线

估计精度高于方法 11−a, 并且性能差异随观测误差标准差 σ_1 的增加而变小 (如图 11.5 所示), 随先验观测误差标准差 σ_2 的增加而变大 (如图 11.8 所示)。

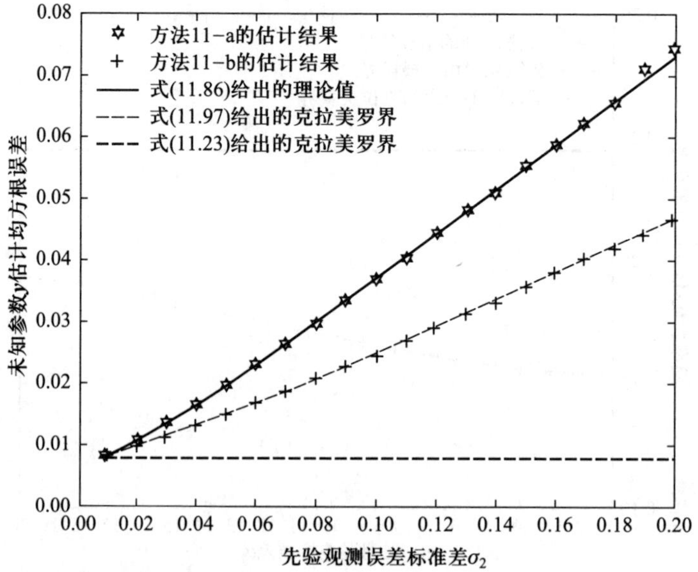

图 11.9　未知参数 $\boldsymbol{y}$ 估计均方根误差随先验观测误差标准差 σ_2 的变化曲线

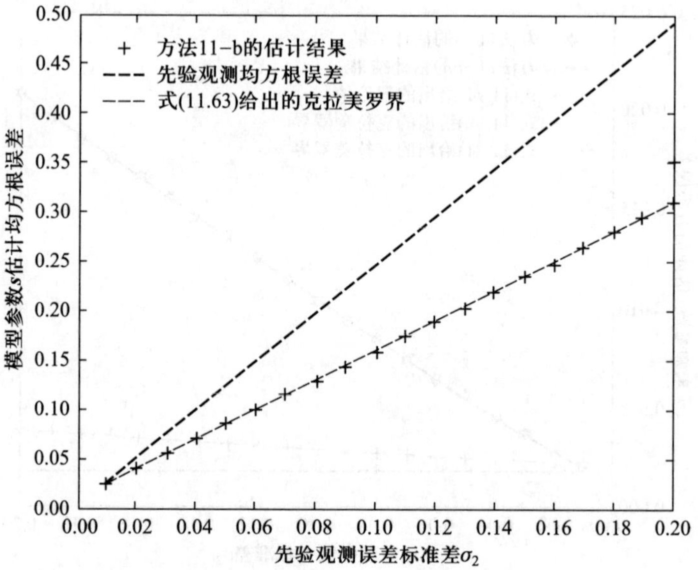

图 11.10　模型参数 $\boldsymbol{s}$ 估计均方根误差随先验观测误差标准差 σ_2 的变化曲线

⑤ 当模型参数存在先验观测误差时, 方法 11−b 对未知参数 $\boldsymbol{y}$ 的估计均方根误差能够达到由式 (11.97) 给出的克拉美罗界 (如图 11.6、图 11.9 所示), 从而

再次验证了第 11.4.2 节理论性能分析的有效性。此外, 方法 11−b 对未知参数 $\boldsymbol{y}$ 的估计精度高于方法 11−a, 并且性能差异随观测差标准差 σ_1 的增加而变小 (如图 11.6 所示), 随先验观测误差标准差 σ_2 的增加而变大 (如图 11.9 所示)。

⑥ 当模型参数存在先验观测误差时, 方法 11−b 提高了对模型参数 $\boldsymbol{s}$ 的估计精度 (相对先验观测精度而言), 并且其估计均方根误差能够达到由式 (11.63) 给出的克拉美罗界[①] (如图 11.7、图 11.10 所示), 从而再次验证了第 11.4.2 节理论性能分析的有效性。

① 即有 $\mathbf{CRB}^{(\mathrm{b})}(\boldsymbol{s}) = [\boldsymbol{O}_{r\times q_x} \quad \boldsymbol{I}_r]\mathbf{CRB}^{(\mathrm{b})}\left(\begin{bmatrix}\boldsymbol{x}\\ \boldsymbol{s}\end{bmatrix}\right)\begin{bmatrix}\boldsymbol{O}_{q_x\times r}\\ \boldsymbol{I}_r\end{bmatrix}$

第 12 章 参数解耦合最小二乘估计理论与方法：第 Ⅱ 类参数解耦合观测模型

本章描述第 Ⅱ 类参数解耦合最小二乘估计理论与方法。与第 11 章相同，本章的方法也能对两类参数进行解耦合优化，从而避免对它们进行联合优化。与第 11 章不同的是，本章的参数解耦合观测模型为加性观测模型，因此可以利用线性消元法实现对不同参数的解耦合估计。

12.1 第 Ⅱ 类参数解耦合非线性观测模型

与第 11 章相同，本章的未知参数也需要由两个向量来表征，相应的非线性观测模型可以表示为

$$\boldsymbol{z} = \boldsymbol{z}_0 + \boldsymbol{e} = \boldsymbol{f}(\boldsymbol{x}, \boldsymbol{y}, \boldsymbol{s}) + \boldsymbol{e} \tag{12.1}$$

式中，

$\boldsymbol{z}_0 = \boldsymbol{f}(\boldsymbol{x}, \boldsymbol{y}, \boldsymbol{s}) \in \mathbf{R}^{p\times 1}$ 表示没有误差条件下的观测向量，其中 $\boldsymbol{f}(\boldsymbol{x}, \boldsymbol{y}, \boldsymbol{s})$ 是关于向量 $\boldsymbol{x}$、$\boldsymbol{y}$、$\boldsymbol{s}$ 的连续可导函数；

$\boldsymbol{x} \in \mathbf{R}^{q_x\times 1}$ 和 $\boldsymbol{y} \in \mathbf{R}^{q_y\times 1}$ 表示两类待估计的未知参数，其中 $q_x + q_y < p$ 以确保问题是超定的 (即观测量个数大于全部未知参数个数)；

$\boldsymbol{s} \in \mathbf{R}^{r\times 1}$ 表示模型参数；

$\boldsymbol{z} \in \mathbf{R}^{p\times 1}$ 表示含有误差条件下的观测向量；

$\boldsymbol{e} \in \mathbf{R}^{p\times 1}$ 表示观测误差向量，假设其服从均值为零、协方差矩阵为 $\mathbf{COV}(\boldsymbol{e}) = \mathbf{E}[\boldsymbol{e}\boldsymbol{e}^{\mathrm{T}}] = \boldsymbol{E}$ 的高斯分布。

【注记 12.1】 与第 3 章相同，本章仍然考虑两种情形：第 1 种情形是假设模型参数 $\boldsymbol{s}$ 精确已知，此时可以将其看成是已知量；第 2 种情形是假设仅存在关于模型参数 $\boldsymbol{s}$ 的先验观测值 $\widehat{\boldsymbol{s}}$，其中包含先验观测误差，并且先验观测误差向量 $\boldsymbol{\varphi} = \widehat{\boldsymbol{s}} - \boldsymbol{s}$ 服从均值为零、协方差矩阵为 $\mathbf{COV}(\boldsymbol{\varphi}) = \mathbf{E}[\boldsymbol{\varphi}\boldsymbol{\varphi}^{\mathrm{T}}] = \boldsymbol{\varPsi}$ 的高斯分布。此外，误差向量 $\boldsymbol{\varphi}$ 与 $\boldsymbol{e}$ 相互间统计独立，并且协方差矩阵 $\boldsymbol{E}$ 和 $\boldsymbol{\varPsi}$ 都是满秩的正定矩阵。

本章考虑第 Ⅱ 类参数解耦合观测模型，可称其为加性观测模型，其中函数

$\boldsymbol{f}(\boldsymbol{x},\boldsymbol{y},\boldsymbol{s})$ 可以表示为

$$\boldsymbol{f}(\boldsymbol{x},\boldsymbol{y},\boldsymbol{s})=\boldsymbol{h}(\boldsymbol{x},\boldsymbol{s})+\boldsymbol{A}\boldsymbol{y} \tag{12.2}$$

式中, $\boldsymbol{h}(\boldsymbol{x},\boldsymbol{s})\in\mathbf{R}^{p\times 1}$ 是关于向量 $\boldsymbol{x}$ 和 $\boldsymbol{s}$ 的连续可导函数, $\boldsymbol{A}\in\mathbf{R}^{p\times q_y}$ 是已知的列满秩矩阵。

【**注记 12.2**】由式 (12.2) 可知, $\boldsymbol{f}(\boldsymbol{x},\boldsymbol{y},\boldsymbol{s})$ 是关于向量 $\boldsymbol{y}$ 的线性函数, 而关于向量 $\boldsymbol{x}$ 的函数性质则由 $\boldsymbol{h}(\boldsymbol{x},\boldsymbol{s})$ 决定, 这里假设其为非线性函数。

12.2 模型参数精确已知时的参数解耦合优化模型、求解方法及其理论性能

12.2.1 参数解耦合优化模型及其求解方法

根据式 (3.3) 可知, 当模型参数 $\boldsymbol{s}$ 精确已知时, 为了最大程度地抑制观测误差 $\boldsymbol{e}$ 的影响, 可以将参数估计优化模型表示为

$$\begin{aligned}&\min_{\boldsymbol{x}\in\mathbf{R}^{q_x\times 1};\boldsymbol{y}\in\mathbf{R}^{q_y\times 1}}\{(\boldsymbol{z}-\boldsymbol{f}(\boldsymbol{x},\boldsymbol{y},\boldsymbol{s}))^{\mathrm{T}}\boldsymbol{E}^{-1}(\boldsymbol{z}-\boldsymbol{f}(\boldsymbol{x},\boldsymbol{y},\boldsymbol{s}))\}\\ =&\min_{\boldsymbol{x}\in\mathbf{R}^{q_x\times 1};\boldsymbol{y}\in\mathbf{R}^{q_y\times 1}}\{(\boldsymbol{z}-(\boldsymbol{h}(\boldsymbol{x},\boldsymbol{s})+\boldsymbol{A}\boldsymbol{y}))^{\mathrm{T}}\boldsymbol{E}^{-1}(\boldsymbol{z}-(\boldsymbol{h}(\boldsymbol{x},\boldsymbol{s})+\boldsymbol{A}\boldsymbol{y}))\}\end{aligned} \tag{12.3}$$

式中, $\boldsymbol{E}^{-1}$ 表示加权矩阵。式 (12.3) 是关于未知参数 $\boldsymbol{x}$ 和 $\boldsymbol{y}$ 的优化模型, 若将这两类未知参数合并成一个整体, 则可以利用第 3.2.1 节的方法进行求解, 并获得渐近统计最优的估计性能。

需要指出的是, 对于非线性问题, 若能降低参与迭代的变量维数, 则有助于减少算法的计算复杂度, 并且提高算法的稳健性。本节利用函数 $\boldsymbol{f}(\boldsymbol{x},\boldsymbol{y},\boldsymbol{s})$ 的代数特征实现对未知参数 $\boldsymbol{x}$ 和 $\boldsymbol{y}$ 的解耦合估计, 从而降低参与迭代的变量维数。

针对函数 $\boldsymbol{f}(\boldsymbol{x},\boldsymbol{y},\boldsymbol{s})$ 的加性特征构造矩阵 $\boldsymbol{B}\in\mathbf{R}^{(p-q_y)\times p}$, 其为行满秩矩阵, 并且满足

$$\boldsymbol{B}\boldsymbol{A}=\boldsymbol{O}_{(p-q_y)\times q_y} \tag{12.4}$$

显然, 利用矩阵 $\boldsymbol{B}$ 乘以式 (12.1) 两边就可以消除未知参数 $\boldsymbol{y}$ 的影响, 如下式所示①

$$\overline{\boldsymbol{z}}=\boldsymbol{B}\boldsymbol{z}=\overline{\boldsymbol{z}}_0+\overline{\boldsymbol{e}}=\overline{\boldsymbol{h}}(\boldsymbol{x},\boldsymbol{s})+\boldsymbol{B}\boldsymbol{A}\boldsymbol{y}+\overline{\boldsymbol{e}}=\overline{\boldsymbol{h}}(\boldsymbol{x},\boldsymbol{s})+\overline{\boldsymbol{e}} \tag{12.5}$$

① 式 (12.5) 是通过线性消元法消除了未知参数 y 的影响。

式中, $\overline{z}_0 = \boldsymbol{B}\boldsymbol{z}_0 \in \mathbf{R}^{(p-q_y)\times 1}$, $\overline{\boldsymbol{h}}(\boldsymbol{x},\boldsymbol{s}) = \boldsymbol{B}\boldsymbol{h}(\boldsymbol{x},\boldsymbol{s}) \in \mathbf{R}^{(p-q_y)\times 1}$, $\overline{\boldsymbol{e}} = \boldsymbol{B}\boldsymbol{e} \in \mathbf{R}^{(p-q_y)\times 1}$。由于误差向量 $\overline{\boldsymbol{e}}$ 服从均值为零、协方差矩阵为 $\mathbf{COV}(\overline{\boldsymbol{e}}) = \mathbf{E}[\overline{\boldsymbol{e}}\,\overline{\boldsymbol{e}}^{\mathrm{T}}] = \boldsymbol{B}\boldsymbol{E}\boldsymbol{B}^{\mathrm{T}} = \overline{\boldsymbol{E}}$ 的高斯分布, 因此基于式 (12.5) 可以得到仅关于未知参数 $\boldsymbol{x}$ 的优化问题, 如下式所示

$$\min_{\boldsymbol{x}\in\mathbf{R}^{q_x\times 1}}\{(\overline{\boldsymbol{z}}-\overline{\boldsymbol{h}}(\boldsymbol{x},\boldsymbol{s}))^{\mathrm{T}}\overline{\boldsymbol{E}}^{-1}(\overline{\boldsymbol{z}}-\overline{\boldsymbol{h}}(\boldsymbol{x},\boldsymbol{s}))\} \tag{12.6}$$

与式 (3.3) 的求解方法类似, 式 (12.6) 也可以利用高斯–牛顿迭代法进行求解, 相应的迭代公式为①

$$\begin{aligned}\widehat{\boldsymbol{x}}_{k+1}^{(\mathrm{a})} = \widehat{\boldsymbol{x}}_{k}^{(\mathrm{a})} &+((\overline{\boldsymbol{H}}_x(\widehat{\boldsymbol{x}}_{k}^{(\mathrm{a})},\boldsymbol{s}))^{\mathrm{T}}\overline{\boldsymbol{E}}^{-1}\overline{\boldsymbol{H}}_x(\widehat{\boldsymbol{x}}_{k}^{(\mathrm{a})},\boldsymbol{s}))^{-1}\\ &\times(\overline{\boldsymbol{H}}_x(\widehat{\boldsymbol{x}}_{k}^{(\mathrm{a})},\boldsymbol{s}))^{\mathrm{T}}\overline{\boldsymbol{E}}^{-1}(\overline{\boldsymbol{z}}-\overline{\boldsymbol{h}}(\widehat{\boldsymbol{x}}_{k}^{(\mathrm{a})},\boldsymbol{s}))\end{aligned} \tag{12.7}$$

式中, 向量 $\widehat{\boldsymbol{x}}_{k}^{(\mathrm{a})}$ 和 $\widehat{\boldsymbol{x}}_{k+1}^{(\mathrm{a})}$ 分别表示未知参数 $\boldsymbol{x}$ 在第 k 次和第 $k+1$ 次的迭代结果, $\overline{\boldsymbol{H}}_x(\boldsymbol{x},\boldsymbol{s}) = \dfrac{\partial\overline{\boldsymbol{h}}(\boldsymbol{x},\boldsymbol{s})}{\partial\boldsymbol{x}^{\mathrm{T}}} \in \mathbf{R}^{(p-q_y)\times q_x}$ 表示函数 $\overline{\boldsymbol{h}}(\boldsymbol{x},\boldsymbol{s})$ 关于向量 $\boldsymbol{x}$ 的 Jacobi 矩阵, 其表达式为

$$\overline{\boldsymbol{H}}_x(\boldsymbol{x},\boldsymbol{s}) = \boldsymbol{B}\frac{\partial\boldsymbol{h}(\boldsymbol{x},\boldsymbol{s})}{\partial\boldsymbol{x}^{\mathrm{T}}} = \boldsymbol{B}\boldsymbol{H}_x(\boldsymbol{x},\boldsymbol{s}) \tag{12.8}$$

其中 $\boldsymbol{H}_x(\boldsymbol{x},\boldsymbol{s}) = \dfrac{\partial\boldsymbol{h}(\boldsymbol{x},\boldsymbol{s})}{\partial\boldsymbol{x}^{\mathrm{T}}} \in \mathbf{R}^{p\times q_x}$ 表示函数 $\boldsymbol{h}(\boldsymbol{x},\boldsymbol{s})$ 关于向量 $\boldsymbol{x}$ 的 Jacobi 矩阵。将式 (12.7) 的迭代收敛结果记为 $\widehat{\boldsymbol{x}}^{(\mathrm{a})}$(即 $\lim\limits_{k\to+\infty}\widehat{\boldsymbol{x}}_{k}^{(\mathrm{a})} = \widehat{\boldsymbol{x}}^{(\mathrm{a})}$), 该向量就是未知参数 $\boldsymbol{x}$ 的最终估计值。假设迭代初始值满足一定的条件, 可以使迭代公式 (12.7) 收敛至优化问题的全局最优解, 于是有

$$\widehat{\boldsymbol{x}}^{(\mathrm{a})} = \arg\min_{\boldsymbol{x}\in\mathbf{R}^{q_x\times 1}}\{(\overline{\boldsymbol{z}}-\overline{\boldsymbol{h}}(\boldsymbol{x},\boldsymbol{s}))^{\mathrm{T}}\overline{\boldsymbol{E}}^{-1}(\overline{\boldsymbol{z}}-\overline{\boldsymbol{h}}(\boldsymbol{x},\boldsymbol{s}))\} \tag{12.9}$$

再回到优化模型式 (12.3) 中, 当已经获得未知参数 $\boldsymbol{x}$ 的估计值 $\widehat{\boldsymbol{x}}^{(\mathrm{a})}$ 时, 式 (12.3) 就可以看成是仅关于未知参数 $\boldsymbol{y}$ 的二次优化问题, 因此能够获得其最优闭式解, 利用式 (2.67) 可以将该最优闭式解表示为

$$\widehat{\boldsymbol{y}}^{(\mathrm{a})} = (\boldsymbol{A}^{\mathrm{T}}\boldsymbol{E}^{-1}\boldsymbol{A})^{-1}\boldsymbol{A}^{\mathrm{T}}\boldsymbol{E}^{-1}(\boldsymbol{z}-\boldsymbol{h}(\widehat{\boldsymbol{x}}^{(\mathrm{a})},\boldsymbol{s})) \tag{12.10}$$

【注记 12.3】上面通过线性消元法实现了对未知参数 $\boldsymbol{x}$ 和 $\boldsymbol{y}$ 的解耦合估计, 避免了对这两类未知参数进行联合优化。通过对未知参数 $\boldsymbol{x}$ 进行迭代, 从而降低了参与迭代的变量维数。

---

① 本章的上角标 (a) 表示模型参数精确已知的情形。

【注记 12.4】在上述计算过程中, 行满秩矩阵 $\boldsymbol{B}$ 的构造尤为关键, 一方面其阶数必须设为 $(p-q_y)\times p$ 才能保证估计值具有渐近统计最优性①; 另一方面, 其需要满足式 (12.4), 也就是矩阵 $\boldsymbol{B}$ 的行空间与矩阵 $\boldsymbol{A}$ 的列空间相互正交。实际中既可以根据矩阵 $\boldsymbol{A}$ 的数值结构来确定矩阵 $\boldsymbol{B}$, 也可以通过矩阵 $\boldsymbol{A}$ 的奇异值分解来构造矩阵 $\boldsymbol{B}$, 后者更具有普适性。由于 $\boldsymbol{A}\in\mathbf{R}^{p\times q_y}$ 是列满秩矩阵 (即 $\mathrm{rank}[\boldsymbol{A}]=q_y$), 基于式 (2.29) 可以将其奇异值分解表示为

$$\boldsymbol{A}=\left[\underbrace{\boldsymbol{U}_1}_{p\times q_y}\ \underbrace{\boldsymbol{U}_2}_{p\times(p-q_y)}\right]\left[\begin{array}{c}\underbrace{\boldsymbol{\Sigma}}_{q_y\times q_y}\\ \boldsymbol{O}_{(p-q_y)\times q_y}\end{array}\right]\underbrace{\boldsymbol{V}^{\mathrm{T}}}_{q_y\times q_y}=\boldsymbol{U}_1\boldsymbol{\Sigma}V^{\mathrm{T}} \tag{12.11}$$

式中, $[\boldsymbol{U}_1\quad U_2]$ 是 $p\times p$ 阶正交矩阵; $\boldsymbol{V}$ 是 $q_y\times q_y$ 阶正交矩阵; $\boldsymbol{\Sigma}$ 是 $q_y\times q_y$ 阶对角矩阵, 其对角元素表示矩阵 $\boldsymbol{A}$ 的奇异值。利用矩阵 $\boldsymbol{U}_1$ 和 $\boldsymbol{U}_2$ 的列空间相互正交的性质, 矩阵 $\boldsymbol{B}$ 可以表示为

$$\boldsymbol{B}=\boldsymbol{U}_2^{\mathrm{T}}\in\mathbf{R}^{(p-q_y)\times p} \tag{12.12}$$

此时矩阵 $\boldsymbol{B}$ 具有行满秩性, 并且其阶数也满足要求。

将上面的求解方法称为方法 12−a, 图 12.1 给出了方法 12−a 的计算流程图。

12.2.2 理论性能分析

本节首先推导参数估计均方误差的克拉美罗界, 然后推导估计值 $\widehat{\boldsymbol{x}}^{(\mathrm{a})}$ 和 $\widehat{\boldsymbol{y}}^{(\mathrm{a})}$ 的均方误差, 并将其与相应的克拉美罗界进行定量比较, 从而验证该估计值的渐近统计最优性。

1. 克拉美罗界分析

在模型参数 $\boldsymbol{s}$ 精确已知的条件下推导未知参数 $\boldsymbol{x}$ 和 $\boldsymbol{y}$ 的估计均方误差的克拉美罗界, 具体结论可见以下 3 个命题。

【命题 12.1】基于式 (12.1) 和式 (12.2) 给出的观测模型, 未知参数 $\boldsymbol{x}$ 和 $\boldsymbol{y}$ 联合估计均方误差的克拉美罗界可以表示为

$$\mathbf{CRB}^{(\mathrm{a})}\left(\begin{bmatrix}\boldsymbol{x}\\ \boldsymbol{y}\end{bmatrix}\right)=\left[\begin{array}{c|c}(\boldsymbol{H}_x(\boldsymbol{x},\boldsymbol{s}))^{\mathrm{T}}\boldsymbol{E}^{-1}\boldsymbol{H}_x(\boldsymbol{x},\boldsymbol{s}) & (\boldsymbol{H}_x(\boldsymbol{x},\boldsymbol{s}))^{\mathrm{T}}\boldsymbol{E}^{-1}\boldsymbol{A}\\ \hline \boldsymbol{A}^{\mathrm{T}}\boldsymbol{E}^{-1}\boldsymbol{H}_x(\boldsymbol{x},\boldsymbol{s}) & \boldsymbol{A}^{\mathrm{T}}\boldsymbol{E}^{-1}\boldsymbol{A}\end{array}\right]^{-1} \tag{12.13}$$

① 原因可见第 12.2.2 节的理论性能分析。

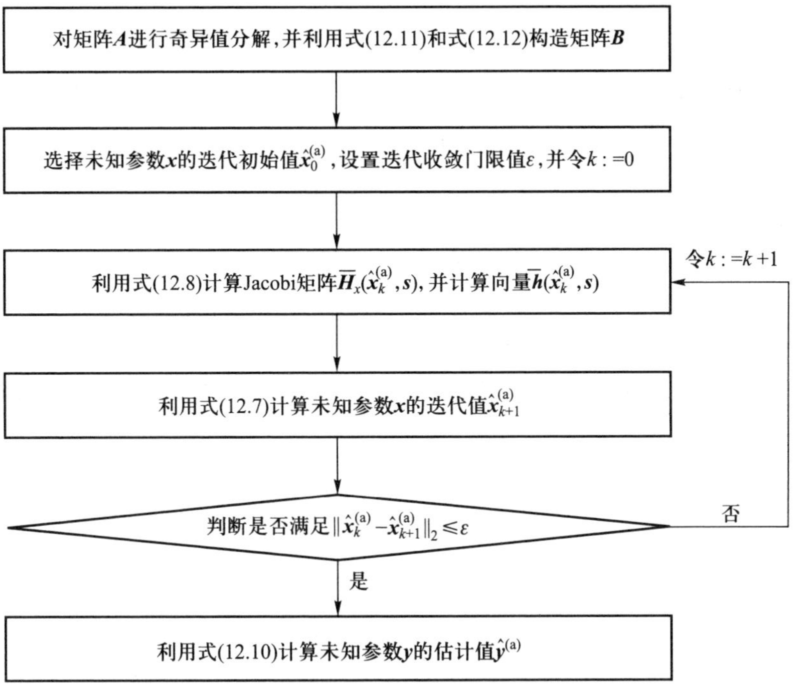

图 12.1　方法 12-a 的计算流程图

【证明】由式 (12.2) 可知，函数 $\boldsymbol{f}(\boldsymbol{x},\boldsymbol{y},\boldsymbol{s})$ 关于向量 $\boldsymbol{x}$ 和 $\boldsymbol{y}$ 的 Jacobi 矩阵分别为

$$\begin{cases} \boldsymbol{F}_x(\boldsymbol{x},\boldsymbol{y},\boldsymbol{s})=\dfrac{\partial \boldsymbol{f}(\boldsymbol{x},\boldsymbol{y},\boldsymbol{s})}{\partial \boldsymbol{x}^{\mathrm{T}}}=\dfrac{\partial \boldsymbol{h}(\boldsymbol{x},\boldsymbol{s})}{\partial \boldsymbol{x}^{\mathrm{T}}}=\boldsymbol{H}_x(\boldsymbol{x},\boldsymbol{s})\in\mathbf{R}^{p\times q_x} \\ \boldsymbol{F}_y(\boldsymbol{x},\boldsymbol{y},\boldsymbol{s})=\dfrac{\partial \boldsymbol{f}(\boldsymbol{x},\boldsymbol{y},\boldsymbol{s})}{\partial \boldsymbol{y}^{\mathrm{T}}}=\boldsymbol{A}\in\mathbf{R}^{p\times q_y} \end{cases} \tag{12.14}$$

将式 (12.14) 代入式 (11.19) 可知式 (12.13) 成立。证毕。

【命题 12.2】基于式 (12.1) 和式 (12.2) 给出的观测模型，未知参数 $\boldsymbol{x}$ 的估计均方误差的克拉美罗界可以表示为

$$\mathbf{CRB}^{(\mathrm{a})}(\boldsymbol{x})=((\boldsymbol{H}_x(\boldsymbol{x},\boldsymbol{s}))^{\mathrm{T}}\boldsymbol{E}^{-1/2}\boldsymbol{\varPi}^{\perp}[\boldsymbol{E}^{-1/2}\boldsymbol{A}]\boldsymbol{E}^{-1/2}\boldsymbol{H}_x(\boldsymbol{x},\boldsymbol{s}))^{-1} \tag{12.15}$$

【证明】将式 (12.14) 代入式 (11.21) 可知式 (12.15) 成立。证毕。

【注记 12.5】由式 (12.15) 可知，矩阵 $\mathbf{CRB}^{(\mathrm{a})}(\boldsymbol{x})$ 若要存在，Jacobi 矩阵 $\boldsymbol{H}_x(\boldsymbol{x},\boldsymbol{s})$ 必须是列满秩的。

【命题 12.3】基于式 (12.1) 和式 (12.2) 给出的观测模型，未知参数 $\boldsymbol{y}$ 的估

计均方误差的克拉美罗界可以表示为

$$\begin{aligned}\mathbf{CRB}^{(\mathrm{a})}(\boldsymbol{y})=&(\boldsymbol{A}^{\mathrm{T}}\boldsymbol{E}^{-1}\boldsymbol{A})^{-1}+(\boldsymbol{A}^{\mathrm{T}}\boldsymbol{E}^{-1}\boldsymbol{A})^{-1}\boldsymbol{A}^{\mathrm{T}}\boldsymbol{E}^{-1}\boldsymbol{H}_x(\boldsymbol{x},\boldsymbol{s})\\&\times\mathbf{CRB}^{(\mathrm{a})}(\boldsymbol{x})(\boldsymbol{H}_x(\boldsymbol{x},\boldsymbol{s}))^{\mathrm{T}}\boldsymbol{E}^{-1}\boldsymbol{A}(\boldsymbol{A}^{\mathrm{T}}\boldsymbol{E}^{-1}\boldsymbol{A})^{-1}\end{aligned}\tag{12.16}$$

【**证明**】将式 (12.14) 代入式 (11.23) 可知式 (12.16) 成立。证毕。

2. 方法 12−a 的理论性能分析

下面推导方法 12−a 的估计值 $\widehat{\boldsymbol{x}}^{(\mathrm{a})}$ 和 $\widehat{\boldsymbol{y}}^{(\mathrm{a})}$ 的统计性能。首先推导估计值 $\widehat{\boldsymbol{x}}^{(\mathrm{a})}$ 的统计性能, 具体结论可见以下两个命题。

【**命题 12.4**】向量 $\widehat{\boldsymbol{x}}^{(\mathrm{a})}$ 是关于未知参数 $\boldsymbol{x}$ 的渐近无偏估计值, 并且其均方误差为

$$\mathbf{MSE}(\widehat{\boldsymbol{x}}^{(\mathrm{a})})=((\overline{\boldsymbol{H}}_x(\boldsymbol{x},\boldsymbol{s}))^{\mathrm{T}}\overline{\boldsymbol{E}}^{-1}\overline{\boldsymbol{H}}_x(\boldsymbol{x},\boldsymbol{s}))^{-1}\tag{12.17}$$

【**证明**】对式 (12.7) 两边取极限可得

$$\begin{aligned}&\lim_{k\to+\infty}\widehat{\boldsymbol{x}}_{k+1}^{(\mathrm{a})}=\lim_{k\to+\infty}\widehat{\boldsymbol{x}}_k^{(\mathrm{a})}+\lim_{k\to+\infty}\{((\overline{\boldsymbol{H}}_x(\widehat{\boldsymbol{x}}_k^{(\mathrm{a})},\boldsymbol{s}))^{\mathrm{T}}\overline{\boldsymbol{E}}^{-1}\overline{\boldsymbol{H}}_x(\widehat{\boldsymbol{x}}_k^{(\mathrm{a})},\boldsymbol{s}))^{-1}\\&\qquad\times(\overline{\boldsymbol{H}}_x(\widehat{\boldsymbol{x}}_k^{(\mathrm{a})},\boldsymbol{s}))^{\mathrm{T}}\overline{\boldsymbol{E}}^{-1}(\overline{\boldsymbol{z}}-\overline{\boldsymbol{h}}(\widehat{\boldsymbol{x}}_k^{(\mathrm{a})},\boldsymbol{s}))\}\\&\Rightarrow(\overline{\boldsymbol{H}}_x(\widehat{\boldsymbol{x}}^{(\mathrm{a})},\boldsymbol{s}))^{\mathrm{T}}\overline{\boldsymbol{E}}^{-1}(\overline{\boldsymbol{z}}-\overline{\boldsymbol{h}}(\widehat{\boldsymbol{x}}^{(\mathrm{a})},\boldsymbol{s}))=\boldsymbol{O}_{q_x\times1}\end{aligned}\tag{12.18}$$

将式 (12.5) 代入式 (12.18), 并利用一阶误差分析方法可知

$$\begin{aligned}\boldsymbol{O}_{q_x\times1}&=(\overline{\boldsymbol{H}}_x(\widehat{\boldsymbol{x}}^{(\mathrm{a})},\boldsymbol{s}))^{\mathrm{T}}\overline{\boldsymbol{E}}^{-1}(\overline{\boldsymbol{h}}(\boldsymbol{x},\boldsymbol{s})-\overline{\boldsymbol{h}}(\widehat{\boldsymbol{x}}^{(\mathrm{a})},\boldsymbol{s})+\overline{\boldsymbol{e}})\\&\approx(\overline{\boldsymbol{H}}_x(\widehat{\boldsymbol{x}}^{(\mathrm{a})},\boldsymbol{s}))^{\mathrm{T}}\overline{\boldsymbol{E}}^{-1}(\overline{\boldsymbol{e}}-\overline{\boldsymbol{H}}_x(\boldsymbol{x},\boldsymbol{s})\Delta\boldsymbol{x}^{(\mathrm{a})})\\&\approx(\overline{\boldsymbol{H}}_x(\boldsymbol{x},\boldsymbol{s}))^{\mathrm{T}}\overline{\boldsymbol{E}}^{-1}(\overline{\boldsymbol{e}}-\overline{\boldsymbol{H}}_x(\boldsymbol{x},\boldsymbol{s})\Delta\boldsymbol{x}^{(\mathrm{a})})\end{aligned}\tag{12.19}$$

式中, $\Delta\boldsymbol{x}^{(\mathrm{a})}=\widehat{\boldsymbol{x}}^{(\mathrm{a})}-\boldsymbol{x}$ 表示向量 $\widehat{\boldsymbol{x}}^{(\mathrm{a})}$ 中的估计误差。式 (12.19) 忽略了误差的二阶及以上各阶项, 由该式可以进一步推得

$$\Delta\boldsymbol{x}^{(\mathrm{a})}\approx((\overline{\boldsymbol{H}}_x(\boldsymbol{x},\boldsymbol{s}))^{\mathrm{T}}\overline{\boldsymbol{E}}^{-1}\overline{\boldsymbol{H}}_x(\boldsymbol{x},\boldsymbol{s}))^{-1}(\overline{\boldsymbol{H}}_x(\boldsymbol{x},\boldsymbol{s}))^{\mathrm{T}}\overline{\boldsymbol{E}}^{-1}\overline{\boldsymbol{e}}\tag{12.20}$$

式 (12.20) 给出了估计误差 $\Delta\boldsymbol{x}^{(\mathrm{a})}$ 与观测误差 $\overline{\boldsymbol{e}}$ 之间的线性关系式。由式 (12.20) 可知 $\mathbf{E}[\Delta\boldsymbol{x}^{(\mathrm{a})}]\approx\boldsymbol{O}_{q_x\times1}$, 因此向量 $\widehat{\boldsymbol{x}}^{(\mathrm{a})}$ 是关于未知参数 $\boldsymbol{x}$ 的渐近无偏估计值。此外, 基于式 (12.20) 可以推得估计值 $\widehat{\boldsymbol{x}}^{(\mathrm{a})}$ 的均方误差

$$\mathbf{MSE}(\widehat{\boldsymbol{x}}^{(\mathrm{a})})=\mathbf{E}[(\widehat{\boldsymbol{x}}^{(\mathrm{a})}-\boldsymbol{x})(\widehat{\boldsymbol{x}}^{(\mathrm{a})}-\boldsymbol{x})^{\mathrm{T}}]=\mathbf{E}[\Delta\boldsymbol{x}^{(\mathrm{a})}(\Delta\boldsymbol{x}^{(\mathrm{a})})^{\mathrm{T}}]$$

$$
\begin{aligned}
&= ((\overline{\boldsymbol{H}}_x(\boldsymbol{x},\boldsymbol{s}))^{\mathrm{T}}\overline{\boldsymbol{E}}^{-1}\overline{\boldsymbol{H}}_x(\boldsymbol{x},\boldsymbol{s}))^{-1}(\overline{\boldsymbol{H}}_x(\boldsymbol{x},\boldsymbol{s}))^{\mathrm{T}}\overline{\boldsymbol{E}}^{-1}\mathrm{E}[\overline{\boldsymbol{e}}\,\overline{\boldsymbol{e}}^{\mathrm{T}}]\overline{\boldsymbol{E}}^{-1} \\
&\quad \times \overline{\boldsymbol{H}}_x(\boldsymbol{x},\boldsymbol{s})((\overline{\boldsymbol{H}}_x(\boldsymbol{x},\boldsymbol{s}))^{\mathrm{T}}\overline{\boldsymbol{E}}^{-1}\overline{\boldsymbol{H}}_x(\boldsymbol{x},\boldsymbol{s}))^{-1} \\
&= ((\overline{\boldsymbol{H}}_x(\boldsymbol{x},\boldsymbol{s}))^{\mathrm{T}}\overline{\boldsymbol{E}}^{-1}\overline{\boldsymbol{H}}_x(\boldsymbol{x},\boldsymbol{s}))^{-1}
\end{aligned} \tag{12.21}
$$

证毕。

【**命题 12.5**】向量 $\widehat{\boldsymbol{x}}^{(\mathrm{a})}$ 是关于未知参数 $\boldsymbol{x}$ 的渐近统计最优估计值。

【**证明**】仅需要证明等式 $\mathbf{MSE}(\widehat{\boldsymbol{x}}^{(\mathrm{a})})=\mathbf{CRB}^{(\mathrm{a})}(\boldsymbol{x})$ 即可。首先, 将式 (12.8) 和定义式 $\overline{\boldsymbol{E}}=\boldsymbol{BEB}^{\mathrm{T}}$ 代入式 (12.17) 可知

$$
\begin{aligned}
\mathbf{MSE}(\widehat{\boldsymbol{x}}^{(\mathrm{a})}) &= ((\boldsymbol{H}_x(\boldsymbol{x},\boldsymbol{s}))^{\mathrm{T}}\boldsymbol{B}^{\mathrm{T}}(\boldsymbol{BEB}^{\mathrm{T}})^{-1}\boldsymbol{BH}_x(\boldsymbol{x},\boldsymbol{s}))^{-1} \\
&= ((\boldsymbol{H}_x(\boldsymbol{x},\boldsymbol{s}))^{\mathrm{T}}\boldsymbol{E}^{-1/2}\boldsymbol{E}^{1/2}\boldsymbol{B}^{\mathrm{T}}(\boldsymbol{BEB}^{\mathrm{T}})^{-1}\boldsymbol{BE}^{1/2}\boldsymbol{E}^{-1/2}\boldsymbol{H}_x(\boldsymbol{x},\boldsymbol{s}))^{-1} \\
&= ((\boldsymbol{H}_x(\boldsymbol{x},\boldsymbol{s}))^{\mathrm{T}}\boldsymbol{E}^{-1/2}\boldsymbol{\Pi}[\boldsymbol{E}^{1/2}\boldsymbol{B}^{\mathrm{T}}]\boldsymbol{E}^{-1/2}\boldsymbol{H}_x(\boldsymbol{x},\boldsymbol{s}))^{-1}
\end{aligned} \tag{12.22}
$$

式中, 第 3 个等号利用了式 (2.41) 中的第 1 个等式。

然后, 考虑矩阵 $\boldsymbol{E}^{1/2}\boldsymbol{B}^{\mathrm{T}}\in\mathbf{R}^{p\times(p-q_y)}$ 和 $\boldsymbol{E}^{-1/2}\boldsymbol{A}\in\mathbf{R}^{p\times q_y}$, 这两个矩阵的列数之和等于 p, 并且它们的列空间相互正交, 如下式所示

$$
(\boldsymbol{E}^{1/2}\boldsymbol{B}^{\mathrm{T}})^{\mathrm{T}}(\boldsymbol{E}^{-1/2}\boldsymbol{A})=\boldsymbol{BA}=\boldsymbol{O}_{(p-q_y)\times q_y} \tag{12.23}
$$

于是有

$$
\begin{cases}
\mathrm{range}[\boldsymbol{E}^{1/2}\boldsymbol{B}^{\mathrm{T}}]\perp\mathrm{range}[\boldsymbol{E}^{-1/2}\boldsymbol{A}] \\
\mathrm{range}[\boldsymbol{E}^{1/2}\boldsymbol{B}^{\mathrm{T}}]\cup\mathrm{range}[\boldsymbol{E}^{-1/2}\boldsymbol{A}]=\mathbf{R}^{p}
\end{cases} \tag{12.24}
$$

此时, 根据正交投影矩阵的定义可知

$$
\boldsymbol{\Pi}[\boldsymbol{E}^{1/2}\boldsymbol{B}^{\mathrm{T}}]=\boldsymbol{\Pi}^{\perp}[\boldsymbol{E}^{-1/2}\boldsymbol{A}] \tag{12.25}
$$

最后, 将式 (12.25) 代入式 (12.22) 可得

$$
\mathbf{MSE}(\widehat{\boldsymbol{x}}^{(\mathrm{a})})=((\boldsymbol{H}_x(\boldsymbol{x},\boldsymbol{s}))^{\mathrm{T}}\boldsymbol{E}^{-1/2}\boldsymbol{\Pi}^{\perp}[\boldsymbol{E}^{-1/2}\boldsymbol{A}]\boldsymbol{E}^{-1/2}\boldsymbol{H}_x(\boldsymbol{x},\boldsymbol{s}))^{-1}=\mathbf{CRB}^{(\mathrm{a})}(\boldsymbol{x}) \tag{12.26}
$$

式中, 第 2 个等号利用了式 (12.15)。证毕。

接着推导估计值 $\widehat{\boldsymbol{y}}^{(\mathrm{a})}$ 的统计性能, 具体结论可见以下两个命题。

【**命题 12.6**】向量 $\widehat{\boldsymbol{y}}^{(\mathrm{a})}$ 是关于未知参数 $\boldsymbol{y}$ 的渐近无偏估计值, 并且其均方误差为

$$
\mathbf{MSE}(\widehat{\boldsymbol{y}}^{(\mathrm{a})})=(\boldsymbol{A}^{\mathrm{T}}\boldsymbol{E}^{-1}\boldsymbol{A})^{-1}+(\boldsymbol{A}^{\mathrm{T}}\boldsymbol{E}^{-1}\boldsymbol{A})^{-1}\boldsymbol{A}^{\mathrm{T}}\boldsymbol{E}^{-1}\boldsymbol{H}_x(\boldsymbol{x},\boldsymbol{s})
$$

$$\times \mathbf{MSE}(\widehat{\boldsymbol{x}}^{(\mathrm{a})})(\boldsymbol{H}_x(\boldsymbol{x},\boldsymbol{s}))^{\mathrm{T}}\boldsymbol{E}^{-1}\boldsymbol{A}(\boldsymbol{A}^{\mathrm{T}}\boldsymbol{E}^{-1}\boldsymbol{A})^{-1} \tag{12.27}$$

【证明】将向量 $\widehat{\boldsymbol{y}}^{(\mathrm{a})}$ 中的估计误差记为 $\Delta\boldsymbol{y}^{(\mathrm{a})}=\widehat{\boldsymbol{y}}^{(\mathrm{a})}-\boldsymbol{y}$。由式 (12.10) 可知

$$\boldsymbol{A}^{\mathrm{T}}\boldsymbol{E}^{-1}\boldsymbol{A}(\boldsymbol{y}+\Delta\boldsymbol{y}^{(\mathrm{a})})=\boldsymbol{A}^{\mathrm{T}}\boldsymbol{E}^{-1}(\boldsymbol{z}-\boldsymbol{h}(\widehat{\boldsymbol{x}}^{(\mathrm{a})},\boldsymbol{s})) \tag{12.28}$$

在一阶误差分析理论框架下, 将式 (12.1) 和式 (12.2) 代入式 (12.28) 可以进一步推得

$$\begin{aligned}
\boldsymbol{A}^{\mathrm{T}}\boldsymbol{E}^{-1}\boldsymbol{A}\Delta\boldsymbol{y}^{(\mathrm{a})}&=\boldsymbol{A}^{\mathrm{T}}\boldsymbol{E}^{-1}(\boldsymbol{h}(\boldsymbol{x},\boldsymbol{s})-\boldsymbol{h}(\widehat{\boldsymbol{x}}^{(\mathrm{a})},\boldsymbol{s})+\boldsymbol{e})\\
&\approx \boldsymbol{A}^{\mathrm{T}}\boldsymbol{E}^{-1}(\boldsymbol{e}-\boldsymbol{H}_x(\boldsymbol{x},\boldsymbol{s})\Delta\boldsymbol{x}^{(\mathrm{a})})\\
\Rightarrow \Delta\boldsymbol{y}^{(\mathrm{a})}&\approx(\boldsymbol{A}^{\mathrm{T}}\boldsymbol{E}^{-1}\boldsymbol{A})^{-1}\boldsymbol{A}^{\mathrm{T}}\boldsymbol{E}^{-1}(\boldsymbol{e}-\boldsymbol{H}_x(\boldsymbol{x},\boldsymbol{s})\Delta\boldsymbol{x}^{(\mathrm{a})})
\end{aligned} \tag{12.29}$$

由式 (12.29) 可知, 误差向量 $\Delta\boldsymbol{y}^{(\mathrm{a})}$ 渐近服从零均值的高斯分布, 因此向量 $\widehat{\boldsymbol{y}}^{(\mathrm{a})}$ 是关于未知参数 $\boldsymbol{y}$ 的渐近无偏估计值, 并且其均方误差为

$$\begin{aligned}
\mathbf{MSE}(\widehat{\boldsymbol{y}}^{(\mathrm{a})})&=\mathbf{E}[(\widehat{\boldsymbol{y}}^{(\mathrm{a})}-\boldsymbol{y})(\widehat{\boldsymbol{y}}^{(\mathrm{a})}-\boldsymbol{y})^{\mathrm{T}}]=\mathbf{E}[\Delta\boldsymbol{y}^{(\mathrm{a})}(\Delta\boldsymbol{y}^{(\mathrm{a})})^{\mathrm{T}}]\\
&=\boldsymbol{Y}_1^{(\mathrm{a})}+\boldsymbol{Y}_2^{(\mathrm{a})}-\boldsymbol{Y}_3^{(\mathrm{a})}-(\boldsymbol{Y}_3^{(\mathrm{a})})^{\mathrm{T}}
\end{aligned} \tag{12.30}$$

式中,

$$\boldsymbol{Y}_1^{(\mathrm{a})}=(\boldsymbol{A}^{\mathrm{T}}\boldsymbol{E}^{-1}\boldsymbol{A})^{-1}\boldsymbol{A}^{\mathrm{T}}\boldsymbol{E}^{-1}\mathbf{E}[\boldsymbol{e}\boldsymbol{e}^{\mathrm{T}}]\boldsymbol{E}^{-1}\boldsymbol{A}(\boldsymbol{A}^{\mathrm{T}}\boldsymbol{E}^{-1}\boldsymbol{A})^{-1}=(\boldsymbol{A}^{\mathrm{T}}\boldsymbol{E}^{-1}\boldsymbol{A})^{-1} \tag{12.31}$$

$$\begin{aligned}
\boldsymbol{Y}_2^{(\mathrm{a})}&=(\boldsymbol{A}^{\mathrm{T}}\boldsymbol{E}^{-1}\boldsymbol{A})^{-1}\boldsymbol{A}^{\mathrm{T}}\boldsymbol{E}^{-1}\boldsymbol{H}_x(\boldsymbol{x},\boldsymbol{s})\mathbf{E}[\Delta\boldsymbol{x}^{(\mathrm{a})}(\Delta\boldsymbol{x}^{(\mathrm{a})})^{\mathrm{T}}]\\
&\quad\times(\boldsymbol{H}_x(\boldsymbol{x},\boldsymbol{s}))^{\mathrm{T}}\boldsymbol{E}^{-1}\boldsymbol{A}(\boldsymbol{A}^{\mathrm{T}}\boldsymbol{E}^{-1}\boldsymbol{A})^{-1}\\
&=(\boldsymbol{A}^{\mathrm{T}}\boldsymbol{E}^{-1}\boldsymbol{A})^{-1}\boldsymbol{A}^{\mathrm{T}}\boldsymbol{E}^{-1}\boldsymbol{H}_x(\boldsymbol{x},\boldsymbol{s})\\
&\quad\times\mathbf{MSE}(\widehat{\boldsymbol{x}}^{(\mathrm{a})})(\boldsymbol{H}_x(\boldsymbol{x},\boldsymbol{s}))^{\mathrm{T}}\boldsymbol{E}^{-1}\boldsymbol{A}(\boldsymbol{A}^{\mathrm{T}}\boldsymbol{E}^{-1}\boldsymbol{A})^{-1}
\end{aligned} \tag{12.32}$$

$$\boldsymbol{Y}_3^{(\mathrm{a})}=(\boldsymbol{A}^{\mathrm{T}}\boldsymbol{E}^{-1}\boldsymbol{A})^{-1}\boldsymbol{A}^{\mathrm{T}}\boldsymbol{E}^{-1}\boldsymbol{H}_x(\boldsymbol{x},\boldsymbol{s})\mathbf{E}[\Delta\boldsymbol{x}^{(\mathrm{a})}\boldsymbol{e}^{\mathrm{T}}]\boldsymbol{E}^{-1}\boldsymbol{A}(\boldsymbol{A}^{\mathrm{T}}\boldsymbol{E}^{-1}\boldsymbol{A})^{-1} \tag{12.33}$$

附录 H 证明了 $\boldsymbol{Y}_3^{(\mathrm{a})}=\boldsymbol{O}_{q_y\times q_y}$, 将这个结果, 以及式 (12.31) 和式 (12.32) 代入式 (12.30) 可知式 (12.27) 成立。证毕。

【命题 12.7】向量 $\widehat{\boldsymbol{y}}^{(\mathrm{a})}$ 是关于未知参数 $\boldsymbol{y}$ 的渐近统计最优估计值。

【证明】仅需要证明等式 $\mathbf{MSE}(\widehat{\boldsymbol{y}}^{(\mathrm{a})})=\mathbf{CRB}^{(\mathrm{a})}(\boldsymbol{y})$ 即可。结合式 (12.26) 和式 (12.27) 可得

$$\mathbf{MSE}(\widehat{\boldsymbol{y}}^{(\mathrm{a})})=(\boldsymbol{A}^{\mathrm{T}}\boldsymbol{E}^{-1}\boldsymbol{A})^{-1}+(\boldsymbol{A}^{\mathrm{T}}\boldsymbol{E}^{-1}\boldsymbol{A})^{-1}\boldsymbol{A}^{\mathrm{T}}\boldsymbol{E}^{-1}\boldsymbol{H}_x(\boldsymbol{x},\boldsymbol{s})$$

$$
\times \mathbf{CRB}^{(\mathrm{a})}(\boldsymbol{x})(\boldsymbol{H}_x(\boldsymbol{x},\boldsymbol{s}))^{\mathrm{T}}\boldsymbol{E}^{-1}\boldsymbol{A}(\boldsymbol{A}^{\mathrm{T}}\boldsymbol{E}^{-1}\boldsymbol{A})^{-1} = \mathbf{CRB}^{(\mathrm{a})}(\boldsymbol{y}) \tag{12.34}
$$

式中, 第 2 个等号利用了式 (12.16)。证毕。

12.2.3 数值实验

数值实验将函数 $\boldsymbol{f}(\boldsymbol{x},\boldsymbol{y},\boldsymbol{s})$ 设为

$$
\begin{aligned}
\boldsymbol{f}(\boldsymbol{x},\boldsymbol{y},\boldsymbol{s}) &= \boldsymbol{h}(\boldsymbol{x},\boldsymbol{s}) + \boldsymbol{A}\boldsymbol{y} \\
&= \begin{bmatrix} \dfrac{1}{20}(s_1x_1^2+s_2x_2^2) \\ \dfrac{s_3x_2x_3^2}{20s_4} \\ \dfrac{s_1^2x_2^3+s_3^2x_3^4}{20s_2^2x_1^2} \\ \dfrac{1}{20}(s_5x_1^3-s_4x_3^2) \\ \dfrac{1}{20}\exp\left\{\dfrac{1}{100}(s_4^2x_1^2-s_6x_2)\right\} \\ 5\ln(5s_5^2x_2^4x_3^2) \\ \dfrac{s_3^4x_3}{20(s_1^2x_1-s_2x_2)} \\ \dfrac{s_6^2x_1^2x_2}{2x_3} \end{bmatrix} \\
&\quad + \begin{bmatrix} 7 & -5 \\ -4 & 8 \\ 6 & -5 \\ 2 & 4 \\ 6 & -4 \\ -9 & 8 \\ 5 & -7 \\ -7 & -2 \end{bmatrix} \begin{bmatrix} y_1 \\ y_2 \end{bmatrix} \in \mathbf{R}^{8\times 1}
\end{aligned} \tag{12.35}
$$

式中, $\boldsymbol{x}=[x_1 \;\; x_2 \;\; x_3]^{\mathrm{T}}$, $\boldsymbol{y}=[y_1 \;\; y_2]^{\mathrm{T}}$, $\boldsymbol{s}=[s_1 \;\; s_2 \;\; s_3 \;\; s_4 \;\; s_5 \;\; s_6]^{\mathrm{T}}$。由式 (12.35) 可以推得 Jacobi 矩阵 $\boldsymbol{H}_x(\boldsymbol{x},\boldsymbol{s})$ 的表达式为

$$
\boldsymbol{H}_x(\boldsymbol{x},\boldsymbol{s})=\frac{\partial \boldsymbol{h}(\boldsymbol{x},\boldsymbol{s})}{\partial \boldsymbol{x}^{\mathrm{T}}}
=\begin{bmatrix}
\dfrac{1}{10}s_1x_1 & \dfrac{1}{10}s_2x_2 & 0\\
0 & \dfrac{s_3x_3^2}{20s_4} & \dfrac{s_3x_2x_3}{10s_4}\\
-\dfrac{s_1^2x_2^3+s_3^2x_3^4}{10s_2^2x_1^3} & \dfrac{3s_1^2x_2^2}{20s_2^2x_1^2} & \dfrac{s_3^2x_3^3}{5s_2^2x_1^2}\\
\dfrac{3s_5x_1^2}{20} & 0 & -\dfrac{s_4x_3}{10}\\
\dfrac{s_4^2x_1}{1000}\exp\left\{\dfrac{1}{100}(s_4^2x_1^2-s_6x_2)\right\} & -\dfrac{s_6}{2000}\exp\left\{\dfrac{1}{100}(s_4^2x_1^2-s_6x_2)\right\} & 0\\
0 & \dfrac{20}{x_2} & \dfrac{10}{x_3}\\
-\dfrac{s_1^2s_3^4x_3}{20(s_1^2x_1-s_2x_2)^2} & \dfrac{s_2s_3^4x_3}{20(s_1^2x_1-s_2x_2)^2} & \dfrac{s_3^4}{20(s_1^2x_1-s_2x_2)}\\
\dfrac{s_6^2x_1x_2}{x_3} & \dfrac{s_6^2x_1^2}{2x_3} & -\dfrac{s_6^2x_1^2x_2}{2x_3^2}
\end{bmatrix}\in\mathbf{R}^{8\times 3} \tag{12.36}
$$

将未知参数设为 $\boldsymbol{x}=[-3\ \ 10\ \ -12]^{\mathrm{T}}$, $\boldsymbol{y}=[12\ \ -15]^{\mathrm{T}}$; 将模型参数设为 $\boldsymbol{s}=[-7\ \ 13\ \ -14\ \ 9\ \ 10\ \ -5]^{\mathrm{T}}$(假设其精确已知); 观测误差协方差矩阵设为 $\boldsymbol{E}=\sigma_1^2\boldsymbol{I}_8$, 其中 σ_1 称为观测误差标准差。下面利用方法 12−a 对未知参数 $\boldsymbol{x}$ 和 $\boldsymbol{y}$ 进行估计。图 12.2 和图 12.3 分别给出了未知参数 $\boldsymbol{x}$ 和 $\boldsymbol{y}$ 估计均方根误差随观测误差标准差 σ_1 的变化曲线。

由图 12.2 和图 12.3 可以看出:

① 方法 12−a 对未知参数 $\boldsymbol{x}$ 和 $\boldsymbol{y}$ 的估计均方根误差均随观测误差标准差 σ_1 的增加而增大。

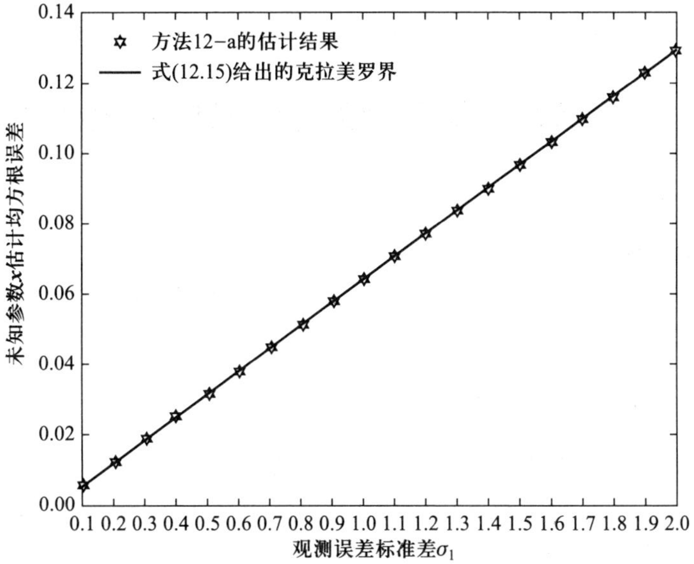

图 12.2　未知参数 $\boldsymbol{x}$ 估计均方根误差随观测误差标准差 σ_1 的变化曲线

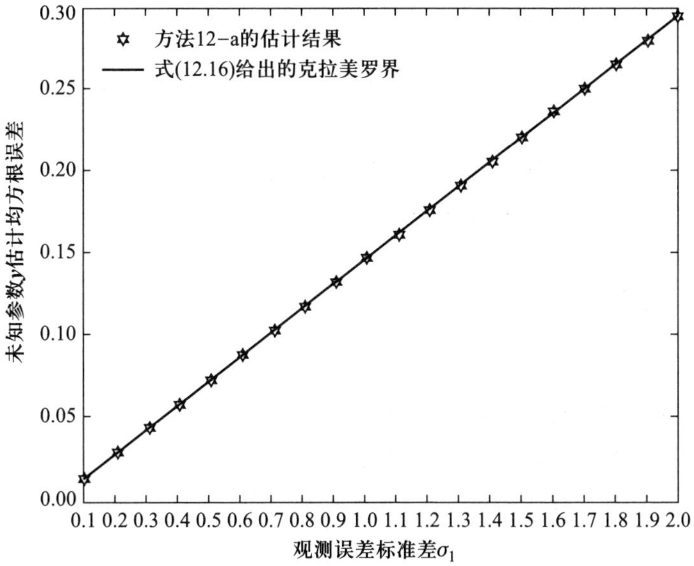

图 12.3　未知参数 $\boldsymbol{y}$ 估计均方根误差随观测误差标准差 σ_1 的变化曲线

② 方法 12−a 对未知参数 $\boldsymbol{x}$ 的估计均方根误差可以达到由式 (12.15) 给出的克拉美罗界, 从而验证了第 12.2.2 节理论性能分析的有效性。

③ 方法 12−a 对未知参数 $\boldsymbol{y}$ 的估计均方根误差可以达到由式 (12.16) 给出

的克拉美罗界, 从而再次验证了第 12.2.2 节理论性能分析的有效性。

12.3 模型参数先验观测误差对参数估计性能的影响

本节假设模型参数 $\boldsymbol{s}$ 并不能精确已知, 实际计算中仅存在关于模型参数 $\boldsymbol{s}$ 的先验观测值 $\widehat{\boldsymbol{s}}$, 其中包含先验观测误差。下面首先在此情形下推导参数估计均方误差的克拉美罗界, 然后推导方法 12−a 在此情形下的估计均方误差, 并将其与相应的克拉美罗界进行定量比较。

12.3.1 对克拉美罗界的影响

当模型参数存在先验观测误差时, 模型参数 $\boldsymbol{s}$ 已不再是精确已知量, 应将其看成是未知量。但是也不能将其与未知参数 $\boldsymbol{x}$ 和 $\boldsymbol{y}$ 同等地看待, 因为还存在模型参数 $\boldsymbol{s}$ 的先验观测值 $\widehat{\boldsymbol{s}}$, 此时的观测模型可以表示为

$$\begin{cases} \boldsymbol{z} = \boldsymbol{f}(\boldsymbol{x}, \boldsymbol{y}, \boldsymbol{s}) + \boldsymbol{e} = \boldsymbol{h}(\boldsymbol{x}, \boldsymbol{s}) + \boldsymbol{A}\boldsymbol{y} + \boldsymbol{e} \\ \widehat{\boldsymbol{s}} = \boldsymbol{s} + \boldsymbol{\varphi} \end{cases} \tag{12.37}$$

下面推导未知参数 $\boldsymbol{x}$ 和 $\boldsymbol{y}$ 与模型参数 $\boldsymbol{s}$ 联合估计均方误差的克拉美罗界, 具体结论可见以下命题。

【命题 12.8】基于式 (12.37) 给出的观测模型, 未知参数 $\boldsymbol{x}$ 和 $\boldsymbol{y}$ 与模型参数 $\boldsymbol{s}$ 联合估计均方误差的克拉美罗界可以表示为①

$$\begin{aligned} &\mathbf{CRB}^{(\mathrm{b})}\left(\begin{bmatrix} \boldsymbol{x} \\ \boldsymbol{y} \\ \boldsymbol{s} \end{bmatrix}\right) \\ &= \left[\begin{array}{c:c:c} (\boldsymbol{H}_x(\boldsymbol{x},\boldsymbol{s}))^{\mathrm{T}}\boldsymbol{E}^{-1}\boldsymbol{H}_x(\boldsymbol{x},\boldsymbol{s}) & (\boldsymbol{H}_x(\boldsymbol{x},\boldsymbol{s}))^{\mathrm{T}}\boldsymbol{E}^{-1}\boldsymbol{A} & (\boldsymbol{H}_x(\boldsymbol{x},\boldsymbol{s}))^{\mathrm{T}}\boldsymbol{E}^{-1}\boldsymbol{H}_s(\boldsymbol{x},\boldsymbol{s}) \\ \hdashline \boldsymbol{A}^{\mathrm{T}}\boldsymbol{E}^{-1}\boldsymbol{H}_x(\boldsymbol{x},\boldsymbol{s}) & \boldsymbol{A}^{\mathrm{T}}\boldsymbol{E}^{-1}\boldsymbol{A} & \boldsymbol{A}^{\mathrm{T}}\boldsymbol{E}^{-1}\boldsymbol{H}_s(\boldsymbol{x},\boldsymbol{s}) \\ \hdashline (\boldsymbol{H}_s(\boldsymbol{x},\boldsymbol{s}))^{\mathrm{T}}\boldsymbol{E}^{-1}\boldsymbol{H}_x(\boldsymbol{x},\boldsymbol{s}) & (\boldsymbol{H}_s(\boldsymbol{x},\boldsymbol{s}))^{\mathrm{T}}\boldsymbol{E}^{-1}\boldsymbol{A} & (\boldsymbol{H}_s(\boldsymbol{x},\boldsymbol{s}))^{\mathrm{T}}\boldsymbol{E}^{-1}\boldsymbol{H}_s(\boldsymbol{x},\boldsymbol{s}) + \boldsymbol{\varPsi}^{-1} \end{array}\right]^{-1} \\ &= \left[\begin{array}{c:c} \left(\mathbf{CRB}^{(\mathrm{a})}\left(\begin{bmatrix} \boldsymbol{x} \\ \boldsymbol{y} \end{bmatrix}\right)\right)^{-1} & \begin{array}{c} (\boldsymbol{H}_x(\boldsymbol{x},\boldsymbol{s}))^{\mathrm{T}}\boldsymbol{E}^{-1}\boldsymbol{H}_s(\boldsymbol{x},\boldsymbol{s}) \\ \hdashline \boldsymbol{A}^{\mathrm{T}}\boldsymbol{E}^{-1}\boldsymbol{H}_s(\boldsymbol{x},\boldsymbol{s}) \end{array} \\ \hdashline (\boldsymbol{H}_s(\boldsymbol{x},\boldsymbol{s}))^{\mathrm{T}}\boldsymbol{E}^{-1}\boldsymbol{H}_x(\boldsymbol{x},\boldsymbol{s}) \;\vdots\; (\boldsymbol{H}_s(\boldsymbol{x},\boldsymbol{s}))^{\mathrm{T}}\boldsymbol{E}^{-1}\boldsymbol{A} & (\boldsymbol{H}_s(\boldsymbol{x},\boldsymbol{s}))^{\mathrm{T}}\boldsymbol{E}^{-1}\boldsymbol{H}_s(\boldsymbol{x},\boldsymbol{s}) + \boldsymbol{\varPsi}^{-1} \end{array}\right]^{-1} \end{aligned} \tag{12.38}$$

① 本章的上角标 (b) 表示模型参数先验观测误差存在的情形。

式中, $\boldsymbol{H}_s(\boldsymbol{x},\boldsymbol{s})=\dfrac{\partial \boldsymbol{h}(\boldsymbol{x},\boldsymbol{s})}{\partial \boldsymbol{s}^{\mathrm{T}}}\in\mathbf{R}^{p\times r}$ 表示函数 $\boldsymbol{h}(\boldsymbol{x},\boldsymbol{s})$ 关于向量 $\boldsymbol{s}$ 的 Jacobi 矩阵。

【证明】由式 (12.2) 可知, 函数 $\boldsymbol{f}(\boldsymbol{x},\boldsymbol{y},\boldsymbol{s})$ 关于向量 $\boldsymbol{s}$ 的 Jacobi 矩阵为

$$\boldsymbol{F}_s(\boldsymbol{x},\boldsymbol{y},\boldsymbol{s})=\frac{\partial \boldsymbol{f}(\boldsymbol{x},\boldsymbol{y},\boldsymbol{s})}{\partial \boldsymbol{s}^{\mathrm{T}}}=\frac{\partial \boldsymbol{h}(\boldsymbol{x},\boldsymbol{s})}{\partial \boldsymbol{s}^{\mathrm{T}}}=\boldsymbol{H}_s(\boldsymbol{x},\boldsymbol{s})\in\mathbf{R}^{p\times r} \tag{12.39}$$

将式 (12.14) 和式 (12.39) 代入式 (11.60) 可知式 (12.38) 成立。证毕。

基于命题 12.8 还可以得到以下 3 个命题。

【命题 12.9】基于式 (12.37) 给出的观测模型, 未知参数 $\boldsymbol{x}$ 和 $\boldsymbol{y}$ 联合估计均方误差的克拉美罗界可以表示为

$$\begin{aligned}\mathbf{CRB}^{(\mathrm{b})}\left(\begin{bmatrix}\boldsymbol{x}\\ \boldsymbol{y}\end{bmatrix}\right)=\;&\mathbf{CRB}^{(\mathrm{a})}\left(\begin{bmatrix}\boldsymbol{x}\\ \boldsymbol{y}\end{bmatrix}\right)+\mathbf{CRB}^{(\mathrm{a})}\left(\begin{bmatrix}\boldsymbol{x}\\ \boldsymbol{y}\end{bmatrix}\right)\begin{bmatrix}(\boldsymbol{H}_x(\boldsymbol{x},\boldsymbol{s}))^{\mathrm{T}}\\ \boldsymbol{A}^{\mathrm{T}}\end{bmatrix}\boldsymbol{E}^{-1}\\ &\times\boldsymbol{H}_s(\boldsymbol{x},\boldsymbol{s})(\boldsymbol{\varPsi}^{-1}+(\boldsymbol{H}_s(\boldsymbol{x},\boldsymbol{s}))^{\mathrm{T}}\boldsymbol{E}^{-1/2}\\ &\times\boldsymbol{\varPi}^{\perp}[\boldsymbol{E}^{-1/2}\boldsymbol{H}_x(\boldsymbol{x},\boldsymbol{s})\,\vdots\,\boldsymbol{E}^{-1/2}\boldsymbol{A}]\boldsymbol{E}^{-1/2}\boldsymbol{H}_s(\boldsymbol{x},\boldsymbol{s}))^{-1}\\ &\times(\boldsymbol{H}_s(\boldsymbol{x},\boldsymbol{s}))^{\mathrm{T}}\boldsymbol{E}^{-1}[\boldsymbol{H}_x(\boldsymbol{x},\boldsymbol{s})\,\vdots\,\boldsymbol{A}]\mathbf{CRB}^{(\mathrm{a})}\left(\begin{bmatrix}\boldsymbol{x}\\ \boldsymbol{y}\end{bmatrix}\right)\end{aligned} \tag{12.40}$$

【证明】将式 (12.14) 和式 (12.39) 代入式 (11.62) 可知式 (12.40) 成立。证毕。

【命题 12.10】基于式 (12.37) 给出的观测模型, 未知参数 $\boldsymbol{x}$ 和模型参数 $\boldsymbol{s}$ 联合估计均方误差的克拉美罗界可以表示为

$$\begin{aligned}&\mathbf{CRB}^{(\mathrm{b})}\left(\begin{bmatrix}\boldsymbol{x}\\ \boldsymbol{s}\end{bmatrix}\right)\\ &=\left[\begin{array}{c:c}\begin{matrix}(\boldsymbol{H}_x(\boldsymbol{x},\boldsymbol{s}))^{\mathrm{T}}\boldsymbol{E}^{-1/2}\\ \times\boldsymbol{\varPi}^{\perp}[\boldsymbol{E}^{-1/2}\boldsymbol{A}]\boldsymbol{E}^{-1/2}\boldsymbol{H}_x(\boldsymbol{x},\boldsymbol{s})\end{matrix} & \begin{matrix}(\boldsymbol{H}_x(\boldsymbol{x},\boldsymbol{s}))^{\mathrm{T}}\boldsymbol{E}^{-1/2}\\ \times\boldsymbol{\varPi}^{\perp}[\boldsymbol{E}^{-1/2}\boldsymbol{A}]\boldsymbol{E}^{-1/2}\boldsymbol{H}_s(\boldsymbol{x},\boldsymbol{s})\end{matrix}\\ \hdashline \begin{matrix}(\boldsymbol{H}_s(\boldsymbol{x},\boldsymbol{s}))^{\mathrm{T}}\boldsymbol{E}^{-1/2}\\ \times\boldsymbol{\varPi}^{\perp}[\boldsymbol{E}^{-1/2}\boldsymbol{A}]\boldsymbol{E}^{-1/2}\boldsymbol{H}_x(\boldsymbol{x},\boldsymbol{s})\end{matrix} & \begin{matrix}(\boldsymbol{H}_s(\boldsymbol{x},\boldsymbol{s}))^{\mathrm{T}}\boldsymbol{E}^{-1/2}\\ \times\boldsymbol{\varPi}^{\perp}[\boldsymbol{E}^{-1/2}\boldsymbol{A}]\boldsymbol{E}^{-1/2}\boldsymbol{H}_s(\boldsymbol{x},\boldsymbol{s})+\boldsymbol{\varPsi}^{-1}\end{matrix}\end{array}\right]^{-1}\end{aligned} \tag{12.41}$$

【证明】将式 (12.14) 和式 (12.39) 代入式 (11.63) 可知式 (12.41) 成立。证毕。

【命题 12.11】基于式 (12.37) 给出的观测模型, 未知参数 $\boldsymbol{y}$ 的估计均方误差的克拉美罗界可以表示为

$$\mathbf{CRB}^{(\mathrm{b})}(\boldsymbol{y})=(\boldsymbol{A}^{\mathrm{T}}\boldsymbol{E}^{-1}\boldsymbol{A})^{-1}+(\boldsymbol{A}^{\mathrm{T}}\boldsymbol{E}^{-1}\boldsymbol{A})^{-1}\boldsymbol{A}^{\mathrm{T}}\boldsymbol{E}^{-1}$$

$$\times [\boldsymbol{H}_x(\boldsymbol{x},\boldsymbol{s}) \,\vdots\, \boldsymbol{H}_s(\boldsymbol{x},\boldsymbol{s})]\mathbf{CRB}^{(\mathrm{b})}\left(\begin{bmatrix}\boldsymbol{x}\\ \boldsymbol{s}\end{bmatrix}\right)$$

$$\times \begin{bmatrix}(\boldsymbol{H}_x(\boldsymbol{x},\boldsymbol{s}))^{\mathrm{T}}\\ (\boldsymbol{H}_s(\boldsymbol{x},\boldsymbol{s}))^{\mathrm{T}}\end{bmatrix}\boldsymbol{E}^{-1}\boldsymbol{A}(\boldsymbol{A}^{\mathrm{T}}\boldsymbol{E}^{-1}\boldsymbol{A})^{-1} \tag{12.42}$$

【**证明**】将式 (12.14) 和式 (12.39) 代入式 (11.66) 可知式 (12.42) 成立。证毕。

12.3.2 对方法 12−a 的影响

模型参数先验观测误差显然会对方法 12−a 的估计精度产生直接影响, 下面推导方法 12−a 在模型参数先验观测误差存在下的统计性能。

1. 对未知参数 $\boldsymbol{x}$ 的影响

为了避免符号混淆, 下面将模型参数先验观测误差存在时高斯−牛顿迭代法的第 k 次迭代结果记为 $\widehat{\widehat{\boldsymbol{x}}}_k^{(\mathrm{a})}$, 则基于式 (12.7) 可得

$$\begin{aligned}\widehat{\widehat{\boldsymbol{x}}}_{k+1}^{(\mathrm{a})} = \widehat{\widehat{\boldsymbol{x}}}_k^{(\mathrm{a})} &+ ((\overline{\boldsymbol{H}}_x(\widehat{\widehat{\boldsymbol{x}}}_k^{(\mathrm{a})},\widehat{\boldsymbol{s}}))^{\mathrm{T}}\overline{\boldsymbol{E}}^{-1}\overline{\boldsymbol{H}}_x(\widehat{\widehat{\boldsymbol{x}}}_k^{(\mathrm{a})},\widehat{\boldsymbol{s}}))^{-1}\\ &\times (\overline{\boldsymbol{H}}_x(\widehat{\widehat{\boldsymbol{x}}}_k^{(\mathrm{a})},\widehat{\boldsymbol{s}}))^{\mathrm{T}}\overline{\boldsymbol{E}}^{-1}(\overline{\boldsymbol{z}}-\overline{\boldsymbol{h}}(\widehat{\widehat{\boldsymbol{x}}}_k^{(\mathrm{a})},\widehat{\boldsymbol{s}}))\end{aligned} \tag{12.43}$$

相对式 (12.7) 而言, 迭代公式式 (12.43) 的不同之处在于使用模型参数 $\boldsymbol{s}$ 的先验观测值 $\widehat{\boldsymbol{s}}$ 代替其真实值, 因为这里考虑的是其精确值无法获知的情形。若将式 (12.43) 的迭代收敛结果记为 $\widehat{\widehat{\boldsymbol{x}}}^{(\mathrm{a})}$(即 $\lim\limits_{k\to+\infty}\widehat{\widehat{\boldsymbol{x}}}_k^{(\mathrm{a})}=\widehat{\widehat{\boldsymbol{x}}}^{(\mathrm{a})}$), 则向量 $\widehat{\widehat{\boldsymbol{x}}}^{(\mathrm{a})}$ 应满足

$$\widehat{\widehat{\boldsymbol{x}}}^{(\mathrm{a})} = \arg\min_{\boldsymbol{x}\in\mathbf{R}^{q_x\times 1}}\{(\overline{\boldsymbol{z}}-\overline{\boldsymbol{h}}(\boldsymbol{x},\widehat{\boldsymbol{s}}))^{\mathrm{T}}\overline{\boldsymbol{E}}^{-1}(\overline{\boldsymbol{z}}-\overline{\boldsymbol{h}}(\boldsymbol{x},\widehat{\boldsymbol{s}}))\} \tag{12.44}$$

下面从统计的角度分析估计值 $\widehat{\widehat{\boldsymbol{x}}}^{(\mathrm{a})}$ 的理论性能, 具体结论可见以下命题。

【**命题 12.12**】向量 $\widehat{\widehat{\boldsymbol{x}}}^{(\mathrm{a})}$ 是关于未知参数 $\boldsymbol{x}$ 的渐近无偏估计值, 并且其均方误差为

$$\begin{aligned}\mathbf{MSE}(\widehat{\widehat{\boldsymbol{x}}}^{(\mathrm{a})}) = \mathbf{MSE}(\widehat{\boldsymbol{x}}^{(\mathrm{a})}) &+ ((\overline{\boldsymbol{H}}_x(\boldsymbol{x},\boldsymbol{s}))^{\mathrm{T}}\overline{\boldsymbol{E}}^{-1}\overline{\boldsymbol{H}}_x(\boldsymbol{x},\boldsymbol{s}))^{-1}\\ &\times (\overline{\boldsymbol{H}}_x(\boldsymbol{x},\boldsymbol{s}))^{\mathrm{T}}\overline{\boldsymbol{E}}^{-1}\overline{\boldsymbol{H}}_s(\boldsymbol{x},\boldsymbol{s})\boldsymbol{\Psi}(\overline{\boldsymbol{H}}_s(\boldsymbol{x},\boldsymbol{s}))^{\mathrm{T}}\overline{\boldsymbol{E}}^{-1}\\ &\times \overline{\boldsymbol{H}}_x(\boldsymbol{x},\boldsymbol{s})((\overline{\boldsymbol{H}}_x(\boldsymbol{x},\boldsymbol{s}))^{\mathrm{T}}\overline{\boldsymbol{E}}^{-1}\overline{\boldsymbol{H}}_x(\boldsymbol{x},\boldsymbol{s}))^{-1}\end{aligned} \tag{12.45}$$

式中, $\overline{\boldsymbol{H}}_s(\boldsymbol{x},\boldsymbol{s}) = \dfrac{\partial\overline{\boldsymbol{h}}(\boldsymbol{x},\boldsymbol{s})}{\partial\boldsymbol{s}^{\mathrm{T}}} \in \mathbf{R}^{(p-q_y)\times r}$ 表示函数 $\overline{\boldsymbol{h}}(\boldsymbol{x},\boldsymbol{s})$ 关于向量 $\boldsymbol{s}$ 的 Jacobi

矩阵, 其表达式为

$$\overline{\boldsymbol{H}}_s(\boldsymbol{x},\boldsymbol{s})=\boldsymbol{B}\frac{\partial \boldsymbol{h}(\boldsymbol{x},\boldsymbol{s})}{\partial \boldsymbol{s}^{\mathrm{T}}}=\boldsymbol{B}\boldsymbol{H}_s(\boldsymbol{x},\boldsymbol{s}) \tag{12.46}$$

【证明】对式 (12.43) 两边取极限可得

$$\begin{aligned}\lim_{k\to+\infty}\widehat{\widehat{\boldsymbol{x}}}_{k+1}^{(\mathrm{a})}=&\lim_{k\to+\infty}\widehat{\widehat{\boldsymbol{x}}}_{k}^{(\mathrm{a})}+\lim_{k\to+\infty}\{((\overline{\boldsymbol{H}}_x(\widehat{\widehat{\boldsymbol{x}}}_{k}^{(\mathrm{a})},\widehat{\boldsymbol{s}}))^{\mathrm{T}}\overline{\boldsymbol{E}}^{-1}\overline{\boldsymbol{H}}_x(\widehat{\widehat{\boldsymbol{x}}}_{k}^{(\mathrm{a})},\widehat{\boldsymbol{s}}))^{-1}\\&\times(\overline{\boldsymbol{H}}_x(\widehat{\widehat{\boldsymbol{x}}}_{k}^{(\mathrm{a})},\widehat{\boldsymbol{s}}))^{\mathrm{T}}\overline{\boldsymbol{E}}^{-1}(\overline{\boldsymbol{z}}-\overline{\boldsymbol{h}}(\widehat{\widehat{\boldsymbol{x}}}_{k}^{(\mathrm{a})},\widehat{\boldsymbol{s}}))\}\\&\Rightarrow(\overline{\boldsymbol{H}}_x(\widehat{\widehat{\boldsymbol{x}}}^{(\mathrm{a})},\widehat{\boldsymbol{s}}))^{\mathrm{T}}\overline{\boldsymbol{E}}^{-1}(\overline{\boldsymbol{z}}-\overline{\boldsymbol{h}}(\widehat{\widehat{\boldsymbol{x}}}^{(\mathrm{a})},\widehat{\boldsymbol{s}}))=\boldsymbol{O}_{q_x\times 1}\end{aligned} \tag{12.47}$$

将式 (12.5) 代入式 (12.47), 并利用一阶误差分析方法可知

$$\begin{aligned}\boldsymbol{O}_{q_x\times 1}&=(\overline{\boldsymbol{H}}_x(\widehat{\widehat{\boldsymbol{x}}}^{(\mathrm{a})},\widehat{\boldsymbol{s}}))^{\mathrm{T}}\overline{\boldsymbol{E}}^{-1}(\overline{\boldsymbol{h}}(\boldsymbol{x},\boldsymbol{s})-\overline{\boldsymbol{h}}(\widehat{\widehat{\boldsymbol{x}}}^{(\mathrm{a})},\widehat{\boldsymbol{s}})+\overline{\boldsymbol{e}})\\&\approx(\overline{\boldsymbol{H}}_x(\widehat{\widehat{\boldsymbol{x}}}^{(\mathrm{a})},\widehat{\boldsymbol{s}}))^{\mathrm{T}}\overline{\boldsymbol{E}}^{-1}(\overline{\boldsymbol{e}}-\overline{\boldsymbol{H}}_x(\boldsymbol{x},\boldsymbol{s})\Delta\widetilde{\boldsymbol{x}}^{(\mathrm{a})}-\overline{\boldsymbol{H}}_s(\boldsymbol{x},\boldsymbol{s})\boldsymbol{\varphi})\\&\approx(\overline{\boldsymbol{H}}_x(\boldsymbol{x},\boldsymbol{s}))^{\mathrm{T}}\overline{\boldsymbol{E}}^{-1}(\overline{\boldsymbol{e}}-\overline{\boldsymbol{H}}_x(\boldsymbol{x},\boldsymbol{s})\Delta\widetilde{\boldsymbol{x}}^{(\mathrm{a})}-\overline{\boldsymbol{H}}_s(\boldsymbol{x},\boldsymbol{s})\boldsymbol{\varphi})\end{aligned} \tag{12.48}$$

式中, $\Delta\widetilde{\boldsymbol{x}}^{(\mathrm{a})}=\widehat{\widehat{\boldsymbol{x}}}^{(\mathrm{a})}-\boldsymbol{x}$ 表示向量 $\widehat{\widehat{\boldsymbol{x}}}^{(\mathrm{a})}$ 中的估计误差。式 (12.48) 忽略了误差的二阶及以上各阶项, 由该式可以进一步推得

$$\begin{aligned}\Delta\widetilde{\boldsymbol{x}}^{(\mathrm{a})}&\approx((\overline{\boldsymbol{H}}_x(\boldsymbol{x},\boldsymbol{s}))^{\mathrm{T}}\overline{\boldsymbol{E}}^{-1}\overline{\boldsymbol{H}}_x(\boldsymbol{x},\boldsymbol{s}))^{-1}(\overline{\boldsymbol{H}}_x(\boldsymbol{x},\boldsymbol{s}))^{\mathrm{T}}\overline{\boldsymbol{E}}^{-1}(\overline{\boldsymbol{e}}-\overline{\boldsymbol{H}}_s(\boldsymbol{x},\boldsymbol{s})\boldsymbol{\varphi})\\&\approx\Delta\boldsymbol{x}^{(\mathrm{a})}-((\overline{\boldsymbol{H}}_x(\boldsymbol{x},\boldsymbol{s}))^{\mathrm{T}}\overline{\boldsymbol{E}}^{-1}\overline{\boldsymbol{H}}_x(\boldsymbol{x},\boldsymbol{s}))^{-1}(\overline{\boldsymbol{H}}_x(\boldsymbol{x},\boldsymbol{s}))^{\mathrm{T}}\overline{\boldsymbol{E}}^{-1}\overline{\boldsymbol{H}}_s(\boldsymbol{x},\boldsymbol{s})\boldsymbol{\varphi}\end{aligned} \tag{12.49}$$

式中, 第 2 个约等号利用了式 (12.20)。式 (12.49) 给出了估计误差 $\Delta\widetilde{\boldsymbol{x}}^{(\mathrm{a})}$ 与观测误差 $\boldsymbol{e}$ 和 $\boldsymbol{\varphi}$ 之间的线性关系式。由式 (12.49) 可知 $\mathbf{E}[\Delta\widetilde{\boldsymbol{x}}^{(\mathrm{a})}]\approx\boldsymbol{O}_{q_x\times 1}$, 因此向量 $\widehat{\widehat{\boldsymbol{x}}}^{(\mathrm{a})}$ 是关于未知参数 $\boldsymbol{x}$ 的渐近无偏估计值。此外, 基于式 (12.49) 可以推得估计值 $\widehat{\widehat{\boldsymbol{x}}}^{(\mathrm{a})}$ 的均方误差

$$\begin{aligned}\mathbf{MSE}(\widehat{\widehat{\boldsymbol{x}}}^{(\mathrm{a})})&=\mathbf{E}[(\widehat{\widehat{\boldsymbol{x}}}^{(\mathrm{a})}-\boldsymbol{x})(\widehat{\widehat{\boldsymbol{x}}}^{(\mathrm{a})}-\boldsymbol{x})^{\mathrm{T}}]=\mathbf{E}[\Delta\widetilde{\boldsymbol{x}}^{(\mathrm{a})}(\Delta\widetilde{\boldsymbol{x}}^{(\mathrm{a})})^{\mathrm{T}}]\\&=\mathbf{MSE}(\widehat{\boldsymbol{x}}^{(\mathrm{a})})+((\overline{\boldsymbol{H}}_x(\boldsymbol{x},\boldsymbol{s}))^{\mathrm{T}}\overline{\boldsymbol{E}}^{-1}\overline{\boldsymbol{H}}_x(\boldsymbol{x},\boldsymbol{s}))^{-1}\\&\quad\times(\overline{\boldsymbol{H}}_x(\boldsymbol{x},\boldsymbol{s}))^{\mathrm{T}}\overline{\boldsymbol{E}}^{-1}\overline{\boldsymbol{H}}_s(\boldsymbol{x},\boldsymbol{s})\boldsymbol{\varPsi}(\overline{\boldsymbol{H}}_s(\boldsymbol{x},\boldsymbol{s}))^{\mathrm{T}}\overline{\boldsymbol{E}}^{-1}\\&\quad\times\overline{\boldsymbol{H}}_x(\boldsymbol{x},\boldsymbol{s})((\overline{\boldsymbol{H}}_x(\boldsymbol{x},\boldsymbol{s}))^{\mathrm{T}}\overline{\boldsymbol{E}}^{-1}\overline{\boldsymbol{H}}_x(\boldsymbol{x},\boldsymbol{s}))^{-1}\end{aligned} \tag{12.50}$$

证毕。

【注记 12.6】附录 I 证明了式 (12.51)

$$((\overline{\boldsymbol{H}}_x(\boldsymbol{x},\boldsymbol{s}))^{\mathrm{T}}\overline{\boldsymbol{E}}^{-1}\overline{\boldsymbol{H}}_x(\boldsymbol{x},\boldsymbol{s}))^{-1}(\overline{\boldsymbol{H}}_x(\boldsymbol{x},\boldsymbol{s}))^{\mathrm{T}}\overline{\boldsymbol{E}}^{-1}\overline{\boldsymbol{H}}_s(\boldsymbol{x},\boldsymbol{s})$$
$$=[\boldsymbol{I}_{q_x}\ \ \boldsymbol{O}_{q_x\times q_y}]\mathbf{CRB}^{(\mathrm{a})}\left(\begin{bmatrix}\boldsymbol{x}\\ \boldsymbol{y}\end{bmatrix}\right)\begin{bmatrix}(\boldsymbol{H}_x(\boldsymbol{x},\boldsymbol{s}))^{\mathrm{T}}\\ \boldsymbol{A}^{\mathrm{T}}\end{bmatrix}\boldsymbol{E}^{-1}\boldsymbol{H}_s(\boldsymbol{x},\boldsymbol{s}) \tag{12.51}$$

将式 (12.26) 和式 (12.51) 代入式 (12.45) 可得

$$\begin{aligned}\mathbf{MSE}(\widehat{\widehat{\boldsymbol{x}}}^{(\mathrm{a})})=&\ \mathbf{CRB}^{(\mathrm{a})}(\boldsymbol{x})+[\boldsymbol{I}_{q_x}\ \ \boldsymbol{O}_{q_x\times q_y}]\mathbf{CRB}^{(\mathrm{a})}\left(\begin{bmatrix}\boldsymbol{x}\\ \boldsymbol{y}\end{bmatrix}\right)\\ &\times\begin{bmatrix}(\boldsymbol{H}_x(\boldsymbol{x},\boldsymbol{s}))^{\mathrm{T}}\\ \boldsymbol{A}^{\mathrm{T}}\end{bmatrix}\boldsymbol{E}^{-1}\boldsymbol{H}_s(\boldsymbol{x},\boldsymbol{s})\boldsymbol{\Psi}(\boldsymbol{H}_s(\boldsymbol{x},\boldsymbol{s}))^{\mathrm{T}}\boldsymbol{E}^{-1}\\ &\times[\boldsymbol{H}_x(\boldsymbol{x},\boldsymbol{s})\,\vdots\,\boldsymbol{A}]\mathbf{CRB}^{(\mathrm{a})}\left(\begin{bmatrix}\boldsymbol{x}\\ \boldsymbol{y}\end{bmatrix}\right)\begin{bmatrix}\boldsymbol{I}_{q_x}\\ \boldsymbol{O}_{q_y\times q_x}\end{bmatrix}\end{aligned} \tag{12.52}$$

基于命题 12.12 还可以得到以下两个命题。

【命题 12.13】 $\mathbf{MSE}(\widehat{\widehat{\boldsymbol{x}}}^{(\mathrm{a})})\geqslant\mathbf{MSE}(\widehat{\boldsymbol{x}}^{(\mathrm{a})})=\mathbf{CRB}^{(\mathrm{a})}(\boldsymbol{x})$。

【证明】 利用矩阵 $\boldsymbol{\Psi}$ 的正定性与命题 2.4 可得

$$\begin{aligned}&[\boldsymbol{I}_{q_x}\ \ \boldsymbol{O}_{q_x\times q_y}]\mathbf{CRB}^{(\mathrm{a})}\left(\begin{bmatrix}\boldsymbol{x}\\ \boldsymbol{y}\end{bmatrix}\right)\begin{bmatrix}(\boldsymbol{H}_x(\boldsymbol{x},\boldsymbol{s}))^{\mathrm{T}}\\ \boldsymbol{A}^{\mathrm{T}}\end{bmatrix}\boldsymbol{E}^{-1}\boldsymbol{H}_s(\boldsymbol{x},\boldsymbol{s})\boldsymbol{\Psi}(\boldsymbol{H}_s(\boldsymbol{x},\boldsymbol{s}))^{\mathrm{T}}\boldsymbol{E}^{-1}\\ &\times[\boldsymbol{H}_x(\boldsymbol{x},\boldsymbol{s})\,\vdots\,\boldsymbol{A}]\mathbf{CRB}^{(\mathrm{a})}\left(\begin{bmatrix}\boldsymbol{x}\\ \boldsymbol{y}\end{bmatrix}\right)\begin{bmatrix}\boldsymbol{I}_{q_x}\\ \boldsymbol{O}_{q_y\times q_x}\end{bmatrix}\geqslant\boldsymbol{O}\end{aligned} \tag{12.53}$$

结合式 (12.52) 和式 (12.53) 可知

$$\mathbf{MSE}(\widehat{\widehat{\boldsymbol{x}}}^{(\mathrm{a})})\geqslant\mathbf{MSE}(\widehat{\boldsymbol{x}}^{(\mathrm{a})})=\mathbf{CRB}^{(\mathrm{a})}(\boldsymbol{x}) \tag{12.54}$$

证毕。

【命题 12.14】 $\mathbf{MSE}(\widehat{\widehat{\boldsymbol{x}}}^{(\mathrm{a})})\geqslant\mathbf{CRB}^{(\mathrm{b})}(\boldsymbol{x})$。

【证明】 由式 (12.40) 可得

$$\begin{aligned}\mathbf{CRB}^{(\mathrm{b})}(\boldsymbol{x})=&\ \mathbf{CRB}^{(\mathrm{a})}(\boldsymbol{x})+[\boldsymbol{I}_{q_x}\ \ \boldsymbol{O}_{q_x\times q_y}]\mathbf{CRB}^{(\mathrm{a})}\left(\begin{bmatrix}\boldsymbol{x}\\ \boldsymbol{y}\end{bmatrix}\right)\\ &\times\begin{bmatrix}(\boldsymbol{H}_x(\boldsymbol{x},\boldsymbol{s}))^{\mathrm{T}}\\ \boldsymbol{A}^{\mathrm{T}}\end{bmatrix}\boldsymbol{E}^{-1}\boldsymbol{H}_s(\boldsymbol{x},\boldsymbol{s})(\boldsymbol{\Psi}^{-1}+(\boldsymbol{H}_s(\boldsymbol{x},\boldsymbol{s}))^{\mathrm{T}}\boldsymbol{E}^{-1/2}\end{aligned}$$

$$\times \boldsymbol{\Pi}^{\perp}[\boldsymbol{E}^{-1/2}\boldsymbol{H}_x(\boldsymbol{x},\boldsymbol{s}) \vdots \boldsymbol{E}^{-1/2}\boldsymbol{A}]\boldsymbol{E}^{-1/2}\boldsymbol{H}_s(\boldsymbol{x},\boldsymbol{s}))^{-1}(\boldsymbol{H}_s(\boldsymbol{x},\boldsymbol{s}))^{\mathrm{T}}$$

$$\times \boldsymbol{E}^{-1}[\boldsymbol{H}_x(\boldsymbol{x},\boldsymbol{s}) \vdots \boldsymbol{A}]\mathbf{CRB}^{(\mathrm{a})}\left(\begin{bmatrix}\boldsymbol{x}\\ \boldsymbol{y}\end{bmatrix}\right)\begin{bmatrix}\boldsymbol{I}_{q_x}\\ \boldsymbol{O}_{q_y\times q_x}\end{bmatrix} \tag{12.55}$$

利用正交投影矩阵 $\boldsymbol{\Pi}^{\perp}[\boldsymbol{E}^{-1/2}\boldsymbol{H}_x(\boldsymbol{x},\boldsymbol{s}) \vdots \boldsymbol{E}^{-1/2}\boldsymbol{A}]$ 的半正定性与命题 2.4 可得

$$(\boldsymbol{H}_s(\boldsymbol{x},\boldsymbol{s}))^{\mathrm{T}}\boldsymbol{E}^{-1/2}\boldsymbol{\Pi}^{\perp}[\boldsymbol{E}^{-1/2}\boldsymbol{H}_x(\boldsymbol{x},\boldsymbol{s}) \vdots \boldsymbol{E}^{-1/2}\boldsymbol{A}]\boldsymbol{E}^{-1/2}\boldsymbol{H}_s(\boldsymbol{x},\boldsymbol{s}) \geqslant \boldsymbol{O} \tag{12.56}$$

基于式 (12.56) 和命题 2.9 可得

$$\begin{aligned}&\boldsymbol{\Psi}^{-1}+(\boldsymbol{H}_s(\boldsymbol{x},\boldsymbol{s}))^{\mathrm{T}}\boldsymbol{E}^{-1/2}\boldsymbol{\Pi}^{\perp}[\boldsymbol{E}^{-1/2}\boldsymbol{H}_x(\boldsymbol{x},\boldsymbol{s}) \vdots \boldsymbol{E}^{-1/2}\boldsymbol{A}]\boldsymbol{E}^{-1/2}\boldsymbol{H}_s(\boldsymbol{x},\boldsymbol{s}) \geqslant \boldsymbol{\Psi}^{-1}\\ &\Rightarrow (\boldsymbol{\Psi}^{-1}+(\boldsymbol{H}_s(\boldsymbol{x},\boldsymbol{s}))^{\mathrm{T}}\boldsymbol{E}^{-1/2}\boldsymbol{\Pi}^{\perp}[\boldsymbol{E}^{-1/2}\boldsymbol{H}_x(\boldsymbol{x},\boldsymbol{s}) \vdots \boldsymbol{E}^{-1/2}\boldsymbol{A}]\boldsymbol{E}^{-1/2}\boldsymbol{H}_s(\boldsymbol{x},\boldsymbol{s}))^{-1} \leqslant \boldsymbol{\Psi}\end{aligned} \tag{12.57}$$

结合式 (12.52)、式 (12.55) 和式 (12.57), 以及命题 2.5 可知 $\mathbf{MSE}(\widehat{\widehat{\boldsymbol{x}}}^{(\mathrm{a})}) \geqslant \mathbf{CRB}^{(\mathrm{b})}(\boldsymbol{x})$。证毕。

【注记 12.7】命题 12.14 表明, 当模型参数存在先验观测误差时, 向量 $\widehat{\widehat{\boldsymbol{x}}}^{(\mathrm{a})}$ 的估计均方误差难以达到相应的克拉美罗界 (即 $\mathbf{CRB}^{(\mathrm{b})}(\boldsymbol{x})$), 不是关于未知参数 $\boldsymbol{x}$ 的渐近统计最优估计值。因此, 需要在模型参数先验观测误差存在的情形下给出性能可以达到克拉美罗界的估计方法。

2. 对未知参数 $\boldsymbol{y}$ 的影响

为了避免符号混淆, 下面将模型参数存在先验观测误差时方法 12−a 的估计值记为 $\widehat{\widehat{\boldsymbol{y}}}^{(\mathrm{a})}$, 则基于式 (12.10) 可得

$$\widehat{\widehat{\boldsymbol{y}}}^{(\mathrm{a})} = (\boldsymbol{A}^{\mathrm{T}}\boldsymbol{E}^{-1}\boldsymbol{A})^{-1}\boldsymbol{A}^{\mathrm{T}}\boldsymbol{E}^{-1}(\boldsymbol{z}-\boldsymbol{h}(\widehat{\widehat{\boldsymbol{x}}}^{(\mathrm{a})},\widehat{\boldsymbol{s}})) \tag{12.58}$$

相对式 (12.10) 而言, 式 (12.58) 的不同之处在于将模型参数 $\boldsymbol{s}$ 的先验观测值 $\widehat{\boldsymbol{s}}$ 代替其真实值, 以及利用估计值 $\widehat{\widehat{\boldsymbol{x}}}^{(\mathrm{a})}$ 代替估计值 $\widehat{\boldsymbol{x}}^{(\mathrm{a})}$, 因为这里考虑的是模型参数的精确值无法获知的情形。

下面从统计的角度分析估计值 $\widehat{\widehat{\boldsymbol{y}}}^{(\mathrm{a})}$ 的理论性能, 具体结论可见以下命题。

【命题 12.15】向量 $\widehat{\widehat{\boldsymbol{y}}}^{(\mathrm{a})}$ 是关于未知参数 $\boldsymbol{y}$ 的渐近无偏估计值, 并且其均方误差为

$$\mathbf{MSE}(\widehat{\widehat{\boldsymbol{y}}}^{(\mathrm{a})}) = \mathbf{MSE}(\widehat{\boldsymbol{y}}^{(\mathrm{a})}) + (\boldsymbol{A}^{\mathrm{T}}\boldsymbol{E}^{-1}\boldsymbol{A})^{-1}\boldsymbol{A}^{\mathrm{T}}\boldsymbol{E}^{-1}(\boldsymbol{H}_s(\boldsymbol{x},\boldsymbol{s}) - \boldsymbol{H}_x(\boldsymbol{x},\boldsymbol{s})$$

$$\times((\overline{\boldsymbol{H}}_x(\boldsymbol{x},\boldsymbol{s}))^{\mathrm{T}}\overline{\boldsymbol{E}}^{-1}\overline{\boldsymbol{H}}_x(\boldsymbol{x},\boldsymbol{s}))^{-1}(\overline{\boldsymbol{H}}_x(\boldsymbol{x},\boldsymbol{s}))^{\mathrm{T}}\overline{\boldsymbol{E}}^{-1}\overline{\boldsymbol{H}}_s(\boldsymbol{x},\boldsymbol{s}))$$
$$\times\boldsymbol{\Psi}((\boldsymbol{H}_s(\boldsymbol{x},\boldsymbol{s}))^{\mathrm{T}}-(\overline{\boldsymbol{H}}_s(\boldsymbol{x},\boldsymbol{s}))^{\mathrm{T}}\overline{\boldsymbol{E}}^{-1}\overline{\boldsymbol{H}}_x(\boldsymbol{x},\boldsymbol{s})((\overline{\boldsymbol{H}}_x(\boldsymbol{x},\boldsymbol{s}))^{\mathrm{T}}\overline{\boldsymbol{E}}^{-1}$$
$$\times\overline{\boldsymbol{H}}_x(\boldsymbol{x},\boldsymbol{s}))^{-1}(\boldsymbol{H}_x(\boldsymbol{x},\boldsymbol{s}))^{\mathrm{T}})\boldsymbol{E}^{-1}\boldsymbol{A}(\boldsymbol{A}^{\mathrm{T}}\boldsymbol{E}^{-1}\boldsymbol{A})^{-1} \tag{12.59}$$

【证明】将向量 $\widehat{\widetilde{\boldsymbol{y}}}^{(\mathrm{a})}$ 中的估计误差记为 $\Delta\widetilde{\boldsymbol{y}}^{(\mathrm{a})}=\widehat{\widetilde{\boldsymbol{y}}}^{(\mathrm{a})}-\boldsymbol{y}$。由式 (12.58) 可知

$$\boldsymbol{A}^{\mathrm{T}}\boldsymbol{E}^{-1}\boldsymbol{A}(\boldsymbol{y}+\Delta\widetilde{\boldsymbol{y}}^{(\mathrm{a})})=\boldsymbol{A}^{\mathrm{T}}\boldsymbol{E}^{-1}(\boldsymbol{z}-\boldsymbol{h}(\widehat{\widetilde{\boldsymbol{x}}}^{(\mathrm{a})},\widehat{\boldsymbol{s}})) \tag{12.60}$$

在一阶误差分析理论框架下，将式 (12.1) 和式 (12.2) 代入式 (12.60) 可以进一步推得

$$\begin{aligned}\boldsymbol{A}^{\mathrm{T}}\boldsymbol{E}^{-1}\boldsymbol{A}\Delta\widetilde{\boldsymbol{y}}^{(\mathrm{a})}&=\boldsymbol{A}^{\mathrm{T}}\boldsymbol{E}^{-1}(\boldsymbol{h}(\boldsymbol{x},\boldsymbol{s})-\boldsymbol{h}(\widehat{\widetilde{\boldsymbol{x}}}^{(\mathrm{a})},\widehat{\boldsymbol{s}})+\boldsymbol{e})\\&\approx\boldsymbol{A}^{\mathrm{T}}\boldsymbol{E}^{-1}(\boldsymbol{e}-\boldsymbol{H}_x(\boldsymbol{x},\boldsymbol{s})\Delta\widetilde{\boldsymbol{x}}^{(\mathrm{a})}-\boldsymbol{H}_s(\boldsymbol{x},\boldsymbol{s})\boldsymbol{\varphi})\\\Rightarrow\Delta\widetilde{\boldsymbol{y}}^{(\mathrm{a})}&\approx(\boldsymbol{A}^{\mathrm{T}}\boldsymbol{E}^{-1}\boldsymbol{A})^{-1}\boldsymbol{A}^{\mathrm{T}}\boldsymbol{E}^{-1}(\boldsymbol{e}-\boldsymbol{H}_x(\boldsymbol{x},\boldsymbol{s})\Delta\widetilde{\boldsymbol{x}}^{(\mathrm{a})}-\boldsymbol{H}_s(\boldsymbol{x},\boldsymbol{s})\boldsymbol{\varphi})\end{aligned} \tag{12.61}$$

将式 (12.49) 代入式 (12.61) 可知

$$\begin{aligned}\Delta\widetilde{\boldsymbol{y}}^{(\mathrm{a})}&\approx(\boldsymbol{A}^{\mathrm{T}}\boldsymbol{E}^{-1}\boldsymbol{A})^{-1}\boldsymbol{A}^{\mathrm{T}}\boldsymbol{E}^{-1}(\boldsymbol{e}-\boldsymbol{H}_x(\boldsymbol{x},\boldsymbol{s})\Delta\boldsymbol{x}^{(\mathrm{a})})+(\boldsymbol{A}^{\mathrm{T}}\boldsymbol{E}^{-1}\boldsymbol{A})^{-1}\boldsymbol{A}^{\mathrm{T}}\boldsymbol{E}^{-1}\\&\quad\times(\boldsymbol{H}_x(\boldsymbol{x},\boldsymbol{s})((\overline{\boldsymbol{H}}_x(\boldsymbol{x},\boldsymbol{s}))^{\mathrm{T}}\overline{\boldsymbol{E}}^{-1}\overline{\boldsymbol{H}}_x(\boldsymbol{x},\boldsymbol{s}))^{-1}(\overline{\boldsymbol{H}}_x(\boldsymbol{x},\boldsymbol{s}))^{\mathrm{T}}\overline{\boldsymbol{E}}^{-1}\\&\quad\times\overline{\boldsymbol{H}}_s(\boldsymbol{x},\boldsymbol{s})-\boldsymbol{H}_s(\boldsymbol{x},\boldsymbol{s}))\boldsymbol{\varphi}\\&\approx\Delta\boldsymbol{y}^{(\mathrm{a})}-(\boldsymbol{A}^{\mathrm{T}}\boldsymbol{E}^{-1}\boldsymbol{A})^{-1}\boldsymbol{A}^{\mathrm{T}}\boldsymbol{E}^{-1}(\boldsymbol{H}_s(\boldsymbol{x},\boldsymbol{s})-\boldsymbol{H}_x(\boldsymbol{x},\boldsymbol{s})((\overline{\boldsymbol{H}}_x(\boldsymbol{x},\boldsymbol{s}))^{\mathrm{T}}\overline{\boldsymbol{E}}^{-1}\\&\quad\times\overline{\boldsymbol{H}}_x(\boldsymbol{x},\boldsymbol{s}))^{-1}(\overline{\boldsymbol{H}}_x(\boldsymbol{x},\boldsymbol{s}))^{\mathrm{T}}\overline{\boldsymbol{E}}^{-1}\overline{\boldsymbol{H}}_s(\boldsymbol{x},\boldsymbol{s}))\boldsymbol{\varphi}\end{aligned} \tag{12.62}$$

式中，第 2 个约等号利用了式 (12.29)。由式 (12.62) 可知，误差向量 $\Delta\widetilde{\boldsymbol{y}}^{(\mathrm{a})}$ 渐近服从零均值的高斯分布，因此向量 $\widehat{\widetilde{\boldsymbol{y}}}^{(\mathrm{a})}$ 是关于未知参数 $\boldsymbol{y}$ 的渐近无偏估计值，并且其均方误差为

$$\begin{aligned}\mathbf{MSE}(\widehat{\widetilde{\boldsymbol{y}}}^{(\mathrm{a})})&=\mathbf{E}[(\widehat{\widetilde{\boldsymbol{y}}}^{(\mathrm{a})}-\boldsymbol{y})(\widehat{\widetilde{\boldsymbol{y}}}^{(\mathrm{a})}-\boldsymbol{y})^{\mathrm{T}}]=\mathbf{E}[\Delta\widetilde{\boldsymbol{y}}^{(\mathrm{a})}(\Delta\widetilde{\boldsymbol{y}}^{(\mathrm{a})})^{\mathrm{T}}]\\&=\mathbf{MSE}(\widehat{\boldsymbol{y}}^{(\mathrm{a})})+(\boldsymbol{A}^{\mathrm{T}}\boldsymbol{E}^{-1}\boldsymbol{A})^{-1}\boldsymbol{A}^{\mathrm{T}}\boldsymbol{E}^{-1}(\boldsymbol{H}_s(\boldsymbol{x},\boldsymbol{s})-\boldsymbol{H}_x(\boldsymbol{x},\boldsymbol{s})\\&\quad\times((\overline{\boldsymbol{H}}_x(\boldsymbol{x},\boldsymbol{s}))^{\mathrm{T}}\overline{\boldsymbol{E}}^{-1}\overline{\boldsymbol{H}}_x(\boldsymbol{x},\boldsymbol{s}))^{-1}(\overline{\boldsymbol{H}}_x(\boldsymbol{x},\boldsymbol{s}))^{\mathrm{T}}\overline{\boldsymbol{E}}^{-1}\overline{\boldsymbol{H}}_s(\boldsymbol{x},\boldsymbol{s}))\boldsymbol{\Psi}\\&\quad\times((\boldsymbol{H}_s(\boldsymbol{x},\boldsymbol{s}))^{\mathrm{T}}-(\overline{\boldsymbol{H}}_s(\boldsymbol{x},\boldsymbol{s}))^{\mathrm{T}}\overline{\boldsymbol{E}}^{-1}\overline{\boldsymbol{H}}_x(\boldsymbol{x},\boldsymbol{s})((\overline{\boldsymbol{H}}_x(\boldsymbol{x},\boldsymbol{s}))^{\mathrm{T}}\overline{\boldsymbol{E}}^{-1}\end{aligned}$$

$$\times \overline{\boldsymbol{H}}_x(\boldsymbol{x},\boldsymbol{s}))^{-1}(\boldsymbol{H}_x(\boldsymbol{x},\boldsymbol{s}))^{\mathrm{T}})\boldsymbol{E}^{-1}\boldsymbol{A}(\boldsymbol{A}^{\mathrm{T}}\boldsymbol{E}^{-1}\boldsymbol{A})^{-1} \tag{12.63}$$

证毕。

【注记 12.8】 附录 J 证明了式 (12.64)

$$\begin{aligned}&(\boldsymbol{A}^{\mathrm{T}}\boldsymbol{E}^{-1}\boldsymbol{A})^{-1}\boldsymbol{A}^{\mathrm{T}}\boldsymbol{E}^{-1}(\boldsymbol{H}_s(\boldsymbol{x},\boldsymbol{s})-\boldsymbol{H}_x(\boldsymbol{x},\boldsymbol{s})((\overline{\boldsymbol{H}}_x(\boldsymbol{x},\boldsymbol{s}))^{\mathrm{T}}\overline{\boldsymbol{E}}^{-1}\\&\times \overline{\boldsymbol{H}}_x(\boldsymbol{x},\boldsymbol{s}))^{-1}(\overline{\boldsymbol{H}}_x(\boldsymbol{x},\boldsymbol{s}))^{\mathrm{T}}\overline{\boldsymbol{E}}^{-1}\overline{\boldsymbol{H}}_s(\boldsymbol{x},\boldsymbol{s}))\\&=[\boldsymbol{O}_{q_y\times q_x}\ \ \boldsymbol{I}_{q_y}]\mathbf{CRB}^{(\mathrm{a})}\left(\begin{bmatrix}\boldsymbol{x}\\\boldsymbol{y}\end{bmatrix}\right)\begin{bmatrix}(\boldsymbol{H}_x(\boldsymbol{x},\boldsymbol{s}))^{\mathrm{T}}\\\boldsymbol{A}^{\mathrm{T}}\end{bmatrix}\boldsymbol{E}^{-1}\boldsymbol{H}_s(\boldsymbol{x},\boldsymbol{s})\end{aligned} \tag{12.64}$$

将式 (12.34) 和式 (12.64) 代入式 (12.59) 可得

$$\begin{aligned}\mathbf{MSE}(\widehat{\widehat{\boldsymbol{y}}}^{(\mathrm{a})})=\mathbf{CRB}^{(\mathrm{a})}(\boldsymbol{y})+[\boldsymbol{O}_{q_y\times q_x}\ \ \boldsymbol{I}_{q_y}]\mathbf{CRB}^{(\mathrm{a})}\left(\begin{bmatrix}\boldsymbol{x}\\\boldsymbol{y}\end{bmatrix}\right)\\\times\begin{bmatrix}(\boldsymbol{H}_x(\boldsymbol{x},\boldsymbol{s}))^{\mathrm{T}}\\\boldsymbol{A}^{\mathrm{T}}\end{bmatrix}\boldsymbol{E}^{-1}\boldsymbol{H}_s(\boldsymbol{x},\boldsymbol{s})\boldsymbol{\Psi}(\boldsymbol{H}_s(\boldsymbol{x},\boldsymbol{s}))^{\mathrm{T}}\\\times\boldsymbol{E}^{-1}[\boldsymbol{H}_x(\boldsymbol{x},\boldsymbol{s})\vdots\boldsymbol{A}]\mathbf{CRB}^{(\mathrm{a})}\left(\begin{bmatrix}\boldsymbol{x}\\\boldsymbol{y}\end{bmatrix}\right)\begin{bmatrix}\boldsymbol{O}_{q_x\times q_y}\\\boldsymbol{I}_{q_y}\end{bmatrix}\end{aligned} \tag{12.65}$$

基于命题 12.15 还可以得到以下两个命题。

【命题 12.16】 $\mathbf{MSE}(\widehat{\widehat{\boldsymbol{y}}}^{(\mathrm{a})})\geqslant\mathbf{MSE}(\widehat{\boldsymbol{y}}^{(\mathrm{a})})=\mathbf{CRB}^{(\mathrm{a})}(\boldsymbol{y})$。

【证明】 利用矩阵 $\boldsymbol{\Psi}$ 的正定性与命题 2.4 可得

$$\begin{aligned}&[\boldsymbol{O}_{q_y\times q_x}\ \ \boldsymbol{I}_{q_y}]\mathbf{CRB}^{(\mathrm{a})}\left(\begin{bmatrix}\boldsymbol{x}\\\boldsymbol{y}\end{bmatrix}\right)\begin{bmatrix}(\boldsymbol{H}_x(\boldsymbol{x},\boldsymbol{s}))^{\mathrm{T}}\\\boldsymbol{A}^{\mathrm{T}}\end{bmatrix}\boldsymbol{E}^{-1}\boldsymbol{H}_s(\boldsymbol{x},\boldsymbol{s})\boldsymbol{\Psi}(\boldsymbol{H}_s(\boldsymbol{x},\boldsymbol{s}))^{\mathrm{T}}\\&\times\boldsymbol{E}^{-1}[\boldsymbol{H}_x(\boldsymbol{x},\boldsymbol{s})\vdots\boldsymbol{A}]\mathbf{CRB}^{(\mathrm{a})}\left(\begin{bmatrix}\boldsymbol{x}\\\boldsymbol{y}\end{bmatrix}\right)\begin{bmatrix}\boldsymbol{O}_{q_x\times q_y}\\\boldsymbol{I}_{q_y}\end{bmatrix}\geqslant\boldsymbol{O}\end{aligned} \tag{12.66}$$

结合式 (12.65) 和式 (12.66) 可知

$$\mathbf{MSE}(\widehat{\widehat{\boldsymbol{y}}}^{(\mathrm{a})})\geqslant\mathbf{MSE}(\widehat{\boldsymbol{y}}^{(\mathrm{a})})=\mathbf{CRB}^{(\mathrm{a})}(\boldsymbol{y}) \tag{12.67}$$

证毕。

【命题 12.17】 $\mathbf{MSE}(\widehat{\widehat{\boldsymbol{y}}}^{(\mathrm{a})})\geqslant\mathbf{CRB}^{(\mathrm{b})}(\boldsymbol{y})$。

【证明】 由式 (12.40) 可得

$$\mathbf{CRB}^{(\mathrm{b})}(\boldsymbol{y})=\mathbf{CRB}^{(\mathrm{a})}(\boldsymbol{y})+[\boldsymbol{O}_{q_y\times q_x}\ \ \boldsymbol{I}_{q_y}]\mathbf{CRB}^{(\mathrm{a})}\left(\begin{bmatrix}\boldsymbol{x}\\\boldsymbol{y}\end{bmatrix}\right)$$

$$\times \begin{bmatrix} (\boldsymbol{H}_x(\boldsymbol{x},\boldsymbol{s}))^{\mathrm{T}} \\ \boldsymbol{A}^{\mathrm{T}} \end{bmatrix} \boldsymbol{E}^{-1}\boldsymbol{H}_s(\boldsymbol{x},\boldsymbol{s})(\boldsymbol{\Psi}^{-1}+(\boldsymbol{H}_s(\boldsymbol{x},\boldsymbol{s}))^{\mathrm{T}}\boldsymbol{E}^{-1/2}$$

$$\times \boldsymbol{\Pi}^{\perp}[\boldsymbol{E}^{-1/2}\boldsymbol{H}_x(\boldsymbol{x},\boldsymbol{s}) \vdots \boldsymbol{E}^{-1/2}\boldsymbol{A}]\boldsymbol{E}^{-1/2}\boldsymbol{H}_s(\boldsymbol{x},\boldsymbol{s}))^{-1}(\boldsymbol{H}_s(\boldsymbol{x},\boldsymbol{s}))^{\mathrm{T}}$$

$$\times \boldsymbol{E}^{-1}[\boldsymbol{H}_x(\boldsymbol{x},\boldsymbol{s}) \vdots \boldsymbol{A}]\mathbf{CRB}^{(\mathrm{a})}\left(\begin{bmatrix} \boldsymbol{x} \\ \boldsymbol{y} \end{bmatrix}\right)\begin{bmatrix} \boldsymbol{O}_{q_x \times q_y} \\ \boldsymbol{I}_{q_y} \end{bmatrix} \tag{12.68}$$

结合式 (12.57)、式 (12.65) 和式 (12.68), 以及命题 2.5 可知 $\mathbf{MSE}(\widehat{\boldsymbol{y}}^{(\mathrm{a})}) \geqslant \mathbf{CRB}^{(\mathrm{b})}(\boldsymbol{y})$。证毕。

【注记 12.9】命题 12.17 表明, 当模型参数存在先验观测误差时, 向量 $\widehat{\boldsymbol{y}}^{(\mathrm{a})}$ 的估计均方误差难以达到相应的克拉美罗界 (即 $\mathbf{CRB}^{(\mathrm{b})}(\boldsymbol{y})$), 不是关于未知参数 $\boldsymbol{y}$ 的渐近统计最优估计值。因此, 有必要给出在模型参数先验观测误差存在情形下性能可以达到克拉美罗界的估计方法。

12.4 模型参数先验观测误差存在下的参数解耦合优化模型、求解方法及其理论性能

12.4.1 参数解耦合优化模型及其求解方法

当模型参数存在先验观测误差时, 应将模型参数 $\boldsymbol{s}$ 看成是未知量, 此时仍然可以利用线性消元法对未知参数 $\boldsymbol{x}$ 和 $\boldsymbol{y}$ 进行解耦合估计。只是在对未知参数 $\boldsymbol{x}$ 进行估计时, 应将其与模型参数 $\boldsymbol{s}$ 进行联合估计。

为了最大程度地抑制观测误差 $\boldsymbol{e}$ 和 $\boldsymbol{\varphi}$ 的影响, 可以将联合估计未知参数 $\boldsymbol{x}$ 和模型参数 $\boldsymbol{s}$ 的优化模型表示为

$$\begin{aligned}
&\min_{\boldsymbol{x}\in\mathbf{R}^{q_x\times 1};\boldsymbol{s}\in\mathbf{R}^{r\times 1}} \{(\overline{\boldsymbol{z}}-\overline{\boldsymbol{h}}(\boldsymbol{x},\boldsymbol{s}))^{\mathrm{T}}\overline{\boldsymbol{E}}^{-1}(\overline{\boldsymbol{z}}-\overline{\boldsymbol{h}}(\boldsymbol{x},\boldsymbol{s}))+(\widehat{\boldsymbol{s}}-\boldsymbol{s})^{\mathrm{T}}\boldsymbol{\Psi}^{-1}(\widehat{\boldsymbol{s}}-\boldsymbol{s})\} \\
\Leftrightarrow &\min_{\boldsymbol{x}\in\mathbf{R}^{q_x\times 1};\boldsymbol{s}\in\mathbf{R}^{r\times 1}} \left\{\begin{bmatrix} \overline{\boldsymbol{z}}-\overline{\boldsymbol{h}}(\boldsymbol{x},\boldsymbol{s}) \\ \widehat{\boldsymbol{s}}-\boldsymbol{s} \end{bmatrix}^{\mathrm{T}}\begin{bmatrix} \overline{\boldsymbol{E}}^{-1} & \boldsymbol{O}_{(p-q_y)\times r} \\ \boldsymbol{O}_{r\times(p-q_y)} & \boldsymbol{\Psi}^{-1} \end{bmatrix}\begin{bmatrix} \overline{\boldsymbol{z}}-\overline{\boldsymbol{h}}(\boldsymbol{x},\boldsymbol{s}) \\ \widehat{\boldsymbol{s}}-\boldsymbol{s} \end{bmatrix}\right\}
\end{aligned} \tag{12.69}$$

式中, $\overline{\boldsymbol{E}}^{-1}$ 和 $\boldsymbol{\Psi}^{-1}$ 均表示加权矩阵。

与式 (3.62) 的求解方法相类似, 式 (12.69) 也可以利用高斯–牛顿迭代法进

行求解, 相应的迭代公式为

$$\begin{bmatrix}\widehat{\boldsymbol{x}}_{k+1}^{(\mathrm{b})}\\ \widehat{\boldsymbol{s}}_{k+1}^{(\mathrm{b})}\end{bmatrix}=\begin{bmatrix}\widehat{\boldsymbol{x}}_{k}^{(\mathrm{b})}\\ \widehat{\boldsymbol{s}}_{k}^{(\mathrm{b})}\end{bmatrix}+\left[\begin{array}{c:c}(\overline{\boldsymbol{H}}_x(\widehat{\boldsymbol{x}}_k^{(\mathrm{b})},\widehat{\boldsymbol{s}}_k^{(\mathrm{b})}))^{\mathrm{T}}\overline{\boldsymbol{E}}^{-1} & (\overline{\boldsymbol{H}}_x(\widehat{\boldsymbol{x}}_k^{(\mathrm{b})},\widehat{\boldsymbol{s}}_k^{(\mathrm{b})}))^{\mathrm{T}}\overline{\boldsymbol{E}}^{-1}\\ \times\overline{\boldsymbol{H}}_x(\widehat{\boldsymbol{x}}_k^{(\mathrm{b})},\widehat{\boldsymbol{s}}_k^{(\mathrm{b})}) & \times\overline{\boldsymbol{H}}_s(\widehat{\boldsymbol{x}}_k^{(\mathrm{b})},\widehat{\boldsymbol{s}}_k^{(\mathrm{b})})\\ \hdashline (\overline{\boldsymbol{H}}_s(\widehat{\boldsymbol{x}}_k^{(\mathrm{b})},\widehat{\boldsymbol{s}}_k^{(\mathrm{b})}))^{\mathrm{T}}\overline{\boldsymbol{E}}^{-1} & (\overline{\boldsymbol{H}}_s(\widehat{\boldsymbol{x}}_k^{(\mathrm{b})},\widehat{\boldsymbol{s}}_k^{(\mathrm{b})}))^{\mathrm{T}}\overline{\boldsymbol{E}}^{-1}\\ \times\overline{\boldsymbol{H}}_x(\widehat{\boldsymbol{x}}_k^{(\mathrm{b})},\widehat{\boldsymbol{s}}_k^{(\mathrm{b})}) & \times\overline{\boldsymbol{H}}_s(\widehat{\boldsymbol{x}}_k^{(\mathrm{b})},\widehat{\boldsymbol{s}}_k^{(\mathrm{b})})+\boldsymbol{\varPsi}^{-1}\end{array}\right]^{-1}$$

$$\times\begin{bmatrix}(\overline{\boldsymbol{H}}_x(\widehat{\boldsymbol{x}}_k^{(\mathrm{b})},\widehat{\boldsymbol{s}}_k^{(\mathrm{b})}))^{\mathrm{T}}\overline{\boldsymbol{E}}^{-1} & \boldsymbol{O}_{q_x\times r}\\ (\overline{\boldsymbol{H}}_s(\widehat{\boldsymbol{x}}_k^{(\mathrm{b})},\widehat{\boldsymbol{s}}_k^{(\mathrm{b})}))^{\mathrm{T}}\overline{\boldsymbol{E}}^{-1} & \boldsymbol{\varPsi}^{-1}\end{bmatrix}\begin{bmatrix}\overline{\boldsymbol{z}}-\overline{\boldsymbol{h}}(\widehat{\boldsymbol{x}}_k^{(\mathrm{b})},\widehat{\boldsymbol{s}}_k^{(\mathrm{b})})\\ \widehat{\boldsymbol{s}}-\widehat{\boldsymbol{s}}_k^{(\mathrm{b})}\end{bmatrix}\tag{12.70}$$

式中, 向量 $\widehat{\boldsymbol{x}}_k^{(\mathrm{b})}$ 和 $\widehat{\boldsymbol{x}}_{k+1}^{(\mathrm{b})}$ 分别表示未知参数 $\boldsymbol{x}$ 在第 k 次和第 $k+1$ 次的迭代结果, 向量 $\widehat{\boldsymbol{s}}_k^{(\mathrm{b})}$ 和 $\widehat{\boldsymbol{s}}_{k+1}^{(\mathrm{b})}$ 分别表示模型参数 $\boldsymbol{s}$ 在第 k 次和第 $k+1$ 次的迭代结果。

将式 (12.70) 的迭代收敛结果记为 $\begin{bmatrix}\widehat{\boldsymbol{x}}^{(\mathrm{b})}\\ \widehat{\boldsymbol{s}}^{(\mathrm{b})}\end{bmatrix}$(即 $\lim\limits_{k\to+\infty}\begin{bmatrix}\widehat{\boldsymbol{x}}_k^{(\mathrm{b})}\\ \widehat{\boldsymbol{s}}_k^{(\mathrm{b})}\end{bmatrix}=\begin{bmatrix}\widehat{\boldsymbol{x}}^{(\mathrm{b})}\\ \widehat{\boldsymbol{s}}^{(\mathrm{b})}\end{bmatrix}$), 该向量就是未知参数及模型参数 $\begin{bmatrix}\boldsymbol{x}\\ \boldsymbol{s}\end{bmatrix}$ 的最终估计值。假设迭代初始值满足一定的条件, 可以使迭代公式式 (12.70) 收敛至优化问题的全局最优解, 于是有

$$\begin{bmatrix}\widehat{\boldsymbol{x}}^{(\mathrm{b})}\\ \widehat{\boldsymbol{s}}^{(\mathrm{b})}\end{bmatrix}=\arg\min_{\boldsymbol{x}\in\mathbf{R}^{q_x\times 1};\boldsymbol{s}\in\mathbf{R}^{r\times 1}}\left\{\begin{bmatrix}\overline{\boldsymbol{z}}-\overline{\boldsymbol{h}}(\boldsymbol{x},\boldsymbol{s})\\ \widehat{\boldsymbol{s}}-\boldsymbol{s}\end{bmatrix}^{\mathrm{T}}\right.$$

$$\left.\times\begin{bmatrix}\overline{\boldsymbol{E}}^{-1} & \boldsymbol{O}_{(p-q_y)\times r}\\ \boldsymbol{O}_{r\times(p-q_y)} & \boldsymbol{\varPsi}^{-1}\end{bmatrix}\begin{bmatrix}\overline{\boldsymbol{z}}-\overline{\boldsymbol{h}}(\boldsymbol{x},\boldsymbol{s})\\ \widehat{\boldsymbol{s}}-\boldsymbol{s}\end{bmatrix}\right\}\tag{12.71}$$

分别利用向量 $\widehat{\boldsymbol{x}}^{(\mathrm{b})}$ 和 $\widehat{\boldsymbol{s}}^{(\mathrm{b})}$ 替换式 (12.10) 中的向量 $\widehat{\boldsymbol{x}}^{(\mathrm{a})}$ 和 $\boldsymbol{s}$ 就能得到未知参数 $\boldsymbol{y}$ 的最终估计值

$$\widehat{\boldsymbol{y}}^{(\mathrm{b})}=(\boldsymbol{A}^{\mathrm{T}}\boldsymbol{E}^{-1}\boldsymbol{A})^{-1}\boldsymbol{A}^{\mathrm{T}}\boldsymbol{E}^{-1}(\boldsymbol{z}-\boldsymbol{h}(\widehat{\boldsymbol{x}}^{(\mathrm{b})},\widehat{\boldsymbol{s}}^{(\mathrm{b})}))\tag{12.72}$$

将上述求解方法称为方法 12−b, 图 12.4 给出了方法 12−b 的计算流程图。

12.4.2 理论性能分析

下面推导方法 12−b 的估计值 $\begin{bmatrix}\widehat{\boldsymbol{x}}^{(\mathrm{b})}\\ \widehat{\boldsymbol{s}}^{(\mathrm{b})}\end{bmatrix}$ 和 $\widehat{\boldsymbol{y}}^{(\mathrm{b})}$ 的统计性能。首先推导估计值 $\begin{bmatrix}\widehat{\boldsymbol{x}}^{(\mathrm{b})}\\ \widehat{\boldsymbol{s}}^{(\mathrm{b})}\end{bmatrix}$ 的统计性能, 具体结论可见以下两个命题。

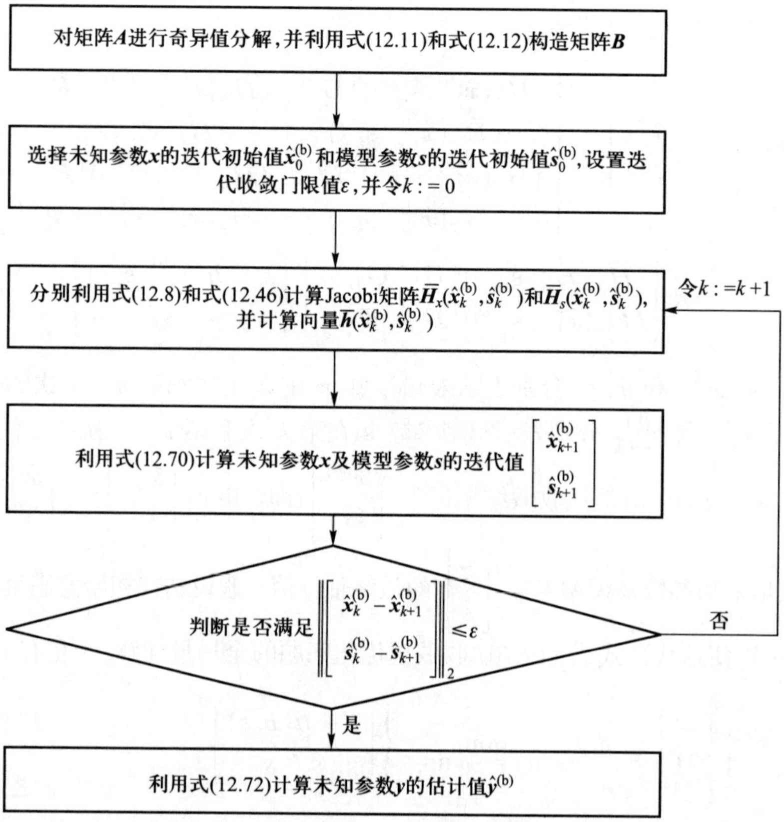

图 12.4　方法 12−b 的计算流程图

【命题 12.18】 向量 $\begin{bmatrix}\widehat{\boldsymbol{x}}^{(\mathrm{b})}\\ \widehat{\boldsymbol{s}}^{(\mathrm{b})}\end{bmatrix}$ 是关于未知参数及模型参数 $\begin{bmatrix}\boldsymbol{x}\\ \boldsymbol{s}\end{bmatrix}$ 的渐近无偏估计值，并且其均方误差为

$$\mathbf{MSE}\left(\begin{bmatrix}\widehat{\boldsymbol{x}}^{(\mathrm{b})}\\ \widehat{\boldsymbol{s}}^{(\mathrm{b})}\end{bmatrix}\right)$$

$$=\left[\begin{array}{c:c}(\overline{\boldsymbol{H}}_x(\boldsymbol{x},\boldsymbol{s}))^{\mathrm{T}}\overline{\boldsymbol{E}}^{-1}\overline{\boldsymbol{H}}_x(\boldsymbol{x},\boldsymbol{s}) & (\overline{\boldsymbol{H}}_x(\boldsymbol{x},\boldsymbol{s}))^{\mathrm{T}}\overline{\boldsymbol{E}}^{-1}\overline{\boldsymbol{H}}_s(\boldsymbol{x},\boldsymbol{s}) \\ \hdashline (\overline{\boldsymbol{H}}_s(\boldsymbol{x},\boldsymbol{s}))^{\mathrm{T}}\overline{\boldsymbol{E}}^{-1}\overline{\boldsymbol{H}}_x(\boldsymbol{x},\boldsymbol{s}) & (\overline{\boldsymbol{H}}_s(\boldsymbol{x},\boldsymbol{s}))^{\mathrm{T}}\overline{\boldsymbol{E}}^{-1}\overline{\boldsymbol{H}}_s(\boldsymbol{x},\boldsymbol{s})+\boldsymbol{\Psi}^{-1}\end{array}\right]^{-1} \tag{12.73}$$

【证明】 对式 (12.70) 两边取极限可得

$$\lim_{k\to+\infty}\begin{bmatrix}\widehat{\boldsymbol{x}}_{k+1}^{(\mathrm{b})}\\ \widehat{\boldsymbol{s}}_{k+1}^{(\mathrm{b})}\end{bmatrix}$$

$$
\begin{aligned}
&= \lim_{k\to+\infty}\begin{bmatrix}\widehat{\boldsymbol{x}}_k^{(\mathrm{b})}\\ \widehat{\boldsymbol{s}}_k^{(\mathrm{b})}\end{bmatrix}\\
&\quad+\lim_{k\to+\infty}\left\{\left[\begin{array}{c:c}\left(\overline{\boldsymbol{H}}_x\left(\widehat{\boldsymbol{x}}_k^{(\mathrm{b})},\widehat{\boldsymbol{s}}_k^{(\mathrm{b})}\right)\right)^{\mathrm{T}}\overline{\boldsymbol{E}}^{-1} & \left(\overline{\boldsymbol{H}}_x\left(\widehat{\boldsymbol{x}}_k^{(\mathrm{b})},\widehat{\boldsymbol{s}}_k^{(\mathrm{b})}\right)\right)^{\mathrm{T}}\overline{\boldsymbol{E}}^{-1}\\ \times\overline{\boldsymbol{H}}_x\left(\widehat{\boldsymbol{x}}_k^{(\mathrm{b})},\widehat{\boldsymbol{s}}_k^{(\mathrm{b})}\right) & \times\overline{\boldsymbol{H}}_s\left(\widehat{\boldsymbol{x}}_k^{(\mathrm{b})},\widehat{\boldsymbol{s}}_k^{(\mathrm{b})}\right)\\ \hdashline \left(\overline{\boldsymbol{H}}_s\left(\widehat{\boldsymbol{x}}_k^{(\mathrm{b})},\widehat{\boldsymbol{s}}_k^{(\mathrm{b})}\right)\right)^{\mathrm{T}}\overline{\boldsymbol{E}}^{-1} & \left(\overline{\boldsymbol{H}}_s\left(\widehat{\boldsymbol{x}}_k^{(\mathrm{b})},\widehat{\boldsymbol{s}}_k^{(\mathrm{b})}\right)\right)^{\mathrm{T}}\overline{\boldsymbol{E}}^{-1}\\ \times\overline{\boldsymbol{H}}_x\left(\widehat{\boldsymbol{x}}_k^{(\mathrm{b})},\widehat{\boldsymbol{s}}_k^{(\mathrm{b})}\right) & \overline{\boldsymbol{H}}_s\left(\widehat{\boldsymbol{x}}_k^{(\mathrm{b})},\widehat{\boldsymbol{s}}_k^{(\mathrm{b})}\right)+\boldsymbol{\varPsi}^{-1}\end{array}\right]^{-1}\right.\\
&\quad\left.\times\begin{bmatrix}\left(\overline{\boldsymbol{H}}_x\left(\hat{\boldsymbol{x}}_k^{(\mathrm{b})},\hat{\boldsymbol{s}}_k^{(\mathrm{b})}\right)\right)^{\mathrm{T}}\overline{\boldsymbol{E}}^{-1} & \boldsymbol{O}_{q_x\times r}\\ \left(\overline{\boldsymbol{H}}_s\left(\hat{\boldsymbol{x}}_k^{(\mathrm{b})},\hat{\boldsymbol{s}}_k^{(\mathrm{b})}\right)\right)^{\mathrm{T}}\overline{\boldsymbol{E}}^{-1} & \boldsymbol{\varPsi}^{-1}\end{bmatrix}\begin{bmatrix}\overline{\boldsymbol{z}}-\overline{\boldsymbol{h}}\left(\widehat{\boldsymbol{x}}_k^{(\mathrm{b})},\widehat{\boldsymbol{s}}_k^{(\mathrm{b})}\right)\\ \widehat{\boldsymbol{s}}-\widehat{\boldsymbol{s}}_k^{(\mathrm{b})}\end{bmatrix}\right\}\\
&\Rightarrow\begin{bmatrix}(\overline{\boldsymbol{H}}_x(\widehat{\boldsymbol{x}}^{(\mathrm{b})},\widehat{\boldsymbol{s}}^{(\mathrm{b})}))^{\mathrm{T}}\overline{\boldsymbol{E}}^{-1} & \boldsymbol{O}_{q_x\times r}\\ (\overline{\boldsymbol{H}}_s(\widehat{\boldsymbol{x}}^{(\mathrm{b})},\widehat{\boldsymbol{s}}^{(\mathrm{b})}))^{\mathrm{T}}\overline{\boldsymbol{E}}^{-1} & \boldsymbol{\varPsi}^{-1}\end{bmatrix}\begin{bmatrix}\overline{\boldsymbol{z}}-\overline{\boldsymbol{h}}(\widehat{\boldsymbol{x}}^{(\mathrm{b})},\widehat{\boldsymbol{s}}^{(\mathrm{b})})\\ \widehat{\boldsymbol{s}}-\widehat{\boldsymbol{s}}^{(\mathrm{b})}\end{bmatrix}=\boldsymbol{O}_{(q_x+r)\times 1}
\end{aligned}\tag{12.74}
$$

将式 (12.5) 和式 (12.37) 中的第 2 个等式代入式 (12.74), 并利用一阶误差分析方法可知

$$
\begin{aligned}
&\boldsymbol{O}_{(q_x+r)\times 1}\\
&=\begin{bmatrix}(\overline{\boldsymbol{H}}_x(\widehat{\boldsymbol{x}}^{(\mathrm{b})},\widehat{\boldsymbol{s}}^{(\mathrm{b})}))^{\mathrm{T}}\overline{\boldsymbol{E}}^{-1} & \boldsymbol{O}_{q_x\times r}\\ (\overline{\boldsymbol{H}}_s(\widehat{\boldsymbol{x}}^{(\mathrm{b})},\widehat{\boldsymbol{s}}^{(\mathrm{b})}))^{\mathrm{T}}\overline{\boldsymbol{E}}^{-1} & \boldsymbol{\varPsi}^{-1}\end{bmatrix}\begin{bmatrix}\overline{\boldsymbol{h}}(\boldsymbol{x},\boldsymbol{s})-\overline{\boldsymbol{h}}(\widehat{\boldsymbol{x}}^{(\mathrm{b})},\widehat{\boldsymbol{s}}^{(\mathrm{b})})+\overline{\boldsymbol{e}}\\ \boldsymbol{s}-\widehat{\boldsymbol{s}}^{(\mathrm{b})}+\boldsymbol{\varphi}\end{bmatrix}\\
&\approx\begin{bmatrix}(\overline{\boldsymbol{H}}_x(\widehat{\boldsymbol{x}}^{(\mathrm{b})},\widehat{\boldsymbol{s}}^{(\mathrm{b})}))^{\mathrm{T}}\overline{\boldsymbol{E}}^{-1} & \boldsymbol{O}_{q_x\times r}\\ (\overline{\boldsymbol{H}}_s(\widehat{\boldsymbol{x}}^{(\mathrm{b})},\widehat{\boldsymbol{s}}^{(\mathrm{b})}))^{\mathrm{T}}\overline{\boldsymbol{E}}^{-1} & \boldsymbol{\varPsi}^{-1}\end{bmatrix}\begin{bmatrix}\overline{\boldsymbol{e}}-\overline{\boldsymbol{H}}_x(\boldsymbol{x},\boldsymbol{s})\Delta\boldsymbol{x}^{(\mathrm{b})}-\overline{\boldsymbol{H}}_s(\boldsymbol{x},\boldsymbol{s})\Delta\boldsymbol{s}^{(\mathrm{b})}\\ \boldsymbol{\varphi}-\Delta\boldsymbol{s}^{(\mathrm{b})}\end{bmatrix}\\
&\approx\begin{bmatrix}(\overline{\boldsymbol{H}}_x(\boldsymbol{x},\boldsymbol{s}))^{\mathrm{T}}\overline{\boldsymbol{E}}^{-1} & \boldsymbol{O}_{q_x\times r}\\ (\overline{\boldsymbol{H}}_s(\boldsymbol{x},\boldsymbol{s}))^{\mathrm{T}}\overline{\boldsymbol{E}}^{-1} & \boldsymbol{\varPsi}^{-1}\end{bmatrix}\begin{bmatrix}\overline{\boldsymbol{e}}-\overline{\boldsymbol{H}}_x(\boldsymbol{x},\boldsymbol{s})\Delta\boldsymbol{x}^{(\mathrm{b})}-\overline{\boldsymbol{H}}_s(\boldsymbol{x},\boldsymbol{s})\Delta\boldsymbol{s}^{(\mathrm{b})}\\ \boldsymbol{\varphi}-\Delta\boldsymbol{s}^{(\mathrm{b})}\end{bmatrix}
\end{aligned}\tag{12.75}
$$

式中, $\Delta\boldsymbol{x}^{(\mathrm{b})}=\widehat{\boldsymbol{x}}^{(\mathrm{b})}-\boldsymbol{x}$ 和 $\Delta\boldsymbol{s}^{(\mathrm{b})}=\widehat{\boldsymbol{s}}^{(\mathrm{b})}-\boldsymbol{s}$ 分别表示向量 $\widehat{\boldsymbol{x}}^{(\mathrm{b})}$ 和 $\widehat{\boldsymbol{s}}^{(\mathrm{b})}$ 的估计误差。式 (12.75) 忽略了误差的二阶及以上各阶项, 由该式可以进一步推得

$$
\begin{aligned}
\begin{bmatrix}\Delta\boldsymbol{x}^{(\mathrm{b})}\\ \Delta\boldsymbol{s}^{(\mathrm{b})}\end{bmatrix}&\approx\left[\begin{array}{c:c}(\overline{\boldsymbol{H}}_x(\boldsymbol{x},\boldsymbol{s}))^{\mathrm{T}}\overline{\boldsymbol{E}}^{-1}\overline{\boldsymbol{H}}_x(\boldsymbol{x},\boldsymbol{s}) & (\overline{\boldsymbol{H}}_x(\boldsymbol{x},\boldsymbol{s}))^{\mathrm{T}}\overline{\boldsymbol{E}}^{-1}\overline{\boldsymbol{H}}_s(\boldsymbol{x},\boldsymbol{s})\\ \hdashline (\overline{\boldsymbol{H}}_s(\boldsymbol{x},\boldsymbol{s}))^{\mathrm{T}}\overline{\boldsymbol{E}}^{-1}\overline{\boldsymbol{H}}_x(\boldsymbol{x},\boldsymbol{s}) & (\overline{\boldsymbol{H}}_s(\boldsymbol{x},\boldsymbol{s}))^{\mathrm{T}}\overline{\boldsymbol{E}}^{-1}\overline{\boldsymbol{H}}_s(\boldsymbol{x},\boldsymbol{s})+\boldsymbol{\varPsi}^{-1}\end{array}\right]^{-1}\\
&\quad\times\begin{bmatrix}(\overline{\boldsymbol{H}}_x(\boldsymbol{x},\boldsymbol{s}))^{\mathrm{T}}\overline{\boldsymbol{E}}^{-1} & \boldsymbol{O}_{q_x\times r}\\ (\overline{\boldsymbol{H}}_s(\boldsymbol{x},\boldsymbol{s}))^{\mathrm{T}}\overline{\boldsymbol{E}}^{-1} & \boldsymbol{\varPsi}^{-1}\end{bmatrix}\begin{bmatrix}\overline{\boldsymbol{e}}\\ \boldsymbol{\varphi}\end{bmatrix}
\end{aligned}\tag{12.76}
$$

式 (12.76) 给出了估计误差 $\begin{bmatrix}\Delta\boldsymbol{x}^{(\mathrm{b})}\\ \Delta\boldsymbol{s}^{(\mathrm{b})}\end{bmatrix}$ 与观测误差 $\begin{bmatrix}\boldsymbol{e}\\ \boldsymbol{\varphi}\end{bmatrix}$ 之间的线性关系式。由

式 (12.76) 可知 $\mathbf{E}\begin{bmatrix}\Delta\boldsymbol{x}^{(\mathrm{b})}\\ \Delta\boldsymbol{s}^{(\mathrm{b})}\end{bmatrix}\approx\boldsymbol{O}_{(q_x+r)\times 1}$, 因此向量 $\begin{bmatrix}\widehat{\boldsymbol{x}}^{(\mathrm{b})}\\ \widehat{\boldsymbol{s}}^{(\mathrm{b})}\end{bmatrix}$ 是关于未知参数及模型参数 $\begin{bmatrix}\boldsymbol{x}\\ \boldsymbol{s}\end{bmatrix}$ 的渐近无偏估计值。此外, 基于式 (12.76) 可以推得估计值 $\begin{bmatrix}\widehat{\boldsymbol{x}}^{(\mathrm{b})}\\ \widehat{\boldsymbol{s}}^{(\mathrm{b})}\end{bmatrix}$ 的均方误差

$$\begin{aligned}
&\mathbf{MSE}\left(\begin{bmatrix}\widehat{\boldsymbol{x}}^{(\mathrm{b})}\\ \widehat{\boldsymbol{s}}^{(\mathrm{b})}\end{bmatrix}\right)\\
&=\mathbf{E}\left(\begin{bmatrix}\widehat{\boldsymbol{x}}^{(\mathrm{b})}-\boldsymbol{x}\\ \widehat{\boldsymbol{s}}^{(\mathrm{b})}-\boldsymbol{s}\end{bmatrix}\begin{bmatrix}\widehat{\boldsymbol{x}}^{(\mathrm{b})}-\boldsymbol{x}\\ \widehat{\boldsymbol{s}}^{(\mathrm{b})}-\boldsymbol{s}\end{bmatrix}^{\mathrm{T}}\right)=\mathbf{E}\left(\begin{bmatrix}\Delta\boldsymbol{x}^{(\mathrm{b})}\\ \Delta\boldsymbol{s}^{(\mathrm{b})}\end{bmatrix}\begin{bmatrix}\Delta\boldsymbol{x}^{(\mathrm{b})}\\ \Delta\boldsymbol{s}^{(\mathrm{b})}\end{bmatrix}^{\mathrm{T}}\right)\\
&=\left[\begin{array}{c|c}(\overline{\boldsymbol{H}}_x(\boldsymbol{x},\boldsymbol{s}))^{\mathrm{T}}\overline{\boldsymbol{E}}^{-1}\overline{\boldsymbol{H}}_x(\boldsymbol{x},\boldsymbol{s}) & (\overline{\boldsymbol{H}}_x(\boldsymbol{x},\boldsymbol{s}))^{\mathrm{T}}\overline{\boldsymbol{E}}^{-1}\overline{\boldsymbol{H}}_s(\boldsymbol{x},\boldsymbol{s})\\ \hline (\overline{\boldsymbol{H}}_s(\boldsymbol{x},\boldsymbol{s}))^{\mathrm{T}}\overline{\boldsymbol{E}}^{-1}\overline{\boldsymbol{H}}_x(\boldsymbol{x},\boldsymbol{s}) & (\overline{\boldsymbol{H}}_s(\boldsymbol{x},\boldsymbol{s}))^{\mathrm{T}}\overline{\boldsymbol{E}}^{-1}\overline{\boldsymbol{H}}_s(\boldsymbol{x},\boldsymbol{s})+\boldsymbol{\Psi}^{-1}\end{array}\right]^{-1}\\
&\quad\times\begin{bmatrix}(\overline{\boldsymbol{H}}_x(\boldsymbol{x},\boldsymbol{s}))^{\mathrm{T}}\overline{\boldsymbol{E}}^{-1} & \boldsymbol{O}_{q_x\times r}\\ (\overline{\boldsymbol{H}}_s(\boldsymbol{x},\boldsymbol{s}))^{\mathrm{T}}\overline{\boldsymbol{E}}^{-1} & \boldsymbol{\Psi}^{-1}\end{bmatrix}\mathbf{E}\left(\begin{bmatrix}\overline{\boldsymbol{e}}\\ \boldsymbol{\varphi}\end{bmatrix}\begin{bmatrix}\overline{\boldsymbol{e}}\\ \boldsymbol{\varphi}\end{bmatrix}^{\mathrm{T}}\right)\\
&\quad\times\begin{bmatrix}\overline{\boldsymbol{E}}^{-1}\overline{\boldsymbol{H}}_x(\boldsymbol{x},\boldsymbol{s}) & \overline{\boldsymbol{E}}^{-1}\overline{\boldsymbol{H}}_s(\boldsymbol{x},\boldsymbol{s})\\ \boldsymbol{O}_{r\times q_x} & \boldsymbol{\Psi}^{-1}\end{bmatrix}\\
&\quad\times\left[\begin{array}{c|c}(\overline{\boldsymbol{H}}_x(\boldsymbol{x},\boldsymbol{s}))^{\mathrm{T}}\overline{\boldsymbol{E}}^{-1}\overline{\boldsymbol{H}}_x(\boldsymbol{x},\boldsymbol{s}) & (\overline{\boldsymbol{H}}_x(\boldsymbol{x},\boldsymbol{s}))^{\mathrm{T}}\overline{\boldsymbol{E}}^{-1}\overline{\boldsymbol{H}}_s(\boldsymbol{x},\boldsymbol{s})\\ \hline (\overline{\boldsymbol{H}}_s(\boldsymbol{x},\boldsymbol{s}))^{\mathrm{T}}\overline{\boldsymbol{E}}^{-1}\overline{\boldsymbol{H}}_x(\boldsymbol{x},\boldsymbol{s}) & (\overline{\boldsymbol{H}}_s(\boldsymbol{x},\boldsymbol{s}))^{\mathrm{T}}\overline{\boldsymbol{E}}^{-1}\overline{\boldsymbol{H}}_s(\boldsymbol{x},\boldsymbol{s})+\boldsymbol{\Psi}^{-1}\end{array}\right]^{-1}\\
&=\left[\begin{array}{c|c}(\overline{\boldsymbol{H}}_x(\boldsymbol{x},\boldsymbol{s}))^{\mathrm{T}}\overline{\boldsymbol{E}}^{-1}\overline{\boldsymbol{H}}_x(\boldsymbol{x},\boldsymbol{s}) & (\overline{\boldsymbol{H}}_x(\boldsymbol{x},\boldsymbol{s}))^{\mathrm{T}}\overline{\boldsymbol{E}}^{-1}\overline{\boldsymbol{H}}_s(\boldsymbol{x},\boldsymbol{s})\\ \hline (\overline{\boldsymbol{H}}_s(\boldsymbol{x},\boldsymbol{s}))^{\mathrm{T}}\overline{\boldsymbol{E}}^{-1}\overline{\boldsymbol{H}}_x(\boldsymbol{x},\boldsymbol{s}) & (\overline{\boldsymbol{H}}_s(\boldsymbol{x},\boldsymbol{s}))^{\mathrm{T}}\overline{\boldsymbol{E}}^{-1}\overline{\boldsymbol{H}}_s(\boldsymbol{x},\boldsymbol{s})+\boldsymbol{\Psi}^{-1}\end{array}\right]^{-1}
\end{aligned}\tag{12.77}$$

证毕。

【命题 12.19】 向量 $\begin{bmatrix}\widehat{\boldsymbol{x}}^{(\mathrm{b})}\\ \widehat{\boldsymbol{s}}^{(\mathrm{b})}\end{bmatrix}$ 是关于未知参数及模型参数 $\begin{bmatrix}\boldsymbol{x}\\ \boldsymbol{s}\end{bmatrix}$ 的渐近统计最优估计值。

【证明】 仅需要证明等式 $\mathbf{MSE}\left(\begin{bmatrix}\widehat{\boldsymbol{x}}^{(\mathrm{b})}\\ \widehat{\boldsymbol{s}}^{(\mathrm{b})}\end{bmatrix}\right)=\mathbf{CRB}^{(\mathrm{b})}\left(\begin{bmatrix}\boldsymbol{x}\\ \boldsymbol{s}\end{bmatrix}\right)$ 即可。首先, 将式 (12.8)、式 (12.46) 和定义式 $\overline{\boldsymbol{E}}=\boldsymbol{B}\boldsymbol{E}\boldsymbol{B}^{\mathrm{T}}$ 代入式 (12.73) 可得

$$\mathbf{MSE}\left(\begin{bmatrix}\widehat{\boldsymbol{x}}^{(\mathrm{b})}\\ \widehat{\boldsymbol{s}}^{(\mathrm{b})}\end{bmatrix}\right)$$

$$
= \left[\begin{array}{c:c} (\boldsymbol{H}_x(\boldsymbol{x},\boldsymbol{s}))^{\mathrm{T}}\boldsymbol{B}^{\mathrm{T}}(\boldsymbol{B}\boldsymbol{E}\boldsymbol{B}^{\mathrm{T}})^{-1} & (\boldsymbol{H}_x(\boldsymbol{x},\boldsymbol{s}))^{\mathrm{T}}\boldsymbol{B}^{\mathrm{T}}(\boldsymbol{B}\boldsymbol{E}\boldsymbol{B}^{\mathrm{T}})^{-1} \\ \times\boldsymbol{B}\boldsymbol{H}_x(\boldsymbol{x},\boldsymbol{s}) & \times\boldsymbol{B}\boldsymbol{H}_s(\boldsymbol{x},\boldsymbol{s}) \\ \hdashline (\boldsymbol{H}_s(\boldsymbol{x},\boldsymbol{s}))^{\mathrm{T}}\boldsymbol{B}^{\mathrm{T}}(\boldsymbol{B}\boldsymbol{E}\boldsymbol{B}^{\mathrm{T}})^{-1} & (\boldsymbol{H}_s(\boldsymbol{x},\boldsymbol{s}))^{\mathrm{T}}\boldsymbol{B}^{\mathrm{T}}(\boldsymbol{B}\boldsymbol{E}\boldsymbol{B}^{\mathrm{T}})^{-1} \\ \times\boldsymbol{B}\boldsymbol{H}_x(\boldsymbol{x},\boldsymbol{s}) & \times\boldsymbol{B}\boldsymbol{H}_s(\boldsymbol{x},\boldsymbol{s})+\boldsymbol{\Psi}^{-1} \end{array}\right]^{-1}
$$

$$
= \left[\begin{array}{c:c} (\boldsymbol{H}_x(\boldsymbol{x},\boldsymbol{s}))^{\mathrm{T}}\boldsymbol{E}^{-1/2}\boldsymbol{E}^{1/2}\boldsymbol{B}^{\mathrm{T}}(\boldsymbol{B}\boldsymbol{E}\boldsymbol{B}^{\mathrm{T}})^{-1} & (\boldsymbol{H}_x(\boldsymbol{x},\boldsymbol{s}))^{\mathrm{T}}\boldsymbol{E}^{-1/2}\boldsymbol{E}^{1/2}\boldsymbol{B}^{\mathrm{T}}(\boldsymbol{B}\boldsymbol{E}\boldsymbol{B}^{\mathrm{T}})^{-1} \\ \times\boldsymbol{B}\boldsymbol{E}^{1/2}\boldsymbol{E}^{-1/2}\boldsymbol{H}_x(\boldsymbol{x},\boldsymbol{s}) & \times\boldsymbol{B}\boldsymbol{E}^{1/2}\boldsymbol{E}^{-1/2}\boldsymbol{H}_s(\boldsymbol{x},\boldsymbol{s}) \\ \hdashline (\boldsymbol{H}_s(\boldsymbol{x},\boldsymbol{s}))^{\mathrm{T}}\boldsymbol{E}^{-1/2}\boldsymbol{E}^{1/2}\boldsymbol{B}^{\mathrm{T}}(\boldsymbol{B}\boldsymbol{E}\boldsymbol{B}^{\mathrm{T}})^{-1} & (\boldsymbol{H}_s(\boldsymbol{x},\boldsymbol{s}))^{\mathrm{T}}\boldsymbol{E}^{-1/2}\boldsymbol{E}^{1/2}\boldsymbol{B}^{\mathrm{T}}(\boldsymbol{B}\boldsymbol{E}\boldsymbol{B}^{\mathrm{T}})^{-1} \\ \times\boldsymbol{B}\boldsymbol{E}^{1/2}\boldsymbol{E}^{-1/2}\boldsymbol{H}_x(\boldsymbol{x},\boldsymbol{s}) & \times\boldsymbol{B}\boldsymbol{E}^{1/2}\boldsymbol{E}^{-1/2}\boldsymbol{H}_s(\boldsymbol{x},\boldsymbol{s})+\boldsymbol{\Psi}^{-1} \end{array}\right]^{-1}
$$

$$
= \left[\begin{array}{c:c} (\boldsymbol{H}_x(\boldsymbol{x},\boldsymbol{s}))^{\mathrm{T}}\boldsymbol{E}^{-1/2}\boldsymbol{\Pi}[\boldsymbol{E}^{1/2}\boldsymbol{B}^{\mathrm{T}}] & (\boldsymbol{H}_x(\boldsymbol{x},\boldsymbol{s}))^{\mathrm{T}}\boldsymbol{E}^{-1/2}\boldsymbol{\Pi}[\boldsymbol{E}^{1/2}\boldsymbol{B}^{\mathrm{T}}] \\ \times\boldsymbol{E}^{-1/2}\boldsymbol{H}_x(\boldsymbol{x},\boldsymbol{s}) & \times\boldsymbol{E}^{-1/2}\boldsymbol{H}_s(\boldsymbol{x},\boldsymbol{s}) \\ \hdashline (\boldsymbol{H}_s(\boldsymbol{x},\boldsymbol{s}))^{\mathrm{T}}\boldsymbol{E}^{-1/2}\boldsymbol{\Pi}[\boldsymbol{E}^{1/2}\boldsymbol{B}^{\mathrm{T}}] & (\boldsymbol{H}_s(\boldsymbol{x},\boldsymbol{s}))^{\mathrm{T}}\boldsymbol{E}^{-1/2}\boldsymbol{\Pi}[\boldsymbol{E}^{1/2}\boldsymbol{B}^{\mathrm{T}}] \\ \times\boldsymbol{E}^{-1/2}\boldsymbol{H}_x(\boldsymbol{x},\boldsymbol{s}) & \times\boldsymbol{E}^{-1/2}\boldsymbol{H}_s(\boldsymbol{x},\boldsymbol{s})+\boldsymbol{\Psi}^{-1} \end{array}\right]^{-1} \tag{12.78}
$$

式中, 第 2 个等号利用了式 (2.41) 中的第 1 个等式。然后, 将式 (12.25) 代入式 (12.78) 可知

$$
\begin{aligned}
&\mathbf{MSE}\left(\begin{bmatrix}\widehat{\boldsymbol{x}}^{(\mathrm{b})}\\ \widehat{\boldsymbol{s}}^{(\mathrm{b})}\end{bmatrix}\right)\\
&= \left[\begin{array}{c:c} (\boldsymbol{H}_x(\boldsymbol{x},\boldsymbol{s}))^{\mathrm{T}}\boldsymbol{E}^{-1/2}\boldsymbol{\Pi}^{\perp}[\boldsymbol{E}^{-1/2}\boldsymbol{A}] & (\boldsymbol{H}_x(\boldsymbol{x},\boldsymbol{s}))^{\mathrm{T}}\boldsymbol{E}^{-1/2}\boldsymbol{\Pi}^{\perp}[\boldsymbol{E}^{-1/2}\boldsymbol{A}] \\ \times\boldsymbol{E}^{-1/2}\boldsymbol{H}_x(\boldsymbol{x},\boldsymbol{s}) & \times\boldsymbol{E}^{-1/2}\boldsymbol{H}_s(\boldsymbol{x},\boldsymbol{s}) \\ \hdashline (\boldsymbol{H}_s(\boldsymbol{x},\boldsymbol{s}))^{\mathrm{T}}\boldsymbol{E}^{-1/2}\boldsymbol{\Pi}^{\perp}[\boldsymbol{E}^{-1/2}\boldsymbol{A}] & (\boldsymbol{H}_s(\boldsymbol{x},\boldsymbol{s}))^{\mathrm{T}}\boldsymbol{E}^{-1/2}\boldsymbol{\Pi}^{\perp}[\boldsymbol{E}^{-1/2}\boldsymbol{A}] \\ \times\boldsymbol{E}^{-1/2}\boldsymbol{H}_x(\boldsymbol{x},\boldsymbol{s}) & \times\boldsymbol{E}^{-1/2}\boldsymbol{H}_s(\boldsymbol{x},\boldsymbol{s})+\boldsymbol{\Psi}^{-1} \end{array}\right]^{-1}\\
&= \mathbf{CRB}^{(\mathrm{b})}\left(\begin{bmatrix}\boldsymbol{x}\\ \boldsymbol{s}\end{bmatrix}\right)
\end{aligned} \tag{12.79}
$$

式中, 第 2 个等号利用了式 (12.41)。证毕。

然后推导估计值 $\widehat{\boldsymbol{y}}^{(\mathrm{b})}$ 的统计性能, 具体结论可见以下两个命题。

【命题 12.20】 向量 $\widehat{\boldsymbol{y}}^{(\mathrm{b})}$ 是关于未知参数 $\boldsymbol{y}$ 的渐近无偏估计值, 并且其均方误差为

$$
\begin{aligned}
\mathbf{MSE}(\widehat{\boldsymbol{y}}^{(\mathrm{b})}) &= (\boldsymbol{A}^{\mathrm{T}}\boldsymbol{E}^{-1}\boldsymbol{A})^{-1} + (\boldsymbol{A}^{\mathrm{T}}\boldsymbol{E}^{-1}\boldsymbol{A})^{-1}\boldsymbol{A}^{\mathrm{T}}\boldsymbol{E}^{-1}\\
&\quad \times [\boldsymbol{H}_x(\boldsymbol{x},\boldsymbol{s}) \,\vdots\, \boldsymbol{H}_s(\boldsymbol{x},\boldsymbol{s})]\mathbf{MSE}\left(\begin{bmatrix}\widehat{\boldsymbol{x}}^{(\mathrm{b})}\\ \widehat{\boldsymbol{s}}^{(\mathrm{b})}\end{bmatrix}\right)
\end{aligned}
$$

$$\times \begin{bmatrix} (\boldsymbol{H}_x(\boldsymbol{x},\boldsymbol{s}))^{\mathrm{T}} \\ (\boldsymbol{H}_s(\boldsymbol{x},\boldsymbol{s}))^{\mathrm{T}} \end{bmatrix} \boldsymbol{E}^{-1}\boldsymbol{A}(\boldsymbol{A}^{\mathrm{T}}\boldsymbol{E}^{-1}\boldsymbol{A})^{-1} \tag{12.80}$$

【证明】 将向量 $\widehat{\boldsymbol{y}}^{(\mathrm{b})}$ 中的估计误差记为 $\Delta\boldsymbol{y}^{(\mathrm{b})} = \widehat{\boldsymbol{y}}^{(\mathrm{b})} - \boldsymbol{y}$。由式 (12.72) 可知

$$\boldsymbol{A}^{\mathrm{T}}\boldsymbol{E}^{-1}\boldsymbol{A}(\boldsymbol{y}+\Delta\boldsymbol{y}^{(\mathrm{b})}) = \boldsymbol{A}^{\mathrm{T}}\boldsymbol{E}^{-1}(\boldsymbol{z}-\boldsymbol{h}(\widehat{\boldsymbol{x}}^{(\mathrm{b})},\widehat{\boldsymbol{s}}^{(\mathrm{b})})) \tag{12.81}$$

在一阶误差分析理论框架下, 将式 (12.1) 和式 (12.2) 代入式 (12.81) 可以进一步推得

$$\begin{aligned} \boldsymbol{A}^{\mathrm{T}}\boldsymbol{E}^{-1}\boldsymbol{A}\Delta\boldsymbol{y}^{(\mathrm{b})} &= \boldsymbol{A}^{\mathrm{T}}\boldsymbol{E}^{-1}(\boldsymbol{h}(\boldsymbol{x},\boldsymbol{s})-\boldsymbol{h}(\widehat{\boldsymbol{x}}^{(\mathrm{b})},\widehat{\boldsymbol{s}}^{(\mathrm{b})})+\boldsymbol{e}) \\ &\approx \boldsymbol{A}^{\mathrm{T}}\boldsymbol{E}^{-1}(\boldsymbol{e}-\boldsymbol{H}_x(\boldsymbol{x},\boldsymbol{s})\Delta\boldsymbol{x}^{(\mathrm{b})}-\boldsymbol{H}_s(\boldsymbol{x},\boldsymbol{s})\Delta\boldsymbol{s}^{(\mathrm{b})}) \\ \Rightarrow \Delta\boldsymbol{y}^{(\mathrm{b})} &\approx (\boldsymbol{A}^{\mathrm{T}}\boldsymbol{E}^{-1}\boldsymbol{A})^{-1}\boldsymbol{A}^{\mathrm{T}}\boldsymbol{E}^{-1}\left(\boldsymbol{e}-[\,\boldsymbol{H}_x(\boldsymbol{x},\boldsymbol{s})\ \vdots\ \boldsymbol{H}_s(\boldsymbol{x},\boldsymbol{s})\,]\begin{bmatrix}\Delta\boldsymbol{x}^{(\mathrm{b})}\\ \Delta\boldsymbol{s}^{(\mathrm{b})}\end{bmatrix}\right) \end{aligned} \tag{12.82}$$

由式 (12.82) 可知, 误差向量 $\Delta\boldsymbol{y}^{(\mathrm{b})}$ 渐近服从零均值的高斯分布, 因此向量 $\widehat{\boldsymbol{y}}^{(\mathrm{b})}$ 是关于未知参数 $\boldsymbol{y}$ 的渐近无偏估计值, 并且其均方误差为

$$\begin{aligned} \mathbf{MSE}(\widehat{\boldsymbol{y}}^{(\mathrm{b})}) &= \mathbf{E}[(\widehat{\boldsymbol{y}}^{(\mathrm{b})}-\boldsymbol{y})(\widehat{\boldsymbol{y}}^{(\mathrm{b})}-\boldsymbol{y})^{\mathrm{T}}] = \mathbf{E}[\Delta\boldsymbol{y}^{(\mathrm{b})}(\Delta\boldsymbol{y}^{(\mathrm{b})})^{\mathrm{T}}] \\ &= \boldsymbol{Y}_1^{(\mathrm{b})}+\boldsymbol{Y}_2^{(\mathrm{b})}-\boldsymbol{Y}_3^{(\mathrm{b})}-(\boldsymbol{Y}_3^{(\mathrm{b})})^{\mathrm{T}} \end{aligned} \tag{12.83}$$

式中,

$$\boldsymbol{Y}_1^{(\mathrm{b})} = (\boldsymbol{A}^{\mathrm{T}}\boldsymbol{E}^{-1}\boldsymbol{A})^{-1}\boldsymbol{A}^{\mathrm{T}}\boldsymbol{E}^{-1}\mathrm{E}[\boldsymbol{e}\boldsymbol{e}^{\mathrm{T}}]\boldsymbol{E}^{-1}\boldsymbol{A}(\boldsymbol{A}^{\mathrm{T}}\boldsymbol{E}^{-1}\boldsymbol{A})^{-1} = (\boldsymbol{A}^{\mathrm{T}}\boldsymbol{E}^{-1}\boldsymbol{A})^{-1} \tag{12.84}$$

$$\begin{aligned} \boldsymbol{Y}_2^{(\mathrm{b})} &= (\boldsymbol{A}^{\mathrm{T}}\boldsymbol{E}^{-1}\boldsymbol{A})^{-1}\boldsymbol{A}^{\mathrm{T}}\boldsymbol{E}^{-1}[\,\boldsymbol{H}_x(\boldsymbol{x},\boldsymbol{s})\ \vdots\ \boldsymbol{H}_s(\boldsymbol{x},\boldsymbol{s})\,] \\ &\quad \times \mathbf{E}\left(\begin{bmatrix}\Delta\boldsymbol{x}^{(\mathrm{b})}\\ \Delta\boldsymbol{s}^{(\mathrm{b})}\end{bmatrix}\begin{bmatrix}\Delta\boldsymbol{x}^{(\mathrm{b})}\\ \Delta\boldsymbol{s}^{(\mathrm{b})}\end{bmatrix}^{\mathrm{T}}\right)\begin{bmatrix} (\boldsymbol{H}_x(\boldsymbol{x},\boldsymbol{s}))^{\mathrm{T}} \\ (\boldsymbol{H}_s(\boldsymbol{x},\boldsymbol{s}))^{\mathrm{T}} \end{bmatrix}\boldsymbol{E}^{-1}\boldsymbol{A}(\boldsymbol{A}^{\mathrm{T}}\boldsymbol{E}^{-1}\boldsymbol{A})^{-1} \\ &= (\boldsymbol{A}^{\mathrm{T}}\boldsymbol{E}^{-1}\boldsymbol{A})^{-1}\boldsymbol{A}^{\mathrm{T}}\boldsymbol{E}^{-1}[\,\boldsymbol{H}_x(\boldsymbol{x},\boldsymbol{s})\ \vdots\ \boldsymbol{H}_s(\boldsymbol{x},\boldsymbol{s})\,] \\ &\quad \times \mathbf{MSE}\left(\begin{bmatrix}\widehat{\boldsymbol{x}}^{(\mathrm{b})}\\ \widehat{\boldsymbol{s}}^{(\mathrm{b})}\end{bmatrix}\right)\begin{bmatrix} (\boldsymbol{H}_x(\boldsymbol{x},\boldsymbol{s}))^{\mathrm{T}} \\ (\boldsymbol{H}_s(\boldsymbol{x},\boldsymbol{s}))^{\mathrm{T}} \end{bmatrix}\boldsymbol{E}^{-1}\boldsymbol{A}(\boldsymbol{A}^{\mathrm{T}}\boldsymbol{E}^{-1}\boldsymbol{A})^{-1} \end{aligned} \tag{12.85}$$

$$
\begin{aligned}
\boldsymbol{Y}_3^{(\mathrm{b})} = &(\boldsymbol{A}^{\mathrm{T}}\boldsymbol{E}^{-1}\boldsymbol{A})^{-1}\boldsymbol{A}^{\mathrm{T}}\boldsymbol{E}^{-1}[\boldsymbol{H}_x(\boldsymbol{x},\boldsymbol{s}) \,\vdots\, \boldsymbol{H}_s(\boldsymbol{x},\boldsymbol{s})] \\
&\times \mathbf{E}\left(\begin{bmatrix}\Delta\boldsymbol{x}^{(\mathrm{b})} \\ \Delta\boldsymbol{s}^{(\mathrm{b})}\end{bmatrix}\boldsymbol{e}^{\mathrm{T}}\right)\boldsymbol{E}^{-1}\boldsymbol{A}(\boldsymbol{A}^{\mathrm{T}}\boldsymbol{E}^{-1}\boldsymbol{A})^{-1}
\end{aligned}
\tag{12.86}
$$

附录 K 证明了 $\boldsymbol{Y}_3^{(\mathrm{b})} = \boldsymbol{O}_{q_y \times q_y}$, 将此结果以及式 (12.84) 和式 (12.85) 代入式 (12.83) 可知式 (12.80) 成立。证毕。

【命题 12.21】 向量 $\widehat{\boldsymbol{y}}^{(\mathrm{b})}$ 是关于未知参数 $\boldsymbol{y}$ 的渐近统计最优估计值。

【证明】 仅需要证明等式 $\mathbf{MSE}(\widehat{\boldsymbol{y}}^{(\mathrm{b})}) = \mathbf{CRB}^{(\mathrm{b})}(\boldsymbol{y})$ 即可。结合式 (12.79) 和式 (12.80) 可得

$$
\begin{aligned}
\mathbf{MSE}(\widehat{\boldsymbol{y}}^{(\mathrm{b})}) &= (\boldsymbol{A}^{\mathrm{T}}\boldsymbol{E}^{-1}\boldsymbol{A})^{-1} + (\boldsymbol{A}^{\mathrm{T}}\boldsymbol{E}^{-1}\boldsymbol{A})^{-1}\boldsymbol{A}^{\mathrm{T}}\boldsymbol{E}^{-1} \\
&\quad \times [\boldsymbol{H}_x(\boldsymbol{x},\boldsymbol{s}) \,\vdots\, \boldsymbol{H}_s(\boldsymbol{x},\boldsymbol{s})]\mathbf{CRB}^{(\mathrm{b})}\left(\begin{bmatrix}\boldsymbol{x} \\ \boldsymbol{s}\end{bmatrix}\right) \\
&\quad \times \begin{bmatrix}(\boldsymbol{H}_x(\boldsymbol{x},\boldsymbol{s}))^{\mathrm{T}} \\ (\boldsymbol{H}_s(\boldsymbol{x},\boldsymbol{s}))^{\mathrm{T}}\end{bmatrix}\boldsymbol{E}^{-1}\boldsymbol{A}(\boldsymbol{A}^{\mathrm{T}}\boldsymbol{E}^{-1}\boldsymbol{A})^{-1} \\
&= \mathbf{CRB}^{(\mathrm{b})}(\boldsymbol{y})
\end{aligned}
\tag{12.87}
$$

式中, 第 2 个等号利用了式 (12.42)。证毕。

12.4.3 数值实验

仍然选择式 (12.35) 所定义的函数 $\boldsymbol{f}(\boldsymbol{x},\boldsymbol{y},\boldsymbol{s})$ 进行数值实验。由式 (12.35) 可以推得

$$
\begin{aligned}
&\boldsymbol{H}_s(\boldsymbol{x},\boldsymbol{s}) \\
&= \frac{\partial \boldsymbol{h}(\boldsymbol{x},\boldsymbol{s})}{\partial \boldsymbol{s}^{\mathrm{T}}}
\end{aligned}
$$

$$
= \begin{bmatrix}
\dfrac{1}{20}x_1^2 & \dfrac{1}{20}x_2^2 & 0 & 0 & 0 & 0 \\
0 & 0 & \dfrac{x_2x_3^2}{20s_4} & -\dfrac{s_3x_2x_3^2}{20s_4^2} & 0 & 0 \\
\dfrac{s_1x_2^3}{10s_2^2x_1^2} & -\dfrac{s_1^2x_2^3+s_3^2x_3^4}{10s_2^3x_1^2} & \dfrac{s_3x_3^4}{10s_2^2x_1^2} & 0 & 0 & 0 \\
0 & 0 & 0 & -\dfrac{x_3^2}{20} & \dfrac{x_1^3}{20} & 0 \\
0 & 0 & 0 & \dfrac{s_4x_1^2}{1000}\exp\left\{\dfrac{1}{100}(s_4^2x_1^2-s_6x_2)\right\} & 0 & -\dfrac{x_2}{2000}\exp\left\{\dfrac{1}{100}(s_4^2x_1^2-s_6x_2)\right\} \\
0 & 0 & 0 & 0 & \dfrac{10}{s_5} & 0 \\
-\dfrac{s_1s_3^4x_1x_3}{10(s_1^2x_1-s_2x_2)^2} & \dfrac{s_3^4x_2x_3}{20(s_1^2x_1-s_2x_2)^2} & \dfrac{s_3^3x_3}{5(s_1^2x_1-s_2x_2)} & 0 & 0 & 0 \\
0 & 0 & 0 & 0 & 0 & \dfrac{s_6x_1^2x_2}{x_3}
\end{bmatrix} \in \mathbf{R}^{8\times 6}
\tag{12.88}
$$

将未知参数设为 $\boldsymbol{x}=[-3\ \ 10\ \ -12]^{\mathrm{T}}$, $\boldsymbol{y}=[12\ \ -15]^{\mathrm{T}}$; 将模型参数设为 $\boldsymbol{s}=[-7\ \ 13\ \ -14\ \ 9\ \ 10\ \ -5]^{\mathrm{T}}$ (假设其未能精确已知, 仅存在先验观测值), 观测误差协方差矩阵设为 $\boldsymbol{E}=\sigma_1^2\boldsymbol{I}_8$, 其中 σ_1 称为观测误差标准差; 模型参数先验观测误差协方差矩阵设为 $\boldsymbol{\Psi}=\sigma_2^2\boldsymbol{I}_6$, 其中 σ_2 称为先验观测误差标准差。利用方法 12−a 对未知参数 $\boldsymbol{x}$ 和 $\boldsymbol{y}$ 进行估计, 利用方法 12−b 对未知参数 $\boldsymbol{x}$ 和 $\boldsymbol{y}$ 与模型参数 $\boldsymbol{s}$ 进行联合估计。

首先, 设 $\sigma_2=0.1$, 图 12.5 和图 12.6 分别给出了未知参数 $\boldsymbol{x}$ 和 $\boldsymbol{y}$ 估计均方根误差随观测误差标准差 σ_1 的变化曲线, 图 12.7 给出了模型参数 $\boldsymbol{s}$ 估计均方根误差随观测误差标准差 σ_1 的变化曲线; 然后, 设 $\sigma_1=0.5$, 图 12.8 和图 12.9 分别给出了未知参数 $\boldsymbol{x}$ 和 $\boldsymbol{y}$ 估计均方根误差随先验观测误差标准差 σ_2 的变化曲线, 图 12.10 给出了模型参数 $\boldsymbol{s}$ 估计均方根误差随先验观测误差标准差 σ_2 的变化曲线。

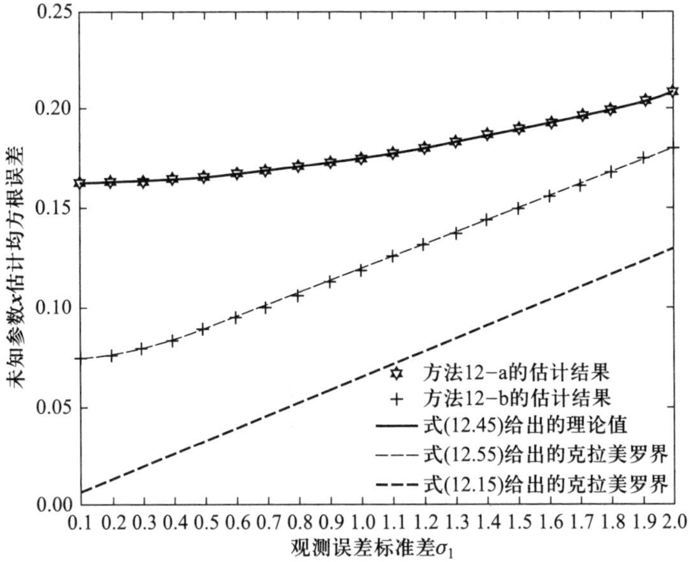

图 12.5　未知参数 $\boldsymbol{x}$ 估计均方根误差随观测误差标准差 σ_1 的变化曲线

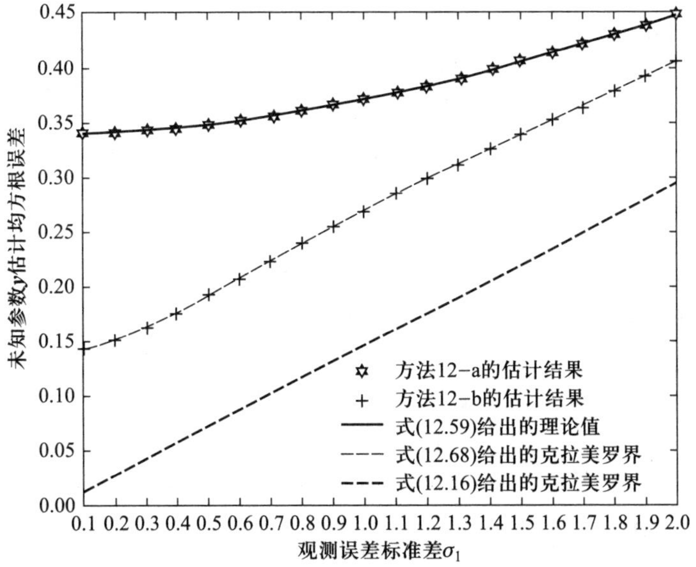

图 12.6　未知参数 $\boldsymbol{y}$ 估计均方根误差随观测误差标准差 σ_1 的变化曲线

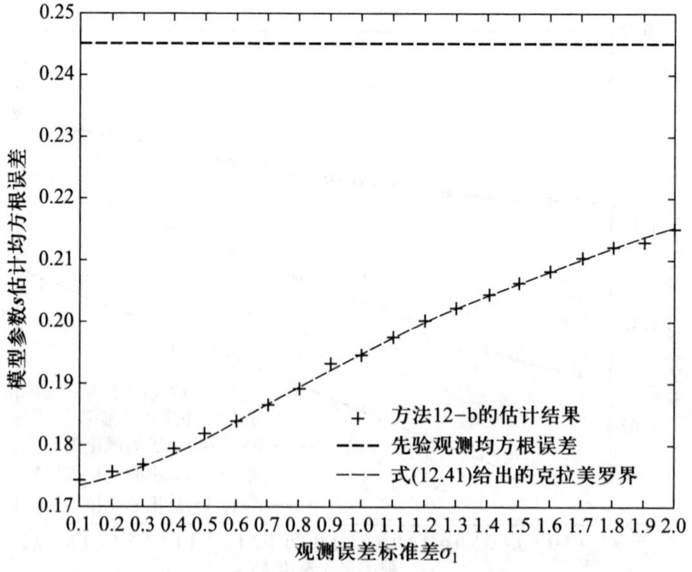

图 12.7　模型参数 $\boldsymbol{s}$ 估计均方根误差随观测误差标准差 σ_1 的变化曲线

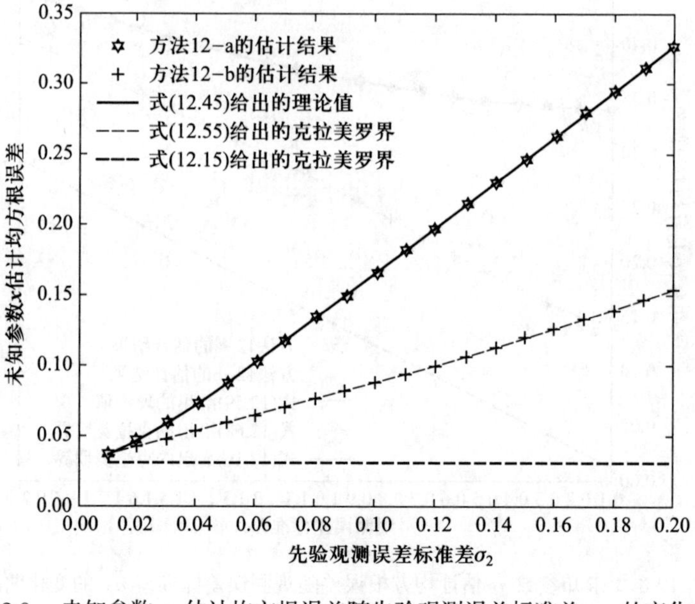

图 12.8　未知参数 $\boldsymbol{x}$ 估计均方根误差随先验观测误差标准差 σ_2 的变化曲线

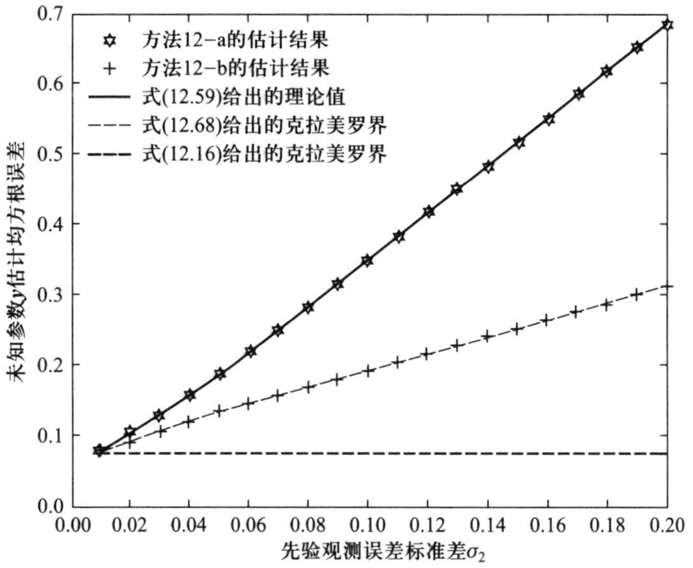

图 12.9　未知参数 $\boldsymbol{y}$ 估计均方根误差随先验观测误差标准差 σ_2 的变化曲线

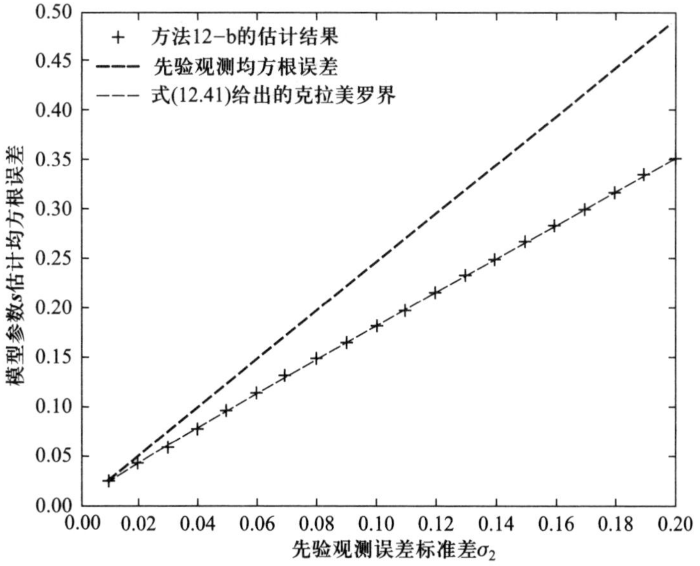

图 12.10　模型参数 $\boldsymbol{s}$ 估计均方根误差随先验观测误差标准差 σ_2 的变化曲线

由图 12.5 至图 12.10 可以看出:

① 当模型参数存在先验观测误差时, 两种方法的参数估计均方根误差均随观测误差标准差 σ_1 的增加而增大, 随先验观测误差标准差 σ_2 的增加而增大。

② 当模型参数存在先验观测误差时, 方法 12−a 对未知参数 $\boldsymbol{x}$ 的估计均方根误差与式 (12.45) 给出的理论值基本吻合 (如图 12.5、图 12.8 所示), 从而验证了第 12.3.2 节理论性能分析的有效性。

③ 当模型参数存在先验观测误差时, 方法 12−a 对未知参数 $\boldsymbol{y}$ 的估计均方根误差与式 (12.59) 给出的理论值基本吻合 (如图 12.6、图 12.9 所示), 从而再次验证了第 12.3.2 节理论性能分析的有效性。

④ 当模型参数存在先验观测误差时, 方法 12−b 对未知参数 $\boldsymbol{x}$ 的估计均方根误差能够达到由式 (12.55) 给出的克拉美罗界 (如图 12.5、图 12.8 所示), 从而验证了第 12.4.2 节理论性能分析的有效性。此外, 方法 12−b 对未知参数 $\boldsymbol{x}$ 的估计精度高于方法 12−a, 并且性能差异随着观测误差标准差 σ_1 的增加而变小 (如图 12.5 所示), 随先验观测误差标准差 σ_2 的增加而变大 (如图 12.8 所示)。

⑤ 当模型参数存在先验观测误差时, 方法 12−b 对未知参数 $\boldsymbol{y}$ 的估计均方根误差能够达到由式 (12.68) 给出的克拉美罗界 (如图 12.6、图 12.9 所示), 从而再次验证了第 12.4.2 节理论性能分析的有效性。此外, 方法 12−b 对未知参数 $\boldsymbol{y}$ 的估计精度高于方法 12−a, 并且性能差异随观测误差标准差 σ_1 的增加而变小 (如图 12.6 所示), 随先验观测误差标准差 σ_2 的增加而变大 (如图 12.9 所示)。

⑥ 当模型参数存在先验观测误差时, 方法 12−b 提高了对模型参数 $\boldsymbol{s}$ 的估计精度 (相对先验观测精度而言), 并且其估计均方根误差能够达到由式 (12.41) 给出的克拉美罗界① (如图 12.7、图 12.10 所示), 从而再次验证了第 12.4.2 节理论性能分析的有效性。

① 即有 $\mathbf{CRB}^{(\mathrm{b})}(\boldsymbol{s}) = [\boldsymbol{O}_{r\times q_x}\ \ \boldsymbol{I}_r]\mathbf{CRB}^{(\mathrm{b})}\left(\begin{bmatrix}\boldsymbol{x}\\ \boldsymbol{s}\end{bmatrix}\right)\begin{bmatrix}\boldsymbol{O}_{q_x\times r}\\ \boldsymbol{I}_r\end{bmatrix}$。

第 13 章　其他形式的非线性最小二乘估计方法：多类型参数交替迭代方法、蒙特卡罗重要性采样方法

本书最后两章将介绍其他形式的非线性最小二乘估计方法，其中包括多类型参数交替迭代方法、蒙特卡罗重要性采样方法和非线性滤波方法，它们都是较为常见的非线性问题的参数求解方法。受限于篇幅，本书没有对这 3 种方法作出详尽的理论性能分析，也未考虑模型参数的影响，仅仅给出了这 3 种方法的基本原理和计算过程。关于这 3 种方法的扩展形式，读者可以参阅相关文献。本章描述多类型参数交替迭代方法和蒙特卡罗重要性采样方法。

13.1　多类型参数交替迭代方法

本节描述多类型参数交替迭代方法，该方法主要用于求解观测模型中含有多类型参数的非线性问题，可以看成是参数解耦合最小二乘估计方法的推广形式。

13.1.1　含有 3 类参数的非线性观测模型

非线性观测模型可以表示为

$$\boldsymbol{z} = \boldsymbol{z}_0 + \boldsymbol{e} = \boldsymbol{f}(\boldsymbol{x}_1, \boldsymbol{x}_2, \boldsymbol{x}_3) + \boldsymbol{e} \tag{13.1}$$

式中，

$\boldsymbol{z}_0 = \boldsymbol{f}(\boldsymbol{x}_1, \boldsymbol{x}_2, \boldsymbol{x}_3) \in \mathbf{R}^{p\times 1}$ 表示没有误差条件下的观测向量，其中 $\boldsymbol{f}(\boldsymbol{x}_1, \boldsymbol{x}_2, \boldsymbol{x}_3)$ 是关于向量 $\boldsymbol{x}_1$、$\boldsymbol{x}_2$ 和 $\boldsymbol{x}_3$ 的连续可导函数；

$\boldsymbol{x}_1 \in \mathbf{R}^{q_1\times 1}$、$\boldsymbol{x}_2 \in \mathbf{R}^{q_2\times 1}$ 和 $\boldsymbol{x}_3 \in \mathbf{R}^{q_3\times 1}$ 表示 3 类待估计的未知参数，其中 $q_1 + q_2 + q_3 < p$ 以确保问题是超定的 (即观测量个数大于全部未知参数个数)；

$\boldsymbol{z} \in \mathbf{R}^{p\times 1}$ 表示含有误差条件下的观测向量；

$\boldsymbol{e} \in \mathbf{R}^{p\times 1}$ 表示观测误差向量，假设其服从均值为零、协方差矩阵为 $\mathbf{COV}(\boldsymbol{e}) =$

$\mathbf{E}[\boldsymbol{e}\boldsymbol{e}^{\mathrm{T}}]=\boldsymbol{E}$ 的高斯分布。

$\boldsymbol{f}(\boldsymbol{x}_1,\boldsymbol{x}_2,\boldsymbol{x}_3)$ 虽然是关于 3 类参数的函数, 但是如果其模型特征符合前面章节中所假定的形式, 则仍然可以利用前面章节中的方法进行求解, 只是需要将其中的某两类或者 3 类参数进行合并。本节考虑的观测模型与前面章节均有所不同, 其具有双线性形式, 如下式所示

$$\boldsymbol{f}(\boldsymbol{x}_1,\boldsymbol{x}_2,\boldsymbol{x}_3)=\boldsymbol{C}_1(\boldsymbol{x}_1)\boldsymbol{C}_2(\boldsymbol{x}_2)\boldsymbol{x}_3 \tag{13.2}$$

式中, $\boldsymbol{C}_1(\boldsymbol{x}_1)\in\mathbf{R}^{p\times l}$ 是关于向量 $\boldsymbol{x}_1$ 的连续可导函数, $\boldsymbol{C}_2(\boldsymbol{x}_2)\in\mathbf{R}^{l\times q_3}$ 是关于向量 $\boldsymbol{x}_2$ 的连续可导函数。矩阵 $\boldsymbol{C}_1(\boldsymbol{x}_1)$ 和矩阵 $\boldsymbol{C}_2(\boldsymbol{x}_2)$ 中至少存在一个是关于向量 $\boldsymbol{x}_1$ 或者 $\boldsymbol{x}_2$ 的线性函数。不失一般性, 这里假设 $\boldsymbol{C}_1(\boldsymbol{x}_1)$ 是关于向量 $\boldsymbol{x}_1$ 的线性函数, 其满足如下关系式

$$\mathrm{vec}[\boldsymbol{C}_1(\boldsymbol{x}_1)]=\boldsymbol{V}\boldsymbol{x}_1 \tag{13.3}$$

式中, $\boldsymbol{V}\in\mathbf{R}^{pl\times q_1}$ 是已知的常数矩阵。

【注记 13.1】虽然 $\boldsymbol{f}(\boldsymbol{x}_1,\boldsymbol{x}_2,\boldsymbol{x}_3)$ 属于非线性函数, 但是若仅聚焦向量 $\boldsymbol{x}_1$ 和 $\boldsymbol{x}_3$, 那么函数 $\boldsymbol{f}(\boldsymbol{x}_1,\boldsymbol{x}_2,\boldsymbol{x}_3)$ 关于它们的形式均为线性的, 这是将式 (13.2) 称为双线性观测模型的原因。

【注记 13.2】如果 $\boldsymbol{C}_1(\boldsymbol{x}_1)$ 和 $\boldsymbol{C}_2(\boldsymbol{x}_2)$ 都是关于向量 $\boldsymbol{x}_1$ 或者 $\boldsymbol{x}_2$ 的线性函数, 本节的方法同样是适用的。

【注记 13.3】注意到式 (13.2) 右边 3 项是乘性关系, 若令 $\boldsymbol{x}'_1=\boldsymbol{x}_1c$ 和 $\boldsymbol{x}'_3=\boldsymbol{x}_3/c$, 其中 c 表示任意非零常数, 则有

$$\begin{aligned}\boldsymbol{f}(\boldsymbol{x}'_1,\boldsymbol{x}_2,\boldsymbol{x}'_3)&=\boldsymbol{C}_1(\boldsymbol{x}'_1)\boldsymbol{C}_2(\boldsymbol{x}_2)\boldsymbol{x}'_3=(c/c)\boldsymbol{C}_1(\boldsymbol{x}_1)\boldsymbol{C}_2(\boldsymbol{x}_2)\boldsymbol{x}_3\\&=\boldsymbol{C}_1(\boldsymbol{x}_1)\boldsymbol{C}_2(\boldsymbol{x}_2)\boldsymbol{x}_3=\boldsymbol{f}(\boldsymbol{x}_1,\boldsymbol{x}_2,\boldsymbol{x}_3)\end{aligned} \tag{13.4}$$

式 (13.4) 表明会存在模糊解问题, 为了克服该问题, 通常需要引入一个约束条件, 一般可令 $\langle\boldsymbol{x}_1\rangle_1=1$, 也就是向量 $\boldsymbol{x}_1$ 中的第 1 个元素等于 1。

13.1.2 多类型参数估计优化模型与求解方法

根据式 (3.3) 可知, 为了最大程度地抑制观测误差 $\boldsymbol{e}$ 的影响, 可以将参数估计优化模型表示为

$$\begin{aligned}&\min_{\boldsymbol{x}_1\in\mathbf{R}^{q_1\times 1};\boldsymbol{x}_2\in\mathbf{R}^{q_2\times 1};\boldsymbol{x}_3\in\mathbf{R}^{q_3\times 1}}\{(\boldsymbol{z}-\boldsymbol{f}(\boldsymbol{x}_1,\boldsymbol{x}_2,\boldsymbol{x}_3))^{\mathrm{T}}\boldsymbol{E}^{-1}(\boldsymbol{z}-\boldsymbol{f}(\boldsymbol{x}_1,\boldsymbol{x}_2,\boldsymbol{x}_3))\}\\=&\min_{\boldsymbol{x}_1\in\mathbf{R}^{q_1\times 1};\boldsymbol{x}_2\in\mathbf{R}^{q_2\times 1};\boldsymbol{x}_3\in\mathbf{R}^{q_3\times 1}}\{(\boldsymbol{z}-\boldsymbol{C}_1(\boldsymbol{x}_1)\boldsymbol{C}_2(\boldsymbol{x}_2)\boldsymbol{x}_3)^{\mathrm{T}}\boldsymbol{E}^{-1}(\boldsymbol{z}-\boldsymbol{C}_1(\boldsymbol{x}_1)\boldsymbol{C}_2(\boldsymbol{x}_2)\boldsymbol{x}_3)\}\end{aligned} \tag{13.5}$$

式中, $\boldsymbol{E}^{-1}$ 表示加权矩阵。式 (13.5) 是关于向量 $\boldsymbol{x}_1$、$\boldsymbol{x}_2$ 和 $\boldsymbol{x}_3$ 的联合优化模型, 通常需要复杂的迭代运算。本节利用函数 $\boldsymbol{f}(\boldsymbol{x}_1,\boldsymbol{x}_2,\boldsymbol{x}_3)$ 的代数特征提出一种有效的交替迭代方法, 能够获得式 (13.5) 的最优解, 并且具有较强的稳健性。

交替迭代方法的主要思想可以概括为: ① 将式 (13.5) 中的未知参数划分成两组参数进行求解, 其中向量 $\boldsymbol{x}_2$ 和 $\boldsymbol{x}_3$ 作为第 1 组参数, 向量 $\boldsymbol{x}_1$ 单独作为第 2 组参数[①]; ② 在每轮迭代中依次对这两组参数进行优化, 对其中一组参数进行优化时需要将另一组参数保持为当前最新的迭代值不变, 并且反复进行多轮迭代直至收敛为止。下面描述该方法的具体计算过程。

1. 对第 1 组参数进行优化

当对第 1 组参数 (包括向量 $\boldsymbol{x}_2$ 和 $\boldsymbol{x}_3$) 进行优化时, 需要将第 2 组参数 (即向量 $\boldsymbol{x}_1$) 保持不变, 并将其固定为当前最新的迭代值。假设已经进行了 m 轮迭代, 将未知参数 $\boldsymbol{x}_1$ 在第 m 轮迭代后的结果记为 $\widehat{\boldsymbol{x}}_1^{(m)}$, 下面进行第 $m+1$ 轮迭代, 此时需要考虑的优化问题为

$$\begin{aligned}&\min_{\boldsymbol{x}_2\in\mathbf{R}^{q_2\times 1};\boldsymbol{x}_3\in\mathbf{R}^{q_3\times 1}}\{(\boldsymbol{z}-\boldsymbol{f}(\widehat{\boldsymbol{x}}_1^{(m)},\boldsymbol{x}_2,\boldsymbol{x}_3))^{\mathrm{T}}\boldsymbol{E}^{-1}(\boldsymbol{z}-\boldsymbol{f}(\widehat{\boldsymbol{x}}_1^{(m)},\boldsymbol{x}_2,\boldsymbol{x}_3))\}\\ =&\min_{\boldsymbol{x}_2\in\mathbf{R}^{q_2\times 1};\boldsymbol{x}_3\in\mathbf{R}^{q_3\times 1}}\{(\boldsymbol{z}-\boldsymbol{C}_1(\widehat{\boldsymbol{x}}_1^{(m)})\boldsymbol{C}_2(\boldsymbol{x}_2)\boldsymbol{x}_3)^{\mathrm{T}}\boldsymbol{E}^{-1}(\boldsymbol{z}-\boldsymbol{C}_1(\widehat{\boldsymbol{x}}_1^{(m)})\boldsymbol{C}_2(\boldsymbol{x}_2)\boldsymbol{x}_3)\}\end{aligned} \tag{13.6}$$

式 (13.6) 的求解方法与式 (11.7) 的求解方法类似, 可以采用参数解耦合最小二乘估计方法进行求解。

利用式 (2.67) 可以得到关于未知参数 $\boldsymbol{x}_3$ 的最优闭式解

$$\boldsymbol{x}_{3,\text{ opt}}^{(m+1)}=\boldsymbol{H}(\widehat{\boldsymbol{x}}_1^{(m)},\boldsymbol{x}_2)(\boldsymbol{C}_2(\boldsymbol{x}_2))^{\mathrm{T}}(\boldsymbol{C}_1(\widehat{\boldsymbol{x}}_1^{(m)}))^{\mathrm{T}}\boldsymbol{E}^{-1}\boldsymbol{z} \tag{13.7}$$

式中,

$$\boldsymbol{H}(\widehat{\boldsymbol{x}}_1^{(m)},\boldsymbol{x}_2)=((\boldsymbol{C}_2(\boldsymbol{x}_2))^{\mathrm{T}}(\boldsymbol{C}_1(\widehat{\boldsymbol{x}}_1^{(m)}))^{\mathrm{T}}\boldsymbol{E}^{-1}\boldsymbol{C}_1(\widehat{\boldsymbol{x}}_1^{(m)})\boldsymbol{C}_2(\boldsymbol{x}_2))^{-1}\in\mathbf{R}^{q_3\times q_3} \tag{13.8}$$

将式 (13.7) 代回式 (13.6) 中可以得到仅关于未知参数 $\boldsymbol{x}_2$ 的优化问题

$$\min_{\boldsymbol{x}_2\in\mathbf{R}^{q_2\times 1}}\{(\boldsymbol{z}-\boldsymbol{g}(\widehat{\boldsymbol{x}}_1^{(m)},\boldsymbol{x}_2,\boldsymbol{z}))^{\mathrm{T}}\boldsymbol{E}^{-1}(\boldsymbol{z}-\boldsymbol{g}(\widehat{\boldsymbol{x}}_1^{(m)},\boldsymbol{x}_2,\boldsymbol{z}))\} \tag{13.9}$$

式中,

① 如果 $\boldsymbol{C}_1(\boldsymbol{x}_1)$ 是关于向量 $\boldsymbol{x}_1$ 的非线性函数, $\boldsymbol{C}_2(\boldsymbol{x}_2)$ 是关于向量 $\boldsymbol{x}_2$ 的线性函数, 此时应将向量 $\boldsymbol{x}_1$ 和 $\boldsymbol{x}_3$ 作为第 1 组参数, 将向量 $\boldsymbol{x}_2$ 单独作为第 2 组参数。

$$
\begin{aligned}
\boldsymbol{g}(\widehat{\boldsymbol{x}}_1^{(m)},\boldsymbol{x}_2,\boldsymbol{z}) &= \boldsymbol{C}_1(\widehat{\boldsymbol{x}}_1^{(m)})\boldsymbol{C}_2(\boldsymbol{x}_2)\boldsymbol{x}_{3,\,\mathrm{opt}}^{(m+1)} \\
&= \boldsymbol{C}_1(\widehat{\boldsymbol{x}}_1^{(m)})\boldsymbol{C}_2(\boldsymbol{x}_2)\boldsymbol{H}(\widehat{\boldsymbol{x}}_1^{(m)},\boldsymbol{x}_2)(\boldsymbol{C}_2(\boldsymbol{x}_2))^{\mathrm{T}}(\boldsymbol{C}_1(\widehat{\boldsymbol{x}}_1^{(m)}))^{\mathrm{T}}\boldsymbol{E}^{-1}\boldsymbol{z}
\end{aligned} \tag{13.10}
$$

与式 (3.3) 的求解方法类似, 式 (13.9) 也可以利用高斯-牛顿迭代法进行求解, 相应的迭代公式为

$$
\begin{aligned}
\widehat{\boldsymbol{x}}_{2,k+1}^{(m+1)} = \widehat{\boldsymbol{x}}_{2,k}^{(m+1)} &+ ((\boldsymbol{G}(\widehat{\boldsymbol{x}}_1^{(m)},\widehat{\boldsymbol{x}}_{2,k}^{(m+1)},\boldsymbol{z}))^{\mathrm{T}}\boldsymbol{E}^{-1}\boldsymbol{G}(\widehat{\boldsymbol{x}}_1^{(m)},\widehat{\boldsymbol{x}}_{2,k}^{(m+1)},\boldsymbol{z}))^{-1} \\
&\times (\boldsymbol{G}(\widehat{\boldsymbol{x}}_1^{(m)},\widehat{\boldsymbol{x}}_{2,k}^{(m+1)},\boldsymbol{z}))^{\mathrm{T}}\boldsymbol{E}^{-1}(\boldsymbol{z}-\boldsymbol{g}(\widehat{\boldsymbol{x}}_1^{(m)},\widehat{\boldsymbol{x}}_{2,k}^{(m+1)},\boldsymbol{z}))
\end{aligned} \tag{13.11}
$$

式中, 向量 $\widehat{\boldsymbol{x}}_{2,k}^{(m+1)}$、$\widehat{\boldsymbol{x}}_{2,k+1}^{(m+1)}$ 分别表示未知参数 $\boldsymbol{x}_2$ 在第 k 次和第 $k+1$ 次的迭代结果; $\boldsymbol{G}(\widehat{\boldsymbol{x}}_1^{(m)},\boldsymbol{x}_2,\boldsymbol{z}) = \dfrac{\partial \boldsymbol{g}(\widehat{\boldsymbol{x}}_1^{(m)},\boldsymbol{x}_2,\boldsymbol{z})}{\partial \boldsymbol{x}_2^{\mathrm{T}}} \in \mathbf{R}^{p\times q_2}$ 表示函数 $\boldsymbol{g}(\widehat{\boldsymbol{x}}_1^{(m)},\boldsymbol{x}_2,\boldsymbol{z})$ 关于向量 $\boldsymbol{x}_2$ 的 Jacobi 矩阵。从式 (13.10) 中可以看出, 函数 $\boldsymbol{g}(\widehat{\boldsymbol{x}}_1^{(m)},\boldsymbol{x}_2,\boldsymbol{z})$ 的形式较为复杂, 难以直接给出矩阵 $\boldsymbol{G}(\widehat{\boldsymbol{x}}_1^{(m)},\boldsymbol{x}_2,\boldsymbol{z})$ 的闭式表达式, 但是可以按列给出该矩阵的计算公式, 其中第 j 列的表达式为

$$
\begin{aligned}
\left\langle \boldsymbol{G}(\widehat{\boldsymbol{x}}_1^{(m)},\boldsymbol{x}_2,\boldsymbol{z}) \right\rangle_{:,j} &= \frac{\partial \boldsymbol{g}(\widehat{\boldsymbol{x}}_1^{(m)},\boldsymbol{x}_2,\boldsymbol{z})}{\partial \langle \boldsymbol{x}_2\rangle_j} \\
&= \boldsymbol{C}_1(\widehat{\boldsymbol{x}}_1^{(m)})\dot{\boldsymbol{C}}_{2,j}(\boldsymbol{x}_2)\boldsymbol{H}(\widehat{\boldsymbol{x}}_1^{(m)},\boldsymbol{x}_2)(\boldsymbol{C}_2(\boldsymbol{x}_2))^{\mathrm{T}}(\boldsymbol{C}_1(\widehat{\boldsymbol{x}}_1^{(m)}))^{\mathrm{T}}\boldsymbol{E}^{-1}\boldsymbol{z} \\
&\quad + \boldsymbol{C}_1(\widehat{\boldsymbol{x}}_1^{(m)})\boldsymbol{C}_2(\boldsymbol{x}_2)(\dot{\boldsymbol{H}}_j(\widehat{\boldsymbol{x}}_1^{(m)},\boldsymbol{x}_2)(\boldsymbol{C}_2(\boldsymbol{x}_2))^{\mathrm{T}} + \boldsymbol{H}(\widehat{\boldsymbol{x}}_1^{(m)},\boldsymbol{x}_2) \\
&\quad \times (\dot{\boldsymbol{C}}_{2,j}(\boldsymbol{x}_2))^{\mathrm{T}})(\boldsymbol{C}_1(\widehat{\boldsymbol{x}}_1^{(m)}))^{\mathrm{T}}\boldsymbol{E}^{-1}\boldsymbol{z} \quad (1 \leqslant j \leqslant q_2)
\end{aligned} \tag{13.12}
$$

式中,

$$
\begin{cases}
\dot{\boldsymbol{C}}_{2,j}(\boldsymbol{x}_2) = \dfrac{\partial \boldsymbol{C}_2(\boldsymbol{x}_2)}{\partial \langle \boldsymbol{x}_2\rangle_j} \in \mathbf{R}^{l\times q_3} \\
\dot{\boldsymbol{H}}_j(\widehat{\boldsymbol{x}}_1^{(m)},\boldsymbol{x}_2) = \dfrac{\partial \boldsymbol{H}(\widehat{\boldsymbol{x}}_1^{(m)},\boldsymbol{x}_2)}{\partial \langle \boldsymbol{x}_2\rangle_j} \in \mathbf{R}^{q_3\times q_3} \quad (1 \leqslant j \leqslant q_2)
\end{cases} \tag{13.13}
$$

结合式 (13.8) 和式 (2.139) 可以将矩阵 $\dot{\boldsymbol{H}}_j(\widehat{\boldsymbol{x}}_1^{(m)},\boldsymbol{x}_2)$ 表示为

$$
\dot{\boldsymbol{H}}_j(\widehat{\boldsymbol{x}}_1^{(m)},\boldsymbol{x}_2) = -\boldsymbol{H}(\widehat{\boldsymbol{x}}_1^{(m)},\boldsymbol{x}_2)\begin{pmatrix} (\dot{\boldsymbol{C}}_{2,j}(\boldsymbol{x}_2))^{\mathrm{T}}(\boldsymbol{C}_1(\widehat{\boldsymbol{x}}_1^{(m)}))^{\mathrm{T}} \\ \times\boldsymbol{E}^{-1}\boldsymbol{C}_1(\widehat{\boldsymbol{x}}_1^{(m)})\boldsymbol{C}_2(\boldsymbol{x}_2) \\ +(\boldsymbol{C}_2(\boldsymbol{x}_2))^{\mathrm{T}}(\boldsymbol{C}_1(\widehat{\boldsymbol{x}}_1^{(m)}))^{\mathrm{T}} \\ \times\boldsymbol{E}^{-1}\boldsymbol{C}_1(\widehat{\boldsymbol{x}}_1^{(m)})\dot{\boldsymbol{C}}_{2,j}(\boldsymbol{x}_2) \end{pmatrix}\boldsymbol{H}(\widehat{\boldsymbol{x}}_1^{(m)},\boldsymbol{x}_2) \tag{13.14}
$$

将式 (13.11) 的迭代收敛结果记为 $\widehat{\boldsymbol{x}}_2^{(m+1)}$(即 $\lim\limits_{k\to+\infty}\widehat{\boldsymbol{x}}_{2,k}^{(m+1)}=\widehat{\boldsymbol{x}}_2^{(m+1)}$), 该向量就是未知参数 $\boldsymbol{x}_2$ 在第 $m+1$ 轮迭代的最终估计值。假设迭代初始值满足一定的条件, 可以使迭代公式 (13.11) 收敛至优化问题的全局最优解, 于是有

$$\widehat{\boldsymbol{x}}_2^{(m+1)}=\arg\min_{\boldsymbol{x}_2\in\mathbf{R}^{q_2\times 1}}\{(\boldsymbol{z}-\boldsymbol{g}(\widehat{\boldsymbol{x}}_1^{(m)},\boldsymbol{x}_2,\boldsymbol{z}))^{\mathrm{T}}\boldsymbol{E}^{-1}(\boldsymbol{z}-\boldsymbol{g}(\widehat{\boldsymbol{x}}_1^{(m)},\boldsymbol{x}_2,\boldsymbol{z}))\}\tag{13.15}$$

利用向量 $\widehat{\boldsymbol{x}}_2^{(m+1)}$ 替换式 (13.7) 中的向量 $\boldsymbol{x}_2$, 得到未知参数 $\boldsymbol{x}_3$ 在第 $m+1$ 轮迭代的最终估计值

$$\widehat{\boldsymbol{x}}_3^{(m+1)}=\boldsymbol{H}(\widehat{\boldsymbol{x}}_1^{(m)},\widehat{\boldsymbol{x}}_2^{(m+1)})(\boldsymbol{C}_2(\widehat{\boldsymbol{x}}_2^{(m+1)}))^{\mathrm{T}}(\boldsymbol{C}_1(\widehat{\boldsymbol{x}}_1^{(m)}))^{\mathrm{T}}\boldsymbol{E}^{-1}\boldsymbol{z}\tag{13.16}$$

2. 对第 2 组参数进行优化

当对第 2 组参数 (即向量 $\boldsymbol{x}_1$) 进行优化时, 需要将第 1 组参数 (包括向量 $\boldsymbol{x}_2$ 和 $\boldsymbol{x}_3$) 保持不变, 并将它们固定为当前最新的迭代值。仍然假设已经进行了 m 轮迭代, 下面进行第 $m+1$ 轮迭代, 此时应将未知参数 $\boldsymbol{x}_2$ 和 $\boldsymbol{x}_3$ 分别固定为 $\widehat{\boldsymbol{x}}_2^{(m+1)}$ 和 $\widehat{\boldsymbol{x}}_3^{(m+1)}$, 需要考虑的优化问题变为

$$\begin{aligned}&\min_{\boldsymbol{x}_1\in\mathbf{R}^{q_1\times 1}}\{(\boldsymbol{z}-\boldsymbol{f}(\boldsymbol{x}_1,\widehat{\boldsymbol{x}}_2^{(m+1)},\widehat{\boldsymbol{x}}_3^{(m+1)}))^{\mathrm{T}}\boldsymbol{E}^{-1}(\boldsymbol{z}-\boldsymbol{f}(\boldsymbol{x}_1,\widehat{\boldsymbol{x}}_2^{(m+1)},\widehat{\boldsymbol{x}}_3^{(m+1)}))\}\\=&\min_{\boldsymbol{x}_1\in\mathbf{R}^{q_1\times 1}}\{(\boldsymbol{z}-\boldsymbol{C}_1(\boldsymbol{x}_1)\boldsymbol{C}_2(\widehat{\boldsymbol{x}}_2^{(m+1)})\widehat{\boldsymbol{x}}_3^{(m+1)})^{\mathrm{T}}\boldsymbol{E}^{-1}(\boldsymbol{z}-\boldsymbol{C}_1(\boldsymbol{x}_1)\boldsymbol{C}_2(\widehat{\boldsymbol{x}}_2^{(m+1)})\widehat{\boldsymbol{x}}_3^{(m+1)})\}\end{aligned}\tag{13.17}$$

结合式 (13.3) 和命题 2.20 可得

$$\begin{aligned}\boldsymbol{C}_1(\boldsymbol{x}_1)\boldsymbol{C}_2(\widehat{\boldsymbol{x}}_2^{(m+1)})\widehat{\boldsymbol{x}}_3^{(m+1)}&=\mathrm{vec}[\boldsymbol{C}_1(\boldsymbol{x}_1)\boldsymbol{C}_2(\widehat{\boldsymbol{x}}_2^{(m+1)})\widehat{\boldsymbol{x}}_3^{(m+1)}]\\&=(((\widehat{\boldsymbol{x}}_3^{(m+1)})^{\mathrm{T}}(\boldsymbol{C}_2(\widehat{\boldsymbol{x}}_2^{(m+1)}))^{\mathrm{T}})\otimes\boldsymbol{I}_p)\mathrm{vec}[\boldsymbol{C}_1(\boldsymbol{x}_1)]\\&=(((\widehat{\boldsymbol{x}}_3^{(m+1)})^{\mathrm{T}}(\boldsymbol{C}_2(\widehat{\boldsymbol{x}}_2^{(m+1)}))^{\mathrm{T}})\otimes\boldsymbol{I}_p)\boldsymbol{V}\boldsymbol{x}_1\\&=\boldsymbol{W}(\widehat{\boldsymbol{x}}_2^{(m+1)},\widehat{\boldsymbol{x}}_3^{(m+1)})\boldsymbol{x}_1\end{aligned}\tag{13.18}$$

式中,

$$\boldsymbol{W}(\widehat{\boldsymbol{x}}_2^{(m+1)},\widehat{\boldsymbol{x}}_3^{(m+1)})=(((\widehat{\boldsymbol{x}}_3^{(m+1)})^{\mathrm{T}}(\boldsymbol{C}_2(\widehat{\boldsymbol{x}}_2^{(m+1)}))^{\mathrm{T}})\otimes\boldsymbol{I}_p)\boldsymbol{V}\in\mathbf{R}^{p\times q_1}\tag{13.19}$$

由于注记 13.3 中假设 $\langle\boldsymbol{x}_1\rangle_1=1$, 于是可以将向量 $\boldsymbol{x}_1$ 表示为 $\boldsymbol{x}_1=[1\ \ \widetilde{\boldsymbol{x}}_1^{\mathrm{T}}]^{\mathrm{T}}$, 此时仅需要对向量 $\widetilde{\boldsymbol{x}}_1\in\mathbf{R}^{(q_1-1)\times 1}$ 进行求解即可。为此需要对矩阵 $\boldsymbol{W}(\widehat{\boldsymbol{x}}_2^{(m+1)},\widehat{\boldsymbol{x}}_3^{(m+1)})$ 进行如下分块

$$\boldsymbol{W}(\widehat{\boldsymbol{x}}_2^{(m+1)},\widehat{\boldsymbol{x}}_3^{(m+1)})=\Big[\underbrace{\boldsymbol{w}_1(\widehat{\boldsymbol{x}}_2^{(m+1)},\widehat{\boldsymbol{x}}_3^{(m+1)})}_{p\times 1}\ \underbrace{\boldsymbol{W}_2(\widehat{\boldsymbol{x}}_2^{(m+1)},\widehat{\boldsymbol{x}}_3^{(m+1)})}_{p\times(q_1-1)}\Big]\tag{13.20}$$

结合式 (13.18) 和式 (13.20) 可知

$$\boldsymbol{C}_1(\boldsymbol{x}_1)\boldsymbol{C}_2(\widehat{\boldsymbol{x}}_2^{(m+1)})\widehat{\boldsymbol{x}}_3^{(m+1)} = \boldsymbol{w}_1(\widehat{\boldsymbol{x}}_2^{(m+1)}, \widehat{\boldsymbol{x}}_3^{(m+1)}) + \boldsymbol{W}_2(\widehat{\boldsymbol{x}}_2^{(m+1)}, \widehat{\boldsymbol{x}}_3^{(m+1)})\widetilde{\boldsymbol{x}}_1 \tag{13.21}$$

将式 (13.21) 代入式 (13.17) 可以得到关于未知参数 $\widetilde{\boldsymbol{x}}_1$ 的优化问题

$$\begin{aligned}\min_{\widetilde{\boldsymbol{x}}_1 \in \mathbf{R}^{(q_1-1)\times 1}} &\{(\boldsymbol{z} - \boldsymbol{w}_1(\widehat{\boldsymbol{x}}_2^{(m+1)}, \widehat{\boldsymbol{x}}_3^{(m+1)}) - \boldsymbol{W}_2(\widehat{\boldsymbol{x}}_2^{(m+1)}, \widehat{\boldsymbol{x}}_3^{(m+1)})\widetilde{\boldsymbol{x}}_1)^{\mathrm{T}} \\ &\times \boldsymbol{E}^{-1}(\boldsymbol{z} - \boldsymbol{w}_1(\widehat{\boldsymbol{x}}_2^{(m+1)}, \widehat{\boldsymbol{x}}_3^{(m+1)}) - \boldsymbol{W}_2(\widehat{\boldsymbol{x}}_2^{(m+1)}, \widehat{\boldsymbol{x}}_3^{(m+1)})\widetilde{\boldsymbol{x}}_1)\}\end{aligned} \tag{13.22}$$

式 (13.22) 是关于未知参数 $\widetilde{\boldsymbol{x}}_1$ 的二次优化问题, 因此能够获得其最优闭式解。利用式 (2.67) 可以将该最优闭式解表示为

$$\begin{aligned}\widehat{\widetilde{\boldsymbol{x}}}_1^{(m+1)} &= ((\boldsymbol{W}_2(\widehat{\boldsymbol{x}}_2^{(m+1)}, \widehat{\boldsymbol{x}}_3^{(m+1)}))^{\mathrm{T}}\boldsymbol{E}^{-1}\boldsymbol{W}_2(\widehat{\boldsymbol{x}}_2^{(m+1)}, \widehat{\boldsymbol{x}}_3^{(m+1)}))^{-1} \\ &\quad \times (\boldsymbol{W}_2(\widehat{\boldsymbol{x}}_2^{(m+1)}, \widehat{\boldsymbol{x}}_3^{(m+1)}))^{\mathrm{T}}\boldsymbol{E}^{-1}(\boldsymbol{z} - \boldsymbol{w}_1(\widehat{\boldsymbol{x}}_2^{(m+1)}, \widehat{\boldsymbol{x}}_3^{(m+1)}))\end{aligned} \tag{13.23}$$

于是未知参数 $\boldsymbol{x}_1$ 在第 $m+1$ 轮迭代的最终估计值为

$$\widehat{\boldsymbol{x}}_1^{(m+1)} = \begin{bmatrix} 1 \\ \widehat{\widetilde{\boldsymbol{x}}}_1^{(m+1)} \end{bmatrix} \tag{13.24}$$

3. 交替迭代方法步骤总结

基于上面的讨论, 图 13.1 给出了交替迭代方法的计算流程图。

13.1.3 参数估计的克拉美罗界

对未知参数 $\boldsymbol{x}_1$、$\boldsymbol{x}_2$、$\boldsymbol{x}_3$ 联合估计均方误差的克拉美罗界的推导结论可见以下 4 个命题。

【**命题 13.1**】基于式 (13.1) 给出的观测模型, 未知参数 $\boldsymbol{x}_1$、$\boldsymbol{x}_2$ 和 $\boldsymbol{x}_3$ 联合估计均方误差的克拉美罗界可以表示为

$$\mathbf{CRB}\left(\begin{bmatrix}\boldsymbol{x}_1\\ \boldsymbol{x}_2\\ \boldsymbol{x}_3\end{bmatrix}\right) = \left[\begin{array}{c|c} (\boldsymbol{F}_1(\boldsymbol{x}_1,\boldsymbol{x}_2,\boldsymbol{x}_3))^{\mathrm{T}}\boldsymbol{E}^{-1}\boldsymbol{F}_1(\boldsymbol{x}_1,\boldsymbol{x}_2,\boldsymbol{x}_3) & (\boldsymbol{F}_1(\boldsymbol{x}_1,\boldsymbol{x}_2,\boldsymbol{x}_3))^{\mathrm{T}}\boldsymbol{E}^{-1}\boldsymbol{F}_2(\boldsymbol{x}_1,\boldsymbol{x}_2,\boldsymbol{x}_3) \\ \hline (\boldsymbol{F}_2(\boldsymbol{x}_1,\boldsymbol{x}_2,\boldsymbol{x}_3))^{\mathrm{T}}\boldsymbol{E}^{-1}\boldsymbol{F}_1(\boldsymbol{x}_1,\boldsymbol{x}_2,\boldsymbol{x}_3) & (\boldsymbol{F}_2(\boldsymbol{x}_1,\boldsymbol{x}_2,\boldsymbol{x}_3))^{\mathrm{T}}\boldsymbol{E}^{-1}\boldsymbol{F}_2(\boldsymbol{x}_1,\boldsymbol{x}_2,\boldsymbol{x}_3) \\ \hline (\boldsymbol{F}_3(\boldsymbol{x}_1,\boldsymbol{x}_2,\boldsymbol{x}_3))^{\mathrm{T}}\boldsymbol{E}^{-1}\boldsymbol{F}_1(\boldsymbol{x}_1,\boldsymbol{x}_2,\boldsymbol{x}_3) & (\boldsymbol{F}_3(\boldsymbol{x}_1,\boldsymbol{x}_2,\boldsymbol{x}_3))^{\mathrm{T}}\boldsymbol{E}^{-1}\boldsymbol{F}_2(\boldsymbol{x}_1,\boldsymbol{x}_2,\boldsymbol{x}_3) \end{array}\right.$$

$$
\left.\begin{array}{c}
(\boldsymbol{F}_1(\boldsymbol{x}_1,\boldsymbol{x}_2,\boldsymbol{x}_3))^{\mathrm{T}}\boldsymbol{E}^{-1}\boldsymbol{F}_3(\boldsymbol{x}_1,\boldsymbol{x}_2,\boldsymbol{x}_3) \\
\hdashline
(\boldsymbol{F}_2(\boldsymbol{x}_1,\boldsymbol{x}_2,\boldsymbol{x}_3))^{\mathrm{T}}\boldsymbol{E}^{-1}\boldsymbol{F}_3(\boldsymbol{x}_1,\boldsymbol{x}_2,\boldsymbol{x}_3) \\
\hdashline
(\boldsymbol{F}_3(\boldsymbol{x}_1,\boldsymbol{x}_2,\boldsymbol{x}_3))^{\mathrm{T}}\boldsymbol{E}^{-1}\boldsymbol{F}_3(\boldsymbol{x}_1,\boldsymbol{x}_2,\boldsymbol{x}_3)
\end{array}\right]^{-1} \tag{13.25}
$$

式中，$\boldsymbol{F}_1(\boldsymbol{x}_1,\boldsymbol{x}_2,\boldsymbol{x}_3)=\dfrac{\partial \boldsymbol{f}(\boldsymbol{x}_1,\boldsymbol{x}_2,\boldsymbol{x}_3)}{\partial \boldsymbol{x}_1^{\mathrm{T}}}\in \mathbf{R}^{p\times q_1}$，$\boldsymbol{F}_2(\boldsymbol{x}_1,\boldsymbol{x}_2,\boldsymbol{x}_3)=\dfrac{\partial \boldsymbol{f}(\boldsymbol{x}_1,\boldsymbol{x}_2,\boldsymbol{x}_3)}{\partial \boldsymbol{x}_2^{\mathrm{T}}}\in \mathbf{R}^{p\times q_2}$，$\boldsymbol{F}_3(\boldsymbol{x}_1,\boldsymbol{x}_2,\boldsymbol{x}_3)=\dfrac{\partial \boldsymbol{f}(\boldsymbol{x}_1,\boldsymbol{x}_2,\boldsymbol{x}_3)}{\partial \boldsymbol{x}_3^{\mathrm{T}}}\in \mathbf{R}^{p\times q_3}$ 分别表示函数 $\boldsymbol{f}(\boldsymbol{x}_1,\boldsymbol{x}_2,\boldsymbol{x}_3)$ 关于向量 $\boldsymbol{x}_1$、$\boldsymbol{x}_2$、$\boldsymbol{x}_3$ 的 Jacobi 矩阵。

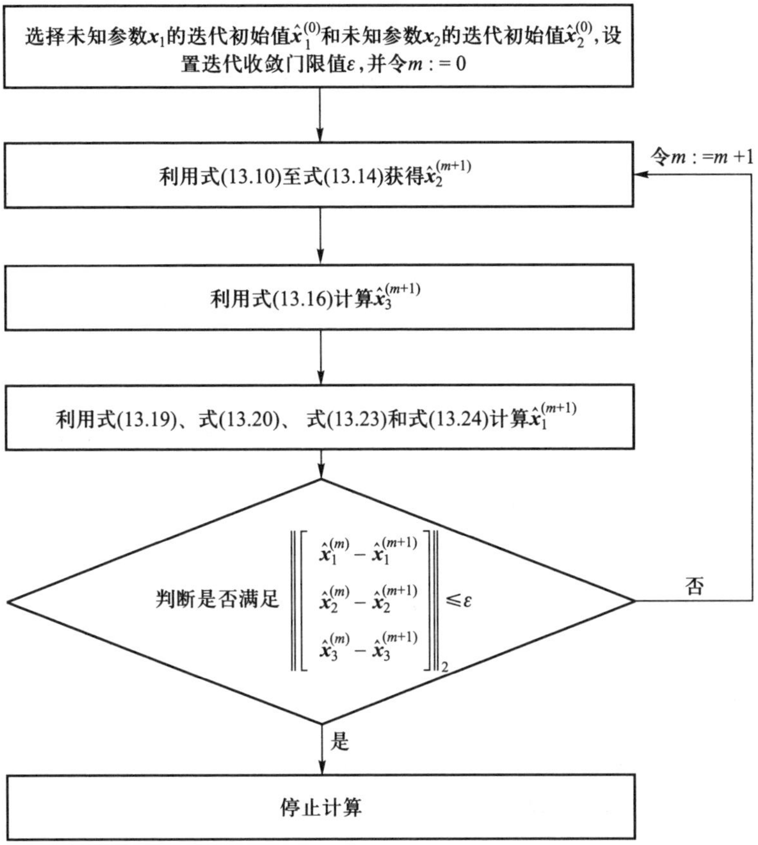

图 13.1　交替迭代方法的计算流程图

【证明】直接利用命题 3.1 可得

$$\mathbf{CRB}\left(\begin{bmatrix}\boldsymbol{x}_1\\ \boldsymbol{x}_2\\ \boldsymbol{x}_3\end{bmatrix}\right)=([\boldsymbol{F}_1(\boldsymbol{x}_1,\boldsymbol{x}_2,\boldsymbol{x}_3)\,\vdots\,\boldsymbol{F}_2(\boldsymbol{x}_1,\boldsymbol{x}_2,\boldsymbol{x}_3)\,\vdots\,\boldsymbol{F}_3(\boldsymbol{x}_1,\boldsymbol{x}_2,\boldsymbol{x}_3)]^{\mathrm{T}}\boldsymbol{E}^{-1}$$
$$\times[\boldsymbol{F}_1(\boldsymbol{x}_1,\boldsymbol{x}_2,\boldsymbol{x}_3)\,\vdots\,\boldsymbol{F}_2(\boldsymbol{x}_1,\boldsymbol{x}_2,\boldsymbol{x}_3)\,\vdots\,\boldsymbol{F}_3(\boldsymbol{x}_1,\boldsymbol{x}_2,\boldsymbol{x}_3)])^{-1}$$
$$=\begin{bmatrix}(\boldsymbol{F}_1(\boldsymbol{x}_1,\boldsymbol{x}_2,\boldsymbol{x}_3))^{\mathrm{T}}\boldsymbol{E}^{-1}\boldsymbol{F}_1(\boldsymbol{x}_1,\boldsymbol{x}_2,\boldsymbol{x}_3) & (\boldsymbol{F}_1(\boldsymbol{x}_1,\boldsymbol{x}_2,\boldsymbol{x}_3))^{\mathrm{T}}\boldsymbol{E}^{-1}\boldsymbol{F}_2(\boldsymbol{x}_1,\boldsymbol{x}_2,\boldsymbol{x}_3) & (\boldsymbol{F}_1(\boldsymbol{x}_1,\boldsymbol{x}_2,\boldsymbol{x}_3))^{\mathrm{T}}\boldsymbol{E}^{-1}\boldsymbol{F}_3(\boldsymbol{x}_1,\boldsymbol{x}_2,\boldsymbol{x}_3)\\ (\boldsymbol{F}_2(\boldsymbol{x}_1,\boldsymbol{x}_2,\boldsymbol{x}_3))^{\mathrm{T}}\boldsymbol{E}^{-1}\boldsymbol{F}_1(\boldsymbol{x}_1,\boldsymbol{x}_2,\boldsymbol{x}_3) & (\boldsymbol{F}_2(\boldsymbol{x}_1,\boldsymbol{x}_2,\boldsymbol{x}_3))^{\mathrm{T}}\boldsymbol{E}^{-1}\boldsymbol{F}_2(\boldsymbol{x}_1,\boldsymbol{x}_2,\boldsymbol{x}_3) & (\boldsymbol{F}_2(\boldsymbol{x}_1,\boldsymbol{x}_2,\boldsymbol{x}_3))^{\mathrm{T}}\boldsymbol{E}^{-1}\boldsymbol{F}_3(\boldsymbol{x}_1,\boldsymbol{x}_2,\boldsymbol{x}_3)\\ (\boldsymbol{F}_3(\boldsymbol{x}_1,\boldsymbol{x}_2,\boldsymbol{x}_3))^{\mathrm{T}}\boldsymbol{E}^{-1}\boldsymbol{F}_1(\boldsymbol{x}_1,\boldsymbol{x}_2,\boldsymbol{x}_3) & (\boldsymbol{F}_3(\boldsymbol{x}_1,\boldsymbol{x}_2,\boldsymbol{x}_3))^{\mathrm{T}}\boldsymbol{E}^{-1}\boldsymbol{F}_2(\boldsymbol{x}_1,\boldsymbol{x}_2,\boldsymbol{x}_3) & (\boldsymbol{F}_3(\boldsymbol{x}_1,\boldsymbol{x}_2,\boldsymbol{x}_3))^{\mathrm{T}}\boldsymbol{E}^{-1}\boldsymbol{F}_3(\boldsymbol{x}_1,\boldsymbol{x}_2,\boldsymbol{x}_3)\end{bmatrix}^{-1} \tag{13.26}$$

证毕。

【命题 13.2】基于式 (13.1) 给出的观测模型, 未知参数 $\boldsymbol{x}_1$ 的估计均方误差的克拉美罗界可以表示为

$$\mathbf{CRB}(\boldsymbol{x}_1)=((\boldsymbol{F}_1(\boldsymbol{x}_1,\boldsymbol{x}_2,\boldsymbol{x}_3))^{\mathrm{T}}\boldsymbol{E}^{-1/2}\boldsymbol{\Pi}^{\perp}[\boldsymbol{E}^{-1/2}\boldsymbol{F}_2(\boldsymbol{x}_1,\boldsymbol{x}_2,\boldsymbol{x}_3)\,\vdots\,\boldsymbol{E}^{-1/2}$$
$$\times\boldsymbol{F}_3(\boldsymbol{x}_1,\boldsymbol{x}_2,\boldsymbol{x}_3)]\boldsymbol{E}^{-1/2}\boldsymbol{F}_1(\boldsymbol{x}_1,\boldsymbol{x}_2,\boldsymbol{x}_3))^{-1} \tag{13.27}$$

【证明】结合式 (13.25) 和式 (2.7) 可知

$$\begin{aligned}&(\mathbf{CRB}(\boldsymbol{x}_1))^{-1}\\ &=(\boldsymbol{F}_1(\boldsymbol{x}_1,\boldsymbol{x}_2,\boldsymbol{x}_3))^{\mathrm{T}}\boldsymbol{E}^{-1}\boldsymbol{F}_1(\boldsymbol{x}_1,\boldsymbol{x}_2,\boldsymbol{x}_3)\\ &\quad-(\boldsymbol{F}_1(\boldsymbol{x}_1,\boldsymbol{x}_2,\boldsymbol{x}_3))^{\mathrm{T}}\boldsymbol{E}^{-1}[\boldsymbol{F}_2(\boldsymbol{x}_1,\boldsymbol{x}_2,\boldsymbol{x}_3)\,\vdots\,\boldsymbol{F}_3(\boldsymbol{x}_1,\boldsymbol{x}_2,\boldsymbol{x}_3)]\\ &\quad\times\left(\begin{bmatrix}(\boldsymbol{F}_2(\boldsymbol{x}_1,\boldsymbol{x}_2,\boldsymbol{x}_3))^{\mathrm{T}}\\ (\boldsymbol{F}_3(\boldsymbol{x}_1,\boldsymbol{x}_2,\boldsymbol{x}_3))^{\mathrm{T}}\end{bmatrix}\boldsymbol{E}^{-1}[\boldsymbol{F}_2(\boldsymbol{x}_1,\boldsymbol{x}_2,\boldsymbol{x}_3)\,\vdots\,\boldsymbol{F}_3(\boldsymbol{x}_1,\boldsymbol{x}_2,\boldsymbol{x}_3)]\right)^{-1}\\ &\quad\times\begin{bmatrix}(\boldsymbol{F}_2(\boldsymbol{x}_1,\boldsymbol{x}_2,\boldsymbol{x}_3))^{\mathrm{T}}\\ (\boldsymbol{F}_3(\boldsymbol{x}_1,\boldsymbol{x}_2,\boldsymbol{x}_3))^{\mathrm{T}}\end{bmatrix}\boldsymbol{E}^{-1}\boldsymbol{F}_1(\boldsymbol{x}_1,\boldsymbol{x}_2,\boldsymbol{x}_3)\end{aligned}$$

$$
\begin{aligned}
&= (\boldsymbol{F}_1(\boldsymbol{x}_1,\boldsymbol{x}_2,\boldsymbol{x}_3))^{\mathrm{T}}\boldsymbol{E}^{-1/2}\left(\begin{array}{l}\boldsymbol{I}_p - \boldsymbol{E}^{-1/2}[\boldsymbol{F}_2(\boldsymbol{x}_1,\boldsymbol{x}_2,\boldsymbol{x}_3)\,\vdots\,\boldsymbol{F}_3(\boldsymbol{x}_1,\boldsymbol{x}_2,\boldsymbol{x}_3)] \\ \times\left(\begin{bmatrix}(\boldsymbol{F}_2(\boldsymbol{x}_1,\boldsymbol{x}_2,\boldsymbol{x}_3))^{\mathrm{T}} \\ (\boldsymbol{F}_3(\boldsymbol{x}_1,\boldsymbol{x}_2,\boldsymbol{x}_3))^{\mathrm{T}}\end{bmatrix}\boldsymbol{E}^{-1}\right. \\ \left.\times[\boldsymbol{F}_2(\boldsymbol{x}_1,\boldsymbol{x}_2,\boldsymbol{x}_3)\,\vdots\,\boldsymbol{F}_3(\boldsymbol{x}_1,\boldsymbol{x}_2,\boldsymbol{x}_3)]\right)^{-1} \\ \times\begin{bmatrix}(\boldsymbol{F}_2(\boldsymbol{x}_1,\boldsymbol{x}_2,\boldsymbol{x}_3))^{\mathrm{T}} \\ (\boldsymbol{F}_3(\boldsymbol{x}_1,\boldsymbol{x}_2,\boldsymbol{x}_3))^{\mathrm{T}}\end{bmatrix}\boldsymbol{E}^{-1/2}\end{array}\right) \\
&\quad \times \boldsymbol{E}^{-1/2}\boldsymbol{F}_1(\boldsymbol{x}_1,\boldsymbol{x}_2,\boldsymbol{x}_3) \\
&= (\boldsymbol{F}_1(\boldsymbol{x}_1,\boldsymbol{x}_2,\boldsymbol{x}_3))^{\mathrm{T}}\boldsymbol{E}^{-1/2}\boldsymbol{\Pi}^{\perp}[\boldsymbol{E}^{-1/2}\boldsymbol{F}_2(\boldsymbol{x}_1,\boldsymbol{x}_2,\boldsymbol{x}_3)\,\vdots\,\boldsymbol{E}^{-1/2}\boldsymbol{F}_3(\boldsymbol{x}_1,\boldsymbol{x}_2,\boldsymbol{x}_3)] \\
&\quad \times \boldsymbol{E}^{-1/2}\boldsymbol{F}_1(\boldsymbol{x}_1,\boldsymbol{x}_2,\boldsymbol{x}_3)
\end{aligned} \tag{13.28}
$$

式中, 第 3 个等号利用了式 (2.41) 中的第 2 个等式。由式 (13.28) 可知式 (13.27) 成立。证毕。

【命题 13.3】 基于式 (13.1) 给出的观测模型, 未知参数 $\boldsymbol{x}_2$ 的估计均方误差的克拉美罗界可以表示为

$$
\begin{aligned}
&\mathbf{CRB}(\boldsymbol{x}_2) \\
&= ((\boldsymbol{F}_2(\boldsymbol{x}_1,\boldsymbol{x}_2,\boldsymbol{x}_3))^{\mathrm{T}}\boldsymbol{E}^{-1/2}\boldsymbol{\Pi}^{\perp}[\boldsymbol{E}^{-1/2}\boldsymbol{F}_1(\boldsymbol{x}_1,\boldsymbol{x}_2,\boldsymbol{x}_3)\,\vdots\,\boldsymbol{E}^{-1/2}\boldsymbol{F}_3(\boldsymbol{x}_1,\boldsymbol{x}_2,\boldsymbol{x}_3)] \\
&\quad \times \boldsymbol{E}^{-1/2}\boldsymbol{F}_2(\boldsymbol{x}_1,\boldsymbol{x}_2,\boldsymbol{x}_3))^{-1}
\end{aligned} \tag{13.29}
$$

【证明】 同命题 13.2 的证明过程。证毕。

【命题 13.4】 基于式 (13.1) 给出的观测模型, 未知参数 $\boldsymbol{x}_3$ 的估计均方误差的克拉美罗界可以表示为

$$
\begin{aligned}
&\mathbf{CRB}(\boldsymbol{x}_3) \\
&= ((\boldsymbol{F}_3(\boldsymbol{x}_1,\boldsymbol{x}_2,\boldsymbol{x}_3))^{\mathrm{T}}\boldsymbol{E}^{-1/2}\boldsymbol{\Pi}^{\perp}[\boldsymbol{E}^{-1/2}\boldsymbol{F}_1(\boldsymbol{x}_1,\boldsymbol{x}_2,\boldsymbol{x}_3)\,\vdots\,\boldsymbol{E}^{-1/2}\boldsymbol{F}_2(\boldsymbol{x}_1,\boldsymbol{x}_2,\boldsymbol{x}_3)] \\
&\quad \times \boldsymbol{E}^{-1/2}\boldsymbol{F}_3(\boldsymbol{x}_1,\boldsymbol{x}_2,\boldsymbol{x}_3))^{-1}
\end{aligned} \tag{13.30}
$$

【证明】 同命题 13.2 的证明过程。证毕。

【注记 13.4】 由式 (13.27) 可知, 矩阵 $\mathbf{CRB}(\boldsymbol{x}_1)$ 若要存在, Jacobi 矩阵 $\boldsymbol{F}_1(\boldsymbol{x}_1,\boldsymbol{x}_2,\boldsymbol{x}_3)$ 必须是列满秩的; 由式 (13.29) 可知, 矩阵 $\mathbf{CRB}(\boldsymbol{x}_2)$ 若要存在, Jacobi 矩阵 $\boldsymbol{F}_2(\boldsymbol{x}_1,\boldsymbol{x}_2,\boldsymbol{x}_3)$ 必须是列满秩的; 由式 (13.30) 可知, 矩阵 $\mathbf{CRB}(\boldsymbol{x}_3)$ 若要存在, Jacobi 矩阵 $\boldsymbol{F}_3(\boldsymbol{x}_1,\boldsymbol{x}_2,\boldsymbol{x}_3)$ 必须是列满秩的。

【注记 13.5】联合式 (13.2) 和式 (13.3) 可知, Jacobi 矩阵 $\boldsymbol{F}_1(\boldsymbol{x}_1,\boldsymbol{x}_2,\boldsymbol{x}_3)$、$\boldsymbol{F}_2(\boldsymbol{x}_1,\boldsymbol{x}_2,\boldsymbol{x}_3)$ 和 $\boldsymbol{F}_3(\boldsymbol{x}_1,\boldsymbol{x}_2,\boldsymbol{x}_3)$ 的表达式分别为

$$\begin{aligned}\boldsymbol{F}_1(\boldsymbol{x}_1,\boldsymbol{x}_2,\boldsymbol{x}_3)&=((\boldsymbol{x}_3^{\mathrm{T}}(\boldsymbol{C}_2(\boldsymbol{x}_2))^{\mathrm{T}})\otimes\boldsymbol{I}_p)\frac{\partial\mathrm{vec}[\boldsymbol{C}_1(\boldsymbol{x}_1)]}{\partial\boldsymbol{x}_1^{\mathrm{T}}}\\&=((\boldsymbol{x}_3^{\mathrm{T}}(\boldsymbol{C}_2(\boldsymbol{x}_2))^{\mathrm{T}})\otimes\boldsymbol{I}_p)\boldsymbol{V}\end{aligned}\tag{13.31}$$

$$\boldsymbol{F}_2(\boldsymbol{x}_1,\boldsymbol{x}_2,\boldsymbol{x}_3)=(\boldsymbol{x}_3^{\mathrm{T}}\otimes\boldsymbol{C}_1(\boldsymbol{x}_1))\frac{\partial\mathrm{vec}[\boldsymbol{C}_2(\boldsymbol{x}_2)]}{\partial\boldsymbol{x}_2^{\mathrm{T}}}\tag{13.32}$$

$$\boldsymbol{F}_3(\boldsymbol{x}_1,\boldsymbol{x}_2,\boldsymbol{x}_3)=\boldsymbol{C}_1(\boldsymbol{x}_1)\boldsymbol{C}_2(\boldsymbol{x}_2)\tag{13.33}$$

13.1.4 数值实验

数值实验将函数 $\boldsymbol{f}(\boldsymbol{x}_1,\boldsymbol{x}_2,\boldsymbol{x}_3)$ 设为

$$\begin{aligned}\boldsymbol{f}(\boldsymbol{x}_1,\boldsymbol{x}_2,\boldsymbol{x}_3)&=\boldsymbol{C}_1(\boldsymbol{x}_1)\boldsymbol{C}_2(\boldsymbol{x}_2)\boldsymbol{x}_3\\&=\begin{bmatrix}2x_{1,1}&x_{1,1}-x_{1,2}&-3x_{1,2}+2x_{1,3}&3x_{1,1}+5x_{1,2}\\0&3x_{1,1}+5x_{1,2}&-3x_{1,3}&0\\6x_{1,3}&0&3x_{1,2}&-2x_{1,2}\\-2x_{1,2}&-2x_{1,2}-6x_{1,3}&3x_{1,1}-2x_{1,2}&-2x_{1,2}\\4x_{1,1}-5x_{1,3}&0&-2x_{1,2}&3x_{1,2}-x_{1,3}\\0&-6x_{1,3}&5x_{1,1}&0\\2x_{1,2}-5x_{1,3}&5x_{1,1}-5x_{1,2}&0&5x_{1,1}\\-2x_{1,2}&-4x_{1,3}&3x_{1,1}-6x_{1,2}&-4x_{1,1}+7x_{1,3}\\5x_{1,1}&8x_{1,2}&0&3x_{1,1}-4x_{1,3}\end{bmatrix}\\&\quad\times\begin{bmatrix}2x_{2,1}^2&x_{2,1}x_{2,2}\\-3x_{2,2}^2&x_{2,1}^2-4x_{2,2}^2\\2x_{2,1}^2x_{2,2}&-4x_{2,1}x_{2,2}^2\\5x_{2,1}^2x_{2,2}^2&-2x_{2,1}^2-x_{2,2}^2\end{bmatrix}\begin{bmatrix}x_{3,1}\\x_{3,2}\end{bmatrix}\in\mathbf{R}^{9\times1}\end{aligned}\tag{13.34}$$

式中, $\boldsymbol{x}_1=[x_{1,1}\ \ x_{1,2}\ \ x_{1,3}]^{\mathrm{T}}$, $\boldsymbol{x}_2=[x_{2,1}\ \ x_{2,2}]^{\mathrm{T}}$, $\boldsymbol{x}_3=[x_{3,1}\ \ x_{3,2}]^{\mathrm{T}}$。由式 (13.34) 可以推得

$$\dot{\boldsymbol{C}}_{2,1}(\boldsymbol{x}_2)=\frac{\partial\boldsymbol{C}(\boldsymbol{x}_2)}{\partial x_{2,1}}=\begin{bmatrix}4x_{2,1}&x_{2,2}\\0&2x_{2,1}\\4x_{2,1}x_{2,2}&-4x_{2,2}^2\\10x_{2,1}x_{2,2}^2&-4x_{2,1}\end{bmatrix};$$

$$\dot{\boldsymbol{C}}_{2,2}(\boldsymbol{x}_2)=\frac{\partial \boldsymbol{C}(\boldsymbol{x}_2)}{\partial x_{2,2}}=\begin{bmatrix} 0 & x_{2,1} \\ -6x_{2,2} & -8x_{2,2} \\ 2x_{2,1}^2 & -8x_{2,1}x_{2,2} \\ 10x_{2,1}^2x_{2,2} & -2x_{2,2} \end{bmatrix} \tag{13.35}$$

将未知参数设为 $\boldsymbol{x}_1=[1\quad 0.5\quad -0.2]^{\mathrm{T}}$, $\boldsymbol{x}_2=[-4\quad 2]^{\mathrm{T}}$, $\boldsymbol{x}_3=[3\quad 5]^{\mathrm{T}}$; 观测误差协方差矩阵设为 $\boldsymbol{E}=\sigma^2(\boldsymbol{I}_9+\boldsymbol{1}_{9\times 9})/2$, 其中 σ 称为观测误差标准差。下面利用交替迭代方法对未知参数 $\boldsymbol{x}_1$、$\boldsymbol{x}_2$ 和 $\boldsymbol{x}_3$ 进行估计。图 13.2 给出了未知参数 $\boldsymbol{x}_1$ 估计均方根误差随观测误差标准差 σ 的变化曲线; 图 13.3 给出了未知参数 $\boldsymbol{x}_2$ 估计均方根误差随观测误差标准差 σ 的变化曲线; 图 13.4 给出了未知参数 $\boldsymbol{x}_3$ 估计均方根误差随观测误差标准差 σ 的变化曲线。

由图 13.2 至图 13.4 中可以看出:

① 交替迭代方法对未知参数 $\boldsymbol{x}_1$、$\boldsymbol{x}_2$ 和 $\boldsymbol{x}_3$ 的估计均方根误差均随观测误差标准差 σ 的增加而增大。

② 交替迭代方法对未知参数 $\boldsymbol{x}_1$、$\boldsymbol{x}_2$ 和 $\boldsymbol{x}_3$ 的估计均方根误差可以分别达到由式 (13.27)、式 (13.29) 和式 (13.30) 给出的克拉美罗界, 从而验证了交替迭代方法的渐近统计最优性。

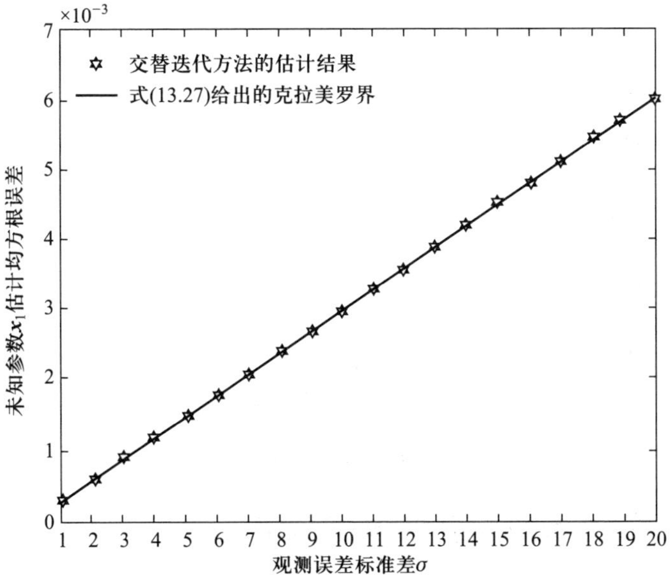

图 13.2　未知参数 $\boldsymbol{x}_1$ 估计均方根误差随观测误差标准差 σ 的变化曲线

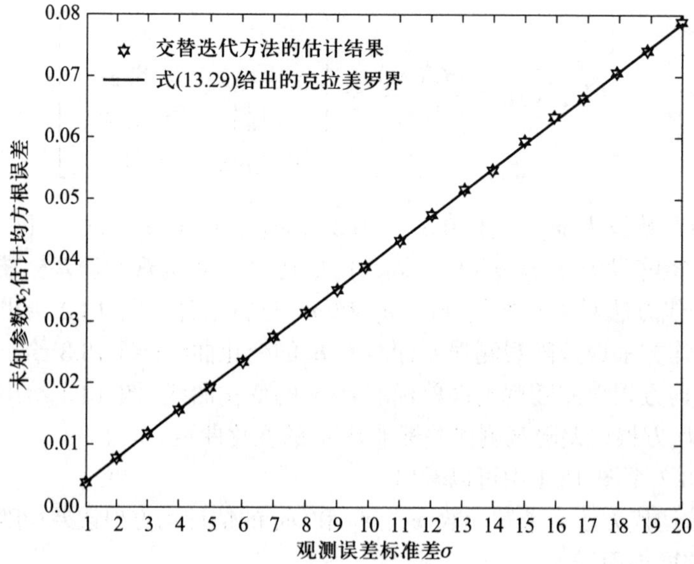

图 13.3　未知参数 $\boldsymbol{x}_2$ 估计均方根误差随观测误差标准差 σ 的变化曲线

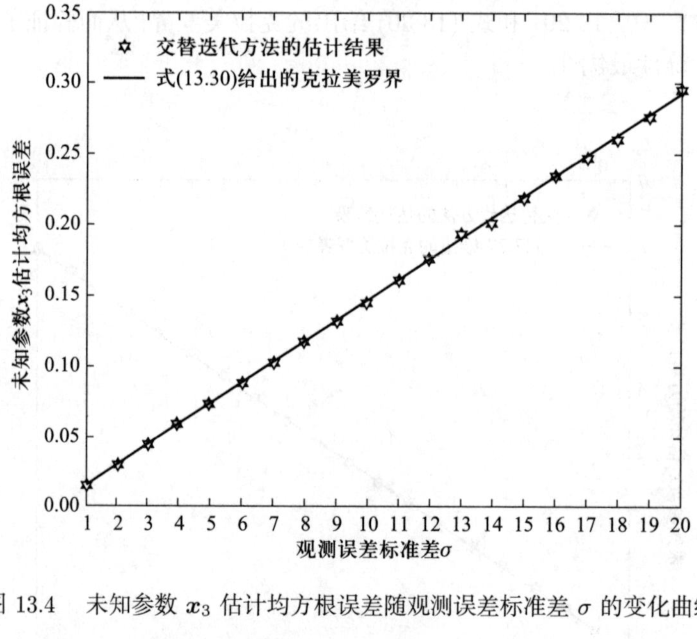

图 13.4　未知参数 $\boldsymbol{x}_3$ 估计均方根误差随观测误差标准差 σ 的变化曲线

13.2　蒙特卡罗重要性采样方法

本节描述蒙特卡罗重要性采样方法，该方法与前面给出的参数估计方法具有较大的差异性。其既不属于迭代类方法, 也不属于闭式类方法, 而是需要构造高斯概率密度函数, 并基于此产生若干高斯随机样本来获得未知参数的估计值。

13.2.1 基本的非线性观测模型与参数估计优化模型

考虑如下基本的非线性观测模型

$$\boldsymbol{z}=\boldsymbol{z}_0+\boldsymbol{e}=\boldsymbol{f}(\boldsymbol{x})+\boldsymbol{e} \tag{13.36}$$

式中,

$\boldsymbol{z}_0=\boldsymbol{f}(\boldsymbol{x})\in\mathbf{R}^{p\times 1}$ 表示没有误差条件下的观测向量, 其中 $\boldsymbol{f}(\boldsymbol{x})$ 是关于向量 $\boldsymbol{x}$ 的连续可导的非线性函数;

$\boldsymbol{x}\in\mathbf{R}^{q\times 1}$ 表示待估计的未知参数, 其中 $q<p$ 以确保问题是超定的 (即观测量个数大于未知参数个数);

$\boldsymbol{z}\in\mathbf{R}^{p\times 1}$ 表示含有误差条件下的观测向量;

$\boldsymbol{e}\in\mathbf{R}^{p\times 1}$ 表示观测误差向量, 假设其服从均值为零、协方差矩阵为 $\mathbf{COV}(\boldsymbol{e})=\mathbf{E}[\boldsymbol{e}\boldsymbol{e}^{\mathrm{T}}]=\boldsymbol{E}$ 的高斯分布。

根据式 (3.3) 可知, 为了最大程度地抑制观测误差 $\boldsymbol{e}$ 的影响, 可以将参数估计优化模型表示为

$$\min_{\boldsymbol{x}\in\mathbf{R}^{q\times 1}}\{(\boldsymbol{z}-\boldsymbol{f}(\boldsymbol{x}))^{\mathrm{T}}\boldsymbol{E}^{-1}(\boldsymbol{z}-\boldsymbol{f}(\boldsymbol{x}))\}\Leftrightarrow\max_{\boldsymbol{x}\in\mathbf{R}^{q\times 1}}\{g(\boldsymbol{x})\} \tag{13.37}$$

式中, $\boldsymbol{E}^{-1}$ 表示加权矩阵, $g(\boldsymbol{x})=-(\boldsymbol{z}-\boldsymbol{f}(\boldsymbol{x}))^{\mathrm{T}}\boldsymbol{E}^{-1}(\boldsymbol{z}-\boldsymbol{f}(\boldsymbol{x}))$。前面各章中已经描述了多种非线性最小二乘估计问题的求解方法, 本节介绍另一种不同类型的求解方法, 可称其为蒙特卡罗重要性采样方法。

13.2.2 蒙特卡罗重要性采样方法

1. 预备知识

【命题 13.5】令 $g(\boldsymbol{x})$ 表示定义在 q 维欧氏空间 $\mathbf{R}^q$ 中的有界域闭包 $\mathbf{S}$ 上的连续函数, 并且 $g(\boldsymbol{x})$ 在有界域闭包 $\mathbf{S}$ 内仅有 1 个全局最大值点, 将其记为 $\boldsymbol{x}_{\mathrm{opt}}=[x_{1,\mathrm{opt}}\ \ x_{2,\mathrm{opt}}\ \ \cdots\ \ x_{q,\mathrm{opt}}]^{\mathrm{T}}$。对于任意给定的 $\varepsilon>0$, 定义集合 $\mathbf{N}_\varepsilon=\{\boldsymbol{x}\in\mathbf{S}|\ ||\boldsymbol{x}-\boldsymbol{x}_{\mathrm{opt}}||_2<\varepsilon\}$, 则存在 $\delta>0$, 使得 $\max\limits_{\boldsymbol{x}\in\mathbf{S}-\mathbf{N}_\varepsilon}\{g(\boldsymbol{x})-g(\boldsymbol{x}_{\mathrm{opt}})\}<-\delta$。

【证明】采用反证法进行证明。假设不存在 $\delta>0$, 使得 $\max\limits_{\boldsymbol{x}\in\mathbf{S}-\mathbf{N}_\varepsilon}\{g(\boldsymbol{x})-g(\boldsymbol{x}_{\mathrm{opt}})\}<-\delta$, 这意味着 $\max\limits_{\boldsymbol{x}\in\mathbf{S}-\mathbf{N}_\varepsilon}\{g(\boldsymbol{x})-g(\boldsymbol{x}_{\mathrm{opt}})\}=0$, 于是存在序列 $\{\boldsymbol{x}_k\}_{1\leqslant k\leqslant+\infty}$ 满足 $\boldsymbol{x}_k\in\mathbf{S}-\mathbf{N}_\varepsilon$①, 并且有 $\lim\limits_{k\to+\infty}\{g(\boldsymbol{x}_k)-g(\boldsymbol{x}_{\mathrm{opt}})\}=0$。由于 $\mathbf{S}-\mathbf{N}_\varepsilon$ 是紧集,

① $\mathbf{S}-\mathbf{N}_\varepsilon$ 表示属于 $\mathbf{S}$ 、但是不属于 $\mathbf{N}_\varepsilon$ 的所有元素组成的集合。

因此存在收敛子集 $\{\boldsymbol{x}_{k_j}\}_{1\leqslant j\leqslant+\infty}$。若令 $\lim\limits_{j\to+\infty}\boldsymbol{x}_{k_j}=\overline{\boldsymbol{x}}$, 则有 $\overline{\boldsymbol{x}}\in\mathbf{S}-\mathbf{N}_{\varepsilon}$, 并且利用函数 $g(\cdot)$ 的连续性可知 $\lim\limits_{j\to+\infty}g(\boldsymbol{x}_{k_j})=g(\overline{\boldsymbol{x}})=g(\boldsymbol{x}_{\text{opt}})$。由于 $g(\boldsymbol{x})$ 在有界域闭包 $\mathbf{S}$ 内仅有 1 个全局最大值点, 因此 $\overline{\boldsymbol{x}}=\boldsymbol{x}_{\text{opt}}$, 与 $\overline{\boldsymbol{x}}\in\mathbf{S}-\mathbf{N}_{\varepsilon}$ 相矛盾。证毕。

【命题 13.6】令 $g(\boldsymbol{x})$ 表示定义在 q 维欧氏空间 $\mathbf{R}^q$ 中的有界域闭包 $\mathbf{S}$ 上的连续函数。假设 $g(\boldsymbol{x})$ 在有界域闭包 $\mathbf{S}$ 内的唯一全局最大值点为 $\boldsymbol{x}_{\text{opt}}=[x_{1,\text{opt}}\ \ x_{2,\text{opt}}\ \ \cdots\ \ x_{q,\text{opt}}]^{\text{T}}$, 则有

$$x_{j,\text{opt}}=\lim_{\lambda\to+\infty}\frac{\displaystyle\int\underset{\mathbf{S}}{\cdots}\int x_j\exp\{\lambda g(\boldsymbol{x})\}\mathrm{d}x_1\mathrm{d}x_2\cdots\mathrm{d}x_q}{\displaystyle\int\underset{\mathbf{S}}{\cdots}\int\exp\{\lambda g(\boldsymbol{x})\}\mathrm{d}x_1\mathrm{d}x_2\cdots\mathrm{d}x_q}\quad(1\leqslant j\leqslant q)\tag{13.38}$$

【证明】式 (13.38) 等价于下式

$$\lim_{\lambda\to+\infty}\frac{\displaystyle\int\underset{\mathbf{S}}{\cdots}\int|x_j-x_{j,\text{opt}}|\exp\{\lambda g(\boldsymbol{x})\}\mathrm{d}x_1\mathrm{d}x_2\cdots\mathrm{d}x_q}{\displaystyle\int\underset{\mathbf{S}}{\cdots}\int\exp\{\lambda g(\boldsymbol{x})\}\mathrm{d}x_1\mathrm{d}x_2\cdots\mathrm{d}x_q}=0\quad(1\leqslant j\leqslant q)\tag{13.39}$$

对于任意给定的 $\varepsilon>0$, 定义集合 $\mathbf{N}_{\varepsilon}=\{\boldsymbol{x}\in\mathbf{S}|\ \|\boldsymbol{x}-\boldsymbol{x}_{\text{opt}}\|_2<\varepsilon\}$, 此时可以将式 (13.39) 左边的极限表示为

$$\begin{aligned}&\lim_{\lambda\to+\infty}\frac{\displaystyle\int\underset{\mathbf{S}}{\cdots}\int|x_j-x_{j,\text{opt}}|\exp\{\lambda g(\boldsymbol{x})\}\mathrm{d}x_1\mathrm{d}x_2\cdots\mathrm{d}x_q}{\displaystyle\int\underset{\mathbf{S}}{\cdots}\int\exp\{\lambda g(\boldsymbol{x})\}\mathrm{d}x_1\mathrm{d}x_2\cdots\mathrm{d}x_q}\\&=\lim_{\lambda\to+\infty}\frac{\displaystyle\int\underset{\mathbf{N}_{\varepsilon}}{\cdots}\int|x_j-x_{j,\text{opt}}|\exp\{\lambda g(\boldsymbol{x})\}\mathrm{d}x_1\mathrm{d}x_2\cdots\mathrm{d}x_q}{\displaystyle\int\underset{\mathbf{S}}{\cdots}\int\exp\{\lambda g(\boldsymbol{x})\}\mathrm{d}x_1\mathrm{d}x_2\cdots\mathrm{d}x_q}\\&\quad+\lim_{\lambda\to+\infty}\frac{\displaystyle\int\underset{\mathbf{S}-\mathbf{N}_{\varepsilon}}{\cdots}\int|x_j-x_{j,\text{opt}}|\exp\{\lambda g(\boldsymbol{x})\}\mathrm{d}x_1\mathrm{d}x_2\cdots\mathrm{d}x_q}{\displaystyle\int\underset{\mathbf{S}}{\cdots}\int\exp\{\lambda g(\boldsymbol{x})\}\mathrm{d}x_1\mathrm{d}x_2\cdots\mathrm{d}x_q}\end{aligned}\tag{13.40}$$

下面证明式 (13.40) 右边的两个极限都可以任意小。

首先，根据集合 $\mathbf{N}_\varepsilon$ 的定义可得

$$\lim_{\lambda\to+\infty}\frac{\displaystyle\int\underset{\mathbf{N}_\varepsilon}{\cdots}\int|x_j-x_{j,\mathrm{opt}}|\exp\{\lambda g(\boldsymbol{x})\}\mathrm{d}x_1\mathrm{d}x_2\cdots\mathrm{d}x_q}{\displaystyle\int\underset{\mathbf{S}}{\cdots}\int\exp\{\lambda g(\boldsymbol{x})\}\mathrm{d}x_1\mathrm{d}x_2\cdots\mathrm{d}x_q}$$

$$\leqslant\lim_{\lambda\to+\infty}\frac{\varepsilon\displaystyle\int\underset{\mathbf{N}_\varepsilon}{\cdots}\int\exp\{\lambda g(\boldsymbol{x})\}\mathrm{d}x_1\mathrm{d}x_2\cdots\mathrm{d}x_q}{\displaystyle\int\underset{\mathbf{S}}{\cdots}\int\exp\{\lambda g(\boldsymbol{x})\}\mathrm{d}x_1\mathrm{d}x_2\cdots\mathrm{d}x_q}\leqslant\varepsilon \tag{13.41}$$

式 (13.41) 表明该极限值可任意小。

然后，令 $M_j=\max\limits_{x_j\in\mathbf{S}}\{|x_j-x_{j,\mathrm{opt}}|\}$，$V(\mathbf{B})$ 表示区域 $\mathbf{B}$ 的体积，则存在 $\delta>0$ 满足

$$\lim_{\lambda\to+\infty}\frac{\displaystyle\int\underset{\mathbf{S}-\mathbf{N}_\varepsilon}{\cdots}\int|x_j-x_{j,\mathrm{opt}}|\exp\{\lambda g(\boldsymbol{x})\}\mathrm{d}x_1\mathrm{d}x_2\cdots\mathrm{d}x_q}{\displaystyle\int\underset{\mathbf{S}}{\cdots}\int\exp\{\lambda g(\boldsymbol{x})\}\mathrm{d}x_1\mathrm{d}x_2\cdots\mathrm{d}x_q}$$

$$\leqslant\lim_{\lambda\to+\infty}\frac{M_j\displaystyle\int\underset{\mathbf{S}-\mathbf{N}_\varepsilon}{\cdots}\int\exp\{\lambda g(\boldsymbol{x})\}\mathrm{d}x_1\mathrm{d}x_2\cdots\mathrm{d}x_q}{\displaystyle\int\underset{\mathbf{S}}{\cdots}\int\exp\{\lambda g(\boldsymbol{x})\}\mathrm{d}x_1\mathrm{d}x_2\cdots\mathrm{d}x_q}$$

$$=\lim_{\lambda\to+\infty}\frac{M_j\displaystyle\int\underset{\mathbf{S}-\mathbf{N}_\varepsilon}{\cdots}\int\exp\{\lambda g(\boldsymbol{x})\}\exp\{-\lambda g(\boldsymbol{x}_{\mathrm{opt}})\}\mathrm{d}x_1\mathrm{d}x_2\cdots\mathrm{d}x_q}{\displaystyle\int\underset{\mathbf{S}}{\cdots}\int\exp\{\lambda g(\boldsymbol{x})\}\exp\{-\lambda g(\boldsymbol{x}_{\mathrm{opt}})\}\mathrm{d}x_1\mathrm{d}x_2\cdots\mathrm{d}x_q}$$

$$=\lim_{\lambda\to+\infty}\frac{M_j\displaystyle\int\underset{\mathbf{S}-\mathbf{N}_\varepsilon}{\cdots}\int\exp\{\lambda(g(\boldsymbol{x})-g(\boldsymbol{x}_{\mathrm{opt}}))\}\mathrm{d}x_1\mathrm{d}x_2\cdots\mathrm{d}x_q}{\displaystyle\int\underset{\mathbf{S}}{\cdots}\int\exp\{\lambda(g(\boldsymbol{x})-g(\boldsymbol{x}_{\mathrm{opt}}))\}\mathrm{d}x_1\mathrm{d}x_2\cdots\mathrm{d}x_q}$$

$$\leqslant\lim_{\lambda\to+\infty}\frac{M_jV(\mathbf{S}-\mathbf{N}_\varepsilon)\exp\{-\lambda\delta\}}{\displaystyle\int\underset{\mathbf{S}}{\cdots}\int\exp\{\lambda(g(\boldsymbol{x})-g(\boldsymbol{x}_{\mathrm{opt}}))\}\mathrm{d}x_1\mathrm{d}x_2\cdots\mathrm{d}x_q} \tag{13.42}$$

式中，最后 1 个不等号利用了命题 13.5。由于 $g(\cdot)$ 是连续函数，则存在 $\eta>0$，使得对于任意 $\boldsymbol{x}\in\mathbf{N}_\eta$ 都满足①

$$\exp\{-\lambda\delta/2\}\leqslant\exp\{\lambda(g(\boldsymbol{x})-g(\boldsymbol{x}_{\mathrm{opt}}))\}\quad(\text{其中 }\lambda>0) \tag{13.43}$$

① 集合 $\mathbf{N}_\eta$ 的定义为 $\mathbf{N}_\eta=\{\boldsymbol{x}\in\mathbf{S}\mid\|\boldsymbol{x}-\boldsymbol{x}_{\mathrm{opt}}\|_2<\eta\}$。

由此可得

$$\begin{aligned}&\int\underset{\mathbf{S}}{\cdots}\int\exp\{\lambda(g(\boldsymbol{x})-g(\boldsymbol{x}_{\text{opt}}))\}\mathrm{d}x_1\mathrm{d}x_2\cdots\mathrm{d}x_q\\&\geqslant\int\underset{\mathbf{N}_\eta}{\cdots}\int\exp\{\lambda(g(\boldsymbol{x})-g(\boldsymbol{x}_{\text{opt}}))\}\mathrm{d}x_1\mathrm{d}x_2\cdots\mathrm{d}x_q\geqslant V(\mathbf{N}_\eta)\exp\{-\lambda\delta/2\}\end{aligned}\tag{13.44}$$

结合式 (13.42) 和式 (13.44) 可知

$$\begin{aligned}&\lim_{\lambda\to+\infty}\frac{\displaystyle\int\underset{\mathbf{S}-\mathbf{N}_\varepsilon}{\cdots}\int|x_j-x_{j,\text{opt}}|\exp\{\lambda g(\boldsymbol{x})\}\mathrm{d}x_1\mathrm{d}x_2\cdots\mathrm{d}x_q}{\displaystyle\int\underset{\mathbf{S}}{\cdots}\int\exp\{\lambda g(\boldsymbol{x})\}\mathrm{d}x_1\mathrm{d}x_2\cdots\mathrm{d}x_q}\\&\leqslant\lim_{\lambda\to+\infty}\frac{M_jV(\mathbf{S}-\mathbf{N}_\varepsilon)\exp\{-\lambda\delta\}}{V(\mathbf{N}_\eta)\exp\{-\lambda\delta/2\}}\\&=\lim_{\lambda\to+\infty}\frac{M_jV(\mathbf{S}-\mathbf{N}_\varepsilon)\exp\{-\lambda\delta/2\}}{V(\mathbf{N}_\eta)}=0\end{aligned}\tag{13.45}$$

最后, 联合式 (13.40)、式 (13.41) 和式 (13.45) 可知式 (13.39) 成立。证毕。

【注记 13.6】由命题 13.6 可知, 若定义函数

$$\begin{aligned}h(\boldsymbol{x})&=\frac{\exp\{\lambda g(\boldsymbol{x})\}}{\displaystyle\int\underset{\mathbf{S}}{\cdots}\int\exp\{\lambda g(\boldsymbol{x})\}\mathrm{d}x_1\mathrm{d}x_2\cdots\mathrm{d}x_q}\\&=\frac{\exp\{-\lambda(\boldsymbol{z}-\boldsymbol{f}(\boldsymbol{x}))^{\mathrm{T}}\boldsymbol{E}^{-1}(\boldsymbol{z}-\boldsymbol{f}(\boldsymbol{x}))\}}{\displaystyle\int\underset{\mathbf{S}}{\cdots}\int\exp\{-\lambda(\boldsymbol{z}-\boldsymbol{f}(\boldsymbol{x}))^{\mathrm{T}}\boldsymbol{E}^{-1}(\boldsymbol{z}-\boldsymbol{f}(\boldsymbol{x}))\}\mathrm{d}x_1\mathrm{d}x_2\cdots\mathrm{d}x_q}\end{aligned}\tag{13.46}$$

则式 (13.37) 的最优解 (记为 $\boldsymbol{x}_{\text{opt}}$) 可以表示为

$$\boldsymbol{x}_{\text{opt}}=\begin{bmatrix}\displaystyle\lim_{\lambda\to+\infty}\int\underset{\mathbf{S}}{\cdots}\int x_1h(\boldsymbol{x})\mathrm{d}x_1\mathrm{d}x_2\cdots\mathrm{d}x_q\\\displaystyle\lim_{\lambda\to+\infty}\int\underset{\mathbf{S}}{\cdots}\int x_2h(\boldsymbol{x})\mathrm{d}x_1\mathrm{d}x_2\cdots\mathrm{d}x_q\\\vdots\\\displaystyle\lim_{\lambda\to+\infty}\int\underset{\mathbf{S}}{\cdots}\int x_qh(\boldsymbol{x})\mathrm{d}x_1\mathrm{d}x_2\cdots\mathrm{d}x_q\end{bmatrix}\tag{13.47}$$

【注记 13.7】根据式 (13.46) 可知, 函数 $h(\boldsymbol{x})$ 是非负的, 并且其积分等于 1(即 $\int\underset{\mathbf{S}}{\cdots}\int h(\boldsymbol{x})\mathrm{d}x_1\mathrm{d}x_2\cdots\mathrm{d}x_q=1$)。由此可知, 函数 $h(\boldsymbol{x})$ 具有概率密度函数的基本特征, 可称其为 “伪概率密度函数”。

【注记 13.8】根据式 (13.47) 可知, 若将向量 $\boldsymbol{x}$ 看成是服从概率密度函数 $h(\boldsymbol{x})$ 的 "随机向量", 那么式 (13.37) 的最优解 $\boldsymbol{x}_{\text{opt}}$ 就是 "随机向量" $\boldsymbol{x}$ 的数学期望。

【注记 13.9】一般而言, 式 (13.47) 中的积分无法利用解析的方式进行求解, 但是可以利用蒙特卡罗技术得到其近似解。假设由概率密度函数 $h(\boldsymbol{x})$ 产生关于 "随机向量" $\boldsymbol{x}$ 的 K 个样本 $\{\widehat{\boldsymbol{x}}_k\}_{1\leqslant k\leqslant K}$, 此时可以将最优解 $\boldsymbol{x}_{\text{opt}}$ 近似表示为

$$\boldsymbol{x}_{\text{opt}} = \frac{1}{K}\sum_{k=1}^{K}\widehat{\boldsymbol{x}}_k \tag{13.48}$$

然而, 式 (13.46) 中的概率密度函数 $h(\boldsymbol{x})$ 的表达式比较复杂, 难以基于该函数直接产生样本 $\{\widehat{\boldsymbol{x}}_k\}_{1\leqslant k\leqslant K}$, 蒙特卡罗重要性采样方法可解决该问题。

2. 蒙特卡罗重要性采样方法原理

(1) 基本思想

蒙特卡罗重要性采样方法的基本思想是将难以直接采样的概率密度函数转化成易于直接采样的概率密度函数。不妨考虑如下积分形式

$$\int r(\boldsymbol{x})h(\boldsymbol{x})\mathrm{d}\boldsymbol{x} = \int r(\boldsymbol{x})\frac{h(\boldsymbol{x})}{t(\boldsymbol{x})}t(\boldsymbol{x})\mathrm{d}\boldsymbol{x} \tag{13.49}$$

式中, $h(\boldsymbol{x})$ 表示难以直接采样的概率密度函数, 满足 $\displaystyle\int h(\boldsymbol{x})\mathrm{d}\boldsymbol{x} = 1$; $t(\boldsymbol{x})$ 表示易于直接采样的概率密度函数 (称为重要性函数), 满足 $\displaystyle\int t(\boldsymbol{x})\mathrm{d}\boldsymbol{x} = 1$。式 (13.49) 右侧表示 $r(\boldsymbol{x})h(\boldsymbol{x})/t(\boldsymbol{x})$ 在概率密度函数 $t(\boldsymbol{x})$ 条件下的数学期望。若令 $w(\boldsymbol{x}) = h(\boldsymbol{x})/t(\boldsymbol{x})$(可称其为重要性权值), 此时可以将式 (13.49) 表示为

$$\int r(\boldsymbol{x})h(\boldsymbol{x})\mathrm{d}\boldsymbol{x} = \mathbf{E}_{t(\boldsymbol{x})}\left[r(\boldsymbol{x})\frac{h(\boldsymbol{x})}{t(\boldsymbol{x})}\right] = \int r(\boldsymbol{x})w(\boldsymbol{x})t(\boldsymbol{x})\mathrm{d}\boldsymbol{x} = \frac{\displaystyle\int r(\boldsymbol{x})w(\boldsymbol{x})t(\boldsymbol{x})\mathrm{d}\boldsymbol{x}}{\displaystyle\int w(\boldsymbol{x})t(\boldsymbol{x})\mathrm{d}\boldsymbol{x}} \tag{13.50}$$

式中, 最右侧的分母 $\displaystyle\int w(\boldsymbol{x})t(\boldsymbol{x})\mathrm{d}\boldsymbol{x} = \int h(\boldsymbol{x})\mathrm{d}\boldsymbol{x} = 1$。式 (13.50) 中最右侧的积

分可以利用蒙特卡罗技术近似求得, 其计算公式为

$$\mathbf{E}_{t(\boldsymbol{x})}\left[r(\boldsymbol{x})\frac{h(\boldsymbol{x})}{t(\boldsymbol{x})}\right]=\frac{\dfrac{1}{K}\sum\limits_{k=1}^{K}r(\widehat{\boldsymbol{x}}_k)w(\widehat{\boldsymbol{x}}_k)}{\dfrac{1}{K}\sum\limits_{k=1}^{K}w(\widehat{\boldsymbol{x}}_k)}=\sum_{k=1}^{K}r(\widehat{\boldsymbol{x}}_k)\widetilde{w}(\widehat{\boldsymbol{x}}_k) \tag{13.51}$$

式中, $\{\widehat{\boldsymbol{x}}_k\}_{1\leqslant k\leqslant K}$ 表示由概率密度函数 $t(\boldsymbol{x})$ 所产生的样本, K 表示样本数量, $\widetilde{w}(\widehat{\boldsymbol{x}}_k)$ 表示归一化重要性权值, 其表达式为

$$\widetilde{w}(\widehat{\boldsymbol{x}}_k)=\frac{w(\widehat{\boldsymbol{x}}_k)}{\sum\limits_{j=1}^{K}w(\widehat{\boldsymbol{x}}_j)}\quad(1\leqslant k\leqslant K) \tag{13.52}$$

并且满足 $\sum\limits_{k=1}^{K}\widetilde{w}(\widehat{\boldsymbol{x}}_k)=1$。

(2) 重要性函数的选择

重要性函数 $t(\boldsymbol{x})$ 的选择至关重要, 通常希望函数 $t(\boldsymbol{x})$ 与函数 $h(\boldsymbol{x})$ 在形式上较为接近, 从而可以提高采样效率。一般可将 $t(\boldsymbol{x})$ 表示成高斯概率密度函数的形式, 其原因在于: ① 高斯概率密度函数易于构造, 仅需要设置均值向量和协方差矩阵即可获得; ② 基于高斯分布更易产生样本; ③ 式 (13.37) 中的目标函数 $g(\boldsymbol{x})$ 在形式上与高斯分布比较接近。

基于上述讨论, 下面描述构造高斯型重要性函数 $t(\boldsymbol{x})$ 的方法。假设已经获得关于向量 $\boldsymbol{x}$ 的初始值, 并将其记为 $\boldsymbol{x}_{\mathrm{o}}$, 现将函数 $\boldsymbol{f}(\boldsymbol{x})$ 在向量 $\boldsymbol{x}_{\mathrm{o}}$ 处进行一阶泰勒级数展开可知

$$\boldsymbol{f}(\boldsymbol{x})\approx\boldsymbol{f}(\boldsymbol{x}_{\mathrm{o}})+\boldsymbol{F}(\boldsymbol{x}_{\mathrm{o}})(\boldsymbol{x}-\boldsymbol{x}_{\mathrm{o}}) \tag{13.53}$$

式中, $\boldsymbol{F}(\boldsymbol{x})=\dfrac{\partial\boldsymbol{f}(\boldsymbol{x})}{\partial\boldsymbol{x}^{\mathrm{T}}}\in\mathbf{R}^{p\times q}$ 表示函数 $\boldsymbol{f}(\boldsymbol{x})$ 关于向量 $\boldsymbol{x}$ 的 Jacobi 矩阵。结合式 (13.36) 和式 (13.53) 可得

$$\begin{aligned}\boldsymbol{e}=\boldsymbol{z}-\boldsymbol{f}(\boldsymbol{x})&\approx\boldsymbol{z}-\boldsymbol{f}(\boldsymbol{x}_{\mathrm{o}})-\boldsymbol{F}(\boldsymbol{x}_{\mathrm{o}})(\boldsymbol{x}-\boldsymbol{x}_{\mathrm{o}})\\&=\boldsymbol{z}-\boldsymbol{f}(\boldsymbol{x}_{\mathrm{o}})+\boldsymbol{F}(\boldsymbol{x}_{\mathrm{o}})\boldsymbol{x}_{\mathrm{o}}-\boldsymbol{F}(\boldsymbol{x}_{\mathrm{o}})\boldsymbol{x}=\boldsymbol{y}_{\mathrm{o}}-\boldsymbol{F}(\boldsymbol{x}_{\mathrm{o}})\boldsymbol{x}\end{aligned} \tag{13.54}$$

式中, $\boldsymbol{y}_{\mathrm{o}}=\boldsymbol{z}-\boldsymbol{f}(\boldsymbol{x}_{\mathrm{o}})+\boldsymbol{F}(\boldsymbol{x}_{\mathrm{o}})\boldsymbol{x}_{\mathrm{o}}$。基于式 (13.54) 可以将 $g(\boldsymbol{x})$ 近似表示为

$$g(\boldsymbol{x})\approx-(\boldsymbol{F}(\boldsymbol{x}_{\mathrm{o}})\boldsymbol{x}-\boldsymbol{y}_{\mathrm{o}})^{\mathrm{T}}\boldsymbol{E}^{-1}(\boldsymbol{F}(\boldsymbol{x}_{\mathrm{o}})\boldsymbol{x}-\boldsymbol{y}_{\mathrm{o}}) \tag{13.55}$$

此时可以将高斯型重要性函数 $t(\boldsymbol{x})$ 构造为如下形式

$$t(\boldsymbol{x})=\frac{\exp\{-\eta(\boldsymbol{F}(\boldsymbol{x}_{\text{o}})\boldsymbol{x}-\boldsymbol{y}_{\text{o}})^{\text{T}}\boldsymbol{E}^{-1}(\boldsymbol{F}(\boldsymbol{x}_{\text{o}})\boldsymbol{x}-\boldsymbol{y}_{\text{o}})\}}{\int\cdots_{\text{s}}\int\exp\{-\eta(\boldsymbol{F}(\boldsymbol{x}_{\text{o}})\boldsymbol{x}-\boldsymbol{y}_{\text{o}})^{\text{T}}\boldsymbol{E}^{-1}(\boldsymbol{F}(\boldsymbol{x}_{\text{o}})\boldsymbol{x}-\boldsymbol{y}_{\text{o}})\}\text{d}x_1\text{d}x_2\cdots\text{d}x_q} \tag{13.56}$$

式中, 标量 η 用于调整重要性函数的形状。注意到式 (13.56) 中的分子 $\exp\{\cdot\}$ 的内部是关于向量 $\boldsymbol{x}$ 的二次函数, 因此 $t(\boldsymbol{x})$ 已经是高斯概率密度函数了, 但还不是高斯概率密度函数的标准形式。下面需要将其转化成标准形式, 以便产生随机样本。

经过一定的代数推导可得

$$\begin{aligned}&(\boldsymbol{F}(\boldsymbol{x}_{\text{o}})\boldsymbol{x}-\boldsymbol{y}_{\text{o}})^{\text{T}}\boldsymbol{E}^{-1}(\boldsymbol{F}(\boldsymbol{x}_{\text{o}})\boldsymbol{x}-\boldsymbol{y}_{\text{o}})\\&=(\boldsymbol{x}-\boldsymbol{\alpha}_{\text{o}})^{\text{T}}(\boldsymbol{F}(\boldsymbol{x}_{\text{o}}))^{\text{T}}\boldsymbol{E}^{-1}\boldsymbol{F}(\boldsymbol{x}_{\text{o}})(\boldsymbol{x}-\boldsymbol{\alpha}_{\text{o}})+\beta_{\text{o}}\end{aligned} \tag{13.57}$$

式中,

$$\begin{cases}\boldsymbol{\alpha}_{\text{o}}=((\boldsymbol{F}(\boldsymbol{x}_{\text{o}}))^{\text{T}}\boldsymbol{E}^{-1}\boldsymbol{F}(\boldsymbol{x}_{\text{o}}))^{-1}(\boldsymbol{F}(\boldsymbol{x}_{\text{o}}))^{\text{T}}\boldsymbol{E}^{-1}\boldsymbol{y}_{\text{o}}\\ \boldsymbol{\beta}_{\text{o}}=\boldsymbol{y}_{\text{o}}^{\text{T}}\boldsymbol{E}^{-1}\boldsymbol{y}_{\text{o}}-\boldsymbol{y}_{\text{o}}^{\text{T}}\boldsymbol{E}^{-1}\boldsymbol{F}(\boldsymbol{x}_{\text{o}})((\boldsymbol{F}(\boldsymbol{x}_{\text{o}}))^{\text{T}}\boldsymbol{E}^{-1}\boldsymbol{F}(\boldsymbol{x}_{\text{o}}))^{-1}(\boldsymbol{F}(\boldsymbol{x}_{\text{o}}))^{\text{T}}\boldsymbol{E}^{-1}\boldsymbol{y}_{\text{o}}\end{cases} \tag{13.58}$$

式 (13.57) 的证明见附录 L。将式 (13.57) 代入式 (13.56) 可知

$$\begin{aligned}&t(\boldsymbol{x})\\&=\frac{\exp\{-\eta(\boldsymbol{x}-\boldsymbol{\alpha}_{\text{o}})^{\text{T}}(\boldsymbol{F}(\boldsymbol{x}_{\text{o}}))^{\text{T}}\boldsymbol{E}^{-1}\boldsymbol{F}(\boldsymbol{x}_{\text{o}})(\boldsymbol{x}-\boldsymbol{\alpha}_{\text{o}})\}\exp\{-\eta\beta_{\text{o}}\}}{\int\cdots_{\text{s}}\int\exp\{-\eta(\boldsymbol{x}-\boldsymbol{\alpha}_{\text{o}})^{\text{T}}(\boldsymbol{F}(\boldsymbol{x}_{\text{o}}))^{\text{T}}\boldsymbol{E}^{-1}\boldsymbol{F}(\boldsymbol{x}_{\text{o}})(\boldsymbol{x}-\boldsymbol{\alpha}_{\text{o}})\}\exp\{-\eta\beta_{\text{o}}\}\text{d}x_1\text{d}x_2\cdots\text{d}x_q}\\&=\frac{\exp\{-(\boldsymbol{x}-\boldsymbol{\alpha}_{\text{o}})^{\text{T}}(2\eta(\boldsymbol{F}(\boldsymbol{x}_{\text{o}}))^{\text{T}}\boldsymbol{E}^{-1}\boldsymbol{F}(\boldsymbol{x}_{\text{o}}))(\boldsymbol{x}-\boldsymbol{\alpha}_{\text{o}})/2\}}{\int\cdots_{\text{s}}\int\exp\{-(\boldsymbol{x}-\boldsymbol{\alpha}_{\text{o}})^{\text{T}}(2\eta(\boldsymbol{F}(\boldsymbol{x}_{\text{o}}))^{\text{T}}\boldsymbol{E}^{-1}\boldsymbol{F}(\boldsymbol{x}_{\text{o}}))(\boldsymbol{x}-\boldsymbol{\alpha}_{\text{o}})/2\}\text{d}x_1\text{d}x_2\cdots\text{d}x_q}\end{aligned} \tag{13.59}$$

从式 (13.59) 可以看出, $t(\boldsymbol{x})$ 是均值为 $\boldsymbol{\alpha}_{\text{o}}$、协方差矩阵为 $((\boldsymbol{F}(\boldsymbol{x}_{\text{o}}))^{\text{T}}\boldsymbol{E}^{-1}\boldsymbol{F}(\boldsymbol{x}_{\text{o}}))^{-1}/2\eta$ 的高斯概率密度函数, 其中的分母满足

$$\begin{aligned}&\int\cdots_{\text{s}}\int\exp\left\{-(\boldsymbol{x}-\boldsymbol{\alpha}_{\text{o}})^{\text{T}}\left(2\eta\left(\boldsymbol{F}\left(\boldsymbol{x}_{\text{o}}\right)\right)^{\text{T}}\boldsymbol{E}^{-1}\boldsymbol{F}\left(\boldsymbol{x}_{\text{o}}\right)\right)\left(\boldsymbol{x}-\boldsymbol{\alpha}_{\text{o}}\right)/2\right\}\text{d}x_1\text{d}x_2\cdots\text{d}x_q\\&=(2\pi)^{q/2}\sqrt{\det\left[\left(\left(\boldsymbol{F}\left(\boldsymbol{x}_{\text{o}}\right)\right)^{\text{T}}\boldsymbol{E}^{-1}\boldsymbol{F}\left(\boldsymbol{x}_{\text{o}}\right)\right)^{-1}/2\eta\right]}\end{aligned} \tag{13.60}$$

【注记 13.10】高斯概率密度函数 $t(\boldsymbol{x})$ 对应的协方差矩阵与参数 η 有关。如果参数 η 的数值过大，那么函数 $t(\boldsymbol{x})$ 的主峰太窄，此时难以保证能采到最优解 $\boldsymbol{x}_{\text{opt}}$ 附近的样本点；如果参数 η 的数值太小，那么函数 $t(\boldsymbol{x})$ 的主峰太宽，此时生成的样本中会有很多样本远离最优解 $\boldsymbol{x}_{\text{opt}}$。因此，需要折中设置参数 η 的数值，1 个典型值为 $\eta = 1/2$①。

(3) 确定最优解

结合式 (13.47)、式 (13.49)、式 (13.51) 和式 (13.52) 可知，最优解 $\boldsymbol{x}_{\text{opt}}$ 可以近似表示为

$$\boldsymbol{x}_{\text{opt}} = \frac{\sum_{k=1}^{K} \widehat{\boldsymbol{x}}_k w(\widehat{\boldsymbol{x}}_k)}{\sum_{j=1}^{K} w(\widehat{\boldsymbol{x}}_j)} \tag{13.61}$$

式中，$\{\widehat{\boldsymbol{x}}_k\}_{1\leqslant k\leqslant K}$ 表示由高斯概率密度函数 $t(\boldsymbol{x})$ 所产生的样本。$w(\widehat{\boldsymbol{x}}_k)$ 的表达式为

$$\begin{aligned} w(\widehat{\boldsymbol{x}}_k) &= \frac{h(\widehat{\boldsymbol{x}}_k)}{t(\widehat{\boldsymbol{x}}_k)} \\ &= \mu \frac{\exp\{-\lambda(\boldsymbol{z} - \boldsymbol{f}(\widehat{\boldsymbol{x}}_k))^{\mathrm{T}}\boldsymbol{E}^{-1}(\boldsymbol{z} - \boldsymbol{f}(\widehat{\boldsymbol{x}}_k))\}}{\exp\{-(\widehat{\boldsymbol{x}}_k - \boldsymbol{\alpha}_{\text{o}})^{\mathrm{T}}(2\eta(\boldsymbol{F}(\boldsymbol{x}_{\text{o}}))^{\mathrm{T}}\boldsymbol{E}^{-1}\boldsymbol{F}(\boldsymbol{x}_{\text{o}}))(\widehat{\boldsymbol{x}}_k - \boldsymbol{\alpha}_{\text{o}})/2\}} \quad (1 \leqslant k \leqslant K) \end{aligned} \tag{13.62}$$

其中

$$\mu = \frac{\displaystyle\int \underset{\mathbf{S}}{\cdots} \int \exp\{-(\boldsymbol{x} - \boldsymbol{\alpha}_{\text{o}})^{\mathrm{T}}(2\eta(\boldsymbol{F}(\boldsymbol{x}_{\text{o}}))^{\mathrm{T}}\boldsymbol{E}^{-1}\boldsymbol{F}(\boldsymbol{x}_{\text{o}}))(\boldsymbol{x} - \boldsymbol{\alpha}_{\text{o}})/2\}\mathrm{d}x_1\mathrm{d}x_2\cdots\mathrm{d}x_q}{\displaystyle\int \underset{\mathbf{S}}{\cdots} \int \exp\{-\lambda(\boldsymbol{z} - \boldsymbol{f}(\boldsymbol{x}))^{\mathrm{T}}\boldsymbol{E}^{-1}(\boldsymbol{z} - \boldsymbol{f}(\boldsymbol{x}))\}\mathrm{d}x_1\mathrm{d}x_2\cdots\mathrm{d}x_q} \tag{13.63}$$

由于标量 μ 与具体的样本无关，且是个常数，此时式 (13.61) 中的归一化可以消除其影响，所以无须计算参数 μ，可以直接令 $\mu = 1$。将式 (13.62) 代入式 (13.61) 就可以得到未知参数 $\boldsymbol{x}$ 的最终估计值。

【注记 13.11】由式 (13.47) 可知，当 $\lambda \to +\infty$ 时才能达到最优解，因此应将 λ 设为充分大的数。大量数值实验表明，只要 λ 取值足够大，其对最终估计值的统计性能并不会带来很大的影响。

① 读者可参阅文献 [42]

【**注记 13.12**】根据前面的讨论可知, 蒙特卡罗重要性采样方法需要设置初始值 $\boldsymbol{x}_{\mathrm{o}}$, 其设置方法需要具体问题具体分析。

基于上面的讨论, 图 13.5 给出了蒙特卡罗重要性采样方法的计算流程图。

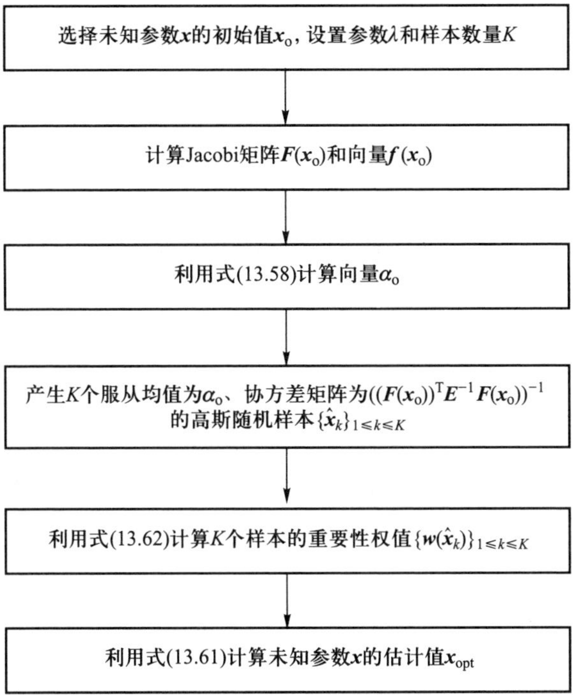

图 13.5　蒙特卡罗重要性采样方法的计算流程图

13.2.3　数值实验

数值实验将函数 $\boldsymbol{f}(\boldsymbol{x})$ 设为

$$\boldsymbol{f}(\boldsymbol{x})=\begin{bmatrix} x_1x_2^2 \\ x_1^2-2x_2^3 \\ \exp\left\{-\dfrac{1}{2}(x_2^2+x_3^2)\right\} \\ 3x_2^2+x_3^3 \\ x_3^2-4x_1^2x_2 \\ \exp\left\{-\dfrac{1}{4}(x_1^2+x_3^2)\right\} \end{bmatrix}\in\mathbf{R}^{6\times 1} \tag{13.64}$$

式中, $\boldsymbol{x}=[x_1\ \ x_2\ \ x_3]^{\mathrm{T}}$。由式 (13.64) 可以推得 Jacobi 矩阵 $\boldsymbol{F}(\boldsymbol{x})$ 的表达式为

$$\boldsymbol{F}(\boldsymbol{x})=\begin{bmatrix} x_2^2 & 2x_1x_2 & 0 \\ 2x_1 & -6x_2^2 & 0 \\ 0 & -x_2\exp\left\{-\dfrac{1}{2}(x_2^2+x_3^2)\right\} & -x_3\exp\left\{-\dfrac{1}{2}(x_2^2+x_3^2)\right\} \\ 0 & 6x_2 & 3x_3^2 \\ -8x_1x_2 & -4x_1^2 & 2x_3 \\ -\dfrac{x_1}{2}\exp\left\{-\dfrac{1}{4}(x_1^2+x_3^2)\right\} & 0 & -\dfrac{x_3}{2}\exp\left\{-\dfrac{1}{4}(x_1^2+x_3^2)\right\} \end{bmatrix}\in\mathbf{R}^{6\times 3} \tag{13.65}$$

设未知参数 $\boldsymbol{x}=[1\ \ 0.5\ \ -0.8]^{\mathrm{T}}$, 观测误差协方差矩阵 $\boldsymbol{E}=\sigma^2\boldsymbol{I}_6$, 其中 σ 称为观测误差标准差。利用蒙特卡罗重要性采样方法对未知参数 $\boldsymbol{x}$ 进行估计, 其中将参数 λ 设为 $\lambda=1000$, 样本数量 K 设为 $K=1000$。图 13.6 给出了未知参数 $\boldsymbol{x}$ 估计均方根误差随观测误差标准差 σ 的变化曲线。

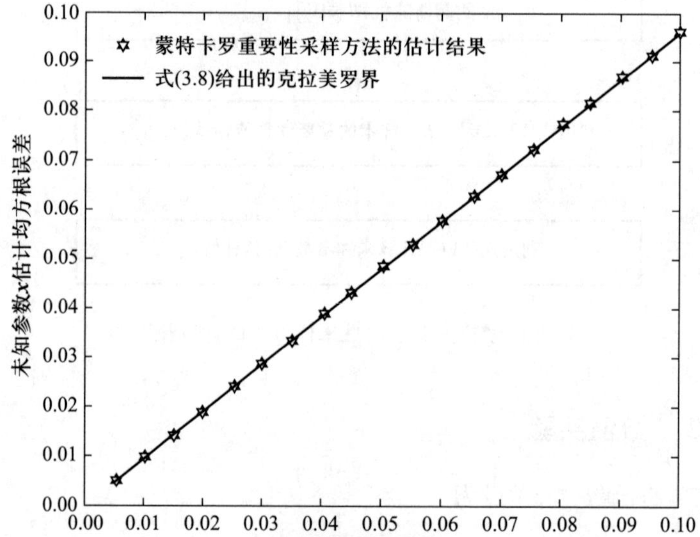

图 13.6　未知参数 $\boldsymbol{x}$ 估计均方根误差随观测误差标准差 σ 的变化曲线

从图 13.6 可以看出:

① 蒙特卡罗重要性采样方法对未知参数 $\boldsymbol{x}$ 的估计均方根误差随观测误差标准差 σ 的增加而增大。

② 蒙特卡罗重要性采样方法对未知参数 $\boldsymbol{x}$ 的估计均方根误差可以达到由式 (3.8) 给出的克拉美罗界, 从而验证了该方法的渐近统计最优性。

第 14 章 其他形式的非线性广义最小二乘估计方法: 非线性滤波方法

本章描述非线性滤波方法, 该方法主要用于对离散时间非线性动态系统中的状态向量进行估计。由于待估计的状态向量本身具有随机性, 因此该类方法是属于贝叶斯估计理论框架下的求解方法。非线性滤波方法的种类繁多, 本章仅仅介绍几种最经典且最基础的方法, 需要深入掌握该方法的读者可以参阅相关文献 [14–16]。

14.1 离散时间线性动态系统及其最优滤波方法

为了更好地理解非线性滤波方法, 本节先描述离散时间线性动态系统及其最优滤波方法。假设某离散时间线性动态系统, 其中包含状态转移方程和观测方程, 分别如下式所示

$$\boldsymbol{x}_{k+1}=\boldsymbol{T}_k\boldsymbol{x}_k+\boldsymbol{\xi}_k \tag{14.1}$$

$$\boldsymbol{z}_k=\boldsymbol{A}_k\boldsymbol{x}_k+\boldsymbol{e}_k \tag{14.2}$$

式中, k 表示时间序列; $\boldsymbol{x}_k\in\mathbf{R}^{q\times 1}$ 表示 k 时刻系统状态向量; $\boldsymbol{T}_k\in\mathbf{R}^{q\times q}$ 表示系统状态转移矩阵; $\boldsymbol{\xi}_k\in\mathbf{R}^{q\times 1}$ 表示状态演化误差 (或称过程误差) 向量, 假设其是关于时间序列 k 的独立随机过程, 并且服从均值为零、协方差矩阵为 $\boldsymbol{\Omega}_k$ 的高斯分布; $\boldsymbol{z}_k\in\mathbf{R}^{p\times 1}$ 表示观测向量; $\boldsymbol{A}_k\in\mathbf{R}^{p\times q}$ 表示观测矩阵; $\boldsymbol{e}_k\in\mathbf{R}^{p\times 1}$ 表示观测误差向量, 假设其是关于时间序列 k 的独立随机过程, 并且服从均值为零、协方差矩阵为 $\boldsymbol{E}_k$ 的高斯分布。此外, 误差向量 $\boldsymbol{\xi}_k$ 与 $\boldsymbol{e}_k$ 相互间统计独立。

【注记 14.1】 式 (14.1) 称为系统状态转移方程, 式 (14.2) 称为系统观测方程, 当这两个方程都是关于系统状态向量 $\boldsymbol{x}_k$ 的线性模型时, 才能称其为线性动态系统。

对于式 (14.1) 和式 (14.2) 刻画的离散时间线性动态系统而言, 任意 k 时刻的系统状态向量 $\boldsymbol{x}_k$ 的最小均方误差估计值都可以通过递推的方式来获得, 具体结论可见以下命题。

【命题 14.1】 对于式 (14.1) 和式 (14.2) 刻画的离散时间线性动态系统, 若

初始状态 $\boldsymbol{x}_0$ 服从均值为 $\boldsymbol{\mu}_{\boldsymbol{x}_0}$、协方差矩阵为 $\boldsymbol{P}_0$ 的高斯分布, 为了能够在任意 k 时刻得到关于系统状态向量 $\boldsymbol{x}_k$ 的最小均方误差估计值, 可以通过以下步骤来实现。

步骤 1: 设置初始值

$$\hat{\boldsymbol{x}}_{0|0} = \boldsymbol{\mu}_{\boldsymbol{x}_0}; \quad \tilde{\boldsymbol{x}}_{0|0} = \boldsymbol{x}_0 - \hat{\boldsymbol{x}}_{0|0}; \quad \mathbf{COV}(\tilde{\boldsymbol{x}}_{0|0}) = \boldsymbol{P}_0 \tag{14.3}$$

并令 $k := 1$。

步骤 2: 计算系统状态向量 $\boldsymbol{x}_k$ 的一步提前预测值 $\hat{\boldsymbol{x}}_{k|k-1}$ 及其预测误差 $\tilde{\boldsymbol{x}}_{k|k-1}$ 的协方差矩阵 $\boldsymbol{P}_{k|k-1}$

$$\hat{\boldsymbol{x}}_{k|k-1} = \boldsymbol{T}_{k-1}\hat{\boldsymbol{x}}_{k-1|k-1}; \quad \tilde{\boldsymbol{x}}_{k|k-1} = \boldsymbol{x}_k - \hat{\boldsymbol{x}}_{k|k-1} \tag{14.4}$$

$$\boldsymbol{P}_{k|k-1} = \mathbf{COV}(\tilde{\boldsymbol{x}}_{k|k-1}) = \boldsymbol{T}_{k-1}\boldsymbol{P}_{k-1|k-1}\boldsymbol{T}_{k-1}^{\mathrm{T}} + \boldsymbol{\Omega}_{k-1} \tag{14.5}$$

步骤 3: 计算观测向量 $\boldsymbol{z}_k$ 的一步提前预测值 $\hat{\boldsymbol{z}}_{k|k-1}$ 及其预测误差 $\tilde{\boldsymbol{z}}_{k|k-1}$ 的协方差矩阵 $\boldsymbol{C}_{\tilde{\boldsymbol{z}}_{k|k-1}\tilde{\boldsymbol{z}}_{k|k-1}}$

$$\hat{\boldsymbol{z}}_{k|k-1} = \boldsymbol{A}_k\hat{\boldsymbol{x}}_{k|k-1}; \quad \tilde{\boldsymbol{z}}_{k|k-1} = \boldsymbol{z}_k - \hat{\boldsymbol{z}}_{k|k-1} \tag{14.6}$$

$$\boldsymbol{C}_{\tilde{\boldsymbol{z}}_{k|k-1}\tilde{\boldsymbol{z}}_{k|k-1}} = \mathbf{COV}(\tilde{\boldsymbol{z}}_{k|k-1}) = \boldsymbol{A}_k\boldsymbol{P}_{k|k-1}\boldsymbol{A}_k^{\mathrm{T}} + \boldsymbol{E}_k \tag{14.7}$$

步骤 4: 计算预测误差 $\tilde{\boldsymbol{x}}_{k|k-1}$ 与 $\tilde{\boldsymbol{z}}_{k|k-1}$ 之间的协方差矩阵 $\boldsymbol{C}_{\tilde{\boldsymbol{x}}_{k|k-1}\tilde{\boldsymbol{z}}_{k|k-1}}$ 和增益矩阵 $\boldsymbol{G}_k$

$$\boldsymbol{C}_{\tilde{\boldsymbol{x}}_{k|k-1}\tilde{\boldsymbol{z}}_{k|k-1}} = \mathbf{COV}(\tilde{\boldsymbol{x}}_{k|k-1}\ ,\ \tilde{\boldsymbol{z}}_{k|k-1}) = \boldsymbol{P}_{k|k-1}\boldsymbol{A}_k^{\mathrm{T}} \tag{14.8}$$

$$\boldsymbol{G}_k = \boldsymbol{C}_{\tilde{\boldsymbol{x}}_{k|k-1}\tilde{\boldsymbol{z}}_{k|k-1}}\boldsymbol{C}_{\tilde{\boldsymbol{z}}_{k|k-1}\tilde{\boldsymbol{z}}_{k|k-1}}^{-1} = \boldsymbol{P}_{k|k-1}\boldsymbol{A}_k^{\mathrm{T}}(\boldsymbol{A}_k\boldsymbol{P}_{k|k-1}\boldsymbol{A}_k^{\mathrm{T}} + \boldsymbol{E}_k)^{-1} \tag{14.9}$$

步骤 5: 计算系统状态向量 $\boldsymbol{x}_k$ 的滤波值 $\hat{\boldsymbol{x}}_{k|k}$ 及其滤波误差 $\tilde{\boldsymbol{x}}_{k|k}$ 的协方差矩阵 $\boldsymbol{P}_{k|k}$

$$\begin{aligned}\hat{\boldsymbol{x}}_{k|k} &= \hat{\boldsymbol{x}}_{k|k-1} + \boldsymbol{G}_k(\boldsymbol{z}_k - \hat{\boldsymbol{z}}_{k|k-1}) \\ &= \hat{\boldsymbol{x}}_{k|k-1} + \boldsymbol{G}_k(\boldsymbol{z}_k - \boldsymbol{A}_k\hat{\boldsymbol{x}}_{k|k-1}); \quad \tilde{\boldsymbol{x}}_{k|k} = \boldsymbol{x}_k - \hat{\boldsymbol{x}}_{k|k}\end{aligned} \tag{14.10}$$

$$\boldsymbol{P}_{k|k} = \mathbf{COV}(\tilde{\boldsymbol{x}}_{k|k}) = \boldsymbol{P}_{k|k-1} - \boldsymbol{P}_{k|k-1}\boldsymbol{A}_k^{\mathrm{T}}(\boldsymbol{A}_k\boldsymbol{P}_{k|k-1}\boldsymbol{A}_k^{\mathrm{T}} + \boldsymbol{E}_k)^{-1}\boldsymbol{A}_k\boldsymbol{P}_{k|k-1} \tag{14.11}$$

步骤 6: 令 $k := k + 1$, 并转至步骤 2。

【**证明**】见文献 [16]。

【**注记 14.2**】命题 14.1 中给出的方法称为标准卡尔曼滤波方法。

14.2 离散时间非线性动态系统

当系统状态转移方程和系统观测方程中至少存在 1 个是关于系统状态向量 $\boldsymbol{x}_k$ 的非线性模型时, 该系统就是非线性动态系统。下面描述非线性动态系统, 其中的状态转移方程和观测方程分别为①

$$\boldsymbol{x}_{k+1} = \boldsymbol{h}_k(\boldsymbol{x}_k) + \boldsymbol{\xi}_k \tag{14.12}$$

$$\boldsymbol{z}_k = \boldsymbol{f}_k(\boldsymbol{x}_k) + \boldsymbol{e}_k \tag{14.13}$$

式中, $\boldsymbol{h}_k(\cdot)$ 表示状态转移函数, 其是非线性函数; $\boldsymbol{f}_k(\cdot)$ 表示观测函数, 其是非线性函数; 其余变量的定义和统计假设同式 (14.1) 和式 (14.2)。

显然, 对于式 (14.12) 和式 (14.13) 描述的非线性动态系统而言, 命题 14.1 中给出的标准卡尔曼滤波方法是无法实施的, 此时需要利用非线性滤波方法进行求解。代表性的方法包括扩展卡尔曼滤波 (Extended Kalman Filtering, EKF) 方法、无迹卡尔曼滤波 (Unscented Kalman Filtering, UKF) 方法和贝叶斯滤波方法, 下面分别进行讨论。

14.3 扩展卡尔曼滤波方法

扩展卡尔曼滤波方法是标准卡尔曼滤波在非线性模型下的扩展形式, 它的基本思路是利用泰勒级数展开将非线性动态系统线性化, 然后采用标准卡尔曼滤波框架进行滤波。

14.3.1 扩展卡尔曼滤波方法的推导过程和计算步骤

本节先描述扩展卡尔曼滤波方法的推导过程, 再给出相应的计算步骤。

假设在 $k-1$ 时刻已经得到系统状态向量 $\boldsymbol{x}_{k-1}$ 的滤波值 $\hat{\boldsymbol{x}}_{k-1|k-1}$ 及其滤波误差 $\tilde{\boldsymbol{x}}_{k-1|k-1}$ 的协方差矩阵 $\boldsymbol{P}_{k-1|k-1} = \mathbf{COV}(\tilde{\boldsymbol{x}}_{k-1|k-1})$。对于任意 k 时刻, 若系统状态转移函数 $\boldsymbol{h}_k(\cdot)$ 均连续可导, 就可以利用一阶泰勒级数展开将其近似转化成线性函数, 如下式所示

$$\begin{aligned}\boldsymbol{x}_k &\approx \boldsymbol{h}_{k-1}(\hat{\boldsymbol{x}}_{k-1|k-1}) + \boldsymbol{H}_{k-1}(\boldsymbol{x}_{k-1} - \hat{\boldsymbol{x}}_{k-1|k-1}) + \boldsymbol{\xi}_{k-1} \\ &= \boldsymbol{h}_{k-1}(\hat{\boldsymbol{x}}_{k-1|k-1}) + \boldsymbol{H}_{k-1}\tilde{\boldsymbol{x}}_{k-1|k-1} + \boldsymbol{\xi}_{k-1}\end{aligned} \tag{14.14}$$

① 若 $\boldsymbol{h}_k(\cdot)$ 和 $\boldsymbol{f}_k(\cdot)$ 中仅有 1 个是线性函数, 该系统仍然是非线性系统。

式中, $\tilde{\boldsymbol{x}}_{k-1|k-1}=\boldsymbol{x}_{k-1}-\hat{\boldsymbol{x}}_{k-1|k-1}$, $\boldsymbol{H}_{k-1}=\left.\frac{\partial \boldsymbol{h}_{k-1}(\boldsymbol{x}_{k-1})}{\partial \boldsymbol{x}_{k-1}^{\mathrm{T}}}\right|_{\boldsymbol{x}_{k-1}=\hat{\boldsymbol{x}}_{k-1|k-1}} \in \mathbf{R}^{q\times q}$ 表示函数 $\boldsymbol{h}_{k-1}(\cdot)$ 的 Jacobi 矩阵在向量 $\hat{\boldsymbol{x}}_{k-1|k-1}$ 处的取值。此时 k 时刻系统状态向量 $\boldsymbol{x}_k$ 的一步提前预测值 $\hat{\boldsymbol{x}}_{k|k-1}$ 及其预测误差 $\tilde{\boldsymbol{x}}_{k|k-1}$ 可以分别表示为

$$\begin{cases}\hat{\boldsymbol{x}}_{k|k-1}=\boldsymbol{h}_{k-1}(\hat{\boldsymbol{x}}_{k-1|k-1})\\ \tilde{\boldsymbol{x}}_{k|k-1}=\boldsymbol{x}_k-\hat{\boldsymbol{x}}_{k|k-1}\approx \boldsymbol{H}_{k-1}\tilde{\boldsymbol{x}}_{k-1|k-1}+\boldsymbol{\xi}_{k-1}\end{cases} \tag{14.15}$$

于是预测误差 $\tilde{\boldsymbol{x}}_{k|k-1}$ 的协方差矩阵为

$$\begin{aligned}\boldsymbol{P}_{k|k-1}&=\mathbf{COV}(\tilde{\boldsymbol{x}}_{k|k-1})=\mathbf{E}[\tilde{\boldsymbol{x}}_{k|k-1}\tilde{\boldsymbol{x}}_{k|k-1}^{\mathrm{T}}]\\ &\approx \boldsymbol{H}_{k-1}\mathbf{E}[\tilde{\boldsymbol{x}}_{k-1|k-1}\tilde{\boldsymbol{x}}_{k-1|k-1}^{\mathrm{T}}]\boldsymbol{H}_{k-1}^{\mathrm{T}}+\mathbf{E}[\boldsymbol{\xi}_{k-1}\boldsymbol{\xi}_{k-1}^{\mathrm{T}}]\\ &=\boldsymbol{H}_{k-1}\boldsymbol{P}_{k-1|k-1}\boldsymbol{H}_{k-1}^{\mathrm{T}}+\boldsymbol{\Omega}_{k-1}\end{aligned} \tag{14.16}$$

类似地, 对于任意 k 时刻, 若系统观测函数 $\boldsymbol{f}_k(\cdot)$ 均连续可导, 就可以利用一阶泰勒级数展开将其近似转化成线性函数, 即

$$\boldsymbol{z}_k\approx \boldsymbol{f}_k(\hat{\boldsymbol{x}}_{k|k-1})+\boldsymbol{F}_k(\boldsymbol{x}_k-\hat{\boldsymbol{x}}_{k|k-1})+\boldsymbol{e}_k=\boldsymbol{f}_k(\hat{\boldsymbol{x}}_{k|k-1})+\boldsymbol{F}_k\tilde{\boldsymbol{x}}_{k|k-1}+\boldsymbol{e}_k \tag{14.17}$$

式中, $\boldsymbol{F}_k=\left.\frac{\partial \boldsymbol{f}_k(\boldsymbol{x}_k)}{\partial \boldsymbol{x}_k^{\mathrm{T}}}\right|_{\boldsymbol{x}_k=\hat{\boldsymbol{x}}_{k|k-1}}\in \mathbf{R}^{p\times q}$ 表示函数 $\boldsymbol{f}_k(\cdot)$ 的 Jacobi 矩阵在向量 $\hat{\boldsymbol{x}}_{k|k-1}$ 处的取值。此时 k 时刻观测向量 $\boldsymbol{z}_k$ 的一步提前预测值 $\hat{\boldsymbol{z}}_{k|k-1}$ 及其预测误差 $\tilde{\boldsymbol{z}}_{k|k-1}$ 可以分别表示为

$$\begin{cases}\hat{\boldsymbol{z}}_{k|k-1}=\boldsymbol{f}_k(\hat{\boldsymbol{x}}_{k|k-1})\\ \tilde{\boldsymbol{z}}_{k|k-1}=\boldsymbol{z}_k-\hat{\boldsymbol{z}}_{k|k-1}\approx \boldsymbol{F}_k\tilde{\boldsymbol{x}}_{k|k-1}+\boldsymbol{e}_k\end{cases} \tag{14.18}$$

于是预测误差 $\tilde{\boldsymbol{z}}_{k|k-1}$ 的协方差矩阵为

$$\begin{aligned}\boldsymbol{C}_{\tilde{\boldsymbol{z}}_{k|k-1}\tilde{\boldsymbol{z}}_{k|k-1}}&=\mathbf{COV}(\tilde{\boldsymbol{z}}_{k|k-1})=\mathbf{E}[\tilde{\boldsymbol{z}}_{k|k-1}\tilde{\boldsymbol{z}}_{k|k-1}^{\mathrm{T}}]\\ &\approx \boldsymbol{F}_k\mathbf{E}[\tilde{\boldsymbol{x}}_{k|k-1}\tilde{\boldsymbol{x}}_{k|k-1}^{\mathrm{T}}]\boldsymbol{F}_k^{\mathrm{T}}+\mathbf{E}[\boldsymbol{e}_k\boldsymbol{e}_k^{\mathrm{T}}]\\ &=\boldsymbol{F}_k\boldsymbol{P}_{k|k-1}\boldsymbol{F}_k^{\mathrm{T}}+\boldsymbol{E}_k\end{aligned} \tag{14.19}$$

由式 (14.18) 中的第 2 个等式可知, 预测误差 $\tilde{\boldsymbol{x}}_{k|k-1}$ 与 $\tilde{\boldsymbol{z}}_{k|k-1}$ 之间的协方差矩阵为

$$\boldsymbol{C}_{\tilde{\boldsymbol{x}}_{k|k-1}\tilde{\boldsymbol{z}}_{k|k-1}}=\mathbf{COV}(\tilde{\boldsymbol{x}}_{k|k-1}\ ,\ \tilde{\boldsymbol{z}}_{k|k-1})=\mathbf{E}[\tilde{\boldsymbol{x}}_{k|k-1}\tilde{\boldsymbol{z}}_{k|k-1}^{\mathrm{T}}]$$

$$\approx \mathbf{E}[\tilde{\boldsymbol{x}}_{k|k-1}\tilde{\boldsymbol{x}}_{k|k-1}^{\mathrm{T}}]\boldsymbol{F}_k^{\mathrm{T}} + \mathbf{E}[\tilde{\boldsymbol{x}}_{k|k-1}\boldsymbol{e}_k^{\mathrm{T}}] = \boldsymbol{P}_{k|k-1}\boldsymbol{F}_k^{\mathrm{T}} \tag{14.20}$$

此时的增益矩阵可以表示为

$$\boldsymbol{G}_k = \boldsymbol{C}_{\tilde{\boldsymbol{x}}_{k|k-1}\tilde{\boldsymbol{z}}_{k|k-1}}\boldsymbol{C}_{\tilde{\boldsymbol{z}}_{k|k-1}\tilde{\boldsymbol{z}}_{k|k-1}}^{-1} = \boldsymbol{P}_{k|k-1}\boldsymbol{F}_k^{\mathrm{T}}(\boldsymbol{F}_k\boldsymbol{P}_{k|k-1}\boldsymbol{F}_k^{\mathrm{T}} + \boldsymbol{E}_k)^{-1} \tag{14.21}$$

在 k 时刻系统状态向量 $\boldsymbol{x}_k$ 的滤波值 $\hat{\boldsymbol{x}}_{k|k}$ 及其滤波误差 $\tilde{\boldsymbol{x}}_{k|k}$ 可以分别表示为

$$\begin{cases} \hat{\boldsymbol{x}}_{k|k} = \hat{\boldsymbol{x}}_{k|k-1} + \boldsymbol{G}_k(\boldsymbol{z}_k - \hat{\boldsymbol{z}}_{k|k-1}) = \hat{\boldsymbol{x}}_{k|k-1} + \boldsymbol{G}_k(\boldsymbol{z}_k - \boldsymbol{f}_k(\hat{\boldsymbol{x}}_{k|k-1})) \\ \tilde{\boldsymbol{x}}_{k|k} = \boldsymbol{x}_k - \hat{\boldsymbol{x}}_{k|k} = \tilde{\boldsymbol{x}}_{k|k-1} - \boldsymbol{G}_k\tilde{\boldsymbol{z}}_{k|k-1} \end{cases} \tag{14.22}$$

滤波误差 $\tilde{\boldsymbol{x}}_{k|k}$ 的协方差矩阵为

$$\begin{aligned} \boldsymbol{P}_{k|k} &= \mathbf{E}[\tilde{\boldsymbol{x}}_{k|k}\tilde{\boldsymbol{x}}_{k|k}^{\mathrm{T}}] = \mathbf{E}[(\tilde{\boldsymbol{x}}_{k|k-1} - \boldsymbol{G}_k\tilde{\boldsymbol{z}}_{k|k-1})(\tilde{\boldsymbol{x}}_{k|k-1} - \boldsymbol{G}_k\tilde{\boldsymbol{z}}_{k|k-1})^{\mathrm{T}}] \\ &= \mathbf{E}[\tilde{\boldsymbol{x}}_{k|k-1}\tilde{\boldsymbol{x}}_{k|k-1}^{\mathrm{T}}] - \mathbf{E}[\tilde{\boldsymbol{x}}_{k|k-1}\tilde{\boldsymbol{z}}_{k|k-1}^{\mathrm{T}}]\boldsymbol{G}_k^{\mathrm{T}} \\ &\quad - \boldsymbol{G}_k\mathbf{E}[\tilde{\boldsymbol{z}}_{k|k-1}\tilde{\boldsymbol{x}}_{k|k-1}^{\mathrm{T}}] + \boldsymbol{G}_k\mathbf{E}[\tilde{\boldsymbol{z}}_{k|k-1}\tilde{\boldsymbol{z}}_{k|k-1}^{\mathrm{T}}]\boldsymbol{G}_k^{\mathrm{T}} \\ &\approx \boldsymbol{P}_{k|k-1} - \boldsymbol{P}_{k|k-1}\boldsymbol{F}_k^{\mathrm{T}}\boldsymbol{G}_k^{\mathrm{T}} - \boldsymbol{G}_k\boldsymbol{F}_k\boldsymbol{P}_{k|k-1} + \boldsymbol{G}_k(\boldsymbol{F}_k\boldsymbol{P}_{k|k-1}\boldsymbol{F}_k^{\mathrm{T}} + \boldsymbol{E}_k)\boldsymbol{G}_k^{\mathrm{T}} \\ &= \boldsymbol{P}_{k|k-1} - \boldsymbol{P}_{k|k-1}\boldsymbol{F}_k^{\mathrm{T}}(\boldsymbol{F}_k\boldsymbol{P}_{k|k-1}\boldsymbol{F}_k^{\mathrm{T}} + \boldsymbol{E}_k)^{-1}\boldsymbol{F}_k\boldsymbol{P}_{k|k-1} \end{aligned} \tag{14.23}$$

式中, 第 4 个约等号利用了式 (14.19) 和式 (14.20), 第 5 个等号利用了式 (14.21)。

【注记 14.3】 结合式 (14.19)、式 (14.21) 和式 (14.23) 可知, 协方差矩阵 $\boldsymbol{P}_{k|k}$ 还可以近似表示为

$$\boldsymbol{P}_{k|k} \approx \boldsymbol{P}_{k|k-1} - \boldsymbol{G}_k\boldsymbol{C}_{\tilde{\boldsymbol{z}}_{k|k-1}\tilde{\boldsymbol{z}}_{k|k-1}}\boldsymbol{G}_k^{\mathrm{T}} \tag{14.24}$$

基于上述讨论, 下面总结扩展卡尔曼滤波方法的计算步骤。

步骤 1: 设置初始值

$$\hat{\boldsymbol{x}}_{0|0} = \boldsymbol{\mu}_{\boldsymbol{x}_0}; \quad \tilde{\boldsymbol{x}}_{0|0} = \boldsymbol{x}_0 - \hat{\boldsymbol{x}}_{0|0}; \quad \mathbf{COV}(\tilde{\boldsymbol{x}}_{0|0}) = \boldsymbol{P}_0 \tag{14.25}$$

并令 $k := 1$。

步骤 2: 计算系统状态向量 $\boldsymbol{x}_k$ 的一步提前预测值 $\hat{\boldsymbol{x}}_{k|k-1}$ 及其预测误差 $\tilde{\boldsymbol{x}}_{k|k-1}$ 的协方差矩阵 $\boldsymbol{P}_{k|k-1}$

$$\hat{\boldsymbol{x}}_{k|k-1} = \boldsymbol{h}_{k-1}(\hat{\boldsymbol{x}}_{k-1|k-1}); \quad \tilde{\boldsymbol{x}}_{k|k-1} = \boldsymbol{x}_k - \hat{\boldsymbol{x}}_{k|k-1} \tag{14.26}$$

$$\boldsymbol{P}_{k|k-1} = \mathbf{COV}(\tilde{\boldsymbol{x}}_{k|k-1}) \approx \boldsymbol{H}_{k-1}\boldsymbol{P}_{k-1|k-1}\boldsymbol{H}_{k-1}^{\mathrm{T}} + \boldsymbol{\Omega}_{k-1} \tag{14.27}$$

步骤 3: 计算观测向量 $\boldsymbol{z}_k$ 的一步提前预测值 $\hat{\boldsymbol{z}}_{k|k-1}$ 及其预测误差 $\tilde{\boldsymbol{z}}_{k|k-1}$ 的协方差矩阵 $\boldsymbol{C}_{\tilde{\boldsymbol{z}}_{k|k-1}\tilde{\boldsymbol{z}}_{k|k-1}}$

$$\hat{\boldsymbol{z}}_{k|k-1}=\boldsymbol{f}_k(\hat{\boldsymbol{x}}_{k|k-1});\quad \tilde{\boldsymbol{z}}_{k|k-1}=\boldsymbol{z}_k-\hat{\boldsymbol{z}}_{k|k-1} \tag{14.28}$$

$$\boldsymbol{C}_{\tilde{\boldsymbol{z}}_{k|k-1}\tilde{\boldsymbol{z}}_{k|k-1}}=\mathbf{COV}(\tilde{\boldsymbol{z}}_{k|k-1})\approx\boldsymbol{F}_k\boldsymbol{P}_{k|k-1}\boldsymbol{F}_k^{\mathrm{T}}+\boldsymbol{E}_k \tag{14.29}$$

步骤 4: 计算预测误差 $\tilde{\boldsymbol{x}}_{k|k-1}$ 与 $\tilde{\boldsymbol{z}}_{k|k-1}$ 之间的协方差矩阵 $\boldsymbol{C}_{\tilde{\boldsymbol{x}}_{k|k-1}\tilde{\boldsymbol{z}}_{k|k-1}}$ 和增益矩阵 $\boldsymbol{G}_k$

$$\boldsymbol{C}_{\tilde{\boldsymbol{x}}_{k|k-1}\tilde{\boldsymbol{z}}_{k|k-1}}=\mathbf{COV}(\tilde{\boldsymbol{x}}_{k|k-1}\,,\,\tilde{\boldsymbol{z}}_{k|k-1})\approx\boldsymbol{P}_{k|k-1}\boldsymbol{F}_k^{\mathrm{T}} \tag{14.30}$$

$$\boldsymbol{G}_k=\boldsymbol{C}_{\tilde{\boldsymbol{x}}_{k|k-1}\tilde{\boldsymbol{z}}_{k|k-1}}\boldsymbol{C}^{-1}_{\tilde{\boldsymbol{z}}_{k|k-1}\tilde{\boldsymbol{z}}_{k|k-1}}=\boldsymbol{P}_{k|k-1}\boldsymbol{F}_k^{\mathrm{T}}(\boldsymbol{F}_k\boldsymbol{P}_{k|k-1}\boldsymbol{F}_k^{\mathrm{T}}+\boldsymbol{E}_k)^{-1} \tag{14.31}$$

步骤 5: 计算系统状态向量 $\boldsymbol{x}_k$ 的滤波值 $\hat{\boldsymbol{x}}_{k|k}$ 和滤波误差 $\tilde{\boldsymbol{x}}_{k|k}$ 的协方差矩阵 $\boldsymbol{P}_{k|k}$

$$\begin{aligned}\hat{\boldsymbol{x}}_{k|k}&=\hat{\boldsymbol{x}}_{k|k-1}+\boldsymbol{G}_k(\boldsymbol{z}_k-\hat{\boldsymbol{z}}_{k|k-1})\\&=\hat{\boldsymbol{x}}_{k|k-1}+\boldsymbol{G}_k(\boldsymbol{z}_k-\boldsymbol{f}_k(\hat{\boldsymbol{x}}_{k|k-1}));\quad \tilde{\boldsymbol{x}}_{k|k}=\boldsymbol{x}_k-\hat{\boldsymbol{x}}_{k|k}\end{aligned} \tag{14.32}$$

$$\boldsymbol{P}_{k|k}=\mathbf{COV}(\tilde{\boldsymbol{x}}_{k|k})\approx\boldsymbol{P}_{k|k-1}-\boldsymbol{P}_{k|k-1}\boldsymbol{F}_k^{\mathrm{T}}(\boldsymbol{F}_k\boldsymbol{P}_{k|k-1}\boldsymbol{F}_k^{\mathrm{T}}+\boldsymbol{E}_k)^{-1}\boldsymbol{F}_k\boldsymbol{P}_{k|k-1} \tag{14.33}$$

步骤 6: 令 $k:=k+1$, 并转至步骤 2。

【注记 14.4】 扩展卡尔曼滤波方法与标准卡尔曼滤波方法的计算步骤十分相似, 主要区别在于, 扩展卡尔曼滤波方法需要计算非线性函数 $\boldsymbol{h}_k(\cdot)$ 和 $\boldsymbol{f}_k(\cdot)$ 的 Jacobi 矩阵。

14.3.2 改进的扩展卡尔曼滤波方法

扩展卡尔曼滤波方法的计算步骤比较简单, 并且也能取得一定的滤波精度, 但是在实际应用中仍然存在一些问题。事实上, 当动态系统的非线性程度较强时, 一阶泰勒级数展开所产生的误差会较为显著, 这不仅会导致滤波精度的下降, 还有可能导致滤波发散。为了克服扩展卡尔曼滤波方法中的问题, 人们提出了很多改进的扩展卡尔曼滤波方法①, 本节讨论两种具有代表性的方法, 分别为二阶扩展卡尔曼滤波方法和迭代扩展卡尔曼滤波 (Iterative Extended Kalman Filtering, IEKF) 方法。

① 为了与改进的扩展卡尔曼滤波方法区分开, 下面将第 14.3.1 节中描述的方法称为基本扩展卡尔曼滤波方法。

1. 二阶扩展卡尔曼滤波方法

二阶扩展卡尔曼滤波方法的基本思路是利用二阶泰勒级数展开代替原方法中的一阶泰勒级数展开, 此时可以将式 (14.14) 和式 (14.17) 分别修正为

$$\begin{aligned}
\boldsymbol{x}_k &\approx \boldsymbol{h}_{k-1}(\hat{\boldsymbol{x}}_{k-1|k-1}) + \boldsymbol{H}_{k-1}(\boldsymbol{x}_{k-1} - \hat{\boldsymbol{x}}_{k-1|k-1}) \\
&\quad + \frac{1}{2}\sum_{j=1}^{q} \boldsymbol{i}_q^{(j)}(\boldsymbol{x}_{k-1} - \hat{\boldsymbol{x}}_{k-1|k-1})^{\mathrm{T}} \nabla_{xx}^2 h_{k-1}^{(j)}(\hat{\boldsymbol{x}}_{k-1|k-1})(\boldsymbol{x}_{k-1} - \hat{\boldsymbol{x}}_{k-1|k-1}) + \boldsymbol{\xi}_{k-1} \\
&= \boldsymbol{h}_{k-1}(\hat{\boldsymbol{x}}_{k-1|k-1}) + \boldsymbol{H}_{k-1}\tilde{\boldsymbol{x}}_{k-1|k-1} \\
&\quad + \frac{1}{2}\sum_{j=1}^{q} \boldsymbol{i}_q^{(j)} \tilde{\boldsymbol{x}}_{k-1|k-1}^{\mathrm{T}} \nabla_{xx}^2 h_{k-1}^{(j)}(\hat{\boldsymbol{x}}_{k-1|k-1})\tilde{\boldsymbol{x}}_{k-1|k-1} + \boldsymbol{\xi}_{k-1} \\
&= \boldsymbol{h}_{k-1}(\hat{\boldsymbol{x}}_{k-1|k-1}) + \boldsymbol{H}_{k-1}\tilde{\boldsymbol{x}}_{k-1|k-1} \\
&\quad + \frac{1}{2}\sum_{j=1}^{q} \boldsymbol{i}_q^{(j)} \mathrm{tr}[\nabla_{xx}^2 h_{k-1}^{(j)}(\hat{\boldsymbol{x}}_{k-1|k-1})\tilde{\boldsymbol{x}}_{k-1|k-1}\tilde{\boldsymbol{x}}_{k-1|k-1}^{\mathrm{T}}] + \boldsymbol{\xi}_{k-1}
\end{aligned} \tag{14.34}$$

$$\begin{aligned}
\boldsymbol{z}_k &\approx \boldsymbol{f}_k(\hat{\boldsymbol{x}}_{k|k-1}) + \boldsymbol{F}_k(\boldsymbol{x}_k - \hat{\boldsymbol{x}}_{k|k-1}) \\
&\quad + \frac{1}{2}\sum_{j=1}^{p} \boldsymbol{i}_p^{(j)}(\boldsymbol{x}_k - \hat{\boldsymbol{x}}_{k|k-1})^{\mathrm{T}} \nabla_{xx}^2 f_k^{(j)}(\hat{\boldsymbol{x}}_{k|k-1})(\boldsymbol{x}_k - \hat{\boldsymbol{x}}_{k|k-1}) + \boldsymbol{e}_k \\
&= \boldsymbol{f}_k(\hat{\boldsymbol{x}}_{k|k-1}) + \boldsymbol{F}_k\tilde{\boldsymbol{x}}_{k|k-1} + \frac{1}{2}\sum_{j=1}^{p} \boldsymbol{i}_p^{(j)} \tilde{\boldsymbol{x}}_{k|k-1}^{\mathrm{T}} \nabla_{xx}^2 f_k^{(j)}(\hat{\boldsymbol{x}}_{k|k-1})\tilde{\boldsymbol{x}}_{k|k-1} + \boldsymbol{e}_k \\
&= \boldsymbol{f}_k(\hat{\boldsymbol{x}}_{k|k-1}) + \boldsymbol{F}_k\tilde{\boldsymbol{x}}_{k|k-1} + \frac{1}{2}\sum_{j=1}^{p} \boldsymbol{i}_p^{(j)} \mathrm{tr}[\nabla_{xx}^2 f_k^{(j)}(\hat{\boldsymbol{x}}_{k|k-1})\tilde{\boldsymbol{x}}_{k|k-1}\tilde{\boldsymbol{x}}_{k|k-1}^{\mathrm{T}}] + \boldsymbol{e}_k
\end{aligned} \tag{14.35}$$

式中, $h_{k-1}^{(j)}(\cdot)$ 表示向量函数 $\boldsymbol{h}_{k-1}(\cdot)$ 中的第 j 个函数分量, $\nabla_{xx}^2 h_{k-1}^{(j)}(\hat{\boldsymbol{x}}_{k-1|k-1}) = \left.\frac{\partial^2 h_{k-1}^{(j)}(\boldsymbol{x}_{k-1})}{\partial \boldsymbol{x}_{k-1}\partial \boldsymbol{x}_{k-1}^{\mathrm{T}}}\right|_{\boldsymbol{x}_{k-1}=\hat{\boldsymbol{x}}_{k-1|k-1}} \in \mathbf{R}^{q\times q}$ 表示函数 $h_{k-1}^{(j)}(\cdot)$ 的 Hesse 矩阵在向量 $\hat{\boldsymbol{x}}_{k-1|k-1}$ 处的取值, $f_k^{(j)}(\cdot)$ 表示向量函数 $\boldsymbol{f}_k(\cdot)$ 中的第 j 个函数分量, $\nabla_{xx}^2 f_k^{(j)}(\hat{\boldsymbol{x}}_{k|k-1}) = \left.\frac{\partial^2 f_k^{(j)}(\boldsymbol{x}_k)}{\partial \boldsymbol{x}_k\partial \boldsymbol{x}_k^{\mathrm{T}}}\right|_{\boldsymbol{x}_k=\hat{\boldsymbol{x}}_{k|k-1}} \in \mathbf{R}^{q\times q}$ 表示函数 $f_k^{(j)}(\cdot)$ 的 Hesse 矩阵在向量 $\hat{\boldsymbol{x}}_{k|k-1}$ 处的取值。

根据式 (14.34) 和式 (14.35) 可知, 系统状态向量 $\boldsymbol{x}_k$ 和观测向量 $\boldsymbol{z}_k$ 的一步

提前预测值可以分别表示为

$$\hat{\boldsymbol{x}}_{k|k-1}=\boldsymbol{h}_{k-1}(\hat{\boldsymbol{x}}_{k-1|k-1})+\frac{1}{2}\sum_{j=1}^{q}\boldsymbol{i}_q^{(j)}\mathrm{tr}[\nabla_{xx}^2 h_{k-1}^{(j)}(\hat{\boldsymbol{x}}_{k-1|k-1})\boldsymbol{P}_{k-1|k-1}] \tag{14.36}$$

$$\hat{\boldsymbol{z}}_{k|k-1}=\boldsymbol{f}_k(\hat{\boldsymbol{x}}_{k|k-1})+\frac{1}{2}\sum_{j=1}^{p}\boldsymbol{i}_p^{(j)}\mathrm{tr}[\nabla_{xx}^2 f_k^{(j)}(\hat{\boldsymbol{x}}_{k|k-1})\boldsymbol{P}_{k|k-1}] \tag{14.37}$$

式 (14.36) 中利用矩阵 $\boldsymbol{P}_{k-1|k-1}=\mathbf{E}[\tilde{\boldsymbol{x}}_{k-1|k-1}\tilde{\boldsymbol{x}}_{k-1|k-1}^{\mathrm{T}}]$ 代替式 (14.34) 中的矩阵 $\tilde{\boldsymbol{x}}_{k-1|k-1}\tilde{\boldsymbol{x}}_{k-1|k-1}^{\mathrm{T}}$; 式 (14.37) 中利用矩阵 $\boldsymbol{P}_{k|k-1}=\mathbf{E}[\tilde{\boldsymbol{x}}_{k|k-1}\tilde{\boldsymbol{x}}_{k|k-1}^{\mathrm{T}}]$ 代替式 (14.35) 中的矩阵 $\tilde{\boldsymbol{x}}_{k|k-1}\tilde{\boldsymbol{x}}_{k|k-1}^{\mathrm{T}}$。采用这种处理方式的原因在于, 在滤波过程中矩阵 $\tilde{\boldsymbol{x}}_{k-1|k-1}\tilde{\boldsymbol{x}}_{k-1|k-1}^{\mathrm{T}}$ 和 $\tilde{\boldsymbol{x}}_{k|k-1}\tilde{\boldsymbol{x}}_{k|k-1}^{\mathrm{T}}$ 均无法获得, 而矩阵 $\boldsymbol{P}_{k-1|k-1}$ 和 $\boldsymbol{P}_{k|k-1}$ 可以近似求得。二阶扩展卡尔曼滤波方法中的其他矩阵递推公式与基本扩展卡尔曼滤波方法相同。

基于上述讨论, 下面总结二阶扩展卡尔曼滤波方法的计算步骤。

步骤 1: 设置初始值

$$\hat{\boldsymbol{x}}_{0|0}=\boldsymbol{\mu}_{\boldsymbol{x}_0};\quad \tilde{\boldsymbol{x}}_{0|0}=\boldsymbol{x}_0-\hat{\boldsymbol{x}}_{0|0};\quad \mathbf{COV}(\tilde{\boldsymbol{x}}_{0|0})=\boldsymbol{P}_0 \tag{14.38}$$

并令 $k:=1$。

步骤 2: 计算系统状态向量 $\boldsymbol{x}_k$ 的一步提前预测值 $\hat{\boldsymbol{x}}_{k|k-1}$ 及其预测误差 $\tilde{\boldsymbol{x}}_{k|k-1}$ 的协方差矩阵 $\boldsymbol{P}_{k|k-1}$

$$\begin{cases}\hat{\boldsymbol{x}}_{k|k-1}=\boldsymbol{h}_{k-1}(\hat{\boldsymbol{x}}_{k-1|k-1})+\dfrac{1}{2}\displaystyle\sum_{j=1}^{q}\boldsymbol{i}_q^{(j)}\mathrm{tr}[\nabla_{xx}^2 h_{k-1}^{(j)}(\hat{\boldsymbol{x}}_{k-1|k-1})\boldsymbol{P}_{k-1|k-1}]\\ \tilde{\boldsymbol{x}}_{k|k-1}=\boldsymbol{x}_k-\hat{\boldsymbol{x}}_{k|k-1}\end{cases} \tag{14.39}$$

$$\boldsymbol{P}_{k|k-1}=\mathbf{COV}(\tilde{\boldsymbol{x}}_{k|k-1})\approx\boldsymbol{H}_{k-1}\boldsymbol{P}_{k-1|k-1}\boldsymbol{H}_{k-1}^{\mathrm{T}}+\boldsymbol{\Omega}_{k-1} \tag{14.40}$$

步骤 3: 计算观测向量 $\boldsymbol{z}_k$ 的一步提前预测值 $\hat{\boldsymbol{z}}_{k|k-1}$ 及其预测误差 $\tilde{\boldsymbol{z}}_{k|k-1}$ 的协方差矩阵 $\boldsymbol{C}_{\tilde{\boldsymbol{z}}_{k|k-1}\tilde{\boldsymbol{z}}_{k|k-1}}$

$$\begin{cases}\hat{\boldsymbol{z}}_{k|k-1}=\boldsymbol{f}_k(\hat{\boldsymbol{x}}_{k|k-1})+\dfrac{1}{2}\displaystyle\sum_{j=1}^{p}\boldsymbol{i}_p^{(j)}\mathrm{tr}[\nabla_{xx}^2 f_k^{(j)}(\hat{\boldsymbol{x}}_{k|k-1})\boldsymbol{P}_{k|k-1}]\\ \tilde{\boldsymbol{z}}_{k|k-1}=\boldsymbol{z}_k-\hat{\boldsymbol{z}}_{k|k-1}\end{cases} \tag{14.41}$$

$$\boldsymbol{C}_{\tilde{\boldsymbol{z}}_{k|k-1}\tilde{\boldsymbol{z}}_{k|k-1}}=\mathbf{COV}(\tilde{\boldsymbol{z}}_{k|k-1})\approx\boldsymbol{F}_k\boldsymbol{P}_{k|k-1}\boldsymbol{F}_k^{\mathrm{T}}+\boldsymbol{E}_k \tag{14.42}$$

步骤 4: 计算预测误差 $\tilde{\boldsymbol{x}}_{k|k-1}$ 与 $\tilde{\boldsymbol{z}}_{k|k-1}$ 之间的协方差矩阵 $\boldsymbol{C}_{\tilde{\boldsymbol{x}}_{k|k-1}\tilde{\boldsymbol{z}}_{k|k-1}}$ 和增益矩阵 $\boldsymbol{G}_k$

$$\boldsymbol{C}_{\tilde{\boldsymbol{x}}_{k|k-1}\tilde{\boldsymbol{z}}_{k|k-1}} = \mathbf{COV}(\tilde{\boldsymbol{x}}_{k|k-1}\ ,\ \tilde{\boldsymbol{z}}_{k|k-1}) \approx \boldsymbol{P}_{k|k-1}\boldsymbol{F}_k^{\mathrm{T}} \tag{14.43}$$

$$\boldsymbol{G}_k = \boldsymbol{C}_{\tilde{\boldsymbol{x}}_{k|k-1}\tilde{\boldsymbol{z}}_{k|k-1}}\boldsymbol{C}_{\tilde{\boldsymbol{z}}_{k|k-1}\tilde{\boldsymbol{z}}_{k|k-1}}^{-1} = \boldsymbol{P}_{k|k-1}\boldsymbol{F}_k^{\mathrm{T}}(\boldsymbol{F}_k\boldsymbol{P}_{k|k-1}\boldsymbol{F}_k^{\mathrm{T}} + \boldsymbol{E}_k)^{-1} \tag{14.44}$$

步骤 5: 计算系统状态向量 $\boldsymbol{x}_k$ 的滤波值 $\hat{\boldsymbol{x}}_{k|k}$ 及其滤波误差 $\tilde{\boldsymbol{x}}_{k|k}$ 的协方差矩阵 $\boldsymbol{P}_{k|k}$

$$\begin{cases} \hat{\boldsymbol{x}}_{k|k} = \hat{\boldsymbol{x}}_{k|k-1} + \boldsymbol{G}_k(\boldsymbol{z}_k - \hat{\boldsymbol{z}}_{k|k-1}) = \hat{\boldsymbol{x}}_{k|k-1} \\ \qquad + \boldsymbol{G}_k\left(\boldsymbol{z}_k - \boldsymbol{f}_k(\hat{\boldsymbol{x}}_{k|k-1}) - \dfrac{1}{2}\displaystyle\sum_{j=1}^{p}\boldsymbol{i}_p^{(j)}\mathrm{tr}[\nabla_{xx}^2 f_k^{(j)}(\hat{\boldsymbol{x}}_{k|k-1})\boldsymbol{P}_{k|k-1}]\right) \\ \tilde{\boldsymbol{x}}_{k|k} = \boldsymbol{x}_k - \hat{\boldsymbol{x}}_{k|k} \end{cases} \tag{14.45}$$

$$\boldsymbol{P}_{k|k} = \mathbf{COV}(\tilde{\boldsymbol{x}}_{k|k}) \approx \boldsymbol{P}_{k|k-1} - \boldsymbol{P}_{k|k-1}\boldsymbol{F}_k^{\mathrm{T}}(\boldsymbol{F}_k\boldsymbol{P}_{k|k-1}\boldsymbol{F}_k^{\mathrm{T}} + \boldsymbol{E}_k)^{-1}\boldsymbol{F}_k\boldsymbol{P}_{k|k-1} \tag{14.46}$$

步骤 6: 令 $k := k + 1$, 并转至步骤 2。

【注记 14.5】与基本扩展卡尔曼滤波方法相比, 二阶扩展卡尔曼滤波方法的复杂之处在于, 需要计算非线性函数 $\boldsymbol{h}_k(\cdot)$ 和 $\boldsymbol{f}_k(\cdot)$ 中的每个函数分量的 Hesse 矩阵。

2. 迭代扩展卡尔曼滤波方法

迭代扩展卡尔曼滤波方法是在基本扩展卡尔曼滤波方法的基础上引入迭代滤波理论, 通过重复利用观测信息来提高估计精度。该方法的基本思路可以描述为, 在 k 时刻, 首先利用基本扩展卡尔曼滤波方法获得的滤波值 $\hat{\boldsymbol{x}}_{k|k}$ 和滤波误差的协方差矩阵 $\boldsymbol{P}_{k|k}$ 分别代替一步提前预测值 $\hat{\boldsymbol{x}}_{k|k-1}$ 和预测误差的协方差矩阵 $\boldsymbol{P}_{k|k-1}$, 然后利用基本扩展卡尔曼滤波方法进行递推计算, 接着再次利用新的滤波值和滤波误差的协方差矩阵分别代替一步提前预测值和预测误差的协方差矩阵, 如此反复, 直至收敛为止。

基于上述思路, 下面总结迭代扩展卡尔曼滤波方法的计算步骤。

步骤 1: 设置初始值

$$\hat{\boldsymbol{x}}_{0|0} = \boldsymbol{\mu}_{\boldsymbol{x}_0};\quad \tilde{\boldsymbol{x}}_{0|0} = \boldsymbol{x}_0 - \hat{\boldsymbol{x}}_{0|0};\quad \mathbf{COV}(\tilde{\boldsymbol{x}}_{0|0}) = \boldsymbol{P}_0 \tag{14.47}$$

并令 $k := 1$。

步骤 2: 令迭代序数 $i := 0$, 设置迭代收敛门限值 ε, 并计算系统状态向量 $\boldsymbol{x}_k$ 的一步提前预测值 $\hat{\boldsymbol{x}}_{k|k-1}^{(i)}$ 及其预测误差 $\tilde{\boldsymbol{x}}_{k|k-1}^{(i)}$ 的协方差矩阵 $\boldsymbol{P}_{k|k-1}^{(i)}$

$$\hat{\boldsymbol{x}}_{k|k-1}^{(i)} = \boldsymbol{h}_{k-1}(\hat{\boldsymbol{x}}_{k-1|k-1}); \quad \tilde{\boldsymbol{x}}_{k|k-1}^{(i)} = \boldsymbol{x}_k - \hat{\boldsymbol{x}}_{k|k-1}^{(i)} \tag{14.48}$$

$$\boldsymbol{P}_{k|k-1}^{(i)} = \mathbf{COV}(\tilde{\boldsymbol{x}}_{k|k-1}^{(i)}) \approx \boldsymbol{H}_{k-1}\boldsymbol{P}_{k-1|k-1}\boldsymbol{H}_{k-1}^{\mathrm{T}} + \boldsymbol{\Omega}_{k-1} \tag{14.49}$$

步骤 3: 计算观测向量 $\boldsymbol{z}_k$ 的一步提前预测值 $\hat{\boldsymbol{z}}_{k|k-1}^{(i)}$ 及其预测误差 $\tilde{\boldsymbol{z}}_{k|k-1}^{(i)}$ 的协方差矩阵 $\boldsymbol{C}_{\tilde{\boldsymbol{z}}_{k|k-1}^{(i)}\tilde{\boldsymbol{z}}_{k|k-1}^{(i)}}$

$$\hat{\boldsymbol{z}}_{k|k-1}^{(i)} = \boldsymbol{f}_k(\hat{\boldsymbol{x}}_{k|k-1}^{(i)}); \quad \tilde{\boldsymbol{z}}_{k|k-1}^{(i)} = \boldsymbol{z}_k - \hat{\boldsymbol{z}}_{k|k-1}^{(i)} \tag{14.50}$$

$$\boldsymbol{C}_{\tilde{\boldsymbol{z}}_{k|k-1}^{(i)}\tilde{\boldsymbol{z}}_{k|k-1}^{(i)}} = \mathbf{COV}(\tilde{\boldsymbol{z}}_{k|k-1}^{(i)}) \approx \boldsymbol{F}_k^{(i)}\boldsymbol{P}_{k|k-1}^{(i)}(\boldsymbol{F}_k^{(i)})^{\mathrm{T}} + \boldsymbol{E}_k \tag{14.51}$$

式中, $\boldsymbol{F}_k^{(i)} = \left.\frac{\partial \boldsymbol{f}_k(\boldsymbol{x}_k)}{\partial \boldsymbol{x}_k^{\mathrm{T}}}\right|_{\boldsymbol{x}_k=\hat{\boldsymbol{x}}_{k|k-1}^{(i)}} \in \mathbf{R}^{p\times q}$ 表示函数 $\boldsymbol{f}_k(\cdot)$ 的 Jacobi 矩阵在向量 $\hat{\boldsymbol{x}}_{k|k-1}^{(i)}$ 处的取值。

步骤 4: 计算预测误差 $\tilde{\boldsymbol{x}}_{k|k-1}^{(i)}$ 与 $\tilde{\boldsymbol{z}}_{k|k-1}^{(i)}$ 之间的协方差矩阵 $\boldsymbol{C}_{\tilde{\boldsymbol{x}}_{k|k-1}^{(i)}\tilde{\boldsymbol{z}}_{k|k-1}^{(i)}}$ 和增益矩阵 $\boldsymbol{G}_k^{(i)}$

$$\boldsymbol{C}_{\tilde{\boldsymbol{x}}_{k|k-1}^{(i)}\tilde{\boldsymbol{z}}_{k|k-1}^{(i)}} = \mathbf{COV}(\tilde{\boldsymbol{x}}_{k|k-1}^{(i)}, \tilde{\boldsymbol{z}}_{k|k-1}^{(i)}) \approx \boldsymbol{P}_{k|k-1}^{(i)}(\boldsymbol{F}_k^{(i)})^{\mathrm{T}} \tag{14.52}$$

$$\boldsymbol{G}_k^{(i)} = \boldsymbol{C}_{\tilde{\boldsymbol{x}}_{k|k-1}^{(i)}\tilde{\boldsymbol{z}}_{k|k-1}^{(i)}}\boldsymbol{C}_{\tilde{\boldsymbol{z}}_{k|k-1}^{(i)}\tilde{\boldsymbol{z}}_{k|k-1}^{(i)}}^{-1} = \boldsymbol{P}_{k|k-1}^{(i)}(\boldsymbol{F}_k^{(i)})^{\mathrm{T}}(\boldsymbol{F}_k^{(i)}\boldsymbol{P}_{k|k-1}^{(i)}(\boldsymbol{F}_k^{(i)})^{\mathrm{T}} + \boldsymbol{E}_k)^{-1} \tag{14.53}$$

步骤 5: 计算系统状态向量 $\boldsymbol{x}_k$ 的滤波值 $\hat{\boldsymbol{x}}_{k|k}^{(i)}$ 及其滤波误差 $\tilde{\boldsymbol{x}}_{k|k}^{(i)}$ 的协方差矩阵 $\boldsymbol{P}_{k|k}^{(i)}$

$$\begin{aligned}\hat{\boldsymbol{x}}_{k|k}^{(i)} &= \hat{\boldsymbol{x}}_{k|k-1}^{(i)} + \boldsymbol{G}_k^{(i)}(\boldsymbol{z}_k - \hat{\boldsymbol{z}}_{k|k-1}^{(i)}) \\ &= \hat{\boldsymbol{x}}_{k|k-1}^{(i)} + \boldsymbol{G}_k^{(i)}(\boldsymbol{z}_k - \boldsymbol{f}_k(\hat{\boldsymbol{x}}_{k|k-1}^{(i)})); \quad \tilde{\boldsymbol{x}}_{k|k}^{(i)} = \boldsymbol{x}_k - \hat{\boldsymbol{x}}_{k|k}^{(i)}\end{aligned} \tag{14.54}$$

$$\begin{aligned}\boldsymbol{P}_{k|k}^{(i)} = \mathbf{COV}(\tilde{\boldsymbol{x}}_{k|k}^{(i)}) &\approx \boldsymbol{P}_{k|k-1}^{(i)} - \boldsymbol{P}_{k|k-1}^{(i)}(\boldsymbol{F}_k^{(i)})^{\mathrm{T}} \\ &\quad \times (\boldsymbol{F}_k^{(i)}\boldsymbol{P}_{k|k-1}^{(i)}(\boldsymbol{F}_k^{(i)})^{\mathrm{T}} + \boldsymbol{E}_k)^{-1}\boldsymbol{F}_k^{(i)}\boldsymbol{P}_{k|k-1}^{(i)}\end{aligned} \tag{14.55}$$

步骤 6: 若 $i = 0$, 则令 $\hat{\boldsymbol{x}}_{k|k-1}^{(i+1)} := \hat{\boldsymbol{x}}_{k|k}^{(i)}$, $\boldsymbol{P}_{k|k-1}^{(i+1)} := \boldsymbol{P}_{k|k}^{(i)}$, $i := i+1$, 并转至步骤 3; 否则转至步骤 7。

步骤 7: 判断是否满足 $||\hat{\boldsymbol{x}}_{k|k}^{(i)} - \hat{\boldsymbol{x}}_{k|k}^{(i-1)}||_2 \leqslant \varepsilon$, 如果满足, 则令 $\hat{\boldsymbol{x}}_{k|k} := \hat{\boldsymbol{x}}_{k|k}^{(i)}$, $\boldsymbol{P}_{k|k} := \boldsymbol{P}_{k|k}^{(i)}$, $k := k+1$, 并转至步骤 2; 如果不满足, 则令 $\hat{\boldsymbol{x}}_{k|k-1}^{(i+1)} := \hat{\boldsymbol{x}}_{k|k}^{(i)}$, $\boldsymbol{P}_{k|k-1}^{(i+1)} := \boldsymbol{P}_{k|k}^{(i)}$, $i := i+1$, 并转至步骤 3。

14.4 无迹卡尔曼滤波方法

尽管上面描述的扩展卡尔曼滤波的改进方法能够提高基本扩展卡尔曼滤波方法的滤波性能, 但是仍然存在一些不足之处。例如, 在滤波过程中需要计算非线性函数的 Jacobi 矩阵和 Hesse 矩阵, 对于复杂的动态系统容易发散, 对于非线性强度较高的动态系统容易产生较大的滤波误差。

为了提高扩展卡尔曼滤波方法的精度和效率, 本节介绍另一种非线性滤波方法, 即无迹卡尔曼滤波方法。该方法是卡尔曼滤波方法的拓展, 能够降低扩展卡尔曼滤波方法中线性近似所带来的误差。无迹卡尔曼滤波方法的核心是无迹变换, 该变换是一种计算非线性变换中随机变量统计特征的有效方法。

14.4.1 无迹变换的基本原理

无迹变换的基本理念是 “对概率分布进行近似比对非线性函数或变换进行近似更加容易”。假设某个随机向量 $\boldsymbol{x} \in \mathbf{R}^{q\times 1}$, 均值为 $\boldsymbol{\mu}_x$, 协方差矩阵为 $\boldsymbol{P}_x$, 现对其进行非线性变换后得到新的向量 $\boldsymbol{y} = \boldsymbol{f}(\boldsymbol{x})$, 函数 $\boldsymbol{f}(\cdot)$ 的非线性特征会导致向量 $\boldsymbol{y}$ 的均值 $\boldsymbol{\mu}_y$ 和协方差矩阵 $\boldsymbol{P}_y$ 难以准确获得。无迹变换的基本思路可以描述为, 找到一组确定的向量 (称为 Sigma 点), 使得这组向量经过非线性函数 $\boldsymbol{f}(\cdot)$ 变换后, 形成新向量组的均值和协方差矩阵可以较好地近似向量 $\boldsymbol{y}$ 的均值和协方差矩阵。因此, 在无迹变换中最关键的问题在于如何确定 Sigma 点的采样策略, 其中包括确定采样点的个数、采样点与中心点的距离以及相应的权值, 最常见的采样方式为对称采样。

下面介绍一种常用的对称采样方法。首先, 选择 $2q+1$ 个 Sigma 点, 其构造方式如下式所示[①]

$$
\begin{cases}
\overline{\boldsymbol{x}}(0) = \boldsymbol{\mu}_x \\
\overline{\boldsymbol{x}}(j) = \boldsymbol{\mu}_x + ((q+\lambda)\boldsymbol{P}_x)^{1/2}\boldsymbol{i}_q^{(j)} & (1 \leqslant j \leqslant q) \\
\overline{\boldsymbol{x}}(q+j) = \boldsymbol{\mu}_x - ((q+\lambda)\boldsymbol{P}_x)^{1/2}\boldsymbol{i}_q^{(j)} & (1 \leqslant j \leqslant q)
\end{cases}
\tag{14.56}
$$

式中, λ 表示尺度参数, 可用于调节 Sigma 点与中心点 $\boldsymbol{\mu}_x$ 之间的距离。然后, 对

① 从式 (14.56) 中可以看出, 对称采样的中心点为 $\boldsymbol{\mu}_x$ 。

这 $2q+1$ 个 Sigma 点进行非线性变换可得

$$\bar{\boldsymbol{y}}(j)=\boldsymbol{f}(\overline{\boldsymbol{x}}(j))\quad(0\leqslant j\leqslant 2q) \tag{14.57}$$

最后, 对这 $2q+1$ 个向量进行加权处理, 从而得到向量 $\boldsymbol{y}$ 的均值和协方差矩阵的近似估计值

$$\begin{cases}\boldsymbol{\mu}_y\approx\sum\limits_{j=0}^{2q}\bar{\boldsymbol{y}}(j)w_j^{(\mathrm{m})}\\ \boldsymbol{P}_y\approx\sum\limits_{j=0}^{2q}w_j^{(\mathrm{c})}(\bar{\boldsymbol{y}}(j)-\boldsymbol{\mu}_{\boldsymbol{y}})(\bar{\boldsymbol{y}}(j)-\boldsymbol{\mu}_y)^{\mathrm{T}}\end{cases} \tag{14.58}$$

式中, $\{w_j^{(\mathrm{m})}\}_{0\leqslant j\leqslant 2q}$ 和 $\{w_j^{(\mathrm{c})}\}_{0\leqslant j\leqslant 2q}$ 均表示权值, 相应的表达式分别为①

$$w_0^{(\mathrm{m})}=\frac{\lambda}{q+\lambda};\quad w_0^{(\mathrm{c})}=w_0^{(\mathrm{m})}+(1-\alpha^2+\beta)=\frac{\lambda}{q+\lambda}+(1-\alpha^2+\beta) \tag{14.59}$$

$$w_j^{(\mathrm{m})}=w_j^{(\mathrm{c})}=\frac{1}{2(q+\lambda)}\quad(1\leqslant j\leqslant 2q) \tag{14.60}$$

式中, $\lambda=\alpha^2(q+\theta)-q$, 其中 α、θ 和 β 均为待定参数, 它们的取值方式如下:

① 参数 α 能决定中心点 $\boldsymbol{\mu}_x$ 周围 Sigma 点的分布, 调节该参数可以降低高阶项的影响, 通常设为 1 个较小的正数, 其取值范围为 $0\leqslant\alpha\leqslant 1$(例如 $\alpha=0.001$)。

② 参数 θ 为非负数 (即 $\theta\geqslant 0$), 并能够保证 $(q+\lambda)\boldsymbol{P}_x$ 为正定矩阵, 该参数同样会影响中心点 $\boldsymbol{\mu}_x$ 周围 Sigma 点的分布。

③ 参数 β 为状态分布参数, 调节该参数可以提高对协方差矩阵 $\boldsymbol{P}_y$ 的估计精度, 对于高斯分布而言, $\beta=2$ 为最优值。

【注记 14.6】参数 α 和 θ 的取值越大, Sigma 点距离中心点 $\boldsymbol{\mu}_x$ 就越远。

【注记 14.7】利用无迹变换还能获得向量 $\boldsymbol{x}$ 与向量 $\boldsymbol{y}$ 的协方差矩阵 $\boldsymbol{P}_{xy}$ 的近似估计值

$$\boldsymbol{P}_{xy}\approx\sum_{j=0}^{2q}w_j^{(\mathrm{c})}(\overline{\boldsymbol{x}}(j)-\boldsymbol{\mu}_x)(\bar{\boldsymbol{y}}(j)-\boldsymbol{\mu}_y)^{\mathrm{T}} \tag{14.61}$$

【注记 14.8】无迹变换法与蒙特卡罗法不同, 并不是从给定的概率分布中进行抽样, 而是选取确定的 Sigma 点, 也就是其粒子是明确的, 而非随机的。此外, 无迹变换法也不是通常意义的加权法, 因此也不能将其理解为抽样统计。

---

① 计算均值和计算协方差矩阵的权值略有区别, 其中计算均值的权值满足 $\sum_{j=0}^{2q}w_j^{(\mathrm{m})}=1$ 。

14.4.2 无迹卡尔曼滤波方法的计算步骤

无迹卡尔曼滤波方法是以无迹变换为基础, 并且采用卡尔曼滤波框架的滤波方法。它的核心理念是将基本扩展卡尔曼滤波中统计特性传播方式的线性化近似用无迹变换来替代, 无迹卡尔曼滤波方法的计算步骤如下。

步骤 1: 设置初始值

$$\hat{\boldsymbol{x}}_{0|0} = \boldsymbol{\mu}_{\boldsymbol{x}_0}; \quad \tilde{\boldsymbol{x}}_{0|0} = \boldsymbol{x}_0 - \hat{\boldsymbol{x}}_{0|0}; \quad \mathbf{COV}(\tilde{\boldsymbol{x}}_{0|0}) = \boldsymbol{P}_0 \tag{14.62}$$

并令 $k := 1$。

步骤 2: 利用无迹变换计算系统状态向量 $\boldsymbol{x}_k$ 的一步提前预测值 $\hat{\boldsymbol{x}}_{k|k-1}$ 及其预测误差 $\tilde{\boldsymbol{x}}_{k|k-1}$ 的协方差矩阵 $\boldsymbol{P}_{k|k-1}$, 其步骤包括:

步骤 2-a: 计算 $2q+1$ 个 Sigma 点

$$\begin{cases} \overline{\boldsymbol{x}}_{k-1|k-1}(0) = \hat{\boldsymbol{x}}_{k-1|k-1} \\ \overline{\boldsymbol{x}}_{k-1|k-1}(j) = \hat{\boldsymbol{x}}_{k-1|k-1} + ((q+\lambda)\boldsymbol{P}_{k-1|k-1})^{1/2}\boldsymbol{i}_q^{(j)} & (1 \leqslant j \leqslant q) \\ \overline{\boldsymbol{x}}_{k-1|k-1}(q+j) = \hat{\boldsymbol{x}}_{k-1|k-1} - ((q+\lambda)\boldsymbol{P}_{k-1|k-1})^{1/2}\boldsymbol{i}_q^{(j)} & (1 \leqslant j \leqslant q) \end{cases} \tag{14.63}$$

步骤 2-b: 对 $2q+1$ 个 Sigma 点进行非线性变换

$$\overline{\boldsymbol{x}}_{k|k-1}(j) = \boldsymbol{h}_{k-1}(\overline{\boldsymbol{x}}_{k-1|k-1}(j)) \quad (0 \leqslant j \leqslant 2q) \tag{14.64}$$

步骤 2-c: 计算一步提前预测值 $\hat{\boldsymbol{x}}_{k|k-1}$ 和协方差矩阵 $\boldsymbol{P}_{k|k-1}$ 的近似估计值

$$\begin{cases} \hat{\boldsymbol{x}}_{k|k-1} \approx \sum\limits_{j=0}^{2q} \overline{\boldsymbol{x}}_{k|k-1}(j) w_j^{(\mathrm{m})} \\ \boldsymbol{P}_{k|k-1} \approx \sum\limits_{j=0}^{2q} w_j^{(\mathrm{c})}(\overline{\boldsymbol{x}}_{k|k-1}(j) - \hat{\boldsymbol{x}}_{k|k-1})(\overline{\boldsymbol{x}}_{k|k-1}(j) - \hat{\boldsymbol{x}}_{k|k-1})^{\mathrm{T}} + \boldsymbol{\Omega}_{k-1} \end{cases} \tag{14.65}$$

步骤 3: 利用无迹变换计算观测向量 $\boldsymbol{z}_k$ 的一步提前预测值 $\hat{\boldsymbol{z}}_{k|k-1}$ 及其预测误差 $\tilde{\boldsymbol{z}}_{k|k-1}$ 的协方差矩阵 $\boldsymbol{C}_{\tilde{\boldsymbol{z}}_{k|k-1}\tilde{\boldsymbol{z}}_{k|k-1}}$, 其步骤包括:

步骤 3-a: 计算 $2q+1$ 个 Sigma 点

$$\begin{cases} \overline{\boldsymbol{x}}_{k|k-1}(0) = \hat{\boldsymbol{x}}_{k|k-1} \\ \overline{\boldsymbol{x}}_{k|k-1}(j) = \hat{\boldsymbol{x}}_{k|k-1} + ((q+\lambda)\boldsymbol{P}_{k|k-1})^{1/2}\boldsymbol{i}_q^{(j)} & (1 \leqslant j \leqslant q) \\ \overline{\boldsymbol{x}}_{k|k-1}(q+j) = \hat{\boldsymbol{x}}_{k|k-1} - ((q+\lambda)\boldsymbol{P}_{k|k-1})^{1/2}\boldsymbol{i}_q^{(j)} & (1 \leqslant j \leqslant q) \end{cases} \tag{14.66}$$

步骤 3-b: 对 $2q+1$ 个 Sigma 点进行非线性变换

$$\bar{\boldsymbol{z}}_{k|k-1}(j) = \boldsymbol{f}_k(\overline{\boldsymbol{x}}_{k|k-1}(j)) \quad (0 \leqslant j \leqslant 2q) \tag{14.67}$$

步骤 3-c: 计算一步提前预测值 $\hat{\boldsymbol{z}}_{k|k-1}$ 和协方差矩阵 $\boldsymbol{C}_{\tilde{\boldsymbol{z}}_{k|k-1}\tilde{\boldsymbol{z}}_{k|k-1}}$ 的近似估计值

$$\begin{cases}\hat{\boldsymbol{z}}_{k|k-1} \approx \sum\limits_{j=0}^{2q} \bar{\boldsymbol{z}}_{k|k-1}(j) w_j^{(\mathrm{m})} \\ \boldsymbol{C}_{\tilde{\boldsymbol{z}}_{k|k-1}\tilde{\boldsymbol{z}}_{k|k-1}} \approx \sum\limits_{j=0}^{2q} w_j^{(\mathrm{c})} (\bar{\boldsymbol{z}}_{k|k-1}(j) - \hat{\boldsymbol{z}}_{k|k-1})(\bar{\boldsymbol{z}}_{k|k-1}(j) - \hat{\boldsymbol{z}}_{k|k-1})^{\mathrm{T}} + \boldsymbol{E}_k \end{cases} \tag{14.68}$$

步骤 4: 利用无迹变换计算预测误差 $\tilde{\boldsymbol{x}}_{k|k-1}$ 与 $\tilde{\boldsymbol{z}}_{k|k-1}$ 之间的协方差矩阵 $\boldsymbol{C}_{\tilde{\boldsymbol{x}}_{k|k-1}\tilde{\boldsymbol{z}}_{k|k-1}}$, 并计算增益矩阵 $\boldsymbol{G}_k$

$$\boldsymbol{C}_{\tilde{\boldsymbol{x}}_{k|k-1}\tilde{\boldsymbol{z}}_{k|k-1}} \approx \sum_{j=0}^{2q} w_j^{(\mathrm{c})} (\overline{\boldsymbol{x}}_{k|k-1}(j) - \hat{\boldsymbol{x}}_{k|k-1})(\bar{\boldsymbol{z}}_{k|k-1}(j) - \hat{\boldsymbol{z}}_{k|k-1})^{\mathrm{T}} \tag{14.69}$$

$$\boldsymbol{G}_k = \boldsymbol{C}_{\tilde{\boldsymbol{x}}_{k|k-1}\tilde{\boldsymbol{z}}_{k|k-1}} \boldsymbol{C}^{-1}_{\tilde{\boldsymbol{z}}_{k|k-1}\tilde{\boldsymbol{z}}_{k|k-1}} \tag{14.70}$$

步骤 5: 计算系统状态向量 $\boldsymbol{x}_k$ 的滤波值 $\hat{\boldsymbol{x}}_{k|k}$ 及其滤波误差 $\tilde{\boldsymbol{x}}_{k|k}$ 的协方差矩阵 $\boldsymbol{P}_{k|k}$

$$\hat{\boldsymbol{x}}_{k|k} = \hat{\boldsymbol{x}}_{k|k-1} + \boldsymbol{G}_k(\boldsymbol{z}_k - \hat{\boldsymbol{z}}_{k|k-1}) = \hat{\boldsymbol{x}}_{k|k-1} + \boldsymbol{G}_k \left(\boldsymbol{z}_k - \sum_{j=0}^{2q} \bar{\boldsymbol{z}}_{k|k-1}(j) w_j^{(\mathrm{m})} \right) \tag{14.71}$$

$$\boldsymbol{P}_{k|k} \approx \boldsymbol{P}_{k|k-1} - \boldsymbol{G}_k \boldsymbol{C}_{\tilde{\boldsymbol{z}}_{k|k-1}\tilde{\boldsymbol{z}}_{k|k-1}} \boldsymbol{G}_k^{\mathrm{T}} \tag{14.72}$$

步骤 6: 令 $k := k+1$, 并转至步骤 2。

【**注记 14.9**】式 (14.69) 源自式 (14.61), 式 (14.72) 源自式 (14.24)。

14.5 贝叶斯滤波方法

本节仍然考虑式 (14.12) 和式 (14.13) 联合描述的非线性动态系统, 并且将误差向量 $\boldsymbol{\xi}_k$ 和 $\boldsymbol{e}_k$ 的概率密度函数分别记为 $\Psi_{\xi_k}(\boldsymbol{\xi}_k)$ 和 $\Psi_{e_k}(\boldsymbol{e}_k)$。现将直至 k 时刻所有观测向量构成的集合记为

$$\mathbf{Z}_k = \{\boldsymbol{z}_1\ ,\ \boldsymbol{z}_2\ ,\ \cdots\ ,\ \boldsymbol{z}_k\} \tag{14.73}$$

贝叶斯滤波就是利用观测信息 $\mathbf{Z}_k$ 获得系统状态向量 $\boldsymbol{x}_k$ 的后验概率密度函数 $\rho(\boldsymbol{x}_k|\mathbf{Z}_k)$, 基于此可以获得关于 k 时刻系统状态向量 $\boldsymbol{x}_k$ 统计特性的完整

描述, 从而能够依据不同的准则确定向量 $\boldsymbol{x}_k$ 的估计值及其估计误差的协方差矩阵。若在高斯误差条件下采用最小均方误差估计准则, 则向量 $\boldsymbol{x}_k$ 的最优估计值及其估计误差的协方差矩阵可以分别表示为

$$\hat{\boldsymbol{x}}_{k|k} = \int_{\mathbf{R}^q} \boldsymbol{x}_k \rho(\boldsymbol{x}_k|\mathbf{Z}_k)\mathrm{d}\boldsymbol{x}_k \tag{14.74}$$

$$\boldsymbol{P}_{k|k} = \int_{\mathbf{R}^q} (\boldsymbol{x}_k - \hat{\boldsymbol{x}}_{k|k})(\boldsymbol{x}_k - \hat{\boldsymbol{x}}_{k|k})^{\mathrm{T}} \rho(\boldsymbol{x}_k|\mathbf{Z}_k)\mathrm{d}\boldsymbol{x}_k \tag{14.75}$$

事实上, 后验概率密度函数 $\rho(\boldsymbol{x}_k|\mathbf{Z}_k)$ 在非线性滤波理论中能起到非常重要的作用, 其中蕴含了观测集合 $\mathbf{Z}_k$ 中的信息和系统状态向量的先验信息。

贝叶斯滤波的基本思路是, 利用当前时刻的观测信息和前一时刻的后验概率密度函数获得当前时刻系统状态向量的后验概率密度函数, 其基本步骤可以描述如下。

步骤 1: 假设在 $k-1$ 时刻已经得到系统状态向量 $\boldsymbol{x}_{k-1}$ 的后验概率密度函数 $\rho(\boldsymbol{x}_{k-1}|\mathbf{Z}_{k-1})$, 那么系统状态后验概率密度函数的一步提前预测值为

$$\begin{aligned}\rho(\boldsymbol{x}_k|\mathbf{Z}_{k-1}) &= \int_{\mathbf{R}^q} \rho(\boldsymbol{x}_{k-1}, \boldsymbol{x}_k|\mathbf{Z}_{k-1})\mathrm{d}\boldsymbol{x}_{k-1} \\ &= \int_{\mathbf{R}^q} \rho(\boldsymbol{x}_k|\boldsymbol{x}_{k-1}, \mathbf{Z}_{k-1})\rho(\boldsymbol{x}_{k-1}|\mathbf{Z}_{k-1})\mathrm{d}\boldsymbol{x}_{k-1} \\ &= \int_{\mathbf{R}^q} \rho(\boldsymbol{x}_k|\boldsymbol{x}_{k-1})\rho(\boldsymbol{x}_{k-1}|\mathbf{Z}_{k-1})\mathrm{d}\boldsymbol{x}_{k-1}\end{aligned} \tag{14.76}$$

式中, 第 3 个等号利用了概率关系式 $\rho(\boldsymbol{x}_k|\boldsymbol{x}_{k-1}) = \rho(\boldsymbol{x}_k|\boldsymbol{x}_{k-1}, \mathbf{Z}_{k-1})$, 并且有

$$\rho(\boldsymbol{x}_k|\boldsymbol{x}_{k-1}) = \Psi_{\xi_{k-1}}(\boldsymbol{x}_k - \boldsymbol{h}_{k-1}(\boldsymbol{x}_{k-1})) \tag{14.77}$$

步骤 2: 在获得 $\rho(\boldsymbol{x}_k|\mathbf{Z}_{k-1})$ 的基础上, 计算 k 时刻观测向量 $\boldsymbol{z}_k$ 的概率密度函数的一步提前预测值为

$$\begin{aligned}\rho(\boldsymbol{z}_k|\mathbf{Z}_{k-1}) &= \int_{\mathbf{R}^q} \rho(\boldsymbol{x}_k, \boldsymbol{z}_k|\mathbf{Z}_{k-1})\mathrm{d}\boldsymbol{x}_k \\ &= \int_{\mathbf{R}^q} \rho(\boldsymbol{z}_k|\boldsymbol{x}_k, \mathbf{Z}_{k-1})\rho(\boldsymbol{x}_k|\mathbf{Z}_{k-1})\mathrm{d}\boldsymbol{x}_k \\ &= \int_{\mathbf{R}^q} \rho(\boldsymbol{z}_k|\boldsymbol{x}_k)\rho(\boldsymbol{x}_k|\mathbf{Z}_{k-1})\mathrm{d}\boldsymbol{x}_k\end{aligned} \tag{14.78}$$

式中, 第 3 个等号利用了概率关系式 $\rho(\boldsymbol{z}_k|\boldsymbol{x}_k) = \rho(\boldsymbol{z}_k|\boldsymbol{x}_k, \mathbf{Z}_{k-1})$, 并且有

$$\rho(\boldsymbol{z}_k|\boldsymbol{x}_k) = \Psi_{e_k}(\boldsymbol{z}_k - \boldsymbol{f}_k(\boldsymbol{x}_k)) \tag{14.79}$$

步骤 3: 在 k 时刻, 利用已经获得的观测向量 $\boldsymbol{z}_k$, 根据贝叶斯公式得到后验概率密度函数为

$$
\begin{aligned}
\rho(\boldsymbol{x}_k|\mathbf{Z}_k) = \rho(\boldsymbol{x}_k|\mathbf{Z}_{k-1},\boldsymbol{z}_k) &= \frac{\rho(\boldsymbol{x}_k,\boldsymbol{z}_k|\mathbf{Z}_{k-1})}{\rho(\boldsymbol{z}_k|\mathbf{Z}_{k-1})} \\
&= \frac{\rho(\boldsymbol{x}_k|\mathbf{Z}_{k-1})\rho(\boldsymbol{z}_k|\boldsymbol{x}_k,\mathbf{Z}_{k-1})}{\rho(\boldsymbol{z}_k|\mathbf{Z}_{k-1})} = \frac{\rho(\boldsymbol{x}_k|\mathbf{Z}_{k-1})\rho(\boldsymbol{z}_k|\boldsymbol{x}_k)}{\rho(\boldsymbol{z}_k|\mathbf{Z}_{k-1})}
\end{aligned}
\tag{14.80}
$$

需要指出的是, 上述贝叶斯滤波方法为非线性滤波提供了一种一般性的解决方法, 但还不是一种可以执行的有效算法, 其中最大的瓶颈在于复杂高维概率密度函数的积分运算, 即使在高斯误差条件下也难以进行有效的计算。在实际应用中, 实现贝叶斯滤波方法的基本思路是利用随机样本来描述概率密度, 以样本均值来代替积分运算, 由此衍生出粒子滤波方法。粒子滤波方法中最重要的问题是如何确定随机样本 (也称为粒子), 常用的方法包括完备采样、重要性采样、序贯重要性采样、重采样等。关于这些采样方法的具体原理和步骤, 感兴趣的读者可以参阅文献 [14–16]。

附录

A $\boldsymbol{F}_x(\boldsymbol{x},\ \boldsymbol{s})\boldsymbol{G}(\boldsymbol{x}_2)$ 是列满秩矩阵的证明

由于 $\boldsymbol{G}(\boldsymbol{x}_2) \in \mathbf{R}^{q\times(q-l)}$ 是列满秩矩阵, 于是有 $\mathrm{rank}[\boldsymbol{G}(\boldsymbol{x}_2)] = q - l$。若 $\boldsymbol{F}_x(\boldsymbol{x},\boldsymbol{s}) \in \mathbf{R}^{p\times q}$ 是列满秩矩阵, 则有 $\mathrm{rank}[\boldsymbol{F}_x(\boldsymbol{x},\boldsymbol{s})] = q$。利用式 (2.53) 可得

$$\begin{aligned}\mathrm{rank}[\boldsymbol{F}_x(\boldsymbol{x},\boldsymbol{s})\boldsymbol{G}(\boldsymbol{x}_2)] &\geqslant \mathrm{rank}[\boldsymbol{F}_x(\boldsymbol{x},\boldsymbol{s})] + \mathrm{rank}[\boldsymbol{G}(\boldsymbol{x}_2)] - q \\ &= q + q - l - q = q - l\end{aligned} \tag{A.1}$$

根据矩阵秩的基本性质可知

$$\mathrm{rank}[\boldsymbol{F}_x(\boldsymbol{x},\boldsymbol{s})\boldsymbol{G}(\boldsymbol{x}_2)] \leqslant \mathrm{rank}[\boldsymbol{G}(\boldsymbol{x}_2)] = q - l \tag{A.2}$$

联合式 (A.1) 和式 (A.2) 可得 $\mathrm{rank}[\boldsymbol{F}_x(\boldsymbol{x},\boldsymbol{s})\boldsymbol{G}(\boldsymbol{x}_2)] = q - l$。由此可知, $\boldsymbol{F}_x(\boldsymbol{x},\boldsymbol{s})\times\boldsymbol{G}(\boldsymbol{x}_2) \in \mathbf{R}^{p\times(q-l)}$ 是列满秩矩阵。

B $-\boldsymbol{\Pi}^{\perp}[\boldsymbol{C}^{\mathrm{T}}]\nabla_x\boldsymbol{J}^{(\mathrm{a})}(\hat{\boldsymbol{x}}_k^{(\mathrm{a})})$ 是使目标函数下降速率最快的可行方向的证明

假设在可行解 $\hat{\boldsymbol{x}}_k^{(\mathrm{a})}$ 处的任意可行方向 $\boldsymbol{\alpha}_k$, 目标函数 $\boldsymbol{J}^{(\mathrm{a})}(\boldsymbol{x})$ 在可行解 $\hat{\boldsymbol{x}}_k^{(\mathrm{a})}$ 处沿着方向 $\boldsymbol{\alpha}_k$ 的变化率为 $(\nabla_x\boldsymbol{J}^{(\mathrm{a})}(\hat{\boldsymbol{x}}_k^{(\mathrm{a})}))^{\mathrm{T}}\boldsymbol{\alpha}_k$。由于向量 $\boldsymbol{\alpha}_k$ 是可行方向, 满足

$$\boldsymbol{C}\boldsymbol{\alpha}_k = \boldsymbol{O}_{l\times 1} \Rightarrow \boldsymbol{\alpha}_k^{\mathrm{T}}\boldsymbol{C}^{\mathrm{T}} = \boldsymbol{O}_{1\times l} \Rightarrow \boldsymbol{\alpha}_k \in (\mathrm{range}[\boldsymbol{C}^{\mathrm{T}}])^{\perp} \tag{B.1}$$

结合式 (B.1) 和正交投影矩阵的定义可知

$$\boldsymbol{\alpha}_k = \boldsymbol{\Pi}^{\perp}[\boldsymbol{C}^{\mathrm{T}}]\boldsymbol{\alpha}_k \tag{B.2}$$

利用式 (B.2) 可得

$$\left(\nabla_x\boldsymbol{J}^{(\mathrm{a})}\left(\hat{\boldsymbol{x}}_k^{(\mathrm{a})}\right)\right)^{\mathrm{T}}\boldsymbol{\alpha}_k = \left(\nabla_x\boldsymbol{J}^{(\mathrm{a})}\left(\hat{\boldsymbol{x}}_k^{(\mathrm{a})}\right)\right)^{\mathrm{T}}\boldsymbol{\Pi}^{\perp}\left[\boldsymbol{C}^{\mathrm{T}}\right]\boldsymbol{\alpha}_k$$

$$= \left(\boldsymbol{\Pi}^{\perp}\left[\boldsymbol{C}^{\mathrm{T}}\right]\nabla_x \boldsymbol{J}^{(\mathrm{a})}\left(\hat{\boldsymbol{x}}_k^{(\mathrm{a})}\right)\right)^{\mathrm{T}}\boldsymbol{\alpha}_k$$

$$\leqslant \|\boldsymbol{\Pi}^{\perp}\left[\boldsymbol{C}^{\mathrm{T}}\right]\nabla_x \boldsymbol{J}^{(\mathrm{a})}\left(\hat{\boldsymbol{x}}_k^{(\mathrm{a})}\right)\|_2\|\boldsymbol{\alpha}_k\|_2 \tag{B.3}$$

式中的不等号利用了 Cauchy-Schwarz 不等式, 并且当且仅当方向 $\boldsymbol{\alpha}_k$ 与方向 $\boldsymbol{\Pi}^{\perp}[\boldsymbol{C}^{\mathrm{T}}]\nabla_x \boldsymbol{J}^{(\mathrm{a})}(\hat{\boldsymbol{x}}_k^{(\mathrm{a})})$ 平行时, 该不等号变为等号。故 $-\boldsymbol{\Pi}^{\perp}[\boldsymbol{C}^{\mathrm{T}}]\nabla_x \boldsymbol{J}^{(\mathrm{a})}(\hat{\boldsymbol{x}}_k^{(\mathrm{a})})$ 是使目标函数下降速率最快的可行方向。

C　$\boldsymbol{Y}_3^{(\mathrm{a})} = \boldsymbol{O}_{q_y \times q_y}$ 的证明

首先, 将式 (11.34) 代入式 (11.51) 可知

$$\begin{aligned}\boldsymbol{Y}_3^{(\mathrm{a})} = {} & \boldsymbol{H}(\boldsymbol{x},\boldsymbol{s})(\boldsymbol{T}(\boldsymbol{s}))^{\mathrm{T}}(\boldsymbol{C}(\boldsymbol{x},\boldsymbol{s}))^{\mathrm{T}}\boldsymbol{E}^{-1}\boldsymbol{F}_x(\boldsymbol{x},\boldsymbol{y},\boldsymbol{s})((\boldsymbol{G}_x(\boldsymbol{x},\boldsymbol{s},\boldsymbol{z}_0))^{\mathrm{T}} \\ & \times \boldsymbol{E}^{-1}\boldsymbol{G}_x(\boldsymbol{x},\boldsymbol{s},\boldsymbol{z}_0))^{-1}(\boldsymbol{G}_x(\boldsymbol{x},\boldsymbol{s},\boldsymbol{z}_0))^{\mathrm{T}} \\ & \times (\boldsymbol{E}^{-1} - \boldsymbol{E}^{-1}\boldsymbol{C}(\boldsymbol{x},\boldsymbol{s})\boldsymbol{T}(\boldsymbol{s})\boldsymbol{H}(\boldsymbol{x},\boldsymbol{s})(\boldsymbol{T}(\boldsymbol{s}))^{\mathrm{T}} \\ & \times (\boldsymbol{C}(\boldsymbol{x},\boldsymbol{s}))^{\mathrm{T}}\boldsymbol{E}^{-1})\boldsymbol{C}(\boldsymbol{x},\boldsymbol{s})\boldsymbol{T}(\boldsymbol{s})\boldsymbol{H}(\boldsymbol{x},\boldsymbol{s})\end{aligned} \tag{C.1}$$

然后, 根据式 (11.36) 可得

$$\begin{aligned}& (\boldsymbol{E}^{-1} - \boldsymbol{E}^{-1}\boldsymbol{C}(\boldsymbol{x},\boldsymbol{s})\boldsymbol{T}(\boldsymbol{s})\boldsymbol{H}(\boldsymbol{x},\boldsymbol{s})(\boldsymbol{T}(\boldsymbol{s}))^{\mathrm{T}}(\boldsymbol{C}(\boldsymbol{x},\boldsymbol{s}))^{\mathrm{T}}\boldsymbol{E}^{-1})\boldsymbol{C}(\boldsymbol{x},\boldsymbol{s})\boldsymbol{T}(\boldsymbol{s}) \\ & = \boldsymbol{E}^{-1/2}\boldsymbol{\Pi}^{\perp}[\boldsymbol{E}^{-1/2}\boldsymbol{C}(\boldsymbol{x},\boldsymbol{s})\boldsymbol{T}(\boldsymbol{s})]\boldsymbol{E}^{-1/2}\boldsymbol{C}(\boldsymbol{x},\boldsymbol{s})\boldsymbol{T}(\boldsymbol{s}) = \boldsymbol{O}_{p \times q_y}\end{aligned} \tag{C.2}$$

式中, 第 2 个等号利用了正交投影矩阵的基本性质。

最后, 将式 (C.2) 代入式 (C.1) 可知 $\boldsymbol{Y}_3^{(\mathrm{a})} = \boldsymbol{O}_{q_y \times q_y}$。

D　式 (11.54) 的证明

首先, 由式 (11.11) 可得矩阵 $\boldsymbol{G}_s(\boldsymbol{x},\boldsymbol{s},\boldsymbol{z})$ 的第 j 列表达式为

$$\begin{aligned}\langle \boldsymbol{G}_s(\boldsymbol{x},\boldsymbol{s},\boldsymbol{z})\rangle_{:,j} = \frac{\partial \boldsymbol{g}(\boldsymbol{x},\boldsymbol{s},\boldsymbol{z})}{\partial \langle \boldsymbol{s}\rangle_j} = {} & (\dot{\boldsymbol{C}}_{s_j}(\boldsymbol{x},\boldsymbol{s})\boldsymbol{T}(\boldsymbol{s}) \\ & + \boldsymbol{C}(\boldsymbol{x},\boldsymbol{s})\dot{\boldsymbol{T}}_{s_j}(\boldsymbol{s}))\boldsymbol{H}(\boldsymbol{x},\boldsymbol{s})(\boldsymbol{T}(\boldsymbol{s}))^{\mathrm{T}}(\boldsymbol{C}(\boldsymbol{x},\boldsymbol{s}))^{\mathrm{T}}\boldsymbol{E}^{-1}\boldsymbol{z} \\ & + \boldsymbol{C}(\boldsymbol{x},\boldsymbol{s})\boldsymbol{T}(\boldsymbol{s})\boldsymbol{H}(\boldsymbol{x},\boldsymbol{s})((\boldsymbol{T}(\boldsymbol{s}))^{\mathrm{T}}(\dot{\boldsymbol{C}}_{s_j}(\boldsymbol{x},\boldsymbol{s}))^{\mathrm{T}} \\ & + (\dot{\boldsymbol{T}}_{s_j}(\boldsymbol{s}))^{\mathrm{T}}(\boldsymbol{C}(\boldsymbol{x},\boldsymbol{s}))^{\mathrm{T}})\boldsymbol{E}^{-1}\boldsymbol{z}\end{aligned}$$

$$+\boldsymbol{C}(\boldsymbol{x},\boldsymbol{s})\boldsymbol{T}(\boldsymbol{s})\dot{\boldsymbol{H}}_{s_j}(\boldsymbol{x},\boldsymbol{s})(\boldsymbol{T}(\boldsymbol{s}))^{\mathrm{T}}(\boldsymbol{C}(\boldsymbol{x},\boldsymbol{s}))^{\mathrm{T}}\boldsymbol{E}^{-1}\boldsymbol{z}\quad(1\leqslant j\leqslant r)\tag{D.1}$$

式中,

$$\dot{\boldsymbol{H}}_{s_j}(\boldsymbol{x},\boldsymbol{s})=\frac{\partial\boldsymbol{H}(\boldsymbol{x},\boldsymbol{s})}{\partial\langle\boldsymbol{s}\rangle_j}\in\mathbf{R}^{q_y\times q_y}\quad(1\leqslant j\leqslant r)\tag{D.2}$$

结合式 (11.9) 和式 (2.139) 可以将矩阵 $\dot{\boldsymbol{H}}_{s_j}(\boldsymbol{x},\boldsymbol{s})$ 表示为

$$\dot{\boldsymbol{H}}_{s_j}(\boldsymbol{x},\boldsymbol{s})=-\boldsymbol{H}(\boldsymbol{x},\boldsymbol{s})\begin{pmatrix}(\boldsymbol{T}(\boldsymbol{s}))^{\mathrm{T}}(\boldsymbol{C}(\boldsymbol{x},\boldsymbol{s}))^{\mathrm{T}}\boldsymbol{E}^{-1}\dot{\boldsymbol{C}}_{s_j}(\boldsymbol{x},\boldsymbol{s})\boldsymbol{T}(\boldsymbol{s})\\+(\boldsymbol{T}(\boldsymbol{s}))^{\mathrm{T}}(\boldsymbol{C}(\boldsymbol{x},\boldsymbol{s}))^{\mathrm{T}}\boldsymbol{E}^{-1}\boldsymbol{C}(\boldsymbol{x},\boldsymbol{s})\dot{\boldsymbol{T}}_{s_j}(\boldsymbol{s})\\+(\boldsymbol{T}(\boldsymbol{s}))^{\mathrm{T}}(\dot{\boldsymbol{C}}_{s_j}(\boldsymbol{x},\boldsymbol{s}))^{\mathrm{T}}\boldsymbol{E}^{-1}\boldsymbol{C}(\boldsymbol{x},\boldsymbol{s})\boldsymbol{T}(\boldsymbol{s})\\+(\dot{\boldsymbol{T}}_{s_j}(\boldsymbol{s}))^{\mathrm{T}}(\boldsymbol{C}(\boldsymbol{x},\boldsymbol{s}))^{\mathrm{T}}\boldsymbol{E}^{-1}\boldsymbol{C}(\boldsymbol{x},\boldsymbol{s})\boldsymbol{T}(\boldsymbol{s})\end{pmatrix}\boldsymbol{H}(\boldsymbol{x},\boldsymbol{s})\tag{D.3}$$

然后, 将式 (D.3) 代入式 (D.1), 并利用向量 $\boldsymbol{z}_0$ 替换向量 $\boldsymbol{z}$ 可知

$$\begin{aligned}\langle\boldsymbol{G}_s(\boldsymbol{x},\boldsymbol{s},\boldsymbol{z}_0)\rangle_{:,j}&=(\dot{\boldsymbol{C}}_{s_j}(\boldsymbol{x},\boldsymbol{s})\boldsymbol{T}(\boldsymbol{s})\\&\quad+\boldsymbol{C}(\boldsymbol{x},\boldsymbol{s})\dot{\boldsymbol{T}}_{s_j}(\boldsymbol{s}))\boldsymbol{H}(\boldsymbol{x},\boldsymbol{s})(\boldsymbol{T}(\boldsymbol{s}))^{\mathrm{T}}(\boldsymbol{C}(\boldsymbol{x},\boldsymbol{s}))^{\mathrm{T}}\boldsymbol{E}^{-1}\boldsymbol{z}_0\\&\quad+\boldsymbol{C}(\boldsymbol{x},\boldsymbol{s})\boldsymbol{T}(\boldsymbol{s})\boldsymbol{H}(\boldsymbol{x},\boldsymbol{s})((\boldsymbol{T}(\boldsymbol{s}))^{\mathrm{T}}(\dot{\boldsymbol{C}}_{s_j}(\boldsymbol{x},\boldsymbol{s}))^{\mathrm{T}}\\&\quad+(\dot{\boldsymbol{T}}_{s_j}(\boldsymbol{s}))^{\mathrm{T}}(\boldsymbol{C}(\boldsymbol{x},\boldsymbol{s}))^{\mathrm{T}})\boldsymbol{E}^{-1}\boldsymbol{z}_0-\boldsymbol{C}(\boldsymbol{x},\boldsymbol{s})\boldsymbol{T}(\boldsymbol{s})\boldsymbol{H}(\boldsymbol{x},\boldsymbol{s})\\&\quad\times\begin{pmatrix}(\boldsymbol{T}(\boldsymbol{s}))^{\mathrm{T}}(\boldsymbol{C}(\boldsymbol{x},\boldsymbol{s}))^{\mathrm{T}}\boldsymbol{E}^{-1}\dot{\boldsymbol{C}}_{s_j}(\boldsymbol{x},\boldsymbol{s})\boldsymbol{T}(\boldsymbol{s})\\+(\boldsymbol{T}(\boldsymbol{s}))^{\mathrm{T}}(\boldsymbol{C}(\boldsymbol{x},\boldsymbol{s}))^{\mathrm{T}}\boldsymbol{E}^{-1}\boldsymbol{C}(\boldsymbol{x},\boldsymbol{s})\dot{\boldsymbol{T}}_{s_j}(\boldsymbol{s})\\+(\boldsymbol{T}(\boldsymbol{s}))^{\mathrm{T}}(\dot{\boldsymbol{C}}_{s_j}(\boldsymbol{x},\boldsymbol{s}))^{\mathrm{T}}\boldsymbol{E}^{-1}\boldsymbol{C}(\boldsymbol{x},\boldsymbol{s})\boldsymbol{T}(\boldsymbol{s})\\+(\dot{\boldsymbol{T}}_{s_j}(\boldsymbol{s}))^{\mathrm{T}}(\boldsymbol{C}(\boldsymbol{x},\boldsymbol{s}))^{\mathrm{T}}\boldsymbol{E}^{-1}\boldsymbol{C}(\boldsymbol{x},\boldsymbol{s})\boldsymbol{T}(\boldsymbol{s})\end{pmatrix}\\&\quad\times\boldsymbol{H}(\boldsymbol{x},\boldsymbol{s})(\boldsymbol{T}(\boldsymbol{s}))^{\mathrm{T}}(\boldsymbol{C}(\boldsymbol{x},\boldsymbol{s}))^{\mathrm{T}}\boldsymbol{E}^{-1}\boldsymbol{z}_0\\&=(\dot{\boldsymbol{C}}_{s_j}(\boldsymbol{x},\boldsymbol{s})\boldsymbol{T}(\boldsymbol{s})+\boldsymbol{C}(\boldsymbol{x},\boldsymbol{s})\dot{\boldsymbol{T}}_{s_j}(\boldsymbol{s}))\boldsymbol{y}\\&\quad+\boldsymbol{C}(\boldsymbol{x},\boldsymbol{s})\boldsymbol{T}(\boldsymbol{s})\boldsymbol{H}(\boldsymbol{x},\boldsymbol{s})((\boldsymbol{T}(\boldsymbol{s}))^{\mathrm{T}}(\dot{\boldsymbol{C}}_{s_j}(\boldsymbol{x},\boldsymbol{s}))^{\mathrm{T}}\\&\quad+(\dot{\boldsymbol{T}}_{s_j}(\boldsymbol{s}))^{\mathrm{T}}(\boldsymbol{C}(\boldsymbol{x},\boldsymbol{s}))^{\mathrm{T}})\boldsymbol{E}^{-1}\boldsymbol{z}_0-\boldsymbol{C}(\boldsymbol{x},\boldsymbol{s})\boldsymbol{T}(\boldsymbol{s})\boldsymbol{H}(\boldsymbol{x},\boldsymbol{s})\\&\quad\times\begin{pmatrix}(\boldsymbol{T}(\boldsymbol{s}))^{\mathrm{T}}(\boldsymbol{C}(\boldsymbol{x},\boldsymbol{s}))^{\mathrm{T}}\boldsymbol{E}^{-1}\dot{\boldsymbol{C}}_{s_j}(\boldsymbol{x},\boldsymbol{s})\boldsymbol{T}(\boldsymbol{s})\\+(\boldsymbol{T}(\boldsymbol{s}))^{\mathrm{T}}(\boldsymbol{C}(\boldsymbol{x},\boldsymbol{s}))^{\mathrm{T}}\boldsymbol{E}^{-1}\boldsymbol{C}(\boldsymbol{x},\boldsymbol{s})\dot{\boldsymbol{T}}_{s_j}(\boldsymbol{s})\\+(\boldsymbol{T}(\boldsymbol{s}))^{\mathrm{T}}(\dot{\boldsymbol{C}}_{s_j}(\boldsymbol{x},\boldsymbol{s}))^{\mathrm{T}}\boldsymbol{E}^{-1}\boldsymbol{C}(\boldsymbol{x},\boldsymbol{s})\boldsymbol{T}(\boldsymbol{s})\\+(\dot{\boldsymbol{T}}_{s_j}(\boldsymbol{s}))^{\mathrm{T}}(\boldsymbol{C}(\boldsymbol{x},\boldsymbol{s}))^{\mathrm{T}}\boldsymbol{E}^{-1}\boldsymbol{C}(\boldsymbol{x},\boldsymbol{s})\boldsymbol{T}(\boldsymbol{s})\end{pmatrix}\boldsymbol{y}\quad(1\leqslant j\leqslant r)\end{aligned}\tag{D.4}$$

式中, 第 3 个等号利用了式 (11.5) 和式 (11.9)。利用式 (11.5) 还可以将式 (D.4) 进一步简化为

$$\begin{aligned}\langle \boldsymbol{G}_s(\boldsymbol{x},\boldsymbol{s},\boldsymbol{z}_0)\rangle_{:,j} &= (\dot{\boldsymbol{C}}_{s_j}(\boldsymbol{x},\boldsymbol{s})\boldsymbol{T}(\boldsymbol{s})+\boldsymbol{C}(\boldsymbol{x},\boldsymbol{s})\dot{\boldsymbol{T}}_{s_j}(\boldsymbol{s}))\boldsymbol{y}\\ &\quad -\boldsymbol{C}(\boldsymbol{x},\boldsymbol{s})\boldsymbol{T}(\boldsymbol{s})\boldsymbol{H}(\boldsymbol{x},\boldsymbol{s})(\boldsymbol{T}(\boldsymbol{s}))^{\mathrm{T}}(\boldsymbol{C}(\boldsymbol{x},\boldsymbol{s}))^{\mathrm{T}}\\ &\quad \times \boldsymbol{E}^{-1}(\dot{\boldsymbol{C}}_{s_j}(\boldsymbol{x},\boldsymbol{s})\boldsymbol{T}(\boldsymbol{s})+\boldsymbol{C}(\boldsymbol{x},\boldsymbol{s})\dot{\boldsymbol{T}}_{s_j}(\boldsymbol{s}))\boldsymbol{y}\\ &= \boldsymbol{E}^{1/2}(\boldsymbol{I}_p-\boldsymbol{E}^{-1/2}\boldsymbol{C}(\boldsymbol{x},\boldsymbol{s})\boldsymbol{T}(\boldsymbol{s})\boldsymbol{H}(\boldsymbol{x},\boldsymbol{s})(\boldsymbol{T}(\boldsymbol{s}))^{\mathrm{T}}(\boldsymbol{C}(\boldsymbol{x},\boldsymbol{s}))^{\mathrm{T}}\\ &\quad \times \boldsymbol{E}^{-1/2})\boldsymbol{E}^{-1/2}(\dot{\boldsymbol{C}}_{s_j}(\boldsymbol{x},\boldsymbol{s})\boldsymbol{T}(\boldsymbol{s})+\boldsymbol{C}(\boldsymbol{x},\boldsymbol{s})\dot{\boldsymbol{T}}_{s_j}(\boldsymbol{s}))\boldsymbol{y}\\ &= \boldsymbol{E}^{1/2}\boldsymbol{\Pi}^{\perp}[\boldsymbol{E}^{-1/2}\boldsymbol{C}(\boldsymbol{x},\boldsymbol{s})\boldsymbol{T}(\boldsymbol{s})]\\ &\quad \times \boldsymbol{E}^{-1/2}(\dot{\boldsymbol{C}}_{s_j}(\boldsymbol{x},\boldsymbol{s})\boldsymbol{T}(\boldsymbol{s})+\boldsymbol{C}(\boldsymbol{x},\boldsymbol{s})\dot{\boldsymbol{T}}_{s_j}(\boldsymbol{s}))\boldsymbol{y}\quad (1\leqslant j\leqslant r)\end{aligned} \tag{D.5}$$

式中, 第 3 个等号利用了式 (2.41) 中的第 2 个等式。最后, 基于式 (D.5) 可知

$$\begin{aligned}\boldsymbol{G}_s(\boldsymbol{x},\boldsymbol{s},\boldsymbol{z}_0) &= \boldsymbol{E}^{1/2}\boldsymbol{\Pi}^{\perp}[\boldsymbol{E}^{-1/2}\boldsymbol{C}(\boldsymbol{x},\boldsymbol{s})\boldsymbol{T}(\boldsymbol{s})]\boldsymbol{E}^{-1/2}\\ &\quad \times\Big[(\dot{\boldsymbol{C}}_{s_1}(\boldsymbol{x},\boldsymbol{s})\boldsymbol{T}(\boldsymbol{s})+\boldsymbol{C}(\boldsymbol{x},\boldsymbol{s})\dot{\boldsymbol{T}}_{s_1}(\boldsymbol{s}))\boldsymbol{y} \,\vdots\\ &\quad (\dot{\boldsymbol{C}}_{s_2}(\boldsymbol{x},\boldsymbol{s})\boldsymbol{T}(\boldsymbol{s})+\boldsymbol{C}(\boldsymbol{x},\boldsymbol{s})\dot{\boldsymbol{T}}_{s_2}(\boldsymbol{s}))\boldsymbol{y} \,\vdots\, \cdots \,\vdots\\ &\quad (\dot{\boldsymbol{C}}_{s_r}(\boldsymbol{x},\boldsymbol{s})\boldsymbol{T}(\boldsymbol{s})+\boldsymbol{C}(\boldsymbol{x},\boldsymbol{s})\dot{\boldsymbol{T}}_{s_r}(\boldsymbol{s}))\boldsymbol{y}\Big]\\ &= \boldsymbol{E}^{1/2}\boldsymbol{\Pi}^{\perp}[\boldsymbol{E}^{-1/2}\boldsymbol{C}(\boldsymbol{x},\boldsymbol{s})\boldsymbol{T}(\boldsymbol{s})]\boldsymbol{E}^{-1/2}\boldsymbol{F}_s(\boldsymbol{x},\boldsymbol{y},\boldsymbol{s})\\ &= \boldsymbol{E}^{1/2}\boldsymbol{\Pi}^{\perp}[\boldsymbol{E}^{-1/2}\boldsymbol{F}_y(\boldsymbol{x},\boldsymbol{y},\boldsymbol{s})]\boldsymbol{E}^{-1/2}\boldsymbol{F}_s(\boldsymbol{x},\boldsymbol{y},\boldsymbol{s})\end{aligned} \tag{D.6}$$

式中, 第 2 个等号利用了式 (11.55), 第 3 个等号利用了式 (11.27)。

E 式 (11.78) 的证明

结合式 (11.19)、式 (11.21) 和式 (2.7) 可得

$$\mathbf{CRB}^{(\mathrm{a})}\left(\begin{bmatrix}\boldsymbol{x}\\ \boldsymbol{y}\end{bmatrix}\right)=\begin{bmatrix}\boldsymbol{M}_1^{(\mathrm{a})} & \boldsymbol{M}_2^{(\mathrm{a})}\\ (\boldsymbol{M}_2^{(\mathrm{a})})^{\mathrm{T}} & \boldsymbol{M}_3^{(\mathrm{a})}\end{bmatrix} \tag{E.1}$$

式中,

$$\boldsymbol{M}_1^{(\mathrm{a})}=((\boldsymbol{F}_x(\boldsymbol{x},\boldsymbol{y},\boldsymbol{s}))^{\mathrm{T}}\boldsymbol{E}^{-1/2}\boldsymbol{\Pi}^{\perp}[\boldsymbol{E}^{-1/2}\boldsymbol{F}_y(\boldsymbol{x},\boldsymbol{y},\boldsymbol{s})]\boldsymbol{E}^{-1/2}\boldsymbol{F}_x(\boldsymbol{x},\boldsymbol{y},\boldsymbol{s}))^{-1} \tag{E.2}$$

$$\boldsymbol{M}_2^{(\mathrm{a})} = -\boldsymbol{M}_1^{(\mathrm{a})}(\boldsymbol{F}_x(\boldsymbol{x},\boldsymbol{y},\boldsymbol{s}))^{\mathrm{T}}\boldsymbol{E}^{-1}\boldsymbol{F}_y(\boldsymbol{x},\boldsymbol{y},\boldsymbol{s})((\boldsymbol{F}_y(\boldsymbol{x},\boldsymbol{y},\boldsymbol{s}))^{\mathrm{T}}\boldsymbol{E}^{-1}\boldsymbol{F}_y(\boldsymbol{x},\boldsymbol{y},\boldsymbol{s}))^{-1} \tag{E.3}$$

$$\begin{aligned}\boldsymbol{M}_3^{(\mathrm{a})} &= \big((\boldsymbol{F}_y(\boldsymbol{x},\boldsymbol{y},\boldsymbol{s}))^{\mathrm{T}}\boldsymbol{E}^{-1}\boldsymbol{F}_y(\boldsymbol{x},\boldsymbol{y},\boldsymbol{s}) - (\boldsymbol{F}_y(\boldsymbol{x},\boldsymbol{y},\boldsymbol{s}))^{\mathrm{T}}\boldsymbol{E}^{-1}\boldsymbol{F}_x(\boldsymbol{x},\boldsymbol{y},\boldsymbol{s}) \\ &\quad \times((\boldsymbol{F}_x(\boldsymbol{x},\boldsymbol{y},\boldsymbol{s}))^{\mathrm{T}}\boldsymbol{E}^{-1}\boldsymbol{F}_x(\boldsymbol{x},\boldsymbol{y},\boldsymbol{s}))^{-1}(\boldsymbol{F}_x(\boldsymbol{x},\boldsymbol{y},\boldsymbol{s}))^{\mathrm{T}}\boldsymbol{E}^{-1}\boldsymbol{F}_y(\boldsymbol{x},\boldsymbol{y},\boldsymbol{s})\big)^{-1} \\ &= ((\boldsymbol{F}_y(\boldsymbol{x},\boldsymbol{y},\boldsymbol{s}))^{\mathrm{T}}\boldsymbol{E}^{-1}\boldsymbol{F}_y(\boldsymbol{x},\boldsymbol{y},\boldsymbol{s}))^{-1} \\ &\quad + ((\boldsymbol{F}_y(\boldsymbol{x},\boldsymbol{y},\boldsymbol{s}))^{\mathrm{T}}\boldsymbol{E}^{-1}\boldsymbol{F}_y(\boldsymbol{x},\boldsymbol{y},\boldsymbol{s}))^{-1}(\boldsymbol{F}_y(\boldsymbol{x},\boldsymbol{y},\boldsymbol{s}))^{\mathrm{T}}\boldsymbol{E}^{-1}\boldsymbol{F}_x(\boldsymbol{x},\boldsymbol{y},\boldsymbol{s}) \\ &\quad \times \boldsymbol{M}_1^{(\mathrm{a})}(\boldsymbol{F}_x(\boldsymbol{x},\boldsymbol{y},\boldsymbol{s}))^{\mathrm{T}}\boldsymbol{E}^{-1}\boldsymbol{F}_y(\boldsymbol{x},\boldsymbol{y},\boldsymbol{s})((\boldsymbol{F}_y(\boldsymbol{x},\boldsymbol{y},\boldsymbol{s}))^{\mathrm{T}}\boldsymbol{E}^{-1}\boldsymbol{F}_y(\boldsymbol{x},\boldsymbol{y},\boldsymbol{s}))^{-1}\end{aligned} \tag{E.4}$$

式 (E.4) 中第 2 个等号利用了式 (2.5)。根据式 (E.1) 可知

$$\begin{aligned}&[\boldsymbol{I}_{q_x}\ \ \boldsymbol{O}_{q_x\times q_y}]\mathbf{CRB}^{(\mathrm{a})}\left(\begin{bmatrix}\boldsymbol{x}\\ \boldsymbol{y}\end{bmatrix}\right)\begin{bmatrix}(\boldsymbol{F}_x(\boldsymbol{x},\boldsymbol{y},\boldsymbol{s}))^{\mathrm{T}}\\ (\boldsymbol{F}_y(\boldsymbol{x},\boldsymbol{y},\boldsymbol{s}))^{\mathrm{T}}\end{bmatrix}\boldsymbol{E}^{-1}\boldsymbol{F}_s(\boldsymbol{x},\boldsymbol{y},\boldsymbol{s}) \\ &= [\boldsymbol{I}_{q_x}\ \ \boldsymbol{O}_{q_x\times q_y}]\begin{bmatrix}\boldsymbol{M}_1^{(\mathrm{a})} & \boldsymbol{M}_2^{(\mathrm{a})}\\ (\boldsymbol{M}_2^{(\mathrm{a})})^{\mathrm{T}} & \boldsymbol{M}_3^{(\mathrm{a})}\end{bmatrix}\begin{bmatrix}(\boldsymbol{F}_x(\boldsymbol{x},\boldsymbol{y},\boldsymbol{s}))^{\mathrm{T}}\\ (\boldsymbol{F}_y(\boldsymbol{x},\boldsymbol{y},\boldsymbol{s}))^{\mathrm{T}}\end{bmatrix}\boldsymbol{E}^{-1}\boldsymbol{F}_s(\boldsymbol{x},\boldsymbol{y},\boldsymbol{s}) \\ &= \boldsymbol{M}_1^{(\mathrm{a})}(\boldsymbol{F}_x(\boldsymbol{x},\boldsymbol{y},\boldsymbol{s}))^{\mathrm{T}}\boldsymbol{E}^{-1}\boldsymbol{F}_s(\boldsymbol{x},\boldsymbol{y},\boldsymbol{s}) + \boldsymbol{M}_2^{(\mathrm{a})}(\boldsymbol{F}_y(\boldsymbol{x},\boldsymbol{y},\boldsymbol{s}))^{\mathrm{T}}\boldsymbol{E}^{-1}\boldsymbol{F}_s(\boldsymbol{x},\boldsymbol{y},\boldsymbol{s}) \\ &= \boldsymbol{M}_1^{(\mathrm{a})}(\boldsymbol{F}_x(\boldsymbol{x},\boldsymbol{y},\boldsymbol{s}))^{\mathrm{T}}\boldsymbol{E}^{-1}\boldsymbol{F}_s(\boldsymbol{x},\boldsymbol{y},\boldsymbol{s}) - \boldsymbol{M}_1^{(\mathrm{a})}(\boldsymbol{F}_x(\boldsymbol{x},\boldsymbol{y},\boldsymbol{s}))^{\mathrm{T}}\boldsymbol{E}^{-1} \\ &\quad \times \boldsymbol{F}_y(\boldsymbol{x},\boldsymbol{y},\boldsymbol{s})((\boldsymbol{F}_y(\boldsymbol{x},\boldsymbol{y},\boldsymbol{s}))^{\mathrm{T}}\boldsymbol{E}^{-1}\boldsymbol{F}_y(\boldsymbol{x},\boldsymbol{y},\boldsymbol{s}))^{-1}(\boldsymbol{F}_y(\boldsymbol{x},\boldsymbol{y},\boldsymbol{s}))^{\mathrm{T}}\boldsymbol{E}^{-1}\boldsymbol{F}_s(\boldsymbol{x},\boldsymbol{y},\boldsymbol{s}) \\ &= \boldsymbol{M}_1^{(\mathrm{a})}(\boldsymbol{F}_x(\boldsymbol{x},\boldsymbol{y},\boldsymbol{s}))^{\mathrm{T}}\boldsymbol{E}^{-1/2}(\boldsymbol{I}_p - \boldsymbol{E}^{-1/2}\boldsymbol{F}_y(\boldsymbol{x},\boldsymbol{y},\boldsymbol{s})((\boldsymbol{F}_y(\boldsymbol{x},\boldsymbol{y},\boldsymbol{s}))^{\mathrm{T}} \\ &\quad \times \boldsymbol{E}^{-1}\boldsymbol{F}_y(\boldsymbol{x},\boldsymbol{y},\boldsymbol{s}))^{-1}(\boldsymbol{F}_y(\boldsymbol{x},\boldsymbol{y},\boldsymbol{s}))^{\mathrm{T}}\boldsymbol{E}^{-1/2})\boldsymbol{E}^{-1/2}\boldsymbol{F}_s(\boldsymbol{x},\boldsymbol{y},\boldsymbol{s}) \\ &= \boldsymbol{M}_1^{(\mathrm{a})}(\boldsymbol{F}_x(\boldsymbol{x},\boldsymbol{y},\boldsymbol{s}))^{\mathrm{T}}\boldsymbol{E}^{-1/2}\boldsymbol{\Pi}^{\perp}[\boldsymbol{E}^{-1/2}\boldsymbol{F}_y(\boldsymbol{x},\boldsymbol{y},\boldsymbol{s})]\boldsymbol{E}^{-1/2}\boldsymbol{F}_s(\boldsymbol{x},\boldsymbol{y},\boldsymbol{s}) \\ &= ((\boldsymbol{F}_x(\boldsymbol{x},\boldsymbol{y},\boldsymbol{s}))^{\mathrm{T}}\boldsymbol{E}^{-1/2}\boldsymbol{\Pi}^{\perp}[\boldsymbol{E}^{-1/2}\boldsymbol{F}_y(\boldsymbol{x},\boldsymbol{y},\boldsymbol{s})]\boldsymbol{E}^{-1/2}\boldsymbol{F}_x(\boldsymbol{x},\boldsymbol{y},\boldsymbol{s}))^{-1} \\ &\quad \times (\boldsymbol{F}_x(\boldsymbol{x},\boldsymbol{y},\boldsymbol{s}))^{\mathrm{T}}\boldsymbol{E}^{-1/2}\boldsymbol{\Pi}^{\perp}[\boldsymbol{E}^{-1/2}\boldsymbol{F}_y(\boldsymbol{x},\boldsymbol{y},\boldsymbol{s})]\boldsymbol{E}^{-1/2}\boldsymbol{F}_s(\boldsymbol{x},\boldsymbol{y},\boldsymbol{s})\end{aligned} \tag{E.5}$$

式中, 第 3 个等号利用了式 (E.3), 第 5 个等号利用了式 (2.41) 中的第 2 个等式, 第 6 个等号利用了式 (E.2)。结合式 (11.39)、式 (11.40) 和式 (11.54) 可得

$$\begin{aligned}&((\boldsymbol{G}_x(\boldsymbol{x},\boldsymbol{s},\boldsymbol{z}_0))^{\mathrm{T}}\boldsymbol{E}^{-1}\boldsymbol{G}_x(\boldsymbol{x},\boldsymbol{s},\boldsymbol{z}_0))^{-1}(\boldsymbol{G}_x(\boldsymbol{x},\boldsymbol{s},\boldsymbol{z}_0))^{\mathrm{T}}\boldsymbol{E}^{-1}\boldsymbol{G}_s(\boldsymbol{x},\boldsymbol{s},\boldsymbol{z}_0) \\ &= ((\boldsymbol{F}_x(\boldsymbol{x},\boldsymbol{y},\boldsymbol{s}))^{\mathrm{T}}\boldsymbol{E}^{-1/2}\boldsymbol{\Pi}^{\perp}[\boldsymbol{E}^{-1/2}\boldsymbol{F}_y(\boldsymbol{x},\boldsymbol{y},\boldsymbol{s})]\boldsymbol{E}^{-1/2}\boldsymbol{F}_x(\boldsymbol{x},\boldsymbol{y},\boldsymbol{s}))^{-1} \\ &\quad \times (\boldsymbol{F}_x(\boldsymbol{x},\boldsymbol{y},\boldsymbol{s}))^{\mathrm{T}}\boldsymbol{E}^{-1/2}\boldsymbol{\Pi}^{\perp}[\boldsymbol{E}^{-1/2}\boldsymbol{F}_y(\boldsymbol{x},\boldsymbol{y},\boldsymbol{s})]\end{aligned}$$

$$\times \boldsymbol{E}^{1/2}\boldsymbol{E}^{-1}\boldsymbol{E}^{1/2}\boldsymbol{\Pi}^{\perp}[\boldsymbol{E}^{-1/2}\boldsymbol{F}_y(\boldsymbol{x},\boldsymbol{y},\boldsymbol{s})]\boldsymbol{E}^{-1/2}\boldsymbol{F}_s(\boldsymbol{x},\boldsymbol{y},\boldsymbol{s})$$

$$= ((\boldsymbol{F}_x(\boldsymbol{x},\boldsymbol{y},\boldsymbol{s}))^{\mathrm{T}}\boldsymbol{E}^{-1/2}\boldsymbol{\Pi}^{\perp}[\boldsymbol{E}^{-1/2}\boldsymbol{F}_y(\boldsymbol{x},\boldsymbol{y},\boldsymbol{s})]\boldsymbol{E}^{-1/2}\boldsymbol{F}_x(\boldsymbol{x},\boldsymbol{y},\boldsymbol{s}))^{-1}$$

$$\times (\boldsymbol{F}_x(\boldsymbol{x},\boldsymbol{y},\boldsymbol{s}))^{\mathrm{T}}\boldsymbol{E}^{-1/2}\boldsymbol{\Pi}^{\perp}[\boldsymbol{E}^{-1/2}\boldsymbol{F}_y(\boldsymbol{x},\boldsymbol{y},\boldsymbol{s})]\boldsymbol{E}^{-1/2}\boldsymbol{F}_s(\boldsymbol{x},\boldsymbol{y},\boldsymbol{s}) \tag{E.6}$$

联合式 (E.5) 和式 (E.6) 可知式 (11.78) 成立。

F 式 (11.93) 的证明

首先, 利用式 (E.1) 至式 (E.4) 可得

$$[\boldsymbol{O}_{q_y\times q_x}\ \ \boldsymbol{I}_{q_y}]\mathbf{CRB}^{(\mathrm{a})}\left(\begin{bmatrix}\boldsymbol{x}\\ \boldsymbol{y}\end{bmatrix}\right)\begin{bmatrix}(\boldsymbol{F}_x(\boldsymbol{x},\boldsymbol{y},\boldsymbol{s}))^{\mathrm{T}}\\ (\boldsymbol{F}_y(\boldsymbol{x},\boldsymbol{y},\boldsymbol{s}))^{\mathrm{T}}\end{bmatrix}\boldsymbol{E}^{-1}\boldsymbol{F}_s(\boldsymbol{x},\boldsymbol{y},\boldsymbol{s})$$

$$= [\boldsymbol{O}_{q_y\times q_x}\ \ \boldsymbol{I}_{q_y}]\begin{bmatrix}\boldsymbol{M}_1^{(\mathrm{a})} & \boldsymbol{M}_2^{(\mathrm{a})}\\ (\boldsymbol{M}_2^{(\mathrm{a})})^{\mathrm{T}} & \boldsymbol{M}_3^{(\mathrm{a})}\end{bmatrix}\begin{bmatrix}(\boldsymbol{F}_x(\boldsymbol{x},\boldsymbol{y},\boldsymbol{s}))^{\mathrm{T}}\\ (\boldsymbol{F}_y(\boldsymbol{x},\boldsymbol{y},\boldsymbol{s}))^{\mathrm{T}}\end{bmatrix}\boldsymbol{E}^{-1}\boldsymbol{F}_s(\boldsymbol{x},\boldsymbol{y},\boldsymbol{s})$$

$$= (\boldsymbol{M}_2^{(\mathrm{a})})^{\mathrm{T}}(\boldsymbol{F}_x(\boldsymbol{x},\boldsymbol{y},\boldsymbol{s}))^{\mathrm{T}}\boldsymbol{E}^{-1}\boldsymbol{F}_s(\boldsymbol{x},\boldsymbol{y},\boldsymbol{s}) + \boldsymbol{M}_3^{(\mathrm{a})}(\boldsymbol{F}_y(\boldsymbol{x},\boldsymbol{y},\boldsymbol{s}))^{\mathrm{T}}\boldsymbol{E}^{-1}\boldsymbol{F}_s(\boldsymbol{x},\boldsymbol{y},\boldsymbol{s})$$

$$= ((\boldsymbol{F}_y(\boldsymbol{x},\boldsymbol{y},\boldsymbol{s}))^{\mathrm{T}}\boldsymbol{E}^{-1}\boldsymbol{F}_y(\boldsymbol{x},\boldsymbol{y},\boldsymbol{s}))^{-1}(\boldsymbol{F}_y(\boldsymbol{x},\boldsymbol{y},\boldsymbol{s}))^{\mathrm{T}}\boldsymbol{E}^{-1}\boldsymbol{F}_s(\boldsymbol{x},\boldsymbol{y},\boldsymbol{s})$$

$$+ ((\boldsymbol{F}_y(\boldsymbol{x},\boldsymbol{y},\boldsymbol{s}))^{\mathrm{T}}\boldsymbol{E}^{-1}\boldsymbol{F}_y(\boldsymbol{x},\boldsymbol{y},\boldsymbol{s}))^{-1}(\boldsymbol{F}_y(\boldsymbol{x},\boldsymbol{y},\boldsymbol{s}))^{\mathrm{T}}\boldsymbol{E}^{-1}\boldsymbol{F}_x(\boldsymbol{x},\boldsymbol{y},\boldsymbol{s})$$

$$\times \boldsymbol{M}_1^{(\mathrm{a})}(\boldsymbol{F}_x(\boldsymbol{x},\boldsymbol{y},\boldsymbol{s}))^{\mathrm{T}}\boldsymbol{E}^{-1}\boldsymbol{F}_y(\boldsymbol{x},\boldsymbol{y},\boldsymbol{s})((\boldsymbol{F}_y(\boldsymbol{x},\boldsymbol{y},\boldsymbol{s}))^{\mathrm{T}}\boldsymbol{E}^{-1}\boldsymbol{F}_y(\boldsymbol{x},\boldsymbol{y},\boldsymbol{s}))^{-1}$$

$$\times (\boldsymbol{F}_y(\boldsymbol{x},\boldsymbol{y},\boldsymbol{s}))^{\mathrm{T}}\boldsymbol{E}^{-1}\boldsymbol{F}_s(\boldsymbol{x},\boldsymbol{y},\boldsymbol{s}) - ((\boldsymbol{F}_y(\boldsymbol{x},\boldsymbol{y},\boldsymbol{s}))^{\mathrm{T}}\boldsymbol{E}^{-1}\boldsymbol{F}_y(\boldsymbol{x},\boldsymbol{y},\boldsymbol{s}))^{-1}$$

$$\times (\boldsymbol{F}_y(\boldsymbol{x},\boldsymbol{y},\boldsymbol{s}))^{\mathrm{T}}\boldsymbol{E}^{-1}\boldsymbol{F}_x(\boldsymbol{x},\boldsymbol{y},\boldsymbol{s})\boldsymbol{M}_1^{(\mathrm{a})}(\boldsymbol{F}_x(\boldsymbol{x},\boldsymbol{y},\boldsymbol{s}))^{\mathrm{T}}\boldsymbol{E}^{-1}\boldsymbol{F}_s(\boldsymbol{x},\boldsymbol{y},\boldsymbol{s})$$

$$= ((\boldsymbol{F}_y(\boldsymbol{x},\boldsymbol{y},\boldsymbol{s}))^{\mathrm{T}}\boldsymbol{E}^{-1}\boldsymbol{F}_y(\boldsymbol{x},\boldsymbol{y},\boldsymbol{s}))^{-1}(\boldsymbol{F}_y(\boldsymbol{x},\boldsymbol{y},\boldsymbol{s}))^{\mathrm{T}}\boldsymbol{E}^{-1}\boldsymbol{F}_s(\boldsymbol{x},\boldsymbol{y},\boldsymbol{s})$$

$$- ((\boldsymbol{F}_y(\boldsymbol{x},\boldsymbol{y},\boldsymbol{s}))^{\mathrm{T}}\boldsymbol{E}^{-1}\boldsymbol{F}_y(\boldsymbol{x},\boldsymbol{y},\boldsymbol{s}))^{-1}(\boldsymbol{F}_y(\boldsymbol{x},\boldsymbol{y},\boldsymbol{s}))^{\mathrm{T}}\boldsymbol{E}^{-1}\boldsymbol{F}_x(\boldsymbol{x},\boldsymbol{y},\boldsymbol{s})$$

$$\times \boldsymbol{M}_1^{(\mathrm{a})}(\boldsymbol{F}_x(\boldsymbol{x},\boldsymbol{y},\boldsymbol{s}))^{\mathrm{T}}\boldsymbol{E}^{-1/2}\boldsymbol{\Pi}^{\perp}[\boldsymbol{E}^{-1/2}\boldsymbol{F}_y(\boldsymbol{x},\boldsymbol{y},\boldsymbol{s})]\boldsymbol{E}^{-1/2}\boldsymbol{F}_s(\boldsymbol{x},\boldsymbol{y},\boldsymbol{s})$$

$$= ((\boldsymbol{F}_y(\boldsymbol{x},\boldsymbol{y},\boldsymbol{s}))^{\mathrm{T}}\boldsymbol{E}^{-1}\boldsymbol{F}_y(\boldsymbol{x},\boldsymbol{y},\boldsymbol{s}))^{-1}(\boldsymbol{F}_y(\boldsymbol{x},\boldsymbol{y},\boldsymbol{s}))^{\mathrm{T}}\boldsymbol{E}^{-1}\boldsymbol{F}_s(\boldsymbol{x},\boldsymbol{y},\boldsymbol{s})$$

$$- ((\boldsymbol{F}_y(\boldsymbol{x},\boldsymbol{y},\boldsymbol{s}))^{\mathrm{T}}\boldsymbol{E}^{-1}\boldsymbol{F}_y(\boldsymbol{x},\boldsymbol{y},\boldsymbol{s}))^{-1}(\boldsymbol{F}_y(\boldsymbol{x},\boldsymbol{y},\boldsymbol{s}))^{\mathrm{T}}\boldsymbol{E}^{-1}\boldsymbol{F}_x(\boldsymbol{x},\boldsymbol{y},\boldsymbol{s})$$

$$\times ((\boldsymbol{F}_x(\boldsymbol{x},\boldsymbol{y},\boldsymbol{s}))^{\mathrm{T}}\boldsymbol{E}^{-1/2}\boldsymbol{\Pi}^{\perp}[\boldsymbol{E}^{-1/2}\boldsymbol{F}_y(\boldsymbol{x},\boldsymbol{y},\boldsymbol{s})]\boldsymbol{E}^{-1/2}\boldsymbol{F}_x(\boldsymbol{x},\boldsymbol{y},\boldsymbol{s}))^{-1}$$

$$\times (\boldsymbol{F}_x(\boldsymbol{x},\boldsymbol{y},\boldsymbol{s}))^{\mathrm{T}}\boldsymbol{E}^{-1/2}\boldsymbol{\Pi}^{\perp}[\boldsymbol{E}^{-1/2}\boldsymbol{F}_y(\boldsymbol{x},\boldsymbol{y},\boldsymbol{s})]\boldsymbol{E}^{-1/2}\boldsymbol{F}_s(\boldsymbol{x},\boldsymbol{y},\boldsymbol{s}) \tag{F.1}$$

式中, 第 4 个等号利用了式 (2.41) 中的第 2 个等式。

然后, 结合式 (11.39) 和式 (11.54) 可知

$$
\begin{aligned}
&(\boldsymbol{G}_x(\boldsymbol{x},\boldsymbol{s},\boldsymbol{z}_0))^{\mathrm{T}}\boldsymbol{E}^{-1}\boldsymbol{G}_s(\boldsymbol{x},\boldsymbol{s},\boldsymbol{z}_0)\\
&=(\boldsymbol{F}_x(\boldsymbol{x},\boldsymbol{y},\boldsymbol{s}))^{\mathrm{T}}\boldsymbol{E}^{-1/2}\boldsymbol{\Pi}^{\perp}[\boldsymbol{E}^{-1/2}\boldsymbol{F}_y(\boldsymbol{x},\boldsymbol{y},\boldsymbol{s})]\boldsymbol{E}^{1/2}\boldsymbol{E}^{-1}\boldsymbol{E}^{1/2}\\
&\quad\times\boldsymbol{\Pi}^{\perp}[\boldsymbol{E}^{-1/2}\boldsymbol{F}_y(\boldsymbol{x},\boldsymbol{y},\boldsymbol{s})]\boldsymbol{E}^{-1/2}\boldsymbol{F}_s(\boldsymbol{x},\boldsymbol{y},\boldsymbol{s})\\
&=(\boldsymbol{F}_x(\boldsymbol{x},\boldsymbol{y},\boldsymbol{s}))^{\mathrm{T}}\boldsymbol{E}^{-1/2}\boldsymbol{\Pi}^{\perp}[\boldsymbol{E}^{-1/2}\boldsymbol{F}_y(\boldsymbol{x},\boldsymbol{y},\boldsymbol{s})]\boldsymbol{E}^{-1/2}\boldsymbol{F}_s(\boldsymbol{x},\boldsymbol{y},\boldsymbol{s})
\end{aligned}
\tag{F.2}
$$

式中, 第 1 个等号和第 2 个等号利用了正交投影矩阵的对称幂等性。再结合式 (11.40) 和式 (F.2) 可得

$$
\begin{aligned}
&((\boldsymbol{F}_y(\boldsymbol{x},\boldsymbol{y},\boldsymbol{s}))^{\mathrm{T}}\boldsymbol{E}^{-1}\boldsymbol{F}_y(\boldsymbol{x},\boldsymbol{y},\boldsymbol{s}))^{-1}(\boldsymbol{F}_y(\boldsymbol{x},\boldsymbol{y},\boldsymbol{s}))^{\mathrm{T}}\boldsymbol{E}^{-1}(\boldsymbol{F}_s(\boldsymbol{x},\boldsymbol{y},\boldsymbol{s})-\boldsymbol{F}_x(\boldsymbol{x},\boldsymbol{y},\boldsymbol{s})\\
&\quad\times((\boldsymbol{G}_x(\boldsymbol{x},\boldsymbol{s},\boldsymbol{z}_0))^{\mathrm{T}}\boldsymbol{E}^{-1}\boldsymbol{G}_x(\boldsymbol{x},\boldsymbol{s},\boldsymbol{z}_0))^{-1}(\boldsymbol{G}_x(\boldsymbol{x},\boldsymbol{s},\boldsymbol{z}_0))^{\mathrm{T}}\boldsymbol{E}^{-1}\boldsymbol{G}_s(\boldsymbol{x},\boldsymbol{s},\boldsymbol{z}_0))\\
&=((\boldsymbol{F}_y(\boldsymbol{x},\boldsymbol{y},\boldsymbol{s}))^{\mathrm{T}}\boldsymbol{E}^{-1}\boldsymbol{F}_y(\boldsymbol{x},\boldsymbol{y},\boldsymbol{s}))^{-1}(\boldsymbol{F}_y(\boldsymbol{x},\boldsymbol{y},\boldsymbol{s}))^{\mathrm{T}}\boldsymbol{E}^{-1}\boldsymbol{F}_s(\boldsymbol{x},\boldsymbol{y},\boldsymbol{s})\\
&\quad-((\boldsymbol{F}_y(\boldsymbol{x},\boldsymbol{y},\boldsymbol{s}))^{\mathrm{T}}\boldsymbol{E}^{-1}\boldsymbol{F}_y(\boldsymbol{x},\boldsymbol{y},\boldsymbol{s}))^{-1}(\boldsymbol{F}_y(\boldsymbol{x},\boldsymbol{y},\boldsymbol{s}))^{\mathrm{T}}\boldsymbol{E}^{-1}\boldsymbol{F}_x(\boldsymbol{x},\boldsymbol{y},\boldsymbol{s})\\
&\quad\times((\boldsymbol{F}_x(\boldsymbol{x},\boldsymbol{y},\boldsymbol{s}))^{\mathrm{T}}\boldsymbol{E}^{-1/2}\boldsymbol{\Pi}^{\perp}[\boldsymbol{E}^{-1/2}\boldsymbol{F}_y(\boldsymbol{x},\boldsymbol{y},\boldsymbol{s})]\boldsymbol{E}^{-1/2}\boldsymbol{F}_x(\boldsymbol{x},\boldsymbol{y},\boldsymbol{s}))^{-1}\\
&\quad\times(\boldsymbol{F}_x(\boldsymbol{x},\boldsymbol{y},\boldsymbol{s}))^{\mathrm{T}}\boldsymbol{E}^{-1/2}\boldsymbol{\Pi}^{\perp}[\boldsymbol{E}^{-1/2}\boldsymbol{F}_y(\boldsymbol{x},\boldsymbol{y},\boldsymbol{s})]\boldsymbol{E}^{-1/2}\boldsymbol{F}_s(\boldsymbol{x},\boldsymbol{y},\boldsymbol{s})
\end{aligned}
\tag{F.3}
$$

最后, 联合式 (F.1) 和式 (F.3) 可知式 (11.93) 成立。

G　$\boldsymbol{Y}_3^{(\mathrm{b})}=\boldsymbol{O}_{q_y\times q_y}$ 的证明

首先, 将式 (11.111) 代入式 (11.126) 可得

$$
\begin{aligned}
\boldsymbol{Y}_3^{(\mathrm{b})}&=\boldsymbol{H}(\boldsymbol{x},\boldsymbol{s})(\boldsymbol{T}(\boldsymbol{s}))^{\mathrm{T}}(\boldsymbol{C}(\boldsymbol{x},\boldsymbol{s}))^{\mathrm{T}}\boldsymbol{E}^{-1}[\boldsymbol{F}_x(\boldsymbol{x},\boldsymbol{y},\boldsymbol{s})\;\vdots\;\boldsymbol{F}_s(\boldsymbol{x},\boldsymbol{y},\boldsymbol{s})]\\
&\quad\times\left[\begin{array}{c:c}(\boldsymbol{G}_x(\boldsymbol{x},\boldsymbol{s},\boldsymbol{z}_0))^{\mathrm{T}}\boldsymbol{E}^{-1}\boldsymbol{G}_x(\boldsymbol{x},\boldsymbol{s},\boldsymbol{z}_0) & (\boldsymbol{G}_x(\boldsymbol{x},\boldsymbol{s},\boldsymbol{z}_0))^{\mathrm{T}}\boldsymbol{E}^{-1}\boldsymbol{G}_s(\boldsymbol{x},\boldsymbol{s},\boldsymbol{z}_0)\\ \hdashline (\boldsymbol{G}_s(\boldsymbol{x},\boldsymbol{s},\boldsymbol{z}_0))^{\mathrm{T}}\boldsymbol{E}^{-1}\boldsymbol{G}_x(\boldsymbol{x},\boldsymbol{s},\boldsymbol{z}_0) & (\boldsymbol{G}_s(\boldsymbol{x},\boldsymbol{s},\boldsymbol{z}_0))^{\mathrm{T}}\boldsymbol{E}^{-1}\boldsymbol{G}_s(\boldsymbol{x},\boldsymbol{s},\boldsymbol{z}_0)+\boldsymbol{\Psi}^{-1}\end{array}\right]^{-1}\\
&\quad\times\begin{bmatrix}(\boldsymbol{G}_x(\boldsymbol{x},\boldsymbol{s},\boldsymbol{z}_0))^{\mathrm{T}} & \boldsymbol{O}_{q_x\times r}\\ (\boldsymbol{G}_s(\boldsymbol{x},\boldsymbol{s},\boldsymbol{z}_0))^{\mathrm{T}} & \boldsymbol{\Psi}^{-1}\end{bmatrix}\\
&\quad\times\begin{bmatrix}\boldsymbol{E}^{-1}-\boldsymbol{E}^{-1}\boldsymbol{C}(\boldsymbol{x},\boldsymbol{s})\boldsymbol{T}(\boldsymbol{s})\boldsymbol{H}(\boldsymbol{x},\boldsymbol{s})(\boldsymbol{T}(\boldsymbol{s}))^{\mathrm{T}}(\boldsymbol{C}(\boldsymbol{x},\boldsymbol{s}))^{\mathrm{T}}\boldsymbol{E}^{-1}\\ \boldsymbol{O}_{r\times p}\end{bmatrix}\\
&\quad\times\boldsymbol{C}(\boldsymbol{x},\boldsymbol{s})\boldsymbol{T}(\boldsymbol{s})\boldsymbol{H}(\boldsymbol{x},\boldsymbol{s})
\end{aligned}
\tag{G.1}
$$

然后, 利用式 (C.2) 可知

$$\begin{aligned}&\begin{bmatrix}\boldsymbol{E}^{-1}-\boldsymbol{E}^{-1}\boldsymbol{C}(\boldsymbol{x},\boldsymbol{s})\boldsymbol{T}(\boldsymbol{s})\boldsymbol{H}(\boldsymbol{x},\boldsymbol{s})(\boldsymbol{T}(\boldsymbol{s}))^{\mathrm{T}}(\boldsymbol{C}(\boldsymbol{x},\boldsymbol{s}))^{\mathrm{T}}\boldsymbol{E}^{-1}\\ \boldsymbol{O}_{r\times p}\end{bmatrix}\boldsymbol{C}(\boldsymbol{x},\boldsymbol{s})\boldsymbol{T}(\boldsymbol{s})\boldsymbol{H}(\boldsymbol{x},\boldsymbol{s})\\ =&\begin{bmatrix}(\boldsymbol{E}^{-1}-\boldsymbol{E}^{-1}\boldsymbol{C}(\boldsymbol{x},\boldsymbol{s})\boldsymbol{T}(\boldsymbol{s})\boldsymbol{H}(\boldsymbol{x},\boldsymbol{s})(\boldsymbol{T}(\boldsymbol{s}))^{\mathrm{T}}(\boldsymbol{C}(\boldsymbol{x},\boldsymbol{s}))^{\mathrm{T}}\boldsymbol{E}^{-1})\boldsymbol{C}(\boldsymbol{x},\boldsymbol{s})\boldsymbol{T}(\boldsymbol{s})\boldsymbol{H}(\boldsymbol{x},\boldsymbol{s})\\ \boldsymbol{O}_{r\times q_y}\end{bmatrix}\\ =&\begin{bmatrix}\boldsymbol{O}_{p\times q_y}\\ \boldsymbol{O}_{r\times q_y}\end{bmatrix}\end{aligned}\tag{G.2}$$

最后, 结合式 (G.1) 和式 (G.2) 可知 $\boldsymbol{Y}_3^{(\mathrm{b})}=\boldsymbol{O}_{q_y\times q_y}$。

H $\boldsymbol{Y}_3^{(\mathrm{a})}=\boldsymbol{O}_{q_y\times q_y}$ 的证明

将式 (12.20) 代入式 (12.33) 可得

$$\begin{aligned}\boldsymbol{Y}_3^{(\mathrm{a})}=&(\boldsymbol{A}^{\mathrm{T}}\boldsymbol{E}^{-1}\boldsymbol{A})^{-1}\boldsymbol{A}^{\mathrm{T}}\boldsymbol{E}^{-1}\boldsymbol{H}_x(\boldsymbol{x},\boldsymbol{s})((\overline{\boldsymbol{H}}_x(\boldsymbol{x},\boldsymbol{s}))^{\mathrm{T}}\overline{\boldsymbol{E}}^{-1}\overline{\boldsymbol{H}}_x(\boldsymbol{x},\boldsymbol{s}))^{-1}\\ &\times(\overline{\boldsymbol{H}}_x(\boldsymbol{x},\boldsymbol{s}))^{\mathrm{T}}\overline{\boldsymbol{E}}^{-1}\mathrm{E}[\overline{\boldsymbol{e}}\boldsymbol{e}^{\mathrm{T}}]\boldsymbol{E}^{-1}\boldsymbol{A}(\boldsymbol{A}^{\mathrm{T}}\boldsymbol{E}^{-1}\boldsymbol{A})^{-1}\\ =&(\boldsymbol{A}^{\mathrm{T}}\boldsymbol{E}^{-1}\boldsymbol{A})^{-1}\boldsymbol{A}^{\mathrm{T}}\boldsymbol{E}^{-1}\boldsymbol{H}_x(\boldsymbol{x},\boldsymbol{s})((\overline{\boldsymbol{H}}_x(\boldsymbol{x},\boldsymbol{s}))^{\mathrm{T}}\overline{\boldsymbol{E}}^{-1}\overline{\boldsymbol{H}}_x(\boldsymbol{x},\boldsymbol{s}))^{-1}\\ &\times(\overline{\boldsymbol{H}}_x(\boldsymbol{x},\boldsymbol{s}))^{\mathrm{T}}\overline{\boldsymbol{E}}^{-1}\boldsymbol{B}\mathrm{E}[\boldsymbol{e}\boldsymbol{e}^{\mathrm{T}}]\boldsymbol{E}^{-1}\boldsymbol{A}(\boldsymbol{A}^{\mathrm{T}}\boldsymbol{E}^{-1}\boldsymbol{A})^{-1}\\ =&(\boldsymbol{A}^{\mathrm{T}}\boldsymbol{E}^{-1}\boldsymbol{A})^{-1}\boldsymbol{A}^{\mathrm{T}}\boldsymbol{E}^{-1}\boldsymbol{H}_x(\boldsymbol{x},\boldsymbol{s})((\overline{\boldsymbol{H}}_x(\boldsymbol{x},\boldsymbol{s}))^{\mathrm{T}}\overline{\boldsymbol{E}}^{-1}\overline{\boldsymbol{H}}_x(\boldsymbol{x},\boldsymbol{s}))^{-1}\\ &\times(\overline{\boldsymbol{H}}_x(\boldsymbol{x},\boldsymbol{s}))^{\mathrm{T}}\overline{\boldsymbol{E}}^{-1}\boldsymbol{B}\boldsymbol{A}(\boldsymbol{A}^{\mathrm{T}}\boldsymbol{E}^{-1}\boldsymbol{A})^{-1}\end{aligned}\tag{H.1}$$

式中, 第 2 个等号利用了定义式 $\overline{\boldsymbol{e}}=\boldsymbol{B}\boldsymbol{e}$。将式 (12.4) 代入式 (H.1) 可以得到 $\boldsymbol{Y}_3^{(\mathrm{a})}=\boldsymbol{O}_{q_y\times q_y}$。

I 式 (12.51) 的证明

结合式 (12.13)、式 (12.15) 和式 (2.7) 可知

$$\mathbf{CRB}^{(\mathrm{a})}\left(\begin{bmatrix}\boldsymbol{x}\\ \boldsymbol{y}\end{bmatrix}\right)=\begin{bmatrix}\boldsymbol{M}_1^{(\mathrm{a})} & \boldsymbol{M}_2^{(\mathrm{a})}\\ (\boldsymbol{M}_2^{(\mathrm{a})})^{\mathrm{T}} & \boldsymbol{M}_3^{(\mathrm{a})}\end{bmatrix}\tag{I.1}$$

式中,

$$\boldsymbol{M}_1^{(\mathrm{a})}=((\boldsymbol{H}_x(\boldsymbol{x},\boldsymbol{s}))^{\mathrm{T}}\boldsymbol{E}^{-1/2}\boldsymbol{\Pi}^{\perp}[\boldsymbol{E}^{-1/2}\boldsymbol{A}]\boldsymbol{E}^{-1/2}\boldsymbol{H}_x(\boldsymbol{x},\boldsymbol{s}))^{-1}\tag{I.2}$$

$$\boldsymbol{M}_2^{(\mathrm{a})} = -\boldsymbol{M}_1^{(\mathrm{a})}(\boldsymbol{H}_x(\boldsymbol{x},\boldsymbol{s}))^{\mathrm{T}}\boldsymbol{E}^{-1}\boldsymbol{A}(\boldsymbol{A}^{\mathrm{T}}\boldsymbol{E}^{-1}\boldsymbol{A})^{-1} \tag{I.3}$$

$$\begin{aligned}\boldsymbol{M}_3^{(\mathrm{a})} &= (\boldsymbol{A}^{\mathrm{T}}\boldsymbol{E}^{-1}\boldsymbol{A} - \boldsymbol{A}^{\mathrm{T}}\boldsymbol{E}^{-1}\boldsymbol{H}_x(\boldsymbol{x},\boldsymbol{s})((\boldsymbol{H}_x(\boldsymbol{x},\boldsymbol{s}))^{\mathrm{T}}\boldsymbol{E}^{-1} \\ &\quad \times \boldsymbol{H}_x(\boldsymbol{x},\boldsymbol{s}))^{-1}(\boldsymbol{H}_x(\boldsymbol{x},\boldsymbol{s}))^{\mathrm{T}}\boldsymbol{E}^{-1}\boldsymbol{A})^{-1} \\ &= (\boldsymbol{A}^{\mathrm{T}}\boldsymbol{E}^{-1}\boldsymbol{A})^{-1} + (\boldsymbol{A}^{\mathrm{T}}\boldsymbol{E}^{-1}\boldsymbol{A})^{-1}\boldsymbol{A}^{\mathrm{T}}\boldsymbol{E}^{-1}\boldsymbol{H}_x(\boldsymbol{x},\boldsymbol{s}) \\ &\quad \times \boldsymbol{M}_1^{(\mathrm{a})}(\boldsymbol{H}_x(\boldsymbol{x},\boldsymbol{s}))^{\mathrm{T}}\boldsymbol{E}^{-1}\boldsymbol{A}(\boldsymbol{A}^{\mathrm{T}}\boldsymbol{E}^{-1}\boldsymbol{A})^{-1}\end{aligned} \tag{I.4}$$

式 (I.4) 中的第 2 个等号利用了式 (2.5)。根据式 (I.1) 可知

$$\begin{aligned}&[\boldsymbol{I}_{q_x}\ \ \boldsymbol{O}_{q_x\times q_y}]\mathbf{CRB}^{(\mathrm{a})}\left(\begin{bmatrix}\boldsymbol{x}\\ \boldsymbol{y}\end{bmatrix}\right)\begin{bmatrix}(\boldsymbol{H}_x(\boldsymbol{x},\boldsymbol{s}))^{\mathrm{T}}\\ \boldsymbol{A}^{\mathrm{T}}\end{bmatrix}\boldsymbol{E}^{-1}\boldsymbol{H}_s(\boldsymbol{x},\boldsymbol{s}) \\ &= [\boldsymbol{I}_{q_x}\ \ \boldsymbol{O}_{q_x\times q_y}]\begin{bmatrix}\boldsymbol{M}_1^{(\mathrm{a})} & \boldsymbol{M}_2^{(\mathrm{a})}\\ (\boldsymbol{M}_2^{(\mathrm{a})})^{\mathrm{T}} & \boldsymbol{M}_3^{(\mathrm{a})}\end{bmatrix}\begin{bmatrix}(\boldsymbol{H}_x(\boldsymbol{x},\boldsymbol{s}))^{\mathrm{T}}\\ \boldsymbol{A}^{\mathrm{T}}\end{bmatrix}\boldsymbol{E}^{-1}\boldsymbol{H}_s(\boldsymbol{x},\boldsymbol{s}) \\ &= \boldsymbol{M}_1^{(\mathrm{a})}(\boldsymbol{H}_x(\boldsymbol{x},\boldsymbol{s}))^{\mathrm{T}}\boldsymbol{E}^{-1}\boldsymbol{H}_s(\boldsymbol{x},\boldsymbol{s}) + \boldsymbol{M}_2^{(\mathrm{a})}\boldsymbol{A}^{\mathrm{T}}\boldsymbol{E}^{-1}\boldsymbol{H}_s(\boldsymbol{x},\boldsymbol{s}) \\ &= \boldsymbol{M}_1^{(\mathrm{a})}(\boldsymbol{H}_x(\boldsymbol{x},\boldsymbol{s}))^{\mathrm{T}}\boldsymbol{E}^{-1}\boldsymbol{H}_s(\boldsymbol{x},\boldsymbol{s}) - \boldsymbol{M}_1^{(\mathrm{a})}(\boldsymbol{H}_x(\boldsymbol{x},\boldsymbol{s}))^{\mathrm{T}}\boldsymbol{E}^{-1} \\ &\quad \times \boldsymbol{A}(\boldsymbol{A}^{\mathrm{T}}\boldsymbol{E}^{-1}\boldsymbol{A})^{-1}\boldsymbol{A}^{\mathrm{T}}\boldsymbol{E}^{-1}\boldsymbol{H}_s(\boldsymbol{x},\boldsymbol{s}) \\ &= \boldsymbol{M}_1^{(\mathrm{a})}(\boldsymbol{H}_x(\boldsymbol{x},\boldsymbol{s}))^{\mathrm{T}}\boldsymbol{E}^{-1/2}(\boldsymbol{I}_p - \boldsymbol{E}^{-1/2}\boldsymbol{A}(\boldsymbol{A}^{\mathrm{T}}\boldsymbol{E}^{-1}\boldsymbol{A})^{-1}\boldsymbol{A}^{\mathrm{T}}\boldsymbol{E}^{-1/2})\boldsymbol{E}^{-1/2}\boldsymbol{H}_s(\boldsymbol{x},\boldsymbol{s}) \\ &= \boldsymbol{M}_1^{(\mathrm{a})}(\boldsymbol{H}_x(\boldsymbol{x},\boldsymbol{s}))^{\mathrm{T}}\boldsymbol{E}^{-1/2}\boldsymbol{\Pi}^{\perp}[\boldsymbol{E}^{-1/2}\boldsymbol{A}]\boldsymbol{E}^{-1/2}\boldsymbol{H}_s(\boldsymbol{x},\boldsymbol{s}) \\ &= ((\boldsymbol{H}_x(\boldsymbol{x},\boldsymbol{s}))^{\mathrm{T}}\boldsymbol{E}^{-1/2}\boldsymbol{\Pi}^{\perp}[\boldsymbol{E}^{-1/2}\boldsymbol{A}]\boldsymbol{E}^{-1/2}\boldsymbol{H}_x(\boldsymbol{x},\boldsymbol{s}))^{-1}(\boldsymbol{H}_x(\boldsymbol{x},\boldsymbol{s}))^{\mathrm{T}} \\ &\quad \boldsymbol{E}^{-1/2}\boldsymbol{\Pi}^{\perp}[\boldsymbol{E}^{-1/2}\boldsymbol{A}]\boldsymbol{E}^{-1/2}\boldsymbol{H}_s(\boldsymbol{x},\boldsymbol{s})\end{aligned} \tag{I.5}$$

式中, 第 3 个等号利用了式 (I.3), 第 5 个等号利用了式 (2.41) 中的第 2 个等式, 第 6 个等号利用了式 (I.2)。结合式 (12.8)、式 (12.25) 和式 (12.46), 以及定义式 $\overline{\boldsymbol{E}} = \boldsymbol{B}\boldsymbol{E}\boldsymbol{B}^{\mathrm{T}}$ 可得

$$\begin{aligned}&((\overline{\boldsymbol{H}}_x(\boldsymbol{x},\boldsymbol{s}))^{\mathrm{T}}\overline{\boldsymbol{E}}^{-1}\overline{\boldsymbol{H}}_x(\boldsymbol{x},\boldsymbol{s}))^{-1}(\overline{\boldsymbol{H}}_x(\boldsymbol{x},\boldsymbol{s}))^{\mathrm{T}}\overline{\boldsymbol{E}}^{-1}\overline{\boldsymbol{H}}_s(\boldsymbol{x},\boldsymbol{s}) \\ &= ((\boldsymbol{H}_x(\boldsymbol{x},\boldsymbol{s}))^{\mathrm{T}}\boldsymbol{B}^{\mathrm{T}}(\boldsymbol{B}\boldsymbol{E}\boldsymbol{B}^{\mathrm{T}})^{-1}\boldsymbol{B}\boldsymbol{H}_x(\boldsymbol{x},\boldsymbol{s}))^{-1}(\boldsymbol{H}_x(\boldsymbol{x},\boldsymbol{s}))^{\mathrm{T}} \\ &\quad \times \boldsymbol{B}^{\mathrm{T}}(\boldsymbol{B}\boldsymbol{E}\boldsymbol{B}^{\mathrm{T}})^{-1}\boldsymbol{B}\boldsymbol{H}_s(\boldsymbol{x},\boldsymbol{s}) \\ &= ((\boldsymbol{H}_x(\boldsymbol{x},\boldsymbol{s}))^{\mathrm{T}}\boldsymbol{E}^{-1/2}\boldsymbol{E}^{1/2}\boldsymbol{B}^{\mathrm{T}}(\boldsymbol{B}\boldsymbol{E}\boldsymbol{B}^{\mathrm{T}})^{-1}\boldsymbol{B}\boldsymbol{E}^{1/2}\boldsymbol{E}^{-1/2}\boldsymbol{H}_x(\boldsymbol{x},\boldsymbol{s}))^{-1} \\ &\quad \times (\boldsymbol{H}_x(\boldsymbol{x},\boldsymbol{s}))^{\mathrm{T}}\boldsymbol{E}^{-1/2}\boldsymbol{E}^{1/2}\boldsymbol{B}^{\mathrm{T}}(\boldsymbol{B}\boldsymbol{E}\boldsymbol{B}^{\mathrm{T}})^{-1}\boldsymbol{B}\boldsymbol{E}^{1/2}\boldsymbol{E}^{-1/2}\boldsymbol{H}_s(\boldsymbol{x},\boldsymbol{s}) \\ &= ((\boldsymbol{H}_x(\boldsymbol{x},\boldsymbol{s}))^{\mathrm{T}}\boldsymbol{E}^{-1/2}\boldsymbol{\Pi}[\boldsymbol{E}^{1/2}\boldsymbol{B}^{\mathrm{T}}]\boldsymbol{E}^{-1/2}\boldsymbol{H}_x(\boldsymbol{x},\boldsymbol{s}))^{-1}(\boldsymbol{H}_x(\boldsymbol{x},\boldsymbol{s}))^{\mathrm{T}}\end{aligned}$$

$$\times \boldsymbol{E}^{-1/2}\boldsymbol{\Pi}[\boldsymbol{E}^{1/2}\boldsymbol{B}^{\mathrm{T}}]\boldsymbol{E}^{-1/2}\boldsymbol{H}_s(\boldsymbol{x},\boldsymbol{s})$$

$$= ((\boldsymbol{H}_x(\boldsymbol{x},\boldsymbol{s}))^{\mathrm{T}}\boldsymbol{E}^{-1/2}\boldsymbol{\Pi}^{\perp}[\boldsymbol{E}^{-1/2}\boldsymbol{A}]\boldsymbol{E}^{-1/2}\boldsymbol{H}_x(\boldsymbol{x},\boldsymbol{s}))^{-1}(\boldsymbol{H}_x(\boldsymbol{x},\boldsymbol{s}))^{\mathrm{T}}$$

$$\times \boldsymbol{E}^{-1/2}\boldsymbol{\Pi}^{\perp}[\boldsymbol{E}^{-1/2}\boldsymbol{A}]\boldsymbol{E}^{-1/2}\boldsymbol{H}_s(\boldsymbol{x},\boldsymbol{s}) \tag{I.6}$$

式中, 第 3 个等号利用了式 (2.41) 中的第 1 个等式。联合式 (I.5) 和式 (I.6) 可知式 (12.51) 成立。

J 式 (12.64) 的证明

首先, 利用式 (I.1) 至式 (I.4) 可知

$$[\boldsymbol{O}_{q_y\times q_x}\ \ \boldsymbol{I}_{q_y}]\mathbf{CRB}^{(\mathrm{a})}\left(\begin{bmatrix}\boldsymbol{x}\\ \boldsymbol{y}\end{bmatrix}\right)\begin{bmatrix}(\boldsymbol{H}_x(\boldsymbol{x},\boldsymbol{s}))^{\mathrm{T}}\\ \boldsymbol{A}^{\mathrm{T}}\end{bmatrix}\boldsymbol{E}^{-1}\boldsymbol{H}_s(\boldsymbol{x},\boldsymbol{s})$$

$$= [\boldsymbol{O}_{q_y\times q_x}\ \ \boldsymbol{I}_{q_y}]\begin{bmatrix}\boldsymbol{M}_1^{(\mathrm{a})} & \boldsymbol{M}_2^{(\mathrm{a})}\\ (\boldsymbol{M}_2^{(\mathrm{a})})^{\mathrm{T}} & \boldsymbol{M}_3^{(\mathrm{a})}\end{bmatrix}\begin{bmatrix}(\boldsymbol{H}_x(\boldsymbol{x},\boldsymbol{s}))^{\mathrm{T}}\\ \boldsymbol{A}^{\mathrm{T}}\end{bmatrix}\boldsymbol{E}^{-1}\boldsymbol{H}_s(\boldsymbol{x},\boldsymbol{s})$$

$$= (\boldsymbol{M}_2^{(\mathrm{a})})^{\mathrm{T}}(\boldsymbol{H}_x(\boldsymbol{x},\boldsymbol{s}))^{\mathrm{T}}\boldsymbol{E}^{-1}\boldsymbol{H}_s(\boldsymbol{x},\boldsymbol{s}) + \boldsymbol{M}_3^{(\mathrm{a})}\boldsymbol{A}^{\mathrm{T}}\boldsymbol{E}^{-1}\boldsymbol{H}_s(\boldsymbol{x},\boldsymbol{s})$$

$$= (\boldsymbol{A}^{\mathrm{T}}\boldsymbol{E}^{-1}\boldsymbol{A})^{-1}\boldsymbol{A}^{\mathrm{T}}\boldsymbol{E}^{-1}\boldsymbol{H}_s(\boldsymbol{x},\boldsymbol{s}) + (\boldsymbol{A}^{\mathrm{T}}\boldsymbol{E}^{-1}\boldsymbol{A})^{-1}\boldsymbol{A}^{\mathrm{T}}\boldsymbol{E}^{-1}\boldsymbol{H}_x(\boldsymbol{x},\boldsymbol{s})$$

$$\times \boldsymbol{M}_1^{(\mathrm{a})}(\boldsymbol{H}_x(\boldsymbol{x},\boldsymbol{s}))^{\mathrm{T}}\boldsymbol{E}^{-1}\boldsymbol{A}(\boldsymbol{A}^{\mathrm{T}}\boldsymbol{E}^{-1}\boldsymbol{A})^{-1}\boldsymbol{A}^{\mathrm{T}}\boldsymbol{E}^{-1}\boldsymbol{H}_s(\boldsymbol{x},\boldsymbol{s})$$

$$- (\boldsymbol{A}^{\mathrm{T}}\boldsymbol{E}^{-1}\boldsymbol{A})^{-1}\boldsymbol{A}^{\mathrm{T}}\boldsymbol{E}^{-1}\boldsymbol{H}_x(\boldsymbol{x},\boldsymbol{s})\boldsymbol{M}_1^{(\mathrm{a})}(\boldsymbol{H}_x(\boldsymbol{x},\boldsymbol{s}))^{\mathrm{T}}\boldsymbol{E}^{-1}\boldsymbol{H}_s(\boldsymbol{x},\boldsymbol{s})$$

$$= (\boldsymbol{A}^{\mathrm{T}}\boldsymbol{E}^{-1}\boldsymbol{A})^{-1}\boldsymbol{A}^{\mathrm{T}}\boldsymbol{E}^{-1}\boldsymbol{H}_s(\boldsymbol{x},\boldsymbol{s}) - (\boldsymbol{A}^{\mathrm{T}}\boldsymbol{E}^{-1}\boldsymbol{A})^{-1}\boldsymbol{A}^{\mathrm{T}}\boldsymbol{E}^{-1}\boldsymbol{H}_x(\boldsymbol{x},\boldsymbol{s})$$

$$\times \boldsymbol{M}_1^{(\mathrm{a})}(\boldsymbol{H}_x(\boldsymbol{x},\boldsymbol{s}))^{\mathrm{T}}\boldsymbol{E}^{-1/2}\boldsymbol{\Pi}^{\perp}[\boldsymbol{E}^{-1/2}\boldsymbol{A}]\boldsymbol{E}^{-1/2}\boldsymbol{H}_s(\boldsymbol{x},\boldsymbol{s})$$

$$= (\boldsymbol{A}^{\mathrm{T}}\boldsymbol{E}^{-1}\boldsymbol{A})^{-1}\boldsymbol{A}^{\mathrm{T}}\boldsymbol{E}^{-1}\boldsymbol{H}_s(\boldsymbol{x},\boldsymbol{s}) - (\boldsymbol{A}^{\mathrm{T}}\boldsymbol{E}^{-1}\boldsymbol{A})^{-1}\boldsymbol{A}^{\mathrm{T}}\boldsymbol{E}^{-1}\boldsymbol{H}_x(\boldsymbol{x},\boldsymbol{s})$$

$$\times ((\boldsymbol{H}_x(\boldsymbol{x},\boldsymbol{s}))^{\mathrm{T}}\boldsymbol{E}^{-1/2}\boldsymbol{\Pi}^{\perp}[\boldsymbol{E}^{-1/2}\boldsymbol{A}]\boldsymbol{E}^{-1/2}\boldsymbol{H}_x(\boldsymbol{x},\boldsymbol{s}))^{-1}$$

$$\times (\boldsymbol{H}_x(\boldsymbol{x},\boldsymbol{s}))^{\mathrm{T}}\boldsymbol{E}^{-1/2}\boldsymbol{\Pi}^{\perp}[\boldsymbol{E}^{-1/2}\boldsymbol{A}]\boldsymbol{E}^{-1/2}\boldsymbol{H}_s(\boldsymbol{x},\boldsymbol{s}) \tag{J.1}$$

式中, 第 4 个等号利用了式 (2.41) 中的第 2 个等式。

然后, 联合式 (12.8)、式 (12.25) 和式 (12.46), 以及定义式 $\overline{\boldsymbol{E}} = \boldsymbol{B}\boldsymbol{E}\boldsymbol{B}^{\mathrm{T}}$ 可得

$$(\boldsymbol{A}^{\mathrm{T}}\boldsymbol{E}^{-1}\boldsymbol{A})^{-1}\boldsymbol{A}^{\mathrm{T}}\boldsymbol{E}^{-1}(\boldsymbol{H}_s(\boldsymbol{x},\boldsymbol{s}) - \boldsymbol{H}_x(\boldsymbol{x},\boldsymbol{s})((\overline{\boldsymbol{H}}_x(\boldsymbol{x},\boldsymbol{s}))^{\mathrm{T}}\overline{\boldsymbol{E}}^{-1}$$

$$\times \overline{\boldsymbol{H}}_x(\boldsymbol{x},\boldsymbol{s}))^{-1}(\overline{\boldsymbol{H}}_x(\boldsymbol{x},\boldsymbol{s}))^{\mathrm{T}}\overline{\boldsymbol{E}}^{-1}\overline{\boldsymbol{H}}_s(\boldsymbol{x},\boldsymbol{s}))$$

$$
\begin{aligned}
&= (\boldsymbol{A}^{\mathrm{T}}\boldsymbol{E}^{-1}\boldsymbol{A})^{-1}\boldsymbol{A}^{\mathrm{T}}\boldsymbol{E}^{-1}\boldsymbol{H}_s(\boldsymbol{x},\boldsymbol{s}) - (\boldsymbol{A}^{\mathrm{T}}\boldsymbol{E}^{-1}\boldsymbol{A})^{-1}\boldsymbol{A}^{\mathrm{T}}\boldsymbol{E}^{-1}\boldsymbol{H}_x(\boldsymbol{x},\boldsymbol{s}) \\
&\quad \times ((\boldsymbol{H}_x(\boldsymbol{x},\boldsymbol{s}))^{\mathrm{T}}\boldsymbol{B}^{\mathrm{T}}(\boldsymbol{B}\boldsymbol{E}\boldsymbol{B}^{\mathrm{T}})^{-1}\boldsymbol{B}\boldsymbol{H}_x(\boldsymbol{x},\boldsymbol{s}))^{-1} \\
&\quad \times (\boldsymbol{H}_x(\boldsymbol{x},\boldsymbol{s}))^{\mathrm{T}}\boldsymbol{B}^{\mathrm{T}}(\boldsymbol{B}\boldsymbol{E}\boldsymbol{B}^{\mathrm{T}})^{-1}\boldsymbol{B}\boldsymbol{H}_s(\boldsymbol{x},\boldsymbol{s}) \\
&= (\boldsymbol{A}^{\mathrm{T}}\boldsymbol{E}^{-1}\boldsymbol{A})^{-1}\boldsymbol{A}^{\mathrm{T}}\boldsymbol{E}^{-1}\boldsymbol{H}_s(\boldsymbol{x},\boldsymbol{s}) - (\boldsymbol{A}^{\mathrm{T}}\boldsymbol{E}^{-1}\boldsymbol{A})^{-1}\boldsymbol{A}^{\mathrm{T}}\boldsymbol{E}^{-1}\boldsymbol{H}_x(\boldsymbol{x},\boldsymbol{s}) \\
&\quad \times ((\boldsymbol{H}_x(\boldsymbol{x},\boldsymbol{s}))^{\mathrm{T}}\boldsymbol{E}^{-1/2}\boldsymbol{E}^{1/2}\boldsymbol{B}^{\mathrm{T}}(\boldsymbol{B}\boldsymbol{E}\boldsymbol{B}^{\mathrm{T}})^{-1}\boldsymbol{B}\boldsymbol{E}^{1/2}\boldsymbol{E}^{-1/2}\boldsymbol{H}_x(\boldsymbol{x},\boldsymbol{s}))^{-1} \\
&\quad \times (\boldsymbol{H}_x(\boldsymbol{x},\boldsymbol{s}))^{\mathrm{T}}\boldsymbol{E}^{-1/2}\boldsymbol{E}^{1/2}\boldsymbol{B}^{\mathrm{T}}(\boldsymbol{B}\boldsymbol{E}\boldsymbol{B}^{\mathrm{T}})^{-1}\boldsymbol{B}\boldsymbol{E}^{1/2}\boldsymbol{E}^{-1/2}\boldsymbol{H}_s(\boldsymbol{x},\boldsymbol{s}) \\
&= (\boldsymbol{A}^{\mathrm{T}}\boldsymbol{E}^{-1}\boldsymbol{A})^{-1}\boldsymbol{A}^{\mathrm{T}}\boldsymbol{E}^{-1}\boldsymbol{H}_s(\boldsymbol{x},\boldsymbol{s}) - (\boldsymbol{A}^{\mathrm{T}}\boldsymbol{E}^{-1}\boldsymbol{A})^{-1}\boldsymbol{A}^{\mathrm{T}}\boldsymbol{E}^{-1}\boldsymbol{H}_x(\boldsymbol{x},\boldsymbol{s}) \\
&\quad \times ((\boldsymbol{H}_x(\boldsymbol{x},\boldsymbol{s}))^{\mathrm{T}}\boldsymbol{E}^{-1/2}\boldsymbol{\Pi}[\boldsymbol{E}^{1/2}\boldsymbol{B}^{\mathrm{T}}]\boldsymbol{E}^{-1/2}\boldsymbol{H}_x(\boldsymbol{x},\boldsymbol{s}))^{-1} \\
&\quad \times (\boldsymbol{H}_x(\boldsymbol{x},\boldsymbol{s}))^{\mathrm{T}}\boldsymbol{E}^{-1/2}\boldsymbol{\Pi}[\boldsymbol{E}^{1/2}\boldsymbol{B}^{\mathrm{T}}]\boldsymbol{E}^{-1/2}\boldsymbol{H}_s(\boldsymbol{x},\boldsymbol{s}) \\
&= (\boldsymbol{A}^{\mathrm{T}}\boldsymbol{E}^{-1}\boldsymbol{A})^{-1}\boldsymbol{A}^{\mathrm{T}}\boldsymbol{E}^{-1}\boldsymbol{H}_s(\boldsymbol{x},\boldsymbol{s}) - (\boldsymbol{A}^{\mathrm{T}}\boldsymbol{E}^{-1}\boldsymbol{A})^{-1}\boldsymbol{A}^{\mathrm{T}}\boldsymbol{E}^{-1}\boldsymbol{H}_x(\boldsymbol{x},\boldsymbol{s}) \\
&\quad \times ((\boldsymbol{H}_x(\boldsymbol{x},\boldsymbol{s}))^{\mathrm{T}}\boldsymbol{E}^{-1/2}\boldsymbol{\Pi}^{\perp}[\boldsymbol{E}^{-1/2}\boldsymbol{A}]\boldsymbol{E}^{-1/2}\boldsymbol{H}_x(\boldsymbol{x},\boldsymbol{s}))^{-1} \\
&\quad \times (\boldsymbol{H}_x(\boldsymbol{x},\boldsymbol{s}))^{\mathrm{T}}\boldsymbol{E}^{-1/2}\boldsymbol{\Pi}^{\perp}[\boldsymbol{E}^{-1/2}\boldsymbol{A}]\boldsymbol{E}^{-1/2}\boldsymbol{H}_s(\boldsymbol{x},\boldsymbol{s})
\end{aligned} \tag{J.2}
$$

式中, 第 3 个等号利用了式 (2.41) 中的第 1 个等式。

最后, 联合式 (J.1) 和式 (J.2) 可知式 (12.64) 成立。

K $\boldsymbol{Y}_3^{(\mathrm{b})} = \boldsymbol{O}_{q_y \times q_y}$ 的证明

将式 (12.76) 代入式 (12.86), 并利用定义式 $\overline{\boldsymbol{e}} = \boldsymbol{B}\boldsymbol{e}$ 可得

$$
\begin{aligned}
\boldsymbol{Y}_3^{(\mathrm{b})} &= (\boldsymbol{A}^{\mathrm{T}}\boldsymbol{E}^{-1}\boldsymbol{A})^{-1}\boldsymbol{A}^{\mathrm{T}}\boldsymbol{E}^{-1}[\,\boldsymbol{H}_x(\boldsymbol{x},\boldsymbol{s}) \;\vdots\; \boldsymbol{H}_s(\boldsymbol{x},\boldsymbol{s})\,] \\
&\quad \times \left[\begin{array}{c:c} (\overline{\boldsymbol{H}}_x(\boldsymbol{x},\boldsymbol{s}))^{\mathrm{T}}\overline{\boldsymbol{E}}^{-1}\overline{\boldsymbol{H}}_x(\boldsymbol{x},\boldsymbol{s}) & (\overline{\boldsymbol{H}}_x(\boldsymbol{x},\boldsymbol{s}))^{\mathrm{T}}\overline{\boldsymbol{E}}^{-1}\overline{\boldsymbol{H}}_s(\boldsymbol{x},\boldsymbol{s}) \\ \hdashline (\overline{\boldsymbol{H}}_s(\boldsymbol{x},\boldsymbol{s}))^{\mathrm{T}}\overline{\boldsymbol{E}}^{-1}\overline{\boldsymbol{H}}_x(\boldsymbol{x},\boldsymbol{s}) & (\overline{\boldsymbol{H}}_s(\boldsymbol{x},\boldsymbol{s}))^{\mathrm{T}}\overline{\boldsymbol{E}}^{-1}\overline{\boldsymbol{H}}_s(\boldsymbol{x},\boldsymbol{s}) + \boldsymbol{\Psi}^{-1} \end{array}\right]^{-1} \\
&\quad \times \begin{bmatrix} (\overline{\boldsymbol{H}}_x(\boldsymbol{x},\boldsymbol{s}))^{\mathrm{T}}\overline{\boldsymbol{E}}^{-1} & \boldsymbol{O}_{q_x \times r} \\ (\overline{\boldsymbol{H}}_s(\boldsymbol{x},\boldsymbol{s}))^{\mathrm{T}}\overline{\boldsymbol{E}}^{-1} & \boldsymbol{\Psi}^{-1} \end{bmatrix} \mathrm{E}\left(\begin{bmatrix} \overline{\boldsymbol{e}} \\ \boldsymbol{\varphi} \end{bmatrix} \boldsymbol{e}^{\mathrm{T}}\right) \boldsymbol{E}^{-1}\boldsymbol{A}(\boldsymbol{A}^{\mathrm{T}}\boldsymbol{E}^{-1}\boldsymbol{A})^{-1} \\
&= (\boldsymbol{A}^{\mathrm{T}}\boldsymbol{E}^{-1}\boldsymbol{A})^{-1}\boldsymbol{A}^{\mathrm{T}}\boldsymbol{E}^{-1}[\,\boldsymbol{H}_x(\boldsymbol{x},\boldsymbol{s}) \;\vdots\; \boldsymbol{H}_s(\boldsymbol{x},\boldsymbol{s})\,] \\
&\quad \times \left[\begin{array}{c:c} (\overline{\boldsymbol{H}}_x(\boldsymbol{x},\boldsymbol{s}))^{\mathrm{T}}\overline{\boldsymbol{E}}^{-1}\overline{\boldsymbol{H}}_x(\boldsymbol{x},\boldsymbol{s}) & (\overline{\boldsymbol{H}}_x(\boldsymbol{x},\boldsymbol{s}))^{\mathrm{T}}\overline{\boldsymbol{E}}^{-1}\overline{\boldsymbol{H}}_s(\boldsymbol{x},\boldsymbol{s}) \\ \hdashline (\overline{\boldsymbol{H}}_s(\boldsymbol{x},\boldsymbol{s}))^{\mathrm{T}}\overline{\boldsymbol{E}}^{-1}\overline{\boldsymbol{H}}_x(\boldsymbol{x},\boldsymbol{s}) & (\overline{\boldsymbol{H}}_s(\boldsymbol{x},\boldsymbol{s}))^{\mathrm{T}}\overline{\boldsymbol{E}}^{-1}\overline{\boldsymbol{H}}_s(\boldsymbol{x},\boldsymbol{s}) + \boldsymbol{\Psi}^{-1} \end{array}\right]^{-1}
\end{aligned}
$$

$$
\begin{aligned}
&\times \begin{bmatrix} (\overline{\boldsymbol{H}}_x(\boldsymbol{x},\boldsymbol{s}))^{\mathrm{T}}\overline{\boldsymbol{E}}^{-1} & \boldsymbol{O}_{q_x\times r} \\ (\overline{\boldsymbol{H}}_s(\boldsymbol{x},\boldsymbol{s}))^{\mathrm{T}}\overline{\boldsymbol{E}}^{-1} & \boldsymbol{\Psi}^{-1} \end{bmatrix} \begin{bmatrix} \boldsymbol{B}\mathrm{E}[\boldsymbol{e}\boldsymbol{e}^{\mathrm{T}}] \\ \mathrm{E}[\boldsymbol{\varphi}\boldsymbol{e}^{\mathrm{T}}] \end{bmatrix} \boldsymbol{E}^{-1}\boldsymbol{A}(\boldsymbol{A}^{\mathrm{T}}\boldsymbol{E}^{-1}\boldsymbol{A})^{-1} \\
&= (\boldsymbol{A}^{\mathrm{T}}\boldsymbol{E}^{-1}\boldsymbol{A})^{-1}\boldsymbol{A}^{\mathrm{T}}\boldsymbol{E}^{-1}[\,\boldsymbol{H}_x(\boldsymbol{x},\boldsymbol{s}) \;\vdots\; \boldsymbol{H}_s(\boldsymbol{x},\boldsymbol{s})\,] \\
&\times \begin{bmatrix} (\overline{\boldsymbol{H}}_x(\boldsymbol{x},\boldsymbol{s}))^{\mathrm{T}}\overline{\boldsymbol{E}}^{-1}\overline{\boldsymbol{H}}_x(\boldsymbol{x},\boldsymbol{s}) & (\overline{\boldsymbol{H}}_x(\boldsymbol{x},\boldsymbol{s}))^{\mathrm{T}}\overline{\boldsymbol{E}}^{-1}\overline{\boldsymbol{H}}_s(\boldsymbol{x},\boldsymbol{s}) \\ (\overline{\boldsymbol{H}}_s(\boldsymbol{x},\boldsymbol{s}))^{\mathrm{T}}\overline{\boldsymbol{E}}^{-1}\overline{\boldsymbol{H}}_x(\boldsymbol{x},\boldsymbol{s}) & (\overline{\boldsymbol{H}}_s(\boldsymbol{x},\boldsymbol{s}))^{\mathrm{T}}\overline{\boldsymbol{E}}^{-1}\overline{\boldsymbol{H}}_s(\boldsymbol{x},\boldsymbol{s})+\boldsymbol{\Psi}^{-1} \end{bmatrix}^{-1} \\
&\times \begin{bmatrix} (\overline{\boldsymbol{H}}_x(\boldsymbol{x},\boldsymbol{s}))^{\mathrm{T}}\overline{\boldsymbol{E}}^{-1} & \boldsymbol{O}_{q_x\times r} \\ (\overline{\boldsymbol{H}}_s(\boldsymbol{x},\boldsymbol{s}))^{\mathrm{T}}\overline{\boldsymbol{E}}^{-1} & \boldsymbol{\Psi}^{-1} \end{bmatrix} \begin{bmatrix} \boldsymbol{B}\boldsymbol{A} \\ \boldsymbol{O}_{r\times q_y} \end{bmatrix} (\boldsymbol{A}^{\mathrm{T}}\boldsymbol{E}^{-1}\boldsymbol{A})^{-1} \qquad \text{(K.1)}
\end{aligned}
$$

将式 (12.4) 代入式 (K.1) 可知 $\boldsymbol{Y}_3^{(\mathrm{b})} = \boldsymbol{O}_{q_y\times q_y}$。

L 式 (13.57) 的证明

利用式 (13.58) 可得

$$
\begin{aligned}
&(\boldsymbol{x}-\boldsymbol{\alpha}_{\mathrm{o}})^{\mathrm{T}}(\boldsymbol{F}(\boldsymbol{x}_{\mathrm{o}}))^{\mathrm{T}}\boldsymbol{E}^{-1}\boldsymbol{F}(\boldsymbol{x}_{\mathrm{o}})(\boldsymbol{x}-\boldsymbol{\alpha}_{\mathrm{o}})+\beta_{\mathrm{o}} \\
&= \boldsymbol{x}^{\mathrm{T}}(\boldsymbol{F}(\boldsymbol{x}_{\mathrm{o}}))^{\mathrm{T}}\boldsymbol{E}^{-1}\boldsymbol{F}(\boldsymbol{x}_{\mathrm{o}})\boldsymbol{x} - \boldsymbol{x}^{\mathrm{T}}(\boldsymbol{F}(\boldsymbol{x}_{\mathrm{o}}))^{\mathrm{T}}\boldsymbol{E}^{-1}\boldsymbol{F}(\boldsymbol{x}_{\mathrm{o}})\boldsymbol{\alpha}_{\mathrm{o}} \\
&\quad - \boldsymbol{\alpha}_{\mathrm{o}}^{\mathrm{T}}(\boldsymbol{F}(\boldsymbol{x}_{\mathrm{o}}))^{\mathrm{T}}\boldsymbol{E}^{-1}\boldsymbol{F}(\boldsymbol{x}_{\mathrm{o}})\boldsymbol{x} + \boldsymbol{\alpha}_{\mathrm{o}}^{\mathrm{T}}(\boldsymbol{F}(\boldsymbol{x}_{\mathrm{o}}))^{\mathrm{T}}\boldsymbol{E}^{-1}\boldsymbol{F}(\boldsymbol{x}_{\mathrm{o}})\boldsymbol{\alpha}_{\mathrm{o}}+\beta_{\mathrm{o}} \\
&= \boldsymbol{x}^{\mathrm{T}}(\boldsymbol{F}(\boldsymbol{x}_{\mathrm{o}}))^{\mathrm{T}}\boldsymbol{E}^{-1}\boldsymbol{F}(\boldsymbol{x}_{\mathrm{o}})\boldsymbol{x} - \boldsymbol{x}^{\mathrm{T}}(\boldsymbol{F}(\boldsymbol{x}_{\mathrm{o}}))^{\mathrm{T}}\boldsymbol{E}^{-1}\boldsymbol{y}_{\mathrm{o}} \\
&\quad - \boldsymbol{y}_{\mathrm{o}}^{\mathrm{T}}\boldsymbol{E}^{-1}\boldsymbol{F}(\boldsymbol{x}_{\mathrm{o}})\boldsymbol{x} + \boldsymbol{y}_{\mathrm{o}}^{\mathrm{T}}\boldsymbol{E}^{-1}\boldsymbol{y}_{\mathrm{o}} \\
&= (\boldsymbol{F}(\boldsymbol{x}_{\mathrm{o}})\boldsymbol{x}-\boldsymbol{y}_{\mathrm{o}})^{\mathrm{T}}\boldsymbol{E}^{-1}(\boldsymbol{F}(\boldsymbol{x}_{\mathrm{o}})\boldsymbol{x}-\boldsymbol{y}_{\mathrm{o}}) \qquad \text{(L.1)}
\end{aligned}
$$

由式 (L.1) 可知式 (13.57) 成立。

参考文献

[1] 魏木生. 广义最小二乘问题的理论和计算 [M]. 北京: 科学出版社, 2006.

[2] 孙继广. 矩阵扰动分析 [M]. 2 版. 北京: 科学出版社, 2018.

[3] 史蒂文 M K. 统计信号处理基础——估计与检测理论 (卷 I、卷 II 合集)[M]. 罗鹏飞, 张文明, 刘忠, 等, 译. 北京: 电子工业出版社, 2014.

[4] 张贤达. 现代信号处理 [M]. 3 版. 北京: 清华大学出版社, 2015.

[5] 王鼎, 唐涛, 孙晨, 等. 高斯误差条件下广义最小二乘估计理论与方法——针对线性观测模型 [M]. 北京: 高等教育出版社, 2020.

[6] 张勤, 黄观文. 非线性最小二乘理论及其在 GPS 定位中应用研究 [M]. 北京: 测绘出版社, 2019.

[7] 刘国林. 非线性最小二乘与测量平差 [M]. 北京: 测绘出版社, 2002.

[8] 郭建校. 改进的高维非线性偏最小二乘回归模型及应用 [M]. 北京: 中国物资出版社, 2010.

[9] 葛永慧. 再生权最小二乘法稳健估计 [M]. 北京: 科学出版社, 2015.

[10] Strutz T. 数据拟合与不确定度——加权最小二乘拟合及其推广 [M]. 王鼎, 唐涛, 尹洁昕, 等, 译. 2 版. 北京: 国防工业出版社, 2019.

[11] 王新洲. 非线性模型估计理论与应用 [M]. 武汉: 武汉大学出版社, 2002.

[12] 梁彦, 徐林峰, 吉瑞萍. 最优估计理论与应用——最小二乘估计 [M]. 西安: 西北工业大学出版社, 2019.

[13] 王鼎. 无源定位中的广义最小二乘估计理论与方法 [M]. 北京: 科学出版社, 2015.

[14] 西蒙 D. 最优状态估计——卡尔曼, H_∞ 及非线性滤波 [M]. 张勇刚, 李宁, 奔粤阳, 译. 北京: 国防工业出版社, 2013.

[15] 豪格 A J. 贝叶斯估计与跟踪实用指南 [M]. 王欣, 于晓, 译. 北京: 国防工业出版社, 2014.

[16] 韩崇昭, 朱洪艳, 段战胜. 多源信息融合 [M]. 2 版. 北京: 清华大学出版社, 2010.

[17] 薛毅, 杨中华. 求解非线性最小二乘问题的实用型方法 [J]. 数值计算与计算机应用, 2000, 21(3): 208-215.

[18] 侯忠生, 韩志刚. 改进的非线性系统最小二乘算法 [J]. 控制理论与应用, 1994, 11(3): 271-276.

[19] 王晓, 韩崇昭, 万百五. 两种新的有效的非线性系统最小二乘辨识算法 [J]. 自动化学报, 1998, 24(1): 95-101.

[20] 高飞, 童恒庆. 基于改进粒子群优化的非线性最小二乘估计 [J]. 系统工程与电子技术, 2006, 28(5), 775-778.

[21] 张俊, 独知行, 杜宁, 等. 非线性模型的补偿最小二乘估计 [J]. 大地测量与地球动力学, 2015, 35(1): 122-125.

[22] 唐利民. 非线性最小二乘的不适定性及算法研究 [D]. 长沙: 中南大学, 2011.

[23] 徐成贤. 解等式约束非线性最小二乘问题的混合 GN-BFGS 方法 [J]. 西安交通大学学报, 1989, 23(2):41-48.

[24] 王鼎. 卫星位置误差条件下基于约束 Taylor 级数迭代的地面目标定位理论性能分析 [J]. 中国科学: 信息科学, 2014, 44(2): 231-253.

[25] 彭军还, 张亚利, 章红平, 刘星. 不等式约束最小二乘问题的解及其统计性质 [J]. 测绘学报, 2007, 36(1): 50-55.

[26] Wang Y, Ho K C. An asymptotically efficient estimator in closed-form for 3D AOA localization using a sensor network[J]. IEEE Transactions on Wireless Communications, 2015, 14(12): 6524-6535.

[27] Yin J H, Wan Q, Yang S W, Ho K C. A simple and accurate TDOA-AOA localization method using two stations[J]. IEEE Signal Processing Letters, 2016, 23(1): 144-148.

[28] Sun M, Yang L, Ho K C. Efficient joint source and sensor localization in closed-form[J]. IEEE Signal Processing Letters, 2012, 19(7): 399-402.

[29] Wang D, Yin J X, Tang T, et al. A two-step weighted least-squares method for joint estimation of source and sensor locations: A general framework[J]. Chinese Journal of Aeronautics, 2019, 32(2): 417-443.

[30] Chan Y T, Ho K C. A simple and efficient estimator by hyperbolic location[J]. IEEE Transactions on Signal Processing, 1994, 42(4): 1905-1915.

[31] 陶华学, 郭金运. 广义非线性动态最小二乘问题的一个直接解算方法 [J]. 测绘科学, 2005, 30(2): 13-15.

[32] Viberg M, Ottersten B. Sensor array processing based on subspace fitting[J]. IEEE Transactions on Signal Processing, 1991, 39(5): 1110-1121.

[33] See C M S. Method for array calibration in high-resolution sensor array processing[J]. IEE Proceedings on Radar, Sonar and Navigation, 1995, 142(3): 90-96.

[34] Ng B C, See C M S. Sensor array calibration using a maximum-likelihood approach[J]. IEEE Transactions on Antennas and Propagation, 1996, 44(6): 827-835.

[35] 芦文波, 韩韬, 施文康, 等. 提取正弦信号参数的非线性寻优最小二乘算法 [J]. 上海交通大学学报, 2003, 37(10): 1613-1615.

[36] 马鹏, 何伟, 张剑云, 等. 基于非线性最小二乘的统计 MIMO 雷达动目标参数估计算法 [J]. 现代雷达, 2012, 34(9): 31-35.

[37] 杨民, 路宏年, 孔凡琴, 等. 三维 CT 重建几何参数的非线性最小二乘估计 [J]. 北京航空航天大学学报, 2005, 31(10): 1135-1139.

[38] 张贤达. 现代信号处理 [M]. 3 版. 北京: 清华大学出版社, 2015.

[39] 宋叔尼, 张国伟, 王晓敏. 实变函数与泛函分析 [M]. 2 版. 北京: 科学出版社, 2019.

[40] Ho K C. Bias reduction for an explicit solution of source localization using TDOA[J]. IEEE Transactions on Signal Processing, 2012, 60(5): 2101-2114.

[41] Bertsekas D P. Nonlinear Programming[M]. 2nd ed. Belmont: Athena Scientific, 1999.

[42] Wang G, Chen H Y. An importance sampling method for TDOA-based source localization[J]. IEEE Transactions on Wireless Communications, 2011, 10(5): 1560-1568.

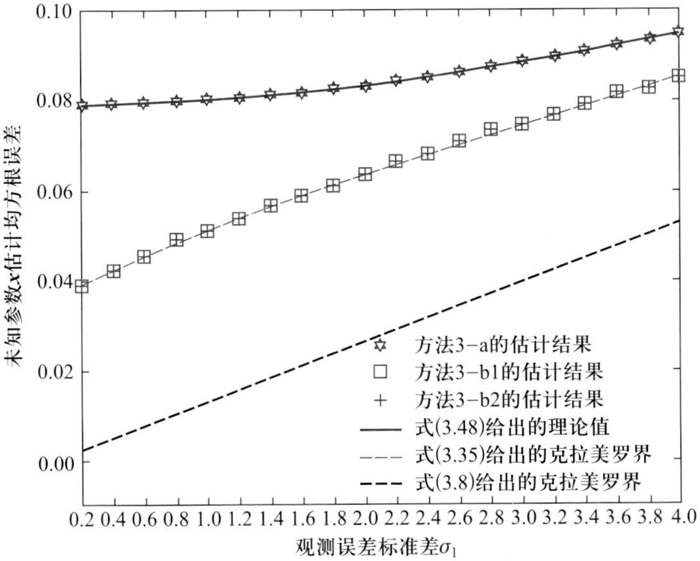

图 3.5　未知参数 $\boldsymbol{x}$ 估计均方根误差随观测误差标准差 σ_1 的变化曲线

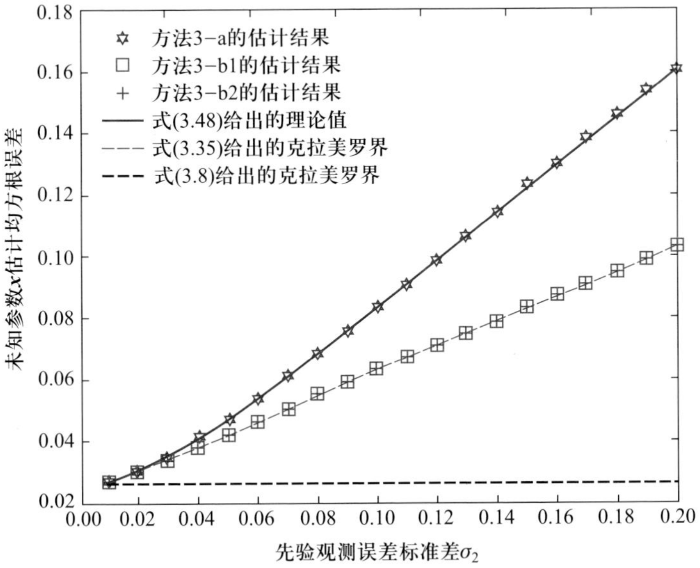

图 3.7　未知参数 $\boldsymbol{x}$ 估计均方根误差随先验观测误差标准差 σ_2 的变化曲线

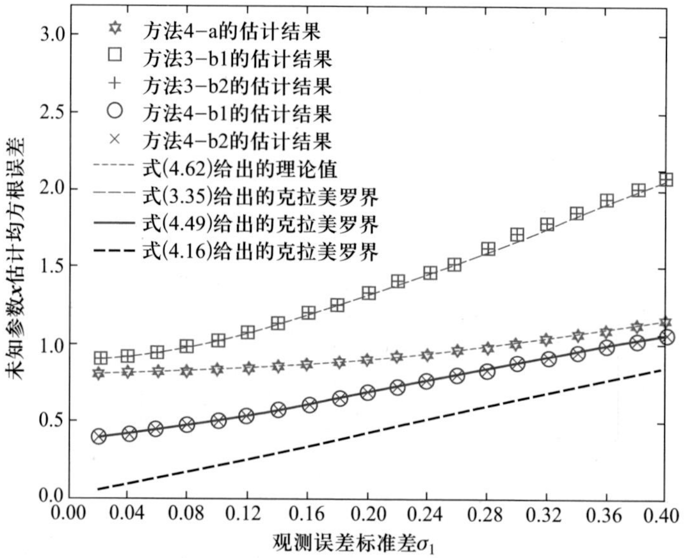

图 4.5 未知参数 $\boldsymbol{x}$ 估计均方根误差随观测误差标准差 σ_1 的变化曲线

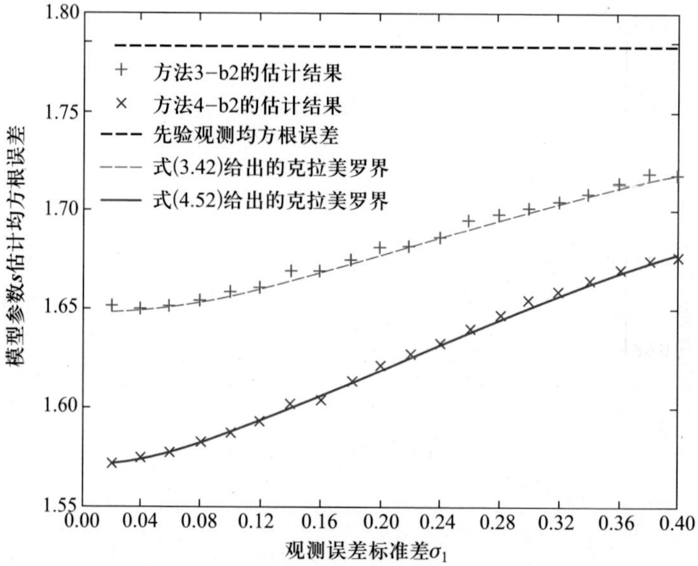

图 4.6 模型参数 $\boldsymbol{s}$ 估计均方根误差随观测误差标准差 σ_1 的变化曲线

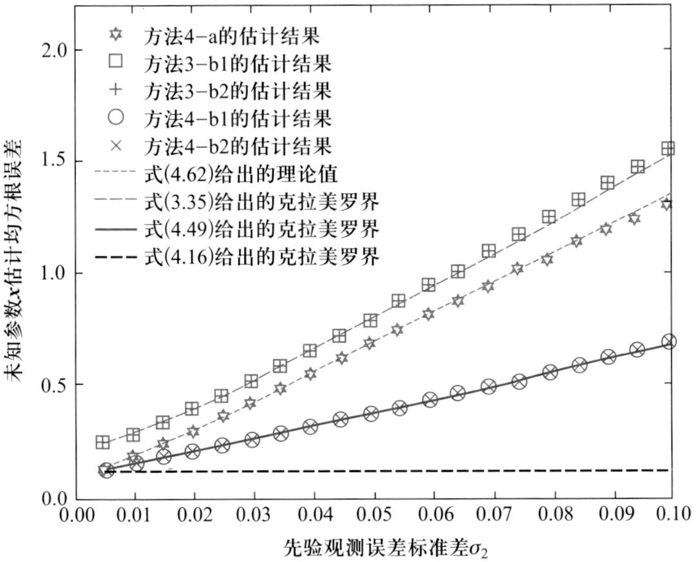

图 4.7　未知参数 $\boldsymbol{x}$ 估计均方根误差随先验观测误差标准差 σ_2 的变化曲线

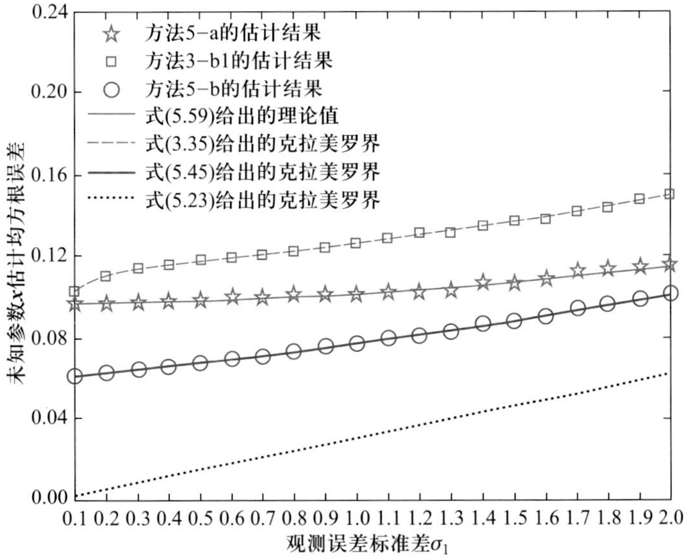

图 5.4　未知参数 $\boldsymbol{x}$ 估计均方根误差随观测误差标准差 σ_1 的变化曲线

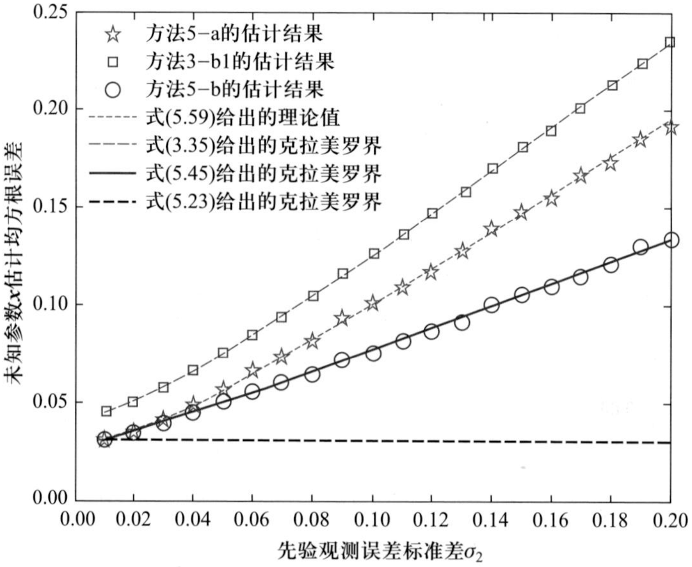

图 5.5 未知参数 $\boldsymbol{x}$ 估计均方根误差随先验观测误差标准差 σ_2 的变化曲线

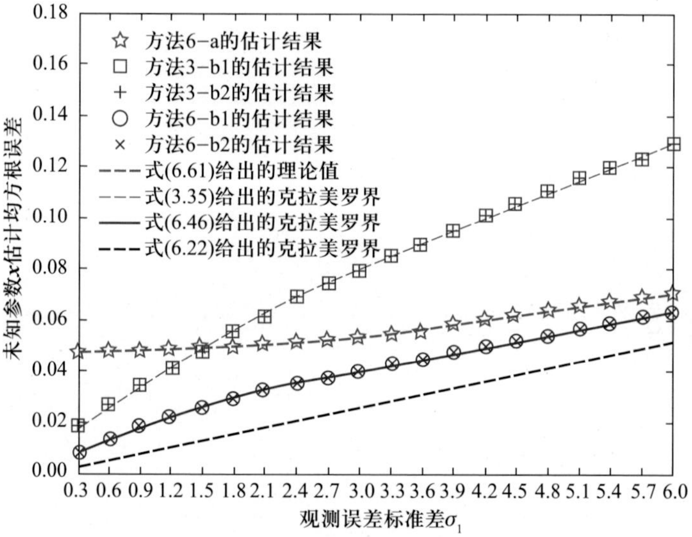

图 6.5 未知参数 $\boldsymbol{x}$ 估计均方根误差随观测误差标准差 σ_1 的变化曲线

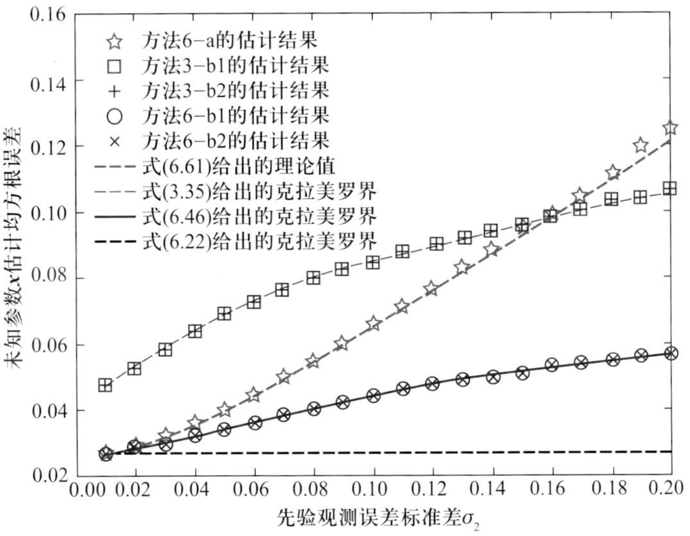

图 6.7　未知参数 $\boldsymbol{x}$ 估计均方根误差随先验观测误差标准差 σ_2 的变化曲线

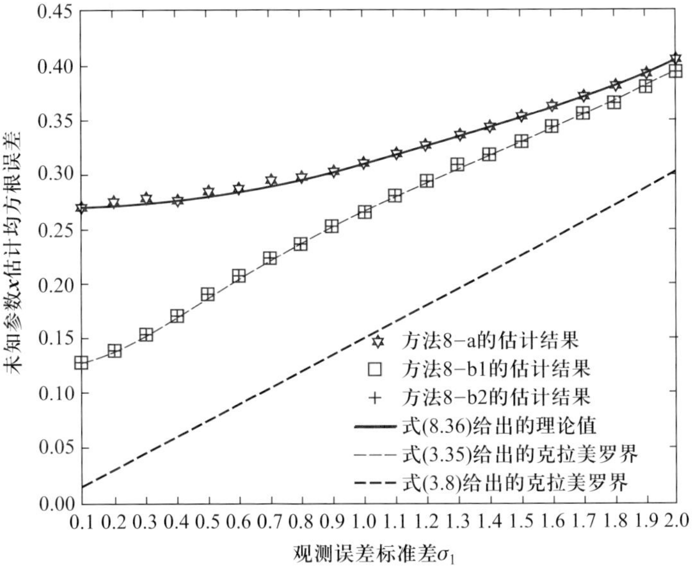

图 8.5　未知参数 $\boldsymbol{x}$ 估计均方根误差随观测误差标准差 σ_1 的变化曲线

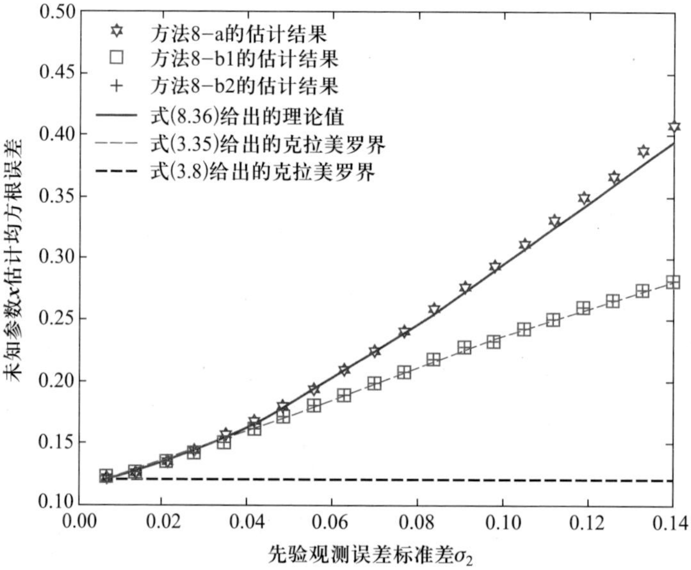

图 8.7　未知参数 $\boldsymbol{x}$ 估计均方根误差随先验观测误差标准差 σ_2 的变化曲线

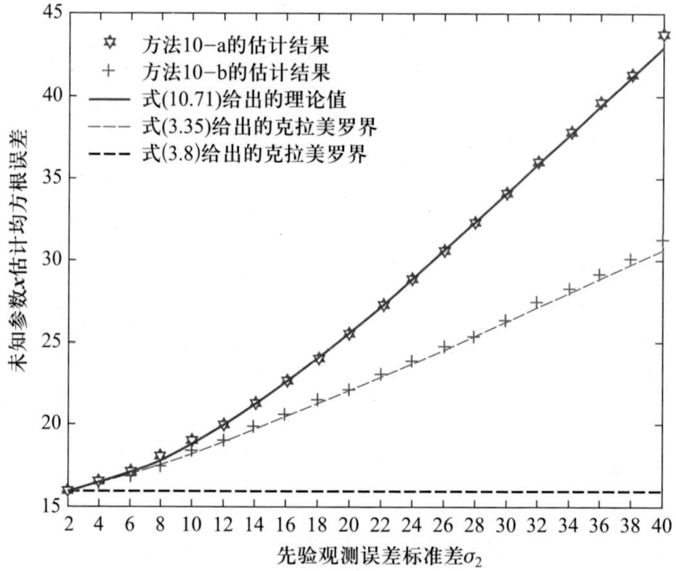

图 10.6　未知参数 $\boldsymbol{x}$ 估计均方根误差随先验观测误差标准差 σ_2 的变化曲线